Kloss
Werbung

Werbung

Handbuch für Studium und Praxis

von

Prof. Dr. Ingomar Kloss

5., vollständig überarbeitete Auflage

Verlag Franz Vahlen München

ISBN 978 3 8006 4200 7

© 2012 Verlag Franz Vahlen GmbH
Wilhelmstraße 9, 80801 München
Satz: Fotosatz H. Buck
Zweikirchener Str. 7, 84036 Kumhausen
Druck und Bindung: Freiburger Graphische Betriebe
Bebelstr. 11, 79108 Freiburg i. Br.
Umschlaggestaltung: simmel-artwork
Bildnachweis: www.photocase.com
Gedruckt auf säurefreiem, alterungsbeständigem Papier
(hergestellt aus chlorfrei gebleichtem Zellstoff)

Vorwort zur fünften Auflage

Werbung ist der wohl exponierteste Teilbereich des Marketing. Sie ist mittlerweile zu einem Bestandteil des öffentlichen Lebens geworden und darin nicht mehr wegzudenken. Es ist praktisch nicht mehr möglich, sich der Werbung zu entziehen. Werbung polarisiert: Einerseits haftet ihr etwas Manipulierendes und Störendes an, andererseits etwas Faszinierendes.

Im vorliegenden Handbuch für Studium und Praxis wird der Begriff Werbung sehr weit gefasst und als eine spezifische Form der Kommunikation verstanden, bei der es um die Übermittlung von Werbebotschaften geht.

Dieses Buch befasst sich mit dem Phänomen Werbung unter verschiedenen Aspekten. Zunächst sind die Voraussetzungen aufzuzeigen, unter denen die Werbung heute erfolgt. Da Werbung immer auf Wirkung ausgerichtet ist, werden die Erkenntnisse der Werbewirkungsforschung und die Methoden zur Messung der Werbewirkung in Kapitel 2 etwas ausführlicher darzustellen sein. Die Vorstellung einiger theoretischer Modelle lässt sich dabei nicht vermeiden.

Aufbauend auf einer beabsichtigten Positionierung, besteht ein sehr wesentliches Ziel der Werbung in dem Aufbau von Images für die beworbenen Produkte und Marken bzw. der Übertragung von Images, was in Kapitel 3 darzustellen ist. Als klassische Werbeform ist auch die Public Relations anzusehen, die den Bereich „Werbung above the line" in Kapitel 4 komplettiert. Daran anschließend werden in Kapitel 5 die Überlegungen aufgezeigt, die notwendig sind, um Werbung zu konzipieren. Ein Schwerpunkt wird dabei auf den Bereich der Mediaplanung gelegt.

Damit eine Werbebotschaft die anvisierte Zielgruppe erreichen kann, bedarf sie eines Trägermediums. Die wesentlichen Werbeträger in Deutschland werden im sechsten Kapitel vorgestellt.

Grenzüberschreitende Werbung erfolgt grundsätzlich unter anderen konzeptionellen Voraussetzungen als rein nationale Werbung. Die entsprechenden Grundlagen vermittelt Kapitel 7.

Seit einigen Jahren haben sich neben den klassischen Werbeformen auch Sonderwerbeformen etabliert, die zum Abschluss in Kapitel 8 vorgestellt werden. Ihre Entwicklung wurde von den Werbetreibenden vor allem auch deshalb gefördert, weil zunehmend Zweifel an der Effizienz der klassischen Werbung aufgekommen sind und Alternativen gewünscht waren. Etabliert haben sich die Verkaufsförderung, Sponsoring und Product Placement im Bereich der Massenkommunikation und das Direct Marketing im Bereich der Individualkommunikation. Die starke Tendenz der Werbetreibenden zu einem Dialog mit ihren Kunden wird den Stellenwert des Direct Marketing in Zukunft vermutlich stark aufwerten.

Von wenigen theoretischen Notwendigkeiten abgesehen, ist das Buch sehr praktisch ausgerichtet und orientiert sich an der Werbepraxis von Agenturen und Werbetreibenden. Das Buch zielt daher vor allem auf Studierende, die einen späteren Einstieg in das Marketing erwägen, aber auch an Praktiker, die ihre Kenntnisse aktualisieren wollen.

Das vorliegende Lehr- und Arbeitsbuch stellt anhand einer Vielzahl von Beispielen problemorientiert die Interdependenzen von Theorie und Praxis der Werbung vor. Den einzelnen Kapiteln sind Fragen angeschlossen, die Lösungen dazu finden sich im Anhang und lassen eine selbständige Lernerfolgskontrolle zu. Ein umfangreiches Stichwortverzeichnis erleichtert das schnelle Auffinden von Lehrinhalten und macht dieses Lehr- und Arbeitsbuch zusätzlich zu einem Nachschlagewerk.

Die fünfte Auflage wurde vollständig überarbeitet und aktualisiert. Berücksichtigt wurden Erkenntnisse des Neuromarketing, neuere Entwicklungen in den Public Relations, sowie das Phänomen Social Media in seiner Bedeutung für die Unternehmenskommunikation.

Mein ganz besonderer Dank gilt Jan Isenbart und Jörg Schommer von der IP Deutschland GmbH, die als Sponsor dieser Auflage die Preisgestaltung ermöglicht hat.

Anregungen und konstruktive Kritik sind natürlich auch bei dieser Auflage willkommen

Stralsund, im Juli 2011   Ingomar.Kloss@FH-Stralsund.de

Inhaltsübersicht

Inhaltsverzeichnis

Abbildungsverzeichnis

Tabellenverzeichnis

Abkürzungsverzeichnis

AD	Art Director
ADC	Art Directors Club
AGF	Arbeitsgemeinschaft Fernsehforschung
AGOF	Arbeitsgemeinschaft Online-Forschung
AG.MA	Arbeitsgemeinschaft Media Analyse
ALM	Arbeitsgemeinschaft der Landesmedienanstalten
ARD	Arbeitsgemeinschaft der öffentlich-rechtlichen Rundfunkanstalten der Bundesrepublik Deutschland
ATL	Werbung above-the-line
AWA	Allensbacher Werbeträger-Analyse
BBC	British Broadcasting Corporation
BDZV	Bundesverband Deutscher Zeitungsverleger
BGH	Bundesgerichtshof
BIP	Brutto-Inlandsprodukt
BTL	Werbung below-the-line
BtoB/B2B	Business-to-Business
BtoC/B2C	Business-to-Consumer
BVDA	Bundesverband Deutscher Anzeigenblätter
BVerfG	Bundesverfassungsgericht
BVerfGE	Entscheidungen des Bundesverfassungsgerichts
CD	Creativ Director
CPO	Cost per Order
CRM	Customer Relationship Marketing
DDV	Deutscher Direktmarketing Verband
DEWAG	Deutsche Werbe- und Anzeigen-Gesellschaft
DFV	Deutscher Fremdenverkehrsverband
DPRG	Deutsche Public Relations Gesellschaft
DRTV	Direct Response Television
DTP	Desk Top Publishing
DSM	Deutsche Sport-Marketing GmbH
DVB	Digital Video Broadcasting
EASA	European Advertising Standards Alliance
ECR	Efficient Consumer Response
FAW	Fachverband Außenwerbung
FFA	Filmförderungsanstalt
FFF	Film, Funk, Fernsehen
FSK	Freiwillige Selbstkontrolle der Filmwirtschaft
GEZ	Gebühreneinzugszentrale
GfK	Gesellschaft für Konsumforschung
GPS	Global-Positioning-System
GRP	Gross Rating Point
GWA	Gesamtverband Werbeagenturen
IDV	Individualismus/Kollektivismus
IVW	Informationsgemeinschaft zur Feststellung der Verbreitung von Werbeträgern

LpA	Leser pro Ausgabe
LpE	Leser pro Exemplar
LpS	Leser pro Seite
LpwS	Leser pro werbungführender Seite
LTO	Long-Term-Orientation
MA	Media Analyse
MAS	Maskulinität/Femininität
MDR	Mitteldeutscher Rundfunk
NMR	Nielsen Media Research
OMG	Organisation der Media-Agenturen im GWA
ORB	Ostdeutscher Rundfunk Brandenburg
OTH	opportunity to hear
OTS	opportunity to see
OWM	Organisation Werbungtreibende im Markenverband
PDI	Power Distance
PIN	personenindividuelle Nutzungsdaten
PoS	Point of Sale
RStV	Rundfunkstaatsvertrag
SLO	Self Liquidating Offer
SZM	Skalierbares Zentrales Meßsystem
TdW	Typologie der Wünsche
TKP	Tausend Kontakt Preis
TLP	Tausend Leser Preis
TNP	Tausend Nutzer Preis
TRP	Target Rating Point
TSP	Tausend Seher Preis
UAI	Uncertainty Avoidance
UAP	Unique Advertising Proposition
USP	Unique Selling Proposition
UWG	Gesetz gegen den unlauteren Wettbewerb
VA	Verbraucher-Analyse
VoD	Video on Demand
VPRT	Verband Privater Rundfunk und Telekommunikation
WAZ	Westdeutsche Allgemeine Zeitung
WLK	weitester Leserkreis
WSK	weitester Seherkreis
ZAW	Zentralverband der deutschen Werbewirtschaft

1 Grundlagen

„Halleluja! Treten Sie ein in die beste aller Welten, das Paradies auf Erden, das Reich der Glückseligkeit, des sicheren Erfolges und der ewigen Jugend. In diesem Wunderland mit immer blauem Himmel trübt kein saurer Regen das glänzende Grün der Blätter, nicht der kleinste Pickel wölbt die babyrosa Haut der Mädchen, und niemals verunziert ein Kratzer die spiegelblanken Karosserien der Autos. Auf leergefegten Straßen fahren junge Frauen mit langen, braungebrannten Beinen in schimmernden Limousinen, die soeben aus der Waschanlage kommen. Unfälle, Glatteis, Radarkontrollen und geplatzte Reifen sind ihnen fremd. Wie Aale schlängeln sie sich durch die Staus der Großstädte, entgehen all den braungebrannten Autoscheibenputzern an den Ampelkreuzungen und verirren sich auch niemals in heruntergekommene Viertel, sondern gleiten geräuschlos zu geräumigen Altbauwohnungen oder zu luxuriösen Wochenendhäusern mit unbezahlbaren Möbeln.

Dort erwarten sie Opapa und Omama – natürlich in Topform – inmitten eines Blumenmeeres und zu den heiteren Klängen eines Violinkonzerts. Die Kinder hüpfen lachend um sie herum und sind außer sich vor Freude dank Onkel Dittmeyer und der lila Kuh. Sie weinen nicht mehr, bekommen nie Läuse oder Scharlach, und sie stecken auch niemals die Finger in die Steckdose. Ihre Mami – zwanzig Jahre alt, kein Gramm Zellulitis und ohne einen einzigen Schwangerschaftsstreifen – wickelt singend die strammen Babypopos, die niemals vollgeschissen sind, sondern wunderbar duften. Tja, und dann wischt die hübsche blonde Fee, die sooo gut gebaut ist!, tanzend die Fliesen einer Küche, die jedem Großrestaurant Ehre machen würde. Mit Hilfe eines Zauberpulvers verwandelt sie Berge von schmutziger Wäsche in ordentliche Stapel neuer Kleidung. Und schließlich, oh Wunder!, wird ihr Regelblut hellblau und hinterlässt keine Flecken mehr auf dem Schlüpfer. Blau wie der Himmel, der durchs Fenster lächelt, blau wie das Pipi ihres Babys, das nie in die Hose geht. Ein Refrain mit Ohrwurm-Charakter trällert: ‚Das Glück ist da‘."

Toscani 1996, S. 9

1.1 Werbung und Kommunikation

1.1.1 Die Stellung der Werbung im Marketing-Mix

In Deutschland werden ca. 64.000 Marken von rund 29.000 werbetreibenden Unternehmen beworben (ZAW 2007, S. 9). Als Resultat ist Werbung mittlerweile ein Bestandteil des täglichen Lebens geworden. Sie begleitet den Verbraucher durch seinen Tag und ist fast überall präsent, man kann sich ihr praktisch nicht mehr entziehen. Werbung wird häufig gezielt für die Einkaufsplanung genutzt, hat im Fernsehen und Kino oft einen hohen Unterhaltungswert, wird aber vielfach auch als Störung und Belästigung empfunden. Dadurch erhält die Werbung von der Öffentlichkeit einen Stellenwert, der ihre Bedeutung im Marketing-Mix überhöht. Tatsächlich ist die Produktpolitik viel bedeutender als die Werbung, denn selbst die beste Werbung kann auf Dauer keine schlechten Produkte verkaufen: Das Produkt kommuniziert immer stärker als seine Werbung. In einer seriösen Betrachtung ist Werbung stets unter einem langfristigen Aspekt zu sehen. Die Preise der Produkte stellen für den Verbraucher Kosten dar. Eine der Hauptaufgaben der Werbung ist es, die Nutzeneinschätzung der Produkte durch den Verbraucher über den Preis zu stellen. Langfristig deshalb, weil ein Verbraucher, der nach dem Kauf das Preis/Nutzen-Verhältnis schlechter bewertet als vor dem Kauf – beispielsweise weil die Werbung bei ihm falsche Erwartungen geweckt hat – dieses Produkt des Herstellers wahrscheinlich nicht mehr kaufen wird. Ein Unternehmen existiert jedoch nicht von den Kunden, die nur einmal seine Produkte kaufen, sondern davon, dass dies möglichst viele immer wieder tun. Dies ist nur dann der Fall, wenn die Verbraucher mit den Produkten des Herstellers zufrieden sind und das Preis/Nutzen-Verhältnis so einschätzen, dass sie mit dem Kauf ein „Geschäft" gemacht haben. Eine Übervorteilung der Verbraucher kann für Unternehmen – wenn überhaupt – nur kurzfristig erfolgreich sein.

Abbildung 1-1 zeigt die Entwicklung der Werbeausgaben in Deutschland. Seit der Gründung der Bundesrepublik wurde Jahr für Jahr mehr in die Werbung investiert (Ausnahme: das Krisenjahr 1970), und dies seit Mitte der 70er Jahre in zunehmendem Maße. Waren es 1949 noch 200 Millionen Euro, wurde 1969 bereits die Fünf-Milliarden- und 1979 die Zehn-Milliardengrenze überschritten. Trotz mehrerer Konjunkturkrisen haben die Werbetreibenden stets auf die Kraft der Werbung vertraut, mit ihr Absatz- und Umsatzprobleme zu lösen. Zumindest bis zum Jahr 2001. 2000 wurde mit 33 Milliarden Euro der bisherige Höhepunkt der Entwicklung erreicht, allerdings gab es in diesem Jahr auch eine Reihe von Sondereffekten. Die so genannte New Economy boomte, es gab viele spektakuläre Unternehmenszusammenschlüsse. Allein die Übernahme- bzw. Abwehrschlacht von Mannesmann/Vodaphone hat zu der mit 200 Millionen Euro bisher größten Werbeschlacht geführt (also so viel, wie 1949 noch in der gesamten Bundesrepublik geworben wurde). Infolge der Börsenkrise, der Flurbereinigung bei der New Economy und des Stimmungsabfalls nach den Anschlägen des 11. September in New York, kam es im Jahr 2001 jedoch erstmals in der bundesdeutschen Werbegeschichte zu einem deutlichen Einbruch dieses Trends. Nach kurzer Erholung führte die internationale Finanzkrise 2009 zu einem weiteren Einbruch der Werbeausgaben auf ca. 29,5 Milliarden Euro 2010.

Um die betriebswirtschaftliche Einbettung der Werbung zu verdeutlichen ist ein kleiner Exkurs in das Rechnungswesen notwendig. Was Einsteins berühmte Formel $E = mc^2$ in der Physik, ist in der Betriebswirtschaft die Formel $G = E - K$, die den Gewinn als Residualgrö-

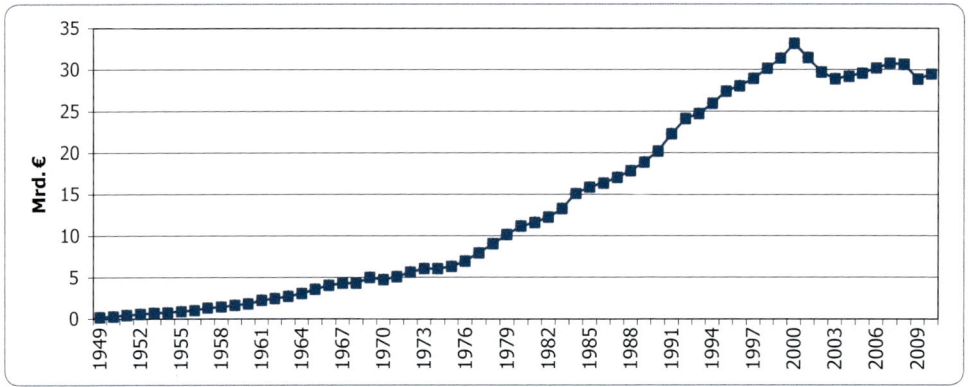

Abbildung 1-1: *Langfristige Entwicklung der Werbeausgaben in Deutschland*
Quelle: Nickel: ZAW 1949–1999, Bonn 1999; ZAW-Jahrbücher

ße von Erlös und Kosten beschreibt. Ein Gewinn kann nur dann erwirtschaftet werden, wenn die Erlöse größer sind als die Kosten. Wie der gesamte Marketing-Mix zielt natürlich auch die Werbung auf den betriebswirtschaftlichen Gewinn, ohne den ein Unternehmen langfristig nicht überlebensfähig ist. Es ist wichtig zu betonen, dass Werbung letztlich nichts anderes ist als ein Instrument, mit dem der Unternehmens-gewinn abgesichert werden soll. Naturgemäß zielt Werbung

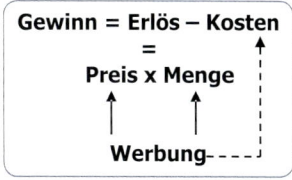

$$\text{Gewinn} = \text{Erlös} - \text{Kosten}$$
$$=$$
$$\text{Preis} \times \text{Menge}$$

Werbung

dabei weniger auf die Kosten (die sie vor allem durch Degressionseffekte [Massenproduktionsvorteile, economies of scale] aufgrund gesteigerter Mengen beeinflussen kann), sondern in erster Linie auf die Erlöse. Die Erlöse wiederum sind das Produkt aus Preisen und Absatzmengen. Unter betriebswirtschaftlichen Aspekten hat Werbung also die Aufgabe, einerseits bestimmte Preise im Markt durchzusetzen, indem sie die Nutzeneinschätzung der Verbraucher entsprechend beeinflusst, andererseits entsprechende Mengen zu verkaufen helfen, indem beispielsweise ein Besitzwunsch geweckt werden kann bzw. indem das Produkt in einem günstigen Preis-/Leistungs-Verhältnis erscheint.

Werbung ist ein spezieller Bereich der Kommunikation. Ganz allgemein lässt sich unter **Kommunikation** die **Übermittlung bzw. der Austausch von Botschaften** verstehen. Handelt es sich bei diesen Botschaften um Werbebotschaften, wird im Folgenden die Bezeichnung Werbung verwendet. Werbung wird also als eine spezifische Form der Kommunikation verstanden, die sich lediglich durch den Kommunikationsinhalt definiert.

Der Kommunikation sind ferner die Verpackung und der persönliche Verkauf zuzuordnen, die hier jedoch nur nachrichtlich Erwähnung finden. Vielfach ist das Bild, das Verbraucher von einem Produkt im Kopf haben, mit dessen **Verpackung** gleichzusetzen. Insbesondere bei der Selbstbedienung muss die Verpackung Informationen vermitteln, die der Verbraucher für seine Kaufentscheidung benötigt und somit den Verkäufer ersetzen. Von der Verpackungsgestaltung hängt in erheblichem Maße der Kommunikationswert der Marke ab, insofern ist die Verpackung Träger der Marke.

Im **persönlichen Verkauf** erfolgt der direkte Kontakt mit dem Verbraucher. Er spielt insbesondere bei solchen Unternehmen eine bedeutende Rolle, die erklärungsbedürftige Produkte herstellen und einen intensiven Service benötigen.

Werbung wird häufig als eine typische Erscheinung marktwirtschaftlicher Wirtschaftssysteme erachtet. Es ist vielleicht sinnvoll zu betonen, dass sie auch in planwirtschaftlichen Systemen als notwendig erachtet wird und hier natürlich auch den gleichen Gesetzmäßigkeiten unterliegt. Die Unterschiede liegen vor allem in der verfolgten Zielsetzung.

Werbung ist neben der Produkt-, Preis- und Distributionspolitik ein Bestandteil des Marketing-Mix und wird im Folgenden weitgehend mit der in vielen Marketinglehrbüchern verwendeten Bezeichnung Kommunikationspolitik gleichgesetzt (vgl. z.B. Meffert 2008, S. 632 ff.).

Innerhalb des Marketing-Mix sind die einzelnen Instrumente nicht gleichwertig. Um überhaupt Marketing betreiben zu können, muss zunächst einmal ein Produkt[1] vorhanden sein. Dieses Produkt hat i.d.R. einen Preis und wird auf eine bestimmte Weise vertrieben. Produkt- und Preispolitik sind immer ein Muss, die Absatzwege sind oft vorgegeben und eine Veränderung häufig schwierig. Werbung hingegen kann flexibel eingesetzt werden, sie ist kein unverzichtbarer Bestandteil im Leben eines Produktes. Viele Produkte kommen gänzlich ohne Werbung aus.

---

[1] Im Folgenden wird die Bezeichnung ‚Produkt' synonym verwendet für das jeweils zu vermarktende Angebot. In diesem Sinne sind also z.B. auch Dienstleistungen ‚Produkte'.

Warum also noch ein Lehrbuch über Werbung? Werbung ist ein maßgeblicher Faktor in der Gestaltung von Marken und von diesen nicht wegzudenken. Eine Marke unterscheidet sich von einer Nicht-Marke durch eine eigene Persönlichkeit, durch Charakter. Eine Marke konstituiert sich durch identifizierbare Unterschiede zu anderen Marken, durch den Bedeutungsgehalt, den der Konsument mit ihr assoziiert (vgl. Kloss 2001a, S. 236). Eine Marke ist somit stark von *subjektiven* Eindrücken geprägt, die sich vor allem in den Köpfen der Konsumenten wieder finden. Bei Produkten, die in ihren funktionalen Eigenschaften austauschbar sind – ein typisches Merkmal von gesättigten Märkten –, ist Werbung die einzige Möglichkeit, Marken zu differenzieren. Werbung ist in der Lage, eine große Gruppe von Zielpersonen gleichzeitig und wiederholt anzusprechen. Sie kann Verbraucher über neue Produkte informieren bzw. über wichtige Veränderungen bei bestehenden Produkten. Schließlich kann Werbung Verbraucher zu einer Änderung ihrer Einstellungen oder ihres Verhaltens veranlassen. Allerdings ist der Kontakt zwischen Werbetreibendem und Umworbenem i.d.R. nur indirekt, somit können Verhaltensänderungen normalerweise auch nur langsamer erfolgen als beispielsweise bei einer Preisänderung oder bei veränderter Distribution.

Ziel der Marketingentscheidungen ist nicht die Optimierung eines einzelnen Instrumentes, vielmehr das Finden eines optimalen Marketing-Mix. Dies erweist sich in der Praxis als ein äußerst komplexes Problem, da die Kombinationsmöglichkeiten sehr groß sind. Wie verteilt beispielsweise ein Unternehmen bei der Einführung eines neuen Produktes sein Marketingbudget auf die einzelnen Marketing-Mix-Faktoren? Das Unternehmen kann z.B. einen niedrigen Einführungspreis wählen, es kann Geld in die Werbung stecken, um das Angebot bekannt zu machen, bestehende Kunden können persönlich angeschrieben werden, um sie auf das neue Angebot hinzuweisen. Es können zusätzliche Bezugsmöglichkeiten über das Internet oder Automaten angeboten werden.

Das Problem, die optimale Kombination und die richtige Gewichtung des Marketing-Mix zu finden, ist in der **Wirkungsinterdependenz** der einzelnen Marketing-Mix-Faktoren zu sehen, die eine isolierte Betrachtung einzelner Wirkungsgrößen nicht zulässt. Einfach ausgedrückt: Jedes Produkt hat eine bestimmte Qualität, einen Preis, eine Verpackung und einen Distributionsweg. Jeder einzelne Faktor kommuniziert Bedeutungsinhalte, die zusammen den Absatzerfolg eines Produktes bestimmen. Dabei kann die gesamthafte Anmutung mehr sein als die Summe der einzelnen Faktoren. Der Begriff Anmutung stammt aus der Psychologie und beschreibt den ersten gefühlsmäßigen Eindruck des Konsumenten bei optischer Wahrnehmung.

In einem **erweiterten Sinn** gehören daher alle Elemente des Marketing Mix zur Marketing-Kommunikation, denn auch der Preis, der Vertriebsweg und das Produkt als solches versorgen den Markt mit Informationen. Ein niedriger Preis verträgt sich ebenso wenig mit einem exklusiven Angebot, wie dessen breite Distribution. Der kommunikative Beitrag der übrigen Marketing-Instrumente kann die Übermittlung der Informationen stützen oder schwächen. Gerade im Rahmen der Kommunikationspolitik ist es wichtig, den Marketing-Mix als ganzheitlich wirkendes Instrumentarium zu betrachten. Zur Erzielung einer beabsichtigten Wirkung ist es notwendig, alle Elemente des Marketing-Mix aufeinander abzustimmen. Wichtig ist eine Konsistenz von Strategie und Kommunikation.

Im **engeren Sinn** umfasst Werbung die in Abbildung 1-2 dargestellten Elemente des Werbe-Submix, die in den folgenden Kapiteln ausführlich dargestellt werden.

Bei der hier verwendeten breiten Definition von Werbung, die alle Formen der Übermittlung von Werbebotschaften beinhaltet, ist eine begriffliche Abgrenzung zu der enger gefassten anonymen werblichen Ansprache über die Massenmedien vorzunehmen, die als **klassische Werbung** zu bezeichnen ist. Bei vielen Unternehmen ist die klassische Werbung nach wie vor der Hauptpfeiler der Kommunikationspolitik. Diese Form der Kommunikation wird auch als **„Werbung above the line"** [2] (ATL) bezeichnet, wozu auch die Öffentlichkeitsarbeit (Public Relations) gezählt wird. Während klassische Werbung immer vom Unternehmen bezahlte Kommunikation ist, erfolgt Public Relations durch die Berichterstattung der Medien, auf deren Inhalt das Unternehmen in aller Regel keinen Einfluss hat. Davon abzugrenzen ist die **„Werbung below the line"** (BTL), womit alle nicht-klassischen Werbeformen bezeichnet werden. Es ist allerdings eine zunehmende Vermischung dieser Ansprachemöglichkeiten festzustellen. Die Below-the-line-Aktivitäten weisen seit Jahren eine stetige Zunahme auf und haben mittlerweile in etwa die gleiche Höhe erreicht, wie die Ausgaben für klassische Medien.

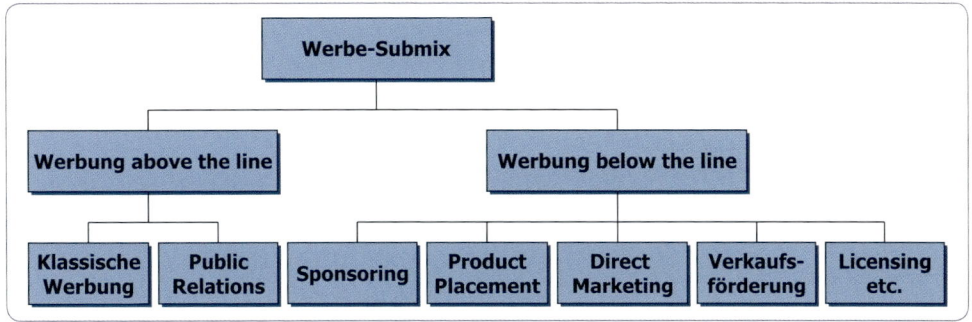

Abbildung 1-2: *Die Elemente des Werbe-Submix*

Angesichts der heutigen Werbeüberflutung, einer sich abzeichnenden Werbemüdigkeit der Verbraucher und daraus resultierenden Werbevermeidungsphänomenen wie „Zapping", wurden zunehmend Zweifel an der Effizienz der klassischen Werbung laut, und die Unternehmen suchten nach Alternativen. Dafür haben sich vor allem Sonderwerbeformen wie Sponsoring (vgl. Kapitel 8.1), Product Placement (vgl. Kapitel 8.2) und Direct Marketing (vgl. Kapitel 8.3) herausgebildet. Zu den nicht-klassischen Werbeformen zählt auch die direkt am Point of Sale erfolgende Verkaufsförderung (vgl. Kapitel 8.4). Mit Ausnahme des Direct Marketing sind diese Werbeformen alle der **Massenkommunikation** zuzurechnen, d.h. der Werbetreibende richtet sich an eine anonyme Masse von Zielpersonen, die ihm nicht namentlich bekannt sind. Das Direct Marketing hingegen ist eine Form der **Individualkommunikation**, bei der der Werbetreibende eine konkrete Person direkt und namentlich anspricht.

Alle Elemente des Werbe-Submix sind untereinander wechselseitig verflochten. Häufig wird in der Praxis nicht nur ein einziges kommunikationspolitisches Instrument eingesetzt. Daher kann die Wirkung der einzelnen Instrumente auch nicht isoliert betrachtet werden, vielmehr geht es auch hier um das Finden eines optimalen Mix der Instrumente. Alle Elemente des Werbe-Submix müssen aufeinander abgestimmt sein, um in ihrer Gesamtheit die beabsichtigte Wirkung zu erzielen.

---

[2] Die Einteilung in Werbung above-the-line und Werbung below-the-line ist historisch gewachsen. „The line" beschreibt die Wahrnehmungsschwelle. Damit sind „above-the-line"-Aktivitäten alle gut sichtbaren Maßnahmen, wie eben Anzeigen oder TV-Spots. Bei „below-the-line"-Maßnahmen wie z.B. bei Verkaufsförderungen oder Sponsoring, wird eine Werbeabsicht vordergründig nicht so schnell deutlich.

1. 1.2 Die Beeinflussungsabsicht der Werbung

1. 1.2.1 Definition und Abgrenzung von Werbung

Zentrales Element jeglicher Kommunikation ist die Beeinflussung. Ein Unternehmen, das seine Produkte bewirbt, ein Politiker, der ein Fernsehinterview gibt oder das Gespräch zweier Nachbarn auf dem Hausflur: Ziel jeder dieser Kommunikationsformen ist letztlich der Versuch, Meinungen, Einstellungen, Erwartungen oder Verhaltensweisen zu beeinflussen. Marketingkommunikation lässt sich also nicht nur auf die Funktion der Übermittlung von Informationen reduzieren. Werbung soll Vertrauen in die **Problemlösungskompetenz** einer Marke vermitteln, wobei das „Problem" sowohl objektiv wie psychologisch begründet sein kann (vgl. Bergler 1989, S. 17).

In Anlehnung an Behrens (1976, S. 14) wird hier Werbung wie folgt definiert:

Werbung ist eine absichtliche und zwangfreie Form der Kommunikation, mit der gezielt versucht wird, Einstellungen von Personen zu beeinflussen.

Natürlich ist das eigentliche Ziel der Werbung ein ökonomisches: Steigerung von Umsatz, Marktanteilen, Kauffrequenzen usw. Da Werbung dieses Ziel jedoch in aller Regel nicht direkt ansteuern kann (vgl. Kapitel 2), wird versucht, es auf indirektem Wege zu erreichen, indem die Meinungen und **Einstellungen** der Zielgruppen zugunsten der eigenen Produkte beeinflusst werden. Einstellungen bezeichnen die inneren Bereitschaften von Personen, in bestimmter Weise auf Umweltreize zu reagieren (vgl. Meffert 2008, S. 121). Die Beeinflussungsabsicht der Werbung setzt deshalb an den Einstellungen an, weil i.d.R. davon ausgegangen wird, dass sich Menschen einstellungskonform verhalten, normalerweise werden keine Produkte (bzw. Marken) gekauft, bei denen Vorbehalte bestehen. Allerdings äußert sich nicht jede Einstellung im Verhalten und nicht jedes Verhalten ist Ausdruck der tatsächlichen Einstellung einer Person. Es kann i.d.R. aber davon ausgegangen werden, dass sich jemand nur dann einstellungskonform verhält, wenn keine negativen Sanktionen durch das soziale Umfeld zu befürchten sind.

Eine Einstellungsänderung wird nur dann auch zu einer Änderung des Verhaltens führen, wenn eine Bestätigung dieser neuen Einstellung durch das soziale Umfeld erfolgt (vgl. Festinger 1964, S. 404 f.). D.h. die Einstellung der „anderen" muss mit der des Konsumenten positiv korrelieren und sie bestätigen. Der Werbung kommt also die Aufgabe zu, die „allgemeine" Einstellung in der Zielgruppe zu bewirken (vgl. Rode 1994, S. 249).

Einstellungen umfassen sowohl eine **Bewertungs-** als auch eine **Urteilskomponente** (vgl. Felser 2007, S. 318). Beispielsweise könnte ein Urteil lauten: „Haushaltsreiniger auf Essigbasis schonen die Umwelt", verbunden mit der Bewertung: „Das finde ich gut". Diese Einstellung kann nun dazu führen, künftig nur noch Essigreiniger zu kaufen. Insbesondere die Urteilskomponente kann aber auch zu Einstellungsänderungen führen. Wenn also die persönlichen Erfahrungen mit dem Essigreiniger zu dem Urteil führen, dass dieser zwar die Umwelt schont, aber nicht richtig sauber macht, dann kann diese Einstellungsänderung auch zu einer Verhaltensänderung dahingehend führen, dass andere Reiniger ausprobiert werden.

Werbung ist eine **zwangfreie** Form der Beeinflussung, der Beeinflussungsversuch kann vom Konsumenten erkannt und kontrolliert werden. Ist dies nicht mehr der Fall, d.h. kann der Beeinflussungsversuch als solcher nicht mehr erkannt und willentlich kontrolliert werden, handelt es sich um **Manipulation**. Der Duden definiert Manipulation als „bewusster und gezielter Einfluss auf Menschen ohne deren Wissen und oft gegen deren

Willen". Zur Manipulation müssen also auch Formen der unterschwelligen Werbung gezählt werden, deren Wirkung allerdings bisher wissenschaftlich nicht nachgewiesen ist (vgl. Kapitel 2.2.3.1.5).

Da die Werbung keine Sanktionen ausüben kann, sind ihrer Beeinflussung enge Grenzen gesetzt (s. Kasten):

Ob der Konsument ein Produkt kauft oder nicht, ist letztlich immer seine freie Entscheidung. Jeder hat die Möglichkeit, den Werbeappell einfach abzulehnen. Tatsächlich wird ja auch viel mehr nicht gekauft als gekauft. Der Erfolgsfall der Werbung ist also der Ausnahmefall. „Erst in der Summe werden diese Ausnahmefälle zu einem Unternehmenserfolg" (Streeck 2006, S. 89).

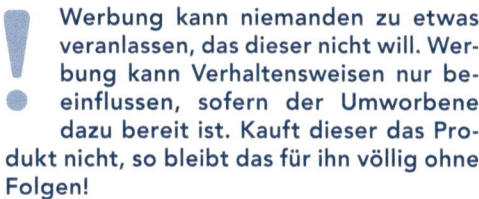

Werbung kann niemanden zu etwas veranlassen, das dieser nicht will. Werbung kann Verhaltensweisen nur beeinflussen, sofern der Umworbene dazu bereit ist. Kauft dieser das Produkt nicht, so bleibt das für ihn völlig ohne Folgen!

> In diesem Zusammenhang steht immer wieder die Werbung für alkoholische Getränke und Tabakwaren in der Kritik mit dem Argument, sie verführe zum Konsum dieser Produkte und steigere deren Konsum. In beiden Produktkategorien lässt sich allerdings nachweisen, dass Werbeverbote nicht zu einem Rückgang des Konsums geführt haben. In allen Ländern, in denen ein totales Werbeverbot für Zigaretten ausgesprochen wurde (z.B. Italien 1962, Norwegen 1975, Singapur 1971), sowie in den osteuropäischen Ländern, in denen bis zur Wende praktisch überhaupt keine Werbung zugelassen war, stieg der Zigarettenkonsum weiter an (vgl. O.V. 1982). Das Gleiche gilt auch für alkoholische Getränke. Totale Werbeverbote wurden hierfür z.B. in Norwegen (1972), Finnland (1977) und Schweden (1979) verhängt. Bis auf Schweden stieg der pro-Kopf-Konsum nach dem Werbeverbot weiter, in Schweden war der Konsum bereits vor dem Werbeverbot rückläufig (vgl. Nickel 1995). Sowohl für den Alkohol- als auch für den Zigarettenkonsum Jugendlicher scheint der Einfluss der unmittelbaren sozialen Umgebung (Eltern, Freunde usw.) von entscheidender Bedeutung zu sein. Werbung für Zigaretten und Alkohol zielt, wie generell Werbung auf gesättigten Märkten, in erster Linie auf eine Verschiebung von Marktanteilen.

Die Beeinflussung von Meinungen in politischen, religiösen oder weltanschaulichen Bereichen wird als **Propaganda** bezeichnet. Sie kann definiert werden als „Beeinflussung des Menschen, die ihn veranlasst, sich freiwillig eine Überzeugung anzueignen und sie als wahr anzuerkennen" (Buchli 1970, S. 11). Differenzierter definiert Lasswell Propaganda als „the management of collective attitudes by the manipulation of significant symbols" (Lasswell 1927, S. 627), wobei er unter Symbolen sowohl körperliche Gesten als auch solche durch Wort und Schrift versteht.

1. 1.2.2 Werbetreibende und Umworbene

Werbung ist niemals nur Selbstzweck, sondern letztlich immer Mittel zu dem Zweck, die Umworbenen zum Kauf der beworbenen Marke zu veranlassen. Werbung muss sich immer an der Erfüllung dieses Zieles messen lassen. „Gute Werbung" bemisst sich also danach, inwieweit sie die Ziele der Werbetreibenden erfüllt (und nicht danach, wie viele Preise sie gewinnt). Ob Werbung das Ziel erfüllt, kann nur der Werbetreibende selbst beurteilen.

Für das Grundverständnis der Werbung ist es fundamental zu berücksichtigen, dass sie immer auf zwei Ebenen wirkt. Denn die Ziele des Werbetreibenden kann Werbung nur dann erreichen, wenn sie auch die Ziele der Umworbenen erfüllt, die durchaus unterschiedlich von denen des Werbetreibenden sind. Es ist die Aufgabe des Werbetreibenden (bzw. seiner Werbeagentur), sowohl seine eigenen Ziele als auch die der Umworbenen zu erreichen.

Dieser duale Prozess der Zielerfüllung ist in Abbildung 1-3 dargestellt. Ein Grund für den Verbraucher, Werbung zu betrachten, könnte darin liegen, dass er sich von der Werbung unterhalten fühlt oder sie seine Neugier erregt. Wenn die Werbung hinreichend aufmerksamkeitsstark ist, wird sie vielleicht auch erinnert. Im Idealfall erkennt der Verbraucher, dass diese Werbung sich an ein persönliches Bedürfnis von ihm richtet und Hinweise darauf enthält, wie er dieses Bedürfnis befriedigen kann. Vielleicht bietet die Werbung auch genügend Anreize, um einen Markenwechsel zu riskieren. Schließlich kann Werbung zur Bestätigung der getroffenen Entscheidung beitragen und den Verbraucher daran erinnern, wie gut die Marke seine Bedürfnisse befriedigt hat.

Die Ziele des Werbetreibenden unterscheiden sich naturgemäß von denen des Verbrauchers. Letztlich will der Werbetreibende den Verbraucher zum Kauf veranlassen und ihn als Stammkunden gewinnen. Dafür muss er die Aufmerksamkeit des Verbrauchers gewinnen und ein Markenbewusstsein bei ihm aufbauen. Das Interesse des Verbrauchers muss geweckt werden und es müssen ihm hinreichende Gründe geboten werden, um ihn zu einer Änderung des Kaufverhaltens zu bewegen, ihn zu einem Probierkauf zu veranlassen und ihn als Käufer zu halten (vgl. Wells/Burnett/Moriarty 2000, S. 3 f.).

> **!** **Die Zielerreichung der Werbung erfolgt immer auf zwei Ebenen: Werbung ist nur dann erfolgreich, wenn sie sowohl die Ziele des Werbetreibenden als auch die der Umworbenen erfüllt. Der Werbetreibende muss also seine Zielpersonen gut genug kennen, um mit der Werbung deren Bedürfnisse anzusprechen.**

Das Zusammenspiel zwischen Werbetreibendem und Umworbenem kann nur dann funktionieren, wenn es von gegenseitigem Respekt geprägt ist. Der Werbetreibende kann nicht davon ausgehen, dass der Umworbene seine Produkte kauft, wenn er sich von ihm für „dumm verkauft" fühlt. Der große Werbemann Ogilvy hat dies deutlich formuliert: „Die Konsumentin ist durchaus nicht dumm. Sie ist wie Ihre Frau. Sie beleidigen ihre Intelligenz, wenn Sie annehmen, dass ein einziger Slogan oder einige nichts sagende Adjektive sie zum Kauf einer Ware veranlassen können" (Ogilvy 1991, S. 128 ff.).

Unterhaltung und Information sind nur die vordergründigen Funktionen von Werbung aus der Sicht des Verbrauchers. In einer etwas weiter gehenden Betrachtung kommen noch weitere Funktionen hinzu, die dem Verbraucher allerdings weniger bewusst sind (vgl. Zurstiege 2007, S. 202):

- **Identität:** Werbung definiert und identifiziert die Verwender und Nicht-Verwender spezifischer Marken und schafft dadurch eine wichtige Grundlage für Gruppenidentitäten.
- **Orientierung:** Werbung schafft Marken, die in manchen Fällen eine so große Bekanntheit erzielen, dass sie zu ordnungsstiftenden Formen im Alltag werden, auf die Menschen vor allem in unsicheren Entscheidungssituationen zurückgreifen. Im Urlaub wird daher die *Bild*-Zeitung gelesen und bei *McDonald's* gegessen; und wenn es im Supermarkt wieder einmal schnell gehen muss, dann landet auch schon mal die *Wagner*-Pizza im Einkaufswagen.
- **Prägnanz:** Werbung ist eine Form der gesellschaftlichen „Kurzschreibweise". Sie baut auf gesellschaftlichen Werten und Normen auf und präsentiert diese ihrem Publikum in Kurzform.
- **Relevanz:** Unterschiedliche soziale Kontexte erlauben und erfordern unterschiedliche Formen des Konsums – hierüber klärt nicht zuletzt die Werbung auf.

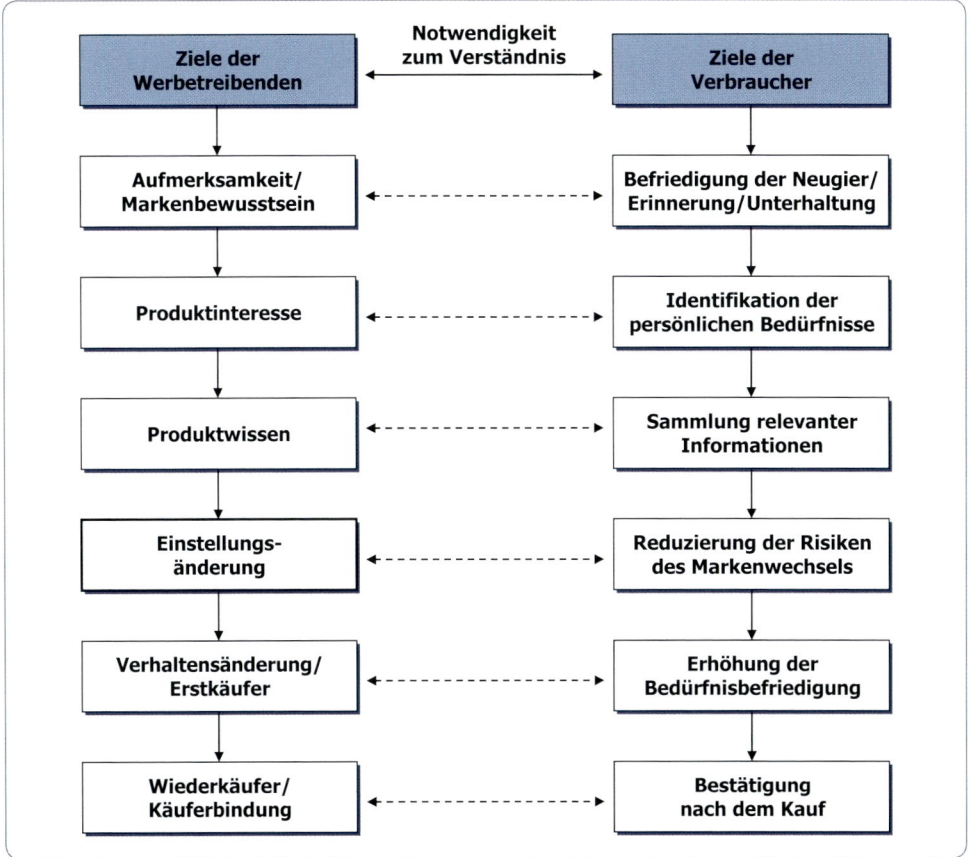

Abbildung 1-3: *Der duale Prozess der Zielerreichung von Werbung*

Quelle: Wells/Burnett/Moriarty: Advertising: Principles and Practice, 5th ed., Prentice Hall 2000, S. 3

1. 1.2.3 Vorurteile gegenüber der Werbung

Werbung wird häufig eher abschätzig beurteilt und ist negativ behaftet. Der französische „Werbepapst" Seguela hat das in dem Satz zusammengefasst: „Sag meiner Mutter nicht, dass ich in einer Werbeagentur arbeite, sie glaubt ich sei Klavierspieler in einem Bordell". Das tief verwurzelte Vorurteil lautet: Werbung manipuliert uns Dinge zu kaufen, die wir gar nicht wollen, mit Geld, das wir nicht haben, um Leuten zu imponieren, die wir nicht mögen. Andererseits finden immerhin 58,6 Prozent der Deutschen, dass „Werbung eigentlich ganz hilfreich für den Verbraucher" ist (Verbraucher-Analyse 2009).

Die Vorurteile gegenüber der Werbung beruhen noch heute zu einem Teil auf Packards 1957 erschienenem Buch „Die geheimen Verführer". Schon der Titel rückt Werbung in den Bereich des Mysteriösen, Dubiosen. Es ist unbestritten, dass Werbung verführen will, aber an Werbung ist nichts geheim.

Der Werbung wird vieles angelastet: „Werbung sei schuld an Trunksucht, an exzessivem Tabak- und Tablettenkonsum, an Vergewaltigungen, Autounfällen, Magersucht und gleichzeitig Fettleibigkeit, an Scheidungen und Schulden, an Zahnschäden, an Verhaltensstörungen bei Kindern und an Depressionen Erwachsener" (Nickel 1997b, S. 17). Allerdings enthebt die Werbung den Einzelnen nicht aus seiner Selbstverantwortung.

Das negativ gefärbte Image der Werbung resultiert aber auch aus der in der Einleitung zu diesem Kapitel aufgezeigten Tendenz der Werbung, eine „heile" Welt darzustellen. Der Vorwurf lautet, Werbung sei „verlogen", weil sie die Welt in einer Weise darstelle, die so nicht existiert. Abgesehen davon, dass diesem Vorwurf eine sehr subjektive, teilweise auch „moralisch" geprägte Bewertung zugrunde liegt, ist zu fragen, ob in der „heilen" Welt der Werbung nicht auch ein grundsätzliches Wirkungskriterium zu sehen ist. Werbung ist nur dann konstruktiv, wenn sie die Welt zeigt, in der die Menschen leben **möchten** (vgl. Bergler 1989, S. 35). Naheliegenderweise träumen die Menschen doch eher von Palmen, weißen Stränden und blauem Himmel als von ihren Sorgen und Problemen. Daher versucht die Werbung überwiegend, etwas Positives zu vermitteln, Erlebniswelten, mit denen sich die Menschen identifizieren können. „Die Wahrheit der Werbung wird nicht an der realen Erfüllung ihrer Versprechen gemessen, sondern an der Bedeutung ihrer Phantasien im Hinblick auf die Phantasien des Betrachters. Die eigentliche Beziehung der Werbung besteht nicht zur Realität, sondern zu den Tagträumen des Betrachters" (Berger 1974, S. 140).

Werbung hat auch einen erzieherischen Effekt. Sie arbeitet mit einer Form der Übertreibung, die üblicherweise sofort als solche offensichtlich ist. Tatsächlich wird niemand glauben, dass am Urlaubsort der Strand so sauber, der Himmel so blau, das Wasser so klar und das Personal so freundlich ist, wie in der Werbung gezeigt. Der Verbraucher hat es mittlerweile gelernt, mit den Werbeaussagen umzugehen und sie zu relativieren. Niemand wird von einem Schokoriegel davon abgehalten, ins Kloster zu gehen, geschweige denn für einen solchen in ein Raumschiff gebeamt. Kein Mensch glaubt, dass ein Mitarbeiter weniger Gehalt fordert, nur weil *IKEA* Winterschlussverkauf hat[3].

Werbung steht und fällt mit ihrer Glaubwürdigkeit. Allerdings resultiert die Glaubwürdigkeit der Werbung nicht notwendigerweise aus dem objektiven Realitätsgehalt des Dargestellten, sondern daraus, inwieweit die Inhalte in sich schlüssig erscheinen. Werbeszenen, die in der Vergangenheit oder der Zukunft spielen, sind per se nicht real. Dennoch kann die Werbebotschaft glaubwürdig erscheinen, wenn der Verbraucher in der Lage ist, deren eigentliche Bedeutungsinhalte, den Kern der Botschaft, zu verstehen.

Um überhaupt Konsumenten beeinflussen und damit wirken zu können, muss Werbung eine Reihe von Hürden überwinden (vgl. v. Rosenstiel/Kirsch 1996, S. 21):

- Zunächst muss Werbung überhaupt erst einmal **wahrgenommen** werden. Die Wahrnehmungsschwelle ist bei der allgemeinen Informationsüberflutung sehr hoch.
- Auch wahrgenommene Werbung wird i.d.R. sehr schnell wieder **vergessen**.
- Werbung trifft häufig auf **vorgefasste Einstellungen** der Verbraucher, die schwer zu überwinden sind.
- Die meisten Werbespots interessieren die Verbraucher gar nicht. Werbung an sich ist ein Thema, das interessiert, aber nicht die einzelne Werbebotschaft.
- Selbst die beste Werbung kann keine schlechten Produkte verkaufen, das Produkt bzw. die Mitarbeiter eines Unternehmens im Kundenkontakt werden immer stärker wahrgenommen als die Werbung.

---

[3] Etwas überspitzt, aber im Kern sicherlich zutreffend steht die Aussage, dass Werbung selbst verhindere, dass sie „... Konsumtrottel heranzüchtet. Auch der größte Idiot wird nach sechs Waschmittel-Spots nicht glauben, dass alle sechs Waschmittel weißer waschen als jedes andere" (Schnibben 1992, S. 124).

- Verbraucher haben neben der Werbung noch weitere Informationsquellen (z.B. Testberichte, Erfahrungen von Bekannten usw.).

Werbung ist keine Begleiterscheinung des Fernsehens, sie ist vielmehr als ein Urphänomen der menschlichen Existenz aufzufassen. Soziale Beziehungen sind ohne Selbstdarstellung und Rollenspiele nicht möglich. Die Selbstbeantwortung der folgenden Fragen mag das demonstrieren (vgl. Bergler 1989, S. 18):

- Wer macht nicht auch für sich selbst Werbung?
- Wer will sich nicht auch bei den richtigen Leuten in der richtigen Situation in das richtige Licht rücken?
- Wer will sich nicht selbst vorteilhaft darstellen?
- Wer stellt bei einer Bewerbung seine Nachteile in gleicher Weise dar wie seine Vorteile?
- Wer will nicht andere überzeugen?

Letztlich sind soziale Verhaltensweisen (Mimik, Gesten, Bekleidung, Kosmetik) Werbestrategien im Dienste konkreter Absichten. **Werbung ist immer der Versuch, Angebote attraktiv zu präsentieren** (vgl. Bergler 1989, S. 19). Werbung greift also im Prinzip nichts anderes auf als bestimmte Ausprägungen des menschlichen Verhaltens. Bereits 1927 definierte ein Lehrbuch Reklame als „praktisch angewandte Menschenkenntnis" (Halbert 1927, S. 11). Es ist also nicht ganz fair, der Werbung etwas vorzuwerfen, was im menschlichen Alltag gang und gäbe ist.

Der Wirkungsmechanismus der Werbung basiert also auf einem zutiefst menschlichen Phänomen (s. Kasten):

Weil wir wissen, dass Eindrücke unser Verhalten mitbestimmen, ist unser Verhalten anderen gegenüber immer auf Wirkung ausgerichtet. *Die Absicht, auf andere zu wirken, bestimmt unser Verhalten mit.*

1.2.4 Denkwelten der Werbung

Werbung gilt vielfach als vermeintlich einfache betriebswirtschaftliche Teildisziplin. Tatsächlich ist Werbung aber kein klassisches Lehrfach, da hier primär kein Faktenwissen vermittelt wird, **vielmehr ist Werbung in erster Linie eine Denkhaltung**, was den Zugang zu ihr nicht unbedingt erleichtert. Zielsetzung dieses Buches ist daher vor allem auch die Vermittlung „werbemäßigen" Denkens.

Werbemäßiges Denken beinhaltet im Wesentlichen:

- Das **Denken in Zielgruppen:** Werbung richtet sich in aller Regel nicht an alle, sondern fast immer nur an bestimmte Zielgruppen. Dies ist sicherlich die schwierigste Zugangsvoraussetzung, da es ein Hineinversetzen in die Denkwelten der Umworbenen bedingt. Die Zielgruppenorientierung der Werbung bedeutet, dass Werbebotschaften speziell auf Verständnis und Akzeptanz von bestimmten Personengruppen zugeschnit-

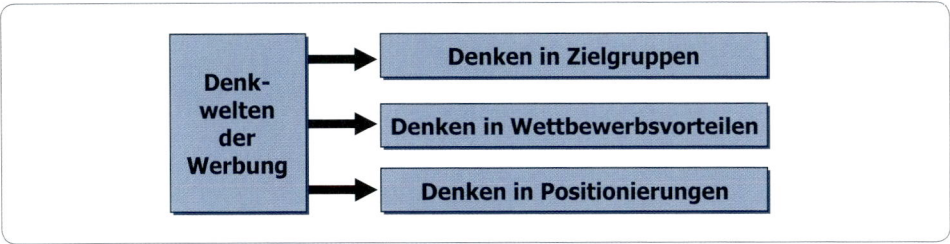

Abbildung 1-4: *Denkwelten der Werbung*

ten sind, die sich voneinander erheblich unterscheiden können und entsprechend auch unterschiedlich angesprochen werden müssen. Dafür ist es zwingend notwendig, die Wünsche und Bedürfnisse dieser Zielgruppen zu kennen. Werden Personen erreicht, die nicht zur Zielgruppe gehören, wird von **Streuverlusten** gesprochen: Werbung kann und soll hier keine Wirkung erzielen. Das subjektiv stark ausgeprägte Empfinden von Werbeüberflutung ist sicher zum Teil auch darin begründet, dass viele Verbraucher mit Werbung konfrontiert werden, die gar nicht an sie gerichtet ist.

- Das **Denken in Wettbewerbsvorteilen:** In Zeiten gesättigter Märkte sind Produkte und Leistungen weitgehend austauschbar. Damit Präferenzen für Angebote entstehen können, müssen diese mit einem Wettbewerbsvorteil ausgestattet sein, also einem Grund, warum die Zielgruppe diese den Wettbewerbsprodukten vorziehen soll. Diese Wettbewerbsvorteile sind fast immer eine reine kommunikative Leistung.

- Das **Denken in Positionierungen:** Eines der grundlegenden Marketing-Paradigmen ist die Differenzierung, was sich zwangsläufig aus dem Denken in Wettbewerbsvorteilen herleitet. Differenzierung heißt, das eigene Angebot so deutlich von den Angeboten der Wettbewerber abzugrenzen, dass es als möglichst eigenständig wahrgenommen wird, auch wenn es rein funktional völlig austauschbar ist. Die Differenzierung erfolgt in der Werbung über Positionierungen und mündet in der Ausgestaltung von Marken.

Das Denken in Zielgruppen, Wettbewerbsvorteilen und Positionierungen sind die herausragenden Charakteristika von Werbung, die sich als roter Faden durch dieses Buch ziehen.

1. 2 Der Kommunikationsprozess

Es wird oft beklagt, dass zu wenig miteinander kommuniziert wird, und darin die Ursache vieler Probleme zu sehen sei. Tatsächlich ist das Gegenteil der Fall. Heute ist die Kommunikation selbst das Problem. Wir leben in der ersten kommunikationsüberfluteten Gesellschaft der Menschheitsgeschichte.

Aufgabe der Kommunikation ist die Übermittlung von Botschaften zwischen Sender und Empfänger mit dem Ziel, den Empfänger in einer vom Sender gewünschten Weise zu beeinflussen (vgl. Meffert 2008, S. 632).

Die beiden wichtigsten Elemente des Kommunikationsprozesses sind **Sender** und **Empfänger:** Der Sender möchte dem Empfänger eine Botschaft übermitteln:

Abbildung 1-5: Grundmodell der Kommunikation

Dieses Grundmodell der Kommunikation lässt sich mit der von dem Kommunikationsforscher Lasswell geprägten Formel beschreiben:

Wer
sagt was
über welchen Weg
zu wem
mit welcher Wirkung.

Kommunikation ist die von einem Empfänger wahrgenommene Bedeutung dessen, was ein Sender zu vermitteln versucht. Das grundsätzliche Problem der Kommunikation liegt darin, dass die Botschaft vom Empfänger auch so verstanden wird, wie der Sender sie gemeint hat. Schon von der Wortbedeutung her (lat. communicare = gemeinschaftlich tun) ist Ziel der Kommunikation also ein gemeinsames Verständnis der Botschaft von Sender und Empfänger. Wenn unter Kommunikation der Austausch von **wechselseitig** verständlichen Informationen verstanden wird (vgl. Bergler 1989, S. 22), dann kann eine beabsichtigte Kommunikationswirkung nicht zustande kommen, wenn der Empfänger die Botschaft anders versteht, als der Sender sie gemeint hat. In einer informationsüberfluteten Gesellschaft ist dies relativ häufig der Fall.[4]

Tatsächlich ist der Kommunikationsprozess auch komplexer als in dem einfachen Grundmodell (vgl. Abbildung 1-6). Wenn Sender und Empfänger nicht unmittelbar miteinander kommunizieren können, muss der Sender Medien benutzen, um die Empfänger zu erreichen. Medien überbrücken gewissermaßen Zeit und Raum. Handelt es sich bei den Botschaften um Werbebotschaften, fungieren die Medien als Werbeträger. In dieser mittelbaren Kommunikation muss der Werbetreibende seine Botschaft an die medientypischen Gegebenheiten anpassen, d.h. verschlüsseln. Dabei muss der Sender genau wissen, wen er ansprechen und welche Wirkung er erreichen will. Er muss also seine Botschaft so verschlüsseln, dass sie vom Empfänger problemlos entschlüsselt werden kann.

Will beispielsweise ein Automobilhersteller die Botschaft übermitteln, dass der neue Dieselmotor sehr sparsam im Verbrauch ist, so wäre es relativ banal, dieses auch direkt so auszudrücken. Auf diese Weise wäre keine Differenzierung gegenüber den anderen Dieselmotorenherstellern zu erreichen, deren Motoren ebenfalls sehr sparsam im Verbrauch sind. Anstatt zu sagen: „Der neue Dieselmotor von *Audi* ist sehr sparsam im Verbrauch", hat *Audi* diese Botschaft verschlüsselt. *Audi* zeigt in einem Werbespot einen Geschäftsmann, der mit seiner Frau am Flughafen ankommt. Es erfolgt ein Fahrerwechsel, die Frau übernimmt den *Audi*, während er zu seinem Flug eilt. Die Frau ist mit dem neuen Wagen offensichtlich noch nicht gefahren, denn sie stellt einige typische Fragen, u.a. wo der Rückwärtsgang liege und schließlich wo der Tank sei. Während er alle Fragen sofort beantworten kann, weiß er auf die Frage nach dem Tank keine Antwort, man sieht ihn

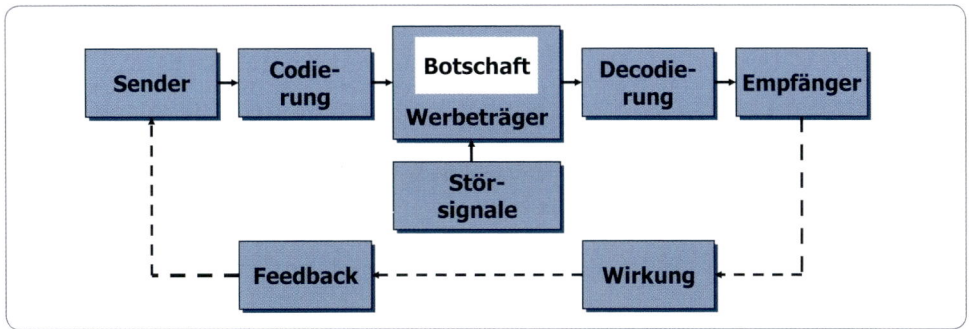

Abbildung 1-6: *Elemente im Kommunikationsprozess*
Vgl. Kotler/Keller/Bliemel: Marketing-Management, 12. Aufl., München 2007, S. 655

---

4 Aus Sicht der Kommunikationstheorie ist diese Einschränkung allerdings nicht zulässig, da Kommunikation auch dann stattfindet, wenn sie nicht absichtlich, bewusst und erfolgreich ist. Es gibt kein Gegenteil von Kommunikation, d.h. man kann nicht *nicht* kommunizieren. „Handeln oder Nichthandeln, Worte oder Schweigen haben alle Mitteilungscharakter: Sie beeinflussen andere, und diese anderen können ihrerseits nicht *nicht* auf diese Kommunikation reagieren und kommunizieren damit selbst." (Watzlawick/Beavin/Jackson 2000 S. 51).

vielmehr in ein tiefes Nachdenken versinken. Die Botschaft ist relativ einfach zu entschlüsseln: Der neue *Audi* verbraucht so wenig, dass man nur selten tanken muss.

Ein anderes Beispiel (vgl. Schruf 2007, S. 26): Einladung beim Außenminister, irgendwo im Fernen Osten. Es schüttet und stürmt, kein Mensch scheucht auch nur einen Hund vor die Tür. Das Essen ist angerichtet, aber ein Gast nach dem anderen sagt ab. Keine Chance, bei diesem Wetter durchzukommen. Allein der deutsche Botschafter erscheint pünktlich und hat netterweise noch ein paar Kollegen im Auto mitgebracht – einem *A8 Quattro*. Die eigentliche Botschaft – der *A8 Quattro* kommt selbst bei Bedingungen durch, bei denen andere (Status-) Limousinen versagen – wurde auch hier in intelligenter Weise verschlüsselt und dürfte von der Zielgruppe auch problemlos so verstanden werden, wie sie gemeint war.

> **Die Bedeutung der Werbebotschaft entsteht erst im Kopf des Empfängers. Dafür ist es notwendig, dass dieser die Botschaft richtig entschlüsseln kann.**

Auf die Botschaft und den Entschlüsselungsprozess wirken jedoch Störsignale ein, die dazu führen können, dass die Botschaft nicht richtig empfangen wird (vgl. Kotler/Keller/Bliemel 2007, S. 655):

- **Selektive Wahrnehmung:** Die Empfänger nehmen nicht alle übermittelten Signale wahr. Nicht alle wahrnehmbaren Reize sind für die Empfänger gleichermaßen wichtig, sie selektieren vielmehr die Informationen, die ihrer aktuellen Bedürfnislage und ihren Persönlichkeitsmerkmalen entsprechen. Die selektive Wahrnehmung wirkt gewissermaßen als ein Wahrnehmungsfilter, der angesichts der Informationsüberlastung bewirkt, dass nur die persönlich relevanten Informationen wahrgenommen werden.
- **Selektive Verzerrung:** Vorgefasste Einstellungen der Empfänger führen zu einer bestimmten Erwartungshaltung darüber, was die Botschaft bedeuten soll. Die Empfänger nehmen nur das wahr, was sie wahrnehmen wollen. Sie neigen dazu, der Botschaft etwas hinzuzufügen (**erweiternde Verzerrung**) oder etwas wegzulassen (**verdrängende Verzerrung**).
- **Selektive Erinnerung:** Die Empfänger speichern nur einen Teil der Botschaften, die sie erreichen, im Gedächtnis. Damit ist die Frage der **Informationsverarbeitung** angesprochen: Beschäftigt sich der Empfänger tatsächlich mit dem **Bedeutungsinhalt** der Botschaft?

Klassische Werbung beruht auf einseitiger **Push-Kommunikation,** d.h. „Markenbotschaften werden kontinuierlich und in hoher Frequenz ungefragt an möglichst viele ausgesendet, um bei den wenigen aktuell Kaufbereiten und Interessierten bekannt und präsent zu sein" (Franz, 2010, S. 28). Im Gegensatz dazu ist persönliche Kommunikation eine zweiseitige, interaktive Kommunikation mit Dialogcharakter. Klassische Werbung ist Massenkommunikation und durch unpersönliche Beziehungen zwischen Sender und Empfänger gekennzeichnet. Durch mangelndes Feedback vom Empfänger zum Sender sind für diesen die Reaktionen der Empfänger auch nicht unmittelbar transparent. Aber nur in einem wechselseitigen Kommunikationsprozess wäre ein Werbetreibender in der Lage, auf das Feedback der Empfänger reagieren zu können. Zur Erfassung der Kommunikationswirkungen wird daher von Modellannahmen ausgegangen.

Es wird zwischen ein-, zwei- und mehrstufiger Kommunikation unterschieden:

- Bei **einstufiger Kommunikation** tritt der Sender mit dem Empfänger direkt und unmittelbar in Kontakt.
- Werbebotschaften gelangen aber nicht nur durch die Massenmedien zu den Empfängern, sondern auch durch persönliche Gespräche. In diesem Fall handelt es sich um eine **zweistufige Kommunikation.** Die Beeinflussungswirkung durch persönliche

Gespräche mit Bekannten (Mund-zu-Mund-Propaganda, auch Word of Mouth) ist höher einzuschätzen als die durch Massenmedien. Die Personen, die in stärkerem Maß als andere um Rat gefragt werden und die stärker beeinflussen als andere, sind so genannte **Meinungsführer** (vgl. Kapitel 2.2.4.2). Persönlichen Ratschlägen von Meinungsführern wird mehr Vertrauen geschenkt als der Werbung. Wenn eine Bekannte von einem Waschmittel enttäuscht berichtet, werden auch die schönsten Werbefotos dieses Waschmittel nicht attraktiv erscheinen lassen. Im Marketing ist es wichtig, jeden einzelnen Käufer als potenziellen Meinungsmultiplikator zu betrachten.

- Die **mehrstufige Kommunikation** ist der Regelfall. Hierbei wird davon ausgegangen, dass das Zusammenwirken von ein- und zweistufiger Kommunikation das Verhalten beeinflusst.

Werbung versucht also durch eine Beeinflussung von Meinungen, beim Umworbenen eine Reaktion auszulösen. Die beabsichtigte Wirkung erfolgt i.d.R. allerdings nur mittelbar, damit ist auch nur eine indirekte Messung möglich. Da die Werbung als Spezialform der Massenkommunikation jedoch die Beeinflussung von Einstellungen in Bereichen von vergleichsweise untergeordneter Bedeutung anstrebt, nämlich bezüglich Marken und Produkten, wird ihr grundsätzlich ein höheres Wirkungspotential zugesprochen, als beispielsweise im Falle von Einstellungen über politische oder religiöse Fragen (vgl. Kroeber-Riel/Weinberg 2003, S. 598).

1. 3 Das Umfeld der Werbung

Werbung muss sich heute in einem äußerst komplexen und dynamischen Umfeld behaupten. Dieses Umfeld ist einerseits dadurch gekennzeichnet, dass dem Verbraucher neben der klassischen Unternehmenswerbung eine Vielzahl weiterer Informationsquellen zur Verfügung steht und er seine Kaufentscheidungen mit einem hohen Maß an Rationalität untermauern kann. Andererseits haben sich die Voraussetzungen auf der Kommunikations- und Marktseite so nachhaltig verändert, dass Werbung zu Anpassungsprozessen gezwungen war, um weiterhin Wirkung entfalten zu können.

1. 3.1 Marktverhältnisse im Wandel

Seit Mitte der 90er Jahre ist eine Entwicklung festzustellen, die die Marktverhältnisse grundlegend verändert. Entwicklungen in der Informationstechnologie und bei den interaktiven Medien kehren den Informationsfluss um und beeinflussen das Einkaufsverhalten (vgl. Abbildung 1-7). Aufgrund der zunehmenden Differenzierung der Medienlandschaft sieht sich das Marketing einer wachsenden Anzahl von Kommunikationskanälen gegenüber, in die Informationen zu Angeboten und Unternehmen fließen. Der Verbraucher wird dadurch in eine aktive Rolle bei der Informationssuche und -auswertung versetzt, die ihm eine bisher noch nie da gewesene Transparenz der Märkte verschaffen, was für Unternehmen einen Kontrollverlust ihrer Kommunikation gleichkommt. Gleichzeitig wird die Angebotsvielfalt zunehmend unübersichtlicher („Angebotschaos"), so dass der Verbraucher bei vielen Kaufentscheidungen überfordert ist und dabei die Komplexität durch Orientierung an Preis oder Marke reduziert.

> Am einfachen Beispiel des Neuwagenkaufs wird dies deutlich: Werbeversprechen lassen sich mit Fahrtests der Special-Interest-Medien und online verfügbaren individuellen Erfahrungsberichten anderer Kunden vergleichen. Unabhängige Vergleichstests legen das jeweilige Preis-Leistungs-Verhältnis offen. Der Kunde kann die Merkmale eines Neuwagens über eine Vielzahl von Informationskanälen finden und mit Angeboten anderer Automobilhersteller vergleichen. Für den Einzelnen eröffnen sich damit neue Möglichkeiten, eine

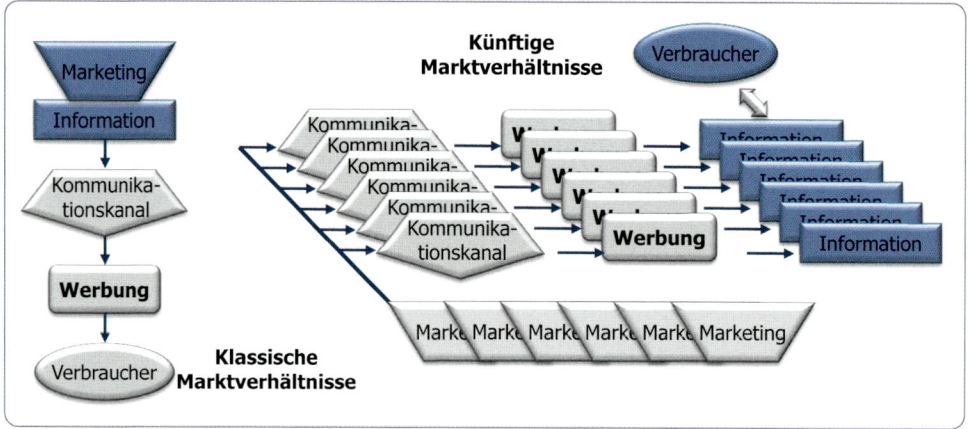

Abbildung 1-7: *Werbung im Wandel der Marktverhältnisse*

In Anlehnung an Mast/Huck/Güller: Kundenkommunikation, Stuttgart 2005, S. 9

Kaufentscheidung mit relativ geringem Aufwand auf einer soliden Informationsbasis zu treffen (Mast/Huck/Güller 2005, S. 10).

Da das Internet mittlerweile zu einem Massenmedium herangewachsen ist, stehen die Informationen prinzipiell allen zur Verfügung, wenngleich nicht alle diese Informationsmöglichkeiten in gleicher Weise nutzen. Die informationsorientierte „Verbraucherelite" wird jedoch zunehmend größer und weiß in vielen Fällen mehr über das Produkt als der Verkäufer. Insbesondere Soziale Netzwerke verleihen Verbrauchern „die Macht, ihre früher am Stammtisch geäußerten und dort verbliebenen Ansichten nun vor großem Publikum auszubreiten" (vgl. Korle, 2010, S. 35).

Zwar wird klassische Werbung auch in Zukunft der entscheidende Faktor beim Aufbau von Marken und Images bleiben. Allerdings ist zu erwarten, dass der Verbraucher seine starke Position im Hinblick auf Initiierung und Kontrolle der Informationsflüsse ausbauen und Werbeversprechen gegenüber zunehmend kritischer eingestellt sein wird.

Eine Einschätzung über die Bedeutung des Internet in der Unternehmenskommunikation gibt A. Lafley, der Vorstandsvorsitzende von *Procter & Gamble*:

„Das Internet gibt uns die Möglichkeit, eine viel engere Beziehung zu unseren Konsumenten aufzubauen". Das zahle sich vor allem bei so schwierigen Produktgruppen wie Damenhygiene aus. „Bislang hatten wir das Problem, dass Frauen und Mädchen in bestimmten Kulturen über das Thema nicht reden wollten und auch eine Ansprache durch klassische Werbung abgelehnt haben." Online können die Kundinnen hingegen selbst entscheiden, wann sie sich über die Marke informieren und die Angebote des Unternehmens in Anspruch nehmen wollen (O.V. 2008b, S. 16).

1. 3.2 Kommunikative Voraussetzungen

Von den kommunikativen Voraussetzungen her hat es Werbung heutzutage denkbar schwer, überhaupt wahrgenommen zu werden. Werbung trifft auf eine unübersehbare Flut konkurrierender Werbung. Jeden Tag kämpfen Tausende von Werbebotschaften um die Aufmerksamkeit des Verbrauchers. Wer von einem Radiowecker geweckt wird, zum Frühstück Zeitung liest, auf dem Weg in das Büro Radio hört und abends fernsieht, der nimmt am Tag etwa 3.000 Werbebotschaften auf.

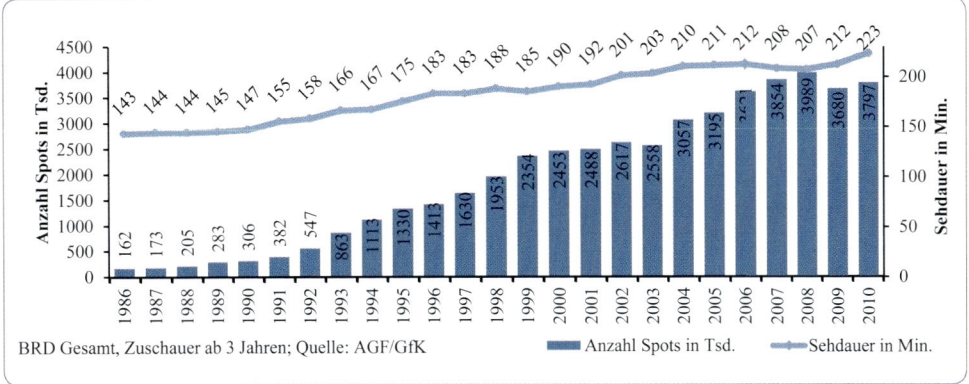

Abbildung 1-8: *Entwicklung der Anzahl der Werbespots und der Sehdauer in Deutschland*

Abbildung 1-8 zeigt die Entwicklung der Sehdauer und der Anzahl der im deutschen Fernsehen gesendeten Werbespots. Während die Sehdauer seit 1986 um annähernd 60 % zunahm, stieg die Anzahl Werbespots um über 2.000 %!, was natürlich in dem stark gestiegenen Angebot an Fernsehprogrammen begründet liegt. 2010 liefen rund 3,8 Millionen TV-Spots, d.h. im Durchschnitt mehr als 10.000 täglich.

Kroeber-Riel hat das Ausmaß an **Informationsüberlastung** untersucht, die er als den Anteil der nicht beachteten Information an den insgesamt dargebotenen Informationen definiert. Er fand heraus, dass der Leser einer Publikumszeitschrift etwa 35 bis 40 Sekunden aufwenden muss, um die Informationen aufzunehmen, die in einer durchschnittlichen Anzeige enthalten sind. Tatsächlich wenden sich die Leser einer Anzeige im Durchschnitt jedoch nur etwa 2 Sekunden zu. Die Informationsüberlastung durch gedruckte Werbung beträgt demnach mehr als 95 %, d.h. höchstens 5 % der dargebotenen Informationen erreichen den Empfänger (vgl. Kroeber-Riel/Esch 2004, S. 17). Diese Angaben sind nicht so zu verstehen, dass von jeder einzelnen Anzeige nur 5 % der Informationen aufgenommen werden. Vielmehr werden von den insgesamt in einer Ausgabe geschalteten Anzeigen nur 5 % aufgenommen. Es kann also sein, dass sich der Leser einer bestimmten Anzeige aufmerksam zuwendet und andere Anzeigen überhaupt nicht beachtet.

Werbung reagiert auf die Werbeüberflutung einerseits schlichtweg mit noch mehr Werbung, andererseits aber auch damit, dass sie in erster Linie mit Bildern kommuniziert. Abbildung 1-9 zeigt einige Anzeigenmotive des Verbands Deutscher Zeitschriftenverleger, die die Wirkung von Werbung in Zeitschriften demonstrieren soll. Es handelt sich dabei um sehr eigenständige Kampagnen mit einer unverwechselbaren Bildsprache. Zwar sind in diesen Motiven weder Markenlogos noch Produkte zu sehen, dennoch können die Marken *Krombacher*, *Lufthansa*, *Dove* und die *Post* eindeutig identifiziert werden.

Werbung hat sich der Informationsüberflutung aber nicht allein durch Verwendung prägnanter und aufmerksamkeitsstarker Bilder angepasst, sondern fordert den Betrachter von Werbung zum Denken auf. Vielfach erschließt sich die Bedeutung der Werbebotschaft erst durch einen, in aller Regel einfachen, Denkprozess. Abbildung 1-10 zeigt ein Beispiel. Zwischen den Werbebeispielen für Deodorants liegen 50 Jahre. Die Anzeige für den *Bac*-Stift von 1954 zeigt ein glückliches Pärchen, beide präsentieren völlig ungezwungen ihre Achselhöhlen. Seine Nase befindet sich sogar in unmittelbarer Nähe von ihrer Achselhöhle. Sie sind offensichtlich deshalb so unbefangen, weil sie das Deo verwenden und sicher sein können, keinen Körpergeruch zu verbreiten. In der *Rexona*-Anzeige sind noch nicht

Abbildung 1-9: *Bildkommunikation in der Werbung*

Abbildung 1-10: *Deodorant-Werbevergleich 1954–2004*

einmal Personen zu sehen, sondern der Elfmeter-Punkt eines Fußballfeldes. Was hat ein Fußballfeld mit einem Deo zu tun? Diese Frage muss der Betrachter beantworten, wenn er die Botschaft verstehen will. Die Anzeige hilft ihm dabei durch den Text, ohne den sie völlig unverständlich wäre: Fußball ist ein schweißtreibender Sport, aber *Rexona* schützt in den entscheidenden Momenten.

Werbung hat sich der Informationsüberflutung also dadurch angepasst, dass weniger sprachliche Informationen, sondern vor allem bildliche übermittelt werden und zusätzlich die Umworbenen auffordert, sich mit dem Bedeutungsgehalt der Werbebotschaft auseinanderzusetzen. Es ist ganz offensichtlich, dass dies nur dann funktionieren kann, wenn der Umworbene auch dazu bereit ist. Dies hängt einerseits davon ab, ob der Betrachter einen persönlichen Bezug zu dem Werbemotiv herstellen kann und andererseits davon, wie leicht der eigentliche Bedeutungsgehalt zu entschlüsseln ist.

Die Informationsaufnahme ist davon abhängig, ob Informationen über Bilder oder über Sprache vermittelt werden. „Um ein Bild von mittlerer Komplexität so aufzunehmen, dass es später wieder erkannt werden kann, sind 1,5 bis 2,5 Sekunden erforderlich. In der gleichen Zeit können ca. 10 Wörter aufgenommen werden" (Kroeber-Riel/Esch 2004, S. 153). Bilder werden im Gehirn nach anderen Regeln verarbeitet als sprachliche Informationen. Bilder haben eine sehr viel größere Unmittelbarkeit als Texte. Während Texten leicht widersprochen werden kann, ist dies bei Bildern kaum möglich.

Die vorrangig visuelle Orientierung des menschlichen Gehirns hängt vor allem auch damit zusammen, dass sich die Sprache erst vor maximal 100.000 Jahren entwickelt hat.

Das menschliche Gehirn ist in zwei Hemisphären unterteilt:

1. In der linken Gehirnhälfte erfolgt die **rationale** Steuerung des Verhaltens. Sie dient zur Verarbeitung von sprachlichen Informationen. Die hier erfolgende Informationsverarbeitung lässt sich als **digital** bezeichnen.
2. In der rechten Gehirnhälfte erfolgt die **emotionale** Steuerung des Verhaltens. Sie dient zur Verarbeitung von bildlichen Informationen. Hier erfolgt die Informationsverarbeitung **analog**.

Beide Gehirnhälften stehen in enger Wechselbeziehung: Bilder lösen auch sprachliche Assoziationen aus, ebenso wie Sprache auch bildliche Assoziationen auslöst. Für die Werbung heißt das, dass mit Sprache i.d.R. rational zu argumentieren und mit Bildern emotional zu beeindrucken ist. Bilder in der Werbung zeigen daher auch meist nicht, wie Sachverhalte sind, sondern wie sie sein sollten oder können, wenn das Angebot genutzt wird.

Grundsätzlich gibt es zwei verschiedene Arten, in denen Objekte zum Gegenstand von Kommunikation werden können: Sie lassen sich entweder durch eine Analogie oder durch einen Namen (= digital) ausdrücken. Namen sind Worte, die nur eine rein zufällige oder willkürliche Beziehung zu dem damit ausgedrückten Gegenstand haben.

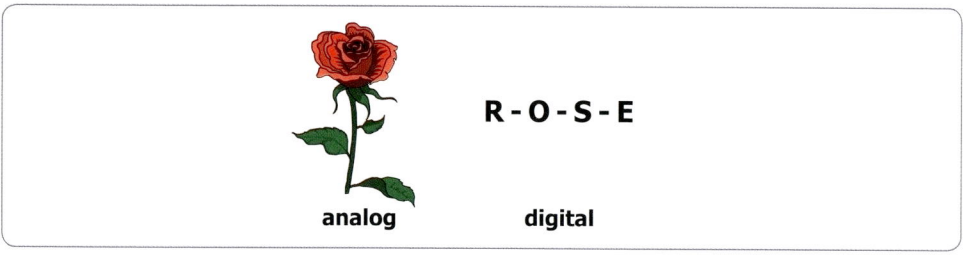

R-O-S-E

analog   **digital**

Abbildung 1-11: Analoge und digitale Kommunikation

Es gibt keinen zwingenden Grund, weshalb die Buchstaben R, o, s und e in dieser Reihenfolge eine bestimmte Blume benennen sollen. Es besteht lediglich ein Übereinkommen für diese Beziehung zwischen Wort und Objekt. Das Wort Rose an sich hat nichts besonders „rosenartiges". Dagegen liegt es im Wesen einer Analogie, dass sie eine grundsätzliche Ähnlichkeitsbeziehung zu dem Gegenstand hat, zu dem sie steht. Das reine Hören einer unbekannten Sprache kann nicht zum Verständnis führen, Ausdrucksgebärden hingegen schon.

Nur im menschlichen Bereich finden sowohl analoge als auch digitale Kommunikation Anwendung. Ein Hund versteht seinen Herrn nicht durch dessen Worte, sondern durch Analogiekommunikationen, die im Ton, der Sprache und der Gestik enthalten sind.

Grundsätzlich lässt sich sagen, dass immer dann, wenn es um Beziehungen geht, digitale Kommunikation fast bedeutungslos wird. Da jede Kommunikation einen Inhalts- und einen Beziehungsaspekt hat, kann man vermuten, dass der Inhaltsaspekt digital und der Beziehungsaspekt vorwiegend analog übermittelt wird.

Digitale Informationen sind viel komplexer und vielseitiger als analoge. Der Ausdruck abstrakter Begriffe ist in analoger Kommunikation sehr schwierig, wenn nicht unmöglich. In der Analogiekommunikation gibt es keine Negation, d.h. keinen Ausdruck für „nicht".

Analogiekommunikation enthält keine Hinweise darauf, welche von zwei widersprüchlichen Bedeutungen gemeint ist. Beispielsweise gibt es Tränen der Freude und des Schmerzes, ein Lächeln kann Sympathie oder Verachtung, Zurückhaltung kann Takt oder Gleichgültigkeit ausdrücken. Analoge Kommunikation unterscheidet auch nicht klar zwischen Vergangenheit, Gegenwart oder Zukunft. Dafür besitzt digitale Kommunikation kein ausreichendes Vokabular zur klaren Definition von Beziehungen.

Menschliche Kommunikation im Allgemeinen und Werbung im Speziellen steht also vor der Notwendigkeit, von der einen Kommunikationsform in die andere zu übersetzen. Da in der analogen Kommunikation viele Verbindungselemente der digitalen Sprache fehlen, müssen diese Elemente vom Übersetzer beigesteuert werden. Der Sender analoger Botschaften muss also versuchen, digitale Entsprechungen zu finden, die dem Empfänger eine Übersetzung der vom Sender gemeinten Bedeutungsinhalte erleichtern. Im Zweifel werden Sender und Empfänger dazu neigen, die Digitalisierungen so vorzunehmen, wie sie aus ihrer Sicht der Beziehung entsprechen, die damit aber nicht notwendigerweise der Sicht des Partners zu entsprechen brauchen. Beispielsweise ist ein Geschenk eine analoge Mitteilung. Ob der Beschenkte darin jedoch einen Ausdruck der Zuneigung, eine Bestechung oder ein schlechtes Gewissen sieht, hängt davon ab, wie er seine Beziehung zum Schenkenden definiert (vgl. Watzlawick/Beavin/Jackson 2000, S. 62 ff.).

Da insbesondere emotionale Werbung überwiegend analoge Kommunikation darstellt, sind hier digitale „Übersetzungshilfen" notwendig, um kommunikative Missverständnisse zwischen Sender und Empfänger zu vermeiden.

Angenommen, der Lebenspartner sagt: „Der Tank unseres Wagens ist leer". Dann ist dies zunächst einmal eine Information, die aber unterschiedliche Bedeutungen haben kann:

- Ein Appell: „Füll den Tank auf".
- Ein Vorwurf: „Du hast vergessen, den Tank aufzufüllen".
- Eine Unzufriedenheit über den Verbrauch: „Der Tank ist schon wieder leer".

Erst zusammen mit der Tonalität, der Stimmlage oder der Mimik kann die tatsächlich gemeinte Bedeutung der Aussage richtig verstanden werden (vgl. Scheier/Held 2006, S. 34).

Als Beispiel für digitale und analoge Informationsverarbeitung soll folgender Satz dienen (vgl. Birkenbiehl 1991, S. 29):

> „Ein Zweibein sitzt auf einem Dreibein und isst ein Einbein. Da kommt ein Vierbein und nimmt dem Zweibein das Einbein weg. Da nimmt das Zweibein das Dreibein und schlägt das Vierbein."

Die rein sprachliche, also digitale Verarbeitung dieser Geschichte ist einigermaßen schwierig, das Auswendiglernen mühevoll. Wird die Geschichte jedoch bildlich, also analog verarbeitet, offenbart sich ihr Inhalt sofort: Ein Mensch (Zweibein) sitzt auf einem Schemel (Dreibein) und isst eine Hühnerkeule (Einbein). Ein Hund (Vierbein) kommt hinzu und schnappt sich die Hühnerkeule, worauf der Mensch den Hund mit dem Schemel schlägt und sie sich zurückholt.

Bildinformationen eignen sich vor allem bei wenig involvierten und passiven Zuschauern, eine Situation, die für die Werbung als der Normalfall anzusehen ist.

Die „Macht der Bilder" sei an folgendem Beispiel demonstriert. 1986 wurde von der Zeitschrift „Stern" eine Ausstellung organisiert, die sich „Bilder im Kopf" nannte. Gezeigt

> **In der Werbung ist Sprache im Allgemeinen nicht sehr effizient, da sie Aufmerksamkeit und bewusste Zuwendung erfordert, die in der konkreten Werbesituation häufig nicht gegeben ist: *Werbung ist Sekundenkommunikation* (vgl. Scheier/Held 2007, S, 47 f.).**

wurden jedoch keine Bilder, sondern nur Bildbeschreibungen von Fotos, die um die Welt gegangen sind. Die Bilder erschienen im Kopf des Betrachters. Obwohl de facto nur weiße Schrift auf schwarzem Hintergrund gesehen wurde, konnten diejenigen Personen, denen die Bilder bekannt waren, diese sofort mit dem Text assoziieren (vgl. Abbildung 1-12).

Abbildung 1-12: *„Bilder im Kopf"*

Vgl. Stern (Hrsg.): Bilder im Kopf, Hamburg 1987

Eine Konsequenz der Informationsüberlastung ist, dass sich die Werbung vor allem auf Bildkommunikation konzentriert, insbesondere dann, wenn es um die Vermittlung emotionaler Erlebniswelten geht.

Der Medienwissenschaftler Postman sieht allerdings auch eine gesellschaftliche Konsequenz: Bildkommunikation bestimmt zunehmend die Erwartungen, die an **jede** Form der Informationsübermittlung gestellt werden. Die Informationsüberlastung veranlasse die Menschen dazu, vor allem die Informationen aufzunehmen, die auffallend und einprägsam dargeboten werden. Unterhaltung werde zum natürlichen Rahmen für die Vermittlung von Informationen. „Problematisch am Fernsehen ist nicht, dass es uns unterhaltsame Themen präsentiert, problematisch ist, dass es jedes Thema als Unterhaltung präsentiert" (Postman 1985, S. 110).

1. 3.3 Marktvoraussetzungen

1. 3.3.1 Wettbewerbsvorteile

In Abhängigkeit vom Produktlebenszyklus und den entsprechenden Marktvoraussetzungen, auf die Werbung trifft, muss sie unterschiedliche Funktionen erfüllen:

- In der Einführungsphase verfolgt Werbung vorrangig das Ziel der Bekanntmachung des neuen Produktes in der Zielgruppe. Geläufig ist für die erstmalige Werbung die Bezeichnung **Einführungswerbung**.
- Je mehr sich ein Produkt gegen Wettbewerbsprodukte behaupten muss, desto stärker tritt die Differenzierungsfunktion der Werbung in den Vordergrund: Das Herausstellen der rationalen oder emotionalen Vorteils- bzw. Nutzendimension des Produktes.

Gesättigte Märkte sind für das heutige Marketing als typisch anzusehen. Sie sind durch stagnierende oder negative Wachstumsraten gekennzeichnet. Während sich auf expandierenden Märkten das Marktwachstum auf die Wettbewerber verteilt, jeder Wettbewerber also Umsatzzuwächse auch ohne Marktanteilswachstum erzielen kann, sind auf gesättigten Märkten Umsatzsteigerungen nur auf Kosten der Wettbewerber erzielbar. Ziel ist hier eine Verschiebung der Marktanteile. Das führt zu einer hohen Wettbewerbsintensität, da Erfolge eines Wettbewerbers für die anderen Wettbewerber unmittelbar spürbar sind. In einer solchen Situation überleben nur die starken Wettbewerber, die Schwachen werden zum Marktaustritt gezwungen, ein Neuzugang von Wettbewerbern erfolgt nicht mehr. Wettbewerb zielt hier auf Verdrängung der Konkurrenten.

Heute sind die meisten Haushalte mit langlebigen Gebrauchsgütern, wie Kühlschränke und Fernseher, ausgestattet. Nachfrage erfolgt hier vor allem als Ersatzbedarf. Typische gesättigte Märkte sind z.B. bei Bier, Zigaretten, Banken oder Kaffee zu sehen. Gesättigte Märkte sind durch austauschbare Produkte gekennzeichnet. Die Produkte sind ausgereift, Innovationen sind selten. Die Produkte haben keine spezifischen Vorteile mehr, die sie von denen der Konkurrenz unterscheiden. Für gesättigte Märkte ist funktionale Homogenität und mangelnde Differenzierung der Produkte als typisch anzusehen.

> Bei der Firma *Jacobs Kaffee* hat man sich seinerzeit viele Gedanken darüber gemacht, was denn bei einem Kaffee das Wichtigste ist und fand heraus, dass es nicht der Geschmack ist, sondern das Aroma. Also wurde für die *Krönung* das Aroma gewissermaßen „gepachtet". Das hat so gut funktioniert, dass mittlerweile „Aroma" genau so automatisch mit der *Krönung* verbunden wird, wie der Cowboy mit der *Marlboro*. Insofern ist es kein Zufall, dass kein anderer Kaffee mit dem Aroma beworben wird und keine andere Zigarette mit einem Cowboy und dem Geschmack von Freiheit und Abenteuer, da dies zwangsläufig mit der *Krönung* bzw. der *Marlboro* assoziiert würde.

Funktionale Austauschbarkeit von Produkten bedeutet, dass auch die Qualität der Produkte austauschbar ist und als Selbstverständlichkeit vorausgesetzt werden kann. Wenn aber die Qualität der Produkte austauschbar ist, dann ist auch die produktbezogene Argumentation der Hersteller über die Eigenschaften der Produkte austauschbar. Rein vom Produkt her lässt sich über „*Jacobs Krönung*" nichts wesentlich anderes sagen als über „*Tchibo Beste Bohne*". Im Prinzip gilt dies auch für *Maggi* und *Knorr* bzw. für den Harz und den Schwarzwald. Positionierung auf gesättigten Märkten erfolgt daher zunehmend nach der Devise: „Erlebnisprofil statt Sachprofil" (Kroeber-Riel/Esch 2004, S. 77). Das „Verwöhnaroma" der *Krönung* ist eine Alleinstellung, die nicht auf einer Sach-, sondern auf einer Erlebnisdimension beruht.

Zentraler Bestandteil des strategischen Marketing ist der Aufbau und die Absicherung von **Wettbewerbsvorteilen**. Wettbewerbsvorteile sind grundsätzlich aus der Sicht des Verbrauchers zu beurteilen, danach, welchen zusätzlichen Nutzen sie für den Verbraucher darstellen. Ein Wettbewerbsvorteil ist dann gegeben, wenn im Urteil des Verbrauchers ein Produkt seine Bedürfnisse besser befriedigt als das Konkurrenzprodukt. Nur mit einem Wettbewerbsvorteil ist ein Unternehmen in der Lage, sich klar und eindeutig von seinen Wettbewerbern zu unterscheiden und dem Verbraucher einen nachvollziehbaren Grund zu bieten, warum er die Produkte des Unternehmens denen seiner Wettbewerber vorziehen soll. Ohne Wettbewerbsvorteil sind die Produkte austauschbar. Auf gesättigten Märkten sind die Produkte ausgereift und in ihren funktionalen Eigenschaften austauschbar. Daher muss ein Wettbewerbsvorteil nicht in einem konkreten Produktvorteil liegen, sondern kann auch immaterieller Art sein und in der Positionierung des Produktes begründet liegen.

 Ausgangspunkt für jede Marketingstrategie ist immer ein Wettbewerbsvorteil, der die Frage beantwortet, warum der Verbraucher dieses Produkt kaufen und es damit allen anderen Produkten vorziehen soll.

Die Orientierung an den Bedürfnissen der Verbraucher beruht auf der Annahme, dass der Verbraucher nach Nutzenmaximierung strebt. Der Verbraucher kauft niemals ein Produkt als solches, sondern immer einen bestimmten Nutzen, Vorteil bzw. Imagewert, der für ihn ganz persönlich wichtig ist. Die Entscheidung für eine konkrete Alternative wird i.d.R. auch davon abhängig gemacht, inwieweit sie individuelle Bedürfnisse vermutlich besser befriedigt als andere Alternativen.

Das Grundproblem im heutigen Marketing besteht darin, das eigene Angebot so von den Wettbewerbsangeboten zu differenzieren, dass es die **Präferenzen** der Konsumenten besser trifft. Die Präferenzen der Konsumenten beruhen häufig genug nicht allein auf objektiven, rationalen Unterschieden in den Angeboten. Wenn Angebote funktional identisch sind, müssen Präferenzen aufgrund von subjektiven, emotionalen Unterschieden geschaffen werden. Dieses Grundprinzip ist bei der Wahl der Kaffeemarke, der Bank oder des Urlaubszieles grundsätzlich das gleiche. **Bei austauschbaren Produkten begründet allein die Werbung den Unterschied zwischen den Marken.**

Auf dem Marktplatz eines Dorfes haben drei Eierverkäufer einen festen Standplatz. Jeder von ihnen verkauft die Eier zum Stückpreis von 25 Cent. Für die Drei ist die Welt in Ordnung, bis auf die Tatsache, dass jeder eigentlich gerne mehr Eier verkaufen möchte als die anderen. Eines Tages belegt einer der Eierverkäufer in der Volkshochschule einen Kursus über Marketing und es dauert nicht lange, bis er an seinem Stand ein Schild anbringt: „**Frische** Eier, das Stück 26 Cent". Die Reaktion der anderen Eierverkäufer bleibt nicht aus. Der Zweite verkauft am nächsten Tag „Frische **Land**eier, das Stück 27 Cent", der Dritte reagiert mit „Frische Landeier von freilaufenden und glücklichen Hühnern, das Stück 28 Cent".

In dem Beispiel boten die Verkäufer „vor Marketing" das identische Produkt zum selben Preis an. Für den Käufer gab es keinen Grund, bei einem bestimmten Verkäufer zu kaufen. Die Wahl des Verkäufers erfolgte also rein zufällig, die Käufer konnten keine Präferenzen für irgendeinen Verkäufer entwickeln.

Es ist sprichwörtlich, dass sich kaum etwas so gleicht, wie ein Ei dem anderen. An den Eiern hat sich nichts verändert, es sind nach wie vor die gleichen. Sie wurden aber mit Attributen belegt, von denen die Verkäufer glauben, dass sie für die Käufer von Eiern wichtig sind. Ein frisches Ei ist in der **Anmutung** nun einmal etwas anderes als ein Ei, und ein frisches Landei etwas anderes als ein frisches Ei.

Jeder der Eierverkäufer hat versucht, sich einen **Wettbewerbsvorteil** zu verschaffen, indem er die von ihm verkauften Eier gegenüber denen seiner Konkurrenten **differenziert** hat. Der Erste hat einen Prozess in Gang gesetzt, in dessen Verlauf die anderen gezwungen wurden zu reagieren. Gleichzeitig wurde auch eine höhere Wertschöpfung erreicht, denn die Eier haben sich von 25 auf 28 Cent verteuert. (Die höhere Wertschöpfung ist allerdings kein konstituierendes Merkmal des Wettbewerbs, im Gegenteil, häufig sind sinkende Preise die Folge. In dem Beispiel bleibt allerdings zu fragen, ob denn eine Differenzierung bei gleichen Preisen glaubhaft wäre: Muss ein frisches Landei nicht mehr kosten als ein Ei?)

 Wettbewerbsvorteile lassen sich nur dann erzielen, wenn es gelingt, sein eigenes Angebot von dem der Wettbewerber zu differenzieren.

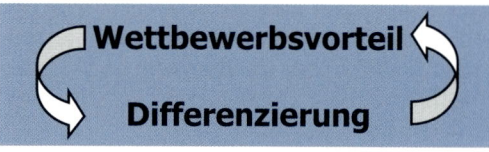

Die Vorteile dieser werblichen Differenzierung werden besonders deutlich, wenn auf sie verzichtet würde. Bei austauschbaren Produkten ist die Wahrscheinlichkeit hoch, dass sich die Anbieter auf einen Preiswettbewerb einlassen und den Absatz dadurch zu steigern versuchen, indem sie sich gegenseitig im Preis unterbieten.

1. 3.3.2 Werbliche Differenzierungsansätze

Die auf gesättigten Märkten zwangsläufig gegebene Suche nach Wettbewerbsvorteilen, d.h. die Beantwortung der fundamentalen Frage: „Warum soll der Verbraucher mein

Produkt kaufen?", hat erheblich das so genannte **strategische** Marketing vorangetrieben.

Ziel des strategischen Marketing ist die **Differenzierung** des eigenen Angebotes von den Wettbewerbsangeboten. Differenzierung kann erreicht werden durch eine Alleinstellung, die sich aus dem Produkt heraus begründet. Diese Alleinstellung wird als **USP** bezeichnet, als „unique selling proposition", d.h. durch Individualisierung und Profilierung des Produktes wurde eine Einzigartigkeit und Unverwechselbarkeit erreicht, die es eindeutig von allen anderen Produkten unterscheidet und somit einen Wettbewerbsvorteil begründet. Auf gesättigten Märkten wird der USP häufig durch einen **UAP** ersetzt, einer „unique advertising proposition". Das Produkt soll sich durch eine einzigartige werbliche Darstellung von den Konkurrenzprodukten unterscheiden, d.h. Differenzierung erfolgt über Erlebniswerte (vgl. Abbildung 1-13).

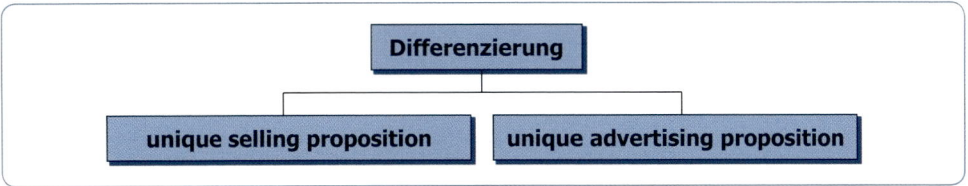

Abbildung 1-13: *Differenzierungsmöglichkeiten*

Mit einem USP ist ein Werbetreibender in der Lage, sein Angebot mit einem Superlativ zu belegen, den kein Wettbewerber für sich in Anspruch nehmen kann. Auf gesättigten Märkten sind USP allerdings eher die Ausnahme. Beispiele: „*Persil* ist das einzige Waschmittel mit Megaperls", „*Dyson* ist der einzige Staubsauger mit konstanter Saugkraft", *Gillette Mach3*, der einzige Rasierer mit 3 Klingen, *Kinder* Schokolade, die einzige Schokolade mit der Extra-Portion Milch. Derartige Alleinstellungen sind nur dann sinnvoll, wenn sie beweisbar und von Dauer sind, Wettbewerber also nicht ohne weiteres diesen Vorteil kopieren können. Beispielsweise ist das 3-Liter-Auto nur solange ein USP, wie nicht andere Hersteller ebenfalls einen entsprechenden Motor anbieten.

Sehr viel anspruchsvoller und herausfordernder ist die rein werbliche Differenzierung über einen UAP. Hier beruht die Differenzierung auf einem Wettbewerbsvorteil, den das Produkt allein durch die Werbung erhält („Die wahrscheinlich längste Praline der Welt"). Dies unterstreicht die herausragende Bedeutung der Werbung für den Wettbewerb: Auf gesättigten Märkten ist es vor allem die Werbung, die Wettbewerbsvorteile kreieren kann. Um es nochmals zu verdeutlichen: Das „Verwöhnaroma" ist eine reine Marketingleistung. Nur dadurch unterscheidet sich die *Krönung* von allen anderen Kaffees.

Ein dem französischen Philosophen Buridan zugeschriebenes Gleichnis beschreibt einen Esel, der nach einem arbeitsreichen Tag hungrig in den heimischen Hof zurückkehrt und zwischen zwei gleichen Heuhaufen stehen bleibt. Nach Buridan wird dieser Esel verhungern, weil er sich nicht für einen der Heuhaufen entscheiden kann. Stünde bei einem Heuhaufen jedoch ein Eimer Wasser, dann hätte dieser Heuhaufen gewissermaßen einen USP, und die Entscheidung würde dem Esel leicht fallen. Die Entscheidung wäre aber wahrscheinlich auch dann eindeutig, wenn einer der Heuhaufen im Schatten liegen und der andere von der Abendsonne beschienen würde. Der Heuhaufen bleibt objektiv genau der gleiche wie der benachbarte. Aber er **erscheint** dem Esel anders (vgl. Kloss 1986, S. 509 f.).

Da sich auf gesättigten Märkten Anbieter kaum noch auf objektive Leistungsvorteile gegenüber ihrer Konkurrenz berufen können, sind hier nicht nur die Produkte, sondern häufig auch die Werbung für diese Produkte austauschbar (vgl. Kroeber-Riel/Esch 2004,

> **Wenn das Produkt schon keinen objektiven Vorteil gegenüber einem Konkurrenzprodukt hat, muss man ihm eben einen Vorteil *beilegen*.**

S. 26). Die Informationsfunktion der Werbung steht hier nicht im Vordergrund, Werbung auf gesättigten Märkten kommt vielfach ohne jede Information aus. Da die Informationen über die Produkte austauschbar sind, ist es auch nicht unbedingt sinnvoll, mit ihnen zu werben. Je austauschbarer die Produkte sind, desto geringer ist der Informationsbedarf der Konsumenten über sie.

Die Funktion, die Werbung unter einem langfristigen strategischen Aspekt auf gesättigten Märkten einnimmt, lässt sich als „strategischer Imperativ" formulieren (vgl. Kloss 2003, S. 22):

> **Strategischer Imperativ der Werbung: *Werbung muss den Unterschied zum Wettbewerb aufzeigen!***

Die strategische Konzeption der Werbung hilft, einen der größten Fehler zu vermeiden, nämlich austauschbare Werbemittel. Werbung kann zur Profilierung der eigenen Marke dann nicht beitragen, wenn sie sich schon rein formal nicht von der Konkurrenzwerbung unterscheidet. Dieses Phänomen findet sich häufig im Bereich von Düften und Bekleidung. Werden die Markenlogos abgedeckt, ist die Marke praktisch nicht mehr zu erkennen (vgl. Abbildung 1-14).

Ein Produkt, das heute im Lebensmittelhandel neu eingeführt wird, konkurriert in einem Verbrauchermarkt mit ca. 60.000 anderen Produkten. Dies verdeutlicht die Notwendigkeit zu einem differenzierenden Wettbewerbsvorteil. Die Frage, wie sich eine Marke von den Wettbewerbsmarken differenziert, erhält somit eine fundamentale Bedeutung.

Auf gesättigten Märkten ist Werbung der wesentliche Marketing-Mix-Faktor zur Differenzierung. Eine Differenzierung allein über den Preis ist für Unternehmen, die langfristige Positionierungen aufgebaut haben, eher als Ausnahme zu betrachten. Auf der Handelsseite besitzt der Preis hingegen einen entscheidenden Stellenwert.

Werbung versucht, Marken über Erlebniswelten von Wettbewerbsmarken zu differenzieren. Als besonders wirkungsvoll sind dafür solche Welten anzusehen, von denen die Verbraucher fasziniert werden. Werbung soll die Faszinationskraft von Marken an solche Erlebniswelten binden, die Menschen bewegen (vgl. Abbildung 1-15).

> Aber welche Erlebniswelten sind dies? Die Vielzahl der Werthaltungen und Interessen lässt sich zu fünf Kerndimensionen der menschlichen Wünsche verdichten. Dies sind die „Ziele der Sehnsucht", zu deren – meist wohl eher virtuellem Erreichen – Marken durch ihre Aura beitragen können.
>
> Von ihnen hat **Harmonie** den größten Reiz: Friede Freundschaft, Glück, Partnerschaft, Gesundheit, Gelassenheit werden in höchstem Maße als faszinierend erlebt – oft auch, weil man im eigenen Leben manches davon vermisst. Ähnliches dürfte für **Home** gelten, die Wunschdimension, die mit einem Faszinationsgrad von 6,8 auf der bis 10 reichenden Faszinationsskala an zweiter Position rangiert. Sind Home und Harmony eher „stille" Wünsche, so dürfen Power, Drive und Dreams als „bewegtere" gelten. Power kann als Resultat von Drive verstanden werden: Macht, Geld Erfolg und Luxus werden durch Spannkraft, Intelligenz und Engagement gewonnen. Dabei mag der Angestellte von Macht und der Müde von Leistung schwärmen – nicht zuletzt aus der Spannung zwischen Sein und Möchten speist sich Faszination. Kein Wunder, dass diese Spannung gerade bei Dreams besteht. (...)
>
> Es sind zwei Markengruppen, die stets an der Spitze der Faszinationshierarchie rangieren: Non-Government-Organisations und Automobile. Ärzte ohne Grenzen, SOS-Kinderdorf und Brot für die Welt üben dabei auf Frauen, *Porsche*, *BMW* und *Mercedes* auf Männer

Abbildung 1-14: *Beispiele für austauschbare Werbung*

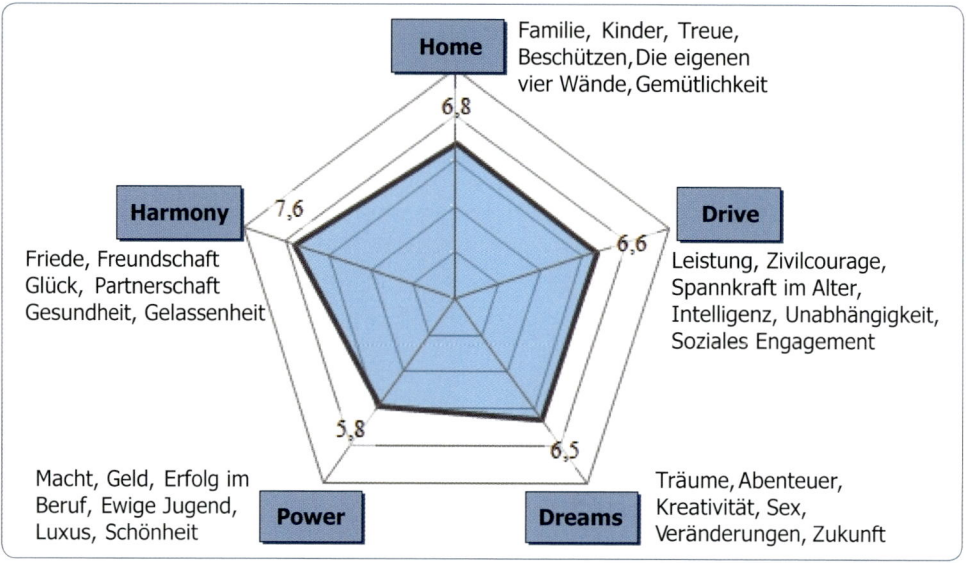

Abbildung 1-15: *Faszinationsdimensionen*

Vgl. Franke: Zwischen Harmonie und Macht – die Ziele der Sehnsucht, in: Absatzwirtschaft Sonderausgabe 2007, S. 35

erhöhte Anziehung aus. Stabilität im Zeitverlauf gilt auch für das untere Ende der Hierarchie: Versicherungen, Banken und andere Finanzdienstleister gehören konstant zu den Faszinationsschlusslichtern. Das trifft auch für Energieversorger zu.

Die Branche oder das Wirtschaftssegment, zu dem eine Marke gehört, beeinflusst also in erheblichem Maße ihren Faszinationsgrad. Dieser kann sich innerhalb weniger Jahre ganz erheblich ändern. *Google*, *Ebay* und *Amazon* gehören zu den Brands, die gegenüber der Vorgängerstudie von 2004 markant an Faszination zulegten (Franke 2007, S. 35 f.).

Für Differenzierungsansätze steht der Werbung also ein breites Spektrum von psychologischen Ansätzen zur Verfügung.

1. 4 Effizienz- und Effektivitätsaspekte der Werbung

Die Konsequenzen aus den beschriebenen kommunikativen Bedingungen, unter denen Werbung heute erfolgt, seien exemplarisch am Beispiel des deutschen Fernsehmarktes beschrieben.

Die Überführung des deutschen Fernsehmarktes von einem öffentlich-rechtlichen Monopol in einen Wettbewerbsmarkt führte seit 1984 dazu, dass für viele Werbetreibende Fernsehwerbung überhaupt erst möglich wurde. Gleichzeitig verteilten sich die Zuschauer nun auf eine größere Anzahl von Sendern.

Dies hatte zwei Konsequenzen:

1. Der Wettbewerb um die Gunst der Zuschauer wurde intensiver durch eine höhere Zahl von Werbetreibenden und eine größere Anzahl von Werbespots. Die Sehdauer hingegen stieg nur unterproportional. Die Überflutung der Zuschauer mit Fernsehwerbung führte zu Phänomenen wie „Zapping", die die Effizienz der Fernsehwerbung in Frage stellen.

2. Werbung wurde teurer: Um die gleichen Zuschauerreichweiten zu erzielen, mussten die Werbeetats überproportional erhöht und eine höhere Zahl an Sendern gebucht werden. Dies erhöhte für die Werbetreibenden die Notwendigkeit des ökonomischeren Umgangs mit ihren Etats.

Die beiden Faktoren führten dazu, dass die Mediaplanung nicht mehr nur unter **Effizienz**aspekten, sondern zunehmend unter **Effektivität**saspekten erfolgte. D.h. neben die Betrachtung des Preis-Leistungsverhältnisses trat als weiteres Kriterium der **Werbewirkungsaspekt**.

Die Begriffe Effizienz und Effektivität werden in der wissenschaftlichen Literatur nicht einheitlich verwendet. Im Rahmen der Wirtschaftswissenschaften sind es vor allem die Organisations- und Managementtheorie, die diese Begriffe zum Erfahrungsgegenstand haben.

Die begriffliche Trennung stammt aus dem amerikanischen Sprachraum, in dem die Unterscheidung von *effectiveness* und *efficiency* vorgenommen wird, die auch Eingang in den deutschen Sprachraum gefunden hat. In dieser Trennung wird unter **Effektivität** eine Maßgröße für die **Zielerreichung** (output) verstanden und unter **Effizienz** eine Maßgröße für die **Wirtschaftlichkeit** (output/input-Relation) (vgl. Scholz 1992, Spalte 533 ff.). Sprachlich eingängiger wird Effizienz auch verstanden als „doing things right" und Effektivität entsprechend als „doing the right things" (vgl. Steinmann/Schreyögg 1993, S. 53). **Effizienz** lässt sich also als **quantitatives, ökonomisches** Maß der Wirtschaftlichkeit gegenüber **Effektivität** als **qualitatives, außerökonomisches** Maß für die Zielerreichung abgrenzen.

Effektivität ist allerdings ein „a priori unscharfes Konstrukt,

- dessen Geltungsbereich zu bestimmen ist (Worin äußert sich Effektivität?),
- für das Effektivitätsindikatoren abzuleiten und zu operationalisieren sind (Wie misst man Effektivität?) und
- für das Effektivitätsprädiktoren zu bestimmen und zuzuordnen sind (Wie entsteht Effektivität?)" (Scholz 1992, Spalte 533 ff.).

Die Werbewirkungsforschung ist derzeit nicht in der Lage, generelle Antworten auf diese Fragen zu geben. Diese Faktoren sind vielmehr für jeden konkreten Einzelfall festzulegen.

> Angenommen, ein Kaffeeanbieter stellt durch seine Marktforschung fest, dass die Imagekomponente „Kaffeekompetenz" im Vergleich zu seinen Wettbewerbern deutliche Defizite aufweist. Er konzipiert eine neue Werbekampagne mit dem Ziel, das Imagedefizit auszugleichen und mit dem Hauptwettbewerber gleichzuziehen. Dafür werden zwei alternative Werbekampagnen getestet, um herauszufinden, welche der beiden Kampagnen effektiver ist.
>
> In diesem Fall ist der **Geltungsbereich** der Effektivität die Imagekomponente „Kaffeekompetenz"; die Kampagne ist effektiver, die das Ziel besser erreicht. Messbare **Effektivitätsindikatoren** wären beispielsweise innerhalb eines semantischen Differentials eine Menge von Eigenschaftsaussagen, die polar gefasst sind und semantisch abgestuft werden können. Es ist diejenige Kampagne effektiver, die die höheren Werte erreicht. Im Rahmen von Tiefeninterviews kann schließlich versucht werden, die Faktoren in der kreativen Umsetzung der Kampagnen zu isolieren, die die besseren Eigenschaftsaussagen generierten, und die somit als **Effektivitätsprädiktoren** bestimmt werden können.

Eine Werbekampagne ist dann effektiv, wenn die Mittel so eingesetzt werden, dass tatsächlich eine bessere Kampagnenleistung nachvollzogen werden kann. Es geht damit nicht mehr allein darum, das Werbebudget effizient einzusetzen, sondern so, dass gleichzeitig auch auf der Werbewirkungsebene entsprechende positive Ergebnisse sichtbar werden.

Die **Wirtschaftlichkeit** der Werbung bezieht sich vor allem auf die Werbeträgerleistung und wird üblicherweise über Tausendkontaktpreise (TKP), Reichweitenerhebungen und die Preislisten der Werbeträger ermittelt. Im Regelfall ist dies Aufgabe der Mediaagentur. Der **Wirkungsaspekt** der Werbung bezieht sich vor allem auf ihre Differenzierungsleistung, also darauf, inwieweit eine Kampagne der beworbenen Marke Eigenständigkeit und damit Wettbewerbsvorteile gegenüber den Konkurrenzmarken verschafft (vgl. Kloss 2003, S. 14).

1. 5 Geschichte der Werbung

Die Geschichte der Werbung spiegelt die Entwicklungen in Gesellschaft, Technik und Handel wider. Die Herausbildung von Privateigentum, das Aufkommen des Tauschhandels, der sich von einer rein lokalen bis zu internationaler Bedeutung entwickelte, die Erfindung von Schrift, Papier, des Buchdrucks, von Hörfunk und Fernsehen, der Fortschritt in den Produktionsmethoden von der Naturalwirtschaft zur industriellen Massenproduktion, führte auch zu immer neuen Funktionen, die die Werbung erfüllen musste. Stand am Anfang die Funktion der Warenpräsentation und Bekanntmachung im Vordergrund, kamen allmählich die Dokumentation der Produktqualität und schließlich die Differenzierung vom Wettbewerb hinzu, was in der heutigen Situation gesättigter Märkte in dem Aufbau von Erlebniswelten kulminiert.

Auch die Bedeutung des Wortes hat sich im Laufe der Zeit grundlegend geändert. Die etymologische Entwicklung des Wortes „werben" wird im Grimmschen Wörterbuch dokumentiert. Der Wortursprung stammt aus dem Althochdeutschen „(h)wёrban", „(h)wёrfan" und hat sich über das Mittelhochdeutsche „werben", „werven", „werfen" zum heutigen „werben" entwickelt, wobei sich erst im Neuhochdeutschen der Konsonant „b" gegenüber dem „f" durchgesetzt hat. Stärker als die Schreibweise hat sich jedoch der Bedeutungsinhalt geändert. Die ursprüngliche althochdeutsche Bedeutung steht für „(sich) drehen", „(sich) wenden", die später aber unüblich wurde. Die mittelhochdeutsche Bedeutung des Wortes umfasste ein breites Spektrum, von „sich bewegen", vereinzelt auch „reisend", über „tätig sein" im Sinne von „handeln", „arbeiten", „Geschäfte betreiben" bis „nach jemanden schicken", „durch Boten einladen". Erst im neueren Deutsch wird „sich um etwas bemühen" zur Hauptbedeutung des Wortes, zunächst noch im Sinne von „um eine Frau werben", „Soldaten werben". Die Bedeutung „Propaganda machen", „Reklame machen" bekommt das Wort erst im 18. Jahrhundert (vgl. Grimm/Grimm 1960, Bd. 29, Sp. 153 ff.).

1. 5.1 Urformen der Werbung

Wird Werbung als ein Urphänomen der menschlichen Existenz betrachtet (vgl. Kapitel 1.1), also ihre **Beeinflussungsabsicht** herausgestellt, dann ist die Werbung so alt wie die Menschheit. Als Urform der Werbung lässt sich in dieser Betrachtung die Gebärde als Form des menschlichen Ausdrucks bezeichnen (vgl. Hundhausen 1969, S. 11). Wenn Werbung enger definiert wird als Versuch der Beeinflussung von Zielgruppen über **Massenkommunikationsmittel**, dann ist die Geschichte der Werbung gekoppelt an die Entwicklung der Massenmedien.

Wirtschaftswerbung entsteht immer dann, wenn Personen miteinander in Tauschbeziehungen treten. Wirtschaftswerbung im weiteren Sinn reicht somit zurück bis zu der Zeit, in der erstmals über den eigenen Bedarf hinaus produziert wurde. Die Überproduktion von Gütern ist als grundlegende Voraussetzung für die Entstehung von Werbung anzusehen (vgl. Käseborn/Sieberkötter/Fehn 1993, S. 5). Sie führte zu der Notwendigkeit, in

Austauschbeziehungen mit anderen zu treten, woraus sich zwangsläufig Techniken zur Darbietung und Anpreisung der Waren entwickelten, die als erste Formen der Werbung betrachtet werden können. Die Darbietung der Ware und das gesprochene und gerufene Wort waren zu allen Zeiten die wichtigsten Werbemittel.

Solange es keine Zahlungsmittel bzw. Tauschobjekte gab, die stellvertretend für alle anderen Güter gegeben und angenommen wurden und die es gestatteten, die quantitative Bedeutung der Waren zu messen und vor allem zu vergleichen, war es notwendig, die zu tauschenden Waren physisch an den Ort des Austausches (Marktplatz) zu transportieren (vgl. Leitherer 1974, Sp. 667). In den Anfängen der Tauschwirtschaft waren die Art der Warenpräsentation und die menschliche Stimme die vorherrschenden Werbemittel.

Erst als allgemein akzeptierte Zahlungsmittel aufkamen, die die Funktionen als Tauschmittel, Recheneinheit und Wertaufbewahrungsmittel erfüllten, konnte die Tauschwirtschaft dezentralisiert werden z.B. in Form von Ladengeschäften. Erste Zahlungsmittel existierten als Warengeld, wofür unterschiedliche Güter wie Weizen, Salz, Kaurimuscheln, Vieh, Häute, Metalle usw. Verwendung fanden. Im Laufe der Zeit homogenisierte sich dieser Warenkatalog und bestand schließlich nur noch aus Metallen, die haltbarer und homogener waren. In den Hochkulturen um das Mittelmeer kamen erste Kupferrohstücke, die als Zahlungsmittel verwendet wurden, um 1700 v. Chr. auf.

Werbegeschichte orientiert sich an der Kommunikationsgeschichte. Diese war über Jahrtausende geprägt von einer ausschließlich mündlichen Kommunikation mit der Folge einer sehr geringen Reichweite und der Unmöglichkeit, Kommunikationsinhalte zu speichern. Erst mit der Erfindung der Schrift konnten Kommunikationsinhalte gespeichert und somit auch über räumliche und zeitliche Distanzen übertragen werden (vgl. Wilke 2008, S. 4 f.). Mit der Erfindung der Schrift, die den Phöniziern, Sumerern und Chinesen um 4000 v. Chr. zugesprochen wird, eröffneten sich somit auch für die Werbung neue Möglichkeiten. Als erste dokumentierte Werbemittel sind Tontafeln anzusehen, auf denen um 3000 v. Chr. Waren aufgelistet sind.

1. 5.2 Werbung in der Antike

Systematisch betriebene Werbung ist erstmals in der griechischen und römischen Antike dokumentiert. Hier bildete sich ein Handel heraus, der lokale Grenzen überschritt. Wolle und Wein waren Güter, für die auch Fernhandel betrieben wurde. Der Wein wurde in Amphoren transportiert, die Herkunftszeichen als **Markierungen** trugen. Diese Markierungen hatten den Charakter von Warenzeichen, sie gaben einen Hinweis auf den Hersteller und die gewährleistete Garantie (vgl. Müller 1975, S. 322 f.). Markierungen wurden auch auf Arzneimitteln nachgewiesen. Diese Markierungen belegen das „... bewusste Streben nach gutem Ruf schon in alter Zeit. Die Markierung diente der Rufbildung, war aber andererseits von der ihr von den Umworbenen zugeordneten Wertigkeit abhängig" (Müller 1975, S. 324). Bereits in der Antike lassen sich die Markierungen dem Bemühen der Hersteller um Vertrauen in der Öffentlichkeit zuordnen (vgl. Müller 1990, S. 70).

Mit der Markierung von Produkten übernahm Werbung eine andere Funktion: Die Urformen der Werbung entwickelten sich in einer Gesellschaft, die überwiegend durch einen lokalen Handel gekennzeichnet war. Hauptfunktion der Werbung war hier das Bekanntmachen eines Angebotes bzw. das Hinweisen auf einen Anbieter. Markierungen hingegen dienten der Heraus- und Sicherstellung der Qualität von Handelswaren in einer Gesellschaft, in der die Marktkontakte anonym wurden, Hersteller und Käufer sich nicht mehr persönlich gegenübertraten.

Die Werbung in der Antike scheint sehr lebhaft gewesen zu sein. Werbung aus dieser Zeit ist dokumentiert auf Relieftafeln, Mauerankündigungen, Schildern und Malereien. Gesetze und Verordnungen mussten dem Volk schließlich bekannt gemacht werden. Selbst auf Münzen wurde geworben (vgl. Müller 1975, S. 324). Auch Ausrufer und Marktschreier waren bekannt, die für Produkte warben bzw. Nachrichten und Aufrufe verkündeten. Auf die Ausrufer geht das Wort **Reklame** zurück (von lat. reclamare = ausrufen), unter dem auch heute noch „marktschreierische Anpreisung" verstanden wird. Erste offizielle Ausrufer, die öffentliche Bekanntmachungen übermittelten, sind schon 3000 v. Chr. in Ägypten bekannt (vgl. Käseborn/Sieberkötter/Fehn 1993, S. 12). Geworben wurde ferner für Sportwettkämpfe, Schaustellungen, Theater, Fechterspiele und Tierbändiger (vgl. Buchli 1970, S. 12). Ein spezielles Werbemittel im alten Rom war das „Album", weiße Mauerfelder (von lat. albus = weiß), die als Anzeigentafeln dienten. Auf sie wurden in roter oder schwarzer Farbe Anzeigen geschrieben, die später einfach überweißt und aufs neue beschrieben wurden (vgl. Cronau 1887, Bd. 1, S. 20).

Im 6. Jahrhundert v. Chr. kam das Papyrus von Ägypten nach Griechenland, von wo aus es sich allmählich über das gesamte Römische Reich verbreitete und die Möglichkeit eröffnete, Werbung in größerer Stückzahl schreiben und verbreiten zu lassen.

Ein anderes Werbemittel, das bereits in der Antike aufkam, waren **Aushängeschilder**, die vor allem im Gaststättengewerbe üblich waren, aber auch Händler und Handwerker illustrierten auf Aushängeschildern ihre Arbeitsweise und ihre Produkte (vgl. Käseborn/Sieberkötter/Fehn 1993, S. 14 f.).

1. 5.3 Werbung im Mittelalter

Von der Antike bis zum Mittelalter fehlt jede Dokumentation von Werbung. Ein Grund dafür, dass sich die Werbung bis zum 11. Jahrhundert nicht weiterentwickelte, ist darin zu sehen, dass der Handel in Europa durch die Auseinandersetzungen mit dem Islam im westlichen und östlichen Mittelmeer fast vollständig zum Erliegen kam (vgl. Käseborn/Sieberkötter/Fehn 1993, S. 21).

Als ein Beispiel für Werbung für religiöse Zwecke in dieser Zeit kann die Kreuzzugspropaganda dienen, mit der in ganz Europa zu den Kreuzzügen aufgerufen wurde. Die päpstlichen Briefe, die in diesem Zusammenhang mit geringen Änderungen an die europäischen Herrscher versandt wurden, können als eine Form der „Direktwerbung" gelten (vgl. Buchli 1970, S. 14).

In der mittelalterlichen Stadtwirtschaft war zunächst die menschliche Stimme ein bedeutendes Werbemittel: Ausrufer kamen ihrem Gewerbe auf Märkten nach. Daneben gab es aber auch Plakatschreiber und den Maueranschlag, der durch die Erfindung des Papiers, das durch die Kreuzfahrer nach Europa gelangte, schnelle Verbreitung fand. Werbung entwickelte sich im Mittelalter vor allem durch die Exportgewerbe, wie den Textil- und Edelmetallhandel. Die Konkurrenz der Städte untereinander formte auch hier schon früh Meister-, Zunft- und Produktmarkierungen, und damit die ersten Markenartikel aus. Exemplarisch stehen dafür die Porzellan- und Fayence-Manufakturen des Spätmittelalters, die Luxusprodukte für die feudale Oberschicht herstellten. Hier standen französische, italienische und deutsche Manufakturen in einem erbitterten Konkurrenzkampf.

Die Zunftordnungen verboten jegliche Werbung für die Produkte der Zunftmitglieder. Ziel der Zünfte war es, den Mitgliedern eine wirtschaftliche Grundlage zu sichern, daher wurden die Zunftmitglieder vor fremder, aber auch vor der eigenen Konkurrenz geschützt (vgl. Käseborn/Sieberkötter/Fehn 1993, S. 47 ff.).

v.l.n.r.: Meißen, Höchst, Wien, Nymphenburg, Severs, Chelsea

Abbildung 1-16: *Europäische Porzellanmarken des 18. Jahrhunderts*
Quelle: Käseborn/Sieberkötter/Fehn: Wirtschaftswerbung. Historische Beispiele von der Antike bis zum Beginn des 20. Jahrhunderts, Rinteln 1993, S. 50

Von grundlegender Bedeutung für die Entwicklung der Werbung ist die Entwicklung des Handels. In dem Maße, wie der Handel zwischen den Städten und Ländern zunahm, entwickelte sich auch die Werbung. Mit dem Produktionsvolumen stieg auch die Werbeintensität (vgl. Müller 1975, S. 325).

Eine besondere Rolle spielten dabei die **Messen**. Messen haben sich bereits im frühen Mittelalter aus den Jahrmärkten entwickelt. Die Wortgleichheit mit der kirchlichen Institution ist nicht zufällig: An die heilige Messe schloss sich die missa profana, die weltliche Messe an, die zunächst auch in unmittelbarer Nähe der Kirche stattfand. Messeplätze entwickelten sich vor allem an verkehrsgünstig gelegenen Fernhandelsstraßen. Die erste Messe ist 629 in St. Denis dokumentiert. 1210 wurde der Messeplatz Frankfurt unter kaiserlichen Schutz gestellt, 1458 auch Leipzig. Der staatliche Schutz war insofern notwendig, als es sich bei diesen Messen um reine **Warenmessen** handelte, d.h. die gehandelten Güter mussten alle an den Messeort transportiert werden. Das verhalf dem Berufsstand der Raubritter zu beträchtlichen Einnahmen. Erst als mit der Industrialisierung im 19. Jahrhundert gleich bleibende und garantierte Qualität der Produkte, gesicherte Transportwege und garantierte Liefertermine die Möglichkeit eröffneten, Bestellungen an Hand von Mustern zu tätigen, wandelten sich die Warenmessen zu **Mustermessen** (vgl. Strothmann/Roloff 1993, S. 709 f.).

Neben dem Handel ist es vor allem die technische Entwicklung, die maßgeblichen Einfluss auf den Fortschritt der Werbung hat. Die nicht nur für die Werbung bedeutendste Erfindung des Mittelalters war zwischen 1439 und 1444 die der Buchdruckerkunst durch Johannes Gutenberg. Bis dahin war Werbung im Wesentlichen auf das gesprochene und handgeschriebene Wort bzw. auf symbol- und bildhafte Darstellungen beschränkt (vgl. Käseborn/Sieberkötter/Fehn 1993, S. 21). Die eigentliche Bedeutung von Gutenbergs (Wieder-)Erfindung für die Werbung ist darin zu sehen, dass sie nunmehr die Schwelle zur Massenkommunikation überschritt, da der Buchdruck unbegrenzte Auflagen und Streuung von Werbemitteln ermöglichte. Dass es bis zur Industrialisierung des 19. Jahrhunderts dauerte, bis sich Werbung tatsächlich zur Massenkommunikation entwickelte, lag vor allem auch darin begründet, dass sich die Kunst des Lesens nur langsam verbreitete. Schulpflicht im Sinne von Unterrichtspflicht wurde erst 1717 in Preußen eingeführt. Das Lesen blieb zunächst nach wie vor dem Adel und Klerus vorbehalten. Die Vermittlung werblicher Inhalte an den „kleinen Mann", vor allem durch den Klerus, erfolgte in erster Linie über Bilder. Vielfach wurde dabei mit Angstappellen gearbeitet, indem mittels Hell-Dunkel-Kontrasten der Gegensatz zwischen Gut und Böse veranschaulicht wurde (vgl. Schweiger/Schrattenecker 1995, S. 2). In der Zeit der Reformation bedienten sich beide Seiten intensiv der neuen Erfindung für Propagandazwecke. Der Anschlag von Luthers

Thesen an die Kirchentür von Wittenberg ist im modernen Sinn als ein Plakatanschlag zu bezeichnen.

Buchdruckereien verbreiteten sich schnell in Europa, entsprechend groß war die Zahl an gedruckten Büchern. Bis zum Jahre 1500 gab es mehr als 1.100 Druckereien, die rund 36.000 Verlagswerke in einer geschätzten Auflage von 12 Millionen produzierten (vgl. Buchli 1970, S. 16). Es ist insofern nicht verwunderlich, dass die Buchdrucker selbst als Werbetreibende auftraten, indem sie ihre Druckerzeugnisse in Form von Katalogen zusammenstellten.

Um 1600 kam es zu einer neuen Form des gedruckten Wortes, den **Zeitungen**, womit sich auch bald ein neues Werbemittel begründete, die **Anzeige**. Die 1631 gegründete „Gazette de France" nahm bereits Anzeigen auf, die älteste englische Anzeige datiert aus dem Jahre 1652, für eine eingetroffene Kaffeeladung (vgl. Buchli 1970, S. 17 f.). Der englische König Karl II soll 1660 eine Anzeige wegen seines entlaufenen Hundes aufgegeben haben (vgl. Müller 1991, S. 173). Ein Anzeigenwesen im modernen Sinn entwickelte sich allerdings erst mit der Realisierung der Gewerbefreiheit ab 1850, da dem zunftgebundenen Gewerbe Werbung untersagt war und die meisten Zeitungen sich weigerten, Anzeigen zu drucken.

1. 5.4 Werbung im Industrialismus

1727 wurde in Preußen das so genannte Intelligenzwesen eingeführt (aus dem Lateinischen „intellegere" = einsehen, in eine Liste blicken), mit dem ein staatliches Monopol auf den Abdruck von Anzeigen entstand. Intelligenzblätter waren Listen, wie z.B. „Zum Verkauf angetragen", in denen Waren zum Verkauf angeboten wurden. Als 1874 im gesamten Deutschen Reich die Pressefreiheit gesetzlich verankert wurde, brach für die Werbung ein neues Zeitalter an. Erstmals konnte Anzeigenwerbung frei gestaltet werden. „Wurde bis dahin jede Form des Konkurrierens möglichst vermieden, hieß in den 1870er und 80er Jahren das Motto ‚Niederschreien der Konkurrenz durch ein Auffallen um jeden Preis'. Mit Dutzenden von zeigenden Händen, kuriosen Einfällen, ausgefallenen Schlagwörtern und einem oft derben Humor sollten die Konkurrenten aus dem Feld geschlagen werden" (Streeck 2006, S. 123).

Das liberale Presserecht ermöglichte Produktwerbung auch fernab vom Herstellungsort der Waren. Dadurch wurde es für die Produzenten auch interessanter, ihre Waren an möglichst vielen Orten anzubieten. Als Folge davon konnte die Qualität des Produktes nicht mehr durch die Anwesenheit des Herstellers abgesichert werden, vielmehr musste die Qualitätsgarantie in das Produkt selbst verlagert werden. Dies erfolgte zunächst über gleich bleibende Verpackung und Preise, wodurch sich allmählich Marken ausprägten. „Ursprünglich sollten Eigenschaften von Herstellern über die Marke auf das Produkt übertragen werden. Der zweite Schritt bestand dann in der Personalisierung des Produktes selbst ..." (Streeck 2006, S. 127).

Im Zuge der industriellen Revolution bildeten sich um die Wende des 18./19. Jahrhunderts mit dem Mittel- und Kleinbürgertum zwei neue Konsumentenschichten heraus, die sehr zögerlich von der sich allmählich etablierenden Konsumgüterindustrie umworben wurden. Werbung hieß damals noch Reklame und galt als nicht gesellschaftsfähig. Ein 1887 erschienenes Lehrbuch der Reklame verstand unter „Reklame im weiteren Sinne, durch irgend ein Mittel, sei es durch Wort, Schrift oder That, Interesse für eine Sache, eine Person, einen Gegenstand oder ein Unternehmen zu erregen; im engeren Sinne versteht man darunter die empfehlende Anzeige, bei der im Unterschiede von der einfachen Annonce die Anwendung raffinierter Mittel zur Erweckung des öffentlichen Interesses wesentlich ist". Weiter wird ausgeführt: „Man ist im Publikum leicht geneigt, die Begriffe

Reklame und Schwindel für identisch zu halten, und scharfe Moralisten stehen nicht an, die Reklame als unmoralisch zu erklären". Im folgenden Satz wird der Leser allerdings wieder beruhigt mit der Aussage: „An und für sich hat nun die Reklame mit Schwindel und Unmoralität nichts zu thun" (Cronau 1887, S. 1 f.).

Die industrielle Revolution brachte die Voraussetzungen moderner Wirtschaftswerbung. Einerseits die Möglichkeit, mehr zu produzieren als notwendig ist, um die augenblickliche Nachfrage zu befriedigen. Andererseits ermöglichte der technische Fortschritt sinkende Stückkosten mit steigender Ausbringung und somit Gewinnsteigerungen für die Hersteller, wenn es ihnen gelang, den Absatz zu steigern (vgl. Merkle 1981, S. 8), was durch den Ausbau des Verkehrswesens in eine neue Dimension geführt wurde. Daher ist es nicht erstaunlich, dass die Werbung ihren Aufschwung vor allem in den Ländern hatte, in denen aufgrund der Marktgröße diese Voraussetzungen gegeben waren, nämlich vor allem in England und den Vereinigten Staaten. In den USA verzehnfachte sich der Werbeaufwand zwischen 1867 und 1890 (vgl. Merkle 1981, S. 8).

Eine zwangsläufige Folge der zunehmenden Werbeintensität war die Herausbildung von Markenartikeln. Die Produkte erhielten Namen und entwickelten sich zu Marken, denn es ist nur möglich, für Produkte zu werben, wenn diese differenzierbar und identifizierbar sind.

Massenwerbung setzt voraus, dass Werbeträger verfügbar sind, die breite Schichten der Bevölkerung erreichen. Da die amerikanische Presse sich schon frühzeitig frei von Zensur und Besteuerung entwickeln konnte, stiegen die Auflagen der Printmedien auch schnell an. Allmählich etablierten sich auch Agenturen, die sich zwischen Werbetreibende und Werbeträger schoben. Als erste Werbeagentur wird die von V. A. Palmer angesehen, die 1841 in Philadelphia gegründet wurde. Älteste noch heute existierende Werbeagentur ist J. Walter Thompson, die 1864 gegründet wurde.

Die ersten Werbeagenturen waren so genannte Anzeigenexpeditionen, Dienstleister, die sich zwischen Verlagen und Werbetreibenden etablierten. Sie vermittelten Anzeigenkunden und erhielten dafür von den Verlagen eine Provision. Den Werbetreibenden konnten sie detaillierte Informationen über Leser und Abonnenten der Zeitungen geben, wodurch Wirtschaftlichkeitsberechnungen an Hand von Reichweiten möglich wurden. Für die Verlage entwickelten sich die Werbegelder schnell zu einer wichtigen Einnahmequelle.

Die Anzeigenakquisiteure traten bald als selbständige Unternehmer auf, die nicht mehr an einen einzigen Verlag gebunden waren und von jedem Auftrag an jede Zeitung profitierten. Da sie von den Verlagen bezahlt wurden, konnten sie ihre Dienste den Unternehmen kostenlos anbieten und waren insofern gern gesehene Berater, die zunehmend auch die Werbemittelproduktion übernahmen und Vorschläge zur Anzeigenstreuung unterbreiteten. Der Schritt zur eigenständigen Anzeigengestaltung und somit zur Differenzierung vom Wettbewerb führte nach und nach zu den Werbeagenturen im heutigen Sinn. Die Werbemittelgestaltung und Medienauswahl stellten die neuen Agenturen den Verlagen in Rechnung, was diese an die Anzeigenkunden weitergaben. Den Unternehmen wurde allmählich aber bewusst, dass eigentlich sie die Provisionen der Agenturen bezahlten und forderten sie zurück. Die Agenturen gingen daraufhin dazu über, nun Honorare von den Werbekunden zu fordern (vgl. Streeck 2006, S. 142 ff.).

Einer der Ersten in Deutschland, der mit Werbung in dieser Zeit nachweisbare Erfolge erzielte, indem er einen vollständig neuen Bedarfskomplex entwickelte, war Karl August Lingner (vgl. Leitherer 1974, Sp. 672). Die große Leistung Lingners bestand in der Verwirklichung von Volkshygiene in Form von Mundpflege mit seinem Mundwasser *Odol*. Ein königlicher Minister führte dazu aus, dass Lingner dafür „... zu dem damals in

Deutschland wenig gebräuchlichen Mittel der Reklame greifen (musste), um sein Produkt einzuführen" (zitiert nach Müller 1986, S. 71).

Ein anderer Werbepionier der damaligen Zeit war Julius Maggi, der bereits 1886 ein „Reclame- und Pressebüro" einrichtete, dessen zeitweiliger Vorsteher der später berühmt gewordene Dramatiker Frank Wedekind war. Dieser dichtete für *Maggi* Werbetexte wie diesen (vgl. Becker 1995, S. 558):

> *Vater, mein Vater!*
> *Ich werde nicht Soldat,*
> *dieweil man bei der Infanterie*
> *nicht Maggi-Suppe hat.*
> *Söhnchen, mein Söhnchen!*
> *Kommst Du erst zu den Truppen,*
> *so isst man dort auch längst nur*
> *Fleischkonservensuppen.*

Ab der Mitte des 19. Jahrhunderts dominierte das Plakat als Werbemittel. Da kein geeigneter Werbeträger für Plakate zur Verfügung stand, wurden diese ungeregelt an Mauern, Hauswände und Bäume geklebt. Diese Situation änderte sich erst 1855, als der Berliner Druckereibesitzer Ernst Litfaß mit dem Berliner Polizeipräsidenten einen Vertrag über „öffentlichen Zettelaushang an Säulen und Brunneneinfassungen" abschloss und die ersten nach ihm benannten Säulen aufstellte (vgl. Abbildung 1-17). Allein in Berlin stieg die Zahl dieser Säulen von 150 (1855) auf 1550 (1912) (vgl. Reinhardt 1993, S. 238). Als weitere Plakatwerbeträger wurden ab 1880 die aus den USA kommenden „Sandwichmänner" als wandelnde Plakatträger genutzt. Sie trugen „zwei breite Papptafeln, die ihnen wie ein weites Herolds-Wams Brust und Rücken decken" (Cronau 1887, Bd. 1, S. 31).

Abbildung 1-17: *Die erste Berliner Litfaßsäule (1855)*
Quelle: Borscheid/Wischermann (Hrsg.): Bilderwelt des Alltags, Stuttgart 1995, S. 47

Plakate dienten zunächst vor allem der Ankündigung von Schaustellern, Veranstaltungen und für politische und religiöse Aufrufe. Später kamen Theater, Kinos, Cafés und Restaurants als Werbetreibende hinzu.

Die Markenartikelindustrie entdeckte das Plakat als Werbeträger erst Anfang des 20. Jahrhunderts. Neben Plakaten aus Papier, die primär aktuelle Kaufanreize liefern sollten, etablierten sich „Dauerplakate" in Form von emaillierten Reklameschildern, die an den Fronten der Verkaufsstellen als **Depotschilder** angebracht wurden.

Aus reinen Schriftplakaten entwickelten sich Plakate zu einer eigenen Kunstform, die mit dem Maler Toulouse-Lautrec ihren Höhepunkt erreichte. Unterstützt wurde dies durch Entwicklungen in der Drucktechnik, die ab 1890 auch Farbdrucke ermöglichte. Die Verbreitung der Photographie in der zweiten Hälfte des 19. Jahrhunderts eröffnete für die Plakatwerbung weitere Möglichkeiten.

Abbildung 1-18: Depotschilder
Quelle: Maggi GmbH (Hrsg.): Magginalien, Frankfurt/M. 1996, S. 28 f.

1. 5.5 Werbung in der ersten Hälfte des 20. Jahrhunderts

Um die Jahrhundertwende entstanden in Deutschland die ersten bedeutenden Markenartikel wie *Maggi* (1887), *Kathreiner's Malzkaffee* (1892), *Odol* (1893), *Dr. Oetker* (1899), *Kaffee Hag* (1906), *Persil* (1907) und *Nivea*-Creme (1912). Mit den Markenartikeln übernahm die Werbung eine neue Funktion: die der Differenzierung gegenüber den Wettbewerbsprodukten. Markenartikel erhöhten die Anforderungen an die Werbung, die nun langfristiger und kontinuierlicher ausgerichtet werden musste. Zusammen mit der parallel sich ausprägenden Vielzahl neuer Werbeträger, führte dies zu einer rasanten Entwicklung der Werbung, die nur durch die Weltkriege unterbrochen wurde.

Abbildung 1-19: *Plakatkunst von Toulouse-Lautrec*
Quelle: Julien: Toulouse-Lautrec – Affiches, Paris 1975, S. 6

Hauptwerbeträger waren Anfang des Jahrhunderts die Zeitungen, Hauptwerbemittel die Anzeige. Die Verlage erkannten schnell die Möglichkeiten, mit Werbung zusätzliche Einnahmen zu erzielen und gaben ihren Widerstand gegen das Anzeigenwesen auf. Noch 1857 hatte die Zeitschrift „Gartenlaube" die Veröffentlichung von Anzeigen abgelehnt, um ihre Leser nicht zu beeinträchtigen (vgl. Reinhardt 1993, S. 180). 1868 gab es in Deutschland 1525 Zeitungen, 1885 bereits 3069, 1932 wurden 4275 gezählt (vgl. Reinhardt 1993, S. 177). Die Verbindung von Nachrichten- und Anzeigenwesen rief jedoch erhebliche Kritik hervor und Bestrebungen zur Errichtung eines staatlichen Anzeigenmonopols, um die Presse vom „Schmutz" der Anzeigen zu säubern.

Diese Kritik führte 1908 zu dem Entwurf eines Anzeigensteuergesetzes, der vorsah, Zeitungsanzeigen je nach Auflagenhöhe zwischen 2 % und 10 % der Anzeigengebühr zu besteuern. Massive Proteste der Industrie konnten diese Steuer jedoch verhindern (vgl. Reinhardt 1993, S. 182 f.). Abbildung 1-20 zeigt einige Anzeigen-Beispiele aus den 20er Jahren.

Werbegeschichtlich gesehen ist das 20. Jahrhundert aber vor allem durch Erfindungen interessant, die vollkommen neue Werbeträger begründeten:

- Bereits 1866 wurden Plakate als Werbemittel auch in Verkehrsmitteln eingesetzt, als die Eisenbahndirektion in Württemberg zunächst die Waggons der 3. Klasse, später auch die der 2. Klasse für „geschäftliche Ankündigungen" freigab (vgl. Reinhardt 1993, S. 289). Seit 1890 dienten Heißluftballons als Werbeträger, Anfang des 20. Jahrhunderts wurden auch die Zeppeline dafür genutzt.

- Die Erfindung der Elektrizität und der Glühbirne (Edison 1879) eröffnete die Möglichkeit zur **Lichtwerbung**. Erste Lichtwerbeanlagen entstanden um 1896. Aus energiepolitischen Gründen wurde Lichtwerbung jedoch 1916 in Deutschland verboten und erst 1923 wieder erlaubt. Mit den Neonröhren erlebte die Lichtwerbung dann allerdings ab 1927 neue Höhepunkte. Berühmt wurde eine Lichtwerbung von *Persil*:

Abbildung 1-20: *Anzeigenbeispiele aus den 20er Jahren*

Quelle: Weisser, Deutsche Reklame, Bassum 2002

Abbildung 1-21: *Nivea-Verkehrsmittelwerbung 1913*

Quelle: Beiersdorf AG (Hrsg.): Nivea. Evolution of a world famous brand, Hamburg 1995,
S. 15

> „4000 farbige Glühbirnen demonstrierten den Waschvorgang mit *Persil*: Aus einem
> gelben Hahn läuft Wasser in einen roten Bottich, aus einem grünen Paket folgt das
> Waschmittel, dann ein schmutziges Hemd; nach dem Kochprozess kommt das Hemd
> weiß wieder zum Vorschein und der Schriftzug ‚Persil bleibt Persil‘ beschließt die Sze-
> nerie" (Reinhardt 1993, S. 324).

- Werbung in bewegten Bildern wurde durch die Entwicklung der Filmtechnik möglich,
  die seither die Werbung revolutionierte. Die ersten öffentlichen Filmvorführungen
  fanden 1895 in Berlin und Paris in Jahrmarktbuden und Schaustellerzelten (Wanderki-
  nos) statt. **Kinowerbung** erfolgte zunächst in Form von Diawerbung. Bereits seit 1895
  wurden Dias in Theatern auf die Vorhänge projiziert, mit der Errichtung stationärer
  Kinos ab 1905 verlagerte sich die Diawerbung dorthin. Zwischen 1910 und 1914 stieg
  die Anzahl der Kinos von 456 auf 2.446, in dieser Zeit setzten sich auch die Werbefilme durch. Markenartikelunternehmen wie *Maggi* („Die Suppe", 1910), *Kathreiner*
  und *Kupferberg* unterstützten das aufkommende neue Werbemedium. Gedreht wurden
  Real- und Trickfilme. Ein Werbefilm für *Dr. Oetkers* Backpulver zeigte 1911 einen
  Napfkuchen, der sich im Zeitraffertempo vergrößerte (vgl. Reinhardt 1993, S. 334).
  Während des Ersten Weltkrieges erfuhr das Kino mit der Gründung der Universum
  Film AG (Ufa) weiteren Auftrieb durch Propagandafilme.
  1927 beendete der Tonfilm die künstlerische Hochblüte des Stummfilms. Durch die
  aufwendige Umrüstung der Produktions- und Vorführtechnik erlitt die Filmwirtschaft
  kurzfristig jedoch einen Rückschlag, nachdem in Deutschland bereits 1923 durch die
  Einführung einer Lustbarkeitssteuer auf öffentliche Filmvorführungen die Anzahl der
  Kinos von 4017 (1923) auf 3618 (1925) sank. Der erste Ton-Werbefilm in Deutschland
  warb 1928 unter dem Titel „Tönende Welle" für den Rundfunk (vgl. Reinhardt 1993,
  S. 341 ff.).

Der Farbfilm veränderte die Kinowerbung ein weiteres Mal. Zwar war schon in der Frühzeit des Kinos versucht worden, durch Einfärbungen des Filmmaterials spezielle Effekte zu erzielen, der erste abendfüllende Farbfilm wurde aber erst 1935 in New York aufgeführt.

Während des Zweiten Weltkrieges stieg zwar, aufgrund des wachsenden Bedürfnisses der Bevölkerung nach Unterhaltung, die Anzahl der Kinos auf 7042 und die Zahl der Kinogänger auf über eine Milliarde (1942) an, ab 1943 war Kinowerbung aber nur noch für Propagandazwecke zugelassen (vgl. Reinhardt 1993, S. 357).

- Noch vor dem Film bot der **Hörfunk** die erste Möglichkeit zur auditiven Massenansprache. Mit dem Hörfunk wurde erstmals in der Menschheitsgeschichte die Ortsgebundenheit der menschlichen Stimme aufgehoben. Der erste regelmäßig tätige Hörfunksender nahm 1920 in den USA seinen Betrieb auf, am 29.10.1923 startete der Unterhaltungsrundfunk in Deutschland. Da Werbung sich bisher vor allem auf den Printbereich konzentrierte, fand dieser neue Werbeträger bei den Werbetreibenden schnell eine hohe Akzeptanz. Aufgrund der Aktualität dieses Mediums waren die ersten Werbesendungen im Rundfunk die Übertragung von aktuellen Preisen in Zeiten der Hyperinflation. Wegen der geringen Senderleistungen waren die ersten Hörfunksender lokal ausgerichtet. Die Zahl der Hörfunkteilnehmer stieg von 1580 (1924) über 1.022.000 (1926) auf etwa 16 Mio. 1943 (vgl. Reinhardt 1993, S. 363 ff.).

  Rundfunkwerbung hatte in Deutschland mit einem noch negativeren Image als Anzeigenwerbung zu kämpfen, was vor allem auf eine Kampagne der Presse zurückzuführen war, die um Anzeigenerlöse fürchtete. Die Presse ließ keine Möglichkeit aus, auf die Sinnlosigkeit und Schädlichkeit der Hörfunkwerbung hinzuweisen. Erst als infolge dieses Druckes der Rundfunk drastische Einschränkungen der Werbung veranlasste (keine Werbung an Sonn- und Feiertagen, Werbung nur in den reichweitenschwachen Vormittagsstunden), nahmen die Proteste ab (vgl. Reinhardt 1993, S. 362 f.).

  Für Goebbels wurde der Hörfunk das bedeutendste Propagandamedium. 1933 übertrug er die Zuständigkeit für den Rundfunk von der Reichspost auf sein Propagandaministerium und verbot schließlich 1935 die Hörfunkwerbung, um die Propagandakraft des Mediums allein für politische Zwecke nutzen zu können.

- Auch die Anfänge des **Fernsehens** reichen in die 20er Jahre zurück. Die ersten regelmäßigen Fernsehsendungen wurden 1928 im US-Bundesstaat New York ausgestrahlt, 1929 begann die British Broadcasting Corporation (BBC) mit regelmäßigen öffentlichen Fernsehübertragungen. Auch in Deutschland wurden 1929 erste Versuchssendungen ausgestrahlt. Seit April 1935 konnte in 15 öffentlichen Fernsehstellen in Berlin und Potsdam das Fernsehprogramm betrachtet werden. Aus der Fernsehwerbung ergab sich für die Werbetreibenden vor allem ein finanzielles Problem, da die Produktionskosten eines Fernsehspots rund zehnfach teurer waren als die eines Hörfunkspots.

Während die Zeit bis 1919 als diejenige bezeichnet werden kann, in der die Werbung laufen lernte, 1919 bis 1933 als die Zeit der Reifung, wurde nach 1933 das deutsche Werbewesen einheitlich ausgerichtet und gleichgeschaltet (vgl. Wündrich 1992, S. 11). Alle Medien und Werbemittler wurden dem neu geschaffenen „Reichsministerium für Volksaufklärung und Propaganda" durch das „Gesetz über Wirtschaftswerbung" vom 12.09.1933 unterstellt, Werbung für Staat, Kultur und Wirtschaft in den Zuständigkeitsbereich von Goebbels gegeben.

1. 5.6 Werbung in der Nachkriegszeit

Die ersten Medien im Nachkriegsdeutschland waren Printmedien. Für die Alliierten hatten die Medien eine bedeutende Funktion in der „Reeducation" der Deutschen zu

Demokraten. Den Deutschen wurde zunächst jede Herausgabe von Medien untersagt, später wurden unter alliierter Kontrolle Lizenzen für Zeitungen und Zeitschriften an Personen vergeben, die aus der NS-Zeit nicht vorbelastet waren.

Die Zeit der so genannten **Lizenzpresse** begann im Juni 1945 und dauerte bis zur Bildung der ersten Bundesregierung unter Konrad Adenauer im September 1949. Insgesamt wurden in dieser Zeit 176 Lizenzen vergeben für Titel wie *Der Spiegel, Die Zeit, Stern, Süddeutsche Zeitung* und *Frankfurter Rundschau*. In den ersten sechs Monaten nach der Aufhebung der Lizenzpflicht wurden 400 neue Zeitungen herausgegeben (vgl. Röper 1994, S. 507 f.).

Der Rundfunk[5] wurde von den Alliierten nach dem Vorbild der öffentlich-rechtlichen BBC regional organisiert. Dies war einerseits eine Reaktion auf den Missbrauch des Rundfunks durch die Nationalsozialisten, andererseits aber ein Reflex der Tatsache, dass aufgrund begrenzter technischer Verbreitungsmöglichkeiten ein marktwirtschaftlicher Wettbewerb auf den Rundfunkmärkten nicht möglich war. Die öffentlich-rechtliche Organisationsform sollte dem Rundfunk die Rolle eines Kulturträgers sichern und wurde damit der Kulturhoheit der Länder übertragen (vgl. Röper 1994, S. 526 f.). Zunächst wurden in den westlichen Zonen jeweils zentrale Sender eingerichtet. 1948/49 wurden auf der Grundlage von Landesrundfunkgesetzen die Landesrundfunkanstalten gegründet, die sich 1950 zur Arbeitsgemeinschaft der öffentlich-rechtlichen Rundfunkanstalten der Bundesrepublik Deutschland (ARD) zusammenschlossen. Das erste regelmäßige Fernsehprogramm der Nachkriegszeit wurde am 25.12.1952 vom Nordwestdeutschen Rundfunk (NWDR, aus dem sich später NDR und WDR bildeten) vor zunächst ca. 7000 Zuschauern aufgenommen. Seit dem 01.11.1956 sendeten BR, HR, NWDR, SR, SWF und SFB ein Gemeinschaftsprogramm, das Deutsche Fernsehen (vgl. Modenbach/Vogler 1994, S. 296).

Das öffentlich-rechtliche Rundfunk-Monopol bestand in Deutschland bis 1984, es wurde durch den beharrlichen Druck der Verlage aufgebrochen, die die maßgeblichen Beteiligungen am privaten Rundfunk hielten. Der Bayerische Rundfunk hatte als erster im Hörfunk die Möglichkeiten zu Werbeeinnahmen genutzt. Im April 1955 gab der BR bekannt, er wolle Werbung auch im Fernsehen ausstrahlen, sobald 30.000 Fernsehgeräte angemeldet seien. Damals waren es 8000. Am 03.11.1956 war es dann soweit, dass im BR zum ersten Mal Werbung ausgestrahlt wurde. Der Firma Henkel gehörte ein Felsen auf dem Berg, auf dem der BR einen Sendemast errichten wollte. Der Pachtvertrag kam unter der Bedingung zustande, dass, sollte jemals Werbung gezeigt werden, der erste Spot von Henkel sein sollte. So kam es, dass der erste in Deutschland gezeigte Werbespot über *Persil* war (vgl. Niggemeier 1996, S. 79).

Der Bundesverband Deutscher Zeitungsverleger (BDZV) klagte 1956 gegen die Werbemöglichkeiten im Fernsehen, allerdings erfolglos. Als sich neue technische Distributionsmöglichkeiten für den Rundfunk abzeichneten, beteiligten sich die Mitglieder des BDZV 1980 an den Kabelpilotprojekten in Ludwigshafen, München, Dortmund und Berlin, aus denen die ersten privaten Anbieter RTL plus und Sat.1 hervorgingen. Damit etablierten sich die Verleger sehr schnell als Anbieter von Rundfunkprogrammen und erschlossen sich so die Möglichkeiten von zusätzlichen Werbeeinnahmen.

---

[5] Rundfunk steht als überbegriffliche Zusammenfassung von Hörfunk und Fernsehen. Diese Differenzierung wurde erst durch die Einführung des Fernsehens notwendig.

1. 6 Werbung in der DDR

Es wurde bereits darauf hingewiesen, dass Werbung kein Spezifikum marktwirtschaftlicher Systeme ist, und natürlich gab es auch Werbung in der DDR. Aber Beispiele der Werbung, die immerhin über 40 Jahre den Alltag der DDR geprägt hat, sind zu Raritäten geworden.

Werbung reflektiert immer den jeweiligen Zeitgeist und die Bedürfnisse einer Gesellschaft, an ihr lässt sich somit auch der Entwicklungsstand einer Gesellschaft ablesen. Werbung ist immer bestimmt vom jeweiligen Wirtschaftssystem, das entsprechend Ziele und Funktionen der Werbung vorgibt. Werbung wird üblicherweise als Instrument der Nachfragesteuerung eingesetzt, insofern erscheint Werbung in einem Wirtschaftssystem, das i.d.R. durch einen Angebotsmangel gekennzeichnet war, auf den ersten Blick als widersprüchlich. Werbung in der DDR hatte vor allem Informations- und Erziehungsfunktionen, Werbeziele waren „... sowohl die Erhöhung betrieblicher Gewinne durch Umsatzsteigerung, Beschleunigung der Umschlagsgeschwindigkeit der Umlaufmittel, Durchsetzung optimaler Losgrößen als auch die kulturelle, ästhetische, moralische und politisch-ideologische Erziehung der Konsumenten" (Autorenkollektiv: Handbuch der Werbung 1969, S. 23, im folgenden zitiert als HdW).

> Als Begründung für die Notwendigkeit einer DDR-Wirtschaftswerbung erfolgte 1959 unter der Überschrift „Sollen wir unser Licht unter den Scheffel stellen" im Neuen Deutschland die Aussage: „Die Kapitalisten in Westdeutschland spielen auf diesem wirksamen Instrument der Meinungsbildung mit Raffinement – sie schufen die Illusion vom ‚Wirtschaftswunder' ... Die ins rechte Licht gerückte Auslage Westdeutschlands zieht die Blicke auf sich, während wir freiwillig unser Licht unter den Scheffel stellen und die von der Weltpresse anerkannten guten Konsumgüter und die beachtlichen neuen Erzeugnisse des Siebenjahresplanes in einem verhängten Schaufenster verstecken" (Neues Deutschland vom 14.12.1959, S. 2, hier zitiert nach Tippach-Schneider 1999, S. 164).

Die ökonomische Funktion der Werbung ordnete sich in der DDR den politisch-ideologischen Funktionen unter, zumal die ökonomischen Voraussetzungen für die Werbung in Zeiten einer Mangelwirtschaft nicht gerade günstig waren. „Hatte die Planwirtschaft nicht planmäßig funktioniert und es waren zu viele Eier auf dem Markt, tönte es von den Bildschirmen ‚Nimm ein Ei mehr!' Ermangelte es an denselben, wurde auf die Schädlichkeit des Cholesterin hingewiesen und die gesunde Margarine gelobt" (Deutsches Werbemuseum 1990, Sp. 185).

Wie im Westen kam es in den 50er Jahren auch in der DDR zu einem Wirtschaftsaufschwung und damit auch zu einem Aufschwung der Werbung, die zunächst direkt an die Vorkriegswerbung anknüpfte. Vorherrschende Werbemittel waren Anzeigen und Plakate, es entwickelte sich aber auch die Dia- und Filmwerbung im Kino, Messen und Ausstellungen, Prospekte und Kataloge.

Mit dem Erstarken des Einzelhandels rückte die Warenpräsentation und Schaufenstergestaltung in den Vordergrund, die das bedeutendste Werbemittel des Einzelhandels für Konsumgüter wurde. 1960 erfolgte die Gründung des Werbefernsehens beim Deutschen Fernsehfunk DFF, dadurch wurde als weiteres Werbemittel der TV-Spot ermöglicht. Nach der Versuchssendung „Notizen für den Einkauf" gingen im April 1960 die „tausend tele tips" (ttt) auf Sendung. In dieser Sendung wurde zehn Minuten lang vor dem Abendprogramm eine Mischung aus Werbespots, Ratschlägen und Aufklärungsfilmen ausgestrahlt. Die Fernsehwerbung wurde vor allem durch Trickfilme nachhaltig geprägt. Werbe-Trickfilme haben einerseits den Vorteil, dass Übertreibungen und humorvolle Gestalten und Handlungen leichter möglich sind. Andererseits wurde es nicht unbedingt als

Provokation aufgefasst, wenn ein im Trickfilm beworbenes Produkt im wirklichen DDR-Alltag nicht im Angebot war. „Bei einem nachgebildeten Aal oder einer Papp-Orange gingen keine Leserbriefe an die Redaktion, in denen gefragt wurde: ‚Wo bekommen wir den Aal zu kaufen?'" (Tippach-Schneider 1999, S. 53).

Mit dem Bau der Mauer begann ein neues Kapitel in der DDR-Werbegeschichte. 1962 wurde die Werbung für Konsumartikel im Fernsehen ganz verboten, weil sozialistische Ware keine Werbung nötig hätte. Bis zu Beginn der 60er Jahre diente die binnenländische Werbung vor allem dazu, schwerverkäufliche Waren besser und schneller verkaufen zu können. Mit dem Übergang zum Neuen Ökonomischen System (NÖS) der Planung und Leitung der Volkswirtschaft 1963 wurde das strenge Verteilungssystem gelockert und eine Vielzahl von Warenarten für den Markt freigegeben, was zu einer Intensivierung der Werbung führte. Die Hoch-Zeit für die Werbung in der DDR lag zwischen 1964 und 1970. 1966 betrugen die Ausgaben für Werbung 0,6 % des Nationaleinkommens (vgl. HdW, S. 35).

1971 wurden per Weisung die Werbefonds gekürzt, wodurch sich Werbung im Wesentlichen noch auf den Verkaufsraum und die Schaufenstergestaltung beschränkte. Im Inland wurde auf Kultur statt auf Konsum gesetzt. Am 23.01.1975 wurde die „Anordnung zum sparsamen Einsatz materieller und finanzieller Fonds für Werbung und Repräsentation" herausgegeben, was praktisch einem Werbeverbot gleichkam. Alle eingesparten Werbefonds mussten an das Ministerium der Finanzen abgeführt werden. Eine offizielle Begründung für dieses Werbeverbot gab es nicht, aber offensichtlich entsprachen die Leitbilder einer Konsumgesellschaft zu diesem Zeitpunkt nicht mehr der Parteilinie (vgl. Tippach-Schneider 1999, S. 9). Das Werbefernsehen wurde eingestellt und Werbung reduzierte sich im Inland auf die Bereiche der Gesundheitserziehung, Versicherung, Kultur, Lotterie, Produktionspropaganda und Verkaufsraum- und Schaufenstergestaltung.

Konsumgüterwerbung in der DDR hat eine Reihe von Symbolfiguren ausgeprägt, wie die Fewa-Johanna, das Messemännchen, Nannett, die für Margarine warb oder den Minol-Pirol, der den Autofahrern mehrere Jahre lang Ratschläge erteilte. Die bekannteste Werbefigur war seit 1960 der Fischkoch, der das Aushängeschild der VVB Hochseefischerei Rostock wurde. Mit dem Slogan „Fisch auf jeden Tisch" sollten bei der Bevölkerung Vorurteile gegenüber dem Fisch abgebaut und die Verbrauchsgewohnheiten geändert werden. Kurzfristig wurde damit der Fisch zwar popularisiert, langfristig ist jedoch keine Steigerung des Fischkonsums erreicht worden. Abbildung 1-22 zeigt als Beispiele für Konsumgüterwerbung in der DDR Anzeigen für Malimo-Moden, Florena-Creme und Esda-Strümpfe.

Die Konsumgüterwerbung hatte in der DDR immer eine ideologische Komponente, indem sie zur Durchsetzung sozialistischer Konsum- und Lebensgewohnheiten beitragen sollte. Anzeigen in Zeitungen und Zeitschriften blieben jedoch von der direkten politischen Parole weitgehend verschont. In der Industriewerbung ging es vor allem darum, die Wirtschaftsentwicklung der DDR zu unterstützen und eine positive Einstellung gegenüber den DDR-Betrieben und -Produkten zu erzeugen.

Auch in der DDR zeigten Anzeigen vornehmlich Lebensbereiche wie Haushalt, Freizeit und Einkaufen und verbreiteten auch hier die Botschaft vom modernen Leben. „Der Verband der Kaufhallen setzte das neue Lebensgefühl ab 1967 in einer Anzeigenserie mit dem Leitspruch um: ‚Moderne Menschen kaufen modern'. In der Mehrzahl wurde der junge und moderne Verbraucher durch Frauendarstellungen mit mädchenhaften Körpern und strahlenden Gesichtern versinnbildlicht" (Tippach-Schneider 1999, S. 125). Anders als im Westen gab es im Konsumgüterbereich jedoch keine Werbung für Autos, Alkohol und Zigaretten.

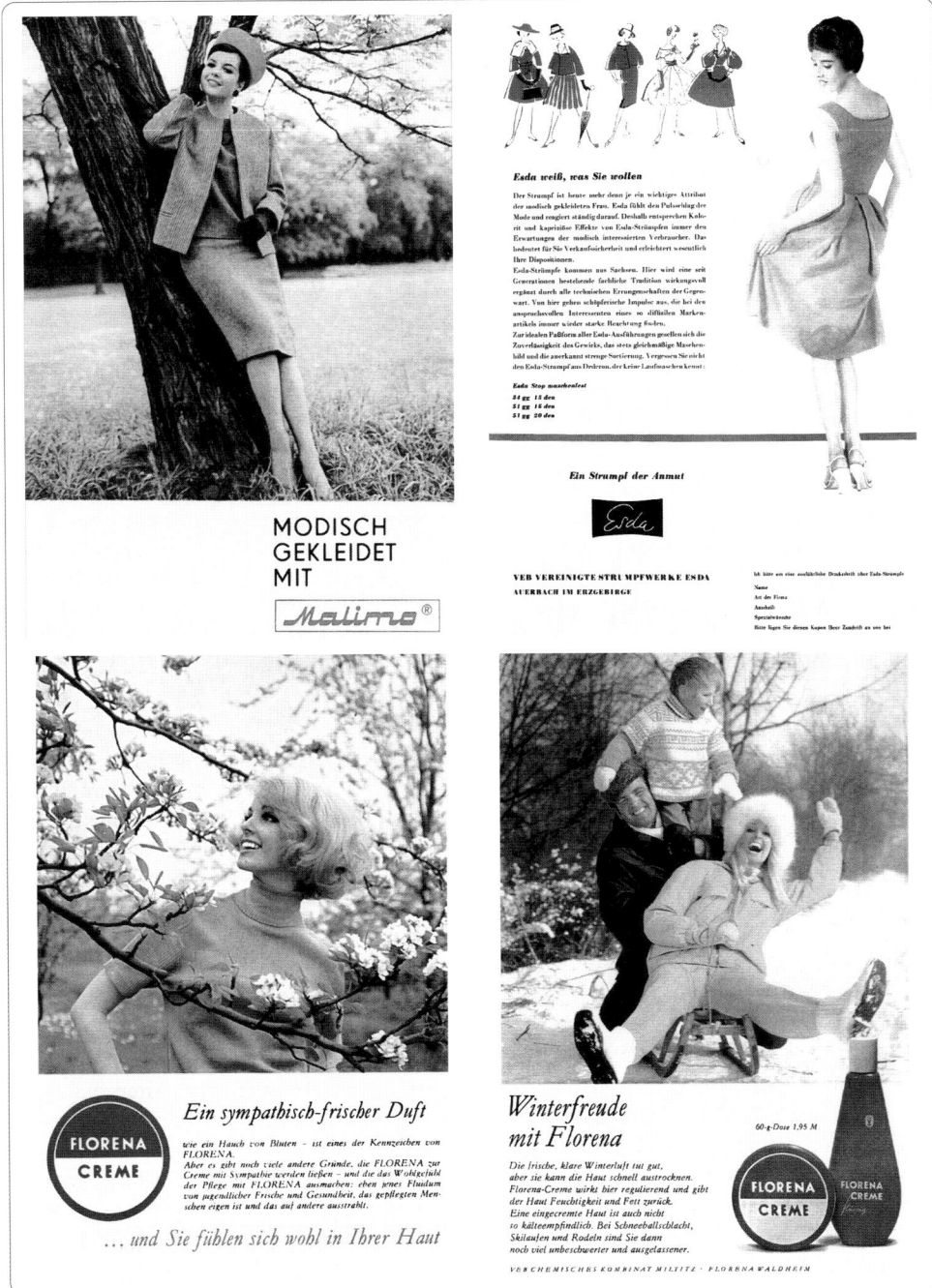

Abbildung 1-22: *Konsumgüterwerbung in der DDR*

Quelle: Tippach-Schneider: Messemännchen und Minol-Pirol. Werbung in der DDR, Berlin 1999, S. 11, 37, 79, 82

Abbildung 1-23: *Gesellschaftliche Propaganda in der DDR*

Quelle: Deutsches Werbemuseum (Hrsg.): Spurensicherung. 40 Jahre Werbung in der DDR, Frankfurt/M. 1990, Sp. 178, 478, 484, 490

Wie die gesamte Wirtschaft, war auch die Werbewirtschaft der DDR zentralistisch organisiert. Die Werbung lag in den Händen von zwei Agenturen, die Monopolstellungen innehatten: der *DEWAG* (Deutsche Werbe- und Anzeigen-Gesellschaft) und der *Interwerbung*, die für Werbung im Ausland sowie für die Werbung ausländischer Kunden in der DDR verantwortlich war. Der Schwerpunkt der DDR-Werbung lag nicht im Binnenhandel, sondern beim Export und in der Industrie, wobei sich die Exportwerbung vor allem auf Messen und Ausstellungen konzentrierte.

Vor allem Plakate propagierten die offizielle Parteipolitik als „Sichtagitation" und gesellschaftliche Propaganda. Sichtagitation bezeichnete politisch-ideologische Massenarbeit mit visuellen Mitteln mit dem Ziel, die Bürger für die Parteipolitik zu mobilisieren. Zur gesellschaftlichen Propaganda gehörte die Gesundheitspropaganda, die Arbeitsschutzpropaganda, die Unfall- und Schadensverhütungspropaganda, die Verkehrserziehung und die Umweltschutzpropaganda (vgl. Abbildung 1-23).

Zwischen 1960 und 1970 wurde versucht, die Werbung in der DDR auf eine theoretische Grundlage zu stellen und sie in eine sozialistische Betriebswirtschaftslehre einzubinden. Auf Initiative der Fachzeitschrift *Neue Werbung* entstand ein „Handbuch der Werbung", das Grundlagenkenntnisse aus Theorie und Praxis zu vermitteln suchte, allerdings blieb diese „Werbegrundordnung" rein theoretisch. Werbung wurde hier definiert als „bewusste Einflussnahme auf Einzelpersonen, Personengruppen und Massen mittels psychologisch begründeter und wirksamer Informationen (Wissensvermittlung), Argumentation (Überzeugung) und Appellen in sachlich-rationaler oder auch betont emotionaler Form sowie wahrheitsgemäßer Aussage" (HdW, S. 23).

Obgleich diese Definition durchaus auch für marktwirtschaftliche Werbung gelten könnte, legt das Handbuch der Werbung großen Wert auf eine inhaltliche Abgrenzung zur Westwerbung, bei der die „… Skala der Manipulationsmethoden von sexuellen Motiven als Blickfang, von der Manipulation physiologisch-psychologisch bedingter Gemütsverfassungen, vom Appell an Angst und depressive Zustände bis zur Einflussnahme auf die Vorstellungswelt der Kinder, der Erziehung so genannter ‚Verbraucherrekruten'" reiche (HdW, S. 56).

Angesichts des sehr unterschiedlichen Hintergrundes der Bevölkerung in den alten und neuen Bundesländern, wird immer wieder die Frage diskutiert, ob sich nicht auch die Werbung entsprechend anpassen müsste:

Nach der Vereinigung schien alles gelaufen zu sein. Endlich konnten die neuen Bundesbürger alles kaufen, was ihr Herz begehrte. Und das taten sie auch. Zunächst. Neugierde auf all das, was man früher nur aus der Werbung im Radio und im Westfernsehen kannte. Nachholebedarf (mit „e") war angesagt. Ostprodukte waren out. Sie sahen ja tatsächlich grau aus im Vergleich zu den Westwaren.

Und dann war die Neugierde befriedigt. Ostdeutsche Traditionsprodukte wurden durch neues Design, modernes Marketing, spezifische Kommunikation wieder attraktiv. Vielfach entpuppte sich Bewährtes von früher nach der Modernisierung der Produktion schlicht und ergreifend auch als besser. Besser jedenfalls für die ostdeutschen Verbraucher. Westdeutsche Marketer reagierten erlebbar enttäuscht auf die undankbaren Ossis, die nun plötzlich wieder F6 rauchten, Burger-Knäcke aßen, Zetti-Knusperflocken knabberten und auf Werbung nicht zu reagieren schienen.

Bis heute wird vielfach die Tatsache geleugnet, dass Ostdeutsche kritischer mit Werbung umgehen als Westdeutsche. Nicht, weil Ostdeutsche keine Werbung mögen. Sie verstehen nur mehr davon. (…) Die Ostdeutschen haben gelernt, zwischen den Zeilen zu lesen, hinter die Worte zu hören, der wahren Bedeutung einer Behauptung nachzuspüren. Diese Fähigkeit, das Behauptete auf Wahrhaftigkeit abzuklopfen und das Echte zu erkennen, scheinen Großeltern, Eltern weiterzugeben an Enkel und Kinder. (...)

Es reicht nicht aus, Freiheit, Abenteuer zu proklamieren, Nobelkarossen, elegante Abendkleidung oder cooles Rumhängen an karibischen Stränden zu zeigen, um Produkte oder Dienstleistungen begehrenswert zu machen im Osten. Pointiert könnte die These lauten: Der Westen kauft mit dem Bauch, der Osten mit dem Kopf. Der Osten ist praktischer. Das bedeutet für die Kommunikation: Jede Aussage muss überprüfbar und glaubhaft sein. Und sie muss übereinstimmen mit dem ostdeutschen Wertekanon, der neben tradierten Werten wie Gemeinschaft, Vertrauen, Bescheidenheit, Solidarität zwar auch moderne (westliche) Werte umfasst, sie aber häufig anders versteht (v. Haken 2008, S. 115)

1. 7 Werbung als Reflexion des gesellschaftlichen Wandels

Wie kaum ein anderes Phänomen des öffentlichen Lebens dokumentiert die Werbung den gesellschaftlichen Wandel. Wohlgemerkt: Werbung *dokumentiert* den Wandel, sie kann ihn niemals selbst verursachen. Werbung reflektiert den jeweiligen Zeitgeist und damit die politische und wirtschaftliche Situation einer Gesellschaft. Deutlich wird dies bei einem Rückblick auf die Entwicklung der Werbung seit dem 2. Weltkrieg.[6]

Nach dem Krieg begann die Werbung dort, wo auch die deutsche Wirtschaft begann, nämlich bei null. Stichtag für den Beginn der Wirtschaftswerbung ist die Währungsreform am 20. Juni 1948, der Tag, an dem jeder Deutsche im Westen 40 Deutsche Mark erhält. Werbung reduziert sich in dieser Zeit darauf, dass sich Marken und Unternehmen beim Verbraucher zurückmelden. Sie zeigte lediglich auf, dass es die Produkte gab bzw. wieder gab: „Endlich wieder *Nivea* Zahnpasta", „Sie hat uns gefehlt all die Jahre. Doch jetzt ist sie wieder da. Es gibt wieder *Rama*." In Zeiten eines Anbietermarktes waren Positionsabgrenzungen gegenüber der Konkurrenz nicht notwendig. Eine Auslobung qualitativer Eigenschaften erfolgte nicht bzw. rein produktbezogen („In Friedensqualität"). Die Werbung dieser Zeit wird als **Werbung der ersten Art** bezeichnet (vgl. Abbildung 1-24).

Werbung der zweiten Art (vgl. Abbildung 1-25) setzte ein, als sich die Märkte von Anbieter- in Käufermärkte wandelten, und sich die Produkte nicht mehr so problemlos abverkauften. In der Werbung wurde argumentiert, aber immer noch auf einer rationalen Ebene („*Pril* entspannt das Wasser"). Stellvertretend für die Werbung der zweiten Art steht das berühmte *HB*-Männchen („Wer wird denn gleich in die Luft gehen? Greife lieber zur *HB*, dann geht alles wie von selbst"). Mit dem *HB*-Männchen kamen auch emotionale Komponenten in die Werbung: „Frohen Herzens genießen".

In den sechziger Jahren kam es zu einer grundsätzlich anderen Ausrichtung der Werbung. Werbung verkaufte nicht mehr Produkte, sondern Leitbilder und Images. Als Reaktion auf erste Marktsättigungserscheinungen mit der Folge austauschbarer Produkte, war eine rein rationale Argumentation nicht mehr möglich. Die Produkte wurden mit Attributen ausgestattet, die mit ihnen nichts zu tun hatten („Der Duft der großen weiten Welt").

Einer der Werbeavantgardisten dieser Zeit war Charles Wilp, der Deutschland in den *Afri-Cola* Rausch versetzte. Die *Afri-Cola*-Kampagne griff erstmals Werte der neuen Jugendkultur auf. Diese **Werbung der dritten Art** (vgl. Abbildung 1-26) erfolgte in einer Zeit des gesellschaftlichen Umbruchs, der Hippies, der Pop-Musik, der 68er Jahre.

---

[6] Die folgenden Ausführungen sind angelehnt an den Artikel von Schnibben: Die Reklame-Republik, 1992, S. 114-128.

Abbildung 1-24: Werbung der ersten Art

Abbildung 1-25: Werbung der zweiten Art

Abbildung 1-26: Werbung der dritten Art

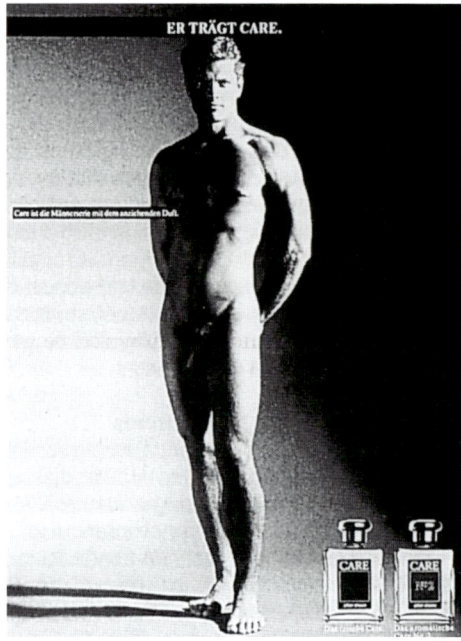

Abbildung 1-27: Werbung der vierten Art

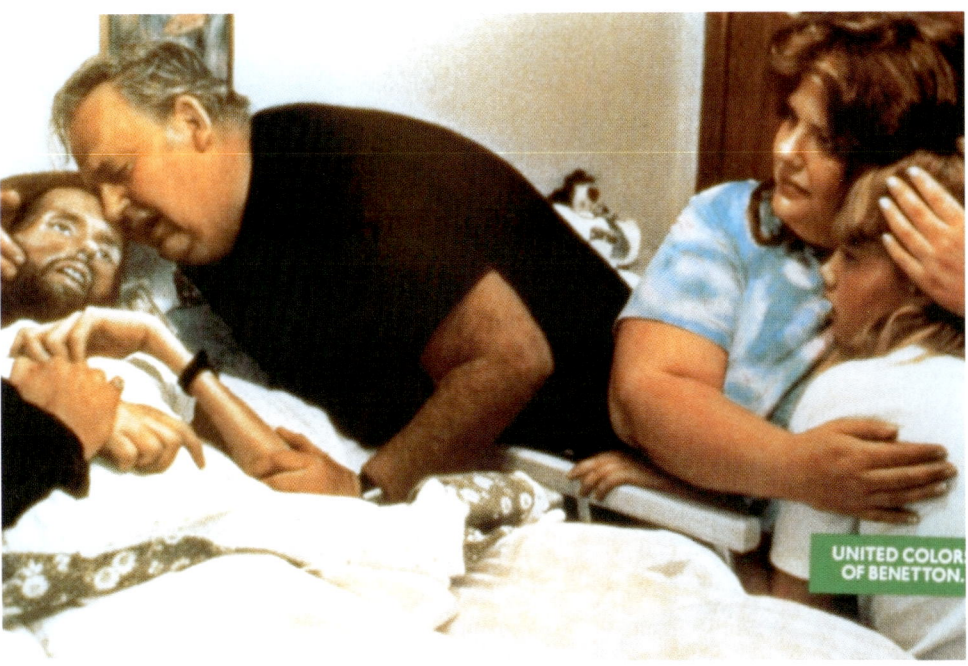

Abbildung 1-28: *Werbung der fünften Art*

Die Werbung entwickelte sich schnell und wurde immer raffinierter, allerdings sah sie sich auch zunehmend einer gesellschaftlichen Kritik ausgesetzt. In einer Zeit, in der sich die Nachkriegsjugend von ihren Eltern emanzipierte, kam es auch zu einer Emanzipierung der Werbung. Die Gesellschaft lernte mit der Werbung umzugehen. Der Verbraucher lernte, „dass auch die *Pampers* irgendwann feucht wird, dass *Pfannis* Hüttenschmaus in der Pfanne anders aussieht als im Fernsehen, dass *Rama* nicht den Familienfrieden rettet, dass *Barilla*-Nudeln nicht der Vorhand nützen und die *Gillette*-Rasierklinge seine Potenzprobleme nicht löst. Auch Werbefernsehen bildet" (Schnibben 1992, S. 118). Werbung wurde selbstbewusster, wurde zum Selbstzweck, Werbung nahm sich selbst auf den Arm.

Werbung der vierten Art (vgl. Abbildung 1-27) steht unter dem Motto: Wer gute Werbung macht, der macht auch gute Produkte. Werbung ließ Kamele das Lied vom Tod pfeifen und in einem *Jade*-Spot die Frage einblenden: „Warum schauen Sie beide Werbefernsehen? Gibt es nichts Schöneres? Schalten Sie doch ab".

Werbung der fünften Art führte zu einem nochmaligen Bruch mit der Werbetradition, eingeleitet durch *Benetton* (vgl. Abbildung 1-28). *Benetton* zeigte nicht mehr die heile Welt, sondern provozierte mit der kaputten Welt. Die *Benetton*-Motive wurden redaktionell besprochen, waren in aller Munde. Werbung wurde zum Ereignis, in der *Benetton*-Zielgruppe zeitweise sogar zu einer Ideologie, etwa nach dem Motto: „Endlich mal jemand, der die Dinge so zeigt, wie sie wirklich sind" (vgl. Kloss 1996 S. 5).Wie kein anderer hat *Benetton* die Frage nach Moral in der Werbung aufgeworfen. Diese Frage ist aber untrennbar mit der Frage nach der Mündigkeit der Verbraucher verbunden: „Nicht das Werbebild steuert das psychische Verhalten der Menschen, sondern der Zivilisationsstil spiegelt sich in der Werbung wider – also die Wünsche, Ideen, Hoffnungen und auch die Realitäten der heute lebenden Menschen" (Nickel 1997a, S. 21).

1. 8 Werbung als Wirtschaftsfaktor

Die Investitionen in Werbung beziffern sich für das Jahr 2010 auf ca. 29 Milliarden Euro, das entspricht einem Anteil am Brutto-Inlandsprodukt (BIP) in Höhe von 1,2 %. In der Werbewirtschaft, verstanden als Oberbegriff für Werbetreibende, Werbeagenturen und Werbeträger, sind rund 553.000 Personen beschäftigt, als Auftraggeber von Werbung, in der Werbemittelgestaltung, in der Verbreitung von Werbemitteln und in Zulieferbetrieben, wie Druckereien und der Papierindustrie, sowie in Call Centern (vgl. ZAW 2010, S. 91). Neben ihrem Beitrag zum BIP und für den Arbeitsmarkt, gehen von der Werbung eine Reihe von Folgewirkungen auf andere Bereiche aus. Einerseits setzt die Werbung Impulse durch Innovationen, Konsumsteuerung und Markttransparenz. Vor allem aber ist die Werbung konstituierend für eine Vielzahl von Medien, der private Rundfunk finanziert sich beispielsweise fast ausschließlich durch die Werbung. Ohne Werbung gäbe es viele Medien nicht bzw. würden sie erheblich teurer sein. Medienvielfalt bedeutet aber auch Meinungsvielfalt.

Die vielleicht wichtigste Funktion der Werbung als Wirtschaftsfaktor liegt jedoch in ihrer Bedeutung für den Wettbewerb. Ohne Werbung gäbe es keine Plattform für die Bekanntmachung neuer Produkte und weniger Transparenz in den Märkten. Da Werbung über Angebote (und Sonderangebote) informiert und die Wettbewerbsvorteile der Produkte herausstellt, ermöglicht sie in vielen Fällen eine Vergleichbarkeit von Preisen und Qualitäten. Der Wettbewerb bezieht seine Dynamik aus dem Prozess von „Vorstoß und Verfolgung", dessen Geschwindigkeit durch den Verbraucher bestimmt wird. Werbung sorgt hier für die notwendige Transparenz, was umso wichtiger ist, je differenzierter das Angebot an Produkten und Dienstleistungen einer Volkswirtschaft ist. Durch die Belebung des Wettbewerbs verringert Werbung tendenziell auch die Spielräume für Preiserhöhungen, die vor allem in monopolistischen Marktstrukturen durchsetzbar sind.

Werbung vermittelt natürlich nicht nur „objektive" Informationen, sondern appelliert auch an Emotionen. Allerdings laufen auch die menschlichen Informations- und Entscheidungsprozesse nicht ausschließlich nach logischen Gesetzmäßigkeiten ab. Auch „objektive" Informationen werden subjektiv verarbeitet, insofern kann Werbung zur Markttransparenz beim Verbraucher nur in dem Maße beitragen, wie es seine jeweilige Einstellungs- und Wertestruktur zulässt (vgl. Rost 1986, S. 78).

Der Stellenwert der Werbung kommt auch in den „Frankfurter Thesen zur Werbung im Rundfunk" zum Ausdruck, die von der Arbeitsgruppe Werbung der ARD und der Redaktion Media Perspektiven formuliert wurden (vgl. O.V. 1998, S. 436 ff.):

> „Werbung ist in der modernen Marktwirtschaft eine unentbehrliche Schnittstelle zwischen Wirtschaft und Gesellschaft. Sie dient der Vermittlung von Informationen über das Wirtschaftsgeschehen, der Schaffung von Markttransparenz und dem Aufzeigen von Zusammenhängen, um differenzierte Marktentscheidungen treffen zu können. Sie ermöglicht den Transfer zwischen Produktion und Nachfrage und ist der Motor zur Durchsetzung von Innovationen.
>
> Werbung hat eine zweifache wirtschaftliche Funktion: Als bedeutender Wirtschaftsfaktor sorgt sie für Wirtschaftswachstum und Beschäftigung, als Finanzier von Medien fördert sie publizistische Vielfalt. (...)"

Staatliche Regulierung der Werbefreiheit oder sogar Werbeverbote werden aus unterschiedlichen Gründen als kritisch angesehen. Der ZAW sieht als Grund für Werbezensur die Absicht, ein politisch erwünschtes Verhalten der Bürger herbeizuführen und warnt vor den Folgen (vgl. ZAW 2008, S. 29 ff.):

- Medien wird die Existenzgrundlage durch wegbrechende Werbeeinnahmen durchlöchert;
- Mittelständische Unternehmen werden in ihrer Marktbehauptung behindert: Sie können sich nicht mehr gegen die Großunternehmen in ihren Marktnischen werblich wehren;
- Werbeverbote fördern Oligopole und Monopole: Die Konkurrenz des Mittelstands kann durch Abbau von Werbung in den Ruin getrieben werden. Konzentration von Marktmacht aber führt zu Preissteigerungen, sinkenden Qualitätsstandards und sinkenden Innovationsneigung. Werbezensur produziert in Folge dessen das Gegenteil von Verbraucherschutz;
- Werbeverbote zerstören die Marktinformationsnetze, die in modernen Wettbewerbsgesellschaften für Produzenten, Handel und Konsumenten unentbehrlich sind;
- Abbau von Werbung unter dem Vorwand des Verbraucherschutzes ist in der Regel das Gegenteil – eine Demütigung der Lebenskompetenz der Bürger als Marktteilnehmer.

Es hört nicht auf: Nach Tabakwerbeverbot, Healthclaims-Verordnung und Gängelung der Autohersteller in Sachen Werbung, zündet das Europäische Parlament die nächste Stufe. Geht es nach seinem Willen, soll Werbung, in der Frauen für Staubsauger und muskelbepackte Männer für Autos Reklame machen, schon bald der Vergangenheit angehören. Mit großer Mehrheit stimmten die Parlamentarier einem Entschließungsantrag der schwedischen Abgeordneten Eva-Britt Svensson zu, Werbung dürfe nicht diskriminierend, entwürdigend und stereotyp sein. Zwar ist der aktuelle Beschluss zunächst nur eine Aufforderung an die Industrie, auf derartige Werbemaßnahmen zu verzichten, doch rechnen Experten schon bald mit weiteren Schritten. (O.V. 2008 g., S. 53).

Aufgaben:

1. Auf welche grundsätzlichen Probleme stößt Werbung in ihrer Wirkungsabsicht?
2. Zeigen Sie Gründe auf, warum Werbung als ein Urphänomen der menschlichen Existenz aufgefasst werden kann.
3. Erläutern Sie an Hand einer konkreten Situation den Kommunikationsprozess.
4. Suchen Sie Beispiele für verschlüsselte Botschaften in der Werbung.
5. Skizzieren Sie die kommunikativen Voraussetzungen, auf die Werbung heute trifft.
6. Erläutern Sie die Unterschiede in der Informationsaufnahme über Bilder und Sprache.
7. Welche Konsequenzen haben gesättigte Märkte für das Marketing?
8. Erläutern Sie an Hand selbstgewählter Beispiele die beiden grundsätzlichen Differenzierungsmöglichkeiten der Werbung.
9. Zu welchen Konsequenzen führte die Zulassung von Wettbewerb im deutschen Fernsehmarkt?
10. Zeigen Sie die wesentlichen Faktoren auf, die maßgeblich für die Entwicklung der Werbung waren.

2 Werbewirkung

„Die Neigung beim Marketing zum Weg über die Tiefenpsychologie war größtenteils durch die Schwierigkeiten ausgelöst worden, denen man bei dem Versuch begegnete, die Amerikaner zum Kauf aller Produkte zu überreden, die ihre Industrie herstellen konnte. (…) Hellhörige Marketer hegten allmählich Zweifel an drei Grundvoraussetzungen, von denen sie bei ihrem Bemühen ausgegangen waren, das vorhersagbare Verhalten von Menschen, besonders Verbrauchern, logisch zu ergründen.

Erstens, entschieden sie, darf man nicht annehmen, dass die Leute wissen, was sie wollen. (…) Zweitens, schlussfolgerten einige Marketer, darf man nicht unterstellen, dass einem die Leute hinsichtlich ihrer Wünsche und Abneigungen die Wahrheit sagen, sogar wenn sie sie wissen. Wahrscheinlicher sei, dass man Antworten erhalte, die dem steten Bestreben der Befragten entsprechen, vor der Welt als wirklich verständige, gescheite, vernünftige Leute zu erscheinen. (…) Schließlich, entschieden die Marketer, sei es gefährlich vorauszusetzen und darauf zu vertrauen, dass die Menschen sich vernunftgemäß verhalten." Packard 1974, S. 11 ff.

„Ich weiß, dass die Hälfte meiner Werbeausgaben herausgeschmissenes Geld ist. Ich weiß nur nicht, welche Hälfte". Wanamaker

VW stoppt Tiguan-Kampagne

Die Kampagne für den Kompakt-SUV mit Heidi Klum und Seal wurde gestoppt. Denn: Wer sich einen VW Tiguan bestellt, muss derzeit bis zu elf Monate warten, bis das Fahrzeug geliefert werden kann. Die Werbekampagne sei Ende Januar „ausgelaufen", so VW. Anfang November 2007 erst hatten die Wolfsburger den Tiguan in den Markt eingeführt. Die von DDB Berlin kreierte Kampagne hat offenbar gut gearbeitet. Auch der Mediadruck war hoch. Dass Volkswagen die Tiguan-Kampagne nach nur drei Monaten absetzt, sei ungewöhnlich, berichtet ein Branchen-Insider. Zumal vor dem Hintergrund, dass Ford im März mit dem Cougar ein Konkurrenzprodukt auf den Markt bringen wird (O.V. 2008a, S. 8)

Das Kapitel über Werbewirkung ist in einem Lehrbuch über Werbung üblicherweise ein sehr unbefriedigendes. Der zitierte Aphorismus von Wanamaker beschreibt die Situation einigermaßen zutreffend; ein Zyniker könnte allerdings fragen, woher er denn weiß, dass es nur die Hälfte der Werbeausgaben sind und nicht 70 % oder 80 %, die herausgeworfen sind. Es ist ein durchaus realistisches Szenario, dass trotz gesteigerter Werbeausgaben der Marktanteil sinken kann. Dennoch lässt sich nicht behaupten, dass Werbung in diesem Fall keinerlei Wirkung hinterlassen hat. Die Problematik der Werbewirkung beginnt schon bei der Definition dessen, was Werbung eigentlich bewirken soll, was unmittelbar zu der Frage führt, wie diese Wirkung zu messen ist.

Werbewirkung ist ein außerordentlich komplexes Phänomen. Es liegt in der Natur der Werbung, dass es eine allgemeine Werbewirkungstheorie nicht gibt und wohl auch nicht geben kann, da Märkte, Produkte, Zielgruppen und Zielsetzungen sehr unterschiedlich sind und entsprechend unterschiedliche Konzeptionen erfordern. Je nach Werbeziel wird eine andere Werbewirkung angestrebt. Zwar ist es üblicherweise unproblematisch, die Wirkung eines einzelnen Werbemittels bzw. einer Werbekampagne nachzuweisen. Daraus jedoch Schlussfolgerungen auf andere Kampagnen oder gar auf Werbewirkung im Allgemeinen zu ziehen ist praktisch nicht möglich.

2.1 Der Wirkungsbegriff

2.1.1 Unterschiedliche Auffassungen über Werbewirkung

Angesichts der Werbekrise zu Anfang des neuen Jahrhunderts ist Werbung und vor allem Werbewirkung intensiver aber auch kritischer in die Diskussion geraten. Deutlich wurden die sehr unterschiedlichen Auffassungen über Werbewirkung zwischen und innerhalb von Wissenschaft, Werbetreibenden, Medien, Agenturen und Marktforschern. Eine breite Öffentlichkeit erreichte beispielsweise die Theoriediskussion zwischen den Professoren Andrew Ehrenberg und John Philip Jones, die zu völlig unterschiedlichen Ergebnissen und Handlungsempfehlungen kommen. Ehrenberg ist ein Vertreter der so genannten „weak theory", die Werbung als defensives Wettbewerbsinstrument betrachtet. Danach verschafft Werbung Marken zwar Publizität, vermag es allerdings nicht, Verbraucher zum Markenwechsel zu bewegen. Werbung kann demzufolge lediglich Marktanteile verteidigen. Jones, als Vertreter der so genannten „strong theory", kann hingegen nachweisen, dass Werbung kurzfristig sehr wohl Marktanteilsverschiebungen bewirken kann und somit ein offensives Wettbewerbsinstrument darstellt. Sowohl Ehrenberg als auch Jones belegen ihre Befunde empirisch.

Sender, Verlage, Agenturen und Marktforschungsinstitute reagieren auf die Werbewirkungsdiskussion mit einer Vielzahl von Werbewirkungsmodellen und -formeln, die jeweils die Wirkung von Fernsehen und Printmedien bzw. deren Kombination nachweisen. Dass Werbung allerdings auch dauerhafte Markenwerte und Unternehmensimages aufbaut, berücksichtigt keines dieser Modelle und Theoreme.

Es kann und soll nicht Aufgabe dieses Lehrbuches sein, in einen Theoriestreit einzugreifen. Die hier vertretene Auffassung von Werbewirkung geht davon aus, dass Werbung auf menschliches Verhalten in sehr komplexen und dynamischen sozialen Systemen einwirkt und sich somit nicht in Wirkungsmodellen erfassen lässt. Zwar werden notwendigerweise auch in diesem Kapitel einige der etablierten Werbewirkungsmodelle vorgestellt, allerdings mit entsprechend kritischer Würdigung. Modelle sind notwendig, um komplexe Zusammenhänge überhaupt darstellen zu können und somit einen Erklärungsbeitrag für die Wirkungsweise von Werbung zu leisten. Keines der Modelle erhebt jedoch einen Allgemeingültigkeitsanspruch.

Dieses Lehrbuch betrachtet Werbewirkung vor allem unter einem langfristigen und strategischen Aspekt, also dem Aufbau von Positionierungen und Markenimages. In dieser Betrachtungsweise zielt Werbung vor allem auf kommunikative und psychologische Größen, ein kausaler Zusammenhang zwischen Werbung und ökonomischem Erfolg, wie z.B. Einfluss auf Umsätze und Marktanteile, erscheint nur in Ausnahmefällen als nachweisbar. Der in der Literatur vielfach anzutreffenden Unterscheidung in Werbeerfolg, als ökonomische Dimension und Werbewirkung, als kommunikative Dimension, wird nicht gefolgt. Um Missverständnisse zu vermeiden, wird hier ausschließlich der Begriff Werbewirkung verwendet.

2. 1.2 Die beabsichtigte Werbewirkung

In den Naturwissenschaften ist Wirkung die kausale Folge einer Ursache. Dieser kausale Zusammenhang wird auch von der Werbewirkungsforschung übernommen. So wird Werbewirkung als „jede Reaktion eines Werbeadressaten auf Werbung" definiert (Steffenhagen 1995, Spalte 2679). Allerdings wird im Gegensatz zu den Naturwissenschaften kein Determinismus einer bestimmten Wirkung unterstellt. Es besteht Einigkeit darüber, dass nicht von **der** Werbewirkung gesprochen werden kann, da die Wirkungsmechanismen zu komplex sind und Werbung unterschiedliche Wirkungen auslösen kann. Um operationalisierbar zu sein, müssen Werbewirkungsmodelle jedoch vereinfachen und sind letztlich auf das von der Psychologie übernommene und von Lasswell in die Kommunikationswissenschaft eingeführte Stimulus-Response- (Reiz-Reaktions-) Schema zu reduzieren.

Letztlich soll Werbung „bewirken", dass die beworbenen Produkte und Leistungen gekauft werden. Jedoch sind ökonomische Größen keine operativen Ziele für die Werbung. Kroeber-Riel weist auf eine Zurechnungs- und Operationalisierungsproblematik ökonomischer Werbeziele hin: Im Allgemeinen lassen sich keine direkten Beziehungen zwischen Werbung und Verhaltensänderungen nachweisen, andererseits kann das Verhalten durch unterschiedliche Werbemaßnahmen beeinflusst werden (vgl. Kroeber-Riel/Esch 2004, S. 36). Werbung lasse sich nur an kommunikativen Zielen messen, die „Dispositionen" sind, die hinter dem Verhalten stehen (zur Problematik der Messung der Werbewirkung vgl. ausführlich Kapitel 2.4).

Je nach Werbeziel lassen sich kurz- und langfristige Wirkungszeiträume unterscheiden (vgl. Abbildung 2-1). Bekanntheit kann sehr kurzfristig erreicht werden. Eine einmalige Schaltung einer Anzeige oder die Verteilung eines Handzettels kann die gewünschte Wirkung bereits erreichen. Das gleiche gilt für Preisinformationen und Verkaufsförderungsmaßnahmen. Beispielsweise werden Handzettel, Anzeigenblätter, Beilagen und die lokale Tageszeitung für die Einkaufplanung zu Rate gezogen („*ALDI* informiert").

Zielt Werbung jedoch darauf, Positionierungen, Images oder Marken aufzubauen, ist von langfristigen Wirkungszeiträumen auszugehen. Hierfür ist ein in sich stimmiges Konzept notwendig, das der Zielgruppe den differenzierenden Wettbewerbsvorteil vermittelt und das als Grundlage für die werbliche Umsetzung dient (vgl. Kapitel 5.4, Copy Strategy). Die Werbemittel müssen hier entsprechend häufig über einen längeren Zeitraum geschaltet werden. Der Schwerpunkt des vorliegenden Buches liegt auf dieser strategisch ausgerichteten Wirkung.

Die in der Literatur aufgeführten Werbe**ziele** unterscheiden sich weniger inhaltlich als durch die verwendeten Bezeichnungen. Ein Konsens lässt sich feststellen im Hinblick auf

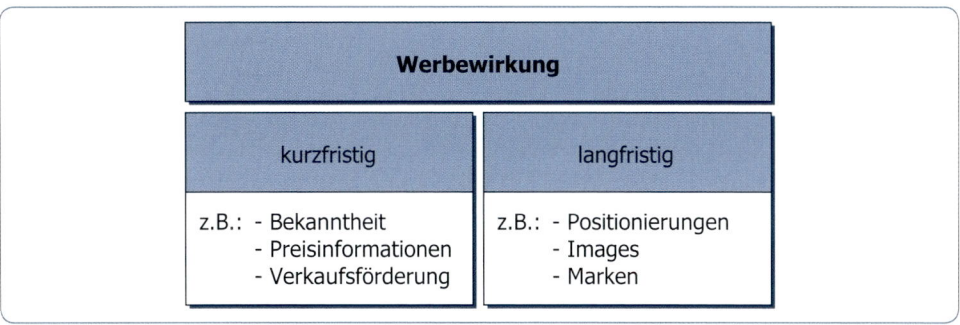

Abbildung 2-1: *Wirkungszeiträume*

> ❗ Werbung verfolgt ökonomische Ziele auf indirektem Weg über eine große Bandbreite von kommunikativen und psychologischen Zielen: Werbung will z.B. bekannt machen, informieren, Aufmerksamkeit schaffen, Neugier wecken, Sympathie vermitteln, Aktualität erzeugen, emotionalisieren.

Information, **Image** und **Bekanntheit** als die wesentlichen Ziele der Werbung. Über Einstellungsänderungen sollen diese Ziele Verhaltensänderungen herbeiführen.

Über die Kriterien, die zur Beurteilung einer Werbe**wirkung** herangezogen werden, besteht jedoch keine einheitliche Auffassung. Steffenhagen fasst die in der Literatur beschriebenen kommunikationsbedingten Reaktionen zu einer dreistufigen Wirkungskategorie zusammen, der hier gefolgt wird (vgl. Steffenhagen 1984, S. 13 ff.):

1. **Momentane Reaktionen:** alle Vorgänge in einer Person, die sich unmittelbar beim Werbekontakt abspielen. Darunter sind sowohl vorbewusste, als auch bewusste Reaktionen im Kurzzeitgedächtnis zu verstehen.

2. **Dauerhafte Gedächtnisreaktionen:** alle Reaktionen, die das Langzeitgedächtnis betreffen.

3. **Finale Verhaltensreaktionen:** alle beabsichtigten und beobachtbaren Verhaltensweisen.

2. 1.3 Gegenwirkung: Reaktanz

Der beabsichtigten und angestrebten Werbewirkung ist ein unbeabsichtigter Effekt entgegenzustellen: die **Reaktanz**. Meinungen und Einstellungen sind Persönlichkeitsmerkmale. Wenn jemand einen Beeinflussungsversuch seiner Meinungen feststellt, wird er mit Gegenwehr reagieren. Diese Gegenwehr gegen Einengungen des persönlichen Freiraumes wird als Reaktanz (also das Gegenteil von Akzeptanz) bezeichnet. Werbung versucht, die Meinungen und Einstellungen der Konsumenten zu beeinflussen. Also ist Werbung potenziell auch immer von Reaktanz bedroht. Allerdings trifft Werbung i.d.R. nur auf ein geringes Interesse der Betrachter, andererseits ist die Beeinflussungsabsicht der Werbung nicht immer offensichtlich. Je offensichtlicher die Beeinflussung erfolgt, desto höher ist die Wahrscheinlichkeit, dass Werbung Reaktanz hervorruft. „Wenn bei der Person Reaktanz hervorgerufen wird, wird sie bemüht sein, ihre gedankliche Freiheit wiederherzustellen, indem sie bewusst oder unbewusst die gegenteilige Meinung annimmt und vertritt" (v. Rosenstiel/Kirsch 1996, S. 182). Diese „Trotzreaktion" verhindert also nicht nur die angestrebte Werbewirkung, sie erweckt im Gegenteil Einstellungen, die eine Gegenposition zu der beabsichtigten Wirkung darstellen (Bumerang-Effekt). Erzeugt eine Werbebotschaft Reaktanz, löst sie nicht die beabsichtigte Wirkung, sondern eine unbeabsichtigte Gegenwirkung aus, mit der die umworbene Person ihre erfolgreiche Abwehr des Beeinflussungsversuchs demonstriert. Das auslösende Moment für Reaktanz ist weniger in der Art der Werbung zu sehen, sondern darin, dass sich eine Person beeinflusst fühlt. Effektive Werbung darf also nicht als Druckausübung bzw. – um einen häufig im Zusammenhang mit Werbung falsch gebrauchten Begriff zu verwenden –, als Manipulation erkennbar sein.

Eine notwendige Bedingung für Reaktanz ist die Wahlfreiheit, die Tatsache also, dass eine Person zwischen Alternativen wählen kann. Die Nachricht, dass der neue SLX zwei Jahre Lieferzeit hat, beeinträchtigt die eigene Freiheit dann nicht, wenn ohnehin keine Absicht besteht, dieses Auto zu kaufen. Falls das aber doch der Fall ist, wird diese Nachricht den Besitzwunsch nach diesem Auto nur noch verstärken. Charakteristisch für Reaktanz ist, dass die bedrohte Alternative auf einmal sehr stark aufgewertet wird. Das erklärt auch, warum verbotene Dinge vielfach eine besondere Attraktivität gewinnen. Reaktanz ist insbesondere dann stark, wenn andere Personen in Konkurrenz um das bedrohte Gut treten (Felser 2007, S. 292), beispielsweise wenn jemand einem gerade das letzte Sonderangebot „vor der Nase wegschnappen" will.

Die Tatsache, dass die bedrohten Alternativen besonders reizvoll sind, kann auch zu einer gezielten Beeinflussung genutzt werden, indem beispielsweise Produkte nur in limitierter Stückzahl aufgelegt oder auf andere Weise künstlich verknappt werden. Ein Nebeneffekt ist dabei, dass dadurch der Wert der Produkte erhöht, (denn nur seltene Dinge sind wertvoll) bzw. die Qualität der Produkte herausgestellt wird. Wenn *Mon Chérie* während der Sommermonate nicht ausgeliefert wird, und die Werbung vorher deutlich macht, dass *Mon Chérie* bis zur Sommerpause nur noch wenige Tage erhältlich ist, dann können die „Hamsterkäufe", die diese Ankündigung auslöst, als Reaktanzreaktion aufgefasst werden.

Da Werbung versucht, den Kaufentscheidungsprozess bei den Verbrauchern zu beeinflussen, sollen im folgenden Kapitel zunächst einige wesentliche Grundlagen dazu gegeben werden, bevor auf Wirkungsmodelle einzugehen ist.

2. 2 Kaufentscheidungsprozesse

2. 2.1 Das Menschenbild im Marketing

Jeder Entscheidung im Marketing liegen Überlegungen über das Kaufverhalten[1] der Zielpersonen zugrunde. Alle Marketingmaßnahmen sind letztlich darauf gerichtet, das Kaufverhalten zu beeinflussen. Der Marketing-Mix ist demnach als Einflussgröße auf das Entscheidungsverhalten der Konsumenten zu betrachten. Der konkreten Ausgestaltung des Marketing-Mix liegen Annahmen über mögliche Reaktionen der Zielgruppe zugrunde.

Die Wirkungsmodelle im Marketing gehen davon aus, dass der Mensch auf Reize reagiert, d.h. es gibt streng genommen gar keine freie Entscheidung des Konsumenten. Eine Entscheidung, die auf freiem Willen basiert, ist in den Modellen nicht vorgesehen. Der Mensch reagiert passiv und ist durch Reize fremdbestimmt (vgl. Kapitel 2.3.1). Das Menschenbild, das den Wirkungsmodellen im Marketing zugrunde liegt, ist also zunächst einmal nicht sehr optimistisch im Hinblick auf die Entscheidungsfreiheit des Menschen in seiner Rolle als Konsument.

Das Marketing setzt sich mit den konkreten Situationen im Alltag des Konsumenten auseinander. Die Unternehmen müssen täglich eine Vielzahl von Kaufentscheidungen zu ihren Gunsten erreichen, um sich am Markt behaupten zu können. Bei einem Unternehmen der Nahrungsmittelindustrie beispielsweise sind es mehrere einhunderttausend Kaufentscheidungen, die täglich erzielt werden müssen. Es ist daher notwendig, von möglichst realistischen Annahmen über das Konsumentenverhalten auszugehen.

Die tatsächlichen Entscheidungsabläufe im Kopf des Konsumenten sind nicht zugänglich, sie werden daher im Marketing als **Black-Box** betrachtet. Das Ergebnis des Kaufentscheidungsprozesses kann jedoch **beobachtet** werden, also das, was sich im Einkaufswagen befindet bzw. welches Auto gekauft wird. Einen Ursache-Wirkungs-Zusammenhang

---

[1] Ähnlich wie die Bezeichnung „Produkt" wird auch das Wort „Kauf" im Marketing in einer sehr weit gefächerten Bedeutung verwendet. Unter Kauf wird auch das Buchen einer Reise, die Eröffnung eines Bankkontos oder die Bestellung eines Essens in einem Restaurant verstanden. Auch Bezeichnungen wie „Verbraucher" oder „Konsument" sind allgemeine Bezeichnungen für diejenigen Personen, die von einem Angebot Gebrauch machen.

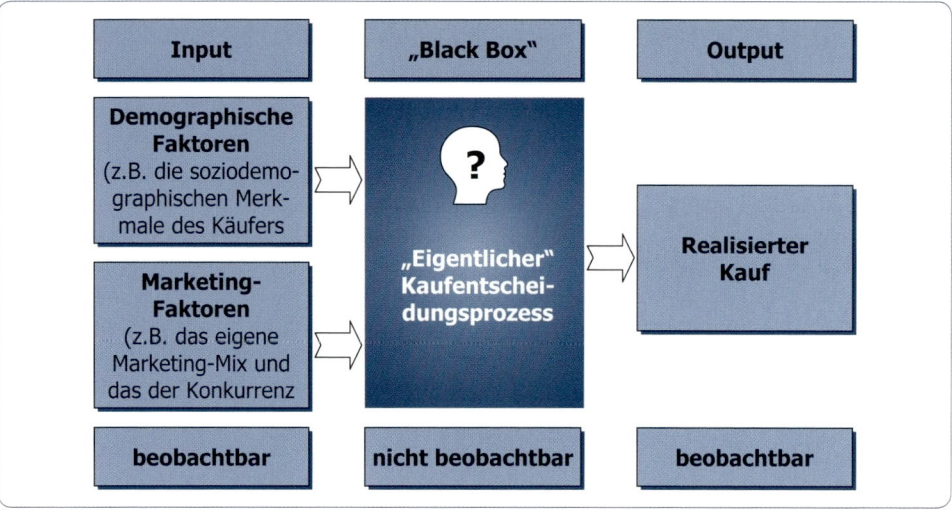

Abbildung 2-2: Black-Box-Modell des Käuferverhaltens

Vgl. Meffert: Marketing, 7. Aufl., Wiesbaden 1993, S. 145

zwischen einzelnen Marketingmaßnahmen und der Entscheidung des Konsumenten herzustellen, wäre jedoch rein spekulativ. Abbildung 2-2 zeigt ein Black-Box-Modell des Käuferverhaltens[2].

Die endogenen und exogenen Faktoren, die den Entscheidungsprozess des Konsumenten beeinflussen, sind beobachtbar. Die Marktforschung eines Unternehmens liefert Informationen über Alter, Geschlecht, Familiengröße, Einkommen, Wohnort u. dgl. und kann den „typischen" Käufer der Marke beschreiben. Die Marketingabteilung verfügt über Informationen, welche Maßnahmen in welchem Zeitraum ergriffen wurden, um bestimmte Umsatz- oder Marktanteilsergebnisse zu erzielen und kann dies mit den Erkenntnissen der Marktforschung kombinieren. Zusammen mit den Erfahrungen aus der Vergangenheit kann nun versucht werden, Rückschlüsse daraus zu ziehen und allgemeine Zusammenhänge herzustellen. Was den einzelnen Käufer jedoch tatsächlich dazu veranlasst hat, diese Marke zu kaufen, entzieht sich allerdings der Beobachtbarkeit.

Alle Überlegungen zum Käuferverhalten versuchen, die Input- und Output-Faktoren miteinander in Beziehung zu setzen. Dabei wird im Marketing der Konsument nicht als ein **homo oeconomicus**, also als ein rein rational handelndes Wesen betrachtet. Vielmehr wird davon ausgegangen, dass der Konsument zwar sehr wohl rational handelt, in seinem Handeln aber **auch** von emotionalen und sozialen Komponenten beeinflusst wird, die die Rationalität überwiegen können.

Ein rein **rationaler Kaufentscheidungsprozess** könnte in folgenden Stufen ablaufen (vgl. v. Rosenstiel/Kirsch 1996, S. 193 f.):

1. Es wird ein bestimmtes Problem erkannt, das durch eine Kaufentscheidung gelöst werden könnte.
2. Dafür werden bestimmte Anforderungen (Ziele) festgelegt, denen das zu kaufende Produkt entsprechen muss.

---

[2] Bei den Black-Box-Modellen wie in Abbildung 2-2 handelt es sich um die klassischen Stimulus-Response-Modelle (vgl. dazu ausführlich Kapitel 2.3.1).

3. Es werden Informationen beschafft, um herauszufinden, welche Produkte in Frage kommen und welche Eigenschaften diese Produkte haben.

4. Auf der Basis dieser Informationen werden die Produkte danach bewertet, inwieweit sie geeignet sind, die gesetzten Ziele zu erfüllen.

5. Zusätzlich werden die Wahrscheinlichkeiten abgeschätzt, dass das Ziel auch tatsächlich erreicht wird, d.h. es erfolgt eine Abschätzung des Risikos im Falle eines Irrtums.

6. Es wird schließlich das Produkt ausgewählt, das im Hinblick auf Zielerreichung und Risikoabschätzung optimal ist.

7. Das Produkt wird gekauft und daraufhin überprüft, inwieweit der erwartete Erfolg auch eingetreten ist.

Dieser beschriebene Ablauf wäre idealtypisch für eine ausschließlich unter rationalen Erwägungen getroffenen Kaufentscheidung. Es erscheint offensichtlich, dass dieser „Aufwand" nicht für jede Kaufentscheidung getätigt wird, bei der Buchung des Jahresurlaubes sicherlich eher als beim Kauf der Kaffeemarke.

Tatsächlich unterliegen rationale Entscheidungen einer Vielzahl von Beschränkungen. Selbst Entscheidungen, die bewusst rational getroffen werden, unterliegen Verzerrungen (vgl. v. Rosenstiel/Kirsch 1996, S. 196 ff.):

- **Emotionale Verzerrungen:** Bei jeder Entscheidung wirken Emotionen mit. Auch die Wahrnehmung erfolgt niemals emotionsfrei. In allen Phasen des Entscheidungsprozesses drängen Emotionen die Produktbeurteilung und -auswahl in eine bestimmte, manchmal auch unbestimmte Richtung. Selbst nach dem Kauf wirken Emotionen, die sich in einem Bedauern der getroffenen Entscheidung äußern können.

- **Kognitive Verzerrungen:** Auch die sachliche Beurteilung – die eigentlich nicht von emotionaler Beurteilung getrennt werden kann – läuft i.d.R. nicht streng rational ab. Die Produktbeurteilung erfolgt nicht immer logisch, bei der Informationssuche und der Auswahl der Alternativen kommt es zu Vereinfachungen.

Die möglichen Verzerrungen in den einzelnen Phasen der Entscheidung sollen anhand des dargestellten idealtypischen Entscheidungsprozesses aufgezeigt werden:

1. **Problemlösung ohne Problem:** Oft werden Problemlösungen gekauft, obwohl vorher gar kein Problem existierte, beispielsweise beim Impulskauf, für den manchmal nachträglich ein Problem definiert wird („Als ich das Kleid sah, fiel mir ein, dass ich eigentlich nichts zum Ausgehen habe").

2. **Unklare oder nicht vorhandene Ziele:** Ohne vorherige Maßstäbe ist es nicht möglich, Produkte zu bewerten und zu vergleichen. Die Ziele können nicht aus dem Produkt abgeleitet werden, sondern nur aus den persönlichen Motiven. Der Verbraucher macht sich aber häufig nicht klar, was er genau von einem zu kaufenden Produkt erwartet. Produkte werden häufig an Hand von Maßstäben bewertet, die von anderen übernommen werden (bei Testsiegern werden die Maßstäbe der Tester übernommen).

3. **Unsystematische Informationsbeschaffung:** Systematische Informationsbeschaffung ist häufig mit großem Aufwand verbunden, daher werden in der Informationsbeschaffung Prioritäten gesetzt. In der Praxis wird aber nicht immer die besonders relevante Information beschafft, sondern die, die leicht verfügbar bzw. leicht verstehbar ist (man sieht eher die Bilder in den Prospekten und liest weniger die Berichte).

4. **Unzureichende Bewertung:** Es wird häufig in logisch unzulässiger Weise von Einzelinformationen auf die Gesamtqualität geschlossen. (Viele meinen, dass naturbelassene Nahrungsmittel auch gesünder sind oder besser schmecken, obwohl natürlich und gesund und Geschmack völlig verschiedene Eigenschaften sind.)

Eine besondere Rolle bei der Produktbeurteilung nehmen Schlüsselinformationen ein, die in der Wahrnehmung verschiedene Informationen bündeln (Testurteile, Markenname, Preis, Image).

5. **Fehleinschätzung von Risiken:** Die realistische Einschätzung von Risiken ist schwierig, da Mut und Angst Emotionen sind, die das klare Denken beeinträchtigen. Eigene Erfahrungen und anschauliche Beispiele gehen häufiger in die Risikoabschätzung ein als Statistiken. Einzelfälle werden stärker erlebt, obwohl sie statistisch irrelevant sind.

6. **Vereinfachende Auswahlregeln:** Um die richtige Auswahl zu treffen, müssen die Ziele gewichtet werden. Das kann sehr komplex werden. Daher werden häufig vereinfachende Auswahlregeln angewendet (es wird das teuerste Produkt gekauft, denn das kann ja wohl nicht schlecht sein, oder das billigste, weil da am wenigsten falsch gemacht werden kann).

7. **Kognitive Dissonanz nach der Entscheidung:** Wenn der Kauf erfolgt ist, wird häufig den Alternativen nachgetrauert, die notwendigerweise ausgeschlagen wurden. Rational wäre ein weiteres Nachdenken über die Entscheidung insofern, als dass Informationen gewonnen werden könnten, um künftige Entscheidungen zu verbessern.

Erkenntnisse der Hirnforschung zeigen, dass Kaufentscheidungen zu einem erheblichen Teil unbewusst erfolgen, der unbewusste Anteil an einer Entscheidung um ein Vielfaches größer ist als der bewusste. Demzufolge sind alle Entscheidungen emotional geprägt (vgl. Häusel 2006, S. 38 f.). Unter diesem Aspekt bekommt Werbung bei der Markenkommunikation eine sehr viel größere Bedeutung als bisher angenommen.

2.2.2 Kaufentscheidungstypen

Die bei Kaufentscheidungen grundlegende Frage ist die nach der Motivation: Warum kauft eine Person ein bestimmtes Produkt? Dass mit dem Kauf ein Mangelzustand beseitigt wird, ist sicherlich die nächstliegende Erklärung: Es wird Kaffee benötigt, also ist er beim nächsten Einkauf zu beschaffen. Diesem Mangelzustand können aber grundsätzlich eine Vielzahl von Kaffees abhelfen. Bei der Wahl zwischen konkreten Alternativen geht es dem Konsumenten also um die Wahl zwischen dem Guten und dem Besseren. Heute ist es vielfach so, dass Werbung Konsumenten, denen es gut geht, das Gefühl vermittelt, dass es ihnen mit den beworbenen Produkten noch besser geht. Insofern kann kaufen definiert werden als „ein zielgerichtetes Handeln, dem unausgesprochen der Glaube zugrunde liegt, dass mit dem Kauf das Leben schöner ist als ohne" (Felser 2007, S. 44).

Gegenstand ist hier das Kaufverhalten von Privathaushalten. Entscheidungsträger ist also entweder eine Einzelperson oder – wie häufig bei größeren Ausgaben – die Familie. Entscheidungen, die von der ganzen Familie getroffen werden, laufen i.d.R. arbeitsteilig ab, da die Zielsetzungen und Bewertungskriterien der einzelnen Familienmitglieder sehr unterschiedlich sein können.

Bezüglich des Entscheidungsverhaltens beim Kauf lassen sich vier Verhaltenstypen unterscheiden:

1. **Rationalverhalten:** Hier handelt es sich um ein echtes Problemlösungsverhalten. Es werden gezielt Alternativen gesucht und bewertet, die Informationsverarbeitung erfolgt bewusst und überlegt.

2. **Gewohnheitsverhalten:** Der Käufer ist hier nicht auf der Suche nach neuen Alternativen, er stellt keine langen Überlegungen an, sondern handelt routinemäßig nach einem immer wieder praktizierten Ablauf.

3. **Impulsverhalten:** Es erfolgt keine rationale Kontrolle des Kaufs, er ist vielmehr stark von situativen Emotionen gesteuert. Streng genommen handelt es sich hierbei weniger um ein „Entscheidungsverhalten", als vielmehr um eine spontane Reaktion.
4. **Sozial abhängiges Verhalten:** Dieser Verhaltenstyp ist stark von außen gesteuert, in die Kaufentscheidung werden die vermuteten Reaktionen der Umwelt miteinbezogen.

Welche Verhaltensweise einer Kaufentscheidung zugrunde liegt, hängt von einer Vielzahl von Faktoren ab. Je höher die finanzielle Mittelbindung bei einer Kaufentscheidung ist, desto eher wird ein rationales Kaufverhalten zu erwarten sein. Ebenso bei erklärungsbedürftigen Produkten. Der **Rationalkauf** ist vor allem bei einer extensiven Kaufentscheidung zu erwarten, also in einer Kaufsituation, in der der Käufer noch unentschlossen ist und aktiv nach Informationen sucht. Hierbei ist der Käufer hoch involviert und berücksichtigt auch werbliche Informationen, weil er bei den Kaufalternativen deutliche Unterschiede vermutet. Bei sozialer Sichtbarkeit, wenn also die Images der Produkte auf den Besitzer übertragen werden können (z.B. Auto, Jeans), tritt i.d.R. aber gleichzeitig auch ein **sozial abhängiges Verhalten** auf.

Impulskäufe sind tendenziell bei geringwertigen Produkten eher zu erwarten als bei teuren. Wohl kaum jemand wird bei der Betrachtung der Auslage eines Elektrohändlers spontan einen Fernseher kaufen. Impulskäufe sind vor allem auch dann zu erwarten, wenn die Qualitätsunterschiede zwischen den Produkten so gering sind, dass sich ein Abwägen der Alternativen nicht lohnt.

Gewohnheitskäufe erfolgen hingegen vor allem bei Gütern des täglichen Bedarfs, aber auch im Urlaubsverhalten lassen sich Gewohnheiten feststellen, beispielsweise bei den Personen, die immer wieder an den gleichen Ort und in die gleiche Pension fahren. Wie beim Impulskauf beruht auch der Gewohnheitskauf nicht auf einem Entscheidungsverhalten. Für die Entscheidungen über den Marketing-Mix sind Gewohnheitskäufer insofern interessant, als sie häufig markentreue Käufer sind. Jemand, der immer wieder dieselbe Marke kauft und noch keine schlechten Erfahrungen damit gemacht hat, wird schwer zu einem Markenwechsel zu bewegen sein. Das neue Produkt müsste schon erheblich besser sein als das gewohnheitsmäßig gekaufte Produkt. Beim Gewohnheitskauf spielt ein starker psychologischer Effekt mit: Mögliche Verluste werden höher gewichtet als gleichwertige Gewinne. Beispielsweise lassen sich Personen, die ein Lotterielos besitzen, selbst mit Geld kaum dazu bewegen, dieses gegen ein anderes einzutauschen, das objektiv dieselben Gewinnchancen hat (vgl. Felser 2007, S. 110). Auf Märkten, deren Wachstumspotenzial ausgeschöpft ist, ist jedoch die Gewinnung neuer Käufer eine explizite Wachstumsstrategie.

Bei neuen Produkten bzw. solchen, mit denen der Käufer noch über eine geringe Erfahrung verfügt, ist ein gewohnheitsmäßiges Verhalten naturgemäß ausgeschlossen. Je nach Produkt überwiegt hier entweder ein rationales oder sozial abhängiges Verhalten.

Aus einer anderen Sichtweise lassen sich die Kaufverhaltenstypen danach klassifizieren, inwieweit das Verhalten kognitiv kontrolliert bzw. emotional bestimmt ist (vgl. v. Rosenstiel/Kirsch 1996, S. 205 ff.). Abbildung 2-3 verdeutlicht, dass Impulskäufe stark emotional bestimmt sind und nur einer schwachen kognitiven Kontrolle unterliegen. Beim Gewohnheitskauf sind hingegen beide Klassifikationskriterien nur schwach ausgeprägt.

Ein neuer, dem Rationalverhalten zuzuordnender Käufertyp, ist der so genannte Smart Shopper, der im Umgang mit Werbung und Marketingstrategien erfahren ist und diese durchschaut. Er kennt die *Aldi*-Preise und kann Qualitäten sachkundig beurteilen, er weiß, dass Qualität nicht nur von Markenartikeln geboten wird. Emotionale Erlebniswerte sind für ihn weniger wichtig als das Preis-Leistungs-Verhältnis. Der Smart Shopper ist ständig auf der Suche nach mehr Wert für weniger Geld. Er handelt nach der Devise: „If

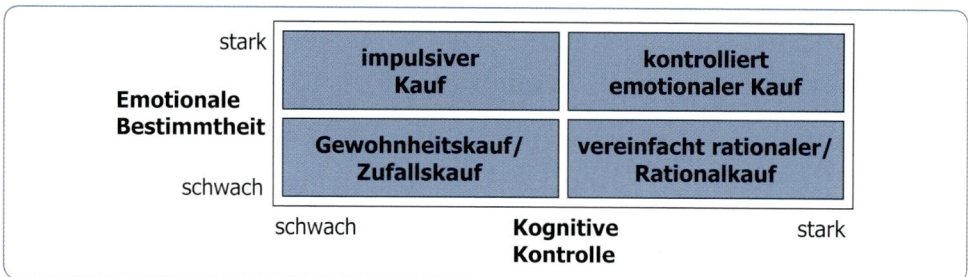

Abbildung 2-3: *Kaufentscheidungstypen*

Vgl. v. Rosenstiel/Kirsch: Psychologie der Werbung, Rosenheim 1996, S. 206

you can't taste the difference, why pay for the difference?" (nach Diekhof 1996, S. 198). Der Käufertyp des Smart Shoppers leistet einer Schnäppchen-Kultur Vorschub.

2. 2.3 Psychologische Erklärungsansätze

Da nicht der Kaufentscheidungsprozess selbst, sondern nur dessen Resultat beobachtbar ist, wird versucht, über einige psychologische Hilfskonstrukte den Kaufentscheidungsprozess transparenter zu machen. Gearbeitet wird dabei im Wesentlichen mit Wahrnehmungs- und Lerntheorien und mit den Begriffen Motivation und Einstellung/Image. Im Rahmen der reiz-reaktionstheoretischen Ansätze stellen diese die so genannten „intervenierenden Variablen" dar, die als Teilerfolgsgrößen für die angestrebte Wirkung gemessen werden (vgl. Kapitel 2.3.1.1). Die folgenden Ausführungen gehen auf Wahrnehmungs-, Lern- und Motivationstheorien ein. Einstellungen/Images werden im Zusammenhang mit der Positionierung vorgestellt (vgl. Kapitel 3).

2. 2.3.1 Der Wahrnehmungsprozess

2. 2.3.1.1 Wahrnehmung und Bewusstsein

Um wirksam zu werden, muss Werbung von der Zielgruppe überhaupt erst einmal wahrgenommen werden. Angesichts der kaum noch überschaubaren Menge an Kaufsignalen, denen der Konsument heute ausgesetzt ist, muss davon ausgegangen werden, dass die überwiegende Mehrheit dieser Reize nicht wahrgenommen wird, also unwirksam sind. So zeigt Kroeber-Riel z.B. für gedruckte Werbung eine Informationsüberlastung von 95 % auf, d.h. nur 5 % der werblichen Informationen erreichen den Konsumenten (vgl. Kroeber-Riel/Esch 2004, S. 17 f.).

In einer allgemeinen Bedeutung bezeichnet Wahrnehmung „einen Prozess der Aufnahme, Selektion, Weiterleitung und Verarbeitung von Reizen aus der Umwelt durch einen oder mehrere Wahrnehmungsapparate (Gesichtssinn, Gehör, Tastsinn, Geruchs- und Geschmackssinn)" (Mayer/Illmann 2000, S. 427). Dabei ist jeder Wahrnehmungssinn selektiv auf die ihm adäquaten Reize ausgerichtet.

Reize haben eine physikalische und eine psychologische Dimension. Die physikalische Dimension betrifft die Wahrnehmbarkeit von Reizen. Die menschlichen Sinnesorgane nehmen beispielsweise Licht und Schall nur innerhalb bestimmter Frequenzen wahr. Darüber hinaus besteht ein Zusammenhang zwischen der Reizintensität und seiner Empfindung: Damit zwei Reize als unterschiedlich wahrgenommen werden können, müssen sie sich in ihrer Intensität um 9 % unterscheiden. Ein Schallreiz mit einer Intensität von 10 wird also nur dann als unterschiedlich von einem nachfolgenden wahrgenommen, wenn dieser eine Intensität von 11 hat. Je höher die Reizintensität ist, desto größer müssen die Unterschiede sein, um eben noch wahrgenommen zu werden. Bei einer Reizintensität von 80 muss der Nachfolgereiz also eine Intensität von 87 haben, um als unterschiedlich empfunden zu werden (vgl. Felser 2007, S. 121).

Die psychologische Komponente eines Reizes besteht in der Art und Weise, wie er empfunden und mit welchem Bedeutungsgehalt er ausgestattet wird. Zwischen der physikalischen und der psychologischen Dimension liegt eine physiologische in der Verarbeitung des Reizes durch die menschlichen Sinnesorgane.

Die Wahrnehmung wird gesteuert von der Erfahrung. Durch die Erfahrung wird eine bestimmte Erwartungshaltung geweckt, die die Wahrnehmung des Reizes gewissermaßen vorprogrammiert. Beispielsweise bemerkten Versuchspersonen, die einen schokoladenbraunen Vanillepudding probierten, nicht den Vanillegeschmack (vgl. Felser 2007. S. 133).

Wahrnehmung erfolgt über die menschlichen Sinnesorgane als bewusster oder unbewusster Prozess. Da es zweifelhaft erscheint, ob unbewusst wahrgenommene Reize spezifische Verhaltensreaktionen auslösen können[3], wird in der Werbung vor allem auf bewusst wahrgenommene Reize abgehoben, die Eingang in das Kurzzeitgedächtnis gefunden haben (vgl. Steffenhagen 1984, S. 55). Unterschwellig wahrgenommene Reize sind zu unterscheiden von Reizen, die nicht beachtet werden. Auch nur beiläufig bemerkte Reize werden verarbeitet und erzielen Wirkung. Diese Wirkung ist manchmal viel nachhaltiger als bei solchen Reizen, die mit hoher Aufmerksamkeit verfolgt werden.

Viele Signale – und damit auch Werbebotschaften – wirken **unbewusst**. Das hat zur Konsequenz, dass den Käufern die eigentlichen Gründe ihres Kaufverhaltens verborgen bleiben. Es konnte nachgewiesen werden, dass Konsumenten in einer Weinhandlung erheblich mehr französische Weine kauften, wenn im Hintergrund französische Musik lief (vgl. Scheier/Held 2006, S. 16).

Informationen werden im Gehirn immer auch emotional bewertet. Eines der wichtigsten strategischen Ziele der Werbung ist es, Marken zu Emotionalisieren, d.h. die gesamte Markenkommunikation wirkt in den Gehirnregionen, die für die emotionale Verarbeitung zuständig und außerhalb des Bewusstseins sind. Werbung wirkt also auch, wenn sie nicht bewusst erinnerbar ist (vgl. Scheier/Held 2006, S. 158).

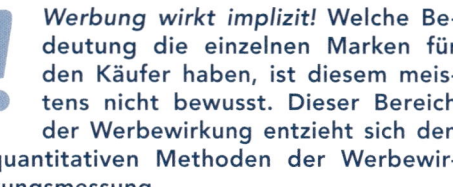

Werbung wirkt implizit! Welche Bedeutung die einzelnen Marken für den Käufer haben, ist diesem meistens nicht bewusst. Dieser Bereich der Werbewirkung entzieht sich den quantitativen Methoden der Werbewirkungsmessung.

2. 2.3.1.2 Selektive Wahrnehmung

Das Bewusstsein lässt sich als ein in sich geschlossenes System verstehen, das nur in „… sehr lockerer Verbindung mit der Außenwelt steht: Reize aus unserer Umwelt dringen zunächst einmal nicht in unser Bewusstsein ein" (v. Rosenstiel/Kirsch 1996, S. 60). Ein Charakteristikum der Wahrnehmung ist somit, dass sie selektiv erfolgt. Selektive Wahrnehmung erfolgt immer bei aktivierten Bedürfnissen. Wenn beispielsweise das Bedürfnis aktiviert ist, zu wissen, wie spät es ist, dann schaut man auf seine Uhr. I.d.R. wird dabei auch tatsächlich lediglich die Uhrzeit aufgenommen und keine weiteren Informationen,

---

[3] Damit ist gemeint, dass unbewusst wahrgenommene Reize beispielsweise ein Hunger- oder Durstgefühl bewirken können, aber nicht, dieses Bedürfnis mit einer bestimmten Burger- oder Getränkemarke zu stillen.

wie z.B. das Aussehen der Uhr. Es ist daher nicht weiter erstaunlich, dass der Träger einer Armbanduhr häufig nicht in der Lage ist, spontan zu beschreiben, ob seine Uhr römische oder arabische Ziffern hat.

Durch die selektive Wahrnehmung wird verhindert, dass das Gehirn bei der Informationsverarbeitung überlastet wird. Wahrnehmung muss also auf das Zusammenspiel von „objektiven" Umweltreizen und subjektiver Erfahrungswelt des Empfängers relativiert werden. Die Reize, die das Bewusstsein wahrnimmt, sind also gefiltert und müssen nicht den tatsächlichen Reizen entsprechen. Nach der „Hypothesentheorie der Wahrnehmung" erfolgt Wahrnehmung in drei Stufen:

1. „Das Individuum geht mit bestimmten Hoffnungen, Erwartungen, Befürchtungen an die Umwelt heran. Es hat sozusagen bestimmte Hypothesen über die Umwelt.

2. Die Umwelt liefert bestimmte objektive Informationen, die als Reize auf das Individuum einwirken.

3. Die erlebte Wahrnehmung ist schließlich ein Kompromiss zwischen subjektiver Hypothese und objektiver Information" (v. Rosenstiel/Kirsch 1996, S. 61).

Ein weiteres Spezifikum der Wahrnehmung ist, dass nicht nur der Reiz als solcher, sondern auch das Umfeld des Reizes wahrgenommen wird. Auf den Einfluss des Umfeldes auf die Wahrnehmung wiesen bereits Anfang des letzten Jahrhunderts die Gestaltpsychologen hin. Sie betonten, dass die Reize, die auf Menschen einwirken, immer als Ganzes gesehen werden müssen, insbesondere dann, wenn die Reizkonfiguration aus mehreren Teilen besteht. Das Umfeld, in dem ein Signal wahrgenommen wird, beeinflusst auch die Interpretation dieses Signales: „Das Ganze ist nicht nur mehr als die Summe seiner Teile, d.h. es besitzt Eigenschaften, die diesem nicht zukommen, sondern es ist auch früher als die Teile, indem nämlich von ihm deren Erscheinungsweise abhängt" (Hofstätter 1970, S. 147). So erhält z.B. für den Betrachter ein und dasselbe Auto eine unterschiedliche Bedeutung je nachdem, ob es auf der Hebebühne einer Werkstatt oder auf einem Hotelparkplatz steht.

Bei der Gestaltung von Werbemitteln muss berücksichtigt werden, dass ihre Wahrnehmung stets selektiv erfolgt. Es sollten daher Reize verwendet werden, zu denen der Betrachter einen persönlichen Bezug herstellen kann.

In Abhängigkeit von der jeweiligen Umfeldsituation wird ein Reiz also unterschiedlich wahrgenommen und verarbeitet. Entsprechend wird auch die **Erinnerung** an diesen Reiz von der Umfeldsituation gesteuert. Wenn das Ganze jedoch mehr ist als die Summe sei-

Abbildung 2-4: *Veränderung eines Teils führt zur Veränderung des Ganzen*
Quelle: Scheier/Held: Wie Werbung wirkt, Planegg 2006, S. 31

ner Teile, dann führt auch die Veränderung eines Teils zur Veränderung des Ganzen, wie Abbildung 2-4 an einem Beispiel demonstriert.

Während die Madonna auf der linken Seite eher bescheiden und demütig wirkt, erscheint sie auf der rechten Seite eher selbstbewusst und hochnäsig, obwohl beide Bilder identisch sind, das rechte wurde lediglich etwas gedreht (vgl. Scheier/Held 2006, S. 31).

2. 2.3.1.3 Kognitive Dissonanzen

Es kann davon ausgegangen werden, dass der Mensch ein Wesen ist, das nach innerer Ausgeglichenheit (Konsonanz) strebt, wahrgenommene Informationen, die nicht mit dem bestehenden Wissen oder bestehenden Einstellungen übereinstimmen, somit Unbehagen (Dissonanz) verursachen können (vgl. Festinger 1957). Als kognitive Dissonanz werden erkenntnismäßige Ungleichgewichte bezeichnet, die zu beseitigen versucht werden. Wenn einer Person Informationen dargeboten werden, die mit den eigenen Vorstellungen nicht übereinstimmen, wird sie nach Konsonanz streben, d.h. entstehende Spannungen vermeiden. „Dissonance is a motivational state which occurs when a belief about a behavior does not follow from other beliefs" (Calder 1979, S. 30).

Für Kaufentscheidungen sind kognitive Dissonanzen vor allem unter zwei Aspekten relevant (vgl. Schenk/Donnerstag/Höflich 1990, S. 56):

1. sie können nach einer Kaufentscheidung auftreten (z.B. als Bedauern über die ausgeschlagene Alternative oder als Folge persönlicher Produkterfahrungen) oder
2. als Folge von nachträglichen Informationen über das Produkt.

So kann jemand, der nach langem Abwägen gerade eine bestimmte Automarke gekauft hat, Überlegungen anstellen, dass auch andere Automarken Vorteile haben, oder er entnimmt einem Testbericht, dass das gekaufte Auto keine guten Kritiken bezüglich des Verbrauchs erhalten hat. Die Folge ist eine Verunsicherung im Hinblick auf die gerade getroffene Entscheidung: Es entsteht eine kognitive Dissonanz. Zur Beseitigung dieser Dissonanz erfolgt häufig ein sehr gezieltes Suchverhalten. Es wird nach Argumenten gesucht, die die Entscheidung nachträglich rechtfertigen. Dafür wird der Autokäufer beispielsweise Informationen über die Sicherheit, die Ausstattung u. dgl. heranziehen.

„Konsumenten verarbeiten bevorzugt solche Werbeinformationen, die mit ihrem bisherigen Verhalten in Einklang zu bringen sind" (Felser 2007, S. 280). Bei einem einstellungskonträren Verhalten – es wurde z.B. eine Marke gekauft, die normalerweise nicht gekauft wird – kann das Streben nach kognitiver Konsonanz dazu führen, dass der Käufer im Nachhinein eine zum Verhalten passende Einstellung entwickelt. Beispielsweise kann er für sich feststellen, dass die Alternative gar nicht so schlecht ist oder sogar besser, als die bisher gekaufte. Insofern sind kognitive Dissonanzen als ein wesentlicher Mechanismus anzusehen, um Einstellungsänderungen zu bewirken. Kognitive Dissonanzen können somit zu einer Verhaltensänderung führen.

Unabhängig davon, ob ein einstellungskonformes oder -konträres Verhalten vorlag, wird eine Kaufentscheidung, die mit einem hohen finanziellen Einsatz verbunden war, immer auch über den Preis gerechtfertigt: Wenn der Gegenstand schon so teuer war, dann muss er einfach gut sein.

Jede Entscheidung schließt zwangsläufig alle anderen in Frage kommenden Alternativen aus. Das sich häufig einstellende Bedauern über die ausgeschlossenen Alternativen ist eine Reaktanzwirkung, denn der Entscheider hatte ja die Freiheit der Wahl, die er mit seiner Entscheidung selbst eingeschränkt hat, die anderen Alternativen stehen nun definitiv nicht mehr zur Verfügung. Je wichtiger jedoch bestimmte Eigenschaften der nicht gewählten Alternative für den Verbraucher sind, desto größer ist auch die Dissonanz.

Absichtlich und bewusst werden kognitive Dissonanzen mit vergleichender Werbung hervorgerufen, da hier die Alternativen unmittelbar gegeneinander gestellt werden.

> **!** Kognitive Dissonanzen lassen Werbung unter einem häufig vernachlässigten Aspekt erscheinen: Sie dient nicht nur zur Beeinflussung der Kaufentscheidung, sondern vor allem auch zu deren Bestätigung. Werbung ist somit auch ein Instrument zur Kundenbindung.

Kognitive Dissonanzen beeinflussen das Informationsverhalten. Es werden bevorzugt solche Informationen aufgenommen, die die Entscheidung unterstützen bzw. Informationen vermieden, die sie in Frage stellen. Eine Verzerrung kann aber auch hinsichtlich der Informationsbewertung erfolgen, indem die Wichtigkeit von Informationen umbewertet wird. „Hat sich der Konsument für eines von zwei gleich attraktiven Produkten entschieden, dann bewertet er das gekaufte noch positiver, während das nicht ausgewählte Produkt abgewertet wird. In diesem Fall wird eher die Werbung des gekauften Produktes wahrgenommen, um die eigene Kaufentscheidung zu rechtfertigen" (Schenk/Donnerstag/Höflich 1990, S. 57). Werbung kann also sowohl zur Entstehung als auch zur Reduktion von Dissonanzen beitragen.

Für das Marketing ergeben sich aus der Theorie der kognitiven Dissonanz zwei bedeutsame Konsequenzen:

1. Das Marketing-Instrumentarium ist nicht nur unter dem Aspekt der Beeinflussung der Kaufentscheidung zu sehen, vielmehr auch unter der wichtigen Funktion der Bestätigung der Entscheidung nach dem Kauf bzw. des Abbaus von Dissonanzen. Alle Maßnahmen, die die Kundenzufriedenheit nach dem Kauf stärken können, sind dazu zu zählen, wie Reparaturservice, Beschwerdemanagement, Gebrauchsanweisungen oder Umtauschmöglichkeiten.

2. Mit kognitiven Dissonanzen lässt sich ein hohes Maß an Aufmerksamkeit erringen. Beispielsweise hat der Reifenhersteller *Pirelli* die Leistungsfähigkeit seiner Reifen nicht – wie es vordergründig zu erwarten wäre – in einer bestimmten Fahrsituation unter Beweis gestellt. Vielmehr zeigte er Carl Lewis in roten Pumps (vgl. Abbildung 2-5). Die Darstellung eines Sprinters in Pumps ist so ungewöhnlich, dass man darüber stutzt. Das kann zu einer intensiveren Beschäftigung mit der Anzeige führen, um die kognitive Dissonanz abzubauen.

Es ist in diesem Zusammenhang auf einen scheinbaren Widerspruch zwischen der Theorie der kognitiven Dissonanz und der Theorie der Reaktanz hinzuweisen. Während im Fall einer kognitiven Dissonanz die nicht gewählte Alternative abgewertet wird, erfolgt im Fall der Reaktanz das genaue Gegenteil, nämlich eine Aufwertung der vorenthaltenen Alternative. Es liegt hier allerdings kein Widerspruch vor, vielmehr handelt es sich um fundamental unterschiedliche Bedingungen. In dem einen Fall hat der Entscheider die Freiheit, zwischen Alternativen wählen zu können, im anderen Fall ist die Entscheidungsfreiheit eingeschränkt.

2. 2.3.1.4 Der „Mere-exposure-Effekt"

Aufgrund der Werbeüberflutung und dem allgemein geringen Interesse, das der Werbung entgegengebracht wird, trifft die Werbung also auf denkbar schlechte Voraussetzungen, um wahrgenommen zu werden und somit Wirkung entfalten zu können. Wahrnehmung und Informationsverarbeitung erfolgen jedoch nicht immer bewusst und kontrolliert,

Abbildung 2-5: *Kognitive Dissonanz in der Werbung*

sondern beruhen zum Teil auf **automatischen Prozessen**, die ohne bewusste Kontrolle ablaufen. Auf dieser Tatsache beruht ein erheblicher Wirkungseffekt der Werbung. Werbung wird häufig nicht konzentriert und bewusst wahrgenommen, sondern eher nur beiläufig, mit geringem Involvement. Es lässt sich aber nachweisen, dass gerade die beiläufige Informationsaufnahme ein späteres Verhalten stark beeinflussen kann, u.U. stärker als eine bewusste Informationsaufnahme und -verarbeitung, da hier auch bewusst Gegenargumente entwickelt werden können. Daraus ergibt sich eine für die Werbung wichtige Schlussfolgerung (s. Kasten):

Die Beeinflussung durch beiläufige, nicht bewusst wahrgenommene und nicht erinnerte Reizverarbeitung ist als **Mere-exposure-Effekt** bekannt (vgl. Zajonc 1968). Der Mere-exposure-Effekt beschreibt das Phänomen, dass Präferenzen für Objekte durch beiläufige Darbietung induziert werden können. Personen und Gegenstände werden grundsätzlich positiver bewertet, wenn sie einem vertraut sind, als wenn sie unbekannt sind. Vertrautheit

> **!** Die beabsichtigte Werbewirkung wird nicht notwendigerweise durch eine hohe Reizintensität erzielt. Reize, die ohne Aufmerksamkeit wahrgenommen werden, erzielen häufig eine viel höhere Wirkung, da hier bestimmte Kontrollmechanismen nicht wirken, die zu gegenläufigen Effekten führen können.

führt zu Gefallen („familiarity leads to liking", vgl. Harrison 1977, S. 40). Mit dem Mere-exposure-Effekt lässt sich nachweisen, dass diese positiven Effekte völlig unabhängig davon erfolgen, ob die Personen oder Gegenstände bewusst oder unbewusst wahrgenommen wurden (vgl. Miller 1976, S. 232). Lerneffekte sind also auch ohne Nachdenken erzielbar (vgl. Krugman 1977, S. 7).

In Experimenten wurden beispielsweise Versuchspersonen chinesische Schriftzeichen in unterschiedlicher Häufigkeit gezeigt, die später mit einem semantischen Differential (vgl. Kapitel 3.6) bewertet werden sollten. Den häufiger dargebotenen Schriftzeichen wurde eine positivere Bedeutung unterstellt, als den seltener dargebotenen (vgl. Zajonc 1968). In einem anderen Experiment wurden in einem Studentenwohnheim Plakate angebracht, die in großen Buchstaben postulierten: REDUCE FOREIGN AID. Ebenfalls mittels eines semantischen Differentials konnte später zu dieser Aussage eine signifikante Zustimmung erzielt werden (vgl. Miller 1976).

> Da der Mere-exposure-Effekt eine für die Werbung typische Situation beschreibt, ist er als einer ihrer fundamentalen Wirkungsmechanismen anzusehen. Beiläufig wahrgenommene Werbung hat zumindest den Effekt, dass die beworbene Marke vertraut(er) wird.

Diese Effekte beruhen **nicht** auf einer Erinnerungsleistung bzw. einem Wiedererkennen. Beiläufig gesehene Werbung hat keinen Eingang in das Gedächtnis gefunden, dennoch wird eine vorher gesehene Vorlage positiver bewertet. Positive Effekte werden vor allem deshalb erzielt, weil die Reizverarbeitung ohne Aufmerksamkeit erfolgt. „Implizite Gedächtniseffekte in der Werbung bestehen eben nicht im Wiedererkennen, sondern zum Beispiel in einer positiveren Bewertung der vorher gesehenen Vorlage. Und dieser Effekt kann bei bewusster Erinnerung sogar wieder aufgehoben werden" (Felser 2007, S. 222). Der Mere-exposure-Effekt, der als eine Form der Konditionierung aufgefasst werden kann, erklärt somit Werbewirkung in einer werbeüberfluteten Lebenswirklichkeit.

2. 2.3.1.5 Unterschwellige Wahrnehmung

Seit 1957 Packards „Geheime Verführer" erschienen, wird Werbung immer wieder mit unterschwelliger Beeinflussung in Verbindung gebracht, also einer Form der Beeinflussung, der der Konsument wehrlos ausgeliefert ist, da sie sich direkt an das Unterbewusstsein richte. Beispielhaft werden Filmvorführungen erwähnt, in die Werbebotschaften eingefügt wurden, die nur Sekundenbruchteile dauerten und damit zu kurz waren, „um von den Zuschauern bewusst wahrgenommen zu werden, aber lang genug für eine unterbewusste Aufnahme" (Packard 1994, S. 34).

Die wissenschaftliche Forschung geht weniger emotional mit diesem Thema um. Allerdings stellen sich einige grundsätzliche Probleme, die die Forschung auf diesem Gebiet relativieren. Die bisherigen Ausführungen haben gezeigt, dass Reize das Verhalten nur dann beeinflussen können, wenn es zu einer Informationsaufnahme über die menschlichen Sinnesorgane gekommen ist. Insofern ist der Begriff „unterschwellige Wahrnehmung" in sich logisch widersprüchlich, denn er beschreibt die Wahrnehmung von nicht wahrnehmbaren Reizen (vgl. Brand 1995, S. 7).

Das grundlegende Problem besteht in der Feststellung, **ob** es zu einer Wahrnehmung des betreffenden Reizes gekommen ist. Nur wenn ein Reiz jemanden zu einer bestimmten Reaktion veranlasst, lässt sich mit hinreichender Sicherheit darauf schließen, dass der Reiz wahrgenommen wurde. Unterbleibt eine Reaktion, lässt sich jedoch nicht der Umkehrschluss ziehen, dass keine Wahrnehmung des Reizes erfolgte (vgl. Brand 1995, S. 5).

Die Ausführungen zum Mere-exposure-Effekt haben gezeigt, dass auch nur beiläufig wahrgenommene Informationen Wirkungen haben können (vgl. auch die Ausführungen zum Priming-Effekt in Kapitel 2.3.1.2). Bei unterschwelliger Wahrnehmung geht es um die Frage, ob auch Reize, die überhaupt nicht wahrnehmbar sind, dennoch Wirkungen verursachen können. „Es gibt im Prinzip nur zwei Klassen von Umweltreizen: solche, deren physikalische Intensität groß genug ist, dass sie wahrgenommen werden (können), und solche, deren Reizenergie so gering ist, dass sie nicht mehr wahrgenommen werden (können)" (Brand 1995, S. 6). Bei der Festlegung eines Grenzwertes, also der „Schwelle", ab der ein bisher nicht wahrnehmbarer Reiz nunmehr doch wahrgenommen werden kann, ergibt sich ein weiteres Problem: Diese Schwelle ist von Person zu Person und von Situation zu Situation verschieden. Die Forschung zu unterschwelligen Reizen kann also nicht wirklich eindeutig klären, ob ein bestimmter Reiz dem Bewusstsein zugänglich war oder nicht. Somit kann auch nicht ausgeschlossen werden, dass die in Experimenten festgestellten Wirkungen von vermeintlich unterschwelligen Reizen nicht auf anderen Ursachen basieren.

Ein Nachweis, dass durch unterschwellige Wahrnehmung das Verhalten beeinflusst werden kann, konnte in der wissenschaftlichen Forschung bisher nicht erbracht werden (vgl. Moore 1980, Brand 1995). „Ein Argument für die tatsächliche Unterschwelligkeit der dargebotenen Reize ist, dass sich die Identifikationsleistung der Versuchspersonen nicht einmal dann bessert, wenn man ihnen für ein konkretes Wiedererkennen des unterschwellig dargebotenen Materials Geld anbietet" (Felser 2007, S. 231).

2.2.3.2 Der Lernprozess

2.2.3.2.1 Determinanten des Lernerfolges

Damit ein Reiz eine Wirkung erzielen kann, ist seine Wahrnehmung notwendige Voraussetzung. Von den Reizen, die direkt am Point of Sale auf den Konsumenten einwirken einmal abgesehen, ist es aber i.d.R. so, dass zwischen dem Reiz und seiner beabsichtigten Wirkung, nämlich der Kaufhandlung, eine zeitliche Spanne besteht. Wichtig ist also nicht nur die Wahrnehmung des Reizes, sondern auch die Speicherung seiner inhaltlichen Bedeutung. Nur wenn sich jemand in einer Kaufsituation an ein beworbenes Angebot erinnert, er seinen Inhalt also gelernt hatte, kann dieser Reiz wirksam werden. Werbung kann also nur dann wirken, wenn sie Eingang in das Gedächtnis gefunden hat. Die Werbeerinnerung ist auch eine der zentralen Säulen zur Messung der Werbewirkung (vgl. Kapitel 2.4.3.3).

Gemeinhin wird unter **Lernen** die **Änderung des Verhaltens einer Person aufgrund von Erfahrungen** verstanden (vgl. z.B. Kotler//Keller/Bliemel 2007, S. 288). Lernen ist also nicht nur die Speicherung von Informationen, sondern auch deren verhaltensrelevante Anwendung.

Damit Werbebotschaften im Gedächtnis gespeichert werden können, müssen sie codiert, also so verarbeitet werden, dass sie im Gehirn abgelegt und wieder abgerufen werden können. Die Codierung kann dabei bildlich und/oder sprachlich erfolgen. Die Erinnerungsleistung ist um so besser, je konkreter und je bedeutungsvoller die Information war, die gespeichert wurde. Da ein persönlicher Bedeutungsgehalt der Werbebotschaften häufig nicht gegeben ist, sollten sie daher möglichst konkret sein, um gute Gedächtnisleistungen zu erbringen. Die *Benetton*-Werbung, die Werbung für Tierfutter oder die Anti-AIDS-Kampagne arbeiten mit konkreten, memorisierbaren Inhalten. Das Kondom in der Anti-AIDS-Kampagne lässt sich sowohl bildlich als auch sprachlich speichern. Auch der *Mercedes*-Spot mit der „Ohrfeige" enthielt ein konkretes Bild, das nicht nur gut abrufbar, sondern auch leicht mit der eigentlichen Werbebotschaft zu assoziieren war.

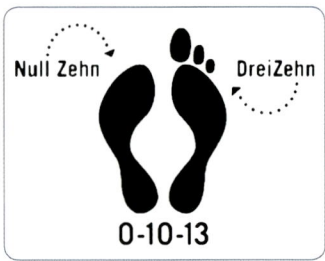

Hingegen enthält Werbung für Erdgas, Strom oder politische Werbung häufig keine konkreten Botschaften, so dass sie nur schwer zu erinnern ist.

Besonders schwer sind i.d.R. Zahlen zu lernen, was für Telefonanbieter und telefonische Auskunftsdienste eine besondere Herausforderung darstellt, der sie häufig mit einem massiven Werbedruck und somit häufigen Wiederholungen begegnen. Als ein sehr gelungenes Beispiel für die bildliche Codierung einer Zahl ist die Kampagne des Netzanbieters *Tele2* zu nennen.

Der Lernerfolg steht in einem funktionalen Zusammenhang mit der **Zahl der Wiederholungen** des zu lernenden Gegenstandes, die wiederum abhängt vom Involvement des Lernenden (zum Involvement vgl. ausführlich Kapitel 2.3.2). Je höher das persönliche Interesse einer Person an einem Gegenstand ist, desto schneller wird er gelernt und desto weniger Wiederholungen sind notwendig.

Üblicherweise sind die Informationen, die durch den Marketing-Mix vermittelt werden, von geringem Interesse für die Konsumenten, es sei denn, der Konsument steht unmittelbar vor einer Kaufentscheidung. Wird der Kauf eines Fernsehgerätes erwogen oder der nächste Urlaub geplant, werden die entsprechende Werbung, Prospekte und Preise mit hoher Intensität verfolgt. In den meisten anderen Situationen ist hingegen das Interesse daran nur gering ausgeprägt.

> Ironisch überzeichnet beschrieb Th. Smith bereits 1885 in seinen „Hints to Intending Advertisers" die Effekte von Wiederholungen in der Werbung: Das erste Mal schaut jemand eine Anzeige an, aber er sieht sie nicht. Das zweite Mal beachtet er sie nicht. Das dritte Mal bemerkt er ihre Existenz. Das vierte Mal erinnert er sich schwach, dass er sie schon mal gesehen hat. Das fünfte Mal liest er sie. Das sechste Mal rümpft er darüber die Nase. Das siebte Mal liest er sie durch und stöhnt „Oh, nein!" Das achte Mal sagt er „Das ist ja das verwünschte Ding wieder!" Das neunte Mal fragt er sich, ob es irgend etwas bedeutet. Das zehnte Mal denkt er, dass er seinen Nachbarn fragen will, ob er es probiert hat. Das elfte Mal fragt er sich, wie es die Werber schaffen, es zu verkaufen. Das zwölfte Mal denkt er, vielleicht taugt es zu irgend etwas. Das dreizehnte Mal denkt er, es muss eine gute Sache sein. Das vierzehnte Mal erinnert er sich, dass er sich so ein Ding schon seit langem gewünscht hat. Das fünfzehnte Mal ist er gequält, weil er sich es nicht leisten kann, es zu kaufen. Das sechzehnte Mal denkt er, dass er es irgendwann kaufen wird. Das siebzehnte Mal macht er deswegen eine Notiz. Das achtzehnte Mal verflucht er seine Armseligkeit. Das neunzehnte Mal zählt er sorgfältig sein Geld. Das zwanzigste Mal, dass er die Anzeige sieht, kauft er den Artikel oder sagt seiner Frau, dass sie es tut. Zitiert nach Niepmann 1999, S. 38 f.

Der Lernerfolg ist ferner auch abhängig von der **Anzahl der zu lernenden Informationen**. Das Gehirn kann nur eine begrenzte Anzahl von Informationen auf einmal verarbeiten. Wird diese Grenze überschritten, kommt es zu einer Informationsüberlastung („information overload"), die bewirkt, dass deutlich weniger Informationen verarbeitet werden, als es ohne Überlastung der Fall ist. Während 6 Silben nach einer Darbietung gelernt werden können, ist für das Lernen von 12 Silben nicht der doppelte, sondern der 17-fache Aufwand notwendig! (vgl. v. Rosenstiel/Kirsch 1996, S. 95 f.). Eine Erhöhung der zu lernenden Informationen führt zu einem überproportional steigenden Lernaufwand.

Dem Lernen entgegen steht das **Vergessen**. Wie lange Lerninhalte im Gedächtnis bleiben hängt auch von der Zeitspanne zwischen Lern- und Prüfphase ab. Mit zunehmender zeitlicher Distanz sinkt die Qualität der Erinnerungsleistung erheblich. Der Verlauf der so genannten **Vergessenskurve** in Abbildung 2-6 zeigt, dass ein gelernter Inhalt anfänglich sehr schnell, später jedoch immer langsamer vergessen wird.

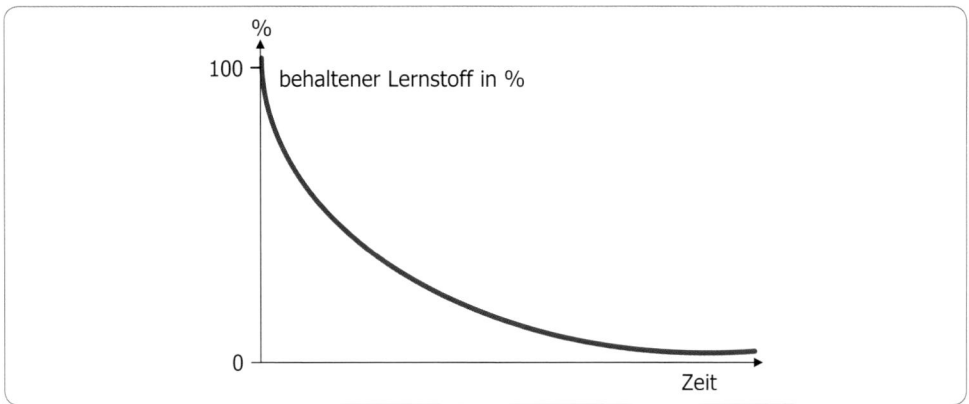

Abbildung 2-6: *Vergessenskurve*

Quelle: Mayer/Illmann: Markt- und Werbepsychologie, 3. Aufl., Stuttgart 2000, S. 467

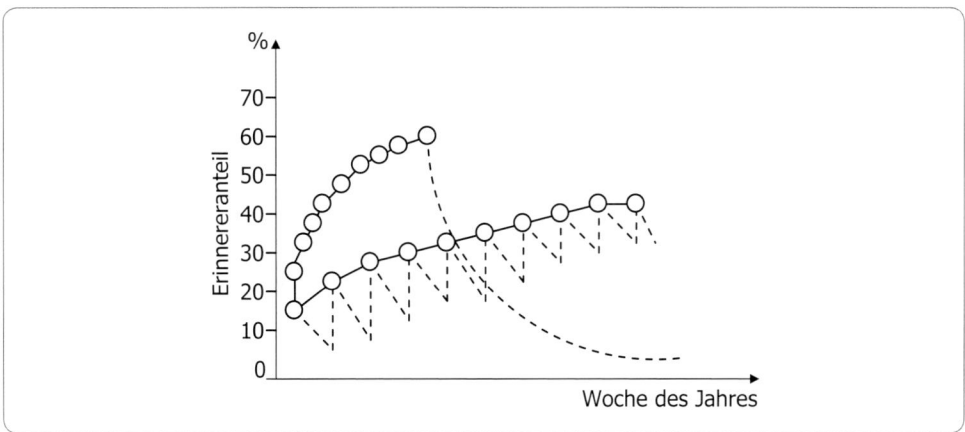

Abbildung 2-7: *Erinnereranteil bei unterschiedlicher Wiederholungsdichte*

Quelle: Mayer/Illmann: Markt- und Werbepsychologie, 3. Aufl., Stuttgart 2000, S. 545

Für die Werbung gilt diese Kurve jedoch nur vom Prinzip her, denn Lernen und Vergessen hängen hier in hohem Maße von der Art des beworbenen Produktes, der Gestaltung der Werbemittel, der Werbeträger und der Zielgruppe ab (vgl. Mayer/Illmann 2000, S. 466 f.).

In der Werbepraxis ist die Verteilung des **Werbedrucks** bzw. die **Wiederholungsdichte** von besonderer Relevanz. Grundsätzlich bietet sich die Möglichkeit – bei gegebenem Werbebudget – die Schaltungen zu massieren oder über einen längeren Zeitraum zu verteilen (vgl. Abbildung 2-7). Beide Strategien führen zu unterschiedlichen Ergebnissen (vgl. Mayer/Illmann 2000, S. 544 ff.):

- Bei der massierten Strategie ist der Grenzzuwachs der Erinnerer deutlich größer als bei den über das Jahr verteilten Schaltungen, ebenso ist das Maximum höher.
- Allerdings strebt der Erinnereranteil bei der massierten Strategie am Jahresende gegen Null, während er im Fall der verteilten Strategie deutlich höher liegt. Der sägezahnartige Verlauf der Kurve bei der verteilten Strategie verdeutlicht das periodische Vergessen der Botschaftsinhalte.

Die Wahl der Strategie hängt davon ab, welche Ziele verfolgt werden. Soll möglichst schnell ein möglichst hoher Bekanntheitsgrad erreicht werden, ist die Strategie der Massierung vorzuziehen. Wird jedoch eine längerfristige Bekanntheit und detailliertere Produktkenntnis angestrebt, ist die Strategie der Verteilung über einen längeren Zeitraum empfehlenswerter.

Ganz allgemein zeigt Abbildung 2-7, dass Wiederholungen einen doppelten Zweck verfolgen: Sie bewirken nicht nur Aufbau bzw. Verstärkung des Wissens über ein Produkt, sie verhindern auch das Vergessen des Gelernten.

2. 2.3.2.2 Semantische Netzwerke

Ein interessantes Modell dafür, wie die Wissensspeicherung im Gehirn erfolgen könnte, ist das der **„semantischen Netzwerke".** Es ist davon auszugehen, dass das bereits vorhandene Wissen über z.B. einen Produktbereich eine Schlüsselrolle beim Lernen spielt. Denn das Lernen von neuen Informationen über ein Produkt ist nur dadurch möglich, dass diese mit den bereits vorhandenen Informationen abgeglichen werden (vgl. Kroeber-Riel/ Weinberg 2003, S. 342). Mit Hilfe von semantischen Netzwerken lassen sich bestehende Wissensstrukturen und deren Veränderungen aufzeigen. Neue Informationen können nur dann gelernt werden, wenn sie in ein bestehendes semantisches Netzwerk eingebunden werden können.

Daraus ergibt sich eine scheinbare „Paradoxie des Lernens": „… wir (können) um so mehr über einen Gegenstand dazulernen, je mehr wir schon von ihm wissen" (v. Rosenstiel/ Kirsch 1996, S. 99). Das Beispiel in Abbildung 2-8 zeigt das semantische Netzwerk einer Person zum Thema Waschmittel. Sie unterscheidet Farb-, Fein- und Vollwaschmittel; mit jeder dieser Kategorien werden bestimmte Eigenschaften und Marken verbunden. Beispielsweise werden der Kategorie Vollwaschmittel die Eigenschaften „wäscht bei 30°,

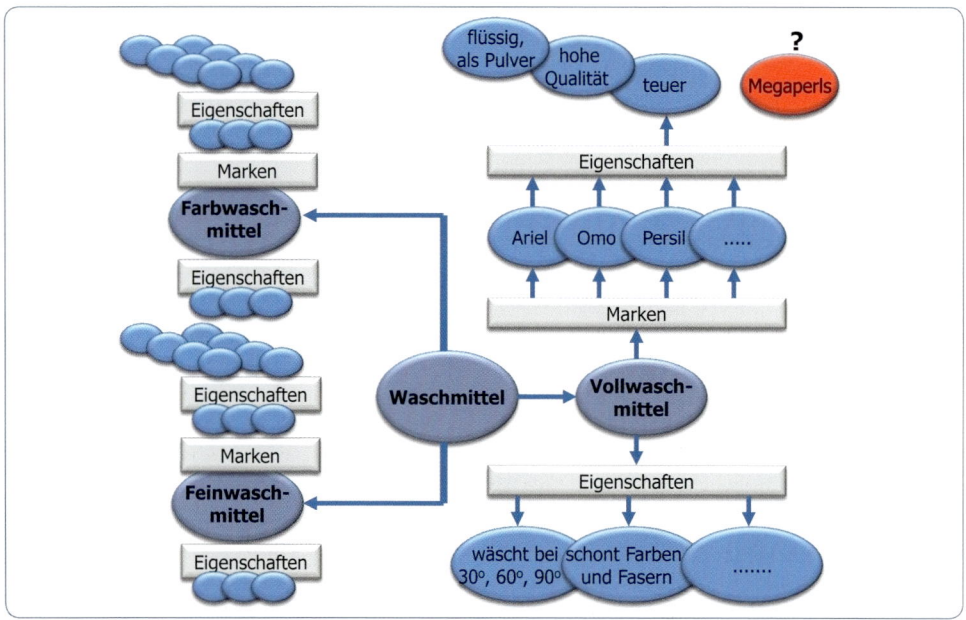

Abbildung 2-8: Beispiel für ein semantisches Netzwerk

60° und 90°, schont die Farben und die Fasern" zugewiesen, sowie u.a. die Marken *Ariel*, *Omo* und *Persil*. Mit jeder dieser Marken werden wiederum bestimmte Eigenschaften assoziiert. So werde mit der Marke *Persil* verbunden, dass sie etwas teurer ist als andere, eine hohe Qualität habe und sowohl in flüssiger Form als auch als Pulver erhältlich ist. Dies sei die Ausgangssituation des vorhandenen Wissens. Wenn jetzt eine neue Information zu *Persil* gelernt werden soll, beispielsweise, dass es *Persil* auch als *Megaperls* gibt, dann lässt sich diese neue Information in die vorhandenen Wissensstrukturen problemlos einpassen, „*Megaperls*" kann also an die richtige Stelle „angedockt" und damit gelernt werden.

Wissen besteht also aus standardisierten Strukturen, die auch für zu bewerbende Marken aufgebaut werden müssen. Je dichter das Netz von Wissen über die Marke geknüpft werden kann, um so besser gelingt die Vermittlung von neuen Informationen.

2. 2.3.2.3 Das Lernen von Emotionen

Heutzutage geht es für den Konsumenten eher in Ausnahmefällen um das Lernen von Produktinformationen. In einer Marktsituation, die vielfach durch gesättigte Märkte und damit austauschbare Produkte gekennzeichnet ist oder auch bei Produkten, die nicht erklärungsbedürftig sind, hebt das Marketing vor allem auf das Lernen von **Emotionen** ab. Emotionen (oder auch Gefühle) werden als Empfindungen bezeichnet, die als angenehm oder unangenehm erlebt werden und die die Handlungsbereitschaft bestimmen (vgl. Felser 2007, S. 36). Von dem gefühlsmäßigen Zustand des Konsumenten hängt es ab, wie die Verarbeitung der Werbebotschaft erfolgt, ebenso die Schärfe der Wahrnehmung, sowie das Behalten von Werbeaussagen. So verarbeiten schlecht gelaunte Zuschauer starke Produktargumente besser als schwache; gut gelaunte Zuschauer scheinen hingegen weniger zwischen starken und schwachen Argumenten zu differenzieren (vgl. Bless/Mackie/ Schwarz 1992, S. 585 ff.).

Das Marketing versucht, Stimmungen zu schaffen, die Emotionen auslösen, und zwar mit Argumenten und Informationen, die mit dem Produkt eigentlich nichts zu tun haben. Der „Duft der großen weiten Welt" hat zunächst einmal mit Zigaretten ebenso wenig zu tun wie lila Kühe mit Schokolade. Die Verbindung wird über den Mechanismus der **emotionalen Konditionierung** hergestellt: Wenn ein Produkt hinreichend oft gleichzeitig mit emotionalen Reizen dargeboten wird, vermag schließlich das Produkt allein die Gefühle auszulösen (vgl. Kapitel 2.3.1.2).

Abbildung 2-9 zeigt Beispiele, wie Werbung gezielt versucht, Stimmungen zu schaffen und somit die Wahrnehmung zu beeinflussen. Bei dem freundlichen, älteren Herrn, der gerade einen Pferdekopf aus Holz anstreicht, ist der Betrachter geneigt zu vermuten, dass Opa für seinen Enkel ein Schaukelpferd bastelt. Die Headline: „Aus Liebe zum Holz – Aus Liebe zur Umwelt" wird gedanklich erweitert zu „Aus Liebe zum Enkel". Ganz sicher würde der Opa keine Materialien verwenden, die seinem Enkel in irgendeiner Weise Schaden zufügen könnten. Das beworbene Holzschutzmittel hat zunächst einmal nichts mit dem gedanklichen Enkel zu tun. In der Wahrnehmung des Betrachters wird dennoch eine Verbindung hergestellt. Im Vordergrund steht nicht das Produkt, sondern die alles überlagernde Emotionalität. Das Produkt steht in einem starken emotionalen Umfeld, die zu lernende Botschaft ist eindeutig: *Xyladecor* ist so umweltschonend, dass man es selbst für die geliebten Enkelkinder verwenden kann. Ein pikanter Aspekt ergibt sich aus der Tatsache, dass *Xyladecor* vor einigen Jahren wegen hoher Dioxinbelastung vom Markt genommen werden musste.

Von hoher Emotionalität ist Werbung immer auch dann, wenn Babies gezeigt werden. Babies aktivieren das so genannte „Kindchenschema", ein Begriff, der von dem Verhal-

Abbildung 2-9: *Beispiele für emotionale Werbung*

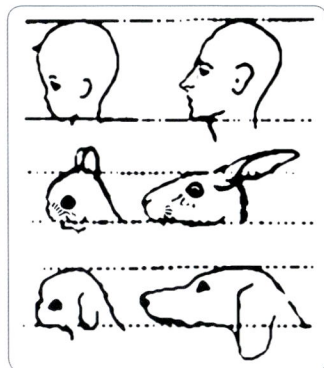

tenswissenschaftler Konrad Lorenz geprägt wurde, zur Beschreibung von angeborenen Reaktionsmustern, die den Fürsorgetrieb bei Erwachsenen aktivieren. Die Schlüsselreize des Kindchenschemas sind ein großer Kopf im Verhältnis zum Rumpf, große Augen, Pausbacken, vorgewölbte Stirn und etwas Babyspeck. Das Kindchenschema gilt auch in der Tierwelt. *Mannesmann* setzte sein Werbemotiv zur Abwehr der Übernahme durch *Vodafone* ein. Zielgruppe waren Aktionäre, die dazu bewegt werden sollten, gegen die Übernahme zu stimmen. Der Angriff auf das Unternehmen wird gleichgesetzt mit dem Angriff auf das Baby und soll den Beschützerinstinkt wecken. Die Anzeigenmotive von den Versicherungen BKK und VHV zielen in die gleiche Richtung.

Abschließend sei angemerkt, dass Lerntheorien vor allem für ein gewohnheitsmäßiges Kaufverhalten herangezogen werden können. Bei Impuls- oder Spontankäufen versagen lerntheoretische Erkenntnisse naturgemäß. Insbesondere bei Neueinführungen wird versucht, den Kaufentscheidungsprozess mit risikotheoretischen Erklärungen zu beschreiben. Da jede Kaufentscheidung mit mehr oder weniger großen Risiken verbunden ist, muss der Konsument bei neuen Produkten eine Einschätzung der möglichen Konsequenzen vornehmen. Dabei gilt es nicht nur, das ökonomische Risiko einzuschätzen (der bezahlte Preis), sondern gegebenenfalls auch das soziale Risiko (wie reagiert die Umwelt?).

2. 2.3.3 Motivation

Die Wahrnehmung und das Lernen von Reizen sind für viele Kaufentscheidungen grundsätzliche Voraussetzungen. Damit sie jedoch auch tatsächlich zu einer Kaufhandlung führen, muss beim Konsumenten auch ein Kaufmotiv vorhanden sein.

Unter **Motiv** versteht man den **Beweggrund für ein bestimmtes Verhalten**. Motive werden auch als Bedürfnisse bezeichnet. Motive sind individuelle Persönlichkeitsmerkmale, insofern können zwei Personen, die die gleiche Kaufentscheidung tätigen, durchaus unterschiedliche Motive dafür haben. Bei einem kann das Motiv, eine bestimmte Automarke zu kaufen darin bestehen, dass der Glanz dieser Nobelmarke auch auf ihn abstrahlt, für einen anderen ist vielleicht der hohe Wiederverkaufswert dieser Marke ein Kaufgrund.

Einen sehr einleuchtenden motivationstheoretischen Ansatz stellen die **Erwartungs-Wert-Modelle** dar. Sie erklären die Motivation zu einem bestimmten Verhalten als Produkt aus der Erwartung, mit diesem Verhalten Erfolg zu haben und dem Wert, den die Folgen des Verhaltens für eine Person haben. Die Motivation ist um so höher, je stärker beide Faktoren ausgeprägt sind. Ist hingegen einer der Faktoren Null, so besteht keinerlei Motivation zu einem bestimmten Verhalten (vgl. Felser 2007, S. 42).

Die wohl bekannteste Motivtheorie ist die Bedürfnishierarchie von Maslow (vgl. Abbildung 2-10). Maslow entwickelte ein Modell menschlicher Bedürfnisse, die in einer nach ihrer Dringlichkeit abgestuften Hierarchie angeordnet sind. Der Mensch ist bestrebt, die dringlichsten Bedürfnisse zuerst zu befriedigen. Ist dies erfolgt, verliert dieses Bedürfnis an Wirkung und es wird versucht, das nächstdringliche Bedürfnis zu befriedigen.

Da in Wohlstandsgesellschaften die physiologischen Bedürfnisse und die Sicherheitsbedürfnisse im Allgemeinen abgedeckt sind, werden die oberen Schichten der Bedürfnishierarchie besonders verhaltensrelevant. Daher ist es auch nicht überraschend, dass die Werbung häufig den Prestige- und Statuswert der Produkte heraushebt. Die unteren

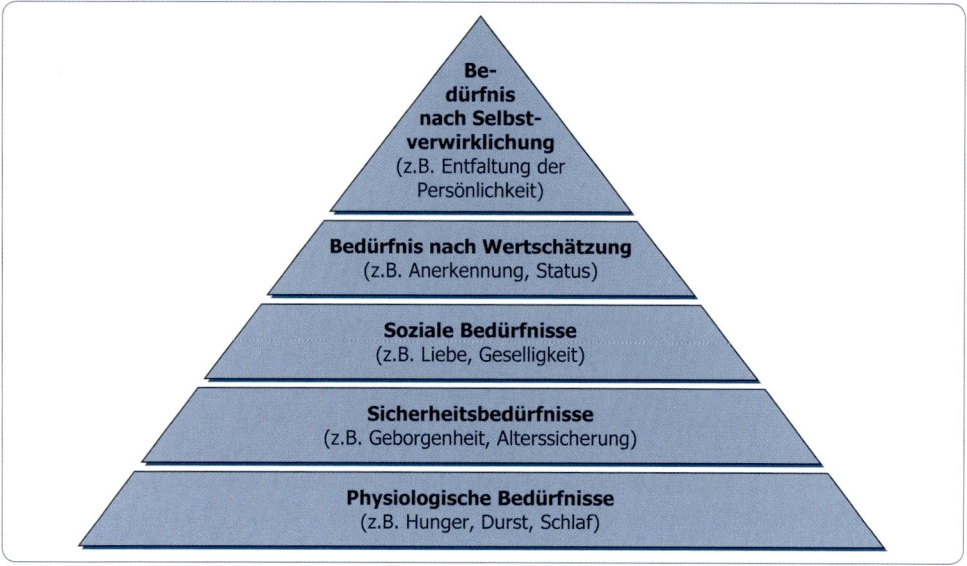

Abbildung 2-10: *Die Maslowsche Bedürfnispyramide*

Bereiche der Bedürfnishierarchie werden nur in Ausnahmefällen von der Werbung angesprochen („Hoffentlich *Allianz* versichert").

Die Unternehmen versuchen, den Marketing-Mix so zu gestalten, dass er die mutmaßlichen Motive der angestrebten Zielgruppe anspricht. Dies kann jedoch nur auf einer aggregierten Ebene erfolgen, da die Motive individuell unterschiedlich sind und bei einer Kaufentscheidung häufig mehrere Motive mitwirken. So ist es denkbar, dass eine bestimmte Zahnpasta sowohl nach dem Geschmack als auch aus kosmetischen Gründen (weißere Zähne) gekauft wurde. Wenn die Marktforschung des Herstellers ergibt, dass Geschmack und Kosmetik die beiden Hauptmotive der Käufer sind, dann ist der Marketing-Mix entsprechend darauf auszurichten.

> **!** Produkte werden danach beurteilt, inwieweit sie bestimmte Bedürfnisse befriedigen können. Bei der Entscheidung zwischen mehreren Produkten wird die Alternative gewählt, die nach der *subjektiven Einschätzung* des Konsumenten am besten geeignet erscheint, die dem Kauf zugrunde liegenden Bedürfnisse zu befriedigen.

Die Ausführungen zu den Motiven der Konsumenten machen deutlich, dass es in aller Regel nicht das Produkt als solches ist, das gekauft wird.

2.2.3.4 Exkurs: Autorität und Gehorsam

Einstellungskonträres Verhalten kann vielfältige Ursachen haben. Kaufhandlungen können beeinflusst werden durch Verkaufsförderungsmaßnahmen wie Sonderangebote, Gratisproben oder Probieraktionen. Es wurde aufgezeigt, dass der Mechanismus kognitiver Dissonanzbewältigung zu einer nachträglichen Rechtfertigung des Verhaltens bzw. zu einer Einstellungsänderung führen kann.

Im täglichen Leben können Einflüsse wie Belohnung, Bestrafung, Freundschaft oder Sympathie zu einem einstellungskonträren Verhalten führen (vgl. Felser 2007, S. 320 ff.). Aber auch der Gehorsam gegenüber einer (vermeintlichen) Autorität. Der Psychologe

Milgram hat in einem sehr umstrittenen Experiment erschreckende Ergebnisse zum Gehorsam erzielt, die ein interessantes Licht auf das menschliche Verhalten werfen.

Das Experiment wurde mit Männern und Frauen durchgeführt, deren Aufgabe darin bestehen sollte, die Lern- und Erinnerungsfähigkeit einer Testperson („Lerner") zu überprüfen. Der „Lerner" war ein von Milgram instruierter Schauspieler. Die Versuchspersonen wurden in dem Glauben belassen, wissenschaftliche Assistenten in einem Experiment über die Auswirkung von Strafe auf das Lernen zu sein, tatsächlich waren sie aber die Versuchspersonen. Ihre Aufgabe bestand darin, der vermeintlichen Testperson zwei Serien von Wortpaaren vorzulesen. Der „Lerner" sollte dann dasjenige Wortpaar benennen, das in beiden Serien vorkam. Bei einer falschen Antwort sollte der „Lerner" mit Stromstößen von 15 bis 450 Volt bestraft werden.

Bei der Bestrafung hatten die Versuchspersonen einen angeblichen „Schock-Generator" mit 30 Knöpfen zu bedienen, mit Aufschriften, die die angebliche Wirkung auf den „Lerner" beschrieben: „Leichter Schock", „Mäßiger Schock", bis hin zu „Extrem intensiver Schock", „Gefahr: ernster Schock". Die letzten Knöpfe trugen die Aufschrift „XXX". Den Versuchspersonen wurde glauben gemacht, dass sie dem an einen (angeblichen) elektrischen Stuhl gefesselten „Lerner" tatsächlich Stromstöße austeilten, was in Wirklichkeit nicht der Fall war. Diese Täuschung wurde durch die Reaktionen des (angeblichen) „Opfers" glaubwürdig unterstützt. Nach einem festgelegten Eskalations-Muster hatte der „Lerner" zunächst zu stöhnen, dann bei steigender Voltzahl zu protestieren, dann Schmerzen zu bekunden und schließlich Folter- und Todesschreie auszustoßen.

Milgram führte vier Versuchsreihen durch:

1. Versuchsperson und Opfer befinden sich in getrennten Räumen. Das Opfer kann nur über Lichtsignale protestieren, poltert aber ab 300 Volt gegen die Wand.
2. Wie Experiment 1, aber die Versuchsperson hört die Proteste und schließlich Schreie des Opfers durch die Wand.
3. Versuchsperson und Opfer befinden sich in einem Zimmer.
4. Das Opfer befindet sich in Reichweite der Versuchsperson. Der Versuchsperson wurde aufgetragen, den Fortgang des Experiments trotz der Schreie des Opfers mit körperlicher Gewalt zu erzwingen.

Für den Fall, dass die Versuchspersonen Bedenken äußern sollten, wurden sie mit Äußerungen wie „Bitte fahren Sie fort" bis zu: „Sie haben keine Wahl, Sie müssen weitermachen" zur Fortführung des Experiments gedrängt. Der Versuchsleiter versicherte, dass er die Verantwortung trage und keine medizinischen Konsequenzen zu erwarten seien: „Die Schocks mögen schmerzhaft sein, aber es ist keine irreparable Verletzung der Haut zu erkennen, fahren Sie bitte fort!"

Das Ergebnis des Experiments war nicht erwartet worden. Die Versuche ergaben, dass

- bei Experiment 1 65 % aller Versuchspersonen den „Schock-Generator" bis zu 450 Volt bedienten,
- bei Experiment 2 62,5 %,
- bei Experiment 3 40 % und
- bei Experiment 4 immer noch 30 % der Versuchspersonen gehorchten

(vgl. O.V. 1974, S. 102 ff.; ausführlich: Milgram 1974/1997).

Die Autoritätshörigkeit der Menschen wurde mit diesem Experiment in einem nicht für möglich erachteten Ausmaß bewiesen. Mit blindem Gehorsam wurde die Autorität des Versuchsleiters akzeptiert, die ihm sein vermeintlicher Rang als Professor und sein weißer Kittel verliehen.

Autorität wird auch in der Werbung aufgegriffen, wenn die in klinischen Tests bewiesene Wirksamkeit von beispielsweise Produkten der Zahnhygiene vorgestellt werden. Auch hier ist häufig ein Experte in weißem Kittel zu sehen, der die Glaubwürdigkeit der Ergebnisse unterstreicht. Der entscheidende Unterschied zu den Milgram-Experimenten besteht jedoch darin, dass Werbung keine Befehle erteilt, der Konsument vielmehr frei entscheidet.

2. 2.4 Soziologische Erklärungsansätze

Soziologische Erklärungsansätze beschreiben das Verhalten von Personen in Gruppen. Wenn zwei oder mehr Personen zusammen sind, legen diese andere Verhaltensweisen an den Tag, als wenn sie alleine wären. So waschen sich mehr Personen nach der Toilettenbenutzung die Hände, wenn weitere Personen im Raum sind, als wenn sie alleine sind.

Gruppen bilden sich nach den unterschiedlichsten Kriterien, entsprechend unterschiedlich ist auch die Intensität der Beziehungen zwischen den Gruppenmitgliedern. Diese ist in Familien, am Arbeitsplatz, innerhalb studentischer Jahrgänge oder im Freundeskreis üblicherweise intensiver als innerhalb von Alters- und Geschlechtsgruppen oder Gruppen, die sich aus gemeinsamen Interessen oder situativ, z.B. als Urlaubsgruppe, ergeben. Aus allen diesen Gruppen resultiert jedoch eine – unterschiedlich starke – Beeinflussung des Verhaltens, sei es, dass an die Mitgliedschaft bestimmte Rollenerwartungen geknüpft sind, oder dass diese Gruppen als Bezugspunkt für das eigene Verhalten dienen.

2. 2.4.1 Rollenerwartungen

Jeder Mensch nimmt in seinem Leben eine Vielzahl von Rollen ein, an die jeweils bestimmte Verhaltenserwartungen geknüpft werden. So ist jemand beispielsweise gleichzeitig Sohn, Vater, Finanzbeamter und Kassenwart im Tennisverein. Gelegentlich nimmt er Rollen ein als Zuhörer in einem Rockkonzert, Student in einem Volkshochschulkurs über Marketing, erholungsuchender Urlauber auf Teneriffa. Jede dieser Rollen ist mit einem bestimmten Status behaftet. Als Sohn und Vater ist man einzigartig, als Student und Urlauber einer unter vielen. Jede dieser Rollen wird sich auf das Verhalten der Person auswirken.

Die Umwelt hat für jede Rolle Normen und Werturteile etabliert, die innerhalb bestimmter Toleranzen ein konformes Verhalten der Mitglieder festlegen und an denen das tatsächliche Verhalten bewertet wird. Wer sich in einer bestimmten Rolle anders verhält, als es die Umwelt von einem erwartet, läuft Gefahr, „geächtet" zu werden und „nicht mehr dazuzugehören".

Unter diesem Aspekt übernehmen Produkte eine neue Funktion: Sie werden zu Mitteilungen an die Umwelt. Durch Produkte wird Zugehörigkeit signalisiert, Produkte sollen aufzeigen, für was der Besitzer gehalten werden möchte. Die Markenlogos sind auf vielen Produkten an prominenter Stelle platziert, so dass die Krokodile, Ausrufungszeichen, Sterne, Raubkatzen usw. gut sichtbar sind und von der Umwelt auch wahrgenommen werden können.

Es wird registriert, welche Jeansmarke die Kollegin trägt, welches Auto sich die Nachbarn gekauft haben und wo der letzte Urlaub verbracht wurde. Und häufig wird auf die Markenwahrnehmung bei anderen auch mit entsprechend expressivem Konsum reagiert.

Der Konsum ist also häufig durch Verhaltenserwartungen der Umwelt beeinflusst. Es muss allerdings betont werden, dass in der heutigen Zeit, die einem so häufigen Wertewandel unterliegt, die durch nie gekannte Kommunikations- und Informationsmöglichkeiten gekennzeichnet ist, die Rollenerwartungen zu relativieren sind. Nicht jeder, der eine Nobelmarke fährt oder ein *Lacoste*-Hemd trägt, tut dies aus Statusgründen. Manchmal sind es auch rein rationale Überlegungen im Hinblick auf die Qualität der Produkte, deren

Sicherheit oder Wiederverkaufswert. (Direkt danach gefragt, ob denn Statusdenken die Produktwahl beeinflusst hat, werden die meisten dies natürlich vehement abstreiten und genau die genannten rationalen Gründe angeben.)

Soziale Schichten sind heute horizontal und vertikal durchlässiger geworden, deswegen sind die folgenden Aspekte des Kaufverhaltens nur als grobe Tendenzaussagen zu werten (vgl. Meffert 1993, S. 159 f.):

- Konsumenten einer sozialen Schicht orientieren sich häufig am Konsum höherer Schichten.
- Konsumenten jeder Gruppe werden von den Konsumgewohnheiten soziologisch benachbarter Gruppen beeinflusst.
- Auf Konsumveränderungen anderer Gruppen wird nur dann reagiert, wenn bestimmte Reizschwellen überschritten werden.

2.2.4.2 Bezugsgruppen

Unter Bezugsgruppen werden diejenigen Gemeinschaften verstanden, „die einen direkten (…) oder indirekten Einfluss auf die Einstellungen und Verhaltensweisen eines Menschen ausüben" (Kotler/Keller/Bliemel 2007, S. 278). Am Intensivsten wird der Konsum i.d.R. von den Gruppen geprägt, in denen jemand Mitglied ist **(Mitgliedschaftsgruppen)**. Zu denken ist dabei z.B. an Aktivitäten in der Freizeit, die in Mannschaften oder Vereinen ausgeübt werden. Auch in zufälligen Gruppen, die sich spontan bilden, lassen sich Einzelpersonen zu Verhaltensweisen verleiten, die sie „normalerweise" nicht tun würden. Das Ausmaß der Beeinflussung des (Kauf-)Verhaltens hängt vom Grad der Identifikation des Einzelnen mit der Gruppe ab (vgl. Meffert 2008, S. 134). Die stärksten Gruppenbeziehungen findet man häufig in der Familie vor. Kaufentscheidungen werden hier oft gemeinsam getroffen.

Ein anderes Bezugsgruppensystem sind **Leitbildgruppen.** Das sind Gruppen, denen eine Person nicht persönlich angehört, aber gerne angehören würde. Die Identifikation mit diesen Leitbildgruppen kann so stark sein, dass deren Normen als Orientierungsmaßstäbe herangezogen werden. Die Orientierung am (Konsum-)Verhalten von anderen gibt persönliche Sicherheit. Die Berufung darauf, dass die Leitbildgruppe sich genauso verhält, rechtfertigt das eigene Verhalten. Die Leitbildgruppen sind abhängig von den jeweiligen persönlichen Interessenlagen und können für Teenager beispielsweise Boy Groups sein, für Berufstätige der Jet Set oder buddhistische Mönche. Diese Leitbildfunktionen werden stark von der Werbung aufgegriffen. I.d.R. handelt es sich dabei um Werbung für Produkte, die von der Umwelt wahrgenommen werden können und mit denen man Zugehörigkeit signalisieren kann.

Ein starker Einfluss geht auch von so genannten **Meinungsführern** aus. Das sind Personen, die einen tatsächlichen oder mutmaßlichen Informationsvorsprung haben und deshalb häufiger um Rat gefragt werden als andere (z.B. Ärzte, Journalisten, Professoren, Nachbarn, Freunde). Die Beeinflussung des Konsums durch persönliche Gespräche mit Bekannten (Mund-zu-Mund-Propaganda) kann stärker sein als die durch Massenmedien. Meinungsführerschaft kann als eine Kommunikationsform aufgefasst werden, die vor allem in kleinen Gruppen vorkommt, in denen häufige persönliche Kontakte stattfinden.

Persönlichen Ratschlägen von Meinungsführern wird häufig mehr Vertrauen geschenkt als der Werbung, insbesondere bei Nahrungs- und Waschmitteln. Die Erfahrungen von Freunden und Bekannten werden bei der Planung des eigenen Konsums berücksichtigt. Jeder einzelne Konsument ist ein potenzieller und i.d.R. auch aktiver Meinungsmultiplikator, der neue Konsumenten zuführen kann. Meinungsführer haben zwei Funktionen (vgl. v. Rosenstiel/Kirsch 1996, S. 215):

1. Sie übermitteln Informationen an weniger informierte Personen.
2. Sie beeinflussen andere in der Bewertung dieser Informationen.

Es lassen sich jedoch keine bestimmten „Führerpersönlichkeiten" ausmachen, deren Meinung die anderen generell folgen. Vielmehr scheint sich Meinungsführerschaft situativ zu ergeben. Dafür können folgende Aspekte als typisch angesehen werden (vgl. v. Rosenstiel/ Kirsch 1996, S. 216 f.):

- **Spezifische Kompetenz des Meinungsführers:** Je nach Thema oder Produkt werden verschiedene Personen als kompetent angesehen.
- **Vertrauensbeziehungen:** Meinungsführer üben tendenziell nur in ihrem Bekanntenkreis und innerhalb ihrer sozialen Gruppe Einfluss aus.
- **Problemdruck des Geführten:** Jemand der vor einer Kaufentscheidung steht wird eher geneigt sein, eine andere Person um Rat zu fragen.

Die Kompetenz von Meinungsführern greift auch die Werbung auf. Beispielsweise wird es Thomas Gottschalk durchaus abgenommen, dass er Gummibärchen von *Haribo* nascht.

2. 2.5 Die Theorie des „Relevant Set"

Ein im Marketing häufig gebrauchtes Wort ist **Markentreue.** Dieser Begriff impliziert einen Konsumenten, der immer wieder die von ihm präferierte Marke kauft. Tatsächlich ist es jedoch so, dass nicht **eine** bestimmte Marke regelmäßig bevorzugt wird, sondern ein bestimmter **Satz von Marken** (relevant set, in der Literatur häufig auch als evoked set bezeichnet), der, je nach Produktfeld, im Durchschnitt zwischen 3 und 4 Marken liegt[4]. Der Umfang des Satzes hängt einerseits davon ab, wie viele Marken es im Produktfeld gibt, andererseits von der Austauschbarkeit der Produkte untereinander. Daher ist beispielsweise davon auszugehen, dass der relevant set bei Automarken größer als bei Kaffeemarken ist.

So konnte eine Marktforschungsuntersuchung aufzeigen, dass sich der Durchschnittsdeutsche an 8 verschiedene Automarken spontan erinnern kann, an 5,5 Biermarken, an 5,3 Zigarettenmarken und an 1,5 Marken von Pfefferminzbonbons (vgl. O.V. 1994, S. 16).

Für die Käufer gibt es nicht die eine grundsätzlich bevorzugte und immer wieder gekaufte Marke, sondern einen **relevanten Satz** von Marken.

Die Plausibilität dieser Kernaussage lässt sich nachvollziehen mit der Überlegung: Was macht eigentlich ein Konsument, wenn die von ihm gesuchte Marke im Laden nicht vorrätig ist? Sucht er noch einen anderen Laden auf oder kauft er eine andere Marke? Wahrscheinlicher ist das Letztere. Jeder Leser möge auch für sich selbst überlegen, was er auf einen Einkaufszettel schreibt. Werden Marken aufgeschrieben oder Produktkategorien? Steht auf dem Einkaufszettel also Schokolade oder *Milka*, Kaffee oder *Jacobs Krönung*, Suppe oder *Maggi*? Auch von dieser Seite her erscheint es als plausibel, dass für den Konsumenten in vielen Fällen die Produktkategorie zunächst einmal wichtiger ist, als eine bestimmte Marke daraus.

D.h. jemand, der beispielsweise *Aldi* nicht in seinem relevant set für Einkaufsstätten hat, wird ihn für seine Einkaufsplanung gar nicht erst in Erwägung ziehen.

Die Kaufentscheidung **innerhalb** der Marken des relevanten Satzes wird primär gesteuert durch die unterschiedlichen **Präferenzen,** die der Verbraucher diesen Marken gegen-

---

[4] Die Ausführungen zum „relevant Set" basieren im Wesentlichen auf einer empirischen Untersuchung der Gesellschaft für Konsumforschung (GfK), vgl. GfK 1981.

über hat. Natürlich können exogene Faktoren, wie Sonderangebote, werbliche Erinnerung, distributive Gegebenheiten u. dgl. kurzfristig überlagernd wirken.

Die Frage der Markentreue ist in der Realität also eine Frage der Treue zu einem, für jeden Verbraucher individuellen, relevanten Satz von Marken.

 Der relevante Satz von Marken, in dem sich die Kaufentscheidung vollzieht, ist für jeden Käufer auf ganz bestimmte Marken begrenzt, *außerhalb liegende Marken werden nicht für den Kauf in Betracht gezogen.*

Die Aufgabe des Marketing besteht also darin,

1. eine Marke so darzustellen, dass sie in den Kreis derjenigen Marken gelangt, die für den Kauf in Betracht kommen.
2. Positive Produkterfahrung vorausgesetzt, muss dann versucht werden, der Marke das Maß an Präferenz zu verschaffen und zu erhalten, das diese Marke zu einer bevorzugten Marke macht.
3. Darüber hinaus muss die eigene Marke immer wieder so ins Bewusstsein gerufen werden, dass die Entscheidung beim Kauf zugunsten dieser Marke fällt.

Diese Zusammenhänge lassen sich auf die Vermarktung von allen Produktkategorien übertragen. Voraussetzung für eine erfolgreiche Vermarktung ist, dass eine Marke bei möglichst vielen Personen in deren relevant set verankert werden kann. Gleichzeitig ist diese Marke mit einem hohen Maß an Präferenz und Aktualität auszustatten. Entscheidend für eine Marke ist also zunächst einmal ihre Aufnahme in den Kreis der für den Kauf in Betracht kommenden Marken bei möglichst vielen Verwendern.

Als Bekanntheit ist dabei die **spontane** Bekanntheit zu sehen, also die Antwort auf die Frage: Wenn Sie z.B. an den Bier- (Kaffee-, Schokolade-, usw.) Markt denken, welche Marken fallen Ihnen dazu spontan ein? Man kann mit einiger Berechtigung davon ausgehen, dass die von einer Person spontan genannten Marken auch diejenigen sind, die für sie in dieser Produktkategorie den relevant set darstellen.[5]

 Der Einstieg in den Kreis der in Betracht kommenden Marken erfolgt über die *Markenbekanntheit.* Es besteht ein Zusammenhang zwischen dem Bekanntheitsgrad von Marken und dem Ausmaß, in welchem sie für den Kauf in Betracht gezogen werden, ihrer *Attraktivität.*

In einer Untersuchung von 24 Produktfeldern mit 448 Marken, konnte folgender statistischer Zusammenhang nachgewiesen werden (vgl. GfK 1981):

1. Mit zunehmendem Bekanntheitsgrad der Marken wächst der Kreis der Verwender, denen sie attraktiv erscheinen;
2. allein schon von der Bekanntheit her nimmt also die Kaufneigung gegenüber einer Marke zu;
3. das geschieht im unteren Bekanntheitsbereich zunächst nur langsam, dann jedoch in zunehmend wachsendem Maße.

---

[5] Im Unterschied dazu wird bei der **gestützten** Bekanntheit der Versuchsperson eine Liste mit Marken vorgelegt und gefragt, welche Marken daraus bekannt sind. Spontane und gestützte Bekanntheit können stark divergieren. So ist z.B. die Biermarke *Pilsener Urquell* sicherlich vielen Biertrinkern bekannt, aber wahrscheinlich würden nur wenige sie spontan nennen. Spontane Bekanntheit ist also eine aktive, gestützte Bekanntheit eine passive Form, die die Wiedererkennung beschreibt.

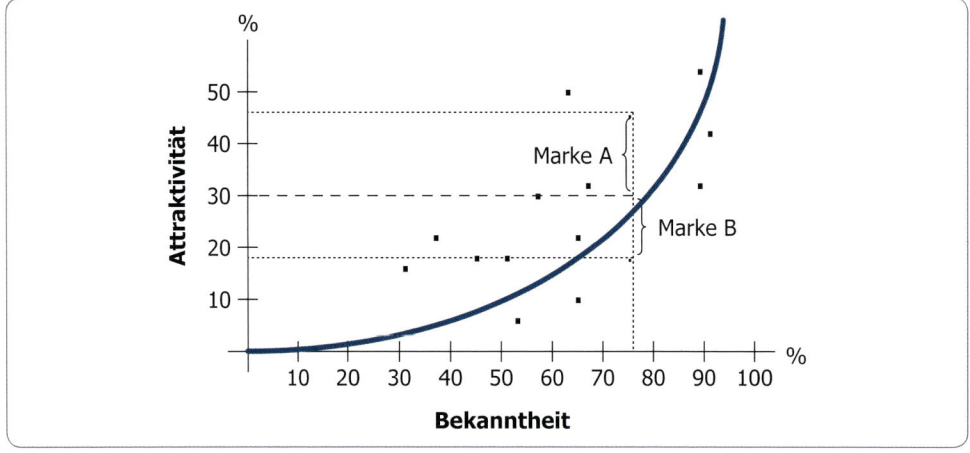

Abbildung 2-11: *Der Zusammenhang zwischen Attraktivität und Bekanntheit von Marken*

Diese Zusammenhänge sind in Abbildung 2-11 aufgezeigt. Die Kurve ist die Regressionslinie durch eine Wolke aus Koordinatenpunkten, die für jede Marke eines Produktfeldes deren Attraktivität und Bekanntheit darstellt. Die Kurve zeigt, welcher Attraktivitätsgrad im Durchschnitt einer Produktgattung einem bestimmten Bekanntheitsgrad entsprechen würde. Ein Vergleich der Marken A und B in Abbildung 2-11 zeigt, dass beide Marken zwar über den gleichen Bekanntheitsgrad (76 %) verfügen, A aber aus diesem Bekanntheitsgrad mehr gemacht hat, denn die Marke wird viel eher für den Kauf in Betracht gezogen, als Marke B. Während im Durchschnitt der Produktkategorie eine Bekanntheit von 76 % zu einer Attraktivität von 30 % führt, würden 47 % der Konsumenten die Marke A für den Kauf in Betracht ziehen, aber nur 18 % die Marke B.

Das Marktforschungsinstitut Emnid hat beispielsweise für die Produktbereiche Kaffee und Schmerzmittel u.a. die ungestützte (= spontane) Bekanntheit der jeweiligen Hauptmarken und den jeweiligen relevant set (welche Marken können Sie sich vorstellen zu kaufen?) erhoben (vgl. Abbildung 2-12). Das Ergebnis bestätigt, dass Marken um so eher für den Kauf in Betracht gezogen werden, je bekannter sie sind. Lesebeispiel: 68,8 % der deutschen Bevölkerung nennen bei der Frage, welche Schmerzmittel sie kennen, spontan die Marke *Aspirin*. 68,4 % könnten sich auch vorstellen, diese Marke zu kaufen.

> **!** Wird die Werbung für eine Marke eingestellt oder reduziert, sinkt ihre Bekanntheit, dadurch fällt sie bei einer Vielzahl von Personen aus deren relevant set und wird somit nicht mehr für die Kaufentscheidung in Betracht gezogen. Eine Reduzierung der Werbung kann also zu einem Umsatzrückgang führen.

In Bezug auf die Werbung zeigen die Überlegungen zum relevant set eine bedeutsame Konsequenz auf.

2.3 Wirkungsmodelle

Zur Erklärung von Werbewirkung wurde eine Vielzahl von Modellen konstruiert, die jeweils unterschiedliche Aspekte der Wirkungszusammenhänge betrachten. Insbesondere die Werbepsychologie verwendet zur Betrachtung der psychischen Wirkungsweise von Werbung in aller Regel Stimulus-Response-Modelle. Gegenüber der vergleichsweise einfachen Struktur dieser Modelle erscheinen die Involvement-Modelle als außerordentlich komplex, obwohl sie in ihrer Grundstruktur ebenfalls auf die Stimulus-Response-Modelle

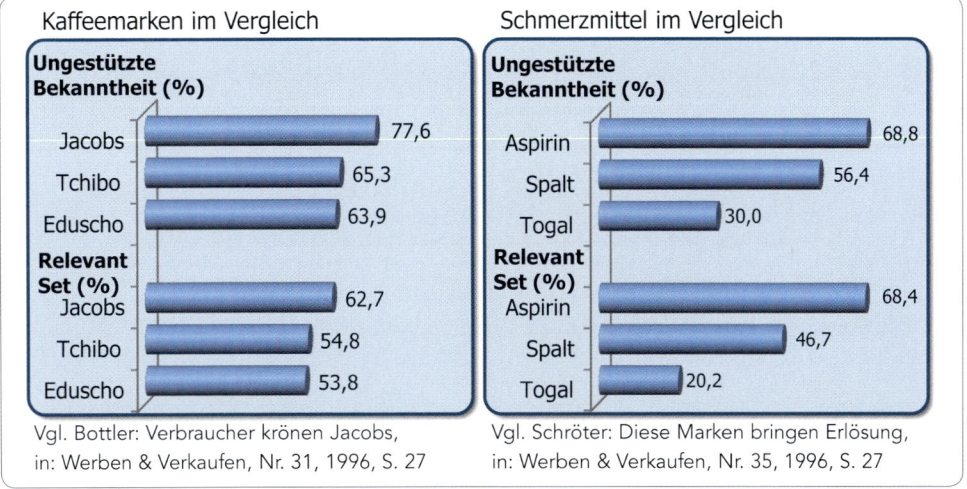

Abbildung 2-12: *Der relevant set in unterschiedlichen Produktkategorien*

zurückzuführen sind. Als Standardmodelle der Werbewirkungsforschung werden beide Modelle im Folgenden vorgestellt.

2. 3.1 Stimulus-Response-Modelle

2. 3.1.1 Das S-R- und S-O-R-Modell

Das klassische Stimulus-Response-(S-R) Modell (vgl. Abbildung 2-13) unterstellt, dass die Stimuli der Sender (Werbung) die Empfänger in gleicher Weise erreichen und bei ihnen Wirkungen auslösen. Bis in die zweite Hälfte des letzten Jahrhunderts hielt sich die Auffassung, dass Massenmedien jedermann auf die gleiche Weise erreichen und beein-flussen können. Somit könne auch Werbung bei allen Menschen grundsätzlich die gleiche Wirkung erzeugen. Die Stimuli sprechen beim Individuum angeborene Mechanismen an, die keiner willentlichen Kontrolle unterliegen. Gleiche Stimuli erzeugen auch gleiche Wirkungen, die Beeinflussung erfolgt unmittelbar.

Der deterministische Ansatz der S-R-Modelle vernachlässigt die **Bedingungen**, unter denen Wirkung erzielt wird. In Stimulus-Organismus-Response-(S-O-R) Modellen (vgl. Abbildung 2-14) werden **intervenierende Faktoren** kultureller, sozialer, persönlicher und psychologischer Art berücksichtigt, die beim Empfänger eines Stimulus über theoretische Konstrukte wie Motive, Einstellungen, Lernen u.ä. zu Reaktionen führen: Die Reaktion ergibt sich aus dem Zusammenwirken von Stimulus- und Organismusfaktoren.

S-O-R-Modelle berücksichtigen die Interdependenzen von Wirkungsbeziehungen im Zeitablauf und haben vor allem die Verarbeitung von Werbung zum Gegenstand: Die angestrebte Reaktion wird, anders als bei den S-R-Modellen, nicht als direkte Funktion der Werbung angesehen, sondern als indirekte Folge von Reaktionen im Vorfeld der Kaufhandlung. S-O-R-Modelle werden daher auch als Hierarchiemodelle bezeichnet: Werbewirkung entwickelt sich in der Aufeinanderfolge mehrerer Stufen. Die Stufenmo-delle unterstellen damit jedoch, dass sich der Mensch in unterschiedliche Teilbereiche gliedern lässt, wie Wahrnehmung, Lernen, Erinnern u.ä. Menschliches Handeln und Erleben erfolgt jedoch ganzheitlich.

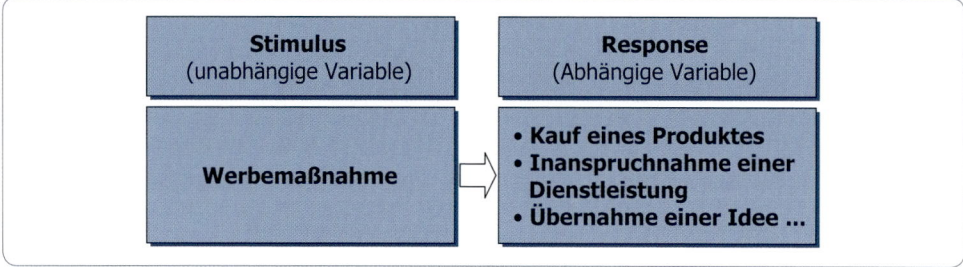

Abbildung 2-13: *Das Stimulus-Response-Modell*

Vgl. v. Rosenstiel/Kirsch: Psychologie der Werbung, Rosenheim 1996, S. 49

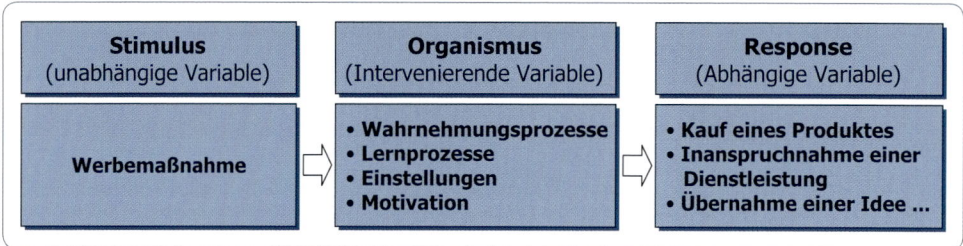

Abbildung 2-14: *Das Stimulus-Organismus-Response-Modell*

Vgl. v. Rosenstiel/Kirsch: Psychologie der Werbung, Rosenheim 1996, S. 49

Das wohl bekannteste Stufenmodell ist die 1898 von E. Lewis für Verkäufer-Trainings entwickelte AIDA-Regel. Sie ergibt sich als Aufeinanderfolge von Aufmerksamkeit (**at**tention), Interesse (**i**nterest), Wunsch (**d**esire) und Handlung (**a**ction). Das Modell geht davon aus, dass der Verbraucher, der sich für ein Produkt interessiert, sich Produktwissen aneignet, daraufhin positive oder negative Einstellungen zu dem Produkt entwickelt und es dann entsprechend kauft oder nicht. Werbewirkung wird also als eine bewusste, rationale Entscheidung gesehen. Im AIDA-Modell steht die Aufmerksamkeit (attention) im Vordergrund, es unterstellt somit involvierte Verbraucher und ist daher nur für den Sonderfall extensiver Kaufentscheidungen relevant, bei denen eine intensive Auseinandersetzung mit dem Produkt erfolgt und Informationen gezielt gesucht werden. Das AIDA-Modell gilt zwar als überholt, wird aufgrund seiner Einfachheit aber immer wieder gerne zitiert.

Abbildung 2-15 zeigt ein aus den Werbewirkungskategorien von Steffenhagen entwickeltes S-O-R-Modell. Die Beziehungen zwischen kommunikativen Reizen und unterschiedlichen Reaktionen der Rezipienten erläutert Steffenhagen wie folgt (vgl. Steffenhagen 1984, S. 16):

1. „Bestehende Inhalte des Langzeitgedächtnisses beeinflussen die momentane Reaktion. Beispiel: Interessengesteuerte Aufmerksamkeit gegenüber eingehender Briefpost.
2. Momentane Reaktionen formen die dauerhaften Gedächtnisinhalte. Beispiel: Ein am Messestand gewonnener Eindruck wird gespeichert.
3. Dauerhafte Gedächtnisinhalte beeinflussen das finale Verhalten. Beispiel: Einstellung zu einer politischen Partei führt zu entsprechendem Verhalten des Wählers.
4. Das tatsächliche Verhalten prägt den Inhalt des Langzeitspeichers. Beispiel: Der Beitritt eines Studenten zu einer Verbindung bewirkt eine zunehmend positive Einstellung bei ihm zu dieser Verbindung.

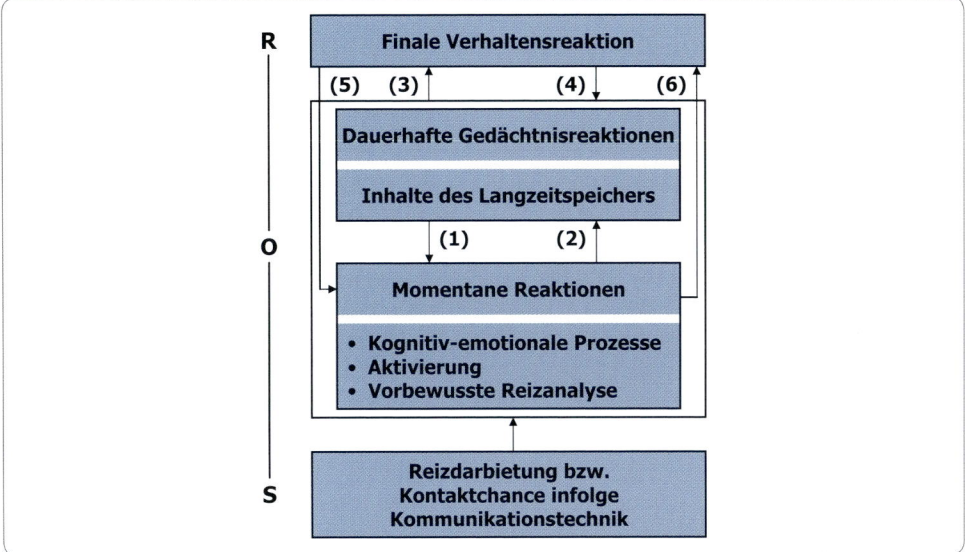

Abbildung 2-15: *Das S-O-R-Modell von Steffenhagen*

Vgl. Steffenhagen: Kommunikationswirkung, Kriterien und Zusammenhänge, Hamburg 1984, S. 17

5. Das tatsächliche Verhalten beeinflusst momentane Reaktionen. Beispiel: Die Produktverwendung löst momentane Denkprozesse oder Emotionen (Ärger, Freude) aus.
6. Momentane Reaktionen beeinflussen, ohne Zwischenschaltung des Langzeitspeichers, finales Verhalten. Beispiel: Impulskauf eines neuen Produktes".

Die einfache Struktur der Stimulus-Response Modelle hat den Vorteil, dass sie leicht verständlich und operationalisierbar sind. Sie vereinfachen allerdings zu stark und sind insofern als Erklärungsmodelle für die Wirkungsweise von Werbung nur eingeschränkt sinnvoll. Die Annahme des S-R-Modells, dass verschiedene Personen auf gleiche Reize auch immer in gleicher Weise reagieren, trägt individuellen Unterschieden der Person nicht Rechnung. Dies erfolgt zwar in den S-O-R-Modellen durch die Berücksichtigung von „intervenierenden Variablen", die aber – da Lernprozesse, Motivationen und Einstellungen nicht direkt zugänglich sind – ebenfalls nur Hilfskonstrukte für das letztliche individuelle **Verhalten** sind. Nicht berücksichtigt bleiben Gruppenprozesse und Umweltbedingungen, die nicht direkt „Reize" sind, aber dennoch Einfluss auf das Verhalten haben, z.B. die allgemeine wirtschaftliche Lage (vgl. v. Rosenstiel/Kirsch 1996, S. 50).

Die eigentliche Problematik der Stimulus-Response-Modelle liegt jedoch in dem Menschenbild, das sie implizieren. Die Modelle unterstellen, dass der Mensch auf Reize **reagiert**, der Mensch ist passiv und von außen gesteuert, Entscheidungen aus freiem Willen werden dem Menschen nicht zugestanden. Der Konsument erscheint als „Konsumäffchen"[6].

---

[6] Die Frage der Konsumentensouveränität wird nach Kroeber-Riel vielfach ideologisch diskutiert. Er selbst spricht dem Konsumenten eine Souveränität in seinem Kaufverhalten ab: „Das Verhalten des Menschen wird oft und auch hinsichtlich seines Konsumverhaltens durch Reiz-Reaktions-Beziehungen gesteuert. Die Werbung beeinflusst gerade solche

Aber unabhängig davon, ob dem Konsumenten nun ein freier Wille bei seinen Kauf-entscheidungen zugestanden werden kann oder nicht, erlauben die individuellen Unter-schiede, die das S-O-R-Modell sehr wohl berücksichtigt, keine generellen **Vorhersagen** über den Werbeerfolg. Alle werblichen Maßnahmen zielen letztlich auf das R im S-O-R-Modell, also die **R**eaktion des Umworbenen. Dieser Wirkungseffekt der Werbung ist aber grundsätzlich nur im Nachhinein und pauschal an den Absatzzahlen feststellbar. Daran lässt sich aber noch nicht festmachen, **warum** die Werbung gewirkt hat. Um die Ursachen für den Werbeerfolg (bzw. -misserfolg) zu ermitteln, wird in der Praxis üblicherweise auf das O im S-O-R-Modell zurückgegriffen. D.h. es werden die „intervenierenden Variablen" als Teilerfolgsgrößen gemessen (Wurde die Werbung erinnert? Hat sie zu Einstellungsän-derungen geführt? usw.), denen auch eine Vorhersagekraft für die Gesamtwirkung einer Werbekampagne beigemessen wird.

Der Unterschied zwischen S-R- und S-O-R-Modellen ist gravierend. Nach der alten Auf-fassung erzielte eine Werbebotschaft A in Werbeträger B beim Publikum C die Wirkung D. Die moderne Auffassung von Werbewirkung ist sehr viel differenzierter: Wenn ein Stimulus bestimmte Merkmale E_1, E_2,... E_n aufweist und von einem Rezipienten mit den Merkmalen F_1, F_2,... F_n in einer Situation G_1, G_2,... G_n empfangen wird, dann ist mit ei-ner gewissen Wahrscheinlichkeit H_1, H_2,... H_n die Wirkung I_1, I_2,... I_n auf die Einstellung des Rezipienten zu erwarten (vgl. Koschnick 2004, S. 193).

Reiz-reaktionstheoretische Ansätze sind gut dazu geeignet, die Komplexität des mensch-lichen Verhaltens in (messbare) Einzelkonstrukte zu untergliedern, um daraus Schlussfol-gerungen für Beeinflussungsmöglichkeiten zu ziehen. Sie dürfen jedoch nicht den Blick dafür verstellen, dass das Verhalten aufgrund der Komplexität seiner Bestimmungsgründe eben **nicht vorhersagbar ist**.

2. 3.1.2 Konditionierung

Eine spezifische Ausprägung haben die Reiz-Reaktions-Theorien in den Konditionie-rungsansätzen erfahren, die Zusammenhänge von unbedingten und bedingten Reizen unterstellen. Bei der klassischen Konditionierung wird die angeborene reflexartige Ver-bindung zwischen Reiz und Reaktion mit einem bis dahin neutralen Reiz verbunden. Die Erkenntnisse über die **klassische Konditionierung** beruhen auf den Forschungen von Pawlow, der in einem Experiment zeigte, dass der Speichelfluss eines Hundes nach einer mehrfachen gleichzeitigen Verabreichung des Futters mit einem akustischen Reiz auch bei alleiniger Darbietung des akustischen Reizes zunahm.

Unter den Voraussetzungen:

- zeitlicher Nachbarschaft der Reize,
- Wiederholung der Reizkombinationen und
- Verstärkung durch einen befriedigenden Reaktionseffekt,

lassen sich zwei voneinander unabhängige Reize miteinander kombinieren (vgl. Kroeber-Riel 1984, S. 538 f.). Mit der Konditionierung lässt sich eine bestimmte Reaktion also auch dann hervorrufen, wenn an die Stelle des ursprünglich auslösenden Reizes ein anderer tritt. Kroeber-Riel führte ein Experiment mit der fiktiven Seifenmarke HOBA durch. Anfänglich hatte der Markenname für die Probanden keine emotionale Bedeutung. Durch Darbietung des Produktes mit reizstarken, emotionalen Bildern (Erotik, soziales

---

reizgesteuerte Verhaltensweisen und entmündigt damit den Verbraucher" (Kroeber-Riel/Weinberg 2003, S. 686).

Glück, Urlaubsstimmung), erhielt die Marke jedoch ein klares emotionales Erlebnisprofil (vgl. Kroeber-Riel/Weinberg 2003, S. 133 ff.).

Die klassische Konditionierung wird als ein zentraler Wirkungsmechanismus in der Werbung angesehen, wobei hier häufig von **emotionaler Konditionierung** gesprochen wird: Durch gleichzeitige Darbietung einer Marke mit einem emotionalen Reiz erhält die Marke einen emotionalen Erlebnisgehalt. Die Bedeutsamkeit für die Werbewirkung liegt darin begründet, dass die emotionale Konditionierung eine **automatische Reaktion** darstellt. Sie erfolgt unabhängig davon, ob sich jemand für eine bestimmte Werbung interessiert oder nicht. Werbung für *Marlboro* wird schon identifiziert – von Rauchern wie von Nichtrauchern –, wenn nur Details aus der Cowboywelt gezeigt werden. Allerdings sind für die emotionale Aufladung von Reizen zahlreiche Wiederholungen nötig (vgl. Kroeber-Riel/Weinberg 2004, S. 162). Die Wirksamkeit der Konditionierung ist zeitlich begrenzt und erlischt, wenn sie nicht ständig wiederholt wird. Wenn dem Pawlowschen Hund der akustische Reiz häufiger dargeboten wird, ohne dass er sein Fressen erhält, wird er sich „das Sabbern sehr schnell wieder abgewöhnen" (Felser 2007, S. 149).

Das Potenzial, das in der emotionalen Konditionierung steckt, sei in einem Gedankenexperiment durchgespielt. Der Weihnachtsmann in seiner heutigen Erscheinungsform geht auf eine Werbekampagne von *Coca-Cola* in den 30er-Jahren des letzten Jahrhunderts zurück, mit einem Santa Claus, der in den Hausfarben des Unternehmens gekleidet war (vgl. Hars 2009, S. 84 ff.). Man stelle sich einmal vor, *Coca-Cola* hätte es geschafft, dass jeder, der den Weihnachtsmann sieht, automatisch an *Coca-Cola* denkt.

Emotionale Konditionierung baut auf Schemavorstellungen auf, die sich bei Konsumenten im Gedächtnis eingeprägt haben und verhaltenswirksam sind. Die Werbung arbeitet vielfach mit derartigen Schemavorstellungen. Produkte aus südlichen Ländern werden häufig mit antiken Tempelruinen und lockerer Lebensart dargestellt, tropische Produkte i.d.R. mit Bildern von menschenleeren, palmengesäumten, weißen Stränden, türkisfarbenem Wasser und blauem Himmel. *Bacardi* hat in einer, mittlerweile schon als Klassiker einzustufenden Anzeige, diese Schemavorstellungen thematisiert (vgl. Abbildung 2-16).

Typische Klischees in der Werbung: „Baby + Hund = Familienglück, lachende Frau + Blumenstrauß = Frauenglück, Schmuck + Herz = Liebe, weißhaariger Herr beim Angeln oder mit Enkel = sorgloses Alter, junge Leute mit altem amerikanischem Cabrio = jugendliches Angebot, grauhaariges Pärchen auf Harley Davidson = Vitalität im Alter, Mann bei Küchenarbeit = selbstbewusste Frau. Frei nach dem Motto: Show what you will get" (Jung/v. Matt 2007, S. 189).

Wie stark Schemavorstellungen wirken, hat ein Experiment mit Studenten an der Fachhochschule Stralsund gezeigt. Eine Gruppe von Studenten wurde gebeten, eine Person möglichst genau, sowohl nach soziodemographischen als auch nach psychographischen Merkmalen zu beschreiben. Das Plenum sollte nach der Beschreibung erraten, welche Automarke diese Person fährt. Die Person wurde wie folgt beschrieben:

Er ist etwa 20 Jahre alt, männlich, hat braune, kurze Haare und ist 1,72 m groß. Er trägt einen Ohrring im linken Ohr und ein Kettchen um den Hals. Er ist ledig, hat ein unterdurchschnittliches Bildungsniveau und tut „cool". Er ist Handwerker in der Ausbildung.

Abbildung 2-16: *Schemavorstellungen in der Werbung*

Seine Hobbies sind Disco, vorwiegend Techno, Fitness, Fußball und Autopflege, sein Auto ist natürlich getunt. Er trinkt Bier aus Dosen, liebt Fast Food. Seine Wochenenden verbringt er mit seinem Autoclub, in der Disco oder mit Saufen. Er trägt Jeans, T-Shirt, Turnschuhe und weiße Tennissocken. Er hat einen Wimpel bzw. eine CD am Rückspiegel, sein After Shave ist *Cool Water.* Er liest die *Auto-Bild* und den *Kicker*, im Fernsehen liebt er Rambo, Rocky I–V und Star Trek. Seine Freundin ist 17, blond, mit gleichem Bildungsniveau wie er. Er hat noch einen jüngeren Bruder. Sein Verhältnis zu den Eltern ist gestört. Er träumt von einem Urlaub auf Mallorca. Er hat ein hohes Geltungsbedürfnis und ist ein Angeber, sein Schlagwort ist „Alter". Er ist ein Mitläufer und nur in der Gruppe stark, er ist völlig desinteressiert an Politik und Umweltfragen.

Das Plenum hat diese so beschriebene Person sofort als *Golf-GTI*-Fahrer erkannt.[7]

Markenwelten, die auf starken und eigenständigen Schemavorstellungen aufbauen, wie z.B. *Marlboro* oder *Bacardi*, bieten Schutz vor Nachahmern. Jeder Versuch von Wettbewerbern, diese Markenwelten zu kopieren, wäre von vornherein zum Scheitern verurteilt, da diese Schemavorstellungen so stark in den Köpfen der Verbraucher verankert sind, dass sofort eine Verbindung mit der Originalmarke hergestellt würde.

Im Gegensatz zur klassischen Konditionierung wird bei der **operanten Konditionierung** die Person selbst aktiv. Der Lernvorgang besteht darin, dass ein bestimmtes Verhalten zu einer bestimmten Belohnung führt, wobei die Person dieses Verhalten selbst herausfinden muss. „Ein Verhalten, das belohnt wurde, wird mit größerer Wahrscheinlichkeit in Zukunft wieder gezeigt, als ein Verhalten, das nicht belohnt wurde" (Felser 2007, S. 159). Damit lässt sich z.B. der Gewohnheitskauf erklären: Weil jemand mit einem bestimmten Produkt immer positive Erfahrungen gemacht hat, wird dieses Produkt immer wieder gekauft. Wird das Verhalten allerdings nicht immer wieder belohnt, weil sich z.B. die Qualität des Produktes verändert hat, kommt es zu einer Verhaltensänderung.

In diesem Zusammenhang ist auf einen weiteren, ebenfalls weitgehend automatisch ablaufenden Mechanismus hinzuweisen, das **Priming**. Priming bezeichnet die Beeinflussung des Urteils durch kürzlich dargebotene Informationen (vgl. Meyers-Levy 1989, S. 76). Die Interpretation von Informationen hängt oftmals von bestimmten Wissensstrukturen oder Denkschemata ab, die gerade aktiviert sind. Wenn beispielsweise ein Student einem Freund im Examen bei der Beantwortung einer Frage hilft, dann kann dies als „unehrlich" oder als „freundlich" interpretiert werden. Die Art der Interpretation hängt davon ab, welcher Bewertungsmaßstab zum Interpretationszeitpunkt einfacher zugänglich ist (vgl. Yi 1991, S. 417). Je nachdem, ob gerade über Banker oder über Mutter Theresa berichtet wurde, wird in dem Beispiel die Beurteilung eher in Richtung „unehrlich" bzw. „freundlich" ausfallen. Urteile hängen also häufig auch davon ab, woran gerade gedacht bzw. an was jemand gerade erinnert wurde.

Bezogen auf die Werbung bedeutet dies, dass die Interpretation von Werbebotschaften durch das Umfeld gesteuert werden kann, in dem die Werbung erfolgt. Die Bewertung einer beworbenen Marke hängt demnach auch davon ab, welche Bewertungsmaßstäbe durch das Umfeld, das der Werbung voranging, aktiviert wurden. Von erheblichem Einfluss für die Bewertung eines Produktes ist beispielsweise die Marke und das Herkunftsland.

Ein anderes Beispiel:

> „Nehmen wir beispielsweise an, Sie wären zufällig Zeuge der hier folgenden Unterhaltung:
>
> *Hast du eigentlich Jochen noch einmal gesehen?*
>
> *– Ja, er hat jetzt eine neue Stelle.*
>
> *Arbeitet er nicht mehr in Saarbrücken?*
>
> *– Nein, es war ihm zu lästig, immer mit dem Zug dahin zu fahren.*
>
> *Wenn du ihn siehst, dann sag ihm doch bitte, ich würde ihn gerne auf eine Cola einladen und mich mal wieder mit ihm unterhalten.*
>
> *– Mach ich gerne, im Augenblick ist er allerdings im Urlaub.*
>
> …

---

[7] Es ist darauf hinzuweisen, dass diese Typisierung in den neuen Bundesländern erfolgt ist. In den alten Bundesländern liegt einem GTI-Fahrer wahrscheinlich eine andere Schemavorstellung zugrunde.

> Ein völlig alltägliches Gespräch, wie Sie zugeben werden, und trotzdem glaube ich, dass es Sie ganz leicht beeinflusst hat. Gehen wir davon aus, eine ganze Gruppe hätte das Gespräch gehört. Wenn jetzt jemand die Personen der Gruppe bitten würde das erste nichtalkoholische Getränk aufzuschreiben, das ihnen einfällt, dann würden sicher mehr Personen *Coca-Cola* oder *Pepsi* nennen, als wenn im Gespräch das Wort „Cola" nicht vorgekommen wäre" (Felser 1997, S. 156 f.).

2. 3.2 Involvement-Modelle

2. 3.2.1 Der Involvement-Begriff

Die Stimulus-Response-Modelle unterstellen, dass lernende Organismen einen Reaktionsablauf aufbauen, der durch äußere und innere Reize gesteuert wird. Grundlegende Änderungen der Forschungsansätze gehen auf Krugman zurück, der 1965 den Begriff des **Involvement** in die Werbewirkungsforschung einführte. Er stellte fest, dass Werbebotschaften und sinnlose Silben in gleicher Weise gelernt werden: passiv und wenig involviert.

Krugman unterscheidet zwei Arten von Involvement:

> „With low involvement one might look for gradual shifts in perceptual structure, aired by repetition, activated by behavioral-choice situations, and **followed** at some time by attitude change. With high involvement one would look for the classic, more dramatic, and more familiar conflict of ideas at the level of conscious opinion and attitude that precedes changes in overt behavior" (Krugman 1965, S. 355).

Die Implikationen aus dem Involvement-Konstrukt für die Werbewirkung sind bedeutsam: Nach den klassischen Theorien hängt die Werbewirkung von der aktiven Verfolgung der Werbung durch die Zuschauer ab. Bei einem geringen Zuschauerinvolvement erfolgt die Wirkung jedoch passiv, ohne aktive Beteiligung der Zuschauer. In einer weit gefassten Definition lässt sich das Zuschauerinvolvement als ein „Filter" betrachten, den jegliche Information durchlaufen muss. In Abhängigkeit davon, wie viele Informationen „herausgefiltert" werden, bestimmt sich die Wahrnehmungsintensität.

Die Involvement-Literatur weist keine einheitliche Definition von Involvement aus. Krugman betont ausdrücklich, dass unter Involvement **nicht** Aufmerksamkeit, Interesse oder Erregung des Zuschauers zu verstehen ist, vielmehr „the number of ‚bridging experiences', connections, or personal references per minute that the viewer makes between his own life and the stimulus" (Krugman 1965, S. 355). Kroeber-Riel versteht unter Involvement „das Engagement, mit dem sich jemand einem Gegenstand oder einer Aktivität zuwendet" (Kroeber-Riel/Esch 2004, S. 143). Ein Konsens lässt sich dahingehend finden, dass Involvement das Maß der persönlichen Bedeutung und Wichtigkeit bezeichnet, die eine Sache (hier: beworbenes Produkt) für jemanden (hier: Umworbener) hat. Das bedeutet, nicht das Produkt als solches involviert, sondern die **individuelle, persönliche Bedeutung**, die einzelnen Produktmerkmalen in einer spezifischen Situation beigemessen wird. Insofern lässt sich nicht a priori eine Einteilung in High- und Low-Involvement Produkte vornehmen. Ein und dasselbe Produkt kann in unterschiedlichen Situationen unterschiedliche Involvementausprägungen haben.

In der Werbewirkungsforschung wird dem Involvement des Zuschauers ein entscheidender Erklärungsbeitrag beigemessen, allerdings existiert kein einheitliches Involvement-Konzept. Einigkeit besteht lediglich darüber, dass Involvement mehrdimensional ist und nicht von **dem** Involvement gesprochen werden kann. Trommsdorff fasst die Involvement-Determinanten wie in Abbildung 2-17 zusammen. Aufgrund unterschiedlicher Persönlichkeitsmerkmale können verschiedene Personen in gleichen Situationen unterschiedlich

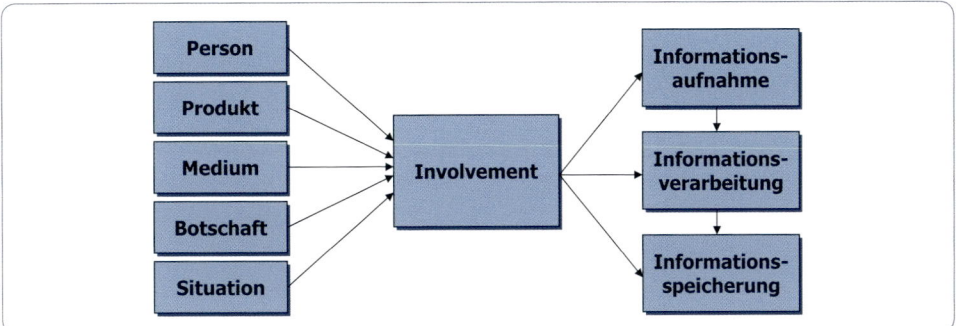

Abbildung 2-17: *Das Involvement-Strukturmodell von Trommsdorff*

Vgl. Trommsdorff: Involvement, in: Tietz/Köhler/Zentes, J. (Hrsg.): Handwörterbuch des Marketing, 2. Aufl., Stuttgart 1995, Spalte 1071

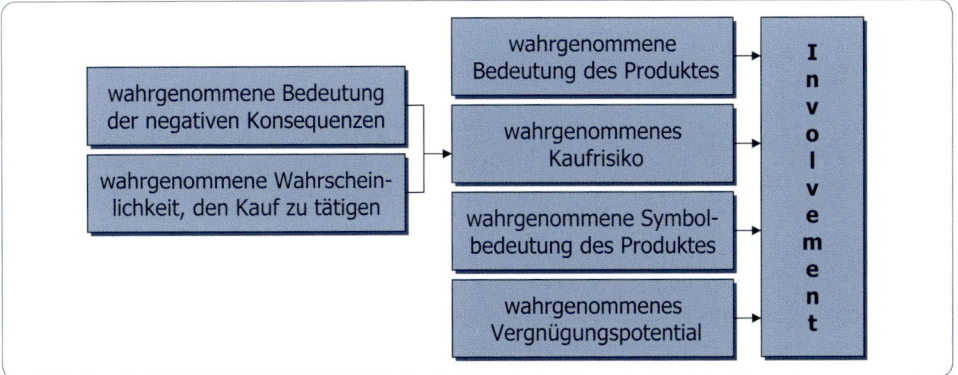

Abbildung 2-18: *Beeinflussungsfaktoren des Involvements*

Vgl. Laurent/Kapferer: Measuring Consumer Involvement Profiles, in: Journal of Marketing Research, 21 (Feb.), 1985, S. 43

involviert sein (Personeninvolvement). Je nachdem, ob eine Person vor einer Kaufentscheidung steht oder nicht (Produktinvolvement), ob die Botschaft über elektronische Medien oder Printmedien vermittelt wird (Medieninvolvement), wie „interessant" sie subjektiv empfunden wird (Botschaftsinvolvement), und wie die psychische Situation des Empfängers bzw. die jeweilige Umweltsituation beschaffen ist (Situationsinvolvement), erfährt das Involvement unterschiedliche Ausprägungen mit entsprechenden Auswirkungen auf Informationsaufnahme, -verarbeitung und -speicherung (vgl. Trommsdorf 1995, Spalte 1071 ff.).

Die Verwendung des Begriffes Involvement verlangt also jeweils eine Präzisierung dahingehend, welche Art des Involvements gemeint ist. Laurent und Kapferer schlagen dafür vor, die Bedeutungsunterschiede des Involvement-Begriffes aus seinen Beeinflussungsfaktoren abzuleiten (vgl. Abbildung 2-18). Sie klassifizieren vier Faktoren, die das Involvement bestimmen (vgl. Laurent/Kapferer 1985, S. 41 ff.):

1. die individuell wahrgenommene Bedeutung, die der Konsument einem Produkt beimisst,

2. das wahrgenommene Risiko, das mit dem Kauf des Produktes verbunden wird und sich wiederum unterteilt in die wahrgenommene Bedeutung der negativen Konsequenzen aus dem Kauf und die wahrgenommene Wahrscheinlichkeit, einen solchen Fehler zu begehen,

3. der symbolhafte Wert sowie

4. der emotionale Wert, den das Produkt für den Verbraucher hat.

Der Informationsverarbeitungs- und Entscheidungsprozess des Konsumenten ist je nach Ausprägung der individuellen Involvement-Situation bzw. des Involvement-Niveaus unterschiedlich. Ohne Kenntnis der konkreten Involvement-Dimensionen sind Wirkungsvorhersagen rein spekulativ. Die Fülle von Kombinationsmöglichkeiten der Einflussfaktoren sowie deren jeweilige spezifische Ausprägungen führen jedoch zu einer Vielfalt spezifischer Involvement-Situationen, die eben diese konkrete Kenntnis des Involvement als unmöglich erscheinen lassen.

Festzuhalten bleibt, dass Involvement in hohem Maße subjektiv und situationsspezifisch ist.

Abbildung 2-19 zeigt die Konsequenzen aus dem Involvement-Konstrukt für Mediaplanung und Werbemittelgestaltung. Je nach Ausmaß des Involvement lassen sich Mediennutzer beispielsweise in eine Typologie einordnen, die die Bandbreite von „Passive" (gering involviert) bis zu „Experten" (hoch involviert) umfasst. Während die „Passiven" in der werblichen Ansprache viele Kontakte und einen hohen Werbedruck benötigen, reichen bei den „Experten" bereits wenige Kontakte aus. Auch die kreative Umsetzung der Werbung sollte sich dem Involvement der Zielgruppe anpassen. Die „Passiven" sind mit Prägnanz und Überraschung anzusprechen, bei „Experten" sollte Werbung vor allem deren Informationsinteresse berücksichtigen.

Werbung kann also sowohl bei gering- als auch bei hochinvolvierten Zuschauern wirksam werden. Über die **Wirkungseffizienz** lässt diese Unterscheidung keine Aussage zu, lediglich darüber, dass unterschiedliche **Wirkungsmechanismen** zum Tragen kommen. Die Ausführungen über den Mere-exposure-Effekt haben bereits gezeigt, dass auch beiläufig,

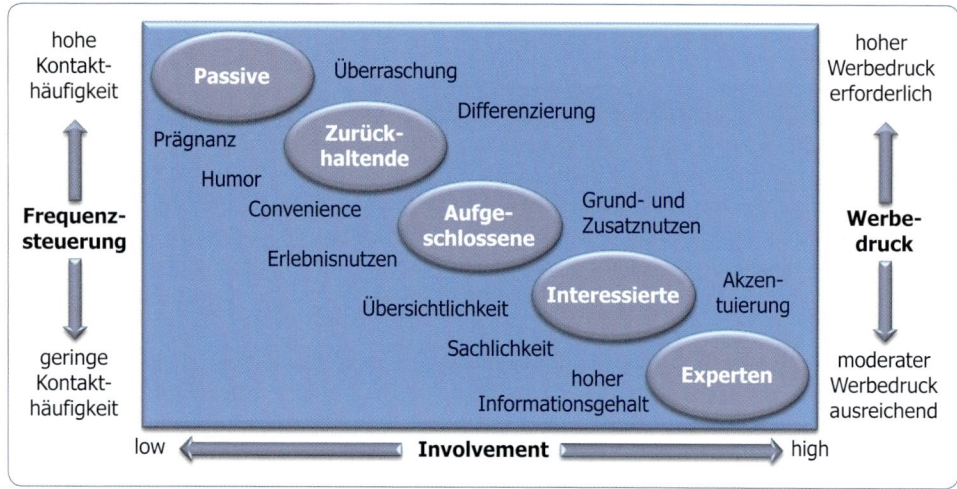

Abbildung 2-19: *Involvement und Werbeträgereinsatz*

Quelle: Pusler: Hirnforschung im Marketing – nur ein Hype?, in: USP Nr. 4, 2007, S. 13

ohne Involvement wahrgenommene Informationen eine nachhaltige Wirkung auslösen können. Hochinvolvierte Zuschauer verarbeiten werbliche Informationen bewusst und kritisch. Es bestehen bereits Einstellungen zu Produkten bzw. Marken; Einstellungsänderungen durch werbliche Beeinflussung stoßen auf Widerstände. Bei geringinvolvierten Zuschauern hingegen bestehen aufgrund der geringen Bedeutung, die der Zuschauer dem Produkt in der werblichen Situation beimisst, noch keine konkreten Einstellungen, eher ein mehr oder weniger ausgeprägtes allgemeines Interesse an der Produktkategorie. Einstellungsänderungen sind daher weniger durch direkte werbliche Beeinflussung zu erwarten als vielmehr aus der konkreten Produkterfahrung. Erst **nach** dem Kauf lernt der Konsument die Marke näher kennen und bildet sich eine Einstellung dazu. Die Buchung einer Urlaubsreise ist dafür als ein typisches Beispiel anzusehen. Zwar erfolgt die Urlaubsplanung üblicherweise mit einem hohen Involvement. Der Urlauber hat aber oft nur eine grobe Vorstellung darüber, was ihn am Urlaubsort erwartet, seine Einstellung zu dem Urlaubsangebot erfolgt daher i.d.R. erst nach dem Urlaub, wenn er seine Vorstellungen mit der Realität vergleichen konnte. Der Wirkungsmechanismus im Low-Involvement-Fall folgt also gegenüber dem High-Involvement-Fall einer umgekehrten Hierarchie (vgl. Abbildung 2-20).

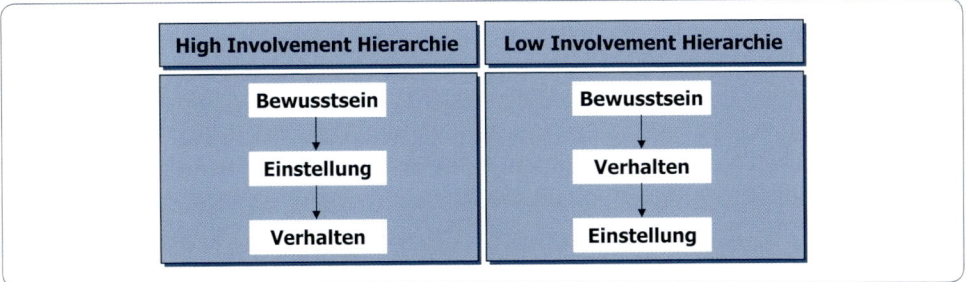

Abbildung 2-20: Involvement Hierarchien

Vgl. Rothschild: Advertising Strategies for High- and Low-Involvement Situations, in: Maloney/Silverman (Eds.): Attitude Research Plays for High Stakes, Chicago 1979, S. 76

Für Fernsehwerbung wird üblicherweise die Low-Involvement-Hierarchie unterstellt. Für diese Annahme spricht auch das Zapping-Phänomen. Auf unterschiedliche Involvement-Voraussetzungen bei Programm und Werbung verweisen Niemeyer und Czycholl in dem „Medientyp" des „physischen Zappers", der persönliche Bedürfnisse während der Werbepause erledigt. Angesichts dieser Verhaltensweise ist von einem hohen Programminvolvement und einem geringen Werbeinvolvement auszugehen, denn das Aufschieben der Bedürfnisse auf die zu erwartende Werbepause erfolgt mit der Motivation, keine relevanten Programmpunkte zu verpassen (vgl. Niemeyer/Czycholl 1994, S. 65 f.).

Die Implikationen aus dem Involvement-Konstrukt sollen im Folgenden an dem „Modell der Wirkungspfade" von Kroeber-Riel näher erläutert werden, dem im deutschsprachigen Raum besondere Aufmerksamkeit gewidmet wird.

2. 3.2.2 Das Modell der Wirkungspfade

Das Modell der Wirkungspfade arbeitet mit drei Konzepten:

1. Als **Wirkungskomponenten** werden die psychischen Reaktionen der Umworbenen auf die Werbung und das davon bestimmte Kaufverhalten bezeichnet (vgl. Abbildung 2-21).

2. **Wirkungsdeterminanten** sind die Bestimmungsgrößen der Werbewirkung, die einerseits aus Unterschieden der Werbung (emotional oder informativ) und andererseits aus Unterschieden bei den Empfängern (hohes oder geringes Involvement) resultieren.

3. **Wirkungsmuster** sind diejenigen Werbewirkungen (von 1), die unter den verschiedenen Bedingungen (von 2) zu erwarten sind (vgl. Kroeber-Riel/Weinberg 2003, S. 613).

Der **Werbekontakt** kann bewusst gesucht werden oder nur flüchtig, ohne Absicht und Aufmerksamkeit, erfolgen. Je nach Involvement ist eine unterschiedliche Intensität der **Aufmerksamkeit** der Konsumenten zu erwarten, entsprechend auch eine mehr oder weniger aktive Aufnahme der Werbung. Die Art der Werbung determiniert, ob primär **emotionale** oder **kognitive** (erkenntnismäßige) **Vorgänge** im Konsumenten ausgelöst werden, was Auswirkungen hat auf die Aufnahme, Verarbeitung und Speicherung der Werbebotschaft. Sowohl kognitive als auch emotionale Vorgänge können **Einstellung** und **Kaufabsicht** beim Konsumenten beeinflussen, die Vor-Entscheidungen darüber sind, ob ein Produkt gekauft wird oder nicht. Je stärker die Werbung aktiviert, desto höher ist das Maß an kognitiver Verarbeitung (vgl. Kroeber-Riel 1979, S. 240 ff.).

Die Kombination der Determinanten (emotionale/informative Werbung, hohes/geringes Involvement) führt zu vier Konstellationen, die jeweils spezielle Bedingungen für die Werbewirkung darstellen (vgl. Abbildung 2-22).

Hochinvolvierte Zuschauer bringen der Werbebotschaft eine starke Aufmerksamkeit entgegen, bei geringinvolvierten Zuschauern beginnt der Wirkungspfad entsprechend bei schwacher Aufmerksamkeit. Eine grundsätzliche Besonderheit von Werbung, die sich an wenig involvierte Zuschauer richtet, liegt darin, dass sie öfter wiederholt werden muss,

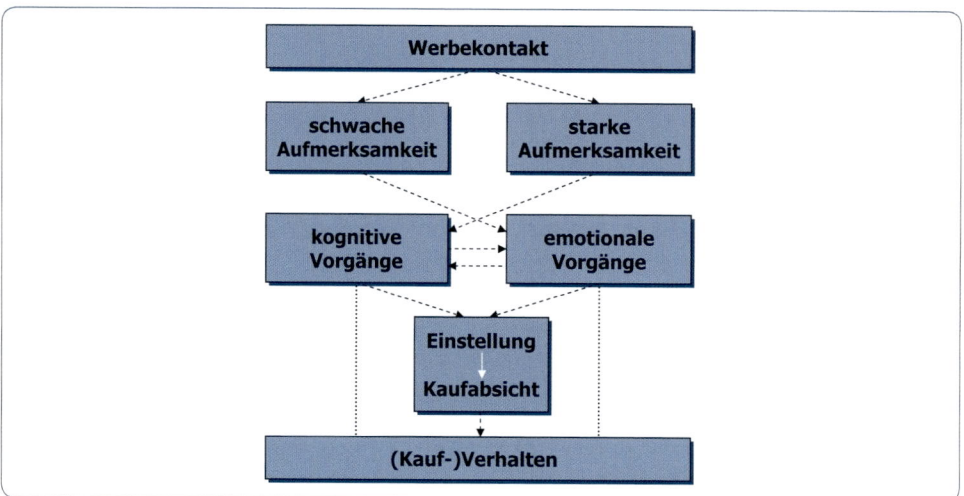

Abbildung 2-21: *Das Modell der Wirkungspfade: Wirkungskomponenten der Werbung*
Vgl. Kroeber-Riel/Weinberg: Konsumentenverhalten, 8. Aufl., München 2003, S. 614

um wirksam zu werden. Informative Werbung bewirkt vorrangig kognitive Vorgänge, emotionale Werbung vorrangig emotionale Vorgänge.

Informative Werbung

Bei involvierten Zuschauern sprechen Informationen vorhandene Bedürfnisse an, dadurch werden auch **emotionale Begleitreaktionen** verursacht, die für eine effizientere Verar-

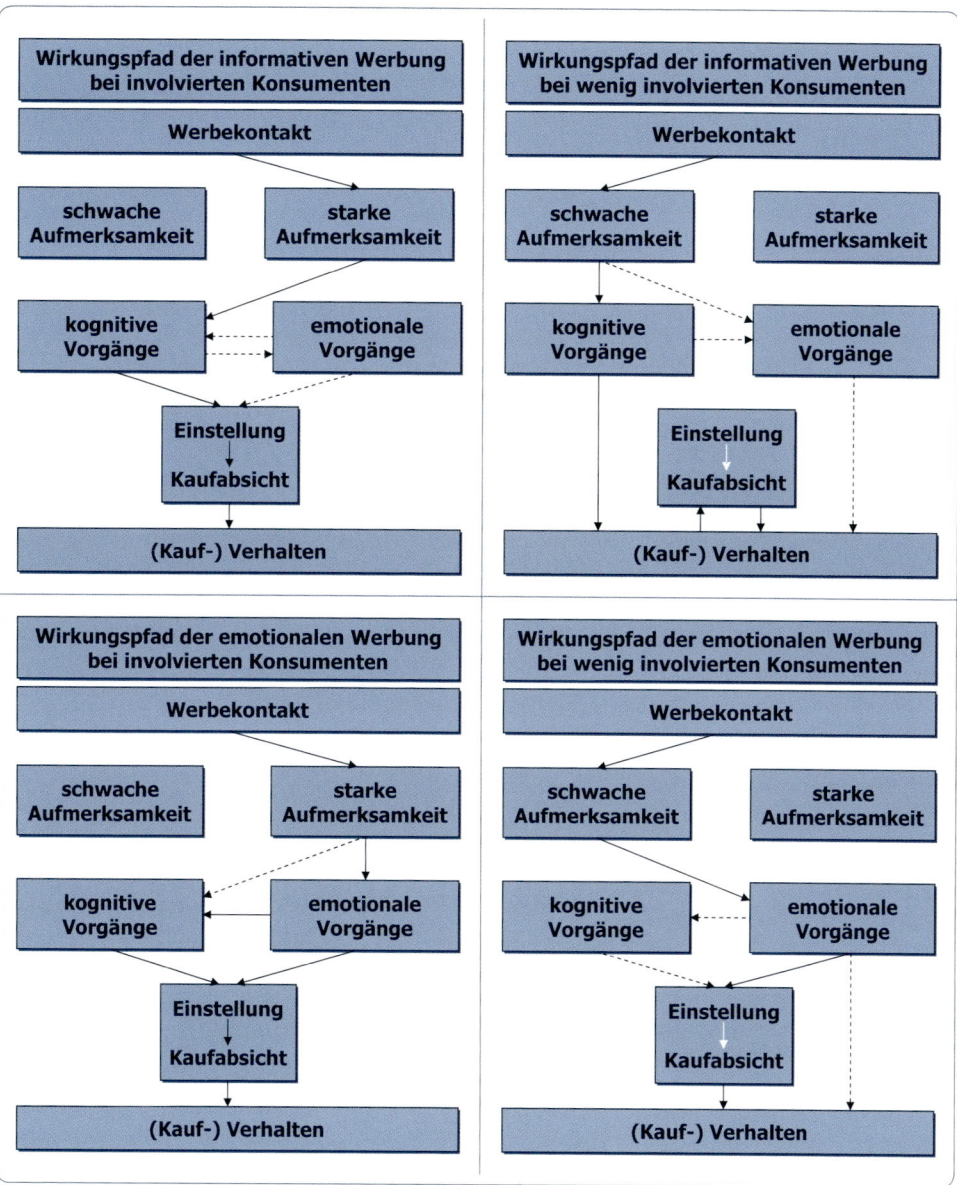

Abbildung 2-22: *Das Modell der Wirkungspfade: Wirkungsmuster*
Vgl. Kroeber-Riel/Weinberg: Konsumentenverhalten, 8. Aufl., München 2003, S. 621 ff.

beitung der Informationen sorgen (eine typische Situation dafür ist die Urlaubsplanung, der geplante Kauf von Prestigeprodukten oder die Geldanlage). Bei wenig involvierten Zuschauern hingegen sind die Produktinformationen nicht relevant (beispielsweise bei Arzneimittel- oder Wahlwerbung). In Verbindung mit Wiederholungen werden Marken und einzelne Produkteigenschaften gelernt, was für die **Kaufsituation** jedoch schon entscheidend sein kann. „Die Markenwahl erfolgt jedenfalls **nicht** deswegen, weil der Konsument vorher Kenntnisse über Produkteigenschaften erworben und eine Präferenz (Einstellung) gegenüber der Marke entwickelt hat" (Kroeber-Riel/Weinberg 2003, S. 624). Vielmehr bilden sich Einstellungen erst **nach** dem Kauf, wenn der Konsument die Produkteigenschaften aus konkreter Erfahrung heraus kennen gelernt hat.

Emotionale Werbung

Stoßen emotionale Werbebotschaften auf ein hohes Zuschauerinvolvement, lösen die emotionalen Vorgänge auch kognitive Prozesse aus, „die hervorgerufenen emotionalen Eindrücke werden direkt mit Produkteigenschaften assoziiert" (Kroeber-Riel/Weinberg 2003, S. 626). Werbung, die angenehme Empfindungen weckt, führe auch zu positiven Vorstellungen über Produkteigenschaften. Emotionale Werbung bei geringinvolvierten Zuschauern wirkt in erster Linie nach den Gesetzmäßigkeiten der klassischen Konditionierung. Durch Wiederholungen wird eine emotionale Bindung zur Marke hergestellt, die eine verhaltenswirksame Einstellung zur Marke bewirkt. Als typisches Beispiel für emotionale Werbung, die auf hochinvolvierte Zuschauer stößt, ist Urlaubswerbung anzusehen oder Werbung für Baby- und Tiernahrung.

2.3.2.3 Effekte der Werbewiederholung

Die Anzahl der Werbewiederholungen nimmt im Hinblick auf die Werbewirkung eine zentrale Bedeutung ein. Effekte aus der Wiederholung von Werbung lassen sich in zwei Kategorien einteilen:

1. Die eine Kategorie umfasst die größeren Möglichkeiten, sich mit dem Inhalt der Werbebotschaft zu befassen.
2. Die andere Kategorie umfasst die psychischen Reaktionen, die durch Wiederholungen beim Zuschauer ausgelöst werden.

Bezüglich der Wirkung von Wiederholungen wird üblicherweise eine umgekehrte U-Funktion unterstellt (vgl. Cacioppo/Petty 1979, S. 97 f.): Eine moderate Anzahl von Wiederholungen ermöglicht eine bessere Verarbeitung der Werbebotschaft, mit zunehmenden Wiederholungen bauen sich jedoch Reaktanz und negative Einstellungen auf.

Dieser Effekt wird als **wear-out** bezeichnet und beschreibt Abnutzungserscheinungen von Werbewiederholungen. Wird ein Wirkungsverlauf der Werbung in Abhängigkeit von der Zahl der Wiederholungen wie in Abbildung 2-23 unterstellt (vgl. auch Abbildung 5-44), ergeben sich zunächst steigende, dann abnehmende und schließlich sogar negative Grenzerträge der Wirkung, die ihren Ausdruck finden in Beschreibungen wie *ermüdend*, überdrüssig, *kann ich nicht mehr sehen* o.ä. Allerdings verdeutlicht die Abbildung auch, dass der wear-out-Effekt offenbar davon abhängt, wie Werbewirkung definiert wird. Wird als Wirkungskriterium „Erinnerung" definiert, so ist ein negativer Verlauf nur schwer nachvollziehbar. Wird hingegen „Sympathie" oder „Kaufbereitschaft" unterstellt, erscheint die Wirkungsfunktion logisch.

Kroeber-Riel differenziert die Wiederholungseffekte nach der Art der Werbung (informativ/emotional) und dem Involvement (hoch/gering) (vgl. Abbildung 2-24). Grundsätzlich

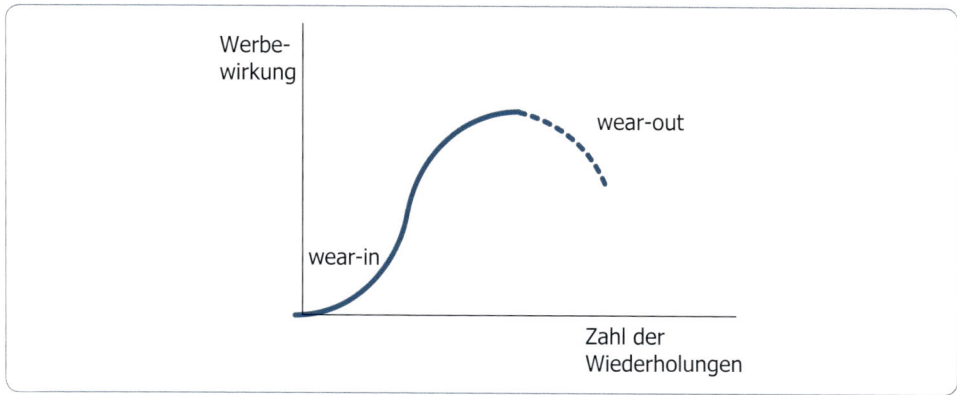

Abbildung 2-23: *Wear-out-Effekt von Werbewiederholungen*

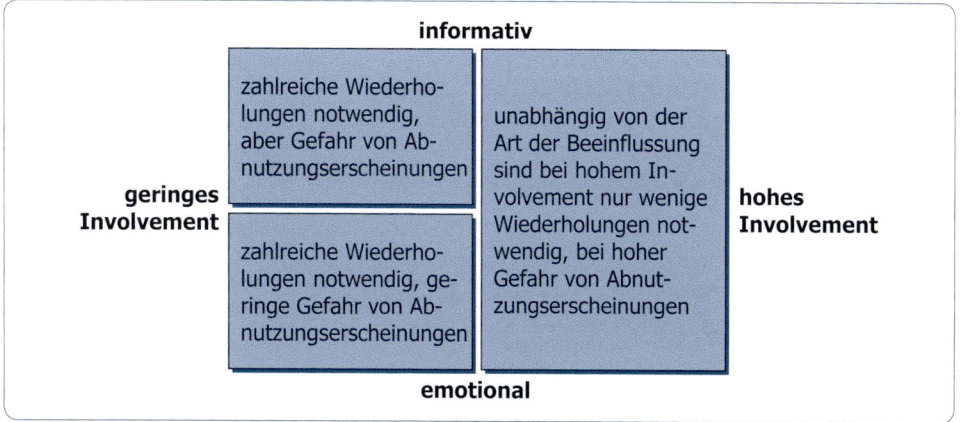

Abbildung 2-24: *Wiederholungseffekte der Werbung*
Nach Kroeber-Riel/Esch: Strategie und Technik der Werbung, 6. Aufl., Stuttgart 2004, S. 158 ff.

gelte: Je geringer das Involvement der Zuschauer, desto größer muss die Zahl der Wiederholungen sein, jedoch nehmen mit zunehmender Wiederholung die negativen Reaktionen zu und die positiven gedanklichen Reaktionen ab (vgl. Kroeber-Riel/Esch 2004, S. 159).

Im Falle informativer Beeinflussung und geringem Involvement werden Informationen dargeboten, die beim Empfänger auf ein geringes Aktivierungsniveau treffen und oft wiederholt werden müssen, um im Gedächtnis verankert zu werden. In diesem Fall seien zu viele Wiederholungen zwar unschädlich für Lernen und Erinnerung, jedoch können gedankliche Gegenreaktionen hervorgerufen werden, „die sich nicht bloß auf die Werbebotschaft beziehen, sondern auch eigenständige Vorstellungen und Ideen des Empfängers umfassen, die lediglich von der Werbung ‚angestoßen' werden" (Kroeber-Riel/Esch 2004, S. 159). Im Falle der emotionalen Beeinflussung bei geringem Involvement folge die Verarbeitung den Gesetzmäßigkeiten der klassischen Konditionierung. Bei hohem Involvement hingegen wird die Werbebotschaft schnell gelernt, unabhängig davon, ob sie informativ oder emotional gestaltet ist. Daher entstehe bereits nach wenigen Wiederholungen ein starkes Abnutzungsrisiko (vgl. Kroeber-Riel/Esch 2004, S. 163).

Gegenüber den Stimulus-Response-Modellen haben die Involvement-Modelle insofern einen Vorteil, als sie die Komplexität des Käuferverhaltens veranschaulichen. Allerdings vermögen sie genauso wenig wie diese, Indikatoren für die Vorhersagbarkeit des Verhaltens zu liefern. Das kann aber auch nicht Ziel von Verhaltensmodellen sein. Sie sollen vielmehr einen Erklärungsbeitrag für das Entscheidungsverhalten geben. Der „gläserne Verbraucher" ist weder ethisch zu rechtfertigen noch ökonomisch sinnvoll. Ein Wettbewerb um die Gunst der Verbraucher wäre nicht mehr notwendig, wenn deren Reaktionen im Voraus bekannt wären. Wettbewerb ist ein „Entdeckungsverfahren" und somit grundsätzlich offen. Wettbewerb sei gerade dadurch zu rechtfertigen, „… dass wir die wesentlichen Umstände **nicht** kennen, die das Handeln der im Wettbewerb Stehenden bestimmen", denn es wäre „offensichtlich sinnlos, einen Wettbewerb zu veranstalten, wenn wir im Voraus wüssten, wer der Sieger sein wird" (v. Hayek 1969, S. 249).

Der Erklärungsbeitrag, den die Involvement-Modelle zum Verbraucherverhalten liefern, ist insbesondere darin zu sehen, dass eben keine generalisierenden Aussagen darüber zu machen sind, wie sich ein Verbraucher in einer bestimmten Situation verhalten wird. Individuelle und situative Gegebenheiten entziehen sich einer Vorhersagbarkeit. Bedeutsam ist darüber hinaus die Erkenntnis, dass die Werbewirkung nicht davon abhängt, ob der Verbraucher sich aktiv mit der Werbung beschäftigt, vielmehr erfolgt auch bei passivem Werbekonsum eine Wirkung. Da man sich heute der Werbung praktisch nicht mehr entziehen kann, bedeutet dies, dass man sich auch der Werbewirkung nicht entziehen kann.

2.3.3 Der „Uses and Gratifications Approach"

Während die Kommunikationswirkung üblicherweise aus der Sicht vom Sender zum Empfänger betrachtet wird, nimmt der „Uses and Gratifications Approach" die umgekehrte Perspektive ein und stellt die aktive Rolle der Empfänger bei der Medienselektion in den Vordergrund (vgl. Abbildung 2-25).

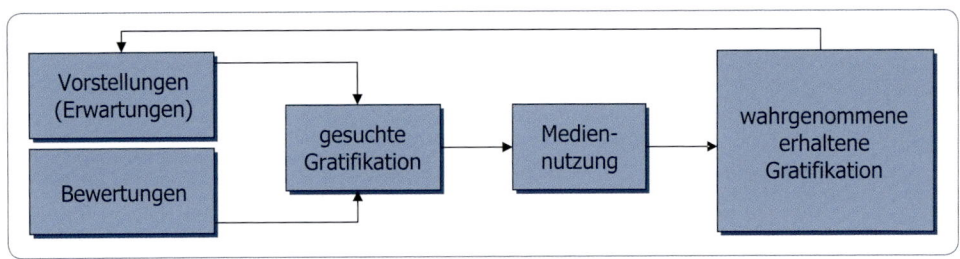

Abbildung 2-25: Der „Uses and Gratifications Approach"
Vgl. Palmgreen: Der „Uses and Gratifications Approach", in: Rundfunk und Fernsehen, 32, 1984, S. 56

Ausgegangen wird von der Annahme, dass ein Mediennutzer bestimmte Bedürfnisse hat, die von den Medien erfüllt werden sollen. Nach dem inhaltlichen Angebot der Medien wird beim Empfänger vor allem das Bedürfnis nach Unterhaltung und Information unterstellt, aber auch, insbesondere beim Fernsehen, das Eskapismus-Motiv. Als ein weiteres Motiv für die Selektion von Fernsehprogrammen wird die Regulierung aktueller Stimmungen („mood-management") gesehen.

Da vielfältige Alternativen der Mediennutzung bestehen, ist anzunehmen, dass der Rezipient diejenige Alternative wählt, die seiner aktuellen Bedürfnissituation am ehesten entspricht. Das setzt allerdings voraus, dass die Alternativen zumindest teilweise bekannt sind. Ein Überblick über die Alternativen ist jedoch z.B. mittels Programmzeitschriften oder Fernbedienung problemlos möglich.

Die Vorstellungen (Erwartungen) des Mediennutzers bestimmen zusammen mit Bewertungen die Suche nach Belohnungen (Gratifikationen), die dann auf die Mediennutzung einwirkt. Die Nutzung führt zur Wahrnehmung der tatsächlich erhaltenen Gratifikation, was in einem Feedback-Prozess zu einem Abgleich mit der ursprünglichen Erwartung führt (vgl. Palmgreen 1984, S. 56). Wenn also z.B. jemand das Bedürfnis nach Unterhaltung hat und eine bestimmte Spielshow im Fernsehen entsprechend positiv bewertet, ist die Motivation vorhanden, diese Show auch zu sehen. Insoweit das Bedürfnis nach Unterhaltung von dieser Show dann tatsächlich befriedigt wird oder nicht, wird dies auf die Vorstellungen zurückwirken, die über den Unterhaltungswert des Programms bestanden, und gegebenenfalls zu einem Programmwechsel führen. Je höher die Erwartungshaltung an das Fernsehen ist, desto intensiver selektieren die Zuschauer die Programme und desto höher ist auch das Involvement. Im Hinblick auf das Zusammenwirken von emotionalem und kognitivem Involvement lässt sich zeigen, dass für die gesuchte Gratifikation insbesondere das emotionale Involvement wichtig ist. Das Programm wird neu selektiert, wenn innerhalb eines Zeitraums von 2–4 Minuten der Zuschauer nicht emotional involviert bleibt (vgl. Vorderer 1994, S. 333 ff.). Entscheidend dafür, ob ein Programm den gesuchten Gratifikationen entspricht oder nicht, ist insbesondere dessen Realitätsgehalt, wobei zwischen dem vom Zuschauer empfundenen **empirischen** und dem **strukturellen Realitätsgehalt** einer Sendung unterschieden werden kann. Der Realitätsgehalt einer Sendung werde als empirisch empfunden, wenn er der objektiven Wirklichkeit entspricht. Von größerer Bedeutung für den Zuschauer sei jedoch der strukturelle Realitätsgehalt, d.h. inwieweit das Dargestellte in sich schlüssig erscheint (vgl. Staab/Hocker/Berghaus 1994, S. 160 ff.).

2. 4 Messung von Werbewirkung

2. 4.1 Probleme der Messung von Werbewirkung

Dass Werbung wirkt ist offensichtlich, allerdings wissen wir nicht genau, *wie* Werbung wirkt. Wanamaker hat dies treffend in dem in der Einleitung zitierten Aphorismus zusammengefasst. Es gibt bis heute keine hinreichend zuverlässige Methode, Werbewirkung zu prognostizieren. Weder lassen sich durch Werbung zu erwartende Imageveränderungen noch kaufauslösende Impulse einer Werbekampagne vorhersagen.

Werbewirkung lässt sich sowohl unter Effizienz- als auch unter Effektivitätsaspekten betrachten. **Effizienz** ist eine Maßgröße für die Wirtschaftlichkeit und betrachtet das Preis-Leistungsverhältnis. **Effektivität** bezeichnet den Zielerreichungsgrad (vgl. Kapitel 1.4).

Unter Effizienzaspekten ist die Beurteilung der Werbewirkung verhältnismäßig einfach: Ermittelt wird hier, wie viele Personen zu welchem Preis mit der Werbung erreicht wurden. Als Maßgröße gilt der TKP, der beziffert, wie viel Geld aufgewendet wurde, um 1000 Personen der Zielgruppe zu erreichen (vgl. Kapitel 5.10.1.5).

Unter Effektivitätsaspekten geht es um die Frage, ob auch auf der Werbewirkungsebene etwas bewirkt wurde. Eine Werbekampagne ist dann effektiv, wenn die Mittel so eingesetzt werden, dass tatsächlich eine bessere Kampagnenleistung nachvollzogen werden kann. Es geht damit nicht mehr allein darum, das Werbebudget effizient einzusetzen, sondern so, dass gleichzeitig auch auf der Werbewirkungsebene entsprechende positive Ergebnisse sichtbar werden.

Die Schwierigkeit, eine beabsichtigte Werbewirkung zu messen (und zu prognostizieren), resultiert im Wesentlichen aus zwei Faktorenkomplexen (vgl. Falkowski/Kloss 2000, S. 216 ff.):

1. Aus den **Wirkungsinterdependenzen** der Faktoren, die die Kaufentscheidung und die ökonomischen Zielgrößen des Werbetreibenden beeinflussen:
   - **Beeinflussungsfaktoren der Kaufentscheidung:** Werbung ist nur eine Einflussgröße unter vielen, die auf die Kaufentscheidung wirkt.
   - **Beeinflussungsfaktoren ökonomischer Größen:** Auch hier ist Werbung wiederum nur ein Teilfaktor unter vielen, vom Werbetreibenden nicht beeinflussbaren Faktoren.
2. Andererseits ist die Messbarkeit der Werbewirkung per se durch eine inhärente **Messproblematik** in Frage zu stellen:
   - **Spezifische Messproblematik:** Nach wie vor basiert die Werbewirkungsmessung auf den beiden Säulen Messung der Werbeerinnerung (Recall/Recognition) und Messung der Einstellungsänderung.
   - **Grundsätzliche Messproblematik:** Darunter sind die Faktoren zu verstehen, die einer Messung der Werbewirkung grundsätzlich entgegenstehen.

Abbildung 2-26 zeigt die Problematik und die Komplexität der Messung von Werbewirkung auf. Eine Isolierung der Einflussfaktoren erscheint praktisch unmöglich, was ein grundsätzliches Operationalisierungsproblem der Werbewirkungsmessung darstellt.

2.4.2 Wirkungsinterdependenzen

Natürlich wird die Kaufentscheidung nicht nur von der Werbung beeinflusst. Je nach Produkt werden im Einzelfall gezielt weitere Informationsquellen genutzt (vgl. Abbildung 2-27). Die wichtigste ist sicherlich die Erfahrung, die der Konsument mit dem Produkt bzw. der Produktgruppe hat. Die Zahl der genutzten Informationsquellen steigt normalerweise mit der Bedeutung der Kaufentscheidung und ist beim Kauf eines Fernsehers i.d.R. größer als bei einem Kaugummi. Beispielsweise kann die Markenwahl beim Kauf eines Fernsehgerätes zwar durch die Werbung begrenzt worden sein. Allerdings werden vor dem Kauf möglicherweise noch Fachleute, das Internet, Bekannte, Prospekte oder Testberichte konsultiert. Nicht zu vergessen auch der Einfluss durch die Beratung des Fachhändlers vor Ort. Insofern relativiert sich der Einfluss der Werbung auf die Kaufentscheidung erheblich.

Letztlich zielt die Werbung natürlich auf die Beeinflussung ökonomischer Größen wie Umsatz oder Marktanteil. Allerdings werden diese ökonomischen Größen von einer Reihe weiterer Faktoren beeinflusst, wie die konjunkturelle Lage, Steuern, Subventionen usw. Abbildung 2-28 zeigt exemplarisch einige Einflussfaktoren der ökonomischen Unternehmensziele auf.

Der Marketing-Mix ist nur ein Einflussfaktor unter vielen. Die Werbung wiederum ist nur ein Teilfaktor im interdependenten Wirkungsgeflecht des Marketing-Mix (vgl. Abbildung 2-29). Entsprechend stellt sich die Frage, inwieweit Werbewirkung überhaupt isoliert messbar ist.

Aufgrund der Wirkungsinterdependenzen mit dem übrigen absatzpolitischen Instrumentarium ist eine direkte Messung der Werbewirkung nicht möglich. Kommunikation kann direkt auch nur kommunikative Ziele beeinflussen. Gemessen werden daher kommunikative oder psychologische Indikatoren, von denen Rückschlüsse auf die beabsichtigte Wirkung gezogen werden können.

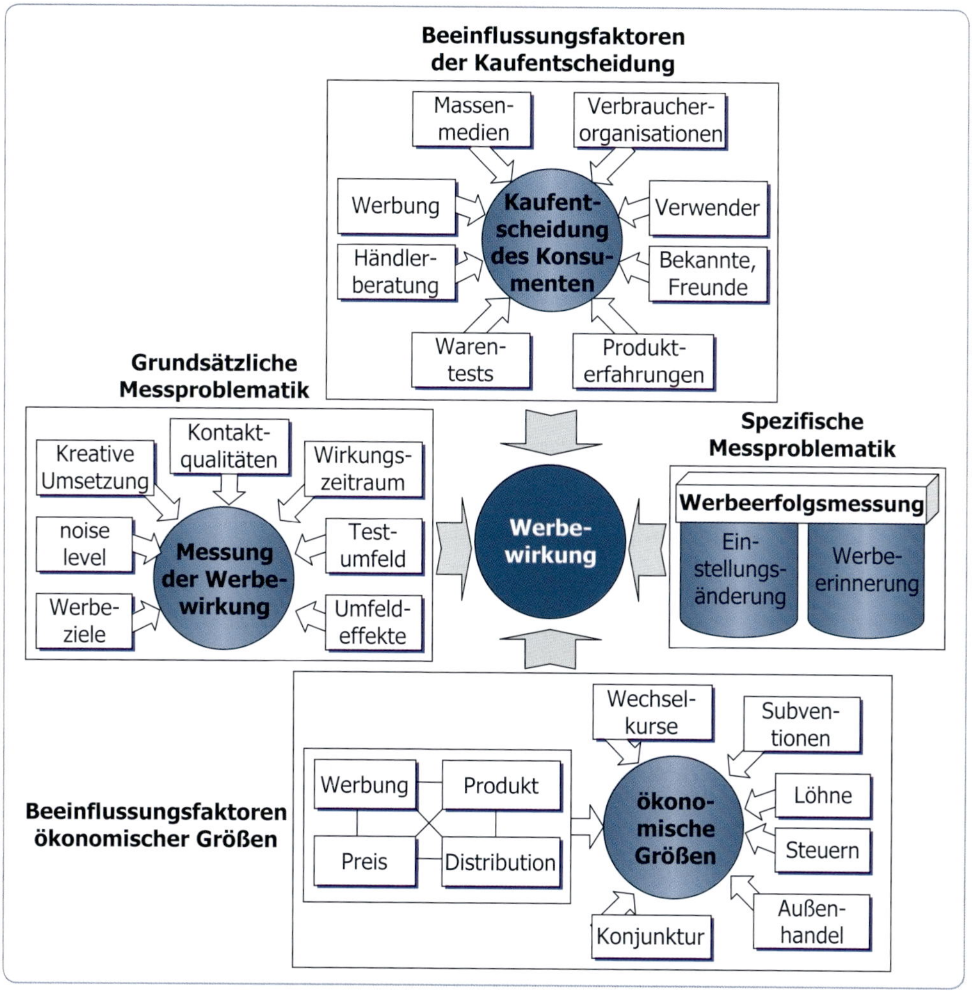

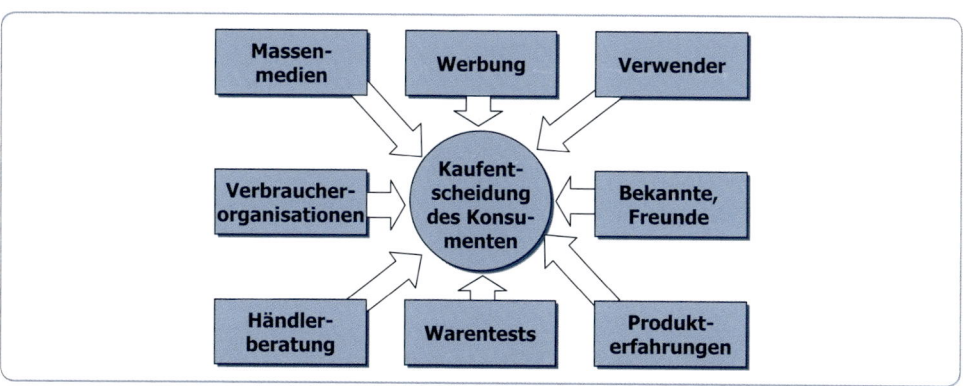

Abbildung 2-26: Problematik der Werbewirkungsmessung

Abbildung 2-27: Beeinflussungsfaktoren der Kaufentscheidung

Quelle: O.V.: Werbung. Strukturen, Ziele, Grenzen, Bonn 2000, S 33

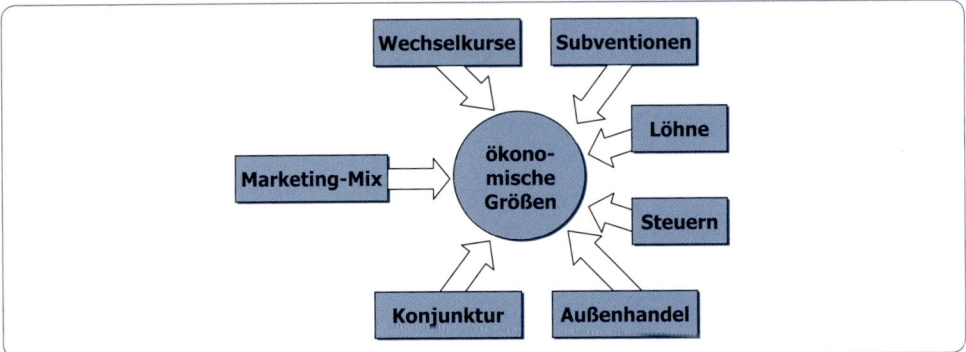

Abbildung 2-28: *Beeinflussungsfaktoren ökonomischer Größen*

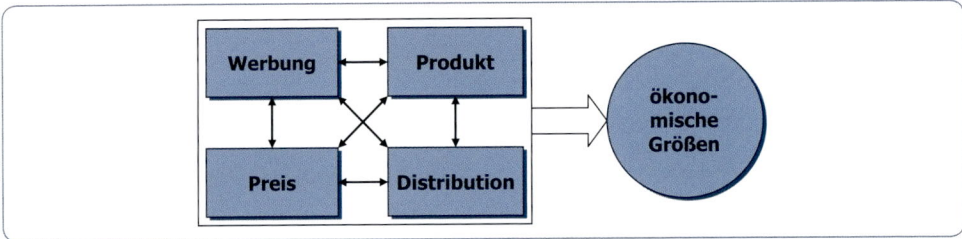

Abbildung 2-29: *Wirkungsinterdependenzen im Marketing-Mix*

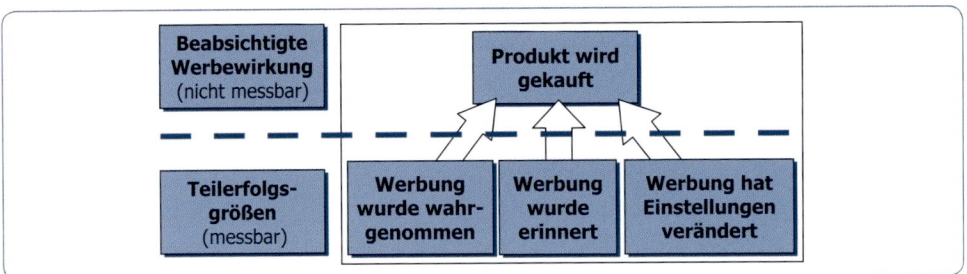

Abbildung 2-30: *Erfolgsgrößen für die Werbung*

Vgl. v. Rosenstiel/Kirsch: Psychologie der Werbung, Rosenheim 1996, S. 56

Der beabsichtigte Werbeerfolg (z.B. Kauf des Produktes) wird dabei in messbare Teilerfolgsgrößen zerlegt, die der Werbung direkt zurechenbar und messbar sind (vgl. Abbildung 2-30). Den Methoden zur Messung der Werbewirkung liegen somit die Annahmen des S-O-R-Modells zugrunde. Allerdings muss darauf hingewiesen werden, dass die **Wirkungsrichtung** nicht immer eindeutig bestimmbar ist: Wurde das Produkt gekauft, weil die Werbung erinnert wurde oder wurde die Werbung erinnert, weil das Produkt gekauft wurde?

2. 4.3 Gegenstandsbereiche der Wirkungsmessung

Jeder der Werbung betreibt, versucht auch deren Wirkung zu messen. Denn wie jede Investition, bedarf auch Werbung einer Rechtfertigung. Die ökonomischen Auswirkungen der Werbung werden ex post pauschal an den Umsätzen abgelesen. Die Frage, **warum** diese Wirkung eingetreten ist (oder nicht), wird dadurch jedoch nicht beantwortet.

Es wurde bereits mehrfach darauf hingewiesen, dass Werbewirkung kommunikativ bzw. psychologisch zu definieren ist, Gegenstand der Werbewirkungsmessung somit kommunikative und psychologische Größen sind, die ihrerseits Einfluss auf das Kaufverhalten der Zielgruppe haben und somit Indikatoren für den ökonomischen Erfolg sind.

Werbewirkungskontrolle bezieht sich grundsätzlich auf zwei Ebenen: einerseits die **Kontaktebene** und andererseits die eigentliche **Wirkungsebene** (vgl. Abbildung 2-31). Jegliche Werbewirkung hängt zunächst einmal davon ab, dass die Zielgruppe mit der Werbebotschaft kontaktiert wurde. Mit Ausnahme des Fernsehens wird dabei ein Werbeträgerkontakt gleichgesetzt mit einer Werbemittelkontaktchance (vgl. Kapitel 6.3.2.2). Aus lerntheoretischen Erwägungen heraus wird eine bestimmte Kontaktdosis für notwendig erachtet, damit die angestrebte Wirkung (Aufbau bzw. Veränderung kommunikativer oder psychologischer Größen) erzielt werden kann. Diese Kontaktdosis wird jedoch durch die Werbekontakte der Wettbewerber relativiert. Als gängige Messgrößen gelten Gross Rating Points (GRP) (vgl. Kapitel 5.10.1.1).

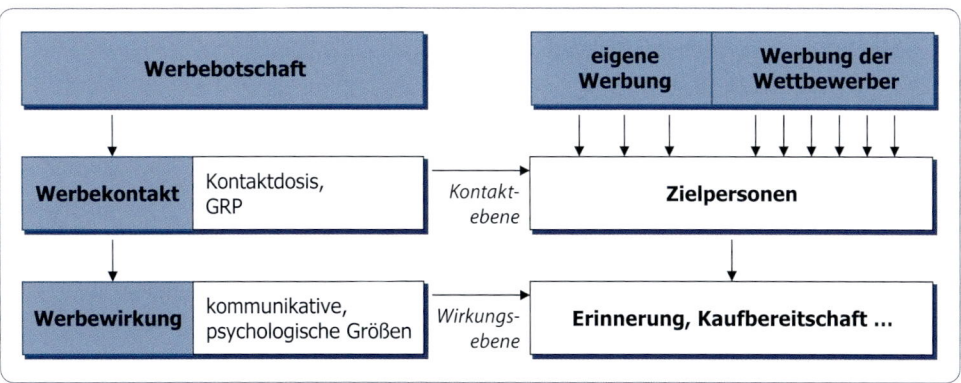

Abbildung 2-31: *Wirkungsebenen*

In Abbildung 2-32 sei beispielhaft der Zusammenhang zwischen Kontakten und Bekanntheit angenommen. (Analog können aber auch Zusammenhänge zwischen der Erhöhung der Werbeausgaben oder der Anzahl der belegten Werbeträger und Informationsniveau, Sympathie oder Kaufbereitschaft betrachtet werden.) Gemessen wird die Veränderung der Bekanntheit (ΔB) im Verhältnis zur Veränderung der Kontaktzahl (ΔK). Der Verlauf der Funktion verdeutlicht, dass die Bekanntheit zunächst sehr schnell gesteigert werden kann, dann aber zunehmend langsamer, bis sie sich einem Maximalwert asymptotisch annähert. Liegen genügend Erfahrungswerte vor, lässt sich daraus ersehen, ob eine weitere Steigerung der Bekanntheit wirtschaftlich sinnvoll noch erreicht werden kann oder ob andere Werbeziele verfolgt werden sollten. Voraussetzung für diese Entscheidung ist jedoch, dass der Funktionsverlauf hinreichend bekannt ist, was vor allem eine Frage der vorliegenden Erfahrungswerte ist.

In der Praxis stellt sich in der Regel nicht die Frage, **ob** Werbung betrieben werden soll oder nicht, vielmehr geht es darum, in welcher Form für ein bestimmtes Produkt geworben werden soll und ob die Werbeaktivitäten verstärkt oder verringert werden sollen. Für diese Betrachtungsweise ist es jedoch ausreichend, den **Marginalerfolg** zu untersuchen,

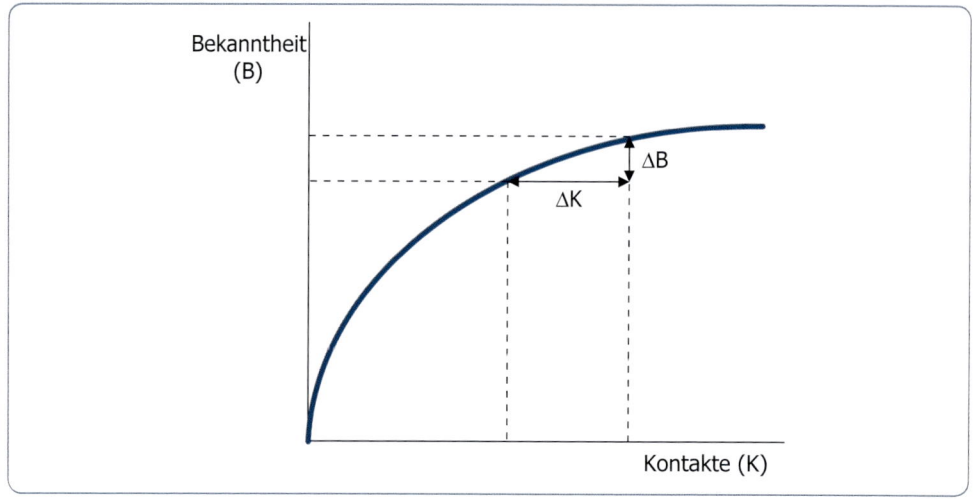

Abbildung 2-32: *Werbewirkungsfunktion*

also die Auswirkung der Veränderung einer oder mehrerer Variablen (vgl. Erichson/Ma-
retzki 1993, S. 530). Üblicherweise wird dabei (implizit) von einer Werbewirkungs- oder
Werberesponsefunktion ausgegangen, die einen funktionalen Zusammenhang zwischen
der Werbemaßnahme und der daraus resultierenden Wirkung unterstellt. Für diesen Wir-
kungszusammenhang wird entweder ein S-förmiger oder ein degressiver Verlauf unterstellt. In beiden Fällen wird (zumindest ab einem bestimmten Niveau), ein **abnehmender
Grenznutzen** der Werbewirkung angenommen.

2. 4.4 Methoden der Wirkungsmessung

2. 4.4.1 Werbewirkungstests

Werbewirkungstests beziehen sich entweder auf den Bereich Einstellungen/Image oder
auf den Bereich Werbeerinnerung/Bekanntheit. Es handelt sich dabei um die Bereiche,
die als wesentliche Indikatoren für das Kaufverhalten anzusehen sind:

Zwischen **Einstellung** und Kaufabsicht ist ein Zusammenhang dergestalt anzunehmen,
dass niemand ein Produkt kaufen wird, demgegenüber er negativ eingestellt ist, Kaufab-
sichten daher vor allem mit positiven Produkt- und Markeneinstellungen korrelieren, eine
Veränderung der Einstellungen somit auch zu einer Veränderung der Kaufabsicht führt.
Das Gleiche gilt auch für die Produkt- und Markenimages.

Bekanntheit ist in der Werbung ein Wert an sich. Einerseits erscheint das Kaufrisiko bei
Produkten, die unbekannt sind, häufig als zu hoch, andererseits werden bekannte Pro-
dukte/Marken positiver beurteilt als unbekannte.

In der Praxis werden üblicherweise folgende Messdimensionen erhoben:

- Markenbekanntheit (spontan/gestützt),
- Werbebekanntheit (spontan/gestützt),
- Werbewiedererkennung und richtige Zuordnung,
- Kaufbereitschaft,
- Verständnis des Werbemittels,

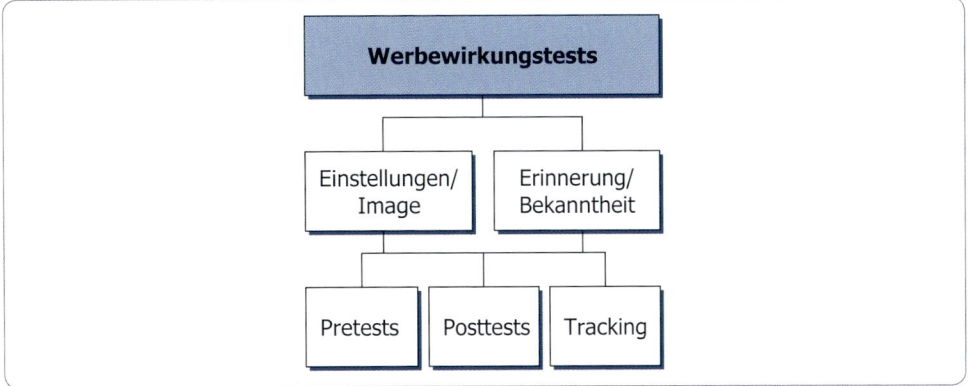

Abbildung 2-33: *Werbewirkungstests*

- Markenimage/Markensympathie,
- Gefallen der Werbung/Werbeprofil.

Eine grundsätzliche Einteilung von Werbewirkungstests lässt sich wie in Abbildung 2-33 vornehmen.

Die Untersuchungsdesigns, die Einstellungen und Erinnerung messen, werden in der Praxis eingeteilt in Pretests, Posttests und Trackingstudien (vgl. Steffenhagen 1999, S. 293).

- **Pretests** untersuchen die Wirksamkeit alternativer Werbemittelgestaltungen **vor** deren Produktion und Schaltung. Personen aus der Zielgruppe werden die zu testenden Werbemittel dargeboten und ihre Reaktionen darauf erfasst. Die Erkenntnisse aus den Pretests fließen in die Werbemittelgestaltung ein. Auf diese Weise können zumindest grobe Fehler in der Gestaltung vermieden werden. Pretests können über den gesamten Zeitraum der Gestaltung durchgeführt werden, auch Layouts werden überprüft. TV-Spots werden in Form so genannter „animatics" auf ihre Kommunikationsidee überprüft, einer computeranimierten Vorwegnahme des Spots (vgl. Schneider/Rossa 2001, S. 39 ff.). Aber auch Positionierungen und Kreativideen werden auf ihre Überzeugungsleistung und Durchsetzungskraft in Pretests überprüft, beispielsweise in Form von Gruppendiskussionen.

> Das Pre-Testing erfreut sich bei werbetreibenden Unternehmen deutlich größerer Beliebtheit als in Agenturen. Agenturchefs verweisen gerne auf hochdekorierte und außerordentlich effiziente Kampagnen, die beim Pre-Test durchgefallen waren und dann aber auf Geheiß des Kunden trotzdem umgesetzt wurden. Ganz abwegig ist das nicht: Immerhin jede fünfte schlecht getestete Kampagne wird laut Studien erfolgreich am Markt umgesetzt. Werber argumentieren, dass eine wirklich kreative Idee die Gewohnheiten der Testpersonen nicht bedient und daher häufig zunächst auf Ablehnung stößt (Burrack/Nöcker 2008, S. 177 f.).

- Während Pretests Studiotests sind, die isolierte Werbemittel untersuchen, werden **Posttests** im Markt, („im Feld") **nach** Schaltung der Werbemittel durchgeführt. Die Überprüfung der Werbewirkung erfolgt hier also in der Rückschau. Posttests können darüber hinaus auch unterschiedliche Werbeträgerkombinationen oder unterschiedlichen Werbedruck testen. Die wohl bedeutendsten Posttests sind Wiedererkennungs- (recognition) und Erinnerungstests (recall).

- **Trackingstudien** (aus dem Englischen für nachspüren, aufspüren) erheben die Werbewirkung über den Verlauf einer Kampagne. Es handelt sich dabei um Wellenerhebungen, bei denen „in zeitlich gestaffelter Folge wechselnde Zielgruppen-Stichproben gleichen Umfangs bei einem festen Befragungsdesign zu einer Mehrzahl werbebezogener Gedächtnisvariablen kampagnenbegleitend befragt" werden (Steffenhagen 1999, S. 294). Trackingstudien werden u.a. von der GfK (Gesellschaft für Konsumforschung, Nürnberg, GfK-Werbeindikator) und dem IVE (Institut für Verbrauchs- und Einkaufsforschung, Hamburg, IVE-Werbemonitor) angeboten. Bei der Durchführung von Trackingstudien ist es sinnvoll, die Erhebungen mit dem Mediaplan abzustimmen. Die Interpretation der Ergebnisse ist auch in Abhängigkeit vom Werbedruck und der Zeit zu sehen, die das Werbemittel hatte, um Bekanntheit aufzubauen.

Die Bewertung der Testergebnisse stellt einen eigenständigen Problembereich dar. Die Frage, wie die Testergebnisse zu interpretieren sind, hängt vor allem von den Maßstäben ab. Ist eine Werbebekanntheit von 50 % positiv oder negativ zu bewerten? Wenn ein Werbetreibender zum ersten Mal ein Werbemittel testet, ist es sehr schwer, die Ergebnisse einzuordnen. Als Hilfsmittel zur Bewertung sind Benchmark-Datenbanken hilfreich. Sie werden von Marktforschungsinstituten angeboten, können (und sollten) aber auch im eigenen Unternehmen aufgebaut werden. Wichtig ist, dass die Struktur der Datenbank auf die Werbung des Unternehmens abgestimmt ist.

2. 4.4.2 Die Messung von Einstellungsänderungen

Die Methode der Messung der Einstellungsänderung geht von der Annahme aus, dass zwischen der Einstellung, die jemand zu einem Produkt hat und dem daraus resultierenden Verhalten, dieses Produkt zu kaufen, ein Zusammenhang bestehe, die Änderung der Kaufabsicht somit ein vorhersagbares Marktverhalten ermögliche. Gemessen wird die Kaufabsicht vor und nach der Konfrontation mit der Werbung.

Einstellungsänderungen treten dann ein, wenn sich

- die persönliche Überzeugung und/oder
- der bewertende Aspekt von Überzeugungen ändert (vgl. Fishbein 1967, S. 397).
- Werbung zielt naturgemäß eher auf den zweiten Einflussfaktor.

Die **Kritik** an dieser Form der Werbewirkungsmessung basiert im Wesentlichen auf folgenden Argumenten:

1. Einerseits wird mit der Langfristwirkung von Werbung argumentiert: Einstellungen gegenüber Marken bilden sich nicht unmittelbar beim Werbekontakt, sondern später, manchmal erst nach dem Kauf, wenn der Konsument Gelegenheit hatte, das Produkt auszuprobieren (z.B. bei Dienstleistern wie Bäckern, Metzgern, Friseuren). Diese umgekehrte Wirkungshierarchie ist auch aus den Low-Involvement-Modellen bekannt (vgl. Kapitel 2.3.2.1).

   Das Grundproblem bei der Messung der Einstellungsänderung liegt in der Vorhersagekraft auf das **tatsächliche** Verhalten. Die Vorhersagekraft ist um so größer, je spezifischer eine zukünftige Kaufsituation von der Versuchsperson beschrieben wird, z.B. im Hinblick auf intendierte Verwendung, Kaufort und Kaufzeitpunkt (vgl. Ajzen/Fishbein 1970, S. 466 ff.). Die in der Praxis angewendeten Fragestellungen zur Ermittlung der Kaufwahrscheinlichkeit („Wie groß meinen Sie, sind etwa die Chancen, dass Sie dieses Produkt kaufen würden"?) sind dafür jedoch zu allgemein gehalten.

2. Die Werbewirkungsforschung unterscheidet zwischen der Einstellung gegenüber dem Produkt und der Einstellung gegenüber seiner Werbung. Nachweislich beeinflusst die

Einstellung gegenüber einer Produktwerbung auch die Einstellung gegenüber dem beworbenen Produkt (etwa nach dem Motto: „Wer gute Werbung macht, der macht auch gute Produkte"), was zu Operationalisierungsproblemen bei der Einstellungsmessung führt (vgl. Mitchell/Olson 1981, S. 318 ff.).

3. Grundsätzlich ist zur Methode der Messung von Einstellungsänderungen anzumerken, dass insbesondere situative Einflüsse in der konkreten Kaufsituation (Sonderangebote, Erhältlichkeit des Produktes) zu einem einstellungskonträren Kaufverhalten führen können. Als Indikator zur Erfassung des tatsächlichen Kaufverhaltens erscheint die Methode der Einstellungsänderung, insgesamt betrachtet, somit wenig aussagekräftig.

2.4.4.3 Die Messung der Werbeerinnerung

Die Konzepte, die auf der Messung der **Werbeerinnerung** (Recall) aufbauen, gehen von der Annahme aus, dass Werbung nur wirksam werden kann, wenn sie gesehen wurde und Eingang in das Gedächtnis gefunden hat. Werbung, an die sich nicht erinnert wird, hat keine Wirkung hinterlassen. Diese Verfahren messen Indikatoren wie Markenerinnerung, Erinnerung an spezifische Inhalte, Gefallen/Nichtgefallen u.ä. Beim Recall-Verfahren werden zwei unterschiedliche Werte erfragt: die freie, ungestützte Erinnerung (unaided recall) und die gestützte Erinnerung (aided recall). Die Befragungswerte sind abhängig von der zeitlichen Distanz zwischen der Wahrnehmung des Werbemittels und der Befragung. Standardverfahren ist der so genannte **Day After Recall**, das hauptsächlich bei Fernsehspots angewendet wird. Dabei wird 12 bis 24 Stunden nach Ausstrahlung des Spots eine (telefonische) Befragung durchgeführt und nach dem Fernsehverhalten des vorherigen Abends gefragt. Erfragt wird die Erinnerung an die Werbung, das Produkt sowie spezielle und/oder unspezifische Erinnerung an den Spot. Um 100 bis 150 Zielpersonen zu erreichen, die den betreffenden Werbeblock gesehen haben, müssen erfahrungsgemäß ca. 3000 Anrufe getätigt werden.

Bei der Messung der **Wiedererkennung** (Recognition) wird den Versuchspersonen ein Werbemittel gezeigt und gefragt, ob es schon einmal gesehen wurde. Mit diesem Test wird vor allem der Aufmerksamkeitswert des Werbemittels geprüft. Eine Variante dieses Tests besteht darin, Werbemittel nur für einen sehr kurzen Zeitraum zu präsentieren (z.B. nur einen kleinen Ausschnitt eines TV-Spots). Bei dieser Form geht es um die Überprüfung der Eigenständigkeit des Werbemittels. Gemessen wird der Zeitraum, in dem das Werbemittel wieder erkannt und der Marke richtig zugeordnet wird.

Im Unterschied zu Methoden, die die Wiedererkennung eines Werbemittels messen, wird die Recall-Methode als die validere erachtet. Die beiden Verfahren scheinen grundsätzlich unterschiedliche Gedächtnisleistungen zu messen. Während mit der Wiedererkennung lediglich zu messen ist, ob überhaupt ein Werbekontakt stattgefunden hat, wird bei der Werbeerinnerung unterstellt, dass eine inhaltliche Auseinandersetzung mit der Werbebotschaft stattgefunden hat, sowohl im Sinne einer „motivierten Zuwendung" als auch im Sinne eines Verstehens der Werbebotschaft (vgl. Kasprik 1994, S. 251 f.).

Je nach Zielsetzung können in der Werbung sowohl die Erinnerung als auch die Wiedererkennung von Relevanz sein. Beispielsweise kann das Wiedererkennen einer Marke im Regal eines Supermarktes für den Einkauf schon ausreichen, während in einem Fachgeschäft sowohl Benennung als auch detaillierte Beschreibung notwendig sind.

Die **Kritikpunkte** an dem Konzept der Messung der Werbeerinnerung sind im Wesentlichen folgende:

1. Die Normierung der gemessenen Werte (welche Werte sind „gut" und welche „schlecht"), lassen einen großen Interpretationsspielraum im Hinblick auf zu erwartendes Verhalten zu.

2. Andererseits wird die Verbalisierungsfähigkeit emotionaler Reaktionen des Verbrauchers in Frage gestellt. Generell erscheint die Messung von Gefühlsstärke und -qualität als problematisch (vgl. Mayerhofer 2006, S. 473)

3. Zuschauer verarbeiten bei der Wahrnehmung von Werbung nicht nur die tatsächlich dargebotenen Informationen, sondern darüber hinaus auch so genannte „kognitive Interferenzen", d.h. über das Produkt hinausgehende Gedanken. In der Erinnerung an die Werbung werden z.B. auch Werbeinformationen von anderen, gleichzeitig beworbenen Produkten verarbeitet (vgl. Fisher Gardial/et.al. 1993, S. 25 ff.).

4. Bei Produkten, die einen **hohen Verwenderanteil** haben, ist eine Werbeerinnerung als wahrscheinlicher anzusehen, als bei Produkten, die nur einen geringen Verwenderanteil haben.

5. Ebenso ist zu vermuten, dass Produkte, die eine sehr eigenständige **Positionierung** haben, höhere Erinnerungswerte erzielen, als Produkte, die eine schwache Positionierung haben.

6. Ferner ist auf den Wirkungsmechanismus des Mere exposure-Effektes (vgl. Kapitel 2.2.3.1.4) hinzuweisen. Er beruht darauf, dass keine Erinnerungsleistung erfolgt ist, die insofern auch nicht messbar ist.

Tabelle 2-1: Top 10 der wahrgenommenen Markenwerbung 2010

Marke	2010	2009
Volkswagen	3,2	2,8
Media-Markt	2,4	3,0
Coca-Cola	2,2	2,4
McDonald's	2,0	1,9
Mercedes-Benz	1,6	1,0
Opel	1,5	2,7
Müllermilch	1,4	0,8
Ergo	1,4	-
Krombacher	1,3	1,2
Deutsche Telekom	1,3	2,3

Quelle: O.V. (2011), in: Absatzwirtschaft Nr. 1–2, 2011, S. 41

Generell ist die Erinnerung an Markenwerbung eher gering ausgeprägt. Eine Untersuchung von Innofact und Absatzwirtschaft erhob, welche Markenwerbung ungestützt am besten erinnert wurde. Tabelle 2-1 stellt das Ergebnis für 2010 dar. Spitzenreiter war *Volkswagen* mit einer ungestützten Markenerinnerung von 3,2 Prozent, vor *Media-Markt* (2,4) und *Coca-Cola* (2,2). Größter Verlierer war die *Deutsche Telekom*, nach dem Spot mit Paul Potts im Vorjahr büßte sie relativ gesehen 43 Prozent Erinnerung ein.

2. 4.4.4 Ökonometrische Werbewirkungsmodelle

Angesichts der Vielzahl von Werbewirkungsformeln und -modellen die von Sendern, Verlagen und Marktforschungsinstituten angeboten werden erscheint es sinnvoll, diese einer kurzen Würdigung zu unterziehen. Alle Modelle basieren auf der Ökonometrie, einem wirtschaftswissenschaftlichen Teilbereich, der ökonomische, mathematische und statistische Methoden zusammenführt, um Hypothesen aus dem Bereich der Wirtschaft empirisch zu überprüfen und quantitativ zu analysieren.

Die Problematik ökonometrischer Modelle liegt einerseits darin, dass sie keine Kausalbeweise liefern können. Sie erforschen also Ursachen von Wirkungen, aber „verwenden dabei Methoden, mit deren Hilfe sie den Zusammenhang von Ursachen und Wirkungen gar nicht erforschen können" (Koschnick 2004, S. 195). Andererseits können ökonometrische Modelle nur Aussagen über das vorhandene Datenmaterial machen. „Wenn eine ökonometrische Analyse von beispielsweise 20 oder 70 Werbekampagnen bestimmte Regelmäßigkeiten aufzeigt, so gelten diese Regelmäßigkeiten für genau die 20 oder 70 Werbekampagnen. Welche Zusammenhänge in der 21. oder 71. Werbekampagne bestehen, lässt sich daraus nicht ableiten" (Koschnick 2004, S. 195).

Für die Werbeerfolgskontrolle seien beispielhaft folgende Modelle aufgeführt:

- Werbewirkungskompass, IP Deutschland (Vermarkter der RTL-Gruppe),
- AdTrend, SevenOne Media (Vermarkter von ProSieben, Sat.1 ...),
- GfK Werbeindikator/ATS (Gesellschaft für Konsumforschung, Nürnberg),
- Brandscope-Monitor, IMAS (Marktforschungsinstitut, München),
- Media-Observer, Mindshare (Mediaagentur, Frankfurt),
- Werbewert-Formel, Verband Deutscher Zeitschriften.

Exemplarisch sei der Werbewirkungskompass der IP Deutschland vorgestellt:

Im Werbewirkungskompass (WWK) werden 170 Marken aus zehn Produktbereichen untersucht. Bei der Ermittlung des Werbeerfolgs wird unterschieden zwischen direkten und indirekten Werbewirkungsparametern, also Faktoren, die in unmittelbarem Zusammenhang mit der Werbung stehen und solchen, die nicht ausschließlich von der untersuchten Kampagne beeinflusst werden. Erhoben wird ferner die konkrete Mediennutzung des Befragten, diese Erfassung ist MA-kompatibel.

Schlüsselelement des WWK ist die Berechnung des personenindividuellen Werbedrucks in Cent. Dafür werden einerseits die erhobenen Mediennutzungsdaten, andererseits Mediapläne als externe Daten von Nielsen S+P herangezogen. Ausgehend von den individuellen Mediennutzungswahrscheinlichkeiten für alle Medieneinheiten, erfolgt die Berechnung in drei Schritten:

- Zunächst wird der personenindividuelle Werbekontakt mit allen belegten Medien der Kampagne berechnet und zwar für alle 2000 Befragten und die erhobenen 170 Marken.
- Im zweiten Schritt werden die Kosten jeder Werbekampagne pro Werbeträger mit den individuellen Werbekontakten verrechnet und daraus ein Personen-Kontakt-Preis berechnet.
- Anschließend werden für alle Personen die individuellen Kontaktkosten pro Marke errechnet, also die Kosten, die aufgewendet werden, um eine Zielperson zu erreichen, was als „einziger objektiver Maßstab" erachtet wird (Abbildung 2-34).

Als Vorteil des Werbewirkungskompasses ist anzusehen, dass eine Differenzierung zwischen unterschiedlichen Marken, Märkten und Zielgruppen vorgenommen wird. Das tatsächliche Konsumentenverhalten wird aber auch damit nicht erfasst, „denn selbst wenn Konsumenten sich an Spots erinnern, sie positiv bewerten und ihnen das vermittelte Image einer Marke gefällt, ist dies noch keine hinreichende Voraussetzung für eine tatsächliche Kaufentscheidung" (Koschnick 2004, S. 213). Da ferner keine Analyse von Werbeinhalt und Werbewirkung vorgenommen wird, kann auch die tatsächliche Reaktion des Konsumenten nicht mit Sicherheit abgeschätzt werden.

Als „Muster ohne Wert" (Koschnick 2006, S. 63) wird die Werbewertformel des Verbands Deutscher Zeitschriften bezeichnet:

$$\text{Marktanteil } (t_1) = 0{,}98 \times \text{Marktanteil } (t_0)^{0{,}99} \times \frac{\text{Distribution } t_1}{\text{Distribution } t_0}$$

$$+ \; 0{,}19 \times \text{Print}^{0{,}69} + 0{,}15 \times \text{TV}^{0{,}68} + 0{,}15 \times \text{Funk}^{0{,}68} + 0{,}16 \times \text{Plakat}^{0{,}68}$$

Die Formel beruht auf der Überlegung, dass der Markanteil der aktuellen Periode durch den Marktanteil der Vorperiode, der Distributionsänderung, den Werbeanteil und den Media-Mix bestimmt wird. Am Ende der aktuellen Periode werden noch 98 Prozent des vorherigen Marktanteils gehalten, wenn keine Werbung erfolgt. Jede Mediengattung ist für 15 bis 19 Prozent der Marktanteilsveränderung verantwortlich. Nach der Formel können 93,3 Prozent des Marktgeschehens durch Marktanteile und Distributionsveränderungen und lediglich fünf Prozent durch Werbung erklärt werden. Nur 1,7 Prozent des Marktgeschehens kann nicht erklärt werden. Angesichts des Versuchs, Werbewirkung pauschal auf eine derartige Formel zu reduzieren, erscheint die Kommentierung als „arithmetisches Artefakt ohne jeden Aussagewert" als angemessen (vgl. Koschnick 2006, S. 60ff.).

Werbewirkungsparameter des WWK	
direkte	**indirekte**
• Werbeerinnerung • Erinnerung an Details der Werbung (spontan) • Sympathie für die Kampagne • Beurteilung der Werbung	• Markenbekanntheit (spontan/gestützt) • Markensympathie • Markenverwendung • Kaufneigung • Markenimage

Quelle: IP Deutschland 2002, S. 7ff.

Als grundsätzliches Problem ökonometrischer Werbewirkungsmodelle ist anzusehen, dass sie eine hohe wissenschaftliche Korrektheit vorgeben, mit der aber die Komplexität von Werbung und ihr Einfluss auf menschliches Verhalten nicht abgebildet werden kann. „Wir haben es nun einmal mit menschlichem Verhalten in komplexen sozialen Systemen zu tun. Das unterliegt ständigem Wandel. Da gibt es Ermüdungs- und Sättigungserscheinungen. Und man weiß nie, ob die Leute beim nächsten Mal noch genau so reagieren wie beim letzten Mal" (Koschnick 2004, S. 199).

2.4.5 Grundsätzliche Messproblematik

Wie aufgezeigt, beinhalten sowohl die Methoden zur Messung der Einstellungsänderung als auch die der Werbeerinnerung eine Reihe von spezifischen Messproblemen. Von einer ganz anderen Dimension sind die Faktoren, die grundsätzlich bei *jedem* Versuch, Werbewirkung zu messen, beeinflussend wirken:

1. **Neueinführung.** Ein grundsätzlicher Unterschied ergibt sich aus der Frage, ob es sich um Werbung für ein neues oder bereits eingeführtes Produkt handelt. Bei Produktneueinführungen hat Werbung vor allem die Funktion der Bekanntmachung. Es ist ziemlich problemlos möglich, die Bekanntheit eines Produktes zu messen. Vielfach werden neue Produkte aber auch durch redaktionelle Berichterstattung bekannt gemacht (z.B. bei Automobilen), so dass es im Einzelfall schwierig ist festzustellen, welchen Einfluss die Werbung dabei hatte.

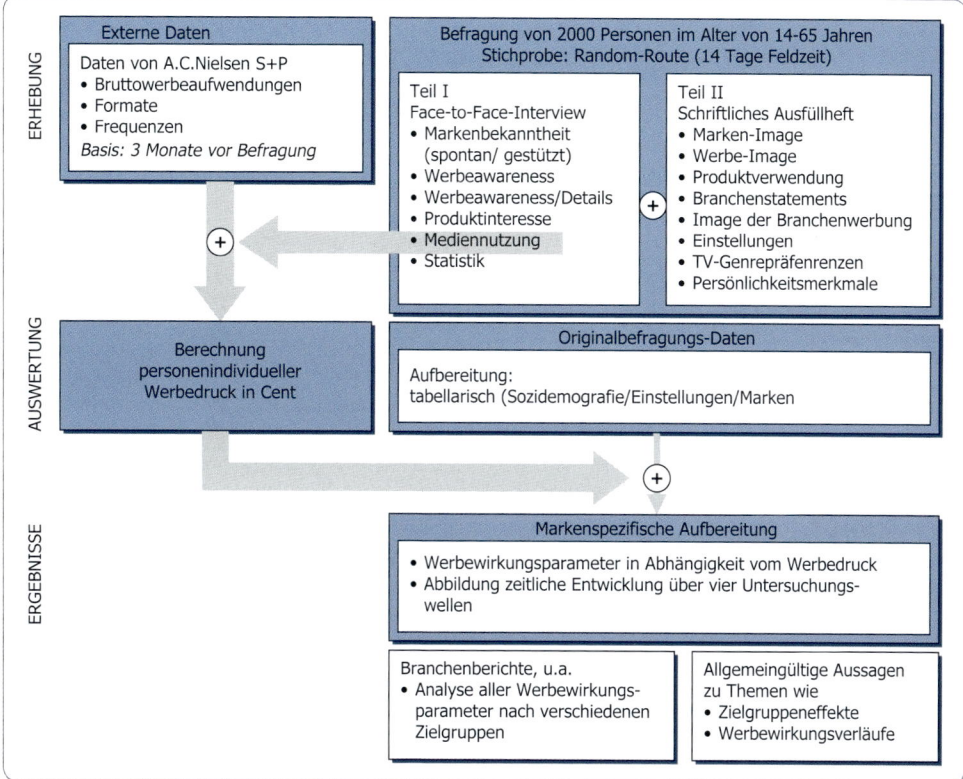

Abbildung 2-34: *Das Werbewirkungskompass-Modell*
Quelle: IP Deutschland www.IP-Deutschland.de

Werbung für bereits eingeführte Produkte erfolgt unter einer anderen Zielsetzung, hier steht die Imagebildung mit der Zielsetzung der Differenzierung im Vordergrund. In diesem Fall wirkt also nicht nur die Werbung, sondern vor allem auch die Relevanz der gewählten Positionierung. Es ist eher unwahrscheinlich, dass Erwachsene als Zielgruppe für Kinderprodukte zu gewinnen sind, aber eine Positionierung, dass man für eine zusätzliche Portion Milch nicht alt genug sein kann, scheint zu wirken.

Die Positionierung eines Kaffees speziell für Jugendliche oder einer Zigarette mit einem Truckerimage hat trotz großer Werbeaufwendungen nicht gewirkt, weil sie sich als nicht relevant erwies. Erst als die *West* die Preise senkte, schoss sie von 0,5 auf über 10 % Marktanteil. Welche Werbewirkung ist hier zu messen?

2. **Kampagnenwirkung.** Bei den Werbetreibenden tritt zunehmend die Erfolgsbewertung ganzer Kampagnen über einen Zeitraum in den Vordergrund. Aus dieser Sicht der beabsichtigten Langfristwirkung der Werbung bieten sowohl das Konzept der Werbeerinnerung als auch das der Einstellungsänderung nur eingeschränkt sinnvolle Indikatoren.

Langfristwerbung entspricht der grundsätzlichen Konzeption der Werbung, die auf Wiederholungen ausgerichtet ist. Da im Normalfall davon auszugehen ist, dass Werbung nur in seltenen Fällen die volle Aufmerksamkeit des Zuschauers trifft, bedarf sie

– allein schon unter Lernaspekten – i.d.R. zahlreicher Wiederholungen, um überhaupt wirken zu können (zu den Effekten der Werbewiederholung vgl. Kapitel 2.3.2.3).

Unter Langfristaspekten erscheint Werbewirkung in einem anderen Licht. Zwar lassen sich auch hier problemlos Bekanntheits- und Imagewerte zu Beginn der Kampagne mit denen am Ende der Kampagne vergleichen. Dies erscheint als das einzig sinnvolle Messverfahren zur Werbewirkung. Allerdings ist das Problem hier offensichtlich: Welcher Werbetreibende geht das Risiko ein, erst nach einem halben Jahr zu wissen, ob sein Geld sinnvoll investiert war oder nicht.

3. **Testumfeld.** Ein Methodenproblem grundsätzlicher Art stellt auch die Umgebung dar, in der die Tests durchgeführt werden. In **Studiotests** sind die Testpersonen einer „forced-exposure-situation" ausgesetzt, die eine Aufmerksamkeit gegenüber der Werbung hervorruft, die in der realen Situation üblicherweise nicht gegeben ist. **Reale Testsituationen** hingegen ermöglichen keine Kontrolle über z.B. Umfeldwirkungen (vgl. Gardner/Raj 1983, S. 142 ff.). Die reale Situation wird durch Geräusch-Faktoren aus der Umgebung des Zuschauers bestimmt. Das kann beispielsweise ein schreiendes Kind sein oder irgendeine Form der Nebenbeschäftigung, die den Informationsverarbeitungsprozess der Werbung beeinträchtigt.

4. **Umfeldeffekte.** Für Werbetreibende, die unter Effektivitätsaspekten eine „Werbeumfeldoptimierung" anstreben, ergeben die Erkenntnisse aus der Werbewirkungsforschung keine konkreten Umsetzungshinweise. Die Forschung zeigt auf, dass sich die Effizienz eines Werbespots durch gezielte Auswahl der Umfelder steigern lässt, aber sie zeigt nicht auf, in welches Umfeld ein bestimmter Werbespot platziert werden sollte, um eine „optimale" Wirkung zu erzielen (vgl. Kloss 1998 S. 17 ff.).

Die Forschungsbefunde bedeuten für die Werbetreibenden ein Dilemma: Ein und dasselbe Werbeumfeld kann gegensätzliche Wirkungen hervorrufen, es kann die Werbewirkung verstärken, aber auch konterkarieren.

Beide Befundstränge erweisen sich als plausibel: Es ist nachzuvollziehen, dass sich die Aufmerksamkeit, die ein interessantes Programmumfeld evoziert auf die nachfolgende bzw. eingebettete Werbung überträgt. Es ist jedoch ebenso nachvollziehbar, dass in einem interessanten Programmumfeld die Werbung als störende Unterbrechung und Belästigung empfunden wird und Verärgerung hervorruft und nur eine geringe Aufmerksamkeit erzielt. Es erscheint plausibel, dass Produkte in einem positiven Umfeld auch positiver bewertet werden, ebenso wie es plausibel erscheint, dass Aufmerksamkeit und Erinnerung in einem kontrastierenden Umfeld größer sind. Die Plausibilität von sowohl Übertragungs- als auch Kontrasteffekten impliziert folgende Schlussfolgerung:

> Es erscheint sinnvoll, Übertragungs- und Kontrasteffekte nicht als sich gegenseitig ausschließendes Gegensatzpaar zu verstehen in dem Sinne, dass ein bestimmtes Umfeld grundsätzlich die Werbung *entweder* fördert *oder* behindert. Es wird vielmehr vorgeschlagen, die Befundstränge als *parallel wirkend* zu interpretieren in dem Sinne, dass bei einem Teil der Zuschauer Programm und Werbung in die gleiche Richtung wirken, bei einem anderen Teil der Zuschauer kontrastieren und bei einem dritten Teil möglicherweise keinerlei Wirkungen festzustellen sind. Diese Interpretation der Forschungsergebnisse bedeutet jedoch, *dass jedes Programm in der anvisierten Zielgruppe immer sowohl Übertragungs- als auch Kontrasteffekte in bezug auf die Werbung erzielt.* Auch als „unpassend" eingestufte Programme würden demzufolge positive Effekte generieren.

Unter dem Aspekt der Kontrasthypothese erscheint beispielsweise die Platzierung eines *Unox*-Suppenspots in unmittelbarer Folge einer Erbrechenszene in dem Film „Der Exorzist" unter einem anderen Licht. Im Verlauf einer Werbekampagne wird ein Werbespot über einen längeren Zeitraum in „guten" wie in vermeintlich „schlechten" Umfeldern platziert. Es erscheint als ausgesprochen unwahrscheinlich, dass sich ein

Zuschauer über den gesamten Kampagnenzeitraum hinweg erinnern kann, in welchem Umfeld er wann, welchen Werbespot gesehen hat. Aufgrund der kognitiven Dissonanz erzielte der *Unox*-Spot sicherlich eine erhöhte Aufmerksamkeit, die zu einer kognitiven Verarbeitung der Platzierung geführt haben dürfte und damit zu einer bewussten gedanklichen Auseinandersetzung mit der Marke, was von den Involvement-voraussetzungen her mehr ist, als die meisten Werbespots erreichen können. Negative Überstrahlungen auf die Marke erscheinen nur bei konsequenter Platzierung in vergleichbaren Umfeldern als wahrscheinlich.

Es sollte den Werbetreibenden bewusst sein, dass ihre Werbung nicht auf eine homogene Zielgruppe trifft, sondern auf eine Vielzahl von Einzelindividuen, mit jeweils spezifischen individuellen und situativen Gegebenheiten: Wenn zwei Personen die gleiche Werbung im gleichen Umfeld sehen, wird sie nur zufälligerweise die gleiche Wirkung verursachen.

5. **Kontaktqualitäten.** Ein weiteres Problem bei der Messung von Werbewirkung liegt in den Kontakt**qualitäten**, also der Frage, ob ein Werbekontakt im Fernsehen gleichwertig ist mit dem Werbekontakt in Print-Medien. Print- und elektronische Medien haben unterschiedliche Funktionen bei der Tagesgestaltung, aber auch unterschiedliche psychologische Wirkungsdimensionen und damit auch unterschiedliche Qualitäten als Werbeträger. Während z.B. der Leser einer Zeitschrift Zeitpunkt und Ort der Konfrontation mit Werbung selbst bestimmen kann, ist der Fernsehzuschauer der Werbung „ausgeliefert". Daher wird Werbung in Printmedien eher toleriert (vgl. Hippler/Lönneker 1995, S. 35 ff.). Hingegen hat Werbung im Fernsehen aufgrund der Tatsache, dass sie sowohl akustisch als auch visuell aufgenommen wird, gegenüber Printwerbung die größere Chance wahrgenommen zu werden. Die einzelnen Medien haben unterschiedliche Wirkungen auf potentielle Käufer, und offenbar gibt es auch medienspezifische Eignungen für bestimmte Produkte.

6. **Kreative Umsetzung.** Ein erheblicher Wirkungseffekt ist insbesondere auch von der kreativen Umsetzung eines Werbespots zu erwarten. Die nur in einem direkten Vergleich zu beantwortende Frage, ob mit einem anders gestalteten Werbespot andere Ergebnisse erzielt worden wären, ist als ein grundsätzliches Problem aller Untersuchungen über Werbewirkung anzusehen.

Starke Werbemittel (*Maoam*, *Toyota*) benötigen weniger Wiederholungen und werden schneller und besser gelernt als schwache Werbemittel.

Zwar lässt sich nachweisen, dass die **Aufmerksamkeit** von spezifischen Gestaltungsmerkmalen gesteuert wird, jedoch vernachlässigen diese Untersuchungen wiederum den Einfluss der übrigen medien- und zuschauerspezifischen Faktoren. Erhöhte Aufmerksamkeit erzielen z.B. Großaufnahmen, klare akustische Signale, große Farb- und Hell/Dunkel-Kontraste oder erotische Motive. Erotische Motive steigern zwar die Aufmerksamkeit (insbesondere bei Männern), lenken gleichzeitig aber auch von den Sachaussagen der Werbebotschaft ab (vgl. Koschnick 1995, S. 42 f.). Jedoch zeigen die Untersuchungen auch, dass es keine einzige Variable gibt, von der allein die Aufmerksamkeit der Zuschauer bei allen Werbespots gesteuert wird.

Der Einsatz von Kindern, Tieren und die Verwendung von Humor kann die Akzeptanz von Werbespots ebenso positiv beeinflussen (vgl. Bell 1992, S. 165 ff.) wie eine geringe Frequenz der Einstellungen (vgl. MacLachlan/Logan 1993, S. 57 ff.). Die visuelle Dramaturgie beeinflusst die Akzeptanz ebenso wie die zeitliche Dramaturgie, also wie, wann und wie oft bestimmte Inhalte im Verlauf eines Werbespots platziert werden (vgl. Young/Robinson 1992, S. 51 ff.; Alwitt/Benet/Pitts 1993, S. 9 ff.).

Andere Untersuchungen zeigen auf, dass Werbespots mit emotionalen Inhalten weniger vermieden werden als solche mit informativen Inhalten. Die Aufmerksamkeit wird vor allem durch neuartige und einzigartige Aufmachung positiv beeinflusst. Allerdings geht diese erhöhte Aufmerksamkeit zu Lasten der Informationsverarbeitung: Die Inhalte atypischer Werbespots werden schneller vergessen, anfänglich positivere Produktbeurteilung lässt mit zunehmender Zeit nach (vgl. Chattopadhay/Nedungadi 1992, S. 26 ff.).

7. **Noise level.** Es gibt einige Indizien dafür, dass die Werbung mittlerweile ein Geräuschniveau überschritten hat, das eine weitere Steigerung ihrer Wirksamkeit nicht mehr zulässt. Beispielsweise lassen sich keine Unterschiede in der Markenbekanntheit und dem Markenbewusstsein von Vielsehern und Wenigsehern bzw. bei Werbevermeidern feststellen. Pro Tag wird jeder von uns mit ca. 3000 Werbebotschaften konfrontiert. Die aktive Bekanntheit von Werbung ist als äußerst gering anzusehen.

Als **Fazit** bleibt festzuhalten, dass:

1. Werbewirkung ein außerordentlich komplexer Bereich ist, dessen Wirkungsmechanismus nicht bekannt ist und dem man sich über Plausibilitäten zu nähern versucht;
2. es wenig sinnvoll ist, die Werbewirkung an ökonomischen Größen festzumachen, Werbung kann nur an kommunikativen Größen gemessen werden;
3. der Einfluss der Werbung auf die Kaufentscheidung praktisch nicht zu isolieren ist, und
4. aufgrund einer Vielzahl grundsätzlicher Messprobleme es im Einzelfall nicht sicher ist, was eigentlich gemessen wird.

Unter der Voraussetzung, dass Werbung die einzige Variable im Marketing-Mix ist, wenn also Produkt, Preis, Distribution als national einheitlich und konstant angesehen werden können und auch keine unmittelbaren Konkurrenten gegeben sind (eine Situation, die beispielsweise bei der Firma *Ferrero* annähernd gegeben ist), erscheint im konkreten Einzelfall eine isolierte Messung der Werbewirkung als sinnvoll. Allerdings kann auch *Ferrero* die exogenen Faktoren nicht kontrollieren.

Aufgaben:

1. Welche Konsequenzen ergeben sich aus dem Phänomen der Reaktanz für die beabsichtigte Werbewirkung?
2. Zeichnen Sie einen idealtypischen Kaufentscheidungsprozess für den Kauf eines Fernsehgerätes auf. Stellen Sie dem realistische Abläufe gegenüber.
3. Welchem Kaufverhaltenstyp würden Sie den Kauf einer Tennisausrüstung zuordnen?
4. Wieso ist der Mere-exposure-Effekt als einer der grundlegenden Wirkungsmechanismen in der Werbung anzusehen?
5. Worin liegt das Problem in der Erforschung der Wirkungseffekte unterschwelliger Wahrnehmung?
6. Was sind die Grundaussagen der Theorie des relevant set?
7. Erläutern Sie die Grundgedanken des S-O-R-Modells und ihre Bedeutung für die Annahmen, die der Werbewirkung zugrunde liegen.
8. Erläutern Sie den Mechanismus der emotionalen Konditionierung.
9. Worin bestehen die wesentlichen Fortschritte des Involvement-Konstruktes für die Erklärung der Werbewirkung?

10. Mit welchem Modell lässt sich die Kommunikationswirkung aus der Sicht vom Empfänger zum Sender erklären?

11. Warum sind ökonomische Größen keine operationalen Ziele für die Werbewirkung?

12. Welche Effekte können sich aus der Wiederholung von Werbung ergeben?

13. Welche grundsätzlichen Möglichkeiten bestehen für die Messung der Werbewirkung und welche Probleme sind damit verbunden?

3 Positionierung und Image

„Für den Konsum-Setter der neunziger Jahre ist der Kauf Ausdruck von Weltanschauung geworden. In dem, was ich nicht kaufe, drückt sich aus, was ich denke; in dem was ich kaufe, drückt sich aus, was die Leute denken sollen, was ich denke.

Rauche ich Stuyvesant, bin ich multikulturell; kaufe ich Spülmittel von Frosch, bin ich ökologisch; trinke ich Kaffee aus Nicaragua, bin ich antiimperialistisch; fahre ich kein Auto, bin ich der Größte; fahre ich Saab, habe ich es nicht nötig; trage ich Adidas, habe ich es noch nicht gemerkt; trage ich L.A. Gear, bin ich subversiv.

Weltanschauung hat Werbung schon immer vermittelt. Jede Anzeige, jeder Spot verbreitet, egal ob für Autos, Klopapier, Gold oder Bausparkassen geworben wird die Botschaft: Glück ist käuflich. Das konsumistische Manifest: Arbeite, kaufe und du wirst so zufrieden sein wie die Milka-Kuh, die Knorr-Familie und die Menschen in der Punica-Oase."

Schnibben 1992, S. 125

Eines der Hauptanliegen des Marketing und insbesondere der Werbung ist der Aufbau und die Absicherung von Images bzw. deren Transfer auf andere Produkte. Die Einleitung zeigt auf, wie stark Images sich in den Köpfen der Verbraucher etabliert haben. Images und insbesondere Imagetransfers spielen im Marketing eine überragende Rolle. Da auf gesättigten Märkten die Produkte weitgehend austauschbar sind, erfolgt hier eine Differenzierung über Images.

3.1 Strategische Grundlagen der Positionierung

3.1.1 Positionierung auf gesättigten Märkten

Markenimages sind keine Zufallsprodukte sondern meist das Resultat von Positionierungen. Da sich auf gesättigten Märkten Produkte vielfach ausschließlich über die Marke differenzieren, kommt der Positionierung daher eine entscheidende Bedeutung als Wettbewerbsfaktor zu. Alle marketingstrategischen Überlegungen beginnen und enden bei der Positionierung. Positionierung ist das Bestreben, an sich austauschbaren Produkten Eigenständigkeit zu verleihen. Es wird damit der Versuch unternommen, das eigene Angebot „... so zu gestalten, dass es im Bewusstsein des Zielkunden einen besonderen, geschätzten und von Wettbewerbern abgesetzten Platz einnimmt" (Kotler//Keller/Bliemel 2007, S. 423).

Der Begriff Positionierung ist maßgeblich mit den Werbeleuten Ries und Trout verbunden. Sie beschreiben Positionierung als einen Prozess, der zwar mit einem Produkt beginnt, am Produkt selbst aber nichts ändert, der sich vielmehr in den Köpfen der Adressaten abspielt: „Man platziert, positioniert ein Produkt in den Köpfen der potentiellen Kunden" (Ries/Trout 1986, S. 19). Ein Unternehmen hat nur dann Erfolg, wenn es ihm gelingt, eine Position im Bewusstsein seiner Adressaten zu etablieren, „die nicht nur die eigenen Stärken und Schwächen, sondern auch die der Konkurrenten berücksichtigt" (Ries/Trout

1986, S. 43 f.). Um sich in der Produktvielfalt zurechtzufinden, haben es die Verbraucher gelernt, „Produkte und Marken geistig einzuordnen" (Ries/Trout 1986, S. 52).

Ausgangspunkt der Positionierung ist die Tatsache, dass Verbraucher ihre Kaufentscheidung danach richten, inwieweit die Produkte ihren Vorstellungen entsprechen (vgl. Becker 2009, S. 248). Bei der Wahl zwischen Alternativen entscheidet sich der Verbraucher für diejenige, die in seiner subjektiven Wahrnehmung für ihn den größten Nutzen verspricht. Es werden die Produkte gekauft, die in der subjektiven Wahrnehmung die geringste Distanz zu einem Idealprodukt aufweisen (vgl. Meffert 2000, S. 343 f.). Positionierung lässt sich somit definieren als das „Bestreben des Unternehmens, sein Angebot so zu gestalten, dass es im Bewusstsein des Zielkunden einen besonderen, geschätzten und von Wettbewerbern abgesetzten Platz einnimmt" (Kotler/Keller/Bliemel 2007, S. 423). Da Verbraucher Positionierungen mit oder ohne Hilfe des Marketing vornehmen, ist es also naheliegend, diese Positionierungen nicht dem Zufall zu überlassen, sondern sie gezielt zu planen (vgl. Kotler 2002, S. 390).

Die Positionierung ist der letzte Schritt im so genannten **STP-Ansatz** von Kotler (vgl. Abbildung 3-1). Im Rahmen eines zielgruppenspezifischen Marketing ist der Markt zunächst zu segmentieren (segmenting), d.h. in klar voneinander abgegrenzte Käufergruppen zu unterteilen; im nächsten Schritt sind die entsprechenden Zielmärkte festzulegen (targeting); schließlich sind dafür die Positionierungen, also tragfähige Wettbewerbspositionen für die Angebote des Unternehmens zu erarbeiten (vgl. Kotler/Keller/Bliemel 2007 S. 356).

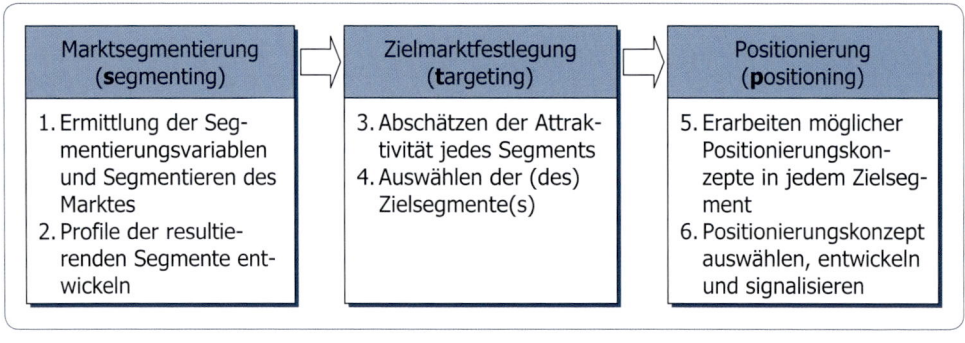

Abbildung 3-1: *Der STP-Ansatz*
Quelle: Kotler/Keller/Bliemel: Marketing-Management, 12. Aufl., München 2007, S. 356

Wenn auf gesättigten Märkten Produkte sich in ihren funktionalen Eigenschaften nicht von den Konkurrenzprodukten unterscheiden, dann ist eine Argumentation über Eigenschaften nicht sinnvoll. Bei der Positionierung eines Angebotes geht es daher auch nicht darum, die Eigenschaften des Angebotes herauszustellen, sondern dessen Vorteile bzw. den Nutzen, den der Verbraucher davon hat. Biere vergleichbarer Kategorie unterscheiden sich letztlich ebenso wenig voneinander wie Zigaretten oder Kaffee. Bei Bier ist sogar vorgeschrieben, welche Zutaten verwendet werden dürfen, nämlich Wasser, Hopfen und Malz. Mehr nicht, aber auch nicht weniger. D.h. von den Zutaten her können sich deutsche Biere gar nicht voneinander unterscheiden.

Jedes Angebot hat einen funktionalen **Grundnutzen**, der immer um einen emotionalen **Zusatznutzen** erweitert werden kann. D.h. jedes Angebot lässt sich sowohl objektiv als auch subjektiv beschreiben, hat also sowohl eine rationale als auch eine emotionale Di-

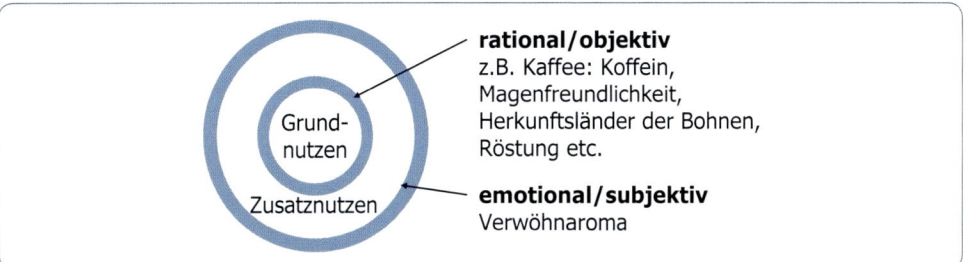

Abbildung 3-2: *Dimensionen eines Produktes*

mension (vgl. Abbildung 3-2). Auf gesättigten Märkten würde eine rein rationale Nutzenargumentation der Wettbewerber gegenüber dem Verbraucher entsprechend auf den gleichen Argumenten basieren, die Anbieter könnten sich auf dieser Ebene aus der Sicht der Verbraucher also kaum voneinander unterscheiden.

Die Positionierung setzt i.d.R. bei der emotionalen Dimension an. Wenn sich aus dem Grundnutzen allerdings eine wettbewerbliche Alleinstellung herleiten lässt, also ein USP vorliegt, dann kann auch dies als Ansatzpunkt für die Positionierung dienen. Beispielsweise hat *Sony* weltweit eine Alleinstellung im Hinblick auf die Miniaturisierung technischer Geräte, also einen Vorteil gegenüber den Wettbewerbern, der sich allein aus dem Grundnutzen ableiten ließe.

Auf gesättigten Märkten sind Positionierungen auf Basis des Grundnutzens jedoch eher die Ausnahme. Wenn das Produkt keinen objektiven Vorteil hat, muss die Differenzierung zum Wettbewerb über einen Zusatznutzen erfolgen (vgl. die Metapher vom Buridanschen Esel aus Kapitel 1.3.2.2). Es geht darum, solche Erlebnisse zu vermitteln, die der Wettbewerber nicht bietet. Die Positionierung zielt also auf die **subjektive Wahrnehmung** der Verbraucher. „Die Werbung soll im Dienste der Positionierung die Wahrnehmung der Abnehmer so beeinflussen, dass das Angebot in den Augen der Zielgruppe so attraktiv ist und gegenüber konkurrierenden Angeboten so abgegrenzt wird, dass es den konkurrierenden Angeboten vorgezogen wird" (Kroeber-Riel/Esch 2004, S. 51).

Erweist sich ein Produkt als Flop, kann das sowohl an der Qualität (Grundnutzen) als auch an der Positionierung (Zusatznutzen) liegen. Im ersten Fall ist der Fehler bei der Produktentwicklung zu suchen, im zweiten Fall beim Marketing.

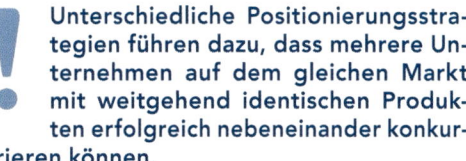

Unterschiedliche Positionierungsstrategien führen dazu, dass mehrere Unternehmen auf dem gleichen Markt mit weitgehend identischen Produkten erfolgreich nebeneinander konkurrieren können.

Um eine Position in den Köpfen der Verbraucher einnehmen zu können, muss die für ein Angebot aufgebaute Positionierung **eigenständig**, d.h. von den Positionierungen der Konkurrenzangebote unterscheidbar sein. Eine Positionierung ist um so eigenständiger, je besser sie einem Bedürfnisproblem einer bestimmen Zielgruppe entspricht und das Angebot als Problemlösung glaubwürdig im Bewusstsein der Verbraucher verankern kann. Voraussetzung für die Glaubwürdigkeit einer Positionierung ist ihre **Konsumrelevanz**. Die Verbraucher akzeptieren kein Nutzenversprechen, mag es noch so eigenständig sein, wenn es keine Relevanz für den Konsum dieses Produktes hat.

„Die allererste von mir entwickelte Anzeige zeigte eine nackte Frau. Dies war ein Fehler, und zwar nicht, weil sie zu sexy war, sondern weil Sex für das Produkt irrelevant war – es ging um einen Küchenherd. Das entscheidende Kriterium ist die Relevanz. Ein Busen in

> einer Anzeige für Reinigungsmittel würde dessen Umsatz sicherlich nicht steigern. Demgegenüber hat es durchaus einen funktionellen Grund, nackte Mädchen in Anzeigen für Kosmetikprodukte zu zeigen." (Ogilvy 1984, S. 26).

Hersteller sind häufig versucht, in Produkteigenschaften zu denken. Aber erst, wenn diese Eigenschaften in einen verbraucherrelevanten Nutzen übersetzt werden, kann daraus eine Positionierung erfolgen. Beispielsweise ist „kalorienreduziert" eine Produkteigenschaft, die sich naheliegenderweise in Verbrauchervorteile wie „gute Figur", „gutes Aussehen", „stärkeres Selbstbewusstsein" umsetzen lässt (vgl. das *Du-darfst*-Beispiel auf S. 156). Das erklärt auch, warum es – im Gegensatz zu einem Küchenherd – bei einer Halbfettmargarine durchaus nachvollziehbar ist, mit einem nackten Mädchen zu werben: Sie kann ihre Figur zeigen, eben *weil* sie sich kalorienarm ernährt.

Abbildung 3-3: *Beispiel für mangelnde Konsumrelevanz*

In Abbildung 3-3 kann die Konsumrelevanz bezweifelt werden, da die Assoziation zwischen einem Dach und einem Stier nicht unbedingt nahe liegend ist, auch wenn nachvollzogen werden kann, was gemeint ist. Der Stier wurde zum Logo stilisiert, offen bleibt, ob der Claim dem Logo oder das Logo dem Claim folgt.

Hat eine Marke eine Position im Verbraucherbewusstsein erlangt, gilt es, diese Position zu sichern und so auszugestalten, dass sie eine besonders präferierte Position wird. Wie im Zusammenhang mit dem relevant set aufgezeigt wurde (vgl. Kapitel 2.2.5), werden Marken, die keine Aufnahme in den relevant set gefunden haben, bei der Kaufentscheidung nicht berücksichtigt. Die Kaufentscheidung innerhalb des relevant set wird von den aktuellen Präferenzen gesteuert.

Wie Abbildung 3-4 verdeutlicht, erfolgt eine Positionierung immer in Abgrenzung zum Wettbewerb und immer im Hinblick darauf, von der Zielgruppe als eigenständige Alternative wahrgenommen zu werden. Der eigene Markenfit muss für die Zielgruppe mindestens so attraktiv sein, wie der des Wettbewerbs. Die Positionierung sollte sich also in dem Dreieck aus Stärken und Kompetenzen der eigenen Marke, in deutlicher Differenzierung zu den Wettbewerbsmarken und aus der Bedürfnisperspektive der Zielgruppe erfolgen.

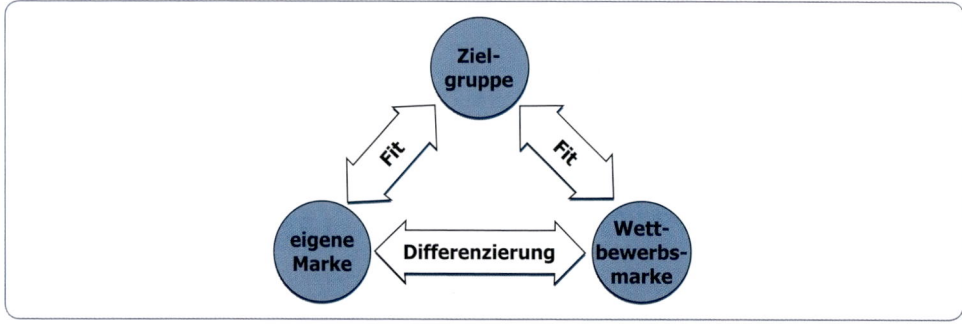

Abbildung 3-4: *Positionierungsdreieck*

Für den Aufbau einer Positionierung sind einige **Regeln** einzuhalten (vgl. Kroeber-Riel/Esch 2004, S. 53ff.):

1. **Die Besonderheiten des Angebotes herausstellen.** Diese können in objektiven und funktionalen Eigenschaften liegen, wobei selbst Nebensächlichkeiten Unterschiede verdeutlichen können. Besteht keine Möglichkeit zu einer rationalen Argumentation, ist auf subjektive, emotionale Werte abzuheben, die im Wege einer emotionalen Konditionierung (vgl. Kapitel 2.3.1.2) mit dem Angebot in Verbindung gebracht werden.
2. **Für den Konsumenten attraktiv sein.** „Der Köder muss dem Fisch schmecken und nicht dem Angler" (Kroeber-Riel/Esch 2004, S. 54). Der Verbraucher kauft keine Produkteigenschaften, sondern Produktnutzen. Da durch den Wertewandel die Nutzenerwartungen der Verbraucher Trends unterworfen sind, muss eine Positionierung immer zukunftsorientiert sein und versuchen, die künftigen Werte der Verbraucher vorwegzunehmen.
3. **Sich gegenüber der Konkurrenz abheben.** Es geht darum, verbraucherrelevante Positionen zu finden, die die Konkurrenz nicht besetzt. Das eigene Angebot muss als eine eigenständige Alternative gesehen werden können.
4. **Langfristige Positionen aufbauen.** Kurzfristig wechselnde Positionierungen haben es schwerer, sich im Verbraucherbewusstsein festzusetzen, da sie immer wieder neu gelernt werden müssen. Langfristigkeit bedeutet auch Kontinuität. „Zur Umsetzung der gewählten Positionierung ist Kontinuität in der Markenführung unabdingbar, da es sich beim Aufbau von Gedächtnisstrukturen für Marken und Unternehmen um ein Lernkonzept handelt" (Puhlmann/Semlitsch 1997, S. 25).

3.1.2 Positionierung als Implikation

Die Positionierung einer Marke wird von einem Unternehmen schriftlich fixiert und ist die Basis aller Marketingmaßnahmen. Alle Entscheidungen im Marketing sind auf den Aufbau bzw. die Absicherung der Positionierung ausgerichtet.

In der Marketingkommunikation wird die Positionierung nicht expressis verbis ausgedrückt, vielmehr wird sie impliziert. Kein Kaffeeanbieter sagt, dass sein Kaffee der beste ist bzw. derjenige, der die Verbraucherbedürfnisse besser befriedigt als seine Wettbewerber. Dies wäre eine unzulässige Alleinstellung und juristisch nicht haltbar. Aber jeder richtet seine Kommunikation darauf aus, dass der Verbraucher genau das denken soll. Es ist sinnvoll, die Positionierung mit einem Superlativ zu formulieren („Die *Krönung* ist der beste Kaffee im Markt"; „*Merci* ist die einzige Schokolade, die ideal als kleines Dankeschön zum Verschenken geeignet ist"). Damit lässt sich relativ einfach überprüfen, ob die angestrebte Alleinstellung wirklich sinnvoll ist.

Die Anzeige von *Ballantine's* lässt beispielsweise auf eine im Superlativ formulierte Positionierung schließen. Ein offensichtlich notorischer „Querulant" mäkelt hier an allem herum, aber selbst er kann an dem Whisky nichts Negatives finden und beurteilt ihn mit „just fine". Vermutlich würde er an jeder an-

> **Die Positionierung ist nicht nur ein strategisches *Ziel*, sondern gleichzeitig auch die *Richtschnur*, an der alle Marketingaktivitäten zu messen und zu beurteilen sind.**

deren Whisky-Marke auch etwas auszusetzen haben, aber *Ballantine's* scheint makellos zu sein.

Die beiden Anzeigenbeispiele der Marke *Bitburger* zeigen, wie ein und dieselbe Positionierung durch sehr unterschiedliche Anzeigenmotive ausgedrückt werden kann (vgl. Abbildungen 3-5 und 3-6). Es ist zu vermuten, dass beiden Motiven die gleiche Copy Strategy

zugrunde liegt (vgl. Kapitel 5.4). Während in Abbildung 3-6 die beabsichtigte Assoziation des Bieres mit Champagner offensichtlich ist, muss diese Verbindung in Abbildung 3-5 erst durch einen Denkprozess hergestellt werden. Gezeigt wird eine blonde Frau in Gesellschaftskleidung, die ein

Glas Bier hält. Die Frau wird nur angeschnitten gezeigt, Gesicht und Dekolleté liegen im Schatten, offensichtlich hat die Frau nur eine Stellvertreterfunktion. Das Stück blauer Himmel und der Hintergrund implizieren, dass die Dame sich auf einer gehobenen Tagesparty befindet. Auch diese Anzeige zieht die Aufmerksamkeit des Betrachters durch eine kognitive Dissonanz auf sich: Es ist doch eher ungewöhnlich, dass eine Frau bei einem gesellschaftlichen Anlass ein Bier trinkt. Die Dame repräsentiert weder den „typischen"

Abbildung 3-5: Positionierungsbeispiel der Marke Bitburger

Keep cool.

Bitburger. Ein Besonderes unter den Besten.

Abbildung 3-6: Positionierungsbeispiel der Marke Bitburger

Biertrinker, noch besteht die primäre Absicht darin, verstärkt Frauen als Zielgruppe anzusprechen. Vielmehr ist zu vermuten, dass die Marke *Bitburger* als Bier „gesellschaftsfähig" gemacht werden soll. Denn üblicherweise trinkt „frau" bei einer derartigen Gelegenheit Champagner und kein Bier.

Ein nahe liegender Einwand gegen eine derartige Analyse der Bedeutungsinhalte von Anzeigen besteht darin, dass ein Verbraucher sich wahrscheinlich nur in den seltensten Fällen so intensiv mit einer Anzeige auseinandersetzt, um auch Details in ihrer Bedeutung zu erfassen. Das mag für den Einzelfall sicherlich auch zutreffen, allerdings sind bezüglich der beabsichtigten Anzeigenwirkung bzw. der angestrebten Positionierung einige Faktoren zu berücksichtigen:

1. Positionierung bzw. Werbewirkung generell, ist grundsätzlich langfristig ausgerichtet, der Verbraucher hat also die Möglichkeit, durch Wiederholungen von Anzeigenmotiven deren Botschaften sukzessive zu lernen.

2. Um Bilder mittlerer Komplexität zu erfassen, genügen schon kurze Expositionszeiten. Wahrgenommene Unstimmigkeiten (eine Bier trinkende Frau) können zu kognitiven Dissonanzen führen (vgl. Kapitel 2.2.3.1.3). Die wiederum können ein hohes Maß an Aufmerksamkeit erregen, was zu einer intensiveren Auseinandersetzung mit einem Werbemittel führen kann.

3. Es ist nicht abwegig zu vermuten, dass der Verbraucher durchaus Vergnügen dabei empfindet, auch bei Anzeigen Zusammenhänge zu entschlüsseln und Assoziationen herzuleiten. Zur Erbringung dieser Eigenleistungen muss der Betrachter bei der Anzeige etwas länger verweilen, was auch die Wahrscheinlichkeit erhöht, dass auch die Beziehungen innerhalb des Dargestellten gespeichert werden[1].

Wie tief Positionierungen im Bewusstsein der Verbraucher verwurzelt sein können, zeigt eine Analyse des Marktes für Haushaltsreiniger (vgl. Grünewald 1996, S. 234 ff.). Das Institut für qualitative Markt- und Wirkungsanalysen in Köln unterzog diesen Markt einer qualitativen und einer quantitativen Analyse. Die Frage nach den Gründen für den Hausputz ergab, dass geputzt wird, weil Wert auf häusliche Sauberkeit und Hygiene gelegt wird. „Die Putzmittel sollen deshalb eine schnelle und schonende Schmutzbeseitigung garantieren. Die Markenwahl wird durch Preisargumente, Effizienz oder Umweltverträglichkeit der Mittel gerechtfertigt" (Grünewald 1996, S. 234). Die psychoanalytische Untersuchung ergab jedoch eine viel komplexere Motivation für das Putzen. Dabei ist der Prozess des Putzens häufig wichtiger als das Endergebnis. Im Putzen lebt sich der Verbraucher aus:

> „Geputzt wird daher nicht, wenn es die Wohnung, sondern wenn es der Verbraucher nötig hat: Wenn man im Büro klein beigegeben hat, wenn bei der Arbeit die Erfolgserlebnisse ausbleiben, wenn man wieder einmal spüren will, dass man etwas bewirken und verändern kann, wird eine bestimmte Stimmungslage, nämlich die dramatische und begeisternde Putzverfassung gesucht. Das Wüten und Schrubben, das Wienern und Scheuern ist ein Daseinsbeweis, ein kraftvoller Ausdruck elementaren Lebenswillens: ‚Ich putze, also bin ich'" (Grünewald 1996, S. 235).

Untersucht wurden die Haushaltsreinigermarken *Der General*, *Meister Proper* und *Frosch*. Diese Marken sind in Bezug auf das Endergebnis des Putzens im Wesentlichen austauschbar, es zeigt sich jedoch, dass sie sehr unterschiedliche Stimmungslagen der Verbraucher ansprechen.

- „*Der General* liefert die Schlachtenmusik zum häuslichen Kleinkrieg. Er verkörpert eine generalstabsmäßige Dramatisierung des Putzens. Er (…) fordert unbedingtes Engagement und eine unerbittliche Haltung gegen jede aufkeimende Schmutzopposition.
- *Meister Proper* hingegen macht das Putzen zu einer Art häuslichen Karneval: problemloses Aufpolieren und Verwandeln der Wohnung bei minimalem Engagement. (…) Effizienz und Glanz (verknüpft er) mit dem augenzwinkernden Versprechen: ‚Man muss es nicht ganz so genau nehmen. Es genügt, wenn man oberflächlich eine blendende Wirkung erzielt'.
- *Frosch* verkörpert eine völlig zwanglose Form des Reinigens. (…) Er steht für eine entschiedene Abkehr von makellosen Glanzwelten und perfekter Sauberkeit. *Frosch* ist Befürworter einer naturgemäßen Wohnumwelt, die auch schmutzige oder schmuddelige

---

[1] Nachweisbar werden Zusammenhänge, die einen mittleren Komplexitätsgrad aufweisen, als angenehm empfunden, zu hohe oder zu geringe Komplexität als unangenehm. Als optimal ist die Komplexität dann anzusehen, wenn der Betrachter aus dem Dargestellten Regelmäßigkeiten und Gestaltungsprinzipien ableiten kann und diese Leistung als Eigenleistung erlebt (vgl. Werner 1993, S. 190). In diesem Sinne kann die Bitburger-Anzeige als optimal eingestuft werden.

Seiten duldet (...). Der psychologische Kunstgriff von *Frosch* (...): ‚Wenn man schon die Wohnung nicht total sauber macht, dann hält man wenigstens die Gewässer sauber'" (Grünewald 1996, S. 235).

Die Positionierungen dieser Marken basieren somit auf unterschiedlichen Stimmungslagen: Die Markenwahl richtet sich nach der jeweiligen Stimmung des Verbrauchers. Eine derartige Positionierung ist von den Herstellern wahrscheinlich nicht bewusst angestrebt worden. Sie zeigt aber, dass Positionierungen tief in unterbewusste Bereiche wirken.

3. 2 Das klassische Positionierungsmodell

Solange eine Marke nicht mit anderen Marken verglichen werden kann, kann sie auch keine Positionierung haben (vgl. Kroeber-Riel/Esch 2004, S. 51). Ausgangspunkt für alle Positionierungsüberlegungen sind daher die Positionen, die die Wettbewerber einnehmen. Nur so ist sichergestellt, dass eine eigenständige Position gefunden wird. Eigenständig ist eine Positionierung nur dann, wenn sie sich von den Positionen der Wettbewerber abhebt. Das klassische Positionierungsmodell geht davon aus, dass in den Vorstellungen der Verbraucher auf jedem Markt eine Idealposition existiert. Ziel der Positionierung ist es, dieser Idealposition möglichst nahe zu kommen.

Bei klassischen Positionierungsmodellen wird

- die Position der **eigenen Marke** relativ zu den
- Positionen der **Konkurrenzmarken** und relativ zu den
- Positionen der **idealen Angebote**,
- aus der **Sicht der Zielgruppe,**
- in einem mehrdimensionalen Eigenschaftsraum

eingetragen (vgl. Kroeber-Riel/Esch 2004, S. 52).

Der erste Schritt zur Erstellung einer Positionierung ist die **Positionierungsanalyse**, mit der die Positionierungen des Wettbewerbs ermittelt werden. Als Instrument dient dabei eine strategische Karte („mehrdimensionaler Eigenschaftsraum"), in der alle Marktpositionen der Wettbewerber eingetragen werden können und die gegebenenfalls Lücken aufzeigt, die für die eigene Positionierung genutzt werden können. Wichtig ist dabei, dass dafür strategische Dimensionen herangezogen werden, die für den jeweiligen Markt relevant sind. In einer derartigen strategischen Karte (auch Positionierungs-Matrix genannt) sind ferner nur diejenigen Wettbewerber zu berücksichtigen, die ein Angebot haben, das dem eigenen vergleichbar ist. Es macht keinen Sinn, sich von Wettbewerbern abgrenzen zu wollen, die von der Zielgruppe ohnehin nicht als Alternative wahrgenommen werden.

Abbildung 3-7 zeigt ein einfaches Positionierungsmodell, das Zielgruppen nach dem soziodemographischen Kriterium „Alter" und als konsumrelevantes Kriterium den Preis definiert. Die beiden Idealpositionen (I) unterstellen, dass der ältere Teil der Zielgruppe über eine größere Kaufkraft verfügt und eher in der Lage ist, höhere Preise zu bezahlen. In dieser Überlegung würden die Quadranten preiswert/alt und teuer/jung keine Idealpositionen darstellen können.

Abbildung 3-8 zeigt ein fiktives Positionierungsmodell für ein Restaurant. Als strategische Dimensionen für die Positionierung werden einerseits lokale und internationale Küche genommen, andererseits der Preis. Es müssen aber nicht notwendigerweise Gegensatzpaare als Positionierungsparameter verwendet werden. Die Marktbedeutung der einzelnen Wettbewerber kann mit einem entsprechenden Radius abgebildet werden. Das Beispiel zeigt, dass der Bereich der exklusiven lokalen Küche in der Region als einziger noch Möglichkeiten für eine Positionierung bietet. Die preiswerte internationale Küche

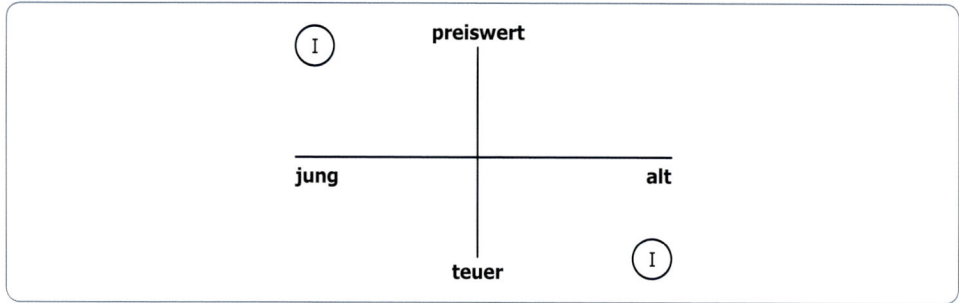

Abbildung 3-7: *Klassisches Positionierungsmodell*

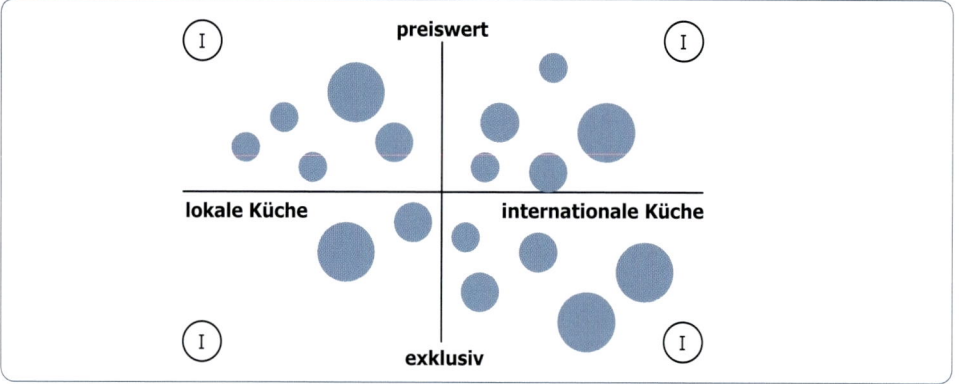

Abbildung 3-8: *Positionierungsmodell für ein Restaurant*

ist durch Griechen und Pizzerien, die exklusive internationale Küche durch Franzosen und Hotelrestaurants, die preiswerte lokale Küche durch gutbürgerliche Gasthäuser hinreichend abgedeckt.

Auf dem deutschen Biermarkt lassen sich für die Premium-Marken im wesentlichen vier Positionierungsansätze feststellen:

- Natur/Herkunft: „Das natürliche Pils, aus Felsquellwasser gebraut", (*Krombacher, Licher*),
- Internationalität: „Spitzenpilsener von Welt", „In der ganzen Welt zu Hause" (*Beck's, Binding Lager*),
- After Action Satisfaction: „Das Bier für besondere Augenblicke als Belohnung für besondere Momente" (*König Pilsener*),
- Exklusivität: „Das einzig Wahre", „Ein besonderes unter den Besten" (*Warsteiner, Bitburger*).

Bemerkenswert ist, wie es in einem derart gesättigten Markt den einzelnen Marken gelungen ist, eigenständige und differenzierbare Positionierungen aufzubauen. Selbst eine Nischenpositionierung wie die der Marke *Jever*, die auf den ursprünglichen Charakter Frieslands abhebt, hat mit „friesisch-herb" eine relevante, nationale Eigenständigkeit erreicht.

Positionierungen sind immer ziel- und zielgruppenorientiert vorzunehmen. Diese Tatsache stellt im Normalfall auch kein Problem dar. Problematisch kann es jedoch dann werden, wenn sich ein Angebot an unterschiedliche Zielgruppen richtet, die diesem Angebot gegenüber unterschiedliche oder sogar gegensätzliche Erwartungshaltungen einnehmen.

Beispielsweise ist die Positionierung für eine Hochschule in hohem Maße davon abhängig, ob die Zielgruppe Abiturienten/Studenten angesprochen werden soll oder die Zielgruppe Unternehmen als potenzielle Arbeitgeber der Absolventen dieser Hochschule.

Es sei folgender Fall konstruiert: Die Hochschulleitung könne einerseits das Ziel „möglichst viele Studenten", andererseits das Ziel „möglichst qualifizierte Lehre" verfolgen. Es ist erkennbar, dass sich diese Ziele notwendigerweise gegenseitig ausschließen. Die geographische Lage der Hochschule (eigener Hafen, Strandnähe) erlaube eine Alleinstellung gegenüber den Konkurrenzhochschulen (also gewissermaßen einen USP) und lasse das Umfeld des Studiums als Basis einer Positionierung (etwa im Sinne von „Studieren, wo andere Urlaub machen") als denkbare Alternative zu. Für die Zielgruppe Abiturienten/Studenten und die Zielsetzung Maximierung der Studentenzahl könnte dieser Positionierungsansatz als attraktiv angesehen werden. Diese Attraktivität ist allerdings für die Zielgruppe Arbeitgeber nicht als gegeben anzusehen, im Gegenteil könnten diese vermuten, dass Urlaub und Studium in unangemessenerweise von den Studierenden dieser Hochschule vermischt werden.

Wird andererseits jedoch das Ziel eines hohen Lehr- und Anspruchsniveaus der Professoren verfolgt, könnte das einen hohen numerus clausus zur Folge haben und nur wenigen eine Studienmöglichkeit eröffnen, was die Hochschule jedoch für potenzielle Arbeitgeber attraktiver machen würde.

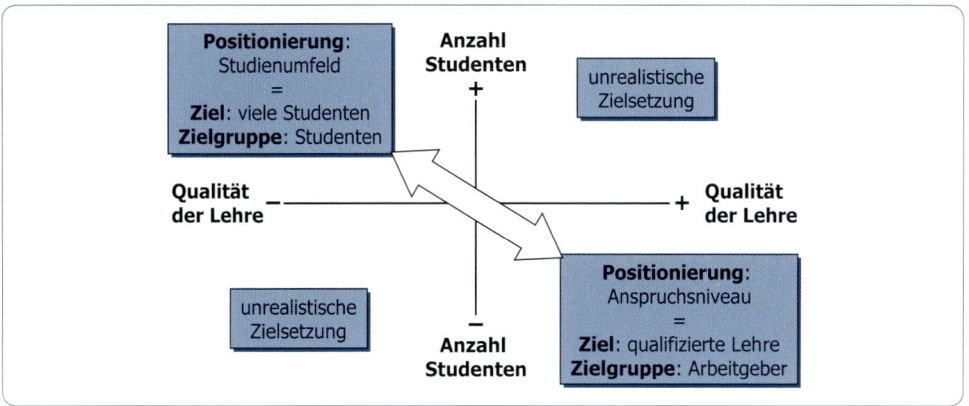

Abbildung 3-9: *Positionierungsproblematik am Beispiel einer Hochschule*

Der entscheidende Punkt bei der Positionierungsanalyse ist das Finden der strategischen Dimensionen, in denen sich die Wettbewerber positionieren. Unterschiedliche Wettbewerber lassen sich nicht immer in ein und demselben Positionierungsraster erfassen. In dem Streben nach Alleinstellungen werden vielfach deutlich voneinander abweichende Positionen besetzt. Manche dieser Positionierungen sind so dominant, dass es keinen Sinn macht, die gleiche Dimension besetzen zu wollen. Beispielsweise ist es sehr schwer vorstellbar, dass ein weiterer Kaffeeanbieter versucht, sich über das Aroma zu positionieren.

Es lassen sich zwei grundsätzliche Dimensionen der Positionierung unterscheiden (vgl. Kloss 2003, S. 181 f.):

Positionierungen über quantifizierbare Dimensionen (z.B. Alter, Preis) beschreiben in erster Linie die anvisierte Zielgruppe. Sie haben zwar den Vorteil der einfachen Darstellbarkeit, lassen aber kaum hinreichende Differenzierungen zu.

Positionierungen über emotionale Dimensionen berücksichtigen den emotionalen Mehrwert als Zusatznutzen und können die subjektiv empfundenen kaufentscheidungsrelevanten Parameter gut abbilden. Allerdings ergeben sich Probleme bei ihrer Darstellung in einer Positionierungsmatrix.

Um beispielsweise die Motivebene abzubilden, ist es sinnvoll, sich an der Maslowschen Bedürfnishierarchie (vgl. Abbildung 2-10) zu orientieren. Positionierungen lassen sich hier grundsätzlich auf jeder Stufe vornehmen.

Tabelle 3-1: Positionierungsansätze nach der Bedürfnishierarchie im Biermarkt

Bedürfnisebene	Positionierungsansatz
Grundbedürfnisse	Durstlöscher
Sicherheit	Mit Sicherheit nach dem deutschen Reinheitsgebot gebraut
Soziale Bedürfnisse	Trinkt sich am besten in geselliger Runde („auf die Freundschaft")
Wertschätzung	Wer dieses Bier trinkt, beweist seinen guten Geschmack (die Alternative zu Champagner)
Selbstverwirklichung	Für die besonderen Momente im Leben

Da die Bedürfnisse je nach Zielgruppe sehr unterschiedlich ausgeprägt und stark differenziert sind, kommt der Segmentierung auf gesättigten Märkten eine wachsende strategische Bedeutung zu. Differenzierte Verbraucherbedürfnisse lassen sich mit der Strategie der Kostenführerschaft nicht berücksichtigen. Insbesondere im Bereich von Luxus- und Statusprodukten ist diese Strategie wenig sinnvoll. Auf allen Märkten, in denen der Preis für den Verbraucher nicht das allein ausschlaggebende Kriterium ist, läuft ein Kostenführer Gefahr, an den Verbraucherbedürfnissen vorbei zu produzieren.

Wenn es gelingt, das Produkt mit einem Vorteil auszustatten, der für den Verbraucher relevant ist und der das Produkt von allen Wettbewerbsprodukten unterscheidet, handelt es sich um das Resultat einer Differenzierungsstrategie. Differenzierung beruht darauf, ein Produkt mit einem zusätzlichen Nutzen auszustatten, den Wettbewerbsprodukte nicht bieten. Das Resultat einer Differenzierungsstrategie ist häufig die Konzentration auf ein einzelnes Segment, in dem durch Differenzierung eine Alleinstellung erreicht werden kann, die es vom Preiswettbewerb abkoppelt (vgl. Porter 1999, S. 73 ff.).

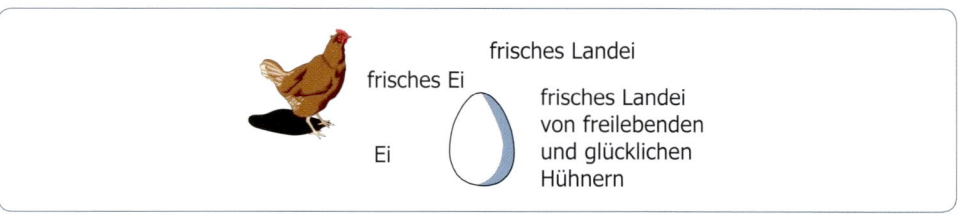

Abbildung 3-10: Positionierung von einem Ei

Bei austauschbaren Produkten wird Differenzierung i.d.R. nicht über materielle Produktvorteile erreicht, sondern vor allem über immaterielle. Insbesondere der Imagewert bzw. die Anmutung eines Produktes ist dazu zu zählen. Das Beispiel auf Seite 24 hat gezeigt, dass selbst ein so profanes Produkt wie ein Ei positioniert werden kann.

Ein geradezu klassisches Beispiel für die Besetzung einer Positionierungslücke ist *Merci*. Diese Schokolade positioniert sich als kleines „Dankeschön" zum Verschenken für nahezu jede Gelegenheit und impliziert so die hohe Qualität. Damit unterscheidet sie sich von allen Schokoladen im Markt. *Duplo* positioniert sich nicht einfach nur als Schokoriegel sondern als vermutlich längste Praline der Welt. Tankstellen positionieren sich weniger über ihr Stammprodukt (Benzin), als vielmehr über die Tatsache, dass sie Einkaufsmöglichkeiten rund um die Uhr anbieten. Sie grenzen sich damit also nicht gegenüber ihren unmittelbaren Wettbewerbern ab, sondern gegenüber dem Handel. De facto begeben sie sich damit allerdings von einer Austauschbarkeit in eine andere, denn mittlerweile sind die Einkaufsmöglichkeiten und Servicequalitäten der Tankstellen genauso identisch, wie der Treibstoff, den sie verkaufen. Lediglich *Esso* hatte in den 60er Jahren mit der ungewöhnlichen Werbeaussage „Pack den Tiger in den Tank" ein hohes Maß an Eigenständigkeit und Unverwechselbarkeit geschafft.

Im Dienstleistungsbereich lassen sich Positionierungen in erster Linie über die Servicequalität realisieren. Der Qualität des Personals kommt daher im Dienstleistungsbereich eine entscheidende Bedeutung zu. Die wesentlichen Dimensionen sind dabei Höflichkeit, Freundlichkeit, Kompetenz, Zuverlässigkeit und Sensibilität. Da Dienstleistungen immateriell sind, lassen sie sich schlechter beurteilen als Sachgüter. Im Gegensatz zu Sachgütern, die sich „anfassen" lassen und sichtbar sind, lassen sich Dienstleistungen eben nicht anfassen. Dadurch ist es häufig so, dass Dienstleistungen zur Positionierung den umgekehrten Weg wählen wie Sachgüter: Während Sachgüter häufig immaterialisiert werden, wird bei Dienstleistungen versucht, sie zu materialisieren. Bei einem Sachgut Auto kann nachvollziehbarerweise eine Positionierung über etwas so Immaterielles wie „Sicherheit" angestrebt werden. Diese Sicherheit kann z.B. über ein schlafendes Kind im Fond eines fahrenden Autos ihrerseits wieder materialisiert werden. Dienstleister wie Banken materialisieren ihr Angebot beispielsweise über eine Metapher wie „Wir machen den Weg frei". Häufig dienen auch Personen zur Materialisierung, wie Herr Kaiser von der *Hamburg-Mannheimer*.

Generell lässt sich feststellen, dass Positionierungen im Dienstleistungsbereich weniger ausgeprägt sind als bei Konsumgütern. Nach wie vor fehlen eindeutige Positionierungen im Banken-, Versicherungs-, Kreditkarten- oder Tourismusbereich. Dies ist vor allem in der schwierigeren Ausgangsposition begründet.

Aufgrund ihrer Irrationalität und Immaterialität ist eine Marke in erster Linie eine Frage des Glaubens bzw. Vertrauens (vgl. Zernisch 2003, S. 39). Ein Sachgut ist anfassbar und seine ausgelobten Eigenschaften sind mit anderen Sachgütern „objektiv" vergleichbar. Während eine Marke also mit „Glaube" charakterisiert werden kann, liegt bei einem Sachgut nachprüfbares „Wissen" vor. Hingegen sind Dienstleistungen ebenfalls irrational und immateriell und entziehen sich einer unmittelbaren Bewertbarkeit, sind somit ebenfalls auf der Ebene von Glauben und Vertrauen angesiedelt. Glaube und Vertrauen sind das Resultat eines kommunikativen Prozesses, Marken also vor allem durch Werbung zu konstituieren. Die Tatsache, dass dies auch für Dienstleistungen zutrifft, verdeutlicht die besondere Schwierigkeit sie zu positionieren: Während Dienstleistungsmarken sowohl auf der Leistungs- als auch auf der Markenebene eine Frage des Glaubens und somit vor allem kommunikative Konstrukte sind, werden Sachgütermarken durch das Zusammenspiel von Glaube und Wissen gekennzeichnet und sind somit tendenziell leichter zu positionieren (vgl. Abbildung 3-11).

3.3 Der Imagebegriff

In Zeiten der Informationsüberlastung erfüllt die Marke zunehmend **Orientierungsfunktionen** für den Konsumenten. Die Frage stellt sich, wie lange eine Marke diese Funktion erfüllt, wenn sie zunehmend auf verschiedenen Produkten erscheint und wie unterschiedlich diese Produkte sein dürfen, bis der Schaden größer ist als der Nutzen.

Umpositionierung: Erfolgsbeispiel Jägermeister

Bis in die 90er Jahre war Jägermeister ein etwas angestaubter Kräuterlikör, dem durch den demografischen Wandel altersbedingt die Konsumenten schwanden. Neue waren nicht in Sicht. Zu den Stammverwendern von Jägermeister gehörten vornehmlich Personen ab 55 Jahren. Der Trend zu meist ausländischen Lifestyle-Getränken wie Bacardi, Absolut oder Smirnoff lief an Jägermeister vorbei.

Vor diesem Hintergrund wurde bei Jägermeister eine radikale Neuausrichtung geplant: Weg vom angestaubtem Image, mehr Präsenz zugunsten der Werbe- und Markenbekanntheit, Konzentration auf den Außer-Haus-Konsum in Bars und Clubs, bei Partys und Events. Es musste gelingen, auf ein junges Publikum zuzugehen, ohne das Stammpublikum zu vergraulen. Als Zielgruppe wurden vor allem männliche Verbraucher zwischen 18 und 39 Jahren aus dem Selbstverwirklichungs- und Unterhaltungsmilieu anvisiert. Verankert war Jägermeister seit Jahrzehnten als Traditionsmarke in typisch gutbürgerlichen Milieus. Diese Markenkompetenz galt es zusammenzuführen mit dem Geschmack und dem gemeinsamen Konsumerlebnis, und mit der Marken-Ikonografie, bestehend aus der grünen, kantigen Flasche samt Logo mit Hirsch und Kreuz und dem betonten Einsatz der Farbe Orange.

Jägermeister sollte sich zur Partymarke entwickeln. Unter dem Motto „Achtung wild" und den beiden Werbefiguren Rudi und Ralph, zwei Hirschköpfe an der Wand, startete eine Werbekampagne, die auf Selbstironie setzte und damit an den selbstbewussten Humor der Printkampagne „Ich trinke Jägermeister, weil ..." anknüpfte.

Parallel zur Werbung wurde auf Vertriebs- und Eventmarketing gesetzt. Der Außendienst führte Aktionen in Handel und Gastronomie durch. Zusätzlich zogen mehr als 400 junge Damen als „Jägerettes" durch Bars, Clubs und Diskotheken. Die Offensive schaukelte sich hoch bis zum „Arschgeweih-Contest". Im Eventbereich besetzte Jägermeister konsequent das Thema Rockmusik.

Der Erfolg des Marken-Relaunches war sehr nachhaltig, was unter anderem daran lag, dass es wenige Überschneidungen zwischen den alten und neuen Zielgruppen gab. „Dass wir am Christopher Street Day teilnehmen, nimmt unsere konservative Klientel hin – weil sie es nicht mitbekommt", so der ehemalige Vorstandsvorsitzende. Das Imageprofil hat sich zwischen 2002 und 2006 ganz im Sinne der Neuorientierung verändert. Die größte

Veränderung erfolgte bei der Selbstironie, der Wert zu „Lacht über sich selbst" verbesserte sich um 21 %.

Jägermeister ist heute die einzige deutsche Spirituose mit globaler Reichweite und steht in der Liga der weltweit größten Spirituosenmarken auf Rang neun. Fast die Hälfte aller Flaschen wird in den USA verkauft.

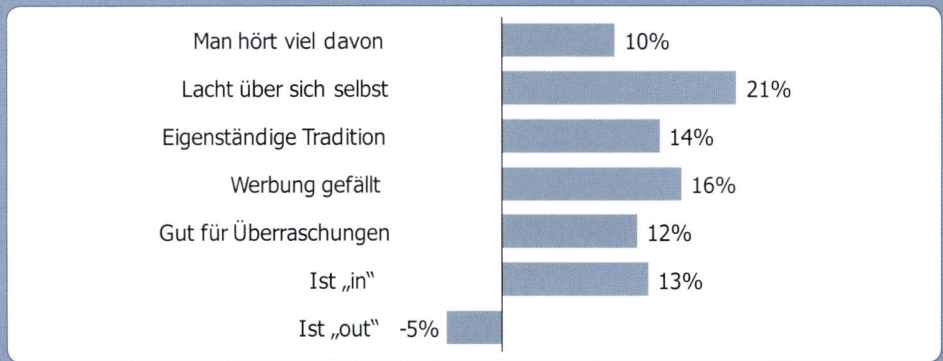

Man hört viel davon	10%
Lacht über sich selbst	21%
Eigenständige Tradition	14%
Werbung gefällt	16%
Gut für Überraschungen	12%
Ist „in"	13%
Ist „out"	-5%

Veränderung des Imageprofils von Jägermeister 2002 bis 2006

Quellen: Uttich: Das Vermächtnis des Jägermeisters, in: FAZ, 30.06.2007; Milewski: Wildes Marketing für Jägermeister, in: Absatzwirtschaft, Marken 2007, S. 100ff.

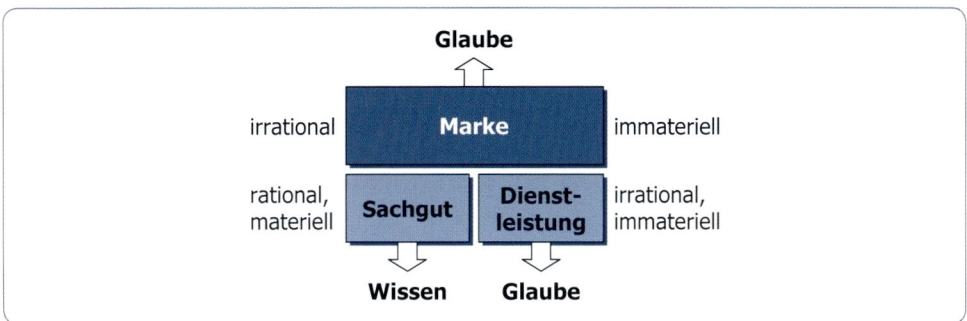

Abbildung 3-11: *Positionierungsproblematik von Dienstleistungen*

Da auf gesättigten Märkten Produkte in ihren funktionalen Eigenschaften weitgehend austauschbar sind, erfolgt Produktdifferenzierung hier überwiegend mittels emotionaler Erlebniswerte. Differenzierung ist ein Wesensmerkmal der Marke. Nur wenn es Marken gelingt, sich aus ihrem Wettbewerbsumfeld abzuheben und eine Alleinstellung zu erreichen, kann von **Markenpersönlichkeiten** gesprochen werden. Eine Imagepolitik ist häufig das einzige Mittel zur Markenprofilierung für austauschbare Produkte auf gesättigten Märkten.

Image ist ein schillernder Begriff, der eine außerordentliche Bandbreite von Bedeutungsinhalten umfasst. Tabelle 3-2 gibt einen Überblick über teilweise synonym verwendete Begriffe, ohne einen Anspruch auf Vollständigkeit zu erheben.

Als entsprechend vielfältig und uneinheitlich erweisen sich auch die Definitionen von Image. Der gemeinsame Nenner der Definitionen liegt in der subjektiven Bewertung von Images. Unter Image sind die „subjektiven, verstandes- wie gefühlsmäßigen Bedeutungsgehalte, die der Konsument mit der Marke verbindet" (Mayer/Mayer 1987, S. 6), zu verstehen. Kroeber-Riel definiert Image als „das Bild, das sich jemand von einem Gegenstand macht. Ein Image gibt die subjektiven Ansichten und Vorstellungen von einem Gegenstand wieder" (Kroeber-Riel/Weinberg 2003, S. 197).

Tabelle 3-2: Übersicht über synonyme Verwendungen des Imagebegriffes

Allgemeine Synonyme	Spezielle Marketingsynonyme
Ansehen	Firmenruf
Charakterbild	Markenstereotyp
Nimbus	Markenvorstellungsbild
Renommée	Brand-Image
Ruf	Markenbild
Reputation	Markenstil
Bild	Markenprofil
Prestige	Markengesicht
Leitbild	Markencharakter
Vorurteil	Markenpersönlichkeit
Stereotyp	Markenerlebnis

Quellen: Thesaurus von Microsoft Word; Mayerhofer: Imagetransfer, Wien 1995, S. 51

Image und Marke sind voneinander nicht zu trennen. Dies spiegelt sich auch in folgender Definition von Marke wider: „Marken sind Vorstellungsbilder in den Köpfen der Konsumenten, die eine Identifikations- und Differenzierungsfunktion übernehmen und das Wahlverhalten prägen" (Esch 2007, S. 22).

Werbung schafft Bekanntheit, baut Images auf, schafft Markenidentität, sorgt für Wiedererkennung und stellt die Einzigartigkeit der Marke heraus. Damit ist Werbung die Grundlage für das Vertrauen in Marken.

Image ist aber nur einer der zentralen Bausteine, die eine Marke ausmachen. Aufbauend auf der Markenbekanntheit, sind die anderen Bausteine die Einzigartigkeit, der Wiedererkennungswert und die Identität der Marke. Diese einzelnen Bausteine fließen ineinander, sie tragen aber erst dann zu dem Vertrauen in die Marke bei, wenn sie durch eine emotionale Aufladung miteinander verbunden sind (vgl. Mast/Huck/Güller 2005, S. 75 f.). Abbildung 3-12 verdeutlicht die Bedeutung, die der Werbung beim Aufbau von Markenvertrauen zukommt.

Viele Markenidentitäten sind durch Tradition, Vertrauen, Qualität und Innovation definiert. Allerdings bieten diese Markenwerte kaum Alleinstellungsmerkmale und sind auch wenig konkret. Letztlich sind es auch keine echten Markenwerte, sondern „lediglich zentrale Bausteine unternehmerischen Handelns. (…) Markenidentitäten setzen sich üblicherweise zusammen aus einem Markenkern und zwei bis vier Markenwerten. Während der Markenkern die Essenz der Marke zum Ausdruck bringt, fassen die Markenwerte seine charakteristischen Ausprägungen in Worte" (Kilian 2009, S. 42 f.). Abbildung 3-13 zeigt beispielhaft die Markenwerte von *Audi* und *BMW*. Der Markenkern von *Audi* ist *Technischer Vorsprung*, der durch *hochwertig*, *sportlich* und *progressiv* untermauert wird; bei

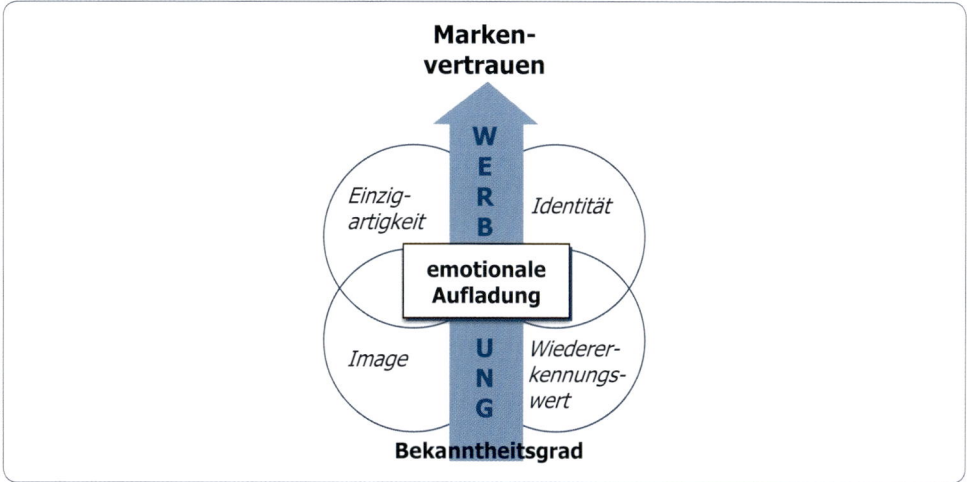

Abbildung 3-12: *Werbung und Markenvertrauen*

In Anlehnung an Mast/Huck/Güller: Kundenkommunikation, Stuttgart 2005, S. 75

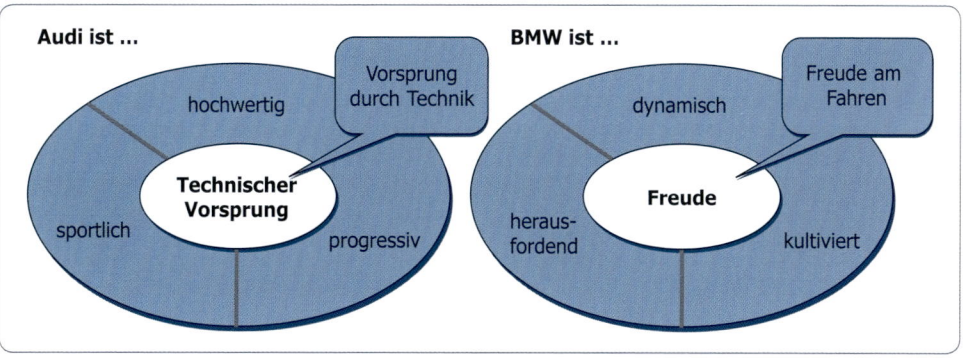

Abbildung 3-13: *Beispiele für Markenidentitäten*

Quelle: Kilian: So bringen Sie Ihre Marke auf Kurs, in: Absatzwirtschaft Nr. 4, 2009, S. 42

BMW wird der Kern *Freude* durch *dynamisch*, *herausfordernd* und *kultiviert* zum Ausdruck gebracht.

Das Image eines Produktes setzt sich aus mehreren Komponenten zusammen:

- das Image des Landes, aus dem das Produkt stammt,
- das Image der Produktgruppe, der das Produkt angehört,
- das Firmenimage des Herstellers,
- das Markenimage des Produktes.

Abbildung 3-14 verdeutlicht die Vielschichtigkeit und Ganzheitlichkeit des Markenimages. Es wird beeinflusst von den Images der einzelnen Produkte der Marke, vom Herstellerimage (das seinerseits wiederum vom Markenimage profitieren kann), sowie von den Unterschieden zu den Images der Wettbewerbsprodukte. In den Augen des Käufers der Marke schließlich überträgt sich das Markenimage auf ihn selbst. Weitere Einflussfaktoren sind das Image des Distributionskanals und das Image des Herstellerlandes. Diese

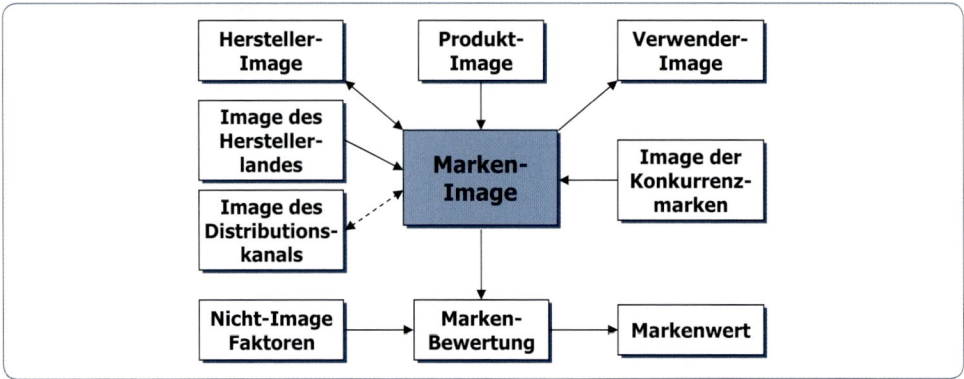

Abbildung 3-14: *Komponenten des Markenimage*

Vgl. Mayerhofer: Imagetransfer, Wien 1995, S. 55

Einflussfaktoren führen letztlich zu einer Bewertung der Marke und zu einem in Geld bewertbarem Markenwert. Dieser Markenwert, der die bilanzierten Sach- und Finanzanlagen erheblich überschreiten kann, liegt somit vor allem in den Köpfen der Verbraucher. Marken lassen sich somit als kommunikative Erfindung von Unternehmen bezeichnen (vgl. Schnettler/Wendt 2003, S. 213), deren Wert sich vor allem dadurch bestimmt, wie viele Kunden ein Produkt dieser Marke kaufen möchten.

Die wertvollsten Marken 2010 waren *Coca-Cola*, *IBM* und *Microsoft*, als wertvollste deutsche Marke rangierte *Mercedes* mit einem Wert von 25,2 Milliarden US $ auf Platz 12, *BMW* auf Platz 15 mit 22,3 Milliarden US $.

Der amerikanische Kommunikationsforscher A. Biel hat die Bedeutung von Marken einmal wie folgt beschrieben: „Marken möblieren nicht einfach die Umgebung, in der ich lebe. Sie kleiden mich, und während sie das tun, helfen sie mir zu definieren, wer ich bin. Und sie helfen zu definieren, wer ich nicht bin: Wenn ich Ihnen sagen sollte, welche Marken ich nicht verwende, würden Sie noch mehr über mich lernen" (zitiert nach Niepmann 1999, S. 67).

Die Marke stellt das Kapital eines Unternehmens dar, Werbung lässt sich auffassen als Investition in eine Marke. Über den Lebenszyklus einer Marke hinweg, belaufen sich diese Investitionen im Einzelfall auf Hunderte von Millionen Euro. In dieser Betrachtung stellt die Übertragung des Markenimages auf andere Produkte nichts anderes als einen Versuch der Amortisation der getätigten Investitionen dar.

Das Image einer Marke ist ein wesentlicher Faktor für den Markenwert. Daher ist es nur allzu verständlich, warum Markeninhaber das Image ihrer Marke pflegen. Wie stark Images wirken, lässt sich vor allem immer dann feststellen, wenn die Images einmal geschädigt wurden, sei es durch technische Fehler oder Erpressungsversuche von Nahrungsmittelherstellern. Rückrufaktionen von Automobilherstellern wirken sich immer negativ auf das Image aus. Das Image eines Nudelherstellers ist nach Anschuldigungen über die Verwendung verunreinigter Eier nachhaltig geschädigt und kann für ihn den wirtschaftlichen Ruin bedeuten, unabhängig davon, ob ihn eine Schuld trifft oder nicht.

Das Image eines Unternehmens ist das, was ihm von seinen Zielgruppen zugesprochen wird. Ein Image kann ein Unternehmen also nicht erwerben, vielmehr muss es durch einen gezielten kommunikativen Auftritt und ein damit stimmiges Verhalten langfristig aufgebaut und abgesichert werden.

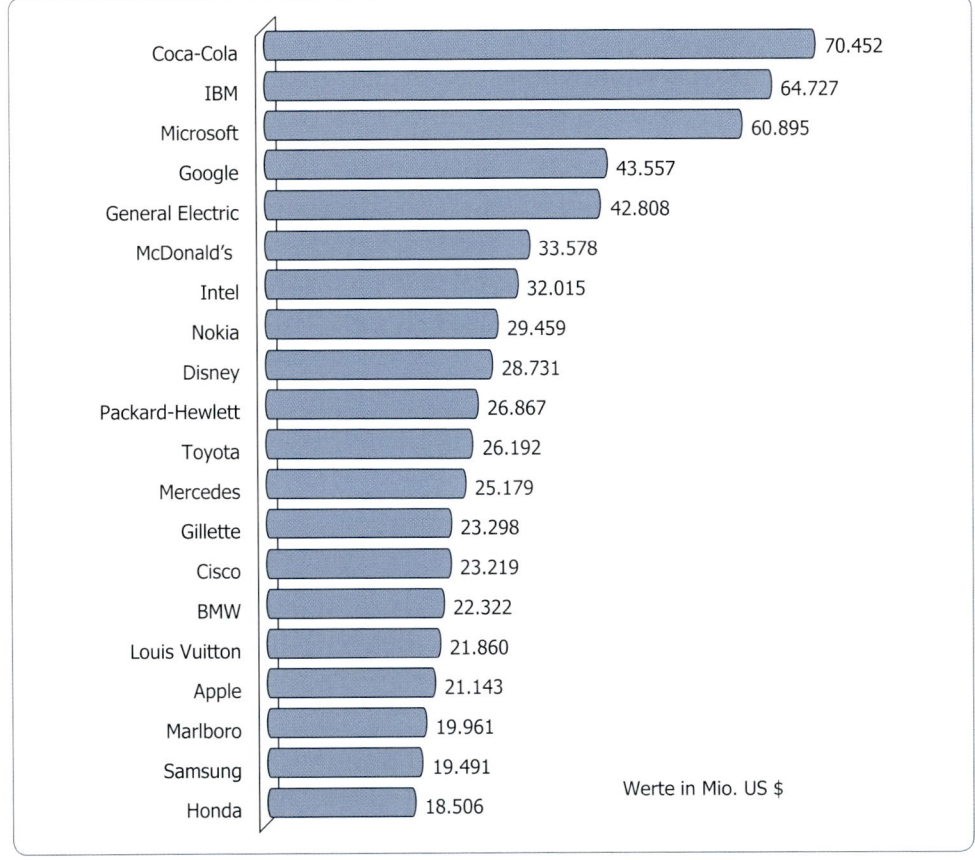

Abbildung 3-15: *Die wertvollsten Marken der Welt 2010*

Quelle: Interbrand 2010

Die Bedeutung von Images für den Marken- und damit Unternehmenswert zeigt sich vor allem bei der Akquisition von Unternehmen. Die bilanztechnische Bewertung von Images trägt dem realen Wert von Images nicht Rechnung. Ein geschickter Markentechniker kann aus einer erworbenen Marke schnell ein Vielfaches seiner Investition herausholen, wenn er es versteht, das Imagepotential auf andere Produkte zu übertragen. Ein spektakuläres Beispiel für den Wert von Marken ist die Akquisition von Kraft durch Philip Morris. Von dem Kaufpreis von 13,1 Milliarden Dollar wurden 90 % in der Bilanz unter „Goodwill und andere immaterielle Vermögensgegenstände" ausgewiesen.

3. 4 Funktionen von Images

3. 4.1 Funktionen von Images im Kaufentscheidungsprozess

Im modernen Marketing wird das Image als eine der entscheidenden Variablen angesehen, die die Kaufentscheidung beeinflussen. Der Konsument richtet seine Entscheidungen gegenüber einem Angebot nicht danach, wie dieses ist, sondern danach, wie er glaubt, dass es wäre (vgl. Spiegel 1961, S. 29).

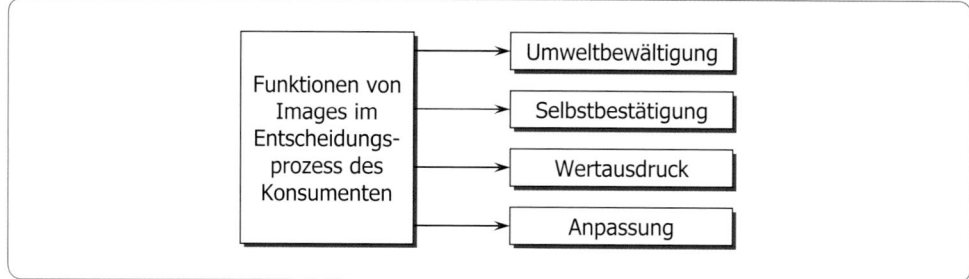

Abbildung 3-16: *Funktionen von Images*
Nach Mayer/Mayer: Imagetransfer, Hamburg 1987, S. 13 ff.

Die Funktionen von Images im Kaufentscheidungsprozess lassen sich wie in Abbildung 3-16 klassifizieren.

- Auf gesättigten Märkten ist das Angebot häufig sehr komplex. Images können hier die Funktion der **Umweltbewältigung** übernehmen, indem sie die Umwelt- (d.h. Markt-) Situation strukturieren; sie übernehmen eine Orientierungsfunktion bei der Bewertung von Alternativen. Markenimages können das mit der Kaufentscheidung verbundene, subjektiv empfundene Risiko begrenzen. Images ersetzen fehlendes Wissen (vgl. Mayer/Mayer 1987, S. 14).
- Die **Selbstbestätigungsfunktion** von Images zeigt sich darin, dass der Konsument bestrebt ist, die Produkte zu kaufen, die zur Stützung des eigenen Selbstbildes beitragen. Es wird größtmögliche Übereinstimmung zwischen Selbstbild und Produkteinstellung angestrebt (ist man mehr der *BMW*- oder der *Mercedes*-Typ?). Es liegt dabei in der Natur der Sache, dass Produkte, die öffentlich konsumiert werden (Statusprodukte), damit stärker korrelieren als Produkte des privaten Konsums.
- Während die Selbstbestätigungsfunktion innengerichtet ist zielt die **Wertausdrucksfunktion** von Images nach außen. Mit dem Konsum bestimmter Produkte möchte man zeigen, was man ist, Produkte werden zu Mitteilungen an die Umwelt. Andere sollen beeinflusst werden. In den Gedanken des Besitzers dieser Produkte wird das mit diesen Produkten assoziierte Image auf ihn übertragen (vgl. Mayer/Mayer 1987, S. 15). So kann die Wahl der Jeansmarke auch durch Vermutungen darüber beeinflusst werden, was Freunde von einem denken, wenn sie ihn in dieser Marke sehen.

Die **Anpassungsfunktion** von Images schließlich betrifft das Bemühen um Akzeptanz durch die Umwelt. Produkte signalisieren ein „sich Zugehörigfühlen" zu bestimmten Gruppen.

Der Kaufprozess ist sowohl von emotionalen als auch von rationalen Elementen geprägt. Wird der Kaufprozess in die Teilbereiche Kauferwägung, Kauf und Loyalität (Wiederkauf) eingeteilt, zeigt sich die unterschiedliche Relevanz von rationalen und emotionalen Markenimages (vgl. Abbildung 3-17).

In Bezug auf das emotionale Image ist zunächst ein Filter aktiv, der bewirkt, ob Marken überhaupt für den Kauf in Erwägung gezogen werden (Wie fühlt sich der Konsument? Was sagen Freunde und Bekannte?). Eine Marke muss hier einen emotionalen Mehrwert liefern, sonst fällt sie durch den Filter. Beim Kauf selbst nimmt die Relevanz emotionaler Images ab, steigt aber bei der Frage des Wiederkaufs wieder an. Hinsichtlich rationaler Images zeigt sich ein spiegelbildlicher Verlauf. Beim Kauf dominiert die Ratio deutlich über der Emotion. Argumente wie Preis, Funktionalität und Qualität wirken stärker als

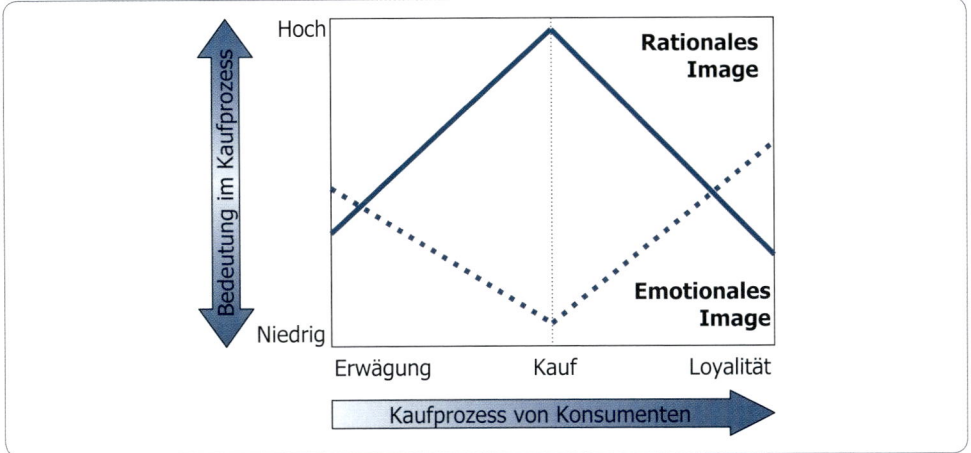

Abbildung 3-17: *Markenimages im Kaufprozess*

Quelle: Freundt/Kirchgeorg/Perry: Im Wechselbad der Gefühle, in: Absatzwirtschaft Nr. 6, 2005, S. 31

Erlebniswelten. Beim Wiederkauf fällt die Rationalität wieder unter die Emotionalität zurück, die getroffene Kaufentscheidung muss emotional bestätigt werden. Diese Aussagen gelten zwar grundsätzlich für alle Branchen, allerdings mit unterschiedlichen Ausprägungen (vgl. Freundt/Kirchgeorg/Perry 2005, S. 30 ff.).

Die Komplexität des Zusammenspiels von emotionalen und rationalen Komponenten beim Kaufentscheidungsprozess, veranschaulicht auch folgende These:

> Unsere Trendforschungsstudien zeigten zunächst keine beunruhigenden neuen Erkenntnisse. Für die Wahl der Marke waren immer noch drei Dimensionen entscheidend: Leistung, Vertrauen und Verführung. Aus diesen drei Dimensionen konnte ein Markenmodell in Form eines Dreiecks entwickelt werden. In diesem Dreieck lassen sich die einzelnen Lieblingsmarken der Deutschen verorten. Die oberste Spitze bildet die Leistungsdimension, wir nennen sie die Kopfebene. Die Kopfebene spiegelt all das, was messbar ist – die Leistung des Produkts, aber auch seine Leistung im Verhältnis zum Preis.

> Unten links treffen wir auf die Ebene des Vertrauens. Wir nennen sie die Herzebene (…): Vertrauen, lange Liebe, wenig Enttäuschung, viel Konstanz.

> Nun kommt die dritte Dimension hinzu, unten rechts, die Verführung. Wir nennen diese Ebene die Bauchebene. Auch sie spielte in der Vergangenheit eine wichtige Rolle, war jedoch bei einer starken Marke den Dimensionen Kopf und Herz untergeordnet. (…)

> Waren Ende des vergangenen Jahrtausends noch die Dimensionen Kopf und Herz für die Konsumenten wichtig (kann was, vertraue ich immer wieder), dann verschiebt sich nun die Achse hin zu den beiden Dimensionen Kopf und Bauch (kann was und finde ich sexy). Maisch/Leisse 2006, S. 24 f.

Marken bilden den Hintergrund für die Beurteilung von Produkten, indem sie deren subjektive Wahrnehmung beeinflussen. Abbildung 3-18 zeigt am Beispiel zweier Medien-

„Das Wirtschaftswachstum
wird im zweiten Halbjahr
Deutlich an Dynamik verlieren"　　„Das Wirtschaftswachstum
wird im zweiten Halbjahr
Deutlich an Dynamik verlieren"

Abbildung 3-18: *Marken wirken im Hintergrund*
Quelle: Scheier/Held: Was Marken erfolgreich macht, Planegg 2007, S. 30

marken, wie ein und dieselbe Nachricht möglicherweise mit unterschiedlicher Glaubwürdigkeit belegt wird, je nachdem, im welchem Medium sie erscheint. Marken stellen somit gewissermaßen den „Referenzrahmen" für die Beurteilung von Aussagen zu Produkten dar (vgl. Scheier/Held 2007, S. 31).

Zwar spielen Marken eine erhebliche Rolle bei der Kaufentscheidung, allerdings ist das Markenbewusstsein nicht nur von Person zu Person verschieden, sondern auch bei ein und demselben Konsumenten hat die Marke einen unterschiedlichen Stellenwert, in Abhängigkeit von der jeweiligen Situation. Den größten Einfluss hat das empfundene Kaufrisiko: Je höher das Kaufrisiko erachtet wird, desto markenbewusster handelt der Konsument. Dabei unterscheidet der Verbraucher üblicherweise nicht zwischen Hersteller- und Handelsmarken: „Für ihn stellt sich die Markenwahl im Bereich schnell drehender Konsumgüter vielmehr als Entscheidung zwischen assoziationsreichen, über klassische Werbung allgemein bekannten und in aller Regel höherpreisig positionierten Markenartikeln einerseits und nicht oder kaum über klassische Medien beworbenen Marken mit deutlich günstigerem Preis dar" (Strebinger/Otter 2006, S. 84, 85f.).

Der Stellenwert, den Images bei der Markenwahl einnehmen, hängt stark von der jeweiligen Produktkategorie ab, sowie von der Bedeutung, die diese Produktkategorie bei einzelnen Zielgruppen hat. In einer Untersuchung der Unternehmensberatung McKinsey und der Universität Passau wurde die Markenrelevanz in unterschiedlichen Märkten erfasst. Es zeigte sich, dass sie von Branche zu Branche stark variiert (vgl. Abbildung 3-19). Die Liste der 30 markenstärksten Kategorien wird angeführt von Konsumgütern. Die größte Relevanz haben Marken bei den Genussmitteln Bier und Zigaretten. Am wenigsten relevant ist das Markenimage bei Strom und Baumärkten (vgl. Perrey/Meyer 2010, S. 135ff.).

3. 4.2 Image und Markenpersönlichkeit

Eine wesentliche Funktion, die Images übernehmen, ist die Positionierung einer Marke durch Erlebniswerte. Bereits Domizlaff verwies auf die zentrale Bedeutung, die der Ausbildung von Produktpersönlichkeiten im Marketing zukommt: „Der Wert eines Markenartikels beruht auf dem Vertrautsein des Verbrauchers mit dem Gesicht des Markenartikels" (Domizlaff 1939, S. 98). Vertrautheit entwickelt sich über einen längeren Zeitraum und setzt Beständigkeit der Marke voraus. Der Verbraucher muss in der Lage sein, Marken als das wieder zu erkennen, was er an Wahrnehmungen, Vorstellungen und Erinnerungen mit ihr verbindet.

Der Agenturgründer Ogilvy setzt Image gleich mit Persönlichkeit. „Image heißt Persönlichkeit. Produkte haben genau wie Menschen eine Persönlichkeit" (Ogilvy 1984, S. 14). Die Persönlichkeit eines Menschen konstituiert sich vor allem aus seinen spezifischen

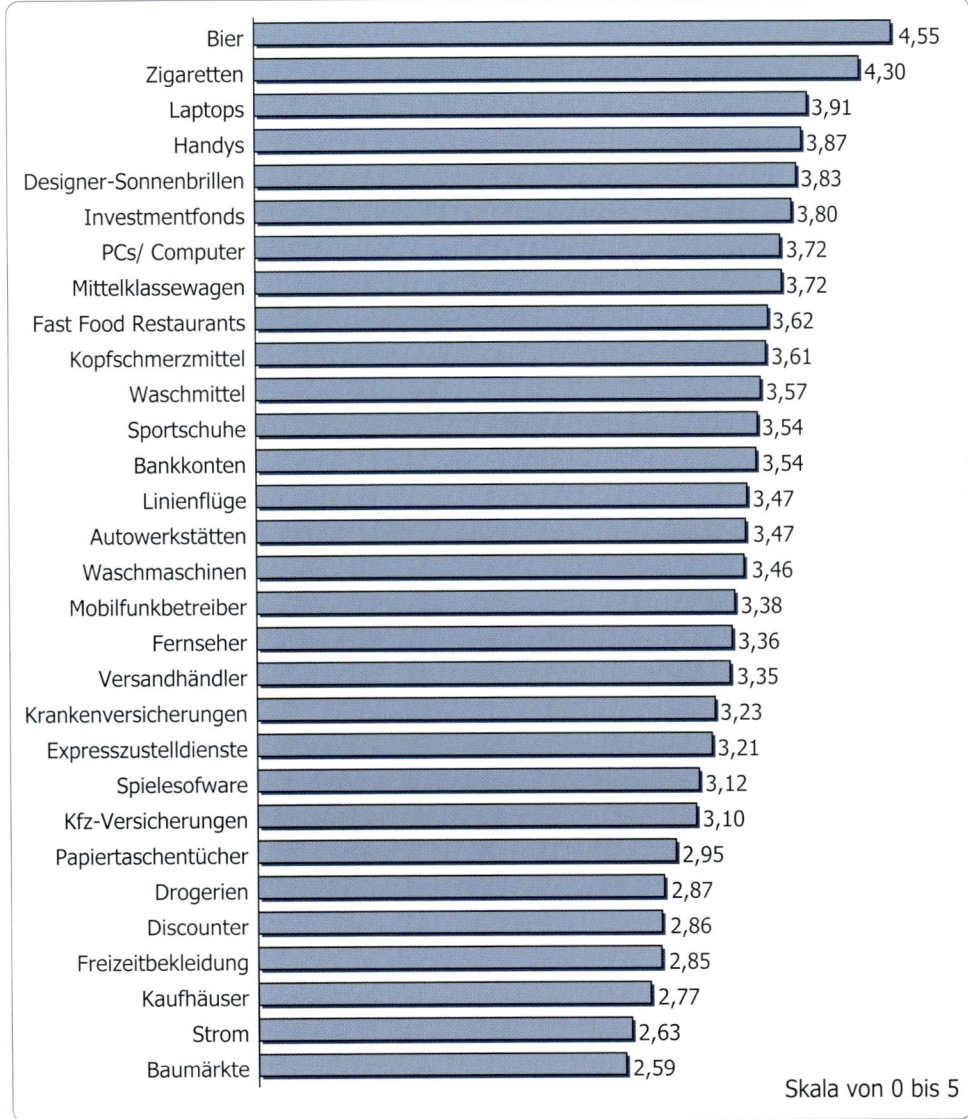

Abbildung 3-19: *Relevanz von Markenimages nach Branchen 2010*

Quelle: McKinsey

Eigenheiten, die ihn von anderen Personen unterscheiden. Auch Marken spezifizieren sich vor allem durch ihre Unterschiede zu anderen Marken. Von Markenpersönlichkeiten wird dann gesprochen, wenn es einer Marke gelungen ist, im Wettbewerbsumfeld eine Alleinstellung zu erreichen, die es ihr ermöglicht, sich eindeutig von anderen Marken abzuheben.

Marken werden vielfach menschliche Eigenschaften zugeschrieben, sie werden als lebende Wesen betrachtet, die auch eine Seele haben. Für die Markenführung ist dies eine durchaus sinnvolle Betrachtungsweise, verdeutlicht sie doch, dass eine Marke Schaden an

Die Marke als Mensch

Das Verhältnis zwischen Mensch und Marke war die Basis für die Entwicklung des Markenprofiler vom Trendforschungsinstitut EarsandEyes. Die neuartige Erhebungstechnik beruht auf der Idee, eine Marke wie einen Menschen zu charakterisieren und somit tieferliegende Aspekte des Markenbilds aufzudecken, die das Markenbild unbewusst bestimmen, aber in Marktforschungsstudien nicht formuliert werden. Durch die „Vermenschlichung" lässt sich der Gesamtauftritt der Marke – angefangen bei der Verpackung über das Logo bis hin zu Promotion, Sponsoring und Werbung – in Bezug auf die Stimmigkeit mit dem Markencharakter in der Wahrnehmung der Verbraucher beurteilen. Auf diese Weise kann dem Marketing eine nachfühlbare Markenbeschreibung geliefert werden, die es ermöglicht, die Marke als ganzheitliches System zu führen. Dazu wird die Gestalt der Marke anhand menschlicher, farblicher und musikalischer Elemente sichtbar gemacht, um eine genaue Beschreibung der Marke zu erhalten.

Bei einem Validierungstest im Biermarkt wurde die Marke Warsteiner als 31 bis 40 Jahre alt, schlank, sportlich und gepflegt beschrieben. Die Befragten schrieben der Marke mit hoher Übereinstimmung die gleichen positiven Eigenschaften zu: erfolgreich, kontrolliert, zielstrebig, selbständig, verlässlich und charakterfest. Allerdings liegen die Stärken eher im intellektuellen als im emotionalen Bereich. Während die Mehrheit die Marke für klug (Zustimmung 82 %) und aufmerksam (85 %) empfinden, halten nur jeweils zwei Drittel der Konsumenten Warsteiner für zärtlich oder sensibel. Erstaunlich stimmige Markenbilder ergaben sich bei der Auswahl der passenden Musikinstrumente und des passenden Autos. Kenner der Marke Warsteiner empfanden das Klavier und die Limousine als am besten zur Marke zugehörig. Als passende Musikstile nannten sie Jazz, Pop und Klassik.

Dagegen grenzt sich die Charakterisierung der Marke Holsten klar ab. Holsten gilt als sehr männlich und wird mit den Eigenschaften weltoffen, tolerant, vergnügt, treu und fantasievoll beschrieben. Holsten wurde hingegen von den Markenkennern als Fahrer eines Mittelklassewagens und Gitarrespieler wahrgenommen, der in einer Band spielt und in bodenständigen Kneipen auftritt. Und Veltins ist danach ein Mann, der in einer Kleinstadt wohnt und einen Wagen der Mittelklasse fährt. Der Veltins-Mann spielt in seiner Freizeit Fußball und Tennis. Im Fernsehen sieht er am liebsten einen Action-Film (O.V. 2008d, S. 127).

ihrem Kern nehmen kann, wenn sie nicht ihren Persönlichkeitsmerkmalen entsprechend geführt wird. Was der Kern oder die „Seele" einer Marke ist, kann jeweils nur für eine konkrete Marke beantwortet werden. Das Wesen einer Marke wird also durch dieselben Werte gekennzeichnet, die auch einen Menschen charakterisieren: Zuverlässigkeit und Beständigkeit, Unverwechselbarkeit und Individualität. Diese Werte machen eine Marke identifizierbar und differenzieren sie somit von allen anderen.

Tabelle 3-3 zeigt, welchen Marken in ihrer Kategorie die deutschen Verbraucher am meisten vertrauen. Als wichtigste Kriterien für Vertrauen werden von den Befragten dabei Qualität und persönliche Erfahrungen genannt. Da sich tatsächlich aber Marken kaum noch durch ihre Qualität unterscheiden, ist es offenbar so, dass die Verbraucher den Marken eine hohe Qualität unterstellen, *weil* sie der Marke vertrauen. Bemerkenswert ist insbesondere die Konstanz, mit der starke Marken das Vertrauen behaupten.

Das Marken- bzw. Produktimage lässt sich somit als Ausgangspunkt für den Einsatz des Marketing-Mix wie in Abbildung 3-20 bezeichnen. Im Mittelpunkt der Markenbildung steht die Entwicklung einer Produktpersönlichkeit. Die ist nur zu erreichen durch ein aufeinander abgestimmtes widerspruchsfreies Zusammenwirken sämtlicher Marketing-

Tabelle 3-3: Welche Marken deutsche Konsumenten am Meisten schätzen

Produktfeld	2010	2009	2008	2007	2006
Automobile	VW	VW	VW	VW	VW
Banken	Sparkasse	Sparkasse	Sparkasse	Sparkasse	Sparkasse
Benzin	Aral	Aral	Aral	Aral	Aral
Computer	Fuji. Siemens	Fuji. Siemens	Fuji. Siemens	Fuji. Siemens	Siemens
Erkältungsmittel	Wick	Wick	Wick	Wick	Wick
Frühstückscerealien	Kellogg's	Kellogg's	Kellogg's	Kellogg's	Kellogg's
Haarpflege	Schwarzkopf	Schwarzkopf	Schwarzkopf	Schwarzkopf	Schwarzkopf
Handys	Nokia	Nokia	Nokia	Nokia	Nokia
Hautpflege	Nivea	Nivea	Nivea	Nivea	Nivea
Internet-Provider	T-Online	Google	AOL	AOL	AOL
Kameras	Canon	Canon	Canon	Canon	Canon
Kosmetik	Yves Rocher	Yves Rocher	Nivea	Nivea	Jade
Kreditkarten	Visa	Visa	Visa	Visa	Visa
Küchengeräte	Miele	Miele	Miele	Miele	Miele
Mobilfunk	Vodafone	Vodafone	Vodafone	Vodafone	Vodafone
Reiseveranstalter	Tui	Tui	Tui	Tui	Tui
Schmerzmittel	Aspirin	Aspirin	Aspirin	Aspirin	Aspirin
Versicherungen	Allianz	Allianz	Allianz	Allianz	Allianz
Vitamine	Abtei	Centrum	Abtei	Centrum	Abtei
Waschmittel	Persil	Persil	Persil	Persil	Persil

Quelle: Reader's Digest: „European Trusted Brands 2010"

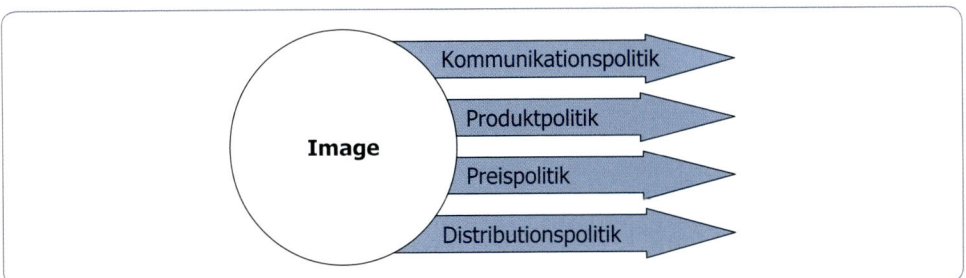

Abbildung 3-20: Image als Ausgangspunkt für den Einsatz des Marketing-Instrumentariums

Mix-Faktoren. Dabei bildet das Image die integrierende Klammer für den Einsatz aller Marketing-Mix-Instrumente.

Die Werbung soll dem Verbraucher ein klar profiliertes Markenbild vermitteln. Da objektiv erkennbare Produktvorteile auf gesättigten Märkten eher die Ausnahme sind, ist die Vermittlung eines „einzigartigen Produktversprechens" (USP) meist nicht möglich. Der Werbung muss es in diesen Fällen gelingen, den objektiv nicht vorhandenen Produktvorteil durch einen psychologischen Markenunterschied zu ersetzen. Die kommunikative Leistung besteht darin, Erlebniszusammenhänge zwischen einem Produkt und Tatbeständen, die zunächst nicht als zusammengehörig erlebt werden, zu vermitteln: Gefühle, Stimmungen, Leitbilder, Lebensstile. „Die Leute wollen mit einer Firma in Verbindung gebracht werden, die sie gut finden. Mit einem Namen der sagt: ‚Du bist sophisticated. Du bist reich. Du bist cool. Du bist jung, amüsant und sexy'" (der Designer Calvin Klein auf die Frage, warum es nicht mehr genügt, den Firmennamen auf der Innenseite zu tragen, Klein 1999, S. 88).

Der Aufbau einer Marke kann nur gelingen, wenn Markenname, Markenlogo und Produkt-/und Verpackungsgestaltung ein einheitliches Bild vermitteln. Das Markenlogo ist der visuelle Bestandteil der Marke und der Schlüssel zum Markenimage. Insofern kommt ihm in der Kommunikation eine besondere Bedeutung zu (vgl. Esch 2007, S. 223).

Abbildung 3-21 zeigt die Arten von Markenlogos. Konkrete Logos wirken grundsätzlich besser als abstrakte. In der Markenkommunikation sollte das Logo immer zusammen mit dem Markennamen kommuniziert werden, da die gemeinsame Darbietung von Wort und Bild zu einer besseren Erinnerung führt. Idealerweise sollten Logos visuelle Präsenzsignale als Gedächtnisanker für Marken darstellen. Solche Gedächtnisanker werden bei der wachsenden Informationsüberflutung zunehmend wichtiger für die Verankerung einer Marke in den Köpfen der Konsumenten (vgl. Esch 2007, S. 226 ff.).

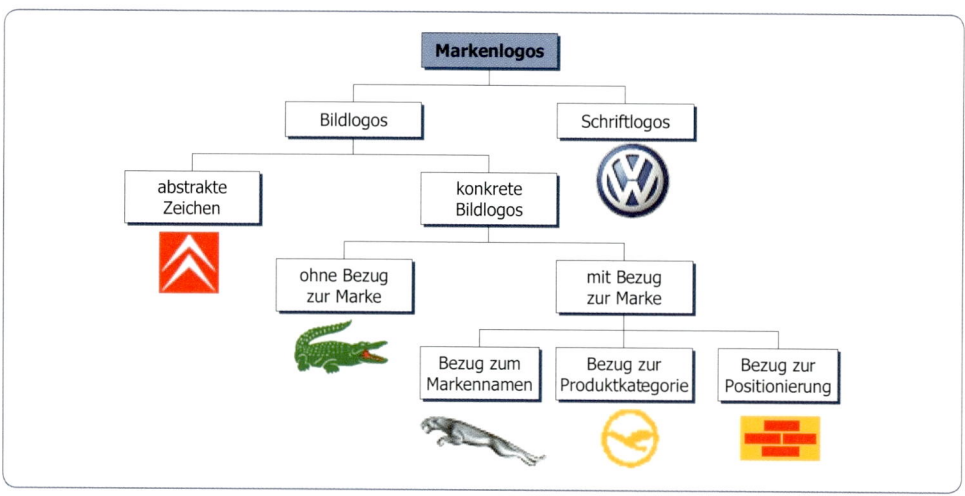

Abbildung 3-21: *Arten von Markenlogos*

Quelle: Esch: Strategie und Technik der Markenführung, 4. Aufl., München 2007, S. 225

3. 5 Imagetransfer

3. 5.1 Voraussetzungen für einen Imagetransfer

„Beim Imagetransfer strebt man die Übertragung von positiv aufgeladenen emotionalen und sachhaltigen Imagebestandteilen von einem Produkt auf ein anderes Produkt an. (…) Hierdurch soll die Kaufbereitschaft für das neue Produkt einer Marke gesteigert werden" (Mayer/Mayer 1987, S. 82). Als Mechanismus, mit dem der Imagetransfer beim Konsumenten funktioniert, werden Analogieschlüsse unterstellt.

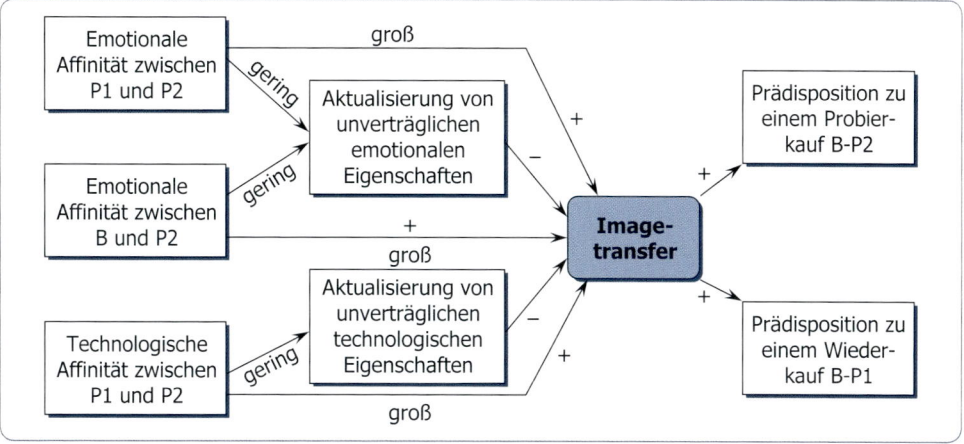

Abbildung 3-22: *Imagetransfer-Modell nach Schweiger*

Vgl. Schweiger: Imagetransfer, in: Marketing-Journal Nr. 4, 1982, S. 321

Für einen erfolgreichen Imagetransfer müssen drei Voraussetzungen gegeben sein (vgl. Trachtenberg 1985, S. 45):

- ein gemeinsamer Markenname,
- möglichst hohe gemeinsame Konsumentenanteile,
- hohe emotionale Affinität.

Schweiger geht bei den Transfer-Voraussetzungen von den emotionalen und technologischen Produktunterschieden aus. Je geringer die emotionalen und technologischen Unterschiede zwischen zwei Produkten sind, desto besser seien die Voraussetzungen für einen Imagetransfer. Als Beispiel nennt er Zigaretten und Damenparfum, die technologisch nicht affin sind. Eine Markengleichheit würde vom Verbraucher als eher zufällig erachtet und damit nicht verhaltenswirksam werden. Findet dennoch ein Imagetransfer statt, könnten unpassende technologische Eigenschaften übertragen werden (das Parfum riecht nach Zigarette/die Zigarette nach Parfum) (vgl. Schweiger 1982, S. 321 f.).

Ausgehend von der Annahme, eine Firma vermarkte erfolgreich ein Produkt P1 unter der Marke B und eine zweite Firma wolle ein Produkt P2 ebenfalls unter der bekannten Marke B einführen, erstellt Schweiger ein Imagetransfermodell, wie in Abbildung 3-22 dargestellt.

> „Mangelnde emotionale Affinität zwischen P1 und P2 bzw. zwischen B und P2 aktualisiert unverträgliche emotionale Eigenschaften. Mangelnde technologische Affinität zwischen den beiden Produktgruppen P1 und P2 aktualisiert unverträgliche technologische Eigenschaften. Dadurch wird der Imagetransfer behindert oder durch unpassende emotionale bzw. technologische Eigenschaften erfolgen" (Schweiger 1982, S. 322).

Beispiele, bei denen der Imagetransfer nicht funktioniert hat, weil die Voraussetzungen nicht gegeben waren (vgl. Haig 2004):

- Der Babynahrungshersteller *Gerber* scheiterte mit dem Versuch, kleine Fertiggerichtportionen für Singles zu produzieren, wie Früchte, Gemüse, Vorspeisen und Desserts und zwar in denselben Gläsern, die für die Babykost benutzt wurden.
- Die Frauenzeitschrift *Cosmopolitan* floppte mit einer eigenen Joghurtmarke.

- *Colgate* versuchte vergeblich, *Colgate's Kitchen Entrees* als Marke für Lebensmittel zu etablieren.
- *Chiquita* schafft es nicht, die Identifizierung mit Bananen loszuwerden und scheiterte mit gefrorenen Fruchtriegeln ebenso, wie mit einer Auswahl exotischer Säfte.
- *Bic* hat sich zwar erfolgreich als Marke für Wegwerfkugelschreiber, Einwegfeuerzeuge und Einmalrasierer etabliert, Wegwerf-Slips für Damen konnten sich allerdings nicht durchsetzen.
- *Pepsi* scheiterte mit einer klaren Cola, *Crystal Pepsi*.
- *Harley Davidson* versuchte sich vergeblich an Merchandisingprodukten wie Aftershave und einer Parfümserie.
- Bizarr mutete auch der Versuch des Ketchup-Produzenten *Heinz* an, einen natürlichen Essigreiniger zu vermarkten.

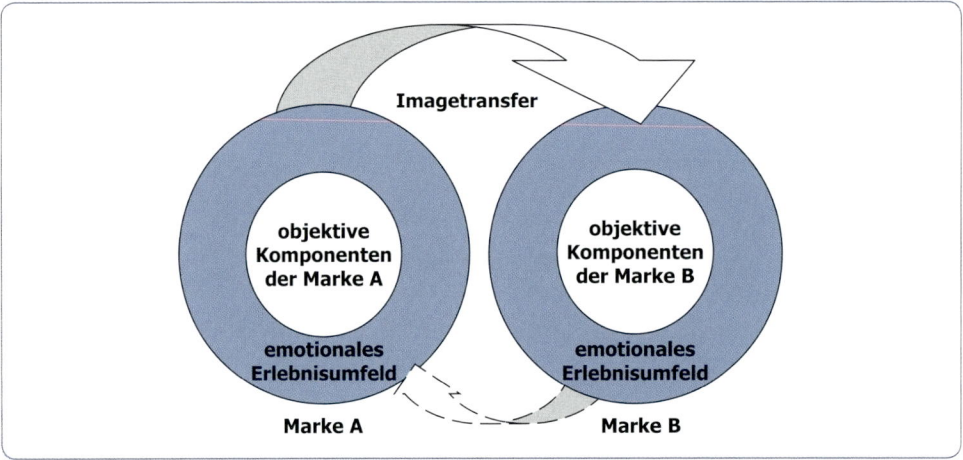

Abbildung 3-23: *Grundmodell des Imagetransfers*

Imagetransfer zielt auf die wechselseitige Übertragung von Assoziationen zwischen Produkten unterschiedlicher Kategorien und damit auf eine Mehrfach-Nutzung von Markennamen. Dabei wird davon ausgegangen, dass jedes Produkt von zwei Assoziationskreisen umgeben ist (vgl. Mayer/Mayer 1987, S. 26), die durch Imagetransfer auf andere Produkte übertragen werden können (vgl. Abbildung 3-23):

Die **technische Beschaffenheit** eines Produktes, d.h. die objektiv nachvollziehbaren Eigenschaften (Grundnutzen). Objektiv lässt sich beispielsweise eine Zigarette nach den Nikotin- und Teerwerten, dem Filter, der Größe u. dgl. beschreiben.

Das **emotionale Erlebnisumfeld**, d.h. die subjektiven Phantasien und Vorstellungen, die der Gedanke an ein bestimmtes Produkt auslöst (Zusatznutzen). Der Geschmack von Freiheit und Abenteuer oder der Duft der großen weiten Welt sind emotionale Komponenten, die Zigaretten eindeutig differenzieren.

I.d.R. zielt der Imagetransfer auf die Übertragung der emotionalen Werte. Da es sich aber beim Imagetransfer um eine *wechselseitige* Übertragung handelt, ist immer auch von einem Rücktransfer auszugehen, d.h. auch die Stamm-Marke wird mit zusätzlichen Assoziationen aufgeladen.

Imagetransfers ermöglichen die Abkopplung des Marken- vom Produktlebenszyklus. Steht ein Produkt am Ende seines Lebenszyklus, kann es vom Markt genommen und durch ein anderes ersetzt werden, die Marke und die anderen Produkte bleiben erhalten. „Auf diese Weise wird es möglich, das in die Marke investierte Kapital über den Lebenszyklus eines einzelnen Produktes hinaus zu nutzen" (Sattler/Völckner 2006, S. 56).

Wesentliches Merkmal von Imagetransferstrategien ist das einheitliche Auftreten mehrerer Produkte unterschiedlicher Kategorien unter einer Marke. Das einheitliche Erscheinungsbild wird umso wichtiger, je größer die Anzahl der Produkte unter einer Marke ist. Die Produkte sollten in einem oder in benachbarten Preis- und Qualitätssegmenten angesiedelt sein: Wenn Premiummarke, dann in allen Märkten. Der Marketing-Mix für verschiedene Produkte unter einem gemeinsamen Imagedach muss also sowohl in vertikaler als auch in horizontaler Ebene aufeinander abgestimmt sein (vgl. Abbildung 3-24). Um Zugriff auf die Marken eines anderen Unternehmens zu haben, muss man diese allerdings nicht gleich kaufen, i.d.R. werden dafür Lizenzverträge abgeschlossen.

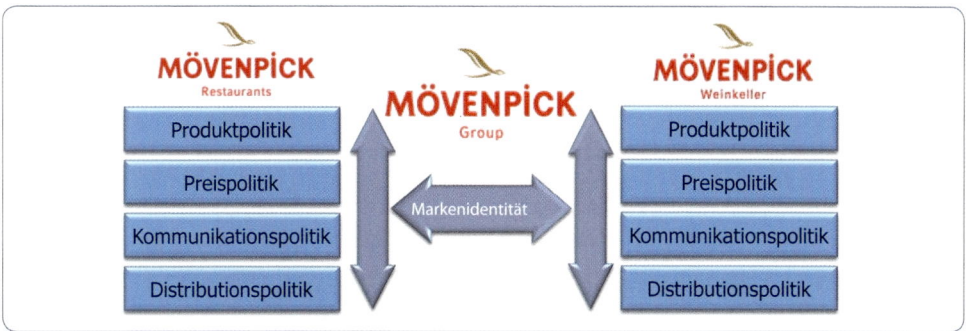

Abbildung 3-24: *Horizontale und vertikale Abstimmung des Marketing-Mix*
Nach Mayer/Mayer: Imagetransfer, Hamburg 1987, S. 27

3. 5.2 Funktionsweise von Imagetransfers

Grundlage für den Erfolg von Imagetransferstrategien ist ein von der Zielgruppe wahrgenommener und akzeptierter gemeinsamer Vorteil der Transferpartner.

Für den Imagetransfer besonders interessant ist die **selektive Wahrnehmung**, d.h. der Konsument nimmt vor allem solche Reize wahr, die seinen Bedürfnissen und Wünschen entsprechen. Schlüsselinformationen sind für die Produktbeurteilung besonders wichtig, da sie mehrere andere Informationen bündeln. Der Preis oder der Markenname sind solche Schlüsselinformationen. Ein bekannter Markenname verfügt aus der Sicht des Konsumenten über einen hohen Nutzenwert, indem er z.B. bei der Beurteilung der zu erwartenden Qualität des Produktes hilft.

Überragende Bedeutung für die Wahrnehmung der Konsumenten haben die Erwartungen, die aus der Kenntnis einer bekannten Marke abgeleitet werden. Ein bekannter Markenname aktiviert ein **Markenschema** und beeinflusst damit automatisch die gesamte Produktwahrnehmung.

Dieser Effekt wird im Rahmen von Markenerweiterungen genutzt, indem ein bekannter Markenname für neue Produkte verwendet wird, die oft mit der Stammkategorie wenig verwandt sind. Die bekannte Marke soll z.B. die Qualitätserwartungen dem neuen Produkt gegenüber positiv beeinflussen. Erwartungen der Konsumenten werden aber nicht nur durch die Marke, sondern z.B. auch durch das Herkunftsland des Produktes ausgelöst.

I.d.R. erfolgt die Wahrnehmung einer Werbebotschaft zeitlich getrennt von der Kaufhandlung. Daher ist es wichtig, dass die Aussagen im Gedächtnis haften bleiben, also gelernt werden. Käufer sammeln Erfahrungen über ein Produkt, indem sie es kategorisieren, d.h. im Gedächtnis in eine Kategorie mit gleichartigen Marken einordnen. Sucht ein Konsument beim Einkauf nach Alternativen, kommen vor allem solche Produkte zum Zuge, die mit starken Assoziationen über die Produkteignung verbunden sind; man spricht in diesem Zusammenhang von **Reizgeneralisierung**: Auf ähnliche Reize wird reagiert, als ob es sich um die gleichen Reize handelt, auf ähnliche Produkte wird reagiert, als ob es sich um das gleiche Produkt handelt (vgl. Mayerhofer 1995, S. 17).

Reizgeneralisierung ist eine wesentliche Ursache für die Präferenzbildung. Der Konsument überträgt Präferenzen, die er erworben hat auf andere Produkte, die den präferierten Produkten ähnlich sind.

Markenerweiterungen stellen einen Eingriff in vorhandene Schemata dar (vgl. die Ausführungen über semantische Netzwerke in Kapitel 2.2.3.2.2). Führt z.B. die Marke *Milka* als Produzent von Tafelschokolade eine Markenerweiterung in die Produktgruppe Riegel durch, wird das Schema der Produktgruppe Riegel um die Marke *Milka* erweitert. Gleichzeitig muss es aber auch auf der Markenebene zu einer Veränderung des Markenschemas von *Milka* kommen (vgl. Abbildung 3-25).

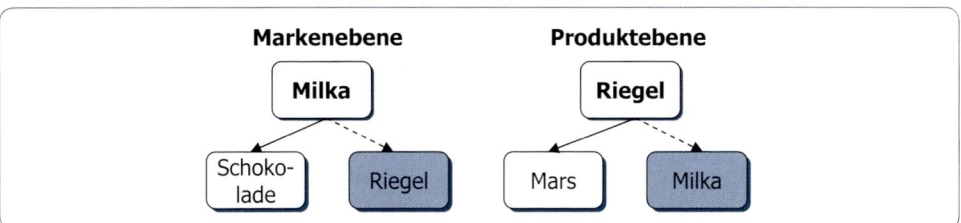

Abbildung 3-25: *Markenerweiterungen*

Bekannte Marken können fehlende Informationen ersetzen. Im Falle einer Entscheidung zwischen der Einführung einer neuen Marke und der Nutzung eines eingeführten Markennamens kann die Marke einen Ersatz für andere, fehlende Informationen über das Produkt darstellen. Fehlende Informationen über Produktmerkmale (Preis, Qualität) können aus einer bekannten Marke abgeleitet werden. Hat eine Marke ein exklusives und teures Image, werden diese Aspekte auch auf die unter dem gleichen Markendach eingeführten weiteren Produkte übertragen. Ohne die neuen Produkte zu kennen, wird ein Konsument vermuten, dass sie ebenfalls exklusiv und teuer sind. Der Firma *Hipp* ist es gelungen, die angestammte Kompetenz im Bereich Babynahrung erfolgreich auf Babypflege zu übertragen. Mütter, die der Marke Vertrauen bei der Babynahrung entgegengebrachten, haben dieses Vertrauen also auch auf die Pflegeprodukte übertragen.

Nach welchem Prozess übertragen Konsumenten Eigenschaften von der Originalmarke auf eine andere Produktkategorie? Es ist davon auszugehen, dass Konsumenten **Analogieschlüsse** verwenden, um Wissen von vergangenen Erfahrungen mit verwandten Produkten auf Markenerweiterungen zu übertragen. Besonders bedeutungsvolle Eigenschaften der Originalmarke werden auf das Transferprodukt übertragen. Eine Marke kann nur dann in eine unähnliche Kategorie übertragen werden, wenn ein bedeutungsvolles Merkmal übertragen werden kann.

Eine weitere wichtige Funktion von Imagetransfers liegt in der Nutzung von etablierten Marken zur **Reduzierung des Kaufrisikos**. Wenn das von einem Konsumenten wahrgenommene Kaufrisiko eine individuelle Toleranzschwelle überschreitet, versucht er, das Risiko zu reduzieren. Konsumenten können sich auf eingeführte Marken als Qualitätssymbol verlassen. Bei einer bekannten Marke wird das Risiko, mit ihr schlechte Erfahrungen zu machen, tendenziell geringer eingeschätzt, als bei einer unbekannten.

Bei einem Imagetransfer wird erwartet, dass auf Seiten der Konsumenten Vertrautheit und Wissen über eine etablierte Marke bestehen. Dadurch können die Kosten für Distribution und Werbung reduziert werden. Es kann unterstellt werden, dass Werbung nicht nur auf das beworbene Stammprodukt, sondern auch auf das Transferprodukt wirkt und umgekehrt. Imagetransfers basieren somit auf Synergieeffekten der Werbung. Wird für ein Produkt der Marke geworben, profitieren davon automatisch alle anderen Produkte der Marke. Es kommt zu einem Transfer von positiven Assoziationen, die mit einer vertrauten Marke verbunden sind. Der Goodwill, der in einem Markennamen aufgebaut wurde kann auf andere Produkte übertragen werden. Die systematische Ausdehnung einer Marke kann aber auch die Bedeutung der Stamm-Marke und deren Markenwert erhöhen.

Es empfiehlt sich, beim Imagetransfer zwei grundlegende Zielsetzungen zu unterscheiden: Einerseits im Hinblick auf die Einführung neuer Produkte, andererseits bei bereits eingeführten Produkten (vgl. Mayer/Mayer 1987, S. 28 ff.). Ziel beim Imagetransfer auf eine Neueinführung ist die Erleichterung der Markteinführung und eine Reduzierung des Floprisikos. Durch die Verwendung des Namens einer bereits erfolgreich am Markt etablierten Marke und der weitgehenden Beibehaltung von spezifischen Marketing-Mix-Komponenten wird eine Übertragung der aufgebauten Markenbekanntheit und der mit ihr verbundenen Wertvorstellungen auf ein neues Produkt angestrebt.

Bei bereits eingeführten Produkten wird eine Intensivierung des Markenvorstellungsbildes beim Verbraucher angestrebt. Durch Kopplung mit Produkten anderer Produktklassen wird versucht, einzelne Aspekte der bestehenden Erlebniswelt abzustützen.

Ein weiteres Ziel kann die Aktualisierung und Modernisierung der eigenen Marke sein, indem durch die Wahl von Transferpartnern eine Veränderung der mit dem Produkt assoziierten Erlebniswelt angestrebt wird. So erlebte die Eismarke *Schöller* durch Kooperation mit *Mövenpick* ein up-grading. (Vgl. hierzu auch die Ausführungen über Co-Branding in Kapitel 5.1)

3. 5.3 Markenstrategien

Hinsichtlich der Zuordnung von Produkten zu Marken lassen sich drei grundlegende Strategien unterscheiden: Einzel-, Familien- oder Dachmarkenstrategien.

Bei einer **Einzelmarken-Strategie** wird jedes Produkt unter einer eigenen Marke geführt. Diese Strategie-Alternative ergibt sich entweder von selbst, bei Ein-Produkt-Unternehmen (*Jägermeister, Red Bull*) oder wenn ein Unternehmen sich mit heterogenen Produkten an unterschiedliche Zielgruppen wendet. *Procter & Gamble* ist beispielsweise weltweit mit über 300 Marken in so unterschiedlichen Märkten wie Haar- und Schönheitspflege, Textil- und Haushaltspflege, Hygieneartikel, Babypflege, Gesundheitspflege, Tiernahrung und Snacks vertreten und hat für jedes Produkt eine eigene Marke kreiert (vgl. Abbildung 3-27).

Abbildung 3-26: *Markenstrategien*

Abbildung 3-27: *Beispiel einer Einzelmarken-Strategie*

Abbildung 3-28: *Beispiel einer Familienmarken-Strategie*

Der große Vorteil von Einzelmarken-Strategien ist darin zu sehen, dass jede Marke gezielt auf die Bedürfnisse der unterschiedlichen Zielgruppen positioniert werden kann, ferner können Flops nicht negativ auf die anderen Marken abstrahlen. Als nachteilig ist der hohe finanzielle Aufwand zur Etablierung jeder einzelnen Marke anzusehen.

Familienmarken umfassen mehrere Produkte unter einer einheitlichen Marke (z.B. *Nivea*, *Milka*, *Kinder*, *Du darfst*). Das Image der Stamm-Marke wird auf neue Produkte transferiert und so dessen Einführung erleichtert. Der nahe liegende Vorteil bei dieser

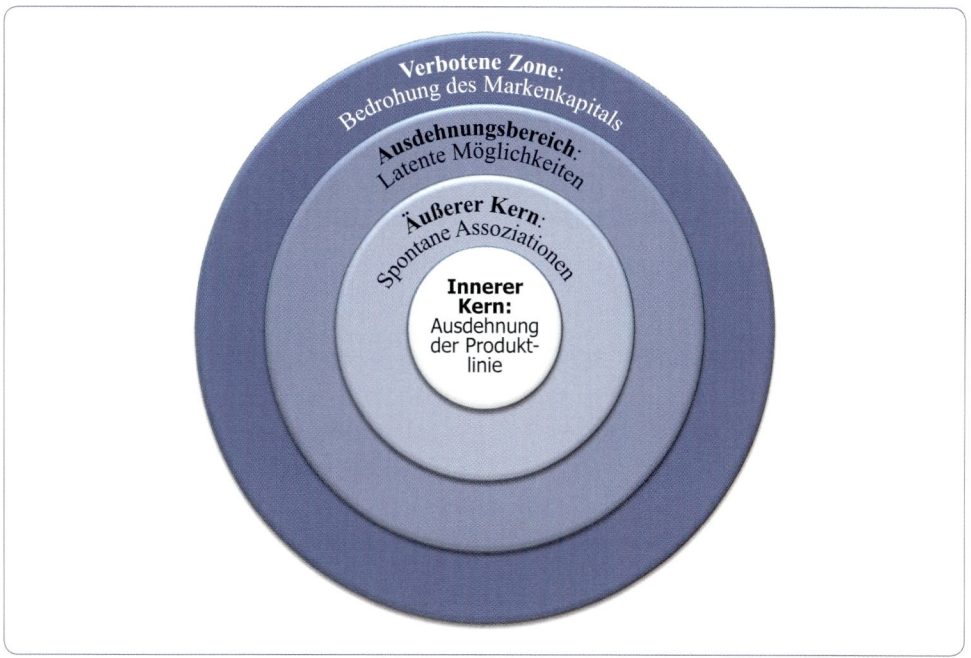

Abbildung 3-29: Markenerweiterungszonen
Quelle: Esch: Strategie und Technik der Markenführung, 4. Aufl., München 2007, S. 313

Strategie ist, dass alle Produkte von einem gemeinsamen Markenimage profitieren und damit, im Vergleich zur Einzelmarken-Strategie, erhebliche Synergien und Kosteneinsparungen realisiert werden können (vgl. Esch 2007, S. 311). Alle Produkte einer Familienmarke haben die gleiche Positionierung. Solange die Produkte aus der gleichen Kategorie stammen (line extension), ist dies auch als weitgehend unproblematisch anzusehen. Es besteht jedoch die Gefahr der Verwässerung der Stamm-Marke, wenn diese sukzessive auf Produktbereiche ausgedehnt wird, die sich immer weiter vom Markenkern entfernen.

Abbildung 3-29 veranschaulicht die Gefahr von Markenerweiterungen. Innerhalb des Markenkerns sowie des Bereiches, den die Zielgruppe spontan mit der Kernkompetenz der Marke assoziiert, ist das Risiko für die Marke gering. Es steigt jedoch in dem Maße, wie die Erweiterungsprodukte den unmittelbaren Bezug zur Kernkompetenz verlieren. Wenn es sich um den gleichen Verwendungs- bzw. Erlebnisbereich handelt, sind auch Markenerweiterungen in neue Produktkategorien (range extension) problemlos möglich, wie z.B. *Gillette* Rasierer und Rasiercreme, *Boss* Kleidung und Parfum.

Das gemeinsame Imagedach der *Nivea*-Produkte ist die Pflege. Es ist gelungen, viele bedarfsverwandte Produkte um die Muttermarke zu legen und erfolgreich einen Markentransfer vorzunehmen. Die Imagefacette „Duft" würde aber wahrscheinlich die Glaubwürdigkeit der Marke strapazieren (vgl. Mayerhofer 1995, S. 112). Ausgehend von der Kernkompetenz „Pflege" wurde die Muttermarke sukzessive um neue Segmente erweitert. „*Nivea* hat sein Grundverständnis komplett neu definiert. Früher war *Nivea* eine Hautcreme, heute ist es ein Versprechen, das ungefähr so lautet: ‚All die Pflege, die ich benötige, um gut auszusehen und mich gut zu fühlen'" (F. Schmiedebach, Corporate Vice President, Beiersdorf, zitiert nach O.V. 1998, S. 63). Dennoch ist zu vermuten, dass die

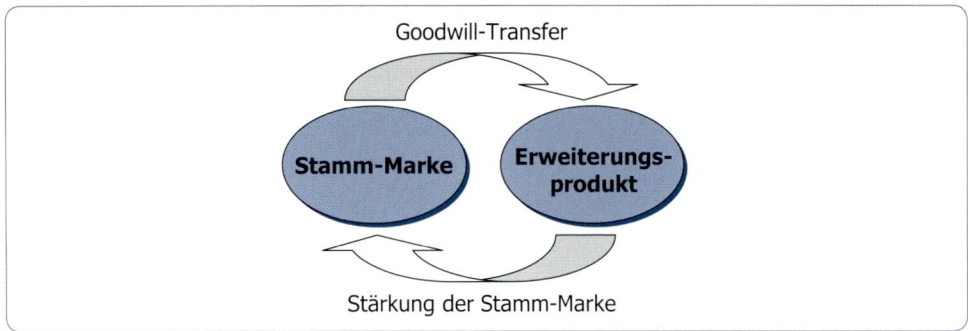

Abbildung 3-30: *Idealtypische Markenerweiterung*

Quelle: Esch: Strategie und Technik der Markenführung, 4. Aufl., München 2007, S. 352

Kernkompetenz „Pflege" nicht beliebig ausgeweitet werden kann. Zahn- oder Fußpflege würde die Pflegekompetenz von *Nivea* wahrscheinlich überfordern.

Bei alkoholfreiem Bier hingegen war die Schaffung einer neuen Marke erfolgreich, *Clausthaler* dominiert nach wie vor diesen Markt. Spätere Einsteiger (*Becks*, *Jever*, *Bitburger*) neigten eher dazu, die Stamm-Marke zu nutzen.

Die richtige Wahl der Erweiterungsprodukte, der so genannte Markenfit, ist von zentraler Bedeutung für die Familienmarken-Strategie. „Der Markenkern und das Markenimage der Stamm-Marke begrenzt die Dehnungsoption. Allerdings entstehen auch positive Imagerückwirkungen auf die Stamm-Marke, wenn passende neue Produkte hinzukommen" (Esch 2007, S. 315) (vgl. Abbildung 3-30). So konnte beispielsweise bei der Marke *Tesa* durch Einführung der *Tesa-Power-Strips* das Image in Richtung Innovativität verändert und die Marke damit verjüngt werden.

Bei Markenerweiterungen besteht immer die Gefahr der Kannibalisierung der Stamm-Marke, also die Gefahr, dass die Erweiterungsprodukte nicht zusätzlich sondern *an Stelle* der Stamm-Marke gekauft werden. Es müssen also die potenziellen Umsatzverluste der Stamm-Marke verglichen werden mit den erwarteten Umsatzzuwächsen. Allerdings ist es immer noch besser, wenn sich unternehmenseigene Marken gegenseitig kannibalisieren, als wenn dies durch Konkurrenzmarken erfolgt. So wurde z.B. *Marlboro* nach allen Seiten der Produktpalette ergänzt (Lights, Medium, Menthol). Dies ermöglicht dem Verbraucher einen Trendwechsel innerhalb der Marke.

Alles unter einem Dach

Über 500 Artikel finden sich mittlerweile unter dem Dach der Marke *Nivea*, (...) die 2008 einen weltweiten Umsatz von 3,7 Milliarden Euro einbrachte. Dreißig Prozent entfallen auf Neuheiten, die nicht älter als fünf Jahre sind.

Die Gratwanderung, die die Ausweitung des Produktportfolios für die Marke bedeutet, ist bei *Nivea* allerdings eine besondere. Egal, was die 450 Wissenschaftler im Hamburger Forschungszentrum entwickeln, es muss bei Preis, Gestaltung und Verwendungszweck unter das Dach der klar konturierten Brand passen, die seit ihren Anfangstagen für das Thema Pflege steht.

Doch was passt – und was nicht? Wie kaum ein anderer Konsumgüterhersteller hat Beiersdorf in den vergangenen zwanzig Jahren die Dehnung seiner einstigen Produktmarke vorangetrieben und deren Sortiment ausgeweitet. Haarshampoo, Aftershave und Sonnenmilch unter dem *Nivea*-Label gab es zwar bereits zuvor, Anfang der neunziger Jahre forcierte Beiersdorf den Ausbau der Produktlinien jedoch massiv. Neue Submarken wie *Nivea* for Men, *Nivea* Hair Care und *Nivea* Vital entstehen, 1997 wagt das Unternehmen mit *Nivea* Beauté sogar den Sprung in die dekorative Kosmetik.

Ganz ohne Risiken ist die Suche nach Wachstumsmöglichkeiten für den Klassiker gerade auf diesem Gebiet nicht, warnen Fachleute. Neue Produktlinien und Innovationen einzuführen und zugleich den Kern einer Marke zu bewahren, sei immer eine Herausforderung, erläutert der Gießener Markenberater Franz-Rudolf Esch. „Grundsätzlich sollten Marken nicht in Kategorien aktiv werden, die die Grundfeste ihrer Identität konterkarieren. *Nivea* steht für Natürlichkeit, Schönheit und Pflege – da kann schon der Einstieg in bestimmte Bereiche der dekorativen Kosmetik kritisch werden, wenn man die Glaubwürdigkeit der Marke nicht unter-graben will", so der Branding-Experte weiter. Eine Gefahr, die auch Bernd M. Michael sieht: Der ehemalige Chairman der Werbeagentur Grey beobachtet bei *Nivea* eine Weiterentwicklung in der Positionierung – weg vom Markenkern Pflege, hin zum Thema Schönheit. Ein Begriff, den Beiersdorf selbst für seinen Bestseller seit 2007 weltweit in der Werbung nutzt. Eine Zielrichtung, die Michael für problematisch hält. „Schönheit ist ein Begriff, den eine Marke allein nicht besetzen kann – das dürfte auf Dauer eine nicht zu haltende Bastion sein", glaubt er (vgl. Holst 2009, S. 90).

Wenn ein und derselbe Markenname für alle Produkte eines Unternehmens (aus unterschiedlichen Kategorien) verwendet wird, handelt es sich um eine **Dachmarken-Strategie**. Mit ihr wird vor allem die Profilierung des Gesamtunternehmens und dessen Kompetenz verfolgt („Freude am Fahren"). Dachmarken-Strategien bieten sich immer dann an, wenn das Angebotsspektrum zu groß für eine Einzelmarken-Strategie ist und weitgehend homogene Zielgruppen mit der gleichen Positionierung angesprochen werden können. Diese Bedingungen sind häufig bei Dienstleistungen, Industrie- und Gebrauchsgütern gegeben.

Abbildung 3-31: *Beispiel für Dachmarken-Strategie*

Die Synergiemöglichkeiten von Dachmarken-Strategien sind sehr vielfältig. Es besteht aber auch hier die Gefahr der Markenerosion, dass also mit zunehmender Ausweitung das Image der Marke verschwommen wird. Die Frage, wie weit eine Marke ausgedehnt werden kann, hängt von den zentralen Assoziationen ab, die die Marke hervorruft. Je stärker eine zentrale Assoziation ist, desto eingeschränkter ist die Ausdehnbarkeit auf andere Kategorien.

Die Vor- und Nachteile einer Dachmarken-Strategie entsprechen denen der Familienmarken-Strategie. Allerdings ist bei Dachmarken mit großer Angebotsbreite der Profilierungsnachteil ausgeprägter: Je heterogener das Angebot, desto weniger spitz kann die Marke positioniert werden (vgl. Esch 2007, S. 315).

Immer mehr Unternehmen gehen dazu über, die Unternehmens-Marke zur Dachmarke auszubauen und sie als Absender in die Einzelmarken zu integrieren (*Unilever, Nestlé*). Des Weiteren werden auch Produktlinien immer stärker ausgedehnt. Beide Vorgehensweisen beabsichtigen einen positiven Imagetransfer, durch den sich die Einzelmarken noch stärker im Wettbewerb profilieren sollen.

3. 5.4 Kernkompetenzen als Basis von Imagetransfers

Ausgangspunkt von Imagetransfers ist immer die **Kernkompetenz**, für die die Marke im Bewusstsein der Verbraucher steht. Von dieser Kernkompetenz leitet sich auch die Positionierung ab. Abbildung 3-32 zeigt aus der Kernkompetenz heraus vorgenommene Markenerweiterungen am Beispiel der Marke *Milka*. Dabei wird angenommen, dass *Milka* für Schokolade steht, und die Marke über ihre Zartheit positioniert wird.

Die lila Kuh würde dann als ein Symbol für die Positionierung stehen, wobei die Farbe von der Packungsfarbe kommt. Die Assoziationskette, die die Kuh symbolisieren sollte, könnte beispielsweise lauten:

- *Milka* wird aus Alpenvollmilch hergestellt,
- diese Milch ist deshalb so gut, weil die Almen in den Alpen hoch gelegen sind, das Gras deshalb dort langsamer wächst, sich besser entwickeln kann und besser schmeckt
- daher ist *Milka* die zarteste Versuchung, seit es Schokolade gibt.

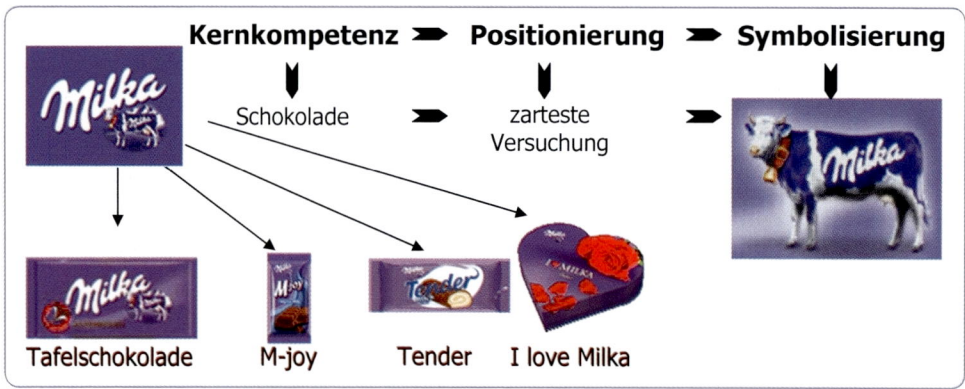

Abbildung 3-32: *Kernkompetenz als Basis von Imagetransfers*

Die Frage ist, ob die Kuh tatsächlich für diese Assoziationskette steht oder ob sie sich mittlerweile nicht verselbständigt hat (vorausgesetzt, die getroffenen Annahmen stimmen). Wenn *Milka* für Schokolade und nicht für Naschen allgemein steht, wäre die Marke *Milka* wahrscheinlich nicht auf Knabbergebäck ausdehnbar.

Wie nachhaltig die Kernkompetenz bei Markenerweiterungen berücksichtigt wird, zeigte sich beispielsweise bei der Einführung einer weißen *Milka*-Schokolade. Es stellte sich hier die Frage nach der Definition von Schokolade. Schokolade wird gemeinhin als Produkt auf Basis einer Kakaomasse definiert und üblicherweise mit der Farbe braun („schokoladenbraun") assoziiert. Würde der Verbraucher dann weiße Schokolade überhaupt als Schokolade wahrnehmen? Darf eine weiße Schokolade demzufolge in das *Milka*-Sortiment aufgenommen werden? Da bei der weißen Schokolade die Kakaomasse vor allem aus dem wertvollsten Bestandteil des Kakaos, der Kakaobutter besteht, könnte jedoch auch mit der weißen *Milka* die Kernkompetenz gewährleistet bleiben.

Abbildung 3-33: *Markenportfolio der Unternehmensgruppe Melitta*

Melitta stand als Dachmarke für 200 verschiedene Produkte, vom Kaffeefilter bis zum Luftreiniger. Das führte zu einem diffusen Markenbild. Im Zuge einer Umstrukturierung wurden strategische Geschäftsfelder definiert für die jeweils eigene Marken geschaffen wurden (vgl. Abbildung 3-33). Die Marke *Melitta* steht heute nur noch für den angestammten Kaffeebereich (Kaffee, Filterpapier, Kaffeemaschinen) sowie als *Melitta System Service* im Bereich Gastronomie und Großküchen. Für das Geschäftsfeld „Praktische Sauberkeit" wurden für die Produkte der Bereiche Dunstfilter, Müll- und Staubsaugerbeutel die Marke *Swirl*, für Folien die Marke *Toppits* und für Teefilter die Marke *Cilia* geschaffen.

Die **Kernkompetenz** einer Marke sollte auf den für die jeweilige Produktkategorie relevanten Werten basieren. Jede Produktkategorie hat spezifische Wertaffinitäten, wobei der „Wert" auf der „Konzeption des Wünschenswerten" beruht (vgl. Dingler 1997, S. 161). Ein Beispiel aus dem Lebensmittelbereich soll dies verdeutlichen: Gemeinsames Merkmal aller *Du darfst*-Produkte ist, dass sie kalorienreduziert (fettarm) sind. Die *Du darfst*-Kampagne positionierte die Produkte jedoch nicht über den unmittelbaren Nutzen, sondern über das daraus abgeleitete Selbstbewusstsein der Verwender(innen) (vgl. Abbildung 3-34).

„Das objektive Merkmal „fettarm" wird mit der Bedeutung „kalorienarm" direkt assoziiert. Dieses wiederum hat die Konsequenz „schlank bleiben" und „schön sein". In unserer Kultur ist Schlankheit bei Frauen ein bedeutender Wert. Und Schlankheit ist ein Bild von

Abbildung 3-34: *Kategorietypische Wertaffinitäten*

Vgl. Dingler: Core Values ein Roulettespiel?, in: Absatzwirtschaft, Sondernummer Okt. 1997, S. 163

Schönheit. Das Ideal „dicke Menschen" besitzt unsere Kultur nicht. Dicksein ist folglich „nicht wünschenswert" und damit „abzulehnen" und in letzter Konsequenz „hässlich", „abstoßend". Steigt man höher, kommt man auf den Wert „Respekt" und auf den terminalen Wert „Selbstbewusstsein" (Dingler 1997, S. 163).

Die „Spiegelbild-Kampagne" von *Du darfst* (vgl. Abbildung 3-35) demonstrierte den Produktnutzen: *Du darfst* hilft, die Figur zu halten. Die Kampagne spricht alle die an, die Wert auf ein ästhetisches Erscheinungsbild und damit auf eine gute Figur legen (vgl. Mayer/Mayer 1987, S. 149). Die Kampagne richtete sich nicht vordergründig an dicke

Abbildung 3-35: *Du darfst-Anzeige*

Menschen, die mit den Produkten abnehmen können, sondern sie zeigte schlanke Menschen, die so bleiben wollen, wie sie sind.

Zwischen den Partnerprodukten sollte also eine wahrnehmbare Verbindung bestehen, die sich aus der Kernkompetenz der Stamm-Marke ableitet. Ist dies nicht der Fall, wird eine Markengleichheit vom Verbraucher möglicherweise nur als zufällig erlebt, Transfereffekte sind dann nicht zu erwarten. So ist vielleicht nicht allen Verbrauchern bewusst, dass die *Michelin*- bzw. *Varta*-Führer von dem Reifen- bzw. Batteriehersteller aufgelegt werden.

Die wahrgenommene Übereinstimmung der Transferprodukte hat eine direkte Auswirkung auf die Einstellung gegenüber diesem Transfer und damit einen Effekt auf den Zusammenhang zwischen der wahrgenommenen Qualität der Originalmarke und der Einstellung gegenüber einer Erweiterung.

> Der US-Marktführer bei Backmischungen trat unter seiner Marke erfolgreich in den Sirupmarkt ein. Der Versuch des Marktführers im Sirupmarkt, in den Markt für Backmischungen einzutreten, schlug hingegen fehl. Das Problem bestand darin, dass der Siruphersteller mit klebrig und süß assoziiert wurde, was im Widerspruch zu den Vorstellungen von einem leichten Kuchen stand, während der andere mit Frühstück assoziiert wurde (vgl. Mayerhofer 1995, S. 135).

Die Kernkompetenz ist immer der Ausgangspunkt für die Positionierung einer Marke. Allerdings kann es aus unternehmensstrategischer Sicht sinnvoll sein, Kernkompetenzen zu hinterfragen bzw. zu verschieben. Beispielsweise hat sich *Nokia* von einem Hersteller von Gummistiefeln zum Weltmarktführer bei Handys entwickelt.

3. 5.5 Der „Country of Origin-Effect"

Der Erfolg ausländischer Produkte hängt in wesentlichem Maße auch von den Imagekomponenten des Herkunftslandes ab. In einem erweiterten Sinn wird von Imagetransfer gesprochen, wenn das Image des Herkunftslandes für die Positionierung von Produkten genutzt wird (Country of Origin-Effect). Viele Länder rufen pauschale Assoziationen hervor, im positiven wie im negativen Sinn. So mag für einige Italien das Land des Weines, der Lebensfreude, der Spaghetti, aber auch der Unzuverlässigkeit und der Mafia sein. Die Schweiz wiederum steht vielfach für Zuverlässigkeit, Uhren, Berge, Reichtum aber vielleicht auch für Spießbürgerlichkeit.

Die globalen Kompetenzen eines Landes greift die Werbung gerne als Begründung für die besondere Qualität bestimmter Produkte auf. So hat Italien nun einmal eine größere Kompetenz für Spaghetti als beispielsweise die Schweiz und die Schweiz eine größere Kompetenz für Präzisionsuhren als Italien.

Das Image eines Landes wird von verschiedenen Faktoren beeinflusst (vgl. Mayerhofer 1995, S. 142):

- Eigenschaften der Bevölkerung,
- landschaftliche Gegebenheiten,
- kulturelle Aspekte,
- Wahrzeichen,
- Essen und Trinken,
- berühmte Persönlichkeiten,
- Kompetenz des Landes als Hersteller von Produkten,
- für das jeweilige Land repräsentative Produkte.

Viele Produkte erhalten ihre Qualitätsanmutung überhaupt erst durch das Land, in dem sie hergestellt wurden, wie beispielsweise Whisky aus Schottland, Pralinen aus Belgien, Uhren aus der Schweiz, Wein aus Frankreich oder Mode aus Italien.

Die Ansichten über ein Land bestimmen auch die Akzeptanz ausländischer Produkte und sind deshalb ein wichtiger Marketingfaktor. Bei ansonsten identischen Produkten, die sich lediglich durch das Herkunftsland unterscheiden, ist zu erwarten, dass die Beurteilung der Produkte von den persönlichen Ansichten über das Herkunftsland beeinflusst wird. Nationale Stereotype spielen vielfach auch bei der Urlaubsplanung, sowie generell im Tourismus-Marketing eine große Rolle. So war zu Zeiten der Apartheid für viele Südafrika kein Urlaubsland.

Wie stark der Einfluss des Herkunftslandes auf die Qualitätserwartungen seiner Produkte ist, zeigt die Bezeichnung „Made in Germany", die nach wie vor noch ein Gütesiegel darstellt.

> Das Label „Made in Germany" auf den Produkten zu haben war für die chinesische First Pencil Co. Shanghai Anlass, eine Bleistiftproduktion in Deutschland aufzunehmen. Die Maschinen und die Rohlinge stammen aus China. Deutsche Bleistifte haben Weltruf. Zwar sind die Löhne in Deutschland höher als in China, aber im Gegensatz zu dem Label „Made in China" lässt sich mit „Made in Germany" in ein höheres Preissegment vorstoßen (vgl. O.V. 1997, S. 142 f.).

Die Entwicklung von Herkunftszeichen, wie sie heute als Gütesiegel für Produkte aus einem Erzeugerland eingesetzt werden, beginnt 1886 in London. Wenn auch nicht mit der Absicht, das Image eines Landes positiv für seine Produkte einzusetzen. Im Gegenteil! Unter den Abgeordneten des britischen Parlaments tobten heftige Diskussionen, wie die Vorherrschaft von britischen Erzeugnissen in der industriellen Produktion aufrecht zu erhalten sei. Der über die Insel hinwegfegenden Flut an deutschen Produkten muss Einhalt geboten werden. Aber wie?

Die Erhöhung der Schutz- und Einfuhrzölle für Erzeugnisse aus Kontinentaleuropa wäre der einfachste Weg, um das Problem in den Griff zu bekommen. Da Europa im Gegenzug die Exportgüter des Inselstaates jedoch umgehend mit Strafzöllen belegen würde, wird diese Alternative als Nullsummenspiel verworfen. Anstatt die deutschen Erzeugnisse zu bekämpfen, entschließt man sich, auf den ausgeprägten Nationalstolz der Briten als verlässlichen Abwehrmechanismus zu setzen. Am 23. August 1887 verabschiedet das britische Parlament mehrheitlich den „Merchandise Marks Act". Ab sofort müssen aus Deutschland stammende Produkte deutlich mit der Herkunftsbezeichnung „Made in Germany" gekennzeichnet werden. Ein unübersehbares Signal an die Bevölkerung, die so gebrandmarkten Waren nicht zu kaufen.

Da die Briten nicht mit der raschen Lern- und Entwicklungsfähigkeit der Deutschen Industrie gerechnet hatten, ging dieser nationalistisch motivierte Akt der Diffamierung nach hinten los. Denn noch im selben Jahr, als das Gesetz erlassen wurde, hatten sich die Produktionsverhältnisse in Deutschland dramatisch verbessert. Man war am besten Weg, neue Qualitätsstandards in der industriellen Produktion zu setzen. Deutsche Qualitätsware, die aufgrund des auf ihr angebrachten „Warnhinweises" leicht von minderwertigen Produkten aus anderen Regionen unterschieden werden konnte, erfreute sich unter der britischen Bevölkerung bald solcher Beliebtheit, dass britische Hersteller ihre Erzeugnisse fälschlicherweise mit dem Gütesiegel versahen, um in den Genuss der Reputation deutscher Qualitätsprodukte zu kommen (Friederes 2006, S. 111).

Bei der gezielten Nutzung des „Made-in"-Images wird versucht, vorteilhafte Komponenten des Landesimages mittels Imagetransfer zu übertragen. Ländersterotype haben den Vorteil einer hohen zeitlichen Stabilität und interkulturellen Homogenität. Beispielsweise ist im Automobilbereich das Herkunftsland eines der Kaufentscheidungskriterien, das in vielen Ländern einheitliche Bedeutung hat (vgl. Frieders 2006, S. 116). Allerdings besteht auch die Gefahr, dass sich Marken ausgeprägter Imagekomponenten von Ländern bedienen, obwohl sie gar nicht aus dem Land stammen. So haben sich beispielsweise auf dem russischen Markt urdeutsch klingende Markennamen etabliert, die mit Deutschland als Herkunftsland aber nichts zu tun haben. Das wohl prominenteste Beispiel für eine solche „Kuckucksmarke" ist *Häagen Dazs*:

> 1961 erfand der aus Polen stammende und in New York lebende Einwanderer Reuben Mattus den Fantasienamen für sein feines Speiseeis. Der Name sollte bei den amerikanischen Konsumenten Assoziationen zu den europäischen Traditionen und der europäischen Handwerkskunst herstellen. Um diesen Eindruck zu verstärken, ergänzte Mattus das Firmenlogo in den Anfangsjahren zusätzlich um den Umriss der Landkarte von Dänemark (vgl. Frieders 2006, S. 116 f.).

Die County-of-Origin-Strategie wird sowohl zur emotionalen als auch zur qualitativen Differenzierung genutzt. Zur Umsetzung können Markenname, Markenzeichen, Verpackung und Markenkommunikation genutzt werden. Ziel ist in allen Fällen, eine schnelle und unmittelbare Verbindung mit dem Herkunftsland zu ermöglichen.

In Zeiten der Globalisierung stehen international agierende Unternehmen vor dem Problem, dass ihre Produkte nicht mehr mit einem bestimmten Herkunftsland in Verbindung gebracht werden. Der Versuch, Firmenmarken aufzubauen, konfligiert dann zwangsläufig mit den Länderimages. Es kann sich beispielsweise die Frage stellen, ob eine Bezeichnung wie „Made by *Siemens*" eine Herkunftsbezeichnung auf den Produkten „Made in Taiwan" in den Qualitätserwartungen kompensieren kann.

Die Images des Herkunftslandes können im Zuge einer Internationalisierung aber auch gezielt genutzt werden, um Differenzierungen gegenüber Wettbewerbsprodukten auf Auslandsmärkten aufzubauen (vgl. Kapitel 7).

Abbildung 3-36: Country-of-Origin-Strategien

3. 5.6 Risiken von Imagetransfers

Die große Gefahr von Imagetransfers liegt darin, dass die Bedeutung einer Marke verwischt und die Klarheit des inneren Markenbildes getrübt werden kann. Das ist spätestens dann der Fall, wenn eine Marke so stark ausgedehnt wird, dass sie von den Konsumenten für gar nichts mehr außer für eine bekannte Marke gehalten wird. Falsche Imagetransfers können negative Assoziationen hervorrufen. Wird eine Marke auf ein Produkt von geringer Qualität ausgedehnt, führt dies nicht nur zu einer Abwertung des Transferproduktes, sondern zu einer generellen Abwertung der Marke und bedroht auch andere Produkte, die mit dieser Marke verbunden sind. Eine Marke überdauert oftmals die Produkte für die sie steht, insofern kommt der Marke prinzipiell eine größere Priorität zu als ihren Produkten. Da jedes Produkt, das zusätzlich unter einer Marke platziert wird, die Bedeutungsinhalte dieser Marke verändern kann, ist bei Markenerweiterungen darauf zu achten, dass die Markenpersönlichkeit nicht verwischt und die Tragfähigkeit des Markenimages nicht überfordert wird. Hinzu kommt, dass mit zunehmender Anzahl von Transferprodukten spitze Positionierungen der Marke immer schwerer werden. Die grundlegende Frage bei Imagetransfers ist, wie weit Marken ihre Kernkompetenz ausdehnen können. „Entscheidend für den Erfolg neuer Produkte ist der Markenfit" (Gutjahr 2008, S. 48).

Die Auswahl der Transferprodukte hat beim Imagetransfer also eine entscheidende Bedeutung. Werden Produkte ausgewählt, die nicht zueinander passen, kann das Auswirkungen sowohl auf das Stamm- als auch auf das neue Produkt haben. Fehlen die Gemeinsamkeiten zwischen den Transferprodukten oder werden sie von den Verbrauchern nicht erkannt, wird die Markengleichheit im günstigsten Fall als zufällig erachtet. In diesem Fall erfolgt auch kein Imagetransfer. Alle Produkte jedoch, die Assoziationen hervorrufen, die mit der Stamm-Marke unvereinbar sind, können deren Identität gefährden. Die größte Gefahr geht von **Rücktransfers** aus, wenn das neue Produkt Assoziationen hervorruft, die mit der bisher erfolgreichen Marke unvereinbar sind (vgl. Mayer/Mayer 1987, S. 60). So stellte beispielsweise der nicht bestandene „Elchtest" der A-Klasse ein außerordentliches Gefahrenpotential für das durch Zuverlässigkeit und Sicherheit gekennzeichnete Image von *Mercedes-Benz* dar.

Eine andere Gefahr beim Imagetransfer liegt in der Überforderung der Tragfähigkeit des Markenimages. Die Überforderung kann einerseits daraus resultieren, dass eine Marke auf zu viele Produkte ausgeweitet wird und damit an Profil verliert. Pierre Cardin hat beispielsweise weltweit über 600 Lizenzen für Produkte vergeben, die seinen Namen tragen. Andererseits können Marken überfordert werden, wenn sich die einzelnen Produkte der Marke an zu unterschiedliche Zielgruppen wenden. Beispielsweise kreierte der Couturier Karl Lagerfeld auch eine Kollektion für den *Quelle*-Katalog bzw. für *H&M*:

> „… der Einzug in die Ketten-Läden der Fußgängerzonen markiert einen Höhepunkt, den „vorläufig letzten Schritt einer größeren Umwälzung im hierarchischen Gefüge zwischen Haute Couture und Wühlecke", wie die „Süddeutsche Zeitung schrieb. Auf jeden Fall könnte es einen Image-Gewinn im Konkurrenzkampf mit Zara, C&A und anderen Mitbewerbern bedeuten.

> Auch wenn die Zahl der neuen T-Shirts, Mäntel und Gürtel „limitiert" ist, klein ist sie nicht: „Auf Grund unserer Preisstruktur müssen wir sehr hohe Stückzahlen produzieren", heißt es bei H&M – ohne genaue Angaben. Designer und Produzent heben die Qualität der Stoffe hervor. Wenn das stimmt, bekommt Masse Klasse.

> Damit wird es für Lagerfeld schwer, den enormen Preisunterschied zu seinen Kreationen für Chanel, Fendi und „Lagerfeld Gallery" zu erklären. Dieser liege zum Beispiel bei „Stoffen, die kein anderer hat", sagt er. „Und die teuren Sachen passen mit den ganz preis-

Abbildung 3-37: *Lagerfeld-Werbung für H&M*

werten zusammen, nicht mit den mittelmäßigen." Quelle: O.V.: Lagerfeld en masse, faz.
net, 12.11.2004

3. 6 Imagemessung

Das Standardverfahren zur Imagemessung ist das so genannte **Semantische Differential (Polaritätenprofil)**, das ursprünglich zur Messung von Wortbedeutungen entwickelt wurde. Gearbeitet wird hierbei mit **Assoziationen**. Allerdings werden keine freien Assoziationen zugelassen, vielmehr werden den Versuchspersonen Begriffspaare vorgegeben. Um die Assoziationsstärke messen zu können, werden die Assoziationen mit **Ratingskalen** verknüpft.

Tabelle 3-4: *Beispiel für eine Rating-Skala: „Wie schätzen Sie unser Produkt ein?"*

sehr gut	+3	1
gut	+2	2
weniger gut	+1	3
mittelmäßig	0	4
eher schlecht	−1	5
schlecht	−2	6
sehr schlecht	−3	7

Vgl. Hammann, P./Erichson, B.: Marktforschung, 3. Aufl., Stuttgart 1994, S. 274

Das semantische Differential besteht aus einer Menge von Eigenschaftsaussagen, die polar gefasst sind und semantisch abgestuft werden können. Die Abstufung erfolgt entweder durch Vorgabe von semantischen Skalen oder durch eine numerische Skala (vgl. Hammann/Erichson 1994, S. 281 f.), i.d.R. wird eine 7er-Skala verwendet.

Abbildung 3-38 zeigt als Beispiel für ein semantisches Differential, die Gegenüberstellung der Imagedimensionen zweier Biermarken. Während Marke B eher unterdurchschnittliche Ausprägungen in den untersuchten Imagedimensionen zu verzeichnen hat, erscheint die Marke A zwar als langweilig und altmodisch, aber auffallend und eindeutig als Premiumbier. Das deutliche Problem dieser Marke liegt jedoch darin, dass sie als zu „alt" empfunden wird, was mit den Ausprägungen bei „langweilig" und „altmodisch" korrespondiert. Werden jetzt Maßnahmen ergriffen, um dieses Imagedefizit auszugleichen, also die Marke „jugendlicher" erscheinen zu lassen, könnte dies auch andere Imagefacetten beeinflussen. So könnte ein jugendlicheres Image die Marke zwar moderner und zeitgemäßer, aber möglicherweise auch die Premiumaspekte (Qualität, für gehobene Ansprüche) weniger ausgeprägt darstellen.

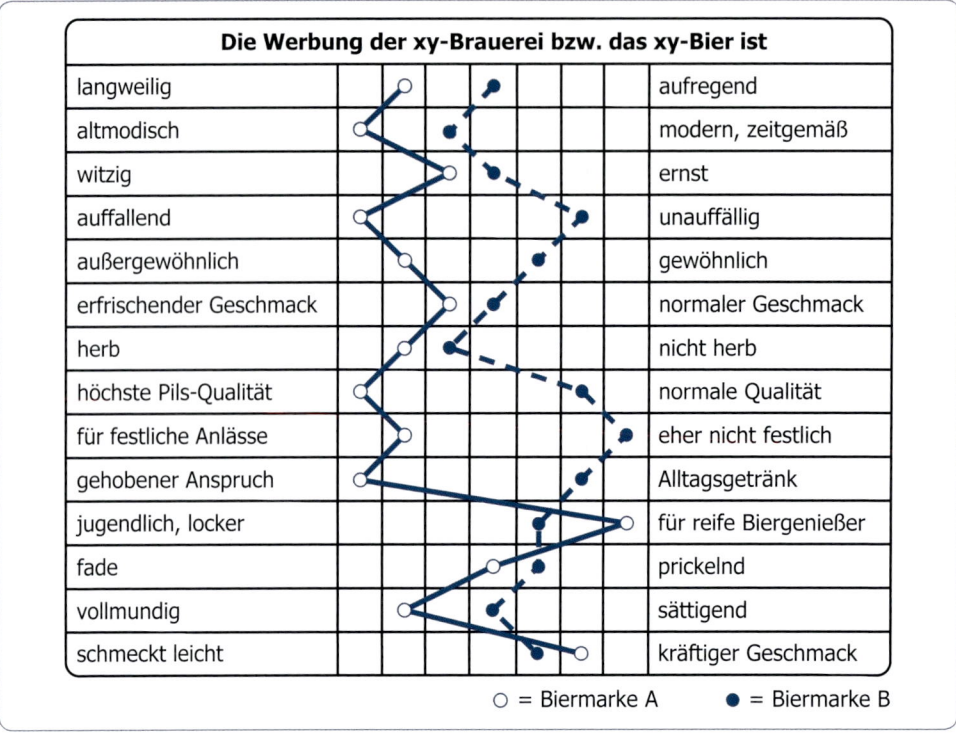

Abbildung 3-38: *Beispiel für ein Polaritätenprofil*

Das Beispiel zeigt auf, dass die Imagefacetten einer Marke eng miteinander verzahnt sind und Änderungen in einzelnen Ausprägungen nicht ohne Auswirkungen auf andere Bereiche bleiben können.

Mittels einer Befragung werden Personen aus der Zielgruppe gebeten, eine Einschätzung zu den jeweiligen Aussagen abzugeben. Durch Verbindung der Ankreuzungen entsteht ein Polaritätenprofil. Die Stärken und Schwächen der Werbung bzw. des Bieres lassen sich durch die Kumulation der Angaben einer Vielzahl von Personen in einem bestimmten Zeitraum auf diese Weise feststellen und erlauben eine Positionsbestimmung und entsprechende gezielte Maßnahmen zur Behebung von Defiziten. So lässt sich auch die Position der Brauerei im Vergleich zum Durchschnitt aller Brauereien bzw. zu einem angestrebten Ideal bestimmen. Daneben ist diese Form der Marktforschung ein ideales Überwachungsinstrument, um Imageveränderungen im Zeitablauf festzustellen.

Das Semantische Differential hat den großen Vorteil, einfach in der Konstruktion, Anwendung und Auswertung zu sein. Es hat jedoch auch einige konzeptionelle Mängel (vgl. Hammann/Erichson 1994, S. 274 f.):

1. Der **Nachsichtseffekt:** Die Befragten schätzen ihnen bekannte Gegenstände tendenziell günstiger ein als ihnen unbekannte.

2. Der **Zentralitätseffekt:** Befragte neigen dazu, extreme Beurteilungen zu vermeiden.

3. Der **Haloeffekt:** Die Befragten lassen sich bei ihren Einschätzungen von übergeordneten Sachverhalten leiten (bayerisches Bier wird von der Einstellung zu Bayern dominiert).

Aufgaben:

1. Welche Regeln sind für die Erstellung einer Positionierung einzuhalten?

2. Suchen Sie strategische Dimensionen, die für eine Positionierung Ihres Heimatortes Aussicht auf Erfolg verheißen. Entwickeln Sie Strategien, um die Ausprägungen dieser Dimensionen möglichst nahe an eine Idealposition zu führen.

3. Sie planen, auf Rügen eine Brauerei zu errichten, die den gesamten norddeutschen Raum beliefern soll. Zunächst überlegen Sie jedoch, ob Sie eine eigenständige Positionierung finden, die Aussicht auf Erfolg verspricht und die die Basis für eine ebenso eigenständige Werbekampagne sein kann.

   Erstellen Sie Positionierung und Copy Strategy für Ihr Bier. Gehen Sie dabei von möglichst realistischen Voraussetzungen bezüglich der Verhältnisse auf gesättigten Märkten und insbesondere für Ihre Brauerei aus.

4. Welche Zusammenhänge bestehen zwischen dem Image des Distributionskanals und dem Markenimage?

5. Übertragen Sie die Funktionen von Images auf den Kauf einer Jeans.

6. Welche Voraussetzungen müssen bei einem Imagetransfer gegeben sein?

7. Welche Vorteile versprechen sich Markenartikler von einem Imagetransfer?

8. Erarbeiten Sie eine Imageanalyse für Ihren Heimatort.

9. Erläutern Sie die Vor- und Nachteile der drei grundlegenden Markenstrategien.

4 Public Relations

> „Wenn ein junger Mann ein Mädchen kennen lernt und ihr erzählt, was für ein groß-
> artiger Kerl er ist, so ist das Reklame.
>
> Wenn er ihr sagt, wie reizend sie aussieht, so ist das Werbung.
>
> Wenn sie sich aber für ihn entscheidet, weil sie von anderen gehört hat, er sei ein
> feiner Kerl, so ist das Public Relations."
>
> A. Münchmeyer

4.1 Grundlagen

4.1.1 Gegenstand der PR

Auch die Public Relations zählen konventionsgemäß zu den klassischen Werbeformen
und damit zur „Werbung above the line". Ganz allgemein ist unter Public Relations (PR)
die Öffentlichkeitsarbeit eines Unternehmens zu verstehen, nämlich Verbindungen (Relations) mit der Öffentlichkeit (Public) herzustellen (vgl. Rota 1994, S. 66). Allerdings
wird der alte PR-Grundsatz „Tue Gutes und rede darüber" den Inhalten einer modernen
Öffentlichkeitsarbeit nicht mehr gerecht. Vielmehr ist PR heute im Rahmen einer integrierten Kommunikation zu betrachten (vgl. Abbildung 4-1). Darin kommt der PR die
komplexe Aufgabe des Managements der Kommunikationsbeziehungen eines Unternehmens nach innen und außen zu.

Die Geschichte der PR lässt sich in vier Entwicklungsphasen unterteilen:

1. „The public be fooled: Die Öffentlichkeit ist bereit, sich für dumm verkaufen zu lassen.
   Das war – ganz besonders in den USA – die Praxis bis Ende des 19. Jahrhunderts.
2. The public be damned: Die Öffentlichkeit sei verdammt (dass sie es überhaupt wagt,
   Aufklärung zu verlangen). Weitgehend herrschende Meinung in den USA etwa von
   1890–1910.
3. The public be informed: Das war der Leitspruch von Ivy Lee, der damit ab 1910 eine
   neue Epoche der Kommunikation einleitete mit einer ersten praktischen Auswirkung
   in den USA während des Ersten Weltkrieges.
4. The public be understood: Die Öffentlichkeit soll verstehen, was sich ereignet, die Geschehnisse müssen also über die Informationen hinaus erläutert und begründet werden.
   Diese letzte Entwicklung wurde (...) in den zwanziger Jahren initiiert und schuf die
   Grundlage der heutigen modernen Öffentlichkeitsarbeit" (Oeckl 1987, S. 30).

Im Gegensatz zu den übrigen Instrumenten des Kommunikations-Mix zielt die PR-Arbeit
nicht unmittelbar auf die Beeinflussung ökonomischer Größen, vielmehr will sie den wirtschaftlichen Handlungsspielraum eines Unternehmens ausbauen und absichern. „Dabei
besteht ihre Aufgabe darin, Identität, Zielsetzungen und Interessen einer Organisation
sowie deren Tätigkeiten und Verhaltensweisen nach innen und außen zu vermitteln"
(Naundorf 1993, S. 604). PR reflektiert die Tatsache, dass ein Unternehmen nicht allein

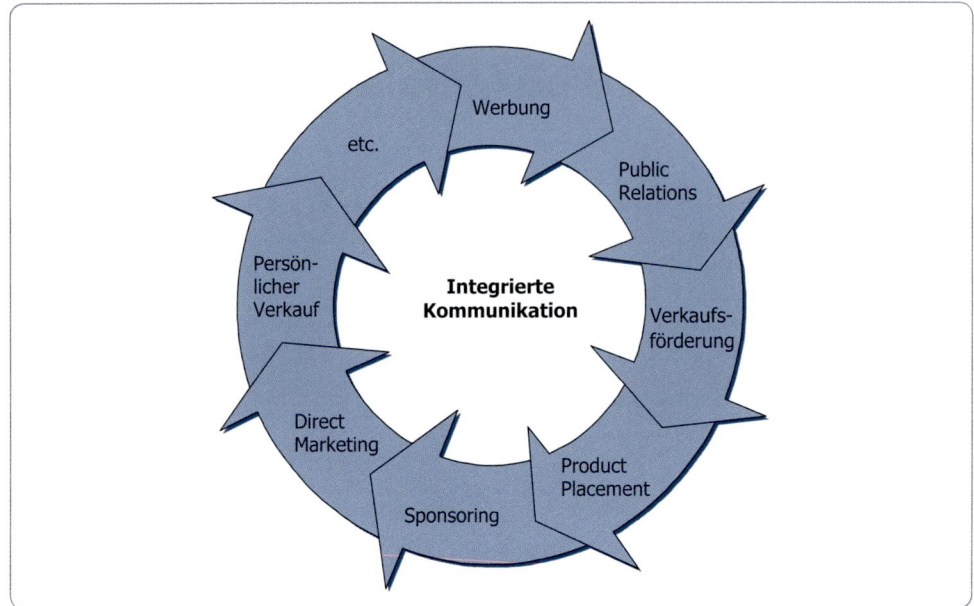

Abbildung 4-1: *Integrierte Kommunikation*

unter betriebswirtschaftlichen Aspekten betrachtet werden kann, sondern Teil der Gesellschaft ist und als solches auch gesellschaftliche Verantwortung trägt.

Der Prozess der Meinungsbildung verläuft nicht immer nach objektiven Kriterien. Im
Gegenteil, er ist subjektiv geprägt und kann damit zu Einstellungen gegenüber dem Unternehmen führen, die keine rationale Basis haben. Bereits Epiktet erkannte: „Es sind nicht
so sehr die Tatsachen, die in unserem Sozialleben entscheiden, sondern die Meinungen
der Menschen über die Tatsachen, ja, die Mei-
nungen über die Meinungen."

 PR bemüht sich nicht nur um Vertrauen
für das Unternehmen in der Öffentlichkeit, sondern versucht darüber hinaus
auch den Prozess der Meinungsbildung gegenüber dem Unternehmen
zu gestalten.

Die Meinung der Öffentlichkeit gegenüber
einem Unternehmen wird von einer Vielzahl
von Faktoren beeinflusst, die außerhalb der
Kontrolle des Unternehmens liegen (vgl. Trux
1994, S. 68f.):

- Jede Information wird vom Empfänger subjektiv interpretiert und kann damit sowohl
  in positiver als auch in negativer Richtung verfälscht werden.
- Häufig ist aber auch die Informationspolitik eines Unternehmens unzureichend, so
  dass in der Öffentlichkeit nur ein diffuses Bild über das Unternehmen entstehen kann.
  Insbesondere Unternehmenskonglomerate und stark diversifizierte Unternehmen sind
  von der Öffentlichkeit schwer einzuschätzen.
- Wenn die Meinungsbildung durch ideologisch geprägte Vorurteile bestimmt wird
  (beispielsweise gegenüber Großbanken, Chemieunternehmen, „Multis"), ist es dem
  einzelnen Unternehmen nur sehr schwer möglich, hier Korrekturen vorzunehmen.

Als Teil der Öffentlichkeit ist jedes Unternehmen jedoch auf das Vertrauen der Öffentlichkeit bzw. bestimmter Teilöffentlichkeiten angewiesen. Sowohl von den Beschaffungs-
märkten (Kapital-, Arbeits-, Rohstoffmärkte) als auch von den Absatzmärkten her. Die
Schaffung einer Vertrauensbasis im Außenverhältnis setzt allerdings voraus, dass das

Vertrauen im Innenverhältnis gegeben ist. Ein Unternehmen wird es langfristig nicht schaffen, öffentliches Vertrauen zu gewinnen, wenn es dies bei seinen eigenen Mitarbeitern, Kunden und Lieferanten nicht besitzt.

Bestimmte Entscheidungen sind zunehmend schwerer gegen die öffentliche Meinung durchzusetzen. Um Verständnis für eine Entscheidung zu erreichen, ist es daher unumgänglich notwendig, die Öffentlichkeit in den Entscheidungsprozess mit einzubeziehen. Dabei sollte bereits in der Entscheidungsvorbereitung die mutmaßliche Reaktion der Öffentlichkeit mit einbezogen und gegebenenfalls eine Argumentationsplattform vorbereitet werden. Alle Unternehmensentscheidungen, die die Öffentlichkeit betreffen, müssen auf ihre öffentliche Wirkung hin untersucht werden. Bei der Durchsetzung der Entscheidungen lassen sich notwendigerweise im Einzelfall Kompromisse nicht vermeiden.

Die Aufgaben der PR-Arbeit lassen sich zusammenfassend wie in Abbildung 4-2 darstellen.

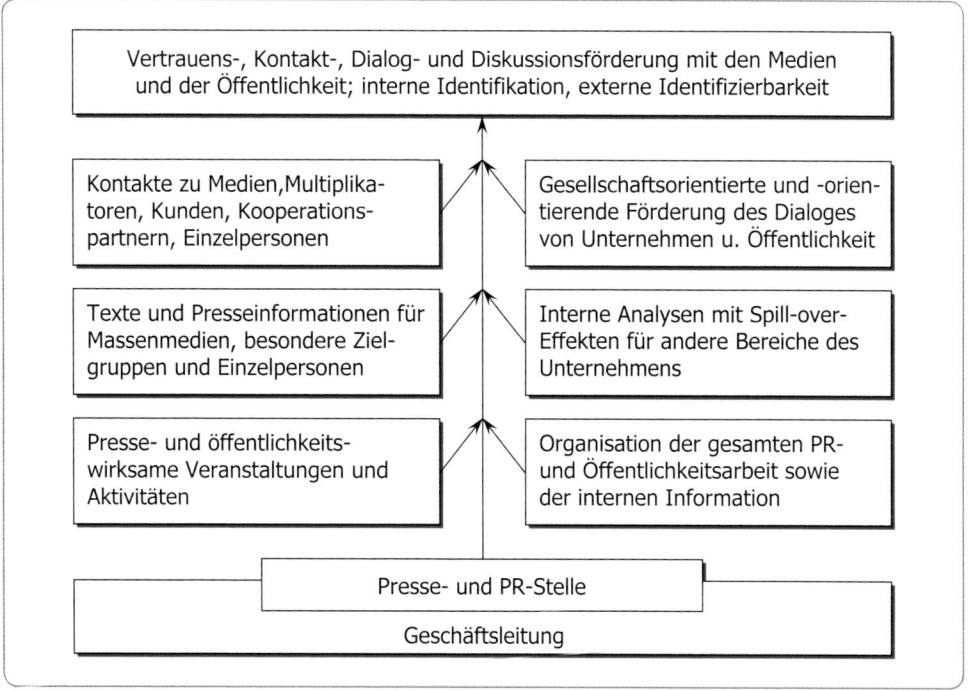

Abbildung 4-2: *Aufgaben der PR*
Quelle: Rota: PR- und Medienarbeit im Unternehmen, 2. Aufl., München 1994, S. 69

4. 1.2 Präsenz in der Öffentlichkeit

Das klassische Instrument der PR ist die **Presse- und Medienarbeit**. Ziel ist hierbei immer die „Verbreitung, Ergänzung oder gegebenenfalls Richtigstellung von Informationen" (Naundorf 1993, S. 610). „Zentrales Thema der nichtwerblichen Presse- und Öffentlichkeitsarbeit ist es zunächst, die Präsenz, Identifizierbarkeit und die Unterscheidbarkeit auf dem Markt der Informationen zu erhöhen, also in der Öffentlichkeit gegenwärtig zu sein" (Rota 1994, S. 50). Da jedes Unternehmen in der Öffentlichkeit „lebt", hat es auch ein natürliches Interesse an einem Dialog mit der Öffentlichkeit. Je nach Größe und Bedeutung des Unternehmens ergibt sich eine Abstufung in nationale, regionale bzw. lokale Öffentlichkeit. Das Richtfest für eine neue Lagerhalle eines lokalen Unternehmens ist normalerweise für eine überregionale Tageszeitung nicht von Interesse, kann aber in der Lokalzeitung ein Aufmacher im Wirtschaftsteil sein.

Im normalen Alltag ist die Öffentlichkeitsarbeit eines Unternehmens gewissermaßen als „Bringschuld" aufzufassen, d.h. die Aktivität muss vom Unternehmen ausgehen. Denn erst, wenn ein Unternehmen mit Informationen nach außen tritt, werden diese wahrgenommen und bekannt. Solange die Öffentlichkeit nichts über ein Unternehmen erfährt, bleiben ihr auch die Erfolge des Unternehmens verborgen.

Jedes Unternehmen steht in der Öffentlichkeit; je nach Bedeutung des Unternehmens ist diese international, national, meistens jedoch nur lokal. In jedem Fall beeinflussen Kommentare und Berichte in den Medien das Bild, das sich die Öffentlichkeit von einem Unternehmen macht. Das heißt:

Jedes Unternehmen muss sein Image auch durch die Zusammenarbeit mit den Medien zu gestalten versuchen.

Die Notwendigkeit zu einer bewusst geplanten und aktiven PR-Arbeit zeigt sich vielleicht am deutlichsten an den Konsequenzen, die sich ergeben können, wenn keinerlei Informationen über ein Unternehmen bekannt sind. Denn auch Nichtwissen hindert die Öffentlichkeit nicht daran, sich eine Meinung zu bilden. Der schlimmste Fall ist, dass sich falsche Meinungen bilden, auf diese Weise entstehen leicht Gerüchte. Je weiter verbreitet eine falsche oder unzureichende Meinung über ein Unternehmen ist, desto schlechter wird seine Position in der Öffentlichkeit. Andererseits ist auch der Markt der Informationen hart umkämpft. Informationen von anderen Unternehmen treten sofort an die Stelle der Informationen, die von dem eigenen Unternehmen stammen könnten. Spätestens wenn sich in einem Unternehmen etwas ereignet hat, das von öffentlichem Interesse ist, weil es z.B. unmittelbaren Einfluss auf den lokalen Arbeitsmarkt hat (Kurzarbeit, Entlassungen, Schließungen) oder weil es skandalträchtig ist (Unfälle, Steuerdelikte), steht es in der Presse. Es ist unklug von einem Unternehmen, so lange zu warten, bis die Journalisten ihrer Informationspflicht nachkommen. Sinnvoller ist es, bereits vorher für Bekanntheit und Goodwill in der Öffentlichkeit gesorgt und somit das Verständnis für zu ergreifende Maßnahmen vorbereitet zu haben.

Die öffentliche Meinung ist abhängig von den Informationen, mit denen sie versorgt wird. Also lässt sich die öffentliche Meinung über Informationen steuern.

Wenn sich ein Unternehmen mit Informationen an die Öffentlichkeit wenden will, so erfolgt das über Journalisten, die diese Informationen über ihre Medien weitergeben (vgl. Abbildung 4-3).

Journalisten geben Informationen jedoch nur dann weiter, wenn sie auf ein mutmaßliches Interesse in einer breiteren Öffentlichkeit stoßen. Welche Informationen veröffentlicht werden, hängt aber auch von organisatorischen und technischen Zwängen ab, denen die Medien unterliegen. Dazu gehören z.B. Platzmangel (Presse), Zeitnot (Rundfunk, Fernsehen), die Zielgruppen der Medien (Leser mit speziellen Interessen) und die möglichen journalistischen Darstellungsformen (vgl. Rota 1994, S. 14).

Einen entscheidenden Einfluss auf die Beziehungen zwischen Unternehmen und Journalisten hat in den letzten Jahren das Internet genommen. Kaum ein anders Medium ist aktueller, Pressemitteilungen werden zunehmend online verbreitet. Ein Journalist kann

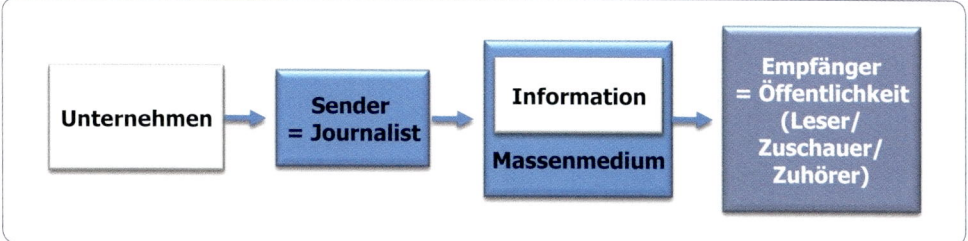

Abbildung 4-3: *Informationsübermittlung in der PR*

weltweit alternative Informationsquellen ansteuern – von Wettbewerbern, kritischen Umweltgruppen, Verbraucherschützern, wissenschaftlichen Instituten – sowie über spezielle Suchmaschinen seine Recherche untermauern. PR-Verantwortliche im Unternehmen sind entsprechend gut beraten, wenn sie ihrerseits eine (kommentierte) Link-Zusammenstellung anbieten, die Journalisten nutzen können (vgl. Mickeleit 2004, S. 116). Generell gilt: „Ein gut informierter Journalist kann gefährlich werden, ein schlecht informierter ist es schon" (Möhrle 2004, S. 146).

Journalisten sind der Freiheit und Unabhängigkeit der Berichterstattung verpflichtet. Hingegen verfolgen PR-Leute die Interessen des Unternehmens und sind somit alles andere als unparteilich. Insofern haben Journalisten (manchmal begründete) Vorbehalte gegenüber den Informationsangeboten von Unternehmen.

Das Management sollte im Umgang mit den Medien geschult werden. Viele Vorstände scheitern schon in normalen Interviews daran, dass sie zu viele Fakten vermitteln wollen, zu kompliziert erklären und kein Ende finden. Ganz abgesehen davon, dass sie ihr Unternehmen dadurch schlecht repräsentieren, verdeutlichen sie damit auch, dass sie die unterschiedliche Denkwelt der Medien nicht verstanden haben: Für die Medien bilden nicht notwendigerweise Fakten die Grundlage für eine Reportage, Journalisten suchen vielmehr die Story, die sich aus Action, Gefühlen und Gerüchten ergibt. Im Umgang mit Medien gilt die 30-Sekunden-Antwort: Nur was die Zielgruppe versteht, kann sie auch überzeugen. Die wesentlichen Themen sind in 30 Sekunden so zu kommunizieren, dass sie zehn- bis zwölfjährige Schüler verstehen. Fachjargon und Fremdwörter sind zu vermeiden (vgl. Messer 2004, S. 178 ff.).

Die **Anlässe für eine Berichterstattung** in den Medien sind sehr vielfältig. Einige Beispiele:

> „Gründungen, Jahresabschlussbericht, neue Mitarbeiter, neue Produktionsweisen, besondere Maschinen, neue Geschäfts- oder Produktionsräume, Geschäftskontakte und Kooperationen, organisatorische Veränderungen (z.B. Umstrukturierungen), neue Werbestrategien, neue Leistungen oder Produkte, Patente, Tag der offenen Tür, Sponsoraktivitäten, Spenden, Beteiligungen, Betriebsjubiläen und sonstige Feiern, Schulungs- und Seminarveranstaltungen, Auslandsaktivitäten, neue Strategien, Stellungnahmen zum Markt und zu wirtschaftlichen Entwicklungen, Gebäudeeinweihungen und Messeaktivitäten etc." (Rota 1994, S. 83).

Tendenziell haben es kleine und mittelgroße Unternehmen schwerer, „in die Presse" zu kommen als Großunternehmen, deren Produkte häufig einer breiteren Öffentlichkeit bekannt sind. Das liegt einerseits daran, dass Lokaljournalisten vielfach eher an der lokalen Politik und dem lokalen Gesellschaftsleben interessiert sind. Zum anderen unterhalten viele Lokalzeitungen aus Kostengründen keine eigene Vollredaktion und übernehmen überregionale Berichte und Meldungen von einer zentralen „Mantelredaktion". Auch

Abbildung 4-4: *Unterschiedliche Denkwelten von Fachleuten und Medien*

Quelle: Messer: Vorbereitet sein ist alles – Zur Bedeutung von Medientrainings, in: Möhrle (Hrsg.): Krisen-PR, Frankfurt/M. 2004, S. 177

Wirtschaftsmeldungen kommen i.d.R. über die Mantelredaktion, so dass die lokale Wirtschaft häufig wenig Berücksichtigung findet (vgl. Rota 1994, S. 18).

Durch Globalisierung und Internet hat PR heute zunehmend auch eine internationale Ausrichtung. Das bedeutet für viele Unternehmen, dass die PR-Arbeit europäisch bzw. international ausgerichtet werden muss, die PR-Manager also neue Kontakte knüpfen müssen.

4. 1.3 Neue PR-Akteure

Seit etwa 2005 zeichnet sich das Phänomen ab, dass zunehmend Unternehmen und Organisationen in klassischen Werbeträgern werben, die sich bisher noch nie an ein Massenpublikum gewendet hatten, diesem vielfach auch gar nicht bekannt sind (Voest Alpine, Salzgitter). Einerseits sind dies Unternehmen aus dem Business-to-Business-Bereich, die nicht an den Endverbraucher verkaufen, für diesen mit ihren Leistungen aber dennoch mittelbaren oder unmittelbaren Nutzen stiften. Diese werblichen Unternehmens-Aktivitäten sind insofern der PR zuzuordnen, als hier Maschinen, Ingenieursdienstleistungen und Mitarbeiter „greifbar" gemacht und mit einem „human touch" versehen werden. Diese industrielle Öffentlichkeitsarbeit zeigt auf, welche Leistungen die Unternehmen für die Allgemeinheit erbringen. Andererseits wenden sich auch Institutionen, die nicht gewinnorientiert sind mit PR-Aktivitäten an die Öffentlichkeit: Umwelt- oder karitative Organisationen, Kommunen oder auch Bundesländer („Wir können alles. Außer Hochdeutsch").

Diese neuen PR-Akteure haben alle das gleiche Ziel. Sie unterliegen gleichermaßen einem Wettbewerb, der nicht mehr allein auf die Nachfrage gerichtet ist, sondern auf die Wahrnehmung und Aufmerksamkeit. Sie wollen sich im Bewusstsein der Öffentlichkeit verankern und für ihr Anliegen werben (vgl. Stark 2010, S. 15). Diese Anliegen sind sehr vielfältig und beinhalten soziale Ideen, das Werben um Investoren, die Akzeptanz von Projekten, das Aufzeigen von gesellschaftlicher Verantwortung, das Einsammeln von Spendengeldern oder auch, sich als Arbeitgeber zu positionieren. Abbildung 4-5 zeigt einige Beispiele für die Auftritte der neuen PR-Akteure.

Abbildung 4-5: *Auftritte neuer PR-Akteure*

4. 2 PR und Werbung

Die grundsätzlichen Vorteile der PR gegenüber der klassischen Werbung liegen einerseits in den geringeren Kosten, andererseits in der größeren Glaubwürdigkeit der Botschaften. Die **Unterschiede** zwischen **PR** und **Werbung** werden deutlich bei Betrachtung der jeweiligen **Zielsetzungen** und des **Argumentationsstils**.

Werbung wird vom Unternehmen (bzw. in dessen Auftrag) gestaltet und in den Medien (Werbeträgern) gegen Bezahlung geschaltet. PR hingegen beinhaltet Informationen über Unternehmen, die von den Medien in deren Funktion als Meinungsbildner veröffentlicht werden. Über ihre Kontakte zu den Medien versuchen die Unternehmen zwar gezielt, auf solche Veröffentlichungen Einfluss zu nehmen. Inwieweit diese Berichte aber tatsächlich vom Unternehmen beeinflusst sind, ist für den Leser oder Zuschauer jedoch i.d.R. nicht zu erkennen. Während die Werbeabteilung also Flächen und Zeit in den Medien einkauft und diese frei gestaltet, muss die PR-Abteilung kritische Journalisten davon überzeugen, dass eine Information für deren Leser, Hörer oder Zuschauer von Interesse ist.

> ❗● Während die Mitarbeiter der Werbeabteilung in der Lage sein müssen, sich in die Sichtweise von Zielgruppen hineinzuversetzen, müssen Mitarbeiter der PR-Abteilung diejenige von Journalisten einnehmen können. Beides sind grundsätzlich unterschiedliche Denkwelten.

Sowohl Werbung als auch PR zielen auf eine Beeinflussung von Einstellungen bei den anvisierten Zielgruppen. Während für die Werbung die Beeinflussung der Einstellungen jedoch nur Mittel zu dem Zweck ist, eine konkrete Reaktion bei den Umworbenen auszulösen, ist sie für die PR das Endziel. PR will über den Dialog mit der Öffentlichkeit die Einstellungen gegenüber dem Unternehmen ändern.

Die **Dialogorientierung** verdeutlicht den zweiten Unterschied zur Werbung. Während Werbung als Massenkommunikation einseitig vom Sender zum Empfänger gerichtet ist und eine direkte Rückkoppelung des Umworbenen mit dem Werbenden i.d.R. nicht stattfindet, setzt sich PR argumentativ mit den Zielgruppen auseinander, d.h. PR ist ein Austausch von Argumenten. Werbung richtet sich an die Personen, die Interesse für das Angebot des Unternehmens haben bzw. haben könnten, hingegen zielt PR häufig nicht auf aktuelle oder potenzielle Verwender, sondern i.d.R. auf Meinungsbildner wie Journalisten und Politiker. Die Unterschiedlichkeit der Zielgruppen bedingt auch Unterschiede in den kommunikativen Inhalten. Der Dialog mit den PR-Zielgruppen kann nicht, wie häufig in der Werbung, auf emotionaler Ebene erfolgen, sondern muss mit rationalen Argumenten stattfinden.

PR und Werbung benutzen grundsätzlich die gleichen Medien, aber in unterschiedlicher Art und Weise. PR kann auch breitstreuende Medien benutzen, um beispielsweise Images für Unternehmen aufzubauen. Dabei sind die Grenzen zur Werbung fließend. Ob eine Anzeige eher der Werbung oder der PR zuzuordnen ist, beruht häufig nur auf graduellen Unterschieden.

PR zielt auf Vertrauen und Verständnisbereitschaft in der Öffentlichkeit. Beides steht und fällt mit der **Glaubwürdigkeit**, mit der das Unternehmen nach innen und außen agiert. Ein Unternehmen, das über einen Goodwill in der Öffentlichkeit verfügt, kann mit einer größeren Toleranz gegenüber Fehlentscheidungen und bei anfallenden Problemen, z.B. unvermeidbaren Wartezeiten oder Reparaturen, rechnen. PR-Arbeit ist grundsätzlich langfristig ausgerichtet. Der Aufbau von positiven Images und Akzeptanz ist kurzfristig auch nicht zu erreichen. Eine langfristig ausgerichtete PR-Strategie stellt darüber hinaus auch sicher, dass sich ein Unternehmen bei unvorhersehbar aufgetretenen Problemen strategiekonsistent verhalten kann.

Eine Branche, die in erheblichem Maße von der Berichterstattung der Medien abhängt, ist der Automobilmarkt. Negative Testberichte können großen Einfluss auf den Absatz neuer Modelle haben. Daher ist die Automobilbranche an einer guten Zusammenarbeit mit den Autotestern interessiert.

Werbung ist als solche üblicherweise unmittelbar zu erkennen. Da PR aber ihre Wirkung vor allem deshalb erzielt, weil sie von neutraler Seite erfolgt, haben Unternehmen naturgemäß ein starkes Interesse daran, PR für ihre Werbung zu instrumentalisieren. Wird dies in der Öffentlichkeit deutlich, besteht die Gefahr, dass die Unabhängigkeit der Medien in Zweifel gezogen werden kann.

Der größte Fehler der PR besteht darin, Tatsachen verschweigen oder schönreden zu wollen. Dies hat immer den Verlust des Vertrauens und der Glaubwürdigkeit zur Folge. Die alte Volksweisheit „Wer einmal lügt, dem glaubt man nicht" ist das Menetekel der PR-Arbeit.

PR setzt **aktive Kommunikation** voraus. Ein Unternehmen, das nur auf Berichte in der Presse reagiert, verliert den Einfluss auf seine Akzeptanz und sein Image in der Öffentlichkeit. Insbesondere bei Problemthemen ist eine aktive Vorgehensweise des Unternehmens gefordert. Auf diese Weise lässt sich die Argumentation versachlichen und lenken. Aktive Kommunikation heißt aber auch gezieltes Gegensteuern gegen negative Berichterstattung in der Presse.

4. 3 Instrumente der PR

Der überwiegende Anteil der Medienberichte über Unternehmen ist von deren Presseabteilungen initiiert. Dafür steht der PR ein umfangreiches Instrumentarium zur Verfügung. Grundsätzlich gilt es, das Interesse der Journalisten für die ausgegebenen Informationen zu wecken. Journalisten werden täglich mit einer Vielzahl von Pressemitteilungen überschüttet. Die Chance zur Veröffentlichung einer herausgegebenen Pressemitteilung ist wesentlich von dem bisherigen Umgang mit den Journalisten und den aufgebauten Kontakten abhängig.

Je nachdem, ob die Initiative vom Unternehmen oder von Journalisten ausgeht, werden die Instrumente der Medienarbeit in **agierende** und **reagierende** unterteilt. Bei den reagierenden Instrumenten handelt es sich um Richtigstellungen, Antworten auf Presseanfragen und Leserbriefe. Naturgemäß sind die Instrumente der agierenden Medienarbeit sehr viel umfangreicher (vgl. Abbildung 4-6). Sie werden in Informationsmittel und

Informationsmittel	Dialogische Mittel
• Pressemitteilungen	• Pressekonferenz
• Exklusiv-Veröffentlichungen	• Pressegespräch, Presse-Empfang
• Fotografien und Grafiken	• Pressefahrt/ Journalistenreise
• Pressemappe	• Redaktionsbesuch
• Pressedienste und Newsletter	• Presseworkshop/ Journalistenseminar
• PR-Anzeigen	• Medien-Events

Abbildung 4-6: *Instrumente der agierenden Medienarbeit*
Quelle: Schulz-Bruhdoel: Die PR- und Pressefibel, 3. Aufl., Frankfurt 2007, S. 190

Dialogische Mittel unterteilt und sollen im Folgenden kurz vorgestellt werden (vgl. dazu Schulz-Bruhdoel 2007, S. 192 ff.).

- **Informationsmittel**

  Pressemitteilungen sind Aussendungen an die Redaktionen von Presse, Hörfunk und Fernsehen. Sie sind das häufigste Instrument und beinhalten schriftliche Informationen, die bereits nach journalistischen Kriterien für die jeweiligen Mediennutzerschaften aufbereitet wurden. Da es sich um Informationen mit Nachrichtencharakter handelt, sollte jegliche Wertung darin vermieden werden, weil die Texte ansonsten Gefahr laufen, geändert oder gar nicht veröffentlicht zu werden.

  Während Pressemitteilungen darauf zielen, eine Information möglichst breit zu streuen, sind **Exklusiv-Veröffentlichungen** einem einzigen Medium vorbehalten. Hierbei kann es sich beispielsweise um Interviews oder daraus abgeleitete Interviewstories handeln oder auch um Fachartikel in Fachzeitschriften.

  Insbesondere die Printmedien haben ein zunehmendes Interesse an **Fotos und Grafiken**, die, mit Erläuterungen versehen, im Einzelfall für eine Veröffentlichung besser geeignet sein können als eine Pressemitteilung.

  Pressemappen sind kein eigenständiges Informationsmittel, sondern beinhalten eine Zusammenstellung unterschiedlicher Informationen, wie Berichte, Hintergrundinformationen, Zahlenspiegel, Bildmaterial usw., das für eine Veröffentlichung bestimmt ist, meistens anlässlich von Pressekonferenzen oder Redaktionsbesuchen. Solche Mappen bestehen entweder aus Karton oder Kunststoff, bedruckt in der Corporate Identity des Unternehmens. Mittlerweile sind auch „elektronische Pressemappen" gebräuchlich, in Form von CD-ROM oder DVD.

  Insbesondere Verbände bieten regelmäßige **Pressedienste und Newsletter** an, die meistens Statistiken, Umfrageergebnisse, zitierfähige Prognosen und Bewertungen umfassen.

  Zwar sind Anzeigen ein klassisches Werbemittel, sie sind aber auch für PR-Zwecke üblich. **PR-Anzeigen** zielen, im Gegensatz zu Werbung, weniger auf das Verkaufen von Produkten, sondern vor allem auf Information, Aufklärung oder die Beseitigung von Missverständnissen.

- **Dialogische Mittel**

  Dialogische Mittel sind zwar deutlich aufwändiger, bieten im Gegensatz zu den Informationsmitteln aber die Möglichkeit zu unmittelbarem Feedback zwischen Unternehmensseite und den Journalisten.

  Pressekonferenzen werden zu besonderen Anlässen (Vorstellung des Geschäftsberichtes, Firmenjubiläum) i.d.R. außerhalb des Unternehmens als öffentliches Ereignis veranstaltet. Die Geschäftsführung stellt das Schwerpunktthema vor und steht nachher den Journalisten für Fragen zur Verfügung.

  Während Pressekonferenzen auf einen möglichst großen Teilnehmerkreis zielen, ist ein **Pressegespräch** oder ein **Presse-Empfang** eine intimere Veranstaltung für einen exklusiven Kreis von Teilnehmern. Sie ermöglichen Vertiefungen von Sachverhalten, die nicht immer zur Veröffentlichung bestimmt sind. Im den Fall handelt es sich um ein „Gespräch unter Dreien" – der Informant, der Journalist und der liebe Gott. Häufig finden solche Gespräche im Rahmen eines Pressestammtisches statt, die einen regelmäßigen Gedankenaustausch bezwecken.

Bei **Pressefahrten** werden Journalisten zu Werksbesichtigungen oder Standorten gefahren, um komplexe Sachverhalte zu vertiefen. Beispiele sind Einladungen des Olympischen Komitees zum Bau von Sportstätten oder Auslandsbesuche von Kabinettsmitgliedern, die regelmäßig von Journalisten begleitet werden.

Redaktionsbesuche erfolgen, wenn beispielsweise ein neuer Mitarbeiter der Presseabteilung des Unternehmens vorgestellt werden soll. Bei Frauen- und Modezeitschriften laden sich PR-Damen regelmäßig zu Redaktionsbesuchen ein, um neue Kollektionen vorzustellen.

Presseseminare und -Workshop dienen der Weiterbildung von Journalisten. Anlässe sind z.B. medizinische oder wirtschaftspolitische Entwicklungen.

Medien-Events werden vor allem für die Fachpresse veranstaltet, anlässlich von Theater- oder Konzertveranstaltungen oder auch zum Ziel der Tourismusförderung.

Neben der Presse- und Medienarbeit sind verschiedene Arten von **Firmenveranstaltungen** weitere Instrumente der PR. Sie bieten die Möglichkeit, nicht nur der Presse, sondern auch einer breiteren Öffentlichkeit das Unternehmen vorzustellen:

- Ein **Tag der offenen Tür** gibt Endverbrauchern, Kunden und interessierten Anwohnern Gelegenheit, sich vor Ort ein Bild von dem veranstaltenden Unternehmen zu machen. Hiermit kann Anonymität abgebaut werden.
- **Betriebsbesichtigungen** sind in einigen Unternehmen eine ständige Einrichtung. Hier werden Teilbereiche des Unternehmens vorgestellt und erklärt.
- **Jubiläumsveranstaltungen** sind vor allem im lokalen Einzugsbereich wirksame gesellschaftliche Ereignisse, die ebenfalls viel zum Image eines Unternehmens beitragen können.

Weitere PR-Möglichkeiten ergeben sich aus den klassischen und nichtklassischen Werbeformen. So lassen sich bestimmte Sponsoringformen vor allem auch im lokalen Bereich gut pressewirksam nutzen. Eine enge Verbindung mit der PR-Arbeit besteht auch zum Product- oder Corporate Placement. Vielfach ist beim Placement nicht zu unterscheiden, ob es sich um eine journalistische Berichterstattung handelt oder um ein bezahltes Placement. Beispielsweise, wenn ein Unternehmen beiläufig erwähnt wird (**„namedropping"**) oder die Kamera zufällig über ein Produkt des Unternehmens schwenkt.

Als eine Zwitterform von Werbung und PR sind die **PR-Anzeigen** anzusehen, die sich in Aufmachung und Schriftart dem Redaktionsstil einer Zeitung oder Zeitschrift anpassen und sich klar von klassischen Anzeigen unterscheiden, als solche aber nur durch den Hinweis „Anzeige" zu erkennen sind (vgl. Abbildung 4-7).

Schließlich sind Informationsbroschüren, Haus- und Kundenzeitschriften sowie Geschäftsberichte als weitere Instrumente der PR zu erwähnen.

Mittlerweile hat sich das **Internet** als wichtiges PR-Medium etabliert. Nicht nur von der Gestaltung der homepage, sondern auch von den Inhalten her, hat es Einfluss auf die Einstellung der Nutzer gegenüber dem Unternehmen. Viele Unternehmen und Institutionen bieten Plattformen für Meinungsäußerungen von zufriedenen (aber auch unzufriedenen) Kunden bzw. nutzen es für Hintergrund- und aktuelle Informationen.

Eine spezielle Ausprägung findet die PR im **Lobbyismus**. In seiner ursprünglichen Bedeutung steht Lobby für die Wandelhalle eines Parlamentes. Unter Lobbyismus wird der Versuch verstanden, Abgeordnete durch Interessenvertretungen zu beeinflussen. Entsprechend finden sich die Lobbyisten für die Vertretung nationaler deutscher Interessen vornehmlich in Berlin und in Brüssel, im Umfeld der Europäischen Kommission, des EU-Ministerrats und des Europäischen Parlaments. Lobbyisten sind vor allem Vertreter

Wein Aktuell

Dr'Pfiff • März 2011

16

Weinbau mit Tradition und Zukunft

– ANZEIGE –

Die Genossenschaftskellerei Heilbronn-Erlenbach-Weinsberg eG

Vier Tage in der Woche läuft die Abfüllanlage in der Genossenschaftskellerei Heilbronn- Erlenbach-Weinsberg. In den Tanks und Flaschen lagern derzeit knapp sechs Millionen Liter. Beim Weißwein wird aktuell der Jahrgang 2010 auf die Flaschen gezogen. Beim Rotwein verarbeitet die Abfüllmannschaft den Jahrgang 2009. Die moderne Abfüllanlage der Kellerei schafft 8000 Flaschen in der Stunde. So wandern jeden Tag 60000 Flaschen in das Weinlager und in den Verkauf.

■ Geschichte

Die größte Genossenschaftskellerei Württembergs ist 1972 aus der Fusion der Einzelgenossenschaften Heilbronn,1888 gegründet, Erlenbach, Gründung 1948, und Weinsberg, Gründungsjahr 1868, hervorgegangen. Der erste Vorstand nach der Fusion war Otto Kast. Im Jahr 2007 fusionierte die Genossenschaftskellerei mit der WG Neckarsulm-Gundelsheim. Diese 1855 gegründete Genossenschaft war bis dato die älteste Weingärtnergenossenschaft Deutschlands.

■ Betriebsdaten

Die Genossenschaftskellerei hat heute 759 Mitglieder. Vorstandsvorsitzender ist seit 2010 Justin Kircher aus Weinsberg. Seit 1998 ist Karl Seiter Geschäftsführer. Als Kellermeister zeichnet Arne Maier für den Ausbau der Weine verantwortlich. 50 Mitarbeiter in Keller, Vertrieb und Verwaltung sorgen für die Produktion und den Absatz. Die Mitglieder der Genossenschaftskellerei bewirtschaften eine Rebfläche von 758 Hektar. Die Großlage ist „Staufenberg". Die Einzellagen sind in Heilbronn Stiftsberg und Wartberg, in Erlenbach der Kayberg. Weinsberg steuert den Ranzenberg, Neckarsulm den Scheuerberg und Gundelsheim das Himmelreich bei.

■ Produkte und Besonderheiten

Tank und Flaschenlager haben eine Kapazität von 20 Millionen Litern. Die Kellerei produziert zu 65 Prozent Rotweine und zu 35 Prozent Weißweine. Die Hauptrebsorte bei den Rotweinen ist der Trollinger, mit einem Anteil von 25 Prozent, gefolgt vom Lemberger mit zwölf Prozent. „Eine Heilbronner Traditionssorte und Spezialität bei den Rotweinen ist der Clevner, eine Sorte, die hauptsächlich in Heilbronn angebaut wird", sagt Verkaufsleiter Willi Keicher. Weitere besondere Produkte sind die Weine Justinus K.,

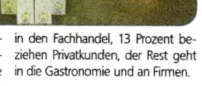

Acolon, Muskat-Trollinger, Muskateller und Glühwein. Neu im Angebot sind das Troledo Rotweincuvée und ein weiß gekelterter Lemberger Blanc de Noir. Bei den Weißweinen ist Riesling mit 26 Prozent Anteil die Hauptrebsorte. Insgesamt reifen 60000 Liter Wein in Holz- und 40 Barrique-Fässern. „Wir sind die einzige Genossenschaft, die eine eigene Rebschule betreibt", weiß Willi Keicher auf eine weitere Besonderheit hin.

■ Verkauf

„Unser Glühwein wird sogar nach Dubai in die dortige Eishalle exportiert", erzählt Willi Keicher. Ein weiteres Exportland für die Weine der Genossenschaftskellerei ist Finnland. „Unser 2009er Rieslingsekt Brut wurde vom Deutschen Weininstitut als einer von zwei Sekten für Empfang und Bankett der Berlinale 2011 ausgewählt", ist Willi Keicher auf ein Spitzenprodukt des Hauses stolz. So wirbt am Flaschenhals der Sektflaschen ein Anhänger mit Berliner Bär: „Genießen wie die Filmstars". „Unsere Premiumprodukte der Serien St. Kilian, HEROS. und Villa Sulmana laufen sehr gut", berichtet der Verkaufsleiter. Verkauft wird die große Produktvielfalt mit rund 150 Erzeugnissen vom Qualitätswein bis zum Edelbrand samt Accessoires im 250 Quadratmeter großen Weinmarkt der Genossenschaft an der Binswanger Straße und in

der Neckarsulmer Verkaufsstelle im ehemaligen Gebäude der WG. Vier eigene LKW's und mehrere Speditionen sorgen für die Belieferung der Kunden. Die Vermarktungsmenge beträgt rund 6,5 Millionen Liter im Jahr, davon gehen 40 Prozent in den Lebensmittelhandel, 40 Prozent

in den Fachhandel, 13 Prozent beziehen Privatkunden, der Rest geht in die Gastronomie und an Firmen.

■ Veranstaltungen

„Auch wenn der Württemberger Weinfrühling ausfällt, bei uns findet der Heilbronner Weinfrühling im März mit einem Tag des offenen Kellers statt", sagt Geschäftsführer Karl Seiter. Termin für die Frühlingsveranstaltung ist Sonntag,

der 20. März. Weitere besondere Events sind das Sommerfest Ende Mai und das Open Air Kino im Juli. Die Genossenschaftskellerei ist auf dem Weinfest in Erlenbach, dem Heilbronner Weindorf, beim Ganzhornfest in Neckarsulm und beim Weinsberger Herbst vertreten.

■ Tourismus und besondere Räumlichkeiten

„Wir arbeiten im Tourismusbereich mit der Heilbronn Marketing und den Weinerlebnisführern Peter Dierolf aus Erlenbach und Michaela Metzger aus Neckarsulm zusammen", erzählt Willi Keicher.

Die Genossenschaft habe auch zwei Festsäle für jede Art von Feier, die man mieten kann. Als Mitgesellschafter der Wein-Villa verfügt die Kellerei über einen Gastronomiebetrieb, der von der Familie Schnattinger betrieben wird. In der „Schatzkammer" lagern rund 30000 Flaschen der Jahrgänge 1954 und jünger. Im „staubigen" Ambiente des mit alten Weinbau und Kellereiutensilien geschmückten Raumes finden regelmäßig Weinproben statt.

■ Ausblick

Im April diesen Jahres ist eine weitere Fusion mit den Weingärtnern Flein-Talheim geplant", berichtet Karl Seiter. Dann kämen rund 300 Hektar Anbaufläche dazu und die Genossenschaftskellerei würde zehn Prozent der Württembergischen Rebfläche bewirtschaften. „Ich fühle mich bei der Genossenschaftskellerei sehr gut aufgehoben", sagt Nebenerwerbs-Weingärtner Karl Vogt aus Erlenbach. Die

Qualität der Produkte und der geradlinige Führungsstil würden ein gutes Verhältnis zwischen Mitgliedern, Kunden und der Genossenschaftsführung sorgen.   gud

Fotos: Dieter Schweizer,
A. Emmerling, Gustav Döttling

Abbildung 4-7: PR-Anzeige

von Verbänden, Unternehmen, Länderbüros, Anwaltskanzleien und Beratergremien. Mittlerweile aber auch Umweltorganisationen wie Greenpeace, WWF und der Naturschutzbund. Die Repräsentanten sind häufig ehemalige Ministerialbürokraten bzw. Ex-Militärs. Wer nicht vertreten ist, läuft Gefahr, nicht zur Kenntnis genommen zu werden. Lobbyisten versuchen, auf legitime Weise politische Entscheidungen zu ihren Gunsten zu beeinflussen. Allerdings geht es nicht nur um politischen Einfluss, sondern auch um Aufträge, beispielsweise aus dem Rüstungsbereich oder bei der Präsenz im Fuhrpark. Ein anderes Ziel besteht ferner in der Informationsbeschaffung, damit sich Unternehmen und Verbände möglichst frühzeitig auf neue Gesetzgebungen vorbereiten können.

> Wie die Motten das Licht, so umschwirren Lobbyisten die Politiker. In Berlin kann man das Phänomen besonders gut beobachten, weil die Geographie der Macht hier neu gebildet wurde. Kaum waren die Politiker da, wussten all die Berater, Informanten und Strippenzieher aus Verbänden, Unternehmen, Gewerkschaften und PR-Agenturen, wo sie sich niederlassen mussten. Sie gingen nicht etwa dahin, wo die Metropole besonders faszinierend ist, sondern dahin, wo man Kanzleramt, Bundestag und Ministerien ganz nahe ist. In einem Radius von zwei Kilometern rund um das Brandenburger Tor hocken sie nun alle beisammen, treffen sich morgens im Cafe Einstein oder abends auf einem Empfang am Pariser Platz. (…)
>
> Etwa 2.000 Organisationen sind beim Bundestag registriert. Die Liste reicht vom Akademischen Ruhestandsverein über die Gewerkschaften, die Spitzenverbände der Wirtschaft, bis hin zum Zentralverband Zoologischer Fachbetriebe. Man muss auf der Liste stehen, um bei Anhörungen im Bundestag zu Wort zu kommen oder einen Hausausweis für Parlament und Ministerien zu bekommen. (…) Man schätzt, dass sich inzwischen rund 5.000 Lobbyisten, Berater, Informanten und Einflüsterer auf den wenigen Quadratkilometern des Machtzentrums tummeln. In Brüssel schätzt man die Zahl der Lobbyisten schon auf 15.000. (…)
>
> Weil die Politik kurzatmiger und komplizierter geworden ist, braucht sie offenbar mehr Berater und externen Sachverstand. Das kommt den Lobbyisten zugute. Denn Gesetze können nicht praktikabel sein, wenn sie ohne Rücksprache mit der Zivilgesellschaft entstehen (vgl. Mrusek 2008, S. 13).

PR im Auto-Bereich: Stoßdämpfer

Aufgabenstellung und Ausgangssituation: Produkt-PR für Stoßdämpfer. Auftraggeber ist der weltgrößte Stoßdämpfer-Hersteller und weltweiter Marktführer Monroe. Es soll Gattungsprodukt-PR für Stoßdämpfer gemacht werden, aber wir sollen auch neue Stoßdämpfer der Marke Monroe vorstellen.

PR-Ziele: Information über den Einfluss der Stoßdämpfer auf die Sicherheit. Information über neue Monroe-Stoßdämpfer und ihre Vorteile. Erhöhung des Bekanntheitsgrades von Stoßdämpfern der Marke Monroe. Aufforderung zum Austausch der Stoßdämpfer. Erhöhung des Absatzes.

PR-Zielgruppen: Primär: Autofahrer, sekundär: Auto-Teile-Handel, Kfz-Werkstätten.

PR-Zielmedien: Autozeitschriften, Publikumszeitschriften, Zeitungen, Fernsehen, Fachzeitschriften, Auto-Teile-Handel.

PR-Strategie und PR-Konzept: Die Problematik besteht darin, dass Stoßdämpfer Low-Interest-Produkte sind. Neue Auto-Modelle beherrschen die Motorseiten, für Stoßdämpfer bleibt da kaum Platz. Deshalb haben wir journalistisch interessante Berichterstattungsanlässe geschaffen: Presseveranstaltungen mit Fahrtests, bei denen die Journalisten die Auswirkungen defekter und guter Stoßdämpfer „erfahren" konnten. Insbesondere sollten die Gefahren schlechter Stoßdämpfer für die Sicherheit demonstriert und Informationen über die Vorteile guter Stoßdämpfer kommuniziert werden. Auf geeigneten Teststrecken wurden 10 Autos jeweils mit defekten Stoßdämpfern und mit guten Stoßdämpfern ausgerüstet. Dann konnten die Journalisten die Unterschiede in typischen Fahrsituationen selbst feststellen: in der Kurve, beim Bremsen, bei Bodenwellen, beim Ausweichen vor Hindernissen und beim Slalom.

Dramatische Action-Fotos – visuelle PR: Für Fotos und TV haben wir dramatische Action-Szenen inszeniert: Ein Auto verliert den Bodenkontakt durch schlaffe Stoßdämpfer und fliegt durch die Luft, ein anderes kann nicht rechtzeitig bremsen und kracht in eine Mauer, ein weiteres fährt beim Ausweichen in ein Hindernis. Das sind außergewöhnliche visuelle Umsetzungen der Thematik „Gefährlichkeit von abgenutzten Stoßdämpfern". Entsprechend enthielten unsere Pressemappen viele aufmerksamkeitsstarke Dias oder Fotos. Zusätzlich drehten wir ein eigenes Video fürs Fernsehen. Auch zur Vorstellung neuer Monroe-Produkte wurden von uns Presseveranstaltungen mit Fahrtests durchgeführt, bei denen wir die Journalisten von den Vorteilen im Fahrverhalten überzeugten. Um weitere Berichterstattungsanlässe zu schaffen, haben wir wissenschaftliche Untersuchungen mit Fahrversuchen beim TÜV in Auftrag gegeben, die die Gefährlichkeit abgenutzter Stoßdämpfer wie entscheidend längerer Bremsweg, Schleudern oder Aquaplaning mit Messergebnissen exakt nachwiesen. Zu diesen Themen wurden dann jeweils auch Presseaussendungen durchgeführt, mit vielen starken Action-Fotos und gut recherchierten, faktenreichen journalistischen Pressetexten, so dass die Medien produktionsfertiges Material für umfangreiche Geschichten bekamen.

PR-Erfolge: Die Resonanz in den Medien war riesig, die Presse stieg groß in die Themen ein: Viele doppel- und ganzseitige Berichte in den großen Auto- und Publikumszeitschriften, zahlreiche umfangreiche Artikel in den bundesweiten, meinungsbildenden Zeitungen, den großen Regional-Zeitungen und den Fachzeitschriften. „Bild am Sonntag" mit 13,8 Millionen Lesern brachte sogar eine ganze Farbseite. „Auto Bild" stellte die neuen Monroe-Stoßdämpfer auf einer ganzen Seite vor. Immer wieder informierten Artikel positiv und ausführlich über Stoßdämpfer. Die Medien publizierten genau die Botschaften, die wir lesen wollten. Teilweise wurden unsere Presse-Informationen wörtlich abgedruckt, was ein Beweis für ihre journalistische Qualität ist. So konnten wir exakt die gewünschten Inhalte kommunizieren. Sicherlich ist ein wesentlicher Teil des Erfolges auf die spektakulären Fotos zurückzuführen. Die Artikel waren reich bebildert mit großen Fotos, und die Medien räumten dem Thema deshalb so viel Platz ein, weil sie eine gute Optik machen konnten. Auch das Fernsehen berichtete intensiv über unsere Stoßdämpfer-Themen. Viele Fernsehsender informierten die Zuschauer mit zahlreichen Filmbeiträgen über die Gefahren defekter Stoßdämpfer. Sogar die ARD strahlte mehrfach Sendungen dazu aus, aber auch ZDF, RTL und SAT 1. Damit waren Stoßdämpfer in allen großen Sendern immer wieder präsent. Ein großer Erfolg, denn das Fernsehen ist für solche Themen nur sehr schwer zu gewinnen. Alle Sendungen waren redaktionelle Beiträge, also keine Werbesendungen, und wurden ganz ohne Kosten erzielt, ohne Produktionskostenzuschüsse und ohne Sponsoring.

Durch die PR wurden jährlich 230 Millionen Leser, 3 Millionen Euro Werbeäquivalenz-wert und 1500 Veröffentlichungen erreicht.

Quelle: http://www.dr-falk-koehler.de/s_2_fallbeispiele_stossdaempfer.php

4. 4 Arten von PR

Die Arten von PR lassen sich im Wesentlichen nach zwei Kriterien untergliedern (vgl. Naundorf 1993, S. 607). Nach den **Nutznießern** wird unterschieden in

- Produkt- und Dienstleistungs-PR: Gegenstand ist die Unterstützung der Vermarktung von Produkten bzw. Dienstleistungen. Die Grenzen zur Werbung sind hier fließend.

- Unternehmens- und Organisations-PR: Gegenstand ist hier die Schaffung von Akzeptanz und Vertrauen in der Öffentlichkeit.
- Branchen- und Verbands-PR: Hierbei geht es im Wesentlichen um die Interessenvertretung der jeweiligen Unternehmensgruppen (Lobbyismus).
- Regierungs- und Verwaltungs-PR: Gegenstand ist hier vor allem die Information der Öffentlichkeit und entsprechende Rechtfertigung von zu ergreifenden Maßnahmen.

Nach den **Inhalten** von PR lässt sich klassifizieren:

- Standort-PR bezieht sich auf das Bemühen, das Image von Städten und Regionen zu beeinflussen.
- Mit Krisen-PR werden alle PR-Maßnahmen bezeichnet, die vor, während und nach einer Krise ergriffen werden.

4. 4.1 Standort-PR

Die Gemeinsamkeit von Städten/Regionen und Konsumgütern besteht darin, dass sie in überwältigender Anzahl um die Gunst der Nachfrager konkurrieren. Als Nachfrager kommen beispielsweise Touristen, Investoren oder auch Studenten in Frage. Eine andere Gemeinsamkeit besteht darin, dass beide häufig im Hinblick auf ihre objektiven und funktionalen Eigenschaften gleichermaßen austauschbar sind. Erholungs-, Einkaufs-, Studienmöglichkeiten, kulturelle und wirtschaftliche Infrastrukturen bieten eine Vielzahl von Städten und Regionen. Wie im Konsumgütermarketing müssen also auch im Standortmarketing Präferenzen über Images gebildet werden. Standort-PR ist in erster Linie Image-PR. „Das Image eines Ortes ist einer der ausschlaggebenden Faktoren für die Art und Weise, wie Privatleute und Unternehmen auf einen Ort reagieren" (Kotler/Haider/Rein 1994, S. 179). Die Bedeutung der Standortimages beispielsweise für die Urlaubsplanung lässt sich aus der einfachen Tatsache ableiten, dass die von einer Person noch nicht bereisten Urlaubsgebiete nicht vor, sondern erst nach Reiseantritt geprüft werden können und damit per se ein hohes Risiko beinhalten. Zur Minimierung dieses Risikos wird die Urlaubsplanung daher vor allem von dem bestimmt, was einen vermutlich am Urlaubsort erwartet. Diese Erwartungen sind aber nichts anderes als das Image, das eine Person von einem bestimmten Urlaubsgebiet hat.

Standort-PR setzt eine Positionierung der angestrebten Images voraus. Dabei sind Standortimages eher noch komplexer strukturiert als die Images von Konsumgütermarken, da sie einer Reihe von externen Faktoren unterliegen, die sich einer Beeinflussung entziehen, wie beispielsweise den natürlichen Gegebenheiten.

Standortimages haben die Tendenz, sich sehr langfristig zu halten, selbst wenn die Gegebenheiten, die einmal zu den Images geführt haben, nicht mehr bestehen. Wahrscheinlich ist das Ruhrgebiet in den Vorstellungen vieler Personen nach wie vor von rauchenden und rußigen Schloten der Stahlindustrie bestimmt, obwohl der Strukturwandel hier längst zu einer Änderung geführt hat.

Zur Positionierung von Standortimages empfiehlt sich die Verwendung eines Positionierungsmodells (vgl. Kapitel 3.2). Ausgangspunkt ist die Feststellung des Ist-Images, das mit Hilfe eines semantischen Differentials erhoben werden kann (vgl. Kapitel 3.6). Auf dieser Basis kann das **Ziel-Image** festgelegt werden, das, um wirksam zu sein, folgende Kriterien erfüllen muss (vgl. Kotler/Haider/Rein 1994, S. 188 ff.):

1. **Es muss Gültigkeit besitzen**, d.h. es darf nicht zu stark von den tatsächlichen Gegebenheiten abweichen.

2. **Es muss glaubwürdig sein.** Glaubwürdigkeit resultiert nicht notwendigerweise aus der Gültigkeit von Images, wenn sich in den Vorstellungen der Zielgruppen Images verfestigt haben, die stark von der Realität abweichen.

3. **Es muss einfach sein.** Es sollte nur einen zentralen Punkt beinhalten und nicht zu viele Ansätze verfolgen.

4. **Es muss reizvoll sein**, d.h. es muss erklären können, warum beispielsweise ein Investor hier investieren sollte.

5. **Es muss sich abgrenzen**, d.h. klar unterscheidbar von den konkurrierenden Standort-images sein.

Das bedeutendste Instrument der Standort-PR ist die Berichterstattung der Medien. Andere PR-Maßnahmen zielen auf die Akquisition von politischen, kulturellen oder sportlichen Großereignissen.

4. 4.2 Krisen-PR

Krisen in Unternehmen sind immer Vertrauenskrisen, die den Verlust der Glaubwürdigkeit nach sich ziehen. „Krisen-PR ist darauf ausgerichtet, Glaubwürdigkeit zu bewahren (…) oder zurückzugewinnen" (Lambeck 1994, S. 115). Eine Krise ist der Extremfall, in dem sich zeigt, wie wirkungsvoll das in jahrelanger Arbeit aufgebaute Unternehmensimage ist. Ein Umweltskandal kann ein Unternehmen ruinieren oder von der Öffentlichkeit als Katastrophe eingestuft werden, die trotz umfangreicher Sicherheitsvorkehrungen nun einmal passieren kann.

Die Nachfrage nach Lebensmitteln ist in hohem Maße krisenempfindlich. Sie reagiert sofort auf Berichte über z.B. Verunreinigungen (Glykol in österreichischem Wein, „Gammelfleisch"). Auch Rückrufaktionen bei Autos fördern nicht das Vertrauen in die Sicherheit der Fahrzeuge.

Kennzeichen einer Krise ist, dass sie einen plötzlichen Ernstfall darstellt, der keiner Standardsituation entspricht. „Es gibt die Standardkrise so wenig wie die genormte Strategie zu ihrer Bewältigung" (Lambeck 1994, S. 116). Eine Krise stellt immer einen Einzelfall dar. Die Herausforderung einer Krise für die PR-Abteilung besteht darin, dass plötzlich alle für das Unternehmen relevanten Teilgruppen, wie Banken, Mitarbeiter, Kunden und Lieferanten, gleichzeitig das Unternehmen in den Mittelpunkt ihres Interesses stellen. Insbesondere jedoch die Medien.

Die einzige Möglichkeit auf eine Krise zu reagieren, besteht in der glaubwürdigen Information der Medien. Das Zurückhalten von Informationen oder ihre Beschönigung kann die Krise noch verschärfen. Um auch hier wieder eine Volksweisheit zu bemühen: Ein Ende mit Schrecken ist insbesondere in einer Krise sinnvoller als ein Schrecken ohne Ende. „Dinge, die zuerst abgestritten und dann doch zugegeben werden müssen, schlagen doppelt schwer und negativ in der öffentlichen Meinung zu Buche" (Puchleitner 1994, S. 36). Die Öffentlichkeit weiß, dass es in jedem Unternehmen zu Störfällen kommen kann, sie reagiert jedoch mit Unverständnis, wenn versucht wird, Vorkommnisse zu verheimlichen oder zu beschönigen. Oberstes Ziel der Krisen-PR besteht darin, so schnell wie möglich die Glaubwürdigkeit in der Öffentlichkeit (wieder) zu gewinnen.

Neben der Zusammenarbeit mit den Medien ist eine weitere Aufgabe der Krisen-PR die Analyse der Medienberichterstattung. „Je mehr dieses Fremdbild des Krisengeschehens von den unternehmensinternen Lageeinschätzungen abweicht, um so größer ist der akute Handlungsbedarf" (Lambeck 1994, S. 128).

Abbildung 4-8: Beispiel für Offensivwerbung im Krisenfall

Unabhängig, ob auf nationaler, regionaler oder lokaler Ebene, generell gilt: Medien sind gerne bereit, außergewöhnliche Ereignisse aufzugreifen und über Hintergründe zu spekulieren, wenn sie nicht über ausreichende Informationen verfügen. Im Krisenfall rächen sich Versäumnisse in der PR-Arbeit der Vergangenheit. So gesehen kann jegliche PR als Präventiv-PR aufgefasst werden. Allerdings kann Präventiv-PR eine Krise weder verhindern noch beschönigen. Die Medien werden auf keinen Fall auf einen „Knüller" verzichten. Aber ein Unternehmen, das in der Vergangenheit einen vertrauensvollen Dialog mit der Öffentlichkeit gepflegt hat, kann in der Krise insofern davon profitieren, als zumindest die gröbsten Unterstellungen verhindert werden (vgl. Rota 1994, S. 42).

Im Fall einer Krise führt der Überraschungseffekt häufig zu Lähmung und Chaos, so dass nur noch reagiert werden kann. Hierin ist das Potenzial von Präventiv-PR zu sehen. Damit ist es prinzipiell möglich, Krisenpotenziale bereits im Vorfeld zu erkennen und ein Krisenmanagementsystem als Bestandteil der Unternehmenskommunikation aufzubauen und zu etablieren. Zunächst gilt es, aus früheren Krisen zu lernen. Wo lagen die Schwachstellen? Was ist positiv gelaufen? Kann es so wieder passieren? Ferner sind Krisenszenarien durchzuspielen, die durch realistische Unfälle, fehlerhafte Produkte, Streiks u.dgl. verursacht werden können. Diese Szenarien dienen als Drehbuch für Krisenkommunikationstrainings, die zu Kommunikationsroutinen führen sollten, um so im Krisenfall Sicherheit und Ruhe zu verbreiten (vgl. Hoffmann 2004, S. 126 f.)

In einer Mediengesellschaft wird jede Gelegenheit für eine Berichterstattung genutzt, insofern können schon privat genutzte Bonusmeilen für ein öffentliches Amt Anlass für eine Krise sein. Hintergrund für den aggressiven Umgang der Medien mit tatsächlichen oder vermeintlichen Krisen ist die deutlich verschlechterte Situation der Medienunternehmen, die dazu geführt hat, dass Nachrichten zur Ware auf dem Informationsmarkt geworden sind. „Die Notwendigkeit, die eigene berufliche Existenzberechtigung gleichsam täglich unter Beweis stellen zu müssen, hat zu einer dramatischen Veränderung der journalistischen Arbeitsweisen, Grundsätze und Maßstäbe geführt" (Schmidt-Deguelle 2004, S. 42).

Es ist sinnvoll, Krisen-PR als Chancen-PR aufzufassen. Die Aufmerksamkeit, die Krisen zwangsläufig dem Unternehmen zuteilwerden lässt, beinhaltet immer auch das Potenzial für eine positive öffentliche Wirkung. Als Beispiel ist die Reaktion von Mercedes auf den „Elchtest" der A-Klasse zu nennen. Das anfänglich nur zögerliche Eingestehen von Problemen wurde schnell in eine Werbeoffensive umgesetzt, in der Boris Becker als Testimonial mit der Aussage eingesetzt wurde, dass Fehler zwar passieren können, aber man aus ihnen lernen müsse.

Da Krisen immer Einzelfälle darstellen, ist es nicht möglich, sich auf einen konkreten Krisenfall einzustellen. Dessen ungeachtet ist es sinnvoll, sich generell auf Krisensituationen vorzubereiten. Dafür bietet sich die Einrichtung von Krisenstäben an, die Szenarien durchspielen. Auf diese Weise können die zuständigen Stellen, die in einer Krisensituation immer in der Chefetage und der PR-Abteilung angesiedelt sind, Ernstfälle simulieren und stehen den Medien nicht völlig unvorbereitet gegenüber.

International operierende Unternehmen müssen darauf vorbereitet sein, dass Krisenfälle in einem Land schnell über die Medien in andere Länder übertragen werden können. Vor allem Öl-Konzerne stehen im Katastrophenfall, wie *BP*, dessen Bohrinsel Deep Water Horizon die Ölpest 2010 im Golf von Mexico verursachte, unmittelbar im internationalen Rampenlicht. PR-Geschichte hat das Unternehmen *Shell* geschrieben. Der Fall Brent Spar hat aufgezeigt, wie wichtig eine unternehmensinterne Abstimmung über Ländergrenzen hinweg ist. Im Februar 1995 erteilte die britische Regierung die Genehmigung zur Versenkung der *Shell*-Bohrinsel im Atlantik. Die Besetzung der Bohrinsel durch Greenpeace sorgte vor allem auch in der deutschen Öffentlichkeit für eine emotional geführte Diskussion, so dass auch die Deutsche *Shell* zu Reaktionen gezwungen wurde. Obwohl sich

Abbildung 4-9: *Spiegel-Titelseite zu Shell Brent Spar*

im Nachhinein die Position der *Shell* AG als richtig herausstellte, war der Imageschaden groß. Dieser Imageschaden wiegt durchaus schwerer als der Umsatzverlust durch den temporären Boykott von *Shell*-Tankstellen. Solange die Verbraucher Alternativen zu den boykottierten Produkten haben, fällt ihnen ein „moralisch" begründeter Boykott nicht schwer, denn sie üben damit ja keinen Konsumverzicht. Erfahrungsgemäß pendelt sich der Konsum nach einiger Zeit wieder auf den Marktanteilen ein, wie sie vor der Krise bestanden. Die eigentliche Gefahr liegt darin, dass etwas in den Köpfen hängen bleiben kann und das Unternehmen seinen „Vertrauenskredit" im Wiederholungsfall verspielt.

Klaus-Peter Johanssen, Direktor Unternehmenskommunikation und Wirtschaftspolitik der Deutschen *Shell* AG, resümiert: „Die Schlussfolgerungen für die Informationsstrategie sind einfach und schwer zugleich. Erstens: Lass dich nicht in die Defensive drängen. Zweitens: Mach nur das, was du öffentlich vertreten kannst" (Johanssen/Vorfelder 1996, S. 102).

4.5 Wirkungsmessung in der PR

Da insbesondere bei Großunternehmen die PR-Etats im siebenstelligen Bereich liegen können, stellt sich, genau wie bei der Werbung, auch hier die Frage nach der Wirkungsmessung. Die in Kapitel 2.4 aufgezeigten Probleme für die Messung der Werbewirkung gelten grundsätzlich auch für die Messung der PR-Wirkung. Allerdings kommt hier ein weiteres Problem hinzu: Da Unternehmen sowohl Werbung als auch PR betreiben und beides auf die Veränderung von Einstellungen zielt, ist es praktisch nicht möglich zu isolieren, welches Instrument welchen Beitrag zur Veränderung der Einstellung geleistet hat. Dies wird in dem Ausspruch eines amerikanischen PR-Kenners deutlich, der sagte: „Das Messen von PR-Erfolgen ist nur unwesentlich leichter als die Vermessung eines gasförmigen Körpers mir einem Gummiband."

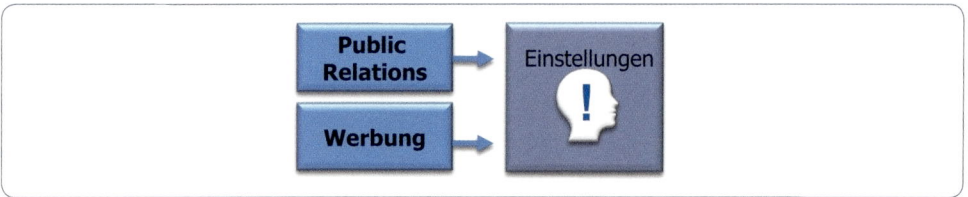

Abbildung 4-10: *Probleme der Isolierung von PR-Wirkung*

Dennoch gibt es nur wenige Unternehmen, die auf eine Wirkungskontrolle ihrer Öffentlichkeitsarbeit verzichten. Als gängige Messinstrumente haben sich in der Praxis folgende Verfahren herausgebildet (vgl. Schulz-Bruhdoel 2007, S. 335 ff.):

- **Quantitative Medienauswertung**: Spezialisierte Ausschnittdienste und Mediaagenturen sammeln Belege darüber, in welchen Medien Beiträge erschienen sind (Zeitungsausschnitte, Mitschnitte von Fernseh- und Hörfunksendungen). Damit wird lediglich dokumentiert, ob die Medien eine Information übernommen haben bzw. wie wirkungsvoll die Medienkontakte waren.
- Die **Medienresonanzanalyse** untersucht das Medienecho auf das gesamte Kommunikationsangebot eines Unternehmens und erlaubt Schlüsse auf die Wirkung aller Aktivitäten, die sich im Medienecho spiegeln. Hierbei wird jede Art der Berichterstattung in den Medien qualitativ und quantitativ ausgewertet. Überprüft wird nicht nur, ob es ein Medienecho auf die PR-Botschaften gab und wie „laut" es war, vielmehr erfolgt auch ein Abgleich mit der Kommunikationsstrategie. Auswertungskriterien für ein solches Medien-Monitoring sind beispielsweise: wurde die Kernaussage wiedergegeben? (neutral/bewertet, korrekt/entstellt); wie ist die Meinungstrendenz? (neutral/positiv/ negativ); wurden Quellen genannt usw. Die Medienresonanzanalyse wird meist von darauf spezialisierten Dienstleistern vorgenommen, wie z.B. dem FAZ-Institut.
- Bei der Ermittlung des **Media Equivalent Wertes**, geht es um die Frage, wie teuer ein Werbemittel von vergleichbarer Größe bzw. Dauer der Berichterstattung in einem bestimmten Medium ist. Diesem Betrag werden die Kosten der Pressearbeit gegenübergestellt. Problematisch hieran ist, dass Werbung mit redaktioneller Berichterstattung verglichen wird. Da letztere von neutraler Seite erfolgt, ist sie üblicherweise viel wertvoller und nachhaltiger als bezahlte Werbung.

Wie bei der Werbewirkungsmessung ist auch bei der Messung der PR-Wirkung eine „Zauberformel" nicht möglich. Die Ergebnisse können lediglich als Indikatoren gewertet werden, die erst mit Benchmarks vergleichbarer Kampagnen einen gewissen Aussagewert bekommen.

Aufgaben:

1. Erläutern Sie die Unterschiede zwischen Werbung und PR.

2. Als PR-Manager eines südeuropäischen Flughafens werden Sie darüber informiert, dass die Piloten gerade jetzt in der Hochsaison Dienst nach Vorschrift machen wollen, um ihrer Forderung nach mehr Lohn Nachdruck zu verschaffen. Es ist mit erheblichen Verspätungen und dem Ausfall einzelner Flüge zu rechnen, allerdings ist nur kurzfristig einzuschätzen, welche Flüge genau betroffen sein werden. Problematisch ist vor allem die Tatsache, dass Ihr Flughafen der zentrale Anlaufpunkt aller Flüge von den vielen Inseln des Landes ist, die ankommenden Urlauber also teilweise schon längere Zeit unterwegs sind und hier auf ihre Anschlussflüge warten. Wie sieht Ihre Planung aus?

   Was veranlassen Sie im Hinblick auf den Umgang mit den Urlaubern?

   Erarbeiten Sie worst-case-Szenarien.

5 Werbekonzeption

Der Kunde ist schuld

Es ist die schönste Zeit im Goldenen Ochsen: Der Duft der Mittagsmenüs hat sich verzogen, außer Diego, der hinter dem Büffet das Besteck poliert, sind alle in der Zimmerstunde, die Sonne scheint schräg durch die Gardinen und beleuchtet den Rauch, der über Tisch vier von den Zigarren von Brenner und Kirchhofer steigt, den einzigen verbliebenen Gästen. Die beiden alten Werber kennen sich seit vielen Jahren. Sie haben unzählige Präsentationsschlachten gegeneinander geführt, sich mit allen Tricks die Kunden abgejagt und sich an Branchenanlässen gemeinsam betrunken. Heute hatten sie im Goldenen Ochsen Kunden bewirtet, sich begrüßt und diskret für später zum Kaffee verabredet. Kirchhofer hatte eingedenk der alten Zeiten zwei Armagnac hors d'age bestellt, und Brenner die passenden Cohibas. Eine Stunde haben sie von den alten Zeiten gesprochen, und jetzt sitzen sie stumm vor ihren Schwenkern.

„Wie das Husten eines Schmetterlings", sagt Kirchhofer mit wehmütigem Lächeln. „Oder war es Schluckauf?" Brenner lächelt auch. „Nicht mehr als das kann die Werbung bewegen, hatte der große Howard Gossage gesagt". „Damals konnte man das den Kunden noch verraten. Heute ist es das strengst gehütete Geheimnis der Wirtschaft". „Früher war der Sinn einer Werbekampagne, dass der Generaldirektor beim Rotary Lunch zu hören bekam: ‚Sauglatte Reklame, Sepp, die du da machst.' Und heute müssen wir tun, als stellten wir etwas Messbares her. Wie Ziegelfabrikanten." „Nein, es macht keinen Spaß mehr." Kirchhofer senkt seine Nase in den leeren Schwenker und zieht tief die Luft von früher ein. Kirchhofer sagt: „Damals hätten wir noch einen bestellt."

Als Hommage an damals winkt Brenner mit seinem leeren Glas zu Diego hinüber, der schon hier servierte, als die Werbung noch Spaß machte. „Wenn du früher einem Kollegen sagtest ‚Deine Soundso-Kampagne ist scheiße', dann hat der Monate nicht mehr mit dir gesprochen. Heute sagt er: ‚Stimmt, aber weißt du, wie viel Income sie mir bringt?'"

Diego bringt die Armagnacs. Sie prosten sich zu, nehmen einen winzigen Schluck und hätscheln die Schwenker mit beiden Händen. „Weißt du, woran es liegt?" fragt Kirchhofer plötzlich, als hätte er gerade eine Erleuchtung gehabt. „An der Zielgruppe!" „Die Zielgruppe macht die Werbung doof? Die Zielgruppe sind die Konsumenten." „Eben nicht!" ruft Kirchhofer aus, so laut, dass Diego erschrocken von seinem Besteck aufblickt, „eben nicht, heute sind die Kunden die Zielgruppe." „Sag ich ja." „Unsere Kunden! Die Werbeauftraggeber!" Kirchhofer ist überwältigt von seiner Erkenntnis. „Wir machen Werbung, die sich an unsere Auftraggeber richtet! Das muss ja in die Hosen gehen!" „Shit! Du hast Recht. Früher arbeiteten wir nach der Faustregel: ‚Wenn es der Auftraggeber nicht versteht, dann versteht es der Mann auf der Straße garantiert.'" Und heute will es auch der Auftraggeber verstehen. Das ist es, was das Niveau dermaßen drückt."

Martin Suter, Handelsblatt, 4.–6. 08. 2006

In der Werbung hat der Begriff Werbekonzeption eine doppelte Bedeutung. Einerseits wird darunter die Entwicklung einer Werbekampagne verstanden, mit der üblicherweise eine Werbeagentur beauftragt wird (vgl. dazu Abschnitt 5.9.1.1). Hier erfolgt der Ablauf einer Werbekonzeption im Wesentlichen in vier Schritten. Ausgangspunkt ist immer die Problemstellung: Welches Problem soll gelöst werden? Das Problem sollte möglichst umfassend und genau definiert werden, daraus ergibt sich automatisch das anzustrebende Ziel. Im zweiten Schritt geht es um die Analyse der Ist-Situation: Wodurch ist das Problem entstanden und welche Dimensionen umfasst es? Nach Abschluss der Analysephase folgt die Entwicklung der kreativen Idee aus der sich die Maßnahmen ableiten lassen. Der gesamte Konzeptionsprozess wird durch zwei Vorgaben bestimmt: der Zielgruppe und der Positionierung, die gewissermaßen die Rahmenbedingungen der Konzeption darstellen (zur Konzeption vgl. ausführlich Schmidbauer/Knödler-Bunte 2004).

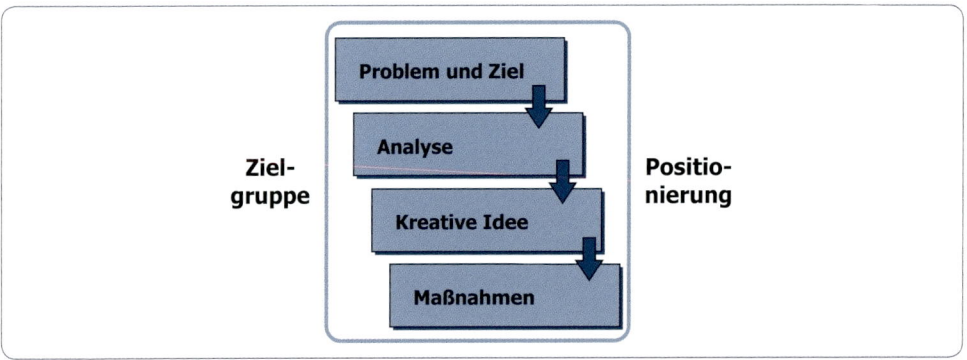

Abbildung 5-1: *Ablauf der Entwicklung einer Werbekampagne*

In diesem Kapitel wird jedoch Werbekonzeption verstanden als gedankliche Grundlage für die Realisierung der Werbung (Planung), die gleichzeitig aber auch Richtschnur für deren Bewertung (Steuerung) ist und damit Vorgabe für die Entwicklung einer Werbekampagne (Abb. 5-2). Konzeptionell geht es um die Beantwortung folgender Fragen:

- Was soll beworben werden (Werbeobjekt)?
- Wer soll mit der Werbung angesprochen werden (Zielgruppe)?
- Was soll bei der Zielgruppe erreicht werden (Werbeziele)?
- Wie können diese Ziele am besten erreicht werden (Werbestrategie)?
- Was soll die Werbung aussagen (Copy Strategy)?
- Welche Werbeträger sind dafür am besten geeignet (Mediastrategie)?
- Wann soll geworben werden (Werbezeitraum)?
- Wo soll geworben werden (Werbegebiet)?
- Wie viel Geld soll ausgegeben werden (Werbeetat)?

5. 1 Werbeobjekt

Als Werbeobjekt wird der Gegenstand bezeichnet, für den geworben werden soll, also eine bestimmte Marke, ein Produkt, eine Dienstleistung usw. Die Bestimmung des Werbeobjektes ist immer dann völlig problemlos, wenn es sich um ein klar definiertes Einzelprodukt handelt. Wenn also Werbung für die Tiefkühlpizza Napoli aus dem Schmecklecker-Sortiment konzipiert werden soll, ist damit das Werbeobjekt eindeutig vorgegeben.

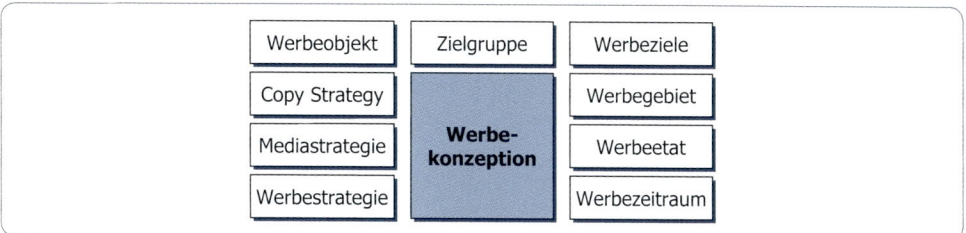

Abbildung 5-2: *Gegenstandsbereiche der Werbekonzeption*

Ist das Werbeobjekt bestimmt, stellt sich die Frage nach seiner Darstellung in der Werbung. Ein Kaffeeröster müsste beispielsweise entscheiden, wie er eine Tasse Kaffee fotografiert: Welche Tasse mit welchem Dekor passt am besten zu der Marke? Auf welcher Seite der Tasse liegt der Kaffeelöffel? Wie lässt sich der „Dampf" erzeugen, denn die Anzeige soll ja die Illusion einer heißen Tasse Kaffee vermitteln? Wie lassen sich die Luftblasen erzeugen, die auf dem Kaffee schwimmen, die den Eindruck erwecken sollen, dass gerade frisch eingeschenkt wurde? Ein Autohersteller muss über Farbe, Ausstattung, Fahrer und die Umgebung, in der das Auto aufgenommen werden soll, entscheiden. Wie alt soll der Fahrer sein, männlich, weiblich, welche Kleidung und welche Accessoires, welche Haarfarbe hat er?

Ein konzeptionelles Problem ergibt sich immer dann, wenn für ein Angebot geworben werden soll, das aus mehreren Teilen besteht, also beispielsweise das komplette Tiefkühlsortiment oder das gesamte Angebotsprogramm. Für den Nahrungsmittelproduzenten Schmecklecker gibt es mehrere Möglichkeiten, sein Angebot zu bewerben:

1. Im Rahmen einer **Sortimentswerbung** können mehrere Nahrungsmittelangebote herausgestellt werden. Das Entscheidungsproblem besteht darin, festzulegen, welche Produkte mit welcher Priorität beworben werden sollen. Es handelt sich also einerseits um ein Auswahl-, und andererseits um ein Gewichtungsproblem.

   Im Angebot von Schmecklecker sind Tiefkühl- und Trockenfertigprodukte. Das Tiefkühlsortiment umfasst verschiedene Sorten original italienischer Pizzen, deutsche Standardgerichte wie Königsberger Klopse und Rouladen und neu ein Sortiment aus der internationalen Küche wie Bami Goreng und Cannelloni. Im Sortiment der Trockenfertigprodukte befinden sich verschiedene Sorten Suppen und Saucen sowie Kartoffel- und Nudelgerichte. Ein neues Sortiment mit hochwertigen Feinschmeckerprodukten in der Premiumpreisklasse wird gerade für die Konsumenten erstellt, die bisher noch keine Verwender von Trockenfertigprodukten sind.

   Die Firma Schmecklecker legt Wert auf die Feststellung, dass alle Produkte aus naturbelassenen Rohstoffen und ohne Konservierungsstoffe gefertigt werden.

   • Eine Möglichkeit, Sortimente zu bewerben, besteht darin, alle Produkte unter einem gemeinsamen Markendach gleichwertig herauszustellen. Der Vorteil liegt darin, dass die gesamte Angebotsvielfalt und Leistungsfähigkeit des Unternehmens demonstriert werden kann. Je nach Sortimentsbreite bleibt dem einzelnen Angebot jedoch nur wenig Raum, so dass nur eine sehr grobe Beschreibung gegeben werden kann. Das Problem stellt sich für alle Unternehmen mit einem heterogenen Angebot. Eine Lösung für derartige Probleme stellen so genannte Multipicture Anzeigen dar (vgl. Abbildung 5-3).

   Das Unternehmen Schmecklecker hat bei dieser Art der werblichen Umsetzung beispielsweise die Möglichkeit, sowohl die Tiefkühl- als auch die Trockenfertigprodukte,

Abbildung 5-3: *Beispiel einer Multipicture-Anzeige*

> sowie die neuen Angebote jeweils mit einem beispielhaften Foto und einer kurzen Textbeschreibung vorzustellen. Der Betrachter der Anzeige bekommt also einen Überblick über die unterschiedlichen Tätigkeitsfelder des Unternehmens.

- Eine weitere Möglichkeit besteht darin, ein einzelnes Angebot dominant herauszuheben und es als exemplarisches Beispiel für das Gesamtangebot vorzustellen. Auf diese Weise ist eine ausführliche Beschreibung eines Angebotes möglich. Sind die Angebote einigermaßen gleichwertig, stellt die Auswahlentscheidung kein großes Problem dar. Bei einer heterogenen Angebotspalette besteht jedoch die Gefahr, dass ein nicht repräsentatives Bild von dem Unternehmen gezeichnet wird.

> Die Firma Schmecklecker steht bei dieser Möglichkeit vor der Entscheidung, welches Angebot sie vorstellen soll. Je nachdem, ob die Tiefkühl- oder die Trockenprodukte vorstellt werden, hat sie zwar die Möglichkeit, die Qualität und die Vorteile des jeweiligen Angebotes ausführlich vorzustellen, jedoch läuft sie Gefahr, dass der Betrachter der Anzeige das Angebot als pars pro toto auffasst und ihn entweder als Tiefkühl- oder

> als Trockenproduktanbieter klassifiziert. Bei Herausstellung der neuen Feinschmeckerrange würde das Bild zwar noch schiefer gezeichnet, aber möglicherweise könnte das Restsortiment von einem positiven Imagetransfer profitieren.

- Eine dritte Möglichkeit besteht schließlich darin, rotierend jeweils immer ein Angebot herauszustellen. Auf diese Weise lassen sich die Vorteile der beiden anderen Möglichkeiten kombinieren: Die Angebotsbreite lässt sich in aller Ausführlichkeit darstellen. Als problematisch ist hierbei anzusehen, dass bei einem breiten Angebot viele Motive produziert und geschaltet werden müssen und sich daraus eine teure Kampagne ergeben kann.

> Bei der Wahl dieser Möglichkeit wird das Unternehmen also für jedes Angebot ein eigenständiges Anzeigenmotiv schalten und hat die Möglichkeit zu verdeutlichen, dass es sowohl Tiefkühl- als auch Trockenfertigprodukte produziert. Zusätzlich können die neuen Sortimente vorgestellt werden.

Aufgabe der Werbekonzeption ist es, sich unter Abwägung aller Vor- und Nachteile für eine der Möglichkeiten zu entscheiden und entsprechende Begründungen dafür zu geben.

2. Während im Fall der Sortimentswerbung mehrere Produkte eines Herstellers unter einem gemeinsamen Markendach beworben werden, schließen sich bei der **Verbundwerbung** oder bei der **Kooperationswerbung** zwei oder mehrere Partner für einen gemeinsamen Werbeauftritt zusammen. Bei der Verbundwerbung werden Angebote unterschiedlicher Hersteller gemeinsam beworben (vgl. Abbildung 5-4), bei der Kooperationswerbung werben Partner unterschiedlicher Marktstufen (z.B. Hersteller und Abnehmer) gemeinsam. Allerdings wird diese definitorische Trennung in der Praxis nicht sehr strikt gehandhabt, vielmehr wird vielfach übergeordnet von **Co-Branding** gesprochen, wenn zwei (oder mehr) Marken einen gemeinsamen Werbeauftritt haben. Naturgemäß kann in diesem Fall nicht mehr der Markenname die verbindende Klammer im Auftritt sein, vielmehr ist es ein gemeinsames Thema. Der wesentliche Vorteil des Co-Branding besteht darin, dass sich die Partner die Werbekosten teilen und damit jeder einzelne Partner einen größeren Werbeauftritt realisieren kann, als es mit dem eigenen Werbebudget möglich wäre. Außerdem kann sich durch einen Imagetransfer eine Verstärkung der Werbebotschaft ergeben, wenn sich die Partner sinnvoll ergänzen. Wenn z.B. ein Automobilhersteller eine bestimmte Benzinmarke oder ein Bekleidungshersteller eine bestimmte Waschmittelmarke empfiehlt, kann sich durch ein glaubwürdiges Zusammenspiel der Partner eine Testimonialwirkung ergeben. Probleme können sich vor allem aus der Wahl der Partner und deren Anteile im Werbeauftritt ergeben.

> Marken-Kooperationen können auf sehr vielfältige Weise erfolgen und ein hohes Maß an Kreativität freisetzen. Beispielsweise haben sich *Warsteiner* und *Zewa Wisch & Weg* zu einem gemeinsamen Werbeauftritt vereint und ihre Produkte sinnvoll zueinander in Bezug gesetzt. Zuerst erscheint ein *Warsteiner*-Spot, in dem beim Einschenken des Bieres ein Schaumfleck auf der Kameralinse zurückbleibt, der beim nachfolgenden *Zewa*-Spot weggewischt wird. Noch enger ist die Zusammenarbeit zwischen *Ritter Sport* und *Smarties*, die nicht nur ihren Werbeauftritt verschmolzen haben, sondern durch eine Schokolade mit eingestreuten *Smarties* auch ihre Produkte.

Kooperationsstrategien können Synergieeffekte fördern, wenn sich Marken sinnvoll ergänzen und ein Überraschungseffekt vorliegt. „Dort, wo sich das Ungewöhnliche bei näherer Betrachtung als sinnvolle Kompetenzergänzung erweist, können Marken effizient geführt werden" (Willhardt 2007, S. 40). 90 % aller Markenallianzen scheitern jedoch, sei es am Unverständnis der Kunden, an inkompatiblem Markenwerten oder am ungleichen Kooperationsnutzen.

Abbildung 5-4: *Beispiel einer Verbundwerbung*

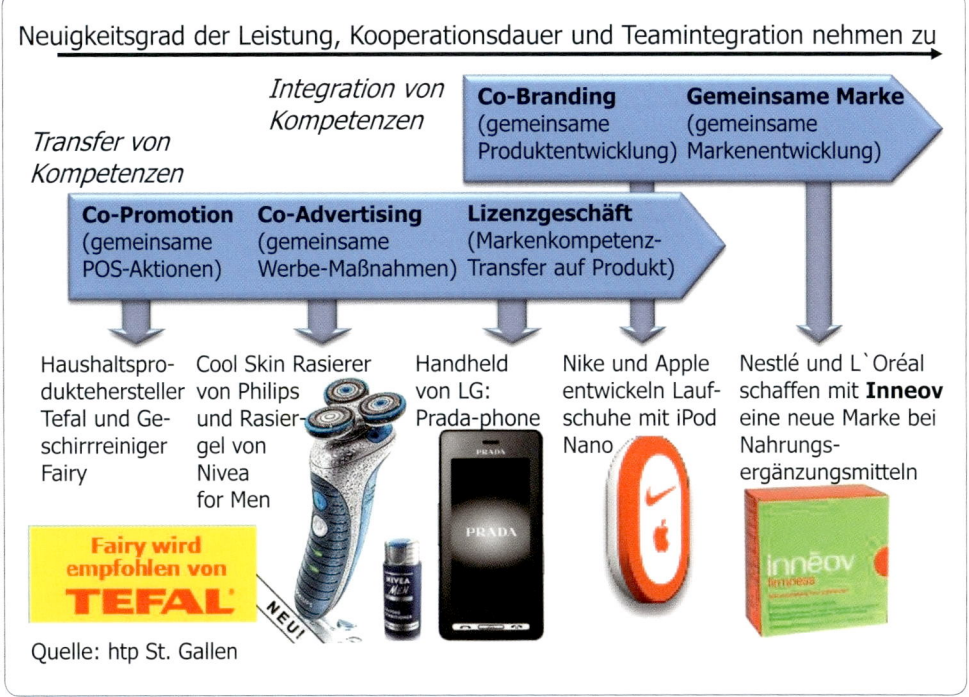

Abbildung 5-5: *Typen von Markenkooperationen*

Quelle: Willhardt: Das seltsame Paarungsverhalten von Marken, in: Absatzwirtschaft Nr. 7, 2007, S. 42

Eine praxisorientierte Einteilung von Markenkooperationen schlägt die St. Galler Marketingberatung vor, die Allianzen nach dem Intensitätsgrad von Zusammenarbeit und Kompetenztransfer unterscheidet (vgl. Abbildung 5-5).

> Kurz einen „*Nexpresso*" gekippt, der im *Siemens*-Kaffeeautomaten mit *Nestlé*-Kapseln (alternativ: *Philips* mit *Sara-Lee*-Kaffeepads) besonders fix zubereitet ist. Im *Karl Lagerfeld* designten *H&M*-Anzug (*Stella McCartney*, *Elio Fiorucci*) geht's im limitierten *Ford-Ka*-Modell auf *lufthansa*grauen Ledersitzen mit signifikanter Gelbborte (*Puma/ Mini Cooper*, *Kenzo/Twingo*, *Tigra/Mango*) bei *McDonald's* einen *Milka* McFlorry (*Daim*, *M&M*, *Bounty*) schlürfen. Die Multimedia-Lifestyle-Jacke von *Rosner* lässt man an, weil's sich mit *Infineon* Bluetooth im Kragen bequemer telefoniert. Schade nur, dass so das pechschwarze *Prada-LG*-Handy (*Bang & Olufsen/Samsung*, *Swarowski/VK Mobile*, *Dolce & Gabbana/Motorola*) ungesehen bleibt ... (vgl. Willhardt 2007, S. 40).

> Für den Nahrungsmittelhersteller kann es also sinnvoll sein zu überlegen, ob er einen gemeinsamen Werbeauftritt mit einem Hersteller von Vor- oder Nachspeisen oder beispielsweise mit einer Handelskette planen sollte. Durch die Erhöhung des Werbebudgets hat er die Möglichkeit zu einem massiveren Werbeauftritt. Die Images der Werbepartner oder das Prestigeimage der Handelskette könnte sich auf ihn übertragen und möglicherweise einzelne Facetten des eigenen Images verstärken. Gleichzeitig könnten auch die anderen Partner von positiven Imagefacetten der Firma Schmecklecker profitieren.

5.2 Zielgruppe

5.2.1 Aktuelle und potenzielle Zielgruppen

Als Zielgruppe werden diejenigen Personen bezeichnet, die mit der Werbung angesprochen und beeinflusst werden sollen. Es ist wichtig, darauf hinzuweisen, dass sich die Werbung niemals an alle richtet, sondern immer nur an bestimmte Personengruppen. Werden mit den werblichen Maßnahmen Personen erreicht, die nicht zur anvisierten Zielgruppe gehören, wird von **Streuverlusten** gesprochen. So sind z.B. alle Männer, die Werbung für Damenhygiene sehen, Streuverluste, ebenso wie alle eingefleischten Vegetarier, die von der Werbung für Fleischprodukte eines Nahrungsmittelherstellers erreicht werden.

Unternehmen richten ihre werblichen Maßnahmen nur an die Personen, die grundsätzlich ein Interesse an ihren Produkten haben bzw. haben könnten, also aktuelle und potentielle Kunden. Für einen Tiernahrungshersteller sind dies entsprechend alle Personen, die Tiere halten, für einen Nahrungsmittelproduzenten z.B. alle Haushaltsführenden, für einen Friseur oder ein Restaurant alle Personen in einem bestimmten Umkreis um den Standort.

Die werbliche Ansprache *potenzieller* Zielgruppen kann als langfristig wirkende Investition in die Zukunft betrachtet werden. Für ein Automobilunternehmen, das beispielsweise hochpreisige Statuslimousinen herstellt, deren Fahrer ein Durchschnittsalter von 50 Jahren haben, kann es daher durchaus sinnvoll sein, die Zielgruppe der 20- bis 40-jährigen anzusprechen. Zwar verfügen die noch nicht über die Kaufkraft, um sich ein Auto dieser Firma leisten zu können. Aber wenn dies einmal der Fall ist, dann sollen sie einen Wagen dieser Firma in engere Erwägung ziehen. Diese Vorgehensweise zielt auf ein langfristiges „Heranführen" potenzieller Zielgruppen an eine Marke.

> Ein Student an der Fachhochschule Stralsund, der ein begeisterter Hobbykoch ist und der bisher nie industrielle Fertigprodukte verwendet hat, stößt eines Tages in einem Gourmetmagazin auf die Anzeige von Schmecklecker, der seine Feinschmeckerprodukte vorstellt. Mit seinem Bafög und verschiedenen Jobs in den Semesterferien kann er seiner Leidenschaft nur am Wochenende oder zu besonderen Anlässen frönen. Aber die Produktbeschreibungen und die entsprechenden Fotos in der Anzeige haben ihn spontan begeistert. Er erkennt das gute Preis-Leistungsverhältnis und kalkuliert, dass er nur noch zweimal pro Woche die Mensa aufsuchen muss und für den Rest der Woche nach Lust und Laune kochen kann.

Jeder Werbetreibende muss bei der Konzeption seiner Werbung zunächst die anvisierte Zielgruppe eingrenzen und beschreiben. Bei der Festlegung der Zielgruppe sollten zwei Kriterien erfüllt sein:

- Die Zielgruppe sollte möglichst **homogen** sein, d.h. ähnlich strukturierte Bedürfnisse haben und über Merkmale oder Einstellungen verfügen, die sie hinreichend deutlich von der Nicht-Zielgruppe unterscheidbar machen.
- Die Zielgruppendefinition sollte **operationalisierbar** sein, d.h. die herangezogenen Merkmale sollten sich auch für die Werbeträgerplanung eignen. Die Zielgruppe kann sinnvoll nur nach solchen Kriterien beschrieben werden, mit denen sie später auch erreicht werden kann.

Beispielsweise wäre für einen Shampoo-Hersteller die Zielgruppe „Männer mit Schuppen" insofern eine homogene Zielgruppe, als diese Männer alle das gleiche Problem haben, allerdings ist diese Zielgruppendefinition nicht operationalisierbar, da es keine Medien gibt, die speziell von Männern mit Schuppen genutzt werden.

Zielgruppenbeschreibungen erfolgen entweder nach soziodemographischen oder nach psychographischen Merkmalen.

5.2.2 Soziodemographische Zielgruppenbeschreibung

Am häufigsten erfolgt die Zielgruppenbeschreibung nach **soziodemographischen Merkmalen** wie Geschlecht, Alter, Beruf, Einkommen, Bildung, Haushaltsgröße, Schichtzugehörigkeit, Wohnort oder Wohnortgröße (vgl. Koschnick 1995, S. 347 f.). Der Verwendung dieser Merkmale liegt die Annahme zugrunde, dass sie mit spezifischen Konsumgewohnheiten korrelieren. Der Rückschluss von den soziodemographischen Merkmalen eines Konsumenten auf dessen Konsumverhalten ist jedoch nur in Einzelfällen sinnvoll.

Die meisten dieser Merkmale haben den Vorteil, dass sie leicht erfassbar und messbar sind. Da sich auch die Nutzerschaften von Werbeträgern nach diesen Merkmalen erfassen lassen, erfüllen sie das Kriterium der Operationalisierbarkeit. Allerdings lassen sich nach diesen Kriterien keine homogenen Gruppen bilden, da sie nur in sehr eingeschränktem Maße von prognostischer Relevanz im Hinblick auf das Konsumverhalten sind.

- Das **Geschlecht** ist für bestimmte Produktgruppen, die nur von Frauen (z.B. Lippenstifte, Damenhygiene) bzw. nur von Männern (Rasierwasser) nachgefragt werden, durchaus ein konsumdifferenzierendes Merkmal. Bei vielen Produktgruppen kann dieses Merkmal jedoch entweder nur eingeschränkt (Zeitschriften, Autos, Bekleidung) bzw. überhaupt nicht (Zigaretten, Waschmittel) zur Abgrenzung des Konsums herangezogen werden. Auch für Nahrungsmittel ist das Geschlecht im Allgemeinen kein Merkmal, mit dem sich sinnvolle Zielgruppenbeschreibungen erzielen lassen.

  VW setzt auf Unisex-Werbespots

  Bei der Frage der Kreation von TV-Spots haben es die Automobilhersteller keineswegs leichter als die Konsumgüterindustrie. Zwar ist der Autokauf nach wie vor eine Männerdomäne, da der Wagen meist vom Familienoberhaupt bezahlt und auf den Mann zugelassen ist, doch tatsächlich gefahren wird der Pkw von beiden. So ist es für Volumenhersteller wie VW wichtig, bis auf wenige Ausnahmen (GTI) beide Geschlechter über TV-Spots anzusprechen. „Die Ansprüche an ein Fahrzeug sind geschlechterneutral" sagt Hartwig von Saß, Pressesprecher bei VW. Wie eine Kampagne erfolgreich optimiert werden kann, zeigt VW mit dem Geländewagen Touareg. Die erste Kampagne startete im dritten Quartal 2004: Sie zeigt ein Paar, das zwei Touareg besitzt, in einem Flussbett aufeinander trifft und sich verabredet, dass er die Kinder abholt und sie in den Supermarkt fährt. „Daraufhin gab es heftige Zuschauerreaktionen", berichtet Saß. „Viele Menschen haben uns gefragt, ob es nicht unrealistisch sei, dass ein Ehepaar zwei Touaregs besitzt". Laut VW keineswegs. VW baute die Antwort in die nächste Werbekampagne ein und gestaltete daraus ein Leasingangebot (Fösken 2006, S. 85).

- Das **Alter** greift als differenzierendes Merkmal ähnlich ungenau wie das Geschlecht. Zwar gibt es typische Produkte für einzelne Altersgruppen (Höschenwindeln, Gebissreiniger), für die Mehrzahl der Produktbereiche lässt das Alter der Zielgruppe jedoch nur eine sehr vage Konsumabgrenzung nach vermutlichen Interessensschwerpunkten zu. Auch bei Nahrungsmitteln finden sich Angebote, die allein auf das Alter der Zielgruppe abheben, relativ selten. Als Beispiel lässt sich Babynahrung anführen.

  Traditionell konzentriert sich die Mediaplanung in Deutschland auf die Standardzielgruppe der 14–49jährigen, was sich auch in der Strategie der Medien, insbesondere von Hörfunk und Fernsehen, reflektiert, die Angebote vor allem für jüngere Zielgruppen machen. Argumentiert wird, dass die ab 50jährigen sowieso mehr fernsehen und in der Seherschaft überproportional vertreten und damit leichter zu kontaktieren sind als die 14–49jährigen. Die Mediaplanung richtet sich daher vor allem auf die Ansprache jüngerer Zielgruppen, die schwerer zu erreichen sind. Die älteren Zuschauer gebe es quasi als ‚kostenlose Dreingabe'. Ein anderes Argument ist die Befürchtung, dass die Verbindung von Marken mit älteren Menschen bei jüngeren Zielgruppen Akzeptanzprobleme verursachen könnten. Schließlich besteht die Auffassung, ältere Menschen seien in ihren Markenpräferenzen und Konsumgewohnheiten schon zu festgelegt, als dass sie noch zu einem Markenwechsel bereit wären (vgl. Gleich 1999, S. 301 ff.).

Das Lebensalter verliert seinen ehemals starken Einfluss auf das Konsumverhalten. Gewachsene Werte, Lebensstile und Einstellungen bestimmen zunehmend, wie sich eine Person als Konsument fühlt und verhält. In der durch die höhere Lebenserwartung verlängerten Lebensphase ab 50 Jahren besteht sowohl vielfältiger materieller Bedarf als auch der Drang nach Selbstverwirklichung. Beides entfaltet als Konsummotivation starke Kräfte. (...) Die so genannte werberelevante Zielgruppe weist heute das geringste Konsumpotenzial auf. Wer sich mediastrategisch noch an dieser Zielgruppe orientiert, kommuniziert nicht mit denen, die aufgrund ihrer Konsumstärke die Märkte bewegen (Müller, D.K. 2008, S. 293).

Ein weiteres Argument, das gegen die altersmäßige Beschränkung der werberelevanten Zielgruppe auf die 14- bis 49-Jährigen spricht, liefert die so genannte **Kohorten-Theorie**. Sie besagt, dass jede Generation – oder Kohorte – geprägt ist von anderen Erfahrungen und ihren eigenen Bezugsrahmen hat, den sie ihr Leben lang mit sich herumträgt.

> Ein überzeugender Beleg für die Kohorten-Theorie im Markenbereich ist Nutella. 1995 haben vier Millionen der damals 20- bis 29-Jährigen diese Marke verwendet und drei Millionen der 30- bis 39-Jährigen. Aber nur 1,7 Millionen der 40- bis 49-Jährigen und noch viel weniger 50- bis 59-Jährige. Die Erklärung dafür: Nutella gibt es seit Mitte der 60er Jahre, die Mehrheit der über 40-Jährigen konnte die Marke in ihrer Kindheit noch gar nicht kennen.
>
> Zehn Jahre später, 2005 also, hat sich die Verwenderschaft dann aber gewandelt: Nun essendrei Millionen der 40- bis 50-Jährigen Nutella und 1,7 Millionen der 50- bis 60-Jährigen. Kurz: Die Nutella-Markenbindung bleibt ein Leben lang bestehen. (...)
>
> Das Nutella-Beispiel weist auf einen wichtigen Aspekt der Kohorten-Theorie: Sie erlaubt einen Blick auf zukünftiges Verbraucherverhalten. Schon jetzt weiß man genau, dass in zehn Jahren auch die 50- bis 60-Jährigen und in 20 Jahren dann die 60- bis 70-Jährigen dieses Produkt essen werden (Barlovic 2008, S. 48).

- Das **Einkommen** ist als Zielgruppenkriterium insofern bedeutsam, als es die finanziellen Möglichkeiten der Zielgruppe beschreibt. Als Einkommensgröße wird üblicherweise das Haushaltsnettoeinkommen verwendet. Kaviar und Champagner erfordern einen höheren finanziellen Mitteleinsatz als Eintopf und Bier. Allerdings lassen Statusambitionen einkommensschwächerer Zielgruppen oder auch die Erfüllung von lange gehegten Wünschen auch das Merkmal Einkommen nicht als eindeutiges Abgrenzungskriterium erscheinen. Insbesondere bei Produkten, die nach außen sichtbar sind oder über die gegenüber Freunden und Bekannten berichtet werden kann (Autos, Spirituosen, Urlaub), stellt das Einkommen heutzutage häufig keine Grenze mehr dar. Das Gleiche gilt für die Kriterien **Ausbildung** und **Beruf**.
- Das Einkommen wird vor allem auch durch das Kriterium **Haushaltsgröße** relativiert. Mit steigender Haushaltsgröße sinkt die Konsumkraft des Haushaltes bei gegebenem Einkommen. Während für einen Single eine Gourmetmahlzeit problemlos mit seinem Einkommen vereinbar sein kann, multiplizieren sich für eine mehrköpfige Familie die Kosten der Zutaten für das Menü mit der Anzahl der Personen. Bei Nahrungsmitteln ist die Haushaltsgröße häufig ein relevantes Kriterium, das in speziellen Packungsgrößen berücksichtigt wird.

- Insbesondere für Produkte des täglichen Bedarfs ist die Zielgruppe **Haushaltsführende** relevant, womit die Personen beschrieben werden, die für den Einkauf des gesamten Haushaltsbedarfs verantwortlich sind.
- Geographische Kriterien, wie **Wohnortgröße** oder **Region**, können einen großen Einfluss auf den Konsum haben. Einige Produkte sind nur regional distribuiert (regionale Spezialitäten), so dass die Zielgruppenansprache auch nur regional erfolgen kann. Häufig lassen sich Trendprodukte eher in Ballungsräumen absetzen und Bewohner der Küstenregion beispielsweise eher für frische Fische ansprechen. Das Marktforschungsinstitut A.C. Nielsen hat Deutschland in sieben so genannte „ACNielsen-Gebiete" eingeteilt, die sich als Basis für eine geographische Zielgruppenplanung durchgesetzt haben. Darin sind einzelne Bundesländer zu einem Nielsen-Gebiet zusammengefasst (vgl. Abbildung 5-6). Bei Betrachtung von Regionalstrukturen wird in der Praxis von „Nielsen 2" oder „Nielsen 6" gesprochen.

Da jedes einzelne soziodemographische Merkmal für sich genommen Zielgruppen nicht hinreichend genau abgrenzen kann, werden i.d.R. Kombinationen dieser Merkmale verwendet. Häufig werden dazu die Merkmale Alter und Einkommen oder auch Haushaltsgröße und Einkommen kombiniert.

> Unter soziodemographischen Aspekten lassen sich beispielsweise für die Firma Schmecklecker zwei unterschiedliche Zielgruppen beschreiben. Die internationale Küche und die Feinschmeckerangebote könnten an Singles im Alter zwischen 25 und 39 Jahren mit einem Einkommen zwischen 1.750.– und 2.500.– € schwerpunktmäßig in Ballungsräumen gerichtet werden. Die Tiefkühl- und Trockenfertiggerichte hingegen richten sich an alle Haushaltsführenden.

Merkmalskombinationen finden beispielsweise ihren Niederschlag in Zielgruppenbeschreibungen wie **Yuppies** oder **Dinks**. Yuppy steht als Abkürzung für Young Urban Professional People und bezeichnet Personen zwischen 20 und 39 Jahren, mit hohem Bildungsniveau, überdurchschnittlichem Einkommen und einem großstädtischen Wohnsitz. Dinks stehen für Double Income, no Kids, also Doppelverdiener ohne Kinder.

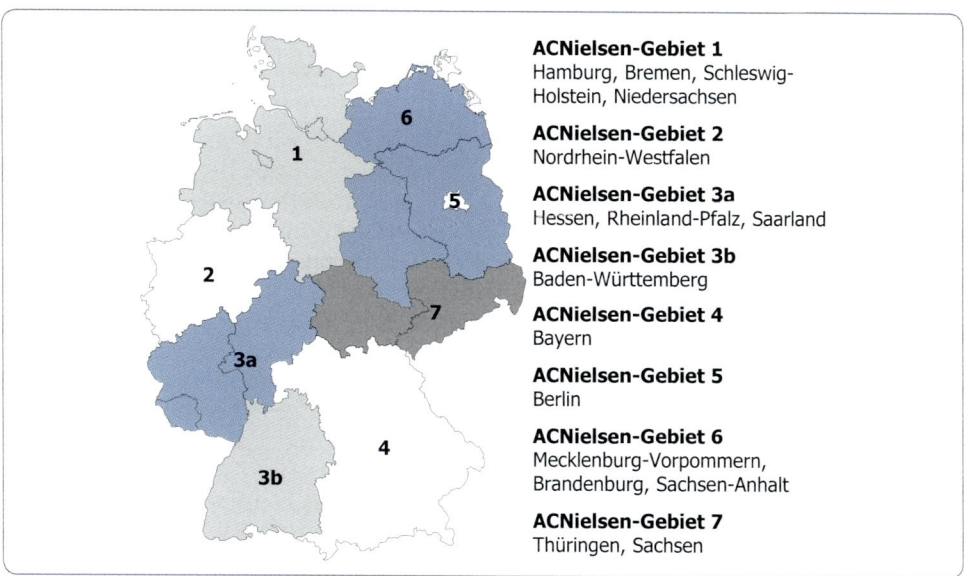

ACNielsen-Gebiet 1
Hamburg, Bremen, Schleswig-Holstein, Niedersachsen

ACNielsen-Gebiet 2
Nordrhein-Westfalen

ACNielsen-Gebiet 3a
Hessen, Rheinland-Pfalz, Saarland

ACNielsen-Gebiet 3b
Baden-Württemberg

ACNielsen-Gebiet 4
Bayern

ACNielsen-Gebiet 5
Berlin

ACNielsen-Gebiet 6
Mecklenburg-Vorpommern, Brandenburg, Sachsen-Anhalt

ACNielsen-Gebiet 7
Thüringen, Sachsen

Abbildung 5-6: Nielsen-Gebiete

Aufgrund des demografischen Wandels und sich ändernder Bedürfnisse, die beispielsweise durch die Globalisierung, neue Medien und Technologien aber nicht zuletzt auch durch Klima und Umwelt beeinflusst werden, ist es zunehmend schwieriger, Zielgruppen zu definieren und demografisch abzugrenzen. Allerdings haben wertebasierte Zielgruppenbeschreibungen den Nachteil, dass sie für die Mediaplanung schlecht operationalisierbar sind.

5.2.3 Psychographische Zielgruppenbeschreibung

Abbildung 5-7 verdeutlicht, dass eine Zielgruppendefinition auf rein soziodemographischer Basis nicht ausreicht, um seine Zielgruppen zu beschreiben. Es ist offensichtlich, dass die beiden dargestellten Typen, obwohl nach soziodemographischen Daten identisch, völlig unterschiedlich sind und sicher auch verschiedene Konsumgewohnheiten haben.

männlich
wohnhaft in Großstadt
mit 500.000+ Einwohnern
Haushaltsnettoeinkommen
€ 3.000+

Abbildung 5-7: *Zwei völlig unterschiedliche Typen*

Aufgrund der ungenügenden Trennschärfe soziodemographischer Merkmale werden diese häufig durch **psychographische Merkmale** ergänzt, d.h. Zielgruppen werden nach psychologischen Kriterien beschrieben. Während soziodemographische Merkmale lediglich einen beschreibenden Charakter haben, zielt die Verwendung psychographischer Merkmale auf eine Erklärung des Verbraucherverhaltens. Diese Art der Zielgruppenbeschreibung verwendet Merkmale wie Einstellungen, Motive, Verhaltensweisen und Persönlichkeitsmerkmale, um daraus einstellungs- und verhaltenshomogene Personengruppen zu bilden. Diese Merkmale dienen im S-O-R-Modell als intervenierende Variable dazu, das Käuferverhalten als indirekte Folge von Reaktionen im Vorfeld der Kaufhandlung zu erklären (vgl. Kapitel 2.3.1).

Der nach soziodemographischen Merkmalen bereits beschriebene Yuppy lässt sich mit psychographischen Merkmalen wie folgt beschreiben: Er hat eine positive Grundeinstellung und schätzt die Zukunft optimistisch ein. Häufig zeigt er wenig Interesse an politischen oder kulturellen Fragen, er ist emotionsarm, ichbezogen und materialistisch eingestellt. Er orientiert sich an äußerlichen Attributen, ist voller Selbstvertrauen, strebt nach Erfolg und demonstriert den Erfolg mit Statussymbolen (vgl. Koschnick 1995, S. 1923).

Die Zielgruppen für die Firma Schmecklecker lassen sich nach psychographischen Merkmalen für das Gesamtsortiment beispielsweise als convenience-orientiert beschreiben, die einerseits den Haushalt wirtschaftlich und rationell organisieren. Unter dem Convenienceaspekt können andererseits aber auch kommunikative, aufgeschlossene, erlebnisorientierte, lebensbejahende und extrovertierte Personen beschrieben werden, die stärker freizeitorientiert sind, ohne Abstriche an der Ernährung hinnehmen zu wollen.

Aus den psychographischen Merkmalen entwickelten sich sogenannte Life-Style-Typologien, mit denen Persönlichkeitstypen beschrieben werden, die bestimmte Personengruppen repräsentieren sollen: „Die einzelnen Life-Style-Typen werden gemäß ihren dominierenden Einstellungen und Lebensstilen beschrieben, die das Fundament der Life-Style-Typenbeschreibungen bilden und ergänzt werden um ihr Konsum- und Medienverhalten sowie die vorherrschenden soziodemographischen Ausprägungen" (Koschnick 1995, S. 1018).

Als Beispiel sei die MedienNutzer-Typologie von ARD/ZDF vorgestellt. Diese teilt Mediennutzer hinsichtlich ihres Umgangs mit den Medien und ihren Medienpräferenzen in 10 Typen ein (in Klammern deren jeweiliger Anteil an der Bevölkerung):

Lebensstilgruppe	Charakteristika
• Junge Wilde (11,3 %)	Hedonistisch, materialistisch, konsumorientiert, Selbstbezüglichkeit und -unsicherheit, adoleszentes Verhalten
• Zielstrebige Trendsetter (6,5 %)	Pragmatische Idealisten und selbstbewusste Macher, breite Interessen, Erfolgsorientierung, Vollausschöpfung der Möglichkeiten neuer Medien
• Unauffällige (11,6 %)	Orientierung am Privaten, wenig Kontakte, passiv, übernehmen ungern Verantwortung, ökonomisch eingeschränkt, starkes Bedürfnis nach Unterhaltung und Ablenkung
• Berufsorientierte (8,4 %)	Starke Berufsbezogenheit, wenig Zeit für anderes, nüchtern, rational, Kulturfaible, eher ledig als verheiratet
• Aktiv Familienorientierte 15,0 %)	Familienmenschen, bodenständig, selbstbewusst, gut organisiert, clever/findig, dynamisch/lebendig
• Moderne Kulturorientierte (6,0 %)	(Ehemalige) kulturelle Avantgarde, unter anderem arrivierter „68er", intellektuellster Typ, hohes Aktivitätsniveau, medienkritisch, weltoffen
• Häusliche (15,2 %)	Bedürfnis nach Sicherheit und Kontinuität im Alltag, eher traditionelle Wertvorstellungen und Rollenbilder, relativ enger Aktionsradius, häuslicher Rahmen wichtig
• Vielseitig Interessierte (9,6 %)	Sehr breites Interessenspektrum, gesellig, aktiv, erlebnisfreudig, bodenständig
• Kulturorientierte Traditionelle (8,1 %)	Eher konservativ und traditionell geprägtes Weltbild, häuslicher Radius ist wichtig, gleichzeitig spielen aber auch (hoch-) kulturelle Aktivitäten eine Rolle
• Zurückgezogene (8,2 %)	Traditionell, häuslich, eher passiv, hohe Bedeutung von Sicherheit und Harmonie, gering ausgeprägte Interessen

Quelle: Oehmichen/Schröter 2008, S. 397

Weitere Beispiele für Typologien sind die Euro Socio-Styles (vgl. Kapitel 7.3.3.4). Typologien stellen den Verbraucher einfach und übersichtlich dar. Aber gerade darin liegt ihre Problematik, denn sie täuschen eine Trennschärfe vor, die sie per se nicht haben. Je nach Produktbereich haben Lebensstile unterschiedliche Relevanz. Bei persönlichkeitsgeprägten, äußerlich sichtbaren Produkten wie Urlaub, Kleidung oder Autos haben sie wahrscheinlich einen größeren Stellenwert als bei Produkten des täglichen Bedarfs bzw. generell bei Massenprodukten. Außerdem erscheinen derartige Typologien in einer Zeit, die durch den Wertewandel gekennzeichnet ist, als obsolet. Als ein Produkt des Wertewandels sind die seit Anfang 2008 diskutierten **Lohas** anzusehen, eine Abkürzung aus Lifestyle of Health and Sustainability, also Personen, die ihre Lebensweise auf Gesundheit und Nachhaltigkeit ausrichten.

Zwar erfüllen Typologien die Forderung nach Homogenität der Zielgruppen, jedoch sind sie nicht operationalisierbar, denn sie grenzen den Konsum nicht hinreichend genau ab.

Einen anderen Ansatz verfolgen die so genannten **Sinus-Milieus**. Hier orientiert sich die Zielgruppenbeschreibung an der Lebensweltanalyse der Gesellschaft. Es werden Menschen gruppiert, die sich in ihrer Lebensauffassung und Lebensweise ähneln. Die Positionierung der Milieus erfolgt in einer strategischen Karte mit den Achsen *soziale Lage* und *Grundorientierung* (vgl. Abbildung 5-8). „Je höher ein Milieu in dieser Grafik angesiedelt ist, desto gehobener sind Bildung, Einkommen und Berufsgruppe; je weiter es sich nach rechts erstreckt, desto moderner im soziokulturellen Sinne ist die Grundorientierung" (sinus-sociovision 2010, S. 9). Mit dieser strategischen Karte können auch Marken und Produkte positioniert werden.

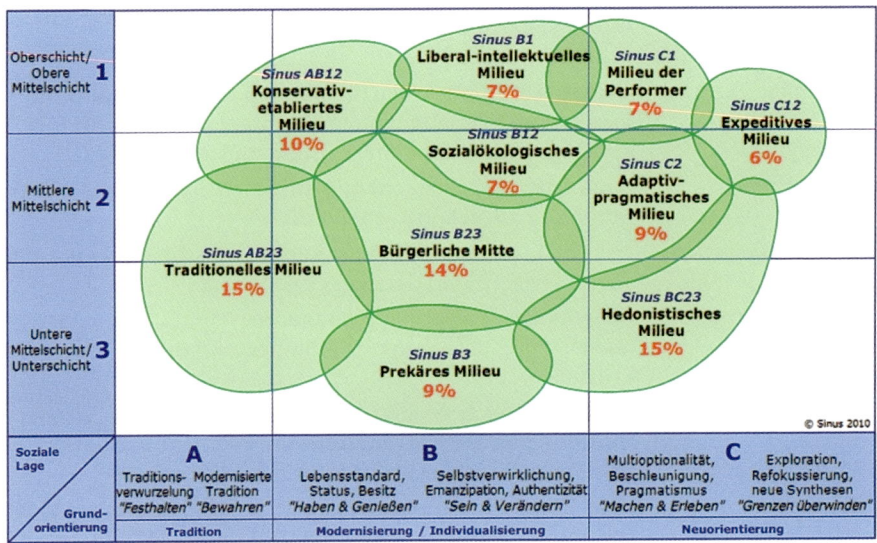

Abbildung 5-8: *Die Sinus-Milieus in Deutschland 2010*

Die einzelnen Milieus werden wie folgt charakterisiert:

- **Sinus AB12** Konservativ-etabliertes Milieu 10 % — Das selbstbewusste Establishment: Verantwortungs- und Erfolgs-Ethik, Exklusivitäts- und Führungsansprüche versus Tendenz zu Rückzug und Abgrenzung

- **Sinus AB23** Traditionelles Milieu 15 % — Die Sicherheit und Ordnung liebende Kriegs-/Nachkriegsgeneration: in der alten kleinbürgerlichen Welt bzw. in der traditionellen Arbeiterkultur verhaftet

- **Sinus B1** Liberal-intellektuelles Milieu 7 % — Die aufgeklärte Bildungselite mit liberaler Grundhaltung, postmateriellen Wurzeln, Wunsch nach selbstbestimmtem Leben und vielfältigen intellektuellen Interessen

- **Sinus B12** Sozialökologisches Milieu 7 %
- Idealistisches, konsumkritisches/-bewusstes Milieu mit ausgeprägtem ökologischen und sozialen Gewissen: Globalisierungs-Skeptiker, Bannerträger von Political Correctness und Diversity

- **Sinus B23** Bürgerliche Mitte 14 %
- Der leistungs- und anpassungsbereite bürgerliche Mainstream: generelle Bejahung der gesellschaftlichen Ordnung; Streben nach beruflicher und sozialer Etablierung, nach gesicherten und harmonischen Verhältnissen

- **Sinus B3** Prekäres Milieu 9 %
- Die Teilhabe und Orientierung suchende Unterschicht mit starken Zukunftsängsten und Ressentiments: Bemüht, Anschluss zu halten an die Konsumstandards der breiten Mitte als Kompensationsversuch sozialer Benachteiligungen; geringe Aufstiegsperspektiven und delegative/reaktive Grundhaltung, Rückzug ins eigene soziale Umfeld

- **Sinus C1** Milieu der Performer 7 %
- Die multi-optionale, effizienzorientierte Leistungselite mit global-ökonomischem Denken und stilistischem Avantgarde-Anspruch

- **Sinus C12** Expeditives Milieu 6 %
- Die stark individualistisch geprägte digitale Avantgarde: unkonventionell, kreativ, mental und geografisch mobil und immer auf der Suche nach neuen Grenzen und nach Veränderung

- **Sinus C2** Adaptiv-pragmatisches Milieu 9 %
- Die mobile, zielstrebige junge Mitte der Gesellschaft mit ausgeprägtem Lebenspragmatismus und Nutzenkalkül: erfolgsorientiert und kompromissbereit, hedonistisch und konventionell, starkes Bedürfnis nach „flexicurity" (Flexibilität und Sicherheit)

- **Sinus BC23** Hedonistisches Milieu 15 %
- Die Spaßorientierte moderne Unterschicht/untere Mittelschicht: Leben im Hier und Jetzt, Verweigerung von Konventionen und Verhaltenserwartungen der Leistungsgesellschaft

Quelle: www.sinus-institut.de

Abschließend sei auf eine Reihe von Spezialuntersuchungen hingewiesen, in denen psychographische Merkmale mit Besitz- und Verbrauchsdaten kombiniert werden zu so genannten Markt-Media-Studien. So erstellt der Verlag Gruner + Jahr im Abstand von zwei Jahren die „Brigitte Kommunikations-Analyse", in der für Produktfelder wie z.B. Mode, Kosmetik/Körperpflege, neben quantitativen Konsumdaten auch psychographische Merkmale erhoben werden. Diese werden kombiniert mit dem Medienverhalten, so dass sich exakt beschreiben lässt, über welche Zeitschriften beispielsweise Verwenderinnen von Parfums zu erreichen sind.

5. 3 Werbeziele

„Werbeziele sollen (...) das werbliche Handeln möglichst präzise auf ganz bestimmte Resultate ausrichten helfen. Durch sie soll der Werbung eine klare und spezifizierte Richtung verliehen werden, an der alle Werbeentscheidungen zu orientieren und zu bewerten sind" (Steffenhagen 1993, S. 287). Auch die Werbeziele haben eine Vorgabe- und eine Kontrollfunktion. Sie sind einerseits Zielvorgabe für alle an der Werbung Beteiligten, gleichzeitig aber auch Maßstab für die Bewertung der Ergebnisse (vgl. zu diesem Kapitel Kloss 2003a).

Es wurde bereits darauf hingewiesen, dass es wenig Sinn macht, Werbung an ökonomischen Zielen zu messen. Ohne Zweifel ist es Endziel der Werbung, Personen zum Kauf der angebotenen Produkte und Leistungen zu bewegen. Die ökonomischen Erfolge hängen jedoch von einer Reihe weiterer Faktoren ab, die vom werbetreibenden Unternehmen nicht beeinflusst werden können. Somit macht es auch keinen Sinn, der Werbung Ziele vorzugeben, an denen sie nicht gemessen werden kann.

Das Motiv, in Werbung zu investieren, ist immer ein ökonomisches. Aber genau hierin liegt eine grundlegende Problematik: Ökonomische Erfolge lassen sich der Werbung nicht unmittelbar zuordnen. Werbung ist eine kommunikative Größe, insofern kann Werbung unmittelbar auch nur kommunikative bzw. psychologische Größen beeinflussen.

Werbung wirkt niemals für sich alleine. Sie ist immer in ein Geflecht von Wirkungsinterdependenzen eingebunden. Zu unterscheiden sind Faktoren, die der Werbetreibende selbst beeinflussen kann und solche, auf die er keinen Einfluss hat (vgl. Abbildung 5-9).

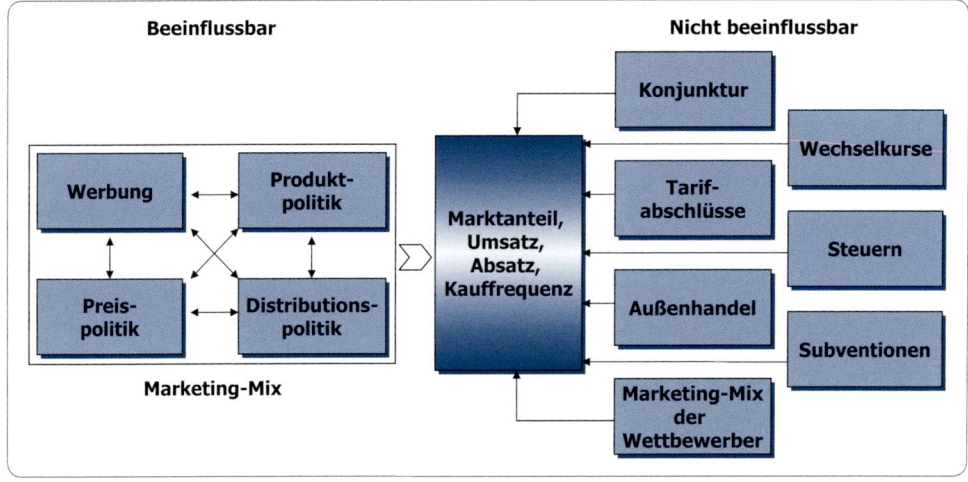

Abbildung 5-9: *Beeinflussungsfaktoren ökonomischer Größen*

Seine ökonomischen Ziele kann der Werbetreibende unmittelbar nur über seinen eigenen Marketing-Mix beeinflussen. Darin wirkt die Werbung interdependent mit den anderen Mix-Faktoren. Der größte Einfluss geht dabei von dem Produkt/der Leistung aus, aber auch der Preis und die Distribution beeinflussen das Absatzergebnis. Bei der Erreichung seiner ökonomischen Ziele hängt der Werbetreibende aber u.a. auch von konjunkturellen Gegebenheiten ab, von Tarifabschlüssen, der Steuerbelastung der Abnehmer, Wechselkursen, sowie dem Marketing-Mix seiner Wettbewerber.

Eine Umsatzsteigerung ist also nicht notwendigerweise auf die laufende Werbekampagne zurückzuführen. Sie kann auch entstanden sein, weil der Preis verändert wurde, neue Distributionskanäle erschlossen werden konnten, das Produkt verbessert wurde, die Abnehmer optimistischer in die Zukunft blicken oder der Wettbewerber negativ in die Schlagzeilen geriet.

Werbeziele müssen sich also auf solche Größen beschränken, die von der Werbung unmittelbar beeinflusst werden können, also kommunikative und psychologische Größen. Diese müssen präzise formuliert, schriftlich fixiert und messbar sein.

Die werbliche Umsetzung erfolgt in Abhängigkeit von den festgelegten Werbezielen. Sie ist notwendigerweise eine andere, wenn Bekanntheit als Ziel vorgegeben wird, als wenn die Veränderung bestimmter Imagefacetten, Aktualität oder Informationen angestrebt werden. Sinnvollerweise sollte sich eine Werbekampagne auf ein Ziel konzentrieren. Zwar lassen sich Bekanntheit und Image problemlos miteinander kombinieren; häufig ist aber bei mehreren Zielen ein fauler Kompromiss das Ergebnis.

Kommunikative Größen eignen sich nur dann als Werbeziele, wenn sie folgende Bedingungen erfüllen. Sie müssen:

- realisierbar und messbar,
- konsistent mit den Unternehmens- und Marketingzielen,
- vom Werbetreibenden beabsichtigt,
- direkt durch die Werbung beeinflussbar und ihr somit unmittelbar zuzuordnen und
- in der Lage sein, Kaufentscheidungen zu beeinflussen.

Abbildung 5-10 stellt das Zielsystem der Werbung dar. Darin sind einige kommunikative Ziele aufgeführt, die die angegebenen Bedingungen erfüllen. Als **strategische Werbeziele** sind Aufbau und Absicherung von Wettbewerbsvorteilen (Differenzierung) und Kundenzufriedenheit anzusehen, letzteres kann Werbung vor allem durch ihre Funktion der Bestätigung nach dem Kauf erreichen. Die **operativen Werbeziele** sind dabei als Operationalisierung der strategischen Ziele aufzufassen. Beispielsweise ist die Steigerung der Bekanntheitswerte ein nahe liegendes Ziel für jeden Werbetreibenden. Bekanntheit ist vor und nach dem Werbeeinsatz problemlos messbar und die Veränderung der Werte der Werbung unmittelbar zuzuordnen. Der Bezug zur Kaufbereitschaft ist sehr eng, da das Kaufrisiko unbekannter Produkte vom Käufer als hoch eingeschätzt wird. Die genannten Bedingungen werden auch von Images, Sympathie, Neugier, Aufmerksamkeit, Information, Aktualität u.ä. erfüllt, die sich insofern gleichermaßen als Werbeziele eignen.

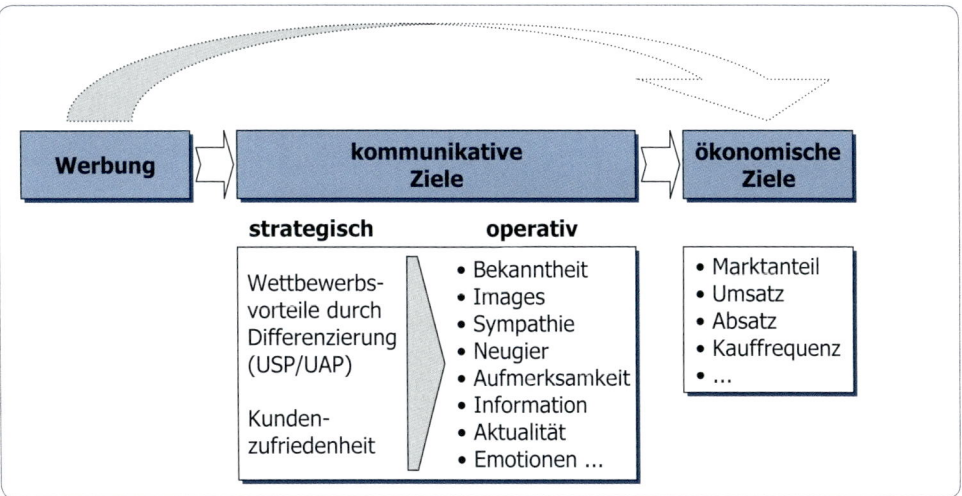

Abbildung 5-10: *Zielsystem der Werbung*

Das naheliegendste Ziel der Werbung ist **Bekanntheit** („Stellen Sie sich vor, Sie haben ein gutes Angebot und niemand weiß davon"). Bekanntheit ist in der Werbung ein Wert an sich, da einer der grundlegenden Wirkungsmechanismen der Werbung darauf beruht, dass bekannte Marken und Produkte grundsätzlich positiver bewertet werden als unbekannte. **Aktualität** ist die aktive Form der Bekanntheit und ein Indiz für die Position der Marke im relevant set. Werbung, die dieses Ziel verfolgt, vermittelt häufig weder Informationen noch Emotionen. Sie setzt die Marke vielmehr so auffällig in Szene, dass sie sich in das Bewusstsein der Verbraucher einprägt. Bekanntheit und Aktualität lassen sich über gestützte und ungestützte Befragungen erheben. Aufmerksamkeit, Neugier und Sympathie sind Werbeziele, die in eine ähnliche Richtung zielen.

Informationen sind als Werbeziel immer dann sinnvoll, wenn es sich um erklärungsbedürftige Angebote handelt bzw. wenn die Zielgruppe über bestimmte Eigenschaften des Angebotes nicht oder nicht ausreichend informiert ist, diese Information aber als wichtiger Kaufgrund erachtet wird. Bei austauschbaren Produkten sind Informationen jedoch vielfach trivial. In diesen Fällen geht es in der Werbung vor allem um die Vermittlung von **Emotionen** und **Images**, um den Aufbau von Erlebniswelten, die das eigene Angebot von dem der Konkurrenz unterscheiden. Der Erreichungsgrad dieser Ziele lässt sich durch einfaches Abfragen (Information) bzw. über semantische Differentiale messen.

Während ein strategisches Ziel versucht, langfristige Positionen für ein Angebot aufzubauen, kann es aus taktischen Gründen sinnvoll sein, kurzfristig Defizite im Hinblick auf Informationen, Emotionen oder Aktualität auszugleichen. Verfolgt beispielsweise ein Nahrungsmittelhersteller über den Aufbau emotionaler Erlebniswelten (z.B. das gesunde Landleben als Assoziationsbasis für die Naturbelassenheit der Rohstoffe) das strategische Ziel, sich als der ideale Anbieter für besonders anspruchsvolle Genießer zu positionieren, kann er durchaus kurzfristig andere Schwerpunkte setzen. Wenn er feststellt, dass seine Angebote als sehr teuer eingeschätzt werden, kann er aus taktischen Gründen über bestimmte Sonderangebote informieren.

Die Formulierung von Werbezielen sollte die folgenden Dimensionen enthalten (vgl. Steffenhagen 1993, S. 298):

1. Angabe der Zielart („Was soll erreicht werden?").
2. Angabe des angestrebten Ausmaßes einer Zielart („Wie viel soll bei der Zielart erreicht werden?").
3. Angabe des Zeitbezugs der angestrebten Zielerreichung („Wann soll das Ziel erreicht sein?").
4. Angabe des Objektbezugs der angestrebten Zielerreichung („Bei welcher Marke, Produktvariante, Einkaufsstätte o.ä. soll das Ziel erreicht werden?").
5. Angabe der Zielgruppe („Bei wem soll das Ziel erreicht werden?").

Folgende Beispiele aus dem „Effie Jahrbuch" sollen die Formulierung von Werbezielen veranschaulichen:

- Die Werbeziele der AOL-Kampagne „Ich bin drin" (vgl. GWA 2000, S. 237):
  - Steigerung der Markenbekanntheit und der Werbeerinnerung.
  - Aufbau eines uniquen Markenimages (im Sinne der „USA-Positionierung").
  - Maximierung der Registrierungen und Minimierung der Abwanderungsrate.

Diese Ziele sind insgesamt als zu unspezifisch zu betrachten.

Erheblich besser ist die Zieldefinition im folgenden Beispiel:

- Die Werbeziele der Handelsblatt-Kampagne „Substanz entscheidet" (vgl. GWA 2000, S. 91):
  - Steigerung des Bekanntheitsgrades der Zeitung um zwei Prozent.
  - Erreichung einer gestützten Werbeerinnerung von 15 %.
  - Durchsetzung des Claims mit klarer Markenanbindung in den ersten drei Monaten mit acht Prozent.

5. 4 Copy Strategy

Grundlage für die kreative Umsetzung einer Werbekampagne ist die Copy Strategy (aus dem Englischen copy = [Werbe-] Text).

Da die Positionierung i.d.R. langfristig ausgerichtet ist, ist auch die Copy Strategy als ein
Langzeit-Dokument aufzufassen, das auch
für Folgekampagnen Gültigkeit hat. Vielfach
wird eine Marke nicht nur mit einer Werbekampagne beworben, vielmehr wird die Kampagne im Zeitablauf geändert. Solange an der

Ausgehend von der angestrebten Positionierung definiert die Copy Strategy die *Eindrücke*, die der Verbraucher
von der beworbenen Marke haben
soll.

Positionierung der Marke keine Änderungen vorgenommen werden, bleibt auch die Copy Strategy bestehen.

Die Copy Strategy drückt aus, **was** die Werbung aussagen soll, sie enthält jedoch keine Hinweise darüber, **wie** es ausgedrückt werden soll. Die kreative Umsetzung ist Aufgabe der Werbeagentur. Mit der Copy Strategy lässt sich deren kreative Leistung beurteilen. Die *Bitburger*-Anzeigen in den Abbildungen 3-5 und 3-6 zeigen, mit welch unterschiedlichen kreativen Lösungen ein und dieselbe Positionierung umgesetzt werden kann.

Eine Copy Strategy enthält zumindest vier wesentliche Aussagen:

1. Der **Benefit** beinhaltet das Nutzenversprechen, den Basis-Nutzen, weshalb der Verbraucher diese Marke kaufen und sie allen anderen Marken vorziehen soll.
2. Der **Reason Why** begründet den Benefit, d.h. er stellt eine Produkt-Charakteristik heraus, die das Nutzenversprechen nachvollziehbar untermauert.
3. Die **Target Audience** beschreibt die Zielgruppe, die mit der Werbung angesprochen werden soll.
4. Die **Tonality** definiert die Individualität und die Atmosphäre, die die Werbung übermitteln soll. Sie wird üblicherweise mit Adjektiven beschrieben.

Von zentraler Bedeutung ist in der Copy Strategy der Benefit und der Reason Why. Jede Werbung sollte dem Verbraucher Argumente liefern, warum er das Produkt kaufen soll. Diese Argumente sind jedoch nur mit einer plausiblen Begründung glaubwürdig.

Häufig haben verschiedene Marken einer Produktkategorie denselben Benefit. Die Differenzierung zu den Wettbewerbern erfolgt dann durch den Reason Why. **Der Benefit behauptet die Alleinstellung, der Reason Why begründet sie**. Beispielsweise implizieren sowohl *Milka* als auch *Merci*, *Ritter Sport* und *Kinder* Schokolade den Anspruch, die „beste Schokolade" zu sein (Benefit). Aber jede dieser Marken gibt dafür eine andere Begründung (Reason Why):

- *Milka*: Die zarteste Versuchung, seit es Schokolade gibt,
- *Merci*: weil man sie jederzeit guten Gewissens verschenken kann,
- *Ritter Sport*: quadratisch, praktisch, gut,
- *Kinder*: weil sie die Extra-Portion Milch hat.

Die **Tonality** definiert den Stil und die Art und Weise, in der die Botschaft kommuniziert werden soll. Beispielsweise lautet die Tonality der Sixt-Autovermietung: clever, kompetitiv, respeklos-humorvoll. „Um Leerfloskeln zu vermeiden, kann die Tonalität auch eine Stimmung beschreiben: ‚Positiv, optimistisch, fröhlich. Aber kein Hurra-Geschrei, sondern mehr der freudige Kitzel am ersten Tag der Sommerferien'" (Mahrenholz 2004, S. 170).

Die Copy Strategy wird vom werbetreibenden Unternehmen seiner Werbeagentur vorgegeben und hat zwei **Aufgaben** zu erfüllen:

1. Einerseits ist sie die **Anleitung für die Werbeagentur** zur kreativen Umsetzung der Werbung. Sie soll die Arbeit der Agentur auf einen produktiven Fokus konzentrieren, ohne die Kreativität zu behindern.
2. Andererseits ist sie auch die **Anleitung zur Beurteilung** der Arbeit der Werbeagentur. Mit ihr wird überprüft, ob eine Werbung „on strategy" ist oder nicht und ob sie wahrscheinlich wirkungsvoll ist oder nicht.

Die spezifischen Bedeutungen und **Vorteile**, die sich aus einem genauen Verständnis der Copy Strategy ergeben, liegen auf der Hand:

1. Die Copy Strategy garantiert, dass die Werbung über einen langen Zeitraum mit der Positionierung und den angestrebten Zielen in Einklang bleibt.
2. Sie garantiert die Folgerichtigkeit und Kontinuität der Werbung während einer gewissen Zeit.

Diese Vorteile kann die Copy Strategy jedoch nur dann erfüllen, wenn sie in der Tat als ein Langzeit-Dokument gehandhabt wird, das nicht kurzfristigen Änderungen unterworfen wird. Gründe für eine Änderung der Copy Strategy können nur liegen in einer Änderung

- der Positionierung,
- des beworbenen Produktes,
- der Produktverwendung,
- der Konkurrenz-Situation oder
- der Verbraucher-Bedürfnisse.

Welchen Änderungen die Produktverwendung unterliegen kann, zeigt die Entwicklung, die das T-Shirt durchgemacht hat. In den sechziger Jahren zählte das T-Shirt noch ausschließlich zur Unterwäsche; in den siebziger Jahren wurde es Bestandteil der Freizeitkleidung; Ende der achtziger Jahre wurde es anstelle eines Hemdes zum Anzug getragen (vgl. Werner 1993, S. 187). Es ist klar, dass der Werbung eines T-Shirt-Herstellers eine jeweils entsprechend veränderte Copy-Strategy zugrunde lag.

Aus der Zwecksetzung und der Bedeutung, die die Copy Strategy für das werbetreibende Unternehmen hat, lassen sich einige Regeln für ihre Anwendung ableiten: Eine Copy Strategy sollte

- **spezifisch** und **konkret** sein, um wirkliche Richtlinien und Anhaltspunkte zu schaffen,
- **einfach** sein, möglichst nur ein Hauptversprechen – höchstens zwei – enthalten und sich auf ein Minimum von untergeordneten Punkten konzentrieren,
- **klar** sein, d.h. keine Zweideutigkeiten enthalten und keine Gelegenheiten für eine variable Interpretation liefern,
- in sich **konsequent** sein, d.h. alle Elemente sollten zueinander passen und sich gegenseitig ergänzen,
- deutlich **konkurrenzfähig** sein und versuchen, den Verbraucher zu überzeugen, das eigene Produkt an Stelle der Konkurrenzprodukte zu kaufen. Gerade in Bereichen, in denen eine Marke keine besonderen funktionalen Vorzüge besitzt, muss die Copy Strategy die Konkurrenzfähigkeit hervorheben, wenn die Werbung wirksam sein soll. Copy Strategy-Versprechen müssen nicht rechtlich voll vertretbar sein, wohl aber Werbeaussagen,
- primär **Vorzüge** behandeln, ausgedrückt in der Verbrauchersprache und nicht Produkt-Charakteristika oder Marketingziele: Der Verbraucher kauft keine Produkteigenschaften, sondern Vorteile,
- **positiv** und auf die Markenstärke eingestellt sein und nicht versuchen, Schwächen der Marke durch Rückversicherungen auszugleichen,

- **entschieden** geschrieben sein, so dass sie eine Basis bietet, auf der sich zustimmen oder ablehnen lässt.

Bei der Formulierung einer Copy Strategy sollte Werbesprache vermieden werden. Werbesprache richtet sich an die Zielgruppe, aber nicht an die Agentur. Vor allem sollte vermieden werden, Benefit und Reason Why in Slogans zu formulieren. Slogans sind das *Resultat* von Positionierung und Copy Strategy (vgl. Kloss 2003a, S. 109). Ferner sollte bei der Formulierung darauf geachtet werden, nur solche Beschreibungen zu verwenden, bei denen auch deren Gegenteil einen Sinn ergibt. Beispielsweise macht eine Zielgruppendefinition für dekorative Kosmetik „Alle Frauen, die Wert auf gutes Aussehen legen" keinen Sinn, da es wohl kaum Frauen gibt, die keinen Wert auf ihr Aussehen legen. Oder für die Tonality: „laut oder leise, populär oder exklusiv, autoritär oder jovial. Beide Pole sind als Tonalität denkbar" (Jung/v. Matt 2007, S. 149).

> Für den Nahrungsmittelhersteller Schmecklecker lässt sich folgende Copy Strategy konstruieren:
> - **Benefit:** Jeder Kunde kann sicher sein, dass er sich mit Schmecklecker-Produkten gesund ernährt.
> - **Reason Why:** Denn Schmecklecker verwendet für seine Produkte ausschließlich naturbelassene Rohstoffe und hat eine langjährige Erfahrung in ihrer schonenden Verarbeitung.
> - **Target Audience:** Alle Haushaltsführenden.
> - **Tonality:** Zeitgemäß, alle positiven Assoziationen vom Leben auf dem Lande.

Mit der Copy Strategy soll eine **werbliche Alleinstellung** erreicht werden, also eine werbliche Abgrenzung zum Wettbewerb. Für die Entwicklung der eigenen Copy Strategy ist es daher notwendig, mittels einer **Copy Analyse** auf die mutmaßlichen Copy Strategies der Wettbewerber zu schließen. Die Copy Analyse ist somit nichts anderes, als der Versuch, auf das Briefing zu schließen, das der Werbetreibende seiner Agentur wahrscheinlich gegeben hat.

Für die Durchführung einer Copy Analyse werden

- im ersten Schritt zunächst die Inhalte der Anzeige beschrieben, dabei kann es im Einzelfall auch wichtig sein aufzuzeigen, was nicht dargestellt ist;
- danach erfolgt Analyse und Interpretation, wobei davon ausgegangen werden sollte, dass in dem Werbemittel nichts dem Zufall überlassen blieb.

Am Beispiel der Kampagne der *Frankfurter Allgemeinen Zeitung* (vgl. Abbildung 5-11) soll hier der Versuch einer Copy Analyse unternommen werden. Seit den fünfziger Jahren hat die *Frankfurter Allgemeine Zeitung* ein sehr eigenständiges Logo: Ein Leser, der die Beine übereinander schlägt und sein Gesicht hinter einer Zeitung verbirgt. Die dazugehörige Werbeaussage lautet: „Dahinter steckt immer ein kluger Kopf". Ziel der neuen Kampagne war es, diesen klugen Kopf zeitgemäßer werden zu lassen, ohne das altbewährte Text-Bild-Logo aufzugeben. Das Resultat ist eine intelligente Zielgruppenkampagne, die mit der Text-Bild-Ebene spielt.

Beschreibung: Gezeigt (besser gesagt: nicht gezeigt) werden ebenfalls kluge Köpfe, die sich wiederum mit übereinander geschlagenen Beinen hinter einer Zeitung verbergen. Es sind bekannte Persönlichkeiten, die sonst nicht für Werbung zur Verfügung stehen und für die Motive kreiert wurden, die sie in typischer Weise charakterisieren: Beispielsweise Marianne Birthler, die ehemalige Bundesbeauftragte für Stasiunterlagen hinter einer geschredderten Ausgabe, die Tatortkommissarin Maria Furthwängler hinter einer Zeitung, die gerade von einer Kugel gestreift wird, der Kritiker Reich-Ranitzki inmitten ausrangierter Fernsehgeräte und der „Bürger" Joachim Gauck vor dem Schloss Bellevue, dem Amtssitz des Bundespräsidenten. Es handelt sich jeweils um eindrucksvolle Fotos, die

Abbildung 5-11: *Werbekampagne der Frankfurter Allgemeinen Zeitung*

insofern irritieren, als man die Prominenten suchen muss. Das Auffallendste ist jedoch, dass die (angeblich?) abgebildeten Prominenten nicht zu erkennen sind.

Interpretation: Die Kampagne zeigt sich sehr selbstbewusst, indem prominente Persönlichkeiten zwar abgebildet, aber nicht gezeigt werden. Der Betrachter muss ganz einfach glauben, dass die Person hinter der Zeitung auch tatsächlich diejenige ist, für die sie ausgegeben wird. Dieses Vertrauen in die Glaubwürdigkeit der Werbekampagne überträgt sich damit implizit auch auf die Glaubwürdigkeit der Berichterstattung der Zeitung. „Die Namen zu nennen, aber die Gesichter eben nicht zu zeigen, vermittelt die subtile Botschaft der Anzeigenserie (…). Den Beweis der Prominenz für sich zu behalten, das kann sich nur leisten, wer auch sonst zuverlässig informiert" (Turner 1997, S. 11).

Als die der Copy Strategy zugrunde liegende **Positionierung** lässt sich somit vermuten: Die *Frankfurter Allgemeine Zeitung* ist eine Qualitätszeitung für gehobene Leser, die das Anspruchsvolle und intellektuell Fordernde suchen. Die mutmaßliche Copy Strategy könnte lauten:

Benefit: Die *Frankfurter Allgemeine Zeitung* bietet eine in jeder Hinsicht glaubwürdige und zuverlässige Berichterstattung.

Reason Why: Das Gesicht nicht zu zeigen, den Beweis der Prominenz für sich zu behalten, das kann sich nur leisten, wer auch sonst zuverlässig informiert. (Dahinter steckt immer ein kluger Kopf.)

Zielgruppe: Personen, die höchste Informationsansprüche haben und die in Bildung und sozialem Status überdurchschnittlich sind.

Tonality: Vielschichtige Spannung; Zeitungslektüre, die an ungewöhnlichen Orten die volle Aufmerksamkeit des Lesers fesselt.

Es muss betont werden, dass derartige Copy Analysen niemals verifiziert werden können, da die Copy Strategy ein wohlgehütetes Geschäftsgeheimnis eines Werbetreibenden ist. Die Ergebnisse von Copy Analysen können sich immer nur auf der Ebene von Plausibilitäten bewegen. Im Rahmen einer Wettbewerbsanalyse sind sie jedoch als eine sehr nützliche Übung anzusehen, um sich in die Denkhaltung des Wettbewerbers hineinzuversetzen.

Wird es aus einem der genannten Gründe notwendig, die Copy Strategy zu ändern oder ist es von vornherein die Absicht, die endgültige Positionierung in mehreren Schritten anzustreben, wird dafür ein **Copy Development Program** erstellt. Es zeigt auf, in welchen Schritten und in welcher zeitlichen Abfolge die Copy Strategy zu ändern ist. Das Copy Development Program stellt somit die kontinuierliche Weiterentwicklung einer Copy Strategy sicher.

Die Notwendigkeit für eine Copy Strategy hängt von der werblichen Zielsetzung ab. Immer, wenn eine angestrebte Positionierung umgesetzt werden soll, muss eine Copy Strategy vorgegeben sein, weil nur so die langfristige strategische Zielsetzung eines differenzierenden Wettbewerbsvorteils kontrolliert werden kann. Werbemittel, die lediglich kurzfristige Ziele verfolgen (z.B. Information, Aktualität), benötigen nicht notwendigerweise eine Copy Strategy. Dennoch ist natürlich auch in diesen Fällen die Beibehaltung der Gestaltungsgrundsätze empfehlenswert, damit die beworbene Marke unmittelbar identifiziert werden kann. Abbildung 5-12 zeigt Anzeigenbeispiele, denen vermutlich keine Copy Strategy zugrunde liegt.

In diesem Buch wird eine Unterscheidung zwischen zwei grundsätzlich unterschiedlichen Differenzierungsansätzen vorgenommen, der zwischen einer unique selling und einer unique advertising proposition (USP/UAP) (vgl. Kapitel 1.3.2.2). Während ein USP auf einer faktischen Alleinstellung beruht, ist es im Fall des UAP die Werbung, die einen Wettbewerbsvorteil kreiert und dem Produkt beilegt. Für den Fall, dass der Differenzierungsansatz auf einem USP beruht, muss der werblichen Umsetzung nicht notwendigerweise eine Copy Strategy vorgegeben sein. Die Copy Strategy dient der Sicherstellung einer *werblichen* Alleinstellung. Wenn das Produkt bereits einzigartig ist und einen Wettbewerbsvorteil hat, der es von allen Wettbewerbern unterscheidet, dann ist dieses Produkt nicht mehr austauschbar und die Werbung muss ihm nicht zusätzlich noch einen differenzierenden Wettbewerbsvorteil beilegen.

Wenn beispielsweise *Tempo* mit der Aussage wirbt: „*Tempo*. Das stärkste Taschentuch", dann ist dies eine Alleinstellung mit einem USP, der das Produkt eindeutig differenziert. Damit ist der Reason Why bereits vorgegeben, nämlich „… weil es das stärkste Taschentuch ist". Dem jetzt noch einen Benefit voranzusetzen, etwa: „*Tempo* ist das beste Taschentuch", wäre zwar möglich, aber nicht mehr notwendig.

In dem in Abbildung 5-13 dargestellten Spot wirbt *Renault* damit, dass es die einzige Marke ist, bei der acht Modelle mit fünf Sternen im Euro NCAP Crashtest bewertet wurden, was die Aussage „Das sicherste Ensemble der Welt" begründet. Diese Alleinstellung – sie gilt zumindest so lange, wie kein weiterer Hersteller noch mehr Modelle mit diesem Zertifikat berühmen kann – ist eindeutig ein USP, d.h. Renault kann nachweislich etwas über seine Produkte behaupten, was kein Wettbewerber kann. Auch hier ist der Reason Why- die Sicherheit – vorgegeben und bedarf keiner Ergänzung mehr durch einen Benefit.

Die Copy Strategy ist also ein Instrument, mit dem bei funktional austauschbaren Produkten eine werbliche Differenzierung gemäß der strategischen Ausrichtung der Marke vorgegeben und kontrolliert werden kann. Ist eine Alleinstellung durch einen USP gegeben oder werden lediglich operative Ziele mit der Werbung verfolgt, ist eine Copy Strategy keine zwingende Vorgabe für die kreative Umsetzung. Dass die Agentur dennoch gebrieft werden und Zielgruppe sowie Tonality vorgegeben werden muss, ist davon natürlich unberührt.

Abbildung 5-12: *Werbung ohne Copy Strategy*

Abbildung 5-13: *Werbung mit einem USP*

5.5 Exkurs: Visuelle Rhetorik in der Werbung

Für die Umsetzung der Copy Strategy, also für die Gestaltung der Werbung, gibt es keine allgemeinen Grundsätze. Angesichts der Reizüberflutung kämpft jede Werbebotschaft um die Wahrnehmung der Zuschauer. Es stellt sich also die Frage, wie eine Werbebotschaft gestaltet sein muss, um vom Konsumenten trotz Reizüberflutung wahrgenommen zu werden.

Jeder hat ein Empfinden darüber, welche Werbung „gut" ist. Das ist häufig die Werbung, die in Cannes oder vom Art Directors Club ausgezeichnet wird. Aber nicht jeder hat auch eine Antwort darauf, **warum** er die Werbung als gut empfindet. Sehr vereinfachend lässt sich sagen: Werbung ist dann gut, wenn sie originell ist und intelligent gemacht. Werbung, die zum Denken anregt, bei der man denken muss. Jemand mag die Werbung für z.B. Tahiti gut finden, aber deswegen wird er nicht gleich nach Tahiti fahren. Aber deshalb wird Werbung auch nicht gemacht. Werbung wird deshalb gemacht, dass **wenn** jemand eine Reise in die Südsee plant, er Tahiti dafür auch **in Erwägung zieht**, und sei es nur deshalb, weil dafür eine gute Werbung gemacht wurde.

Grundsätzlich muss Werbung immer im Hinblick auf die **Ziele** beurteilt werden, die sie erreichen soll. Diese Ziele sind allerdings nicht immer offensichtlich. Häufig wird Werbung, die die Ziele der Werbetreibenden erreicht, vom Publikum nicht als „gut" bewertet, dennoch wirkt sie. Beispiel: Klementine in der *Ariel*-Werbung. Ebenso häufig erfüllt als „gut" eingestufte Werbung nicht die Ziele der Werbetreibenden. Beispiel: Die animierten Kamele, die in der *Camel* Kinowerbung „Spiel mir das Lied vom Tod" pfiffen. Aber Werbung ist kein Selbstzweck. Werbung, die in Schönheit stirbt, ist nicht effektiv.

> **!** *Um zu wirken, muss Werbung nicht unbedingt gefallen. Auch schlecht gemachte Werbung kann das Ziel Bekanntheit erfüllen, und manchmal reicht Bekanntheit für den Werbeerfolg schon aus, denn nachweisbar wird einem bekannten Produkt eine höhere Qualität beigemessen, als einem unbekannten.*

Es gibt keine Gesetze für erfolgreiche Werbung, aber es gibt einige Regeln, wie intelligente Werbung gemacht wird. Im Zusammenhang mit der emotionalen Konditionierung wurde aufgezeigt, dass Werbung sich möglichst an den Schemavorstellungen orientieren soll, die die Verbraucher in ihren Köpfen haben (vgl. Kapitel 2.3.1.2). Aber gute Werbung kann auch mit der genau gegenteiligen Strategie gemacht werden, indem sie bewusst Schemavorstellungen vermeidet.

Unter der Bezeichnung „Visuelle Rhetorik" lassen sich dazu einige Regeln zusammenfassen. Visuelle Rhetorik umschreibt Botschaften, „die im Bild visuell kodiert sind und durch den Betrachter **de**kodiert werden müssen. Bilder, welche eine zielgruppenspezifische Zeichensprache enthalten, werden mit einem Schlüsselelement versehen, das sie aus der routinemäßigen Wahrnehmung (…) herausreißt" (Urban 1995, S. 9). Bei einigen Lösungen wird die Realität ausgetauscht, um den Betrachter bewusst zu verwirren und ihn so zum Nachdenken anzuregen.

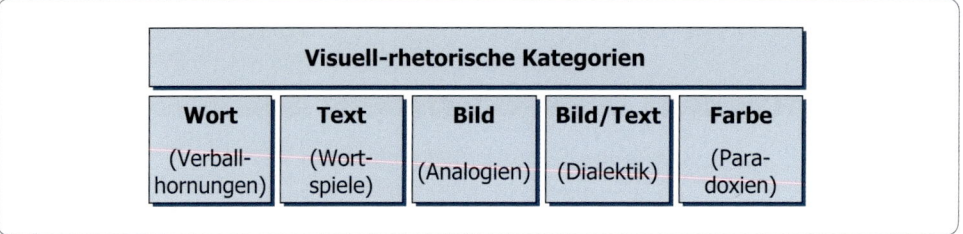

Abbildung 5-14: *Visuell-rhetorische Kategorien*

Vgl. Urban: Kauf mich, Stuttgart 1995, S. 77 ff.

Das menschliche Handeln und Denken ist von Erfahrungen geprägt. Erfahrungen machen bequem, verführen dazu, sich in eingefahrenen Gleisen zu bewegen („wir machen das so, weil wir es schon immer so gemacht haben"). Insofern kommen Schemavorstellungen dem üblichen Denken sehr entgegen. Es besteht daher die Gefahr, dass das, was der Erfahrung entgegenläuft, nicht zur Kenntnis genommen wird. Manchmal wird es aber auch **gerade deshalb** wahrgenommen, weil es der nahe liegenden Logik nicht entspricht, z.B. im Falle kognitiver Dissonanzen. In solchen Fällen wird mit Analogien gearbeitet. Es wird hinterfragt, um was es grundsätzlich geht und versucht, dies mit Ähnlichkeiten oder Entsprechungen darzustellen. Dabei ist zwischen formalen und inhaltlichen Analogien zu unterscheiden.

Eine **formale Analogie** liegt dann vor, wenn Gegenstände sich äußerlich ähnlich sind, aber unterschiedlich funktionieren. Im Gegensatz dazu wird von einer **inhaltlichen Analogie** gesprochen, wenn Dinge zwar völlig anders aussehen, aber gleich oder ähnlich funktionieren.

In der visuellen Rhetorik lassen sich fünf Kategorien unterscheiden (vgl. Abbildung 5-14) (vgl. zum folgenden Urban 1995, S, 77 ff.).

1. Verschiebung von Wortebenen: Verballhornungen. Verballhornen bezeichnet die Entstellung eines Wortes in der Absicht, etwas vermeintlich Falsches zu berichtigen. Das Wort geht auf den Lübecker Buchdrucker J. Ballhorn zurück, der im 16. Jahrhundert eine Ausgabe des lübischen Rechts druckte, die viele Verschlimmbesserungen enthielt. Die Verschiebung von Wortebenen durch Verballhornung kann durch Ersetzen der Buchstaben oder durch Weglassen erfolgen, durch Vertauschen oder Falschschreiben. So lässt sich zweckgebunden verballhornen, um die Aufmerksamkeit der Werbung zu steigern (vgl. Urban 1995, S. 86), (vgl.

Unitedairline sfliegtjetztohn eunterbrechu ngvondüsseld orfnachchica go.

Schneller und bequemer von Düsseldorf nach Chicago. Ab 7.6. täglich nonstop. Mit United Airlines und unserem Kooperationspartner Lufthansa. Das versichen wir unter ausgezeichneten Verbindungen. Mehr darüber unter Tel.-Nr. 0 69/60 50 20 oder Fax-Nr. 0 69/60 50 23 09. Come fly the airline that's uniting the world. Come fly our friendly skies.

UNITED AIRLINES

http://www.ual.com

Abbildung 5-15: *Visuelle Rhetorik: Verballhornungen*

Tanke!

Für 1500 Ausgaben w&v.

Esso

Hier ist die Energie.

Abbildung 5-16: *Visuelle Rhetorik: Wortspiele*

Links sind Sie. Rechts sind wir.

Wirtschafts Woche

Nichts ist spannender als Wirtschaft. Woche für Woche.
Unsere Abonnenten lesen ihr Heft im Durchschnitt 2 ½ Stunden.*

Abbildung 5-17: *Visuelle Rhetorik: Analogien*

Beck's Bier löscht Männerdurst.

Auftraggeber: Beck & Co, Bremen   Art Director: Eckhard Bünerl
Werbeagentur: Young & Rubicam GmbH, Frankfurt   Texter: Lutz Schnapei
Berater: Fritz R. Loewe   Fotograf: Achim Bunsee
Creativ Director: Hansjörg Zürcher   1. Anzeige in Publikumszeitschriften

Abbildung 5-18: *Visuelle Rhetorik: Dialektik*

Beispiel in Abbildung 5-15). Auf die *Hulstkamp*-Anzeige 1967 reagierten 200.000 Briefeschreiber, die auf das fehlende „r" hinwiesen.

2. **Verschiebung von Textebenen: Wortspiele.** Das Spiel mit Worten basiert auf der Doppeldeutigkeit des gebrauchten Wortes bzw. auf verschiedenen Bedeutungsinhalten ähnlicher Worte (vgl. Beispiel in Abbildung 5-16).

3. **Verschiebung von Bild-Ebenen: Analogien.** Ziel ist hier die Verfremdung gelernter Begriffe. Bildmotive werden durch Analogien bewusst verfälscht, um höhere Aufmerksamkeit zu erzielen. Dabei sprechen häufig die Anzeigen für sich und jeder Text ist überflüssig (vgl. Beispiel in Abbildung 5-17).

4. **Verschiebung von Bild-Text-Ebenen: Dialektik.** Bilder lassen häufig entsprechende Texte assoziieren, Texte entsprechende Bilder. Wird jedoch ein Bild mit Text ergänzt, können durch gezielte Unstimmigkeiten Spielräume für Pointen eröffnet werden. Je unpassender das Bild zum Text bzw. der Text zum Bild ist, desto mehr spielt sich im Kopf des Betrachters ab (vgl. Beispiel in Abbildung 5-18).

5. **Verschiebung von Farb-Ebenen: Paradoxien.** „Farbrhetorik ist die Kunst, durch gezielten Einsatz einer (falschen) Farbe eine bestimmte Wirkung hervorzurufen" (Urban 1995, S. 177), Farbe dort einzusetzen, wo auf Worte verzichtet werden kann. Mit Farbe kann man identifizieren, Farbe schafft Assoziationen, lässt schmecken, riechen, drückt Gefühle aus. Mit Farbe kann man aber auch irritieren. Beispiele für Farbrhetorik sind die lila Kuh in der *Milka*-Werbung oder das Schiff mit grünen Segeln in der *Beck's*-Werbung.

Die visuell-rhetorischen Kategorien stellen natürlich kein Rezept für erfolgreiche Werbung dar, aber sie zeigen eine Möglichkeit auf, um aufmerksamkeitsstarke Werbung zu gestalten. Werbebotschaften, die nach der visuellen Rhetorik gestaltet sind, offenbaren nicht auf den ersten Blick ihre eigentlichen Inhalte. Vielmehr muss der Betrachter die Botschaften entschlüsseln, was er aber nur dann kann, wenn er sich mit der Werbebotschaft beschäftigt. Der alte Werbegrundsatz „show what you say and say what you show" darf also nicht als Dogma aufgefasst werden.

5. 6 Werbestrategie

5. 6.1 Konzeptionspyramide der Werbung

Der Begriff Werbestrategie wird weder in der Literatur noch in der Praxis einheitlich verwendet. Hier soll der Marketingtheorie gefolgt und Werbestrategie als Bindeglied zwischen Werbezielen und Werbemaßnahmen eingeordnet werden (vgl. Abbildung 5-19).

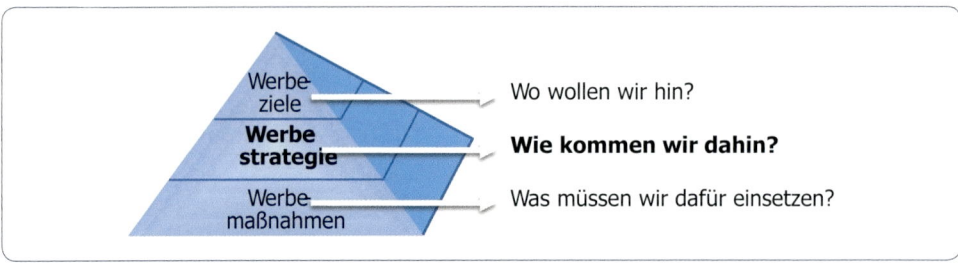

Abbildung 5-19: *Konzeptionspyramide der Werbung*

In Anlehnung an Becker: Marketing-Konzeption, 9. Aufl., München 2009, S. 11

Werbeziele können mit unterschiedlichen Werbestrategien verfolgt werden. Der Entscheidung für eine Strategie geht daher i.d.R. eine intensive Strategiediskussion voraus, in der Alternativen auf ihre Zielerreichung hin überprüft werden. Zwar sollten strategische Leitlinien grundsätzlich vom Werbetreibenden getroffen werden, jedoch ist es zu empfehlen, die Agentur in den Strategiefindungsprozess einzubeziehen.

Grundlage der Werbestrategie ist die Marketingstrategie und die angestrebte Positionierung. Allerdings werden werbestrategische Entscheidungen meist nur für den Kampagnenzeitraum getroffen. Insofern ist der Planungshorizont der Werbestrategie kürzer als der der Copy Strategy (vgl. Kapitel 5.4), die grundsätzlich kampagnenübergreifend festzulegen ist. Werbestrategie und Copy Strategy bilden die Grundlage für das Agenturbriefing.

> Die Werbestrategie muss stets an den Werbezielen ausgerichtet sein und bestimmt die zu ergreifenden Maßnahmen, mit denen diese Ziele erreicht werden sollen. „Strategien legen den notwendigen Handlungsrahmen (…) fest, um sicherzustellen, dass alle operativen (taktischen) Instrumente auch zielführend eingesetzt werden" (Becker 2009, S. 140).

Die Werbestrategie beantwortet die Frage, mit welchen werblichen Maßnahmen die Werbeziele erreicht werden sollen. Konzeptionell geht es hierbei um die Planung der **Werbemittel**, die die „Verkörperung der gedanklichen Werbebotschaft" darstellen (Weis 2007, S. 443). Die wichtigsten Werbemittel sind Anzeigen in Zeitschriften/Zeitungen, Spots im Fernsehen/Hörfunk/Kino und Plakate. Speziell für die elektronischen Medien Fernsehen und Hörfunk muss im Rahmen der strategischen Überlegungen auch die Frage entschieden werden, in welcher Form geworben werden soll. Hierbei ist grundsätzlich zwischen programminternen und -externen Werbeformen zu unterscheiden, also ob Werbung in Form klassischer Spotwerbung erfolgen soll oder in Form von Sonder-werbeformen, die nicht unmittelbar als Werbung erkannt werden, wie beispielsweise Sponsoring oder Product Placement (vgl. Kapitel 8).

5. 6.2 Anzeigengröße und -platzierung

Die Festlegung der Werbemittel beinhaltet bereits einen Vorgriff auf die Mediastrategie, also auf die Wahl der Werbeträger, die zur Verbreitung der Werbebotschaft eingesetzt werden sollen. Zunächst ist also die grundsätzliche Entscheidung zu treffen, welche Werbemittel am besten geeignet erscheinen, die Werbebotschaft zu übermitteln bzw. dem Werbeobjekt angemessen erscheinen. Bei einer Anzeige wäre dann z.B. zu entscheiden, in welchem Format (Doppelseite, halbe Seite), mit welcher Farbigkeit (vierfarbig, schwarzweiß), mit welcher Schrifttypographie der Text gedruckt werden soll oder ob das Motiv fotografiert oder illustriert werden soll.

Beim Aufmerksamkeitswert, der von der Anzeigengröße ausgeht, sind auch rein praktische Erwägungen anzustellen. Je nachdem, wie stark den Leser das redaktionelle Umfeld interessiert, ist seine Aufmerksamkeit zielgerichtet auf den Artikel. Insofern kann eine Doppelseite oder auch eine ganze Seite einfach ungesehen überblättert werden. In dem Fall wäre eine Anzeige im Format einer halben oder drittel Seite wie im Beispiel der Abbildung 5-20 von ihrem Aufmerksamkeitspotenzial her höher einzuschätzen, da sie nicht überblättert werden kann. Allerdings gilt grundsätzlich auch für diesen Fall, dass Anzeigen, die von einem interessanten redaktionellen Umfeld umgeben sind, schlechter erinnert werden.

Eine andere Frage, die in diesem Zusammenhang immer wieder diskutiert wird ist, welchen Einfluss die **Platzierung** einer Anzeige auf die Werbewirkung hat. Eine weit verbreitete Ansicht ist die, dass Platzierungen auf der rechten Seite bzw. oben rechts besonders starke Beachtung finden. Ähnliches wird für Platzierungen im vorderen Heftteil gegenüber solchen im hinteren Teil angenommen. Diesen Ansichten fehlt es aber zumeist an wissenschaftlicher Fundierung. Denn das Grundproblem bei der Untersuchung von Platzierungseffekten ist, dass sie sich nicht von anderen Wirkungsdeterminanten wie z.B. der Anzeigengestaltung isolieren lassen. Wissenschaftlich gesehen scheint die Existenz eines Platzierungseffektes bei Anzeigen eher fraglich (vgl. Koschnick 1995, S. 1388f.). Ein anderes Problem bei Zeitschriften das Problem besteht darin, dass sie nicht kontinuierlich von Anfang bis Ende durchgelesen werden, sondern über einen längeren Zeitraum (Erscheinungszeitraum) immer wieder einmal in die Hand genommen werden und einzelnen Bereichen unterschiedliche Aufmerksamkeit gewidmet wird.

Hingegen können bei Fernsehwerbung eindeutige Positionseffekte nachgewiesen werden. So lassen sich unterschiedliche Erinnerungswirkungen eines Werbespots in Abhängigkeit von seiner Position in einem Werbeblock feststellen. Aus der allgemeinen Psychologie ist dieser Zusammenhang bekannt als **Primacy-Recency-Effekt:** Erzielt die erste oder die letzte Aussage den größeren Effekt? Primacy-Effekte werden u.a. damit erklärt, dass erste Informationen mehr Aufmerksamkeit erhalten als spätere. Wird jedoch der Informationsfluss unterbrochen und das Urteil abgefragt, nachdem alle Informationen vermittelt wurden, ist mit einem Recency-Effekt zu rechnen, d.h. die zuletzt präsentierte Information dominiert den Eindruck (vgl. Forgas 1994, Rosnow 1964). Zwar sind die Ergebnisse nicht eindeutig, ob der erste oder letzte Werbespot die höchsten Aufmerksamkeits- und Erinnerungswerte erzielt, die an mittlerer Position gesendeten Werbespots erzielen jedenfalls die schlechtesten Ergebnisse (vgl. Mayer/Schuhmann 1981).

Neben der Entscheidung über Anzeigengröße und Platzierung ist bei der Werbestrategie gleichzeitig auch über flankierende Maßnahmen zu entscheiden, ob beispielsweise die Werbekampagne mit Verkaufsförderungsmaßnahmen oder einer Direct-Marketing-Aktion unterstützt werden soll.

5.6.3 Gestaltung von Werbemitteln

5.6.3.1 Gestaltungselemente

Neben den klassischen Werbemitteln Anzeigen und Spots gibt es in der Praxis eine große Anzahl weiterer, wie z.B. Prospekte, Mailings, Leuchtschriften, Handzettel, Tragetaschen, Schaufensterauslagen, Messestände, Werbung an Einkaufswagen, Beilagen, Beikleber, Beihefter, Kataloge, Dekorationen, Displays, Preisausschreiben, Verpackungen.

Abbildung 5-20:
Anzeigengröße und Werbewirkung

Werbemittel lassen sich einteilen in:

* visuelle (z.B. Anzeigen, Plakate),

- akustische (z.B. Hörfunkspots, Ladendurchsagen) und
- audiovisuelle (z.B. Fernseh- und Kinospots).

Diese Unterscheidung der Werbemittel ist insofern wichtig, als sie unterschiedliche Gestaltungselemente erfordern. Die wesentlichen Gestaltungselemente sind Text, Bild, Ton und Farbe, die, je nach Werbemittel, einzeln oder in Kombination eingesetzt werden können. Im Normalfall übermitteln Text und Bilder gemeinsam das kreative Konzept. Allerdings arbeiten Worte und Bilder in unterschiedlicher Weise (vgl. Kapitel 1.3.1).

Text hat in der Werbung seine spezifischen Stärken vor allem in folgenden Situationen:

- Ist die Werbebotschaft kompliziert, kann Text Zusammenhänge spezifischer formulieren und wiederholt gelesen werden.
- Bei high-involvement-Produkten, denen ein extensiver Kaufentscheidungsprozess vorausgeht, ist es sinnvoll, möglichst viele Informationen zu vermitteln.
- Informationen, die Definitionen und Erklärungen verlangen, werden ebenfalls am besten mit Text übermittelt.
- Enthält die Botschaft abstrakte Werte wie z.B. *Gerechtigkeit* oder *Qualität*, können diese über Text tendenziell besser vermittelt werden als mit Bildern.
- Ferner helfen Slogans Markencharakteristika im Gedächtnis zu verankern.

Die Story vom Blinden im Mai

Es war an einem schönen Frühlingstag in New York. Der Central Park war prächtig anzuschauen. Die ersten Tulpen öffneten ihre Kelche, tausende von Maiglöckchen übersäten den frischgrünen Rasen, der Goldregen leuchtete.

Direkt gegenüber dem Park, an der Ecke zur 72. Straße, stand ein Blinder und bettelte. Vor ihm lag eine Mütze. Es waren nur wenige Cents darin. Der Blinde hatte ein Schild in der Hand. Ein guter Freund hatte ihm darauf geschrieben: „Helft dem Blinden!".

Ein Werbetexter kam vorbei, auf dem Weg zu seiner Agentur. Er sah den Blinden, sah das Schild, blieb einen Moment stehen und bat den Blinden, ihm doch mal das Schild zu geben. Er drehte es um und schrieb auf der Rückseite einen anderen Text, den der Blinde jetzt nach vorn hielt.

Als der Texter am Nachmittag wieder an dem Blinden vorbeikam, erzählte dieser voller Dankbarkeit, dass er noch nie so viele Münzen bekommen hätte, sogar Dollarnoten wären dabei gewesen.

Und nun wollte er doch unbedingt wissen, was jetzt auf seinem Schild stünde. Auf dem Schild stand: „Es ist Mai – und ich bin blind!"

Die in einem Werbemittel verwendete **Schrifttype** hat nicht nur Auswirkungen auf die Erkennbarkeit und Lesbarkeit, sondern auch auf die damit ausgelösten Assoziationen, wie beispielsweise schön, modern, altmodisch, schwerfällig, flott, stilvoll, nüchtern usw. (vgl. Mayer/Illmann 2000, S. 503). Der Schrifttyp kann also auch bestimmte emotionale Eindrücke vermitteln bzw. unterstützen. Er kann erheblich zur Einzigartigkeit und Unverwechselbarkeit der Werbebotschaft beitragen. Einzelne Marken sind allein schon an der Schrifttype erkennbar, bevor das Logo gesehen wurde. *Beispielsweise gilt die Schrifttype Bodoni als edel, seriös und standesgemäß und wurde insofern nicht zufällig als Hausschrift für die Marke Mercedes gewählt.*

Der unterschiedliche Ausdrucksgehalt von Schriften bietet zusätzliche gestalterische Möglichkeiten. Darüber hinaus lässt sich durch Fett-, Kursiv- oder Negativschriften die Lesegeschwindigkeit gezielt beeinflussen bzw. die Verweildauer im Text an einer bestimm-

Garamond	wertvoll, edel, dezent
Comic Sans MS	verspielt, heiter, phantasievoll
Arial Black	**maskulin, klar übersichtlich**
Monotype Corsiva	*feminin, elegant, grazil*

Abbildung 5-21: Beispiele für Assoziationen unterschiedlicher Schrifttypen
Quelle: Esch: Strategie und Technik der Markenführung, 4. Aufl., München 2007, S. 223

Abbildung 5-22: Lesbarkeit von Texten
Quelle: Tangermann: Werbung – Der Milliarden-Poker, München 2003, S. 161

ten Stelle erhöhen. Diese Beeinflussung der Lesegeschwindigkeit beeinflusst gleichzeitig allerdings auch die Lesbarkeit des Textes.

Der Botschaftstext sollte optimal auf die anvisierte Zielgruppe abgestimmt sein. Das folgende Fallbeispiel zeigt auf, wie sich Texte gezielt auf die Werthaltungen von Zielgruppen anpassen lassen.

Fallbeispiel: Markensprache am Beispiel *Beck's*

Mit dem Verfahren der Semiometrie (hierbei dienen Wörter als Indikatoren zur Messung grundlegender Werthaltungen) ist es möglich, die relative Über- oder Unterbewertung bestimmter Begriffe durch die Personen innerhalb einer Zielgruppe (z.B. „Stammkunden *Beck's*") zu messen. Daraus ergibt sich deren spezifisches Werteprofil. Man ermittelt also, was die Mitglieder einer Zielgruppe außer ihrer Gruppenzugehörigkeit noch verbindet – und wie sich diese Gruppe von anderen unterscheidet.

Für die Markensprache bedeutet dies, dass die Persönlichkeit der Marke in Schlüsselwörtern verdichtet werden soll, die bei der Zielgruppe positive Emotionen auslösen – z.B. Begriffe wie „Abenteuer" oder „wild" für Erlebnisorientierte. Entsprechend sollen alle Begriffe vermieden werden, die negative Assoziationen hervorrufen, wie „Disziplin" oder „Vernunft".

Wer an *Beck's* denkt, sieht das grüne Segelschiff im Meer. Es zeigt einen Dreimaster, der für „Expedition" und „Entdeckung" steht. Marken haben nicht nur ein Gesicht, sondern auch eine Stimme. Diese Stimme darf nicht nur in Anzeigen hörbar werden, sondern auch in Katalogen, Internet-Seiten, Packungstexten usw.

Beck's verwendet bereits sprachlich richtige Codes: als Claim „*Beck's* Experience" und als Song „Sail Away". Beide greifen die Motive Erlebnis, Abenteuer und Freiheit auf und lösen in der relevanten Zielgruppe positive Emotionen aus.

Im Folgenden als Beispiel ein Text von der *Beck's* Webseite, der nach semiometrischen Kriterien an die Werte der Erlebnisorientierten angepasst wurde.

Beck's-Sprache: Ursprungstext

„Biergenießer auf der ganzen Welt erkennen ein Beck's sofort – an seiner reinen, herben Frische, an seinem ausgereiften Geschmack. Durch die traditionelle Braumethode und die besonders kalte Lagerung entsteht der typische, frisch-würzige Geschmack. Und Beck's Genießer leben das Leben, wie es gerade kommt – Hauptsache, sie sind mitten drin! Am besten mit Beck's, denn Beck's ist überall da, wo es spannend wird. Auf angesagten Events, zahlreichen Konzerten und in der nächsten Szene-Bar …

Beck's ist in über 120 Ländern der Welt ein unverwechselbares Symbol für puren Pilsgeschmack – grenzenlos frisch. Grundsteine dieser Erfolgsstory sind neben moderner Technik und perfekter Logistik vor allem die beständige traditionelle Brauweise nach dem Deutschen Reinheitsgebot. Diese Philosophie hat Beck's zur führenden deutschen Exportmarke wachsen lassen und die grüne Flasche als Synonym für Premium Pilsener made in Germany etabliert.

Neben dem qualitativen Anspruch spielt eine innovative und konsequente Markenführung die Hauptrolle. Ob das klassische Beck's mit seinen Untermarken oder Haake-Beck – jede Marke für sich ist in den Köpfen der Verbraucher fest verankert. Und jede Marke ist eine eigene Welt mit ihren ganz besonderen Charakteristika."

▮ = markenkonforme Formulierung

▮ = nicht markenkonform

Wörter wie „genießen", „Spannung", „Szene-Bar", „Events", „Erfolg", „führen", „Premuim" „modern", „grenzenlos" und der Kernsatz „Und *Beck's* Genießer leben das Leben …" sind erlebnisorientiert und beschreiben die Werthaltung der Zielgruppe. Dagegen verfehlen Wörter wie „rein", „pur", „Reinheitsgebot", „traditionsverbunden", „Made in Germany", „rational", „Logistik" den zentralen Wert der Zielgruppe.

Beck's-Sprache: optimierter Text

„Biergenießer auf der ganzen Welt erkennen ein Beck's sofort – an seiner herben Frische und an seinem ausgereiften Geschmack.

Beck's Genießer leben das Leben, wie es gerade kommt – Hauptsache, sie sind mitten drin! Am besten mit Beck's. Denn Beck's ist überall da, wo es spannend wird. Auf angesagten Events, zahlreichen Konzerten und in der nächsten Szene-Bar.

In über 120 Ländern der Welt steht Beck's für unverwechselbaren Pilsgeschmack – grenzenlos frisch und verführerisch würzig. Das Geheimnis dieser Erfolgsstory ist die besondere Brauart, die Hopfen, Malz und Wasser zum Premium Pilsener vereint. So ist Beck's zur führenden Exportmarke aufgestiegen und die grüne Flasche zum Symbol für Premium Pilsener.

> Dazu tragen neben Qualität auch eine innovative und konsequente Markenführung bei. Ob das klassische Beck's mit seinen Untermarken oder Haake-Beck – Biergenießer kennen jede Marke, und jede Marke ist eine eigene Welt mit ihrer ganz besonderen Note."
>
> Vgl. Bazil/Petras: Verschleierte Marken-Botschaft, in Absatzwirtschaft, Sonderheft Marken 2007, S. 160ff.

Die **„Werbesprache"** ist nicht immer grammatisch korrekt, teilweise werden bewusst Fehler gemacht, um eine höhere Aufmerksamkeit zu erringen („Deutschlands meiste Karte", „… da werden Sie geholfen"). Zwar bedient sich die Werbesprache i.d.R. der Alltagssprache, dennoch besitzt sie nicht notwendigerweise Sprechwirklichkeit, sondern ist auf eine ganz bestimmte Wirkung hin ausgerichtet. Sie kann aber ihrerseits die Alltagssprache beeinflussen durch Redewendungen, die in den Sprachgebrauch übergehen („Nicht immer, aber immer öfter") (vgl. Janich 1999, S. 34).

Die wesentlichsten Elemente einer Anzeige sind in Abbildung 5-23 dargestellt.

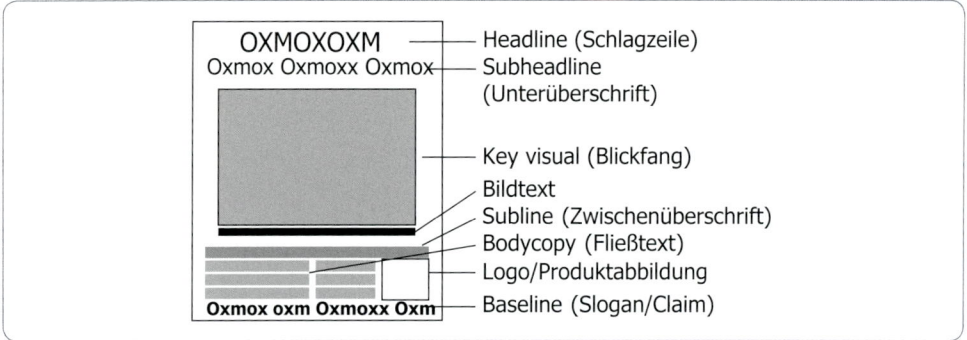

Abbildung 5-23: *Elemente einer Anzeige*

- Die **Headline** (Schlagzeile) ist der Aufhänger einer Anzeige und das zentrale Textelement, das üblicherweise den Benefit bzw. die Werbebotschaft in konzentrierter Form enthält. Sie soll Aufmerksamkeit und Interesse wecken und den flüchtigen Leser zur Bodycopy führen. Wortwahl und Ausdrucksweise der Headline muss auf die Zielgruppe abgestimmt sein. Aufmerksamkeitsstärke kann beispielsweise durch die Typographie oder durch die Formulierung (Wortspiele, Verfremdung, Versprechen, Originalität) erreicht werden. Obwohl Headline übersetzt „Kopfzeile" bedeutet, muss sie nicht notwendigerweise am Anfang der Anzeige stehen, sie kann auch zwischen Bild und Bodycopy oder über die Anzeigenfläche verteilt oder auch in das Bild integriert sein. Bei einer sehr prägnanten Headline kann häufig auf eine Subheadline verzichtet werden, auch die Bodycopy kann sich dann erübrigen.
- Sie **Subheadline** (Unterüberschrift) hat häufig die Funktion der Ergänzung oder Erklärung der Headline bzw. einen unmittelbaren Aufforderungscharakter (Headline: „Brauchen Sie mehr Spielraum? Subheadline: „Baufinanzieren mit *Wüstenrot*").
- Das **Key visual** ist das Bildelement einer Anzeige und dient als Blickfang. Bei Text-Bild-Anzeigen wird üblicherweise das Bild stärker wahrgenommen als der Text, insofern kommt dem Bild eine zentrale Funktion bei der Steuerung der Aufmerksamkeit

zu. Das Bildelement soll die Aussage der Headline visualisieren und beinhaltet üblicherweise die emotionale Ansprache der Zielpersonen. Häufig enthält das Bildelement einen so genannten **eye-catcher**, der als besonders auffälliges oder sogar störendes Element den Blick des Betrachters „einfängt".

- **Bildtexte** sind erläuternde Unterschriften zu Bildern bzw. in Bilder integrierte Textbausteine, die bestimmte Bildelemente hervorheben oder sie nach Art einer Legende erklären können.

- Die **Bodycopy** (Fließtext) stellt im copystrategischen Sinne den Reason Why zu dem in der Headline (oder im Key visual) behaupteten Benefit dar. Sie thematisiert den Aufhänger bzw. das Bildmotiv und gibt detaillierte, sprachlich ausformulierte Erläuterungen. Insbesondere so genannte Longcopies (Texte, die – im Gegensatz zu Shortcopies – länger als fünf Sätze sind), werden häufig durch **Sublines** (Zwischenüberschriften) optisch gegliedert. In der Realität ist es allerdings häufig so, dass lange Texte i.d.R. nicht (ganz) gelesen werden bzw. nur von involvierten Lesern. Satzlänge, Satztiefe und Satzart beeinflussen in hohem Maße die Verständnisfähigkeit des Textes. Es empfiehlt sich, Informationen in möglichst kurzen Sätzen anzubieten, insbesondere dann, wenn die Anzeige viele und wenig vertraute Informationen enthält. Auf jeden Fall ist es notwendig, den Text so abzufassen, dass er dem sprachlichen Verhalten und dem Verständnis sprachlicher Informationen der Zielgruppe entspricht (z.B. hinsichtlich der Verwendung von Fremdwörtern). Die Herausforderung für den Texter besteht darin, sich in die Sprache der Zielgruppe hineinzuversetzen, was bei speziellen Zielgruppen (Jugendliche, Senioren) im Einzelfall schwierig werden kann. In diesem Zusammenhang stellt sich beispielsweise die Frage der Anrede der Zielgruppe. Insbesondere jüngere Zielgruppen werden häufig geduzt „Ich trink Ouzo, was machst Du so?", „Wohnst Du noch oder lebst Du schon?"). Geduzt wird in der Werbung meist, um Nähe vorzutäuschen, allerdings besteht die Gefahr, dass dies als peinliche Anbiederung aufgefasst werden könnte.
  Reine Textanzeigen sind verhältnismäßig selten und zielen vor allem auf ein hohes Involvement der Zielgruppe (vgl. Abbildung 5-24)

- Das Unternehmenslogo bzw. eine Produktabbildung stellt eine Werbekonstante dar, die die Identifikation einer Anzeige erleichtert. Sie haben gewissermaßen die Funktion einer „optischen Eselsbrücke" (vgl. Pflaum 1993, S. 343).

- Auch die **Baseline** ist i.d.R. eine Werbekonstante in einer Anzeige. Sie enthält entweder den **Slogan** oder einen **Claim**. Im Unterschied zum Slogan besitzt der Claim keinen Wiederholungscharakter. Beide haben jedoch den Charakter von Merksprüchen, die vom Leser gelernt und in Erinnerung behalten werden sollen. Insbesondere der Slogan soll die Wiedererkennung von Produkt, Marke oder Unternehmen ermöglichen und hat häufig eine imagebildende Funktion („Die zarteste Versuchung, seit es Schokolade gibt"). Die Merkfähigkeit von Slogans wird vor allem durch eingängige Formulierungen („Alles *Müller*, oder was?", „*Neckermann* macht's möglich", „Lasst Euch nicht verarschen"), im Einzelfall auch durch Wortneuschöpfungen („unkaputtbar") erhöht, die teilweise auch als eine Art „geflügelter Worte" Eingang in die Alltagssprache finden. Zwar geht in Zeiten der Globalisierung der Trend selbst bei rein deutschen Unternehmen zu Slogans in englischer Sprache, jedoch zeigen Untersuchungen, dass diese von der Zielgruppe häufig nicht (richtig) verstanden werden. Der Slogan der Parfümerie-Kette Douglas „Come in and find out" wurde nur von 54% der Befragten richtig übersetzt, andere Interpretationen lauteten „Komm herein und finde wieder heraus" (vgl. Samland 2006, S. 124). Geradezu als Klassiker müssen jedoch Slogans wie „*Haribo* macht Kinder froh", „Nichts ist unmöglich" (*Toyota*) oder „Wenn's um Geld geht, *Sparkasse*!" eingestuft werden.

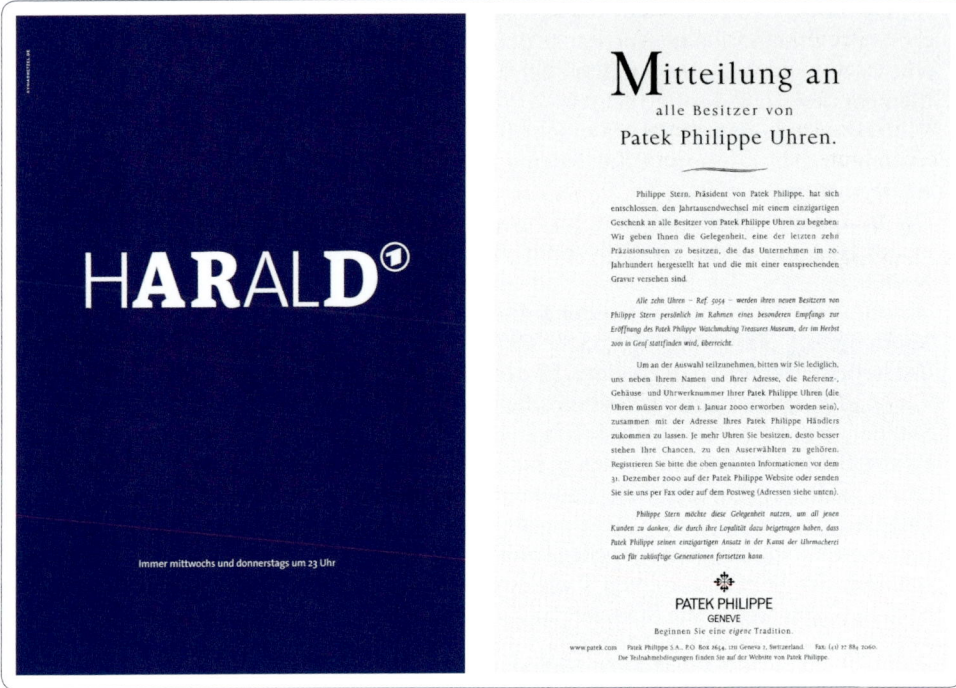

Abbildung 5-24: *Textanzeigen*

Von besonderer Bedeutung für die Glaubwürdigkeit der Werbebotschaft ist der **Argumentationsstil**. Im Fall einer **einseitigen Argumentation** werden in der Botschaft ausschließlich die positiven Seiten des Produktes herausgestellt und eventuelle Schwächen verschwiegen. Eine **zweiseitige Argumentation** enthält hingegen sowohl negative wie positive Aspekte, allerdings bei deutlicher Übergewichtung der positiven Aspekte. Im Normalfall beschränkt sich die Werbung auf die einseitige Argumentation. Für die Glaubwürdigkeit ist es jedoch günstiger, wenn Werbung auch Nachteile ansprechen würde. Untersuchungen zeigen auf, dass sich in diesem Fall eine Art Immunisierung einstellt: Die Empfänger der Werbebotschaft bilden weniger Gegenargumente und sind auch für Beeinflussungsversuche der Wettbewerber weniger empfänglich (vgl. Mayer/ Illmann 2000, S. 561).

Die Verwendung von **Mundart** erfolgt in der Werbung relativ selten. Bei Dialektansprache einer Zielgruppe wird die Zugehörigkeit des Senders zur sozialen Gruppe des Empfängers suggeriert bzw. sprachlich die spezifische regionale Herkunft eines Produktes betont. Beabsichtigt wird damit eine bessere Akzeptanz der Werbebotschaft. Da Dialekt i.d.R. keine Schriftlichkeit aufweist, ist er weitgehend auf die Medien mit gesprochener Sprache (also Hörfunk und Fernsehen) beschränkt. Insbesondere in regionalen Hörfunkspots dient Dialekt der regionalsprachlichen Identifikation mit dem Publikum.

Im Zusammenhang mit der Gestaltung von Werbemitteln wird immer wieder die Bedeutung von **Farben** herausgestellt, die vor allem psychologische Wirkungsdimensionen haben, durch die Assoziationen, die sie hervorrufen, wie Wärme, Ruhe, Gefahr usw.

FRISCHE   **NATUR**   **WÄRME**   **GEFAHR**

Mit Farben lässt sich einerseits Aufmerksamkeit erzielen, andererseits bieten sie die Möglichkeit, Produkte realitätsnahe darzustellen. Bei der Abbildung von Nahrungsmitteln und Speisen in Farbe läuft einem eher das „Wasser im Munde" zusammen, als bei einer schwarz-weiß-Anzeige. Zwar erfahren farbige Werbemittel grundsätzlich mehr Beachtung als schwarz-weiße. Allerdings *erheischt* ein in schwarz-weiß gehaltener Werbespot im Umfeld von lauter farbigen Spots eine besondere Aufmerksamkeit.

Die in Tabelle 5-1 aufgezeigten Farbassoziationen werden in der Literatur nicht einhellig vertreten und variieren auch in Abhängigkeit von unterschiedlichen Kulturkreisen und des jeweiligen Zeitgeistes (vgl. Tabelle 7-12).

Tabelle 5-1: Farbassoziationen

	Auslösung von Anmutungsqualitäten (allgemeine Assoziationen)	Beeinflussung von Objekteigenschaften (sinnesbezügliche Assoziationen)
Rot	warm, sympathisch, gesund, aktiv, erregend, leidenschaftlich herausfordernd, herrisch, energisch, fröhlich, mächtig	heiß, laut, voll, fest Geschmack: würzig, stark, süß, brennend, wenn es ins Braune übergeht: knusprig
Rosa	modern, weiblich, freundlich, exklusiv	leicht, zart, sehr weich (Babywäsche), süßlich (bei Geschmack)
Orange	herzhaft, leuchtend, lebendig, freudig, heiter	warm, satt, nah, glimmend, trocken, mürbe
Gelb	hell, klar, frei, bewegt, strahlend, warm	glatt, sauer Gewicht: leicht (je heller, umso leichter) Tastsinn: weich, wenn es ins Rötliche geht (Margarine, Teigwaren); Geschmack: süß, wenn es ins Rote geht, bitter bei Grünstich; Temperatur: warm, heiß, mit rötlicher Färbung, je weißer, umso kälter
Grün	beruhigend, geborgen, erfrischend, knospend, gelassen, friedlich; Besonnenheit, Harmonie, Natur, Hoffnung	kühl, saftig, feucht, sauer, giftig, jung, frisch, bitter, salzig
Blau	passiv, zurückgezogen, sicher, friedlich, technisch; Autorität, Zuverlässigkeit, Respekt, Ernst, Treue	kalt, nass, glatt, fern, leise, voll, stark, tief, groß; Gewicht: variiert mit der Helligkeit – hellblau – sehr leicht (Luft), dunkelblau – sehr schwer (Blei)
Violett	würdevoll, düster, zwielichtig, mystisch, originell, unglücklich	samtig, narkotischer Duft, faulig-süß
Weiß	sauber, modern, freundlich, klar, wahr	
Schwarz	elegant, edel, erotisch; Erfolg, Brutalität	

Quelle: Schnettler/Wendt: Konzeption und Mediaplanung für Werbe- und Kommunikationsberufe, Berlin 2003, S. 322

Hörfunkwerbung arbeitet im Wesentlichen mit den Elementen Stimme, Musik und Sound-Effekten. Die Stimme ist hier das wahrscheinlich wichtigste Instrument, sie ist in Jingles, gesprochenen Dialogen und Ankündigungen zu hören. Insbesondere in den Dialogen müssen die Stimmen ein Bild der Sprecher vermitteln können: ein Kind, ein alter Mann, ein Manager, eine Hausfrau. Auch die verwendete Musik trägt in hohem Maße zur beabsichtigten Stimmung bei. Sie kann eine Zirkusatmosphäre ebenso vermitteln wie ein romantisches Diner oder eine Direktionssitzung. Sound-Effekte unterstützen die akustischen Bilder; Wellengeräusche, Vogelgezwitscher oder das Öffnen einer Flasche unterstreichen die Rahmenhandlung. „Je bildhafter zum Beispiel ein Geräusch etabliert wird, je intensiver sich eine Musik präsentiert, je präziser der Wortschatz der Textvorlage ein Charakterbild ergibt und je mehr der Sprecher einer Figur Zeit für Nuancen und Tempiwechsel hat, um so farbiger wird das Bild im Kopf des Hörers" (Heinlein 1999, S. 409). Treffend lässt sich ein Funkspot auch als „Bild zwischen den Ohren" bezeichnen (vgl. Pietzcker 2005, S. 74).

Während Hörfunkwerbung mit akustischen Bildern arbeitet, kommen bei der **Fernsehwerbung** noch die visuellen Bilder dazu, die i.d.R. die Werbebotschaft dominieren. Im Unterschied zu Printwerbung konstituiert sich Fernsehwerbung durch bewegte Bilder. Mehr als jedes andere Werbemittel haben Fernsehspots die Möglichkeit, Emotionen zu vermitteln, den Zuschauer miterleben und mitfühlen zu lassen. Reale Situationen, gekennzeichnet durch Humor, Zorn, Angst, Stolz, Eifersucht und Liebe kommen live auf den Bildschirm. Der Zuschauer kann hier die Handlung mit eigenen Augen sehen und mitverfolgen und sich leicht einen Eindruck über die Glaubwürdigkeit des Dargestellten machen, besser als er es vom Hören in der Lage ist. Während bei einer Anzeige der Text in optisch isolierbare Teiltexte zerfällt, kann er in einem Fernsehspot geschrieben, gesprochen oder gesungen werden. Gesprochener Text kann dabei aus dem **Off** (es ist kein Sprecher sichtbar) oder dem **On** (Sprecher ist sichtbar) kommen. Die große Herausforderung bei einem TV-Spot liegt darin, innerhalb von durchschnittlich 20–30 Sekunden sehr viele Inhalte unterzubringen. Es wird eine Geschichte erzählt, Produkte und ihre Besonderheiten herausgehoben, Markenwelten kreiert – und das alles so, dass es nach Möglichkeit für die Zielgruppe von hohem Interesse, unmittelbar verständlich und die Marke sofort identifizierbar ist. Während bei einem Spielfilm für Handlung und Dramaturgie ausreichend Zeit zur Verfügung steht, muss bei einem Werbespot alles in kürzester Zeit treffsicher auf den Punkt gebracht werden.

5.6.3.2 Gestaltungstechniken

Häufig ist es so, dass sich Produkte nur über die Gestaltung ihrer Werbung voneinander unterscheiden, also eine „unique advertising proposition" (UAP) haben. Damit die Positionierung klar übermittelt wird, müssen alle Gestaltungselemente der Werbung aufeinander und mit der Strategie abgestimmt sein.

Da im Gegensatz zum Printbereich in den elektronischen Medien Werbung in Blöcken geschaltet wird, kommt hier der Gestaltung der Werbespots eine besonders wichtige Funktion zu, um den einzelnen Werbespots Eigenständigkeit und Identität zu verleihen. Es kann allerdings nicht oft genug betont werden, dass Kreativität kein Selbstzweck ist, sondern nur Mittel zu dem Zweck, dass Werbung die beabsichtigte Wirkung erzielt. Ist Werbung *zu* kreativ, kann dies zur Folge haben, dass die Aufmerksamkeit vom eigentlichen Anliegen abgelenkt wird. Diese Gefahr besteht vor allem dann, wenn kein nachvollziehbarer Zusammenhang zwischen dem Aufhänger und der Werbebotschaft besteht.

Für TV-Spots haben sich spezifische Formate herausgebildet, die auf typischen Grundmustern basieren. Die gebräuchlichsten Gestaltungstechniken sind folgende:

- **Slice of Life**: Hier stellt der Werbespot eine Geschichte aus dem „realen" Leben dar. Diese Geschichten sind zwar häufig erkennbar konstruiert, sie sollen es dem Zuschauer aber erleichtern, sich mit dem Produkt und seiner Verwendungswelt zu identifizieren. Klassische Slice-of-Life-Formate waren die *Knorr*-Familie oder Frau Sommer in der *Krönung*-Werbung. Berühmt wurde der *Mercedes*-Spot „Die Ohrfeige": Eine junge Dame wartet unruhig in der Wohnung. Als der Erwartete dann verspätet und mit schuldbewusster Miene kommt, bringt er zur Entschuldigung vor, er hatte eine Panne mit dem Auto, worauf sie ihm eine Ohrfeige verpasst. Die begleitenden Worte „Mit einem *Mercedes*?" erklären, dass es sich um eine Ausrede handeln muss und zwar eine schlechte, denn offensichtlich hat ein *Mercedes* keine Pannen.

- **Testimonial**: Hier treten Personen auf, die aus eigener Erfahrung positiv über ein Produkt berichten. Bei diesen Testimonials kann es sich um Prominente handeln (Thomas Gottschalk für *Haribo*) oder um „Menschen wie du und ich", denen aber eine spezifische Kompetenz für das Produkt zuerkannt wird. Beispiele sind die Zahnarztfrau mit strahlend weißen Zähnen, die eine bestimmte Zahnpasta empfiehlt oder Frauen, die sich über ihre wiedererlangte Freiheit äußern, seit sie Tampons verwenden. In der *Jägermeister*-Kampagne „Ich trinke *Jägermeister* weil …" traten über 3000 Alltags-Testimonials auf. Typische Konsumenten sind als Testimonials immer dann angemessen, wenn es sich um Produkte des täglichen Bedarfs handelt. Prominente werden als Testimonials häufig vor allem wegen ihres hohen Bekanntheitsgrades und Aufmerksamkeitswertes eingesetzt, mit dem Ziel einer längeren und intensiveren Zuwendung zum Werbemittel und damit höherer Erinnerungswerte. Ein langfristiger Einsatz kann die beworbene Marke nachhaltig prägen, insbesondere, wenn vom Prominenten Image- und Persönlichkeitstransfereffekte resultieren (beispielsweise bei George Cloony für *Nespresso*). Allerdings ist nicht immer eine nachvollziehbare Verbindung zwischen Prominenten und den Produkten gegeben, die sie bewerben, so dass ihre Glaubwürdigkeit manchmal fragwürdig erscheint. Beispielsweise warb Karl Lagerfeld für den Fernsehsender *Sky*, die Eis-Marke *Magnum*, den Getränkehersteller *Coca-Cola* und die Automarke *Volkswagen* – obwohl er weder selbst Auto fährt noch Fernsehen schau, noch Eis isst. „In Promi-Werbung treffen also zwei Marken aufeinander, die des Stars und die der Marke. Sie müssen im subjektiven Urteil der Verbraucher zusammenpassen" (Michaelis 2001, S. 26).

Abbildung 5-25: *Testimonialwerbung*

Zwar lässt sich mit Prominenten schnell Bekanntheit für ein neues Produkt aufbauen. Es besteht allerdings die Gefahr, dass der Prominente die Aufmerksamkeit auf sich lenkt und das Produkt in den Schatten stellt. Prominente nutzen sich auch relativ schnell ab, wenn sie für unterschiedliche Marken eingesetzt werden. So warb Heidi Klum u.a. für *McDonald's*, *Katjes*, *Douglas*, *Otto*, *Birkenstock* und *Braun*. Nicht in jedem Fall erschien die Rückkopplung zur Marke geglückt.

Nach einer Umfrage des Deutschen Marketing-Entscheider-Panels der *Absatzwirtschaft* halten die Entscheider Werbung mit Prominenten für nicht geeignet, wenn Kunden gebunden oder neu gewonnen werden sollen. Für absolut geeignet dagegen, wenn es um Bekanntheitssteigerung oder Imagetransfer und -verbesserung geht (vgl. Thunig 2007, S. 106). Während in den USA Prominentenwerbung einen Anteil von 20 bis 25 Prozent aller TV-Werbespots ausmacht, liegt der Anteil in Deutschland bei rund 12 Prozent (vgl. Kilian 2010, S. 107).

Imagebildend wirken prominente Testimonials vor allem dann, wenn sie nachvollziehbare Gemeinsamkeiten mit dem beworbenen Produkt aufweisen. Allerdings sind dem Einsatz von prominenten Personen in der Werbung dann Grenzen gesetzt, wenn sie einen Status vermitteln, der bei der Zielgruppe den Eindruck erweckt, weit außerhalb ihrer realisierbaren Reichweite zu sein.

Tabelle 5-2 zeigt, dass Günther Jauch für Verbraucher und Harald Schmidt für Manager am Interessantesten sind. Jauch wird gleichzeitig als beliebt, glaubwürdig und seriös angesehen, Dieter Bohlen gilt als am wenigsten glaubwürdig.

- **Experten:** Sie unterscheiden sich von Testimonials insofern, als sie über ein spezifisches Know-how verfügen. Diese Experten können authentisch sein, wie *Dr. Best* oder künstlich aufgebaut, wie Klementine, der *Tchibo* Kaffee-Experte oder Herr Kaiser von der *Hamburg-Mannheimer*. In diese Kategorie fallen auch Produkte, die mit Ergebnissen von klinischen Tests ausgestattet werden, wie beispielsweise häufig im Bereich der Zahnhygiene. Wesentlich ist beim Einsatz von Experten, dass ihre Aussagen von der Zielgruppe als objektiv und unabhängig aufgefasst werden.
- **Presenter:** Ein Presenter ist eine Person, die ein Produkt in einem Werbespot vorstellt. Berühmtes Beispiel für diese Gestaltungstechnik ist der *Persil*-Presenter, der den Zuschauern die Vorteile des Waschmittels erklärte. Ein anderes Beispiel ist Robert *T-Online*, der als virtueller Presenter den Börsengang von *T-Online* begleitete.
- **Lifestyle:** Diese Technik betont vor allem den Prestige- und Statuswert bestimmter Produkte. Alle „Designerprodukte" im Kleidungs- und Parfumbereich setzen auf den Imagewert ihrer Markennamen. Auch im Automobilbereich ist dies anzutreffen, wobei Autos der Luxusklasse häufig mit deutlichem understatement beworben werden. Zu diesem Gestaltungstyp ist auch die Werbung für vor allem „junge" Produkte zu zählen wie beispielsweise Wetgels oder die *L'Oréal* Studio-Line. Die Spots sind häufig mit entsprechender Musik unterlegt und haben teilweise sehr kurze Schnittfrequenzen, die den Eindruck eines hohen Tempos vermitteln.
- **Teaser:** Werbung, die weder Produkt noch Hersteller erkennen lässt oder nur unzureichende Informationen enthält, wird als Teaser-Werbung bezeichnet. Ziel ist es hierbei, Neugier und einen hohen Erwartungsdruck aufzubauen, der Distribution und die spätere Einführung erleichtern soll. Abbildung 5-27 zeigt die Teaser-Kampagne zur Bekanntmachung von *Evonik*, im Zuge der Umbenennung der RAG-Beteiligungs AG.
- Seit in Deutschland **vergleichende Werbung** erlaubt ist, kann auch sie als gestalterische Möglichkeit für Werbung in Betracht gezogen werden. Die Erscheinungsformen von vergleichender Werbung sind vielfältig und reichen vom unausgesprochenen im-

Tabelle 5-2: *Prominente im Urteil von Managern und Verbrauchern*

Meinung der Verbraucher	%	Meinung der Manager	%
1 Günther Jauch	41,4	1 Harald Schmidt	13,7
2 Mario Adorf	35,2	2 Lothar Späth	13,7
3 Witali u. Wladimir Klitschko	34,6	3 Johannes B. Kerner	10,5
4 Heidi Klum	30,4	4 Franz Beckenbauer	9,5
5 Thomas Gottschalk	29,3	5 Jürgen Klinsmann	8,4
6 Harald Schmidt	27,3	6 Mario Adorf	7,4
7 Michael Ballack	25,8	7 Iris Berben	7,4

Meinung der Verbraucher	%	Meinung der Manager	%
8 Hape Kerkeling	22,8	8 Günther Jauch	6,3
9 Iris Berben	20,8	9 Alfred Biolek	6,3
10 Franz Beckenbauer	20,6	10 Thomas Gottschalk	5,3

Verbraucher		Manager		Verbraucher		Manager	
Die Beliebten				**Die Glaubwürdigen**			
Günther Jauch	19,5	Günther Jauch	16,8	Günther Jauch	21,4	Günther Jauch	22,1
Th. Gottschalk	15,5	Th. Gottschalk	13,7	Mario Adorf	13,6	Lothar Späth	8,4
F. Beckenbauer	8,2	F. Beckenbauer	13,7	F. Beckenbauer	7,1	J. B. Kerner	6,3
Die Seriösen				**Die Modernen**			
Günther Jauch	13,1	Lothar Späth	20,0	M. Ballack	12,7	Heidi Klum	13,7
F. Beckenbauer	11,0	Mario Adorf	12,6	Y. Catterfeld	11,4	Oliver Geissen	8,4
Mario Adorf	15,7	Günther Jauch	7,4	Oliver Geissen	7,5	C. S. Hagen	8,4
Die Unglaubwürdigen				**Die Lieblinge der Frauen**			
Dieter Bohlen	29,1	Dieter Bohlen	24,2	M. Ballack	17,9	M. Ballack	12,6
F. Beckenbauer	6,6	Stefan Raab	7,4	Til Schweiger	12,6	Til Schweiger	10,5
Boris Becker	5,7	Boris Becker	7,4	Oliver Geissen	7,4	Oliver Geisen/ Mario Adorf	7,4
Die Lieblinge der Männer				**Die Lieblinge der Senioren**			
Heidi Klum	13,3	M. Hunziker	15,8	Mario Adorf	49,8	Mario Adorf	48,8
M. Hunziker	12,3	Heidi Klum	9,5	Alfred Biolek	18,0	Alfred Biolek	12,6
Y. Catterfeld	8,8	C. S. Hagen/ Iris Berben	5,3	F. Beckenbauer	7,1	Lothar Späth	7,4

Quelle: Thunig/Stippel: Wir sind Günther Jauch, in; Absatzwirtschaft, Nr. 12, 2005, S. 11–13

pliziten Vergleich – bei dem der Wettbewerber nicht ausdrücklich genannt wird, aber jeder weiß, wer gemeint ist – bis zum direkten Vergleich. Abgesehen davon, dass mit dieser Art der Werbung bewusst kognitive Dissonanzen hervorgerufen werden (vgl. Kapitel 2.2.3.1.3), wird die Aufmerksamkeit der Zielgruppe immer auch gezielt auf ein Konkurrenzprodukt gelenkt und damit auf eine Kaufalternative aufmerksam gemacht. Es ist nicht zu vermuten, dass sich vergleichende Werbung als Gestaltungsform in Deutschland durchsetzen wird, da die deutschen Werbetreibenden eine sehr lange Tradition mit Positionierungen haben, in die im Laufe der Jahre sehr viel Geld investiert wurde. Das Wesen der Positionierung ist aber gerade darin zu sehen, einen direkten Vergleich mit den Wettbewerbsmarken eben zu vermeiden.

Abbildung 5-26: Expertenwerbung

Abbildung 5-27: Teaser-Werbung

Abbildung 5-28: *Vergleichende Werbung*

5. 6.3.3 Symbolfiguren in der Werbung

Für viele Marken wurden **Symbolfiguren** geschaffen, mit denen sie personifiziert werden. Derartige Symbolfiguren können reale Menschen sein (Klementine, Frau Antje, der *Marlboro*-Cowboy, Herr Kaiser) oder Comicfiguren (*HB*-Männchen, der *Sarotti*-Mohr, Lurchi von *Salamander, Meister Propper,* der Bärenmarke-Bär). „Statt heute so und morgen so aufzutreten und zersplitterte bildliche Eindrücke zu hinterlassen, werden durch den durchgängigen Auftritt der Werbefiguren klare innere Marken- und Firmenbilder geschaffen, die nachweisbare, besonders starke Beeinflussungswirkungen entfalten" (Kroeber-Riel 1991, zitiert nach Deutsches Werbemuseum, Hrsg., 1995, S. 52).

Werbefiguren haben den großen Vorteil, dass sie Marken und Markenimages verkörpern und emotional aufladen können. Insbesondere Tiere können nicht nur funktionale Aspekte ansprechen (beispielsweise der *Esso*-Tiger Kraft und Dynamik, der *Charmin*-Bär Stärke und Weichheit), sondern gelten „neben (Klein-)Kindern als Gewähr für die Ansprache von Kopf und Herz gleichermaßen und sorgen für die gewünschte Stimmung und Sympathieaufladung der Marke" (David 2009, S. 128). Prägnante Figuren sind darüber hinaus i.d.R. sofort identifizierbar. Diese Vorteile sind um so bedeutsamer, wenn es sich dabei um zeitlose Figuren handelt, wie beispielsweise den *Marlboro*-Cowboy. Problematisch können sie aber dann werden, wenn sie im Laufe der Zeit ihre Aktualität verlieren und veraltete Markenimages verkörpern. Einmal gelernte Symbolfiguren können sehr nachhaltige Erinnerungswirkungen haben. Beispielsweise wurde der *Tchibo*-Kaffee-Experte noch lange später als aktuelle *Tchibo*-Werbung erinnert, obwohl er dort schon seit Jahren nicht mehr verwendet wurde.

Abbildung 5-29: Symbolfiguren in der Werbung

Ein Beispiel dafür, dass Symbolfiguren auch produktübergreifend genutzt werden können, ist der von *Nescafé* aufgebaute Italiener „Angelo", der als Testimonial für die Kompetenz von *Nescafé* im Bereich Espresso stand. In einem Werbespot bittet seine Nachbarin („Carlotta") ihn, doch seinen Wagen aus der Einfahrt zu fahren. Angelo nutzt die Gelegenheit zu einer sympathischen „Anmache" und lädt sie zu einem Espresso ein, den er mit dem *Nescafé*-Produkt zubereitet. Der Spot endet mit dem Eingeständnis, dass er gar keinen Wagen hat: „Isch ′abe keine Auto". Dieser Satz wurde von *Opel* aufgegriffen, um Angelo als Werbefigur für das *Corsa*-Sondermodell Capuccino einzusetzen, gewissermaßen als Fortsetzung des *Nescafé*-Spots. In dem *Opel*-Spot fährt er mit einem *Corsa* vor und kann den Satz sagen „Isch ′abe nun eine Auto".

5. 6.4 Storyboard

Werbespots werden in Form eines so genannten **Storyboards** präsentiert (vgl. Abbildung 5-30). Ein Storyboard ist die visualisierte und verbalisierte Vorwegnahme eines Werbespots, also gewissermaßen ein Drehbuch. Es dient als Diskussionsvorlage für den zu produzierenden Werbespot.

Ein Storyboard ist dreigeteilt:

- In der Mitte ist jede einzelne Einstellung abgebildet, die auf dem Fernsehschirm zu sehen ist.
- Auf der linken Seite findet sich die entsprechende Beschreibung dazu, mit Regieanweisungen, wie z.B. Kameraeinstellungen.
- Auf der rechten Seite steht der auditive Teil, also was an Sprache, Musik und Geräuschen zu hören ist.

Anhand des Storyboards werden im Verlauf der Detailbesprechungen auch jeweils minutiös die Einzelheiten festgelegt, die zu sehen sein werden. Wichtig ist dabei vor allem die Auswahl der Personen, ob Männer oder Frauen gezeigt werden, Alter, Typus, Haarfarbe usw. Diese Personen werden später in einem so genannten Casting ausgewählt. Dabei wird eine Vorauswahl von Bewerbern auf ihre spezifische Eignung für die Rolle begutachtet. Nicht immer ist der Einsatz von überdurchschnittlich attraktiven Personen in der Werbung sinnvoll. Güter des täglichen Bedarfs werden von durchschnittlich attraktiven Darstellern (Personen „wie du und ich") eher vermittelt, da sich der Zuschauer besser mit ihnen identifizieren kann. Ferner wird die Umgebung (location) festgelegt, in der der

Spot spielen soll sowie Einzelheiten im Hinblick auf Kleidung und welche Accessoires die Personen tragen, welcher Hintergrund abgebildet ist usw.

Werbeagentur Creativ & Partner

Kunde: Schmecklecker

Produkt: Image-Spot
Länge: 30 sec.

Video		**Audio**
Symbolische Darstellungen von Erfolgserlebnissen in Sport und Beruf.	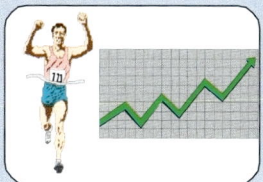	Off-Sprecher: Eine ausgewogene Ernährung ist eine wichtige Voraussetzung für die Leistungsfähigkeit in Sport, Freizeit und Beruf.
Vorstellung Walter Lehmann.		Musik: We are the champions. Off-Sprecher: "Nehmen wir beispielsweise die Familie Lehmann. Walter Lehmann ist als selbständiger Unternehmer sehr erfolgreich ...
Vorstellung Brigitte Lehmann		... und Brigitte Lehmann steht ihre Frau als Vorstandssekretärin.
Vielfältige Palette von Nahrungs-mitteln.		Beide achten auf eine natürliche und ausgewogene Ernährung. Und wenn es einmal schnell gehen muss, greifen sie zu den Pro-dukten von Schmecklecker.
Szenen auf dem Bauernhof.		Denn Schmecklecker-Produkte kommen von ausgesuchten Bauernhöfen, die biologischen Anbau betreiben.
Das glückliche Familienleben der Lehmanns.		Schmecklecker. Wir sorgen für die Familie."

Abbildung 5-30: Beispiel für ein Storyboard

Nach dem Storyboard wird der Werbespot Szene für Szene gedreht und auf die beabsichtigte Länge geschnitten.

5. 6.5 Briefing

Werbe- bzw. Kreativagenturen sind Ansprechpartner der Werbetreibenden, wenn es um Konzeption und kreative Umsetzung der Werbung geht. Ausgangspunkt jeglicher Agenturarbeit ist das **Briefing**. In einem Briefing werden alle Informationen übermittelt, die für die Realisierung eines Vorhabens notwendig sind. Die Werbeagentur wird also über Hintergründe und Ziele der geplanten Werbekampagne informiert. Je vollständiger die Informationen in dem Briefing sind, desto besser kann eine konzeptionskonforme Umsetzung erfolgen: Der kreative output kann nie besser sein als der informative input.

Tabelle 5-3 zeigt ein typisches Briefingformular einer Werbeagentur.

Tabelle 5-3: Briefingformular

Creative Brief			
Kunde	....	Werbemittel	....
		geschrieben	....
Produkt	....	geprüft	....
Jobnr.	....	Datum	....
Hintergrund. Alle im Kontext wichtigen Informationen. Keine Marketingphrasen, sondern eine nachvollziehbare Situationsbeschreibung in klarer Sprache. Dazu eine deutliche Beschreibung der Aufgabe, die der Werbung zugewiesen wird.			
Wen wollen wir ansprechen? Keine statistischen Daten, sondern ein lebendiges Porträt einer typischen Zielperson. Insbesondere alles, was hilft, die Aufgabe zu erfüllen. Dazu gehört immer die Einstellung zu dem jeweiligen Produkt und der jeweiligen Marke.			
Botschaft. Nur ein Gedanke. So konkret wie möglich formuliert.			
Begründung. Alles, was hilft, die Botschaft zu stützen. Insbesondere eine intensive Auseinandersetzung mit dem Produkt.			
Tonalität. Kein komplexes Markenprofil, sondern konkrete Anforderungen für das jeweilige Werbemittel. Unbedingt Leerfloskeln vermeiden.			
Pflichtbestandteile. So wenig wie möglich			
bestätigt von: Planning	Kreation		Beratung

Quelle: Mahrenholz: Was Cowboys tragen oder Warum das Briefing Definition und Inspiration zugleich ist, in: Winter (Hrsg.): Handbuch Werbetext, Frankfurt 2004, S. 172

Ein Agenturbriefing sollte folgende Informationen enthalten:

- **Informationen über das Unternehmen:** seine Stellung im Markt, seine Entwicklung in der Vergangenheit, sein Image, seine Leistungsfähigkeit.

- **Informationen über den Markt:** Größe und Entwicklung, wichtigste Wettbewerber, Distributionskanäle.
- **Informationen über die Konsumenten:** aktuelle und potentielle Verwender, ihre Einstellungen und Verhaltensweisen, soweit aus der Marktforschung bekannt.
- **Informationen über die Werbung:** die eigene Werbung bisher, Werbeaufwendungen, Werbezeiträume, Akzeptanz der Werbung, Werbung des Wettbewerbs, Verkaufsförderungsmaßnahmen.
- **Informationen über das Produkt:** Produkteigenschaften, Produktnutzen, Produktimage, Produktverwendung, Bekanntheitsgrad, Service, Produktbesonderheiten, Wettbewerbsprodukte.
- Zusätzlich sind Informationen notwendig über die **Marketingziele** und das zur Verfügung stehende **Budget**.
- Im Briefing sollte darüber hinaus unmissverständlich definiert sein, welche **Schlüsselinformationen** durch die Werbung vermittelt werden sollen.

Mit den Informationen aus dem Briefing ist die Agentur nun in der Lage, die Werbung zu erarbeiten. Sie stellt dafür ein Projektteam zusammen, das aus dem Kundenberater (Kontakter), einem Texter und einem Kreativen (Art Director) besteht. Fallweise werden Media- und Marketing-Fachleute hinzugezogen. Die Ergebnisse der Agenturarbeit werden dann dem Kunden präsentiert, der anhand der Copy Strategy überprüft, inwieweit die vorgestellte Werbung „on strategy" ist oder nicht.

5. 6.6 Kreative Umsetzung

Copy Strategy und Werbstrategie sind für die Kreativagentur die Vorgabe für die Umsetzung der Konzeption in die entsprechenden Werbemittel. Gleichzeitig dienen sie dem Werbetreibenden als Instrumente zur Überprüfung der Agenturleistung.

Bei einer guten konzeptionellen Grundlage und mit einer professionellen Agentur sind Umsetzungsfehler selten. Zur Überprüfung der beabsichtigten Werbewirkung ist es dennoch ratsam, begleitend zur Kampagnenentwicklung die Werbemittel zu testen (Pretests). Personen aus der Zielgruppe werden die Werbemittel als Layouts vorgelegt und deren Reaktionen erfasst. Erkenntnisse daraus können dann in die Werbemittelgestaltung einfließen.

Die beste strategische Vorgabe kann durch eine schlechte kreative Idee zunichte gemacht werden. Wenn die Zielgruppe nicht in der Lage ist, den Vorteil und den Nutzen des beworbenen Angebotes zu erkennen, können keine Kaufimpulse erwartet werden.

Der kreative Ansatz muss das sofortige Interesse wecken. Es ist in hohem Masse unwahrscheinlich, dass komplizierte und überladene Werbemittel zu einer intensiven Auseinandersetzung anregen. Am schlechtesten sind solche Umsetzungen, die zu Irritationen oder gar zu Ablehnung führen. Das Werbemittel muss die spezifischen Möglichkeiten des Werbeträgers ausloten können. TV kann besser dramatisieren als Print, dafür können gedruckte Texte intensiver studiert werden. Letzteres erfolgt aber nur dann, wenn der Leser hochinvolviert bzw. durch die Anzeige hochmotiviert ist.

Die nachstehende Auflistung zur Beurteilung von Werbekampagnen erhebt keinen Anspruch auf Vollständigkeit und muss notwendigerweise vereinfachen. Sie soll auch nicht als „Gesetz" für erfolgreiche Werbung verstanden werden. Sie kann im Einzelfall jedoch als Checkliste gute Dienste leisten.

Fünf wichtige Punkte, um neue Kampagnen beurteilen zu können

1. Enthält die Kampagne eine einzige, grundlegende Verkaufsidee?
2. Wächst diese Idee auf natürliche Weise aus der Beschaffenheit und dem Charakter des Produktes?
3. Appelliert die Werbung sofort an das persönliche Interesse des Verbrauchers?
4. Ist dies eine Art von Werbung, die für die Marke zu einem exklusiven Besitzstand entwickelt werden kann?
5. Ist es so, dass die Werbung in ihrer Umsetzung die grundlegende Verkaufsidee adäquat entwickelt und interpretiert und verkaufsstark „an den Mann" bringt?

Die Beispiele in Abbildung 5-31 und 5-32 zeigen – zugegebenermaßen aus der subjektiven Sicht des Autors – einige Beispiele für gelungene und weniger gelungene kreative Umsetzungen. Die durch seine Mobiltechnologie mögliche Unabhängigkeit von Kabeln demonstriert *MAXDATA* auf ungewöhnliche, aber sehr aufmerksamkeitsstarke Weise an Hand einer Marionette, die sich selbst von den Fäden befreit, an denen sie hängt. Das Einführungsmotiv des *Freelander* wurde bei der Einführung der Sport-Variante gedoubelt und statt des Autos Reifenspuren abgebildet. Die Sixt-Anzeige, die mit prominenten Testimonials für Cabrios wirbt, spricht ebenfalls für sich und besticht durch Einfachheit und Klarheit, die typische Gestaltung ermöglicht die unmittelbare Identifizierung des Absenders (vgl. Abbildung 5-31).

Der „Auslöser einer neuen Zeit", der „unendliche Möglichkeiten" demonstrieren soll, ist von *Nikon* mit dem Bild eines Affenkopfes umgesetzt worden, was für den Betrachter nicht unbedingt nachvollziehbar ist und eher irritierend wirkt. *Vattenfall* lobt „Energie nach Maß" aus und bietet an, die Energiesorgen des Lesers zu übernehmen. Es bleibt zu fragen, ob sich die angesprochene Zielgruppe im Alltag tatsächlich Sorgen über ihre Energie macht. *IBM* thematisiert in der Anzeige Flexibilität mit der Abbildung eines Fünfjährigen, umgeben von Bauklötzen, der in der Lage sein soll, kompetent über den Aufbau einer flexiblen Infrastruktur Auskunft zu geben. Ob sich der IT-Verantwortliche eines Unternehmens davon angesprochen fühlt, kann bezweifelt werden. Auch *Toshiba* versucht, die Vorteile von kabellosen Verbindungen zu visualisieren, mit einem Mann, der auf einem Rasenmäher an seinem Notebook sitzt. Abgesehen davon, dass diese Situation eher untypisch ist, stellt sich die Anzeige als sehr komplex und kompliziert dar (vgl. Abbildung 5-32). Die von *MAXDATA* für die gleiche Technologie gewählte kreative Umsetzung ist im Vergleich dazu viel prägnanter.

5.7 Werbegebiet, Werbezeitraum, Werbeetat

Üblicherweise gehört das **Werbegebiet** zu den Rahmenbedingungen, die bereits durch das Produkt oder den Marketingplan vorgegeben sind. Nur in Ausnahmefällen ist es Gegenstand einer konzeptionellen Planung. Werbung wird üblicherweise innerhalb nationaler Grenzen geplant. Da Produkte und Marken jedoch zunehmend nationale und kulturelle Grenzen überschreiten, gewinnt entsprechend internationale Werbung an Bedeutung. Internationale Werbung weist eine sehr spezifische Problematik auf, nicht immer ist nationale Werbung auf andere Länder übertragbar (vgl. Kapitel 7).

Das Werbegebiet richtet sich grundsätzlich nach der Distribution des zu bewerbenden Produktes bzw. nach dem Einzugsgebiet der Zielgruppe. Es ist sinnlos, dort zu werben, wo das Produkt nicht erhältlich ist bzw. die Zielgruppe nicht angesprochen werden kann. Der Grundsatz lautet: „Advertising follows distribution". Bei Neueinführungen geben

Hallo, liebe Zuschauer. Das ist doch wirklich gemein! Da soll man immer produktiver und flexibler werden – und was ist: Man hängt an verflixten Kabeln und Leitungen. Löst Euch davon! Mit dem MAXDATA Pro 8100X, mit Intel Centrino Mobil-Technologie.
Ran an die neue Unabhängigkeit. Für problemloses Arbeiten ohne Kabel. Endlich ist Schluss mit dem Theater.
Off: Wir befreien jeden. MAXDATA.

Abbildung 5-31: *Kreative Umsetzungen: Positivbeispiele*

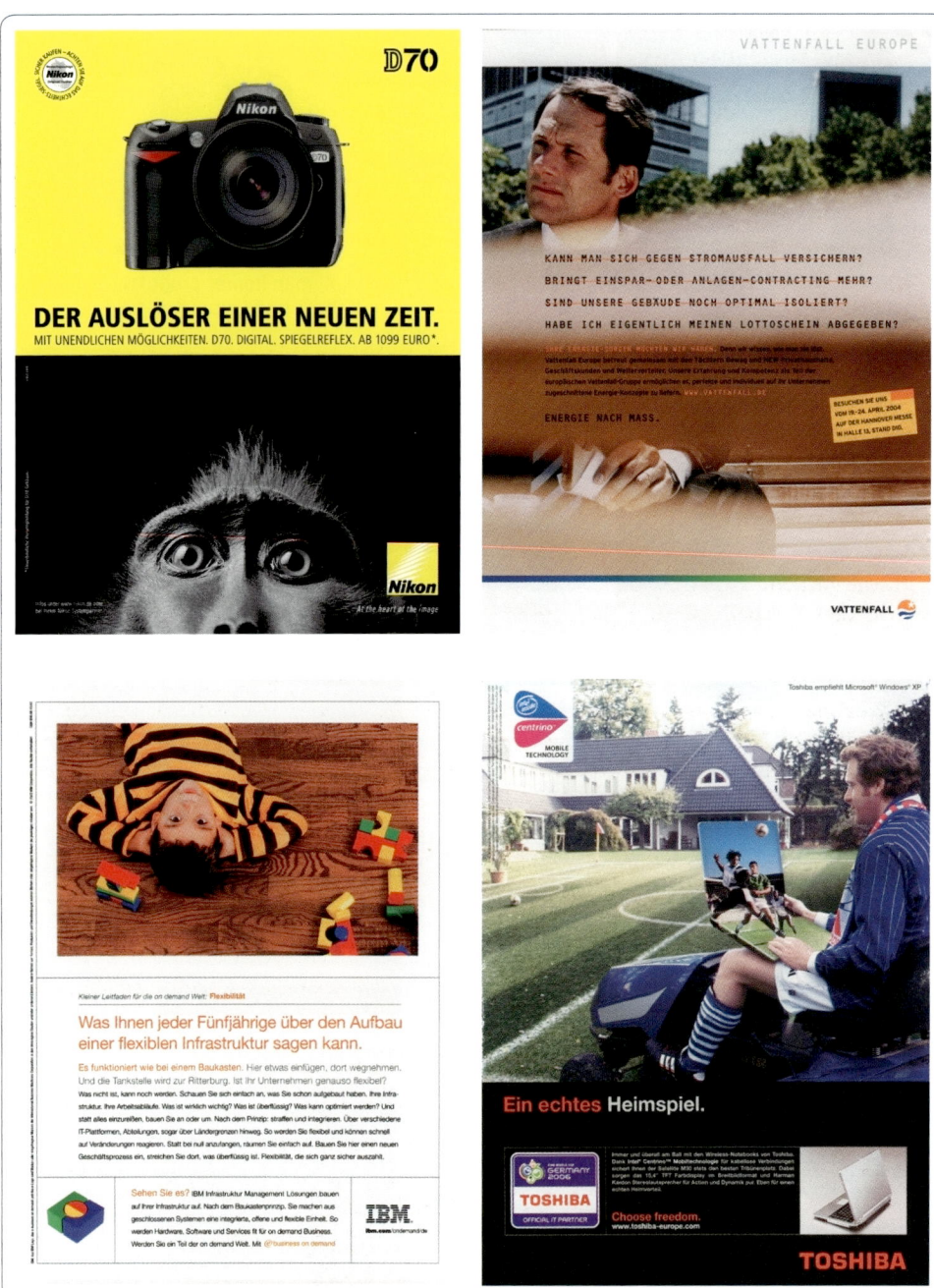

Abbildung 5-32: Kreative Umsetzungen: Negativbeispiele

einige Firmen Distributionswerte vor, die erreicht sein müssen, bevor Werbung erfolgt. Als Faustformel kann gelten: Werbung setzt ein, wenn eine gewichtete Distribution von 30 % erreicht ist. Diese Faustformel kann allerdings nicht zum Dogma erhoben werden. Beispielsweise wird mit **Teaser-Werbung** ein Produkt beworben, bevor es auf dem Markt ist.

Entscheidungen über das Werbegebiet bestimmen grundlegend auch die Entscheidungen über die einzusetzenden Werbeträger. Je nachdem, ob das zu bewerbende Produkt lokal, regional oder national distribuiert ist, sind auch entsprechende Werbeträger zu belegen.

Das Werbegebiet ist insbesondere immer dann Gegenstand konzeptioneller Überlegungen, wenn der Werbedruck im Werbegebiet nicht gleichmäßig verteilt werden soll. Dies kann beispielsweise in folgenden Situationen der Fall sein:

1. Wenn zusätzlich zur Basiswerbung **geographische Schwerpunkte** gesetzt werden sollen. Beispielsweise plane ein Vermarkter von russischem Kaviar eine europaweite Werbekampagne mit Schwerpunkten in deutschen und schweizer Medien, aus der Überlegung heraus, dass hier die Kaufkraft überdurchschnittlich ist. Für Deutschland könnte zusätzlich zur nationalen Kampagne ein Schwerpunkt in Düsseldorf gesetzt werden, da hier viele Millionäre wohnen.
2. Wenn der Werbedruck im Werbegebiet abgestuft erfolgen soll. Mit zunehmender Entfernung vom Standort kann der Werbedruck erhöht oder verringert werden. Ein gutbürgerliches Restaurant, das seine Gäste aus der näheren Umgebung rekrutiert, wird den Werbedruck mit zunehmender Entfernung verringern. Die Urlaubsregion Harz hingegen wird mit zunehmender Entfernung den Werbedruck erhöhen, weil die Harzer möglicherweise ihren Urlaub nicht im Harz verbringen.

Der **Werbezeitraum** ist immer dann zu planen, wenn der Werbedruck zeitlich nicht gleichmäßig verteilt werden soll. Üblicherweise wird für ein Jahr im voraus geplant. Es kann aber sinnvoll sein, **zeitliche Schwerpunkte** zu setzen. Dies kann aus drei konzeptionellen Gründen heraus erfolgen:

1. Wenn die Nachfrage saisonalen Schwankungen unterliegt. Der Werbedruck kann hier zyklisch oder antizyklisch gesteuert werden. So ist es beispielsweise angebracht, dass die Firma Schmecklecker während der Spargelsaison ihre Spargelsauce herausstellt. Für ein Urlaubsgebiet macht es dagegen wenig Sinn, während der Hauptreisezeit dafür zu werben, hier werden nur die Kurzentschlossenen erreicht. Urlaubsgebiete werden i.d.R. antizyklisch beworben, d.h. in der Zeit, in der die Urlaubsplanung erfolgt.

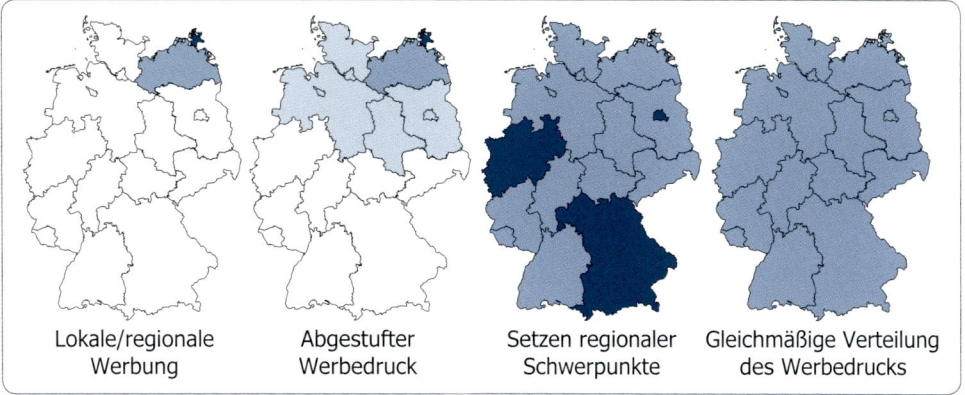

| Lokale/regionale Werbung | Abgestufter Werbedruck | Setzen regionaler Schwerpunkte | Gleichmäßige Verteilung des Werbedrucks |

Abbildung 5-33: *Möglichkeiten der räumlichen Verteilung des Werbedrucks*

2. Zunehmend werden neben den eigenen werblichen Aktivitäten bei der Werbekonzeption auch die werblichen Aktivitäten der Konkurrenz berücksichtigt. Die Überlegung ist dabei, dass die eigene Werbung keine Alleinstellung erreichen kann, wenn alle werben. Die Gefahr besteht, dass bei einem insgesamt hohen Werbedruck die eigene Werbung nicht auffällt. Daher wird die Relation des eigenen prozentualen Werbeanteils an der Werbung für das gesamte Produktfeld gebildet. Unter diesem Aspekt kann eine konzeptionelle Überlegung dahin gerichtet sein, **Share of Voice-Leader** zu sein. Der Share of Voice (SOV) beziffert den Anteil der Zielgruppenkontakte der eigenen Marke an den Gesamtkontakten des Marktes. Dieser Wert kann natürlich immer nur im Nachhinein festgestellt werden. Allerdings können dafür bei der Planung Erfahrungswerte aus der Vergangenheit zugrunde gelegt werden.

3. Schließlich kann der Werbetreibende den Werbedruck im Hinblick auf massierte oder verteilte Schaltungen steuern (vgl. Kapitel 2.2.3.2.1). Bei einem zeitlich massierten Werbedruck werden sehr schnell hohe Bekanntheitswerte erreicht, die allerdings nach der Werbephase auch schnell wieder abfallen. Die Verteilung des Werbedrucks über einen längeren Zeitraum baut die Bekanntheit zwar langsamer auf, erreicht über den Werbezeitraum aber anhaltendere Bekanntheitswerte als im Fall der massierten Strategie (vgl. Abbildung 2-7).

Eines der wichtigsten Entscheidungsprobleme bei der Werbekonzeption ist die Festlegung des **Werbeetats**. Der Werbeetat wird im Wesentlichen bestimmt von Art und Anzahl der Zielpersonen, den als geeignet erscheinenden Werbeträgern und der Häufigkeit der Schaltungen (vgl. Unger u.a. 2004, S. 6). Zu planen sind neben den reinen Schalt- auch die Produktionskosten und Honorare, sowie gegebenenfalls die Kosten der Werbeerfolgskontrolle. Die Problematik ist darin zu sehen, den Werbedruck so zu bestimmen, dass die Werbeziele optimal erfüllt werden. Die Etatplanung müsste daher eigentlich von der beabsichtigten Wirkung ausgehen, also die Frage beantworten: Wie groß muss der Werbedruck in der Zielgruppe sein? Allerdings würde damit ein kausaler Zusammenhang zwischen Werbeaufwendungen und Werbewirkung unterstellt, der auf dieser rein quantitativen, monokausalen Betrachtung nicht sinnvoll ist, da er Wirkungsinterdependenzen mit den anderen Faktoren des Kommunikations-Submix bzw. des Marketing-Mix vernachlässigt. Angesichts dieser Problematik folgt in der Praxis die Planung des Werbeetats pragmatischen Überlegungen. Üblicherweise wird der Werbeetat an ökonomische Orientierungsgrößen gekoppelt, z.B. Umsatz („Prozent-vom-Umsatz-Methode"), Marktanteile, Gewinne, Werbeaufwendungen der Konkurrenz („Wettbewerbs-Paritäts-Methode") oder die eigenen finanziellen Möglichkeiten („All-You-Can-Afford-Method"). Diesen Methoden liegen Erfahrungen bzw. allgemeine Faustregeln zugrunde, von denen angenommen wird, dass sie mehr oder weniger genau eine zieladäquate Etatplanung ermöglichen (vgl. Koschnick 1995, S. 304).

Keine dieser Methoden richtet sich an den Werbezielen aus. Die „Prozent-vom-Umsatz-Methode" beinhaltet sogar ein offensichtliches logisches Problem in der Form, „dass Werbung als ein Marketing-Instrument zur Erzielung von Marketing-Zielen, so z.B. Umsatzsteigerung, eingesetzt wird, aber bei dieser Methode umgekehrt, die Werbung durch den Umsatz bestimmt wird" (Unger u.a. 2004, S. 6). Abgesehen davon führt diese Methode zu einem prozyklischen Verhalten und somit zu geringeren Werbeetats bei sinkenden Umsätzen.

Als rationales Verfahren zur Bestimmung des Werbebudgets ist die zielorientierte Methode anzusehen (vgl. Abbildung 5-34). Ausgangspunkt sind hierbei klar definierte Werbeziele, aus denen die zu ihrer Erreichung notwendigen Werbemaßnahmen abgeleitet werden. Dafür sollte beispielsweise bekannt sein, wie viele Personen (Reichweite) in welcher Form

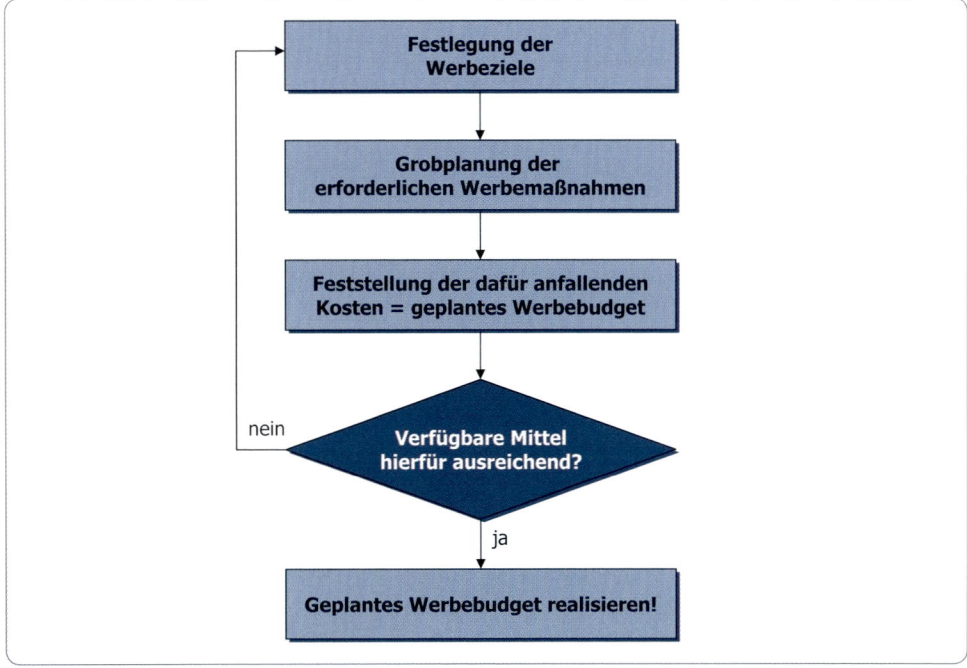

Abbildung 5-34: *Zielorientierte Werbeetatplanung*

Quelle: Berndt: Budgetierung, in: Tietz/Köhler/Zentes (Hrsg.): Handwörterbuch des Marketing, 2. Aufl. Stuttgart 1995, Sp. 331

(Werbemittel) über welche Medien (Werbeträger) wie häufig (Werbedruck) angesprochen werden müssen (vgl. Unger u.a. 2004, S. 85). Überschreitet das dafür notwendige Werbebudget die finanziellen Möglichkeiten, ist die Etatplanung mit modifizierten Zielen neu zu durchlaufen. Zwar erscheint diese Methode als sachlogisch richtig, allerdings ergibt sich ein Prognoseproblem im Hinblick auf den Ursache-Wirkungs-Zusammenhang.

5.8 Werbekonzeptionen in verschiedenen Wirtschaftssektoren

Das vorliegende Lehrbuch bezieht sich schwerpunktmäßig auf die werbeintensivsten Wirtschaftsbereiche Konsumgüter und Dienstleistungen. Zwar gelten die in diesem Kapitel aufgezeigten Gegenstandsbereiche der Werbekonzeption grundsätzlich und für alle Bereiche. Allerdings haben die einzelnen Wirtschaftssektoren Spezifika, die besondere Schwerpunkte erfordern. Naheliegenderweise muss Werbung für Konsumgüter, Investitionsgüter, Dienstleistungen oder Handelsbetriebe die jeweiligen Voraussetzungen, die in diesen Bereichen gelten, berücksichtigen. Die für die Werbung relevanten Unterschiede ergeben sich nicht nur im Hinblick auf die Bedeutung für die Werbeaufwendungen, sondern vor allem im Hinblick auf die mit der Werbung verfolgten Zielsetzungen. In allen betrachteten Wirtschaftssektoren bestimmt jedoch die Orientierung am Markt den Einsatz des Marketing-Mix.

5. 8.1 Werbekonzeption für Konsumgüter und Dienstleistungen

Konzeptionell ergeben sich keine großen Unterschiede bei der Werbung für Konsumgüter und Dienstleistungen. In beiden Bereichen richtet sich Werbung an den Endverbraucher, handelt es sich um Massenwerbung auf einem anonymen Markt, werden Massenkommunikationsmittel genutzt und erfolgt Werbung vielfach auf gesättigten Märkten, mit funktional weitgehend austauschbaren Produkten. Hauptzielsetzung der Werbung ist hier also die **Differenzierung** und **Positionierung** der Produkte und Leistungen, bei denen es sich ausnahmslos um Markenartikel handelt. Eine weitere Gemeinsamkeit ist in der Tatsache zu sehen, dass die Werbung im Normalfall nur gering involvierte Verbraucher anspricht, also eher emotional als rational ausgeprägt ist.

Diese Gemeinsamkeiten von Konsumgütern und Dienstleistungen sollen jedoch nicht darüber hinwegtäuschen, dass es eine Reihe von spezifischen Unterschieden gibt und sowohl Konsumgüter als auch Dienstleistungen außerordentlich heterogene Bereiche umfassen. Tabelle 6-5 zeigt die Bedeutung auf, die einzelnen Konsumgüter- und Dienstleistungsbereichen innerhalb der Gesamt-Werbeausgaben zukommen.

Konsumgüter werden üblicherweise in **Gebrauchs-** und **Verbrauchsgüter** unterteilt.

- **Gebrauchsgüter** sind langlebige Konsumgüter, „die im Regelfall viele Verwendungseinsätze überdauern" (Kotler/Keller/Bliemel 2007, S. 495). Beispiele sind Autos, Kleidung, Hausrat oder Unterhaltungselektronik. Aufgrund ihrer Nutzung über einen längeren Zeitraum sind Gebrauchsgüter durch eine geringere Kauffrequenz als Verbrauchsgüter gekennzeichnet und benötigen entsprechend auch eine geringere Distributionsdichte.

- **Verbrauchsgüter** sind kurzlebige Konsumgüter, „die im Regelfall im Laufe eines oder einiger weniger Verwendungseinsätze konsumiert werden" (Kotler/Keller/Bliemel 2007, S. 495). Dabei handelt es sich vorrangig um Massenprodukte des täglichen Bedarfs, die breite Bevölkerungsschichten ansprechen, wie z.B. Nahrungs- und Genussmittel, Arzneimittel, Kosmetika, Wasch- und Reinigungsmittel.

Für die Werbekonzeption ist die Unterscheidung in Gebrauchs- und Verbrauchsgüter vor allem insofern relevant, als unterschiedliche Kaufentscheidungsprozesse zugrunde liegen können. Während Verbrauchsgüter häufig gewohnheitsmäßig oder auch spontan gekauft werden, geht dem Kauf von Produkten, die über einen längeren Zeitraum genutzt werden, vielfach ein intensiverer Informationsbeschaffungsprozess voraus. Naturgemäß trifft Werbung für Gebrauchsgüter häufiger auf Personen, die sich nicht in einer Kaufentscheidungsphase befinden. Werbung zielt hier also primär darauf ab, das Produkt in den relevant set bei möglichst vielen potentiellen Käufern zu verankern.

Durch das starke Wachstum des tertiären Sektors in den letzten Jahrzehnten haben **Dienstleistungen** enorm an Bedeutung gewonnen, der Dienstleistungssektor erzielt bereits deutlich mehr als die Hälfte der gesamten Wertschöpfung. Typische Dienstleistungssektoren sind Handel, Banken, Versicherungen und der Tourismus.

Dienstleistungen lassen sich durch folgende Besonderheiten kennzeichnen (vgl. Meffert/Bruhn 1997, S. 59 ff.):

- Dienstleistungen stellen Leistungspotenziale dar, die ihrer Natur nach immateriell und somit weder lager- noch transportfähig sind. Die Nichtlagerfähigkeit hat zur Folge, dass Dienstleistungen nur in dem Moment in Anspruch genommen werden können, in dem sie produziert werden. Nichttransportfähigkeit bedeutet, dass Dienstleistungen i.d.R. am Ort ihrer Erstellung konsumiert werden müssen.

- Bei der Erstellung von Dienstleistungen ist die Einbeziehung eines externen Faktors notwendig, d.h. derjenige, der die Dienstleistung in Anspruch nehmen will, wird in ihre Erstellung miteinbezogen.
- Dienstleistungen erfordern immer spezifische Leistungsfähigkeiten des Dienstleistungsanbieters.

Diese Besonderheiten haben bedeutsame Implikationen für die Werbung von Dienstleistungen. Da nicht nur die Dienstleistungen selbst, sondern auch ihre wesentlichen Bestandteile (z.B. Know-how, Erfahrung und Zuverlässigkeit des Dienstleistungsanbieters) immateriell sind, sind sie für den Dienstleistungsnachfrager auch nur sehr schwer zu bewerten. Zur Einschätzung von Dienstleistungsqualitäten werden daher Ersatzindikatoren herangezogen. Als wesentlicher Qualitätsindikator zählt bei Dienstleistungen vor allem das Unternehmensimage. Beispielsweise versuchen Banken ihre Kompetenz durch Images zu unterstreichen, die sie als Hort des Vertrauens oder als Garant für die Selbstverwirklichung ihrer Kunden darstellen.

Anders als im Konsum- und Investitionsgüterbereich, wo die Produktqualität unmittelbar beurteilt werden kann, wird im Dienstleistungsbereich häufig auch von dem Verhalten der Mitarbeiter auf die Qualität der angebotenen Leistung geschlossen. Eine schmutzige Tischdecke in einem Restaurant oder eine defekte Dusche in einem Hotelzimmer kann von einem Gast als Zeichen für ein schlampiges Management gedeutet werden, das vermutlich auch in anderen Bereichen Nachlässigkeiten erwarten lässt.

Eine weitere Implikation aus der Immaterialität besteht darin, dass die Dienstleistung selbst nicht markiert werden kann. Einem Haarschnitt kann nicht angesehen werden, wer ihn ausgeführt hat. Während bei Konsumgütern das Herstellerlogo häufig als Mittel zu einem Imagetransfer genutzt wird, ist dies bei Dienstleistungen visuell nicht möglich.

Da Dienstleistungen nicht greifbar und Dienstleistungsqualitäten für den Verbraucher schwer zu beurteilen und zu vergleichen sind, versucht Werbung für Dienstleistungen häufig, diese zu materialisieren bzw. zu personifizieren, indem z.B. Herr Kaiser von der *Hamburg-Mannheimer* in seiner Person stellvertretend für die Versicherung steht.

5. 8.2 Werbekonzeption für Investitionsgüter

Die intensive Auseinandersetzung mit Konsumgüterwerbung hat in der Literatur zu einer Vernachlässigung der Investitionsgüterwerbung geführt, die erst seit den 90er Jahren unter dem Begriff **Business-to-Business-Kommunikation** stärkere Beachtung findet. Investitionsgüter werden als Leistungen bezeichnet, „die von Organisationen beschafft werden, um weitere Leistungen zu erstellen, die nicht in der Distribution an Letztkonsumenten bestehen" (Backhaus 2007, S. 8). Investitionsgüter grenzen sich also nicht durch technische Merkmale von Konsumgütern ab, sondern durch die Zielgruppe. D.h. ein und dasselbe Produkt kann Investitions- oder Konsumgut sein, je nachdem, wer es kauft. So ist beispielsweise ein Auto ein Investitionsgut, wenn es für den Fuhrpark eines Unternehmens gekauft wird und Konsumgut bei ausschließlich privater Nutzung. Da sich die Werbung für Investitionsgüter folglich auch nicht an den Endverbraucher richtet, gelten hier spezifische Besonderheiten in der Werbekonzeption.

Kommunikative Maßnahmen im Investitionsgüterbereich unterscheiden sich grundsätzlich dadurch, ob sie sich an einen anonymen Markt oder an namentlich bekannte Einzelkunden richten. Nicht immer verfügen die, meist mittelständisch geprägten Unternehmen, über eine Marketingabteilung. Aber auch im Business-to-Business-Bereich hat Bekanntheit grundsätzlich die gleiche Bedeutung wie bei klassischen Markenartikeln. Die

geradezu legendäre Anzeige des Verlags McGraw-Hill von 1958 für seine Fachzeitschriften verdeutlicht dies sehr anschaulich: Gezeigt wird ein professioneller Einkäufer auf einem Bürostuhl, dem folgende Worte in den Mund gelegt werden:

> *„I don't know who you are.*
> *I don't know your company.*
> *I don't know your company's product.*
> *I don't know what your company stands for.*
> *I don't know your company's customers.*
> *I don't know your company's record.*
> *I don't know your company's reputation.*
> *Now – what was it you wanted to sell me?"*

Die Anzeige endet mit der „Moral": Sales start **before** your salesman calls – with business publication advertising.

Nachfrager von Investitionsgütern und damit werbliche Zielgruppe sind Organisationen. Dabei kann es sich um Industrieunternehmen handeln, aber auch um Behörden oder Verbände. Kaufentscheidungen sind hier i.d.R. keine Individualentscheidungen, sondern Gruppenentscheidungen („buying center"). Auf jeden Fall setzt die Kommunikation von Profis für Profis in hochspeziellen Marktsegmenten meist ein tieferes Branchenverständnis voraus, als bei Konsumgütern: „Sind die Produkteigenschaften eines Schokoriegels schnell erfasst, erfordert die Beschreibung eines Gabelstaplers eine äußerst differenzierte Betrachtung: Unterschiedliche Antriebskonzepte, Ausführungen und Belastungsgrenzen definieren nicht nur das mögliche Einsatzgebiet des Staplers, sondern sprechen auch völlig unterschiedliche Zielgruppen an. (…) Zielgruppe ist nicht Otto Normalverbraucher, sondern Dr. Ing. Otto Spezialanwender"(Horstmann 2010, S. 3).

Werbung für Investitionsgüter muss also in erster Linie einen hohen Informationsbedarf befriedigen, naheliegenderweise erfolgt dies vor allem auf einer rationalen Ebene. Die Kommunikationsmittel sind entsprechend dem Informationsbeschaffungsverhalten der Zielgruppe zu wählen. Werbemittel im Investitionsgüterbereich sind vor allem

- Messen,
- Prospekte,
- Anzeigen in Fachzeitschriften und das
- persönliche Gespräch.

Die klassischen Werbemittel wie im Konsumgüterbereich spielen hier nur eine untergeordnete Rolle. Der klassischen Werbung sind hier auch insofern enge Grenzen gesetzt, als im Investitionsgüterbereich Produktmarken vergleichsweise selten sind, die Kommunikationswirkung geht vor allem vom Firmennamen aus. Abbildung 5-35 zeigt allerdings, dass auch die Gestaltung von Anzeigen für Investitionsgüter mit den gleichen Mitteln wie für Konsumgüter erfolgen kann, wie z.B. der kognitiven Dissonanz, und dass auch emotionale Elemente sinnvoll einzufügen sind.

Bei der Auswahl eines Anbieters von Investitionsgütern spielen vor allem zwei Faktoren eine Rolle: Die technischen und wirtschaftlichen Produktaspekte und das Herstellerimage. Dies zeigt eine weitere Besonderheit der Kommunikation im Investitionsgüterbereich auf: „Die Gleichzeitigkeit und Identität von Informations- und Imagezielwirkungen in jeder Marketing-Kommunikations-Maßnahme" (Merbold 1993, S. 868).

Messen erfüllen die Kommunikationsbedürfnisse von Anbietern und Nachfragern im Investitionsgüterbereich in idealer Weise. Die Anbieter haben die Möglichkeit, ihr Leistungsprogramm in Form von Exponaten zu präsentieren, Kontakte zu knüpfen und im

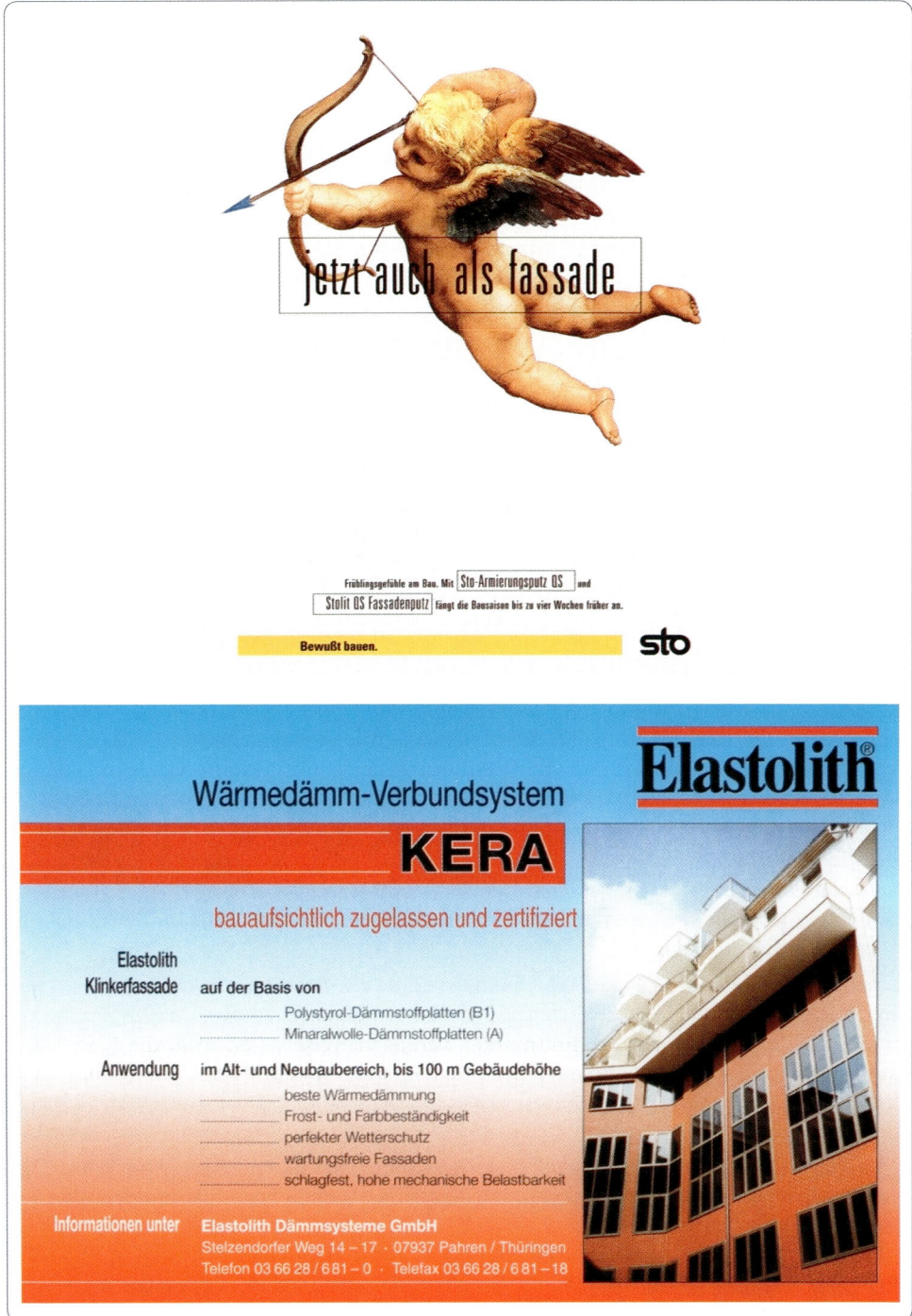

Abbildung 5-35: *Fachzeitschriftenanzeigen für Investitionsgüter*

persönlichen Gespräch mit den Besuchern gezielt auf deren Informationsbedürfnisse einzugehen. Dem Interessenten kann ein umfassender Überblick über das Produkt gegeben werden. Die Möglichkeit von Rückfragen seitens der Besucher erlaubt es, Fehlinformationen oder falsche bzw. unvollständige Vorstellungen über das Produkt und/oder den Hersteller selbst abzubauen oder von vornherein zu vermeiden. Darüber hinaus bietet die Erfassung der Besucher am Messestand die Grundlage von Direktwerbemaßnahmen (vgl. Wenge/Müller 1993, S. 742 f.). Durch die Gestaltung des Messestandes schließlich kann der Aussteller seine Firma angemessen darstellen.

Die Nachfrager nutzen die Messe für einen umfassenden Marktüberblick, bei dem sie in einem direkten Vergleich die neuesten Problemlösungen der relevanten Wettbewerber vergleichen können.

Die Erklärungsbedürftigkeit von Investitionsgütern und ihre Beschaffungsmotive machen die persönliche Kommunikation mit dem Kunden während des gesamten Beschaffungsprozesses, und häufig auch noch nach der Lieferung, unumgänglich.

5. 8.3 Werbekonzeption für Handelsbetriebe

Mit Werbeinvestitionen in Höhe von 2,9 Milliarden Euro lag der Handel 2010 in der Branchenrangfolge auf Rang 1 (vgl. Tabelle 6-5).

Konzeptionell gibt es auch für die Handelswerbung einige Besonderheiten zu berücksichtigen. Als erstes stellt sich die Frage nach dem **Werbeobjekt** des Handels. Grundsätzlich kommen dafür Sortimente, Preise, Serviceleistungen, Standorte etc. in Betracht. Allerdings bilden diese Faktoren keine hinreichende Grundlage zur Differenzierung vom Wettbewerb, da die Sortimente, Standorte und Serviceleistungen der einzelnen Handelsorganisationen weitgehend austauschbar sind und ein Preiswettbewerb ruinös wirken kann. Eine Abgrenzung vom Wettbewerb, d.h. eine eigenständige Positionierung, kann im Handel vor allem durch die Profilierung der Einkaufsstätte erfolgen. Ziel der Handelswerbung ist es, die Marketing-Konzeption der Handelsorganisation sichtbar zu machen und den Verbraucher dazu zu veranlassen, bevorzugt seine Einkaufsstätten zu wählen (vgl. Baum 2002, S. 311).

Der wesentliche Unterschied zwischen Industrie- und Handelswerbung besteht also darin, dass der Handel eine Betriebsstättenprofilierung anstrebt, während die Industrie auf eine Produktprofilierung abzielt.

Nielsen unterscheidet folgende Einzelhandelstypen (Quelle: www.acnielsen.de):

- **Verbrauchermärkte:** Einzelhandelsgeschäfte mit mindestens 1.000 m² Verkaufsfläche, die ein breites (warenhausähnliches) Sortiment des Lebensmittel- und Nichtlebensmittelbereichs in Selbstbedienung anbieten.
- **Supermärkte:** Lebensmittel-Einzelhandelsgeschäfte mit einer Verkaufsfläche zwischen 100 und 999 m².
- **Discounter:** Lebensmittel-Einzelhandelsgeschäfte, für deren Absatzpolitik das Discount-Prinzip (Niedrigpreise, begrenztes Sortiment) maßgebend ist, unabhängig von der Größe der Verkaufsfläche.
- **Drogeriemärkte:** Einzelhandelsgeschäfte, die im Allgemeinen ein schnell umschlagendes Markenartikelsortiment mit Schwerpunkt im Bereich der Gesundheits- und Körperpflegemittel, Wasch-, Putz- und Reinigungsmittel, Babynahrung und -pflege, Haushaltspapiere sowie Kosmetik in Selbstbedienung anbieten. Drogeriemärkte beinhalten ausschließlich Filialbetriebe.

Die Bedeutung dieser Einzelhandelstypen zeigt Tabelle 5-4.

Tabelle 5-4: Geschäftstypen im Einzelhandel

	Anzahl		Umsatz (Mio. €)	
	1.1.2009	1.1.2010	2008	2009
Verbrauchermärkte insgesamt	6.163	6.424	59.925	61.005
groß (≥ 2.500 m²)	1.855	1.891	38.920	39.400
klein (1.000 – 2.499 m²)	4.308	4.533	21.005	21.605
Discounter	15.573	15.951	59.025	28.645
Supermärkte insgesamt	13.098	12.385	21.885	21.275
groß (400 – 999 m²)	5.090	4.922	15.695	15.505
klein (100 – 399 m²)	8.008	7.463	6.190	5.770
Drogeriemärkte	13.492	12.774	12.285	12.670
Apotheken	22.039	22.115	40.600	41.270

Quelle: A.C. Nielsen GmbH: Universen 2010

Grundsätzlich stehen dem Handel zwei Kommunikationsmöglichkeiten zur Verfügung:

- Präsentationspolitik und
- Werbung.

Unter **Präsentationspolitik** ist die Art und Weise zu verstehen, mit der der Handel seine Waren darbietet. Präsentationspolitische Entscheidungen betreffen einerseits die grundsätzliche strategische Ausrichtung über die Gestaltung der Einkaufsatmosphäre (also beispielsweise Erlebniskauf oder Preiskauf). Andererseits intralokale Standortentscheidungen, d.h. die Anordnung der einzelnen Warengruppen und Produkte innerhalb des Verkaufsraumes (beispielsweise Platzierung in Griff- oder Augenhöhe, Zweitplatzierungen). Auf Erlebniskauf setzen vor allem die Verbrauchermärkte, während die Discounter sich auf den Preiskauf spezialisiert haben.

Werbung versucht grundsätzlich, die angebotenen Produkte und Leistungen vom Angebot des Wettbewerbs zu differenzieren. Für den Handel zielt Werbung somit auf Profilierung der Betriebsstätte, d.h. Werbung muss sich auf den Aufbau typischer Leistungsprofile konzentrieren, die einer bestimmten Handelsorganisation zugerechnet werden können. Dies muss jedoch in großen Bereichen des Lebensmitteleinzelhandels als nicht erreicht angesehen werden.

Zur Imageprofilierung einer Handelsorganisation (z.B. *Rewe*, *Edeka*) ist Werbung auf nationaler (internationaler) Ebene notwendig. Das einzelne Geschäft wird jedoch nur innerhalb seines Einzugsgebietes werben, also vornehmlich lokal, im Einzelfall auch regional. Als Werbemittel werden dafür vor allem Anzeigen in Tageszeitungen und Anzeigenblättern, Handzettel und Beilagen genutzt. Auch der lokale Hörfunk eignet sich aufgrund seiner hohen Aktualität als Werbeträger. Zur Steigerung der Werbeeffizienz nutzt insbesondere der lokale Facheinzelhandel häufig Formen der Kooperationswerbung.

Einen breiten Raum in der Handelskommunikation nimmt nach wie vor die **Sonderangebotspolitik** ein, als Gegenstück der Verkaufsförderung auf Herstellerseite. Als Sonderangebote werden bevorzugt solche Produkte vermarktet, die eine so große Anziehungskraft haben, dass der Verbraucher möglicherweise nur wegen dieses Sonderangebotes die Einkaufsstätte aufsucht. Da i.d.R. dabei aber auch noch weitere Produkte eingekauft werden, ist das Kalkül, dass der Absatz der Normalpreisartikel den Preisnachlass des Sonderangebotes kompensieren kann.

Abbildung 5-36: Handelswerbung

Handelswerbung ist üblicherweise nicht langfristig und strategisch auf Positionierung, sondern auf kurzfristige Umsatzsteigerung der beworbenen Artikel ausgerichtet. Insofern ist ihr Erfolg i.d.R. auch unmittelbar feststellbar.

5.9 Agenturen im Bereich der Werbung

Im Bereich der Werbung hat sich eine sehr differenzierte Agenturlandschaft herausgebildet. Am verbreitetsten sind Kreativ- und Mediaagenturen. Die Kreativagentur (im Sprachgebrauch einfach auch Werbeagentur) ist für den strategischen und kreativen Teil der Werbung zuständig, die Mediaagentur für Planung und Einkauf der Medien (Werbeträger). Beide Agenturformen haben sich aus den so genannten Full-Service-Agenturen entwickelt, die einem Werbetreibenden den kompletten Service aus einer Hand geboten haben, seit den 80er Jahren des 20. Jahrhunderts ihre Mediaabteilungen jedoch als eigenständige Firmen ausgliederten. Zwar gibt es noch immer Full-Service-Agenturen, allerdings ist der Trend zur Spezialisierung in der Werbung ungebrochen. Es haben sich Agenturen für PR, Direkt-Marketing, Sponsoring, Verkaufsförderung usw. bis hin zur Toilettenwerbung etabliert. Es ist somit durchaus üblich, dass ein Werbetreibender mit zwei oder mehr Agenturen zusammenarbeitet.

Sucht ein Werbetreibender eine Agentur, so erfolgt dies üblicherweise in Form einer Wettbewerbspräsentation, einem so genannten Pitch. Dabei erhalten mehrere Agenturen unabhängig voneinander ein konkretes Briefing und werden aufgefordert, ihre Lösungsvorschläge zu präsentieren. Der Werbetreibende kann sich auf diese Weise einen Überblick über die Leistungsfähigkeit verschiedener Agenturen verschaffen und sich für diejenige entscheiden, die die konkrete Aufgabe am besten gelöst hat.

Werbeagenturen werden über Provisionen und Honorare bezahlt. Ein Teil der Agenturarbeit besteht in organisatorischen oder makelnden Aufgaben: Es werden Fotografen, Models oder Druckereien beauftragt, Werbemittel bestellt und Einschaltaufträge vergeben. Auf solche, von Dritten erbrachten Leistungen, schlägt die Agentur eine „Handling Fee", die üblicherweise zwischen 15% und 20% des Rechnungswertes beträgt. Die Haupteinnahmequelle von Agenturen sind jedoch Honorare für Beratung, Kreation u.dgl. Die Abrechnung erfolgt hier entweder nach den aufgewandten Arbeitsstunden oder nach vereinbartem Pauschalhonorar. Auch Erfolgshonorare sind möglich, in der Praxis allerdings noch nicht weit verbreitet.

Die ersten Werbeagenturen haben sich Mitte des 19. Jahrhunderts als Annoncen-Vermittler etabliert, die Anzeigenkunden zu Zeitungen und Zeitschriften vermittelt haben. Diese Agenturen haben zunehmend weiteren Service rund um die Werbung geboten und sich allmählich zu Full-Service-Agenturen entwickelt, die sich auch mit ihren Kunden internationalisiert haben. In Deutschland begann die Blütezeit der Werbeagenturen in den Wirtschaftwunderjahren nach dem 2. Weltkrieg. Aufgrund der zunehmenden Ausdifferenzierung der Medien, vor allem durch den werbefinanzierten Rundfunk, wurde der Bereich von Mediaplanung und -einkauf immer komplexer, so dass die großen Agenturen ihre Mediaabteilungen verselbständigten. Dadurch wurde es den Agenturen auch möglich, mit den Mediaagenturen Etats von Kunden zu gewinnen, die aus Gründen des Konkurrenzausschlusses im Full-Service-Bereich nicht zu betreuen gewesen wären.

Der gestiegene Konkurrenzdruck im Agenturbereich sowie die zunehmende Globalisierung der Märkte führte seit den 90er Jahren zu einer starken Konzentration, es bildeten sich Groß-Agenturen und Agentur-Networks, die eine Vielzahl von Kunden und sehr große Werbevolumina verwalten. Insgesamt folgt die Internationalisierung der Werbeagenturen der der Werbetreibenden.

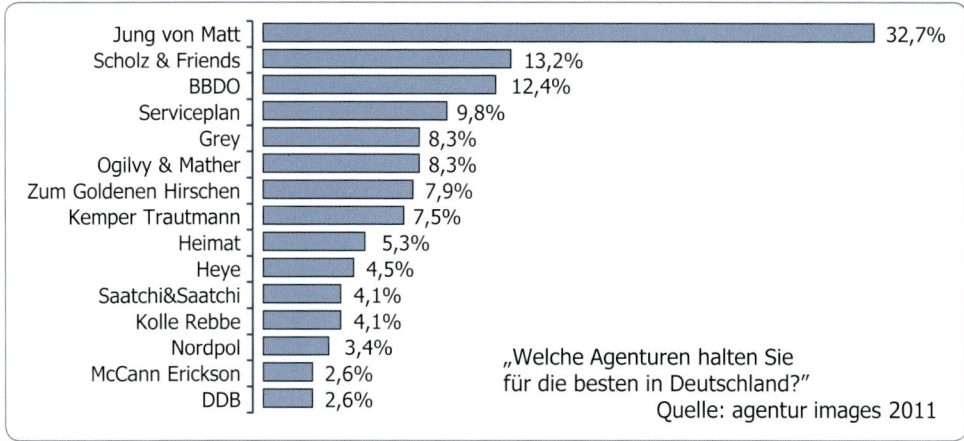

Abbildung 5-37: *Die besten Werbeagenturen*

Quelle: Berdi, 2011, S. 61

5. 9.1 Werbeagenturen

5. 9.1.1 Aufgabe und Arbeitsweise einer Werbeagentur

Carl-Christian Berge, *Jung von Matt*

„Sagen Sie meiner Mutter bitte nicht, dass ich in einer Werbeagentur arbeite – sie denkt immer noch, ich wäre Pianist in einem Bordell". Dieser Ausspruch kursiert heute noch, wenn es um die Arbeit in der Werbebranche geht. Die Aufgaben und Arbeitsweisen erscheinen einerseits verklärt und mystifiziert, andererseits auch chaotisch und nervenaufreibend – die Werbeagentur als „Black Box", in der junge Menschen so lange mit markigen Sprüchen und bunten Bildern experimentieren, bis Werbung daraus entsteht.

Dabei finden sich in vielen Bereichen der Wirtschaft Unternehmenszweige, deren Funktionsweise und Strukturen sehr viel komplexer und für den Außenstehenden undurchschaubarer sind. Da das produzierte Gut oder die erbrachte Leistung dort jedoch oft emotionsärmer ist, ist anscheinend auch der dazu notwendige Erstellungsprozess von geringerem Interesse.

Doch die Wertschöpfung in einer Werbeagentur folgt ebenso eindeutigen Regeln wie auch in anderen Unternehmen im Dienstleistungsbereich. Dazu gehören insbesondere klare Strukturen – sowohl horizontal wie auch vertikal – sowie die Einhaltung von logisch sinnvollen Entwicklungsschritten.

1. Struktur und wichtigste Funktionsbereiche einer Werbeagentur

Grundsätzlich lässt sich der Entstehungsprozess von Werbekampagnen in die drei Bereiche **Planung, Gestaltung/Realisation** sowie **Vermittlung/Durchführung** einteilen. Kernfunktion des Leistungsangebots ist die Entwicklung kreativer Ideen, also die zielgerichtete Entwicklung von Werbekonzeptionen und ihre Umsetzung.

Die vorbereitende Marketingplanung fällt in das Aufgabengebiet der Beratung, die – soweit vorhanden – auf eine Abteilung für strategische Planung zurückgreift. Auch alle weiteren Schritte im Entstehungsprozess werden von der Beratung begleitet, geführt und wirtschaftlich betreut.

Die Gestaltung im Sinne von Ideenentwicklung und bildhafter Darstellung dieser Ideen geschieht durch die Kreation, die aus Grafikern und Textern besteht. Diese Teams arbeiten auf Basis von Vorgaben, die sich durch die vorbereitende Planung ergeben. Für die Umsetzung der Ideen bedient sich die Kreation Serviceabteilungen wie Art Buying, FFF (Film, Funk, Fernsehen) sowie DTP/Reinzeichnung und Produktion.

Der dritte der oben genannten Bereiche hat zur Aufgabe, einerseits die geplanten Werbeträger zieladäquat auszuwählen und andererseits die produzierten Werbemittel effizient und ohne Streuverluste zu schalten. Insofern spielt er vor und nach dem Entwicklungsprozess von Kampagnen eine Rolle. Mediaplanung und -schaltung liegen meist außerhalb des Aufgabenbereichs einer Werbeagentur, und die Beratung spielt hier eine Mittlerrolle zwischen Mediaagentur und Kunde.

Insofern liegt die Schnittstelle zwischen Agentur und Kunde auf der einen Seite bei der Beratung und der Kreation, auf der anderen bei der Marketing- bzw. Werbeabteilung.

Die strategische und konzeptionelle Arbeit wird also in der Kreation und der Beratung geleistet. Auf diese zwei „Abteilungen" wird im Folgenden näher eingegangen.

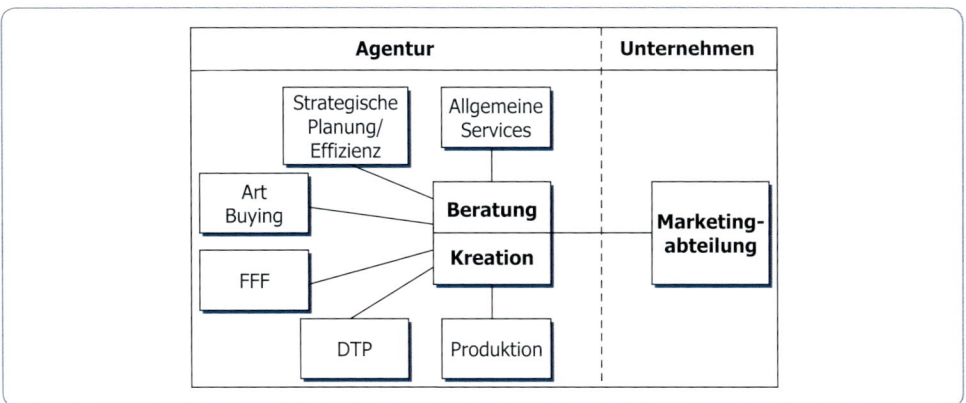

Abbildung 5-38: *Die Agenturstruktur im Überblick*

Quelle: Eigene Darstellung JvM

Die Beratung

Die Stellenbezeichnungen und die Tiefe der Hierarchien unterscheiden sich je nach Größe und Nationalität, aber auch Geschichte und Geschäftsphilosophie der Agentur. Üblicherweise besteht ein Beratungsteam aus Team-Assistent/in, Kontakter/in und Etat-Direktor/in oder Berater/in (vereinfachend wird im Folgenden nur die männliche Form verwendet). Übergeordnet steht entweder direkt die Geschäftsleitung, oder mehrere Beratungsteams werden zu so genannten Units zusammengefasst, die einem Unitleiter unterstehen. Die Anzahl der Hierarchiestufen beeinflusst vor allem die Flexibilität eines Teams und die Schnelligkeit in der Entscheidungsfindung.

Die Beratungs-Teams betreuen i.d.R. mehrere Kunden, sehr große Unternehmen können jedoch auch von mehreren Teams betreut werden, wobei dann idealerweise unterschiedliche Geschäftsfelder von je einem Team übernommen werden. Sowohl die ergebnisbezogene als auch die wirtschaftliche Etatverantwortung liegt beim **Etat-Direktor**. Er trifft die endgültigen Entscheidungen und steht für die seiner Mitarbeiter gerade.

Seine Aufgabe ist im Kern die Marketingberatung für seine Kunden. Alles, was zur optimalen und effizienten Erfüllung der marketing- und kommunikationsorientierten Unternehmensziele zählt, fällt in diesen Bereich. Dabei dient der Etat-Direktor oder Berater einerseits als Sparringspartner für Strategien, Planungen, laufende Maßnahmen und sonstige Ideen des Unternehmens, andererseits entwickelt er im Team Werbestrategien zur Markenentwicklung, zu Produkteinführungen oder Relaunches anhand von Marktanalysen, Wettbewerbsbeobachtungen und allgemeinen Trends. Aus den Strategien lassen sich wiederum Copyplattformen und Positionierungsmodelle für die entsprechende Marke, das Produkt oder die Leistung ableiten, die im letzten Schritt in ein Briefing an die Kreation in der Agentur münden, das als Fundament für die Entwicklung einer zielgerichteten Kampagne dient.

Ausbildungsvoraussetzung für einen Etat-Direktor oder Berater ist mittlerweile fast immer ein abgeschlossenes wirtschafts- oder kommunikationsorientiertes Studium an einer Universität oder Fachhochschule mit gutem Ruf, um den Ansprechpartnern auf Kundenseite, zumeist Marketingleiter oder Marketinggeschäftsführer, eine vergleichbare Qualifikation entgegenzustellen. Studienbegleitende Praktika in Agenturen oder Unternehmen werden gerne gesehen.

Der Kontakter ist stärker in das operative Geschäft eingebunden. Er nimmt eine Organisations- und Traffic-Funktion ein und hat ständigen Kontakt zum Kunden und zu allen Abteilungen in der Agentur. Er kennt jedes Projekt im Detail und überwacht das zeitliche und qualitative Voranschreiten der Jobs. Dies kann die Ablieferung von einzelnen Druckunterlagen, aber auch die Produktion diverser Werbemittel im Rahmen einer konzeptionell umfassenden Aktion sein. Der Job des Kontakters wird entweder über den Aufstieg vom Team-Assistenten mit Berufserfahrung, eine zusätzliche Ausbildung an einer Werbefachschule/Werbeakademie oder ein abgeschlossenes BWL- bzw. kommunikationsorientiertes Studium erreicht. Die letztgenannte Form ist aufgrund der gestiegenen Anforderungen und der Konkurrenz auf dem Arbeitsmarkt immer häufiger anzutreffen, zumal der Arbeitgeber in diesem Fall eher mit einer beruflichen Weiterentwicklung zum Etat-Direktor rechnet.

Der Team-Assistent ist für die reibungslosen Abläufe, die Vorbereitung von Meetings und Präsentationen sowie die Durchführung kleinerer Jobs zuständig. Das Erstellen von internen Aufträgen, die Koordination von Terminen und die Abstimmung mit internen Abteilungen gehört zu seinen Aufgaben. Für die tägliche Flut der unterschiedlichsten Kundenanfragen ist er die Schalt- und Steuerstelle. Der Ausbildungsweg führt häufig über eine kaufmännische Lehre (im Idealfall mit werbefachlicher Zusatzausbildung).

Die Kreation

Das kreative Zentrum einer Agentur setzt sich aus Textern und Grafikern zusammen, die auf Basis der Briefings in Teams arbeiten und das produzieren, was am Ende des Prozesses als Werbung von den Zielgruppen aufgenommen wird.

In der Grafik gibt es klare Hierarchiestufen: Grafiker, Art-Direktor (AD), Creativ-Direktor (CD). Je nach Agenturstruktur lassen sich bis zum Kreativ-Geschäftsführer weitere Hierarchieebenen draufsetzen. Texter werden begriffsmäßig gerne über einen Kamm geschoren, dabei gibt es auch dort Unterschiede: Junior-Texter, Texter, Konzeptionstexter, Creativ-Direktor Text (CD Text) etc.

Grafiker haben meistens ein grafik- oder designorientiertes Studium oder eine entsprechende Ausbildung hinter sich und nebenbei oft in Agenturen gearbeitet. So wichtig wie das handwerkliche Rüstzeug, also der Umgang mit Rechnern und Grafikprogrammen, sind Kreativität und Phantasie. Der abgenutzte Begriff Kreativität ist dabei zu verstehen als Fähigkeit, aus nüchternen Informationen eine überraschende, ungewöhnliche Idee zu entwickeln, die die fixierte Kernaussage auf den Punkt bringt und geeignet ist, als tragfähige Basis für einen TV-Spot, eine Anzeige, eine Promotion oder eine ganze Kampagne zu dienen.

Ein vergleichbares Anforderungsprofil gilt auch für Texter, jedoch gibt es für ihr Berufsbild keinen allgemein gültigen Ausbildungsweg. Unter Textern finden sich ehemalige Musiker oder Bademeister, abgebrochene Germanistikstudenten, verhinderte Schriftsteller und Menschen, die ihr Talent schon früh beim Schreiben von Liebesbriefen oder Artikeln für Schülerzeitungen entdeckt haben. Speziell auf diesen Beruf zugeschnittene Ausbildungswege sind noch selten.

Ein Kreativ-Team, das für einen oder mehrere Kunden arbeiten kann, besteht i.d.R. aus AD, Grafiker und Texter. Entscheidend für die Qualität der Ideen ist – abgesehen von der Leistungsfähigkeit jedes Einzelnen – auch die Zusammenarbeit des Teams. Der zentrale Prozess der Ideenfindung ist einem Fußballspiel vergleichbar: Je besser das Zuspiel, die Pässe und die Flanken, desto höher ist die Wahrscheinlichkeit für einen Treffer.

2. Vom Briefing zum Werbemittel: Abläufe

Wie in der Industrie gibt es auch in Werbeagenturen definierte Entwicklungs- und Produktionsabläufe, Stellenbeschreibungen, Funktionsabgrenzungen und Benchmarks für die Qualität, ohne die eine zielgerichtete und Erfolg versprechende Leistung kaum erbracht werden könnte. Eine ganz entscheidende Rolle spielt dabei der schwer berechenbare Faktor Mensch und sein kreativer Output.

Die Abläufe beziehen anfangs Beratung und Kreation ein, in der Umsetzungsphase alle Abteilungen einer Agentur. Am Anfang steht das Kundenbriefing als die konkrete Aufgabenstellung für eine Kampagne, das je nach Unternehmenstyp und Aufgabenstellung unterschiedlich detailliert ist. Ein umfangreiches Briefing erhält die Agentur dann, wenn eine komplett neue Kampagne gefordert ist, die Kampagnenplanung für das folgende Jahr aufzustellen ist oder es sich um eine Wettbewerbspräsentation zur Gewinnung eines neuen Kunden handelt. Die wichtigsten Bestandteile des Briefings sind: Marktsituation, Marketingziel, Kommunikationsziel, Zielgruppendefinition, Konkurrenzanalyse, geplante Maßnahmen und Mediabudget. Beratung und strategische Planung befassen sich mit der Aufgabenstellung, oft auch anhand von zusätzlich beschafftem Material, mit dem Ziel, den Markt genau kennen zu lernen sowie Image, Charakteristika und Differenzierungsmerkmale des zu bewerbenden Produkts und der Wettbewerbsprodukte. Je genauer diese Felder untersucht und analysiert werden können, desto Erfolg versprechender kann das daraus entwickelte Briefing an die Kreation sein. Wichtig dabei ist: Auch ein hoher Aufwand bei Research und Analyse kann auf den Holzweg führen, wenn die daraus für die Strategie gezogenen Schlüsse die falschen sind und nicht auch Erfahrungswerte und Interpretationsfreiheiten einbezogen werden.

Nur so ist es möglich, die kommunikative Stoßrichtung und eine Kernbotschaft festzulegen, die alleinstellend, glaubwürdig und für die Zielgruppe relevant ist (Single-Minded-Proposition). In diesem Prozess ist auch der verantwortliche CD eingebunden. Es folgt die Verwandlung vom Kunden- ins Kreativbriefing, das die zum Teil abstrakten und mit Hintergrundinformationen beladenen Ur-Briefings in klare Worte fasst. In klare Worte zumindest für den Kommunikationsprofi, denn hier tauchen dann Begriffe wie Benefit, Reason Why, Positionierung und Copyplattform bzw. -strategie auf. Wurde bei der Übertragung ins Kreativbriefing sauber gearbeitet, entstehen keine Informationsverluste, die die Arbeit der Kreation behindern oder sogar irreführen.

Das Kreativ-Team beginnt nun mit seiner Arbeit: der Ideenfindung. Dieser Prozess ist einem Filterverfahren vergleichbar. Texter und Art-Direktoren notieren Assoziationen und Gedanken zu der entsprechenden Aufgabenstellung, wählen aus, entwickeln weiter, formulieren erste Botschaften, stimmen sich mit ihrem CD ab, ergänzen, verwerfen wieder, entwickeln neu etc. Wie viele Tage oder Wochen und wie viele Abstimmungen zu einer guten Konzeption nötig sind, ist die große Unbekannte in diesem Prozess. Spätestens der kurz bevorstehende Präsentationstermin schafft einen Point-of-no-return, an dem unter allen vorliegenden Ansätzen die beste Kampagnenidee (oder mehrere) ausgewählt werden muss und die Ausarbeitung beginnt. Die Konzeption wird anhand von Bildmaterial visualisiert, Headlines und Fließtexte werden beispielhaft ausgearbeitet und weitere Kommunikationsmaßnahmen werden gemäß der konzeptionellen Leitidee ausgearbeitet. Gegebenenfalls finden parallel vorbereitende Gespräche mit einer Mediaagentur statt, die im Wesentlichen anhand des bereitgestellten Budgets, der Zielgruppendefinition und der geplanten Werbemittel einen beispielhaften Mediaplan erstellt.

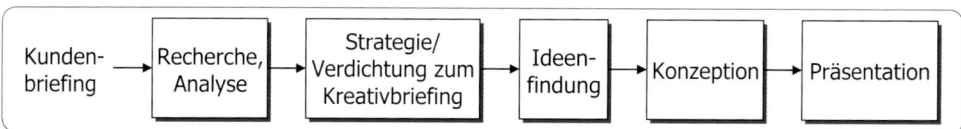

Abbildung 5-39: Arbeitsschritte zur Erstellung einer Werbekonzeption
Quelle: Eigene Darstellung JvM

Ist die Präsentation beim Kunden erfolgreich verlaufen, beginnt die Umsetzung der Kampagne. Je nach eingesetzten Werbemitteln müssen Shootings, Funk- oder Filmproduktionen organisiert und durchgeführt, Texte und Motivideen feingeschliffen und Druckvorlagen hergestellt werden. In dieser Realisationsphase kommen die Abteilungen FFF, Art Buying, DTP und Produktion ins Spiel.

Alle Prozessabschnitte verlaufen in ständiger Abstimmung mit dem Kunden. Wichtige Schritte werden in Meetings mit dem Kunden diskutiert, kleinere Schritte per Fax oder Post bzw. Kurier abgestimmt. Je kontinuierlicher Marketingplanung und Strategie verfolgt werden, je konsequenter Kunde und Agentur um klare und ungewöhnliche Konzeptionen ringen, und je exakter die gemeinsam bestimmten Ziele und Absprachen in Maßnahmen umgesetzt werden, desto höher ist die Chance auf eine erfolgreiche Kampagne.

In der zielgerichteten Kreativität und der strukturierten Arbeitsweise liegen wohl die wichtigsten Wettbewerbsvorteile, die sich Agentur und Kunde verschaffen können.

3. Die Praxis am Beispiel der *DBV-Winterthur* Versicherungen und der Werbeagentur Jung von Matt

Die *DBV-Winterthur*, die sich bis vor einigen Jahren noch *DBV* (Deutsche Beamtenversicherung) nannte, wollte zugleich mit der Fusion mit der schweizerischen Winterthur auf dem deutschen Markt stärker in Erscheinung treten und sich ein klares Profil verschaffen. Ein ehrgeiziges Ziel wurde vorgegeben: eine nicht unerhebliche Steigerung des Bekanntheitsgrades innerhalb von drei Jahren.

Das umfangreiche Briefing enthielt im wesentlichen Ausgangssituation und Ziel, die angestrebte Marktpositionierung, Marktforschungsergebnisse und Überlegungen zur Werbestrategie. Zusammen mit der Effizienz (so nennt sich bei Jung von Matt die Abteilung, die sich am ehesten mit einer strategischen Planung vergleichen lässt) wurden diese und zusätzlich beschaffte Informationen analysiert: Mediaspendings der Wettbewerber, Markttrends und Kommunikationsstrategien der Konkurrenten (Contentanalysen). Letztendlich ließ sich das Kundenbriefing in Verbindung mit den weiteren Analysen auf ein Kreativbriefing (bei Jung von Matt nennt sich das Short&Snappy-Briefing) verdichten, das folgende Inhalte hatte:

- **Das gemeinsame Ziel:** Steigerung des gestützten Bekanntheitsgrades. Profilierung als unkomplizierten Versicherer.
- **Zielgruppe:** Gesamtbevölkerung 18 bis 49 Jahre, Kernzielgruppe eher jünger (18 bis 35 Jahre). Wichtigste Forderungen der Zielgruppe: schnelle, unbürokratische Hilfe und kulante Auszahlungen im Schadensfall, günstige Beiträge.
- **Ist-Image:** Unterdurchschnittlicher Sympathiewert, unprofiliert, geringe Bekanntheit.
- **Soll-Image:** Unkompliziert, dynamisch, jung.
- **Differenzierung:** In der Zielgruppe: Kundennutzen „Unkompliziertheit" ist ein noch ungedecktes Bedürfnis. Im Markt: „Unkompliziertheit" ist eine noch nicht besetzte Marktlücke.
- **Strategie:** Dramatisierung des Kundennutzens „Unkompliziertheit".

Aufgrund der Rahmenbedingungen stellte sich schnell heraus, dass die gestellten Anforderungen am ehesten über eine Imagekampagne zu erfüllen waren, was im ersten Schritt auf einen emotionalen TV-Spot mit einer profilierenden Kernaussage hinauslief. Vorschläge für eine Spotidee und einen Slogan wurden präsentiert und verfeinert, ein Pretest in Form von Einzelinterviews unterstützte den Entscheidungsprozess, an dessen Ende man sich für den Spot „Mann über Bord" entschied. Der Slogan war schnell gefunden: So unkompliziert, wie sich das Unternehmen gibt, sollte auch sein Markenversprechen sein. Da lag die einfache Botschaft „*DBV-Winterthur*. Die Unkomplizierten" nahe.

Im Film wird die vielstufige und bemühte, aber letztendlich erfolglose Hilfsbereitschaft der Schiffscrew dramatisiert, einen über Bord gegangenen Passagier aus dem Wasser zu retten. Die *DBV-Winterthur* nimmt so die langwierige und umständliche Betreuung vieler Versicherungen auf den Arm und spricht damit vielen Versicherungskunden aus dem Herzen. Die Situation mündet in das Versprechen, dass Kunden der *DBV-Winterthur* schnell und unkompliziert geholfen wird.

5. 9.1.2 Berufsbilder in einer Werbeagentur

In den so genannten Full-Service-Agenturen, die alle Aufgaben im Zusammenhang mit der Betreuung eines Kunden selbst übernehmen können, haben sich spezifische Berufsbilder herausgearbeitet, die im Folgenden kurz vorgestellt werden sollen (die Beschreibungen sind entnommen aus Wegener/Bös 2001, S. 20 ff.; ausführlich vgl. auch Burrack/Nöcker 2008):

- **Der Kontakter**
  Aufgabengebiet: Der Kontakter ist das Bindeglied zwischen dem Kunden und der Agentur. Er ist für die ganzheitliche Beratung und Führung des Kunden verantwortlich, verwaltet und plant den Werbeetat zusammen mit dem Kunden und überwacht die wirtschaftliche Performance des Etats. Er erarbeitet das Briefing mit dem Kunden, gibt es weiter an die Kreation, bringt Marketing-Instrumente ein und erarbeitet zusammen mit der strategischen Planung die Strategie für den Etat.

Ausbildung, Einstiegsmöglichkeiten: Abitur oder vergleichbarer Schulabschluss. Abgeschlossenes wirtschaftswissenschaftliches Studium oder qualifizierter Fachhochschulabschluss, Fachrichtung Marketing, oder Ausbildung zum Kommunikationswirt, entweder an staatlichen oder privaten Institutionen. Studienbegleitende Praktika (Agentur oder Industrie). Alternativ (je nach Agentur und Ausrichtung) Ausbildung zum/zur Werbekaufmann/-frau mit anschließendem Abendstudium zum Kommunikationswirt.

Zusätzliche Anforderungen: Sprachkenntnisse (Englisch in Wort und Schrift dringend erforderlich), umfassende Allgemeinbildung, kreatives Gespür, hohe Integrationsfähigkeit und soziale Intelligenz.

Karrieresteps: Junior-Kontakter, Kontakter, Etat-Direktor, Management-Supervisor, Geschäftsführer Beratung.

Quereinstieg: Kaum möglich, manchmal aus dem Product Management der Industrie.

- **Der Grafiker**

Aufgabenstellung: Der Grafiker arbeitet in der Regel mit einem Texter zusammen und bildet mit ihm ein Team. Er erstellt Layouts und Reinlayouts, ist verantwortlich für Präsentationscharts, prüft den Umfang und die Formate von Reinzeichnungen und Druckunterlagen (er ist jedoch kein Reinzeichner!). Er denkt sich zusammen mit dem Texter Promotions, Anzeigen und Filme aus. Er findet mit dem Texter und dem Kontakter strategische Visionen für einen Kunden, leitet Konzeptionen oder andere Werbemaßnahmen ab. Als Art Director oder Creative Director präsentiert er die Ergebnisse beim Kunden und begleitet die Foto-Shootings und Filmdrehs für seinen Kunden.

Ausbildung, Einstiegsmöglichkeiten: Abitur oder vergleichbarer Schulabschluss. Erfolgreicher Studienabschluss an einer Fachhochschule für Gestaltung (Grafik-Design) oder einer entsprechenden privaten Institution. Computerausbildung, Training on the job durch Praktika in Werbeagenturen.

Zusätzliche Anforderungen: Englischkenntnisse, Scibble-Talent, Präzision, Beherrschung der gängigen Grafik-Programme (Photoshop, FreeHand etc.), Gefühl für visuelle Wahrnehmung, Ideenreichtum, Ahnung von Fotografie und Typographie, ästhetisches Empfinden.

Karrieresteps: Grafiker, Junior-Art Director, Art Director, Creative Director Art, Geschäftsführer Kreation.

Quereinstieg: selten Lithographen oder Druckvorlagenhersteller, Reinzeichner.

- **Der Texter**

Aufgabenstellung: Der Texter arbeitet in der Regel mit einem Grafiker zusammen und bildet mit ihm ein Team. Er schreibt Headlines, Anzeigentexte und Broschüren, denkt sich Promotions, Funk- und TV-Spots aus. Er findet zusammen mit dem Grafiker und Kontakter strategische Visionen für einen Kunden und leitet Konzeptionen oder andere Werbemaßnahmen ab. Die Ergebnisse präsentiert er beim Kunden.

Ausbildung, Einstiegsmöglichkeiten: Abitur oder vergleichbarer Schulabschluss. Talent zum Schreiben und überraschende Ideen. Besuch einer Werbefachschule mit spezialisiertem Studiengang Text oder Hochschulstudium der Sprach- und Literaturwissenschaft (Schwerpunkt Germanistik); Volontariat bei einer Zeitung oder Zeitschrift, Textpraktika in Agenturen, spezielle Texterschulen, Seminare oder Workshops.

Zusätzliche Anforderungen: Sprachkenntnisse (Englisch in Wort und Schrift dringend erforderlich), breite Allgemeinbildung, Belesenheit, schöpferisches Denken, kreatives Gespür.

Karrieresteps: Junior-Texter, Texter, Creative Director Text, Geschäftsführer Kreation.

Quereinstieg: möglich, meist jedoch nur bei überzeugendem Talent, oft aus dem Journalismus oder künstlerischen Berufen – eher in jungen Jahren.

- **Der Strategische Planer**

Aufgabenstellung: Die strategische Planung ist eine übergreifende Serviceabteilung der Agentur. Der Planer trägt einen entscheidenden Teil dazu bei, dass Werbung kreativ und effektiv ist. Er schreibt Kommunikationsstrategien, verfasst Creative Briefs für die Kreation und bietet damit eine optimale Grundlage für den kreativen, markenorientierten Output. In der strategischen Planung wird regelmäßig überprüft, ob die Kampagne „on strategy" ist.

Ausbildung, Einstiegsmöglichkeiten: Abitur oder vergleichbarer Schulabschluss. Abgeschlossenes wirtschaftswissenschaftliches Studium oder qualifizierter Fachhochschulabschluss, Fachrichtung Marketing, VWL, Psychologie oder auch Philosophie. Alternativ Ausbildung zum Kommunikationswirt – entweder an staatlichen oder privaten Institutionen – mit Schwerpunkt Kommunikationsplanung. Studienbegleitende Praktika in Strategie-Abteilungen von Agenturen.

Zusätzliche Anforderungen: Sprachkenntnisse (Englisch in Wort und Schrift dringend erforderlich), umfassende Allgemeinbildung, hohe Integrationsfähigkeit und soziale Intelligenz. Scharfes Denken, gutes Markenverständnis. Sachen verstehen wollen, ihnen auf den Grund gehen. Durchblick bei komplexen Sachverhalten, Verständnis für kreatives, konzeptionelles Denken. Gute Redebegabung und überzeugende Präsentationsfähigkeiten.

Karrieresteps: Junior-Planner, Senior-Planner, Leiter Strategische Planung (Head of Planning).

Quereinstieg: erfahrene Kontakter oder Kreative aus Agenturen, Marktforscher.

- **Der Produktioner**

Aufgabenstellung: Die Produktion ist eine übergreifende Serviceabteilung der Agentur. Der Produktioner berät Kontakter und Kreative in allen Fragen zu Printprodukten. Er setzt die kreativen Ideen in drucktechnische Erzeugnisse um und wickelt die kompletten Arbeitsschritte vom Shooting-Ergebnis bis zur Anzeige, zum Werbemittel ab. Er steuert und überwacht sowohl den Umfang und die Formate für Druckunterlagen als auch die Termine, berät Kreative und Kunden über Druck- und Verarbeitungstechniken, kennt sich in der Papierherstellung und Farbenlehre aus und hat ein fundiertes Wissen über elektronische Techniken.

Ausbildung, Einstiegsmöglichkeiten: Abitur oder vergleichbarer Schulabschluss. Studium an einer Fachhochschule (mit Studienschwerpunkt Werbetechnik bzw. Drucktechnik) oder Ausbildung zum/zur Werbekaufmann/-frau in einer Agentur und Training on the job in der Produktionsabteilung. Zusätzliche Speziallehrgänge mit Einweisung in alle wichtigen gestalterischen und produktionstechnischen Verfahren und Kommunikationstechnologien.

Zusätzliche Anforderungen: Sprachkenntnisse (Englisch in Wort und Schrift), detaillierte Kenntnisse sämtlicher Schriften und Verfahren zur Herstellung von Druckunterlagen und Printmaterialien, technisches Verständnis und schöpferisches Denken, überdurchschnittliche EDV-Kenntnisse, Präzision und Detailverliebtheit.

Karrieresteps: Produktionsassistent, Junior-Produktioner, Produktioner, Leiter Produktion.

Quereinstieg: sehr selten Schriftsetzer, Buchdrucker.

- **Der Art Buyer**

Aufgabenstellung: Das Art Buying ist eine übergreifende Serviceabteilung in der Agentur. Der Art Buyer ist zuständig für die Organisation aller Foto-Shootings. Dies beginnt mit der Beratung der Kreativen hinsichtlich Fotografen- und Illustratorenauswahl und endet bei der Abwicklung der entsprechenden Jobs. Im Art Buying werden die Kosten

mit den Fotografen abgesprochen, Copyright-Verhandlungen geführt, Kostenvoran-
schläge erstellt, Casting-Vorschläge mit dem Kunden, dem Fotografen und den Kreativen besprochen, Aufträge erteilt, das Timing überwacht und die Koordination von
Castings und Locationsuche übernommen. Hinzu kommen Rechnungsprüfung und
Weiterbelastung der Kosten an die jeweiligen Kunden.

Ausbildung, Einstiegsmöglichkeiten: Abitur oder vergleichbarer Schulabschluss, Praktika
in Art-Buying-Abteilungen einer Agentur. Ausbildung zum/zur Werbekaufmann/-frau
in einer Agentur mit einem professionellen Art-Buying. (Es gibt keine spezielle Aus-
bildungsstätte – der Beruf wird in den Agenturen von Senior-Art Buyern vermittelt.)

Zusätzliche Anforderungen: Sprachkenntnisse (Englisch in Wort und Schrift dringend
erforderlich, möglichst zweite Fremdsprache), breite Allgemeinbildung, kreatives Gespür, Blick für gute Fotografie, soziale Intelligenz, guter Umgangston, kaufmännische/
abrechnungstechnische Kenntnisse, Verhandlungsgeschick.

Karrieresteps: Art Buying-Assistent, Junior-Art Buyer, Art Buyer, Leitung Art Buying.

Quereinstieg: diverse Möglichkeiten, entweder aus dem Team-Assistenten-Bereich in
einer Agentur oder Assistent beim Fotografen oder Assistent in einer Filmproduktion,
manchmal kommen Art Buyer auch aus der Sparte Modedesign oder von der Kunst-
hochschule.

Der FFF-Producer

Aufgabenstellung: Die FFF-Abteilung (Film, Funk, Fernsehen) ist eine übergeordnete
Serviceabteilung der Agentur. Der FFF-Producer stellt das Bindeglied zwischen der
Agentur und der Filmproduktion dar. Er berät die Kreativen bezüglich kreativer,
technischer und finanzieller Umsetzung von Film- und Fernsehspots, überwacht
die Realisierung von Filmprojekten, führt die technische Betreuung bei Musik- und
Sprachaufnahmen durch, wickelt Post-Production-Aufgaben ab und hat detaillierte
Kenntnisse der unterschiedlichen Schnitt-Techniken.

Ausbildung, Einstiegsmöglichkeiten: Abitur oder vergleichbarer Schulabschluss. Studium
an einer Film- oder Fotofachschule, Ausbildung bei Filmproduktionen oder in der
Agentur als Art Director. Visuelle filmische Begabung und Auffassungsgabe.

Zusätzliche Anforderungen: Sprachkenntnisse (Englisch in Wort und Schrift), technisches Verständnis, Gespür für kreative und psychologische Problemstellungen, konzeptionelles Denken, organisatorisches und administratives Talent.

Karrieresteps: FFF-Assistent, Junior-Producer, Producer, Leiter FFF.

Quereinstieg: eventuell Video-Spezialisten.

5. 9.2 Mediaagenturen

Mediaagenturen unterteilen sich in Deutschland einerseits in die internationalen Agenturnetzwerke und die netzwerkunabhängigen Agenturen (so genannte Independents) andererseits. Wie Tabelle 5-5 zeigt, wird der Markt von den Agenturnetzwerken dominiert.
Mit Abstand größte Gruppierung ist die Group M, die zur WPP-Group des Engländers
Martin Sorrel gehört und in Deutschland einen dominanten Marktanteil hält. Die inha-
bergeführten Independents haben dagegen vergleichsweise geringe Betreuungsvolumina.
Um die Wettbewerbsfähigkeit zu behaupten ist aber beispielsweise Mediaplus der Ein-
kaufsgemeinschaft Magna Global beigetreten und kann in diesem Verbund entsprechende
Konditionen aushandeln.

Den Mediaagenturen stehen auf Medienseite **Werbevermarkter** gegenüber, die alle aus
Sicht der Mediaagenturen wichtigen Informationen über Reichweiten, Zielgruppen, Pro-
grammplanung, Werbeformate u. dgl. zur Verfügung stellen. Die *SevenOneMedia GmbH*

vermarktet Werbezeiten für die Fernsehsender *Sat.1, ProSieben, Kabel 1* und *N24, IP Deutschland* ist der Vermarkter für die Sender der *RTL Group. IP Deutschland* setzte 2010 brutto ca. 3,7 Milliarden Euro, *SevenOneMedia GmbH* ca. 4 Milliarden Euro mit Fernsehwerbung um. Die öffentlich-rechtlichen Fernsehsender werden von der *ARD-Werbung Sales&Services* bzw. vom *ZDF-Werbefernsehen* vermarktet; die privaten Hörfunksender von der RMS Radio Marketing Service GmbH & Co. KG. Der Nachfragemacht der Mediaagenturen steht somit eine entsprechende Angebotsmacht gegenüber.

Tabelle 5-5: *Die größten Mediaagenturen in Deutschland 2009*

Rang	Netzwerkgebundene Agenturen Media-Holding/Agenturen	Gesamtumsatz (Mio. Euro)	Marktanteil %
1	**Group M (WPP)**	**5.215**	**38,6**
	Mediacom	2.830	20,9
	Mediaedge CIA	1.117	8,3
	Mindshare	1.130	8,4
	Maxus	138	1,0
2	**Aegis Media**	**2.035**	**15,4**
	Carat	1.479	11,3
	Vizeum (inkl. HMS, Dr. Pichutta)	556	4,1
3	**Omnicom Media Group**	**2.279**	**16,9**
	OMD	2.079	15,4
	PHD	200	1,5
4	**Publicis VivaKi**	**1.404**	**10,4**
	Zenithmedia	676	5,0
	Optimedia	556	4,1
	Starcom	172	1,3
5	**Interpublic**	**755**	**5,6**
	Universal McCann	447	3,3
	Initiative	308	2,3
6	**Havas Media**	**286**	**2,1**
	MPG	286	2,1
	Netzwerkunabhängige Agenturen (Independents)		
1	Mediaplus (Serviceplan)	832	6,2
2	Pilot Media	364	2,7
3	Crossmedia	220	1,6
4	Springer & Jacobi Media	k.A.	
5	Moccamedia	76	0,5
6	MM&B	k.A.	

Quelle: Recma Billings Report

Mehr Involvement gibt's bei uns!

Entscheidend ist, wo Sie werben.
www.ip-deutschland.de

IP

5. 9.2.1 Die Aufgabe der Mediaagenturen

Mediaagenturen sind für den Transport der Werbemittel an die Zielpersonen zuständig. Ihre wesentlichen Aufgaben sind einerseits die Auswahl geeigneter Werbeträger (Mediaplanung) und andererseits der Einkauf von Fläche (bei Printmedien) bzw. Zeit (bei elektronischen Medien) für die Werbemittelpräsenz.

Die Begriffe Werbung und Media stehen in einem Verhältnis wie Software und Hardware zueinander: Werbung wird über die Medien gestreut. Die Mediastrategie befasst sich mit dem Einsatz der Werbeträger. Es geht dabei um die Frage, welche Medien am besten geeignet erscheinen, die Werbebotschaft an die Zielgruppe heranzutragen und welche Gewichtung die einzelnen Medien erhalten sollen (vgl. Koschnick 1995, S. 1237). Gegenstand der Mediaplanung ist die Auswahl der sinnvollen Werbeträger aus der Summe der möglichen. Dieser Auswahlprozess erfolgt sowohl in Form eines Inter- als auch eines Intramediavergleichs:

- Beim **Intermediavergleich** erfolgt eine Gegenüberstellung der einzelnen Werbeträgerkategorien. Es geht hier um die Frage, ob beispielsweise im Fernsehen oder in Zeitschriften geworben werden sollte.
- Beim **Intramediavergleich** werden die Werbeträger einer Gattung auf ihre Eignung hin untersucht: Wenn im Fernsehen geworben werden soll, auf welchem Sender?

> Bei der Definition einer Mediazielgruppe geht es vor allem um die Reduzierung von Streuverlusten. Der Werbedruck soll dahin gesteuert werden, wo die Wirkungschancen der Werbebotschaft am größten sind. Oder konkreter formuliert: Eine effektive Mediastrategie sollte möglichst viele potenzielle Käufer einer Produkt- oder Dienstleistungsmarke erreichen (Müller, D.K., 2008, S. 297).

Der Erfolg einer Werbekampagne hängt nicht nur von der kreativen Umsetzung ab, sondern auch von der Effizienz und Effektivität ihrer Verbreitung. Die Mediaplanung versucht sicherzustellen, dass die anvisierte Zielgruppe mit den richtigen Werbeträgern, mit der richtigen Frequenz, zur richtigen Zeit bei minimalen Streuverlusten und zu optimalen Kosten erreicht wird. Im Sinne dieser Zielsetzung wird häufig ein Werbeträger als Basismedium (z.B. TV) gewählt, der gegebenenfalls durch weitere Werbeträger (z.B. Hörfunk oder zielgruppenspezifische Publikumszeitschriften) ergänzt wird. Wird eine Werbekampagne nur über ein Medium geschaltet (z.B. Fernsehen), handelt es sich um eine **Mono-Strategie**, werden mehrere Mediengattungen genutzt wird von einer **Mix-Kampagne** gesprochen. Die Frage, ob Mono- oder Mix-Strategie, wurde und wird zwischen Werbetreibenden und Mediaagenturen intensiv diskutiert. Ein Mediamix ist immer teurer als eine Mono-Strategie, da unterschiedliche Werbemittel produziert werden müssen. Andererseits ist die Medienlandschaft mittlerweile so differenziert, dass es schwierig wird, bestimmte Zielgruppen nur noch über ein Medium zu erreichen. Die Zeiten, dass Massenmedien noch Massen erreichen konnten, sind seit dem Aufkommen der privaten Fernsehanbieter vorbei.

Die zunehmende Individualisierung des Mediennutzungsverhaltens erweist sich für die Werbung insofern als problematisch, als sich Zielgruppen schwerer segmentieren lassen, was zu erhöhten Streuverlusten führt. Neuere Tendenzen in der Mediaplanung führen daher zu einer verstärkten Verknüpfung unterschiedlicher Mediengattungen, wofür sich die Bezeichnung **Crossmedia** eingebürgert hat. Dieser Begriff ist nicht einheitlich definiert und wird in unterschiedlichen Zusammenhängen verwendet. Hier wird Crossmedia verstanden als „kreative inhaltliche und formale Vernetzung unterschiedlicher Werbeträger mit dem Ziel, durch Schaffung von Synergien den maximalen werblichen Gesamtnutzen zu erreichen" (Gleich 2003, S. 511). Crossmedia-Strategien gehen somit über die

Abbildung 5-40: *Crossmedia und Media-Mix*

Quelle: VDZ (Hrsg.): Handbuch Crossmedia Werbung, Berlin 2003, S. 7

herkömmlichen Media-Mix-Strategien hinaus. Während letztere die komplementäre Belegung unterschiedlicher Mediengattungen innerhalb einer Kampagne beschreiben, mit dem Ziel, die Nettoreichweite zu erhöhen, basieren Crossmedia-Strategien auf einer durchgängigen Werbeidee als gemeinsamer Klammer, die über unterschiedliche Mediengattungen hinweg in Szene gesetzt wird (vgl. Abbildung 5-40). Ziel ist dabei die Intensivierung der Werbekontakte. Durch die medienspezifische Umsetzung der Werbeidee können die jeweiligen Vorteile der einzelnen Medien genutzt werden. Die Kampagnen in den verschiedenen Werbeträgern werden aufeinander bezogen und können sich so gegenseitig unterstützen. Voraussetzung ist dabei, dass die Werbemittel aufeinander abgestimmt sind, um eine hohe Wiedererkennung der Werbebotschaft in den einzelnen Medien zu gewährleisten (vgl. Gleich 2003, S. 511 ff.).

Da die Mediaplanung ein sehr spezifisches Know-how voraussetzt, wird dafür üblicherweise eine Mediaagentur beauftragt. Eine Mediaagentur ist ein spezialisiertes Dienstleistungsunternehmen aus dem Werbebereich, das von Werbetreibenden für Planung, Einkauf und Durchführung des Werbeträgereinsatzes beauftragt wird.

Viele große Werbetreibende haben hauseigene Mediaabteilungen, allerdings mit sehr unterschiedlichen Funktionen, die von Koordination bis hin zu eigenständiger Mediaplanung und -einkauf reichen. Die Bedeutung, die Mediaagenturen bei den Werbetreibenden einnehmen, ist daher sehr unterschiedlich und umfasst die Bandbreite von Full-Service-Media bis ausschließlich Abwicklung.

Die Mediaagenturen haben ein spezifisches Know-how erworben, auf das auch die großen Werbetreibenden mit eigenen Mediaabteilungen zurückgreifen. Die kleinen und mittleren Werbetreibenden hingegen betrauen ihre Mediaagenturen i.d.R. mit dem Media-Full-Service, der Beratung, Planung, Einkauf und Durchführung des Werbeträgereinsatzes umfasst. Insbesondere die Beratungskompetenz wird auch von den großen Werbetreibenden als die eigentliche Domäne der Mediaagenturen betrachtet.

Mediaagenturen agieren als Mittler zwischen Werbetreibenden und Werbedurchführenden (vgl. Abbildung 5-41). Werblich wendet sich ein Unternehmen in seiner Rolle als Werbetreibender an den Verbraucher. Im Falle der Fernsehwerbung erfolgt dies über die Fernsehsender, die den Verbraucher in seiner Rolle als Zuschauer erreichen. Direkten Kontakt mit den Sendern nehmen i.d.R. nur die großen Werbetreibenden bei

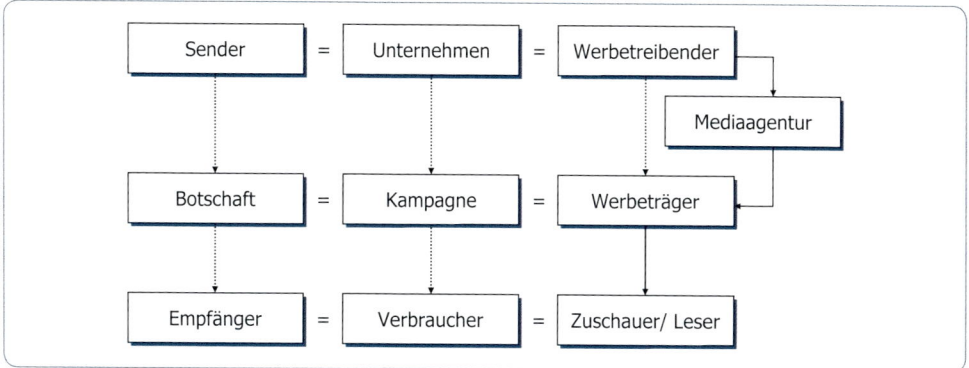

Abbildung 5-41: *Mediaagenturen als Mittler zwischen Werbetreibenden und Werbedurchführenden*

Vertragsverhandlungen auf. In allen anderen Fällen ist üblicherweise die Mediaagentur zwischengeschaltet.

Die Beratungskompetenz der Mediaagenturen ermöglicht ihnen eine Beeinflussung der strategischen Ausrichtung der Werbetreibenden in Fragen der Mediaplanung und des Medieneinsatzes. Die Tatsache, dass Mediaagenturen üblicherweise mehrere Kunden betreuen, verschafft ihnen einen breiteren Marktüberblick, als ihn ein einzelner Werbetreibender häufig hat. Gleichzeitig ist dadurch aber auch die Möglichkeit zur Koordinierung und Bündelung von Einzelinteressen gegeben.

Für eine professionelle Mediaplanung ist eine enge und vertrauensvolle Zusammenarbeit zwischen Werbetreibenden und Mediaagenturen notwendig, in deren Verlauf es häufig zu einem Abgleich zwischen den Zielvorstellungen der Werbetreibenden und den Realisierungsmöglichkeiten auf Seiten der Mediaagenturen kommen kann. Auch das kann zu einer Überprüfung der strategischen Ausrichtung führen.

In dem Dreieck zwischen Werbetreibenden, Medien und Mediaagenturen war in den letzten Jahrzehnten eine außergewöhnliche Dynamik zu verzeichnen, die auch ihre Schattenseiten hat, wie die folgende Chronik aufzeigt:

Die Metamorphose des Mediamarkts

Start: Anfang der 70er-Jahre wurden die ersten Mediaagenturen gegründet, unter anderem 1972 die später lange Zeit marktführende HMS von Kai Hiemstra. Zuvor hatte Media eine eher untergeordnete Funktion („Media follows execution") und wurde von den Werbeagenturen miterledigt. Ziel der neuen professionellen Mediaagenturen war, die Media-Beratung und -Planung als unabhängige Disziplin zu entwickeln, um eine objektive Empfehlung in Augenhöhe mit der Kreation sicherzustellen. Die Idee tat sich anfangs schwer. Erst durch den Gewinn namhafter Kunden wie BMW Ende der 70er-Jahre gewann der Ansatz zunehmend Anhänger.

Durchbruch: Anfang der 80er schaffte die HMS den Durchbruch und setzte das Startsignal für die fulminante Entwicklung der Mediaagenturen. Kunden wie Tchibo/Reemtsma und die damalige Post kamen hinzu, es folgten weitere Gründungen, wie die GFMO oder Mediahaus Ströbel. Auch Full-Service-Agenturen preschten vor. Lintas gründete Initiative Media und Grey startete Mediacom. Der Wettbewerb war stark inhaltlich geprägt, es ging vor allem um Beratung und Optimierung. Außertarifliche Konditionen spielten noch keine wichtige Rolle.

Umbruch: In den 90ern begann die Internationalisierung. Bis dato war Media – anders als die Kreation – eine rein nationale Angelegenheit. HMS wurde von Carat, Mediahaus Ströbel von Mediaedge:cia und GFMO von OMD übernommen. Privat-TV und -Radio hielten Einzug und veränderten die Landschaft. Planung und Optimierung wurden immer aufwendiger, die Tarife immer weicher und die Größe der Agentur wichtiger, um Rabatte durchzusetzen und eigene Tools bereitstellen zu können.

Brokersystem: Die Strategie der Volumenmaximierung ging wesentlich von Carat in Frankreich aus, wo sich von Anfang an ein Brokersystem etabliert hatte. Sprich: Die Mediaagentur war nicht Mittler, sondern Zwischen- und Großhändler – ein äußerst lukratives Geschäft, das die Expansion des Modells über Gesamteuropa ermöglichte. In Frankreich kam es dabei zu einer finalen Abhängigkeit der Medien von den Brokern, die erst durch ein Gesetz, das „Loi Sapin", gebremst wurde.

Kickbacks: Der wachsende Aufwand für die Media-Betreuung in einem immer komplexer werdenden Markt ist auch in Deutschland durch die Kundenhonorare nicht mehr gedeckt. Es entwickeln sich Rückvergütungsvereinbarungen mit den Medien. Diese so genannten Kickbacks werden zu einer wesentlichen Einnahmequelle der Agenturen und beeinflussen die Mediaempfehlungen. Die Unabhängigkeit der Mediaagenturen, Ihre Rolle als neutraler, objektiver Kompetenzpartner, wird angezweifelt.

Marktkrise: Der dramatische Einbruch des Werbe- und Medienmarktes zu Beginn dieses Jahrzehnts verschärft das preisgetriebene Mediageschäft. Immer mehr Kunden fordern zu so genannten Buying-Pitches auf, um weitere Einsparungen zu erzielen. Letztlich geht es um möglichst hohe garantierte außertarifliche Mediakonditionen und niedrige Betreuungshonorare. Beratungs- und Planungsleistung der Agenturen treten in den Hintergrund.

Oligopolisierung: Die Agenturen werden zunehmend durch die Medien finanziert. Kleinere Mediaagenturen gehen im Volumengeschäft unter und werden von internationalen Networks geschluckt, die ihrerseits „Elefanten-Hochzeiten" eingehen. So wird WPP (Group M) durch Übernahme von Mediaedge:cia und Grey/Mediacom die Nummer eins in Deutschland mit einem Marktanteil von nahezu 40 Prozent (O.V. 2006b, S. 57).

5.9.2.2 Arbeitsweise einer Mediaagentur

Alexandra Grohmann, Mediaberaterin MediaCom Düsseldorf, Christian Schmalzl, Geschäftsführer MediaCom Düsseldorf

5.9.2.2.1 Entwicklung und Aufgaben einer Mediaagentur

Aufgabe der Mediaplanung ist es, den Kunden in allen mediarelevanten Fragen zu beraten. In den 50er und 60er Jahren galt Mediaplanung ausschließlich als integraler Bestandteil der Leistung von Full-Service Werbeagenturen. Erst ab den 70er Jahren entstanden vereinzelt die ersten unabhängigen Mediaagenturen. Darüber hinaus fand Mitte der 80er Jahre eine gravierende Veränderung in der deutschen Medienlandschaft statt. Mit der Einführung des privaten, werbefinanzierten Rundfunks kam es zu einer starken Zunahme neuer Werbemöglichkeiten. Als Reaktion auf diese Entwicklung gliederten eine Vielzahl der Full-Service Werbeagenturen ihre Mediaabteilungen aus, die dann zu eigenständigen Unternehmen firmierten (vgl. Hofsäss/Engel 2003, S. 41). Zwar existierte weiterhin eine Anbindung an die Mutteragenturen, allerdings ermöglichte die Gründung unabhängiger Mediaagenturen auch die Betreuung konkurrierender Etats.

Durch den Boom an Neugründungen hat sich die Agenturlandschaft seit den achtziger Jahren stark ausdifferenziert, was zu einem härteren Wettbewerb geführt hat. Viele Agenturen sahen Vorteile, ihre Ressourcen in Agenturnetzwerken zu bündeln. Dies geschah zum einen, um in Einkaufsgemeinschaften bessere Konditionen mit den Medien zu verhandeln, aber auch um qualitativ den Ausbau von Spezialdisziplinen und Kauf von strategischen Tools zu ermöglichen.

Infolgedessen entwickelte sich ein Konzentrationsprozess, der bis heute anhält. Viele kleine Agenturen wurden von großen Agenturen aufgekauft bzw. fusionierten zu Agenturnetworks. Mittlerweile sind die meisten unabhängigen Mediaagenturen globalen Netzwerkagenturen (z.B. WPP/Group M oder Aegis Media) angeschlossen. Resultierend aus dieser Entwicklung ist der Abstand zwischen den großen Agenturen wie MediaCom, Carat oder OMD zum Mittelfeld immer größer geworden. In Abbildung 5-42 sind die größten Mediaagenturen Deutschlands mit ihrem Etatvolumen und dem Vitality-Index dargestellt.[1]

Mit der Entwicklung der Medienlandschaft vom einen angebots- zu einem nachfrageorientierten Markt haben sich auch die Aufgaben der Medienagenturen in ihren Schwerpunkten verändert. Aufgrund der begrenzten Werbemöglichkeiten beschränkte sich die Arbeit der Mediaagenturen bis in die 80er Jahre vorrangig auf die Planung und den Einkauf von Werbeplätzen. Im Gegensatz dazu steht die dynamische Medienentwicklung der letzten zwanzig Jahre. Zum einen hat sich eine Vielzahl neuer relevanter Kommunikationskanäle wie Online und Mobile als eigenständige Disziplinen der Mediaplanung etabliert. Zum anderen hat innerhalb der klassischen Medien eine rasante Fragmentierung stattgefunden. Gab es 1984 lediglich zehn Fernsehsender, bewerben heute über 52 Sender Tausende von Marken pro Jahr. Auch die Anzahl der Publikumszeitschriften verdreifachte sich auf 856 Titel, während sich die Hörfunksender sogar versiebenundzwanzigfacht haben.[2]

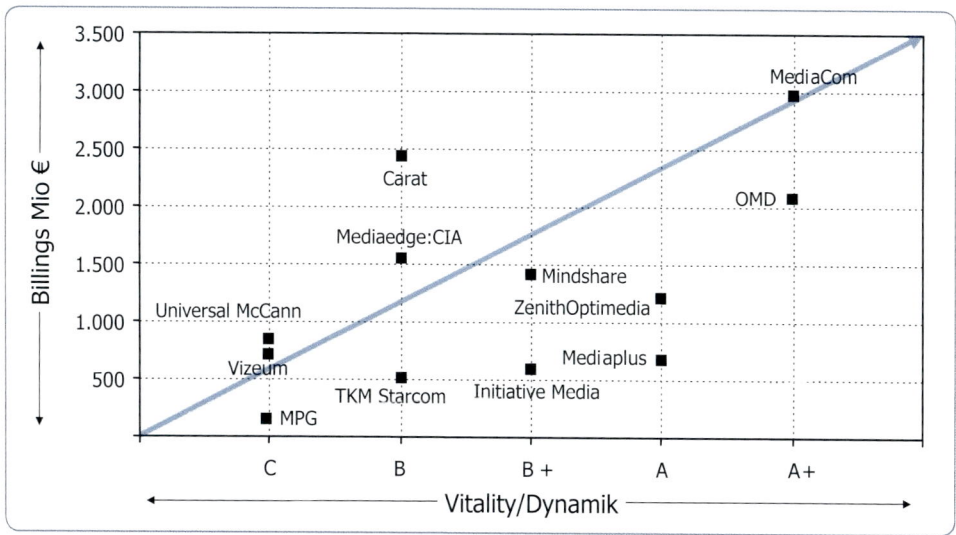

Abbildung 5-42: *Mediaagenturen im Vitality-Index*

---

[1]   Der Vitalityindex bestimmt die Wettbewerbsfähigkeit einer Mediaagentur und wird jährlich von dem unabhängigen RECMA-Institut erhoben. Dabei werden mittels einer qualitativen Analyse neu gewonnene Etats und verlorene Etats der Mediaagenturen gegenübergestellt und daraus eine Note von A+ (sehr stark) bis C (schwach) gebildet.

[2]   Die Angaben beziehen sich im Bereich TV und Funk auf die Anzahl werbetreibender Sender, im Printbereich auf die IVW-geprüften Titel.

Im Hinblick auf diese Entwicklung rückt neben dem spezifischen Media-Know-how vor allem die strategische Beratungskompetenz des Mediaplaners immer mehr in den Mittelpunkt. Die steigende Komplexität der Medien macht es zunehmend schwieriger, die anvisierte Zielgruppe effektiv und effizient zu erreichen. Bildlich gesprochen arbeiten Mediaplaner als Scouts im unübersichtlichen ‚Mediendschungel' (vgl. Hofsäss/Engel 2003, S. 36).

Aufgrund der Ausdifferenzierung in den letzten Jahren variiert auch das konkrete Aufgaben- und Leistungsspektrum von Agentur zu Agentur. Zum einen gibt es eine Vielzahl von Spezialagenturen, die sich ausschließlich mit bestimmten Aspekten des Mediageschäfts befassen z.B. innerhalb der Online- oder Plakatplanung. Trotz dieser Spezialisierung überwiegen jedoch die Full-Service-Mediaagenturen, die ihren Kunden über alle Mediagattungen hinweg beraten. Mediaplaner haben eine Schlüsselfunktion innerhalb der Agentur, da sie Ansprechpartner bei allen mediarelevanten Fragen und Problemen des Kunden sind. Man unterscheidet hier zwischen Generalisten und Spezialisten. Spezialisten sind ausschließlich auf eine Mediagattung oder einen Servicebereich spezialisiert und eher in großen Agenturen mit hoher Arbeitsteilung zu finden. Die Generalisten unter den Mediaplanern sind überwiegend für die strategische, gattungsübergreifende Beratung zuständig, weshalb sie oft auch als Kommunikationsberater bzw. Mediaberater bezeichnet werden. Abbildung 5-43 zeigt die verschiedenen Arbeitsbereiche der Mediaagentur MediaCom. Neben der Mediaplanung als zentraler Kern der Agentur, sitzen in verschiedenen Special Units Experten für nicht-klassische Werbeformen wie Sponsoring, Mobile Marketing oder Online und unterstützen die Planer in ihrer Arbeit.

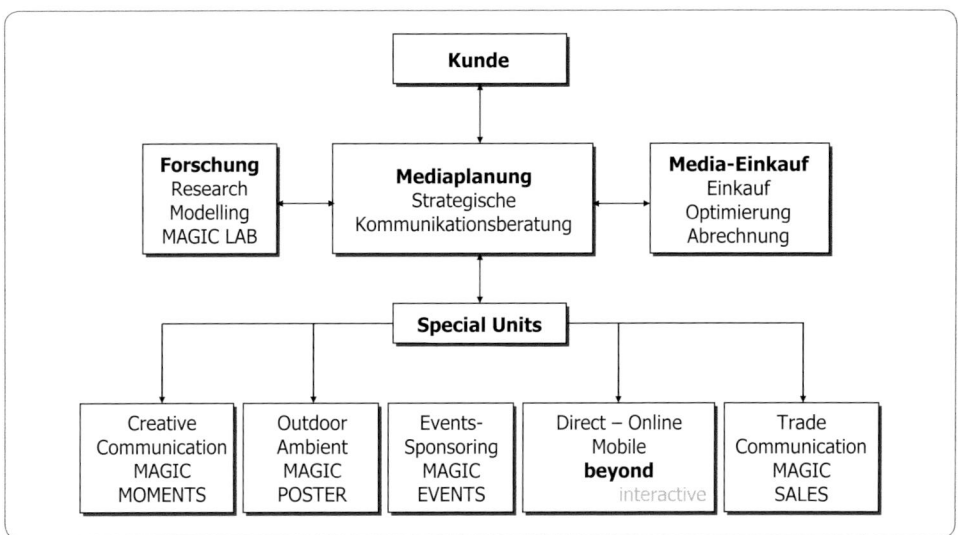

Abbildung 5-43: *Arbeitsbereiche der Mediaagentur MediaCom*

Ein zweiter wichtiger Bereich neben der Mediaplanung ist der Einkauf. Die Einkaufsabteilungen buchen die Werbeplätze entsprechend dem Mediaplan ein, verhandeln mit Werbeträgern über Preise, Leistungen, Rabatte und Sonderkonditionen und vereinbaren optimale Platzierungen für die Werbemittel. Neben weiteren kaufmännischen Tätigkeiten wie Rechnungsstellung und Buchhaltung, sind Mediaeinkäufer auch für die Optimierung laufender Kampagnen, insbesondere im TV zuständig.

Die Beratung zu allen Fragen der Werbewirkungsforschung und -kontrolle steht im Fokus der Mediaforschung. Sie bewertet und analysiert Trends im Werbe- und Mediamarkt, entwickelt aber auch eigene Forschungsinstrumente und -projekte. Galt die Mediaforschung traditionell als eher quantitativ forschungsorientiert, gewinnen qualitative Methoden in den letzten Jahren mehr und mehr an Bedeutung. Das hängt vor allem damit zusammen, dass qualitative Aspekte ein tieferes Verständnis vom Konsumenten erfordern und in der Situation von fragmentierten Medienmärkten immer wichtiger werden.

Um einen nachhaltigen Werbeerfolg sicherzustellen, ist die Generierung eines flüchtigen Kontakts schon lange nicht mehr ausreichend. Vielmehr muss eine intensive markenspezifische und bedeutungsvolle Beziehung zum Konsumenten aufgebaut werden. Im Hinblick auf die steigende Informationsüberflutung geht es vor allem um die Identifikation von räumlich, inhaltlich und zeitlich relevanten Touchpoints, also Berührungspunkten, bei denen ein Konsument für Werbebotschaften überhaupt empfänglich ist (Receptivity). Tiefer gehende Einblicke in das Konsumentenverhalten, so genannte Consumer Insights, können verstärkt durch qualitative Ansätze wie Gruppendiskussionen und Tiefeninterviews gewonnen werden, welche die subjektive Sichtweise des Konsumenten in den Mittelpunkt stellen. Ein weiterer Schwerpunkt der Mediaforschung liegt in der Werbewirkungskontrolle. Zu einem der wichtigsten statistischen Verfahren zählen sogenannte Modellings. Mit Hilfe dieser multivariaten Regressionsanalyse versucht man, möglichst viele kommunikative und marketingspezifische Einflussfaktoren zu identifizieren, um so den Werbeerfolg einer Kampagne zu optimieren. Nach der Auswertung der Werbewirkung werden die Ergebnisse der Forschung wiederum als Input für weitere Kampagnen an die Mediaplanung zurückgegeben.

Insofern wird deutlich, dass die verschiedenen Bereiche einer Mediaagentur miteinander verzahnt sind und Mediaplanung somit als ein fortlaufender komplexer Entwicklungsprozess definiert werden kann. Die verschiedenen Arbeitsschritte der Mediaplanung sollen im folgenden Abschnitt näher beleuchtet werden.

5.9.2.2.2 Der Mediaplanungsprozess

Als Grundlage für die Entwicklung einer umfassenden Kommunikationsstrategie dient ein detailliertes, operatonalisierbares Briefing von Kundenseite mit Hintergrundinformationen zum Produkt und der Marktsituation sowie Angaben zu Marketingzielen, der Kommunikationszielgruppe sowie des budgetären Rahmen und eventuellen Vorgaben zum Werbezeitraum. Auf Basis dieser Informationen beginnt nun der eigentliche Planungsprozess (vgl. Abbildung 5-44). Im ersten Schritt geht es darum, die unterschiedlichen Aspekte der Mediastrategie zu entwickeln und mit dem Kunden übereinstimmend zu definieren. Zur Entwicklung der Mediastrategie setzt sich der Mediaplaner zunächst mit drei verschiedenen thematischen Analysefeldern auseinander.

Bei der **Markenanalyse** werden Elemente wie Markenbekanntheit, Stärken und Schwächen der Marken, Abgrenzungsmerkmale zu Mitbewerbern (USP) sowie allgemeine Trends der Marktentwicklung untersucht. Neben kundenindividuellen Informationen aus dem Briefing greift der Mediaplaner dabei auf Informationen aus Verbraucher- und Handelspanels (GfK, A.C. Nielsen) sowie Branchenreports und Markt-Media-Studien (z.B. TdWI, Markenprofile) zurück.

Mit Hilfe der **Zielgruppenanalyse** versucht man, soviel wie möglich über die Käufer und Verwender der eigenen Marke, aber auch der Konkurrenzmarken herauszufinden (vgl. Hofsäss/Engel 2003, S. 158). Hauptinformationsquelle sind Markt-Media-Analysen, die detaillierte Informationen zur Struktur der Käufer und Verwender von bestimmten

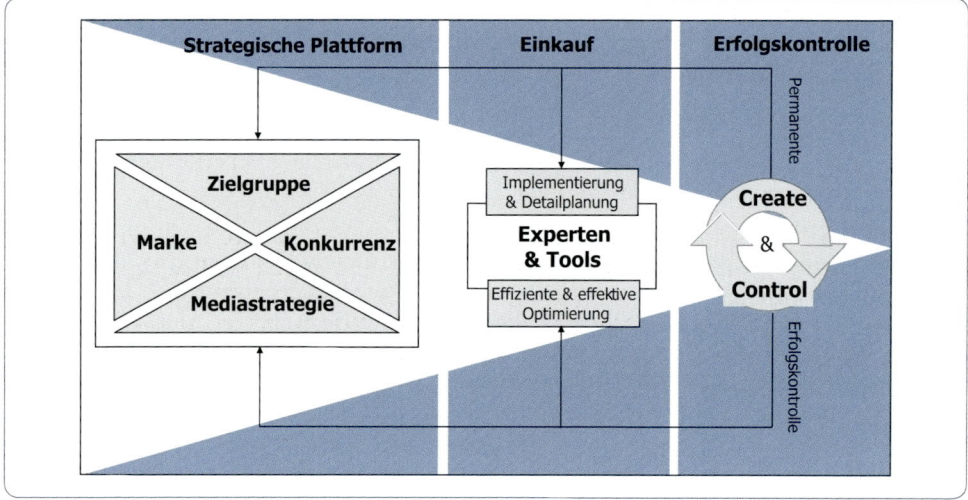

Abbildung 5-44: *Der Mediaplanungsprozess*

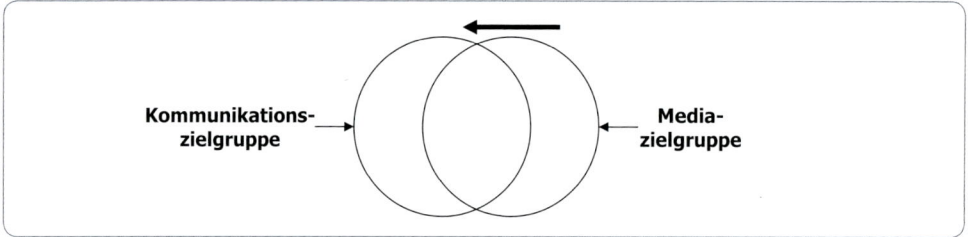

Abbildung 5-45: *Kommunikations- und Mediazielgruppe*

Marken enthalten. Darüber hinaus lassen sich genaue Markt- und Zielgruppenpotenziale erheben. Ein häufiges Problem ist die Tatsache, dass die genaue Mediazielgruppe nur aus den verfügbaren Persönlichkeitsmerkmalen der Markt- und Mediaanalysen gebildet werden kann; die im Briefing vorgegebene Kommunikationszielgruppe jedoch überwiegend aus psychografischen Merkmalen besteht. Dementsprechend sind die Kommunikations- und Mediazielgruppe nicht automatisch identisch. Aufgabe der Mediaplanung ist es, die vorgegebene Kommunikationszielgruppe in eine möglichst adäquate Mediazielgruppe zu ‚übersetzen‘, um Streuverluste zu minimieren.

Neben den traditionellen Zielgruppenansätzen auf überwiegend soziodemografischer Basis wurden in den letzten Jahren verstärkt soziokulturelle Ansätze integriert. Ein Beispiel ist die Entwicklung von Typologien, bei denen Personen mit ähnlichen Wertprioritäten und Einstellungen zu möglichst homogenen Gruppen zusammengefasst werden (z.B. Sinus-Milieus).

Parallel zur Zielgruppenanalyse wird die **Wettbewerbsanalyse** als dritter Baustein der strategischen Plattform durchgeführt. Informationen zu werblichen Aktivitäten der Konkurrenzunternehmen sind von wichtiger Bedeutung, da aus ihnen Hinweise auf den anzustrebenden Werbedruck und Mediamix für die eigene Marke ableitbar sind. Die über A.C. Nielsen S+P erfassten werbestatistischen Daten geben Auskunft darüber, welche Unternehmen in welchem Zeitraum mit welchen Medien und welchem Werbedruck aktiv waren. Im Rahmen des Vergleichs mit den definierten Wettbewerbern werden oftmals so genannte Benchmarks (Vergleichsmaßstäbe) für die eigene Mediaplanung definiert. Darüber hinaus kann man aus der Analyse und Interpretation der Daten nicht nur ableiten, mit welcher Strategie bzw. welchen Mechaniken die Konkurrenzunternehmen aktiv waren, sondern auch, welchen möglichen Widerständen das eigene Produkt ausgesetzt ist bzw. sein wird. Alle diese Faktoren müssen bei der Mediaplanung berücksichtigt und in die Gesamtstrategie integriert werden.

Auf Basis der Ergebnisse der Marken-, Zielgruppen- und Wettbewerbsanalyse muss bei der Entwicklung der **Mediastrategie** entschieden werden, welche Medien sich am besten für die Übertragung der festgelegten Kommunikationsziele eignen. Die Selektion geeigneter Medien erfolgt dabei sowohl inter- als auch intramedial. Bei beiden Auswahlprozessen wird zwischen qualitativen und quantitativen Kriterien unterschieden. Quantitative Kriterien sind zahlenmäßig erfassbar und beziehen sich auf die konkreten Leistungswerte und Kosten bei Belegung eines Werbemediums bzw. -trägers, wie z.B. Reichweiten, Affinitäten und Tausender-Preise. Qualitative Kriterien sind zahlenmäßig nur schwer darstellbar und beziehen sich schwerpunktmäßig auf das redaktionelle Konzept, Nutzungs- und Kontaktsituation sowie Akzeptanz, Glaubwürdigkeit und Bindung hinsichtlich der Zielgruppe (vgl. Schnettler/Wendt 2003, S. 165).

Ziel crossmedialer Kampagnen ist es, für eine multikanale Ansprache der Zielgruppe eine zusätzliche Informationsebene und einen potenziellen Rückkanal zu schaffen. Im engen Zusammenhang mit dem Begriff Crossmedia und oftmals synonym verwendet, steht der Begriff ‚**Integrierte Kommunikation**‘. Unter integrierter Kommunikation wird die formale und inhaltliche Abstimmung aller Kommunikationsmaßnahmen verstanden. Zentraler Dreh- und Angelpunkt des Ansatzes ist die Entwicklung einer übergreifenden Kommunikationsleitidee, die inhaltlich in alle Mediengattungen getragen wird. Diese Kommunikationsidee gleicht symbolisch einem strategischen Anker, da alle weiteren Umsetzungen der Mediaplanung und -strategie darauf aufbauen. Die mit der kommunizierten Leitidee erzeugten Eindrücke sollen vereinheitlicht und verstärkt werden, so dass eine Intensivierung des Kontaktes mir der Marke erfolgt.

Die inhaltlich thematische Integration einer übergreifenden Leitidee gewährleistet, dass die Zielgruppe den Markenauftritt auch tatsächlich als einheitlich und konsistent begreift und die Marke dementsprechend gut erinnert werden kann. Studien zeigen, dass diese Ansätze in der qualitativen Wirkungsdimension im Bezug auf Awareness, Image und Kaufbereitschaft monomedialen Kampagnen überlegen sind. Auch im Hinblick auf die potenzialorientierte Wirkungsdimension wurde belegt, dass Mixkampagnen zu schnellerem und häufig auch wirtschaftlicherem Reichweitenaufbau in der Zielgruppe führen. Allerdings muss man berücksichtigen, dass Crossmedia und integrierte Kommunikation neben den genannten Erfolgsaussichten aufgrund ihrer komplexen Struktur auch zu kommunikativen Brüchen führen können und in der Umsetzung teurer als monomediale Ansätze sind.

Nach der Bestimmung der zu belegenden Medien und der Entwicklung eines übergreifenden Kommunikationsansatzes (‚strategischer Anker‘) muss nun die Mediastrategie in einen konkreten **Mediaplan** überführt werden. Dabei geht es um die Frage, in welchen Mediagattungen das festgelegte Budget mit welchem Werbedruck und welcher zeitlichen Streuung verteilt werden soll. Zur Auswahl der Medien innerhalb der Intramediaselektionen werden in der Regel so genannte Rankings (Rangreihen) gebildet. Die zielgruppenspezifisch angelegten Rangreihen können nach verschiedensten Kriterien wie z.B. Tausender-Kontakt-Preis, Reichweite oder Affinität geordnet werden. Entscheidungen zur konkreten Höhe und zeitlichen Verteilung des Werbedrucks sind zum einem abhängig vom Umfang des zur Verfügung stehenden Budgets, aber auch von einer Vielzahl weiterer Faktoren, wie dem zu bewerbenden Produkt selbst, zu erwartenden Konkurrenzaktivitäten und saisonalen Gegebenheiten. Die gesamte Mediaplanung erfordert zudem eine kontinuierliche Abstimmung mit der Kreativagentur z.B. bei der Festlegung der Formate innerhalb der verschiedenen Werbemittel, z.B. im Printbereich bei der Größe und Farbigkeit der Anzeige oder im TV bei der Länge des Werbespots.

Nach Freigabe der Mediastrategie und der Detailplanung durch den Kunden beginnt in der Agentur die Arbeit der Mediaeinkäufer und -optimierer. Aufgabe des Mediaeinkäufers ist es, mit den Medien die bestmöglichen Konditionen zu verhandeln und bei der Einbuchung der Werbeplätze mit dem festgelegten Budget möglichst optimale Wirkungschancen zu erzielen. Mit Hilfe einer Vielzahl von EDV-gestützten Tools werden optimale Umfelder und Platzierungen hinsichtlich Kosten, Zielgruppennutzung und Effizienz innerhalb der Werbeträger selektiert, beobachtet und in einem permanenten Optimierungsprozess verbessert.

Die **Optimierung** spielt gerade im Medium TV eine zentrale Rolle, da hier Prognosen über künftig erwartbare Einschaltquoten bekannter Umfelder erstellt werden können. Während einer Kampagne werden die prognostizierten Werbeblockreichweiten mit den tatsächlich erzielten Werten abgeglichen; gegebenenfalls wird dann versucht, durch Umbuchungen in geeignetere Programmumfelder den Plan weiter zu optimieren.

In dem Maße, in dem die Mediaagenturen eine immer zentralere Rolle innerhalb der strategischen Kommunikationsberatung eingenommen haben, ist gleichsam auch der Anspruch gestiegen, für die entwickelten und umgesetzten Strategien den Erfolg der Werbewirkung zu erklären und dem Kunden transparent darzustellen. Ein Schlagwort, das in diesem Zusammenhang Karriere gemacht hat, ist der **Return on Investment** oder abkürzend ROI genannt. Dabei handelt es sich um eine betriebswirtschaftliche Bezugsgröße, um den konkreten finanziellen Werbeerfolg des eingesetzten Werbegeldes zu beurteilen. Konkret auf Media bezogen untersucht der Return on (Media) Investment, inwiefern die eingesetzten Werbespendings sich auf ökonomischer Wirkungsebene in erhöhten Umsatzzahlen bzw. auf psychologischer Wirkungsebene z.B. in einem höheren Bekanntheitsgrad der Marke widerspiegeln.

Indikatoren für Werbewirkung und -erfolg können auf unterschiedlichem Niveau analysiert werden. Zum einem können werbetreibende Kunden ein Marktforschungsinstitut mit der Durchführung einer kundenspezifischen **Tracking-Studie** beauftragen. Über diese regelmäßigen Wellenbefragungen werden unterschiedliche Indikatoren wie Werbeerinnerung, Markenbekanntheit und -sympathie sowie Kaufbereitschaft der eigenen Marke und der Konkurrenzmarken erhoben. Häufig werden diese Indikatoren mit Kurven von Werbeaufwendungen und GRP-Levels auf einer Grafik dargestellt und auf Korrelationen untersucht (vgl. Hofsäss/Engel 2003, S. 249). Dieses bivariante Verfahren eignet sich allerdings nur für die Identifikation grober kausaler Zusammenhänge. Feinheiten sind anhand dieser heuristischen Gegenüberstellung von Variablen jedoch nicht erkennbar. Außerdem ist der Erfolg der Werbewirkung nicht nur von den Mediaspendings, sondern einer Vielzahl unterschiedlicher weiterer Faktoren abhängig. Um diese Einflussgrößen zu identifizieren, führt man mit Hilfe umfassender statistischer Analysen so genannte **Modellings** durch. Im Rahmen eines Modellings werden verschiedene Datensätze in ein Analysesystem eingespielt und auf Grundlage dieser Vergangenheitsdaten komplexe Modelle entwickelt, die auch Prognosen über zukünftige Szenarien zulassen. Zentrale Aufgaben eines Modellings umfassen u.a. die Identifikation relevanter Einflussgrößen auf Umsatz- und Absatzzahlen, das Erkennen der Wirkungsbeiträge einzelner Medien innerhalb des Mediamix sowie das Aufzeigen der Wirkungsfristen verschiedener Kommunikationsmaßnahmen. Auf Grundlage der Ergebnisse eines Modellings lassen sich Optimierungsansätze ableiten, die wiederum als input für die Planung zukünftiger Kampagnen dienen können. Insofern konstituiert sich der Planungsprozess als kontinuierlich fortlaufender Optimierungskreislauf.

Die bisherigen Ausführungen machen deutlich, wie komplex sich die einzelnen Schritte und somit der gesamte Mediaplanungsprozess gestaltet. Anhand der folgenden **Fallstudie** sollen die verschiedenen Phasen der Mediaplanung am Beispiel eines Kunden aus der Reifenbranche noch einmal verdeutlicht werden.

Fallstudie „Tyrixx"

Ausgangssituation: Der große Reifenhersteller „Tyrixx" plant für seine beiden Reifenmarken „Comfort" und „Profiler" im nächsten Jahr eine umfangreiche Werbekampagne. Beide Marken sind schon seit längerem auf dem Markt etabliert, unterscheiden sich jedoch klar in ihrer marketingstrategischen Positionierung. Während sich der Reifen Comfort mit seinem starken Sicherheitsfokus eher an eine breite Zielgruppe richtet, konzentriert sich die Marke Profiler auf besonders sportbegeisterte Autofahrer. Das Unternehmen beauftragt nun eine Mediaagentur mit der Erstellung eines entsprechenden Kommunikationskonzepts.

Marktsituation: Die jährlichen Werbeaufwendungen für Reifen haben sich in den letzten Jahren nur wenig verändert und stagnieren bei ungefähr 40 Millionen Euro pro Jahr. Die Reifenbranche ist durch eine Vielzahl mittelgroßer und großer Unternehmen geprägt und daher recht unübersichtlich. Der deutsche Reifenmarkt gilt als gesättigt.

Kommunikationsziele: „Tyrixx" möchte durch entsprechende Werbemaßnahmen neben einer kurzfristigen Steigerung des Absatzes langfristig ein positives Markenimage und vor allen Dingen ein ausgeprägtes Markenbewusstsein beim Konsumenten aufbauen. Dabei soll die unterschiedliche Positionierung der beiden qualitativ hochwertigen Reifenmarken in den Köpfen der Konsumenten verankert werden.

Wettbewerb: Alle definierten Mitbewerber arbeiten im wesentlichen mit einem recht ähnlichen Mediamix mit klarem Schwerpunkt auf TV und Publikumszeitschriften. Auch innerhalb der Mediagattungen werden überwiegend die gleichen Titel und Sender belegt. Die Werbeausgaben der Mitbewerber schwanken stark saisonal und erreichen ihren Höhepunkt im Frühjahr und im Herbst.

Zielgruppe: Die Kampagne zielt mit einer Zielgruppe von Männern im Alter von 20–49 Jahren auf eine recht breite Zielgruppenansprache. Um tiefer gehende Insights über die vordefinierte Zielgruppe zu erlangen, wurden auf Grundlage mehrerer qualitativer Fokusgruppendiskussionen und mit Hilfe eines EDV-gestützten Tools verschiedene Autofahrer-Typologien entwickelt. Einige der Typen konnten im nächsten Schritt den beiden Reifenmarken zugeordnet werden. So zählen die „Trendsetter" mit ihrem rasanten Fahrstil eindeutig zur potenziellen Käuferschaft der Profiler-Marke, während sich die Familienfahrer, die Vielfahrer und die älteren Autofahrer zur anvisierten Zielgruppe „Sicherheitsorientierte Fahrer" der Reifenmarke Comfort zusammenfassen lassen. Die Anzahl der Typologien macht bereits deutlich, dass es sich bei den sicherheitsorientierten Fahrern um die eindeutig breitere Zielgruppe handelt. Diese Zielgruppe achtet beim Reifenkauf eher auf funktionale Aspekte, die Sicherheit beim Fahren hat hier höchste Priorität. Die sicherheitsorientierten Fahrer verfolgen im allgemeinen einen eher konservativen Lebensstil mit klassischer Rollenverteilung.

Die Gruppe der Trendsetter dagegen ist tendenziell etwas jünger und vom Zielgruppen-potential kleiner ausgeprägt. Die Zielgruppe ist offen gegenüber Neuheiten. Ihr Lebensstil definiert sich nicht über festgelegte Strukturen, sondern kennzeichnet sich durch Abenteuer und Abwechslung. Beim Reifenkauf sind eher emotionale Faktoren wie Geschwindigkeit, Fahrspaß etc. ausschlaggebend. Autofahren ist für die Trendsetter Leidenschaft. Die Identifikation der verschiedenen Kerntypen (Sicherheitsorientierte vs. Trendsetter) sowie deren Verlinkung mit den beidem Marken (Comfort vs. Profiler) des Reifenherstellers bildeten die strategische Plattform der Fallstudie.

Mediastrategie: Der strategische Anker „Sicherheit beim Fahren" als Kommunikationsleit-idee der Marke Comfort bzw. „Fahren aus Leidenschaft" als übergreifende kommunikative Klammer beim Profiler-Reifen musste im nächsten Schritt in die geeigneten Kommunikationskanäle übersetzt werden. Auf Grundlage der unterschiedlichen Mediennutzung beider Zielgruppen wurden zwei Kommunikationskonzepte für die Neupositionierung der beiden Marken entwickelt.

Zur Positionierung der Comfort-Marke als funktionaler, sicherheitsstarker Reifen wurde eine breite Mediamix-Kampagne mit Einsatz von TV, Funk und Print implementiert. Der größte Teil des Budgets wurde dabei in TV als breites Familienmedium mit Schaltungen in zielgruppenaffinen Umfeldern wie Familienserien, Quizshows und großen Blockbustern investiert. Zweiter Baustein des Konzepts bildete eine saisonal ausgesteuerte PZ-Kampagne im Frühling und Herbst mit einer starken Belegung von General-Interest-Titeln und Programmzeitschriften sowie einer ganzjährigen Präsenz in der ADAC-Motorwelt als wichtiges, glaubwürdiges Informationsmedium für den Reifenkauf. Als weitere mediale Unterstützung in den absatzstarken Monaten kam Radio als wichtiges Begleitmedium beim Autofahren in einer nationalen Belegung zum Einsatz. Um trotz der saisonal begrenzten Belegung eine hohe Awareness zu erzeugen, verzichtete man hier auf eine klassische Funkkampagne und konzentrierte sich ausschließlich auf das Sponsoring der Wetter- und Verkehrsnachrichten als relevanter Zugang zur Zielgruppe. Die zusätzliche Platzierung von Ambientwerbeflächen in Fahrsicherheitszentren und im Servicebereich von Tankstellen unterstützten den funktionalen Sicherheitscharakter der Reifenmarke und stellten weitere relevante mediale Touchpoints innerhalb der Zielgruppe der sicherheitsorientierten Fahrer dar.

Dagegen war inhaltlicher Kernpunkt des Profiler-Konzepts den leidenschaftlichen und emotionalen Kern der Marke dem Konsumenten zu kommunizieren. Auch hier erfolgte der Einsatz von TV, jedoch aufgrund der spitzeren Zielgruppe in einer stark selektiven Form, z.B. durch gezielte Schaltungen im Umfeld von Premium-Sportarten wie Fußball oder Rennsport sowie auf Pay-TV-Sendern. Schwerpunkt der Kampagne bildete eine umfangreiche PZ-Kampagne, in welcher relevante Nachrichten-, Männer-, und Lifestyle-magazine belegt wurden. Neben dem Einbezug klassischer Medien wie TV und PZ wurde entsprechend der hohen Aufgeschlossenheit und jüngeren Altersstruktur der Profiler-Zielgruppe auch neue Medien wie Online und Mobile in das Kommunikationskonzept integriert. Im Online-Bereich wurden auf den Internetseiten der relevanten Nachrichten-, Sport- und Lifestylemagazine besonders aufmerksamkeitsstarke Big Streaming Ads und Wallpapers platziert und so im Hinblick auf die breite PZ-Kampagne eine crossmediale Verlinkung erzeugt. Abgerundet wurde der Mediamix durch die Integration von Mobile als persönlichstes Medium. Mit Gewinnspielen und über die Ankündigung von besonderen Aktionstagen bei regionalen Reifenhändlern wurde die aktive Zielgruppe im letzten Schritt direkt zum Point-of-Sale geführt.

Werbeerfolgskontrolle: Die Effizienz der Mediastrategie konnte durch die kampagnen-begleitende Marktforschung bestätigt werden. Trackingstudien ergaben, dass seit Kampagnenstart die Markensympathie signifikant im Durchschnitt um 10 % gesteigert werden konnte. Auch auf der quantitativen Erfolgsebene konnten die Umsatzzahlen mittel- und langfristig erhöht werden.

Das Planungsbeispiel verdeutlicht den hohen Stellenwert einer integrativ strategischen Mediaplanung sowie Möglichkeiten der soziopsychografischen Zielgruppendefinition durch die Entwicklung eigener Typologien. Mit der stringenten Kommunikation einer übergreifenden Leitidee als roter Faden des Kommunikationskonzepts wird in dem Planungsbeispiel sichergestellt, dass der Konsument die entsprechenden Marken in ihrer mediastrategischen Platzierung als konsistent, einheitlich und somit als glaubwürdig begreift.

5. 9.2.2.3 Trends in der Mediaplanung

Digitalisierung der Medien: In den vergangenen Jahren hat sich die Mediaplanung kontinuierlich den Herausforderungen in der sich wandelnden Medienlandschaft angepasst. Auch in Zukunft werden neue Medientechnologien signifikanten Einfluss auf das Angebot und die Nutzung der Medien nehmen.

So wird sich die deutsche Fernsehlandschaft nach Meinung vieler Experten in den nächsten Jahren grundlegend verändern. Auslöser dieses Prozesses wird die vollständige Umstellung der technischen Verbreitung vom anlogen zum digitalem Fernsehsignal in Deutschland im Laufe der nächsten Jahre sein. Aufgrund der erweiterten Übertragungskapazität ermöglicht die Digitalisierung des Fernsehens ein höheres Angebotsspektrum an Fernsehkanälen, insbesondere im Bereich der Sparten- und Special-Interest-Kanäle. Daraus resultierend wird es zu einer zunehmenden Fragmentierung des Zuschauermarktes kommen. Die etablierten Sender werden möglicherweise Reichweite an neue, auf spezielle Zielgruppen ausgerichtete Kanäle verlieren. Auf der anderen Seite zeigt die Praxis, dass digitales Fernsehen zum gegenwärtigen Zeitpunkt immer noch ein Nischenmedium darstellt und in seiner Bedeutung für die Medialandschaft bislang oftmals überbewertet wurde. So hat der deutsche Fernsehzuschauer schon heute durchschnittlich 40 Programme zur Auswahl; im täglichen Gebrauch werden jedoch nur wenige davon regelmäßig genutzt. Zudem darf die gesellschaftliche Funktion des Fernsehens als kollektives Massenphänomen nicht unterschätzt werden. Gerade in fragmentierten Medienmärkten werden große Fernsehsender, die schnell eine Vielzahl von Menschen erreichen, immer wichtiger.

Im Hinblick auf die Mediaplanung ist die Digitalisierung des Fernsehens und zunehmende Konvergenz der Medien eine stark ambivalente Entwicklung. Einerseits wird es technisch möglich sein, die Werbebotschaft noch präziser und individueller auf den Konsumenten auszurichten und somit attraktiver zu gestalten. Auf der anderen Seiten wird es durch die Vielfalt der Kommunikationskanäle immer schwieriger, den Rezipienten überhaupt zu erreichen. Mit Hilfe neuer technischer Zusatzgeräte wie z.B. der Set-Top-Box TIVO kann der Zuschauer zeitversetzt fernsehen und Werbeblöcke vollständig ausblenden. Auch im Onlinebereich filtern so genannte Webwasher wiederkehrende Werbebanner und Pop-Ups, um dem Konsumenten ein nahezu werbefreies Internetsurfen zu ermöglichen. Insofern wird der technologische Fortschritt die Diskussion um die zunehmende Individualisierung der Mediennutzung und sinkende Werbeeffizienz weiter verschärfen.

Der Abschied vom Standardkonsumenten: Nicht nur auf Seiten der Medienentwicklung, sondern auch im Hinblick auf das Konsumentenverhalten hat es in den letzten Jahren grundlegende Änderungen gegeben. Die traditionelle Vorstellung vom konsistenten Konsumenten mit Orientierung an eindimensionalen und rationalen Konsummotiven wurde nach und nach durch das Konzept des hybriden Konsumenten abgelöst. Der hybride Konsument ist durch eine mangelnde Transparenz in seinem Kaufverhalten charakterisiert, da er verschiedene, teilweise widersprüchliche, Konsumverhaltensweisen in sich vereint. Dies äußert sich in der Realität zum einem durch den Kauf hochwertiger Markenartikel, zum anderen aber auch durch die preisbewusste Auswahl günstiger Handelsmarken und Schnäppchenangebote. Das simultane Vorkommen beider Orientierungen stellt eine neue Herausforderung bei der Zielgruppendefinition dar.

Konnte früher vom Status des Konsumenten auf ein bestimmtes Kaufverhalten geschlossen werden, so kann das Einkommen einer Person allein nicht mehr als eindeutiges Kategorisierungskriterium herangezogen werden. Der heutige Konsument kennzeichnet sich jedoch nicht nur durch eine hohe Multioptionalität, sondern ist im Allgemeinen auch besser und umfassender informiert. Preisvergleiche sowie der Abruf unabhängiger Testberichte über Suchmaschinen im Internet ökonomisieren Preisvergleiche und begünstigen das Schnäppchenjagen. Der Konsument ist heute um ein Vielfaches aufgeklärter, da die Möglichkeit des Abfragens als auch der Verbreitung von Informationen über das Internet zu einer enormen Wissenstransparenz in der modernen Gesellschaft geführt hat. Im Zuge des Wandels vom Versorgungs- zum Erlebniskonsum erfolgt der Einkauf von Produkten nicht mehr rein zweckorientiert, sondern als Teil der eigenen Selbstverwirklichung und Darstellung der Individualität.

Handelsmarken vs. Markenartikel: Die Auswirkungen des veränderten Konsumentenverhalten lassen sich besonders deutlich im Lebensmitteleinzelhandel aufzeigen. Aufgrund der steigenden Beliebtheit der Discounter in den letzten Jahren hat sich ein stark umkämpfter horizontaler Wettbewerb zwischen Markenartikeln und Handelsmarken entwickelt. In Zeiten sinkender Einkommen und steigender Arbeitslosigkeit greifen die Konsumenten verstärkt auf Sonderangebote und No-Name-Produkte zurück. Tatsächlich verfügen Discounter wie beispielsweise LIDL und ALDI inzwischen über eine Käuferreichweite von über 98 % in der Bundesbevölkerung. Die stetig wachsende Marken- und Produktvielfalt hat darüber hinaus zu extremen Sättigungsprozessen auf Kundenseite geführt. In dessen Folge ist die Markenloyalität der Konsumenten unabhängig vom Einkommen drastisch gesunken. Mit der weitgehenden Homogenisierung der angebotenen Produkte wächst die Herausforderung an die Markenartikler, einen konkreten Mehrwert ihrer Produkte zu demonstrieren, um den teilweise drastischen Preisunterschied zu Handelsmarken zu rechtfertigen.

Die hier skizzierten Entwicklungen machen deutlich, dass die Mediaplanung der Zukunft einer Vielzahl von Herausforderungen gegenübersteht. Die Werbeflut in den klassischen Medien hat in den letzten Jahren zu einer starken Abwehrhaltung gegenüber Werbung auf Seite der Konsumenten geführt. Im Zuge der Individualisierung des Mediennutzungsverhaltens konkurrieren täglich Tausende von Werbebotschaften ständig und immer neu um die Aufmerksamkeit des Verbrauchers. Insofern wird man sich in Zukunft neben der kreativen Umsetzung der Werbebotschaft vor allem mit der Frage auseinandersetzen müssen, wie man überhaupt (noch) einen effektiven und bedeutungsvollen Zugang zum Konsumenten finden kann (Access-Management). Mediaplanung wird im Zuge der zunehmenden Fragmentierung der Medien eine immer zentralere Position im gesamten Kommunikationsprozess einnehmen, da sie die entscheidende Schnittstelle zwischen den Anforderungen des Kunden, der Marke und den möglichen Kommunikationskanälen darstellt. Der Mediaplaner muss kundenindividuell entscheiden, welcher Kommunikationskanal und welche Werbeform die Kampagnenidee am besten unterstützen, aber auch in welcher Situation, zu welchem Zeitpunkt und an welchen Ort die Konsumenten für die Werbebotschaft empfänglich sind. Waren die Mediaagenturen am Anfang ihrer Entwicklung eher ein Appendix der großen Kreativagenturen, so haben sie sich heute als gleichberechtigte Partner für umfassende strategische Kommunikationsberatung etabliert.

Diese Entwicklung erfordert gerade im Hinblick auf integrierte Konzepte eine verstärkte Zusammenarbeit der Mediaplanung und der Kreation. Um effektive und zielführende Kommunikationslösungen zu entwickeln, müssen sich Kreation und Media in ihrer Wirkung gegenseitig unterstützen und verstärken.

5. 9.2.2.4 Berufsbild Mediaplaner

Viele junge Leute reizt die Werbebranche als zukünftiges Arbeitsfeld. Trotzdem ist der Beruf des Mediaplaners den meisten Menschen weitgehend unbekannt. In den vergangenen Jahren wurden zwar einige neue Studiengänge wie Medienwirtschaft oder Medienmanagement eingeführt; im Allgemeinen spielt jedoch Medienmanagement in der Marketingausbildung noch immer eine eher untergeordnete Rolle. In diesem kurzen Exkurs soll daher näher auf Einstiegsmöglichkeiten in den Beruf und auf die konkreten Anforderungen an einen Mediaplaner eingegangen werden.

Mediaplaner arbeiten überwiegend in Mediaagenturen, können aber auch bei Verlagen oder privaten Rundfunksendern angestellt sein. Für den Beruf des Mediaplaners gibt es keinen formalen Ausbildungsweg, wodurch die Mediabranche gerade für Quereinsteiger besonders attraktiv ist. Voraussetzung für den Einstieg in den Beruf ist Abitur oder ein vergleichbarer Schulabschluss. Abiturienten können in einigen Agenturen eine ca. zweijährige Volontariatsausbildung abschließen. Zumeist erfolgt der Einstieg jedoch als Assistent oder Junior nach Abschluss einer kaufmännischen Ausbildung oder eines Studiums. Gewünschte Studienrichtungen sind überwiegend BWL, Kommunikations- oder Sozialwissenschaft. Darüber hinaus bieten die meisten Agenturen Hochschulabsolventen die Möglichkeit, ein circa einjähriges Traineeprogramm zu absolvieren. In diesem praxisorientierten Training-on-the-job werden die Berufseinsteiger von bereits erfahrenen Planern in allen Arbeitsbereichen ausgebildet. Diese interne Ausbildung wird in der Regel von verschiedenen Theorie- und Praxisseminaren begleitet.

Der Arbeitsbereich eines Mediaplaners ist aufgrund der Vielfalt der Kunden und deren unterschiedlichen Kommunikationsaufgaben sehr vielfältig und abwechslungsreich. Mediaplaner müssen deshalb gut kommunizieren und flexibel auf die verschiedenen Anforderungen ihrer Kunden reagieren können. Der Umgang mit Menschen ist zentraler Bestandteil des Agenturlebens und erfordert eine ausgeprägte Kommunikationskompetenz. Mediaplaner müssen sich schnell und intensiv in Produkte und Konsumenten hineindenken und daraus die richtigen mediastrategischen Ableitungen treffen. Darüber hinaus fordert Mediaplanung vor allem eine hohe Zahlenaffinität sowie ein allgemeines Verständnis von statistischen Zusammenhängen.

Mit der zunehmenden Differenzierung der Medienwelt ist auch die Mediaplanung in den vergangenen Jahren immer komplexer und anspruchsvoller geworden. Durch die wachsende Nachfrage von Kommunikationsexperten mit spezialisiertem Fachwissen sind die Berufsaussichten für Mediaplaner sehr gut. Das Einstiegsgehalt liegt bei 25.000–27.000 € pro Jahr. (Ausführliche Informationen zu Berufen in Mediaagenturen finden sich auf der Webseite der Organisation der Mediaagenturen (OMG) unter www.omg-online.de.)

5.10 Mediastrategie und Mediaplanung

5.10.1 Grundbegriffe der Mediaplanung

5.10.1.1 Reichweiten und Kontakte

> **Die *Reichweite* gibt an, wie viele Personen insgesamt (Grundgesamtheit) bzw. innerhalb einer Bevölkerungsgruppe (Zielgruppe) durch eine Schaltung in einem Werbeträger erreicht werden.**

Ausgangspunkt der Mediaplanung ist die **Reichweite.** Die Reichweite kann sowohl als Prozentwert (Anteil der erreichten Personen an allen Personen) als auch als absoluter Wert (Hochrechnung in Millionen erreichter Personen) ausgewiesen werden. Die Reichweite eines Werbeträgers in der Zielgruppe sagt etwas über dessen Verbreitung in der Zielgruppe aus. Eine hohe Reichweite bedeutet also, dass mit diesem Werbeträger viele Zielpersonen erreicht werden.

Als Prozentwert errechnet sich die Reichweite wie folgt:

$$\text{Reichweite in der Grundgesamtheit in \%} = \frac{\text{Reichweite in der Grundgesamtheit absolut}}{\text{Gesamtheit aller Personen der Grundgesamtheit}} \times 100$$

$$\text{Reichweite in der Zielgruppe in \%} = \frac{\text{Reichweite in der Zielgruppe absolut}}{\text{Gesamtheit der Zielpersonen}} \times 100$$

In engem Zusammenhang mit der Reichweite ist der Kontakt zu sehen. Der Begriff **Kontakt** wird einerseits im Zusammenhang mit der Berechnungsweise eines Reichweiten-Wertes verwendet, z.B. Werbeträger-Kontakt/Werbemittel-Kontakt. Eine weitere, hier vor allem interessierende Verwendung, findet der Kontaktbegriff insbesondere aber dann, wenn es sich um mehrere Einschaltungen in einem oder mehreren Werbeträgern handelt. Man spricht dann von **Brutto**- oder **Durchschnittskontakten**, synonym auch von **OTS/OTH** (opportunity-to-see/opportunity-to-hear).

> **Der Begriff *Kontakt* bezeichnet die Häufigkeit, mit der Zielpersonen erreicht werden.**

Bei nur einer Schaltung gibt es keinen Unterschied zwischen der Reichweite und einem Kontakt. Komplizierter wird es erst bei mindestens zwei Schaltungen, weil sich hier die Frage stellt, ob *dieselben* Personen wie bei der ersten Schaltung erreicht wurden oder ob die Zusammensetzung der erreichten Personengruppe eine andere war. Damit stellt sich automatisch auch die Frage, *wie oft* einzelne Personen mit dem Werbemittel erreicht wurden.

Um diesen Zusammenhang zu verdeutlichen, seien die drei möglichen Fälle vorgestellt, die sich bei zwei (oder mehr) Schaltungen ergeben können. Angenommen, es wird mit jeder Schaltung eine Reichweite von einer Million erzielt:

1. Bei der zweiten (und/oder jeder folgenden) Schaltung werden genau dieselben Personen erreicht wie bei der ersten Schaltung. In diesem Fall bleibt die Reichweite konstant, aber jede Person wird genau zwei Mal erreicht, hat also zwei Kontakte mit dem Werbemittel. Insgesamt werden mit zwei Schaltungen eine Million Personen erreicht, also genauso viel, wie mit einer Schaltung. Dies ist ein eher theore-

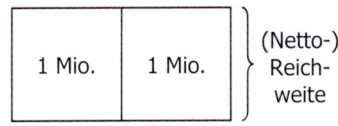

tischer Grenzfall, vorstellbar beispielsweise bei einer Fachzeitschrift, die ausschließlich von Abonnenten bezogen wird.

2. Bei der zweiten (und/oder jeder folgenden) Schaltung werden jeweils vollkommen andere Personen erreicht als bei der ersten Schaltung. Hier ergibt sich der genau gegenteilige Effekt wie im ersten Fall: Die Reichweite verdoppelt sich bei konstanter Kontaktzahl, jede Person wird genau ein Mal erreicht. Auch dies ist ein eher theoretischer Grenzfall, vorstellbar beispielsweise bei der Verteilung von Broschüren an Gäste eines Hotels oder an Flugzeugpassagiere.

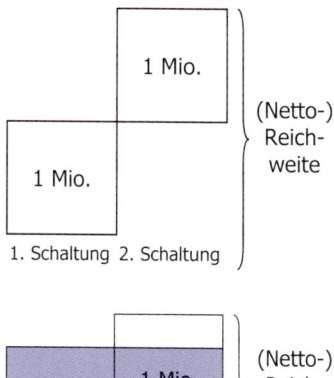

3. Der realistische Fall liegt irgendwo zwischen den beiden Extremfällen. Mit der zweiten (und jeder weiteren) Schaltung werden zwar auch jeweils eine Million Personen erreicht, aber es sind nicht jedes Mal dieselben. Vielmehr fallen gegenüber der ersten Schaltung einzelne Personen weg, dafür kommen neue hinzu. In dem nebenstehenden Beispiel ist es also die schraffierte Fläche, die den Personenkreis darstellt, der mit beiden Schaltungen erreicht wurde, der also zwei Kontakte mit dem Werbemittel hatte, die dunklen Flächen entsprechend der Personenkreis mit nur einem Kontakt. Die (Netto-) Reichweite hat sich also erhöht, der Werbetreibende hat einen Reichweitenzuwachs erhalten. Wie hoch dieser Reichweitenzuwachs ist hängt davon ab, wie regelmäßig oder unregelmäßig die Nutzerschaft des gewählten Werbeträgers ist.

Die Beispiele verdeutlichen den Begriff **Kontakt**. In Fall 1 wurden alle Personen durchschnittlich zwei Mal erreicht (daher auch **Durchschnittskontakt**), in Fall 2 wurde genau 1 Durchschnittskontakt erreicht und in Fall 3 ist der Wert größer als 1 aber kleiner als 2.

Da im Normalfall mit jeder weiteren Schaltung auch Personen erreicht werden, die mit einer früheren Schaltung schon erreicht wurden, kumuliert die Reichweite üblicherweise degressiv (vgl. Abbildung 5-46). Dies liegt in den so genannten Überschneidungen begründet (vgl. Kapitel 5.10.1.3), also in der Tatsache, dass jeder Werbeträger sowohl regelmäßige als auch gelegentliche Nutzer hat. In der Mediaplanung werden daher keine Reichweiten von 100 % angestrebt, üblich sind 70–75 %, da aufgrund der degressiven Reichweitenkumulation höhere Reichweiten unverhältnismäßig teuer werden. Weitere

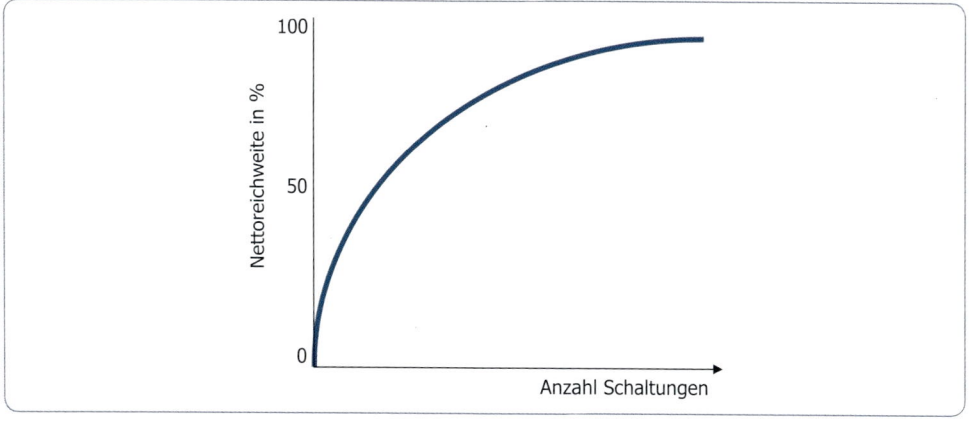

Abbildung 5-46: Reichweiten-Kumulation

Schaltungen würden eher zu höheren Kontakten bei den bereits erreichten Personen, als zu einem weiteren Reichweitenzuwachs führen (vgl. Hofsäss/Engel 2003, S. 269).

Ein konkretes Beispiel soll dies noch einmal verdeutlichen (s. Tabelle 5-6). Die Werbeinsel am 31.07. erreichte 1,39 Mio. Zuschauer. Prozentual ausgedrückt: 2,2 % aller Erwachsenen ab 14 Jahren in den Fernsehhaushalten. Der in dieser Werbeinsel geschaltete Spot erzielte also 1,39 Mio. Kontakte.

Tabelle 5-6: Zuschauerdaten einer Werbeinsel in einer Fernsehserie

Datum	Zeit	Reich-weite, Mio.	Brutto-Kontakte, Mio.	GRP (Brutto-RW in %)	Netto-RW in Mio.	Netto-RW in %	Durch-schnitts-kontakte
Sa, 31.07.	18:01	1,39	1,39	2,2	1,39	2,2	1,0
Sa, 07.08.	18:00	0,93	2,32	3,8	2,12	3,4	1,1
Zielgruppe: Erwachsene ab 14 Jahre, Basis: 61,68 Mio.							

Quelle: Stanko, M.K.: Keine Angst vor Kontakten, in: Tele Images Nr. 4, 1993, S. 44

Was geschieht, wenn der gleiche Spot eine Woche später erneut in der gleichen Werbeinsel im gleichen Umfeld geschaltet wird? Samstag, 07.08., Werbeinsel im Programmumfeld der gleichen Serie. Diesmal erreichte die Werbeinsel 930.000 Zuschauer. Die Frage, die sich in der Mediaplanung nun stellt ist: Wie viele Personen wurden durch **beide** Schaltungen erreicht? Waren es 2,32 Millionen, was der Summe beider Reichweiten (Bruttoreichweite) entspricht? Dies ist eher unwahrscheinlich, denn bei der zweiten Schaltung hat sich das Publikum natürlich anders zusammengesetzt. Viele Zuschauer, die die erste Werbeinsel gesehen haben, waren bei der zweiten Ausstrahlung nicht vor dem Fernseher, dafür sind neue hinzugekommen. Jetzt erst macht es Sinn, mit differenzierteren Reichweiten-Begriffen zu arbeiten (vgl. Stanko 1993a, S. 44).

Zurück zur Frage: wie viele Personen wurden mit beiden Schaltungen **(mindestens einmal!)** erreicht? Diese Frage ist nur mittels spezieller Kontrollverfahren zu beantworten, was in dem Beispiel einen Wert von 2,12 Millionen Zuschauern ergibt. Dieser Reichweiten-Wert wird als **Nettoreichweite** bezeichnet oder auch als **kumulierte** (Netto-) Reichweite. Er tritt erst dann auf, wenn ein Werbeträger mehr als einmal bzw. mehrere Werbeträger mindestens einmal belegt werden und lässt sich nur mit EDV-Programmen analysieren, die die internen bzw. externen Überschneidungen hochrechnen können.

> **!** Die *Nettoreichweite* gibt an, wie viele Personen *insgesamt* mit der Belegung eines oder mehrerer Werbeträger erreicht werden, ohne Berücksichtigung der Frage, wie häufig sie erreicht wurden. Die *Bruttoreichweite* ergibt sich dagegen aus der Summe der Belegungen aller Werbeträger und enthält somit auch die Personen, die mehrfach erreicht wurden, während die Nettoreichweite jede Person nur einmal erfasst. Aufgrund der Überschneidungen ist die Nettoreichweite immer geringer als die Bruttoreichweite.

Eine andere Frage ist: Wie häufig wurde die Werbeinsel mit dem Spot gesehen? Die Antwort darauf führt zu dem Begriff **Bruttokontakt.** In dem Beispiel sind es insgesamt 2,32 Millionen Kontakte mit der Werbeinsel, also die Summe der beiden Einzelreichweiten. Hier findet der **Durchschnittskontakt** seine Anwendung: Er sagt aus, **wie viele Werbeinseln, die den Spot enthielten, von jeder erreichten Person durchschnittlich gesehen wurde.** Es handelt sich dabei also um einen gemittelten Wert.

Die **Nettoreichweite** bezeichnet die **Anzahl der Zielpersonen, die bei mehreren Bele-**

gungen mindestens einmal erreicht wurden. Bei mehr als einer Schaltung eines Werbespots weicht die Zahl der erreichten Personen (Nettoreichweite) von der Summe der erzielten Kontakte mit diesen Personen (Bruttoreichweite) ab.

Für das Beispiel in Tabelle 5-6 errechnen sich die Durchschnittskontakte also wie folgt:

$$\frac{\text{GRP (in \%)} = 3{,}8}{\text{Netto-RW (in \%)} = 3{,}4} = 1{,}1 \text{ OTS} = \frac{\text{GRP (in Mio.)} = 2{,}32}{\text{Netto-RW (in Mio.)} = 2{,}12}$$

d.h.: 3,4 % der Zielgruppe bzw. 2,12 Millionen wurden mit zwei Schaltungen des Spots mindestens 1-mal erreicht, im Durchschnitt 1,1-mal.

Die Unterscheidung in Brutto- und Nettoreichweite ist immer dann relevant, wenn entweder in unterschiedlichen Ausgaben eines Werbeträgers mehrere Schaltungen erfolgen bzw. bei jeweils einer Schaltung (oder mehreren Schaltungen) parallel in unterschiedlichen Werbeträgern. Zur Verdeutlichung: Bei nur einer einzigen Schaltung in nur einem einzigen Werbeträger sind Brutto- und Nettoreichweite identisch, die Durchschnittskontakte haben den Wert 1. Ein Titel, der 6 Millionen Personen erreicht, erzielt auch 6 Millionen Kontakte. Bei mehr als einer Schaltung sind die Werte allerdings unterschiedlich und zwar

- wird bezogen auf einen Titel die Anzahl der Kontakte immer mit der Anzahl der Ausgaben multipliziert bzw.
- muss bei verschiedenen Titeln die Anzahl der Kontakte addiert werden.

Die Reichweite mehrerer Ausgaben kann dagegen nicht selbst berechnet werden, da die Überschneidungsverhältnisse nicht bekannt sind (vgl. Hofsäss/Engel 2003, S. 272).

Die in Prozent ausgewiesene Nettoreichweite gibt an, welcher Anteil an Gesamt (bzw. an der vorgegebenen Zielgruppe) erreicht wurde. Sie kann höchstens 100 % erreichen, in diesem Fall wurde also jeder mindestens einmal kontaktiert. Zu berücksichtigen ist eine nicht überschreitbare Grenze der Nettoreichweite: der **weiteste Seherkreis (WSK)** (resp. der **weiteste Leserkreis WLK**). Dieser Wert wird vor allem durch das Empfangspotenzial

---

Auf der Ebene von Prozentwerten:

Bruttoreichweite (in %) = Nettoreichweite (in %) x Durchschnittskontakte

$$\text{Nettoreichweite (in \%)} = \frac{\text{GRP (Bruttoreichweite in \%)}}{\text{Durchschnittskontakte}}$$

$$\text{Durchschnittskontakte} = \frac{\text{GRP (Bruttoreichweite in \%)}}{\text{Nettoreichweite in \%}}$$

Auf der Ebene von hochgerechneten Werten (Mio.):

Bruttokontakte (in Mio.) = Nettoreichweite (in Mio.) x Durchschnittskontakte

$$\text{Nettoreichweite (in Mio.)} = \frac{\text{Bruttokontakte in Mio.}}{\text{Durchschnittskontakte}}$$

$$\text{Durchschnittskontakte} = \frac{\text{Bruttokontakte in Mio.}}{\text{Nettoreichweite in Mio.}}$$

Abbildung 5-47: Die Berechnung von GRP, Netto-Reichweite und Durchschnittskontakten

bestimmt. Bei einem Sender mit einer technischen Reichweite von 70 % in der Gesamtbevölkerung (begrenzt z.B. durch die Empfangbarkeit über Kabel oder Satellit), kann
der WSK (und somit die maximale Nettoreichweite!) höchstens den Wert 70 % erreichen.
Werden hingegen nur die einzelnen Kontakte betrachtet, so zeigt sich ein anderes Bild.
Denn das Kontaktwachstum ist unbegrenzt, mit jeder weiteren Einschaltung vergrößert
es sich. Hier werden die mit jeder weiteren Einschaltung erzielten Einzelreichweiten addiert – sei es in absoluten Zahlen oder in Prozentwerten. Deshalb erreicht das prozentuale
Kontaktwachstum bei größeren TV-Kampagnen schnell Größenordnungen von mehr als
100 % (= Bruttoreichweite in %). Dieser Wert, der die internen und externen Überschneidungen nicht berücksichtigt, wird auch als **GRP (Gross-Rating-Point)** bezeichnet. Der
GRP ist also nichts anderes als die **Summe aller Einzelreichweiten in Prozent** (und
damit vor allem eine rein mathematische Größe), also die **Kontaktsumme** in Prozent.
In der Mediaplanung werden GRPs als Kenngröße für den Werbedruck genutzt. Ein
Werbedruck von 100 GRP bedeutet, dass prozentual das gesamte Zielgruppenpotenzial
abgedeckt wurde, was aber nicht heißt, dass tatsächlich auch jede einzelne Zielperson
erreicht wurde. Wenn also beispielsweise jede Person zwei Durchschnittskontakte hatte,
wurden mit 100 GRP genau 50 % der Zielgruppe erreicht.

Während die Bruttoreichweite den Nachteil hat, dass die Größe der Zielgruppe nicht
berücksichtigt wird, geben die Gross Rating Points die erzielten Kontakte pro 100 Zielpersonen an:

$$GRP = \frac{Bruttoreichweite}{Zielgruppengröße} \times 100$$

Eine andere Schreibweise soll diese Formel etwas näher erläutern: Zähler und Nenner
werden durch die Nettoreichweite dividiert und die Regel angewendet, dass Brüche dividiert werden, indem mit dem Kehrwert multipliziert wird:

$$GRP = \frac{\frac{Bruttoreichweite}{Nettoreichweite}}{\frac{Zielgruppengröße}{Nettoreichweite}} = \frac{Bruttoreichweite}{Nettoreichweite} \times \frac{Nettoreichweite}{Zielgruppengröße} \times 100$$

also: GRP = Durchschnittskontakte x Nettoreichweite in %

Diese Formel verdeutlicht die beiden Interpretationsmöglichkeiten der GRP:

1. Die erste Interpretationsmöglichkeit berücksichtigt, dass der GRP-Wert angibt, wie viele Kontakte im Durchschnitt auf 100 Zielpersonen entfallen. Der GRP-Wert ist damit
ein Maß für den durchschnittlichen Werbedruck in der Zielgruppe, da die Zielgruppengröße mit berücksichtigt wird. GRPs sind daher unabhängig von der Zielgruppengröße
besser vergleichbar.

2. Die zweite Interpretation berücksichtigt, dass der GRP-Wert das Produkt aus Nettoreichweite in Prozent und Durchschnittskontakten ist. GRPs berücksichtigen daher
zwei Größen gleichzeitig, die Durchschnittskontakte und die Nettoreichweite. Sie sind
daher aussagefähiger als die Durchschnittskontakte oder die Bruttoreichweite allein.
Bei gleicher Bruttoreichweite würden die Durchschnittskontakte wachsen, wenn die
Nettoreichweite kleiner wird, der GRP-Wert würde dagegen konstant bleiben.

Allerdings zeigen die GRP nicht die Struktur der zu Grunde liegenden Leistungswerte.
Trotz unterschiedlicher Reichweite/Kontaktrelationen können gleiche GRP-Werte entstehen (vgl. Schnettler/Wendt 2003, S. 104 f.).

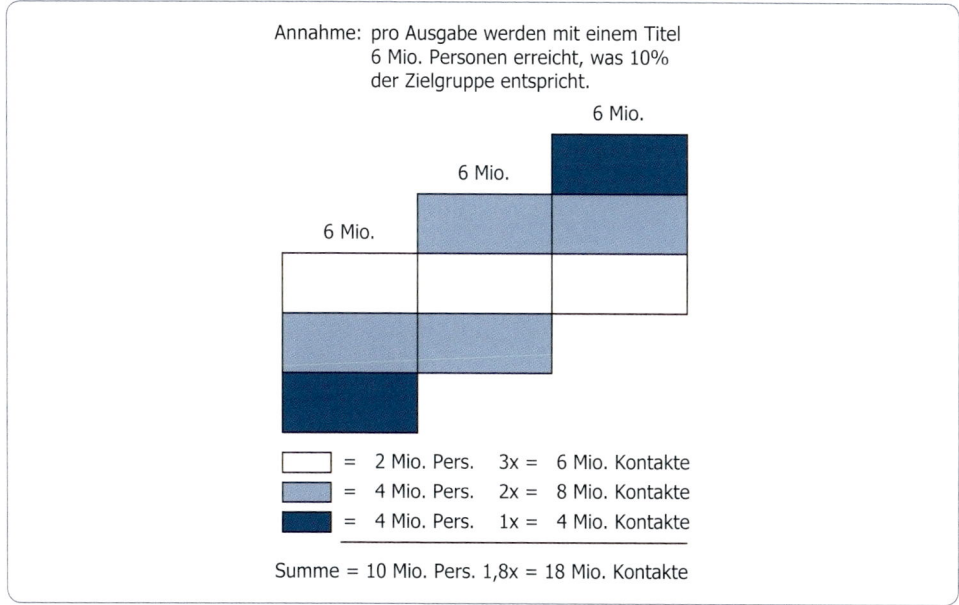

Annahme: pro Ausgabe werden mit einem Titel
6 Mio. Personen erreicht, was 10%
der Zielgruppe entspricht.

6 Mio.

6 Mio.

6 Mio.

☐ = 2 Mio. Pers.   3x = 6 Mio. Kontakte
▨ = 4 Mio. Pers.   2x = 8 Mio. Kontakte
■ = 4 Mio. Pers.   1x = 4 Mio. Kontakte

Summe = 10 Mio. Pers. 1,8x = 18 Mio. Kontakte

Abbildung 5-48: *Nettoreichweite und Reichweiten-Kumulation*
Quelle: Hofsäss/Engel: Praxishandbuch Mediaplanung, Berlin 2003, S. 271

Abbildung 5-48 soll die Reichweiten-Kumulation nochmals verdeutlichen. In dem Beispiel werden drei Ausgaben eines Werbeträgers belegt, der durchschnittlich 6 Millionen Personen erreicht. Aufgrund der angenommenen Überschneidungen ergibt sich nach drei Schaltungen eine Nettoreichweite von 10 Millionen Personen, mit denen 18 Millionen Kontakte erzielt wurden. Jede einzelne Person wurde durchschnittlich 1,8 mal erreicht:

$$\frac{\text{Bruttokontake}}{\text{Nettoreichweite}} = \frac{18 \text{ Mio. Kontakte}}{10 \text{ Mio. Personen}} = 1,8 \text{ Durchschnittskontakte}$$

Über den als notwendig erachteten Werbedruck lassen sich auch Budgets ableiten:

Wenn beispielsweise ein Mediaplan vorsieht, 75 % der Zielgruppe durchschnittlich viermal über das Fernsehen zu erreichen und 100 GRP in der Zielgruppe erfahrungsgemäß 0,7 Mio. Euro kosten, errechnet sich das notwendige Budget wie folgt:
75 % Nettoreichweite x 4 Durchschnittskontakte   = 300 GRP
0,7 Mio. € pro 100 GRP x 3   = 2,1 Mio. €

5. 10.1.2 Kontaktverteilung und wirksame Reichweite

Das Lernen von Werbebotschaften setzt eine Verankerung im Langzeitgedächtnis voraus. Die Inhalte müssen dabei mit „Stichwörtern" verknüpft werden, um zu einem späteren Zeitpunkt reaktiviert werden zu können. Die Zahl der Wiederholungskontakte – die so genannte **Kontaktdosis** – ist dabei ausschlaggebend für den Lernerfolg.

Ausgangspunkt sind Werbewirkungs-Funktionen, so genannte **Response-Funktionen**. Dabei werden meist S-förmige oder degressiv steigende Funktionen verwendet, d.h. es wird davon ausgegangen, dass die Wirksamkeit einer Werbebotschaft mit steigender Kontaktdosis nur unterproportional zunimmt und eine Art Sättigungseffekt eintritt (vgl. Abbildung 5-49).

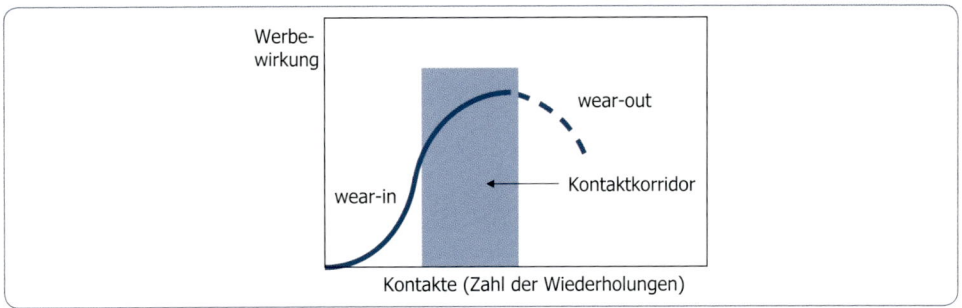

Abbildung 5-49: *Der Kontaktkorridor*

Die pauschale Betrachtung von Durchschnittskontakten ist für sich allein betrachtet nicht sehr aufschlussreich. Unter Berücksichtigung der Bedeutung von Wiederholungen für den Lernerfolg stellt sich schnell die Frage, welche Reichweiten eine Kampagne in einzelnen Kontaktklassen erzielt hat.

Für den Mediaplaner gilt es, einen optimalen Kontaktkorridor in einem gegebenen Zeitraum anzustreben. Vorrangiges Ziel sollte dabei sein, die Kontakte unterhalb der Wirkungsschwelle zu vermeiden und somit die so genannte **wirksame Reichweite** zu erhöhen.

Das nachhaltige Lernen einer Werbebotschaft setzt ausreichend Kontakte in einem gegebenen Zeitraum voraus. Zu wenige Kontakte (so genannte Untersteuerung) führt zu Streuverlusten. Das Gegenteil sind zu hohe Kontakte jenseits des Sättigungspunktes. Unter Wirtschaftlichkeits- wie auch unter Wirkungsaspekten empfiehlt es sich daher, einen Kontaktkorridor anzusteuern, der Kontakte unterhalb der Wirkungsschwelle sowie Kontakte jenseits der Sättigungsgrenze einer Kampagne minimiert.

Informationen über die Kontaktverteilung sind immer dann wichtig, wenn die Werbewirkung als Folge von Wiederholungskontakten verstanden wird (vgl. Kapitel 2.2.3.2). Die Frage, wo die Wirkungsschwelle und die Sättigungsgrenze anzusetzen ist, lässt sich nicht generalisierend beantworten. Fest steht nur, dass ein Zusammenhang, wie ihn Response-Kurven unterstellen, existiert. Wie der Verlauf einer Response-Kurve ist, lässt sich jedoch nur für jeden individuellen Einzelfall erforschen und hängt natürlich auch von der kreativen Umsetzung der Kampagne ab.

Eine Kontaktverteilung ist dann als optimal anzusehen, wenn möglichst viele Zielpersonen mit der angestrebten Kontakthäufigkeit (Kontaktkorridor) erreicht wurden. Die Problematik liegt jedoch darin, dass es in der Zielgruppe immer Personen geben wird, die intensive Mediennutzer sind und mit einer hohen Kontaktdosis erreicht werden. Andererseits gibt es Personen, die nur gelegentliche Mediennutzer sind.

Der Versuch, eine optimale Kontaktdosis in der Zielgruppe zu erreichen, konfligiert in der Praxis häufig mit dem zur Verfügung stehenden Werbeetat (vgl. Abbildung 5-50). Werden beispielsweise durchschnittlich 5 Kontakte in der Zielgruppe für notwendig gehalten, lässt sich daraus ein erforderlicher Werbeetat in Höhe von 5 Millionen Euro ableiten. Stehen tatsächlich jedoch nur 2 Millionen Euro zur Verfügung, ist die angestrebte Zielsetzung nicht realisierbar.

Für die Mediastrategie ergeben sich dann zwei Möglichkeiten:

- entweder kann die Gesamtzielgruppe nur mit durchschnittlich 2 Kontakten angesprochen werden, d.h. es werden zwar alle Zielpersonen angesprochen, aber mit einer unzureichenden Kontaktdosis oder

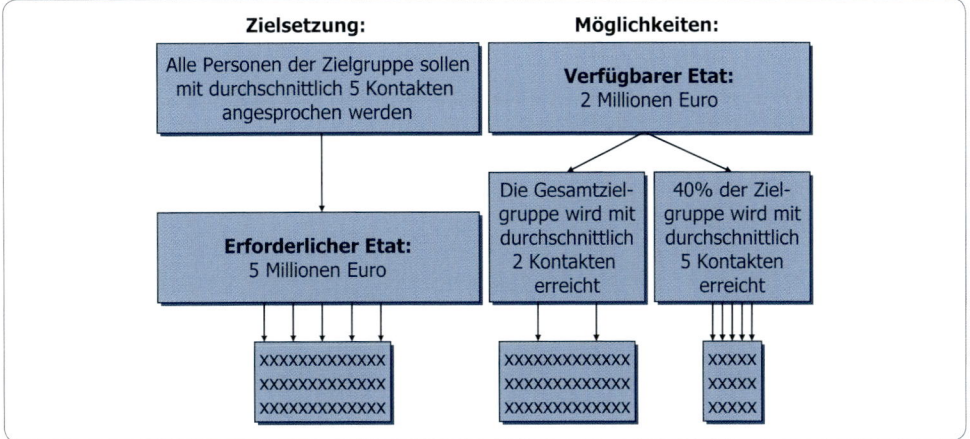

Abbildung 5-50: *Zielkonflikt zwischen Werbedruck und Werbeetat*

- nur ein Teil der Zielgruppe wird mit durchschnittlich 5 Kontakten angesprochen, d.h. die für notwendig erachtete Kontaktdosis wird zwar erreicht, aber nicht bei der Gesamtzielgruppe.

Bei begrenzten Budgets muss also entschieden werden, ob Reichweite oder Kontakte Priorität haben sollen. Bei Neueinführungen, großen, aber heterogenen Zielgruppen und bei hohem Produktinvolvement ist es sinnvoll, auf Reichweite zu setzen, bei erklärungsbedürftigen Produkten oder bei geringem Produktinvolvement sollten Kontakte den Vorrang haben.

5. 10.1.3 Überschneidungen und Fluktuation

Die unterschiedliche Nutzungsintensität von Medien beeinflusst in entscheidendem Maße die Entwicklung der **Nettoreichweite**, die im Normalfall mit jeder weiteren Belegung eines Werbeträgers ansteigt. Dieser Vorgang wird als **Kumulation** bezeichnet.

Das Kumulationsverhalten ist je nach Werbeträger sehr unterschiedlich. Es wird beeinflusst von den bereits erwähnten **Überschneidungen.** Je nachdem, ob ein und derselbe Werbeträger mehrmals oder ob verschiedene Werbeträger parallel belegt werden, wird zwischen externen und internen Überschneidungen unterschieden.

Je größer die Stammleserschaft eines Werbeträgers ist, desto größer ist die interne Überschneidung, weil Kontakte mit ein und denselben Lesern erzielt werden. Für den Reichweitenaufbau ergibt sich entsprechend der Umkehrschluss: Je größer die interne Überschneidung ist, desto geringer ist der

Externe Überschneidungen sind die zwischen den Nutzern mehrerer Medien (Doppel-, Mehrfachleser), d.h. eine Person nutzt mehrere Werbeträger parallel.
Interne Überschneidungen sind solche zwischen den Nutzern verschiedener Ausgaben desselben Mediums. Wird also in einer Zeitschrift eine Anzeige in mehreren aufeinander folgenden Ausgaben geschaltet, haben die Nutzer dieser Zeitschrift auch mehrfach die Möglichkeit, diese Anzeige zu sehen.

Reichweitenzuwachs bei Mehrfachbelegung derselben Zeitschrift, weil bei hoher interner Überschneidung wenige neue Leser erreicht werden. Eine breite Streuung wird also dann erreicht, wenn Medien eingesetzt werden, die sich möglichst wenig überschneiden.

Die Nettoreichweite bei Schaltungen in den Werbeträgern A und B (vgl. Abbildung 5-51) berücksichtigt die Überschneidung (intern und/oder extern) der Nutzerschaft. Die Bruttoreichweite ist hingegen die Addition der beiden Reichweiten. Da es erhebungstechnisch praktisch jedoch nicht möglich ist, die Mehrfachnutzung von Werbeträgern – also die Überschneidungen – zu erfassen, wird deutlich, dass es sich bei der Nettoreichweite im Wesentlichen um ein theoretisches Konstrukt handelt, das auf der Ebene von Wahrscheinlichkeiten angesiedelt ist.

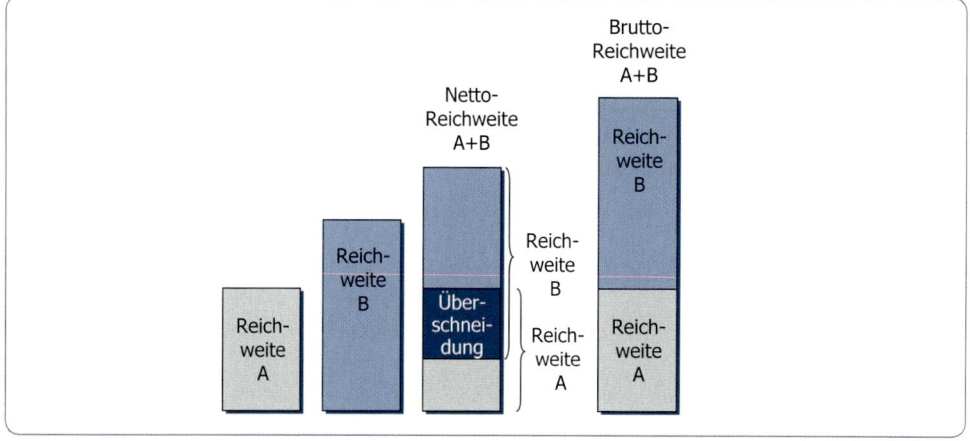

Abbildung 5-51: *Externe Überschneidung 1*

Quelle: Koschnick: Standard-Lexikon für Mediaplanung und Mediaforschung in Deutschland, 2. Aufl., München et al. 1995, S. 1319

Abbildung 5-52 stellt die Situation einer parallelen Schaltung in drei Zeitschriften dar. Die Bruttoreichweite ergibt sich hier aus $L_1 + L_2 + L_3$, die Nettoreichweite = Bruttoreichweite $- L_{12} - L_{13} - L_{23} - L_{123}$. L_{123} ist somit die Leserschaft, die parallel alle drei Zeitschriften nutzt. Abbildungen 5–51 und 5–52 verdeutlichen, dass der Unterschied zwischen Brutto- und Nettoreichweite in den (internen und/oder externen) Überschneidungen liegt.

Das Überschneidungsmodell in Abbildung 5-53 zeigt, dass bereits nach drei Ausgaben sieben verschiedene (Leser-) Gruppen vorhanden sind, die entweder eine, zwei oder drei Ausgaben des Titels gelesen haben. Die Anzahl möglicher Leserschaften (L) entwickelt sich nach der Formel $L = 2^n - 1$, nach 10 Schaltungen ergeben sich demnach rechnerisch bereits 1023 verschiedene Leserschaftsgruppen.

Das unterschiedliche Mediennutzungsverhalten wird auch als **Fluktuation** bezeichnet.

 Fluktuation ist die personenmäßige Veränderung innerhalb der Gesamtnutzerschaften, *ohne dass sich die Gesamtzahl der Nutzer ändern müsste.*

Fluktuation entsteht durch das unterschiedliche Nutzungsverhalten bezüglich der Regelmäßigkeit der Nutzung. Die Fluktuation innerhalb z.B. der Leserschaft einer Zeitung ist um so größer, je höher der Anteil gelegentlicher Leser ist. Die Fluktuation ist also Ausdruck für den Wechsel in der Zusammensetzung der Nutzerschaft eines Werbeträgers von Ausgabe zu Ausgabe bzw. von Sendung zu Sendung.

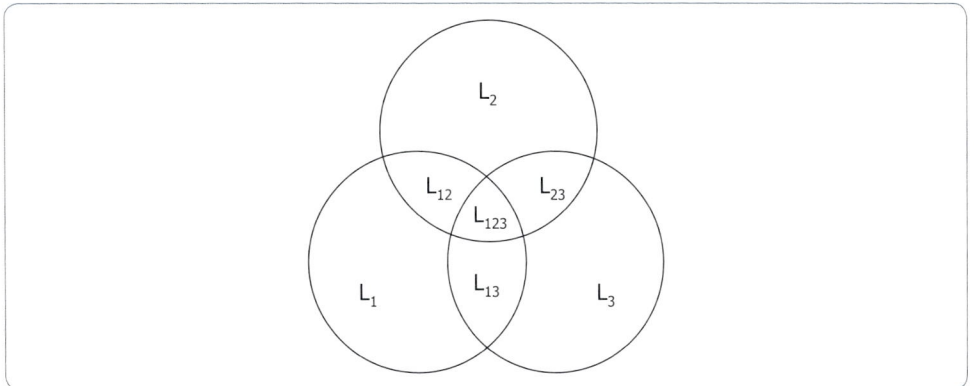

Abbildung 5-52: *Externe Überschneidung 2*
Quelle: Braunschweig: Marketing, München 1999, S. 241

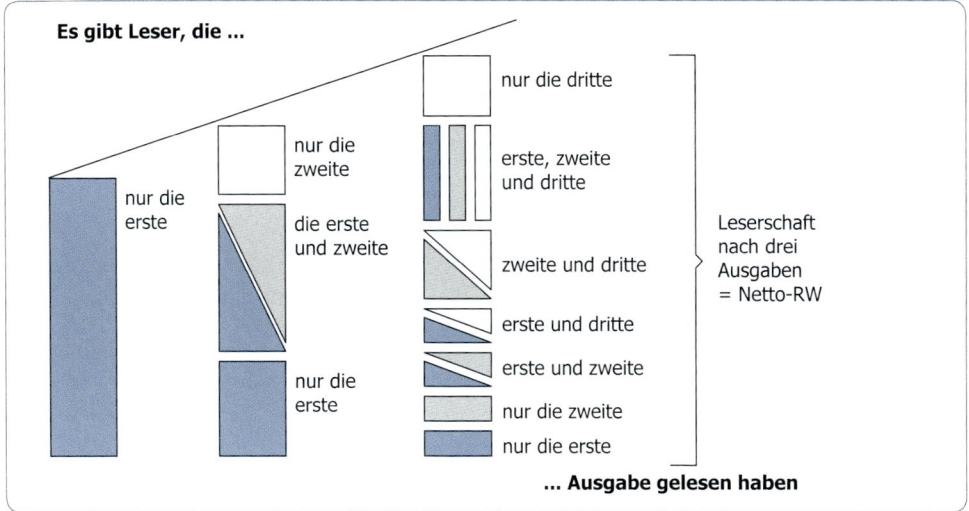

Abbildung 5-53: *Überschneidungsmodell der kumulierten Leserschaft eines Mediums*
Vgl.: Axel Springer Verlag: Media – Planung für Märkte, 6. Aufl., Hamburg 2001, S. 74

Wie die Fluktuation die kumulierte Reichweite (= Nettoreichweite) beeinflusst, zeigt Abbildung 5-54. Bei einem hohen Anteil gelegentlicher Leser (anders ausgedrückt: bei einem geringen Anteil regelmäßiger Leser, Bsp. A), kumuliert sich die (Netto-) Reichweite deutlich höher, als bei Zeitschriften mit einem hohen Anteil regelmäßiger Leser (Bsp. B). Für den Mediaplaner ergibt sich aufgrund des unterschiedlichen Kumulationsverhaltens die Möglichkeit, mit jedem Zukauf entweder die **Reichweite** (Titel mit unregelmäßiger Leserschaft) oder die Anzahl der Werbeanstöße pro erreichter Person (**Kontakte**) (Titel mit regelmäßiger Leserschaft) zu forcieren.

In dem gedanklichen Extremfall, dass ein Werbeträger ausschließlich regelmäßige Nutzer hat, werden bei Mehrfachbelegung dieses Werbeträgers auch ausschließlich Wiederholungskontakte erreicht, da immer nur dieselben Personen erreicht werden. Die Nettoreichweite bleibt also konstant, allerdings werden die Kontakte maximiert. In dem

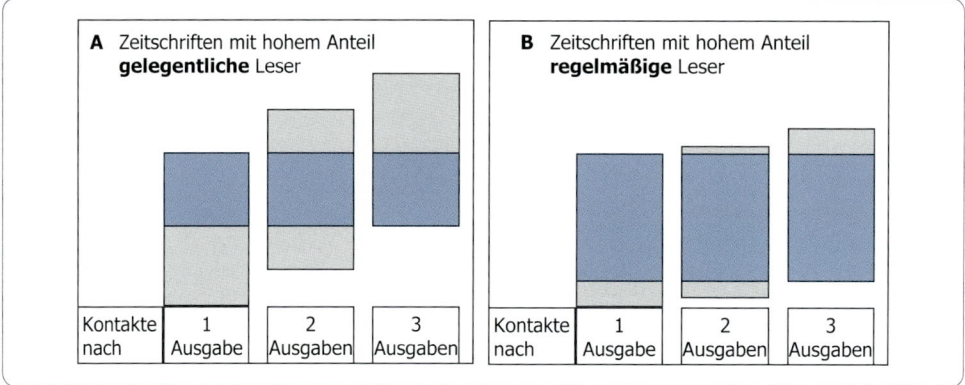

Abbildung 5-54: *Fluktuation von Leserschaften*

Vgl.: Axel Springer Verlag: Media – Planung für Märkte, 6. Aufl., Hamburg 2001, S. 312

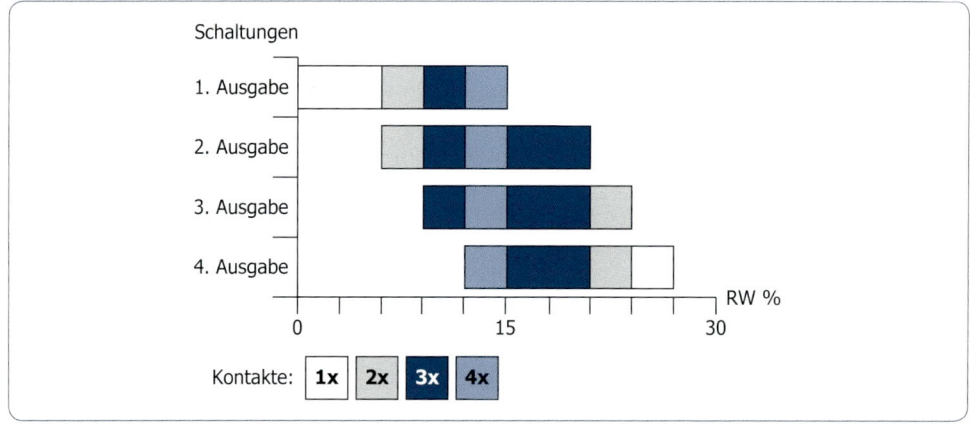

Abbildung 5-55: *Interne Überschneidungen und Durchschnittskontakte*

anderen Extremfall, dass ein Werbeträger ausschließlich unregelmäßige Nutzer hat, wird hingegen bei Mehrfachschaltung die Netto-Reichweite maximiert und jeder Nutzer hatte nur einen Kontakt.

Das Beispiel in Abbildung 5-55 verdeutlicht den Einfluss der Fluktuation auf die Durchschnittskontakte. Angenommen seien 4 Schaltungen einer Anzeige in 4 Ausgaben des *Stern*. Mit jeder Anzeige werden 15 % Reichweite bei den 20–29-jährigen Personen erzielt. Einige Personen lesen jede Ausgabe, andere lesen den *Stern* nur gelegentlich. Nach 4 Schaltungen ergibt sich in dem Beispiel durch die *internen* Überschneidungen eine Netto-Reichweite von 27 %, die sich kumuliert aus:

> 9 % Reichweite mit Personen, die 1,
>
> 6 % Reichweite mit Personen, die 2,
>
> 9 % Reichweite mit Personen, die 3 und
>
> 3 % Reichweite mit Personen, die 4 Kontakte hatten.

Mit 4 Schaltungen wurden jeweils 15 % Reichweite (= 60 % Bruttoreichweite) erzielt, insgesamt wurden 27 % der Zielgruppe (=Nettoreichweite) erreicht, mit durchschnittlich 2,2 Kontakten.

Die Durchschnittskontakte errechnen sich wie folgt:

$$\text{Durchschnittskontakte} = \frac{\text{GRP } (4 \times 15\,\%) = 60\,\%}{\text{NRW} = 27\,\%} = 2{,}2 \text{ OTS}$$

Tabelle 5-7: Externe und interne Überschneidungen

	Brigitte	Freundin	Für Sie	Journal für die Frau
Brigitte	57	23*	19	9
Freundin	31*	54	25	11
Für Sie	26	24	55**	11
Journal für die Frau	21	19	20	54

Leserschaft pro Ausgabe, Angaben in %

Unterschiedliche Titel werden von teilweise denselben Personen gelesen: Ihre Leserschaften überschneiden sich (= externe Überschneidung). Die Leserschaften überschneiden sich aber auch dadurch, dass unterschiedliche Ausgaben desselben Titels von denselben Personen gelesen werden (= interne Überschneidung). Tabelle 5-7 enthält ein Beispiel dafür, wie Durchschnittskontakte von Überschneidungen beeinflusst werden.

Lesebeispiel: 23 % der Leser einer (beliebigen) Ausgabe der *Brigitte* lesen auch eine (beliebige) Ausgabe der *Freundin*, 31 % der Leser einer (beliebigen) Ausgabe der *Freundin* lesen auch eine (beliebige) Ausgabe der *Brigitte* (= externe Überschneidung). 55 % der Leser einer (beliebigen) Ausgabe der *Für Sie* lesen auch eine andere (beliebige) Ausgabe der *Für Sie* (= interne Überschneidung, markierte Zellen).

5. 10.1.4 Zielgruppenaffinität

Massenkommunikation zieht immer Streuverluste nach sich, nur ein Teil der über die Werbeträger erreichten Personen gehört zur anvisierten Zielgruppe. Der andere, manchmal sogar größere Teil, fällt unter die Rubrik „Streuverluste". Eine hohe Streugenauigkeit ist deshalb wichtig, weil die Streukosten eines Werbeträgers davon abhängen, wie hoch seine Reichweite in der Grundgesamtheit ist, und nicht davon, wie viele Zielpersonen damit erreicht werden. Wenn eine Anzeige in einem Werbeträger mit hoher Reichweite in der Grundgesamtheit, aber nur geringer Reichweite in der Zielgruppe geschaltet wird, fallen eben auch Streukosten für die Personen an, die nicht zur Zielgruppe, aber zur Nutzerschaft des Werbeträgers gehören. Die Belegung dieses Werbeträgers wäre dann eher unwirtschaftlich (vgl. Schnettler/Wendt 2003, S. 84 f.).

Als Maß für die Übereinstimmung der Nutzerschaft eines Werbeträgers mit der damit anvisierten Zielgruppe dient die Affinität.

Der Affinitäts-Wert sagt nur etwas über den relativen Anteil der Zielgruppe an der Werbeträgernutzerschaft aus. Diesem Wert lässt sich jedoch nicht entnehmen, ob die Zielgruppe in

> Die *Affinität* gibt Auskunft über den Anteil der Zielgruppe an der Gesamtnutzerschaft eines Werbeträgers. Je ausgeprägter die Affinität – je größer also der Anteil der Zielgruppe an der Gesamtnutzerschaft – desto geringer sind die Streuverluste und um so besser wird die Zielgruppe abgedeckt.

der betrachteten Zeit über- oder unterproportional vertreten war. Hier hilft der **Affinitäts-Index** weiter: Ein Index-Wert über 100 bedeutet, dass die Zielgruppe überproportional an der Seherschaft der Werbeinsel beteiligt war, was für eine hohe Zielgruppen-Abdeckung und niedrige Streuverluste spricht. Ein Index unter 100 hingegen drückt den gegenteiligen Sachverhalt aus, also überdurchschnittliche Streuverluste. Ein Index von 100 bedeutet, dass die Zielgruppe den gleichen prozentualen Anteil an der Gesamtnutzerschaft eines Mediums aufweist wie an der Gesamtbevölkerung.

$$\text{Affinität (\%)} = \frac{\text{Reichweite der Zielgruppe (Mio.) x 100}}{\text{Reichweite in der Grundgesamtheit (Mio.)}}$$

$$\text{Affinitäts-Index} = \frac{\text{Zielgruppenanteil an der Werbeträger-Nutzerschaft (\%)}}{\text{Zielgruppenanteil an der Gesamtbevölkerung (\%)}} \times 100$$

Ein hoher Affinitäts-Index ist vor allem ein qualitativer Wert: Je höher der Affinitäts-Index, desto stärker trifft der Werbeträger die besonderen Interessen der jeweiligen Zielgruppe. Das positive Image, welches dieser Werbeträger in der Zielgruppe besitzt, wird sich vermutlich auch auf die darin geschalteten Werbemittel übertragen.

Das folgende Beispiel soll Affinitäten im Hinblick auf das Zielgruppenmerkmal Geschlecht bei den Zeitschriften Spiegel und Brigitte aufzeigen. In der deutschen Bevölkerung haben Männer einen Anteil von 47 % und Frauen einen Anteil von 53 %. Die MA weist aus, dass der Spiegel einen Männeranteil von 64 % und die Brigitte von 8 % hat. In Bezug auf Männer hat der Spiegel somit eine deutlich höhere Affinität als die Brigitte.

	Struktur in der Bevölkerung	Leserschaftsstrukturen	
		Der Spiegel	Brigitte
Männer	47 %	64 %	8 %
Frauen	53 %	36 %	92 %

Affinitätsindices:　Der Spiegel: $\frac{64\,\%}{47\,\%} = 136$　Brigitte: $\frac{8\,\%}{47\,\%} = 17$

Mit 64 % ist der Anteil von Männern beim Spiegel höher als in der Gesamtbevölkerung, der Spiegel erreicht Männer also überdurchschnittlich. Bei der Brigitte weist ein Affinitätsindex von 17 hingegen einen deutlich unterproportionalen Männeranteil aus.

Affinitäten und Affinitäts-Indices gestatten eine schnelle Übersicht über die Nähe der Zielgruppe zu den Werbeträgern. Sie liefern allerdings keinen Hinweis auf die absoluten Reichweiten-Verhältnisse. Affinitäts-Indices zeigen schnell, wo sich die anvisierte Zielgruppe überdurchschnittlich gut erreichen lässt. Sie dürfen aber nicht den Blick auf die absolut erzielten Reichweiten verstellen. Denn reduzierte Streuverluste stellen nur eine Zielgröße der Mediaplanung dar. Eine andere, oftmals wichtigere Zielgröße, besteht in einer hohen, zielgruppenspezifischen Reichweite. Diese wird häufig nur durch die Belegung von reichweitenstarken Medien erzielt, in denen die anvisierte Zielgruppe aber nur eine unterproportionale Affinität und somit vergleichsweise hohe Streuverluste aufweist (vgl. Stanko 1994, S. 42 ff.).

Eine Werbeträgerauswahl, die allein auf Affinitäten basiert, kann also zu unwirtschaftlichen Belegungen führen. In Abbildung 5-56 seien folgende Affinitäten gegeben:

- Affinität des Werbeträgers a zur Personengruppe X = 0,25
- Affinität des Werbeträgers b zur Personengruppe X = 0,5
- Affinität des Werbeträgers c zur Personengruppe X = 1,0

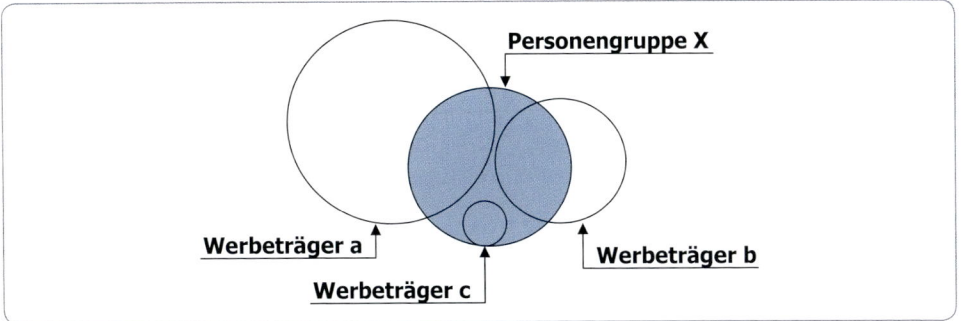

Abbildung 5-56: *Werbeträgerauswahl nach Affinitäten*
Quelle: Koschnick: Standard-Lexikon für Mediaplanung und Mediaforschung in Deutschland, 2. Aufl., München et al. 1995, S. 38

Eine Werbeträgerauswahl allein auf Basis von Affinitäten, ohne Berücksichtigung der tatsächlichen Reichweiten würde zu der wenig sinnvollen Rangfolge c > b > a führen.

5. 10.1.5 Wirtschaftlichkeitskennziffern

Bisher wurden nur die Größen betrachtet, mit denen sich die **Leistungsdimensionen** von Werbeträgern beschreiben lassen. Unberücksichtigt blieb dabei der **Kostenfaktor**. In der Praxis interessieren weniger die **absoluten** Kosten für Werbung, da der Vergleich der absoluten Schaltkosten insofern wenig Sinn macht, als sich die Werbeträger auch hinsichtlich ihrer Leistung unterscheiden. Es muss also versucht werden, Kosten für gleiche Leistungseinheiten zu vergleichen, die es ermöglichen, Werbeträger unter dem Aspekt der Wirtschaftlichkeit miteinander zu vergleichen. Die Wirtschaftlichkeit (Effizienz) eines Werbeträgers bezieht sich nur auf die Werbeträgerleistung im Hinblick auf die Preiswürdigkeit. Sie bewertet nicht die Werbewirkung (Effektivität).

Die grundlegende Idee der Wirtschaftlichkeit ist einfach: Die Schaltkosten werden ins Verhältnis zur Reichweite gesetzt:

$$\text{Wirtschaftlichkeit} = \frac{\text{Kosten}}{\text{Reichweite}}$$

Die wesentliche Frage bei Mediainvestitionen lautet: Welche Reichweite (Leistung) erhält der Werbetreibende für das investierte Geld (Schaltkosten)? Die rechnerische Verknüpfung der Kosten- und Leistungsdimensionen ergibt einen Wirtschaftlichkeitswert „Euro pro Reichweiteneinheit". Erst diese rechnerische Normierung gestattet den Vergleich von Werbeträgern unterschiedlicher Schaltkosten und Reichweiten. In der Mediaplanung wird das **Verhältnis von Einschaltkosten zu Medialeistung** betrachtet. Dieses Verhältnis wird durch so genannte **Tausenderpreise** gekennzeichnet. Tausenderpreise sind keine absoluten, sondern **relative** Preise, sie bilden die Relation von Preisen und Leistungen eines Werbeträgers ab: den Preis pro tausend Werbeträgereinheiten.

Je nachdem, welche Basis für **Preise** (z.B. Seitenpreise im Print, der Preis für einen 30-Sekunden-Spot im TV oder Radio) und **Leistungen** (z.B. Auflage, Anzahl der Leser, Hörer oder Seher) gewählt wird, lassen sich unterschiedliche Tausenderpreise errechnen.

 Der *Tausend-Kontakt-Preis (TKP)* beziffert den Betrag, der aufzuwenden ist, um 1.000 Kontakte (genauer: 1.000 Kontaktchancen) in der anvisierten Zielgruppe zu erzielen.

Also beispielsweise der Tausender-Auflagen-Preis (TAP), der Tausendleserpreis (TLP) usw. Der wichtigste Tausenderpreis ist der so genannte **Tausend-Kontakt-Preis (TKP).**

Der TKP berechnet sich nach folgender Formel:

$$TKP = \frac{\text{Einschaltkosten in Euro}}{\text{Kontakte}} \times 1.000$$

Um zu verdeutlichen, dass sich die Einschaltkosten üblicherweise auf die **Summe aller Kontakte**, also die **Bruttoreichweite**, beziehen, lässt sich diese Formel auch wie folgt darstellen:

$$TKP = \frac{\text{Einschaltkosten} \times 1.000}{\text{Reichweite absolut} \times \varnothing \text{ Kontakthäufigkeit (Bruttoreichweite)}}$$

Der TKP bezieht sich also nicht auf die mit einem Werbeträger erreichten Personen, sondern auf die **Anzahl der Kontakte mit den erreichten Personen.**

Da in der Mediaforschung sowohl Brutto- als auch Nettoreichweiten erhoben werden, lässt sich der TKP auch auf Basis von **Nettoreichweiten** berechnen. Hierbei berücksichtigen die Tausenderpreise also 1.000 **verschiedene** Nutzer. Auf diese Weise können, je nach Werbeträgerkategorie, Tausend-Nutzer-Preise (TNP) in Form von Tausend-Leser-/, Tausend-Seher- und Tausend-Hörer-Preisen ermittelt werden. Beispielsweise berechnet sich der TLP dann nach der Formel:

$$TLP = \frac{\text{Preis einer Anzeige}}{\text{Zahl der Nettokontakte}} \times 1.000$$

Allerdings sind bei den Tausenderpreisen einige besondere Aspekte zu berücksichtigen. Beispielweise können beim Werbefernsehen (für die anderen Werbeträger gelten die Überlegungen analog) **vor** Ausstrahlung der Werbespots, die Kosten nur in Relation zu **den prognostizierten Leistungswerten** gesetzt werden. Erst die nachträgliche Kontrolle liefert Aufschluss über die tatsächlich erzielte Leistung.

Weiterhin ist zu beachten, dass die alleinige Betrachtung des Zahlenwertes TKP (also beispielsweise 30 €) die Ursprungsinformationen vernachlässigt: **Dem Wert lässt sich nicht mehr ansehen, aufgrund welcher absoluten Größen er entstanden ist.** Ein TKP von 30 € kann sowohl mit Schaltkosten von 45.000 € und einer Reichweite von 1,5 Mio. erzielt werden als auch mit Schaltkosten von 450 € und einer Reichweite von 15.000.

Im Fernsehen geht eine besonders hohe Wirtschaftlichkeit oftmals mit niedrigen absoluten Reichweiten einher. Werden nur die wirtschaftlichsten Werbeinseln ausgewählt, besteht die Gefahr, die Ziele „Mindestreichweite" und „Kontaktoptimierung" zu vernachlässigen.

Tabelle 5-8 zeigt, wie der TKP eine Vergleichbarkeit von unterschiedlichen Reichweiten und Kosten bei der Belegung von unterschiedlichen Werbeinseln schafft.

Tabelle 5-8: TKP-Vergleich von unterschiedlichen Werbeinseln am gleichen Tag

Zeit	RW (Mio.)	Kosten (€)	TKP (€)
18:43	1,99	34.160	17,19
21:48	5,41	92.000	17,00
23:22	0,96	16.330	17,07
00:29	0,39	6.670	17,04
RW: Erwachsene ab 14 Jahren, Bruttokosten für 30 Sec.			

Quelle: Stanko: Ein Muster mit Wert, in: Tele Images Nr. 3, 1993 S. 31

Tabelle 5-9: Der Einfluss der Zielgruppe auf die Wirtschaftlichkeit

	Werbeinsel-RW	Kosten	TKP
Zielgruppe A	6,00	48.000	8,00
Zielgruppe B	2,00	48.000	24,00
Zielgruppe C	0,80	48.000	60,00

Quelle: Stanko: Ein Muster mit Wert, in: Tele Images Nr. 3, 1993, S. 31

Je nachdem, wie speziell (Teil-) Zielgruppen definiert sind, ergeben sich entsprechend höhere TKP. Bei Wirtschaftlichkeitsvergleichen ist also immer auf die zugrunde liegende Zielgruppendefinition zu achten (s. Tabelle 5-9).

Da die Kosten einer Schaltung auch von der Spotlänge abhängen, beeinflusst natürlich auch diese den TKP, wie Tabelle 5-10 zeigt.

Tabelle 5-10: Wirtschaftlichkeitsvergleich unterschiedlicher Spotlängen

Spotlänge	Kosten	RW (Mio.)	TKP
30 sec	48.000	6,00	8,00
20 sec	32.000	6,00	5,33
40 sec	64.000	6,00	10,67

Quelle: Stanko: Ein Muster mit Wert, in: Tele Images Nr. 3, 1993, S. 31

5. 10.2 Bewertung alternativer Mediapläne

Auf Basis des Kundenbriefings erstellt die Mediaagentur den Mediaplan. Ausgangspunkt für die Bewertung einzelner Werbeträger sind so genannte **Rangreihen**. Für eine vorgegebene Zielgruppe können über die Außendienstbüros der Verlage kostenlos Rangreihen gezählt werden, die für jeden einzelnen in der jeweiligen Markt-/Mediauntersuchung erhobenen Titel, alle wichtigen Leserschaftsdaten für diese Zielgruppe beinhalten. Die üblichen Rangreihenkriterien sind:

- Kosten pro tausend Kontakte (TKP),
- Nettoreichweite und
- Affinität.

Tabelle 5-11: Rangreihe

Zielgruppe: Männer ab 14 Jahren	Reichweite			TKP		Affinität	
	%	Mio.	Rang	Euro	Rang	Index	Rang
ADAC motorwelt	31,1	9,79	1	11,34	7	150	74
Apotheken Umschau	23,3	7,33	2	10,67	6	74	194
Bild	19,4	6,1	4	65,35	186	132	97
Bild am Sonntag	16,5	5,2	6	14,83	21	123	113
rtv	13,3	4,18	10	23,88	68	92	167
Stern	13,1	4,12	11	14,05	18	111	136
Der Spiegel	11,9	3,75	14	15,71	24	133	94
TV Movie	9,7	3,07	18	17,89	39	108	144

Zielgruppe: Männer ab 14 Jahren	Reichweite			TKP		Affinität	
	%	Mio.	Rang	Euro	Rang	Index	Rang
Sport Bild	9,5	2,98	20	10,43	5	188	9
Prisma	9,4	2,97	21	20,13	48	92	165
Kicker Sportmagazin	9,3	2,94	22	7,93	2	190	6
Auto Motor und Sport	8,7	2,75	24	13,65	15	186	14
Computer Bild	8,2	2,6	25	9,87	4	171	53
Focus	8,2	2,6	26	18,59	43	137	89
Hörzu	7,7	2,43	28	19,8	46	91	171
Auto Bild	7,3	2,31	29	17,04	34	189	8
Geo	5,8	1,83	33	21,15	54	110	138
Computer Bild Spiele	5,4	1,69	36	7,33	1	173	50
Senioren Ratgeber	5,0	1,58	38	13,84	16	68	200
Playboy	4,9	1,54	40	15,83	28	178	39
Zielgruppe: Frauen ab 14 Jahren	Reichweite			TKP		Affinität	
	%	Mio.	Rang	Euro	Rang	Index	Rang
Apotheken Umschau	39,3	13,09	1	5,89	2	125	141
rtv	15,5	5,15	4	19,37	82	107	169
Prisma	11	3,68	14	16,26	62	108	167
ADAC motorwelt	10,9	3,64	15	30,51	141	53	261
Bild am Sonntag	10,5	3,5	17	22,03	100	78	223
Stern	10,4	3,48	18	16,62	63	89	200
Bild der Frau	10,3	3,44	20	13,03	36	178	34
Bild	10,2	3,41	21	116,84	259	70	240
Senioren Ratgeber	9,6	3,2	22	6,84	7	130	136
Hörzu	9,2	3,06	24	15,72	59	108	166
Brigitte	9	3,01	25	16,96	68	183	21
TV Movie	8,3	2,76	30	19,94	85	92	194
Bunte	7,8	2,59	31	12,76	33	147	108
Schöner Wohnen	6,6	2,2	39	13,92	47	146	113
Essen & Trinken	6,5	2,15	42	10,03	14	152	94
Freundin	6,4	2,12	43	16,83	66	187	8
Für Sie	6,3	2,09	46	13,48	43	185	15
Der Spiegel	6,1	2,05	49	28,80	133	69	241
TV 14	5,4	1,81	52	23,32	109	107	171
Gala	5,2	1,74	55	13,02	35	165	71

Quelle: AWA 2010; Reihenfolge nach Reichweite; alle Printmedien

Tabelle 5-11 zeigt eine Rangreihe jeweils für die Zielgruppen Männer und Frauen ab 14. Bei den Männern liegt die *ADAC Motorwelt* von der Reichweite her auf Rang 1, vom TKP her auf Rang 7 und nach der Affinität auf Rang 74. Der günstigsten TKP erzielt man bei dieser Zielgruppe mit *Computer Bild Spiele*, die von der Reichweit eher allerdings nur auf Platz 36 liegt und von der Affinität her auf Rang 50. Die *Apotheken Umschau* liegt sowohl von der Reichweite (Platz 2) als auch vom TKP (Platz 6) auf den vorderen Plätzen, bei der Affinität allerdings nur auf Platz 194.

Das Entscheidungsproblem beim Rangreihenverfahren verdeutlicht, dass jeder Medialeistungswert für sich genommen kein sinnvolles Selektionskriterium ist. Reichweiten zeigen lediglich die Anzahl der erreichten Zielpersonen auf, Affinitäten ihre Nähe zum Werbeträger und TKP die Wirtschaftlichkeit der Werbeträger. Nur die simultane Betrachtung aller Leistungswerte führt zu einer vernünftigen Entscheidungsgrundlage. In der Praxis wird häufig so vorgegangen, dass die Werbeträger zunächst nach Affinitäten geordnet und ab einem bestimmten Schwellenwert ausgeschlossen werden. Die verbleibende Rangreihe wird dann nach der Reichweite sortiert und nur die Werbeträger oberhalb einer bestimmten Mindestreichweite bleiben in der Betrachtung. Die verbliebenen Werbeträger werden schließlich nach ihrem TKP sortiert.

Rangreihen sind der Ausgangspunkt für die Erstellung alternativer Mediapläne. Tabelle 5-12 zeigt ein Beispiel für die Zielgruppe Feinschnittdreher. Die Rangreihen haben als geeignetste Zeitschriften für diese Zielgruppe die Titel *Stern*, *Auto Motor und Sport*, *mot*, *Motorrad*, *Praline*, *Wochenend*, *Kicker* und *Bild am Sonntag* ergeben. Ein gegebener Werbeetat ließe sich sinnvoll mit 5 verschiedenen Titelkombinationen realisieren. Beispielsweise durch jeweils 8 Schaltungen in *Stern*, *Auto Motor und Sport*, *mot* und *Motorrad* oder durch 8 Schaltungen im *Stern* und 7 in der *Bild am Sonntag*. Das Entscheidungsproblem besteht darin, welche dieser Kombinationen gewählt werden soll. Als Kriterium werden die jeweiligen **Medialeistungswerte** Reichweite und Durchschnittskontakte bzw. die sich daraus ergebenden Gross Rating Points herangezogen.

Tabelle 5-12: *Vergleich alternativer Mediakombinationen*

Titel	Komb. 1	Komb. 2	Komb. 3	Komb. 4	Komb. 5
Stern	8x	7x	7x	5x	8x
Auto Motor und Sport	8x	6x	6x	6x	
mot	8x	6x	6x	6x	
Motorrad	8x	6x	6x	6x	
Praline		6x			
Wochenend		6x			
Kicker			7x		
Bild am Sonntag				5x	7x
Medialeistungswerte					
Reichweite %	62,5	66,8	64,8	71,5	68,5
Ø-Kontakte	5,5	5,1	5,1	4,5	4,8
GRP	344	341	330	322	329

Der Werbedruck den diese Kombinationen erzielen ist mit 322 GRP in Kombination 4 am geringsten, mit 344 GRP in Kombination 1 am höchsten. Es zeigt sich, dass mit

Kombination 1 62,5 % der Zielgruppe mit 5,5 Durchschnittskontakten erreicht wird, was einem Werbedruck von 342 GRP entspricht, mit Kombination 4 71,5 % der Zielgruppe mit 4,5 Durchschnittskontakten. Kombination 1 erzielt also die geringste Reichweite, allerdings die höchsten Kontaktwerte, Kombination 4 die höchste Reichweite mit den niedrigsten Kontaktwerten. Diese unterschiedlichen Ergebnisse hinsichtlich Reichweite und Kontakte sind, wie in Kapitel 4.9.3.3 ausgeführt, das Resultat des unterschiedlichen Kumulationsverhaltens der Zeitschriften als Reflex der Fluktuation von Leserschaften.

Die Frage ist jetzt, was dem Werbetreibenden wichtiger ist: Möglichst viele Personen der Zielgruppe mit seiner Anzeige zu erreichen oder die erreichten Personen möglichst oft? Die Beantwortung dieser Frage hängt vor allem von den angestrebten Werbezielen und dem beworbenen Produkt ab. Bei einem erklärungsbedürftigen Produkt ist es sinnvoller, die Kontakte zu maximieren. Bei einem hochinvolvierenden Produkt werden relativ wenige Kontakte benötigt. Auch die Tatsache, ob es sich um eine Neueinführung oder um ein bestehendes Produkt handelt, ist bei der Entscheidung heranzuziehen: Wenn Bekanntmachung das Ziel ist, sollte versucht werden, die Reichweite zu maximieren.

Nach Entscheidung für eine Titelkombination, erstellt die Mediaagentur den Schaltplan. Das Beispiel in Abbildung 5-57 unterstellt, dass zugunsten der Titelkombination 1 entschieden wurde.

Für TV erfolgt die Mediaplanung grundsätzlich genauso wie für Printmedien. Während jedoch im Printbereich Verbreitung und Nutzerstrukturen relativ konstant sind und somit die Reichweiten für den Planungszeitraum gut prognostizierbar sind, hängen im TV Reichweiten und Nutzerstrukturen vom jeweiligen Programm ab. Eine TV-Planung kann daher nicht auf der Basis allgemeiner Reichweiten und Nutzerstrukturen der einzelnen Sender erfolgen (vgl. Schnettler/Wendt 2003, S. 185).

Titel	Januar				Februar				März				April				Mai				Juni			
	1	2	3	4	5	6	7	8	9	10	11	12	13	14	15	16	17	18	19	20	21	22	23	24	25	26
Stern						X		X		X		X														
AMS						X		X		X		X														
mot					X		X		X		X															
Motorrad					X		X		X		X															

Titel	Juli				August				September				Oktober				November				Dezember			
	27	28	29	30	31	32	33	34	35	36	37	38	39	40	41	42	43	44	45	46	47	48	49	50	51	52
Stern																			X		X		X		X	
AMS																			X		X		X		X	
mot																		X		X		X		X		
Motorrad																		X		X		X		X		

Abbildung 5-57: Beispiel eines Media-Schaltplanes

Bei der Verabschiedung des Schaltplanes steht der Werbetreibende schließlich vor der Frage, wie der Werbedruck über den Werbezeitraum verteilt werden soll (vgl. Kapitel 5.7). In dem betrachteten Beispiel in Abbildung 5-57 wurden Schwerpunkte am Anfang und am Ende des Jahres gesetzt.

5.10.3 Strategische Mediaplanung

Da die einzelnen Mediengattungen und Werbeträger unterschiedliche Funktionen für den Nutzer haben, ist es sinnvoll, neben der klassischen Betrachtung von Reichweiten und

Kontakten, auch die spezifischen Leistungsstärken der Medien für die Zielgruppenansprache zu berücksichtigen. Für den Printbereich soll das beispielhaft aufgezeigt werden (vgl. dazu Pusler 2008, S. 14f.).

Ausgangspunkt ist die Tatsache, dass Mediennutzer bestimmte Motive für die Nutzung bestimmter Medien haben, ein Ansatz, wie er aus dem Uses and Gratifications-Approach bekannt ist (vgl. Kapitel 2.3.3). In einer Weiterentwicklung dieses Ansatzes lassen sich vier zentrale Medienfunktionen als Dimension der Gratifikation unterscheiden. Es handelt sich dabei um relevante Persönlichkeitseigenschaften, die die Anforderung an und Realisation durch den Werbeträger bestimmen:

- **Interaktion:** Offenheit für Fragen des täglichen Lebens, Aufgeschlossenheit gegenüber anderen Menschen.
- **Identität:** hoher Anspruch an sich selbst, Suche nach identitätsstiftenden Momenten auch in den Medien.
- **Information:** starke, selbstbewusste Persönlichkeit, positioniert sich nach außen, sucht Kompetenzvorsprung durch „mehr-Wissen".
- **Orientierung:** bleibt sich treu, möchte die Welt für sich überschaubar halten.

Abbildung 5-58 zeigt die Titel-Positionierung von Zeitschriftengruppen in den Dimensionen der Medienfunktionen. Die einzelnen Medienmarken lassen sich hier einordnen (also beispielsweise *Der Spiegel*, *Bunte*, *Manager Magazin*, *Brigitte* usw.). Der Gratifikationsansatz beschreibt somit die Erlebniswelt einer Medienmarke, die für den Nutzer eines Titels ausschlaggebend ist.

Im Rahmen einer strategischen Mediaplanung ist es mit dem Gratifikationsansatz also möglich, im Intramediavergleich die Titel auszuwählen, die mit der kommunikativen Zielsetzung des Werbemittels am besten zusammen passen.

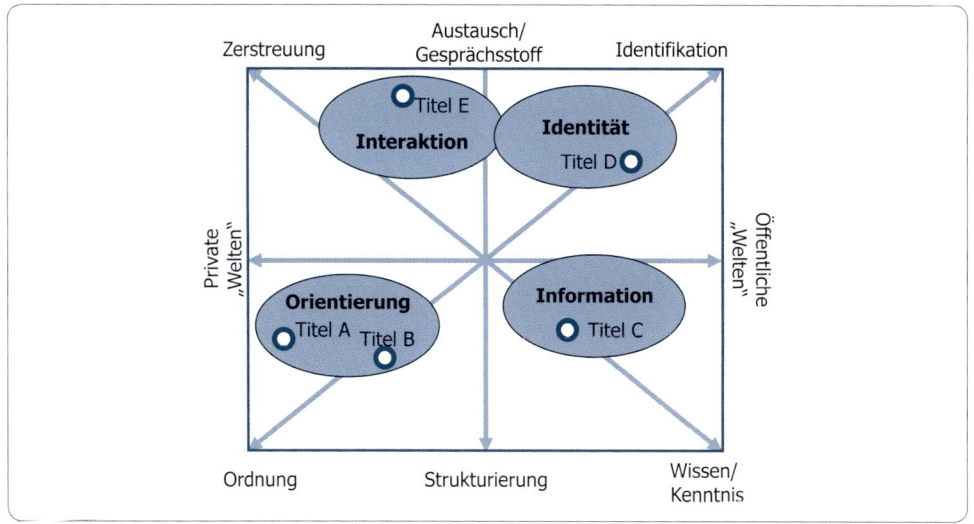

Abbildung 5-58: *Mood- and context-Cluster nach dem Uses and Gratifications-Ansatz*
Quelle: Pusler: Strategische Mediaplanung, in: USP Nr. 1, 2008, S. 15

5. 11 Werbecontrolling

Werbekonzeptionen haben immer eine Doppelfunktion: Einerseits stellen sie die Grundlage für die Realisierung der Werbung dar, gleichzeitig dienen sie aber auch als Richtschnur für deren Bewertung. In dieser Doppelfunktion – Planung und Steuerung – erfüllt die Werbekonzeption somit auch die korrespondierende Funktion des **Werbecontrolling**, das zusätzlich auch der Überprüfung von Werbekonzeptionen dient. Werbecontrolling und Werbekonzeption lassen sich also als die zwei Seiten ein und derselben Medaille auffassen. Da Werbung kein Selbstzweck ist, sondern immer zielorientiert erfolgt, kann die Bedeutung des Werbecontrolling nicht hoch genug eingeschätzt werden.

> **Werbecontrolling ist die zielorientierte Planung, Steuerung und Kontrolle der Werbung.**

Allerdings ist das Controlling in der Werbung nach wie vor nicht sehr verbreitet, daher besteht auch keine Einheitlichkeit über Begriff und Ausprägung des Werbecontrolling. Hier soll folgende Definition zugrunde gelegt werden (in Anlehnung an Czenskowsky/Schünemann/Zdrowomyslaw 2002, S. 17)

Die Definition folgt der in diesem Buch vertretenen Auffassung über Werbung, nämlich dass es sich dabei um einen Bereich handelt, der sich weitgehend einer Betrachtung unter Effizienzaspekten entzieht, der vielmehr unter dem Aspekt der Effektivität behandelt werden muss (vgl. Kapitel 1.4). Effizienzaspekte spielen im Rahmen der Werbung vor allem bei der Mediaplanung eine Rolle, hier z.B. mit dem Instrument des TKP.

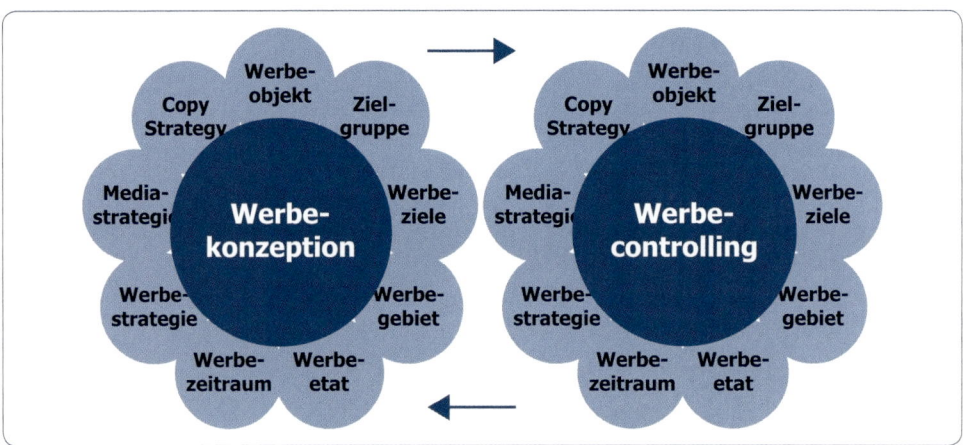

Abbildung 5-59: Korrespondierende Funktionen von Werbekonzeption und Werbecontrolling

Werbecontrolling ist nur sinnvoll, wenn der gesamte Erstellungs-Prozess der Werbung systematisiert und in planbare konzeptionelle Einzelschritte gegliedert wird. Grundlegend für das Werbecontrolling ist somit die Professionalisierung von Konzeption, Realisation und Kontrolle der Werbung. Es ist keine Erfolgsgarantie, sondern ein Steuerungsinstrument, das allen an der Werbung Beteiligten Abweichungen von den angestrebten Zielen aufzeigt und sie in die Lage versetzt, steuernd einzugreifen. Voraussetzung dafür ist, dass alle Zielvorgaben schriftlich formuliert sind und zwar so, dass möglichst keine

Interpretationsspielräume möglich sind Dieses „ Prinzip der Schriftlichkeit" dient dazu, die Subjektivität bei der Beurteilung werblicher Entscheidungen zu reduzieren.

In Abbildung 5-60 wird der Versuch unternommen, die Funktionen des Werbecontrolling als Prozess aufzuzeigen. Wenn von den konzeptionellen Bereichen Werbegebiet, Werbezeitraum und Werbeetat – die vielfach als vorgegebene Rahmenbedingungen zu betrachten sind – abgesehen wird (was aber auf keinen Fall bedeuten kann, dass sie nicht ebenfalls einer kritischen Überprüfung unterzogen werden müssen), so lassen sich im Wesentlichen drei Phasen unterscheiden: Die Konzeption (im engeren Sinn), die Realisation und die Kontrolle.

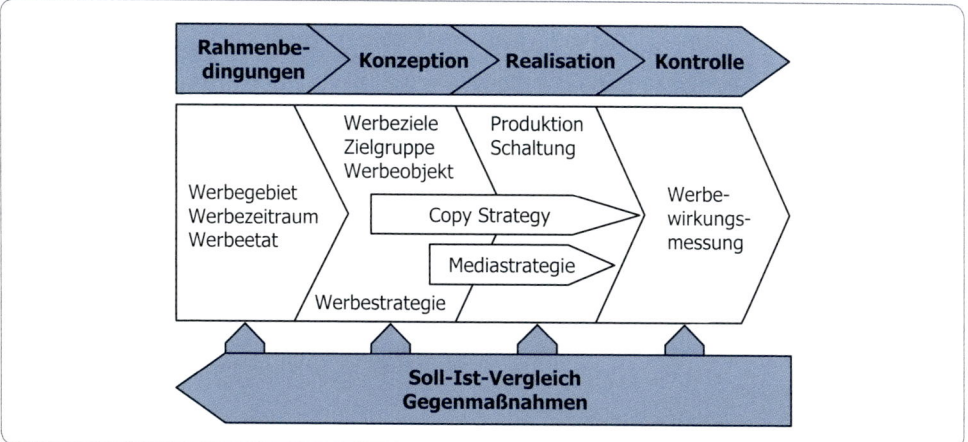

Abbildung 5-60: *Controlling-Prozess in der Werbung*

Die in diesem Kapitel ausführlich beschriebenen Teilbereiche der Werbekonzeption lassen sich demnach folgenden Controlling-Prozessphasen zuordnen:

- In der **Konzeptionsphase** sind vor allem Werbeobjekt, Zielgruppe und Werbeziele festzulegen. In einer späteren Phase erfolgt die Konkretisierung der Werbestrategie.
- In der **Realisationsphase** erfolgt die Produktion und Schaltung der Werbemittel. Die Copy Strategy ist als phasenübergreifendes Instrument zu betrachten, da sie sowohl das Briefing für die Agentur darstellt, als auch die kreative Leistung auf ihre Strategieadäquanz überprüft. Die Schaltung erfolgt auf Basis des Mediaplanes, als Resultat der Mediastrategie, die ebenfalls phasenübergreifend ist, da sie auch als Teil der Konzeptionsphase anzusehen ist.
- Die **Kontrollphase** beginnt mit der Messung der Werbewirkung unmittelbar nach Schaltung der Werbemittel und dient zur Überprüfung der Frage, inwieweit die Werbeziele auch tatsächlich erreicht wurden. Werbemittel Pre-Tests erfolgen allerdings auch begleitend zur Konzeptions- und Realisationsphase.

Die hier angestellten Überlegungen verdeutlichen die Schwierigkeiten des Werbecontrolling: Während das „klassische" Controlling vorwiegend auf die Planung und Steuerung quantifizierbarer Zielvorgaben abhebt (vgl. Preißler 1996, S. 107), hat es das Werbecontrolling im Wesentlichen mit qualitativen Vorgaben zu tun. Copy Strategy und Werbestrategie entziehen sich einer quantitativen Bewertung.

Zur Beurteilung einer Werbestrategie ist ein erhebliches Maß an kreativem Gespür Voraussetzung. Insbesondere die adäquate Umsetzung der Copy Strategy in ein Werbemittel bedarf einiger Erfahrung und Übung. Es muss dabei versucht werden, sich in die Zielgruppe hineinzuversetzen und aus deren Sicht zu beurteilen, was der Werbetreibende mit diesem Werbemittel mitzuteilen beabsichtigt (vgl. dazu ausführlich die Ausführungen zu Copy Strategy und Copy Analyse in Kapitel 5.4).

Wie im klassischen Controlling ist auch im Werbecontrolling die Unterscheidung in einen operativen und einen strategischen Bereich sinnvoll und notwendig. Allerdings liegt der Schwerpunkt eindeutig im strategischen Werbecontrolling (vgl. zum folgenden Kloss 2003, S. 74 ff.).

Abbildung 5-61 stellt die Gegenstandsbereiche des strategischen und operativen Werbecontrolling dar:

- Das **strategische Werbecontrolling** überprüft die Ziele und Strategien, die der Werbung zugrunde liegen. Ausgangspunkt sind die Unternehmensziele, aus denen sich die Marketingziele ableiten. Diese sind ihrerseits die Grundlage für die Positionierung, auf der wiederum die Werbekonzeption basiert. Es empfiehlt sich, von Zeit zu Zeit eine Überprüfung vorzunehmen, inwieweit die einzelnen Strategieebenen in sich konsistent und stringent auseinander abzuleiten sind.
- Das **operative Werbecontrolling** überprüft auf der Ebene der Werbeumsetzung vor allem die Mediastrategie und die Werbewirkung. Es geht um die Frage, ob vorher festgelegte Vorgaben auch eingehalten wurden. Dabei ist die Werbekonzeption sowohl Gegenstand des strategischen als auch des operativen Werbecontrolling, je nachdem, ob es sich um strategische oder operative Vorgaben handelt.

Wie das klassische Controlling basiert auch das Werbecontrolling auf dem Prinzip des kybernetischen Regelkreises. Dabei wird davon ausgegangen, dass die Mitarbeiter der Werbeabteilung in der Lage sind, ihr Verhalten so zu lenken, dass die angestrebten Ziele so weit wie möglich erreicht werden.

Abbildung 5-61: *Konzeptionelle Einbettung des strategischen Werbecontrolling*
Quelle: Kloss, Werbecontrolling, Gernsbach 2003, S. 74

Ausgangspunkt des Controlling sind immer Ziele. Abweichungen können einerseits in den Zielen selbst begründet sein (unrealistische Zielsetzungen), sich andererseits durch den Einfluss von Störgrößen ergeben.

Der Regelkreis des Werbecontrolling basiert auf einem Rückkopplungsprozess (Feedback), in dem Abweichungen automatisch Steuerungsprozesse auslösen, um den angestrebten Gleichgewichtszustand zu erreichen und zu stabilisieren. Da das Steuerungssystem jedoch Korrekturen bereits in dem Moment veranlasst, in dem Abweichungen erkannt werden, beinhaltet der Regelkreis auch einen Vorkopplungsprozess (Feedforward). Durch ein zeitnahes Reagieren wird es somit prinzipiell möglich, das Wirksamwerden von Abweichungen gar nicht erst eintreten zu lassen.

Strategisches und operatives Werbecontrolling erfolgen im gleichen Regelkreis, aller dings mit unterschiedlicher Ausrichtung. Das operative Werbecontrolling ist gegenwartsbezogen und vergangenheitsorientiert (**Feedback**). Das strategische Werbecontrolling ist zukunftsorientiert (**Feedforward**) und ermöglicht somit das Erkennen von Chancen und Abwägen von Risiken (vgl. Czenskowsky/Schünemann/Zdrowomyslaw 2002, S. 33).

Abbildung 5-62 soll den Werbecontrolling-Regelkreis an einem fiktiven Beispiel aus der Automobilindustrie konkretisieren. Als übergeordnetes strategisches Werbeziel sei die Unterstützung der Wettbewerbsfähigkeit des Unternehmens definiert. Dazu soll im operativen Bereich das Image korrigiert werden. Die Marke wird zwar als sehr sicher, aber gleichzeitig als sehr bieder angesehen. Zielvorgabe sei, die Imagefacette „dynamisch", die auf einer siebenstufigen Skala nur eine 1 erreicht, auf zunächst 4,5 auszuweiten. Gleichzeitig soll die Aktualität der Marke in der Zielgruppe auf 30 % erhöht werden. Beide Ziele sollen innerhalb der nächsten 12 Monate erreicht werden. Für den Regelkreis des Werbecontrolling ergibt sich daraus folgende Situation: In der Planungsphase wird als strategisches Werbeziel vorgegeben, die durchaus kritische Kombination von Sicherheit und Dynamik zu einem differenzierenden Wettbewerbsvorteil gegenüber der Konkurrenz aus-

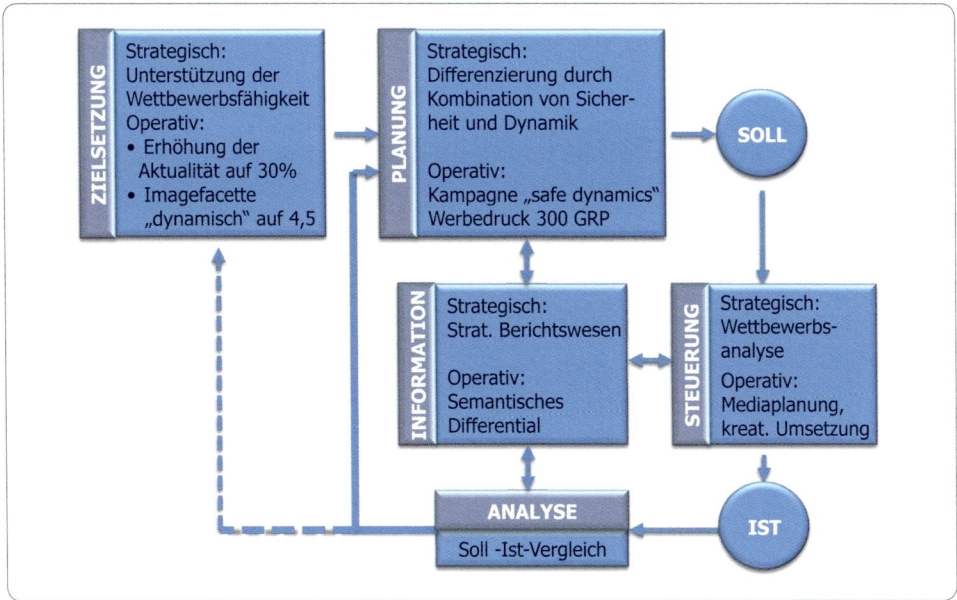

Abbildung 5-62: *Regelkreis des Werbecontrolling: Anwendungsbeispiel*

zubauen. Operativ soll dies durch eine von der Agentur zu entwickelnde Kampagne „safe dynamics" realisiert werden, es wird ein Werbebudget zur Verfügung gestellt, das einen Werbedruck von 300 GRP ermöglicht (= Soll). Ausgehend von einer Wettbewerbsanalyse wird die Werbekampagne konzipiert. Werbegebiet, Werbezeitraum und Werbeetat gelten als vorgegeben, Zielgruppe, Werbeobjekt und Werbestrategie werden definiert und aus der Marketingstrategie die Copy Strategy abgeleitet. Unter Hinzuziehung der Mediaagentur wird die Mediastrategie entwickelt und verabschiedet, parallel dazu die Werbekampagne nach Maßgabe der Copy Strategy fertig gestellt. Schließlich werden die Werbemittel produziert und geschaltet. Die damit gegebene Ist-Situation wird nun kontinuierlich mit den Methoden der Werbewirkungsforschung (Werbetracking, Recall) daraufhin überprüft, inwieweit sie den vorgegeben strategischen und operativen Vorgaben entspricht. Wird festgestellt, dass die Differenzierung nicht in ausreichendem Maße gelungen ist, muss die Situation analysiert und gegengesteuert werden. Die Analyse hat nicht nur die Ursachen der Abweichung zu ermitteln, sondern muss auch aufzeigen, welche Auswirkungen sich ohne Korrekturmaßnahmen ergeben würden. Operativ kann sowohl in der Mediaplanung als auch in der Kreation angesetzt, strategisch ein neuer Differenzierungsansatz gesucht werden. Falls Planmodifikationen nicht ausreichen, müssten die Schubladenpläne zum Einsatz kommen. Sollte sich herausstellen, dass die Ziele nicht erreichbar sind, muss eine Neudefinition erfolgen. Naturgemäß muss ein Beispiel vereinfachen. Immerhin zeigt es, dass der Regelkreis des Werbecontrolling prinzipiell funktioniert.

Es ist offensichtlich, dass die Aufgaben des Werbecontrolling in der hier dargestellten Sichtweise nicht von „klassischen" Controllern durchgeführt werden können, vielmehr ist ein fundierter Marketing-Hintergrund unabdingbar. Ebenso offensichtlich ist, dass Werbecontrolling die einzige Möglichkeit für einen Werbetreibenden darstellt, seine Erfolge auf der Werbewirkungsebene planbarer und steuerbarer zu gestalten. Werbecontrolling sollte daher zu einer ständigen Einrichtung bei Werbetreibenden werden, organisatorisch nicht der Marketingabteilung, sondern als Stabsstelle direkt der Unternehmensleitung zugeordnet.

5. 12 Fehlerquellen bei der Werbekonzeption

Abschließend soll auf einige konzeptionelle Fehlerquellen hingewiesen werden. Zwar erfolgt in Deutschland die Werbeumsetzung sehr professionell und auf einem außerordentlich hohen Niveau, konzeptionelle Fehler sind selten, aber falls sie gemacht werden, lassen sie sich im Wesentlichen auf folgende Fehlerquellen zurückführen:

1. **Unklare Zieldefinition.** Die Grundsatzfrage, die sich jeder Werbetreibende stellen muss, lautet: „Was soll durch meine Werbung erreicht werden?". Die werbliche Umsetzung folgt den Werbezielen. Sie ist eine vollkommen andere, wenn das Ziel „Bekanntheit" verfolgt wird als bei dem Ziel „Imagebildung". Diese unterschiedlichen Ziele haben beispielsweise auch Auswirkungen auf die Wiederholungsdichte bei der Schaltung. Zwar lassen sich „Bekanntheit" und „Image" sehr wohl miteinander kombinieren, es besteht allerdings die Gefahr, dass die Umsetzung zu einem faulen Kompromiss führt. Das Ziel „Aktualität" folgt eigenen Gesetzen. Hier geht es weder um die Übermittlung von Informationen noch von Emotionen, sondern einfach nur um das Auffallen, um die Übernahme in den relevant set. Häufig liegt solchen Werbekampagnen auch keine Copy Strategy zugrunde.

   Es soll in diesem Zusammenhang nochmals darauf hingewiesen werden, dass Werbeziele als kommunikative und nicht als ökonomische Ziele definiert werden sollten. Werbung erreicht ökonomische Ziele in aller Regel nicht direkt, sondern über den „Umweg" von beispielsweise Bekanntheit, bestimmten Images oder relevanten Informationen. Ein Werbeleiter kann sich nicht am Erreichen ökonomischer Ziele messen lassen, da hier zu viele Faktoren einwirken, die er nicht kontrollieren kann, wie beispielsweise Preisveränderungen, Distributionsgewinne oder Wechselkurse.

Eine Werbeerfolgskontrolle ist nur dann sinnvoll durchzuführen, wenn vorher operationale Werbeziele definiert wurden.

2. **Unklare Zielgruppendefinition.** Ebenso grundsätzlich wie die Frage nach den Zielen ist die Frage nach der Personengruppe, die von der Werbung erreicht werden soll. In der Praxis ergibt sich vielfach der Konflikt zwischen Wunsch- und Ist-Zielgruppe: Sollen die Personen angesprochen werden, die das Produkt tatsächlich kaufen oder die, von denen man möchte, dass sie das Produkt kaufen und die damit häufig gleichzeitig auch als Leitbilder der Ist-Zielgruppe dienen? In der Tat ist diese Frage nicht einfach zu beantworten. Ein Argument lautet, dass man die Ist-Zielgruppe ja ohnehin als Käufer sicher habe, man sich also auf die Akquisition von Neukunden konzentrieren könne. Diese Logik ist trügerisch. Die wohl am meisten verkannte Funktion der Werbung liegt in der Bestätigung nach dem Kauf. Wie im Zusammenhang mit kognitiven Dissonanzen ausgeführt, wird Werbung für die Produkte, die selbst genutzt werden stärker wahrgenommen als für Produkte, die man selbst nicht nutzt. Den Kunden in seiner Meinung zu bestätigen, dass er das richtige Produkt gekauft hat, ist eine der Hauptzielsetzungen der Werbung. Unternehmen machen den überwiegenden Teil ihres Umsatzes mit den Stammkunden. Unter diesem Aspekt ist Kundenbindung als wichtiger zu erachten als Neukundengewinnung.

In diesem Zusammenhang ergibt sich häufig ein Folgeproblem bei spezifischen Zielgruppen: Es ist für den Werbetreibenden bzw. dessen Agentur nicht immer einfach, sich in seine Zielgruppe hineinzuversetzen. Dies ist vor allem bei älteren und sehr jungen Zielgruppen der Fall.

3. **Falsche Mediaplanung.** In engem Zusammenhang mit der Zielgruppendefinition steht die Frage der Mediaplanung. Die Planungsmechanismen sind in Deutschland – auch im internationalen Vergleich – sehr ausgefeilt. Wenn dennoch Anzeigen in Zeitschriften erscheinen, in denen mutmaßlich die Zielgruppe nicht oder nur unzureichend erreicht wird, ist dies i.d.R. auf eine Entscheidung des Werbetreibenden zurückzuführen. Es stellt sich im Einzelfall schon die Frage, ob tatsächlich alle Anzeigen beispielsweise in *Spiegel* oder *Stern* die richtigen, d.h. zielgruppenadäquaten, Werbeträger haben. Oder ist es vielleicht so, dass der Werbetreibende die Anzeigen lieber im *Spiegel* haben möchte als im *Goldenen Blatt*?

Falsche Mediaplanung führt zu Streuverlusten, also zu einer ineffizienten Verwendung des Werbeetats. Vielfach werden Streuverluste in Kauf genommen, weil es praktisch keine Alternativen zu den belegten Werbeträgern gibt, beispielsweise wenn für Damenhygiene im Fernsehen geworben wird. Etwa die Hälfte der Zuschauer scheiden als Verwender bzw. Käufer dieser Produkte aus. Dennoch ist das Fernsehen in diesem Fall als ein sinnvoller Werbeträger einzustufen. Eine andere Dimension liegt jedoch vor, wenn eine rein regionale Biermarke im nationalen Fernsehen wirbt, mit Streuverlusten in einer Größenordnung von über 90 %. Dies ist selbst unter dem Aspekt des Aufbaus von Distributionsdruck nicht mehr nachzuvollziehen.

4. **Unspezifische Copy Strategy.** Es empfiehlt sich, den Benefit als Superlativ zu formulieren. Beispielsweise: „Unser Kaffee ist der beste auf dem Markt…", der entsprechend im Reason Why zu begründen ist „… weil kein anderer Kaffee an sein Aroma herankommt." In diesem Fall wird die Alleinstellung mit dem Aroma begründet. Bei konsequenter Umsetzung ist es den Wettbewerbern dann praktisch nicht mehr möglich,

ebenfalls mit dem Aroma zu werben, da sie im ungünstigsten Fall für den anderen Kaffe werben würden. Tatsächlich wirbt in Deutschland allein die *Krönung* mit dem Aroma, alle anderen Kaffeeanbieter haben andere Reason Whys.

Spezifisch ist eine Copy Strategy dann, wenn sie eine Position beschreibt, die sich klar von denen der Wettbewerber differenziert. Darüber hinaus müssen Benefit und Reason Why glaubwürdig, nachvollziehbar und für die Produktkategorie relevant sein. Dies ist nicht in allen Märkten der Fall. Beispielsweise fehlen klare Differenzierungen weitgehend im Markt der Düfte, der Bekleidung und im Bankenmarkt. Für Bier, Zigaretten und Autos lassen sich hingegen gelungene Differenzierungen nachweisen.

Grundsätzlich ist die Copy Strategy vom Werbetreibenden zu erstellen und der Agentur vorzugeben. Schließlich dient die Copy Strategy ja nicht nur zur Beurteilung der kreativen Umsetzung, sondern auch zur Beurteilung der Agenturleistung. In den Fällen, in denen auch die Copy Strategy durch die Agentur verfasst wird, macht man gewissermaßen – salopp formuliert – den „Bock zum Gärtner".

5. **„In Schönheit sterben."** Für Werbung gibt es einige Wettbewerbe, bei denen kreative Umsetzungen prämiert werden. Die Highlights der kreativsten Werbung finden sich auf der sogenannten **Cannes-Rolle,** auf der die weltweit „besten" Werbespots eines Jahres zu sehen sind. Einmal im Jahr trifft sich die Werbeelite der Welt in der südfranzösischen Stadt beim „Cannes Festival". Eine Jury bewertet die eingesandten Werbespots im Hinblick auf ihre Kreativität und vergibt goldene, silberne und bronzene Löwen, die für die Werbung den Stellenwert eines „Oscar" haben. Auf nationaler Ebene prämiert der **Art Directors Club** Deutschland kreative Werbung.

Sicherlich ist es für den Werbetreibenden und vor allem für seine Werbeagentur eine Auszeichnung, einen derartigen Preis entgegennehmen zu können. Es muss aber nochmals betont werden, dass es nicht das primäre Ziel der Werbung sein kann, Kreativpreise zu gewinnen. „Gute Werbung" ist nicht notwendigerweise gleichzusetzen mit kreativer Werbung. Werbung darf sich nicht in erster Linie an ihrer Kreativität messen lassen sondern daran, inwieweit sie die Ziele der Werbetreibenden erfüllt. Werbung zielt immer auf eine Wirkung ab. Wirkung und Kreativität schließen sich natürlich nicht aus, im Gegenteil ist Kreativität vielfach eine notwendige Voraussetzung für die beabsichtigte Werbewirkung. Es soll hier nur zum Ausdruck gebracht werden, dass Kreativität kein Selbstzweck ist. Werbung die „in Schönheit stirbt" ist nicht effektiv. Die Cannes-Rolle bietet Musterbeispiele für kreative Werbung. Häufig ist die Kreativität hier aber so dominant, dass die beworbene Marke in den Hintergrund tritt und somit keine Erinnerungswirkung hinterlässt.

6. **Fehleinschätzung des Zuschauerinteresses an der eigenen Werbung.** Hiermit ist die Tatsache gemeint, dass Werbetreibende häufig unzulässigerweise unterstellen, dass der Zuschauer die Werbung mit der gleichen Aufmerksamkeit betrachtet, wie er selbst. Tatsächlich wird die meiste Werbung – wenn überhaupt – eher zufällig und mit geringer Aufmerksamkeit wahrgenommen. Viel wichtiger erscheint es, auf die Langfristwirkung der Werbung abzuheben und das Werbemittel mit Elementen auszustatten, die es aus der Masse der um die Aufmerksamkeit des Betrachters konkurrierenden Werbung heraushebt und die Marke unmittelbar identifiziert. Ein solches Identifikationselement kann sowohl optischer als auch akustischer Art sein, bei TV-Spots idealerweise natürlich eine Kombination aus beidem.

Aufgaben:

1. Erläutern Sie die Umsetzungsmöglichkeiten von Sortimentswerbung und deren Vor- und Nachteile.

2. Zeigen Sie sinnvolle Zielgruppenbeschreibungen nach soziodemographischen Merkmalen in der Automobilbranche auf.

3. Durch welche Besonderheiten ist Werbung für Investitionsgüter und für Handelsbetriebe gekennzeichnet?

4. Erläutern Sie den Unterschied zwischen Brutto- und Netto-Reichweiten. Arbeiten Sie die Problematik heraus, die in der Netto-Reichweite liegt.

5. Als Programmdirektor eines Senders planen Sie eine neue Unterhaltungsshow. Für die Unterbrecherwerbung streben Sie einen TKP von 30 € an und rechnen mit einer Reichweite von durchschnittlich 1,5 Millionen Zuschauern. Welchen Preis verlangen Sie für die Schaltung eines Werbespots?

   Tatsächlich erreicht das Magazin aber nur durchschnittlich 500.000 Zuschauer. Wie hoch ist der effektive TKP bei gleichen Schaltkosten?

6. Welche Konsequenzen ergeben sich in der Mediaplanung aus der Tatsache, dass es Zeitschriften mit regelmäßigen und unregelmäßigen Lesern gibt?

7. Wie viel OTS erreichen Sie mit der Schaltung eines 30-sekündigen Werbespots während der Prime-Time auf RTL?

8. Errechnen Sie aus der Tabelle in Kapitel 5.10.1.4 die Affinitätsindices von Spiegel und Brigitte für die Zielgruppe Frauen.

9. An Hand welcher Medialeistungswerte lassen sich alternative Mediapläne bewerten?

10. Erläutern Sie die Grundlagen des Werbecontrolling.

11. Für die Schaltung einer Anzeige liegen Ihnen drei Angebote von Tageszeitungen vor. In Zeitung A kostet die Anzeige 200 €, in Zeitung B 100 € und in Zeitung C 60 €. Zeitung A verspricht Ihnen 200.000 Kontakte, B 50.000 und C 20.000. Welches Angebot ist das wirtschaftlichste?

6 Werbeträger

Diese nicht ganz ernst gemeinte Glosse zeigt, dass sich offenbar nicht alles und jedes gleichermaßen als Werbeträger eignet. Zugegebenermaßen sind Toilettentüren nicht unbedingt das, was als Werbeträger nahe liegt – aber warum eigentlich nicht? Die klassischen Werbeträger Fernsehen und Zeitschriften sind mittlerweile längst um Zapfpistolen, Bauzäune, Golflöcher und vieles andere ergänzt worden. Auch um Werbung auf dem „Örtchen".

6. 1 Werbeträger in Deutschland

Werden Medien zur Übermittlung von Werbung genutzt, bezeichnet man sie als Werbeträger. Im Kommunikationsmodell sind Werbeträger die Kanäle, über die Werbebotschaften vom Sender zum Empfänger gelangen.

Tabelle 6-1 verdeutlicht das vielfältige und breite Angebot an Werbeträgern in Deutschland sowie das Entscheidungsproblem, das sich daraus ergibt: Welcher der Werbeträger soll für eine Schaltung belegt werden? Werbetreibende müssen in einem ständig größer werdenden Angebot sich nicht nur zwischen unterschiedlichen Werbeträger-Kategorien entscheiden, sondern auch innerhalb dieser Kategorien die geeigneten Werbeträger ermitteln.

Tabelle 6-1: *Werbeträger in Deutschland*

Mediengruppe	Anzahl			Auflage		
	2010	2005	+/– in %	2010	2005	+/– in %
Tageszeitungen	369	377	–2,1	22,8 Mio.	25,7 Mio.	–11,3
Wochenzeitungen	25	27	–7,4	2,1 Mio.	2,3 Mio.	–8,7
Anzeigenblätter	1.407	1.350	+4,2	92,3 Mio.	86,4 Mio.	+6,8
Publikumszeitschriften	890	873	+1,9	125,3 Mio.	138,0 Mio.	–9,2
Fachzeitschriften	1.152	1.081	+6,6	21,8 Mio.	24,4 Mio.	–10,7
Kundenzeitschriften	80	75	+6,7	57,0 Mio.	49,6 Mio.	+14,9
Telekommunikationsverzeichnisse	270	243	+11,1	40,7 Mio.	36,4 Mio.	+11,8
Massendrucksachen, Infopost	–	–	–	10,4 Mrd.	10,8 Mrd.	–3,7
Bundesweite u. regionale TV-Programme	268	170	+57,6	36,7 Mio.	36,8 Mio	–0,3
					angemeldete TV-Geräte	
Bundesweite, regionale u. lokale Hörfunkprogramme	335	327	+2,4	42,9 Mio.	42,2 Mio.	+1,7
					angemeldete Hörfunk-Geräte	
Online-Angebote	1.041	393	+264,9	59,3Mrd.	12,4 Mrd.	+378,2
					Visits	
Plakatanschlagstellen	334.988	406.921	–17,7	–	–	–
Kino (Leinwände)	4.699	4.889	–3,9	126,6 Mio.	127,3 Mio.	–0,5
					Kinobesucher	

Quelle: ZAW Jahrbuch 2011, S. 262

Die Bedeutung der Werbung für die Finanzierung ist von Werbeträger zu Werbeträger sehr unterschiedlich. Fast alle Werbeträger agieren gleichzeitig auf zwei Märkten:

- auf dem **Vertriebsmarkt** werden Erlöse durch den Verkauf des Mediums erzielt, z.B. über Einzelverkauf oder Abonnement von Zeitungen und Zeitschriften, Nutzungsgebühren u.ä.,
- auf dem **Werbemarkt** werden Erlöse durch den Verkauf von Werbefläche oder Werbezeiten innerhalb des Mediums an Werbetreibende erzielt.

Alle Werbeträger agieren also einerseits auf einem Markt, auf dem sie den Mediennutzern Unterhaltung und Informationen anbieten, gleichzeitig aber auch auf einem Markt, auf dem sie die Mediennutzer anbieten. Werbeträger konkurrieren untereinander also nicht nur um die Mediennutzer (Reichweiten) sondern gleichzeitig auch um die Werbekunden (Einnahmen) und stehen so vor der Aufgabe, sich sowohl an den Bedürfnissen der Mediennutzer als auch an denen der Werbekunden zu orientieren.

Tageszeitungen finanzieren sich zu rund zwei Dritteln durch Werbung, bei der *Bild*-Zeitung halten sich Vertriebs- und Werbeerlöse etwa die Waage. Bei Publikumszeitschriften überwiegen i.d.R. die Werbeerlöse, allerdings gibt es auch reine Vertriebsobjekte (z.B. Rätsel- und Strickzeitschriften). Es gibt auch Medien, die sich vollständig durch Werbung finanzieren, wie Anzeigenblätter. Das öffentlich-rechtliche Fernsehen finanziert sich nur zu einem geringen Teil durch Werbung, Haupteinnahmequelle sind hier die Rundfunkgebühren. Im Gegensatz dazu ist das private Fernsehen in Deutschland fast vollständig von den Werbeeinnahmen abhängig, weitere Einnahmequellen sind die Vermarktung von Fernsehproduktionen oder Merchandising-Lizenzen sowie Einnahmen aus Telefondienstleistungen (z.B. bei Bewerbungen oder Quizsendungen) (vgl. Hofsäss/Engel 2003, S. 49).

6. 2 Werbeinvestitionen

2010 umfassten die Werbeinvestitionen 29,5 Milliarden Euro, was einem Anteil von 1,2 % am deutschen Bruttoinlandsprodukt entspricht. Das reine Streuvolumen, also die Werbung, die über die Medien verbreitet wird, liegt bei ca. 19 Milliarden Euro (die Differenz sind vor allem Produktionskosten für die Werbemittel und Agenturhonorare).

Mit einem Werbevolumen von mehr als 33 Milliarden Euro war das Jahr 2000 das bisherige Rekordjahr (vgl. Abbildung 1-1). Zwar zeigte sich zwischen 2004 und 2007 ein leichtes Wachstum, 2009 sorgte aber die internationale Finanz- und Wirtschaftskrise für einen bisher einmaligen Rückgang von 6 Prozent, 2010 zeigte eine leichte Erholung.

Abbildung 6-2 und Tabelle 6-2 zeigen, wie sich die Werbeinvestitionen auf die einzelnen Werbeträger verteilen. Mit einem Anteil von 44,1 % stellen die Printmedien die bedeutendste Werbeträgergattung in Deutschland dar. Hierin dominieren die Tageszeitungen mit einem Anteil von 19,4 %, gefolgt von den Anzeigenblättern (10,7 %), den Publikumszeitschriften (7,7 %) und den Fachzeitschriften (4,6 %). Tageszeitungen sind ein über-

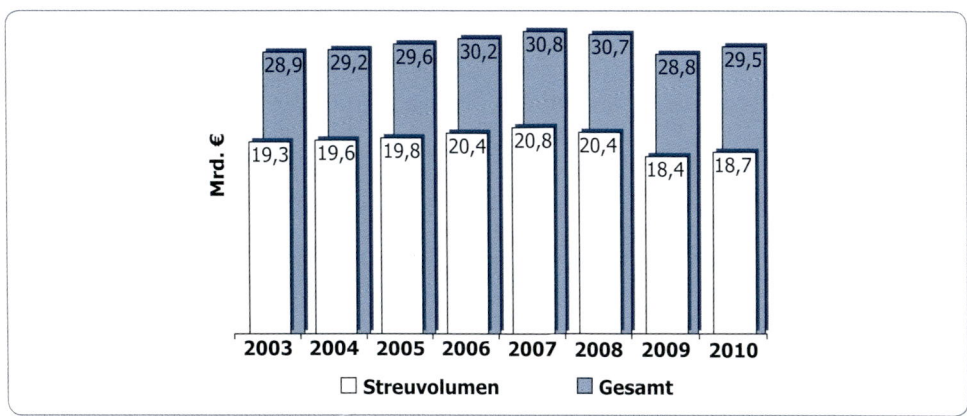

Abbildung 6-1: *Werbeinvestitionen in Deutschland*

Quelle: ZAW Jahrbücher

wiegend regionales bzw. lokales Werbemedium; hier schlagen vor allem die Anzeigen des regionalen Einzelhandels und die Rubrikenmärkte (Immobilien, Kfz usw.) zu Buche. Mit einem Marktanteil von 21,1 % ist das Fernsehen der bedeutendste nationale Werbeträger vor den Tageszeitungen und Direktwerbung (Werbung per Post) mit 15,9 % auf Platz 3. Hörfunk-, Kino- und Außenwerbung haben nur eine untergeordnete Bedeutung und werden vor allem für spezielle Zielgruppen (Kino die 14–29jährigen), gezielt für bestimmte Produkte (Außenwerbung vor allem für Zigaretten, Bier, Massenmedien und Automobile) oder für lokale und regionale Werbung (Radio) eingesetzt.

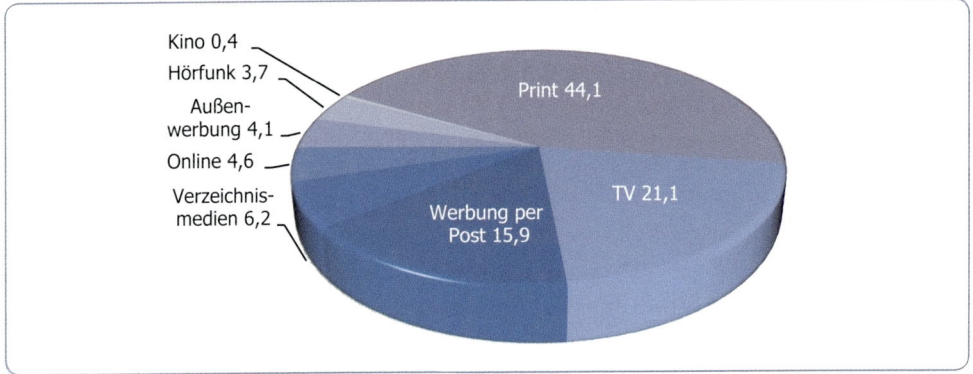

Abbildung 6-2: *Anteile der Werbeträger*

Tabelle 6-2 zeigt auch die Entwicklung des Werbewachstums in der Dekade vor 2010. Aufgrund von gleich zwei schweren Werbekrisen ergibt sich insgesamt ein Rückgang der Werbeausgaben von 23,5 % bzw. 3 Milliarden Euro. Am stärksten betroffen waren die Tageszeitungen mit einem Verlust von 2 Milliarden, das Fernsehen verlor immerhin noch rund eine halbe Milliarde. Zuwächse erzielten vor allem die Online-Angebote, die Anzeigenblätter und die Supplements.

Während Tabelle 6-2 die Werbeträger nach Kategorien aufführt, zeigt Tabelle 6-3 die größten Einzelwerbeträger, die vor allem von den Fernsehsendern dominiert werden. Im Jahr 2010 belegten in der Gruppe der Publikumszeitschriften die Nachrichtenmagazine *Stern* und *Spiegel* sowie die *Bild am Sonntag* die vorderen Plätze. Werbestärkste Zeitungen waren die *Bild-* und die *WAZ*-Gruppe, gefolgt vom *Handelsblatt*. Tabelle 6-4 zeigt die größten Werbeetats. Die größten Werbetreibenden sind *Procter & Gamble*, gefolgt von der *Media-Saturn*-Gruppe. Bei den größten Produkt- bzw. Markenetats dominiert *Aldi* vor dem *Media-Markt*.

Tabelle 6-5 zeigt die Werbeausgaben nach Branchen, die von den preisintensiven Handelsorganisationen und dem Versandhandel angeführt werden, gefolgt von der Automobilbranche und den Zeitungen. Diese Rankings unterliegen jährlichen Schwankungen, die durch konjunkturelle und vor allem branchenspezifische Besonderheiten bestimmt sind.

6.3 Institutionen der Werbewirtschaft

Bevor auf die wichtigsten Gattungen der Werbeträger eingegangen wird, sind einige Institutionen der Werbewirtschaft vorzustellen, die insbesondere im Hinblick auf die der Werbeträgerplanung zugrunde liegenden Informationen von Bedeutung sind.

Tabelle 6-2: Nettowerbeeinnahmen erfassbarer Werbeträger

Werbeträger (Mio. €)	2010	2001	Wachstum %	Anteil 2010 %
Fernsehen	3.953,7	4.469,0	−11,5	21
Tageszeitungen	3.637,8	5.642,2	−35,5	19
Werbung per Post	2.983,8	3.255,8	−8,4	16
Anzeigenblätter	2.011,0	1.742,0	+15,4	11
Publikumszeitschriften	1.450,0	2.092,5	−30,7	8
Verzeichnis-Medien	1.154,6	1.269,4	−9,0	6
Online-Angebote	861,0	185,0	+365,4	5
Fachzeitschriften	860,0	1.057,0	−18,6	5
Außenwerbung	766,1	759,7	+0,8	4
Hörfunk	692,1	678,0	+2,1	4
Wochen-/ Sonntagszeitungen	217,8	286,7	−24,0	1
Zeitungssupplements	85,8	72,8	+17,9	<1
Filmtheater	74,5	170,2	−56,2	<1
Gesamt	**18.748,1**	**21.680,3**	**−23,5**	**100,0**

Quelle: ZAW Jahrbuch 2011, S. 17

Tabelle 6-3: Die größten Werbeträger pro Mediengruppe 2010

Mediengruppe	Werbeträger	Werbeeinnahmen, T EUR
TV	RTL Sat.1 ProSieben	2.530,7 1.955,8 1.848,8
Publikumszeitschriften	Stern Spiegel Bild am Sonntag	152,0 139,9 135,2
Zeitungen	Bild WAZ Zeitungsgruppe Handelsblatt	292,5 281,3 121,5
Radio	Antenne Bayern Radio Kombi Baden-Würt. Radio NRW	79,0 71,7 66,6
Fachzeitschriften	Lebensmittel Zeitung Textil-Wirtschaft Pharmazeutische Zeitung	26,3 14,1 10,9

Quelle: Nielsen Media Research

Der Zentralverband der deutschen Werbewirtschaft (ZAW) wurde bereits 1949 (damals unter der Bezeichnung Zentralausschuss der Werbewirtschaft) gegründet und ist die Dachorganisation aller zur Werbewirtschaft in Deutschland zählenden Gruppen. Der ZAW ist einerseits die Interessenvertretung der Werbewirtschaft nach außen, andererseits Koordinationsorgan unterschiedlicher Auffassungen der Werbebranche. Der ZAW

Tabelle 6-4: Die größten Werbeetats 2010

	Unternehmen			Produkt-/Markenetats	
1	Procter+Gamble,	592,5	1	Aldi	384,0
2	Media-Saturn-Holding	499,1	2	Media Markt	289,1
3	Ferrero	396,8	3	Lidl	253,6
4	Aldi	385,6	4	Saturn	200,5
5	Unilever	348,8	5	Mc Donald's	143,3
6	L'oreal	330,7	6	Sky Pay-Tv	134,3
7	Springer Axel	310,2	7	C+A	118,2
8	Lidl	258,9	8	Penny	112,7
9	Edeka	236,4	9	Rewe	105,7
10	Volkswagen	227,9	10	Ikea	92,1

Quelle: Nielsen Media Research (Mio. Euro)

Tabelle 6-5: Werbeausgaben 2010 nach Branchen (Top 20)

	Branche	Mio. Euro		Branche	Mio. Euro
1	Handelsorganisationen	2.949,9	11	Möbel u. Einrichtung	516,1
2	Versandhandel	1.781,0	12	Haarpflege	480,3
3	Pkw	1.485,2	13	E-Commerce	479,2
4	Zeitungen	1.318,0	14	Versicherungen	474,6
5	Publikumszeitschriften	901,7	15	Bekleidung	471,3
6	Arzneimittel	782,7	16	TV	457,8
7	Online-Dienstleistungen	777,9	17	Finanzdienstleistungen	442,1
8	Schokolade und Zuckerwaren	726,4	18	Unternehmens-Werbung	391,2
9	Sonstige Medien/Verlage	579,0	19	Bier	378,8
10	Mobilnetz	562,1	20	Milchprodukte – Weiße Linie	373,3

Quelle: Nielsen Media Research (Mio. Euro)

sieht seine Aufgabe darin, „… ungerechtfertigten und unzulässigen Beschränkungen der Wirtschaft entgegenzuwirken" (ZAW 2011, S. 459).

Dem ZAW gehören 40 Organisationen an aus den Bereichen

- Werbung treibende Wirtschaft,
- Werbeagenturen,
- Werbungdurchführende und Werbemittelhersteller,
- Werbeberufe und Marktforschung.

Der Deutsche Werberat wurde 1972 durch den ZAW gegründet. Seine Haupttätigkeit liegt in der Behandlung von Beschwerden über einzelne Werbemaßnahmen. In dieser Funktion ist er die Schiedsstelle zwischen Beschwerdeführern aus der Bevölkerung und werbetreibenden Firmen.

Jedermann kann Beschwerden einbringen, der Werberat wird aber auch eigeninitiativ tätig. Geht eine Beschwerde ein, wird zunächst das betroffene Unternehmen bzw. dessen

Werbeagentur zu einer Stellungnahme aufgefordert. Ist im Falle einer Beanstandung das Unternehmen nicht bereit, die Werbung einzustellen oder zu ändern, begutachtet ein Expertengremium des Deutschen Werberates die beanstandete Werbung. Die Unternehmen folgen fast immer der Auffassung des Werberates, wenn dieser eine Beschwerde für gerechtfertigt erachtet und die Unternehmen auffordert, die entsprechende Werbung zu unterlassen bzw. zu ändern. Falls die Unternehmen dieser Aufforderung nicht nachkommen, hat der Werberat zwei Sanktionsmöglichkeiten. Einerseits erfolgt eine Weiterleitung des Vorgangs an die Zentrale zur Bekämpfung unlauteren Wettbewerbs, die dann Rechtsmaßnahmen ergreift, andererseits erteilt der Werberat eine **Öffentliche Rüge**. Damit werden gleichzeitig die Medien aufgefordert, die beanstandete Werbemaßnahme nicht mehr zu verbreiten. 2010 hatte der Deutsche Werberat über Beschwerden gegen 298 Werbekampagnen zu entscheiden, von denen 89 Fälle verfolgt wurden. 63 Kampagnen wurden daraufhin vom Markt genommen, 18 geändert. Zu Öffentlichen Rügen kam es in acht Fällen, weil die Firmen sich weigerten, die Werbung zu korrigieren:

> In sechs Fällen ging es um Frauen diskriminierende Werbung. Beispielsweise warb eine Diskothek unter der Überschrift „Titten, Techno und Trompeten" mit der Abbildung eines Frauenunterleibs im Tanga und gespreizten Beinen. Der Hersteller eines künstlichen Fuchsbaus zeigte eine nackte, auf einer Betonröhre kriechenden rothaarigen Frau mit dem Text: „Jäger stehen drauf, Füchse sowieso". Gerügt wurde auch eine Kampfkunstschule, die mit dem blutig geschlagenen Gesicht des Gegners warb, sowie eine Klosterbrauerei mit der Werbeaussage „Ein flüssiger Seelentröster, der so manche Last des Alltags vergessen lässt". (*Quelle:* Deutscher Werberat 2011, S. 13 ff.).

Die Bedeutung des Deutschen Werberates wird darin deutlich, dass Gerichte dazu tendieren, Verstöße gegen Verhaltensregeln des Deutschen Werberates als Verstöße gegen das Wettbewerbsrecht anzusehen (vgl. Loitz u.a. 2004, S. 158).

Verbraucherbeschwerden über grenzüberschreitende Werbemaßnahmen werden im Rahmen der Werbeselbstdisziplin von der 1991 gegründeten **European Advertising Standards Alliance** (**EASA**) behandelt (vgl. Kapitel 7.4.2.4).

Die Informationsgemeinschaft zur Feststellung der Verbreitung von Werbeträgern e.V. (**IVW**) ermittelt, veröffentlicht und kontrolliert die Verbreitungsdaten von Werbeträgern seit 1949. Die IVW wurde ursprünglich vom ZAW gegründet, arbeitet seit 1955 jedoch rechtlich selbständig. Sie ist eine neutrale Einrichtung zur Selbstkontrolle im Bereich der Werbeträger und wird von Medien, Werbetreibenden und Werbeagenturen getragen. 2011 gehörten der IVW insgesamt 2.165 Unternehmen und Organisationen an.

Die Tätigkeit der IVW erstreckt sich auf die Feststellung der

- nachgewiesenen Auflagen bei Verlagen für periodisch erscheinende Presseerzeugnisse (Zeitungen, Zeitschriften, Adressbücher, Handbücher). Seit 2003 wird auch die Verbreitung digitaler Versionen von Presseerzeugnissen („ePaper") berücksichtigt,
- regionalen Verbreitung der verkauften Auflagen bei Verlagen von Tageszeitungen,
- nachgewiesenen Anschlagstellen und der Sauberkeit des Plakatanschlags bei Unternehmen für Außenwerbung,
- nachgewiesenen Besucherzahlen bei Filmtheatern, sowie der ordnungsgemäßen Ausstrahlung von Werbefilmen,
- nachgewiesenen Strukturanalysen der Empfängerschaft/Leserschaft bei Verlagen von Fachzeitschriften,
- ordnungsgemäßen Ausstrahlung von Werbespots bei Hörfunk und Fernsehen,

- nachgewiesenen Zugriffe auf das Online-Angebot bei Anbietern von Online-Werbe-trägern (vgl. IVW 2008, S. 10).

Die Mitgliedsunternehmen verpflichten sich, die entsprechenden Daten zu melden, die von der IVW überprüft werden.

Die Auflagen der Presseerzeugnisse werden von der IVW sehr differenziert erhoben. Folgende **Auflagenarten** sind zu unterscheiden:

- Die **Druckauflage** ist die Gesamtzahl aller gedruckten Exemplare eines Presseerzeugnisses. In der Mediaplanung ist sie wichtig für die Kosten- und Auflagenkalkulation von Beilagen und Beiheftern.
- Die **Abonnementsauflage** ist die Anzahl der an feste Abonnenten und Lesezirkel gelieferten Exemplare. Sie ist ein wichtiges Maß für die Bestimmung der Stammleser. Je höher der Anteil der Abonnementsauflage, desto höher ist der Anteil der kontinuierlichen Leser, bei denen sich durch Mehrfachschaltung schnell hohe Kontaktzahlen erreichen lassen.
- Die **Einzelverkaufsauflage** ist die Zahl der Exemplare, die als Einzelstücke im Einzelverkauf gekauft wurden. Je höher der Anteil der frei verkauften Auflage, desto mehr muss sich ein Titel mit jeder Ausgabe neu am Kiosk behaupten.
- **Remittenden** sind die über den Einzelverkauf nicht abgesetzten und an den Verlag zurückgeschickten Exemplare.
- Die Gesamtheit der Exemplare eines Titels, die in die Verkaufsstellen geliefert wurden, wird als **Einzelverkaufslieferung** ausgewiesen. Diese beinhaltet also auch die Remittenden.
- Abonnements- und Einzelverkaufsauflage abzüglich der Remittenden ergibt die **verkaufte Auflage**. Sie ist das wichtigste Auflagenkriterium für die Beurteilung eines Titels, da gekaufte Exemplare auch am ehesten gelesen werden.
- Die **verbreitete Auflage** umfasst die Druckauflage abzüglich der Remittenden, Rest- und Archivexemplare, aber einschließlich der unentgeltlich vertriebenen Exemplare (Frei- und Werbeexemplare). Ist die verbreitete Auflage erheblich höher als die verkaufte Auflage, besteht eine gewisse Unsicherheit darüber, inwieweit die Exemplare der Differenz auch gelesen werden.

Tabelle 6-6: Auflagenarten

	Der Spiegel	Stern	Hörzu	TV-Spielfilm
verbreitete Auflage	976.293	869.219	1.383.317	1.203.427
verkaufte Auflage	967.002	862.960	1.366.160	1.196.861
Abo-Exemplare	465.415	283.276	801.140	546.514
Einzelverkaufslieferung	525.035	481.693	621.462	968.318
Remittenden	192.325	184.971	162.544	340.720
Lesezirkelexemplare	95.313	176.859	29.630	14.473
sonst. Verkauf	9.651	7.172	62.589	8.276
Bordexemplare	63.913	98.931	13.883	–
Freiexemplare	9.291	6.259	17.157	6.566
Druckauflage	1.173.092	1.063.500	1.552.532	1.560.931

Quelle: IVW Auflagenliste 1/2011

Für Zeitschriften werden von der IVW einerseits Quartalsdurchschnittszahlen erfasst, zusätzlich aber auch heftbezogene Auflagendaten, wodurch die Werbeträgerleistung für jede Heftnummer transparent wird.

Die IVW ermittelt und veröffentlicht nur Daten von Mitgliedern. Die Mitgliedschaft ist freiwillig. Zeitschriften, die nicht Mitglied sind, werden allerdings nicht bei der Media-Analyse (MA) erhoben und laufen Gefahr, bei der Mediaplanung nicht berücksichtigt zu werden. Tabelle 6-6 zeigt die unterschiedlichen Auflagenarten beispielhaft an ausgewählten Titeln.

Es besteht folgender Zusammenhang zwischen den Auflagenarten:

	Bsp.: Der Spiegel (IVW 1/2011)
EV-Lieferung	525.035
./. Remittenden	192.325
= Einzelverkauf	332.710
+ Abo.exemplare	465.415
+ Lesezirkelexemplare	95.313
+ sonst. Verkauf	9.651
+ Bordexemplare	63.913
= verkaufte Auflage	967.002

6.4 Informationsquellen für die Werbeträgerplanung

Die Werbeträgerforschung verfolgt grundsätzlich zwei Ziele: Kontaktmessung und Zielgruppenbeschreibung. Einerseits wird versucht zu erheben, wie viele Personen wie oft in einem bestimmten Zeitraum Kontakt mit einem Werbeträger hatten. Andererseits wird versucht, diese Personen nach soziodemographischen und psychographischen Merkmalen zu beschreiben.

Die für die Werbeplanung relevanten Informationsquellen lassen sich einteilen in solche für

- Werbeumsätze,
- die Verbreitung von Werbeträgern und
- die Struktur von Mediennutzerschaften.

6.4.1 Werbeumsätze und Verbreitung von Werbeträgern

Werbeumsätze veröffentlichen einerseits das ZAW, andererseits Nielsen Media Research (NMR). Das ZAW erhebt von den angeschlossenen Verbänden die Nettowerbeumsätze, also bereinigt um Rabatte und Provisionen, aufgeschlüsselt nach Werbeträgern (vgl. Tabellen 6-1, 6-2). Während das ZAW also von effektiven Zahlen ausgehen kann, beruhen die von NMR erhobenen Daten auf **Beobachtung** der Werbung in den Above-the-line-Medien: Presse – und hier nur überregionale Anzeigen –, Hörfunk, Fernsehen, Kino und seit Januar 2010 auch der Werbeträger Internet. Die in diesen Medien geschaltete Werbung wird registriert und über die Tarifunterlagen hochgerechnet, so dass die Nielsen-Zahlen **Bruttoangaben** sind (vgl. Tabellen 6-3, 6-4, 6-5). Anders als das ZAW erhebt NMR nicht nur die Werbeträgerkategorien, sondern jeden Werbeträger einzeln und jede darin geschaltete Werbung. Durch diese detailliertere Erhebung eignen sich diese Daten vor allem als Instrument der Wettbewerbsbeobachtung bzw. zur Analyse des Werbedrucks in einer Branche. Da NMR und das ZAW also grundsätzlich unterschiedliche Daten erheben, empfiehlt es sich, bei Werbeumsätzen darauf zu achten, aus welcher Quelle sie stammen. Ein Vergleich beider Umsatzstatistiken ist nur bedingt aussagefähig. Auch die ZAW-Netto-Zahlen sind nicht unstrittig, da beispielsweise die Fernsehsender zum Teil auch Einnahmen aus Programm-Sponsoring, Teletext und Bartergeschäften melden. Auf der anderen Seite enthalten die NMR-Bruttozahlen bei den Fernsehsendern auch kostenlose Schaltungen, die im Rahmen von Preis-Leistungsgarantien erfolgen.

Informationen über die **Verbreitung von Werbeträgern** (vgl. Tabelle 6-1) geben die IVW und die Gebühreneinzugszentrale GEZ, (angemeldete Hörfunk- und Fernsehgeräte); die Versorgung der Haushalte mit Kabelanschlüssen wird von der Deutschen Telekom dokumentiert. Die Anzahl der Hörfunk- und Fernsehgeräte sowie die technische Empfangbarkeit der Programme bestimmt die **technische Reichweite** eines elektronischen Mediums. Damit wird die Anzahl der Personen oder Haushalte bezeichnet, die die Möglichkeit haben, einen bestimmten Sender zu empfangen.

Angaben über die Verbreitung von Werbeträgern (technische Reichweite bei elektronischen Medien, verbreitete Auflage bei Druckmedien) geben Auskunft über das Empfangs- bzw. Nutzer**potenzial** des jeweiligen Werbeträgers. Damit ist noch keine Aussage darüber gemacht, wie viele Personen über einen Werbeträger **tatsächlich** erreicht werden. So wird beispielsweise eine Zeitschrift nicht nur von dem Käufer, sondern i.d.R. auch von weiteren Personen genutzt.

6.4.2 Mediennutzerschaften

6.4.2.1 Erhebungsmethoden

Die Ermittlung der **Mediennutzerschaften** bzw. der **Reichweite** von Medien dient der Erhebung von Nutzungs**wahrscheinlichkeiten** für Werbeträger- und Werbemittelkontakte. Ziel ist die Definition möglichst differenzierter (Media-) Zielgruppen. Dafür gibt es im Wesentlichen zwei Informationsquellen: die MA und das GfK-Meter.

Die **MA** ist die **M**edia-**A**nalyse der Arbeitsgemeinschaft Media-Analyse (AG.MA), die ein Zusammenschluss von Werbeträgern, Werbeagenturen und Werbetreibenden ist. Die MA ist die größte durchgeführte Analyse über das Mediennutzungsverhalten von Werbeträgern in Deutschland und liefert valide Nutzungsdaten für Printmedien, Hörfunk, Kino und Lesezirkel. Grundgesamtheit bildet die deutsche Bevölkerung in Privathaushalten ab 14 Jahren. Die Durchführung erfolgt in zwei Tranchen:

- Pressetranche: rund 19.500 Interviews halbjährlich; erhoben werden Printmedien, Lesezirkel und Kino.
- Elektronische Tranche: rund 27.000 Interviews halbjährlich; erhoben werden Hörfunk, Fernsehen und Tageszeitungen.

Für die Pressetranche wird gefragt, ob und wann eine von ca. 180 Zeitschriften zuletzt gelesen wurde. Aufgrund der starken Zunahme der Zeitschriftentitel wurde mittlerweile ein Titelsplit-Modell eingeführt, nach dem nicht mehr in jedem Interview alle Titel abgefragt, sondern diese in drei Titelgruppen gesplittet werden. Die Befragten bekommen so genannte Titelkarten vorgelegt, auf denen das Logo bzw. der Schriftzug der Zeitschrift abgebildet ist. Alle Personen, die einen Titel innerhalb der letzten zwölf Erscheinungsintervalle genutzt haben, werden zum „weitesten Leserkreis" (WLK) gerechnet.

Zusätzlich wird abgefragt, wie viele Ausgaben von insgesamt zwölf (schätzungsweise) genutzt wurden. Daraus werden Wahrscheinlichkeiten zur Lesefrequenz errechnet, der

Tabelle 6-7: Datendarstellung der MA

ma 2010
Pressemedien

Leserschaft pro Ausgabe (LpA)

Reichweite in %

Gesamt

Basis: Pressemedien II

		Deutschspr. Bevölkerung	Deutsche	Deutsche+EU	Geschlecht		Altersgruppen							Ausbildung						Tätigkeit	
					Männer	Frauen	14-19 Jahre	20-29 Jahre	30-39 Jahre	40-49 Jahre	50-59 Jahre	60-69 Jahre	70 Jahre und älter	Schüler in allgemeinbildender Schule	Haupt-/Volksschulabschluß ohne Lehre	Haupt-/Volksschulabschluß mit Lehre	weiterführende Schule ohne Abitur	Fach-/Hochschulreife ohne Studium	Fach-/Hochschulreife mit Studium	berufstätig	nicht berufstätig
ungewogene Fallzahl		38890	36960	37628	17833	21057	2333	4979	5372	7063	6274	6334	6535	1644	3492	12198	13667	3509	4380	20660	2852
gewogene Fallzahl		38890	35730	36968	18996	19894	2942	5412	5641	7481	6150	5234	6030	2137	3672	11873	13260	3563	4385	21000	3063
BILD am SONNTAG	wö	14.6	14.7	14.8	19.9	9.6	8.1	11.3	13.8	15.4	17.5	17.5	15.3	7.0	13.7	20.8	14.2	9.3	8.2	16.0	9.5
BUNTE	wö	5.8	5.9	5.9	2.8	8.8	2.0	3.7	5.7	6.1	6.2	7.4	7.8	1.9	6.7	7.1	6.2	4.1	4.0	5.5	7.8
Gala	wö	3.5	3.5	3.5	0.9	5.9	1.9	3.1	4.2	4.3	4.0	3.0	2.8	1.7	3.8	3.4	4.1	3.4	2.6	3.9	5.0
in - Das STAR & STYLE Magazin	wö	1.0	1.0	1.0	0.3	1.7	2.4	2.7	1.4	0.8	0.4	0.3	0.1	2.2	0.7	0.5	1.2	2.1	0.6	1.1	1.3
InTouch	wö	1.2	1.1	1.2	0.3	2.0	3.6	3.5	1.4	0.8	0.3	0.1	0.0	3.6	0.8	0.5	1.3	2.6	0.7	1.2	2.0
Life&Style	wö	0.7	0.7	0.7	0.2	1.3	1.4	2.1	1.1	0.5	0.4	0.1	0.0	1.5	0.3	0.4	0.9	1.5	0.5	0.9	0.8
OK!	wö	0.6	0.6	0.6	0.3	0.9	0.9	1.3	0.8	0.5	0.3	0.3	0.2	1.0	0.4	0.4	0.7	0.9	0.4	0.6	0.7
SUPERillu	wö	5.2	5.5	5.4	4.5	5.9	2.0	3.1	4.4	4.8	6.2	7.3	7.3	1.9	2.8	4.9	7.7	2.3	4.7	4.9	2.7
FOCUS	wö	8.4	8.6	8.5	11.7	5.3	4.1	8.4	10.9	10.7	8.9	8.1	5.3	3.7	2.6	5.9	9.1	13.4	16.4	10.3	5.1
DER SPIEGEL	wö	9.3	9.4	9.4	12.5	6.2	4.7	10.2	10.2	10.4	10.7	9.4	6.9	4.9	2.6	5.4	8.3	17.8	24.0	10.6	6.9
stern	wö	10.9	11.1	11.1	12.8	9.2	6.8	10.6	12.3	12.4	11.9	11.7	8.4	7.0	5.0	9.6	11.6	14.9	16.4	12.4	8.8
Frankfurter Allgemeine Sonntagszeitung	wö	1.4	1.4	1.5	1.8	1.1	0.7	1.7	1.8	1.8	1.4	1.4	0.8	0.8	0.3	0.3	0.9	4.0	5.2	1.6	1.2
WELT am SONNTAG	wö	1.5	1.5	1.5	2.0	1.0	0.7	1.2	1.3	1.3	1.9	2.0	1.7	0.6	0.3	0.8	1.2	3.0	4.3	1.6	0.8
DIE ZEIT	wö	2.3	2.3	2.3	2.8	1.9	1.4	2.7	2.5	2.6	2.5	2.3	1.6	1.3	0.4	0.5	1.3	6.3	9.2	2.5	1.4
Reader's Digest	mo	2.4	2.5	2.4	2.1	2.6	0.6	0.7	1.0	2.1	2.7	4.2	4.4	0.5	1.8	2.6	2.3	2.0	3.6	1.8	2.0
auf einen Blick	wö	4.6	4.8	4.8	3.2	6.0	1.7	1.7	2.5	3.5	4.7	7.5	9.5	1.8	8.6	6.8	3.5	2.1	2.3	3.2	4.5
BILD + FUNK	wö	1.4	1.4	1.4	1.3	1.4	0.4	0.6	0.9	0.8	1.8	2.1	2.5	0.4	2.1	2.3	0.9	0.4	0.8	1.1	1.4
BILDWOCHE	wö	1.2	1.2	1.2	0.7	1.6	0.9	0.9	0.8	1.0	1.3	1.5	1.7	0.9	1.9	1.7	0.9	0.6	0.5	1.0	1.1
Fernsehwoche	wö	2.7	2.7	2.7	2.3	3.0	1.7	1.0	1.7	1.9	3.2	4.1	4.6	1.7	4.1	3.6	2.4	1.3	1.3	2.0	3.6
FUNK UHR	wö	2.5	2.6	2.6	2.2	2.8	1.2	0.8	0.9	1.8	2.9	4.2	5.2	1.5	3.4	3.9	2.0	0.9	1.4	1.7	2.5
Gong	wö	1.7	1.7	1.6	1.5	1.8	0.5	0.8	0.8	1.3	2.2	2.2	3.3	0.6	2.2	2.1	1.4	1.0	2.1	1.3	1.4
HÖRZU	wö	6.5	6.8	6.7	5.8	7.2	4.3	3.3	3.8	4.2	6.7	10.6	12.1	4.3	7.0	7.4	5.8	5.7	7.5	4.8	5.4
SuperTV	wö	0.9	1.0	0.9	0.8	1.1	0.4	0.4	0.6	0.7	1.1	1.6	1.5	0.2	0.7	1.0	1.1	0.4	0.9	0.7	0.6
tv Hören + Sehen	wö	4.6	4.8	4.8	4.2	5.1	2.5	2.2	2.5	3.9	4.3	7.8	8.3	2.7	4.6	6.6	4.1	2.4	3.7	3.5	4.0
tv klar	wö	1.2	1.2	1.2	1.1	1.4	1.0	1.2	1.2	1.1	1.3	1.3	1.5	1.0	1.6	1.6	1.2	0.6	0.6	1.2	1.4
TVfrau	wö	0.8	0.8	0.8	0.9	0.7	1.1	0.5	0.6	1.1	0.8	1.0	0.8	1.0	0.9	1.1	0.8	0.3	0.5	0.8	0.8
die zwei	wö	0.5	0.5	0.5	0.2	0.7	0.0	0.3	0.2	0.4	0.7	0.6	0.9	0.0	1.2	0.6	0.4	0.3	0.2	0.4	0.8
TV DIGITAL	14	4.8	4.8	4.9	6.1	3.6	7.2	6.3	6.4	5.9	5.1	2.5	1.2	7.9	3.1	3.8	5.3	6.3	4.9	6.0	4.5
TV Movie	14	9.1	9.0	9.0	9.6	8.7	16.8	12.4	12.0	12.0	7.2	4.2	2.5	17.5	6.2	7.2	10.1	10.6	8.7	10.9	9.3
TV SPIELFILM	14	9.6	9.5	9.5	10.4	8.8	12.7	11.5	13.3	12.5	6.0	5.1	3.5	13.7	7.1	7.8	10.9	9.8	10.0	11.6	10.3
TV TODAY	14	3.0	2.9	2.9	3.1	2.8	3.7	3.3	3.9	3.7	2.7	2.0	1.6	3.2	1.9	2.3	3.6	3.1	3.4	3.5	3.0
tv 14	14	9.4	9.6	9.6	9.3	9.6	8.6	9.7	10.4	10.8	10.9	8.3	6.7	8.0	8.3	10.0	10.8	7.8	6.8	10.6	10.2
TVdirekt	14	2.5	2.5	2.5	2.5	2.5	3.0	2.1	2.6	3.4	2.5	2.3	1.5	3.3	1.9	2.6	2.8	1.6	2.0	2.7	3.5
tv pur	mo	1.4	1.4	1.5	1.4	1.5	1.1	1.9	1.4	1.8	1.4	1.3	0.9	1.1	1.6	1.5	1.6	1.0	1.1	1.5	2.1
Prisma	wö	11.4	12.1	11.9	10.3	12.5	7.5	5.4	8.4	10.2	13.6	16.2	15.8	8.1	7.5	11.7	11.9	11.3	14.0	10.0	10.2
rtv	wö	18.7	19.8	19.5	17.2	20.1	9.0	9.8	12.9	17.2	21.4	25.7	30.0	9.8	17.2	22.8	17.9	13.3	20.1	16.3	16.7
die aktuelle	wö	2.5	2.6	2.6	0.8	4.1	0.8	1.0	2.0	2.4	2.7	3.7	4.2	0.8	4.0	3.5	2.4	1.1	1.0	2.1	3.3
Avanti	wö	0.4	0.4	0.4	0.2	0.7	0.2	0.4	0.6	0.5	0.4	0.5	0.4	0.1	0.4	0.5	0.6	0.2	0.2	0.4	0.7
ECHO DER FRAU	wö	1.8	1.9	1.8	0.4	3.1	0.4	0.5	0.9	1.0	1.7	2.9	4.6	0.3	3.5	2.8	1.4	0.5	0.7	1.0	2.2
frau aktuell	wö	1.7	1.8	1.8	0.3	3.1	0.5	0.9	1.6	2.1	2.1	2.7	2.3	0.4	2.7	2.3	1.8	0.7	0.7	1.5	2.6
Frau mit Herz	wö	1.1	1.2	1.2	0.2	2.0	0.4	0.5	1.1	1.1	1.2	1.7	2.3	0.3	2.1	1.8	0.8	0.5	0.4	0.8	1.5
FRAU IM SPIEGEL	wö	2.3	2.4	2.4	0.4	4.2	0.7	0.5	1.2	1.8	2.6	3.4	5.4	0.6	4.6	3.3	2.0	0.9	0.9	1.5	3.1
FREIZEIT REVUE	wö	4.5	4.6	4.6	3.0	6.0	1.6	1.8	2.6	3.4	5.2	7.4	8.2	1.2	6.6	7.2	3.6	1.6	2.1	3.3	4.8
FREIZEIT SPASS	wö	1.1	1.1	1.1	0.7	1.5	0.6	0.6	0.8	1.1	1.2	1.5	1.6	0.6	1.6	1.4	1.1	0.4	0.4	0.9	1.4
FREIZEITWOCHE	wö	1.5	1.5	1.5	0.3	2.3	0.6	0.5	1.1	1.7	1.7	2.2	3.0	0.7	2.6	2.1	1.4	0.5	0.7	1.1	2.3
GLÜCKS REVUE	wö	1.6	1.6	1.6	1.2	1.9	0.9	0.5	0.6	1.2	1.9	2.4	3.1	0.8	2.3	2.3	1.4	0.6	0.5	1.1	1.4
DAS GOLDENE BLATT	wö	2.7	2.8	2.7	1.0	4.2	0.4	0.5	0.9	1.3	2.1	4.4	8.0	0.5	5.7	4.1	1.7	0.5	1.0	1.2	3.1
Heim und Welt	wö	0.5	0.5	0.5	0.2	0.7	0.1	0.1	0.1	0.2	0.3	0.8	1.6	0.1	1.1	0.8	0.2	0.1	0.3	0.2	0.3
mach mal Pause	wö	1.2	1.3	1.3	0.8	1.6	0.4	0.6	0.8	0.8	1.3	2.3	2.1	0.4	1.3	1.7	1.3	0.6	0.5	0.9	1.0
Mini	wö	0.8	0.8	0.8	0.3	1.3	0.8	0.6	0.7	0.7	0.7	0.8	1.1	0.7	0.8	0.9	0.9	0.6	0.4	0.7	0.9
DAS NEUE	wö	0.7	0.7	0.7	0.4	0.9	0.1	0.3	0.3	0.7	0.7	1.1	1.2	0.0	0.8	1.0	0.7	0.2	0.2	0.5	0.9
DAS NEUE BLATT	wö	2.3	2.4	2.4	0.8	3.7	0.3	0.4	0.9	1.5	2.1	3.9	6.1	0.2	5.3	3.7	1.5	0.6	0.8	1.2	2.9
DIE NEUE FRAU	wö	0.6	0.6	0.6	0.1	1.0	0.2	0.3	0.5	0.6	0.4	0.9	0.8	0.1	0.9	0.7	0.5	0.3	0.2	0.4	0.9
NEUE POST	wö	3.4	3.6	3.5	1.5	5.3	0.4	0.7	1.2	1.9	3.1	6.1	9.4	0.3	7.6	5.6	2.4	1.0	0.9	1.7	4.0
NEUE WELT	wö	1.2	1.3	1.2	0.6	1.8	0.2	0.3	0.5	0.8	1.5	1.9	2.6	0.1	2.4	1.9	0.9	0.4	0.4	0.8	1.4
neue woche	wö	0.4	0.4	0.4	0.2	0.7	0.2	0.3	0.4	0.5	0.5	0.3	0.4	0.2	0.7	0.6	0.4	0.2	0.1	0.3	0.5
Schöne Woche	wö	0.5	0.5	0.5	0.2	0.8	0.4	0.5	0.5	0.3	0.8	0.7	0.4	0.6	0.7	0.5	0.1	0.3	0.4	0.4	0.6
Viel Spaß	wö	0.8	0.8	0.8	0.4	1.1	0.4	0.3	0.6	0.7	0.8	1.3	1.2	0.4	0.7	1.0	1.0	0.3	0.4	0.6	1.0
Woche der Frau	wö	0.6	0.6	0.6	0.1	1.1	0.1	0.2	0.5	0.6	0.7	0.8	0.9	0.1	0.9	0.7	0.5	0.3	0.2	0.5	0.8
7 Tage	wö	0.7	0.8	0.8	0.4	1.1	0.2	0.2	0.3	0.7	0.6	1.3	1.6	0.2	1.6	1.1	0.5	0.2	0.3	0.5	0.8
Alles für die Frau	wö	1.1	1.1	1.1	0.2	2.1	0.2	0.4	0.9	1.4	1.6	1.7	1.1	0.2	1.2	1.5	1.3	0.4	0.6	1.1	1.7
bella	wö	1.2	1.2	1.2	0.1	2.3	0.7	0.9	1.0	1.2	1.3	1.5	1.7	0.7	2.2	1.7	1.1	0.6	0.3	1.0	2.8
BILD der FRAU	wö	9.1	9.3	9.3	1.5	16.4	2.9	5.1	8.6	9.2	10.9	12.4	11.5	2.8	12.5	12.2	9.7	3.7	3.8	8.5	13.6
Frau im Trend	wö	1.2	1.2	1.2	0.1	2.3	0.5	0.7	1.3	1.8	1.4	1.2	1.0	0.7	1.4	1.4	1.5	0.6	0.6	1.3	2.2
tina	wö	4.2	4.3	4.2	0.6	7.6	2.1	3.3	3.4	3.8	4.6	4.9	5.8	2.2	6.5	5.5	4.1	1.8	1.3	3.6	7.1
FRAU von HEUTE	wö	1.1	1.1	1.1	0.1	2.0	0.2	0.5	1.1	1.5	1.2	1.3	1.2	0.2	1.0	1.2	1.4	0.6	0.6	1.1	1.6
Laura	wö	1.7	1.7	1.7	0.2	3.2	1.7	1.8	2.0	2.2	1.7	1.3	1.0	1.8	2.0	1.6	2.2	1.3	0.6	1.9	3.0
Lea	wö	1.0	1.0	1.0	0.1	1.9	1.0	1.1	1.3	1.1	0.8	0.8	1.0	1.1	1.2	1.1	1.1	0.7	0.5	0.9	2.1
Lisa	wö	2.7	2.7	2.7	0.3	5.1	2.2	2.3	3.0	3.4	2.8	2.6	2.1	2.3	3.0	2.8	3.3	1.8	1.2	2.7	5.6
Brigitte	14	5.3	5.3	5.3	0.5	9.9	2.2	4.4	6.8	7.3	6.0	4.8	3.5	2.2	4.5	4.7	6.5	5.6	5.2	5.9	9.6
freundin	14	3.9	3.9	3.9	0.4	7.3	3.4	4.6	5.0	4.7	4.2	3.0	2.1	3.6	3.0	3.4	4.9	4.3	2.9	4.4	6.7
FÜR SIE	14	3.3	3.3	3.3	0.5	5.9	1.2	2.2	2.9	3.8	4.2	3.8	3.4	1.1	3.2	3.5	3.9	2.6	2.3	3.3	5.3

so genannte p-Wert (p steht für probability = Wahrscheinlichkeit). Ein p-Wert von 0,5 würde also bedeuten, dass die befragte Person 6 von 12 Ausgaben, also jede zweite Ausgabe des Titels nutzt.

Tabelle 6-7 zeigt beispielhaft Reichweiten von Publikumszeitschriften aus der Pressetranche der MA 2010. Sie verdeutlicht, dass Reichweiten, anders als Auflagenzahlen, auch Angaben über die **Struktur der Mediennutzer** geben. Lesebeispiel: eine durchschnittliche Ausgabe des *Spiegel* wird von 9,3 % der Gesamtbevölkerung ab 14 Jahren, 12,5 % aller Männer und 6,2 % aller Frauen erreicht. 10,2 % aller *Spiegel*-Leser sind im Alter von 30–39 Jahren, 24,0 % haben Fach-/Hochschulreife und studiert.

Neben der MA gibt es weitere bundesweite so genannte **Markt-Media-Studien**, die das Medienverhalten kombinieren mit zusätzlichen Kriterien, wie Freizeitverhalten der Mediennutzer, Einstellungen, Einkaufsgewohnheiten, Konsum- und Besitzmerkmale, Urlaub und Reise u.v.a.m.:

- die Allensbacher Werbeträger-Analyse (AWA) vom Institut für Demoskopie in Allensbach,
- die Verbraucher-Analyse (VA), im Auftrag der Verlage Axel Springer und Heinrich Bauer,
- die Typologie der Wünsche (TdW) des Burda-Verlages,
- die Brigitte Kommunikationsanalyse vom Verlag Gruner + Jahr.

Auf dem TV-Werbemarkt werden Werbezeiten vermarktet. Da sich der tatsächliche Wert dieser Werbezeiten jedoch erst zum Zeitpunkt der Ausstrahlung erweist, wird zu ihrer Bewertung die voraussichtliche Zahl der Zuschauer (Reichweite) herangezogen, die später mit der tatsächlichen Reichweite abgeglichen wird.

Im Fernsehen werden Mediennutzungsdaten durch das **GfK-Meter** erhoben. Die öffentlich-rechtlichen und privaten Fernsehsender haben sich in der „Arbeitsgemeinschaft Fernsehforschung" (AGF[1]) zusammengeschlossen und die Gesellschaft für Konsumforschung, GfK, mit der Untersuchung des Fernsehverhaltens beauftragt. Kernstück der Erforschung des Sehverhaltens ist ein Mikrocomputer, das GfK-Meter. Es ist an die Empfangsgeräte des Haushalts, d.h. an TV, Videorekorder, Digitalreceiver sowie analoge Satellitenreceiver angeschlossen und zeichnet die Programmnutzung der einzelnen Haushaltsmitglieder sekundengenau auf. Es wird auch registriert, wenn Sendungen, die mit einem Videorekorder aufgezeichnet wurden, später abgespielt werden. Über eine Fernbedienung meldet sich jedes Haushaltsmitglied an und ab (vgl. GfK 2005, S. 10).

Das GfK-Meter ist in 5.640 Privathaushalten mit ca. 13.000 Personen installiert, die repräsentativ sind für 34,1 Millionen Privathaushalte bzw. 72,85 Millionen Personen. Ein Haushalt im GfK-Panel repräsentiert also rund 6.000 Haushalte in der Gesamtheit aller Fernsehhaushalte in der Bundesrepublik. Um die Repräsentativität der Paneldaten zu gewährleisten, wird regelmäßig überprüft, ob das Fernsehnutzungsverhalten der Pa-

---

[1] Das AGF-System umfasst vier Gesellschafter („Senderfamilien") und weitere Lizenzsender. Die Gesellschafter sind
- ARD (BR, hr, NDR, MDR, SWR, RBB, WDR, RB)/ZDF
  (Arte, 3sat, Phoenix und KiKa werden jeweils hälftig ARD und ZDF zugerechnet),
- RTL, RTL II, Super RTL, VOX, n-tv,
- ProSieben, SAT.1, Kabel 1, N24, DSF, Neun Life.
Lizenzsender sind Euronews, Eurosport, MTV, MTV 2 Pop, TV5, VIVA, VIVA plus, XXP. Damit umfasst die AGF einen Zuschauermarktanteil von ca. 96 %.

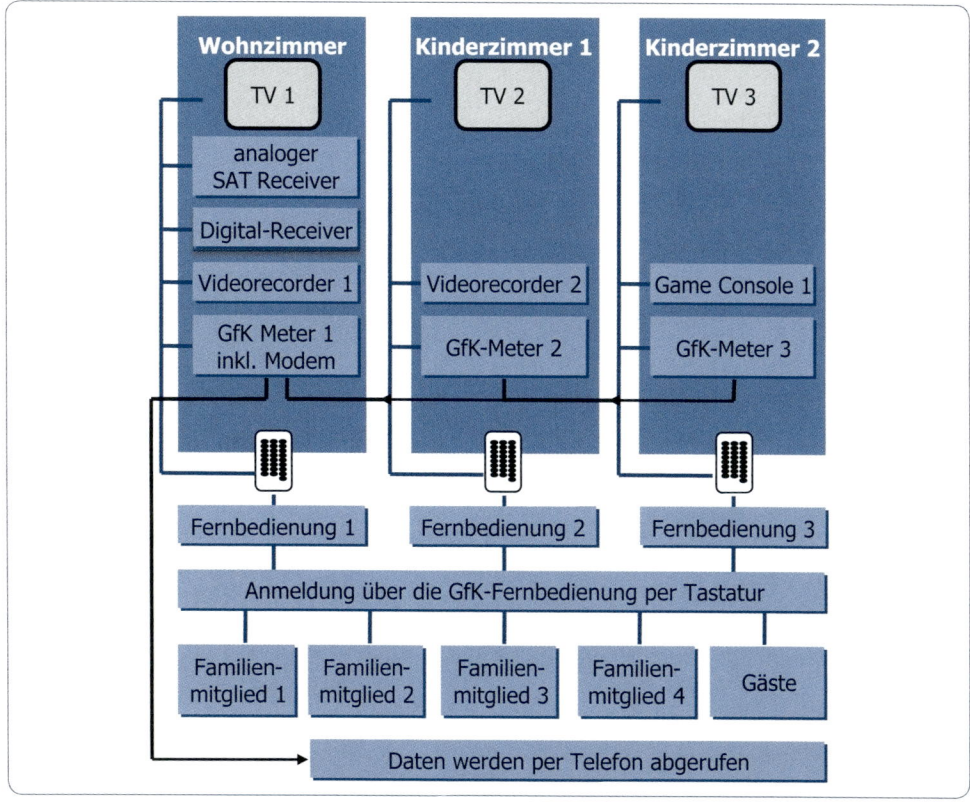

Abbildung 6-3: *Messung der Fernsehnutzung durch das GfK-Meter*

Quelle: GfK: Fernsehzuschauerforschung in Deutschland, Nürnberg 2005, S. 11

nelteilnehmer mit dem der deutschen Bevölkerung übereinstimmt, und ob die An- und Abmeldungen korrekt erfolgen (vgl. Müller 2004, S. 31).

Erfasst werden alle im Gebiet der Bundesrepublik empfangbaren Fernsehsender. Aus den gesammelten Daten werden im Wesentlichen folgende Nutzungsindikatoren ermittelt:

1. **Reichweite (Ratings):** Sie wird auf Personenebene (Sehbeteiligung) und auf Haushaltsebene (Einschaltquote) erfasst und als Durchschnittswert in Prozent oder absolut in Millionen ausgewiesen. Dafür werden die Sehdauern aller Personen bzw. Haushalte addiert und zur möglichen Sehdauer in Beziehung gebracht. Die Informationen aus dem GfK-Panel sind also Sehwahrscheinlichkeiten, d.h. die Zahl der ausgestrahlten Werbesekunden wird ins Verhältnis gesetzt zu der Zahl der gesehenen Werbesekunden.
2. **Marktanteil:** Der Marktanteil eines Senders ist sein Anteil an der personenbezogenen Gesamtfernsehnutzung. Er gibt die Sehdauerrelationen zwischen den Sendern wieder und ist unabhängig von der absoluten Sehdauer.

Das WM-Halbfinale 2010 Deutschland gegen Spanien war mit 31,1 Millionen Zuschauern die bisher meistgesehene Sendung der deutschen Fernsehgeschichte. Die Viertelfinalbegegnung Deutschland gegen Argentinien erreichte mit 89 % den bisherigen Marktanteilsrekord.

Tabelle 6-8: *Die meistgesehenen Einzelsendungen des Jahres 2010*

		Rangplatz und Sender	Datum	Zuschauer, Mio.	MA, %
1	ARD	Fußball-WM: Deutschland-Spanien	07.07.	31,10	83,0
2	ARD	Fußball-WM: Ghana-Deutschland	23.06.	29,30	79,6
3	ZDF	Fußball-WM: Deutschland-Australien	13.06.	28,03	74,4
4	ZDF	Fußball-WM: Argentinien-Deutschland	03.07.	26,01	89,0
5	ARD	Fußball-WM: Deutschland-England	27.06.	25,67	87,2
6	ZDF	Fußball-WM: Niederlande-Spanien	11.07.	25,03	71,2
7	ARD	Fußball-WM: Uruguay-Deutschland	10.07.	23,67	77,0
8	ZDF	Fußball-WM: Deutschland-Serbien	18.06.	22,11	84,8
9	ZDF	Fußball-WM: Uruguay-Niederlande	06.07.	19,53	58,3
10	ZDF	Fußball-EM-Quali.: Deutschland-Türkei	08.10.	15,14	46,7

Quelle: AGF/GfK, Zuschauer ab 3 Jahren

Zwar misst das GfK-Meter sekundengenau, jedoch werden nur Werbeblock- und keine Werbespotreichweiten ausgewiesen. Dies ist eine politische Entscheidung, die es den Sendern ermöglicht, den Werbetreibenden einen einheitlichen Preis für die Belegung eines Werbeblocks zu berechnen, unabhängig von der Position seines Werbespots innerhalb des Blocks. In anderen Ländern werden von den Sendern höhere Preise für Erst- und Letztplatzierungen verlangt. Die Werbereichweiten des GfK-Meters sind also Durchschnittsreichweiten des Werbeblocks (vgl. Hofsäss/Engel 2003 S. 123 f.).

Berechnungsbeispiel für Fernsehreichweiten (vgl. Hofsäss/Engel 2003, S, 125):
Angenommen, ein TV-Werbeblock dauert 3 Minuten und es soll die Reichweite berechnet werden für alle Panel-Teilnehmer (also Personen 3 Jahre und älter), die insgesamt 11.000 Personen darstellen.
Dann addiert man zunächst die gesamte Sehdauer von allen 11.000 Personen auf dem bestimmten Sender in den exakten 3 Minuten, in denen der Werbeblock stattfand. Die Summe dividiert man durch 11.000 mal 3 Minuten, da unter der Voraussetzung, dass alle 11.000 Personen den gesamten Werbeblock gesehen hätten, es maximal 11.000 mal 3 gleich 33.000 Minuten sein könnten. Dies würde übrigens 100 % Reichweite bedeuten.
Das prozentuale Ergebnis zeigt die Reichweite des Werbeblocks. Dabei ist es wahrscheinlichkeitstheoretisch gleichgültig, wie viele Personen ihn faktisch gesehen haben. Ausschlaggebend ist die Summe der gesamten Sehdauer in dem Werbeblock, also, genau genommen, die Addition der personenindividuellen p-Werte, bezogen auf den Zeitraum, in dem der Werbeblock ausgestrahlt wurde.
Werbeblockdauer:　　　　　　　　　　　　　3 Minuten
Anzahl Personen:　　　　　　　　　　　　　11.000
TV-Nutzung/alle Personen im Werbeblock:　4.950 Minuten.

$$\text{Einschaltquote \% = Reichweite \% =} \frac{4.950 \text{ Minuten}}{11.000 \text{ Personen x 3 Minuten}} \times 1.000$$

Für die Fernsehsender (und Werbeagenturen) stehen die erhobenen Daten tagesaktuell zur Verfügung, so dass ein Sender bereits am nächsten Tag die Daten auswerten kann. Über eine online-Verbindung sind auch alle Reichweiten der konkurrierenden Programme transparent; damit ist eine unmittelbare Entscheidungsmöglichkeit für die Sender, die Agenturen und die Werbungtreibenden gegeben.

> „Ich kriege eine Art EKG nach jeder Sendung. Ich weiß, ich habe mit 12 Millionen begonnen, ziehe auf 14, 16, dann plötzlich fehlt mal eine Million. Wir wissen, wie die Zielgruppe der 14- bis 49jährigen reagiert hat oder was die Alten nicht interessiert. Das ist heute beinahe eine klinische Angelegenheit" (Thomas Gottschalk 1999, S. 119).

Die GfK-Daten stehen als **personenindividuelle Nutzerdaten** (**PIN**) zur Verfügung. Für jede Person innerhalb des GfK-Panels wird ein Datensatz angelegt (Personenstammdatei), in dem die erhobenen Personenmerkmale abgespeichert sind wie Alter, Geschlecht, Familienstand, Ausbildung, Beruf, Einkommen, Informationen zum Konsumverhalten. Als PIN-Daten sind somit Reichweiten und Marktanteile für beliebige Zielgruppendefinitionen möglich, es kann das individuelle Fernsehverhalten (z.B. Programmwechsel) der Panelteilnehmer verfolgt werden (die für Außenstehende natürlich anonymisiert sind).

Da durch das GfK-Meter das tatsächliche Fernsehverhalten der Panelteilnehmer gemessen wird, können alle gängigen Leistungswerte berechnet werden: Brutto- und Nettoreichweite, durchschnittliche Kontakthäufigkeit, Verteilung der Kontakte nach einzelnen Kontaktklassen, sowie der TKP (vgl. Müller 2004, S. 30).

Bis 2007 hatte das GfK-Panel durch Nielsen Konkurrenz. Nielsen erhob ebenfalls in (6.000) Privathaushalten die TV-Nutzung und gleichzeitig auch das Konsumverhalten. Die TV-Messung erfolgte ebenfalls sekundengenau, allerdings nur mit wochenweisem Ausweis. Gleichzeitig wurden in den Haushalten aber auch die Einkäufe per Handscanner erfasst. Diese Methodik wird als **Single-Source-Panel** bezeichnet: TV-Nutzung und Kaufverhalten aus einer Datenquelle. Für die Mediaplanung konnte Nielsen damit neben soziodemographischen Zielgruppen auch Käuferzielgruppen zur Verfügung stellen.

Mediennutzer werden eingeteilt in Leser, Hörer und Seher. Als **Leser** gilt, „wer innerhalb eines bestimmten Zeitraumes vor dem Tag des Interviews ein Presseerzeugnis in die Hand genommen und darin geblättert oder gelesen hat" (MA-Definition). Der abgefragte Zeitraum entspricht dabei der Länge des Erscheinungsintervalls. Die Leserschaft eines Titels lässt sich aufgrund der errechneten Lesewahrscheinlichkeiten in Leserschaftsgruppen einteilen.

Die MA unterscheidet:

Leserschaftsgruppe	Lesewahrscheinlichkeit
• ganz seltene Leser	0,01–0,24
• seltene Leser	0,25–0,41
• gelegentliche Leser	0,42–0,58
• häufige Leser	0,59–0,82
• Kernleser	0,83–1,0

Da Hörfunk als ein Medium mit mehreren Ausgaben pro Tag (z.B. Nachrichtensendungen) aufgefasst werden kann, fragt die MA zur Ermittlung von **Hörerschaften** sowohl nach dem Kontakt, der mit dem Medium „gestern" stattgefunden hat, als auch nach dem gesamten Tagesablauf „gestern". Dafür wird der Tag in Viertelstundeneinheiten erfasst. Da durchschnittlich pro Person nur 1,5 Radioprogramme genutzt werden, sind die Senderangaben bei der Befragung relativ einfach zu erheben. Anders als beim Fernsehen, bei dem einzelne Sendungen gesehen werden, bleibt im Radio meist ein bestimmter Sender eingeschaltet.

Seherschaften werden über die Sehbeteiligung eines Fernsehprogrammes erhoben. Als Quellen stehen dafür einerseits die Messung des Tagesablaufs der MA, andererseits das GfK-Meter zur Verfügung. Zwar hat sich die MA als allgemein gültige Währung in der Mediaplanung etabliert, allerdings haben die Fernsehdaten der MA durch das GfK-Meter an Bedeutung verloren. Die durch das GfK-Meter erhobenen Reichweiten sind für jede

Sendung und jeden Werbeblock tagesaktuell, während die Fernsehdaten der MA Halbjahresdurchschnittswerte darstellen.

Derzeit zeichnet sich in der Mediaforschung der Trend ab, Mediennutzerschaften nicht mehr durch Befragung, sondern durch technische Messungen zu erheben. Das liegt in erster Linie darin begründet, dass die Medienlandschaft durch neue Sender und Titel immer unübersichtlicher und komplexer wird, was die Befragten zunehmend überfordert und die Ergebnisse entsprechend kritisch zu hinterfragen sind. Die technische Messung ist mit dem GfK-Meter für den Fernsehmarkt bereits seit längerer Zeit etabliert. In der Schweiz wird die Hörfunknutzung durch ein tragbares Messgerät (Armbanduhr) erhoben. Ein integriertes Mikrophon registriert die Umgebungsgeräusche. Durch einen Vergleich mit aufgezeichneten Radioprogrammen lassen sich Nutzungsdaten ermitteln.

Durch Weiterentwicklung des Messgerätes (z.B. Kombination mit GPS-Sendern), ließen sich prinzipiell auch weitere Medien, wie Plakate oder Kino erheben. Die AG.MA strebt an, durch eine Verknüpfung der über GPS (Global-Positioning-System) ermittelten Außerhaus-Wege von Personen mit den geocodierten Standortdaten von Plakatstellen, deren Kontakte und Reichweiten zu ermitteln. Die Erhebung der Printnutzung ist ebenfalls möglich, würde jedoch eine aktive Unterstützung durch die Testperson erfordern. (Zum Stand der technischen Messung vgl. Koschnick 2004a, S. 25 ff.)

6. 4.2.2 Werbeträgerkontakte und Werbemittel-Kontaktchancen

Der Einteilung der Mediennutzerschaften liegen grundsätzliche Unterschiede in der Kontakt- und Reichweitenmessung zugrunde. Während es sich beim Fernsehen um **personenbezogene Messwerte** handelt, sind die Reichweiten bei Printmedien auf der Ebene von **Werbemittel-Kontaktchancen** anzusiedeln. Das GfK-Meter erlaubt eine definitive Aussage darüber, bei wie vielen Personen der Fernseher während eines Werbeblocks eingeschaltet war. Mittels cross-checks lässt sich eine hinreichend genaue Wahrscheinlichkeit darüber ermitteln, wie viele Personen einen bestimmten Werbespot gesehen haben. Bei Printmedien wird hingegen von einer sehr viel weicheren „Währung" ausgegangen, indem der Kontakt mit dem Werbeträger gleichgesetzt wird mit der Chance, eine darin geschaltete Anzeige auch gesehen zu haben. Als **Werbeträgerkontakt** gilt jeder Kontakt einer Person mit dem Medium. Bei Publikumszeitschriften gilt als etabliertes Reichweitenmaß die **Leserschaft pro Ausgabe (LpA)**. Allerdings beschreibt die LpA die Reichweite eines Mediums unabhängig von der Nutzungsintensität, also auch unabhängig von dem Kontakt mit dem Werbemittel. Wie viele Personen **tatsächlich** eine bestimmte Anzeige von einem bestimmten Werbetreibenden in einer bestimmten Zeitschrift gesehen haben, lässt sich über die Kontaktmessung nicht ermitteln. Hinzu kommen verfälschende Antworten bei der Befragung innerhalb der MA. Wird beispielsweise nach der Nutzung des *Spiegel* gefragt, kann von einem overreporting ausgegangen werden, bei einem Titel wie dem *Playboy* hingegen von einem underreporting.

Während die Reichweite „Leser pro Ausgabe" angibt, wie viele Personen eine durchschnittliche Ausgabe eines Titels nutzen, gibt der **Leser pro Exemplar (LpE)** an, von wie vielen Personen im Durchschnitt das gleiche Exemplar der Ausgabe eines Titel genutzt wird. Dieser Wert wird durch Berechnung ermittelt:

$$\text{Leser pro Exemplar} = \frac{\text{hochgerechnete Reichweite des LpA}}{\text{tatsächlich verbreitete Auflage}}$$

Beispielsweise weist die MA 2010 für die *Hörzu* eine Reichweite von 4,74 Millionen Lesern aus (LpA, Erwachsene 14+). Wird diesem Wert die von der IVW ermittelte tatsächlich verbreitete Auflagen von 1,38 Millionen Exemplaren gegenübergestellt, resultiert daraus ein LpE in Höhe von 3,4. Dieser Wert besagt, dass jedes Exemplar der *Hörzu* im Durchschnitt von 3,4 Personen in die Hand genommen wird, um darin zu blättern oder zu lesen.

Die Unterschiede in den Qualitäten der Reichweiten von Print- und elektronischen Medien liegen in den grundsätzlich unterschiedlichen Nutzungsmöglichkeiten dieser Medien begründet. Der Kontakt mit einem Werbespot im Fernsehen kann nur zum Zeitpunkt der Ausstrahlung erfolgen, er kann später nicht mehr nachgeholt werden. Ferner ist die Fernsehnutzung örtlich fixiert. Diese beiden Tatsachen ermöglichen es der GfK, den Kontakt unmittelbar beim Zustandekommen zu **messen**. Da die Nutzung von Printmedien weder stationär noch zeitgebunden erfolgt, können die Kontakte hier nicht gemessen werden, sondern werden in der MA mittels einer Befragung erhoben. Die Leserforschung ist also auf die Gedächtnisleistung der Versuchspersonen angewiesen.

Die Definitionen von Werbeträger-Kontakten und Werbemittel-Kontaktchancen für einzelne Werbeträger zeigt Tabelle 6-9. Mit den hier getroffenen Definitionen wird unterstellt, dass jemand, der eine durchschnittliche Seite in einer Zeitschrift aufschlägt, die gleiche Wahrscheinlichkeit hat, eine dort geschaltete Anzeige zu sehen, wie jemand, der in einer Viertelstunde Sendezeit die Hörfunkwerbung hört oder in einer durchschnittlichen Minute Fernsehzeit die Fernsehwerbespots wahrnimmt.

Tabelle 6-9: *Kontaktdefinitionen in den Medien*

	Werbeträger-Kontaktchance	Werbemittel-Kontaktchance
Print	Kontaktchance mit einer durchschnittlichen Ausgabe eines Titels (geblättert oder gelesen): LpA	Kontaktchance mit einer durchschnittlichen Seite in einer durchschnittlichen Ausgabe: LpS
Hörfunk	Kontaktchance mit mindestens einer Viertelstunde in einer werbungführenden Stunde	Kontaktchance mit einer durchschnittlichen Viertelstunde in einer werbungführenden Stunde
Fernsehen	Kontaktchance mit mindestens einer Minute (konsekutiv) in einer werbungsführenden halben Stunde	Kontaktchance mit einer durchschnittlichen Minute in einer werbungführenden halben Stunde

Vgl.: Axel Springer Verlag: Media – Planung für Märkte, 6. Aufl., Hamburg 2001, S. 82

Während das GfK-Meter also die tatsächlichen Werbemittelkontakte erhebt, wird in den Printmedien ein Werbeträgerkontakt gleichgesetzt mit einer Werbemittel-Kontaktchance. Versuche einer weitergehenden Qualifizierung der Kontakte im Printbereich müssen als gescheitert angesehen werden. Zunächst wurde als Werbemittelkontakt der **Leser pro Seite** (**LpS** = Seitenkontaktchance) gewählt. Diese Präzisierung des Werbeträgerkontaktes wurde in einer externen Untersuchung erhoben und für die MA bereitgestellt. Allerdings ist das Messverfahren sehr aufwendig und auch sehr problematisch. Dem Befragten wird eine Zeitschrift vorgelegt, und der Interviewer geht Seite für Seite mit ihm durch und fragt bei jeder einzelnen Seite, jedem einzelnen redaktionellen Beitrag oder jeder Anzeige, ob der Befragte sich daran erinnern kann, sie gesehen oder gelesen hat (**Copytest**).

Ein weiterer Versuch zur Qualifizierung des Werbeträgerkontaktes im Print soll nicht nur den Kontakt mit einer durchschnittlichen Heftseite, sondern den „Kontakt mit einer durchschnittlichen werbungführenden Seite einer durchschnittlichen Ausgabe" erheben und weist das Ergebnis als **Leser pro werbungführender Seite** (**LpwS**) aus. Auch der LpwS wird mittels eines Copytests erhoben. Fragwürdig ist hier insbesondere, ob die allgemeine Wirkungsleistung eines Werbeträgers erhoben wird oder nur die spezifische

Leistung der Anzeige. Denn nicht die Zeitschrift bestimmt, wie die Anzeigen genutzt werden, sondern die konkreten Anzeigen in der jeweiligen Ausgabe. Unabhängig davon enthält der LpwS keine Aussage über die konkrete Nutzung einer konkreten Anzeige in einer konkreten Zeitung. LpS und LpwS werden in kleinen Stichproben erhoben und auf die Gesamtleserschaften projiziert. Auch diese Projektion erscheint als fragwürdig, da die Testresultate einer kleinen Gruppe in einer Laborsituation nicht dem tatsächlichen Mediennutzungsverhalten entsprechen müssen.

6.5 Die wichtigsten Werbeträger

6.5.1 Zeitungen

Mit einem Werbevolumen von 3,6 Mrd. Euro und einem Marktanteil von 19 % stellten Zeitungen 2010 nach dem Fernsehen die bedeutendste Gruppe der Werbeträger dar.

Tageszeitungen waren mit einem Minus von fast 3 Milliarden Euro an Werbeeinnahmen die größten Verlierer der beiden Werbekrisen zwischen 2000 und 2009. Zurückzuführen ist dies vor allem auf die Einbrüche bei den Stellenanzeigen und dem Pkw-Markt, sowie der zunehmenden Verlagerung des Rubrikengeschäftes ins Internet. Der Auflagenrückgang hält seit Anfang der 90er Jahre an.

Tabelle 6-10: Nettowerbeumsätze der Tageszeitungen

	2004	2005	2006	2007	2008	2009	2010
Werbeumsätze in Mio. €	4.502,3	4.476,6	4.532,9	4.567,4	4.373.4	3.694,3	3.637,8
+/– vs. Vorjahr in %	+1,1	–0,6	+1,3	+0,8	–4,2	–15,5	–1,5
Anzahl	379	377	377	376	375	373	369
Auflage in Mio.	26,5	25,7	25,2	24,7	24,0	23,4	22,8
davon **2010**						Anzahl	Auflage
lokale und regionale Abo-Zeitungen						329	13,8 Mio.
überregionale Tageszeitungen						10	1,6 Mio.
Straßenverkaufszeitungen						8	4,1 Mio.
Wochenzeitungen						26	2,0 Mio.

Quelle: ZAW Jahrbücher (tatsächlich verbreitete Auflage lt. IVW)

Zeitungen sind durch folgende Merkmale charakterisiert, die sie gegenüber anderen Medien eindeutig abgrenzen (vgl. Wimmer 1999, S. 66):

- **Aktualität:** Vermittlung jüngsten Gegenwartsgeschehens.
- **Periodizität:** Erscheinen in kürzester, regelmäßiger Folge.
- **Publizität:** Allgemeine Zugänglichkeit, breiteste Öffentlichkeit.
- **Universalität:** Keine thematischen Einschränkungen.
- **Vertrieb:** Abgabe gegen einen festen Bezugspreis.

Üblicherweise werden Zeitungen eingeteilt in **Tages-** und **Wochenzeitungen.** Wird eine Zeitung überwiegend im Abonnement vertrieben, wird von **Abonnementszeitungen** gesprochen, in Unterscheidung zu **Kaufzeitungen,** die überwiegend im Einzelverkauf vertrieben werden. Während bei den Abonnementszeitungen eine große Leser-Blatt-Bindung unterstellt werden kann, ist bei den Kaufzeitungen ein vergleichsweise großes Interesse der Leser gegeben. Diese Unterscheidung ist relevant im Hinblick auf die Re-

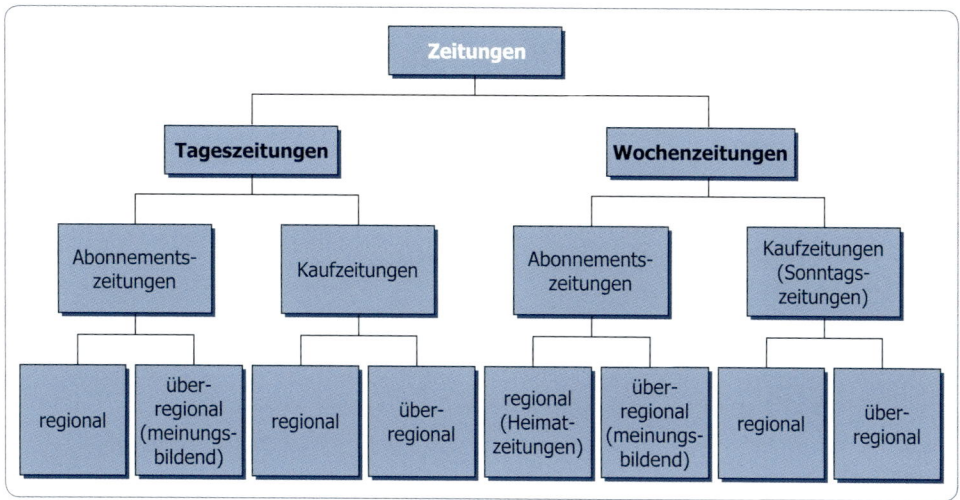

Abbildung 6-4: *Die Einteilung von Zeitungen*

Quelle: Fuchs/Unger: Management der Marketing-Kommunikation, Heidelberg 2007, S.397

gelmäßigkeit der Leserschaft und daraus resultierenden Auswirkungen auf Kontakt- und Reichweitenaufbau (vgl. Kapitel 5.10.1.1). Eine weitere Einteilung wird vorgenommen im Hinblick auf Verbreitung und Berichterstattung in regionale und überregionale Zeitungen (vgl. Abbildung 6-4).

Innerhalb dieser Einteilung stellen **regionale Tageszeitungen** im Hinblick auf Zahl, Auflage und Werbeumsatz die größte Gruppe dar. Sie erreichen einen Abonnementsanteil von 80% bis 90%. Aufgrund dieses hohen Abonnementsanteils (= hoher Anteil regelmäßiger Leser) wird bei Mehrfachschaltung in regionalen Tageszeitungen die Reichweite nur unwesentlich erhöht, vielmehr steigen die Kontakte stark an. Die hohen Werbeumsätze der regionalen Tageszeitungen resultieren in erster Linie aus Anzeigen lokaler und regionaler Geschäfte und aus den Rubrikenmärkten (Immobilien, Kfz, Stellenanzeigen, Bekanntschaften usw.). Überregionale Anzeigen machen nur ca. 8% des gesamten Anzeigengeschäftes aus.

Überregionale Tageszeitungen werden ebenfalls schwerpunktmäßig im Abonnement vertrieben, nach Zahl und Auflage stellen sie jedoch nur eine relativ kleine Gruppe dar. **Kaufzeitungen** (auch: Boulevard-Zeitungen) kennzeichnen sich durch Straßenverkauf und sensationsorientierte Berichterstattung. Sie haben einen Einzelverkaufsanteil von bis zu 98%, verglichen mit den regionalen Tageszeitungen verläuft das Kontaktwachstum hier also deutlich flacher. **Wochenzeitungen** sind von der redaktionellen Konzeption her mit den überregionalen Tageszeitungen vergleichbar, allerdings liegt der Schwerpunkt naturgemäß nicht auf der tagesaktuellen Berichterstattung, sondern auf Themenaktualität mit Hintergrundberichten. Eine Auflistung der wesentlichen überregionalen Zeitungen zeigt Tabelle 6-11.

Knapp drei Viertel der deutschen Bevölkerung über 14 Jahre (71,4%) lesen regelmäßig eine Tageszeitung. Tageszeitungen werden sehr intensiv genutzt, durchschnittlich ca. 40 Minuten am Tag (38 Minuten im Westen, 46 Minuten im Osten). Dadurch ergibt sich für Anzeigen in Tageszeitungen eine hohe Kontaktchance. Die Lesedauer nimmt mit

Tabelle 6-11: Überregionale Zeitungen

Verlagsort	Titel	Verkaufte Aufl.
Überregionale Tageszeitungen		
Frankfurt/M.	Frankfurter Allgemeine Zeitung	362.460
Frankfurt/M.	Frankfurter Rundschau	124.605
München	Süddeutsche Zeitung	436.997
Hamburg	Die Welt	251.433
Düsseldorf	Das Handelsblatt	136.851
Hamburg	Financial Times Deutschland	100.922
Berlin	Neues Deutschland	37.349
Überregionale Wochenzeitungen		
Hamburg	Die Zeit	505.422
München	Bayernkurier	57.558
Sonntagszeitungen		
Hamburg	Bild am Sonntag	1.488.378
Hamburg	Welt am Sonntag	405.110
Berlin	B.Z. am Sonntag	94.437
Stuttgart	Sonntag Aktuell	425.961
Frankfurt/M.	Frankfurter Allgemeine Sonntagszeitung	351.514
Kaufzeitungen		
Hamburg	Bild	2.855.893
Köln	Express	154.117
Berlin	B.Z.	156.343
München	Abendzeitung	115.391
München	tz	137.696
Hamburg	Hamburger Morgenpost	108.654
Berlin	Berliner Kurier	118.795
Dresden	Morgenpost für Sachsen	147.559

Quelle: IVW Auflagenliste 1/2011

zunehmendem Alter zu. Die 14- bis 29jährigen lesen im Durchschnitt 28 Minuten, die 30- bis 49jährigen 35 Minuten und die über 50jährigen 48 Minuten.

Als Werbeträger haben Zeitungen den Vorteil, dass sie regional und zeitlich exakt steuerbar sind. Ein Werbetreibender hat hier also die Möglichkeit, tagesgenau eine räumlich definierte Zielgruppe auf seine Angebote aufmerksam zu machen. Eine zielgruppenspezifische Steuerbarkeit ist hingegen bei regionalen Tageszeitungen nicht möglich, Zielgruppe ist vielmehr im Wesentlichen die Gesamtbevölkerung. Aufgrund ihrer hohen Reichweiten entspricht die soziodemographische Struktur der Leser regionaler Tageszeitungen weitgehend der der Gesamtbevölkerung. Bei überregionalen Tages-, Wochen- und Sonntagszeitungen ist hingegen eine Ansprache spezieller Zielgruppen möglich. Aufgrund ihres redaktionellen Anspruchs erreichen sie Leserschaften schwerpunktmäßig in den oberen Bildungs- und Einkommensgruppen, Selbständige und leitende Angestellte. Auch die Leser von Kaufzeitungen weichen vom Bevölkerungsdurchschnitt ab. Sie sind überproportional in den unteren und mittleren Einkommens- und Bildungsgruppen vertreten.

Hinsichtlich der Werbemöglichkeiten in Tageszeitungen ist zwischen Anzeigen im Text- und im Anzeigenteil zu unterscheiden. Die Anzeigenformate in Tageszeitungen sind frei wählbar, Anzeigenraum steht unbegrenzt zur Verfügung und ist kurzfristig disponibel. Die Kosten für eine Anzeige berechnen sich aus dem Millimeter-Grundpreis, der den Preis für einen Millimeter Höhe je Spalte angibt, multipliziert mit der Millimetermenge. Die Millimetermenge ergibt sich aus der Höhe der Anzeige und der Spaltenzahl. Eine Anzeige die 250 mm hoch ist und über vier Spalten verläuft umfasst also eine Menge von 1000 mm:

250 Anzeigen- höhe (mm)	x	4 Zahl der Spalten	=	1.000 Millimeter- menge	x	6,80 Millimeter- preis (€)	=	6.800 Anzeigen- preis (€)

Deutschland hat eine, auch im internationalen Vergleich, sehr hohe Zeitungsdichte: Auf je 1.000 Einwohner entfallen 300 Zeitungsexemplare. Deutschland liegt damit hinter Japan (624), Norwegen (580), der Schweiz (354), Österreich (345) und Großbritannien (308) vor den Niederlanden (268) und den USA (212), (vgl. ZAW 2009, S. 254).

Tabelle 6-12: Anzeigenpreise ausgewählter Zeitungen 2010

Titel	Mo-Fr, sw, €		Titel	Mo-Fr, sw, €	
	mm-Preis	1/1 Seite		mm-Preis	1/1 Seite
FAZ	14,90	58.710,00	Neues Deutschland	2,30	7.647,50
Die Welt	6,60	27.878,40	Bild	113,89	379.904,00
Die Zeit	10,30	43.507,20	Express	6,31	16.279,80

Als Werbeträger sind Tageszeitungen immer dann sinnvoll, wenn das Angebot auf ein regionales Einzugsgebiet begrenzt ist und zeitlich gezielt gesteuert werden soll (regionale Tageszeitungen) bzw. an überregionale Zielgruppen gerichtet ist, die sich nach den Merkmalen Einkommen, Beruf und Bildung klassifizieren lassen (überregionale Tageszeitungen).

Regionale Tageszeitungen sind der ideale Werbeträger für örtliche Geschäfte und Unternehmen. Sie haben hier ein tagesaktuelles Forum, für das sich vor allem Sonder- („Schweinebauchanzeigen") und Last-Minute-Angebote eignen. Die wichtigsten Anzeigenkunden der deutschen Tagespresse waren 2010 die großen Handelsorganisationen mit 1,5 Milliarden Euro, vor den Zeitungsverlagen selbst mit 1,2 Milliarden Euro.

Domäne der überregionalen Tageszeitungen ist neben den Rubrikenmärkten einerseits der Bereich „von Privat an Privat", z.B. die Vermietung von Ferienwohnungen, Verkäufe, Tauschangebote. Andererseits macht eine Vielzahl von Spezialanbietern mit Kleinanzeigen auf sich aufmerksam.

Abbildung 6-5 zeigt beispielhaft die Preisliste der „Ostsee Zeitung". Daraus ist ersichtlich, dass ein Werbetreibender bei regionalen Tageszeitungen grundsätzlich die Möglichkeit hat, in der Gesamtausgabe zu werben oder in einer oder mehreren **Teilbelegungseinheiten**, was vor allem für lokal ausgerichtete Werbetreibende interessanter sein dürfte.

OZ PREISANGABEN ZU DEN LOKALAUSGABEN ORTSPREISE MO-FR

Nielsen VI Nr. 36 gültig ab 01. Januar 2011

FÜR DIREKT SCHALTENDE KUNDEN AUS DEM VERBREITUNGSGEBIET DER OZ

Mo – Fr	S/W-ANZEIGEN		FARBANZEIGEN		FESTPREISE				
	Preis 1/1 Seite 3.360 mm (mm-Preis)	Textteil-anzeigen* (mm-Preis)	1 Bunt-farbe (mm-Preis)	3 Bunt-farben (mm-Preis)	Titelseite Griffeck-anzeige 90 x 100 mm s/w	lokale Titelseite Fußanzeige* Fußanzeige**	lokale Titelseite Eckfeldanzeige 51 x 80 mm	Titelseite rechts oben 1 spaltig / 51mm hoch s/w	lokaler Titelkopf 1 spaltig / 51mm hoch s/w
Gesamtausgabe	5,54	18.614,40	24,93	6,93	8,03	2.216,00	9,72	839,00	706,00	565,00
Wirtschaftszentrum Rostock¹⁾	2,74	9.206,40	12,33	3,43	3,97	996,00¹⁾	4,37¹⁾	377,00¹⁾	318,00¹⁾	254,00¹⁾
Grevesmühlen²⁾	1,20	4.032,00	5,40	1,50	1,74	400,00²⁾	1,76²⁾	152,00²⁾	128,00²⁾	102,00²⁾
Wismar	1,32	4.435,20	5,94	1,65	1,91	528,00	2,32	200,00	168,00	135,00
Bad Doberan	1,00	3.360,00	4,50	1,25	1,45	400,00	1,76	152,00	128,00	102,00
Ribnitz-Damgarten	1,12	3.763,20	5,04	1,40	1,62	448,00	1,97	170,00	143,00	114,00
Stralsund	1,34	4.502,40	6,03	1,68	1,94	536,00	2,35	203,00	171,00	137,00
Rügen	1,28	4.300,80	5,76	1,60	1,86	512,00	2,25	194,00	163,00	131,00
Grimmen	0,96	3.225,60	4,32	1,20	1,39	384,00	1,68	145,00	122,00	98,00
Greifswald	1,28	4.300,80	5,76	1,60	1,86	512,00	2,25	194,00	163,00	131,00
Usedom-Peene	1,11	3.696,00	4,95	1,38	1,60	440,00	1,93	167,00	140,00	112,00
Wirtschaftsraum³⁾ Mecklenburg	3,12	10.483,20	14,04	3,90	4,52	1.248,00	5,48	473,00	398,00	318,00
Wirtschaftsraum⁴⁾ Vorpommern	3,12	10.483,20	14,04	3,90	4,52	1.248,00	5,48	473,00	398,00	318,00

¹⁾ Gleichzeitige Belegung der Lokalausgaben Rostock und Bad Doberan bei s/w-Anzeigen und Farbanzeigen, bei Festplatzierung alleini ge Belegung Rostock
²⁾ Gleichzeitige Belegung der Lokalausgabe Grevesmühlen und der Mecklenburger Nachrichten der Lübecker Nachrichten GmbH bei s/w-Anzeigen und Farbanzeigen, bei Festplatzierung alleinige Belegung Grevesmühlen.
³⁾ Gleichzeitige Belegung der Lokalausgaben Grevesmühlen, Wismar, Rostock, Bad Doberan
⁴⁾ Gleichzeitige Belegung der Lokalausgaben Ribnitz-Damgarten, Stralsund, Rügen, Grimmen, Greifswald, Usedom-Peene
* Mindestgröße: 1spaltig/20 mm,
Maximalgröße: 2spaltig/50 mm oder 1spaltig/100 mm
** Festgrößen 2spaltig/80 mm hoch; 3spaltig/80 mm hoch; 5spaltig/80 mm hoch

} Bei Belegung über die Wirtschaftsräume Mecklenburg oder Vorpommern hinaus gelten die übrigen Preise der Preisliste.

Eine Kombination der einzelnen Lokalausgaben ist möglich. Kombinationsrabatte sind der Seite 3 zu entnehmen.
Die Hauptverbreitungsgebiete der einzelnen Ausgaben entnehmen Sie bitte der Übersicht auf den Seiten 14, 15.
Alle Preise in EURO zuzüglich gesetzlicher Mehrwertsteuer.

FARBZUSCHLÄGE für Textteilanzeigen und Festpreise

| 1 Buntfarbe | + 25 % |
| 3 Buntfarben | + 45 % |

11

Abbildung 6-5: *Preisliste der Ostsee Zeitung*

Werbung in Tageszeitungen ist eine der wenigen Werbeformen, die nicht als zudringlich, sondern als Bestandteil des Mediums erachtet werden. Sie wird sowohl genutzt, um sich über Sonderangebote zu informieren als auch darüber, was gerade im Kino läuft. Anzeigen in Zeitungen haben den Vorteil, dass sie nicht so stark um die Aufmerksamkeit der Zielgruppe kämpfen müssen, wie in anderen Werbeträgern. Weil das redaktionelle Umfeld hier üblicherweise ernster Natur ist, muss Werbung in Zeitungen auch nicht den hohen Unterhaltungswert besitzen, wie beispielsweise Fernsehspots. Die meisten Anzeigen in Tageszeitungen sind daher direkt und informativ. Händleranzeigen sagen, welche Ware im Angebot ist, wie viel sie kostet und wo sie zu bekommen ist.

Die Umstellung von den Großformaten auf das handlichere, so genannte Tabloid-Format, (*Welt-Kompakt, News, 20 Cent*) wird von den Werbetreibenden nur zögerlich angenommen. Der Versuch der Verlage von überregionalen Zeitungen, die Erlösrückgänge aus Vertrieb und Anzeigengeschäft durch Nebengeschäfte mit Büchern, DVD und CD auszugleichen, erwies sich hingegen als sehr erfolgreich und hat sowohl der *Süddeutschen Zeitung* als auch der *Zeit* zu Auflagenrekorden verholfen.

Mittlerweile verfügen fast alle Zeitungsverlage über eine Internetpräsenz und bieten neben den gedruckten Zeitungstiteln auch ein entsprechendes Online-Medium an.

6. 5.2 Anzeigenblätter

Anzeigenblätter werden als Werbeträger häufig unterschätzt, immerhin vereinten sie 2010 11 % des gesamten Werbevolumens. Sie finanzieren sich ausschließlich über Anzeigenwerbung und werden kostenlos und unaufgefordert verteilt.[2]

Tabelle 6-13: Nettowerbeumsätze der Anzeigenblätter

	2004	2005	2006	2007	2008	2009	2010
Werbeumsätze in Mio. €	1.836,4	1.898,0	1.943,0	1.971,0	2.008,0	1.966,0	2.011,0
+/– vs. Vorjahr in %	+5,2	+3,4	+2,4	+1,4	+1,9	–2,1	+2,3
Anzahl	1.336	1.350	1.374	1.393	1.414	1.384	1.407
Auflage in Mio.	85,6	86,4	88,6	90,8	91,9	91,2	92,3

Quelle: ZAW Jahrbücher

In ihrer Funktion als Werbeträger sind Anzeigenblätter vor allem mit den regionalen Tageszeitungen vergleichbar, deren wichtigster Wettbewerber sie sind. Die Verteilung erfolgt lokal bzw. regional an alle Haushalte. Eine zielgruppenspezifische Steuerung ist dadurch nicht möglich. Der Erscheinungstag orientiert sich an den Bedürfnissen der örtlichen Werbetreibenden. Rund 50 % aller Anzeigenblätter erscheinen am Mittwoch und Donnerstag, ein zweiter Schwerpunkt ist das Wochenende.

Anzeigenblätter werden für Angebotswerbung und lokale Handelsunterstützung eingesetzt, nicht für die Markenkommunikation. Für Werbetreibende erfüllen Anzeigenblätter die gleichen Voraussetzungen wie regionale Tageszeitungen. Zunehmend profilieren sich Anzeigenblätter als Werbeträger für Prospektbeilagen und für den Discountbereich. Seit Januar 2000 stellen die Anzeigenblätter ihre Kleinanzeigen auch ins Internet (www.anonza.de).

In den letzten Jahren gab es einen heftigen Streit über die Herausgabe kostenloser Tages- und Sonntagszeitungen, in den auch Großverlage involviert waren. Dabei wird der Versuch unternommen, den journalistischen Anspruch einer Zeitung mit der für ein Anzeigenblatt kostenlosen Verteilung zu verknüpfen. Auch hier erfolgt die Finanzierung ausschließlich über Werbung.

6. 5.3 Supplements

Supplements sind zeitschriften- bzw. zeitungsähnliche Presseerzeugnisse, die nicht über Abonnement oder Einzelverkauf verbreitet, sondern ausschließlich Trägerobjekten (Tages- und Wochenzeitungen sowie Publikums- und Fachzeitschriften) beigelegt werden (ZAW 2011, S. 276). Sie erfüllen alle wesentlichen Merkmale von Zeitschriften. Die IVW erfasste 2010 insgesamt 25 Supplements mit einer Auflage von durchschnittlich 20 Millionen pro Ausgabe. Der wesentliche Vorteil von Supplements besteht darin, dass sie bei den Trägerobjekten Zeitungen Anzeigen in der Qualität wie bei Zeitschriften ermöglichen. Sie bieten darüber hinaus ein eigenständiges redaktionelles Angebot und sollen für die Trägerobjekte die Leser-Blatt-Bindung verstärken. Supplements können nicht separat käuflich erworben werden, ihr Vertrieb erfolgt ausschließlich über die Trägerobjekte.

---

[2] Da bei Anzeigenblättern keine Vertriebserlöse anfallen, ist eine IVW-Überprüfung nicht möglich. Die im Bundesverband Deutscher Anzeigenblätter (BVDA) zusammengeschlossenen Verlage unterziehen sich einer Auflagenprüfung durch Wirtschaftsprüfer an Hand des Papierverbrauchs und Trägerabrechnungen.

Unterschieden werden drei Gruppen von Supplements:

1. **Programmsupplements** (*rtv*, *Prisma*) stellen mit 13,2 Millionen Exemplaren die bei weitem größte Gruppe der Supplements dar. Sie werden vielfach als eigenständige Programmzeitschriften genutzt und liegen vor allem regionalen Tageszeitungen bei. Die meisten regionalen Tageszeitungen haben mittlerweile eines der Programmsupplements, i.d.R. der Freitagsausgabe, beigelegt. Programmsupplements zählen sowohl in West- als auch in Ostdeutschland zu den reichweitenstärksten Titeln. So liegt *rtv* 200 Zeitungen bei und erreicht 14 Millionen Leser, *Prisma* erreicht 8,1 Millionen Leser und liegt 60 Trägerzeitungen bei.

2. **Unterhaltende/meinungsbildende Supplements** liegen nur jeweils einem Trägerobjekt bei. Während die Programmsupplements sich an die Gesamtbevölkerung richten, zielt diese Gruppe wie ihre Trägerobjekte auf eine gehobene Leserschaftsgruppe. Sie sind im Anzeigenmarkt vor allem Wettbewerber der Wirtschafts- und Nachrichtenpresse. Als erster Vertreter dieser Gattung erschien 1970 das *Zeitmagazin* (1999 eingestellt aber 2007 wieder aufgelegt), 1980 folgte das *FAZ-Magazin* (zwischenzeitlich wieder eingestellt) und 1990 das *Süddeutsche Zeitung Magazin*. Zu erwähnen ist noch *Spiegel Kultur Extra*, ein Kultur-Magazin für *Spiegel*-Abonnenten.

3. **Fachzeitschriften Supplements** liegen unterschiedlichen Fachzeitschriften eines Verlages bei.

Als Werbeträger erfüllen Supplements die gleiche Funktion wie Publikumszeitschriften. Sie sind vor allem für nationale Werbetreibende geeignet. Allerdings verläuft das Anzeigengeschäft im Gegensatz zur Auflagenentwicklung eher negativ. Insbesondere in den neuen Bundesländern haben Programmsupplements den Charakter von Basiswerbeträgern, da hier keine andere Zeitschriften-Gattung vergleichbare Reichweiten erzielt.

6. 5.4 Publikumszeitschriften

Die große Vielfalt im Bereich der Publikumszeitschriften macht eine eindeutige Definition dieser Gattung schwierig. Von Fachzeitschriften grenzen sie sich dadurch ab, dass sie nicht der beruflichen Weiterbildung dienen, von Tageszeitungen durch ihre nicht auf Tagesaktualität gerichtete Berichterstattung. In dieser Abgrenzung lassen sich Publikumszeitschriften definieren als „regelmäßig erscheinende Druckerzeugnisse, die für breiteste Publikumskreise zugänglich sind und ihren Lesern allgemeinverständliche Informationen und/oder Unterhaltung" bieten (Koschnick 1995, S. 1446). Publikumszeitschriften erscheinen i.d.R. wöchentlich, 14-tägig oder monatlich. Äußerlich unterscheiden sie sich von den Zeitungen vor allem durch die Verwendung von Farbe, einer besseren Papierqualität und der Rückenheftung.

Tabelle 6-14: Nettowerbeumsätze der Publikumszeitschriften

	2004	2005	2006	2007	2008	2009	2010
Werbeumsätze in Mio. € +/– vs. Vorjahr in %	1.839,2	1.791,4	1.855,9	1.822,5	1.693,1	1.408,7	1.450,0
	−1,2	−2,6	+3,6	−1,8	−7,1	−16,8	+2,9
Anzahl	850	873	899	902	894	877	890
Auflage in Mio.	137,6	138,0	136,3	133,4	131,4	129,5	125,3

Quelle: ZAW Jahrbücher (tatsächlich verbreitete Auflage lt. IVW)

Publikumszeitschriften richten sich zwar grundsätzlich an jedermann, sie werden jedoch nach ihren inhaltlichen Schwerpunkten in drei Gruppen eingeteilt:

1. **General-Interest-Titel** sind Massenzeitschriften und sprechen die Gesamtbevölkerung mit allgemein interessierenden Themen an. Die MA ordnet hier die
   - Aktuellen Zeitschriften/Magazine zum Zeitgeschehen (z.B. *Der Spiegel*, *Stern*, *Focus*, *Super Illu*, *Neue Revue*) und die
   - Programmpresse (z.B. *Hörzu*, *FF*, *Gong*, *TV-Movie*, *Auf einen Blick*) ein.

   General-Interest Titel charakterisieren sich durch hohe Auflagen und Reichweiten, daher ist die Struktur der Leserschaft ähnlich der der Gesamtbevölkerung.

2. **Zielgruppenzeitschriften** sprechen mit einer spezifischen Thematik bestimmte Bevölkerungssegmente an, wie Frauen, Männer und Jugendliche. Die MA unterscheidet hier
   - Frauenzeitschriften (z.B. *Brigitte*, *Cosmopolitan*, *Freundin*, *Die Aktuelle*),
   - Familienzeitschriften (z.B. *Eltern*, *Glücks Rätsel*) und
   - Jugendzeitschriften (z.B. *Bravo*, *Micky Maus*, *Mädchen*, *Pop Rocky*).

   Zielgruppenzeitschriften haben geringere Auflagen, erzielen aber hohe Reichweiten in den jeweiligen Zielgruppensegmenten.

3. **Special-Interest-Titel** kennzeichnen sich durch ein redaktionelles Schwerpunktthema. Die MA zählt dazu Zeitschriften aus den Bereichen
   - Wohnen und Leben (z.B. *Schöner Wohnen*, *Essen & Trinke*n, *Goldene Gesundheit*, *Selber Machen*, *Mein schöner Garten*),
   - Erotik-Zeitschriften (z.B. *Blitz Illu*, *Wochenend*, *Coupé*),
   - Lifestyle-Zeitschriften/Stadtmagazine (z.B. *Max*, *Penthouse*, *Prinz*),
   - Motorpresse (z.B. *Auto Bild*, *Auto Motor und Sport*, *ADAC Motorwelt*, *Motorrad*)
   - Sportzeitschriften (z.B. *Kicker*, *Sport Bild*, *Sports*, *Tennis Magazin*),
   - Zeitschriften für Kultur/Natur/Wissenschaft (z.B. *Cinema*, *Ein Herz für Tiere*, *Bild der Wissenschaft*, *Capital*, *Geo*).

   Special-Interest Titel weisen i.d.R. nur geringe Auflagen und Reichweiten auf, sie erzielen aber teilweise sehr stark ausgeprägte Leserschaftsschwerpunkte. Durch ihre monothematische Ausrichtung erreichen sie eine homogene Leserschaft.

Die fortschreitende Marktsegmentierung führt allerdings zu einer zunehmenden Unschärfe bei der Abgrenzung der verschiedenen Zeitschriftengattungen.

Publikumszeitschriften sind Zielgruppenmedien. Wie bei kaum einem anderen Werbeträger lassen sich mit ihnen gezielt bestimmte Zielgruppen nach demographischen, psychographischen oder Konsum-Merkmalen ansprechen. Diese Steuerbarkeit ist bei den Zielgruppen- und insbesondere Special-Interest-Titeln am stärksten ausgeprägt. Streuverluste sind hier minimal, bei hoher Nutzungsintensität. Die IVW wies im ersten Quartal 2011 beispielsweise 214 Sportzeitschriften mit einer verbreiteten Auflage von 4,1 Millionen aus. Unabhängig von soziodemographischen Kriterien lassen sich mit Sportzeitschriften alle an Sport Interessierten erreichen.

Als Werbeträger sind Publikumszeitschriften vor allem für nationale Werbetreibende geeignet. Zwar gibt es in einigen Zeitschriften auch die Möglichkeit, einzelne Nielsen-Gebiete zu belegen, allerdings sind diese Teilbelegungen verhältnismäßig teuer. Mit Abstand stärkster Werbetreibender sind die Publikumszeitschriften selbst (537 Millionen Euro), vor Arzneimitteln (274 Millionen in 2010).

Tabelle 6-15: Ausgewählte Sportzeitschriften

Titel	verbreitete Auflage	Titel	verbreitete Auflage
Alpin	34.911	Palsteg	20.760
Blinker	72.897	Pferdemarkt	34.273
Boote	31.538	Runner's World	59.677
Bravo Sport	146.197	Segeln	28.326
Cavallo	72.821	Ski-Magazin	112.761
Fisch und Fang	72.032	Sport-Bild	426.075
Golf Aktuell	71.200	Tauchen	30.587
Kicker (Montag)	204.003	Tennis-Magazin	21.163

Quelle: IVW-Auflagenliste 1/2011

Tabelle 6-16: Die werbestärksten Publikumszeitschriften 2010

	Titel	Brutto-Werbeumsatz		Titel	Brutto-Werbeumsatz
1	Stern	152,6	6	Freundin	74,1
2	Spiegel	140,2	7	Bunte	72,7
3	Bams	136,9	8	Bild Der Frau	69,6
4	Focus	113,0	9	Adac Motorwelt	69,4
5	Brigitte	97,5	10	Rtv West	61,2

Quelle: Nielsen Media Research (Angaben in Mio. Euro)

Im Gegensatz zu elektronischen Medien werden Publikumszeitschriften aktiv genutzt, d.h. ablenkende Nebenbeschäftigungen sind bei der Nutzung praktisch ausgeschlossen. Ferner ist der Nutzungszeitpunkt und die Nutzungsdauer auch nicht durch das Medium vorgegeben, sondern vom Leser bestimmt. Zeitschriften werden über einen längeren Zeitraum und i.d.R. auch von mehreren Lesern genutzt, damit sind für Anzeigen Wiederholungskontakte möglich.

Publikumszeitschriften finanzieren sich aus Anzeigen- und Vertriebserlösen. Bei Nachrichten- und Wirtschaftsmagazinen überwiegen die Anzeigenerlöse, bei den Titeln der unterhaltenden Wochenpresse die Vertriebserlöse.

Tabelle 6-17 gibt einen Überblick über die Anzeigenpreise ausgewählter Zeitschriften. Anzufügen ist, dass viele Verlage saisonale Anzeigentarife eingeführt haben. In schwächer gebuchten Monaten (zu Jahresbeginn und im Sommer) verbilligen sich die Tarife, in nachfragestarken Monaten verteuern sie sich entsprechend.

Das klassische Werbemittel in Publikumszeitschriften ist die Anzeige. Der Anzeigenanteil an der Gesamtseitenzahl lag 2010 bei 21,6 %. Im Gegensatz zu Tageszeitungen sind die Anzeigenformate jedoch nicht frei wählbar, sie müssen sich vielmehr an vorgegebenen Größen orientieren. Übliche Formate sind die Doppelseite, 1/1-, 1/2- oder 1/3- Seite. Bestimmender Faktor für die Anzeigengröße ist der Satzspiegel, also die Fläche, die innerhalb einer Seite bei Einhaltung eines festgelegten Randabstands für Text und Abbildungen zur Verfügung steht. Üblich ist jedoch, bei Anzeigen über das Satzspiegelformat hinauszugehen und somit den weißen Rand um die Anzeige zu vermeiden. Man spricht in diesem Fall von Anzeigen mit Satzspiegelüberschreitung oder Anzeigen mit Anschnitt.

Tabelle 6-17: *Anzeigenpreise ausgewählter Zeitschriften 2010*

Titel	Preise 1/1-Seite, 4c, €	verbreitete Auflage, '000	1.000–Preis, €	LpA, Erw. 14+		TKP, €
				Mio.	%	
Bild am Sonntag	74.400	1.711	43,48	10,52	16,2	7,08
Der Spiegel	57.037	976	58,44	6,11	9,4	9,33
Hörzu	46.758	1.442	32,43	4,74	7,3	9,85
TV Movie	54.001	1.602	33,71	5,84	9,0	9,25
Bild der Frau	43.400	980	44,29	5,89	9,1	7,37
Brigitte	20.873	238	87,70	0,84	1,3	17,10
Cosmopolitan	30.000	302	99,34	1,02	1,6	29,40
Bravo	40.821	412	99,08	1,35	2,1	30,16
Playboy	24.000	241	99,59	1,11	1,7	21,56
Auto Motor Sport	36.805	416	88,47	1,93	3,0	19,08
Kicker	22.600	219	103,20	3,14	4,9	7,19
Geo	38.033	337	112,86	3,30	5,1	11,53
Wirtschaftswoche	24.500	203	120,69	0,85	1,3	35,68
Manager Magazin	22.745	131	173,63	0,68	1,1	2,70

Weitere Werbemöglichkeiten sind:

- **Gatefold:** ausschlagbare Seite, die sowohl beim Umschlag als auch im Innenteil der Zeitschrift möglich ist.
- **Beihefter:** fertige Prospekte, die beim Heften der Zeitschrift fest mit ihr verbunden werden.
- **Beikleber:** Postkarten, Warenproben, CD-ROMs u.dgl. die auf eine Anzeige geklebt werden.
- **Beilagen:** den Zeitschriften lose beigefügte Blätter oder Prospekte, die auch regional gestreut werden können. Sie werden i.d.R. vom Werbetreibenden produziert und dann in der Druckerei den Zeitschriften maschinell beigefügt. Bei Beilagen in Abo-Zeitschriften fallen für den Werbekunden zusätzlich erhöhte Postzustellgebühren an, die der Anzeigenkunde tragen muss.
- **Duftlackanzeigen:** Aufdruck von mikroverkapselten Duftstoffen auf eine Anzeige, die durch Reibung freigesetzt werden können.
- **Anzeigenstrecke:** mehrere ganzseitige Anzeigen eines Werbetreibenden, die innerhalb einer Ausgabe unmittelbar aufeinander folgen. Die Kosten sind hier geringer als die Gesamtkosten für die gleiche Menge an Einzelseiten.
- **Flip Cover:** Beim Flip Cover erscheinen die hinteren Seiten inklusive der 4. Umschlagseite um 180° gedreht, die Anzeigen stehen auf dem Kopf. Somit entsteht ein eigener Heftauftakt.

Da sich in den letzten Jahren die technischen Voraussetzungen verbessert haben, sind die Verlage zunehmend bereit, kundenindividuelle Werbemöglichkeiten zu realisieren und bieten eine Vielzahl von Sonderwerbeformen an, sogenannte Special Ads. Im Folgenden einige Beispiele des Verlags Gruner + Jahr (www.gujmedia.de):

- **Post-it auf Trägeranzeige:** Ein Post-it ist eine abnehmbare Haftnotiz, die auf eine Trägeranzeige oder den redaktionellen Teil der Zeitschrift geklebt wird.
- **Promotion:** Promotionanzeigen sind in Zusammenarbeit mit der Redaktion gestaltete Anzeigen, die sich am visuellen Erscheinungsbild der Zeitschrift orientieren. Damit erreichen Promotionanzeigen die einer „redaktionellen Berichterstattung" entsprechende Aufmerksamkeit.
- **Pop Up-Beihefter:** Ein Pop Up-Beihefter ist ein sich beim Aufschlagen der Doppelseite selbständig aufstellendes, dreidimensionales Werbemittel.
- **Coversampling (CD, Videokassetten, Booklets):** Coversampling ist eine Beilage, die auf dem Rücktitel der Zeitschrift aufgelegt wird. Das Heft wird danach in Folie eingeschweißt.
- **Stufenbeihefter:** Ein Stufenbeihefter ist ein mehrseitiger Beihefter mit abgestuften Seitenformaten, z.B. 1/3, 2/3, 1/1 Seite.

Werbung, die eng mit der speziellen Thematik einer Zeitschrift verknüpft ist, wird vom Leser u.U. mit der gleichen Aufmerksamkeit beachtet, wie die redaktionellen Artikel. Beispielsweise können Surfer, Mountain-Biker, Angler usw. aus Anzeigen in den entsprechenden Special-Interest-Titeln entnehmen, welche Neuheiten es im Bereich Ausrüstung, Technik oder Mode gibt. Unabhängig davon müssen Anzeigen in Publikumszeitschriften aufgrund des redaktionellen Umfeldes jedoch grundsätzlich stärker um die Aufmerksamkeit des Lesers kämpfen, als Anzeigen in Zeitungen. Daher ist die Kreativität hier auch häufig überlegen. Anzeigen in Publikumszeitschriften arbeiten in hohem Maße mit impactstarken Photos und ausgefeilten Texten, die Ästhetik und Funktionalität kombinieren. Die im Vergleich zu Tageszeitungen überlegene Papier- und Druckqualität ermöglicht bessere visuelle Botschaften.

6. 5.5 Fachzeitschriften

Fachzeitschriften unterscheiden sich von Publikumszeitschriften durch ihre Funktion. Sie dienen der „beruflichen Information und Fortbildung eindeutig definierbarer, nach fachlichen Kriterien abgrenzbarer Zielgruppen" (Schneider 1999, S. 178). Fachzeitschriften sind die am häufigsten genutzte berufliche Informationsquelle. Von ihrer Anzahl her sind sie die größte Mediengattung. Die IVW erfasste Ende 2010 insgesamt 1.152 Titel, die tatsächliche Anzahl dürfte aber beim Dreifachen liegen. Fast jeder Berufs- und Ausbildungszweig hat eigene Fachzeitschriften.

Tabelle 6-18: *Nettowerbeumsätze der Fachzeitschriften*

	2004	2005	2006	2007	2008	2009	2010
Werbeumsätze in Mio. €	865,0	902,0	956,0	1.016,0	1.031,0	852,0	860,0
+/– vs. Vorjahr in %	−1,4	+4,3	+6,0	+6,3	+1,5	−17,4	+1,0
Anzahl	1.065	1.081	1.095	1.172	1.222	1.180	1.152
Auflage in Mio.	23,5	24,4	22,7	24,5	24,2	22,3	21,8

Quelle: ZAW Jahrbücher (tatsächlich verbreitete Auflage lt. IVW)

Zielgruppe von Fachzeitschriften sind Fachleute, die hiermit punktgenau erreicht werden können. Diese Fachleute sind häufig auch Entscheidungsträger, so dass Anzeigen in Fachzeitschriften darauf zielen, das eigene Angebot als Alternative vorzustellen. Die am häufigsten umworbenen Personen über Fachzeitschriften sind Manager und Ärzte. Für die Werbung im Business-to-Business-Bereich gibt es zu Fachzeitschriften kaum eine Alternative.

Fachzeitschriften haben teilweise nur geringe Auflagen aber eine sehr hohe Zielgruppenaffinität und damit eine hohe Reichweite bei den Entscheidungsträgern. Mit ihnen lassen sich kleine und kleinste Zielgruppen erreichen. Wirtschafts-Fachzeitschriften sind beispielsweise *Absatzwirtschaft* (25.207, verbreitete Auflage), *Lebensmittel Zeitung Direkt* (69.727), *Bank Magazin* (10.640), *Computer Woche* (18.939), *Sales Business* (15.838) (Quelle: IVW Auflagenliste 1/2011).

Es ist davon auszugehen, dass Fachzeitschriften in hohem Maße vom Trend zu elektronischem Publizieren erfasst werden und sich allmählich von einem Print- zu einem elektronischen Medium entwickeln werden.

6. 5.6 Kundenzeitschriften

Kundenzeitschriften sind dem Marketing bzw. der Öffentlichkeitsarbeit eines Unternehmens zuzuordnen, sie dienen in erster Linie der Pflege des Kundenkontaktes. Im vierten Quartal 2010 erfasste die IVW 80 Kundenzeitschriften mit einer verbreiteten Auflage von 57 Mio. Der Branchenverband Forum Corporate Publishing repräsentiert mehr als 1.800 Publikationen mit einer Gesamtauflage von über 990 Millionen Exemplaren jährlich. Es gibt 100 bundesweite Titel mit einer Auflage von über einer Million. Im deutschsprachigen Raum gibt es knapp 15.000 Kundenzeitschriften, davon 7.200 BtoC- und 7.700 BtoB-Magazine.

Die meisten als Werbeträger relevanten Kundenzeitschriften lassen sich einer der beiden folgenden Gruppen zuordnen:

- **Branchenbezogene (klassische) Kundenzeitschriften:** Sie werden von unabhängigen Verlagen herausgegeben und z.B. vom Ladenhandwerk (Metzger, Bäcker, Friseure, Floristen), Apotheken und Drogerien gekauft und von diesen kostenlos an ihre Kunden weitergegeben. Diese Zeitschriften finanzieren sich einerseits über Vertriebserlöse (pro Zeitschrift zahlt das Ladenhandwerk bis zu 30 Cent), andererseits durch Werbeeinnahmen. Die Titel informieren vor allem über Produktneuheiten, ihre Anwendung und Handhabung, ergänzt durch unterhaltenden Lesestoff.
- **Unternehmens-/Organisationsbezogene Kundenzeitschriften:** Hierbei handelt es sich um Publikationen von Unternehmen und Verbänden, die diese in eigener Regie herausgeben. Der Vertrieb erfolgt vor allem über den Postweg. Die Abgabe ist i.d.R. kostenlos, die Finanzierung erfolgt daher überwiegend aus den Marketing- bzw. PR-Budgets. Anders als die klassischen Kundenzeitschriften entsprechen viele Titel dieser Gruppe den Special-Interest-Zeitschriften.
  Dieser Kategorie sind auch die Gästezeitschriften zuzuordnen, Zeitschriften von z.B. Hotels und Fluggesellschaften. Von ihrem redaktionellen Anspruch her entsprechen sie der gehobenen Gesellschaftspresse.

Seit Mitte der 90er Jahre ist ein starker Trend zur Professionalisierung im Bereich der Kundenzeitschriften festzustellen. Die Unternehmen haben die Potenziale erkannt, die in ihren Kundenzeitschriften stecken. Kundenzeitschriften zielen verstärkt auf Imagetransfer und richten sich konzeptionell neu aus. Die Unternehmen wollen mit ihren Kundenzeitschriften zunehmend ein breiteres Publikum ansprechen, dafür treten die Unternehmen und ihre Produkte inhaltlich in den Hintergrund.

Während bisher ein Charakteristikum der Kundenzeitschriften in ihrer kostenlosen Verteilung bestand, streben sie mittlerweile auch an die Kioske und treten damit in

Tabelle 6-19: *Ausgewählte Kundenzeitschriften*

Titel	verbreitete Auflage	Titel	verbreitete Auflage
branchenbezogen		unternehmensbezogen	
Apotheken-Umschau	9.941.282	Lufthansa Magazin	581.077
Bäckerblume	82.351	Mercedesmagazin	565.733
Lukullus	257.495	Schlecker Kundenmagazin	1.500.505
Senioren Ratgeber	1.803.085	Volkswagen Magazin	580.252

Quelle: IVW Auflagenliste 1/2011

Konkurrenz zu den Publikumszeitschriften. Kundenzeitschriften verändern ihre redaktionelle Berichterstattung mit Lifestyle Stories, Informationen und Berichten aus Kultur, Gesellschaft, Politik, Wirtschaft und Wissenschaft und werden professionelle General-Interest-Titel. Durch die inhaltliche Distanz der Kundenzeitschriften zu den Produkten des Unternehmens werden sie glaubwürdiger. Es werden auch Fremdanzeigen zugelassen; teilweise sind sogar die Anzeigen aus dem eigenen Hause begrenzt, womit sich ein Trend zur Erlösorientierung abzeichnet.

Aufgrund ihrer Individualisierungsmöglichkeiten werden Kundenzeitschriften zunehmend auch als Instrument des Direct Marketing genutzt. Drucktechnisch ist es problemlos möglich, eine Kundenzeitschrift auf spezielle Kundenprofile zuzuschneiden. So kann die Kundenzeitschrift eines Hundefutterherstellers Artikel über Doggen oder Dackel enthalten, je nachdem, welchen Hund der Hundebesitzer hält. Solche zielgruppengenauen Versionen werden „selektive Bindings" genannt.

> Der Lebensmittelhändler Kaufland (Lidl-Gruppe) startete 1984 eine Kundenzeitung, die Unterhaltung, Information und Handelswerbung verknüpfen sollte. Die Auflage damals betrug 210.000 Stück. Inzwischen liegt die Gesamtauflage von „Tip der Woche" und „Top aktuell" bei 19 Millionen – fast die Hälfte aller Haushalte in Deutschland werden jeden Samstag mit 420 verschiedenen Regionalausgaben erreicht. Hinzu kommen im Wochendurchschnitt 16 Millionen mitverteilte Beilagen und Prospekte. Laut eigenen Angaben ist der TIP Werbeverlag inzwischen Deutschland größtes Vertriebsnetzwerk für Haushaltswerbung mit mehr als 5.000 Kunden aus unterschiedlichsten Branchen. Laut einer Emnid-Studie kommt der Mix aus redaktionellen Beiträgen und aktueller Werbung gut an: In 12,8 Millionen Haushalten wird das Blatt regelmäßig gelesen, im Durchschnitt rund 17 Minuten lang. Die Reichweite liegt bei rund 23 Millionen Lesern (o.V., 2010a, S. 51).

6. 5.7 Lesezirkel

Lesezirkel sind Unternehmen, die Zeitschriften verleihen (Zeitschriften-Leasing). Sie beziehen die Zeitschriften direkt von den Verlagen und stellen zwischen 5 und 10 Zeitschriften zu einer so genannten **Lesemappe** zusammen. Der Vorteil für das Unternehmen besteht in der Mehrfachvermietung der Zeitschriften. Die Abonnenten haben die Möglichkeit zum Bezug der Erst-, Zweit-, Dritt- oder Viertmappe, mit entsprechend abgestuften Abonnementsgebühren. Der Vorteil für den Abonnenten besteht in einer Ersparnis von bis zu 50 % gegenüber dem Einzelkauf der Zeitschriften. Der Preis für eine Erstmappe liegt im Durchschnitt zwischen 8 € und 10 €, der Preis einer Viertmappe zwischen 5 € und 6 € pro Woche. Die Mappen werden wöchentlich durch (insgesamt ca. 3000) Boten zugestellt und abgeholt.

Derzeit gibt es in Deutschland ca. 160 Lesezirkelunternehmen mit ca. 700.000 Abonnenten (55 % Privathaushalte, 45 % öffentliche Auslagestellen), für die ca. 190.000 Erstmappen zusammengestellt werden, Kunden können aus rund 300 Zeitschriften auswählen (Quelle: Verband Deutscher Lesezirkel). Die Reichweite einer Lesezirkelmappe liegt bei 16,8 % (= 11,8 Millionen Leser) (Quelle: MA 2010 II). Abonnenten von Lesezirkeln in der öffentlichen Auslage sind in erster Linie Ärzte und Friseure. Nach Untersuchungen des Verbandes Deutscher Lesezirkel werden die Zeitschriften z.B. bei Friseuren bis zu 500 mal gelesen, im Durchschnitt hat jedes Heft ca. 56 Leser.

Dadurch, dass über die Lesezirkel die Lebensdauer einer Zeitschrift stark verlängert wird, ergibt sich bei der Reichweitenermittlung ein verzerrender Effekt (Lesezirkeleffekt). Denn zum Zeitpunkt der Befragung haben die Abonnenten der Zweit- bis Viertmappe die Zeitschriften noch gar nicht lesen können.

Werbeträger bei einer Lesezirkelmappe ist der Schutzumschlag, den die Lesezirkelunternehmen um jede einzelne Zeitschrift anbringen. Auf ihm kann konkurrenzlos ein Aufkleber angebracht werden. Wie bei Plakaten ist bei dieser Form der Werbung der Werbeträgerkontakt mit dem Werbemittelkontakt gleichzusetzen. Zwischen dem Umschlag und der Titelseite der Zeitschrift kann ferner ein Beihefter oder ein Prospekt eingefügt werden. Darüber hinaus besteht die Möglichkeit zu losen Beilagen. Es ist den Lesezirkeln jedoch untersagt, Werbung in das Innere der Zeitschrift zu legen. Pro Exemplar kann jeweils nur ein Aufkleber und ein Beihefter platziert werden. Der Lesezirkel kann sowohl national belegt werden, als auch lokal. Insbesondere als lokaler Werbeträger eignet er sich für ortsansässige Unternehmen.

6.5.8 Verzeichnismedien

Weithin verkannte und wenig offensichtliche Werbeträger sind Verzeichnismedien, d.h. Adress- und Telefonbücher. Zu den Adressbüchern zählen im Wesentlichen die Stadt-Adressbücher und Wirtschaftsnachschlagewerke.

Tabelle 6-20: Nettowerbeumsätze der Verzeichnismedien

	2004	2005	2006	2007	2008	2009	2010
Werbeumsätze in Mio. €	1.195,7	1.197,0	1.199,0	1.214,0	1.225,0	1.184,0	1.155,0
+/− vs. Vorjahr in %	−2,0	+0,1	+0,1	+1,3	+0,9	−3,3	−2,5
Anzahl	242	243	243	252	261	270	270
Auflage in Mio.	37,0	36,4	38,2	38,4	40,5	42,2	40,7

Quelle: ZAW Jahrbücher

- **Stadt-Adressbücher** sind regionale Nachschlagewerke mit den Adressen der Haushalte, Behörden und Unternehmen einer Gemeinde. Sie werden häufig haushaltsabdeckend kostenlos verteilt bzw. verfügen mittlerweile über einen Online-Auftritt.
- **Wirtschaftsnachschlagewerke** umfassen Bundes- und Landesadressbücher, Internationale- und Export-Adressbücher und Fachadressbücher (z.B. Wer liefert was, ABC

der Deutschen Wirtschaft). Diese Nachschlagewerke enthalten ausschließlich Wirtschaftsadressen. Vor allem im business-to-business-Bereich ist mit einer Verlagerung der Printausgaben auf Datenträger bzw. Online-Medien zu rechnen. Insbesondere die berufsbedingte Suche nach Firmendaten verlagert sich zunehmend in das Internet.

Hauptwerbeträger sind jedoch die **Telekommunikationsverzeichnisse** (Telefonbücher). Telefonbücher werden unterschieden in

- das Amtliche Telefonbuch,
- das Örtliche,
- Gelbe Seiten und Gelbe Seiten regional,
- das Telefaxbuch und
- das Postleitzahlenbuch.

Jeder Inhaber eines Telefonanschlusses hat Anspruch auf ein kostenloses Exemplar seines Bereiches. Telefonbuch und Gelbe Seiten werden auch als bundesweite Verzeichnisse online (z.B www.teleauskunft.de) bzw. offline (CD-ROM) angeboten.

Werbung in Adress- und Telefonbüchern hat den Vorteil, langfristiger Natur zu sein. Die Bücher dienen als Nachschlagewerke in einer konkreten Bedarfssituation, um den Kontakt mit bestimmten Personen oder Institutionen herzustellen. Jeder Gewerbetreibende ist daher gut beraten, in den entsprechenden Büchern Präsenz zu zeigen. Jemand, der einen speziellen Bedarf hat, beispielsweise einen Buchbinder für die Diplomarbeit sucht, wird dafür in den Gelben Seiten nachschlagen. Für das lokale und regionale Gewerbe ist Werbung in Adress- und Telefonbüchern ein Muss.

Die häufigsten Werbeformen sind einerseits der Zeileneintrag mit besonderer Hervorhebung (z.B. Fettdruck oder Integration des Firmenlogos), andererseits gestaltete Anzeigen, die die Werbung besonders deutlich aus der Masse hervorheben. Daneben besteht die Möglichkeit, auf den Kopf-, Fuß- oder Randleisten zu werben sowie ganzseitig auf den Umschlagseiten und den ersten Seiten, ferner auf den Schnittflächen oder dem Buchrücken.

6. 5.9 Fernsehen

Das Fernsehen ist der bedeutendste nationale Werbeträger, mit einem Werbevolumen von rund vier Milliarden Euro vereint es 2010 etwa 21 % des gesamten Werbevolumens.

Tabelle 6-21: Nettowerbeumsätze des Fernsehens

	2004	2005	2006	2007	2008	2009	2010
ARD	182,2	158,1	176,8	168,4	171,3	141,1	152,5
ZDF	111,6	101,9	125,3	116,7	123,0	112,1	125,5
Private Sender	3.556,6	3.669,6	3.812,2	3.870,7	3.741,2	3.386,4	3.675,7
Gesamt	**3.860,4**	**3.929,6**	**4.114,3**	**4.155,8**	**4.035,5**	**3.639,6**	**3.953,7**
+/– vs. Vorjahr in %	+1,3	+1,8	+4,7	+1,0	–2,9	–9,8	+8,6

Quelle: ZAW Jahrbücher, Angaben in Mio. €

Fernsehen ist ein Massenmedium, dessen Besonderheit darin besteht, dass Botschaften audiovisuell gesendet werden. 2010 waren der Gebühreneinzugszentrale (GEZ) 36,7 Millionen TV-Geräte gemeldet. Die Werbepräsenz ist auf einem sehr hohen Niveau. Sie dokumentierte sich im Jahr 2010 in fast 32.000 Stunden Werbezeit, also ca. 87 Stunden täglich (vgl. Tabelle 6-22). 98,7 % aller Haushalte sind mit mindestens einem Fernsehgerät ausgestattet. Die durchschnittliche Sehdauer pro Tag lag 2010 bei 223 Minuten, allerdings mit nach wie vor deutlichen Unterschieden zwischen Ost- (266 Minuten) und Westdeutschland (213 Minuten). Spitzenreiter war Sachsen-Anhalt mit einer Sehdauer von 276 Minuten, Schlusslicht Bayern mit lediglich 199 Minuten. Die höhere Sehdauer in den neuen Bundesländern hat zur Folge, dass bei nationalem TV-Einsatz der Werbedruck im Osten höher als im Westen ist. Werbestärkste Branche war 2010 Schokolade und Süßwaren (657 Mio.) gefolgt vom Automarkt (573 Millionen Euro).

Tabelle 6-22: Volumen-Entwicklung des Werbefernsehens

Alle Sender	2006	2007	2008	2009	2010
TV-Werbeminuten gesamt	1.327.535	1.447.376	1.607.360	1.560.089	1.910.372
TV-Spots gesamt	3.621.342	3.853.651	3.988.978	3.680.348	3.797.271
Durchschnitts-Spotlänge	22 Sek.	23 Sek.	24 Sek.	25 Sek.	30 Sek.

Quelle: ZAW-Jahrbuch 2011, S. 315

Die beliebtesten Fernsehsender 2010 waren RTL – dem größten Werbeträger Europas – gefolgt von ARD, den dritten Programmen und dem ZDF (vgl. Abbildung 6-6).

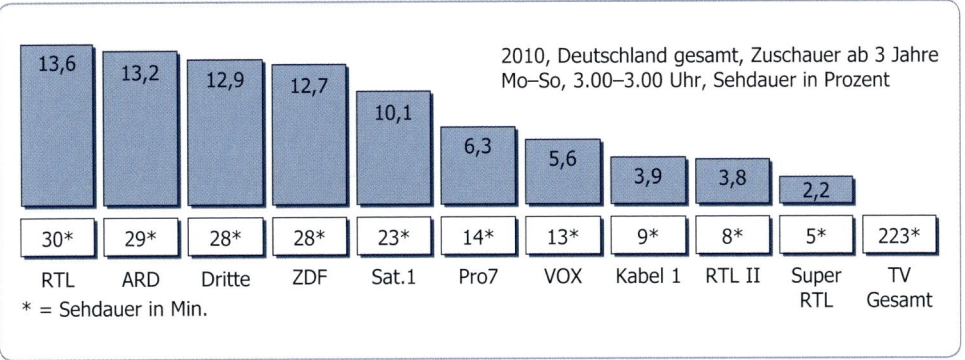

Abbildung 6-6: Zuschauermarktanteile im deutschen Fernsehmarkt

Quelle: GfK-Fernsehforschung

Trotz des harten Wettbewerbs um Zuschauer- und damit um Werbemarktanteile, haben sich auf dem Zuschauermarkt relativ stabile Marktverhältnisse für die vier großen Vollprogramme etabliert: Mehr als die Hälfte der Zuschauermarktanteile entfallen auf ARD, ZDF, RTL und Sat. 1. Unter Berücksichtigung der dritten Programme der ARD entfallen drei Viertel aller Zuschauer auf nur sieben Sender. Allerdings ergeben sich bei den Sendern deutliche Unterschiede hinsichtlich der Altersstruktur der Zuschauer (vgl. Abbildung 6-7). ARD und ZDF sind zu den „älteren" Sendern zu zählen, während Super RTL Spitzenreiter bei den Kindern ist, bei denen sich auch RTL II großer Beliebtheit erfreut.

6. 5.9.1 Die Entwicklung des Fernsehmarktes in Deutschland

Die Landesrundfunkanstalten schlossen sich 1950 zur „Arbeitsgemeinschaft der öffentlich-rechtlichen Rundfunkanstalten der Bundesrepublik Deutschland" (ARD) zusammen und nahmen am 01.11.1954 das „Deutsche Fernsehen" in Betrieb. Es dauerte bis 1963, bis von der Reichweite her die Voraussetzungen für ein Zweites Deutsches Fernsehen gegeben

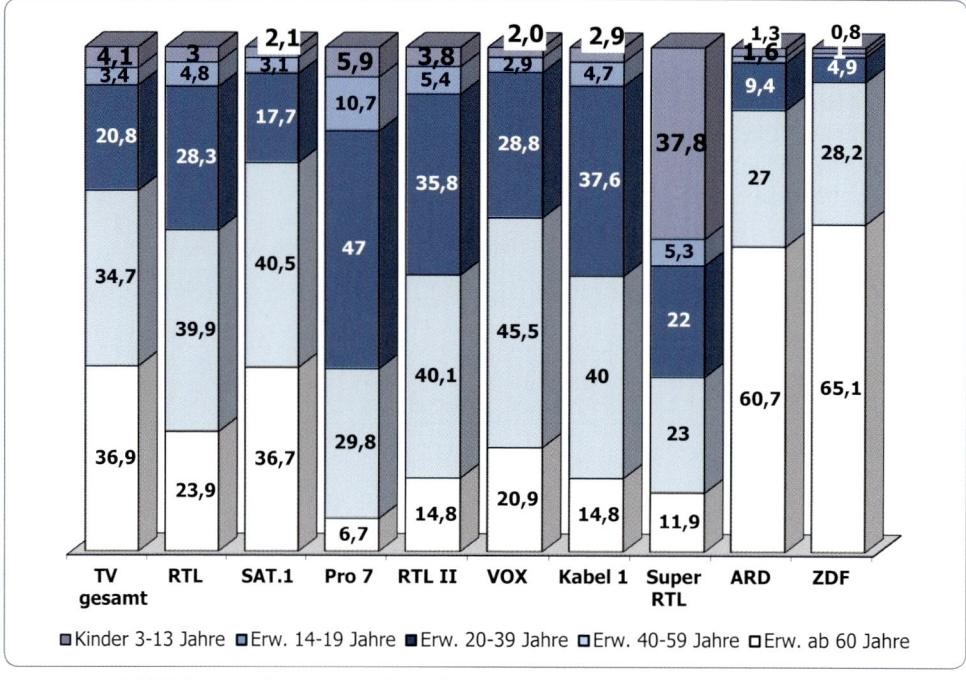

Abbildung 6-7: *Altersstruktur der Werbeinselzuschauer 3.00–3.00 Uhr*
Quelle: AGF/GfK Fernsehforschung, 2010

waren. Am 02.01.1984 nahm der erste private Sender, RTL plus, den Sendebetrieb auf, ein Jahr später folgte Sat.1. Seit dem 28.02.1991 wird mit Premiere (heute Sky) das erste Pay-TV ausgestrahlt. 1995 startete mit H.O.T. der erste deutsche Teleshopping-Kanal, 1996 folgte QVC.[3]

Mit den privaten Sendern wurde in Deutschland eine **duale Rundfunkordnung** etabliert, öffentlich-rechtliche Sender auf der einen und private Sender auf der anderen Seite. Das Aufkommen privater Anbieter hat den deutschen Fernsehmarkt in einen Wettbewerbsmarkt überführt. Für viele Werbetreibende wurde dadurch Fernsehwerbung überhaupt erst möglich. Die Werbebeschränkungen im öffentlich-rechtlichen Monopol führten zu einem Nachfrageüberhang. Da nur 20 Minuten Werbezeit pro Tag zur Verfügung standen, konnten ARD und ZDF nur etwa 24.000 Werbespots (a 30 Sekunden) pro Jahr senden. Werbezeiten wurden von den Sendern zugeteilt, Mediaplanungsmechanismen entsprechend hauptsächlich für den Printbereich entwickelt.

Die Zulassung privater Fernsehanbieter änderte die Situation grundlegend: 2010 wurden rund 3,8 Millionen Werbespots ausgestrahlt. Durch die veränderte Angebotssituation waren die Werbetreibenden nicht mehr auf die Zuteilungen der öffentlich-rechtlichen Anstalten angewiesen, sondern konnten unter Alternativen wählen. Es mussten also Instrumente gefunden werden, die die Planungsalternativen im Fernsehen operationalisierbar machten.

---

[3] In der Anfangsphase war die Zulässigkeit der Teleshoppingkanäle nicht eindeutig, da sie über den Rundfunkstaatsvertrag nicht geregelt war. Mittlerweile gelten Teleshopping-Sender nicht als Fernsehsender, da sie keine journalistischen Inhalte ausstrahlen, sondern als Mediendienste, die keine Sendelizenz zum Betrieb benötigen.

Vor dem Aufkommen der privaten Sender war den Werbetreibenden eine produkt- und zielgruppenorientierte Planung ihrer Werbespots nur in Ausnahmefällen möglich. Insofern hatte die deutsche Werbewirtschaft naturgemäß ein hohes Interesse an der Beendigung des öffentlich-rechtlichen Monopols und subventionierte die Privaten in ihrer Phase des Aufbaus der technischen Reichweite. Zwar gab es seit 1984 kommerzielle Konkurrenz für ARD und ZDF, jedoch waren die neuen Sender zunächst nur von wenigen Haushalten zu empfangen, da die Antennenfrequenzen den öffentlich-rechtlichen Anbietern vorbehalten blieben. Der Empfang der Privaten war anfangs nur über Satellit bzw. Kabel möglich. Das öffentlich-rechtliche Monopol wurde nur sukzessiv in dem Maße abgebaut, wie die Privaten ihre technische Reichweite ausbauen konnten. Erst ab 1989/90 lässt sich faktisch von einem Wettbewerb im deutschen Fernsehmarkt sprechen, als die Privaten von etwa der Hälfte der deutschen Haushalte empfangbar waren. Seither dominieren sie den Werbemarkt (vgl. Abbildung 6-8). Bei den Zuschauermarktanteilen können die öffentlich-rechtlichen Sender jedoch konkurrieren (vgl. Abbildung 6-6).

Der Wettbewerb innerhalb der Sender treibt die Programmkosten in die Höhe. „In der Konsequenz leidet die Qualität des Privatfernsehens, die Programmfläche wird permanent für wirtschaftlich bewährte Formate ausgeweitet (…). Die Refinanzierung vieler Programme wird inzwischen nur noch über eine Mehrfachausstrahlung über Senderverbünde gewährleistet" (Modenbach 1999, S. 257). Es ist abzusehen, dass der wirtschaftliche Erfolg der privaten Sender vor allem über die Kostenseite bestimmt wird. Zusätzlich versuchen die Privaten aber auch, ihre Abhängigkeit von den Werbeeinnahmen zu verringern durch Telefondienstleistungen, Merchandising und den Einstieg in das Musikgeschäft.

Die duale Rundfunkordnung hat zu einem Auseinanderdriften von Angebot und Nachfrage auf dem Fernsehmarkt geführt, denn die Sehdauer hat sich, verglichen mit der Anzahl der Werbespots, nur unterproportional erhöht (vgl. Abbildung 1-5). Das gestiegene Programmangebot durch die Privatsender wird (fast) ausschließlich über Werbung finanziert, ein größeres Programmangebot bedeutet also auch ein größeres Werbeangebot. Bei einer stagnierenden Nutzungsdauer heißt das, dass sich die Wahrnehmungschance eines Werbespots seit der Dualisierung kontinuierlich verschlechtert hat. Die zunehmende Anzahl von Sendern pro Haushalt führt zudem zu einer Fragmentierung der Nutzerschaft. Die GfK-Fernsehforschung erfasst ca. 700 TV-Sender, die alle um die Gunst der Zuschauer buhlen. Hinzu kommt eine wachsende Zahl von IP-TV-Kanälen. Ein Multi-Channel-Haushalt kann bereits bis zu 150 Sender empfangen

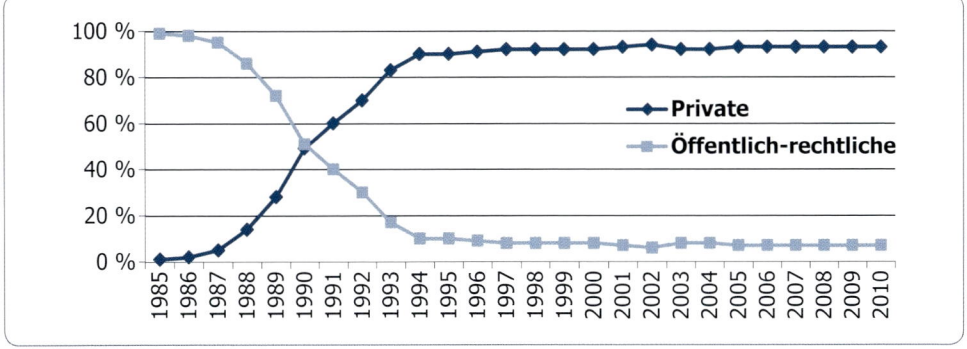

Abbildung 6-8: *Entwicklung der Umsatzmarktanteile im Werbefernsehen*
Quelle: ZAW Jahrbücher

Aktuell befindet sich der Fernsehkonsum in einem Wandel. Einerseits etabliert sich das Internet mit einer Vielzahl audiovisueller Dienste (z.B. video-on-demand) als ernst zu nehmender Wettbewerber, andererseits beeinflussen neue technologische Möglichkeiten wie elektronische Programmführer und digitale Videorekorder den Fernsehkonsum. Letzterer bietet die Möglichkeit, Sendungen aufzunehmen und zeitversetzt anzusehen, und beinhaltet auch die Funktion des Überspringens von Werbeblöcken. „Den Fernsehzuschauern bietet sich die Möglichkeit zu einem zeitlich souveränen und inhaltlich selbst bestimmten Konsum" (Kaumanns/Siegenheim 2006, S. 622).

6. 5.9.2 Klassifizierungskriterien des deutschen Fernsehmarktes

Der Fernsehmarkt in Deutschland lässt sich nach folgenden Kriterien einteilen:

- Nach der **Distributionsform** ist zu unterscheiden zwischen terrestrischem (über die Haus- oder Gemeinschaftsantenne), Kabel- und Satellitenempfang. 2010 empfingen mehr als die Hälfte der deutschen Fernsehhaushalte über Kabel (52 %), 46 % verfügten über Satellitenempfangsanlagen, 7 % empfingen über das Internet und nur noch 5 % ausschließlich über Antenne. Damit ist Deutschland nicht nur der größte Fernsehmarkt Europas, sondern auch der größte Kabel- und Satellitenmarkt. Ein durchschnittlicher Fernsehhaushalt kann in Deutschland 55 Sender empfangen, über Satellit durchschnittlich 72, per Kabel 45 und per Antenne 24. Den stärksten Zuwachs verzeichnete in den letzten Jahren der Satellitenempfang. Ein Grund dafür ist darin zu sehen, dass im Gegensatz zum Kabelanschluss beim Satellitenempfang keine laufenden Kosten anfallen. Als vierter Übertragungsweg steht die digitale Telefonleitung (DSL) derzeit erst am Anfang der Entwicklung.

- Nach dem **Distributionsgebiet** wird unterschieden in nationale, regionale und lokale Sender. Regionale Sender sind vor allem die Dritten Programme der ARD. Daneben entwickelt sich aber auch eine regionale und lokale TV-Struktur, die es Werbetreibenden ermöglicht, auch gezielt regional und lokal Werbung zu schalten.

- Nach dem **Programmangebot** ist zu unterscheiden in Voll- und Spartenprogramme. Der Rundfunkstaatsvertrag definiert ein **Vollprogramm** als „ein Rundfunkprogramm mit vielfältigen Inhalten, in welchem Information, Bildung, Beratung und Unterhaltung einen wesentlichen Teil des Gesamtprogramms bilden" (§ 2). Programme mit „im Wesentlichen gleichartigen Inhalten" werden als **Spartenprogramme** bezeichnet (§ 2). Während Vollprogramme also ein komplettes Programmangebot bieten, beschränken sich Spartenprogramme auf Angebotsnischen, wie Musik, Sport oder Nachrichten. Weitere Marktzutritte bei den Vollprogrammen erscheinen wenig erfolgversprechend. Mit Ausnahme von VOX und RTL 2 sind seit Anfang der 90er Jahre nur noch Special-Interest-Programme (Spartenprogramme) auf Sendung gegangen. Neuen Programmen und Sendern bietet das Pay-TV eine Möglichkeit, unter Umgehung der Refinanzierung über den Werbemarkt, eine ökonomische Grundlage zu finden.

	Öffentlich-rechtlich	Privat (Auswahl)
Vollprogramme	ARD, ZDF	RTL, Sat.1, ProSieben, RTL II, VOX, DMAX, kabel eins, Düzgün TV, Das Vierte
Spartenprogramme	Arte, BR alpha, KiKa, Phoenix, 3sat	9Live, n-tv, MTV, N24, Tele 5, VIVA, Super RTL, DSF, Bibel TV, Bloomberg TV,

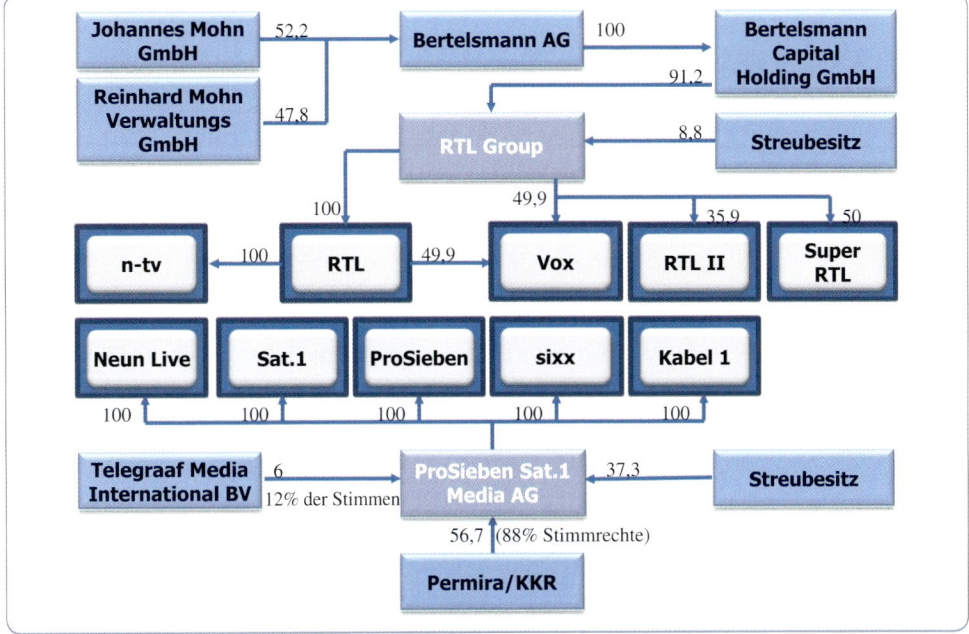

Abbildung 6-9: *Die wichtigsten Beteiligungen im deutschen Fernsehmarkt*
Quelle: FORMATT-Institut (Stand: 12/2010)

- Die bedeutsamste Unterscheidung der Sender ist die nach der **Rechtsform**. Danach lassen sich **öffentlich-rechtliche** und **private Sender** unterscheiden. Diese Unterscheidung ist fundamental vor allem im Hinblick auf die werberechtlichen Möglichkeiten der jeweiligen Sender. Zu den öffentlich-rechtlichen Sendern zählen ARD, ZDF, ARD-Dritte, Arte, 3Sat, Kinderkanal, und Phoenix. Der private Fernsehmarkt in Deutschland wird im Wesentlichen von Bertelsmann und den Investorengruppen Permira und KKR dominiert (vgl. Abbildung 6-9). Zwar bildet die RTL-Group den größten Fernsehkonzern in Europa. Allerdings ist die ProSieben Sat. 1 Media AG klarer als Senderfamilie strukturiert und bietet somit weiterreichende Möglichkeiten der Mehrfachverwertung von Programmen.

- Nach der **Entgeltlichkeit der Nutzung** hat sich die Unterscheidung in **Free-TV** und **Pay-TV** etabliert. Während das Free-TV für den Nutzer entgeltfrei ist, muss für das Pay-TV ein Nutzungsentgelt entrichtet werden. Dafür gibt es grundsätzlich mehrere Möglichkeiten:

  - Beim **Abonnentenfernsehen** (z.B. Sky) zahlt der Abonnent eine monatliche Gebühr für einen Dekoder und ist in der Nutzung des Programmangebotes unbeschränkt. Beim **pay-per-channel** erfolgt die Bezahlung nur für einzelne Kanäle innerhalb eines kompletten Programmpaketes.

  - In der Form des **pay-per-view** zahlt der Zuschauer nur für die Dauer des Zusehens, beispielsweise für einen Spielfilm oder eine Fußballübertragung.

  - Beim **video-on-demand** (VoD) kann sich der Zuschauer aus einer Videodatenbank einen bestimmten Film aussuchen, für dessen Nutzung eine Gebühr zu entrichten ist. Grundsätzlich lassen sich drei VoD-Dienste voneinander unterscheiden: PC-basierte Web-Video-Portale, TV-basierte VoD und mobile VoD.

Pay-per-view und video-on-demand sind derzeit noch unübliche Entgeltformen, die über die für das digitale Fernsehen notwendige Set-Top-Box möglich werden (vgl. Kapitel 6.4.9.7). Dabei werden dem Nutzer die Gebühren direkt vom Konto abgebucht.

Inwieweit sich neben Sky weitere Pay-TV-Sender durchsetzen werden, bleibt abzuwarten. Als Hemmnisse sind einerseits das große Programmangebot im Free-TV zu sehen, andererseits entstehen die Nutzungsentgelte für das Pay-TV zusätzlich zu den Fernsehgebühren und ggf. den Kabelnutzungskosten bzw. den Investitionen für Satellitenempfangsanlagen.

Zwar sind die öffentlich-rechtlichen Sender grundsätzlich auch dem Free-TV zuzurechnen, aus der Sicht der werbefinanzierten privaten Sender grenzen diese sich mit der Bezeichnung Free-TV jedoch von den überwiegend gebührenfinanzierten öffentlich-rechtlichen ab, so dass sich eine Einteilung wie in Abbildung 6-10 vornehmen lässt.

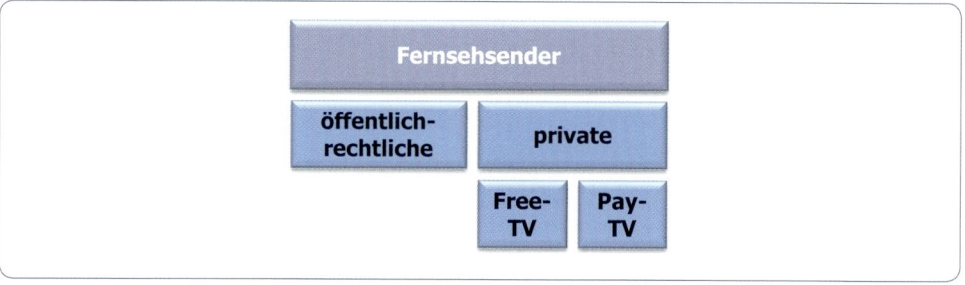

Abbildung 6-10: *Klassifizierung der Fernsehsender nach dem Nutzungsentgelt*

6. 5.9.3 Rechtliche Aspekte im deutschen Fernsehmarkt

6. 5.9.3.1 Verfassungsrechtliche Aspekte

Der Rundfunk unterliegt traditionell der Kulturhoheit der Länder, jedoch hat der Gesetzgeber einen ordnungspolitischen Rahmen vorgegeben. In seinem vierten so genannten „Fernsehurteil" vom 04.11.1986 musste das Bundesverfassungsgericht (BVerfG) konkret zu der dualen Rundfunkordnung Stellung beziehen (BVerfGE 73, 118). Tenor des Urteils ist die Chancenungleichheit der privaten gegenüber den öffentlich-rechtlichen Sendern. Denn von den Privaten könne „kein in seinem Inhalt breit angelegtes Angebot erwartet werden, weil die Anbieter zur Finanzierung ihrer Tätigkeit nahezu ausschließlich auf Wirtschaftswerbung angewiesen sind. Diese können nur dann ergiebiger fließen, wenn die privaten Programme hinreichend hohe Einschaltquoten erzielen". Daher sind „an die Breite des Programmangebotes (...) im privaten Rundfunk nicht gleich hohe Anforderungen zu stellen wie im öffentlich-rechtlichen Rundfunk" (1 BvF 1/84.) Gleichzeitig schrieb das BVerfG auch eine Bestands- und Finanzierungsgarantie für den öffentlich-rechtlichen Rundfunk fest.

Die Rechtsprechung des Bundesverfassungsgerichtes begründet einige weitreichende Unterschiede zwischen öffentlich-rechtlichen und privaten Sendern. Materielle Grundlage der bestehenden deutschen Rundfunkordnung ist Art. 5 Abs. 1 Satz 2 Grundgesetz mit dem Wortlaut: „Die Pressefreiheit und die Freiheit der Berichterstattung durch Rundfunk und Film werden gewährleistet."

Die Unterschiede in den wettbewerblichen Rahmenbedingungen für private und öffent-lich-rechtliche Fernsehanbieter liegen im Wesentlichen in folgenden Punkten:

1. **Meinungsvielfalt**

   Die Tatsache, dass das Fernsehen in seiner Eigenschaft als Massenmedium in erhebli-chem Maße geeignet ist, die öffentliche Meinung zu beeinflussen, veranlasste das Bun-desverfassungsgericht, den Rundfunkmarkt als **wettbewerblichen Ausnahmebereich** festzuschreiben. Den öffentlich-rechtlichen Sendern schreibt das BVerfG vorrangig die „unerlässliche Grundversorgung" zu, die Aufgaben der Bildung, Information, Unter-haltung und Beratung umfasst. Da die Privaten im wirtschaftlichen Wettbewerb stehen, wurde ihnen ein abgeschwächter Programmauftrag gegeben. Sie sind lediglich einem „Grundstandard" verpflichtet, der mehr Freiheit bezüglich der Programmgestaltung zulässt. Weder „Grundversorgung" noch „Grundstandard" sind jedoch eindeutig definiert.

2. **Organisationsstruktur**

   Für die öffentlich-rechtlichen Sender ist das Prinzip der **Binnenpluralität** zwingend vorgeschrieben, d.h. die Ausgewogenheit des Programmangebotes soll durch den Fernsehveranstalter intern gesichert werden. Privater Rundfunk kann durch **Außen-pluralität**, also externe Vielfalt erfolgen, dann allerdings muss das Gesamtangebot der Privaten dem des öffentlich-rechtlichen Rundfunks gleichwertig sein. Der Rundfunk dürfe nicht dem „freien Spiel der Kräfte" überlassen werden, „es liegt vielmehr in der Verantwortung des Gesetzgebers, dass ein Gesamtangebot besteht, in dem die für die freiheitliche Demokratie konstitutive Meinungsvielfalt zur Darstellung gelangt" (1 BvL 89/78).

3. **Finanzierungsquellen**

   Der Rundfunkstaatsvertrag definiert die Finanzierung der Beteiligten am dualen Rundfunksystem. § 12 legt fest, dass für den öffentlich-rechtlichen Rundfunk Haupt-finanzierungsquelle die Rundfunkgebühr ist, als weitere Finanzierungsmöglichkeit stehen Einnahmen aus der Rundfunkwerbung offen. Diese Einnahmengewichtung folgt stringent den Implikationen aus dem verfassungsrechtlichen Programmauftrag, der nur bei Unabhängigkeit von der werbungtreibenden Wirtschaft erfüllt werden kann.

   Da die Gebührenpflicht durch das **Bereithalten** eines Rundfunkempfangsgerätes begründet wird, ist ihr Aufkommen vom Versorgungsgrad der Bevölkerung abhängig. Da annähernd Vollversorgung mit Rundfunkgeräten erreicht ist, ist eine Einnahmen-erhöhung durch eine höhere Teilnehmerzahl faktisch ausgeschlossen und nur über Ge-bührenerhöhungen möglich[4]. § 43 Rundfunkstaatsvertrag regelt die Finanzierung der Privatsender und schließt für diese eine Finanzierung aus Rundfunkgebühren aus. Als Finanzierungsquellen stehen Einnahmen aus Werbung und Teleshopping, eigene Mit-tel der Veranstalter und „Entgelte der Teilnehmer (Abonnements oder Einzelentgelte)" zur Verfügung. Die Gebühreneinnahmen der öffentlich-rechtlichen Sender belaufen sich insgesamt auf 7,6 Mrd. €, davon entstammen 4,7 Mrd. € aus Fernsehgebühren und 2,8 Mrd. € aus Hörfunkgebühren[5] (vgl. Abbildung 6-11).

---

[4] Ab Januar 2013 wird diese gerätebezogene Abgabe auf eine Haushaltsabgabe umgestellt. Jeder Haushalt und jeder Betrieb muss dann eine Rundfunkgebühr bezahlen, unabhängig von den Empfangsgeräten.

[5] Die Rundfunkgebühr beträgt 17,98 € pro Monat, die sich aus einer Grundgebühr (= Hör-funkgebühr) von 5,76 € und einer Fernsehgebühr von 12,22 € zusammensetzt (Stand: 01.01.2009).

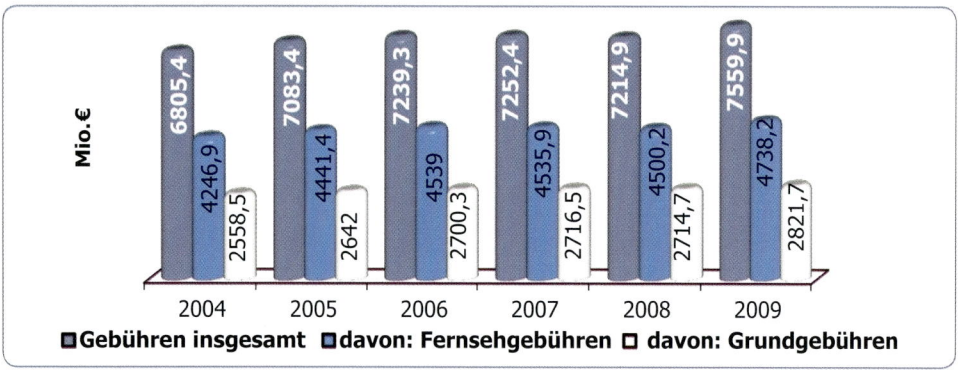

Abbildung 6-11: *Entwicklung der Gebühreneinnahmen der öffentlich-rechtlichen Sender*
Quelle: ARD-Jahrbücher

4. Werbemöglichkeiten

In der Präambel des Rundfunkstaatsvertrages ist festgelegt, dass den privaten Veranstaltern Aufbau und Fortentwicklung eines privaten Rundfunks ermöglicht wird. „Dazu sollen ihnen ausreichende Sendekapazitäten zur Verfügung gestellt und angemessene Einnahmequellen erschlossen werden." Da für den öffentlich-rechtlichen Rundfunk Gebühren als Hauptfinanzierungsquelle festgeschrieben sind, der private Rundfunk davon jedoch ausgeschlossen ist, hat der Gesetzgeber folgerichtig den privaten Anbietern weitergehende Werbemöglichkeiten eingeräumt als den öffentlich-rechtlichen.

Dieser Rundfunkordnung sind alle Sender unterworfen, die Programme von bundesdeutschem Boden ausstrahlen. Sie gilt naturgemäß nicht für Programme, die per Satellit eingestrahlt werden, wie MTV oder Super Channel.

6. 5.9.3.2 Erscheinungsformen von Fernsehwerbung

Die rechtliche Beurteilung von Werbung im Fernsehen ist in erster Linie davon abhängig, was als Werbung zu bezeichnen ist. Es ist offensichtlich, dass Werbung im rundfunkrechtlichen Sinn anders zu definieren ist als im kommunikationstheoretischen Sinn. Der Rundfunkstaatsvertrag definiert Werbung (§2) „als „jede Äußerung bei der Ausübung eines Handels, Gewerbes, Handwerks oder freien Berufs, die im Rundfunk von einem öffentlich-rechtlichen oder privaten Veranstalter entweder gegen Entgelt oder eine ähnliche Gegenleistung oder als Eigenwerbung gesendet wird mit dem Ziel, den Absatz von Waren oder die Erbringung von Dienstleistungen (...) gegen Entgelt zu fördern". Diese Definition greift jedoch für eine Klassifikation der mittlerweile etablierten Erscheinungsformen von Fernsehwerbung zu kurz, da sie lediglich die klassische Spot-Werbung hinreichend genau erfasst. Um auch Werbeformen einzubeziehen, die in das Programm integriert sind, erscheint eine weitergehende Definition notwendig. Als Fernsehwerbung sind all jene Erscheinungsformen zu bezeichnen, „in denen ein Produkt, eine Marke oder eine Dienstleistung verbal und/oder visuell präsentiert werden, ohne dass dies aus redaktionellen oder dramaturgischen Gründen notwendig erscheint" (Volpers/Herkströter/Schnier 1998, S. 56).

Werbung erfolgt im Fernsehen längst nicht nur innerhalb von Werbeblöcken. Vielmehr haben sich Erscheinungsformen der Fernsehwerbung etabliert, die nicht mehr eindeutig

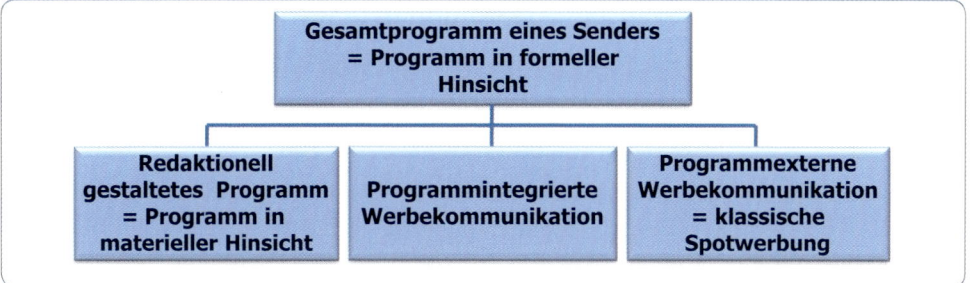

Abbildung 6-12: *Elemente des Fernsehgesamtprogramms*

Quelle: Volpers/Herkströter/Schnier: Die Trennung von Werbung und Programm im Fernsehen, Opladen 1998, S. 57

als Werbung zu erkennen sind. Abbildung 6-12 zeigt eine entsprechende Einteilung des
Fernsehprogramms.

Unter **programmexterner Werbung** ist die klassische Spot-Werbung zu verstehen, die in
Werbeblöcken erfolgt und die eindeutig als Werbung erkennbar ist. Es ist insbesondere
diese Form der Werbung, die vom Zuschauer häufig zu vermeiden getrachtet wird.

> „Hierbei besteht eine stillschweigende Übereinkunft zwischen Zuschauer und Werbe-
> treibenden, die lautet: ‚Schaue dir meine Werbung an, und ich zahle für dein Fernseh-
> programm‘[6]. Im dualen Rundfunksystem Deutschlands, in dem die Fernsehzuschauer
> Gebühren entrichten und nicht ständig zwischen privat finanziertem und öffentlich-
> rechtlichem Fernsehen differenzieren, ist die Programmfinanzierung der Werbung dem
> Zuschauer kaum bewusst" (Volpers/Herkströter/Schnier 1998, S. 96).

Als **programminterne** oder **programmintegrierte Werbung** werden diejenigen Werbeformen bezeichnet, die nicht eindeutig als Werbung zu erkennen sind, wie Sponsoring,
Product Placement, Dauerwerbesendungen, Gewinnspiele, Teleshopping, Bartering und
Merchandising (diese Werbeformen werden in dem Kapitel Sonderwerbeformen vorgestellt, vgl. Kapitel 8).

Die Einteilung in programmexterne und programminterne Werbung ist insbesondere
unter werberechtlichen Aspekten von Belang, da die programminternen Werbeformen
geeignet sind, das Trennungsgebot von Programm und Werbung zu unterlaufen.

Vielfach wird Werbung im Fernsehen tendenziell als „störender" empfunden (insbesondere Unterbrecherwerbung) als in Printmedien. Während Zeitpunkt und Ort der
Nutzung von Printmedien frei wählbar sind und Anzeigen einfach überblättert werden
können, ist der Fernsehzuschauer der Werbung gewissermaßen „ausgeliefert". Allerdings
hat Fernsehwerbung meist einen höheren Unterhaltungswert als Anzeigen, was diesen
vermeintlichen „Nachteil" kompensieren kann.

---

[6] In diesem Zusammenhang erscheint ein Zitat von C. Schneider, dem ehemaligen Vorstand
des US-Kinderkanals Nickelodeon nicht als zynisch: „… der hauptsächliche Antrieb für das
Fernsehen ist nicht die Bildung, die Information oder die Aufklärung. Es geht nicht einmal
um Unterhaltung. Es geht darum, die Zuschauer dazu zu bringen, sich Werbung anzuschau-
en" (zitiert nach Kline, S.: Let's make a deal: Merchandising im US-Kinderfernsehen, in:
Media Perspektiven Nr. 4, 1991, S. 222).

6. 5.9.3.3 Werberegelungen für private und öffentlich-rechtliche Sender

Ein Werberecht in Form einer spezifischen Einzelgesetzgebung gibt es in Deutschland nicht. Werbung wird vielmehr durch eine Fülle von Spezialgesetzen und Verordnungen geregelt. Rundfunkwerbung ist im wesentlichen im „Staatsvertrag über den Rundfunk im vereinten Deutschland" geregelt (Rundfunkstaatsvertrag, RStV, s. www.alm.de).

Die deutsche Rundfunkwerbung basiert auf vier Rechtsgrundsätzen (vgl. Keusen 1995, S. 166):

1. Das **Gebot der Trennung von Programm und Werbung.** Dieser „Trennungsgrundsatz" leitet sich aus dem Gesetz gegen den unlauteren Wettbewerb (UWG) her. Wenn Werbung getarnt wird, ist dies ein Verstoß gegen die „guten Sitten". Der Trennungsgrundsatz soll in erster Linie die Glaubwürdigkeit der Berichterstattung durch die Medien sicherstellen. Die Informationsfreiheit gilt dann als gesichert, wenn der Zuschauer eindeutig die Herkunft des Beitrages erkennen, d.h. redaktionelles Programm und Werbung unterscheiden kann. Aus diesem Grund ist es auch Nachrichtensprechern und Moderatoren von politischen Sendungen nicht gestattet, in der Fernsehwerbung aufzutreten (§ 7,7 RStV). Dem Trennungsgebot entsprechend werden Werbeblöcke mit einem Werbelogo eingeleitet, das Ende eines Werbeblocks wird allerdings i.d.R. nicht gleichermaßen gekennzeichnet.

2. Die **Pflicht zur Kennzeichnung der Werbung.** Sie leitet sich zwangsläufig aus dem Trennungsgrundsatz ab und ist im Rundfunkstaatsvertrag (RStV) eindeutig geregelt: „Werbung und Teleshopping müssen als solche klar erkennbar sein. Sie müssen im Fernsehen durch optische Mittel und im Hörfunk durch akustische Mittel eindeutig von anderen Programmteilen getrennt sein" (§ 7,3). Diese Formulierung impliziert, dass Einigkeit darüber besteht, welche Kommunikationsinhalte unter „Werbung als solche" zu subsumieren sind. Angesichts der Tatsache, dass sich eine Vielzahl programmexterner und programminterner Erscheinungsformen von Fernsehwerbung entwickelt hat, kann diese Einigkeit allerdings nicht unterstellt werden.
Trennungs- und Kennzeichnungsgebot verfolgen die Absicht, dass ein Zuschauer eindeutig erkennen kann, ob er gerade das redaktionelle Programm oder Werbung betrachtet. Zwar kann dies für Werbespots, die innerhalb eines Werbeblocks ausgestrahlt werden, i.d.R. als gegeben angesehen werden. Allerdings ist die Gestaltung von Werbespots teilweise dergestalt, dass ein Zuschauer, der sich in einen laufenden Werbeblock einschaltet, diesen nicht immer sofort erkennen kann, was jedoch als unvermeidlich hinzunehmen ist.

3. Das **Verbot der Irreführung.** Auch die Irreführung ist grundsätzlich in § 3 UWG geregelt. Speziell für die Rundfunkwerbung führt der RStV weitergehend aus: „Werbung darf nicht irreführen, den Interessen der Verbraucher nicht schaden und nicht Verhaltensweisen fördern, die die Gesundheit oder Sicherheit der Verbraucher sowie den Schutz der Umwelt gefährden" (§ 7,1).

4. Das **Verbot der Beeinflussung.** „Werbung oder Werbetreibende dürfen das übrige Programm inhaltlich und redaktionell nicht beeinflussen" (§ 7,2). Weitergehende Ausführungen bestimmen, „dass Einzelheiten des Programms nicht den Vorgaben der Werbungtreibenden angepasst werden dürfen. Unzulässig ist auch die Einflussnahme der Werbungtreibenden auf die Platzierungen von Sendungen im Umfeld der Werbung" (zitiert nach Nickel 1997b, S. 87).

Im Bereich der klassischen Werbung ist die Einhaltung dieser Regelungen üblicherweise gewährleistet. Einige Sonderwerbeformen (z.B. Product Placement und Sponsoring) operieren jedoch an der Grenze zwischen redaktionellen und werblichen Elementen.

Der Begriff Werbung ist vor allem auf die Wirtschaftswerbung bezogen, politische, weltanschauliche oder religiöse Werbung ist verboten (§ 7,8 RStV). Unberührt ist davon jedoch das Recht der Parteien für Werbung im Wahlkampf. Bundesweit verbreitete Sender müssen Parteien gegen Erstattung der Selbstkosten im Vorfeld der Wahlen zum Deutschen Bundestag, zu den Landtagen oder für das Europäische Parlament Sendezeit einräumen.

Der unterschiedliche Werberahmen für private und öffentlich-rechtliche Sender ist detailliert im Rundfunkstaatsvertrag geregelt. Die bedeutsamsten Unterschiede in den Werbebestimmungen für private und öffentlich-rechtliche Sender liegen in der 20.00 Uhr-Werbegrenze und dem Sonn- und Feiertagswerbeverbot, vor allem jedoch in der Begrenzung auf 20 Minuten werktäglich. Hierin liegt ein eindeutiger Wettbewerbsvorteil für die Privaten. Insbesondere die 20.00 Uhr-Grenze begründet auch strukturelle Unterschiede in den Werbezielgruppen, denn ein Teil der Zuschauer kann allein schon aus beruflichen Gründen über die Werbung in den öffentlich-rechtlichen Sendern nicht erreicht werden.

Im Einzelnen sieht der Rundfunkstaatsvertrag folgende **Werberegelungen** für öffentlich-rechtliche und private Sender vor:

1. **Einfügung der Werbung:**

   Seit dem 1. April 2000 besteht eine Lockerung des bisherigen Blockwerbegebotes. Während bis dato sowohl für öffentlich-rechtliche als auch private Sender zwingend vorgeschrieben war, dass Werbung ausschließlich in Blöcken zu erfolgen hatte, erlaubt die neue Regelung auch einzeln gesendete Werbespots zwischen den Sendungen, die jedoch die Ausnahme bilden müssen (§ 14,2/§ 44,2). Allerdings darf durch Einzelspots die Zahl der Werbeunterbrechungen nicht zunehmen.

   Unterbrecherwerbung ist möglich, „sofern der gesamte Zusammenhang und der Charakter der Sendung nicht beeinträchtigt werden" (§ 14,2/§ 44,2). Gottesdienste und Kindersendungen dürfen nicht von Werbung unterbrochen werden (§ 14,1/§ 44,1).

2. **Unterbrecherwerbung:**

   - Für öffentlich-rechtliche Sender gilt: Sendungen, die länger als 45 Minuten dauern dürfen einmal von Werbung unterbrochen werden (§ 14,3), bei Übertragungen von Sportereignissen, die Pausen enthalten, darf Werbung nur in den Pausen gesendet werden (§ 14,4).

   - Für **private Sender** sind weitergehende Regelungen vorgesehen. Unterbrecherwerbung darf bei Sportübertragungen mit Pausen oder bei Sendungen, die aus eigenständigen Teilen bestehen, nur in den Pausen bzw. zwischen den Teilen erfolgen. Während der alte Rundfunkstaatsvertrag zu den Abständen zwischen zwei Werbeunterbrechungen weiter ausführte: „Bei anderen Sendungen muss der Abstand zwischen zwei aufeinanderfolgenden Unterbrechungen innerhalb der Sendung mindestens 20 Minuten betragen", wurde in der Neuregelung das Wort „muss" durch das Wort „soll" ersetzt (§ 44,3). Diese neue Abstandsregelung ermöglicht den Privaten etwas mehr Flexibilität, an der möglichen Gesamtwerbezeit hat sich jedoch nichts geändert. Zwar bleibt die Summe der Werbeblöcke gleich, allerdings sind zuschauerfreundlichere Werbeplatzierungen möglich.

     Sendungen, die länger als 45 Minuten betragen, dürfen „je vollständigem 45-Minutenzeitraum" einmal unterbrochen werden. Eine weitere Unterbrechung ist zulässig, wenn diese Sendungen mindestens 20 Minuten länger dauern als zwei oder mehr vollständige 45-Minutenzeiträume" (§ 44,4).[7] Nachrichten-, Politik-, Dokumentar-

---

[7] Der vierte Rundfunkänderungsstaatsvertrag hat auch die bisherige Rechtsunsicherheit über die Berechnungsgrundlage der Anzahl der zulässigen Werbeunterbrechungen bei Spielfilmen beendet. Festgeschrieben ist jetzt die „programmierte Sendezeit" und damit das

sendungen und Sendungen religiösen Inhalts dürfen nur unterbrochen werden, wenn die Sendezeit mindestens 30 Minuten beträgt (§ 44,5).

Ausnahmsweise sind mehr Unterbrecher-Werbeblöcke möglich, wenn es sich um Serien oder Reihen handelt, in denen lediglich ein Abstand von 20 Minuten zwischen zwei Unterbrecher-Werbeblöcken beachtet werden muss (§ 44,4). Serien sind definiert als Fortsetzungsgeschichten, wie z.B. „Gute Zeiten – Schlechte Zeiten". Als Reihe werden im werberechtlichen Sinn solche Kinofilme betrachtet, die eine thematische Nähe aufweisen wie z.B. die „James-Bond"-Filme, „Police Academy", Teil 1–6, „Eis am Stiel", Teil 1–6, allerdings ist diese Rechtsauffassung nicht einheitlich. Grundsätzlich gilt für Reihen und Serien jedoch, dass die Gesamtzahl der Unterbrecher-Werbeblöcke nicht größer sein darf, als dies bei Einhaltung des 20-Minuten-Abstandes rechtlich möglich wäre (nur eine Unterbrechung bei einer Nettolänge von 20, nur zwei Unterbrechungen bei einer Nettolänge von 40 und drei ab einer Nettolänge von 60 Minuten) (vgl. Loitz 2004, S. 369).

3. **Werbedauer pro Stunde:** Innerhalb einer Stunde dürfen sowohl öffentlich-rechtliche als auch private Sender nicht mehr als 12 Minuten werben (§ 15,3/§ 45,2). Hinweise der Sender auf eigene Programme und auf Begleitmaterialien, die direkt von diesen Programmen abgeleitet sind, sowie unentgeltliche Beiträge im Dienst der Öffentlichkeit einschließlich von Spendenaufrufen gelten in diesem Zusammenhang nicht als Werbung (§ 15, 4/§ 45,3).

4. **Werbedauer pro Tag:**
   - Für die **öffentlich-rechtlichen Sender** gilt die 20 Minuten-Regel: Die Gesamtdauer der Werbung darf pro Werktag 20 Minuten im Jahresdurchschnitt nicht überschreiten. Wird die Werbezeit nicht vollständig genutzt, dürfen maximal 5 Minuten pro Tag nachgeholt werden. „Nach 20.00 Uhr sowie an Sonntagen und im ganzen Bundesgebiet anerkannten Feiertagen dürfen Werbesendungen nicht ausgestrahlt werden." (§ 15,1). Werbung darf nur in den nationalen ARD- und ZDF-Programmen ausgestrahlt werden, nicht jedoch in deren weiteren Programmen (ARD-Dritte, 3-Sat, Arte, Kinderkanal, Phönix) (§ 15,2).
   - Für die **privaten Sender** gelten weitergehende Regelungen. Die Werbezeit darf insgesamt 20 % der täglichen Sendezeit nicht überschreiten, die reine Spotwerbung (also Gesamtwerbezeit ohne Teleshopping und Dauerwerbesendungen) nicht mehr als 15 % (§ 45,1).
   Ein Verbot der Werbung an Sonn- und Feiertagen sieht der Rundfunkstaatsvertrag für die Privaten nicht vor, d.h. die aufgezeigten Werberegelungen gelten an diesen Tagen analog.
   Dauerwerbesendungen sind solche Werbeprogramme, die mindestens 90 Sekunden lang und redaktionell so gestaltet sind, dass der Werbecharakter im Vordergrund steht. Dabei kann es sich einerseits um kurze, reine Werbesendungen handeln, in denen mehrere Produkte unter einem gemeinsamen Oberbegriff vorgestellt werden, andererseits um Unterhaltungssendungen wie „Glücksrad", die aufgrund besonders werbewirksamer Gewinnpräsentationen vorwiegend werblichen Charakter haben. Dauerwerbesendungen werden nicht auf die zeitliche Höchstgrenze für Spotwer-

---

von den privaten Fernsehsendern bis dato ohnehin praktizierte so genannte Bruttoprinzip. Die Länge eines Spielfilmes berechnet sich damit aus seiner Nettospielzeit *zuzüglich* der Dauer der Unterbrecher-Werbeblöcke. Während nach dem Nettoprinzip ein Spielfilm von 90 Minuten Dauer also nur zwei Mal unterbrochen werden dürfte, ermöglicht das Bruttoprinzip drei Werbeunterbrechungen, wenn diese die Spieldauer auf mehr als 110 Minuten verlängern.

bung (12 Minuten pro Stunde) angerechnet. Herkömmliche Werbespots, die in redaktionell gestaltete Dauerwerbesendungen platziert werden, sind Bestandteil der Dauerwerbesendung selbst. Dauerwerbesendungen müssen während ihres gesamten Verlaufs als solche gekennzeichnet sein.

5. **Teleshopping** ist den öffentlich-rechtlichen Sendern mit Ausnahme von Teleshopping-Spots nicht erlaubt (§ 18). Die Privaten dürfen Teleshopping-Fenster senden, die eine Mindestdauer von 15 Minuten ohne Unterbrechung haben müssen. Pro Tag sind acht solcher Fenster möglich, ihre Gesamtsendedauer darf drei Stunden pro Tag nicht überschreiten. Die Fenster müssen optisch und akustisch klar als Teleshopping-Fenster gekennzeichnet sein (§ 45a). Sie werden nicht auf die beschränkte Werbezeit pro Stunde angerechnet.

6. Grundsätzlich erlaubt ist seit dem 01. April 2000 auch das so genannte **Split Screening** (Teilbelegung des TV-Bildes) und **virtuelle Werbung** (Werbung, die durch digitale Bildbearbeitung ermöglicht wird). Bei der Splitscreen-Werbung läuft der Werbespot mit Ton auf rund 80 % des Bildschirms, das aktuelle Programmbild in einem kleinen Fenster am Bildschirmrand. Ein Splitscreen kann sowohl durch Spotwerbung in einem gesonderten Fenster als auch durch optisch hinterlegte Laufbandwerbung (auch Werbe-Crawls genannt) erfolgen. Diese Werbeform wird voll auf die Dauer der klassischen Werbung angerechnet, gilt aber nicht als Unterbrecherwerbung, sodass sie zusätzlich zu den herkömmlichen Werbeinseln ausgestrahlt werden darf. Preislich wird Splitscreen-Werbung wie Vollbild-Werbung berechnet. Aus Sicht der Werbetreibenden bietet Splitscreen-Werbung den Vorteil, dass sie aufgrund der simultanen Präsentation von Programm und Werbung dem Zapping entgegenwirkt. „Sie wird zwar weniger häufig vermieden, gleichzeitig sind jedoch auch die Chancen geringer, dass parallel zum Programm gezeigte Spots von den Rezipienten intensiv verarbeitet werden" (Gleich, 2008, S. 318).

Virtuelle Werbung ist zulässig, wenn am Anfang und Ende der betreffenden Sendung darauf hingewiesen wird und sie lediglich die am Ort der Übertragung ohnehin bestehende Werbung ersetzt. Dadurch soll verhindert werden, dass bei der Übertragung von z.B. Sportereignissen nicht vorhandene Werbeflächen virtuell geschaffen werden. Virtuelle Werbung ist nicht auf Sportübertragungen beschränkt, sondern kann auch in Unterhaltungsprogrammen eingesetzt werden, wenn am Ort der Veranstaltung vorhandene Werbung ersetzt wird. Virtuelle Werbung wird nicht auf die zeitlichen Werbebeschränkungen angerechnet (vgl. auch Kapitel 8.5.4).

6. 5.9.4 Werbemöglichkeiten im Fernsehen

Es sind zwei Arten von Werbeblöcken zu unterscheiden (vgl. Abbildung 6-13):

- **Unterbrecher-Werbeblöcke** sind solche, die – wie der Name schon sagt – eine Sendung unterbrechen.
- **Scharnier-Werbeblöcke** sind solche, die zwischen zwei unterschiedlichen Sendungen (z.B. zwischen einem Spielfilm und den Nachrichten) geschaltet werden.

Abbildung 6-13: Werbeblöcke im deutschen Fernsehen

Zwar hat ein Werbetreibender die Möglichkeit, den Werbeblock auszuwählen, in dem der Spot platziert werden soll, jedoch ist das Umfeld des Werbespots innerhalb eines Werbeblocks nur begrenzt kontrollierbar. So hat ein Werbetreibender i.d.R. weder einen Einfluss darauf, an welcher Position sein Werbespot in einem Werbeblock ausgestrahlt wird, noch darauf, wie viele und welche anderen Werbespots der Werbeblock enthält. Durch die Auswahl des Werbeblocks innerhalb des Werbeblockschemas eines Senders, ist auch eine Kontrolle des Programmumfeldes gegeben. Allerdings müssen dabei folgende Einschränkungen berücksichtigt werden (vgl. Kloss 1998, S. 18):

- Bei Spielfilmen sind ex ante die tatsächlichen Inhalte nicht immer bekannt, ebenso wenig die Zielgruppen. Weitgehende Planungssicherheit hat man vor allem bei Serien.
- Die Werbetreibenden haben keinen Einfluss auf den Zeitpunkt der Unterbrechung einer Spielhandlung. Damit ist nicht kontrollierbar, wie der Werbeblock den Handlungsablauf der Sendung unterbricht. Diese Tatsache kann durchaus zu ungewollten Überraschungen führen. Berühmt wurde eine Platzierung in dem Film „Der Exorzist", die unmittelbar nach einer Erbrechensszene geschaltet wurde und als ersten Spot einen *Unox*-Suppenspot zeigte.

Eine Konsequenz der Blockbildung ist, dass sie prinzipiell die Werbevermeidung erleichtert, da der Zuschauer die Werbeblöcke dafür nutzt, um persönliche Bedürfnisse zu befriedigen. Als Gegenstrategie versuchen Werbetreibende und Sender, Werbung stärker an das Programm zu koppeln. Dies ist durch eine Reihe von Sonderwerbeformen möglich, wie Sponsoring, Product Placement oder Game Shows, bei denen sich der Zuschauer der Werbung nicht mehr entziehen kann (vgl. Kapitel 8).

Die klassischen Werbeformen im Fernsehen konnten aufgrund der Änderungen im Rundfunkstaatsvertrag durch neue Werbeformen ergänzt werden. So nutzt mittlerweile jeder Sender die neuen Möglichkeiten zu Exklusiv-Inseln, also der Möglichkeit zur Ausstrahlung von einzelnen Werbespots. Insbesondere bieten Splitscreen-Spots vielfältige Möglichkeiten zu Sonderwerbeformen. Die Anzahl an Sonderwerbeformen ist mittlerweile kaum noch überschaubar (vgl. Tabelle 6-23), ihr Anteil am gesamten TV-Werbeaufkommen liegt bei 10 %.

Tabelle 6-23: *TV-Sonderwerbeformen 2010*

Sponsoring Mit einem Sponsoring wird die Marke ganz nah am Programm der Zielgruppe platziert. Der positive Imagetransfer vom Programm auf den Spot führt dabei zu einer erhöhten Aufmerksamkeit, Markenbekanntheit und Werbeerinnerung.	
Program Sponsoring	Zu Beginn (Opener), vor oder nach den Unterbrecherinseln (Reminder) und am Ende (Closer) einer Sendung wird ein Sponsorhinweis gezeigt.
Sponsoring Icon	Im laufenden Format wird das Logo des Programmsponsors. Das Icon kann statisch oder animiert sein.
SloMo Sponsoring	Das Logo des Program Sponsors wird in einen Zeitlupentrenner integriert und vor und/oder nach einer Zeitlupe platziert. Möglich in vielen Formaten mit Event- bzw. Sport-Charakter.
Trailer Sponsoring	Der Sponsor wird innerhalb der Programmpromotion zusammen mit dem Trailer platziert.
Frame Sponsoring	Integration des Program Sponsors mittels Rahmen in den Promotion-Trailer des Senders. Platzierung: während des Trailers.
Insert Sponsoring	Integration des Program Sponsors mittels Logo in die Promotion-Bauchbinden des Senders. Platzierung: auf laufender Sendung.

Titel Sponsoring	Die Marke ist Teil des Sendungstitels und hat somit die unmittelbare Verbindung zum gewählten Format. Auch Einblendungen sowie die Studio-Requisite werden im Look & Feel des Kunden eingerichtet.
Rubriken Sponsoring	Der Sponsorhinweis läuft zu Beginn (Opener) und am Ende (Closer) einer mono-thematischen, redaktionell eigenständigen Rubrik innerhalb einer Sendung; for-matspezifisch zusätzlich auch vor oder nach den Unterbrecherinseln (Reminder).
Label-/Block Sponsoring	Der Sponsorhinweis wird als Opener, Reminder und Closer konzeptabhängig plat-ziert, z.B. in verschiedenen, aufeinander folgenden oder thematisch homogenen Programmen.
Topic Sponsoring	Sponsoring von speziellen Thementagen durch flankierend zwischen den Formaten eingesetzte Reminder (Opener, Reminder & Closer).

Special Creation
Special Creations sind Unikate und werden ganz individuell für den Werbetreibenden entwickelt und produziert. Die Verbindung von Programm- und Markenbotschaften verspricht ein Höchstmaß an Aufmerksamkeit und optimalen Imagetransfer.

Product Placement	Integrative Werbeform, bei der Produkte (Waren, Dienstleistungen, Marken, Unter-nehmen etc.) gegen Entgelt in die Handlung eines Formates eingebunden werden. In Deutschland ist Product Placement seit April 2010 unter bestimmten Auflagen erlaubt, z.B. muss die betreffende Sendung entsprechend gekennzeichnet und die Platzierung „redaktionell gerechtfertigt" sein; nicht erlaubt sind direkte Kaufappel-le und übermäßiges Hervorheben des Produktes.
Promostory	In einer redaktionell gestalteten, mindestens 90-sekündigen Mini-Sendung mit speziellem Werbetrenner und Werbekennzeichnung werden Produkte oder Marken ausführlich präsentiert.
Spot-premiere	Der TV-Spot wird in der Erstausstrahlung auf einem oder mittels Roadblock-Buchung auf mehreren Sendern gleichzeitig gesendet, z.B. in Kombination mit Making-of-Material.
Gewinnspiel	Konzeptabhängig werden im Rahmen einer Kooperation zwischen Sender/Sendung und Markenartikler innerhalb eines Gewinnspiels Preise ausgelobt und der Koope-rationspartner genannt.
Framesplit	Die Werbebotschaft umrahmt als Bewegtbild oder grafisches Element das laufende Programm.
Skyscraper	Parallel zum redaktionellen Beitrag bewegt sich die Botschaft als Werbesäule durch das Bild.
Crawl	Werbebotschaft wird als individuelle Animation oder filmische Sequenz parallel zum Programm in das Laufband von n-tv/N24 integriert.
Premium Crawl	Der Premium Crawl füllt mit der animierten Werbebotschaft inklusive Markenlogo die gesamte Crawl-Fläche aus und überblendet die Börsen- und Nachrichten-laufbänder. Ein Übergang der Animation in das Bild oberhalb des Laufbands ist möglich; Programmton.
Cut in	Der Cut In wird während der laufenden Sendung horizontal oder vertikal am Bild-rand eingeblendet.
TV Flash	10-Sekünder, der – einem Cut In ähnlich – horizontal eingeblendet wird und beson-ders für imagebildende Maßnahmen geeignet ist.
Splitboard	Die Werbebotschaft wird – statisch oder animiert, mit oder ohne Ton – im Split-screen vor einem Scharnierwerbeblock platziert.
Movesplit	Bei dieser Splitscreen-Variante tauschen Programm und Werbebotschaft durch Platzierungswechsel oder im dynamischen Bewegungsablauf die Positionen.

Abspann-board	Die Werbebotschaft wird als grafisches Element, statisch oder animiert oder als Bewegtbild am Ende der Sendung während des Abspanns in Szene gesetzt.
Abspann-frame	Die Werbebotschaft wird als grafisches Element, statisch oder animiert oder als Bewegtbild unmittelbar vor den Credits platziert.
New Spots Break	Diese besonders gekennzeichnete und regelmäßig stattfindende Werbeblock enthält TV-Spots, die in der jeweiligen Woche neu einstarten bzw. eingestartet sind. Der News Spot Break wird durch Sender-Promotiontrailer im Vorfeld aufmerksamkeitsstark unterstützt und gestärkt.
Short Break	Mit dem Short Break werden kurze Werbeblöcke mit nur drei Spots angeboten. Der Short Break wird dabei mit einem speziellen Werbetrenner angekündigt.
Logo-morphing	Mit dem Logomorphing wird ein Markenlogo oder Objekt des nachfolgenden Spots mit dem Senderlogo verbunden

Exclusive Position
Exclusive Positions garantieren durch die Alleinstellung des TV-Spots eine verstärkte Wahrnehmung beim Zuschauer, optimalen Audienceflow und hohe Akzeptanz durch die direkte Formatanbindung – bei Splitscreen sogar ohne Werbetrenner.

Single Split/	Der Splitscreen-Spot wird ohne Werbetrenner als Scharnier zwischen zwei Sendungen, i.d.R. mit Countdown-Funktion, ausgestrahlt.
Abspann Split	Eingebettet in den Abspann läuft der TV-Spot im Splitscreen ohne Werbetrenner direkt nach der Sendung.
Highlight Split	TV-Spot wird per Splitscreenmechanik in die Programmtafeln der Sender mit dem Prime Time Highlight der Sender eingebunden.
Pre-Split	Der Spot wird im Rahmen mit redaktionellen Informationen zwischen Programm und Promotrailer platziert.
Post-Split/ Trailer Split	Der Spot wird im Rahmen mit redaktionellen Informationen zwischen Promotrailer und Programm platziert.
Split Break	Mit dem Split Break wird eine neue Form der Splitscreen-Werbung angeboten. Das Programm läuft während des gesamten Werbeblocks im Splitscreen-Verfahren weiter.
Studio Split	Beim Studio Split erscheint der TV-Spot direkt auf dem Studiobildschirm in ausgewählten Formaten.
Newscountdown/Best Minute	Eingebunden in das Newsdesign wird der Countdown bis zu den Nachrichten für die Werbebotschaft genutzt.
Diary	5- bis 20-Sekunden-Splitscreen-Spot; Hauptmerkmal ist die unmittelbare Programmnähe und die feste Verteilung der Schaltungen über den Tag (15 bis 18 Platzierungen). Das Diary wird nach dem Programm und vor dem Werbeunterbrecher geschaltet. Seit Ende 2006 sind auch „halbe" Diaries möglich: Zeitschienen-Splitting: 9-17 Uhr und 17-1 Uhr, kein Werbetrenner.
Content Split	Der Spot erhält einen im Sender-Look gestalteten Rahmen, der die redaktionellen Inhalte eines Themenbereichs, z.B. die Wetterdaten, aufgreift. Passend zum Produkt können Produktbezüge im Rahmen hergestellt werden.
Programm Split	Der Splitscreen-Spot wird ohne Werbetrenner in einer laufenden Sendung oder zwischen zwei Programmteilen mit Countdown-Funktion ausgestrahlt.
Single Spot	Der Singlespot läuft nach einem speziellen Werbetrenner („Nur ein Spot") als einziger Spot in einem „Exklusiv-Werbeblock". Mittels Roadblock-Buchung kann ein Singlespot zeitgleich auf mehreren Sendern laufen.

TV Plakat	Das TV-Plakat wird innerhalb von fiktionalen Programmen (z.B. Daily Soaps) eingebunden. Durch die Greenscreen-Produktionstechnik kann das Werbeplakat direkt im Format platziert werden.
Integrated Concepts	
Integrated Concepts sind maßgeschneiderte Lösungen, die über die klassische Werbung hinausgehen: speziell, individuell und überaus kreativ. Die Marke kann medienübergreifend – von TV über Online und Teletext bis Mobile – inszeniert werden.	

Quelle: ZAW-Jahrbuch 2011, S. 326 ff.

Neben klassischer Spotwerbung und Sonderwerbeformen gewinnen vernetzte Kampagnen in unterschiedlichen Medien an Bedeutung. Werbetreibende haben die Möglichkeit zu inhaltlich vernetzten und aufeinander abgestimmten Aktionen in mehreren Medien, wie TV, Internet, Mobile, Podcast oder Teletext.

Jeder Sender hat ein **Werbeblockschema**, das als Grundlage für die Mediaplanung dient. Abbildung 6-14 zeigt als Beispiel das Werbeblockschema der ARD. Der Mediaplaner kann daran erkennen, wann welcher Werbeblock belegt werden kann. Die Codierung definiert die einzelnen Werbeblöcke und zeigt die Tarifart und die Preisgruppe. Der Werbeblock Samstags um 18.50 Uhr vor der Sportschau beispielsweise hat die Tarifart 21 (= Eventtarif Sport Bundesliga), die Preisgruppe 13 (eine Information die für die Disponenten in den Mediaagenturen relevant ist), wird

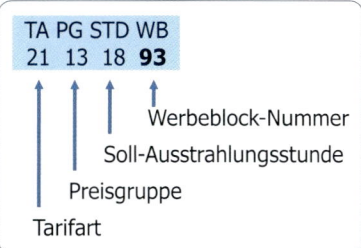

zwischen 18.00 Uhr und 19.00 Uhr ausgestrahlt und hat die Werbeblock-Nummer 93. Ein Blick in die Preisliste zeigt, dass ein Spot von 20 Sekunden im November 37.000 Euro kostet (vgl. Abbildung 6-20).

6. 5.9.5 Das „magische Dreieck" in der Fernsehprogrammpolitik

Von entscheidender Bedeutung für die Wettbewerbsverhältnisse im deutschen Fernsehmarkt sind die unterschiedlichen Finanzierungsvoraussetzungen für private und öffentlich-rechtliche Anbieter. Sie zwingen die Privaten in eine ungleich stärkere Abhängigkeit von den Einschaltquoten als die Öffentlich-rechtlichen. Die Sender stehen somit in einem Wettbewerb um die Gunst der Zuschauer. Denn aufgrund der unterschiedlichen Finanzierungsvoraussetzungen bestimmt letztlich die von den Zuschauern empfundene Attraktivität des Programmangebotes die erzielbaren Reichweiten, die wiederum maßgeblich sind für die Werbeeinnahmen. Die Determinanten der Programmpolitik lassen sich wie in Abbildung 6-15 darstellen.

Je größer die Alleinstellung eines attraktiven Programmangebotes ist, desto nachhaltiger fließen demzufolge auch die Werbeeinnahmen. Diese Einnahmen können wiederum in das Programmangebot investiert werden und somit die Programmattraktivität absichern und ausbauen. „Ohne attraktive Programme keine Zuschauer, ohne Zuschauer keine Werbekunden, ohne Werbekunden kein Geld für Programme" (Tostmann/Trautmann 1993, S. 425). Von besonderer Relevanz ist der Umkehrschluss: Eine geringe Programmattraktivität führt zu geringen Zuschauerreichweiten, was diese Programme auch für die werbetreibende Wirtschaft unattraktiv macht. Dadurch fließen geringere Werbeeinnahmen, somit stehen weniger Mittel für die Programmgestaltung zur Verfügung. Diese Interdependenz der Determinanten lässt sich wie in Abbildung 6-16 darstellen.

Uhr-zeit	Montag	Dienstag - Freitag	Uhr-zeit	Samstag mit Bundesliga
13.59	**Best Seconds 79**		14.59	**Best Seconds 79**
14.00	Tagesschau		15.00	Tagesschau
14.10	Rote Rosen		15.03	Höchstpersönlich
14.58	**Split Screen 78 17 14 01**		15.28	**Klassisch 01 09 15 03**
14.59	**Best Seconds 78**		15.30	Tim Mälzer kocht!
15.00	Tagesschau		15.59	**Solospot 79 12 15 04**
15.10	Sturm der Liebe		16.00	Weltreisen
15.58	**Klassisch 01 18 15 02**		16.30	Europamagazin
15.59	**Best Seconds 77**		16.59	**Best Seconds 73**
16.00	Tagesschau		17.00	Tagesschau
16.10	Zoogeschichten		17.03	ARD-Ratgeber
16.58	**Klassisch 01 14 16 05**		17.29	**Klassisch 01 18 17 05**
16.59	**Best Seconds 73**		17.30	Brisant
17.00	Tagesschau		17.47	**Solospot 79 23 17 06**
17.15	Brisant			Wetter im Ersten
17.53	**Solospot 79 19 17 08**		17.49	**Best Seconds 72**
	Programmhinweis		17.50	Tagesschau
17.55	**Klassisch 01 11 17 10**		17.55	**Klassisch 21 01 17 92**
18.00	Verbotene Liebe		18.00	Sportschau Fußball
18.21	**Split Screen 78 26 18 16**			3. Liga
18.22	**Klassisch 01 20 18 20**		18.24	**Klassisch 21 06 18 90**
	Programmhinweis		18.29	**Countdown-Split 77 09 18 91**
18.24	**Solospot 79 21 18 25**			
18.25	Marienhof		18.30	Sportschau Fußball-Bundesliga
18.47	**Split Screen 26 (nur regional belegbar)**			
18.48	**Klassisch 01 25 18 30**	**Klassisch 01 15 18 30**		
18.50	Großstadtrevier	Das Duell, Folge 1	18.50	**Klassisch 21 13 18 93**
			18.55	**Hinweis-Split 77 26 18 94**
18.56		**Duellpause 36**		Sportschau Fußball-Bundesliga
		Das Duell, Folge 1-Forts.		
19.17	**Klassisch 01 36 19 40**	**Klassisch 01 15 19 40**		
19.20	Großstadtrevier- Fortset-zung	Das Duell, Folge 2		
19.39		**Klassisch 01 19 19 42**	19.25	**Klassisch 21 15 19 99**
19.40		Das Duell, Folge 2-Forts.	19.30	**Hinweis-Split 77 20 19 96**
19.43		**Split Screen 78 25 19 41**		
		Programmhinweis		
19.44	**Split Screen 78 41 19 47**	**Wissensminute 01 20 19 54**		Sportschau Fußball-Bundesliga
19.45	Programmhinweis	Wissen vor 8		
19.46	**Klassisch 01 30 19 50**			
19.48		**Klassisch 01 19 19 50**		
19.50	Wetter im Ersten	Wetter im Ersten	19.53	**Ergebnis-Split 77 2519 96**
19.53	**Klassisch 01 27 19 55**	**Klassisch 01 24 19 55**		Sportschau Fußball-Bundesliga
19.55	Börse im Esten	Börse im Esten		
19.57	**Solospot 79 40 19 56**	**Solospot 79 34 19 56**	19.56	**Solospot 76 14 19 97**
19.58	Heute Abend im Ersten		19.57	Glücksspirale
19.59	**Best Minute 80 50 19 70**			
	Best Seconds 71		19.59	**Best Minute 70 25 19 70**
20.00	Tagesschau			**Best Seconds 71**
			20.00	Tagesschau

Abbildung 6-14: ARD-Werbeblockschema (Auszug)

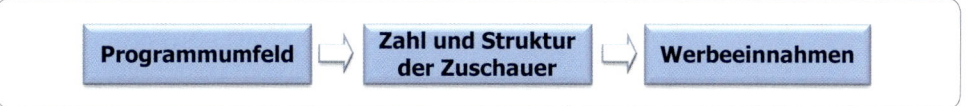

Abbildung 6-15: Determinanten der Programmpolitik der Privatsender

Da die kommerziellen Fernsehanbieter im Gegensatz zu den öffentlich-rechtlichen weder im Hinblick auf Bestand und Finanzierung noch Entwicklung verfassungsmäßig abgesichert sind, müssen sie – wie jedes andere erwerbswirtschaftlich geführte Unternehmen auch – Erlöse erwirtschaften. Die Programmpolitik der privaten Fernsehveranstalter dient daher vor allem dazu, attraktive und zielgruppenspezifische Umfelder für die Werbung zu schaffen. Ist das Programmumfeld für die Werbung nicht mehr attraktiv, wird es geändert bzw. abgesetzt.

Für konkrete und spezifische Programmumfelder müssen die aufgezeigten Determinanten der Programmpolitik allerdings noch im Hinblick auf die Attraktivität der Programme für die Werbetreibenden erweitert werden. Denn trotz hoher Reichweiten zu günstigen TKP werden Programme nicht notwendigerweise von den Werbetreibenden als Werbeumfelder genutzt, wenn sie beispielsweise der Meinung sind, ihre Marken passen nicht in diese Umfelder bzw. negative Rücktransfers befürchten (z.B. reality-TV, Erotikprogramme). Es müssen also noch weitere Faktoren berücksichtigt werden, die in bestimmten Umfeldern dazu führen, dass das Angebot sich nicht nach der Nachfrage richtet, Zuschauererfolg also nicht unbedingt auch Werbeerfolg bedeutet.

Das Zusammenspiel der Beteiligten am Fernsehmarkt lässt sich in Form eines „magischen Dreiecks" wie in Abbildung 6-17 veranschaulichen. Ausgangspunkt für Sender und Werbetreibende sind die Zuschauer: Wenn ein Sender keine Zuschauer hat, finden sich auch keine Werbetreibenden. Je attraktiver das Programmangebot, desto mehr Zuschauer zieht

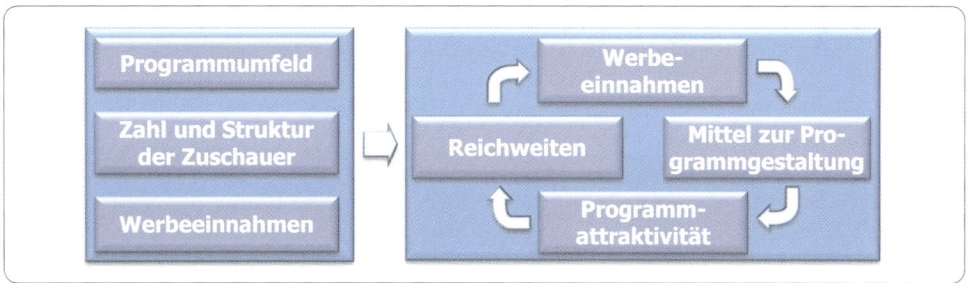

Abbildung 6-16: Die Interdependenz der Determinanten der Programmpolitik

Abbildung 6-17: Das „magische Dreieck" im privaten Fernsehmarkt

es an. Erst wenn das Programm hinreichend Zuschauer angezogen hat und diese von ihrer soziodemographischen Struktur her der Zielgruppe des Werbetreibenden entsprechen, ist es für den Werbetreibenden attraktiv. Die Entscheidung, in diese Umfelder auch Werbung zu schalten, hängt jedoch von weiteren Faktoren ab. Die Programmattraktivität bemisst sich für die Werbetreibenden nicht ausschließlich nach den objektiv messbaren Kriterien Zahl und Struktur der Zuschauer, sondern maßgeblich auch nach subjektiven Kriterien.

Die Werbeeinnahmen eines Senders fließen also nicht nur nach Maßgabe der Attraktivität seiner Programmangebote aus Sicht der Zuschauer; erst wenn auch die Werbetreibenden das Programmangebot als attraktiv empfinden, erfolgen Buchungen.

Da die privaten Sender von den Werbetreibenden und nicht von den Zuschauern finanziert werden, richten sich die Entscheidungen über die Programmpolitik letztlich danach, welche Programme die Werbetreibenden als attraktiv empfinden, vorausgesetzt, sie binden hinreichend Zuschauer.

6. 5.9.6 Digitales Fernsehen

Die Entwicklungen bei digitaler Aufnahme-, Übertragungs- und Empfangstechnik hat zu weit reichenden Veränderungen in der Fernsehlandschaft geführt. Beim digitalen Fernsehen werden die Programme digital codiert übertragen, d.h. als Folge von binären Zeichen (0 und 1). In Deutschland begann das digitale Fernsehzeitalter am 28.07.1996 mit der digitalen Plattform DF1 von Kirch, die mittlerweile in Sky aufgegangen ist.

Vielfach setzen Zuschauer digitales Fernsehen fälschlicherweise mit Pay-TV gleich. Dabei ist digitales Fernsehen zunächst nichts anderes als ein technischer Generationswechsel in den Übertragungskapazitäten.

Die digitale Technik zeichnet sich gegenüber der analogen im Wesentlichen durch zwei Unterschiede aus:

- Einerseits durch eine enorme **Datenkompression**: Während ein analoges Programm ca. 200 Megabit pro Sekunde braucht, benötigt ein digitales Programm im MPEG-2-Format, das als Standard zur Datenkompression von Fernsehbildern eingeführt wurde, nur zwischen 20 und 30 Megabit pro Sekunde. D.h. im digitalen Fernsehen ist es möglich, die Anzahl der Programme je Fernsehkanal zu vervielfachen („digitale Dividende"). Daher werden auch neue Angebotsformen wie z.B. video-on-demand ermöglicht.
- Andererseits bietet die digitale Technik die Möglichkeit zu **interaktivem Fernsehen**, in dem der Zuschauer direkten Einfluss auf das Geschehen am Bildschirm nehmen kann, auch Online-Applikationen sind möglich. „Interaktivität" ist ein Begriff, der derzeit noch unscharf verwendet wird. Auch beim analogen Fernsehen wird dem Zuschauer die Möglichkeit zur „interaktiven" Einflussnahme auf das Fernsehgeschehen gegeben. Allerdings wird als Rückkanal i.d.R. das Telefon benutzt, mit dem Zuschauer abstimmen, Programmwünsche äußern oder an Spielen teilnehmen können. Diese Form der Interaktivität wird den Möglichkeiten des digitalen Fernsehens nicht gerecht, da hier Inhalte durch einen **permanenten Rückkanal** beeinflusst werden können.

Da digitales Fernsehen es aber auch erlaubt, Inhalte zu selektieren und zeitversetzt zu nutzen, sowie auch den mobilen Konsum ermöglicht (Handy-TV), ist davon auszugehen, dass auch das Mediannutzungsverhalten der Konsumenten beeinflusst wird.

Digitales Fernsehen (**D**igital **V**ideo **B**roadcasting) kann per Kabel (DVB-C), Satellit (DVB-S) und terrestrisch über Antenne (DVB-T), sowie über mobile Endgeräte (DVB-H, DMB) empfangen werden. Vollständig digitalisiert ist lediglich der terrestrische Empfang.

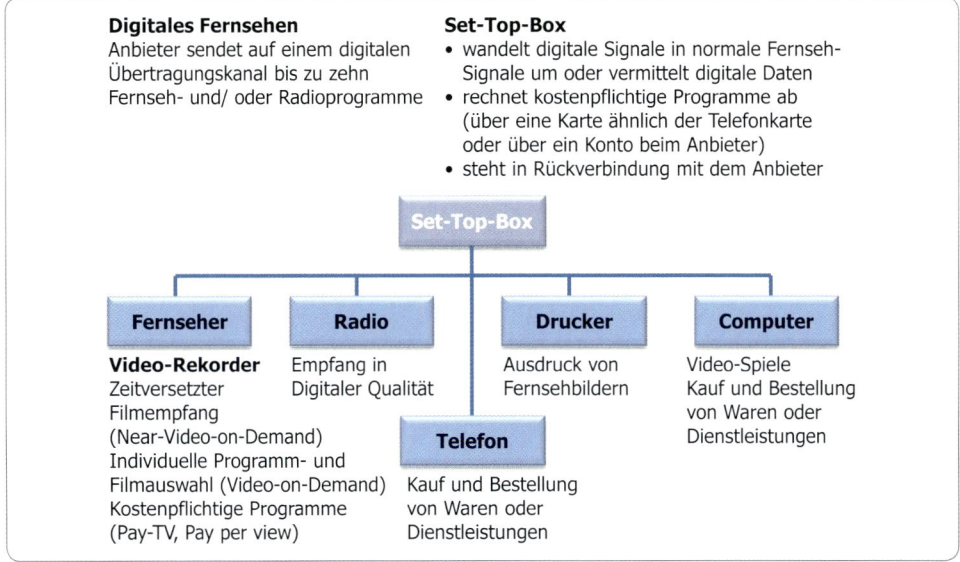

Abbildung 6-18: Möglichkeiten digitaler Fernsehtechnik

Quelle: ZAW Jahrbuch 1996, S. 236

Unabhängig vom Distributionsweg ist der Zugang zu der digitalen Fernsehwelt derzeit nur über einen multifunktionalen Dekoder möglich, der so genannten Set-Top-Box, die die Zugangsberechtigung und die Dauer der Nutzung kontrolliert. Darüber hinaus kann über die Set-Top-Box auch das Inkasso der Gebühren erfolgen (vgl. Abbildung 6-18). Set-Top-Boxen mit Internet-Fähigkeiten werden die Möglichkeit zur Interaktivität noch verstärken.

Für den **Zuschauer** liegen die Vorteile des digitalen Fernsehens in einer deutlich verbesserten Bildqualität, in schmaleren Fernsehgeräten, die wie Bilder an die Wand gehängt werden können, in einer größeren Programmvielfalt und der Möglichkeit zum Internetzugang über das Fernsehen. Diese Vorteile müssen allerdings durch die Anschaffung neuer Hardware-Komponenten erkauft werden, wie einen Dekoder bzw. völlig neue Fernsehgeräte.

Ende 2010 konnten 47 % aller Fernsehhaushalte in Deutschland digitale Programme empfangen. Der Hauptgrund für die insgesamt aber zögerliche Entwicklung ist darin zu sehen, dass Deutschland der mit Abstand größte Kabel- und Satellitenmarkt in Europa ist, und somit über deutlich bessere Fernsehempfangsmöglichkeiten verfügt als alle anderen europäischen Länder. Ein durchschnittlicher Fernsehhaushalt in Deutschland kann mehr als 70 verschiedene Programme empfangen. Somit bestehen hier auch andere Ausgangsvoraussetzungen für die digitale Fernsehtechnik. Als spätester Abschaltzeitpunkt für die analogen Fernsehsender wurde von den europäischen Post- und Telekommunikationsverwaltungen für Europa der 17. Juni 2015 festgelegt.

2010 gab es in Deutschland nur zwei Anbieter im digitalen Fernsehmarkt, der Sender Sky, mit rund 2,5 Millionen Abonnenten der maßgebliche Anbieter auf dem digitalen Pay-TV-Markt ist und die öffentlich-rechtlichen Sender, die digitale Zusatzprogramme als Free-TV anbieten.

Von der technischen Seite her entwickeln sich zunehmend die Voraussetzungen dafür, dass Fernsehen über jedes Kommunikationsnetz übertragen werden kann. Begriffe wie

„Triple Play" und „Quadruple Play" bezeichnen das gebündelte Angebot von Fernsehen, Internet und Mobilfunk sowie Telefon aus einer Hand. Damit verschwinden die bisherigen Abgrenzungen dieser Medien. Die Auswirkungen auf den klassischen Fernsehmarkt werden einerseits von der Entwicklung der Reichweiten und den Finanzierungsmöglichkeiten abhängen, andererseits auch von einer Vereinheitlichung der bisher noch sehr unterschiedlichen technischen Standards.

IPTV und Web-TV

Während umgangssprachlich synonym von „IPTV" und „Internetfernsehen" die Rede ist, verbergen sich hinter IPTV und Web-TV im engeren Sinn unterschiedliche, auf gleicher Technik beruhende Angebotsformen, die sich verschieden auf das klassische Fernsehen auswirken. **IPTV** bietet **am Fernsehgerät** zu empfangende Fernsehprogramme und Video-on-Demand-Angebote für geschlossene Nutzergruppen, die Zuschauer als Alternative für den Kabel-, Satelliten- oder terrestrischen Empfang gegen ein Entgelt abonnieren können (z.B. T-Home). **Web-TV** liefert **am PC** über die offene Plattform Internet abrufbare Fernseh- und Videoinhalte, die nur im Falle von Livestreams klassischer Fernsehprogramme als alternativer Empfangsweg zu verstehen sind. Vor allem handelt es sich aber um Video- bzw. Videoclipportale, die mehrheitlich kostenlos sind. Sie bieten im Vergleich zum klassischen Fernsehen einen Mehrwert, indem sie entweder Fernsehinhalte zur zeitlich unabhängigen Nutzung bereithalten (z.B. ZDFmediathek, ARD Mediathek, RTL Now!), oder (auch) Inhalte verbreiten, die nicht vom klassischen Fernsehen abgedeckt werden (z.B. My-Video, Clipfish, YouTube). Deshalb handelt es sich beim Web-TV in der Regel um eine Ergänzung zum klassischen Fernsehen.

Die traditionellen Fernsehsender werden sich darauf einstellen müssen, dass die Anzahl der Wettbewerber im digitalen Fernsehmarkt durch IPTV und Web-TV steigen wird: Als neue Akteure kommen Telekommunikationsunternehmen, TV-Plattform-Betreiber im Internet und zahlreiche Veranstalter von Video(clip)portalen hinzu. Während IPTV-Angebote vor allem auf dem Pay-TV-Markt auftreten, konkurrieren die Web-TV-Angebote mehrheitlich mit den Free-TV-Sendern auf dem Werbemarkt.

Im Web-TV bestehen neben Paid Content besondere Chancen für eine kostenfreie Verbreitung privater Veranstalter und öffentlich-rechtlicher Angebote. Die Vielzahl von Angeboten auf TV-Plattformen und in Video(clip)portalen im Internet hat die Fernsehsender veranlasst, sich mit eigenen Onlineportalen zu engagieren und damit die Sendermarken zu stärken.

IPTV eröffnet die Chance, das klassische Fernsehen mit den Möglichkeiten des Internet (interaktive Zusatzoptionen, z.B. Nutzung von Kommunikationsdiensten wie Chats und E-Mails) zu verbinden. Außerdem können Fernsehinhalte in immer besserer technischer Qualität über das Internet abgerufen werden (Web-TV). Videoportale wie Maxdome und die ZDFmediathek erlauben bereits den Empfang sowohl am Fernsehgerät als auch am PC. Diese Entwicklungen deuten darauf hin, dass Fernsehen und Internet weiter zusammenrücken (Breunig, 2007, S. 490).

Viele Fernsehprogrammformate verfolgen bereits systematisch eine so genannte bimediale Strategie. Am erfolgreichsten ist bisher „Big Brother" anzusehen, das als erstes Showformat eines deutschen Fernsehsenders eine fast gleichberechtigte Einbindung des Internet vornahm. Während das Fernsehen nur ausgewählte Geschehnisse des Tages zeigte, geht die Website deutlich darüber hinaus. Hier wird nicht nur ein Archiv angeboten, sondern auch Hintergrundinformationen zu den Kandidaten, Chatforen und die Möglichkeit, über Livestreams die Kandidaten rund um die Uhr beobachten zu können. Für die „Big Brother"-Sendungen und -Website konnte eine komplementäre Nutzung nachgewiesen werden. Website und Sendungen werden mit den gleichen Motiven genutzt (Infotainment, Orientierung und Zeitvertreib), allerdings bietet die bimediale Strategie dem Interessenten eine bessere Befriedigung seiner Interessen, als dies bei nur einem Angebot möglich wäre (vgl. Trepte/Baumann/Borges 2000, S. 550 ff.).

6. 5.9.7 Kosten der Fernsehwerbung

Die Kosten der Fernsehwerbung orientieren sich an der erzielbaren Reichweite. Als Maß für die Wirtschaftlichkeit der Platzierung eines Werbespots wird der TKP verwendet. Der TKP ist der Quotient aus Kosten und Reichweite (vgl. Kapitel 5.10.1.5). Zu seiner Beurteilung ist es daher notwendig, sowohl die Kosten als auch die Reichweite zu wissen, aus denen er gebildet ist. Ein TKP von z.B. € 20,- ergibt sich sowohl in einem Werbeblock, in dem der geschaltete Werbespot € 30.000,- kostet und 1,5 Millionen Zuschauer erreicht als auch in einem Werbeblock für € 3.000,- mit einer Reichweite von nur 150.000 Zuschauern. Bei Werbung in Massenmedien ist ein Werbetreibender grundsätzlich daran interessiert, möglichst viele Personen in der angestrebten Zielgruppe zu erreichen, d.h. möglichst hohe Reichweiten zu erzielen. Insofern erscheint es naheliegend, dass ein Sender umso höhere Werbeeinnahmen erzielt, je höher seine Reichweiten sind.

Maßgeblich für die Werbeeinnahmen der Sender ist ihre Preisstrategie. Für konkrete Tageszeiten und Sendungen planen die Sender die TKP im Voraus, die somit notwendigerweise auf einer *Einschätzung* der jeweils erzielbaren Reichweiten für das zugrunde gelegte Programmschema beruhen. Angestrebt werden marktgerechte Preise, im Vergleich zu den entsprechenden TKP der Konkurrenz. Allerdings können die absoluten Preise erhebliche Unterschiede aufweisen. Je attraktiver ein Programm eingeschätzt wird, desto höher werden die TKP für die jeweiligen Werbeblocks angesetzt. Dabei ist das Maß für die Attraktivität einer Sendung die Einschätzung der erzielbaren Einschaltquoten. So sind in der so genannten „Primetime" (20:00 Uhr bis 23:00 Uhr) höhere Preise zu erzielen als beispielsweise im Frühstücksfernsehen (6:00 Uhr bis 9:00 Uhr). Die Primetime ist für Werbetreibende deshalb so interessant, weil hier besonders hohe Reichweiten erzielt werden, vor allem auch in Zielgruppen, die zu anderen Zeiten über das Fernsehen nicht erreichbar sind, wie z.B. Berufstätige.

Tabelle 6-24: *TKP der deutschen Fernsehsender*

	ARD	ZDF	RTL	Pro 7	Sat.1	Super RTL	Vox	Kabel 1	RTL II
03.00 Uhr – 03.00 Uhr/Ganzer Tag:									
Ø TKP:	39,66	36,54	22,76	23,60	23,85	19,37	19,68	19,01	16,30
Werbeinsel-Reichweite									
Millionen	0,41	0,42	0,75	0,50	0,48	0,11	0,30	0,27	0,25

Zielgruppe: Zuschauer 14–49 Jahre/BRD Gesamt, TKP in €, 2010; *Quelle:* AGF/GfK

Tabelle 6-24 zeigt die Durchschnitts-TKP ausgewählter deutscher Fernsehsender. 2010 lagen sie zwischen 16 € und 39 €. Die „kleineren" Sender wie RTL 2, Vox oder Kabel 1 sind dabei naturgemäß preiswerter als die reichweitenstärkeren Sender. Abbildung 6-19 zeigt die Entwicklung der TKP im deutschen Fernsehen. Die Werbekrise hat dazu geführt, dass bis 2003 die TKP deutlich sanken, 2010 mussten aber bereits wieder durchschnittlich mehr als 22 Euro bezahlt werden, um 1.000 Personen in der werberelevanten Zielgruppe der 14–49jährigen mit einem 30-Sekunden Spot zu erreichen.

Auf Basis der geplanten TKP werden Tarifgruppen gebildet. Diese regulären Tarifgruppen werden ergänzt durch Sondertarifgruppen für z.B. neue Serien, die gewissermaßen

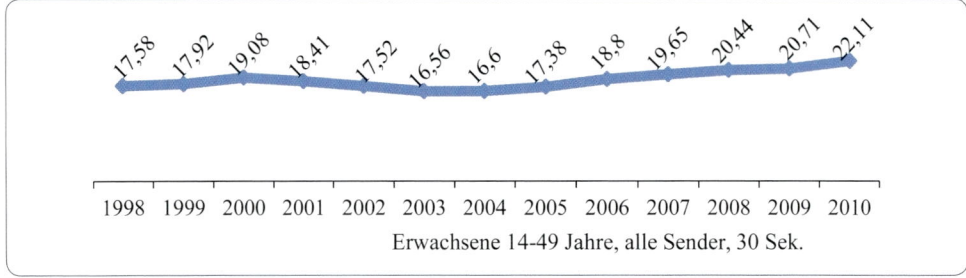

17,58　17,92　19,08　18,41　17,52　16,56　16,6　17,38　18,8　19,65　20,44　20,71　22,11

1998　1999　2000　2001　2002　2003　2004　2005　2006　2007　2008　2009　2010

Erwachsene 14-49 Jahre, alle Sender, 30 Sek.

Abbildung 6-19: *Entwicklung der TKP im deutschen Fernsehen*

den Status von Einführungsangeboten haben. Die Tarifgruppen fassen Werbeblöcke zusammen, die ähnliche Reichweitenniveaus für bestimmte Zielgruppen erwarten lassen. Diese Tarifgruppen sind für die Mediaagenturen Basis der Mediaplanung und erlauben einen direkten Vergleich der TKP der einzelnen Sender.

Da die TKP auf einer Schätzung der erzielbaren Reichweiten beruhen, besteht immer die Gefahr, dass diese zu hoch oder zu niedrig angesetzt wurden. Stellt sich im Nachhinein z.B. heraus, dass für eine bestimmte Sendung von zu hohen Reichweiten ausgegangen wurde, bedeutet dies, dass die tatsächlichen TKP höher als geplant sind und der Sender ggf. einen Preisnachteil hat. Das kann dazu führen, dass die Agenturen bei einem anderen Sender mit kompetitiveren TKP buchen. Sind die tatsächlichen Reichweiten geringer als die geplanten, gleichen die Sender dies mit Freispots aus.

Im Jahr 2000 haben die Fernsehsender so genannte **disproportionale Preise** eingeführt, um die zunehmende Anzahl kürzerer Spots zu unterbinden. Seither werden die Preise nicht mehr auf Basis eines konstanten Sekundenpreises linear auf die Spotlänge hochgerechnet, sondern kürzere Spots mit einem disproportionalen Ansatz stärker verteuert als längere. Für die ARD gilt folgende Spotpreisberechnung:

> Die Preise folgen bei einer Spotlänge von 19 Sekunden und mehr der linearen Preisbildung: 1-Sekunden-Preis x Spotlänge = Werbespotpreis. Bei klassischen Werbespots mit einer Länge von 18 Sekunden und kürzer wird ein Aufschlag von 10 % berechnet: 1-Sekunden-Preis x Spotlänge x Faktor 1,10 = Werbespotpreis (Quelle: ARD).

Abbildung 6-20 zeigt die Tarifpreise der ARD für das Jahr 2011. Für einen 20-Sekunen-Spot sind, je nach Preisgruppe und Monat, zwischen 3.000 € und 60.000 € zu bezahlen. Die Tarife berücksichtigen die unterschiedliche Nutzungsintensität des Mediums. Während im so genannten „Sommerloch" Juli/August liegen die Preise deutlich unter dem Jahresdurchschnitt, im Oktober/November deutlich darüber.

6.5.10 Hörfunk

Hörfunk ist ebenfalls ein Massenkommunikationsmedium, das wie das Fernsehen tagesaktuelle Informationen vermittelt. Die Vorteile des Hörfunks gegenüber dem Fernsehen liegen vor allem darin, dass mit dem Radio die Zielgruppen überwiegend tagsüber erreicht werden und seine Nutzung praktisch überall erfolgen kann. Die Nutzung erfolgt sowohl gezielt als auch andere Tätigkeiten begleitend.

Der Nachteil gegenüber dem Fernsehen liegt in der ausschließlich akustischen Darbietung, weshalb es als Werbeträger für viele Produkte (z.B. Kosmetik) nicht in Frage kommt. Imagewerbung ist im Radio schwierig. Dieser Nachteil kann teilweise durch so genannten visual transfer kompensiert werden, wenn Radiospots prägnante Elemente von TV-Spots

Das Erste am Nachmittag und am Vorabend – ARD TV National 2011

Basis: 20 Sekunden in Euro — Preise ab 1. Januar 2011

Uhrzeit	Umfeld	Werbeform	Wochentag	Werbeblock TA PG STD WB	Ø Jahr	Jan	Feb	Mrz	Apr	Mai	Jun	Jul	Aug	Sep	Okt	Nov	Dez
14.58	Rote Rosen	Splitscreen	Mo-Fr	78 17 14 01	7.800	5.840	7.400	9.360	8.960	8.580	6.620	4.680	5.080	8.580	9.760	9.760	8.980
15.58	Sturm der Liebe/ Tagesschau	Klassisch	Mo-Fr	01 18 15 02	8.000	6.000	7.600	9.600	9.200	8.800	6.800	4.800	5.200	8.800	10.000	10.000	9.200
16.58	Zoogeschichten/ Tagesschau	Klassisch	Mo-Fr	01 14 16 05	6.800	5.100	6.460	8.160	7.820	7.480	5.780	4.080	4.420	7.480	8.500	8.500	7.820
17.53	Brisant/ Verbotene Liebe	Solospot	Mo-Fr	79 19 17 08	8.800	6.600	8.360	10.560	10.120	9.680	7.480	5.280	5.720	9.680	11.000	11.000	10.120
17.55	Brisant/ Verbotene Liebe	Klassisch	Mo-Fr	01.11 17 10	5.800	4.360	5.500	6.960	6.680	6.380	4.920	3.480	3.780	6.380	7.240	7.240	6.680
18.21	Verbotene Liebe	Splitscreen	Mo-Fr	78 26 18 16	11.500	8.620	10.920	13.800	13.220	12.660	9.780	6.900	7.480	12.640	14.380	14.380	13.220
18.22	Verbotene Liebe/ Marienhof	Klassisch	Mo-Fr	01 20 18 20	9.400	7.040	8.920	11.280	10.820	10.340	8.000	5.640	6.100	10.340	11.760	11.760	10.800
18.24	Verbotene Liebe/ Marienhof	Solospot	Mo-Fr	79 21 18 25	9.600	7.200	9.120	11.520	11.040	10.560	8.160	5.760	6.240	10.560	12.000	12.000	11.040
18.24	Marienhof/ Großstadtrevier	Klassisch	Mo	01 25 18 30	10.800	8.100	10.260	12.960	12.420	11.880	9.180	6.480	7.020	11.880	13.500	13.500	12.420
18.48	Marienhof/ Das Duell	Klassisch	Di-Fr	01 15 18 30	7.200	5.400	6.840	8.640	8.280	7.920	6.120	4.320	4.680	7.920	9.000	9.000	8.280
18.56	Das Duell	Splitscreen	Di-Fr	78 20 19 36	9.400	7.040	8.920	11.280	10.820	10.340	8.000	5.640	6.100	10.340	11.760	11.760	10.800
19.17	Großstadtrevier	Klassisch	Mo	01 36 19 40	16.200	12.140	15.380	19.440	18.640	17.820	13.760	9.720	10.520	17.820	20.260	20.260	18.640
19.17	Das Duell	Klassisch	Di-Fr	01 15 19 40	7.200	5.400	6.840	8.640	8.280	7.920	6.120	4.320	4.680	7.920	9.000	9.000	8.280
19.39	Das Duell	Klassisch	Di-Fr	01 19 19 42	8.800	6.600	8.360	10.560	10.120	9.680	7.480	5.280	5.720	9.680	11.000	11.000	10.120
19.43	Das Duell	Splitscreen	Di-Fr	78 25 19 41	10.800	8.100	10.260	12.960	12.420	11.880	9.180	6.480	7.020	11.880	13.500	13.500	12.420
19.44	Großstadtrevier	Splitscreen	Mo	78 41 19 47	18.000	13.500	17.100	21.600	20.700	19.800	15.300	10.800	11.700	19.800	22.500	22.500	20.700
19.44	Das Duell/ Wissen vor 8	Klassisch	Di-Fr	01 20 19 54	9.400	7.040	8.920	11.280	10.820	10.340	8.000	5.640	6.100	10.340	11.760	11.760	10.800
19.46	Großstadtrevier/ Wetter	Klassisch	Mo	01 30 19 50	13.200	9.900	12.540	15.840	15.180	14.520	11.220	7.920	8.580	14.520	16.500	16.500	15.180
19.48	Wissen vor 8/ Wetter	Klassisch	Di-Fr	01 19 19 50	8.800	6.600	8.360	10.560	10.120	9.680	7.480	5.280	5.720	9.680	11.000	11.000	10.120
19.53	Wetter/ Börse im Ersten	Klassisch	Mo	01 27 19 55	12.000	9.000	11.400	14.400	13.800	13.200	10.200	7.200	7.800	13.200	15.000	15.000	13.800
19.53	Wetter/ Börse im Ersten	Klassisch	Di-Fr	01 24 19 55	10.400	7.800	9.880	12.480	11.960	11.440	8.840	6.240	6.760	11.440	13.000	13.000	11.960
19.57	Börse im Ersten/ Tagesschau	Solospot	Mo	79 40 19 56	17.500	13.120	16.620	21.000	20.120	19.260	14.880	10.500	11.380	19.240	21.880	21.880	20.120
19.57	Börse im Ersten/ Tagesschau	Solospot	Di-Fr	79 34 19 56	15.360	11.520	14.600	18.440	17.660	16.880	13.060	9.220	9.980	16.900	19.200	19.200	17.660
19.59	Tagesschau	Best Minute	Mo-Fr	80 50 19 70	34.800	26.100	33.060	41.760	40.020	38.280	29.580	20.880	22.620	38.280	43.500	43.500	40.020
15.28	Tim Mälzer kocht!	Klassisch	Sa m.Buli	01 09 15 03	5.000	3.740	4.740	6.000	5.760	5.500	4.240	3.000	3.240	5.500	6.260	6.260	5.760
15.59	Tim Mälzer kocht!/ Weltreise	Solospot	Sa m.Buli	79 12 15 04	6.000	4.500	5.700	7.200	6.900	6.600	5.100	3.600	3.900	6.600	7.500	7.500	6.900
17.29	ARD-Ratgeber/ Brisant	Klassisch	Sa m.Buli	01 18 17 05	8.000	6.000	7.600	9.600	9.200	8.800	6.800	4.800	5.200	8.800	10.000	10.000	9.200
17.47	Brisant/ Wetter	Solospot	Sa m.Buli	79 23 17 06	10.000	7.500	9.500	12.000	11.500	11.000	8.500	6.000	6.500	11.000	12.500	12.500	11.500
17.55	Tagesschau/ Sportschau Fußb.	Klassisch	Sa m.Buli	21 01 17 92	9.420	7.500	11.000	10.800	10.400	10.400	6.520	6.520	7.000	9.000	11.200	11.200	11.500
18.24	Sportschau Bundesliga	Klassisch	Sa m.Buli	21 06 18 90	19.900	16.000	21.600	23.600	22.600	22.600	12.600	12.600	15.400	19.800	24.700	24.700	22.600
18.29	Sportschau Bundesliga	Splitscreen	Sa m.Buli	77 09 18 91	23.900	19.800	25.900	28.300	27.100	27.100	15.200	15.200	18.400	23.700	29.700	29.700	26.700
18.50	Sportschau Bundesliga	Klassisch	Sa m.Buli	21 13 18 93	30.060	23.000	34.000	38.000	35.000	35.000	18.200	18.200	21.000	30.000	37.000	37.000	34.320
18.55	Sportschau Bundesliga	Splitscreen	Sa m.Buli	77 26 18 94	37.200	27.900	40.920	44.640	42.780	42.780	24.180	24.180	26.040	37.200	46.500	46.500	42.780
19.25	Sportschau Bundesliga	Klassisch	Sa m.Buli	21 15 19 95	33.720	30.740	45.100	40.000	38.400	38.400	21.720	21.720	26.000	33.400	41.800	41.800	38.400
19.30	Sportschau Bundesliga	Splitscreen	Sa m.Buli	77 20 19 98	41.000	30.740	45.100	49.200	47.160	47.160	26.640	26.640	31.100	41.000	51.260	51.260	47.140
19.53	Sportschau Bundesliga	Splitscreen	Sa m.Buli	77 25 19 96	48.000	36.000	52.800	57.800	55.200	55.200	31.100	31.100	33.600	48.000	60.000	60.000	55.200
19.56	Sportschau/ Glücksspirale	Solospot	Sa m.Buli	76 14 19 97	32.000	24.000	35.200	38.400	36.800	36.800	20.800	20.800	22.400	32.000	40.000	40.000	36.800
19.59	Tagesschau	Best Minute	Sa m.Buli	70 25 19 70	48.000	36.000	52.800	57.800	55.200	55.200	31.100	31.100	33.600	48.000	60.000	60.000	55.200

Abbildung 6-20: Preisliste der ARD 2011 (Auszug)

Tabelle 6-25: *Nettowerbeumsätze des Hörfunks*

	2004	2005	2006	2007	2008	2009	2010
Werbeumsätze in Mio. €	618,0	663,7	680,5	743,3	719,8	678,5	692,1
+/– vs. Vorjahr in %	+6,9	+7,4	+2,5	+9,2	–3,2	–5,7	+2,0

Quelle: ZAW Jahrbücher

übernehmen (Musik, Stimmen, Slogans), die beim Hörer Wiedererkennung bewirken. Die Möglichkeit, *sich Gehör zu verschaffen*, ist eine der Stärken des Hörfunks.

Jeder Haushalt besitzt im Durchschnitt drei Hörfunkgeräte. Ebenfalls wie beim Fernsehen wird auch beim Hörfunk in öffentlich-rechtliche und private Sender unterschieden, auch hier gilt, dass die privaten Sender von den Gebühreneinnahmen ausgeschlossen sind und sich ausschließlich über Werbung finanzieren. Für die öffentlich-rechtlichen Hörfunkprogramme begrenzt der Rundfunkstaatsvertrag die Werbung auf 90 Minuten werktäglich im Jahresdurchschnitt (§ 15,5). Einige öffentlich-rechtliche Sender verzichten ganz auf Werbung. Private Sender können maximal 20 % der täglichen Sendezeit Werbung ausstrahlen.

Auch der private Hörfunk hat erst ab 1984 begonnen, sich zu etablieren. Zunächst starteten in Rheinland-Pfalz, Niedersachsen, Schleswig- Holstein und Hamburg landesweite private Sender. In den neuen Bundesländern wurden nach der Wiedervereinigung der Mitteldeutsche Rundfunk (MDR) und der Ostdeutsche Rundfunk Brandenburg (ORB) gegründet, die 1991 der ARD beitraten.

Hörfunk ist ein fast ausschließlich regionales bzw. lokales Medium, das sich 2010 in 335 Anbieter segmentierte. Zwar weichen die regionalen Strukturen mit zunehmender Bedeutung von Kabel- und Satellitenverbreitung auf, wenngleich der Empfang über Kabel, Satellit und Internet eine stationäre Nutzung bedeutet. Auch in absehbarer Zukunft wird die klassische terrestrische UKW-Frequenz der wichtigste Distributionskanal bleiben. Allerdings wird Radionutzung durch unterschiedliche Endgeräte möglich, neben dem klassischen Radio können dies Fernseher, PCs, Handys und MP3-Player sein.

Rund 30 % der Werbeeinnahmen der Sender stammen von regionalen Werbetreibenden, 70 % von bundesweit Werbenden. Werbestärkste Branche im Radio ist der Automobilmarkt (145 Millionen Euro 2010) vor dem Handel (144 Mio.). Im Radio werden die meisten Marken beworben, da für viele Werbetreibende dessen regionale Steuerbarkeit Werbung überhaupt möglich macht. An den meisten Sendern sind Zeitungsverlage maßgeblich beteiligt, darunter so bedeutende Medienkonzerne wie Bertelsmann, Springer, Holtzbrinck, Burda, Bauer und die WAZ.

Nach dem Distributionsgebiet lassen sich folgende Unterscheidungen treffen:

- **Lokale Hörfunkprogramme:** Existieren in den Stadtstaaten Berlin, Hamburg und Bremen. Ferner gibt es in Bayern, Baden-Württemberg, Nordrhein-Westfalen und Sachsen z.T. flächendeckende Netze lokaler Hörfunksender.
- **Landesweite Hörfunkprogramme:** Bestehen in Bayern, Rheinland-Pfalz, Hessen, Saarland, Schleswig-Holstein, Niedersachen, Mecklenburg-Vorpommern, Sachsen, Sachsen-Anhalt, Thüringen und Brandenburg.
- **Mehrländeranstalten:** Schleswig-Holstein, Hamburg, Niedersachsen und Mecklenburg-Vorpommern haben einen Staatsvertrag, der eine gemeinsame Rundfunkversorgung durch den Norddeutschen Rundfunk (NDR) vorsieht. Sachsen, Sachsen-Anhalt und Thüringen haben sich im MDR zusammengeschlossen. Rheinland-Pfalz und Baden-Württemberg haben seit 1998 den Südwestdeutschen Rundfunk (SWR) als Mehrländeranstalt.

- **Überregionale Hörfunkprogramme:** Deutschland Radio und Deutschland Funk sind in ca. 60 % der Bundesrepublik terrestrisch empfangbar. Auch einige private Sender arbeiten mit einer Kombination aus Kabel- und terrestrischer Verbreitung auf eine nationale Empfangbarkeit hin.

Es haben sich im Hörfunk unterschiedliche Programmformate herausgebildet, mit unterschiedlichen Hörerschaftsschwerpunkten. Beispielsweise lässt sich unterscheiden in (vgl. Schrey 1999, S. 278 f.):

- Adult Contemporary Hit Radio: Es werden überwiegend Titel aus den gängigen aktuellen Hitlisten gespielt, Zielgruppe sind die 14- bis 24-jährigen.
- Middle of the Road: Musikfarbe international, harmonisch, melodiös, relativ hoher Wortanteil, Kernzielgruppe sind die 35- bis 55-jährigen.
- Easy Listening: ruhige und leichte Musik für eine ältere Zielgruppe.
- Klassik-Format: klassische Musik für eine einkommensstarke Zielgruppe.

Anders als beim Fernsehen wählen Hörer keine Sendungen, sondern Sender und bleiben, bei stationärer Nutzung, dem eingestellten Sender auch treu. Im Durchschnitt hört ein Deutscher nur 1,6 Sender pro Tag (Quelle: MA 2010 II). Daher ist, anders als im Fernsehen, Zapping im Hörfunk nur von untergeordneter Bedeutung.

Mediaplanerisch steuerbar ist Hörfunk in erster Linie zeitlich und unter regionalen Aspekten. Eine Steuerung nach Zielgruppen folgt vor allem den unterschiedlichen Hörerschaftsschwerpunkten im Tagesverlauf. Als Faustformel lässt sich sagen, dass mit Hörfunk am Vormittag die Hausfrauen, mittags die Gesamtbevölkerung, am frühen Nachmittag Jugendliche und Schüler, am späten Nachmittag Berufstätige im Auto auf dem Weg nach Hause zu erreichen sind. Die Hörfunknutzung ist im Tagesverlauf sehr unterschiedlich. Zwischen 6.00 und 8.00 Uhr morgens lassen sich die größten Reichweiten erzielen, die Nutzung sinkt dann kontinuierlich, mit Ausnahme von kleineren peaks zur Mittags- und zur Kaffeezeit. Zur Fernsehzeit, ab 20.00 Uhr, hört kaum noch jemand Radio. Laut MA 2010 II liegt die Tagesreichweite des Hörfunks bei 76,7 %, es lassen sich aber starke regionale Unterschiede feststellen: Die höchsten Tagesreichweiten werden in Mecklenburg-Vorpommern erzielt (83,1 %), die geringsten in Hamburg (71,7 %). Die Hördauer betrug durchschnittlich 186 Minuten. 58 % der Radionutzung erfolgt im Haus, 42 % außer Haus (im Auto und bei der Arbeit). In den neuen Bundesländern wird pro Tag durchschnittlich 30 Minuten mehr Radio gehört als in den alten Bundesländern.

Radio ist das mobilste Medium und damit das Medium, das die besten Möglichkeiten zur Parallelnutzung mit anderen Aktivitäten bietet, es fungiert vielfach als ein Nebenbeimedium, das häufig nur passiv als Hintergrundbeschallung genutzt wird. In der Mediaplanung erhält der Hörfunk meist nur die Funktion eines Komplementärmediums bzw. wird als taktisches Medium eingesetzt, d.h. als Ergänzung zu anderen Medien. Hörfunk eignet sich als Werbeträger vor allem dann, wenn es um tagesaktuelle Informationen geht, also z.B. der Hinweis auf einen Einsendeschluss, oder dass ein bestimmtes Angebot nur noch drei Tage gilt.

Mit Durchschnitts-TKP von etwa 3 € ist Hörfunk ein vergleichsweise preiswerter Werbeträger. Wie beim Fernsehen richten sich auch beim Hörfunk die Werbekosten nach der Reichweite. I.d.R. werden pro Stunde zwei Werbeblöcke ausgestrahlt. Neben den klassischen Werbespots haben sich einige Sonderwerbeformen herausgebildet, z.B. das Sponsoring von Wetter-, Verkehrs-, Sport- oder Börsenberichten bzw. so genannte Syndications, das sind vorproduzierte Sendungen, die den Sendern von Werbetreibenden zur Verfügung gestellt werden (z.B. die *Coca-Cola* Hitparade). Die Hörfunkanbieter haben ein hohes Maß an Flexibilität entwickelt im Hinblick auf die Zusammenarbeit mit den

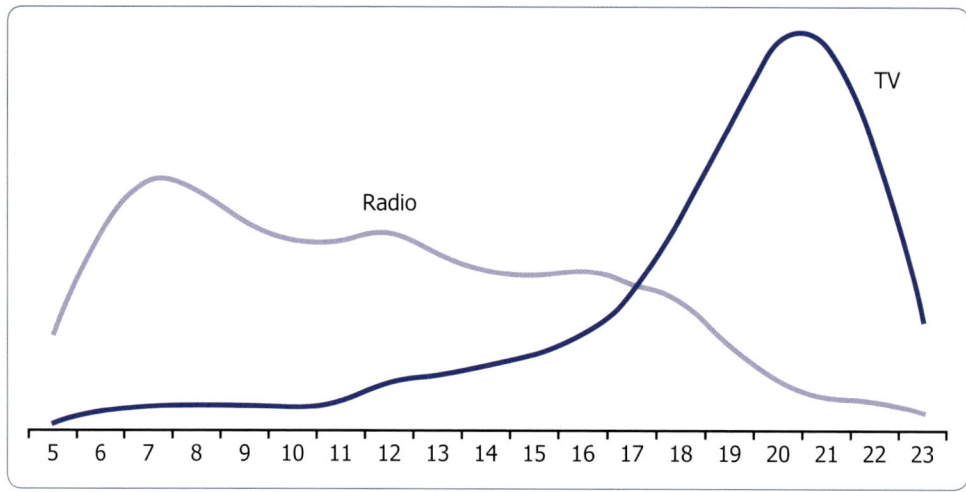

Abbildung 6-21: Entwicklung der Tagesreichweiten von Radio und TV

Quelle: MA 2005 Radio I; Nettoreichweite in %, Radio bzw. TV Gesamt; Hörer bzw. Seher gestern; Montag – Freitag; Zielgruppe Gesamt

Werbetreibenden, so dass Werbetreibende vielfach auch in das redaktionelle Umfeld einbezogen werden.

Seit einiger Zeit weitet der Hörfunk seine Präsenz konsequent aus, indem Veranstaltungen und Internet mit dem Hörfunk in Cross-Media-Kampagnen miteinander verknüpft werden. Auf diese Weise können Zielgruppen mit Werbebotschaften multimedial erreicht werden und insbesondere auch bei den Veranstaltungsevents aktiv mit einbezogen werden. Mittlerweile bieten fast alle Hörfunksender ihr Programm auch über das Internet an, allerdings waren die Reichweiten mit 1,2 % (bei den 14–29jährigen) 2010 noch auf einem sehr niedrigen Niveau. Bei insgesamt mehr als 2000 deutschsprachigen Angeboten ist ein schneller Durchbruch bei Webradios nicht zu erwarten.

Tabelle 6-26: Reichweiten und TKP ausgewählter Radiosender

ARD-Sender	RW, '000	TKP, €	Privat-Sender	RW, '000	TKP, €
WDR Eins Live	762	2,93	Antenne MV	96	2,92
WDR 2	828	1,54	radio NRW	1.356	1,88
WDR 4	794	1,97	Hit-Radio Antenne	238	2,87
HR 3	323	2,17	Antenne Bayern	1.036	2,46
SWR 3	964	2,34	RPR 1	273	2,38
Radio Regenbogen	195	3,51	Radio SAW	279	2,58
Bayern 1	1.070	1,62	Antenne Thüringen	195	2,21
Bayern 3	606	2,22	Fritz	80	3,54
MDR 1	172	2,06	100,6	12	9,79
Jump	262	3,03	104,6 RTL	133	3,00

Senderauswahl, Hörer pro durchschnittlicher Stunde (6–18 Uhr), Erwachsene 14 +

Quelle: MA 2009 II

Das digitale Antennenradio DAB (Digital Audio Broadcasting) findet in Deutschland bisher noch wenig Akzeptanz. Für jüngere Zielgruppen werden Chancen im so genannten Podcasting gesehen. Podcasts sind Audiodateien, die wie Radio-Sendungen aufgebaut sind und über das Internet verbreitet werden. Für Werbetreibende könnten Podcasts als Werbeträger für spitze Zielgruppen interessant werden, als Begriff dafür steht Podvertising, eine Wortschöpfung aus Podcast und Advertising.

Zu den aktuellen Trends im Hörfunk ist das Visual Radio zu zählen. Dabei handelt es sich um eine Technologie, mit der Radiosender ihr Programm durch interaktive visuelle Inhalte via Internet oder Mobiltelefon ergänzen können. Beispielsweise lassen sich damit auch Hörfunkspots visualisieren, Songs direkt aus dem Radio downloaden oder die Hörer können abstimmen, welche Titel als nächstes gespielt werden sollen. Voraussetzung ist, dass die Nutzer ein Mobiltelefon besitzen, das die Technologie unterstützt.

6. 5.11 Kino

Neben dem Fernsehen ist Kino das zweite audiovisuelle Medium. Die Werbeumsätze haben sich zwischen 2003 und 2009 mehr als halbiert und betrugen 2010 nur noch 75 Millionen Euro. Als Grund für die Umsatzrückgänge werden die geringeren Etats der Zigarettenkunden und die allgemeine Wirtschaftskrise angeführt.

Tabelle 6-27: Nettowerbeumsätze des Kinos

	2004	2005	2006	2007	2008	2009	2010
Werbeumsätze in Mio. €	146,8	132,4	117,5	106,2	76,7	71,5	74,5
+/– vs. Vorjahr in %	–8,7	–9,8	–11,3	–9,6	–27,8	–6,6	+4,1
Anzahl Kinos	4870	4.889	4.848	4.832	4.810	4.734	4.699
Anzahl Kinobesucher (Mio.)	156,7	127,3	136,7	125,4	129,4	146,3	126,6

Quelle: ZAW Jahrbücher

Kino ist kein Medium für die Gesamtbevölkerung, die Gesamtreichweite liegt nur bei 3,6 %, vielmehr liegt der Schwerpunkt der Kinobesucher bei den jüngeren Zielgruppen. 59 % aller Kinobesucher (gegenüber 21 % in der Gesamtbevölkerung) sind im Alter von 14–29 Jahren; 53 % der Kinobesucher verfügen über ein Haushaltsnettoeinkommen von über 2.500 € (Gesamtbevölkerung: 39 %) und 38 % der Kinobesucher haben Abitur oder studiert (20 % der Gesamtbevölkerung). Kinowerbung trifft also auf überdurchschnittlich junge, überdurchschnittlich reiche und überdurchschnittlich gebildete Zuschauer (Quelle: MA 2010).

Kino ist in seiner Entwicklung stark vom Fernsehen beeinflusst worden. Während es früher ein Unterhaltungs- und Informationsmedium für die ganze Familie war, ging die Besucherfrequenz durch die frei Haus gelieferte aktuelle Information und Unterhaltung durch das Fernsehen deutlich zurück.

Werbung erfolgt in Blöcken vor dem Hauptfilm. Spielfilmbezogene Buchungen sind zwar grundsätzlich möglich, allerdings nur unter erheblichem finanziellen Mehraufwand. Ein Werbetreibender, der filmorientiert werben will, muss bei jedem Kino einzeln ermitteln, ob und wann der gewünschte Film dort gezeigt wird.

Kino eignet sich als Werbeträger für praktisch alle Werbetreibende. Es ist von der Belegung her sehr variabel. Kleinste Belegungseinheit ist das einzelne Kino, es können aber auch alle Kinos im gesamten Bundesgebiet belegt werden. Über Kino lässt sich also sowohl ein lokaler, regionaler als auch ein nationaler Werbeeinsatz realisieren. Der we-

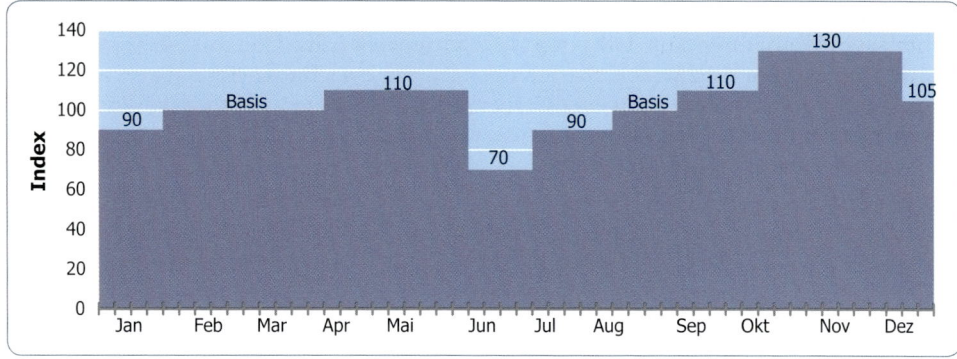

Abbildung 6-22: *Zeitzonenmodell für die Einschaltpreise im Kino 2010*

Quelle: WerbeWeischer

sentliche Vorteil der Kinowerbung liegt in ihrer hohen Kontaktintensität, die die geringe Reichweite kompensiert. Der Kinobesucher ist hochinvolviert, er hat sich bewusst einen bestimmten Film ausgesucht, dafür bezahlt und möchte sich ein paar „schöne Stunden" machen. Werbung wird dafür in Kauf genommen, man kann sich ihr auch nicht entziehen, da Nebentätigkeiten praktisch ausgeschlossen sind. Werbebotschaften im Kino werden zielgerichtet aufgenommen, d.h. die Werbewirkung im Kino ist tendenziell höher als in allen anderen Medien.

Seit 2002 werden die Einschaltpreise der Kinowerbung auf Basis eines Zeitzonenmodells berechnet (vgl. Abbildung 6-22). Dieses Modell unterteilt das Buchungsjahr in zwölf Zeitzonen mit Preisindices von 130 in der Spitze und bis zu 70 in den Sommermonaten. Damit werden die saisonalen Schwankungen der Besucherströme berücksichtigt.

Im Kino stehen drei verschiedene Werbemittel zur Verfügung, für die das ZAW Allgemeine Geschäftsbedingungen verabschiedet hat. Im Gegensatz zu den meisten anderen Werbeträgern ist die Verfügbarkeit von Werbung in Kinos jedoch eingeschränkt auf maximal 440 Sekunden Werbefilm und 30 Dias oder 20 Kinospot-Einheiten. Die Werbemittel im Kino unterscheiden sich in ihren technischen und kaufmännischen Aspekten (Quelle: WerbeWeischer):

- Ein **Stand-Kinospot**, ehemals Dia auf Film, ist technisch gesehen ein abgefilmtes Dia, d.h. es wird nur ein stehendes Motiv gezeigt. Die Standzeit eines stummen Stand-Kinospots beträgt 10 Sekunden, das Format mit Ton ist 20 Sekunden lang. Stand-Kinospots sind monatlich buchbar, die Preise werden von der jeweiligen Werbeverwaltung des Kinos nach lokaler Bedeutung des Kinos festgelegt. Darin muss sich nicht immer ein linear rechenbarer Zusammenhang mit den Besucherzahlen des Kinos ausdrücken. Die kleinste buchbare Einheit ist i.d.R. das einzelne Kino und der Kalendermonat. Stand-Kinospots sind ideal für örtliche Gewerbetreibende.

- Ein **Kinospot** ist ein kurzer Film, dem keine Einschränkungen in der Gestaltung gesetzt sind. Die Länge des Kinospots kann zwischen 10 und maximal 29 Sekunden betragen. Der Kinospot wird monatlich gebucht und berechnet. Die Preisbildung erfolgt hier wie beim Stand-Kinospot über eine nicht an direkte Zuschauerzahlen gebundene Einschätzung des Kinos. Kinospots sind empfehlenswert, wenn erstens nur ein kurzes Filmmotiv vorliegt und zweitens eine längere Präsenz im Kino angestrebt wird. Die kleinste buchbare Einheit ist das einzelne Kino.

- Während Kinospots auf ein Werbevolumen von 18,9 Millionen Euro kommen (2010), umfassen Werbefilme 55,6 Millionen Euro, der **Werbefilm** ist also das gebräuchlichste und werbewirksamste Werbemittel im Kino. Es können Werbefilme ab einer Länge von 30 Sekunden eingesetzt werden. Der Werbefilm wird wöchentlich gebucht, jeweils von Donnerstag bis Mittwoch (Spielwoche). Die kleinste buchbare Einheit sind die einzelnen Abspieleinheiten. Die Preisbildung beim Werbefilm erfolgt in Abhängigkeit von Filmlänge und Besucherzahlen laut IVW. Ein Konkurrenzausschluss wird nicht gewährt. Werbefilme werden fast ausschließlich von nationalen Werbetreibenden geschaltet.

  In Kinovorstellungen dürfen grundsätzlich nur Filme gezeigt werden, die für eine bestimmte Altersgruppe ausdrücklich zugelassen sind. Diese Beschränkung gilt auch für Werbefilme. Die Freigabe erfolgt durch die Freiwillige Selbstkontrolle der Filmwirtschaft (FSK). Jeder Werbefilmkopie muss eine Freigabekarte der FSK beigefügt werden. Werbefilme, die keine entsprechende FSK-Freigabe haben, können grundsätzlich nicht eingesetzt werden.

Die IVW ordnet auf Basis der verkauften Eintrittskarten jeden Kinosaal in eine Besucherfrequenzstaffel ein. Seit 2003 ergeben jeweils 10.000 Kinobesucher pro Jahr (früher 500 Besucher pro Woche) eine Staffelstufe (vgl. Tabelle 6-28). Die Bedeutung dieser IVW-Stufen liegt neben den Besucherzahlen auch im Preisbildungsmechanismus für den Werbefilm. Der Preis errechnet sich pro Woche aus einem Grundpreis x Filmlänge (in Sekunden) x Anzahl der IVW-Stufe des oder der ausgewählten Kinos. Der Basispreis ergibt sich aus der Wahl der Buchungsschiene. Für eine Buchung ab 18:00 Uhr beträgt er 0,30 € je Besucherstaffel und Sekunde pro Woche, und für eine Ganztagsbuchung 0,38 €. Zur Ermittlung der effektiven Preise wird dieser Basispreis jeweils mit dem Saisonalitätsindex multipliziert. Ausnahmen bilden einige wenige Kinos, die einen gesonderten Pauschalpreis verlangen, sowie Open-Air-Kinos.

Berechnungsbeispiel (Quelle: Werbe Weischer):

Basispreise 2010	Preis Sek./Woche (2010)
Ganztagsbuchung 18.00 Uhr Buchung	0,38 € 0,30 €
Basis-Preis x Filmlänge (Sek.) x Besucherstaffel (BS) x Saison-Index (SI)	Bsp.: 0,38 € x 30 Sek. x BS 5 x SI 90 (0,9) = 51,30 € pro ausgewählter Kinowoche

Tabelle 6-28: IVW-Besucherfrequenzstaffel 2010

Besucherzahlen jährlich		Staffel-gruppe	Anzahl der Leinwände	Besucherzahlen jährlich		Staffel-gruppe	Anzahl der Leinwände
bis	10.000	1	552	über	60.000	7	127
über	10.000	2	946	über	70.000	8	103
über	20.000	3	680	über	80.000	9	75
über	30.000	4	538	über	90.000	10	50
über	40.000	5	323	über	100.000	11	31
über	50.000	6	217	über	110.000	12	113

Quelle: ZAW-Jahrbuch 2011, S. 364, Stand April 2011

Neben diesen klassischen Werbeformen im Kino werden als Sonderwerbeformen im wesentlichen Tandem- und Tridem Schaltungen eingesetzt, also die Schaltung von zwei bzw. drei Werbefilmen, die durch Fremd-Werbefilme getrennt sind. Für Tandem-Schaltungen ist eine Mindestlänge von 40 Sekunden Voraussetzung, für Tridem-Schaltungen von 50 Sekunden. Darüber hinaus werden Below-the-line-Aktivitäten im Kinofoyer angeboten.

Die besondere Situation, in der Kinowerbung stattfindet, ermöglicht sehr kreative Umsetzungen. Ein Unternehmen, das Kontaktlinsen verkauft, schaltete einen „interaktiven" Werbefilm: Während einer Kussszene in dem Spot springt ein von der Werbeagentur engagierter Schauspieler, der als Besucher im Kino sitzt, auf und spielt den Betrogenen. Er verwickelt den „Nebenbuhler" in eine Diskussion, dabei stellt sich heraus, dass dieser seiner vermeintlichen Freundin nur deshalb näher gekommen ist, um sich deren Kontaktlinsen näher ansehen zu können.

Das Kinofilmjahr 2001 erbrachte mit 177,9 Millionen Besuchern das bisher beste Ergebnis. Dieser Zuwachs resultierte insbesondere aus den neuen Bundesländern, während in den alten Bundesländern die Sättigungsgrenze bereits erreicht ist. Seither weisen die Besucherzahlen jedoch einen deutlichen Negativtrend auf. Als ursächlich dafür werden einerseits der Mangel an publikumswirksamen Filmproduktionen angesehen, andererseits macht sich aber auch die Konkurrenz durch die neuen Medien, DVDs, Heimkinoausrüstungen sowie Filmpiraterie bemerkbar. Statistisch gesehen geht jeder Deutsche nur noch 1,6 mal pro Jahr ins Kino.

Abbildung 6-23: *Entwicklung der Kinobesucherzahlen*
Quelle: Filmförderungsanstalt Berlin (www.ffa.de), Besucher in Mio.

Aufgrund des seit Jahren anhaltenden Investitionsbooms zeichnet sich in der Branche ein Strukturwandel ab. Die 90er Jahre wurden vom Aufkommen und der Verbreitung so genannter Multiplexe geprägt, Großkinocentern mit mindestens sieben Sälen. Bis Ende 2010 gab es insgesamt 180 Multiplexe mit zusammen 1.545 Leinwänden. Der Anteil dieser Multiplexe am Gesamtkinobesuch in Deutschland lag im Jahr 2010 bei 54,1 % (Quelle: FFA). Die wirtschaftliche Situation der Branche ist angespannt, es zeichnet sich ein „overscreening", also ein Überangebot an Kinoleinwänden, ab, so dass mit einer steigenden Zahl von Kinoschließungen zu rechnen ist.

Die Besuchszuwächse werden zunehmend nur noch von den Neueröffnungen getragen, die auch zu einem veränderten Besucherverhalten führen. Das Kino hat, aufgrund des verbesserten Filmtheaterangebotes, an Attraktivität auch bei neuen Besucherschichten gewonnen. Starke Zuwächse gab es vor allem bei Besuchern über 30 Jahre, hingegen ist

Tabelle 6-29: *Hitliste der Kinofilme 2010*

	Filmtitel	Besucher
1	Avatar – Aufbruch nach Pandora	7.872.509
2	Harry Potter und die Heiligtümer des Todes Teil 1	5.187.790
3	Eclipse – Bis(S) zum Abendrot	3.710.149
4	Inception	3.423.479
5	Alice im Wunderland	2.968.430
6	Rapunzel – Neu Verföhnt	2.588.600
7	Sex And The City 2	2.569.498
8	Ich – Einfach Unverbesserlich	2.466.275
9	Für immer Shrek	2.431.818
10	Kindsköpfe	2.097.177
11	Sherlock Holmes	1.731.301
12	Prince of Persia – Der Sand der Zeit	1.610.233
13	Drachenzähmen leicht gemacht	1.605.205
14	Friendship!	1.597.193
15	Toy Story 3	1.591.518
16	Robin Hood	1.524.773
17	Shutter Island	1.484.491
18	Karate Kid	1.452.703
19	Alvin & Die Chipmunks 2	1.422.775
20	Konferenz der Tiere	1.409.397

Quelle: Filmförderungsanstalt (www.ffa.de)

die Entwicklung in der Altersgruppe 20-29 rückläufig, wenngleich immer noch deutlich überdurchschnittlich im Vergleich zur Gesamtbevölkerung.

Die Digitalisierung des Kinos ist vorerst noch im Anfangsstadium. Geplant ist, die Wertschöpfungskette von der Herstellung bis zur Vorführung komplett zu digitalisieren. So könnten die Filme weltweit per Satellit an die Kinos übertragen werden, die diese dann auf einem entsprechenden Kinoserver speichern und über einen digitalen Schlüssel Zugriff auf die Filmkopie erhalten (vgl. Jockenhövel u.a. 2009, S. 494 ff.).

6. 5.12 Außenwerbung

Unter Außenwerbung wird alle Werbung im öffentlichen Raum zusammengefasst. Dazu zählt insbesondere die Plakat- und Verkehrsmittelwerbung, aber auch Sonderwerbeformen wie Banden-, Leucht- und Luftwerbung. Vorrangiges Werbemittel ist das Plakat.

Tabelle 6-30: *Nettowerbeumsätze in der Außenwerbung*

	2004	2005	2006	2007	2008	2009	2010
Werbeumsätze in Mio. €	720,1	769,1	787,4	820,4	805,4	737,6	766,1
+/– vs. Vorjahr in %	+1,4	+6,8	+2,4	+4,3	−1,8	−8,4	+3,9

Quelle: ZAW Jahrbücher

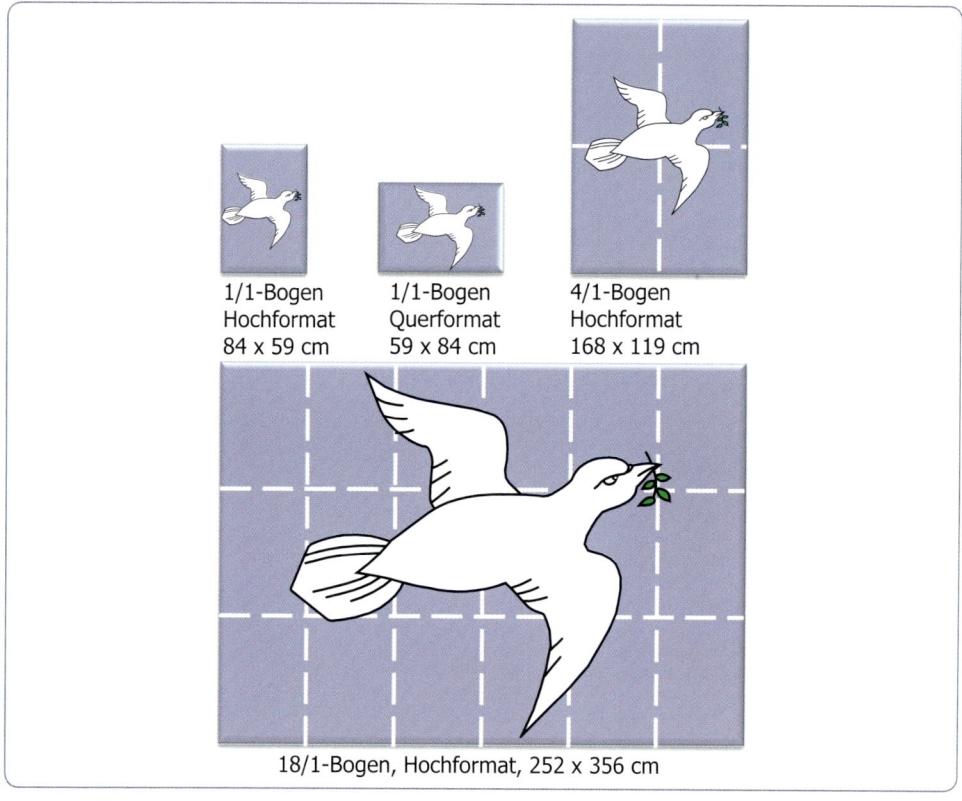

1/1-Bogen
Hochformat
84 x 59 cm

1/1-Bogen
Querformat
59 x 84 cm

4/1-Bogen
Hochformat
168 x 119 cm

18/1-Bogen, Hochformat, 252 x 356 cm

Abbildung 6-24: *Plakatformate*

Ausgangspunkt für die **Plakatformate** ist der DIN A1-Bogen (auch 1/1-Bogen), der dem 8-fachen des normalen Schreibpapiers im DIN A4-Format entspricht. Alle anderen Plakatgrößen ergeben sich durch Vervielfachung des 1/1-Formates, also z.B. 4/1- oder 18/1-Bogen (vgl. Abbildung 6-24).

Generell wird unter Plakatwerbung die Anbringung von Plakaten auf einer der folgenden Anschlagstellen verstanden:

- **Allgemeinstellen** sind Anschlagsäulen, -tafeln oder -wände auf öffentlichen Plätzen, die für die Plakatwerbung mehrerer Werbetreibender vorgesehen sind. Allgemeinstellen werden auch „Zeitung der Straße" genannt, weil sich hier Werbebotschaften der Wirtschaft mit Veranstaltungshinweisen und kommunalen Informationen mischen. Plakatformat: 1/1 Bogen bis 6/1 Bogen. Als Allgemeinstellen spielen Litfasssäulen in der Praxis keine große Rolle mehr.
- Im Gegensatz dazu sind **Ganzstellen** nur einem einzigen Werbetreibenden vorbehalten, wie Allgemeinstellen stehen auch sie auf öffentlichem Grund. Diese Litfasssäulen verbreiten also nur eine Werbebotschaft, die rundum sichtbar ist. Plakatformat: 6/1 Bogen.
- **City-Light-Poster** sind hinterleuchtete Werbeträger im 4/1 Bogen-Format, die an verkehrsreichen Stellen und an Haltestellen und Wartehallen zu finden sind.
- **Großflächen** sind Ganzstellen im 18/1 Bogen-Format, die i.d.R. auf privatem Grund stehen.

- **City-Light-Boards** sind, wie City-Light-Poster ebenfalls hinterleuchtet und verglast, allerdings im 18/1 Bogen-Format. Sie werden ausschließlich an Top-Standorten quer zur Fahrbahn platziert. Häufig sind sie mit Mehrfachwechslern ausgestattet, die zwei bis drei Motive rotierend zeigen.
- **Kleintafeln** stehen ebenfalls meist auf privatem Grund und haben ein Format von 4/1 bis 6/1 Bogen.
- Sonderformen reichen von kleinen, mobilen Plakataufstellern bis hin zu Riesenformaten, sogenannten **Superpostern** im Format 40/1 Bogen. Zunehmende Bedeutung erlangen **Riesenposter** mit bis zu 1.000 m² Fläche, die vor Gerüste oder an Baustellen angebracht werden.

Großfläche 18/1   City Light Poster 4/1   Allgemeinstelle   Ganzstelle

Abbildung 6-25: *Plakatanschlagstellen*

Die Errichtung von Plakatstellen auf öffentlichem Grund ist denjenigen Unternehmen exklusiv vorbehalten, die einen Werbenutzungsvertrag mit einer Gemeinde geschlossen haben. Auf privatem Grund kann grundsätzlich jeder Plakatstellen errichten, es ist allerdings eine amtliche Baugenehmigung dafür notwendig. Da die Genehmigungspraxis der Gemeinden und Bundesländer sehr unterschiedlich ist, verteilen sich die Plakatstellen nicht gleichmäßig über das Bundesgebiet.

Im Januar 2010 standen rund 335.000 Werbeflächen zur Verfügung (vgl. Tabelle 6-31). Bedeutendster Werbeträger waren 2010 die Großflächen mit einem Werbeumsatz von 320 Millionen Euro, gefolgt von den City-Light-Postern mit 209 Millionen Euro.

Tabelle 6-31: *Außenwerbeflächen in Deutschland 2009*

Werbeträger	Anzahl	Werbeträger	Anzahl
Großflächen	162.057	Ganzsäulen	15.072
City-Light-Poster	109.740	Mega-Lights	15.098
Allgemeinstellen	33.021	**Werbeflächen gesamt**	**334.988**

Quelle: ZAW-Jahrbuch 2011, S. 381

Die Belegungsmöglichkeiten von Plakaten sind sehr variabel: Sie können national, regional, örtlich und an Einzelstandorten belegt werden. Zu unterscheiden ist zwischen Werbeträgern, die nur in Netzen gebucht werden können und somit eine vorgegebene Streuung besitzen und solchen, die einzeln belegbar sind. Allgemeinstellen und City-Light-Poster werden in Netzen gebucht, hingegen können Ganzstellen und Großflächen einzeln gebucht werden.

Da Plakatwerbung im öffentlichen Raum angesiedelt ist, kann man sich ihr nicht entziehen. Das hat zur Folge, dass Plakatwerbung häufig nur flüchtig und ohne bewusste Aufmerksamkeit registriert wird.

Das Problem bei Plakaten ist die Messbarkeit der Medialeistung. Während bei den anderen Medien der **Kontakt** gemessen wird, wird in der Außenwerbung von der GfK der **G-Wert** ermittelt. G-Wert steht für Gesamt-Wert und berücksichtigt die Gesamtheit aller relevanten Passantenarten und Passantenströme. Als Beispiel für die Akribie, mit der Medialeistungswerte erhoben werden, um den Werbetreibenden Transparenz über ihre Werbeinvestitionen zu verschaffen, sei der G-Wert im folgenden etwas ausführlicher erläutert.

„Der G-Wert gibt für eine Werbefläche an, wie viele Passanten sich pro durchschnittlicher Stunde im Tagesintervall von 7:00 bis 19:00 Uhr in einem Wiedererkennungstest an ein durchschnittlich aufmerksamkeitsstarkes Plakatmotiv erinnern können" (Koschnick 1995, S. 722).

Ursprünglich wurde der G-Wert nur für die Zigarettenindustrie ermittelt, für die, aufgrund des für sie geltenden Werbeverbotes in den elektronischen Medien Fernsehen und Hörfunk, Plakate einen der Hauptwerbeträger darstellen. Mittlerweile wird der G-Wert bei allen Markenartiklern verwendet. Der G-Wert wird für jede Plakatstelle einzeln erhoben.

Die GfK analysiert die Leistung einer Plakatstelle aus der Perspektive aller relevanten Verkehrsströme, d.h. aller Möglichkeiten, die Plakatstelle zu passieren. Wie ein Passant eine Werbefläche erlebt hängt davon ab, ob er als Fußgänger oder in einem Fahrzeug unterwegs ist, und auf welchem Weg er daran vorbeikommt. Eine Plakatstelle wird also aus der Sicht unterschiedlicher Verkehrsteilnehmer und unterschiedlicher Verkehrsströme erhoben. Es werden drei Passantengruppen unterschieden:

- Fußgänger,
- Autofahrer,
- Fahrgäste in öffentlichen Verkehrsmitteln.

Ermittelt wird eine Passantenzahl für eine durchschnittliche Stunde in der Zeit von 7:00 bis 19:00 Uhr an einem Werktag.

Zur Bestimmung des Aufmerksamkeitspotentials einer Plakatstelle werden die Ausprägungen folgender Variablen erhoben (vgl. Koschnick 1995, S. 721 f.):

- **Winkel der Plakatstelle zum jeweiligen Verkehrsstrom:** wie lange hat ein Passant die Möglichkeit, das Plakat zu sehen? Berücksichtigt wird, dass durch Ampeln die Betrachtungszeit künstlich erhöht wird.
- **Kontaktchancen-Dauer.**
- **Entfernung zum Verkehrsstrom:** wie dicht kommt ein Passant an der Stelle vorbei?
- **Höhe**: mittlerer Höhenwinkel, berücksichtigt Höhe und Abstand.
- **Ausmaß der Verdecktheit durch Sichthindernisse:** wie lange verdecken Laternenpfähle, Büsche, parkende Autos etc. zu welchem Flächenanteil die Sicht auf das Plakat während der Passage?
- **Umfeldkomplexität:** wie stark konkurrieren andere visuelle Reize mit einer Plakatstelle? Vor einem einheitlichen Hintergrund hebt sich eine Plakatstelle besser ab, als zwischen Schaufenstern bzw. anderen starken optischen Reizen.
- **weitere Plakatstellen im Umfeld:** wie viele Stellen sind im Umfeld, wie viele bilden mit der Stelle eine Gruppe, liegt die Zielstelle am Rand oder in der Mitte?
- **Situationskomplexität:** wie viel Aufmerksamkeit kostet die Bewältigung der Verkehrssituation? Je mehr Aufmerksamkeit dem Verkehr gewidmet werden muss, desto weniger Zeit bleibt für die Betrachtung des Plakates.

- **Beleuchtungsverhältnisse.**

Der G-Wert wird in folgenden Schritten ermittelt (vgl. Tabelle 6-32):

1. Aufgrund der Frequenzzählungen wird bei allen Passantengruppen für jeden Verkehrsstrom die Passantenzahl für eine durchschnittliche Stunde berechnet.
2. Für jeden Verkehrsstrom wird der Erinnerer-Anteil berechnet, unter Berücksichtigung der erhobenen Variablen für die Beeinflussung des Aufmerksamkeitspotenzials.
3. Der Erinnerer-Anteil wird mit der Passantenzahl pro Stunde multipliziert. Die Summierung über alle Verkehrsströme ergibt den G-Wert.

Tabelle 6-32: *Berechnung des G-Wertes*

	Erinnerer-Anteil (EA)	Frequenz (F) pro Stunde	EA x F	
Fahrzeuge				
Strom 1	2 %	600	12	
Strom 2	4 %	600	24	
Fußgänger				
Strom 1	9 %	100	9	
Strom 2	11 %	100	11	
Strom 3	6 %	150	9	
Strom 4	8 %	150	12	
			G-Wert: 77	

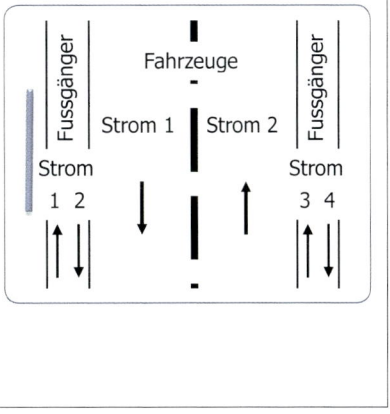

Quelle: Koschnick: Standard-Lexikon für Mediaplanung und Mediaforschung in Deutschland, 2. Aufl., München u.a 1995, S. 722

In der Praxis werden Anschlagstellen eine Zeit lang auf Video aufgenommen und später werden die Passagefrequenzen ausgezählt.

Plakatstellen haben einen hohen G-Wert, wenn sie gut wahrnehmbar sind und viele Passanten daran vorbeikommen. G-Werte über 300 sind selten, die meisten Plakatstellen liegen zwischen 40 und 70. G-Werte machen die Qualität von Plakatstellen transparent. Mit Hilfe des G-Wertes lässt sich der Werbedruck in den Städten besser steuern. Der G-Wert macht darüber hinaus die Leistung aller Plakatstellen miteinander vergleichbar, so dass unterschiedliche Preisklassen gebildet werden können. Allerdings liefert der G-Wert keine Erkenntnisse zu Reichweiten und Zielgruppen. Die Plakatpächter haben ihre Anschlagstellen nach dem G-Wert klassifiziert und verschiedene Preisklassen eingeführt. Für den Großflächen-Markt gilt ein einheitliches Preissystem, das sich an einem linearen TKP orientiert. Basis hierfür ist der G-Wert als Leistungswert einer Einzelstelle, anhand dessen diese Stelle einer bestimmten Preis-/Leistungsklasse zugeteilt wird.

Beim G-Wert wird also der **erinnerungswirksame Kontakt** ermittelt, die Erinnerung an die Werbung. Diese Bewertung ist härter als der einfache Kontakt bei den anderen Mediengattungen und mit ihnen nicht vergleichbar.

Der Fachverband Außenwerbung (FAW) hat eine „G-Wert 2"-Initiative beschlossen und zusammen mit dem Fraunhofer Institut einen so genannten Frequenzatlas entwickelt, in dem Verkehrsströme als Durchschnittswert für Straßenabschnitte angegeben werden, aufgeschlüsselt nach Fußgängern, Autofahrern und Nutzern des öffentlichen Personen-Nahverkehrs. Aus diesen Frequenzwerten wurden neue G-Werte der Werbeflächen ermittelt, die besser vergleichbar und nachvollziehbar sind. Mittlerweile liegt der Frequenzatlas für ganz Deutschland vor.

Die wesentlichen Vorteile des Plakates liegen einerseits in dem schnellen Aufbau von Bekanntheit, andererseits in seiner punktgenauen regionalen Steuerbarkeit. Beispielsweise können gezielt Pendler oder Messebesucher angesprochen werden, es können Ein- und Ausfallstraßen oder Bahnhöfe belegt werden, Produkte können in Wohngebieten oder in der Nähe von Schulen beworben werden. Der Werbedruck kann gesteuert werden durch den Werbezeitraum und die Belegungsdichte. Als Richtwert gilt, eine Fläche pro 3.000 Einwohner zu belegen; in einer Stadt mit 600.000 Einwohnern werden also 200 Plakate geklebt.

City-Light-Poster und Mega-Lights werden jeweils im Rhythmus der Kalenderwoche gebucht. Belegungsdauer für die klassischen Plakatwerbeträger ist jeweils eine Dekade. Das Jahr wird in 34 Dekaden eingeteilt, dabei umfasst eine Dekade abwechselnd 10 bzw. 11 Tage, die Dekade am Jahresende 14 Tage. Werbemöglichkeiten sind auf die vorhandenen Plakatstellen begrenzt, insbesondere in Wahlperioden kann es daher zu Engpässen kommen.

Die Preise für Plakatwerbung werden pro Tag und pro gebuchtem Werbeträger ausgewiesen. Für Allgemeinstellen erfolgt die Berechnung nach dem Bogentagpreis, d.h. dem Preis für 1/1-Bogen-Plakat. Ein 4/1-Bogen-Plakat kostet also das Vierfache eines 1/1-Bogen-Plakates.

Plakatgestaltung folgt eigenen Regeln. Herausragendes Merkmal ist die hohe Sichtbarkeit. Plakate müssen daher förmlich „ins Auge springen". Plakate sind zu jeder Jahres- und Tageszeit sichtbar, bei unterschiedlichsten Fahr- und Lichtverhältnissen. Der Text ist normalerweise minimal, eine Zeile, die sowohl als Headline als auch zur Produktidentifikation dient. Abbildungen können überlebensgroß erfolgen, Produkte und Logos können vielfach größer abgebildet werden als in Wirklichkeit. Es sollten kontrastreiche Farben verwendet werden, der Hintergrund sollte nicht mit der Abbildung konkurrieren. Die Typographie sollte möglichst einfach gehalten werden unter Vermeidung von Versalien oder Kursivschriften. Die Übertragung von Anzeigen in Publikumszeitschriften auf Plakate ist in aller Regel wenig sinnvoll.

Verkehrsmittelwerbung ist Werbung an und in öffentlichen Verkehrsmitteln wie Busse, Bahnen und Straßenbahnen, überwiegend in der Form von Ganz- oder Rumpfflächenbemalung oder Werbung auf den Seitenscheiben (vgl. Abbildung 6-26). Ganzbemalung (oder -beklebung) ist die auffälligste Form der Verkehrsmittelwerbung, das ganze Fahrzeug wird individuell gestaltet. Verkehrsmittelwerbung ist mobile Werbung, sie wird durch die jeweiligen Verkehrsmittel transportiert. Ihr Wirkungsbereich ist üblicherweise regional begrenzt, daher eignen sich Verkehrsmittel auch vorrangig für regionale Unternehmen. Neben der klassischen Verkehrsmittelwerbung an Bussen und Bahnen steht dieser Werbeform eine Fülle weiterer Werbeträger zur Verfügung. Genutzt werden beispielsweise Flugzeuge, Fährschiffe, Seilbahnen, Fahrräder, Lkws, Müllfahrzeuge und Kehrmaschinen.

Abbildung 6-26: *Verkehrsmittelwerbung*
Quelle: Ströer out of home media (www.stroeer.de)

An Marktbedeutung hat in den letzten Jahren vor allem die Taxi-Werbung gewonnen. Für Fremdwerbung stehen ca. 55.000 Fahrzeuge bzw. 110.000 Werbeflächen zur Verfügung.

Auch die Deutsche Bahn bietet eine Vielzahl von Werbemöglichkeiten:

- Die Fahrzeuge des Fernverkehrs sind mit Innenwerbung belegbar in Form von verschiedenen Plakatformaten und hinterleuchteten Dias. Auch die Verteilung von Broschüren ist möglich, ebenso Werbung auf Loks und Güterwagen.
- Im Nahverkehr gibt es Werbemöglichkeiten an und in ca. 9.000 Bussen, Bahnen und S-Bahnen, wobei sogenannte „Window Graphics" (von außen bedruckte, von innen aber durchsichtige Folien) auch die Einbindung von Fensterflächen ermöglichen.
- An und in den rund 5.700 Bahnhöfen der Deutschen Bahn können jährlich über 1,8 Milliarden Reisende und Besucher über diverse Medien wie klassische Plakatmedien, Riesenposter, Lichttransparente, Treppenstufenwerbung oder Fußbodenaufkleber erreicht werden.
- Als Special Ads wird z.B. Tunnelwerbung angeboten. Sie funktioniert wie ein Daumenkino: Im Tunnel sind ca. 200 Bildrahmen hintereinander installiert. Die Geschwindigkeit einfahrender S-Bahnen wird über einen Sensor gemessen und die Motive in den Systemrahmen analog dazu hinterleuchtet. Jedes Motiv ist um eine Bewegungssequenz fortgeschritten. Als Ergebnis erscheinen bewegte Bilder im S-Bahn-Fenster.
- An interaktiven City-Light-Postern (iCLP) können Reisende an Bahnhöfen und S-Bahn-Haltestellen nach Aktivierung der Infrarotschnittstelle am Handy direkt Produktinformationen, Handy-Games oder Klingeltöne empfangen

Konstituierendes Merkmal der **Lichtwerbung** ist, wie der Name schon sagt, das Licht. Mit Lichtwerbung werden alle Werbemittel bezeichnet, die entweder beleuchtet oder angestrahlt sind. Im Gegensatz zur Plakatwerbung wirken sie auch und vor allem nachts. Die verbreitetste Form der Lichtwerbung sind Leuchtschriften, als Einzelanfertigungen i.d.R. an Gebäuden.

Die Außenwerbung ist im Wandel begriffen. Heute wird eher von Outdoor-Kommunikation gesprochen, die sich über „out-of-home-Medien" definiert. Damit wird den Bestrebungen Rechnung getragen, Zielpersonen in ihrem direkten Umfeld anzusprechen. In dieser sehr weit gefassten Definition umfassen die out-of-home Medien nicht nur die klassischen Plakatflächen, sondern beispielsweise auch Bauzäune und Bierdeckel, Werbepostkarten in Kinos, Kneipen und Gaststätten, Disco-TV, Werbung auf Zapfpistolen oder in Golflöchern, bis hin zu Werbung auf dem „Örtchen". Die Werbetreibenden können auf diese Weise den Verbraucher durch seinen Alltag begleiten. Daher wird diese Art der Werbeträger auch als **Ambient-Medien** bezeichnet, also Medien in der unmittelbaren Umgebung des Umworbenen. Es können Konzepte entwickelt werden, die sich auf Reisen, Freizeit, Handel, Bildung oder Events beziehen. Damit wird die Abgrenzung zu den Verkaufsförderungsmaßnahmen zunehmend fließend.

Trends in der Außenwerbung gehen einerseits zu einer Markeninszenierung: Auf Riesenpostern werden spektakuläre 3-D-Installationen errichtet; Plakate werden interaktiv und nehmen bei Annäherung akustisch Kontakt mit den Passanten auf; die Firma Budget ließ zur Automobilausstellung 2003 in der Einflugschneide des Frankfurter Flughafens auf 30.000 Quadratmetern ihr Logo anpflanzen. Derzeit stehen solche Aktionen zwar vor allem noch unter einem PR-Aspekt, sie zeigen aber den Trend zum Event-Charakter in der Außenwerbung auf.

Ein anderer Trend geht zur zielgruppenspezifischeren Ansprache. So kann beispielsweise mittels mikrogeographischer Daten ermittelt werden, ob die Zielgruppe eher in der Kernstadt, in bestimmten Stadtteilen oder im Umfeld von Großstädten angetroffen wird, mit entsprechenden Ableitungen für Planung und Einkauf einer Plakatkampagne.

Tabelle 6-33: *Preise der Plakat-Werbeträger 2010*

Werbeträger	Preis pro Tag bzw. Bogentagpreis, €								
Allgemein-stelle	0,66 €–1,08 € pro Tag und 1/1 Bogen								
G-Wert:	bis 30	31–45	46–60	61–80	81–100	101–125	126–150	151–200	>200
Ganzsäule unbeleuchtet beleuchtet	8,80 9,40	9,30 11,60	10,90 13,70	13,00 15,80	14,60 17,90	17,30 21,10	18,90 23,30	22,10 26,50	26,60 33,00
Großfläche unbeleuchtet beleuchtet	3,90 4,40	6,30 6,60	9,40 11,50	12,60 15,40	16,50 20,00	20,90 25,40	25,90 31,10	28,90 34,90	33,30 40,70
City-Light-Poster	je nach Einwohnerzahl zwischen ca. 8 und 14 Euro pro Tag und Fläche								

Quelle: Ströer out of home media (www.stroeer.de), Ganzsäule und Großfläche exemplarisch für Wiesbaden aufgezeigt

Tabelle 6-34: *Intermedia-Vergleich der klassischen Werbeträger*

	Publikumszeitschriften	Tageszeitungen	Fernsehen
Wirkung des Mediums	Unterhaltung, Information, Orientierung, Ratgeber, Leser-Blatt-Bindung, Interessenschwerpunkt Lebenshilfe	Information, Aktua-lität, Regionalität, Glaubwürdigkeit, Leser-Blatt-Bindung	Unterhaltung, Information, Glaubwürdigkeit, Aktualität, Programmgenres, Orientierung
Wirkung des Werbemittels	Format, Farbe, Seitenanteil, Platzierung	Format, Farbe, Seitenanteil, Platzierung	Spotlänge, Farbe, Geschwindigkeit, Bewegung, Ton, Musik, Sprache
Ort der Nutzung	beliebig	beliebig	meist zu Hause
Zeitpunkt der Nutzung	beliebig	beliebig	im Sendezeitraum
Nutzungsdauer	meist im Erscheinungsintervall	tagesaktuell	zur Ausstrahlungszeit
Schnelligkeit der Verbreitung	langsam, nach Erscheinung	schnell, tägliches Erscheinen	schnell, tägliche Ausstrahlung
Kommunikationsinhalte	rationale und/oder emotionale Darstellung von Produktinformationen	rationale und/oder emotionale Darstellung von Produktinformationen	rationale und emotionale Darstellung von Produktinformationen, Handlungsabläufe, Demonstrationen, Gefühlswelten

	Publikumszeitschriften	Tageszeitungen	Fernsehen
Lernerfolg	langfristig, Imageaufbau	kurzfristig, aktualisierend, informierend	kurzfristig, aktualisierend, informierend, Imageaufbau
Selektionskriterien	Gattung, Auflage, Reichweite, zielgruppenspezifisch	Regionalität, Auflage, Reichweite, zielgruppenspezifisch	Programm, Wochentag, Tageszeit, Genre, Werbeblock, zielgruppenspezifisch
	Radio	**Plakat**	**Kino**
Wirkung des Mediums	Aktualität, Information, Unterhaltung, Senderbindung, Regionalität	Aktualität, Information, Standortqualität, sichtbare Präsenz	Unterhaltung, Information, Regionalität, Frequentierung ist vom Film abhängig
Wirkung des Werbemittels	Spotlänge, Geschwindigkeit, Ton, Musik, Sprache	Format, Farbe, Textmenge/Lesbarkeit	Spotlänge, Farbe, Geschwindigkeit, Bewegung, Ton, Musik, Sprache
Ort der Nutzung	zu Hause, bei der Arbeit, im Auto	außer Haus	im Kino
Zeitpunkt der Nutzung	im Sendezeitraum	beliebig	meist am Abend
Nutzungsdauer	zur Ausstrahlungszeit	im Dekadenzeitraum	zur Ausstrahlungszeit
Schnelligkeit der Verbreitung	schnell, tägliche Ausstrahlung	langsam, in der Dekade	langsam, in der Kinowoche
Kommunikationsinhalte	rationale und emotionale Darstellung von Produktinformationen, Visual-Transfer, Gefühlswelten	rationale und emotionale Darstellung von Produktinformationen, Impulse	rationale und emotionale Darstellung von Produktinformationen, Handlungsabläufe, Demonstrationen, Gefühlswelten
Lernerfolg	kurzfristig, aktualisierend, informierend, unterstützend	kurzfristig, aktualisierend, informierend, unterstützend	langfristig, Imageaufbau
Selektionskriterien	Regionalität, Reichweite, Programm, Tageszeit, zielgruppenspezifisch	Regionalität, Standortqualität, Stellenqualität, keine Zielgruppen	Regionalität, Besucherfrequenz, Programm, zielgruppenspezifisch

Quelle: IP-Deutschland (Hrsg.): Im Fokus der Forschung, 2. Aufl., Kronberg 1998, S. 18f.

6. 5.13 Werbung im Internet

Mit der zunehmenden Kommerzialisierung des Internet vergrößert sich auch die Bandbreite seiner Nutzungsmöglichkeiten. Das Internet ist kein Medium im klassischen Sinn, vielmehr eine multimediale Plattform, mit Text-, Audio- und Videoangeboten. Somit beinhaltet das Internet auch alle klassischen Werbeformate: Spots, Anzeigen, Kataloge, Mailings, Events. Es wird genutzt zur gezielten Suche nach Information und Unterhaltung, zur Kommunikation, Interaktion und Transaktion (Onlinebanking, Onlineshopping), sowie zur Arbeitserledigung. Das Internet kann auf sehr spezifische, individuelle Bedürfnisse und Inhalte zugeschnitten werden. Allerdings gibt es keinen festen Programmablauf:

Alle Inhalte sind im Prinzip jederzeit, gleichzeitig und überall verfügbar (vgl. Müller 2007, S. 3). An dieser Stelle interessieren vor allem die Interaktions- und Kommunikationsmöglichkeiten des Internet, das mit zunehmender Reichweite für Werbetreibende immer attraktiver wurde.

Tabelle 6-35: *Werbeumsätze der Online-Angebote*

	2004	2005	2006	2007	2008	2009	2010
Werbeumsätze, Mio. €	271,0	332,0	495,0	689,0	754,0	764,0	861,0
+/– vs. Vorjahr in %	+10	+22,5	+49	+39	+9	+1,3	+12,7

Quelle: ZAW-Jahrbücher

2010 betrug die Reichweite des Internet („gelegentliche Online-Nutzung") bei Personen über 14 Jahren in Deutschland 69,4 %, was 49 Millionen Nutzern entspricht. Im europäischen Vergleich liegt Deutschland damit im oberen Mittelfeld, Spitzenreiter ist Schweden mit einer Reichweite von 89 %. Die Reichweite bei den 14-19jährigen erreichte 100 %, bei den 20–29jährigen 98,4 %. Bei Betrachtung der Tagesreichweiten („Wie viel Prozent der Bevölkerung nutzen am Tag welches Medium?") erreicht das Internet mittlerweile mit 76 % ein Niveau, das über dem des Fernsehens ist (71 %). Zwar liegt der Schwerpunkt der Internetnutzung nach wie vor bei den jüngeren Zielgruppen (Durchschnittsalter 39 Jahre, zum Vergleich: Fernsehzuschauer 49 Jahre), allerdings werden die höchsten Wachstumsraten bei den Älteren erzielt. Gravierend sind die Nutzungsunterschiede zwischen der jüngeren und der älteren Generation. Während die Jüngeren den Umgang mit dem PC von Kindheit an gewöhnt sind und die Möglichkeiten des Internet in voller Breite ausnutzen, agieren die Älteren eher zurückhaltend und beschränken sich vor allem auf Kommunikation, Onlinebanking, die Verwendung von Suchmaschinen sowie die gezielte Informationssuche im Netz (vgl. v. Eimeren/Frees 2008, S. 331 ff.). Lediglich 13 % der Online-Nutzer gingen 2010 mobil ins Internet, über Smartphones, PDA oder Netbooks.

Dennoch ist das Internet mittlerweile zu einem Massenmedium geworden, das neue Möglichkeiten der Zielgruppenansprache bietet, die den klassischen Medien verwehrt bleiben. Die Reichweitenzuwächse sind zuletzt allerdings nur noch moderat ausgefallen, die Sättigungsgrenzen des Mediums zeichnen sich ab.

Werbestärkste Branchen im Internet sind Internetdienstleister, Versandhäuser und Telekommunikationsanbieter. Markenartikel aus dem Konsumgüterbereich nutzen hingegen das Internet nur selten als Werbeplattform. Größter Werbetreibender 2010 im Internet war *Microsoft* mit 14,3 Mio. Euro, gefolgt von *Vodafone* (10,9 Mio.) und *T-Mobile* (10,0 Mio.).

Die Erhebung der **Werbeausgaben** im Internet wirft derzeit noch zwei Fragen auf:

- Was ist der Werbung zuzurechnen? Lediglich die Kosten für die Werbemaßnahmen eines Unternehmens in fremden Online-Angeboten oder auch die Kosten für den eigenen Internet-Auftritt?
- Wie sind die Folgekosten des Internet-Auftritts zu erfassen, die sich aus der Pflege des Auftritts und der interaktiven Kommunikation mit den Nutzern ergeben? Diese Kosten werden aber aus Konkurrenzgründen von den einzelnen Unternehmen nicht veröffentlicht.

6. 5.13.1 Werbeformen im Internet

Das Grundproblem der heutigen Werbung liegt darin, dass immer mehr Marken um die Gunst der Konsumenten kämpfen, die ihrerseits gezielt versuchen, sich der Werbung zu entziehen. Das Problem, wie ein Werbetreibender effizient seine Zielgruppe erreichen kann, wird von den Online-Medien jedoch auch nicht gelöst.

Von ihrer Struktur her sind Online-Marketingaktivitäten dem Bereich der Individualkommunikation zuzuordnen. Mit den klassischen Werbeträgern hat das Internet die Notwendigkeit zu großen Reichweiten gemein, die es für Werbetreibende überhaupt erst interessant machen. Da das Internet aber auch die Möglichkeit zur Interaktivität bietet, kombiniert es Massenkommunikation (one-to-many) mit Individualkommunikation (one-to-one). Aufgrund seiner multimedialen Möglichkeiten wird das Internet nicht nur als Abverkaufsmedium genutzt, sondern zunehmend auch für die Markenbildung eingesetzt. Insbesondere die Autobranche ist hier Vorreiter, teilweise haben die Unternehmen bereits eigene Fernsehkanäle im Internet (z.B. www.audi.com/tv).

Der große Vorteil besteht darin, dass die Inanspruchnahme von Online-Diensten sehr genau dokumentiert wird. Im Gegensatz zur klassischen Massenkommunikation ermöglichen Online-Medien auch Informationen über die Nutzung von Kommunikationsinhalten. Es wird erfasst, wer wann und wie lange auf welchen Seiten Datenbestände genutzt hat.

Werbung im Internet bietet eine Reihe spezifischer Vorteile, die allen individuellen Nutzungsgewohnheiten entgegenkommen können (vgl. Hünerberg 1996, S. 123f.):

- globale Reichweite, Nutzer können von jedem Ort der Erde zugreifen,
- Verfügbarkeit rund um die Uhr,
- Werbung kann in redaktionelle Umfelder eingebettet werden,
- Werbung kann interaktiv gestaltet werden,
- die Nutzungsvorgänge werden unmittelbar registriert.

Ein spezifischer Vorteil ist auch in der Flexibilität der Werbegestaltung zu sehen. Das Design der Anzeigen in Online-Medien kann jederzeit geändert werden. Ist der Besucher einer Website identifizierbar (z.B. wenn er sich über ein Passwort einloggt), lassen sich Werbeeinblendungen speziell auf ihn zuschneiden. Ein Beispiel für diese Art der werblichen Ansprache bietet das dreidimensionale Internet-Universum „Second Life". Aufgrund des Verhaltens der dort geschaffenen Personen, können diese gezielt mit Werbung angesprochen werden. „Betrachtet jemand in einem virtuellen Shop etwa Turnschuhe, wird diese Information vom System registriert und ein Nutzerprofil angelegt. Nähert sich diese Person dann einer Werbetafel, schaltet diese die passende Werbung – in diesem Fall für Turnschuhe" (Reitz 2007, S. 14). Allerdings ist der Werbemarkt im Umfeld von nutzergenerierten Inhalten bisher wenig erfolgreich.

Als Nachteil der Online-Werbung ist die geringe Akzeptanz von vielen Werbeformaten anzusehen. Lediglich freiwillig abonnierte E-Mail-Newsletter werden eher als „hilfreich" angesehen, Banner, Pop-ups und vor allem unangeforderte E-Mails jedoch als „störend". Der Nutzer kann diesen Werbeformaten „nicht entkommen oder diese ausschalten und ist diesen Formen der werblichen Kommunikation regelrecht ausgeliefert" (Duncker 2009, S. 71).

Zwar ist das Internet grundsätzlich global ausgerichtet, allerdings ist mit Hilfe einer Adserver-Technologie auch gezielte lokale Werbung möglich. Lokale Zielgruppen können über den Einwahlpunkt des Nutzers identifiziert werden. So kann beispielsweise eine bestimmte Werbung nach Browser, Alter, Geschlecht oder nach Suchwort, Thema oder

Website definiert werden. Ebenso ist die Auswahl nach Nielsen-Gebieten, Bundesländern oder Vorwahl möglich.

Einem Werbetreibenden bieten sich grundsätzlich zwei Möglichkeiten für die kommunikative Nutzung des Internet: Er kann

1. vorhandene Strukturen (Websites, Blogs, Foren, Newsletter) nutzen für einen Werbeauftritt gegen Entgelt oder
2. diese Strukturen selbst schaffen und sie dann prinzipiell wiederum anderen gegen Entgelt zur Verfügung stellen.

Insofern ist eine Unterscheidung zwischen Werbeträgern und Werbemitteln im Internet schwierig, da ein Werbemittel (z.B. die eigene homepage) gleichzeitig auch Werbeträger von Fremdwerbung (z.B. Banner) sein kann.

Werbetreibende haben grundsätzlich folgende Möglichkeiten, im Internet zu werben:

1. durch Einrichtung eigener Homepages,
2. Bannerwerbung,
3. Unterbrecherwerbung oder
4. durch das Sponsoring von virtuellen Räumen (Web-Promotion).

Innerhalb dieser Möglichkeiten hat sich mittlerweile eine kaum noch überschaubare Vielfalt von Werbeformen etabliert (vgl. Tabelle 6-36).

Tabelle 6-36: Werbeformen im Internet

Standardwerbeformen	
Super Banner	großformatiges Werbemittel, das die gesamte Seitenbreite einer Website ausnutzt. Durch seine Größe (728 x 90 Pixel) hat es eine Alleinplatzierung in der Bannerleiste.
Fullsize Banner	(468 x 60 Pixel) nutzen die halbe Seitenbreite einer Website.
Pop-up	Beim **Pop-up** wird die Werbung in einem eigenen, im Vordergrund angezeigten Browser-Fenster präsentiert. Das Fenster öffnet sich automatisch innerhalb des Online-Angebots und kann durch den User geschlossen werden.
Pop-under	Beim **Pop-under** legt sich das Fenster nicht über die Seite, sondern wird als zusätzliches Fenster in der Fußleiste geöffnet
Skyscraper	Charakteristisch für den **Skyscraper** ist das Hochformat von 160 x 600 Pixel. Ein Skyscraper steht üblicherweise rechts, außerhalb der eigentlichen Website.
Medium Rectangle	Das **Medium Rectangle** wird im redaktionellen Bereich platziert und steht dadurch unmittelbar im Blickfeld des Nutzers. Abmessungen: 300 x 250 Pixel.
Flash Layer	Hier erscheint das Werbemotiv über dem eigentlichen Inhalt der Website. Die Werbeaussagen können an individuellen Stellen auf der Website eingebunden werden.
Tandem Ad	Bezeichnet die gleichzeitige Kombination aus Standardwerbeformen wie beispielsweise Super Banner und Medium Rectangle oder Skyscraper und Super Banner. Die beiden Werbeformen können auch miteinander agieren
Banderole Ad	Wirkt wie ein Papierstreifen, der um den Content „gewickelt" ist. Diese Werbeform hat ein Format von 770 x 250 Pixel und wird mittig zentriert
Half Page Ad	Hat eine Abmessung von 300 x 600 Pixeln und ist in die rechte Spalte der Artikelseite integriert. Es ist damit eine Werbeform für großflächig angelegte Kampagnen.

Sonderwerbeformen	
Splitscreen Ad	Hier schiebt sich das Werbemittel für einige Sekunden von rechts über den Content. Mögliche Formate: 300 x 500, 300 x 600 bis 728 x 180 Pixel
Wallpaper	Hintergrund, der den oberen und rechten Seitenrand einfärbt. Ziel eines Wallpapers ist ein Branding, die Übertragung des CI des Werbekunden und damit eine Erhöhung des Wiedererkennungswertes
Video Ad	Blendet Spots vor der Bewegtbild-Berichterstattung ein. Das Format ist dabei ein 10–15 Sek. Langer klickbarer Opener Spot, der vor dem eigentlichen redaktionellen Video Content gezeigt wird.
Expandable Werbeformen	sind Werbungen mit Formatwechsel. Dieser kann per Click vom User gesteuert werden, per Mouseover oder auch automatisch erfolgen. Ausgangsformat ist immer ein UAP-Format, nach der Ausdehnung zieht sich die Werbeform wieder auf dieses Format zurück
Streaming Ad	Ein bereits bestehender TV-Spot kann in jedem Werbemittel (egal ob UAP-Werbemittel oder Flash-Layer) eingebunden und dadurch direkt ins Netz geschickt werden.
Peel-Down-Ad	Das Peel-Down-Ad ist eine Werbeform, die sich erst durch Useraktion komplett entfaltet. Ausgehend von einem Teaser am rechten oberen Rand der Website rollt sich diese Werbeform bei Mouseover über den Content der Website und legt dadurch einen Layer von einer maximalen Größe von 750 x 500 Pixeln frei, der die eigentliche Werbebotschaft enthält.
Shortclip Reloaded	Short Clips sind kleine Werbesequenzen, die für 10 Sekunden zentriert am unteren Browserrand erscheinen und nach dem Click durch den User einen Videostream über der abgedunkelten Seite öffnen.

Quelle: ZAW Jahrbuch 2011, S. 348

Mit einer eigenen **Homepage** kann ein Werbetreibender eine direkte Kontaktmöglichkeit zu aktuellen und potentiellen Kunden schaffen, verbunden mit der Möglichkeit zu direkter Transaktion (Onlineshopping). Der Abruf von Werbeinformationen eines Unternehmens im WWW kann mit der Nutzung von Katalogen verglichen werden, wobei Informationen aus Texten, Bildern, Audio- und Videosequenzen bestehen können.

Die Homepages der Werbetreibenden müssen von den Internetnutzern gezielt aufgesucht werden. Grundsätzlich gilt: Wer Internet-Werbung anklickt, tut dies bewusst und möchte dafür etwas geboten bekommen. Dafür muss dem Nutzer allerdings bekannt sein, **wo** er ein bestimmtes Unternehmen finden kann. Für das Auffinden eines Anbieters stehen sogenannte Search Engines (Suchmaschinen, Portals) zur Verfügung, wie beispielsweise Google. Die Search Engines bieten zu bestimmten Stichwörtern einen Überblick über alle von ihnen erfassten Anbieter, das können im Einzelfall Tausende oder auch Millionen sein. D.h. ein einzelner Anbieter wird im Internet eher zufällig gefunden. Werbetreibende sind also nicht nur auf Werbung entlang der Search Engines angewiesen, sie müssen dafür auch die möglichen Suchwege der Nutzer kennen.

Die erste Online-Werbung überhaupt wurde 1994 geschaltet, ein Banner, nach wie vor klassische und meistgenutzte Werbeform im Internet. Banner haben prinzipiell die gleiche Funktion wie Anzeigen im Printbereich: Sie sollen die Aufmerksamkeit der Nutzer erregen. Dabei wird unterschieden zwischen aktiver und passiver Werbung, d.h. zwischen lediglich einem werblichen Hinweis und der Möglichkeit, per Mouseclick direkt in die jeweilige Homepage des Unternehmens zu gelangen. In ihrer aktiven Form liegt die Hauptfunktion der Banner. Sie sollen zum Anklicken anregen und damit den User zur eigentlichen Werbeseite des Unternehmens führen. I.d.R. sind Banner heute interaktiv. Banner werden häufig sehr auffällig gestaltet, damit sie dem Nutzer gewissermaßen „ins Auge springen", oftmals sind sie auch animiert, d.h. sie enthalten bewegliche Elemente.

Zwar gibt es derzeit noch keine standardisierten Formate für Banner, allerdings setzen sich die Formatdefinitionen des Internet Advertising Bureau, das Universal Ad Package (UAP), zunehmend durch. Dies beinhaltet ein europäisches Standardpaket, mit in ihren Maßen (ausgedrückt in Pixel, px) genau festgelegten Werbeformen (vgl. Abbildung 6-27).

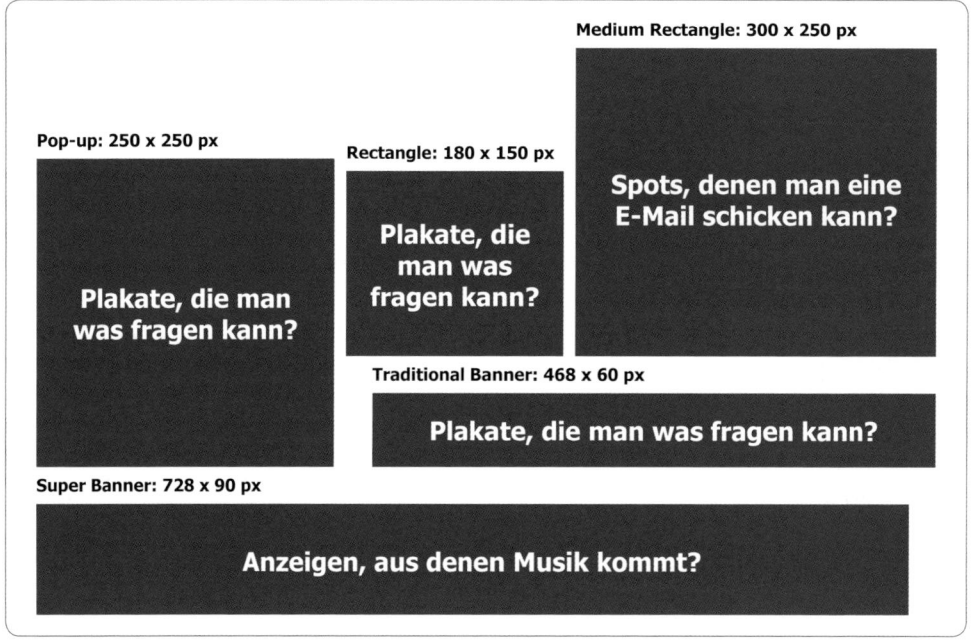

Abbildung 6-27: *Bannerformate*

Quelle: www.werbeformen.de

Multimedia-Technologien ermöglichen die Einbindung von animierten Bildern oder Gewinnspielen in Banner. Unterbrecherwerbungen wie Pop-ups haben zwar den Vorteil, dass sie konkurrenzlos auf dem Bildschirm erscheinen und der user sich ihnen praktisch nicht entziehen kann. Sie verlieren jedoch an Bedeutung, da sie als störend empfunden und zunehmend durch Pop-up-Blocker unterdrückt werden.

Von Suchmaschinen und Webkatalogen wird für Bannerwerbung eine sogenannte **Rotation** angeboten. Hierbei rotieren die Banner abwechselnd auf allen Seiten des Angebotes. Es ist auch eine Eingrenzung auf Teilbereiche eines Angebotes möglich, beispielsweise nur auf den Finanzseiten, Unterhaltungsseiten usw. Darüber hinaus wird auch ein **Keyword-Advertising** angeboten, also die Belegung bestimmter Begriffe, bei deren Abfrage das Banner eingeblendet wird. Beim **Affiliate Marketing** wird die Werbung auf einer Vielzahl von Web-Angeboten (den Affiliates) angeboten und ebenso wie beim Keyword Advertising auf Basis der erfolgten Klicks abgerechnet.

Das **Sponsoring** von virtuellen Räumen (auch **Web-Promotion** genannt) basiert darauf, dass ein Website-Betreiber interessante Inhalte (z.B. Datenbanken, ein Guestbook), in

Von der Suchmaschine zum Werbekonzern

Mit **AdWorks** hat *Google* im Oktober 2002 ein Anzeigenplatzierungssystem vorgestellt, das auf der Kontextsensitivität beruht. Die Grundidee ist, die Werbung innerhalb der inhaltlichen Zusammenhänge der Suchergebnisse zu platzieren. Die Textanzeigen sind sehr einfach gestaltet, erscheinen klar abgegrenzt von den Suchergebnissen und sind mit dem Hinweis Sponsored Link oder Anzeige gekennzeichnet. Die Werbekunden bestimmen, bei welchen Suchanfragen und Suchbegriffen (Keywords) ihre Anzeigen erscheinen sollen. Die verfügbaren Werbeplätze werden nicht wie sonst üblich zu einem festen Preis oder eine Preisstaffel verkauft, sondern der Preis einer Anzeige wird über ein Auktionsverfahren ermittelt.

Die Reihenfolge der Werbung auf der Ergebnisseite wird aber nicht nur durch den Preis oder die Höhe des Auktionsgebotes bestimmt. *Google* hat wie bei Suchergebnissen auch bei der Werbung ein Ranking nach Relevanz eingeführt. (…) Abgerechnet wird die Werbung in einem so genannten Cost-per-Click-Verfahren. Dies bedeutet, dass der Kunde nur dann zahlen muss, wenn ein Nutzer seine Werbung tatsächlich angeklickt hat. Mit diesem Mechanismus kann *Google* einerseits seine Werbekunden zufrieden stellen, da sie nur für angeklickte Werbung zahlen müssen. Andererseits reagieren die meisten Nutzer positiv, da der Umgang mit Werbung sehr behutsam ist und durch die Sortierung nach Relevanz in den meisten Fällen Werbung platziert wird, die in irgendeiner Form zum Kontext der Informationssuche passt. *Google* folgt dabei der Logik, dass relevante Werbung öfters angeklickt wird und sich dadurch in der Summe höhere Erlöse erzielen lassen. (…)

Im Juni 2005 führte *Google* mit **AdSense** ein Werbevermarktungsangebot ein, mit dem das erfolgreiche AdWorks-Modell auch auf Internetangebote, die nicht direkt zu *Google* gehören, angewandt werden konnte. (…) Im Jahr 2007 erzielte *Google* mit seinen Werbeangeboten nach eigenen Schätzungen rund 16 Milliarden Dollar Umsatz. (…) Durch die Erweiterung seiner Vermarktungskapazitäten auf Tausende anderer Internetangebote werden Werbetreibende in die Lage versetzt, ihre Onlinewerbung komplett über *Google* abzuwickeln, ohne andere Werbenetzwerke nutzen zu müssen (Kaumanns/Siegenheim 2008, S. 25 f.)

Mit **AdPlanner** hat *Google* ein neues Programm für Werbeagenturen im Portfolio, das Internet-Seiten nach bestimmten Zielgruppen differenziert. Damit soll für Werbetreibende eine genauere Zielgruppenansprache möglich sein.

Der Dienst stützt sich laut *New York Times* sowohl auf aggregierte Suchmaschinen-Daten als auch auf Informationen von Drittanbietern. Werbetreibende können laut einem *Google*-Blog-Eintrag über Ad Planner Webseiten nach bestimmten Zielgruppenkriterien filtern wie beispielsweise nach Geschlecht, Alter, Bildung und Haushaltseinkommen. Bezüglich der dann selektierten Seiten zeigt der kostenlose Dienst auch die Unique Visitors und die internationale Reichweite der betreffenden Seiten an. Zudem gibt *Googles* neuer Service auch die Seiten preis, welche die Besucher der gefilterten Seiten sonst noch ansteuern. Auch Schlüsselbegriffe aus Suchmaschinen zeigt der Dienst an, über die die Nutzer auf die entsprechenden Seiten gelangen. Außerdem lassen sich Medien-Pläne erstellen und nach Wunsch als.csv-Daten exportieren oder in Googles DoubleClick MediaVisor importieren (heise-online, 25.06.2008).

die seine Werbebotschaft fest integriert ist, anderen Websites im Internet zur Verfügung stellt. Diesen kostenlosen Service bietet er auf seiner eigenen Website großzügig und unübersehbar an. Durch die Koppelung der Werbebotschaft an nützliche Inhalte erscheint die Werbebotschaft und dessen Absender in einem positiven Licht, da der Werbetreibende als Sponsor der Inhalte auftritt. Hinzu kommt, dass die angebotenen Inhalte eine sinnvolle

Angebotserweiterung für jede Website darstellen und dadurch die Attraktivität dieser Website zusätzlich erhöhen. Als Inhalt kann man sich beispielsweise ein Guestbook, einen Veranstaltungskalender oder ein Diskussionsforum vorstellen (vgl. www.werbeformen.de).

Eine spezielle Form des Sponsoring im Bereich der Online-Medien ist das **E-mail-Sponsoring**. Es handelt sich hierbei um die kostenlose Bereitstellung von E-mail-Adressen (z.B. Yahoo, gmx). Benutzer müssen lediglich in Kauf nehmen, dass am Ende ihrer mail eine kurze Werbebotschaft angehängt wird. Dadurch vermeiden die Unternehmen die Probleme unangeforderter mails, da nicht sie selbst, sondern ihre Kunden Absender sind. Außerdem sind die Werbebotschaften so kurz, dass sie auch von den Empfängern i.d.R. akzeptiert werden.

Online-Medien lassen sich auch in der Verkaufsförderung einsetzen, beispielsweise für Produktproben immaterieller Güter. Buch- oder CD-Versender können kostenlose Lese- oder Hörproben anbieten.

Grundlage für die Preisgestaltung von Werbung in Internet ist der Preis pro 1.000 Page-Impressions (vgl. nächstes Kapitel). Je spezialisierter die Inhalte sind, desto höher ist der Preis. Für General Rotations liegt er bei 10 bis 30 Euro, für themenspezifische Belegungen bei 30 bis 60 Euro und für Keyword-Advertising bei 45 bis 50 Euro. Üblich ist auch die Abnahme einer bestimmten Anzahl an PageImpressions. Der Banner wird dann so lange geschaltet, bis die gewünschte Anzahl erreicht wird.

6. 5.13.2 Messung der Werbeträgerleistung von Online-Medien

Während für die klassischen Medien Nutzerstrukturen über z.B. die MA oder das GfK-Meter erhoben werden, gibt es vergleichbare Instrumente für das Internet nicht. Es lassen sich grundsätzlich zwei Erhebungsansätze unterscheiden:

- **Seitenbezogene Messungen** erfolgen technisch. Mit diesem Ansatz lassen sich zwar exakt die Nutzungsvorgänge erheben, allerdings lässt sich daraus nicht schließen, ob es sich dabei um dieselben oder um verschiedene Nutzer handelt (also wie groß Netto- und Bruttoreichweiten sind) und welche Merkmale sie auszeichnen.

- **Nutzerbezogene Ansätze** ermitteln, von wie vielen und welchen Personen ein Online-Angebot genutzt wird und wodurch sie sich von den Nutzern konkurrierender Angebote unterscheiden. Die Erhebung erfolgt hier durch Befragungen. Problematisch ist bei diesen Ansätzen aber nach wie vor die Repräsentativität der Stichproben. Gesucht wird nach der validen Erfassung der Nettoreichweite. Diese ist durch Befragung aufgrund der notwendigen hohen Fallzahl nicht zu ermitteln, da sich die Internetnutzung auf sehr viele Websites mit Tausenden von buchbaren Belegungseinheiten verteilt und einer hohen Dynamik unterliegt.

Im Mittelpunkt der Erforschung der Wirkung von Werbung im Internet stehen Kontakthäufigkeiten. Grundsätzlich lässt sich die Werbeträgerleistung von Online-Medien genau ermitteln, da Webserver die abgerufenen Dokumente und Nutzerdaten in so genannten Log-Dateien protokollieren. Aus datenschutzrechtlichen Gründen und aufgrund starker Vorbehalte der Nutzer, persönliche Daten offenzulegen, können die theoretisch idealen Möglichkeiten zur Transparenz der Online-Nutzer praktisch nur sehr eingeschränkt genutzt werden. Ein in diesem Zusammenhang zu erwähnendes Konzept ist das **behavioral targeting** mit dem versucht wird, an Hand des Surfverhaltens eines Nutzers Werbebotschaften auf ihn maßzuschneidern. Hält sich beispielsweise jemand häufig auf Reise-Websites auf, wird ihm eine entsprechende Werbung angezeigt. Allerdings ist bei diesem Verfahren die Zielgenauigkeit eingeschränkt, da nur schwer zu identifizieren ist, welche

Person am PC sitzt. „Immerhin kommt ein PC auf 1,6 Familienmitglieder" (Fösken 2008, S. 51). Ein anderes Problem besteht darin, dass es Produktbereiche gibt, wie z.B. Fast Moving Consumer Goods, über die sich kaum jemand vor dem Kauf im Netz informiert. Wenn kein Surfverhalten vorliegt, funktionieren solche Targeting-Systeme auch nicht.

Ein repräsentatives Onlinepanel, wie beispielsweise im Fernsehen, besteht in Deutschland nicht. Die Arbeitsgemeinschaft Online-Forschung (AGOF) erhebt Daten zur Online Reichweite mittels eines Drei-Säulen-Modells: Durch technische Messung (IVW), durch eine On-Site-Befragung sowie durch eine repräsentative Telefonbefragung der Bevölkerung ab 14 Jahren.

Seit Oktober 1997 erhebt die IVW die Nutzungsdaten von Online-Medien. Als einheitliche Mediawährung wurden dafür Page Impressions und Visits eingeführt. Den Kern des IVW-Verfahrens bildet ein Softwarepaket, bestehend aus Mess- und Auswertungssoftware. Die Software wird auf die Server der Online-Anbieter installiert, auf diese Weise wird jeder Nutzungsvorgang direkt gemessen. Seit September 2002 beschränkt sich die IVW auf die Kontrolle und Prüfung der Nutzungsdaten, die Messung wird seither von einem externen Institut übernommen.

> Am 1. Januar 2002 hat die IVW das neue Online-Messverfahren gestartet. Das Skalierbare Zentrale Meßsystem (SZM) arbeitet mit einem neuen Zählpixel, das auf jeder HTML-Seite des gemessenen Angebots eingefügt ist. Über dieses Pixel ermitteln IVW-Boxen in Echtzeit die Anzahl der von Browsern abgerufenen Seiten (PageImpressions) sowie die Summe der einzelnen zusammenhängenden Nutzungsvorgänge (Visits). Die Daten der einzelnen Angebote werden in einem zentralen Kollektor zu Monatszahlen aggregiert und von der IVW einmal monatlich veröffentlicht.
>
> Ruft ein Internet-Nutzer eine beliebige Seite eines bei der IVW registrierten Angebots auf, wird neben den Elementen der gewünschten HTML-Seite – Texte, Grafiken, Bilder, Werbebanner, etc. – auch das so genannte IVW-Pixel übertragen. Jeder Abruf dieses winzigen Datenpakets, der mit einem neuen Seitenaufruf gleichzusetzen ist, wird von einer Messsoftware auf einer Zählbox (IVW-Box) registriert.
>
> Bei der IVW-Box handelt es sich um ein Gerät zur Messung von Seitenabrufen (PageImpressions) und Besuchen von Internet-Angeboten (Visits), die die Nutzung mehrerer Seiten aus derselben Quelle umfassen können. Die Zählbox enthält die von der IVW installierte Messsoftware sowie ein Administrationstool. Dies ist ein Programm, das die Fernwartung des Systems durch die IVW ermöglicht. (Quelle: www.ivw.de)

Als Online-Kernwährungen wurden definiert:

1. **PageImpressions** bezeichnen die Anzahl der Sichtkontakte beliebiger Benutzer mit einer potenziell werbeführenden HTML-Seite. Sie liefern das Maß für die Nutzung einzelner Seiten eines Angebotes.
   Setzt sich eine Bildschirmseite aus mehreren Frames zusammen (Frame-set), so zählt der Erstabruf dieses Framesets als ein Page Impression.
2. Ein **Visit** bezeichnet einen zusammenhängenden Nutzungsvorgang (Besuch) eines WWW-Angebots. Er definiert den Werbeträgerkontakt. Als Nutzungsvorgang zählt ein technisch erfolgreicher Seitenzugriff eines Internet-Browsers auf das aktuelle Angebot, wenn er von außerhalb des Angebots erfolgt. Im Gegensatz zur MA oder dem GfK-Meter lassen sich aus den Visits jedoch aus datenschutzrechtlichen Gründen keine Hinweise über die Zahl der Nutzer und Nutzerstrukturen (Reichweite) ableiten.

Visits und PageImpressions sind keine Reichweiten, sondern Kontakte. Analysiert werden die Nutzerströme (logfiles) einer Website, der Nutzer bleibt dabei unbekannt.

Im Sommer 2000 führte die IVW mit **AdImpressions** eine dritte Messgröße ein. Im Gegensatz zur PageImpression, die den Abruf einer werbeführenden Seite bezeichnet,

Tabelle 6-37: IVW-Zugriffsdaten auf die Top 20 Onlineangebote

Rang	Angebot	Visits gesamt	Kategorien Visits gesamt		
			Redaktioneller Content	User generierter Content	E-Commerce
1	T-Online Contentangebot	462.763.871	259.638.695	10.989.437	81.116.659
2	eBay Advertising Group	389.380.977	57.796.764	–	371.632.934
3	eBay – Online-Marktplatz	347.562.140	53.859.104	–	311.553.850
4	iq digital media marketing	313.601.855	64.605.622	257.219.336	1.152.886
5	IP Deutschland GmbH	309.509.213	168.613.610	171.712.713	2.057.236
6	SevenOne Media GmbH	303.441.269	112.832.134	64.410.407	3.063.611
7	ProSiebenSat.1	290.918.669	101.067.607	62.991.962	2.816.900
8	Axel Springer AG	285.275.362	271.872.283	20.909.240	3.363.842
9	VZ Netzwerke*	265.881.974	8.003.375	250.158.874	–
10	RTL	249.256.246	142.648.075	136.172.914	341.782
11	Windows Live	213.106.373	14.135.972	8.883.511	–
12	MSN	212.537.602	204.509.084	89.225	119.751
13	TOMORROW FOCUS	200.102.144	151.952.845	23.898.524	20.857.689
14	Bild.de	195.354.608	190.818.669	4.270.187	1.112.824
15	SPIEGEL QC	194.368.354	188.144.659	10.584.290	3.974.511
16	SPIEGEL ONLINE	189.822.460	181.339.358	7.113.683	548.604
17	yahoo	183.615.018	134.477.571	3.070.382	205.007
18	freeXmedia	154.154.391	121.531.198	59.828.072	9.356.708
19	ProSieben Online	145.660.333	11.980.003	117.680	166.614
20	OMS Online-Marketing	136.334.762	128.315.742	5.521.842	8.337.975

Stand: März 2011, *Quelle:* IVW (www.ivw.de); * = Mein VZ, Schüler VZ, Studi VZ

bildet die AdImpression den Abruf eines Werbemittels vom Server eines Werbetreibenden ab. Dadurch können auch die Abrufzahlen für die rotierende Bannerwerbung im Netz ermittelt werden. AdImpressions beziehen sich also auf die Werbemittelleistung. Eine allgemeine Veröffentlichung ist nicht vorgesehen, da AdImpressions keine Werbeträgerleistung darstellen. Die Werte werden lediglich dem Online-Anbieter auf Anforderung zur Verfügung gestellt.

Visits bezeichnen also die Häufigkeit der Besuche eines WWW-Angebotes, PageImpressions erfassen auch die Aktionen innerhalb eines Angebotes. Das Verhältnis von PageImpressions zu Visits, die PI/V-Ratio, gibt somit an, wie viele Aktionen beim Besuch eines Angebotes durchschnittlich ausgeführt werden.

Seit Dezember 2009 differenziert die IVW die Visits nach Herkunft der Nutzung (Inland/Ausland) und weist – an Stelle der PageImpressions – als zusätzlichen Leistungswert den **Kategorien Visit** aus, der Auskunft über die inhaltlich unterschiedlichen genutzten Bereiche (Kategorien) eines Online Angebotes gibt, z.B. redaktioneller Content, usergenerierter Content, E-Commerce.

Im Mai 2010 erhob die IVW die Leistungswerte von 1.096 WWW-Angeboten. Tabelle 6-37 zeigt die Zugriffsdaten auf die Top 20 Onlineangebote. Die Gesamtzahl der Visits lag im März 2011 bei 5,7 und der abgerufenen Seiten bei 52 Milliarden PageImpressions.

Auffallend ist, dass auch im Internet vorwiegend die klassischen Print- und elektronischen Medien aufgerufen werden. Daneben sind die sozialen Netzwerke die meistgenutzten Internetangebote.

Mittlerweile bieten Agenturen einen umfassenden Service, um Schaltungen ihrer Kunden im Internet auszuwerten. Abbildung 6-28 zeigt ein Beispiel für ein so genanntes Spotlight-Reporting (vgl. Hofsäss/Engel 2003, S. 376 ff.). In dem Beispiel habe ein Werbetreibender jeweils 100.000 PageImpressions mit zwei Schaltungen erzielt. Auf den ersten Blick hat die Schaltung auf der Webseite X eine geringere Click-Rate und höhere Kosten pro Click erzielt als die Schaltung auf Webseite Y. Allerdings weisen die User, die von der Webseite Y kommen, eine höhere Abbruch- und geringere Bestellrate auf. Trotz geringerer Click-Rate erweist sich die Webseite X als der bessere Werbeträger.

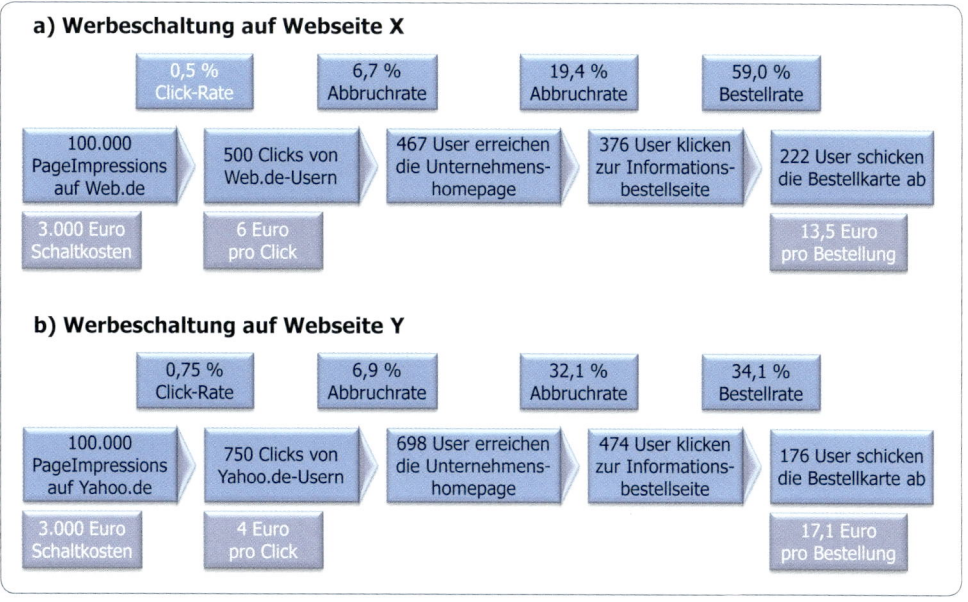

Abbildung 6-28: Spotlight-Reporting
Quelle: Hofsäss/Engel: Praxishandbuch Mediaplanung, Berlin 2003, S. 377

6. 5.13.3 Werbung in Sozialen Medien

Ein mit dem Web 2.0 einhergehendes Phänomen sind die Sozialen Medien. Der Begriff ist noch zu neu für eine allgemeingültige Definition. Die Fachgruppe Social Media des Bundesverbandes Digitale Wirtschaft (BVDW) definiert: „Social Media sind eine Vielzahl digitaler Medien und Technologien, die es Nutzern ermöglichen, sich untereinander auszutauschen und mediale Inhalte einzeln oder in Gemeinschaft zu gestalten" (BVDM 2009). Abbildung 6-29 zeigt die unterschiedlichen Anwendungen von Social Media.

Soziale Medien sind Netzwerke von Personen, die eine gegenseitige Kontaktaufnahme unabhängig von Ort und Zeit ermöglichen. Durch diese Interaktivität hat sich aus Sicht

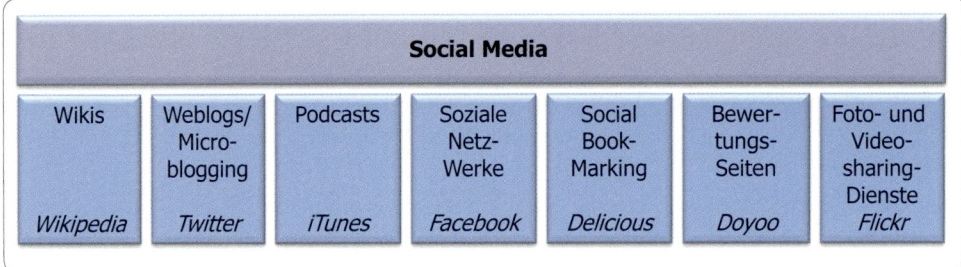

Abbildung 6-29: Erscheinungsformen von Social Media

Quelle: Heller: Social Media Marketing 2010, S. 20

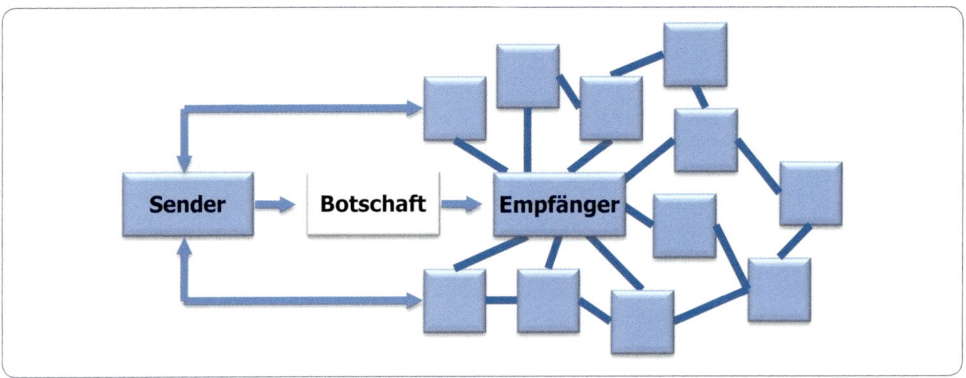

Abbildung 6-30: Social-Media-Kommunikationsmodell

Quelle: Heller: Social Media Marketing 2010, S. 13

des Werbetreibenden das klassische Kommunikationsmodell (vgl. Abbildung 1-5 und 1-6) verändert, da die Zielgruppen nun nicht mehr nur Empfänger von (Werbe-) Botschaften sind, sondern gleichzeitig auch als Sender agieren und somit eine aktive Rolle einnehmen. Da die Empfänger auch untereinander kommunizieren (viraler Effekt) und eine Vielzahl von Rückkanälen zum Sender haben, ist das Kommunikationsmodell sehr komplex (vgl. Abbildung 6-30). Die Komplexität erhöht sich zusätzlich dadurch, dass die Kommunikation auch die Vor- und Nachkaufphase umfasst (vgl. Kotler/Keller/Bliemel 2007, S. 654) und alle Kommunikationsinhalte im Netz dauerhaft gespeichert sind und abgerufen werden können.

Im Folgenden soll ein kurzer Überblick über die Erscheinungsformen von Social Media gegeben werden, verbunden mit dem Hinweis, dass dies nur eine Momentaufnahme sein kann, da sie einer ständigen Veränderung und Weiterentwicklung unterliegen.

- **Wikis:** Ein Wiki beschreibt eine Sammlung von Internetseiten, die der Allgemeinheit oder einem bestimmten Nutzerkreis jederzeit zur Verfügung stehen und durch diese Personen bearbeitet werden können (vgl. Hettler 2010, S. 41). Der Begriff stammt aus dem Hawaiianischen und bedeutet „schnell". Das größte Wiki ist die Online-Enzyklopädie *Wikipedia*, deren deutschsprachige Version mehr als eine Million nutzergenerierte Beiträge umfasst.

- **Weblogs:** Das Wort setzt sich aus den Begriffen Web und Blog zusammen und bezeichnet Online-Publikationen, deren Einträge in chronologischer Reihenfolge aufgeführt werden (vgl. Hettler 2010, S. 43). Das Publizieren in einem Weblog wird als bloggen bezeichnet, durch ihre Interaktionsmöglichkeiten bieten sie die Möglichkeit zu Diskussionsforen. Gebloggt werden können Texte, Fotos oder Videos. Eine Variante der Weblogs sind Mikroblogs, die nur kurze Textnachrichten zulassen, bei *Twitter* sind diese auf Maximal 140 Zeichen begrenzt. Von Unternehmen initiierte und betreute Weblogs werden als Corporate Blogs bezeichnet. Sie können beispielsweise unternehmenspolitische Entscheidungen einer breiteren Öffentlichkeit zugänglich machen.

- **Podcasts:** Unter dieser Zusammenfassung der Begriffe iPod und Broadcasting werden Audiodateien verstanden, die im Internet zur Verfügung gestellt werden.

- **Soziale Netzwerke:** Hierbei handelt es sich um Plattformen im Internet, die Nutzern die Möglichkeit eröffnen, ein persönliches Profil für Aufbau und Pflege von privaten und beruflichen Beziehungen anzulegen (vgl. Hettler 2010, S. 54). Zu diesen Sozialen Netzwerken (auch Online Communities genannt) zählen beispielsweise *Facebook*, *Stay-Friends*, *wer-kennt-wen.de*, *My Space*, die *VZ-Netzwerke*, *Lokalisten.de* und die beiden Business Netzwerke *Xing* und *LikedIn*.

- **Social Bookmarking:** Social Bookmarks sind digitale Lesezeichen, die durch Internetnutzer gesetzt werden um diese wiederholt aufzurufen oder mit Freunden zu teilen (vgl. Weinberg 2010, S. 221). Durch das Setzen so genannter *Tags* lässt sich ersehen, wer sich für die eigenen Inhalte interessiert, mit diesen Nutzern kann dadurch Kontakt aufgenommen werden.

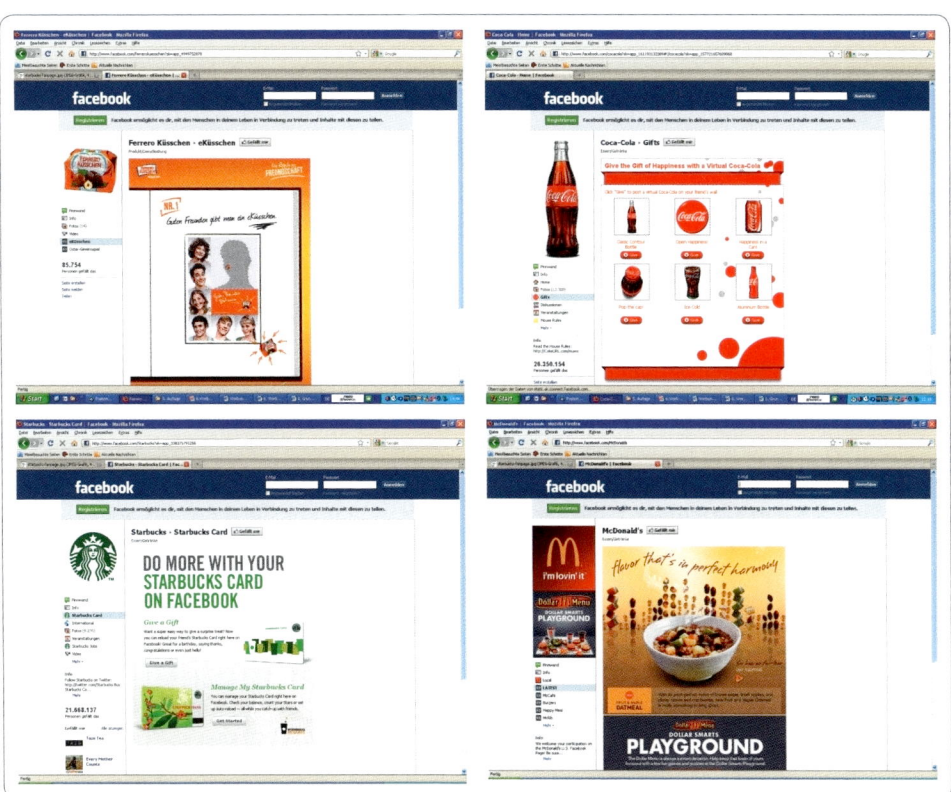

Abbildung 6-31: *Facebook-Fanseiten (Stand 05.05.2011)*

- **Bewertungsseiten:** Auf Portalen wie *Ciao.de*, *Günstiger.de*, *Doyoo* oder *Holiday-check.de* können Nutzer eigene Erfahrungen und Bewertungen zu Produkten und Dienstleistungen veröffentlichen. Diese subjektiven Bewertungen dienen anderen Nutzern als Hilfe für Kauf- und Buchungsentscheidungen, da sie von einer neutralen Seite stammen.

- **Foto- und Videosharing:** Hierbei handelt es sich um Plattformen, auf denen Nutzer Mediendateien veröffentlichen, austauschen und kommentieren können. *YouTube* ist das weltweit größte Video-Sharing Portal, auf *Flickr* können Bilder und persönliche Fotoalben eingestellt werden.

Die Kommunikation in den Sozialen Netzen ist nicht allein auf den persönlichen Informationsaustausch beschränkt, wenngleich dies nach wie ihre vorrangige Bedeutung darstellt. Unternehmen sind mit ihren Produkten und Leistungen nicht allein mehr Gegenstand der Bewertungsseiten, vielmehr werden sie zunehmend auch in den anderen Erscheinungsformen einbezogen. „Aktive Internetnutzer sparen nicht an Lob und deftiger Kritik. Ein Mausklick genügt, und schon bekommt eine Firma oder Marke ihr Fett weg" (Reischauer 2011, S. 18). Dieses Zitat verdeutlicht gleichzeitig Chancen und Risiken der Sozialen Netzwerke für Unternehmen.

Zunehmend sind Unternehmen selbst in den Sozialen Medien aktiv. Sie erstellen selbst Weblogs, beispielsweise hatte der Blog der *Daimler AG*, der von den Mitarbeitern regelmäßig mit Informationen gefüllt wird 2010 rund 70.000 Zugriffe pro Monat. Schwerpunkt der Unternehmensaktivitäten sind jedoch die Sozialen Netzwerke, in denen Unternehmen Profile anlegen. Jeder Nutzer kann ein Unternehmens- oder Markenprofil in seinem persönlichen Profil zu seinen Favoriten hinzufügen und Fan werden. Abbildung 6-32 zeigt, dass die Facebook-Fanseite von *Coca-Cola* im Mai 2011 bereits mehr als 26 Millionen hatte, bei *Starbucks* mehr als 21 Millionen, *McDonald's* mehr als 8 Millionen und bei *Ferrero-Küsschen* lediglich 85.000.

Ein Unternehmen kann sein Profil für unterschiedliche Zwecke nutzen. Meist geht es um die Markenkommunikation und langfristige Kundenbindung. Im Einzelnen werden auf den Fanseiten Produktinformationen und Unternehmensdaten gezeigt, ebenso wie Fotos, Werbespots oder auch der Hinweis auf Veranstaltungen oder Gewinnspiele. *McDonald's* praktizierte mit einem Burger-Konfigurator ein Mitmach-Marketing. Mit Unternehmensfans kann gezielt kommuniziert werden, im Idealfall fungieren sie als Multiplikatoren der Unternehmensbotschaften. Die Reaktionen können den Unternehmen zeigen, wie die Markenbotschaften aufgenommen und wie neue Produkte mutmaßlich akzeptiert werden, neue Ideen und Anregungen können generiert werden. Soziale Medien bieten den Unternehmen die Möglichkeit, ihren Zielgruppen dort zuzuhören, wo sie sich offen und ehrlich äußern.

Allerdings muss auch darauf hingewiesen werden, dass nicht nur Fans mit dem Unternehmen kommunizieren. Fanseiten werden auch als Plattform für negative Äußerungen genutzt, die, aufgrund der viralen Effekte, sehr schnell ein breites Publikum erreichen und somit imageschädigend sein können. So gingen auf der Fanseite der Firma *Nestlé* Tausende von Protesten ein, als *Greenpeace* unterstellte, für die Herstellung des Schokoriegels *KitKat* würde Palmöl verwendet, für dessen Gewinnung in Indonesien Urwälder gerodet würden.

Von Entscheidender Bedeutung für ein Unternehmensengagement in den Sozialen Medien ist die Frage nach den Zielgruppen und dem Nutzen, den ihnen das Unternehmen damit bieten kann. Die Unternehmenskommunikation in den Sozialen Medien konkurriert mit der Kommunikation des privaten Umfeldes der Nutzer und muss ein entsprechendes Interesse wecken können.

Nach wie vor sind Nutzer Sozialer Medien junge, internetaffine Personen, allerdings lässt sich nicht von einer, unter soziologischen Aspekten, homogenen Gruppe sprechen, vielmehr handelt es sich um ein komplexes soziales Gebilde. Der Umgang mit dieser Zielgruppe setzt unternehmensseitig einen professionellen Umgang mit Kritik voraus ebenso wie ein angemessenes Reagieren darauf. Dafür muss das Unternehmen in einen nicht zu unterschätzenden personellen und zeitlichen Aufwand investieren, um den Auftritt zu pflegen, zu aktualisieren und unmittelbar auf Beiträge zu reagieren. Es muss auch bewusst sein, dass virale Effekte sowohl in positiver wie in negativer Richtung auftreten können. Unabhängig davon ist ein professioneller Auftritt im Internet heute für jedes Unternehmen ein Muss. Inwieweit dieser in den Bereich des Social Media ausgeweitet wird, hängt einerseits von der Zielgruppe, andererseits von dem Aufwand ab, den das Unternehmen zu betreiben in der Lage ist.

Web 2.0 wird sich als „Mitmach-Web" zwar weiter durchsetzen, allerdings haben die Erfahrungen mit nutzergenerierten Inhalten wie beispielsweise bei *second life* wieder zu einer etwas nüchterneren Betrachtung geführt, insbesondere auch im Hinblick auf die Möglichkeiten, die sich hier für Werbetreibende bieten. Zwar ist von der Nutzerseite her der Zuspruch zu den Sozialen Medien sehr hoch, für die Unternehmenskommunikation sind soziale Netzwerke aber nicht immer erfolgreich. Eine Ausnahme bildet die Community für heranwachsende Mädchen „beinggirl.com" von *Procter & Gamble*:

> In Zeiten des Internet muss ein Werbetreibender auch in den Kommunikationskanälen präsent sein, die seine Zielgruppen nutzen. Unternehmenskommunikation muss Dialogangebote beinhalten, die über die klassische Werbung hinausgehen.

> Der Ausgangspunkt: Die für das Marketing von Tampons und Binden Verantwortlichen wollten dieser wichtigen Zielgruppe über die von ihr genutzten Kanäle gewinnen. Denn die Gruppe der Zwölf- bis 15-Jährigen lässt sich nicht mehr mit TV-Spots erreichen, in denen mit „Ersatzflüssigkeit" gearbeitet wird, und sie will sich schon gar nicht über Tampons und Binden unterhalten.
> In der von P&G gehosteten Community geht es daher eher um Fragen und Themen, die junge Mädchen interessieren: erster Freund, Musik, Trends. Aber es geht auch um Fragen zu Menstruation, Verhütung und Körperpflege. Das amerikanische Unternehmen antwortet auf diese Fragen – für alle einsehbar, so dass alle etwas mitnehmen, auch ohne selbst Fragen posten zu müssen. Das Branding erfolgt subtil. Ergebnis: beinggirl.com ist mittlerweile in etwa 30 Ländern eingeführt worden, und P&G schätzt, dass das Portal viermal so effektiv ist wie klassische Werbung (vgl. Karminski 2009, S. 66).

Unter **viraler Werbung** ist der Versuch zu verstehen, Netzwerke, wie z.B. das Internet, für die kostenlose Verbreitung von Werbung zu nutzen. Viral deshalb, weil sich im Idealfall Werbebotschaften wie ein Grippevirus im Netz ausbreiten. Die Ausbreitung erfolgt zwischen den Nutzern des Internet und basiert auf dem Prinzip der Mundpropaganda. Der große Vorteil dieser Werbeform ist darin zu sehen, dass nicht der Werbetreibende selbst als Absender fungiert, sondern Freunde und Bekannte und somit prinzipiell ein hohes Wirkungspotenzial gegeben ist. Als eines der ersten Beispiele für den Erfolg dieses Verbreitungsweges ist das Moorhuhnspiel der Whiskey-Marke *Johnnie Walker* anzusehen, wenngleich vielen Spielern die Absendermarke nicht bewusst war. Ziel viraler Werbung ist jedoch meistens, Werbespots so im Internet zu platzieren, dass sie sich möglichst schnell verbreiten. Mittlerweile haben sich zahlreiche Agenturen etabliert, die darauf spezialisiert sind, virale Kampagnen loszutreten.

In Zeiten des Web 2.0 versuchen vor allem große Werbetreibende zunehmend, Internet-nutzer dazu zu bewegen, Werbebotschaften freiwillig selbst zu verbreiten. Übertragungs-wege sind dabei vor allem Emails und Weblogs. Beispielsweise hat *Volkswagen* mit Hape Kerkeling einen Blog mit seiner Journalistenkarrikatur Horst Schlämmer errichtet (www. schlaemmer-blog.de), in dem dieser in unterschiedlichen Episoden die *VW*-Marke *Golf* promotet. Dieser Blog wurde in kürzester Zeit zu einer der meistbesuchten deutschen Web-Seiten.

Abgesehen davon, dass die Nutzer die Werbeabsicht verhältnismäßig leicht durchschau-en können, ist das große Problem viraler Werbung vor allem darin zu sehen, dass sich ihre Verbreitung der Kontrolle des Werbetreibenden entzieht. So finden sich im Internet durchaus auch Spots, die gar keine Werbespots sind. Gerade der *VW*-Konzern hat hier einschlägige Erfahrungen gemacht. Weltweit kursiert ein Clip, der zeigt, wie ein offenbar arabischer Mann in Tarnjacke mit Dynamitgürtel am Leib in einen *VW Polo* steigt. Vor einem belebten Café hält der Wagen, der offensichtliche Selbstmordattentäter drückt den Bombenauslöser – doch statt in die Luft zu fliegen, wackelt der Polo nur leicht hin und her. Am Ende wird das *VW*-Logo eingeblendet und darunter der Slogan: „Polo. Small but tough". *Volkswagen* hat mit diesem Clip nichts zu tun (vgl. Schulz 2007, S. 95).

> Heerscharen von „Hobbywerbern" machen sich einen Spaß daraus, „mit dem Konzer-nimage zu spielen. Für Markenmanager eine fatale Entwicklung. So meinen laut einer GfK-Umfrage zwei Drittel, dass Verbraucher einem Unternehmen durch virale Kritik mehr Schaden zufügen können, als noch vor fünf Jahren. Dabei muten viele Amateurfilme so professionell an, dass sie mitunter von einem wagemutigen Original nicht zu unterschei-den sind. (...)
>
> Wie hoch der Anteil offizieller Werbefilme an der Datenflut im Internet ist, vermag nie-mand zu sagen. Portalbetreiber wie Youtube hüllen sich dazu in Schweigen. Sicher ist nur: Sie sind in der Minderheit. Folglich wird es immer schwerer, die Autorität der eigenen Marke zu bewahren. Beim Gegenangriff stehen Unternehmen zudem vor einem Dilemma: Je mehr Filme sie anbieten, desto mehr Material haben Rezipienten für eigene Schöpfun-gen zur Verfügung". (O.V. 2008e, S. 44)

Bezahlte Blogbeiträge und gezielt gestreute Clips beinhalten immer die Gefahr, als solche erkannt zu werden. In diesem Fall ergibt sich für den Werbetreibenden die gleiche Situ-ation, wie bei einer Reaktanzreaktion: Die beabsichtigte Wirkung wird nicht nur nicht erreicht, sondern in ihr Gegenteil verkehrt. In den Blogs würde dieser Versuch entspre-chend „gebranntmarkt".

6. 5.13.4 Besonderheiten der Werbung im Internet

Werbung im Internet folgt anderen Gesetzen und muss anders gestaltet sein, als Werbung in den klassischen Medien. Online-Nutzung erfolgt zielgerichtet, der Nutzer möchte kon-krete Informationen, Beratung und Service. Der wesentliche Vorteil des Internet, seine Interaktivität, wird von vielen Unternehmen aber nur unzureichend genutzt.

Da das Aufsuchen der Homepage eines Anbieters ein gezielter Vorgang ist, muss dem Nutzer ein Grund gegeben werden, dies zu tun. Werbung im Internet kann nur indirekt Imagewerbung sein, im Vordergrund muss immer die Information stehen. Da das Internet ein sehr aktuelles Medium ist, heißt das, dass auch die angebotene Information für den Nutzer ein aktuelles Informationsbedürfnis befriedigen muss. Neben der Information sollten aber noch zusätzliche Anreize geschaffen werden, die z.B. einen Unterhaltungswert haben, Gewinnmöglichkeiten bieten oder Meinungsäußerungen ermöglichen.

Beispielsweise bietet die Firma *Maggi* einen Rezeptservice an. Es steht eine Textdatei mit Rezepten zur Verfügung, die auf den PC geladen werden kann. *Jever* bietet die Möglichkeit zu einem virtuellen Rundgang durch das Brauhaus. Automobilhersteller bieten die Möglichkeit zu umfassender Information über die jeweiligen Modelle, im Hinblick auf Ausstattungen, technische Daten, Preise u. dgl. Das Internet ersetzt hier also den Katalog.

Eine Substitution der klassischen Werbeträger ist bisher nicht erfolgt und auch nicht zu erwarten. Vielmehr hat das Internet zu einer Ausweitung der Mediennutzung insgesamt geführt. In einer realistischen Einschätzung ist davon auszugehen, dass Werbetreibende dieses Medium ergänzend einsetzen und langfristig insbesondere seine spezifischen Vorteile nutzen werden, nämlich die der Interaktivität und der streuverlustfreien Zielgruppenansprache. Nach wie vor ist das Internet ein zu junges Medium, als dass Werbetreibende ihre bewährten Mediastrategien ändern würden. Auf heutigem Stand ist eine Substitution am ehesten im Rubrikenmarkt zu erwarten, also der klassischen Domäne der Tageszeitungen.

Das Internet wird eine zunehmende Bedeutung als Übertragungsweg für klassische Medienangebote erhalten. Beim Hörfunk ist dies bereits etabliert. Es wird abzuwarten bleiben, inwieweit sich durch die UMTS-Technik das Internet auch zu einem mobilen Werbeträger mit individuellem Zuschnitt entwickeln wird.

Das Internet ist ein Netz von Computernetzen, jeder ist mit jedem vernetzt. Das ermöglicht zwar grundsätzlich eine individuelle Ansprache, aber gleichzeitig kann auch jeder jeden ansprechen. Da individuelle Daten im Internet verhältnismäßig einfach zu beschaffen sind, ist das Missbrauchs- und „Belästigungspotenzial" relativ hoch. Technischen Schutz bieten entsprechende Blocker und Filter, die dazu führen, dass Pop-ups und E-Mail-Spams von den Nutzern weitgehend unterdrückt werden können und insofern als Werbemöglichkeiten wenig sinnvoll sind.

Tabelle 6-38 gibt einen zusammenfassenden Überblick über die Zielgruppenansprache-Möglichkeiten der einzelnen Werbeträger.

Tabelle 6-38: Zielgruppenansprache-Möglichkeiten der Werbeträger

Werbeträger	Zielgruppe
regionale Tageszeitungen	Gesamtbevölkerung
überregionale Tageszeitungen	gehobene Zielgruppen
Anzeigenblätter	Gesamtbevölkerung
Fernsehen	Gesamtbevölkerung
Publikumszeitschriften	Gesamtbevölkerung/spezielle Segmente
Fachzeitschriften	Fachleute/Entscheidungsträger
Adressbücher	Gesamtbevölkerung/Entscheidungsträger
Hörfunk	Gesamtbevölkerung (lokal/regional/national)
Außenwerbung	Gesamtbevölkerung (lokal/regional/national)
Filmtheater	schwerpunktmäßig 14–29jährige (lokal/regional/national)
Supplements	Gesamtbevölkerung/spezielle Segmente
Werbung im Internet	Jugendliche/professionelle Nutzer

Aufgaben:

1. Welche Aufgaben hat die IVW?

2. Was sind die Unterschiede im Informationsgehalt der von Nielsen Media Research und dem ZAW veröffentlichten Werbeumsätze?

3. Welche Möglichkeiten stehen der Mediaplanung zur Verfügung, um Informationen über die Verbreitung von Werbeträgern und über Mediennutzerschaften zu erlangen?

4. Diskutieren Sie die Erhebungsmethoden von Mediadaten für Print und TV.

5. Inwieweit ist die Unterscheidung in Abonnements- und Kaufzeitungen für die Mediaplanung relevant?

6. Welche grundsätzlichen Unterschiede bestehen zwischen programminternen und -externen Werbeformen?

7. Auf welchen Rechtsgrundsätzen basiert die deutsche Rundfunkwerbung?

8. Erläutern Sie die wesentlichen Unterschiede in den Werbemöglichkeiten von privaten und öffentlich-rechtlichen Fernsehsendern.

9. Erläutern Sie die Vor- und Nachteile der Fernsehwerbung.

10. Was ist der qualitative Unterschied zwischen dem G-Wert und dem Kontaktbegriff bei den Zeitschriften?

11. Vergleichen Sie die Werbeträger Fernsehen, Kino und Publikumszeitschriften unter dem Aspekt der Medialeistung.

12. Vor der Eröffnung einer neuen Bäckerei in Ihrem Heimatort bittet Sie der Bäcker um Rat, in welchen Werbeträgern er die Neueröffnung bekannt machen soll. Welchen Rat geben Sie ihm?

13. Anhand welcher Kriterien misst die IVW die Leistung von Online-Medien?

7 Internationale Werbung

„The globalization of markets is at hand. With that, the multinational commercial world nears its end, and so does the multinational corporation. (…) The global corporation operates with resolute constancy – at low relative cost – as if the entire world were a single entity; it sells the same things in the same way everywhere. (…)

The world's needs and desires have been irrevocably homogenized. This makes the multinational corporation obsolete and the global corporation absolute. (…)

Cosmopolitanism is no longer the monopoly of the intellectual and leisure classes; it is becoming the established property and defining characteristic of all sectors everywhere in the world. Gradually and irresistibly it breaks down the walls of economic insularity, nationalism, and chauvinism. What we see today as escalating commercial nationalism is simply the last violent death rattle of an obsolete institution. (…)

The modern global corporation contrasts powerfully with the aging multinational corporation. Instead of adapting to superficial and even entrenched differences between nations, it will seek sensibly to force suitable standardized products and practices on the entire globe" (Levitt 1983, S. 92 ff.).

„Selbst wenn unsere Lebensstile immer ähnlicher werden, gibt es doch unmissverständliche Anzeichen eines mächtigen Gegentrends: eine heftige Reaktion auf die Gleichförmigkeit. Das Bedürfnis, die Einzigartigkeit der eigenen Kultur zu bewahren und fremde Einflüsse abzulehnen. (…)

Je homogener unsere Art zu leben, unser Lebensstil wird, desto stärker halten wir an tiefen, uns vertrauten Werten fest: an Religion, Sprache, Kunst und Literatur. Während die äußere Welt immer ähnlicher wird, werden uns gewachsene Traditionen und Werte immer wichtiger. (…)

Die neue Ära des Individuums entfaltet sich zeitgleich mit dem Trend zur Globalisierung. (…) Während wir an dieser Globalisierung arbeiten, gewinnen paradoxerweise die Individuen immer mehr an Gewicht und Macht. Diese Macht verstärkt sich auch durch die Medien. In einer Zeit des globalen Fernsehens (…) kann sich jeder einzelne mit Hilfe der audiovisuellen Technik sein eigenes Programm zusammenstellen. Das erhöht die Unabhängigkeit des Individuums" (Naisbitt/Aburdene 1992, S. 154, 156, 376).

7. 1 Entwicklungen im internationalen Umfeld

Internationale Werbung erfolgt konzeptionell unter vollkommen anderen Aspekten als nationale Werbung. Auf nationalen Märkten ist i.d.R. ein hohes Maß an Homogenität hinsichtlich des politischen, gesellschaftlichen und kulturellen Umfeldes gegeben. „Internationale Marketingkommunikation erfolgt in unterschiedlichen soziokulturellen Systemen" (Meissner 1995, S. 187). Die Internationalisierung der Geschäftstätigkeit ist nichts Neues. Bereits Anfang des letzten Jahrhunderts operierten die großen Ölfirmen im internationalen Rahmen. Neu ist vor allem der Umfang und die Geschwindigkeit, mit der die Prozesse heute ablaufen.

Dass Amerikaner, Japaner und Deutsche die gleichen Zigaretten rauchen, die gleiche Cola trinken und in den gleichen Schuhen joggen, ist zur Selbstverständlichkeit geworden und wird nicht mehr hinterfragt. Dabei ist es alles andere als selbstverständlich, dass in so unterschiedlichen, fast schon gegensätzlichen Kulturkreisen wie Amerika und Südostasien, die traditionell eine diametral entgegengesetzte Esskultur haben, die gleichen Hamburger gegessen werden.

Die zunehmende weltwirtschaftliche Arbeitsteilung und weltweiter Wettbewerb durch Globalisierung der Wirtschaft veranlassen immer mehr Unternehmen, ihre angestammten Heimatmärkte zu verlassen und sich dem internationalen Wettbewerb zu stellen. Unterstützt wird diese Tendenz durch eine Vielzahl simultaner Entwicklungen:

- Gesättigte nationale Märkte und Überkapazitäten veranlassen Unternehmen zunehmend dazu, neue Märkte zu erschließen.
- Der gestiegene Wettbewerbsdruck sensibilisiert für die Ausnutzung von Kostenunterschieden bei Rohstoffen und Löhnen.
- Eine steigende Ausbringungsmenge durch Internationalisierung ermöglicht sinkende Stückkosten (global economies of scale). Beispielsweise lassen sich Entwicklungskosten so auf eine größere Stückzahl verteilen.
- In vielen Branchen verkürzen sich die Produktlebenszyklen, was zu Innovationen in immer kürzeren Zeitabständen zwingt. Dadurch verkürzen sich auch die Amortisationszeiten, so dass größere Mengen produziert werden müssen, um die Innovationen rentabel zu machen. Auch von dieser Seite her kann ein Druck zur Internationalisierung erfolgen.
- Einige Branchen sind in nationalen Märkten gar nicht mehr existenzfähig. Beispielsweise ist für die Vermarktung von Großcomputern und Verkehrsflugzeugen die globale Ausrichtung eine notwendige Voraussetzung für das Überleben.
- Bei saisonabhängigen Produkten lässt sich eine größere Umsatzkonstanz erreichen durch Verkauf in Ländern, in denen die Saison entgegengesetzt zum Heimatmarkt verläuft (z.B. Skiausrüstung auf der Nord- und Südhalbkugel).
- In einzelnen Branchen schließlich lässt sich eine weltweite Zunahme globaler Marken feststellen, wie z.B. bei Sportartikeln, Elektronik und Automobilen. Bei Luxusgütern oder auch bei Designerprodukten im Bereich von Kleidung und Düften kommt es sogar zu einer weltweiten Vereinheitlichung des Konsums.

Derartige Tendenzen entwickeln eine Eigendynamik, die ihrerseits wiederum zu einer Verstärkung der Internationalisierung führt. So können beispielsweise Zulieferer veranlasst werden, ihren Abnehmern ins Ausland zu folgen. Andererseits können sich heimische Unternehmen durch neue Wettbewerber zum Eintritt in neue Märkte gezwungen sehen bzw. dazu, einen Angreifer in dessen Stammland zu bekämpfen.

Der technische Fortschritt in der Verkehrs- und Kommunikationstechnologie hat Verbrauchern wie Unternehmen Möglichkeiten zu Mobilität und Informationsaustausch gegeben, die erst die Voraussetzungen für eine internationale Orientierung geschaffen haben. Die Internationalisierung verändert aber auch das Umfeld, in dem das Unternehmen operiert. Dadurch ergibt sich die Notwendigkeit einer konsequenten Informationsausrichtung auf das internationale Umfeld (vgl. Simmet-Blomberg 1998, S. 1).

Internationalisierung ist allerdings nicht für alle Unternehmen gleichermaßen von Relevanz. Alle lokal und regional ausgerichteten Unternehmen werden ihre Expansion vorrangig innerhalb regionaler bzw. nationaler Grenzen tätigen. Der Biermarkt ist typischerweise lokal bzw. regional geprägt, internationale Biere sind die Ausnahme. Während aufgrund der Individualität ihrer Leistungserstellung Dienstleistungen überwiegend national ausgerichtet sind, ergibt sich für viele Investitionsgüter aufgrund der geringen Zahl nationaler Nachfrager eine strategische Notwendigkeit zur Internationalität (vgl. Backhaus/Büschken/Voeth 1998, S. 74). In vielen nationalen Unternehmen bekommt Marketing allerdings zunehmend stärker eine internationale Ausrichtung. Aber nationale Marketingkonzepte sind nicht ohne weiteres auf internationale Verhältnisse übertragbar.

Die Dynamik der internationalen Märkte spiegelt sich auch in der Entwicklung der Werbeausgaben wider. Spitzenreiter sind mit deutlichem Abstand die USA, vor Japan und Deutschland. Bereits an vierter Position rangiert das kommunistische China (das allerdings bei der Werbeintensität, also den Werbeausgaben pro Kopf der Bevölkerung, im Schlussfeld liegt). In der Spitzengruppe sind aber auch einige Schwellenländer vertreten, wie Brasilien, Korea und Hong Kong. In Europa ist Deutschland werbestärkstes Land, gefolgt von Großbritannien und Frankreich (vgl. Tabelle 7-1).

Tabelle 7-1: *Die 20 werbestärksten Staaten 2009*

	der Welt						Europas				
1	USA	133,4	11	Spanien	7,6	1	Deutschland	24,2	11	Polen	3,1
2	Japan	40,0	12	Russland	6,1	2	Gr.britannien	21,7	12	Portugal	2,9
3	Deutschland	24,2	13	Niederlande	5,2	3	Frankreich	16,1	13	Schweden	2,9
4	Gr.britannien	21,7	14	Korea	4,5	4	Italien	11,6	14	Norwegen	2,4
5	China	18,4	15	Österreich	4,2	5	Spanien	7,6	15	Griechenland	2,3
6	Frankreich	16,1	16	Indien	1,1	6	Russland	6,1	16	Dänemark	2,1
7	Italien	11,6	17	Belgien	3,8	7	Niederlande	5,2	17	Türkei	1,8
8	Kanada	10,2	18	Schweiz	3,5	8	Österreich	4,2	18	Finnland	1,8
9	Australien	9,4	19	Hong Kong	3,4	9	Belgien	3,8	19	Irland	1,7
10	Brasilien	7,9	20	Polen	3,1	10	Schweiz	3,5	20	Ungarn	1,2

Quelle: ZAW Jahrbuch 2011, S. 28 f.; Angaben in Mrd. US $

Tabelle 7-2: *Weltweite Werbeausgaben*

	2009	2010	2011	2012	2013
Nordamerika	156,6	165,6	164,8	170,5	176,1
Westeuropa	100,1	105,4	109,1	113,1	116,9
Asien/Pazifik	99,7	107,9	112,9	122,2	130,5
Zentral-/Osteuropa	25,4	28,5	31,3	35,5	40,4
Lateinamerika	25,7	29,1	31,4	33,8	36,9
Afrika/Mittlerer Osten	21,2	20,5	21,3	22,9	24,7
weltweit	**428,8**	**451,9**	**470,8**	**498,1**	**525,6**

Quelle: Zenith Optimedia; Angaben in Mrd. US $; Stand: April 2011

Die weltweiten Werbeausgaben für das Jahr 2013 werden auf 525 Milliarden Dollar beziffert. Der größte Anteil entfällt auf Nordamerika, wenngleich mit rückläufiger Tendenz. Die größte Wachstumsdynamik liegt im asiatischen Raum (vgl. Tabelle 7-2).

7. 2 Grundsatzkonzeptionen im Internationalen Marketing

Internationales Marketing beinhaltet Marketingaktivitäten in mehr als einem Land, „... beginnend bei ‚zwei' und endend bei ‚allen' Ländern der Erde" (Berekoven 1985, S. 19).

Eine der grundlegenden Entscheidungen im Internationalen Marketing betrifft die Frage, wo innerhalb der polaren Ausrichtung **Standardisierung** einerseits und **Differenzierung** andererseits, das Marketing-Mix angesiedelt werden soll. Wird international eine einheitliche, standardisierte Marketing-Konzeption verfolgt oder wird für jedes Land eine spezifische Marketing-Konzeption erstellt, die die jeweiligen nationalen Eigenheiten berücksichtigt (vgl. Zentes 1995, Sp. 1036). Die Extreme bilden einerseits die weltweit identische Marketing-Konzeption nach dem Motto „one product, one message, worldwide", andererseits die voneinander völlig unabhängige Bearbeitung mehrerer Länder. Kennzeichnend für das Internationale Marketing ist es, dass die Einzelentscheidungen pro Land nach Maßgabe einer gemeinsamen, internationalen Unternehmenszielsetzung getroffen und koordiniert werden und sich somit wechselseitig bedingen. Gegenüber rein nationalem Marketing stellt Internationales Marketing vor allem erhöhte Anforderungen an die Beschaffung und Interpretation von Informationen, da es nicht nur vermehrte, sondern auch andersartige Probleme und Aufgabenstellungen beinhaltet (vgl. Berekoven 1985, S. 21).

Die Strategie der Standardisierung, also die Bearbeitung mehrerer Länder mit weitgehend einheitlichem Marketing-Mix ohne Berücksichtigung länderspezifischer Gegebenheiten, wird üblicherweise als **globales Marketing** bezeichnet, die länderspezifische Differenzierung des Marketingprogrammes als **multinationales Marketing** (vgl. Abbildung 7-1).

Die Diskussion über die Vor- und Nachteile eines standardisierten oder differenzierten grenzüberschreitenden Vorgehens wurde vor allem durch einen Aufsatz von T. Levitt

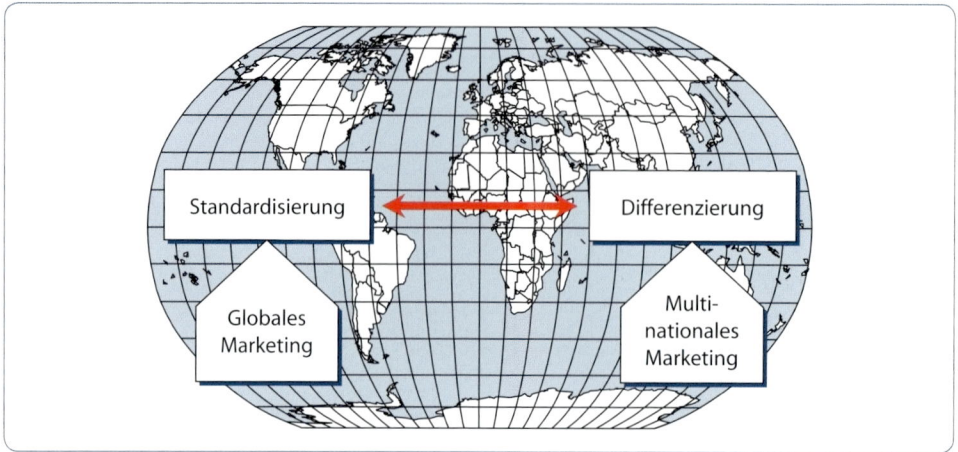

Abbildung 7-1: *Grundsatzkonzeptionen im Internationalen Marketing*

belebt. Er vertritt die These, dass sich die Verbraucherbedürfnisse weltweit zunehmend angleichen, aufgrund zunehmender soziodemographischer und psychographischer Ähnlichkeiten der Zielgruppen, hoher Mobilität und neuer Kommunikationstechnologien. Diese Konvergenz der Verbraucherbedürfnisse führe zu einer weltweiten Homogenisierung der Nachfrage, was eine Standardisierung der Produktion ermögliche und somit zu Kostenvorteilen aufgrund von Skalen- und Erfahrungskurveneffekten führe (vgl. Levitt 1983, S. 92 ff.). In der Tat scheint auch vieles für die These Levitts zu sprechen, da viele Produkte weltweit distribuiert und nachgefragt werden. Marken wie *Coca-Cola*, *Marlboro*, *Nike* und alle Designerprodukte werden schließlich weltweit mit weitgehend identischem Marketing-Mix geführt, Pavarotti und die Rolling Stones werden weltweit gehört.

Die Gegner dieser These argumentieren mit einer diametral entgegengesetzten Entwicklung im Verbraucherverhalten, nämlich einer zunehmenden Individualisierung, die eine stärkere Differenzierung erfordere (vgl. z.B. Naisbitt 1984, 1992). Kotler hält Levitt entgegen, dass dieser den Erfolg internationaler Marken falsch interpretiere. Auch *Coca-Cola* und *McDonald's* haben sich mit ihrem Angebot an den Geschmack unterschiedlicher Regionen angepasst. (vgl. Kotler//Keller/Bliemel 2007, S. 1064 f.). In Deutschland bietet *McDonald's* Bier an, in Frankreich Wein, in Singapur und Malaysia Fruchtsaft. In Indonesien wird Reis zum *Big Mäc* serviert, in Mexiko Chilisoße statt Ketchup. In einigen Ländern ist *Coca-Cola* weniger süß und kohlensäurehaltig als in anderen.

Die – vor allem kulturgeprägten – Unterschiede zwischen den Verbrauchern in den einzelnen Ländern seien größer als deren Gemeinsamkeiten. Dafür spricht, dass Differenzierung insbesondere auf gesättigten Märkten ein Grundgesetz des Marketing und die Basis für Wettbewerbsvorteile ist. Marken wie *McDonald's*, *BMW* oder *Nescafé* bzw. der größte Teil aller internationalen Lebensmittel-Unternehmen wie *Unilever*, oder *Nestlé* verfolgen ein länderspezifisches Produktmarketing.

Margarine für Asien

„Wir haben es redlich versucht (Lebensmittel global zu vermarkten, I.K.), zum Beispiel mit Margarine. Die verkauft sich ganz gut – in Europa und in den USA. Aber nicht in Asien. Dort wird kein Brot gegessen, also wofür Margarine? Wir haben versucht, den Asiaten beizubringen, dass Brot ganz köstlich schmeckt und dabei gelernt, besser etwas zu verkaufen, was die Menschen gerne essen, anstatt sie zu bewegen, etwas zu essen, was wir gerne verkaufen. (…) … bei Filmen gibt es keine nationalen Unterschiede. Wir dagegen bedienen die Wünsche der Konsumenten individuell. Beispielsweise mit Lebensmitteln. Die Ernährungsgewohnheiten sind verschieden. Die Deutschen essen Würstchen, Kartoffeln und Soße. Die Italiener lieben ihre Pasta, die Chinesen Nudeln, in Indonesien wird Reis gegessen. Wir verkaufen unsere Ware in 160 Ländern der Erde, und wir produzieren in rund 90 Ländern. Aber unterschiedliche Produkte – nicht nur bei Lebensmitteln, auch bei Waschpulver und Hygieneartikeln. (…) Sicher, wir kaufen auf der ganzen Welt alle die gleichen Autos und Fernseher und sehen dieselben Seifenopern. Auch die Snacks von *McDonald's* und die Drinks von *Coca-Cola* werden überall geliebt. Die Menschen rund um den Globus lieben Marken. Aber sie lieben sie nicht, weil sie auf der ganzen Welt zu haben sind."

M. Tabaksblat, Chairman von *Unilever*, zitiert nach Baron/Bierach/Thelen, 1997, S. 130 f.

Aus bitterer Erfahrung kennt Kellogg-Vorstand David Mackay die kulturellen Widerstände gegen die Frühstückscerealien des US-Markenartiklers nur zu gut. Der Konzern ist bereits seit mehr als 50 Jahren in Brasilien tätig. „Trotzdem essen die Brasilianer immer noch nichts zum Frühstück. Sie gehen spät ins Bett, stehen auf und trinken Kaffee".

Auch den chinesischen Markt hat der Konzern aus Michigan bis dato nicht knacken können. Mackay: Die Chinesen essen Heißes, Matschiges und Salziges zum Frühstück. Wir
aber bieten Kaltes, Knackiges und Süßes an". Aus diesem Grund ist Kellogg aus dem
Markt in der Volksrepublik ausgestiegen, denkt gleichwohl aufgrund des Expansionspo-
tenzials aber über eine Rückkehr nach (O.V. 2008c, S. 37).

Unter dem Aspekt von Skaleneffekten sind globale Marken nationalen Marken eindeutig
überlegen. Allerdings können auch nationale Konzepte eines international ausgerichteten
Unternehmens von Synergien seiner globalen Marken profitieren. Denn einerseits können
die größeren finanziellen Spielräume globaler Marken für den Auf- und Ausbau nationaler Marken-Positionen eingesetzt werden. „Zum anderen kann jede nationale Marke
irgendwann auch international zum Einsatz kommen, weil sich die Verbraucherwünsche
entsprechend entwickelt haben. (…) Von Konzepten mit ‚nationaler' Kundennähe kann
folglich auch die globale Wettbewerbsstärke profitieren" (Stach 1999, S. 63).

Teilweise stellt sich bei global geführten Marken auch die Frage nach der Henne und dem
Ei: Bewirkt eine weltweit homogene Vermarktung nicht auch eine Angleichung der Verbraucherbedürfnisse (vgl. Jenner 1994, S. 16)? Möglicherweise wäre der *Marlboro*-Cowboy
ohne die John-Wayne-Filme international auch nicht so erfolgreich.

Die Entscheidung zwischen Standardisierung und Differenzierung korrespondiert mit den
von Porter postulierten Wettbewerbsstrategien der Kosten- bzw. Qualitätsführerschaft
(vgl. Abbildung 7-2):

- Kostenführerschaft bedingt Standardisierung von Produkten/Leistungen und Prozessen und ermöglicht auf internationaler Ebene noch weitgehendere Einsparungen als auf
  nationaler Ebene. Im Ergebnis resultiert daraus ein homogener Marketing-Mix und
  Preisvorteile, aufgrund der erzielbaren (global) economies of scale.
- Die Strategie der Qualitätsführerschaft beinhaltet in beiden Fällen die Orientierung an
  zielgruppenspezifischen Bedürfnissen durch gegenüber dem Wettbewerb differenzierte
  Angebote. Auf internationaler Ebene unterscheiden sich Zielgruppen zusätzlich durch
  kulturell bedingte Unterschiede.

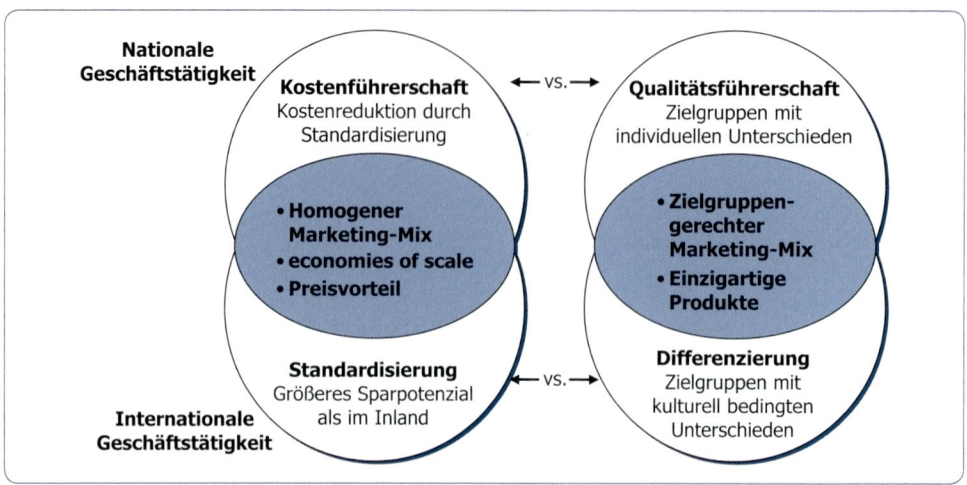

Abbildung 7-2: *Strategische Entscheidungen im Internationalen Marketing*
Quelle: Müller/Gelbrich: Interkulturelles Marketing, München 2004, S. 462

Je mehr der Marketing-Mix standardisiert werden kann, desto mehr können economies of scale generiert werden, desto unflexibler ist ein Unternehmen jedoch auch im Hinblick auf seine Reaktionen auf externe Faktoren. Die Gefahr der Standardisierung liegt darin, dass die jeweiligen Verbraucherbedürfnisse ungenügend berücksichtigt werden. „Während sich die Unternehmen in ihrem Streben nach Standardisierung durch Kosteneinsparungen bestätigt sehen, schaffen sie Möglichkeiten für lokal ausgerichtete Wettbewerber, die versuchen, mehr auf die Wünsche im jeweiligen Land einzugehen (Kotler/Keller/Bliemel 2007, S. 1065).

Während die Strategie der Standardisierung eher produktionsorientiert ist und vor allem auf Kostensenkungen abzielt, richtet sich die Strategie der Differenzierung eher an jeweiligen Marktfaktoren aus, wie dem Verbraucherverhalten und dem Wettbewerb (vgl. Jenner 1995, S. 17 f.).

Die Entscheidung zwischen Standardisierung und Differenzierung geht aber über derartige Betrachtungsweisen noch hinaus, denn sie rüttelt an einem Marketingdogma: „Die Grundphilosophie des Marketing basiert auf einer Heterogenitätsannahme und dem Bestreben, segmentierte Teilmärkte unterschiedlich, dafür aber optimal zu bedienen. Der Standardisierungsgedanke steht damit in krassem Widerspruch zu den grundlegenden Elementen der Marketingphilosophie" (Müller 1998, S. 88).

Unabhängig davon entspricht eine polarisierende Betrachtung – entweder Standardisierung oder Differenzierung – auch zunehmend weniger der Realität. Es ist vielmehr davon auszugehen, dass eine wachsende Differenzierung eine notwendige Folge der Globalisierung ist (vgl. Brabeck-Letmathe 1999, S. 70). Beispielsweise hat sich die Pizza auf der ganzen Welt durchgesetzt, wobei sie immer mehr den lokalen Geschmacksrichtungen angepasst wurde.

Die Frage, ob Standardisierung oder Differenzierung ist in der Praxis abhängig vom jeweiligen Produkt und eher ein graduelles Problem. Sicherlich gibt es Produkte, bei denen eine weltweite Konvergenz der Verbraucherbedürfnisse festzustellen ist. Es lassen sich auch „Cross-Cultural-Groups" identifizieren, die sich durch einheitliche Verhaltens- und Konsummuster auszeichnen. Bei vielen Produkten ist dies jedoch nicht der Fall. Dafür sind die Unterschiede zwischen den einzelnen Ländern zu groß.

Diese Unterschiede liegen im Wesentlichen in folgenden Faktoren begründet:

- Kaufkraftverhältnisse.
- Bedarfs- und Geschmacksusancen.
- Werteverständnis unterschiedlicher Kulturkreise.
- Wettbewerbssituationen.
- Imageunterschiede bei Marken und Herkunftsländern.
- Unterschiedliche Rechtsrahmen (z.B. bezüglich Kennzeichnungspflicht, Produkthaftung).
- Kostenstrukturen (Lohn-, Rohstoffkosten).
- Handelsstrukturen.

Diese Faktoren bewirken häufig schon innerhalb nationaler Grenzen unterschiedliche Konsumpräferenzen (z.B. zwischen Ost- und Westdeutschland, Nord- und Süditalien).

Der ehelige *Coca-Cola*-CEO Douglas Daft wagte die These „Think global, act global" in „..., act local" abzuwandeln. Das war Balsam für die Seele der „Alten Welt" der Europäer.

Daft misstraute einer These, die vor allem von international aktiven Werbeagenturen Ende der 1990er-Jahre aufgestellt wurde. Danach würden sich Weltkonzerne in einer zunehmend von Satellitenfernsehen und vom Internet geprägten Konsumentenkommunikation mit Regionalmarken nur verzetteln. Volle Kraft auf Weltmarken, lautete die Devise. Diese Agenturen hatten den Nerv eines Weltbürgers vor Augen, den es in diesem Extrem aber gar nicht gibt.

Der deutsche Markt veredelter Milchfrischprodukte beweist das exemplarisch. *Müller, Bauer, Ehrmann, Zott:* Dieses Trommelfeuer deutscher Marken der mittelständisch strukturierten Milchwirtschaft ließe sich noch um viele andere Namen ergänzen, um zu zeigen, dass sich selbst die Weltmarktführer *Nestlé* und *Danone* hier auch mit viel Geld im Rücken fügen müssen.

Danone schaffte es, unterstützt von starken Marken wie *Fruchtzwerge* und *Actimel*, sich auf die Besonderheiten des deutschen Marktes mit verfeinertem Marketing einzustellen. *Nestlé* strich sogar die Segel und verkaufte zahlreiche Milchmarken darunter *Lünebest* und *Bärenmarke*.

Und selbst der Gralshüter unter den Weltmarken, *Coca-Cola*, muss sich seit Jahren zumindest hierzulande in Demut üben. Noch so ausgefeilte Offensiven, die auf Märkten mit weniger Wettbewerbern unmittelbaren Erfolg zeigen, verfangen in Deutschland nicht mit demselben Automatismus. Der Grund: Fast 200 mittelständische Hersteller von Mineralwasser, Limo und Saft schaffen es immer wieder, lokale und sogar globale Trends zu setzen. *Red Bull* und *Bionade* lassen grüßen. Ähnlichkeiten mit dem Biermarkt drängen sich auf. Dessen Bedingungen sind zwar aufgrund von Besonderheiten wie Mehrweg und Bierliefervertägen nicht ganz vergleichbar. Von nennenswertem Erfolg der großen Braukonzerne war und ist in Deutschland jedenfalls nicht viel zu sehen (v. Pilar 2008, S. 105).

Im Normalfall sind im Internationalen Marketing Anpassungen des Marketing-Mix unumgänglich:

- **Produktpolitik:** Grundsätzlich gilt, dass weltweit homogene Grundbedürfnisse (z.B. in der Ernährung, der Fortbewegung oder im Freizeitbereich) zwar eine Standardisierung des **Grundnutzens** ermöglichen. Auf gesättigten Märkten wird die strategische Positionierung durch den **Zusatznutzen** jedoch zunehmend wichtiger. Für die Kaufentscheidung ist daher der Zusatznutzen meist von größerer Bedeutung. Das Standardisierungspotenzial des Grundnutzens ist deutlich höher als das des Zusatznutzens. In der Praxis zeigt sich, dass viele Unternehmen economies of scale durch Vereinheitlichung der Produkte generieren, gleichzeitig aber Differenzierungsvorteile durch länderspezifisch angepasste Zusatznutzen anstreben.

  Obwohl *Coca-Cola* weltweit ein sehr weitgehend standardisiertes Produkt ist, erfolgt die Produktkennzeichnung in der jeweiligen Landessprache. In anderen Fällen kann es nötig sein, die Schutzfunktion der Verpackung an extreme Verhältnisse in den Tropen (Schutz vor Feuchtigkeit und Wärme) anzupassen. Produktnamen sind auf ihre internationale Verwendung zu überprüfen. Im Automobilbereich sind Anpassungen an nationale Sicherheitsstandards oder Abgasvorschriften notwendig. *Mattel* musste die amerikanischen Schönheitsidealen entsprechende *Barbie*-Puppe den japanischen Vorstellungen anpassen, als die Puppe auch in Japan vertrieben werden sollte. Schönheit im westlichen Sinn erscheint in Japan eher als hässlich. Selbst *IKEA* nimmt – wenn auch nur in Ausnahmefällen – Anpassungen an landestypische Sitten vor, beispielsweise an die Vorliebe der Deutschen für Schuhschränke, extra lange Betten in Holland oder besonders hohe Kleiderschränke in Italien. In China wird der Zusammenbau der Möbel als Service mit angeboten, da die Chinesen sie nicht selber zu Hause zusammenbauen wollen.

- **Preispolitik:** Dieser Marketing-Mix-Faktor ist, falls überhaupt, nur mit Einschränkungen standardisierbar. Unterschiede in den Konkurrenz-, Kosten-, Lieferantenstrukturen, Wechselkursen, Kaufkraftverhältnissen, Steuern, Zahlungs- und Lieferbedingungen lassen einen weltweit einheitlichen Preis praktisch unmöglich erscheinen. Andererseits wirken zunehmende Preistransparenz, Mobilität der Verbraucher, internationale Handelskonzerne und die Existenz grauer Märkte gegen eine zu starke internationale Preisdifferenzierung. Auf dem europäischen Automarkt werden Preisunterschiede in einzelnen Ländern immer wieder zu Reimporten ausgenutzt.

  Während sich auf nationaler Ebene die Preisfestsetzung an dem magischen Dreieck aus Kunden, Kosten und Konkurrenten orientiert, ist auf internationaler Ebene zusätzlich noch das kulturelle Umfeld zu berücksichtigen. Hier ist beispielsweise die Tatsache von Bedeutung, dass, je nach Kulturkreis, Preise in unterschiedlicher Weise als Qualitätssignale fungieren und die Preisbereitschaft für einzelne Produktgruppen unterschiedlich ausgeprägt ist. Ferner gilt es zu berücksichtigen, welche Rolle das Geld spielt und wie Preise wahrgenommen und beurteilt werden.

- **Distributionspolitik:** Auch hier ist eine Anpassung an die jeweiligen nationalen Verhältnisse i.d.R. unabdingbar. Da der Aufbau eigener Vertriebswege sehr teuer sein kann, wird ein Unternehmen vorhandene Absatzwege nutzen. Dies erfolgt häufig über Exporteure oder Vertriebs-Joint-Ventures.

  Handelsunternehmen sind vergleichsweise wenig globalisiert, die jeweilige nationale Distributionsstruktur ist meist historisch gewachsen. Der lokale Handel besitzt für internationale Unternehmen insofern eine Schlüsselfunktion, als er nicht nur den direkten Kontakt mit den Käufern hat, sondern auch deren Bedürfnisse besser kennt als ausländische Produzenten.

Standardisierung und Feintuning bei L'Oréal

L'Oréal ist heute nicht mehr das multinationale Unternehmen, das in mehreren Ländern agiert und seine Produkte und Strategien jeweils voll an die lokalen Gegebenheiten anpasst. Vielmehr sind wir inzwischen in die Phase des global operierenden Unternehmens hineingewachsen, das die Welt als großen, einheitlichen Markt sieht, der im Prinzip überall mit den gleichen Produkten und denselben Strategien bedient wird. Dennoch hat das Feintuning des ,act locally', natürlich nach wie vor seine Berechtigung – etwa im Vertrieb, Merchandising und bei den Promotions.

In der Markenpolitik kommt es also zu einer Bündelung der Kräfte, zu einer Standardisierung und Vereinfachung, die nicht mehr die Unterschiede in den einzelnen Ländern sucht, sondern die Gemeinsamkeiten. Dies wird insbesondere in den Kosmetikmärkten dadurch erleichtert, dass es heute starke internationale Trends gibt. Die Vorstellungen von Schönheit und Lebensstil laufen rund um den Globus zusammen. Kurz, die Konsumenten, zumindest diejenigen, die die Zielgruppe großer Kosmetikmarken sind, reagieren in allen Ländern ungefähr gleich. So wird *L'Oréal* in Zukunft Mittel und Strategien noch weiter konzentrieren. Von den über 500 Marken, die heute weltweit in allen Segmenten des Kosmetikmarktes angeboten werden, sind es nur zehn Mega-Brands, die bereits über 80% des Konzernumsatzes auf sich vereinen: *L'Oréal, Laboratoires Garnier, Maybelline* (USA), *Vichy, Lancôme, Helena Rubinstein, Giorgio Armani, Ralph Lauren, Redken* und *Biotherm*. Diese großen Dachmarken haben in allen Ländern dieselbe Positionierung, ja meistens sogar eine identische Werbeaussage.

Witzens 1998, S. 111

7. 3 Grundsatzkonzeptionen der Internationalen Werbung

Wie im globalen Marketing-Mix geht es natürlich auch im Rahmen von internationaler Werbung um die Grundsatzfrage von deren Standardisierung oder Differenzierung: Muss/sollte Werbung auf die Gegebenheiten der einzelnen Ländermärkte angepasst oder kann eine international einheitliche Kampagne realisiert werden?

Tabelle 7-3 gibt einen Überblick über die 50 größten werbetreibenden Unternehmen der Welt und zeigt die Bedeutung auf, die der Internationalen Werbung zukommt. Die Top 100 der Werbetreibenden vereinen rund ein Viertel des weltweiten Werbevolumens. Mit Abstand werbeintensivstes Unternehmen ist Procter & Gamble, mit einem Werbevolumen von fast neun Milliarden US$. Unter den größten Werbetreibenden sind mit Volkswagen (Rang 13), der Deutschen Telekom (24), Maxinvest (29), Bayer (46) und Aldi (49) auch fünf deutsche Unternehmen. Die mit Abstand meisten Werbegelder fließen für Automobile und Körperpflege.

Tabelle 7-3: *Die 50 größten Werbetreibenden der Welt 2009*

Werbe-treibender		Werbe-volumen	Werbe-treibender		Werbe-volumen	Werbe-treibender		Werbe-volumen
1	Procter & Gamble	8.68	18	Mars	1.59	35	Renault	1.09
2	Unilever	6.03	19	PepsiCo	1.45	36	Fr.Telecom	1.04
3	L'Oréal	4.56	20	Walt Disney	1.44	37	General Mills	934,7
4	General Motors	3.27	21	Peugeot Citroen	1.43	38	Colgate	887,3
5	Nestlé	2.62	22	Wal-Mart	1.42	39	Vodafone	879,7
6	Coca-Cola	2.44	23	Time Warner	1.41	40	AB InBev	875,8
7	Toyota	2.31	24	Dt. Telekom	1.40	41	SC Johnson	875,2
8	Johnson & Johnson	2.25	25	Henkel	1.37	42	Hyundai	528,9
9	Reckitt Benckiser	2.24	26	Honda	1.37	43	Sears	795,1
10	Kraft Foods	2.12	27	Yum Brands	1.33	44	Kao	789,4
11	McDonald's	2.08	28	News Corp	1.27	45	Merck	773,6
12	Ford Motor	2.06	29	Maxinvest	1.19	46	Bayer	770,5
13	Volkswagen	1.94	30	Ferrero	1.17	47	Vivendi	767,1
14	Pfizer	1.83	31	General Electric	1.15	48	Viacom	760,8
15	Sony	1.71	32	Nissan	1.12	49	Aldi	722,6
16	Glaxo Smith Kline	1.63	33	Panasonic	1.12	50	Microsoft	713,0
17	Danone	1.62	34	Kellogg	1.10			

Mio. US $; Quelle: Advertising Age (www.adage.com)

Bei allen diesen Unternehmen, wie grundsätzlich in der Internationalen Werbung, stellen sich insbesondere die Fragen nach der Standardisierbarkeit von Markenname und

Markenlogo (International Branding) sowie nach der Standardisierbarkeit von Werbekampagnen.

7. 3.1 Besonderheiten internationaler Werbung

Werbung im internationalen Umfeld ist gegenüber rein nationaler Werbung durch einige Besonderheiten gekennzeichnet, die sich im Wesentlichen unter den Stichworten **Komplexität** und **Kultur** zusammenfassen lassen.

Auf die Tatsache, dass jeder Ländermarkt durch kulturspezifische Besonderheiten gekennzeichnet ist, wurde bereits hingewiesen. Diese Besonderheiten, die Auswirkungen sowohl auf das Verständnis der Werbebotschaft haben als auch auf die Akzeptanz von Werbung allgemein, werden im Verlauf dieses Kapitels ausführlich behandelt. Neben unterschiedlichen ökonomischen Faktoren sind es vor allem die kulturellen Unterschiede, die eine Standardisierbarkeit der Werbung im internationalen Umfeld in den meisten Fällen nicht zulassen. Denn Werbung spiegelt immer auch die Gesellschaft und Kultur eines Landes wider. Beispielsweise kann allein schon die Tatsache des unterschiedlichen Aussehens von Menschen für die Gestaltung der Werbung eine bedeutende Rolle spielen, immer dann, wenn Personen gezeigt werden, mit denen sich die Zielgruppe identifizieren soll. Süditaliener würden auf die Darstellung einer blonden deutschen Familie ebenso zurückhaltend reagieren wie Deutsche auf eine Straßenszene in Palermo. Es sei denn, es soll bewusst die Herkunft des Angebotes betont werden (vgl. Nagel 2005, S. 86).

Die zweite Besonderheit internationaler Werbung resultiert aus einem deutlich höheren Bedarf an Informationen und der Notwendigkeit, mehr Interaktionspartner koordinieren zu müssen. Beide Faktoren bedingen eine ungleich größere Komplexität als bei Werbeaktivitäten in nur einem Ländermarkt.

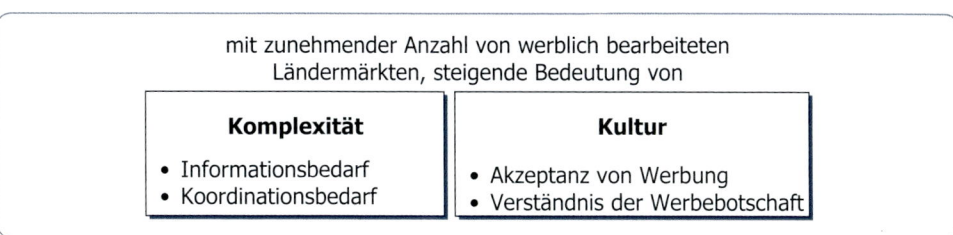

Abbildung 7-3: *Besonderheiten internationaler Werbung*

Ein Unternehmen, das allein innerhalb nationaler Grenzen werblich tätig ist, kann die Rahmenbedingungen, unter denen Werbung erfolgt, gut einschätzen. Diese Rahmenbedingungen sind jedoch von Land zu Land verschieden, beispielsweise im Hinblick auf:

- werbliche Infrastruktur,
- rechtliche Beschränkungen,
- soziokulturelle Gegebenheiten,
- Verfügbarkeit und Zuverlässigkeit von Mediaplanungsdaten,
- Verfügbarkeit von Werbeträgern,
- Ansprechmöglichkeiten spezieller Zielgruppen,
- Institutionen und Organisationen der Werbewirtschaft.

Dadurch steht ein Unternehmen, das beabsichtigt, in einem oder mehreren Ländern Werbung zu betreiben, zunächst einmal vor der Frage, wie es an die entsprechenden

Informationen kommt. Insbesondere in dem Fall, dass erstmalig ein neuer Ländermarkt bearbeitet werden soll, ist das Unternehmen auf die jeweiligen nationalen Werbe- und Mediaagenturen angewiesen bzw. auf die entsprechenden internationalen Agenturnetzwerke.

Internationale Marktforschung bei *L'Oréal*

Fremde Menschen beobachtet man nicht im Badezimmer. Es sei denn, man heißt *L'Oréal*, gehört zu den ganz Großen im internationalen Beauty-Business und schaut mit Erlaubnis beim Duschen oder Schminken zu. Dann nämlich ist das Marktforschung – und anscheinend dringend erforderlich, um für die Verbraucherinnen weltweit immer das richtige Schönheitszubehör anzubieten. Geokosmetik nennt der Konzern die Disziplin, die er in mittlerweile dreizehn „Zentren für Produktevaluationen" in Europa, Amerika, Afrika und Asien ausübt.

Während eine Frau hierzulande mit Creme und etwas Make-up gepflegt durch den Tag kommt, benutzt eine Koreanerin zwischen neun und zwölf Gesichtspflegeprodukte hinter- bzw. übereinander. Für den Hersteller bedeutet das: reichhaltige Texturen für hiesige Verwenderinnen, besonders leichte Konsistenzen für die Asiatin. Das gilt auch bei Mascara. Denn Japanerinnen schwingen im Durchschnitt hundertmal das Bürstchen, um ihre Wimpern zu tuschen, Französinnen selten mehr als fünfzigmal. Brasilianerinnen hingegen haben von Natur aus lange, schwarze Wimpern. Sie wünschen keine Farbe, sondern nur Schwung und Glanz. Ihren Fingernägeln dagegen lassen Brasilianerinnen viel Farbe und Schmuck zukommen. Mexikanische Männer lieben es, sich jede Menge Haargel „extra strong" auf den Kopf zu schmieren.

Um solche Eigenheiten herauszufinden, werden Testpersonen in den Forschungslabors dabei beobachtet, wie sie die Produkte benutzen. Die Kamera ist immer dabei. „Wir filmen den gesamten Ablauf einer Anwendung lückenlos." So registrieren die Marktforscher z.B. bei der Haarpflege minutiös, wie viel Shampoo wie lange benutzt wird, aber auch Wassertemperatur und -menge werden erfasst.

Neben kulturellen Besonderheiten stimmen Kosmetikhersteller ihre Artikel auf biologische Unterschiede in aller Welt ab. In Chicago untersucht *L'Oréal* Haut und Haar von Menschen afro-amerikanischer Herkunft. Ein zweites ethnisches Forschungszentrum für den asiatischen Raum wurde 2006 in Pudong/Schanghai eröffnet. Gerade in Drittwelt- und Schwellenländern sind auch infrastrukturelle Probleme bei der Produktzusammensetzung zu berücksichtigen. Wo fließendes Wasser ein Luxusgut ist und sich mehrere Menschen einen Bottich teilen, muss man ein Shampoo besonders schnell und einfach wieder auswaschen können.

Quelle: Düthmann: Blick ins Bad, in: Lebensmittel Zeitung Spezial, Nr. 3, 2007, S. 73

Ist ein Unternehmen gleichzeitig auf mehreren Ländermärkten werblich aktiv, ergibt sich die Notwendigkeit, die jeweiligen nationalen Werbeaktivitäten zu koordinieren. Koordinationsbedarf ergibt sich im Hinblick auf:

- Abstimmung/Kontrolle von Positionierung, copy strategy und Werbestrategien,
- Steuerung der Agenturen,
- Aufteilung des Werbeetats,
- Budget- und Kostenkontrolle.

Der Koordinationsbedarf steigt mit zunehmender Anzahl von Ländermärkten i.d.R. überproportional. Die meisten internationalen Unternehmen bündeln ihre Werbeaktivitäten daher in internationalen Agenturnetzwerken, die über nationale Agenturen auf den entsprechenden Ländermärkten verfügen. Üblicherweise wird dafür eine „lead agency" ausgewählt, der die Verantwortung für die Einhaltung der Unternehmensstrategie übertragen wird und die die jeweiligen nationalen Agenturen entsprechend steuert.

7. 3.2 International Branding

Auf internationalen Märkten haben Marken grundsätzlich dieselben Funktionen wie auf nationalen Märkten: Sie ermöglichen einerseits eine Differenzierung vom Wettbewerb, andererseits vereinfachen sie die Kaufentscheidung durch Verringerung des Kaufrisikos. Der wesentliche Unterschied besteht jedoch darin, dass auf internationaler Ebene Marken immer auch vor dem jeweiligen kulturellen Hintergrund bewertet werden. Beispielsweise wiegt in China das soziale Kaufrisiko („Was werden meine Nachbarn sagen"?) besonders schwer, insofern haben Marken hier eine starke soziale Funktion.

Andererseits sind ausländische Produkte für den Käufer zunächst einmal „fremd" und erhöhen somit tendenziell das Kaufrisiko, zumal der ausländische Hersteller faktisch und emotional weiter entfernt ist, als der einheimische. Diese potenzielle Erhöhung des Kaufrisikos können vor allem starke internationale Marken reduzieren (vgl. Müller/Gelbrich 2004, S. 570 ff.). Dennoch sind grundsätzlich zwei mögliche Extremreaktionen ausländischer Käufer denkbar:

> Einerseits werden Produkte aus dem Ausland als „fremd" oder „minderwertig" rundweg abgelehnt. Gleichzeitig werden einheimische Erzeugnisse glorifiziert. Dieses Kaufverhalten bezeichnet man als „ethnozentrisch". Andererseits gibt es Personen mit „kosmopolitischem" Kaufverhalten. Sie sind von den neuen Konsummöglichkeiten durch die Internationalisierung uneingeschränkt begeistert und lehnen Produkte aus dem eigenen Land plötzlich als „langweilig", „zu teuer" oder schlicht „rückständig" ab (Balensiefer 2007, S. 72).

Beim Aufbau globaler Marken kommt der Werbung eine entscheidende Bedeutung zu. Es ist offensichtlich, dass eine international einheitliche Werbekampagne auch eine international einheitliche Marke voraussetzt. Die Standardisierung von Markenname und -logo kann als der Regelfall im Internationalen Marketing angesehen werden, wenn das strategische Ziel verfolgt wird, eine Weltmarke aufzubauen. Voraussetzung dafür ist jedoch, dass der Markenname in allen Ländern

- aussprechbar ist,
- ähnliche Assoziationen und Bedeutungsinhalte weckt,
- rechtlich schutzfähig ist und
- die Marke dem Unternehmen auch in allen Ländern gehört.

Ist eine dieser Voraussetzungen nicht gegeben, muss auch beim Markennamen international eine Strategie der Differenzierung verfolgt werden. Eine andere Notwendigkeit zu einer international differenzierten Markenführung ergibt sich, wenn Unternehmen nicht mit ihrer eigenen Marke im Ausland expandieren, sondern sich dort existierende Marken hinzukaufen (vgl. Berndt/Altobelli/Sander 2005, S. 211 f.). Beispielsweise bietet der Unilever-Konzern seine Speiseeismarken international mit unterschiedlichen Markennamen an: z.B. *Langnese* in Deutschland, *Algida* in Italien, Griechenland, der Türkei, *Ola*

Abbildung 7-4: Speiseeismarken des Unilever-Konzerns

in Holland und Belgien, *Frisko* in Dänemark, *Frigo* in Spanien, *Eskimo* in Österreich und Ungarn, *Miko* in Frankreich, *Good Humor* in den USA und Kanada, *Lusso* in der Schweiz, *Bresler* in Chile, – allerdings unter Beibehaltung des Markenzeichens. Unabhängig davon ist es gelungen, *Magnum* als globale Marke mit einem länderübergreifenden Konzept in 50 Ländern zu positionieren. International unterschiedliche Marken finden sich auch im Waschmittel- und Haushaltsreinigerbereich.

> *Pepsi* hat seinen Markennamen den phonetischen Besonderheiten der spanischen Sprache angepasst. Die Marke heißt in Argentinien *Pecsi* und in Spanien *Pesi*, da in diesen Ländern Probleme mit der Aussprache des zweiten „P" bestehen. Die Einführungskampagne in Spanien lautete: „Do you say ‚*Pepsi*' or ‚*Pesi*'? If you say ‚*Pepsi*' it's correct. If you say ‚*Pesi*' it's even better. It doesn't matter how you say it, you are saving either way" (vgl. Vescovi/Rocca 2010).

Unter dem Aspekt der Standardisierung steht im Internationalen Marketing der Aufbau einer Weltmarke im Vordergrund, d.h. Name, Logo und Slogan sollten Standardisierungspotenzial haben. Als Weltmarke ist eine Marke dann zu bezeichnen, wenn sie weltweit weitgehend einheitlich erscheint und eine hohe symbolische Wirkung bei den Verbrauchern hat, d.h. von allen in gleicher Weise verstanden wird. In diesem Sinn sind z.B. *Toyota*, *Kodak*, *IBM*, *Sony*, *Coca-Cola*, *Pepsi Cola*, *McDonald's*, *Mercedes Benz*, *Nivea*, *Pampers*, *Levis*, *Marlboro*, *Rolex* und *Rolls Royce* als Weltmarken zu bezeichnen. Globale Marken scheinen insofern einen Wert an sich darzustellen, als sie den Käufern das Gefühl vermitteln, Mitglieder einer globalen „in-group" zu sein.

Tabelle 7-4: *Globale Marken nach ACNielsen*

Marke	Hersteller	Branche	Umsatz
Coca-Cola	Coca-Cola	kohlensäurehaltige Getränke	< 15 Mrd. $
Marlboro	Philip Morris	Tabakwaren	
Pepsi	PepsiCo	kohlensäurehaltige Getränke	5–15 Mrd. $
Budweiser	Anheuser-Busch	Bier	3–5 Mrd. $
Campbell's	Campbell Soup	Suppen	
Kelloggs	Kelloggs	Cerealien	
Pampers	Procter & Gamble	Windeln	
Benson&Hedges	Rothmans, Gallaher, BAT	Tabakwaren	2–3 Mrd. $
Camel	Japan Tobacco	Tabakwaren	
Danone	BSN	Joghurt	
Fanta	Coca-Cola	kohlensäurehaltige Getränke	
Friskies	Nestlé	Tiernahrung	
Gillette	Gillette	Klingen und Rasierer	
Huggies	Kimberley-Clark	Windeln	
Nescafé	Nestlé	Kaffee	
Sprite	Coca-Cola	kohlensäurehaltige Getränke	
Tide	Procter & Gamble	Waschmittel	
Tropicana	PepsiCo	stille Getränke	
Wrigley's	Wrigley	Kaugummi	

Marke	Hersteller	Branche	Umsatz
Colgate	Colgate-Palmolive	Zahnpasta	1,5–3 Mrd. $
Duracell	Gillette	Batterien	
Heineken	Heineken	Bier	
Kodak	Eastman-Kodak	Filme	
L&M	Philip Morris	Tabakwaren	
Lay's	Frito-Lay	Chips & Snacks	
Pedigree	Mars	Tiernahrung	
Always	Procter & Gamble	Hygieneartikel	1–1,5 Mrd. $
Doritos	Frito-Lay	Chips & Snacks	
Energizer	Energizer	Batterien	
Gatorade	PepsiCo	Sportgetränke	
Guinness	Diageo	Bier	
Kinder	Ferrero	Schokolade	
Kleenex	Kimberley-Clark	Gesichtstücher	
L'Oréal	L'Oréal	Kosmetik	
Maxwell House	Procter & Gamble	Kaffee	
Minute Maid	Coca-Cola	stille Getränke	
Nivea	Beiersdorf	Gesichtspflege	
Pantene	Procter & Gamble	Haarpflege	
Philadelphia	Philip Morris	Käse	
Pringles	Procter & Gamble	Chips & Snacks	
Seven-Up	Cadbury Schweppes/ PepsiCo	kohlensäurehaltige Getränke	
Tylenol	Johnson & Johnson	OTC Schmerzmittel	
Whiskas	Mars	Tiernahrung	

Quelle: ACNielsen, 2001: Reaching the Billion Dollar Mark, www.acnielsen.de

In einer restriktiveren Sicht hat das Marktforschungsinstitut ACNielsen eine Marke als global definiert, wenn sie folgende Kriterien erfüllt:

- Jahresumsatz mindestens eine Milliarde US $.
- Geographische Präsenz in allen Hauptregionen der Welt: Nordamerika, Lateinamerika, Asien/Pazifik, Europa/Mittlerer Osten/Afrika.
- Umsätze außerhalb des Heimatmarktes müssen mindestens 5 % des gesamten Umsatzes ausmachen.

Unter der Einschränkung, dass nur Einzelhandelsumsätze berücksichtigt wurden, identifizierte eine entsprechende Studie unter diesen Kriterien insgesamt nur 43 Marken, die die Bezeichnung „global" beanspruchen können (vgl. Tabelle 7-4).

Hinter diesen Marken stehen 23 globale Hersteller mit einem Gesamtumsatz von 125 Milliarden US $. Fast ein Drittel dieser Marken entstammen dem Bereich Getränke, angeführt von *Coca-Cola* und *Pepsi*. Zigaretten, Snacks und Tiernahrung sind die anderen dominanten Bereiche. Acht Hersteller verfügen über mehr als eine globale Marke: *PepsiCo* (6), *Procter & Gamble* (5), *Philip Morris* (5), *Coca-Cola* (4), *Kimberley Clark* (2), *Gillette* (2), *Mars* (2) und *Nestlé* (2) (vgl. ACNielsen 2001).

Die Kategorisierung einer Marke als „global" bedeutet jedoch nicht notwendigerweise, dass diese Marke auch global standardisiert ist im Hinblick auf Markenname, Produkt, Verpackung oder Werbung. Diese Voraussetzungen erfüllt kaum eine globale Marke. Fast immer ist der Marketing-Mix dieser Marken den lokalen Notwendigkeiten angepasst („brand globally, advertise locally"). Selbst *Coca-Cola* variiert im Geschmack, je nachdem, ob in einzelnen Ländern süßere oder weniger süße Getränke präferiert werden. Globale Marken sind nur in seltenen Fällen in allen Märkten wirklich identisch.

Es erscheint sinnvoll, in diesem Zusammenhang zwischen Firmenmarken und Individualmarken zu unterscheiden. Firmenmarken (z.B. *Siemens*, *IBM*) finden sich häufig bei technischen Produkten, bei denen das gesamte Produktionsprogramm unter der Firmenbezeichnung beworben wird. Markentechnisch interessanter sind Weltmarken, die auf individuellen Produktdifferenzierungen innerhalb vergleichbarer bzw. austauschbarer Produkte basieren (vgl. Berekoven 1985, S. 151).

Aus der Sicht der Verbraucher ist es häufig irrelevant, ob eine Marke national oder global ist. Es zeichnen sich im Gegenteil immer wieder Tendenzen ab, dass Verbraucher nationale Marken präferieren bzw. Marken, die sie als nationale Marken ansehen. Auch erfolgreiche globale Marken werden in einzelnen Ländern oft als nationale Marken wahrgenommen, wie beispielsweise *Nivea* in Deutschland.

 Hauptkriterium für die Klassifizierung einer Marke als Weltmarke ist die weltweit gleiche Positionierung, unabhängig von der konkreten Ausgestaltung des Marketing-Mix.

Weltmarken wie die in Abbildung 7-5 aufgeführten sind eher die Ausnahme im Internationalen Marketing. Ihre Alleinstellung basiert häufig auf echten Produktinnovationen (*Coca-Cola*, *McDonald's*) oder auf herausragenden Kommunikationskonzepten (*Marlboro*), die sie zu eigenen Produktgattungen werden lassen.

Möglicherweise ist der internationale Erfolg von Marken wie *Coca-Cola*, *McDonald's* und *Marlboro* aber vor allem darin begründet, dass sie mit dem „american way of life" eine über sozio-kulturelle Grenzen hinweg wirkende Identifikationsplattform haben, die auf allen Kontinenten wirkt. Wären diese Marken auch so erfolgreich, wenn sie aus Italien, Frankreich oder Japan stammten? Um die Spekulation auf die Spitze zu treiben: Wäre es Unilever gelungen, in Asien Margarine als Brotaufstrich zu etablieren, wenn es ein amerikanischer Konzern wäre?

Abbildung 7-5: *Weltmarken-Logos*

Diese länder- und kulturübergreifenden Identifikationsplattformen sind stark an Länderimages gebunden. Nicht nur der erwähnte „american way of life" stellt eine Möglichkeit dar. Italienische Produkte stehen weltweit für Lebensqualität, Design, Architektur und den Bereich Essen und Trinken; deutsche Produkte werden vielfach mit deutscher Wertarbeit gleichgesetzt, Produkte aus Frankreich mit Galanterie, Raffinesse und ebenfalls Lebensqualität. Diese Länderimages typisieren somit Produkte, ihr weltweiter Konsum entspringt möglicherweise der Identifikation mit den entsprechenden Imagekomponenten.

7. 3.3 Standardisierbarkeit von Werbekampagnen

7. 3.3.1 Anpassungsnotwendigkeiten

Werbung gilt dann als standardisiert, wenn sie international ohne Änderungen in Thema, Text und Abbildungen eingesetzt wird, mit Ausnahme von notwendigen Übersetzungen (vgl. Herbig 1998, S. 110).

Grundsätzlich kann Werbung in diesem Zusammenhang in drei Kategorien eingeteilt werden (vgl. Whitelock/Rey 1998, S. 260):

1. rein nationale Produkte mit nationaler Werbung,
2. internationale Produkte mit nationaler Werbung und
3. internationale Produkte mit internationaler Werbung.

Trotz des hohen Ausmaßes an Globalisierung, ist Werbung der letzten Kategorie vergleichsweise selten. Als definitionsgemäß standardisiert können beide Kampagnen in Abbildung 7-6 angesehen werden. Während 2005 die griechische Tourismuszentrale weltweit noch mit einer Kampagne warb, in der eine Anpassung an die jeweilige Landessprache vorgenommen wurde, bestand die Kampagne des Jahres 2010 aus mehreren Motiven, die einheitlich in Englisch gehalten waren.

Die Argumente für und gegen international standardisierte Werbekampagnen sind diametral entgegengesetzt. Die Befürworter argumentieren, dass die Verbraucher weltweit die gleichen Grundbedürfnisse haben und somit in gleicher Weise angesprochen werden können. Unterschiede zwischen den Verbrauchern in einzelnen Ländern seien eher gradueller denn grundsätzlicher Art. Diejenigen, die für national differenzierte Werbeauftritte eintreten, begründen dies damit, dass Verbraucher von Land zu Land unterschiedlich sind und dementsprechend mit maßgeschneiderten, länderspezifischen Kampagnen zu erreichen sind. Es ist zu beobachten, dass bei internationalen Werbetreibenden der Trend eher zu differenzierten Werbeauftritten geht. Zwar scheint es in vielen Bereichen tatsächlich so zu sein, dass die Verbraucherbedürfnisse weltweit mehr oder weniger gleich sind, allerdings kann daraus nicht geschlossen werden, dass diese Bedürfnisse auch weltweit in gleicher Weise angesprochen werden können.

Abbildung 7-7 zeigt einen Werbevergleich zwischen Deutschland und China. Während *TAG Heuer* mit dem Weltstar Brad Pitt eine standardisierte Kampagne realisieren kann, geht Werbung für Prostata-Mittel einen an die nationalen Befindlichkeiten angepassten Weg. Armbanduhren haben weltweit die gleiche Funktionalität und können offenbar auch in gleicher Weise in unterschiedlichen Kulturräumen beworben werden, Arzneimittel hingegen bedürfen einer werblichen Anpassung.

Selbst der vermeintlich „globalste" Markenartikler *Coca-Cola* hat seine Strategie überdacht und gibt seinen Führungskräften in den Regionen vor, so lokal wie möglich zu denken. Der ehemalige Chief Operating Officer Jack Stahl hatte die Richtung vorgegeben: „Unsere Kunden auf der ganzen Welt wollen in einer Art und Weise angesprochen werden,

Abbildung 7-6: Beispiel einer standardisierten internationalen Werbung

mit der sie etwas anfangen können. Die wollen keine Werbung, die überall gleich aussieht. (…) Wir müssen genau wissen, wie wir einen New Yorker ansprechen wollen oder einen Menschen in einer Stadt in Brasilien. Das ist der beste Weg, immer mehr *Coca-Cola* zu verkaufen" (zitiert nach o.V. 2001, S. 19). Dieses Credo ist mittlerweile auch Bestandteil der *Coca-Cola*-Philosophie:

> Our local strategy enables us to listen to all the voices around the world asking for beverages that span the entire spectrum of tastes and occasions. What people want in a beverage is a reflection of who they are, where they live, how they work and play, and how they relax and recharge. Whether you're a student in the United States enjoying a refreshing Coca-Cola, a woman in Italy taking a tea break, a child in Peru asking for a juice drink, or a couple in Korea buying bottled water after a run together, we're there for you. Quelle: www.coca-cola.com

Das „*Bacardi*-Feeling", das Karibik, Sonne und Strand herausstellt, dürfte wohl weltweit kommunizierbar sein. Aber der Elch in der *IKEA*-Werbung assoziiert in Deutschland völlig andere Bedeutungen als in Skandinavien, wo er als dummer, waldschädigender und Verkehrsunfälle provozierender Schmarotzer angesehen wird und *IKEA* auf seine kommunikative Einbindung verzichtet (vgl. Kreutzer 1989, S. 326).

Werbung verfolgt auf internationaler Ebene grundsätzlich die gleichen Ziele wie auf nationaler. Da Werbung immer auch ein Spiegelbild der Gesellschaft ist, führen jedoch länder- und kulturspezifische Unterschiede zu Besonderheiten, die bei internationaler Werbetätigkeit zu berücksichtigen sind. Diese Besonderheiten liegen einerseits in unterschiedlicher

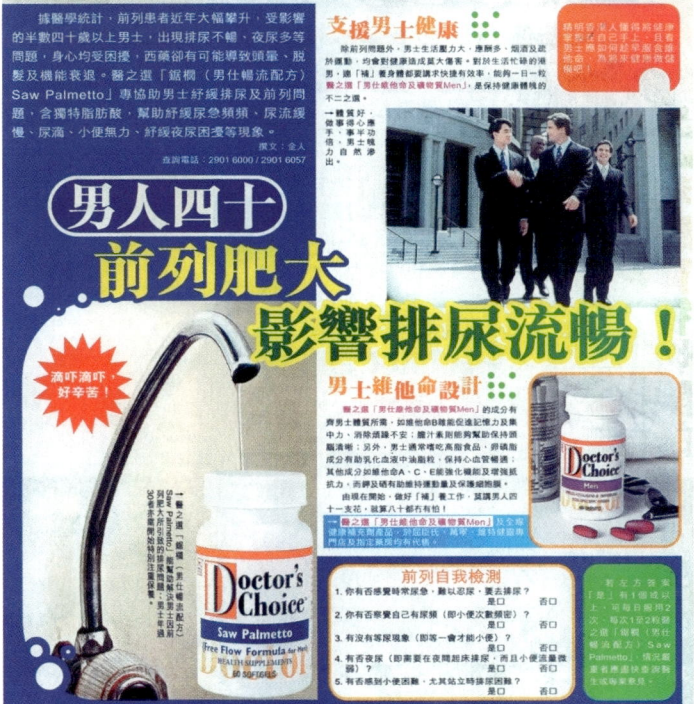

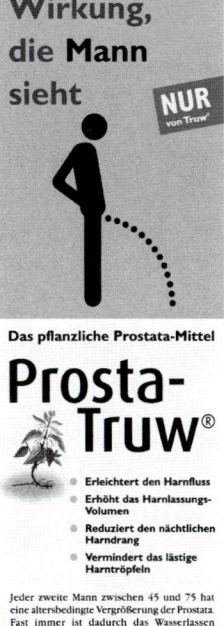

Abbildung 7-7: *Werbliche Ansprache in Deutschland und China*

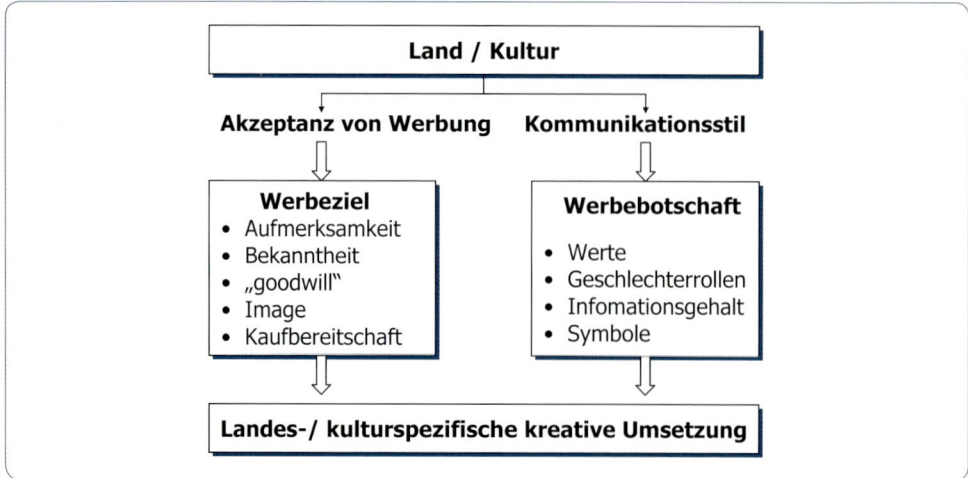

Abbildung 7-8: *Interkulturelle Anpassung von Werbung*

Quelle: Müller/Gelbrich: Interkulturelles Marketing, München 2004, S. 643

Akzeptanz von Werbung, andererseits werden, je nach Kulturkreis, unterschiedliche Kommunikationsstile für wünschenswert gehalten. Beides beeinflusst unmittelbar die formale und inhaltliche Gestaltung der Werbebotschaft (vgl. Abbildung 7-8).

 Das Hauptproblem der Internationalen Werbung besteht darin, sicher zu stellen, dass Verbraucher in allen Ländern die gleichen Assoziationen mit der Werbung verbinden.

Eine Anpassung der kreativen Umsetzung an jeweilige nationale Gegebenheiten ergibt sich aus vielfältigen Gründen. Die angestrebten Werbeziele werden grundsätzlich von der jeweiligen Einstellung gegenüber Werbung beeinflusst, ob die Gesellschaft positiv oder negativ auf Werbung reagiert, inwieweit sie als nützlich eingestuft wird bzw. als ehrlich und glaubwürdig. Auch der vorherrschende Kommunikationsstil hat Einfluss auf die Gestaltung der Werbung. Beispielsweise mit der Frage, ob Statussymbole akzeptiert werden, welche Wertschätzung Frauen, Alter oder Jugend erfahren, ob kurz- oder langfristige Orientierung vorherrscht, hardselling und direkte Wettbewerbsvergleiche auf Ablehnung stoßen, welche Bedeutung Symbolen und Farben zukommt, ob Werbung eher unterhaltend oder informativ gestaltet werden sollte, welche Bedeutung der Auslobung von Preisen beigemessen wird (vgl. Müller/Gelbrich 2004, S. 643 ff.).

Abbildung 7-9 zeigt ein Beispiel dafür, wie die gleiche Strategie auf ein anderes Land unter entsprechender Anpassung übertragen werden kann. In Deutschland erregt die Marke *West* Aufmerksamkeit durch Provokation, das Motiv für Russland provoziert mit einer sexuellen Anspielung „Das ist erst der Anfang" und nimmt Bezug auf die Diskrepanz zwischen offizieller Moral in Russland (besonders außerhalb der Großstädte und bei den Älteren) und tatsächlichem Verhalten.

Auch die *Lufthansa* sieht Anpassungsnotwendigkeiten in ihrer internationalen Werbung. Auftakt der neuen *Lufthansa*-Markenkampagne bildet ein Anzeigenmotiv eines im Flugzeug schlafenden Paares, das den Moment der Geborgenheit und des Wohlfühlens an Bord in Wort und Bild erlebbar macht. Im Vordergrund stehen Leistungsaspekte von Lufthansa, die rational und emotional Vertrauen schaffen und damit zu diesem beson-

Mit ihrer geringen Markenloyalität unterscheiden sich die Russen deutlich von westlichen Verbrauchern. Westliche Marken sind erst seit dem Bruch der Sowjetunion für jedermann verfügbar. In einem bis dahin quasi markenlosen Land führte die plötzliche große Auswahl an Marken zu einer hohen Probierneigung. Die Neugierde auf Unbekanntes und die Lust auf Abwechslung prägen heute noch das russische Verbraucherverhalten sehr viel mehr als die westliche Markentreue. (…)

In der Konsequenz bedeutet dies für werbungtreibende Unternehmen in Russland, dass – um sich den sich laufend ändernden Idealvorstellungen der Konsumenten anzupassen – sehr viel häufiger die Notwendigkeit zur Repositionierung einer Marke bestehen kann, als dies in etablierten westlichen Märkten der Fall ist. (…)

In der Sowjetunion gab es keine Marken im westlichen Sinne. Als Kennzeichen für Waren dienten lediglich Nummern oder Namen von Fabriken und Werken. Ausländische Marken waren zwar bekannt, aber kaum greifbar.

Mit dem Ende der Sowjetunion erschienen neue Produkte und westliche Marken auf dem Markt. Allerdings konnte sich kaum ein Russe diese Marken leisten. Ein Handel mit Markenfälschungen entstand. Infolgedessen besteht bei den Verbrauchern auch gegenüber originalen Markenprodukten hohes Misstrauen. (…) Produktqualität stellt ein wichtiges Kaufkriterium dar, das für viele Russen mit Preis, Herkunftsland und Werbeumfang korreliert. Aufgrund des hohen Anteils gefälschter Ware betrachten russische Verbraucher in der Regel den Preis als Qualitätsindikator. (…) Dementsprechend sind Russen bereit, für Ware, die nachweislich nicht nur ihren Ursprung im Ausland hat, sondern auch dort produziert wurde, deutlich höhere Preise zu bezahlen. Sehr begehrt sind derzeit deutsche Haushaltsgeräte wie Bosch-Kühlschräke (Bruce/Glubovskaya 2008, S. 27 ff.).

Abbildung 7-9: *Zigarettenwerbung in Russland und Deutschland*

Abbildung 7-10: *Internationale Markenkampagne der Lufthansa*

deren Moment der Zufriedenheit führen. In weiteren Anzeigenmotiven werden Aspekte aufgezeigt, die das Fliegen mit *Lufthansa* so entspannend machen und von der Ausbildung hochqualifizierter Piloten über die neuen Sitze in der Business Class bis zu den ausgewogenen Menüs und aufmerksamen Service an Bord reichen. Im Mittelpunkt der Kampagne steht dabei immer der Fluggast und seine persönlichen Erlebnisse und Momente der Zufriedenheit, die eine Reise mit *Lufthansa* unverwechselbar gestalten. „Unsere Kunden buchen nicht nur ein Lufthansa Ticket, sie schenken uns ein Stück Vertrauen. Mit der Kampagnenidee ‚Alles für diesen Moment' zeigen wir, dass sich alle Lufthanseaten täglich engagieren, dieses Vertrauen zu rechtfertigen. Als Airline des Vertrauens stellen wir den Kunden in unseren Mittelpunkt und wir betonen unsere klare Serviceorientierung", so Thierry Antinori, Marketing- und Vertriebsvorstand der *Lufthansa* Passage Airlines.

Die *Lufthansa*-Markenkampagne startete in Deutschland. Im Anschluss wurden abhängig von der Markenbekanntheit und Marktposition unterschiedliche Motive in den strategischen Märkten USA, Großbritannien, Italien, Frankreich, Schweiz, Spanien und Japan geschaltet. Insgesamt wurde das Konzept in über 40 Ländern umgesetzt. Das Motto „Alles für diesen Moment" wird in die jeweilige Landessprache übersetzt und bildet neben einer einheitlichen Bildauffassung die Kampagnenklammer. Sie unterstützt und führt den Beweis für den zentralen Claim „There's no better way to fly", der unverändert fortgeführt wird (Quelle: Pressemitteilung der *Lufthansa*).

VW schockt mit Crash-Werbung

Mit zwei Werbespots hat Volkswagen in den USA ein Tabu gebrochen: Um zu zeigen, wie sicher der neue Jetta ist, ließ der Autobauer das Modell einmal frontal und einmal seitlich crashen – und das alles mit Menschen an Bord. In Deutschland wäre so etwas undenkbar, allerdings nicht aus Gründen der Feinfühligkeit.

DÜSSELDORF. Harmlos beginnen beide Spots: Ein paar Leute sind im Jetta unterwegs, dem Erfolgsmodell der Wolfsburger in den USA. Sie unterhalten sich – bis ein Unfall die Idylle jäh beendet. Einmal schießt ein Pick-up aus einer Seitenstraße heraus und der Jetta prallt frontal auf ihn; einmal erwischt ein Geländewagen den Jetta in der Seite. Der Zuschauer sieht in beiden Fällen den anderen Wagen aus der Perspektive der Jetta-Insassen heran rauschen. In der nächsten Sekunde splittert auch schon das Glas, die Airbags lösen aus. Dann ist es kurz dunkel. Nach dem Schock kommt die Erleichterung: Die Jetta-Passagiere steigen zwar sichtlich mitgenommen, aber weitgehend unverletzt aus dem Wagen.

Wo sonst nur Dummys oder wie in einem Renault-Werbesport Weißwürste und Sushi crashen, sind es dieses Mal echte Menschen – zwar Stuntmen, doch weh muss es dennoch getan haben. Die Crashs waren real, sagt VW: kein Filmtrick, normale Geschwindigkeit, nur Serienwagen. Die Meinungen zu den Spots sind in den USA gespalten. Man hasst sie oder man liebt sie, schreibt die Washington Post. Und genau das hat Volkswagen wohl gewollt. Die Werbung sollte auffallen. Der Schock-Effekt ist ein Novum bei den Autoherstellern, während er in anderen Branchen Gang und Gäbe ist. Wer regt sich heute noch über Bennetton-Werbung auf?

Die Idee zu den Spots kam Volkswagen, nachdem der Jetta die strengen US-Chrashtests mit Bestnoten bestanden hatte. Das sollte der Kundschaft eindringlich vermittelt werden. So flimmerten die Unfallszenen den ganzen April über die Mattscheiben in den USA; mittlerweile ist die Werbung aber planmäßig ausgelaufen. In den Verkaufsstatistiken scheint sie aber ihre Spuren hinterlassen zu haben: Der Hersteller verkaufte noch im gleichen Monat 9929 Jetta und damit 32,4 Prozent mehr als das Jahr zuvor.

In Deutschland kommt solch eine Werbung für den Wolfsburger Konzern aber nicht in Frage. „In den USA hat die Crash-Sicherheit einen höheren Stellenwert in der Öffentlichkeit", sagt Sprecher Hartmut von Sass. Dagegen versuche man hier, die spezifischen Produktvorteile mit einer kleinen Geschichte zu erzählen. Wie etwa beim Golf Plus und dem Sumo-Ringer, den die Werbefilmer auf der Rückbank geradezu schmächtig aussehen ließen. Außerdem, so sagt Sass, „wissen die deutschen Kunden ohnehin, dass ein VW sicher ist." Schnettler 2006

Internationales Markenmanagement bei Unilever

Das Unternehmen Unilever verfolgte unter dem Motto „Path to Growth" eine Strategie des globalen Markenportfoliomanagements. Ausgehend von über 1600 Marken im Jahr 2001, war es das Ziel, 400 Marken mit dem stärksten Wachstumspotenzial herauszufinden. Der Rahmenplan für die Optimierung des Markenportfolios besteht bei Unilever aus vier Schritten.

1. **Weltweites Markenaudit.** Alle wichtigen Informationen über die Marken von Unilever werden Land für Land zusammengetragen. Es geht hier um Kriterien wie Anzahl der Marken, Preisspanne, Anzahl der Wettbewerber. Erschwert wird der Prozess dadurch, dass Daten wie die Markenstärke von Land zu Land unterschiedlich gemessen werden oder Marktanteile in Entwicklungsländern nicht verlässlich verfügbar sind. Eine weitere Schwierigkeit besteht darin, dass die Ländergesellschaften oft den Verlust ihrer starken lokalen Marken befürchten und deshalb zögerlich vorgehen. Von daher wird empfohlen, bereits in einem frühen Stadium die Beteiligten in den einzelnen Ländern in den Prozess einzubinden.

2. **Benchmarking der Marken.** Die bestimmten Marken werden anhand ausgewählter Kriterien miteinander verglichen. Im Rahmen des „Path to Growth"-Ansatzes bei Unilever wurden folgende drei Hauptkriterien herangezogen:
   - *Strategische Bedeutung:* Hierbei steht die Frage im Mittelpunkt, welche strategische Wachstumsrolle die Marke in einem zunehmend globaler werdenden Portfolio

hat. Die Kernkompetenzen eines Unternehmens sind hierbei ebenso zu berücksichtigen wie der Grad der gewünschten Globalisierung.

- **Mediavolumen:** Hat die Marke genug Mediavolumen in einem bestimmten Land in einer genau definierten Produktkategorie, um ausreichend vom Verbraucher wahrgenommen zu werden? Basierend auf einer Analyse der Gesamtmarkt-Mediaausgaben der letzten Jahre wurden so genannte Mindestbudgets festgelegt, die ausreichen, damit die Marke gut wahrgenommen wird.
- **Portfolio-Balance:** Hat die Marke eine einzigartige Positionierung? Eine Positionierung, die uns am Ende ein ausgeglichenes Portfolio ermöglicht? Zu viele Marken mit ähnlicher oder gar gleicher Positionierung behindern sich gegenseitig. Auf der anderen Seite ist es bei Überschneidungen immer noch besser, wenn Kunden zwischen mehreren Marken des eigenen Unternehmens wählen können, anstatt zu konkurrierenden Marken abzuwandern.

3. **Marken klassifizieren.** Entsprechend ihres Beitrages zu den Zielen Wachstum und/oder Wertschöpfung werden die Marken in vier Kategorien eingeordnet.
   - **Global Core Brands** sind Marken, die in vielen Ländern gleich sind oder überall den gleichen Namen haben. Die Positionierung kann von Land zu Land unterschiedlich sein. So ist z.B. die Mark *Dove* weltweit unter demselben Namen vertreten. Die Eiskrem-Marken von Unilever heißen zwar in Deutschland *Langnese*, in Spanien *Ola* und Italien *Algida*, haben aber weltweit die gleiche Positionierung. Die Marke *Knorr* dagegen wird weltweit gleich benannt, ist aber unterschiedlich positioniert.
   - Als **Local Core Brands** gelten Marken, die nur in einigen Ländern vertreten sind und dort über eine starke lokale Stellung verfügen. Sie erzielen bereits hohe Wachstumsraten oder verfügen über ein hohes Wachstumspotenzial. Hierzu gehören beispielsweise *BiFi*, *Mondamin*, *Pfanni* und *Du darfst*.
   - Als **Milk Brands** bezeichnet Unilever Marken, die über eine gute Marktstellung verfügen, aber keine ausreichenden Wachstumspotenziale bieten. Diese werden für einen hohen Cashflow gemanagt.
   - **Divest/Sell Brands** sind Marken, die über eine schlechte Wettbewerbsposition verfügen und auch keine guten Wachstumsmöglichkeiten bieten. Beim Divesting gilt die Devise: Verkauf geht vor Schließung beziehungsweise Einstellung.
   - Es ist leicht zu erahnen, dass in erster Linie Marken aus den letzten beiden Gruppen der angestrebten Reduzierung von 1600 auf 400 Marken zum Opfer fallen, das heißt verkauft oder gar aufgegeben werden. Dies ist zwar eine harte Entscheidung, wenn man bedenkt, dass Marken das Wertvollste eines Markenartiklers sind, aber unerlässlich, um die Rentabilität des Markenportfolios zu erhöhen.

4. **Das Markenportfolio optimieren.** Ob Repositionierung, Überführung nationaler in internationale Marken, Verkauf oder Konsolidierung – im Rahmen der Portfolio-Optimierung ergeben sich zahlreiche strategische Stoßrichtungen. Damit die strategischen Stoßrichtungen des Markenportfoliomanagements auch im Tagesgeschäft umgesetzt werden können, ist die Wahl der geeigneten Organisationsform von erheblicher Bedeutung. Ausgehend von der geografischen Verbreitung der verschiedenen Marken lassen sich drei grundlegende Organisationsmodelle unterscheiden:
   - **Globales Markenmanagement.** Das strategische und operative Markenmanagement erfolgt federführend auf internationaler Ebene. So ist die Konzernzentrale verantwortlich für Fragen des strategischen Marketing, Produkt- und Verpackungsentwicklung und Vorgaben der klassischen Werbung. Aufgaben der Ländergesellschaften sind z.B. die Umsetzung der Innovationen am lokalen Markt, die Anpassung der Werbung an die nationalen Besonderheiten sowie die Durchführung von Verkaufsförderungsmaßnahmen. Bei Unilever wird globales Markenmanagement z.B.

bei der Marke *Dove* praktiziert. Die zentral für Europa konzipierte Werbekampagne „Let's celebrate curves" wurde in 16 Ländern mit identischen TV-Spots umgesetzt.
*   ***Multinationales Markenmanagement.*** Bei dieser Organisationsform gibt es internationale Elemente im Marketing-Mix, die zentral entwickelt und vorgegeben werden, aber auch eine hohe Autonomie auf lokaler Ebene. Ein Beispiel für diesen Ansatz ist die Markenführung von *Knorr.* Von einem global agierenden Markenteam werden die Markenvision und -identität erarbeitet, die sich in genauen Regeln zu Logo, Food-Darstellung auf den Verpackungen und PoS-Material niederschlägt. Die strategische Markenführung liegt in der Verantwortung der einzelnen Länder, z.B. die Entwicklung von Kommunikationskampagnen und die Produktentwicklung. Bei dieser Organisationsform gibt es sowohl globale Innovationsprojekte wie auch lokal entwickelte Konzepte, die dann international ausgerollt werden. Sehr erfolgreich in Deutschland ist beispielsweise der Ansatz der „*Knorr-Fixibilität*" in Form von Rezeptideen auf den Produkten. Dieser Ansatz wird inzwischen auch in anderen Ländern umgesetzt.
*   ***Lokales Markenmanagement.*** Bei dieser Organisationsform werden alle Elemente des Marketing-Mix im jeweiligen Land geplant und umgesetzt. So werden z.B. Innovationen von einer lokalen Marketingabteilung initiiert, von einer lokalen Entwicklungsorganisation umgesetzt und in einer lokalen Fabrik hergestellt. Ein Beispiel hierfür ist die Marke *Mondamin*, die es nur in Deutschland gibt.
Auszug aus Amon, P.: Mehr Erfolg mit weniger Marken, in: Absatzwirtschaft, Sonderausgabe 2005, S. 154–158

7. 3.3.2 Internationale Werbeplanung

Eine Werbekampagne ist international nur dann standardisierbar, wenn die ihr zugrunde liegende Positionierung und die daraus abgeleitete Copy Strategy international standardisierbar sind.

Nicht immer ist eine international einheitliche Positionierung sinnvoll oder möglich. Positionieren heißt, die eigene Marke/das eigene Unternehmen in Relation zu dem Wettbewerb zu setzen und aus der Sicht der Zielgruppe zu bewerten (vgl. Kapitel 3.2). Das hängt natürlich in hohem Maße von den jeweiligen nationalen Wettbewerbsverhältnissen und den Nutzenerwartungen und -bewertungen der internationalen Zielgruppen ab. Die Positionierungsmodelle wie in Abbildung 3-6 und 3-7 müssen also im internationalen Maßstab Gültigkeit haben. Bei Märkten mit starker nationaler Prägung wie Nahrungsmittel oder Automobile, ist eine international einheitliche Positionierung i.d.R. ungleich schwieriger zu erreichen als in Märkten, die international mehr oder weniger einheitlich geprägt sind wie Nassrasierer oder der Freizeitbereich. In der Praxis geht es daher vielfach darum, einzelne Positionierungsmerkmale an nationale Gegebenheiten anzupassen, ohne die Kernpositionierung aufzugeben.

Für eine international einheitliche Copy Strategy gilt tendenziell das Gleiche, nur lässt sich hier noch differenzierter argumentieren. Je nach kulturellem Hintergrund werden die einzelnen Bestandteile einer Copy Strategy (vgl. Kapitel 5.4) unterschiedlich beurteilt. Selbst in den Fällen, in denen eine international homogene Zielgruppe unterstellt werden kann, müsste für diese der versprochene Nutzen auch von gleicher Relevanz, der Reason Why gleichermaßen nachvollziehbar und die Tonality gleichermaßen attraktiv sein. Auch diese Voraussetzungen grenzen die Möglichkeiten der Werbestandardisierung ein.

Standardisierung und Differenzierung Internationaler Werbung liegen unterschiedliche organisatorische Beziehungen zwischen der Muttergesellschaft und den jeweiligen nationalen Tochtergesellschaften zugrunde. Grundsätzlich gibt es folgende Möglichkeiten der Zusammenarbeit:

1. Die Muttergesellschaft entscheidet zentral über die weltweite Werbung. Diese Vorgehensweise korrespondiert mit der Strategie der Standardisierung, ein weltweit identischer Werbeauftritt ist so am ehesten zu garantieren. Werbemittel werden zentral produziert und eventuell mit sprachlichen Anpassungen im Ausland eingesetzt. Soweit die Werbemittel in englischer Sprache erstellt sind, wird selbst auf die sprachliche Anpassung häufig verzichtet: *Nike* „Just do it", *IBM* „Solutions for a small planet", *Sony* „It's not a trick", *Philips* „let's make things better" sind Werbeaussagen, die weltweit weitgehend einheitlich verwendet werden.

   Die Entwicklung der Kampagne obliegt der Werbeagentur der Muttergesellschaft, die auch Koordination und Kontrolle der internationalen Schaltung übernimmt. Internationale Unternehmen bedienen sich hierbei häufig auch internationaler Agenturen, die ihrerseits über Dependancen im Ausland verfügen oder in internationale Agenturnetzwerke eingebunden sind. Beispielsweise ist die internationale Werbeagentur McCann-Erickson weltweit für Coca-Cola tätig. Die Internationalisierung ihrer Kunden haben auch die Agenturen nachvollzogen.

   Die Tabellen 7-5 und 7-6 zeigen die größten internationalen Werbe- und Mediaagenturen. Lediglich 6 Media-Netzwerke vereinen eine Einkaufsmacht von 225 Milliarden US$ und kontrollieren damit den überwiegenden Teil des weltweiten Mediavolumens. Durch diese hohe Konzentration des Einkaufsvolumens können nationale Agenturen den internationalen Unternehmen keine wettbewerbsfähigen Konditionen mehr bieten.

2. Entscheidungen über den Werbeauftritt werden mit allen nationalen Einheiten gemeinsam getroffen. Resultat ist dabei häufig eine internationale Dachmarkenkampagne. Im Rahmen einer internationalen Werbestrategie, die i.d.R. von der Muttergesellschaft vorgegeben wird, können notwendige nationale Anpassungen durch die Tochtergesellschaften vorgenommen werden. Ein Beispiel dafür ist *McDonald's*, die in Deutschland mit Testimonials wie Thomas Gottschalk und Heino warben, die eine rein nationale Bekanntheit haben. Eine Variante dieser Vorgehensweise besteht darin, dass eine globale Werbestrategie durch nationale Verkaufsförderungsmaßnahmen der Tochtergesellschaften ergänzt wird, wie es beispielsweise *Coca-Cola* praktiziert.

3. Die nationalen Tochtergesellschaften entscheiden autonom. Diese dezentrale Vorgehensweise führt zu national differenzierten Werbeauftritten, bei denen gezielt auf die jeweiligen nationalen Verhältnisse eingegangen werden kann. Zentral wird lediglich das Werbebudget koordiniert. Beispiele hierfür finden sich vor allem im Nahrungsmittelbereich (*Knorr, Maggi*).

In der Praxis haben sich zahlreiche Mischformen etabliert. Beispielsweise verfolgt *BMW* eine internationale Dachmarkenkampagne zur Vermittlung der *BMW*-Kernwerte Innovation, Dynamik und Ästhetik, die Produktwerbung hingegen liegt in der Verantwortung der nationalen Tochtergesellschaften.

Die Frage einer standardisierten oder differenzierten Kommunikationspolitik stellt sich auch für die Sonderwerbeformen.

- Das **Sponsoring** (vgl. Kapitel 8.1) bietet die vergleichsweise variabelsten Gestaltungsmöglichkeiten. Es eignet sich gleichermaßen für globale wie für multinationale Kommunikationsstrategien. Das Sponsoring von internationalen Großereignissen (Olympische Spiele) zielt auf eine globale Kommunikationsstrategie. Dabei ist der Sponsor auf Gesponserte angewiesen, die international gleichermaßen erfolgreich und bekannt sind und das gleiche Image haben (z.B. Formel 1, ATP-Turniere, Rolling Stones Welttour-

Tabelle 7-5: Die größten Werbeagenturen 2009 (nach Einkommen)

Agentur (Hauptsitz)			Agentur (Hauptsitz)		
1	Dentsu (Tokio)	3,028	9	DraftFCB (New York)	1,175
1	McCann (New York)	2,671	10	JWT (New York)	1,119
3	Young & Rubicam (New York)	2,651	11	Leo Burnett (Chicago)	1,095
4	DDB (New York)	2,223	12	Publicis (Paris)	1,062
5	Ogilvy (New York)	1,754	13	Hakuhodo (Tokio)	956
6	BBDO (New York)	1,671	14	Grey (New York)	912
7	TBWA (New York)	1,518	15	Saatchi & Saatchi (New York)	759
8	Euro RSCG (New York)	1,206			

Mio. US $; *Quelle:* Advertising Age (www.adage.com)

Tabelle 7-6: Die größten internationalen Mediaagentur-Gruppen 2009

	Agentur-Gruppe *Media-Netzwerk*	Weltweites Einkaufsvolumen			Agentur-Gruppe *Media-Netzwerk*	Weltweites Einkaufsvolumen	
1	WPP/*Group M* *Mindshare* *MEC* *MediaCom* *Maxus*	*24.609* *21.283* *22.766* *3.420*	73.283	4	Aegis/*Aegis Media* *Carat* *Vizeum*	*21.899* *4.908*	26.981
2	Publicis/*VivaKi* *Starcom MediaVest* *ZenithMedia-ZO*	*27.272* *24.560*	51.832	5	Interpublic/ *Mediabrands* *Universal UM* *Initiative*	*13.270* *11.175*	25.610
3	Omincom/*OMG* *OMD* *PHD*	*27.800* *6.640*	34.686	6	Havas/*Havas Media* *MPG* *Arena*	*11.860* *1.303*	13.163
Summe Media-Netzwerke							**225.555**
Netzwerkunabhängige Agenturen (Independents)							**28.584**
Weltweiter Mediaeinkauf							**254.139**

Mio. US $; *Quelle:* Recma (www.recma.com)

nee). Sponsoring bietet aber auch die Möglichkeit, rein national oder regional bekannte Personen, Institutionen oder Ereignisse zu sponsern. In den jeweiligen Ländermärkten können so eigenständige nationale Sponsoring-Konzeptionen erarbeitet und umgesetzt werden. Dies setzt allerdings voraus, dass das Image der jeweiligen nationalen Prominenten, Sportler, Mannschaften u.dgl. bekannt ist, ebenso müssen juristische Spezialkenntnisse für die Vertragsgestaltung vorhanden sein.

Die Sponsoring-Strategie von *Mercedes-Benz* zeigt beispielhaft die differenzierten Möglichkeiten, die sich im Sponsoring bieten.

Auf internationaler Ebene ist der Konzern Hauptsponsor im Tennis und hat einen Vertrag mit der ATP. Der *Mercedes*-Stern ist unübersehbar auf den Netzen platziert. Nationales Sponsoring liegt in der Eigenverantwortung der Länder. Beispielsweise sponsert *Mercedes-Benz* in den USA Golf-Turniere, in Deutschland Fußball. Die einzelnen Niederlassungen schließlich haben die Möglichkeit, regional zu sponsern.

- Auch das **Product Placement** (vgl. Kapitel 8.2) bietet die Möglichkeit zu internationalen wie nationalen Ausprägungen. Internationale Spielfilmproduktionen (z.B. *BMW/ Aston Martin* in den James-Bond-Filmen) können genauso Gegenstand von Placements sein, wie nationale Fernsehserien oder -filme (z.B. *Paroli*-Bonbons im Tatort).
- International erfolgreiche Spielfilme werden zunehmend auch für internationales **Merchandising** (vgl. Kapitel 8.5.2) genutzt. Beispielsweise vermarkten internationale Spielzeugproduzenten weltweit Artikel aus den Harry-Potter-, Star-Wars- und Batman-Filmen. Wie beim Product Placement bietet das Merchandising aber auch auf nationaler Ebene Möglichkeiten wie z.B. die Vermarktung von Kommissar-Rex-Schäferhunden.
- Die **Verkaufsförderung** (vgl. Kapitel 8.4) hingegen bietet nur eingeschränkte Möglichkeiten für eine internationale Standardisierung. Sie ist von der Grundausrichtung eher auf kurzfristige Wirkung und auf regionale oder nationale Zielgruppen ausgerichtet und wird entweder direkt am PoS, für Handelsmarketing oder zur Unterstützung des Außendienstes eingesetzt.

7. 3.3.3 Ziele der Standardisierung von Werbekampagnen

Die Frage nach den Zielen in der Internationalen Werbung stellt sich zunächst unter einem kommunikationsstrategischen Aspekt: Welche kommunikativen Ziele sollen in den einzelnen Ländern verfolgt werden? Auch bei dieser Frage ist offensichtlich, dass eine international standardisierte Werbekampagne nur dann sinnvoll ist, wenn international die gleichen Ziele verfolgt werden.

Die Notwendigkeit zu differenzierten Werbezielen in unterschiedlichen Ländern ergibt sich vor allem dann, wenn sich das Produkt in den einzelnen Ländern in unterschiedlichen Lebenszyklusphasen befindet. Während in der Sättigungsphase die Aufgabe der Werbung vorrangig darin besteht, psychologisch wirksame Differenzierungen zu den Wettbewerbsprodukten aufzubauen, geht es in der Einführungsphase vorrangig um die Bekanntmachung.

> ! Die weltweit gleiche Werbekampagne setzt voraus, dass sich das Produkt in allen Ländern in der gleichen Lebenszyklusphase befindet und auf vergleichbare Wettbewerbsprodukte trifft, gegenüber denen es sich in vergleichbarer Weise positioniert.

Bei Produkten, die im internationalen Rahmen beworben werden, stellt sich i.d.R. nicht die Frage nach einer standardisierten oder differenzierten Werbestrategie, sondern vielmehr die Frage nach der Ausgestaltung von Standardisierungs- und Differenzierungselementen (vgl. Backhaus/Büschken/Voeth 1996, S. 186).

Mit einer standardisierten Werbestrategie werden im Wesentlichen folgende Ziele verfolgt (vgl. Kreutzer 1989, S. 313 ff.):

1. **Länderübergreifende Ressourcen-Nutzung.** Innerhalb multinationaler Unternehmen lassen sich Ressourcen länderübergreifend entweder finanziell oder im Hinblick auf das Know-how bündeln. Ein Unternehmen kann in internationalen Arbeitsgruppen das Marketing Know-how der einzelnen Länderniederlassungen zusammenführen (vgl. Backhaus/Büschken/Voeth 1996, S. 187). Auf diese Weise können Kampagnen abgestimmt werden, die in allen beteiligten Ländern auf Akzeptanz treffen.
Wenn das Kommunikationsbudget von mehreren Ländern gebündelt wird, kann das zur Produktion von Kampagnen führen, die für ein einzelnes Land zu aufwendig wären. So konnte beispielsweise *Philips* einen mit damals 5 Mio. DM dotierten 3-Jahres-

Vertrag mit Boris Becker nur deshalb unterzeichnen, weil mehrere Länderniederlassungen ihre Werbebudgets zusammenlegten (vgl. O.V. 1986, S. 19).

2. **Erzielung von Kosteneinsparungen.** Den mit Abstand bedeutendsten Teil der Werbekosten bilden die Streukosten, also die Kosten für die Schaltung der Werbemittel in den Werbeträgern. Diese Kosten fallen unabhängig davon an, ob eine standardisierte oder differenzierte Strategie verfolgt wird. Einsparmöglichkeiten ergeben sich vor allem bei den Produktionskosten und den Agenturhonoraren. Wie Abbildung 6–1 für deutsche Verhältnisse zeigt, liegt deren Anteil an den Gesamtkosten etwa bei einem Drittel. *Coca-Cola* produzierte zentral Werbespots, aus denen sich die nationalen Niederlassungen diejenigen Spots aussuchen konnten, die sie für das jeweilige Land als geeignet erachteten. Durch die Produktion weltweiter Werbespots konnten erhebliche Werbekosten eingespart werden. Soweit sprachliche Anpassungen notwendig sind, werden die Spots neu synchronisiert, was in jedem Fall erheblich preiswerter ist, als wenn der Spot neu produziert werden müsste.

3. **Ausschöpfung von Medien-Overspills.** Ein Medien-Overspill bezeichnet die Nutzung ausländischer Werbeträger im Inland bzw. inländischer Werbeträger im Ausland (vgl. Koschnick 1995, S. 1243). Beispielsweise wird Österreich in erheblichem Maß von deutschen Sendern und Verlagen abgedeckt. Derartige Reichweitenüberhänge stellen für die Werbetreibenden einen Bonus dar: zusätzliche Reichweiten, für die sie nicht zu bezahlen brauchen. Medien-Overspills wirken vorwiegend im grenznahen Bereich. Derartige Overspills sind allerdings nicht nur unter Reichweiten-, sondern auch unter Positionierungsaspekten zu betrachten. Overspills lassen sich nur bei einheitlicher Kommunikationsstrategie nutzen. Wenn in benachbarten Ländern unterschiedliche Kampagnen gefahren werden, kann es in den jeweiligen Overspill-Gebieten zu Verwirrungen der Verbraucher kommen. Grenzüberschreitende Reichweiten beschränken sich im Wesentlichen auf diese Medien-Overspills, da es kaum transnationale Medien gibt, die international eine flächendeckende Zielgruppen-ansprache erlauben. Die Medienstrukturen sind nach wie vor regional und national geprägt.

Die Reichweite der wenigen **transnationalen Fernsehsender** hängt von ihrer Empfangbarkeit über Kabel und Satellit ab. Defizite gibt es hier vor allem in Süd- und Osteuropa. Die Ausstattung mit Kabel- und Satellitenempfangsmöglichkeiten variiert von Land zu Land sehr stark. Während die Benelux-Staaten hier über eine hohe technische Reichweite verfügen, ist eine Empfangbarkeit in den südlichen Ländern nur sehr eingeschränkt möglich. Insgesamt ist in Europa für rund 45 % aller Haushalte der Fernsehempfang ausschließlich terrestrisch möglich, 24 % empfangen über Satellit und 31 % über Kabel (vgl. Limmer 2005, S. 480).

Die transnationalen Fernsehsender lassen sich in zwei Gruppen unterscheiden:

- **Ethnische Sender:** Sie verbreiten Programme von nationalem Interesse in der Landessprache an ein internationales Publikum, vornehmlich Aussiedler (z.B. TV5, TRT). Diese Sender sind i.d.R. öffentlich-rechtliche.

- **Kommerzielle Spartensender:** Sie verbreiten zielgruppenspezifische Programme wie Nachrichten, Sport, Musik, Kultur (z.B. CNN, MTV, Eurosport, Bloomberg TV). In Europa ist bei den paneuropäischen Fernsehsendern jedoch ein Trend zur Regionalisierung festzustellen. So bietet MTV insgesamt 13 regionale Ausgaben in Europa an und kann damit das Programm an die entsprechende Musikkultur des jeweiligen Landes anpassen. Eurosport strahlt sein Sportprogramm in 54 Länder aus, bietet dies aber in 19 Sprachversionen an. Dadurch haben 96 % der Zuschauer die Möglichkeit, den Sender in ihrer Muttersprache zu empfangen. Durch diese Regionalisierung erhöht sich das Potenzial von Werbetreibenden, da nur verhältnismäßig wenige in der Lage sind, international einsetzbare Spots zu produzieren. Die Sender bieten sowohl die Möglichkeit, Spots in einzelnen als auch in allen Ländern zu senden.

Naturgemäß sind die Reichweiten der privaten Spartensender erheblich größer als die der ethnischen Sender. Eurosport ist empfangbar von 100 Millionen Haushalten, CNN von 186 Millionen in 200 Ländern, MTV von 36 Millionen allein im deutschsprachigen Raum.

4. **Aufbau globaler Images.** Die vielleicht wichtigste Zielsetzung der Werbe-Standardisierung ist die Gewährleistung eines international einheitlichen Auftretens mit entsprechend einheitlicher Positionierung. Allerdings führt eine weltweit einheitliche Kommunikation nicht notwendigerweise auch zu einer weltweit einheitlichen Positionierung. Denn das Hauptproblem bei Standardisierungen im Bereich der Kommunikation besteht darin, dass gleiche Inhalte verschieden interpretiert werden und somit zu unterschiedlichen Positionierungen führen können.

Für weltweit operierende Unternehmen ist ein einheitlicher Auftritt nahe liegend. Beispielsweise orientiert sich die *Lufthansa* an folgenden Werberichtlinien:

> „Da unsere Kunden sich von Land zu Land und von Kontinent zu Kontinent bewegen, sollte es selbstverständlich sein, dass sie uns überall in unserer Werbung auch sofort als *Lufthansa* identifizieren können. Je kontinuierlicher wir uns in unserem werblichen Auftreten verhalten, je weniger wir den Stil unserer Werbung variieren oder gar wechseln, umso größer ist die kumulierte Wirkung aller unserer werblichen Anstrengungen und umso wirtschaftlicher ist der Einsatz unseres Werbebudgets" (zitiert nach Kreutzer 1989, S. 316).

Eine weltweit einheitliche Identität gewinnt ein Unternehmen durch ein weltweit einheitliches Erscheinungsbild, Auftreten und Verhalten (vgl. Meissner 1995, S. 185). In je mehr Ländern ein Unternehmen vertreten ist, desto schwieriger ist dieses Ziel zu erreichen, desto unwahrscheinlicher ist es auch, dass das angestrebte Image in den einzelnen Ländern auch in gleicher Weise verstanden wird. Im Normalfall ist davon auszugehen, dass in den einzelnen Ländern unterschiedliche Ist-Images über das Unternehmen und seine Produkte bestehen. Daher muss die Kommunikationsstrategie länderspezifisch so ausgerichtet werden, dass in allen Ländern ein einheitliches Soll-Image erreicht wird (vgl. Berndt/Altobelli/Sander 2005, S. 221). Sicherlich kein einfaches Unterfangen.

Mit zunehmender Anzahl von Ländern, in denen ein Unternehmen vertreten ist, steigt auch die Anzahl der zu koordinierenden Tochtergesellschaften. Gleichzeitig erhöht sich auch der Anpassungsbedarf an nationale Gegebenheiten. Je zentralistischer ein Unternehmen geführt wird, desto eher lässt sich ein einheitliches Auftreten durchsetzen, desto größer ist allerdings auch die Gefahr, dass notwendige Kommunikationsanpassungen unterbleiben.

7. 3.3.4 Internationale Zielgruppen

International standardisierte Werbekampagnen setzen international homogene Zielgruppen voraus. Zwar wird eine Vielzahl von Produkten weltweit identisch angeboten, die Käufer sind jedoch vor allem national geprägt. Die Globalität von Produkten ist auch nur in den seltensten Fällen ein kaufentscheidender Grund in dem Sinne, dass jemand ein Produkt kauft, *weil* es international distribuiert ist. Selbst innerhalb eines Landes sind homogene Bedürfnisse bzw. sich angleichende Verhaltensweisen nicht immer gegeben (Nord- und Süddeutschland), um so weniger lassen sich „Einheitsverbraucher" über Ländergrenzen hinweg identifizieren. Auch im Hinblick auf Sprache und Kultur ist der heimische Markt häufig nicht homogen. Gesellschaften wie Deutschland, die Niederlande und die USA bestehen aus einem bunten Mix unterschiedlicher ethnischer Gruppen. Die Ansprache dieser ethnischen Gruppen im Inland wird als Ethnomarketing bezeichnet. Zwischen interkulturellem Marketing in Inlandsmärkten und grenzüberschreitender Werbung lassen sich allerdings deutliche Parallelen feststellen.

International agierende Unternehmen müssen sich an unterschiedlichen Konsumententypen mit differenzierten Bedürfnissen und Vorstellungen orientieren. Dennoch lassen sich Verhaltensformen beim Konsum feststellen, die länderübergreifend sind und die auf das Vorhandensein von cross-cultural-groups schließen lassen.

Als ein Beispiel dieser länderübergreifenden Zielgruppen seien die **Euro-Socio-Styles** der GfK vorgestellt. Sie repräsentieren Lebensstilkonzepte, die die grundlegende Persönlichkeit eines Menschen beschreiben und die in jedem europäischen Land anzutreffen sind. „Mentalitätsbedingte Unterschiede zwischen den einzelnen Ländern und Regionen spiegeln sich in der Größe, also der prozentualen Verteilung der einzelnen Lebensstiltypen wider" (GfK o.J., S.1). In einer repräsentativen europaweiten Erhebung wurden für jede befragte Person rund 3.500 Variablen erhoben, die nahezu alle Aspekte des Lebens abdecken. Die Fragen bezogen sich auf den privaten, beruflichen, gesellschaftlichen, politischen und kulturellen Bereich, sowie auf das Verhalten als Verbraucher und als Geschäftsperson (vgl. Abbildung 7-11).

Insgesamt konnten acht Euro-Socio-Styles unterschieden werden:

- **Crafty World:** Junge, dynamische und opportunistische Leute einfacher Herkunft auf der Suche nach Erfolg und materieller Unabhängigkeit.
- **Magic World:** Intuitive junge materialistische Leute mit Kindern und geringem Einkommen, die einem Platz an der Sonne hinterher jagen und ihrem guten Stern vertrauen.

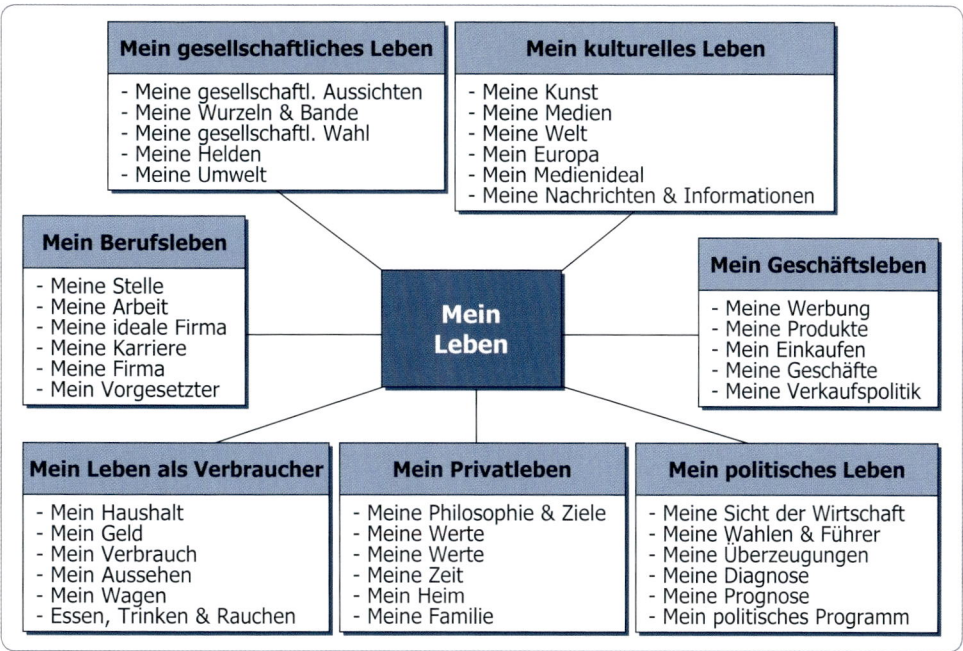

Abbildung 7-11: Die Fragebogenstruktur der Euro-Socio-Styles

Quelle: GfK: Die Euro-Socio-Styles, Nürnberg, o.J., S.2

- **Cosy Tech World:** Aktive moderne Paare mittleren Alters mit meist überdurchschnittlicher Haushaltsausstattung, die auf der Suche nach persönlicher Entfaltung sind.
- **Secure World:** Konformistische, hedonistische Familien aus einfachen Kreisen, die sich abkapseln, von einem einfacheren Leben träumen und sich traditionellen Rollen verbunden fühlen.
- **Steady World:** Traditionsorientierte, konformistische Senioren mit mittlerem Lebensstandard, die ihren Ruhestand voll und ganz ausschöpfen.
- **New World:** Hedonistische tolerante Intellektuelle mit gehobenem Lebensstandard auf der Suche nach persönlicher Harmonie und sozialem Engagement.
- **Standing World:** Kultivierte, pflichtbewusste und vermögende Staatsbürger, die ihren Überzeugungen treu bleiben und an Traditionen ausgerichtet sind.
- **Authentic World:** Rationale, moralische Cocooner-Familien mit guten Einkommen, die engagiert und auf der Suche nach einem harmonischen und ausgeglichenem Leben sind.

Detailliert charakterisiert wird die **Magic World** wie folgt: Sie hat einen materialistischen Lebensstil und eine extreme Orientierung zu Mode: Einkaufen ist eine Freizeitaktivität, der so weit nachgegangen werden möchte, wie es die finanzielle Situation erlaubt. Es werden Marken gewünscht, die einem helfen, die persönlichen Träume zu erfüllen und wahrgenommen werden, d.h. Dinge zu besitzen, die kein anderer hat. Markenprodukte stellen ein wichtiges Mittel dar, das eigene Ego aufzuwerten und sich selbst auszudrücken. Erfolg bei der Schnäppchenjagt mit Markenartikeln ist nicht nur Spaß in sich, sondern erlaubt es auch, die Einkäufe vor sich selbst und anderen zu rechtfertigen (Quelle: GfK-Lifestyle Research 2005, S. 10, eigene Übersetzung).

Abbildung 7-12 zeigt die Landkarte der Euro-Socio-Styles mit Zielgruppengröße (Anteil an Gesamt in %) und Abweichungen vom Durchschnitt (Index). Mittels einer Faktorenanalyse wurden zwei Faktoren bestimmt, an Hand derer die einzelnen Euro-Socio-Styles in einem zweidimensionalen Raum positioniert werden konnten: Schein und Realität einerseits, Wandel und Beständigkeit andererseits (vgl. GfK o.J., S. 4).

Die Euro-Socio-Styles sind einheitlich für Europa definiert, d.h. es gibt keinen Unterschied, ob eine Person der Authentic World aus Frankreich oder Deutschland stammt. Unterschiede ergeben sich lediglich hinsichtlich der prozentualen Verteilung der Styles auf die einzelnen Länder.

Diese Typologie ermöglicht es, Zielgruppen länderübergreifend zu charakterisieren, Abbildung 7-13 zeigt beispielhaft für den Kaffeemarkt, dass die Zielgruppe der Magic World zu preisgünstigen Marken tendiert, die der Authentic World hingegen Kaffee qualitätsorientiert kauft.

Für internationale Werbetreibende stellt sich bei derartigen Typologien die grundlegende Frage, ob sie den Konsum hinreichend genau abgrenzen. Untersuchungen über die Globalisierung der Konsumgewohnheiten zeigen zwar, dass sich die Form des Lebensstils auf die Konsumgewohnheiten auswirkt. Allerdings schwankt die Globalisierung des Verbraucherverhaltens von Produkt zu Produkt sehr stark (vgl. Usunier/Walliser 1993, S. 101). Somit können unterschiedliche Life-Style-Typen durchaus Intensivverwender derselben Produkte sein. Es ist davon auszugehen, dass transnational identische Zielgruppen sich auf wenige Produktbereiche beschränken und tendenziell im Investitionsgüterbereich eher anzutreffen sind als im Konsumgüterbereich.

Eine andere Frage ist die der Erreichbarkeit der Zielgruppen. Wie lassen sich z.B. die Crafty World oder die Standing World erreichen, wenn verschiedene Sprachen gesprochen und verschiedene Medien genutzt werden?

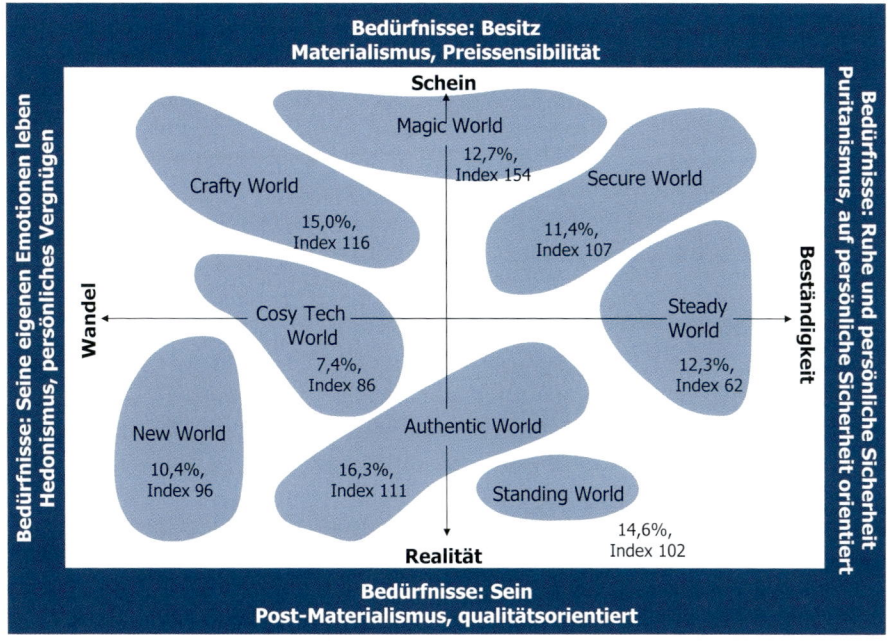

Abbildung 7-12: *Die Landkarte der Euro-Socio-Styles*

Quelle: GfK Lifestyle Research 2005

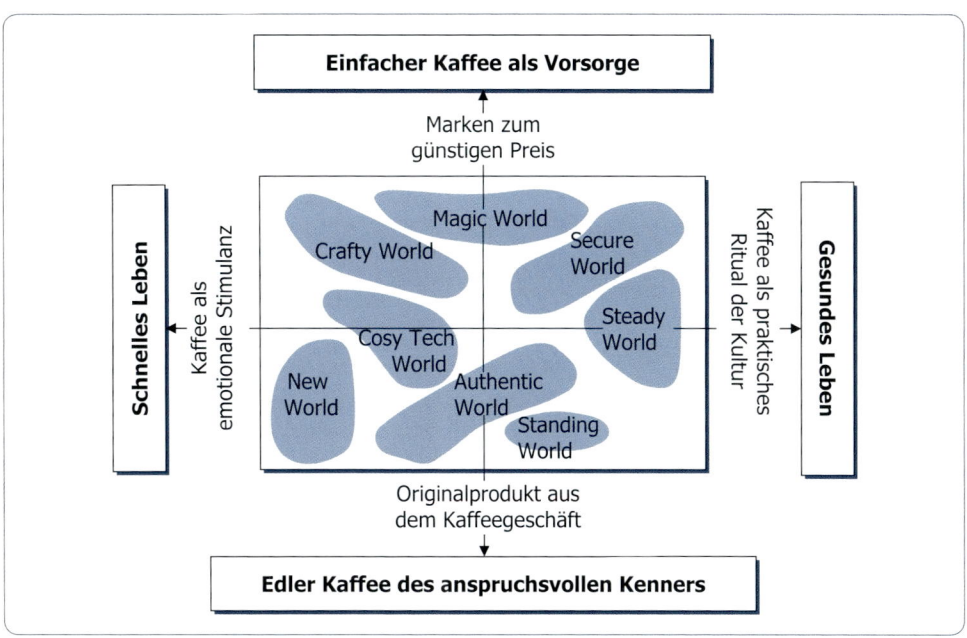

Abbildung 7-13: *Euro-Socio-Styles im Kaffeemarkt*

Quelle: GfK 2005

7. 4 Kommunikationsbarrieren

Als notwendige Voraussetzungen für international standardisierte Werbung muss also eine internationale Einheitlichkeit der Marke, der Zielgruppen und der Unternehmenszielsetzungen in allen Ländern gegeben sein. Aber selbst wenn diese Voraussetzungen erfüllt sind, trifft länderübergreifende Kommunikation auf eine Reihe von Kommunikationsbarrieren, die zu überwinden sind.

7. 4.1 Grundsätzliche Kommunikationsbarrieren

7. 4.1.1 Internationale Kommunikation

Wenn Kommunikation als der Austausch von wechselseitig verständlichen Informationen verstanden wird, liegt das Grundproblem in der Frage, ob der Empfänger die Botschaft auch so versteht, wie der Sender sie gemeint hat (vgl. Kapitel 1.2). Kommunikation erfolgt nur dann, wenn die **Bedeutungsinhalte** übermittelt werden.

Insbesondere bei Internationaler Werbung geht es um die Überwindung folgender Kommunikationshindernisse (vgl. Keegan/Green 1997, S. 351):

1. Die Werbebotschaft erreicht nicht die anvisierte Zielgruppe. Dieser Fall ist vor allem ein Mediaplanungsproblem.
2. Die Werbebotschaft erreicht die Zielgruppe, wird aber nicht verstanden oder missverstanden. In diesem Fall hat der Werbetreibende seine Botschaft nicht adäquat verschlüsselt.
3. Die Werbebotschaft erreicht die Zielgruppe, wird von dieser auch verstanden, bewirkt aber dennoch nicht den beabsichtigten Beeinflussungserfolg. Hier kann das Problem darin liegen, dass der Werbetreibende die soziokulturellen Eigenheiten der Zielgruppe vernachlässigt hat. Dieser Punkt berührt eine Schlüsselfrage in der Internationalen Werbung. Die meisten Fehler passieren hier deshalb, weil die Werbetreibenden fremde Kulturen nicht verstanden bzw. die Werbebotschaft nicht entsprechend adaptiert haben.
4. Die Wirksamkeit der Werbebotschaft wird durch externe Einflüsse, beispielsweise Werbung der Wettbewerber, beeinträchtigt.

Es ist unmittelbar nachvollziehbar, dass die Wahrscheinlichkeit zu kommunikativen Missverständnissen steigt, wenn Kommunikation kulturelle Grenzen überschreitet. Auf den Kommunikationsprozess wirken hier völlig andere Störsignale ein, als in dem Fall, dass Sender und Empfänger gleiche kommunikative Voraussetzungen haben. Internationale Märkte umfassen unterschiedliche Kulturräume. Bei dem beabsichtigten Austausch von wechselseitig verständlichen Informationen sind somit unterschiedliche Wertesysteme von Sender und Empfänger zu berücksichtigen. In Abwandlung der Kommunikationsmodelle aus Kapitel 1.2 lässt sich ein internationales Kommunikationsmodell wie in Abbildung 7-14 darstellen.

7. 4.1.2 Verbale und non-verbale Kommunikation

Für internationale Werbung ist die Berücksichtigung der Tatsache entscheidend, dass Kommunikation auf unterschiedlichen Ebenen erfolgt. Eine erste Unterscheidung lässt sich treffen in verbale und non-verbale Kommunikation (vgl. Abbildung 7-15). Die offensichtlichste Kommunikationsbarriere ist die Sprache. Die Sprache bestimmt die Wahrnehmung und das Denken, wir können nur das denken, was uns unsere Sprache erlaubt (vgl.

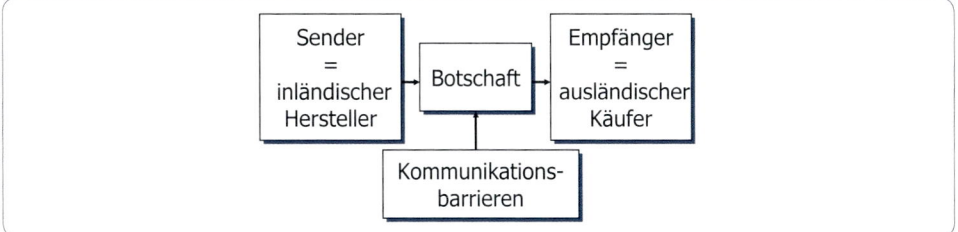

Abbildung 7-14: *Grundmodell der internationalen Kommunikation*

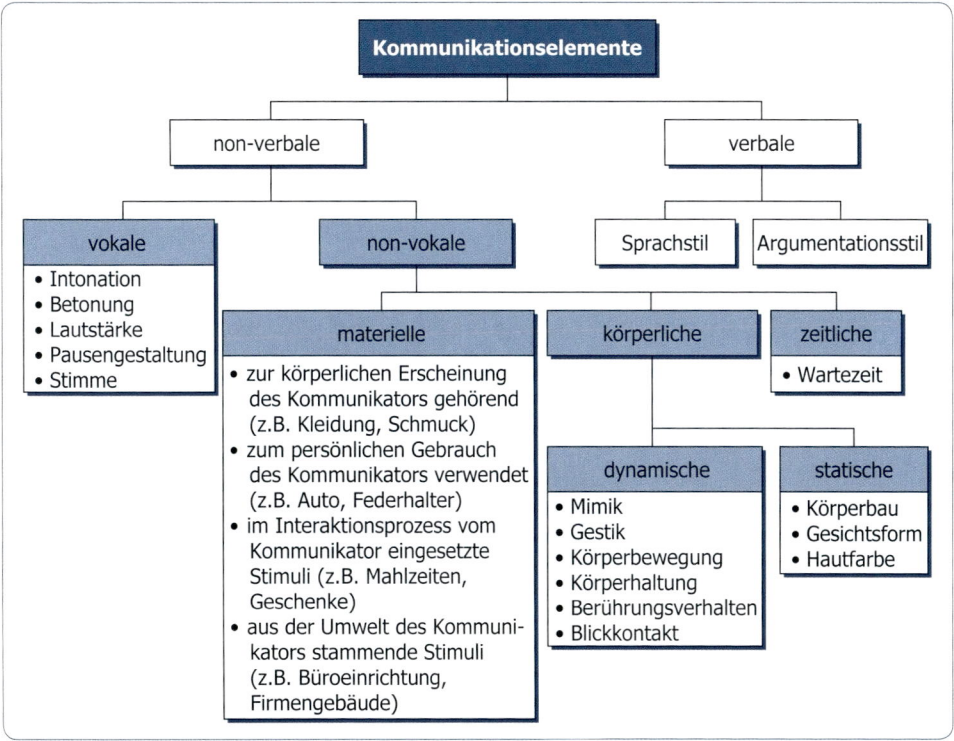

Abbildung 7-15: *Kommunikationselemente*

Quelle: Schugk: Interkulturelle Kommunikation, München 2004, S. 86

Schugk 2004, S. 60). Sprachlich relevant sind aber auch Sprach- und Argumentationsstil, also die Frage, ob Werbung den Produktnutzen explizit oder implizit anspricht, ob die Argumentation ein „hard-" oder „soft-selling" beinhaltet.

 Neben der verbalen Kommunikation bietet aber auch die Körpersprache vielfache Möglichkeiten zu interkulturellen Missverständnissen. Non-verbal kommuniziert wird nicht nur über die Art und Weise, *wie* gesprochen wird, sondern auch durch Mimik und Gestik, Kleidung, Accessoires, Geschenke, Blickkontakt und Berührungen. Der deutsche „Autofahrergruß" bedeutet in den USA „OK", in Frankreich hingegen „Null", in Griechenland eine sexuelle Aufforderung, in Japan „Geld" und in Tunesien „Ich bringe dich um". Die

zum „Victoryzeichen" ausgestreckten Zeige- und Mittelfinger bedeuten in Großbritannien eine unanständige Geste, wenn der Handrücken nach außen zeigt (vgl. Schugk 2004, S. 92 f.).

Eine nickende Kopfbewegung wird in fast allen europäischen Ländern als Zustimmung gedeutet, in Griechenland bedeutet es ein „Nein". Japaner und Chinesen drücken durch die Kopfbewegung aus, dass sie verstanden haben, was der Gesprächspartner gesagt hat, unabhängig von einer Zustimmung oder Ablehnung. Sie ist nur als Höflichkeitsregel zu sehen, dass sie als Gesprächspartner aufmerksam sind.

Durch Mimik werden Emotionen ausgedrückt. Unabhängig von der Kulturzugehörigkeit werden weltweit folgende Emotionen in vergleichbarer Weise erkannt: Ekel, Fröhlichkeit, Furcht, Trauer, Überraschung, Verachtung und Wut. Dass dennoch ein Lächeln einmal Zufriedenheit, dann wieder Verlegenheit oder auch Zustimmung bedeutet, ist kulturell begründet. Es liegt an der Verschiedenheit von Kulturen, ihre Gefühle mehr oder weniger zu maskieren (vgl. Emrich 2009, S. 143).

In vielen asiatischen Ländern werden europäische Geschäftspartner nach dem äußeren Erscheinungsbild beurteilt, ob sie beispielsweise Maßanzüge, Markenuhren oder teure Schuhe tragen. Daraus wird der soziale und geschäftliche Status eingeschätzt. In Japan gilt bei Konferenzen eine feste Sitzordnung, der das Prinzip von Rang und Würde zugrunde liegt. Selbst offene Türen haben je nach Kultur eine unterschiedliche Bedeutung. Amerikaner signalisieren mit offenen Bürotüren, dass sie jederzeit ansprechbar sind und nichts zu verbergen haben, Deutsche haben bei offenen Türen das Gefühl, dass sie anderen ungeschützt ausgeliefert sind. Amerikaner befürchten bei geschlossenen Türen geheime Absprachen (vgl. Schugk 2004, S. 97 ff.).

7. 4.1.3 Kontextgebundene und kontextungebundene Kommunikation

Je nach Kulturkreis stehen verbale und non-verbale Kommunikation in unterschiedlichem Verhältnis zueinander. Je nachdem, ob direkt oder indirekt, explizit oder implizit kommuniziert wird, wird von kontextgebundener oder kontextungebundener (high- bzw. low-context) Kommunikation gesprochen.

Kontextgebundene Kommunikation ist dadurch gekennzeichnet, „dass vergleichsweise wenig gesagt oder geschrieben wird, da die Information in hohem Maße bereits in der physischen Umwelt bzw. im Kommunikator selbst implizit enthalten ist" (Schugk 2004, S. 140). Non-verbale Kommunikation spielt hier eine große Rolle, Botschaften werden übermittelt, ohne ausgesprochen zu werden, der Bedeutungsgehalt ergibt sich schrittweise nach dem „Pingpongprinzip" (vgl. Abbildung 7-16). Die Grenze der Versprachlichung, d.h. der Anteil der unausgesprochenen Inhalte, ist hoch.

Diese Art der kreisförmigen Kommunikation hat den Vorteil, dass Kritik und Ablehnung „zwischen den Zeilen" kommuniziert und nicht offen gesagt wird. Für Japaner ist die „Wahrung des Gesichtes" sehr wesentlich. Ein „nein" gilt als eine direkte Konfrontation und wird meistens vermieden, damit auch der Gesprächspartner sein Gesicht bewahren kann. „We will think about it" ist eine höfliche Umschreibung eines „nein". Umgekehrt bedeutet ein „ja" nicht notwendigerweise eine Bestätigung. Die eigentliche Bedeutung der Botschaften ergibt sich erst aus dem Kontext, durch begleitende Zeichen wie Mimik, Gestik oder Körperhaltung.

Als kontextgebundene Kulturen sind die arabischen Länder, Japan, China, Korea, Vietnam und die Mittelmeerländer zu betrachten. Direkte Werbeappelle sind daher in diesen Ländern zu vermeiden.

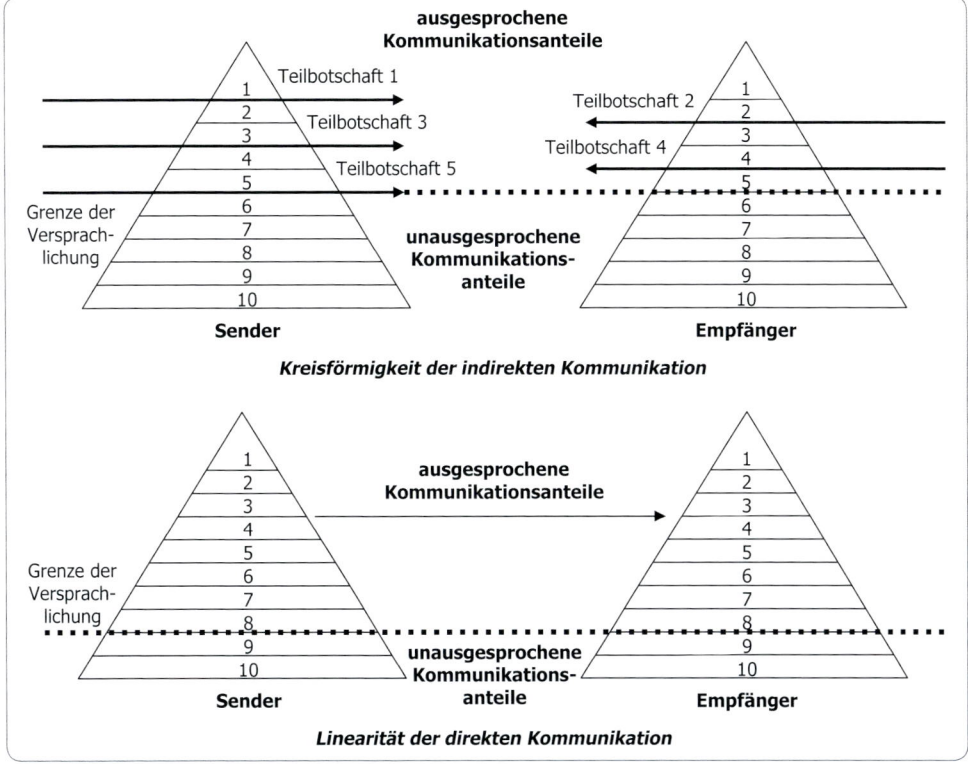

Abbildung 7-16: *Kontextgebundene und kontextungebundene Kommunikation*
Quelle: Schugk: Interkulturelle Kommunikation, München 2004, S. 142 f.

Bei **kontextungebundener Kommunikation** werden Inhalte direkt ausgesprochen. Während in kontextgebundenen Kulturen die Gesprächspartner ein hohes Maß an Sensibilität benötigen, um miteinander kommunizieren zu können und die „Tiefe" der zwischenmenschlichen Beziehungen eine große Rolle spielt, ist kontextungebundene Kommunikation eindeutig, inhaltlich ausgerichtet und linear. Ein „nein" meint „nein" und ein „ja" meint „ja". Diese Art der Kommunikation ist charakteristisch für die USA, England (generell gilt die englische Sprache als präzise und weitgehend kontextfrei), Deutschland, Schweiz und Skandinavien (vgl. Schugk 2004, S. 143).

Kontextungebundene Kulturen pflegen eher kurzlebige zwischenmenschliche Beziehungen. Es erfolgt eine strikte Trennung zwischen Berufs- und Arbeitsleben. Da es hier auch nicht üblich ist, sich eingehend mit dem Gegenüber zu befassen (sofern kein besonderes Vertrauensverhältnis besteht), sind viele explizite Hintergrundinformationen notwendig, um miteinander kommunizieren zu können (vgl. Müller/Gelbrich 2004, S. 82). Für die Werbung bedeutet dies, dass in diesen Ländern Informationen explizit und detailliert dargestellt werden sollten.

> Ein Japaner und ein Deutscher sind Nachbarn in einem Haus. Der Deutsche übt häufig Klavier. Dadurch fühlt sich der Japaner zuweilen gestört. Als ihm sein deutscher Nachbar im Treppenhaus begegnet, begrüßt ihn der Japaner und äußert dabei: „Sie üben fleißig". Daraufhin entgegnet der Deutsche: „Ja, ich nehme jetzt sogar Klavierstunden bei einem Musiklehrer."

> Das Kommunikationsziel des Japaners ist eine Bitte an den anderen, leiser oder seltener Klavier zu spielen. Die implizite Kommunikationsform des Japaners erlaubt diesem weder eine Selbstkundgabe („Ihr Klavierspiel stört mich"), geschweige denn einen expliziten Appell („Spielen Sie bitte seltener oder leiser"). Während ein anderer Japaner die Botschaft verstanden hätte, empfängt der Deutsche: „Ihr Klavierspiel gefällt mir" und interpretiert womöglich sogar die Aufforderung: „Spielen Sie doch öfter" (vgl. Rez u.a. 2009, S. 51 f.).

Es ist offensichtlich, dass zwischen diesen beiden sehr unterschiedlichen Ausdrucksstilen kommunikative Missverständnisse gewissermaßen vorprogrammiert sind. Für jemanden, der explizite Kommunikation gewohnt ist, erscheint implizite Kommunikation als undurchschaubar und unverständlich, da kein „Klartext" geredet wird. Im umgekehrten Fall erscheint der Stil als zu direkt, unkultiviert und plump.

7. 4.1.4 Sprachbarrieren

Eine Werbebotschaft kann nur dann wirken „wenn die Konsumenten sich in der Sprache angesprochen fühlen, die sie beherrschen" (Emrich 2009, S. 263). Bei der Sprache können sich Probleme einerseits aus der **Übersetzung**, andererseits aus der **Interpretation** ergeben (vgl. Fuchs 1995, S. 432). In jeder Sprache gibt es Wörter, die sich einer Übersetzung entziehen. Beispielsweise gibt es im Chinesischen kein Wort für Krise, vielmehr besteht die Übersetzung aus den Wörtern Gefahr und Chance, ein Zeichen dafür, dass in China selten in Extremen gedacht wird. Im Deutschen gibt es keinen Ausdruck für „fair play", in einigen asiatischen Sprachen keinen für „nein".

> Deutsche Unternehmen können ihre Markennamen in vielen Ländern ohne Veränderung direkt in Auslandsmärkte übertragen bzw. exportieren. Das funktioniert überall dort, wo die einheimischen Sprachen alphabetisch gebildet worden sind. Im Gegensatz dazu ist ein Markentransfer auf dem chinesischen Markt ein schwieriges Thema. Denn eine eigenständig klingende Übersetzung in Chinesisch lässt sich nicht mühelos finden. Anders als in Deutschland ist in China ein westlicher Name wie etwa *Audi, Siemens, Nivea, Knorr* etc. unmöglich. Denn jedes Schriftzeichen ist von vornherein schon alleiniger Bedeutungsträger.
>
> Beispiele für Markentransfers von westlichen Namen ins Chinesische:
>
> | Marke | Chinesisch | Art der Übersetzung |
> |---|---|---|
> | Audi | Ao Di | phonetische Übersetzung |
> | Adidas | A Di Da Si | phonetische Übersetzung |
> | Benz | Ben-Chi | Galoppieren |
> | BMW | Bao-Ma | Edles Pferd/Schatzpferd |
> | Bosch | Bo-Shi | phonetische Übersetzung mit zusätzlicher Bedeutung: Riesenwelt |
> | Coca-Cola | Kekou-Kele | Lecker-lachen/Schmackhaft macht froh |
> | KFC | Ken De Ji | phonetische Übersetzung mit zusätzlicher Bedeutung: „Ji" hat den gleichen Klang wie „Hähnchen" |
> | Knorr | Jia le | Familie froh |
> | Mc Donald's | Mai Dang Lao | phonetische Übersetzung mit zusätzlicher Bedeutung: „Ähre" + Dang Lao |

Marke	Chinesisch	Art der Übersetzung
Nestlé	Que-chao	Spatzennest
Nivea	Ni Wie Ya	phonetische Übersetzung mit zusätzlicher Bedeutung: Mädchen + erhalten + elegant
Lacoste	E-yu	Krokodil
L'Oréal	Ou Lai Ya	phonetische Übersetzung mit zusätzlicher Bedeutung: Eleganz aus Europa
Porsche	Bao-shi-jie	schnell und zeitsparend
Siemens	Xi-Men-Zi	phonetische Übersetzung mit zusätzlicher Bedeutung: Tor zum Westen
Volkswagen	Da-Zong	Volk

Quelle: Du, Mingming 2008, S. 21 ff.

Zwei Beispiele, wie eine schlechte Übersetzung eine falsche Werbebotschaft vermittelt (vgl. Wells/Burnett/Moriarty 2000, S. 489):

> Anzeige einer römischen Wäscherei:
> „Ladies, leave your clothes here and spend the afternoon having a good time."
> Aus einer Moskauer Wochenzeitschrift:
> „There will be a Moscow Exhibition of Arts by 1.500 Soviet Republic painters. These were executed over the past two years."

Werbetreibende sind also gut beraten, keine Übersetzer, sondern Muttersprachler einzusetzen, die nach Möglichkeit auch Kenntnisse des Fachgebietes des Unternehmens besitzen. Es muss berücksichtigt werden, dass der kulturgebundene Teil der Kommunikation nicht übersetzt werden kann, da ein Teil der Bedeutung der Sprache verloren geht (vgl. Emrich 2009, S. 145).

> Im deutschen Slogan heißt es: „Milch macht müde Männer munter". Eine wörtliche und durchaus regelgerechte Übersetzung dafür hieße: „Milk makes tires men awake". Aber die wäre, weil völlig ohne Pep, ganz sicher nicht im Sinne des Erfinders. Einem guten Übersetzer/Texter gelingt auch im Englischen eine Alliteration: Milk makes moody misters merry". Das klingt mindestens ebenso gut wie das Original, wenn nicht noch witziger (Nagel 2005, S. 91).

Problematisch ist es immer dann, wenn Werbung oder schon die Markennamen die Sprachkompetenz der Zielgruppe überfordern. Beispielsweise hat in Deutschland nur eine Minderheit Werbeslogans wie „Come in and find out" (*Douglas*), „Powered by emotion" (*Sat.1*), „Driven by instinct" (*Audi TT*) oder gar „One Group. Multi Utilities" (*RWE*) verstanden. Auch Markennamen wie *Febrèze*, *Ace*, *O2*, *Phaeton* oder *Men's Health*, die für viele kaum aussprechbar sind und deren Bedeutungsgehalt (falls überhaupt vorhanden) nicht nachvollzogen wird, sind wenig geeignet, an die Kaufbereitschaft zu appellieren. Allerdings scheint es unproblematisch zu sein, einen Computer *Apple* und einen Treibstoff *Shell* zu nennen, da eine Verwechslung mit Obst oder Muscheln als unwahrscheinlich anzusehen ist (vgl. Müller/Gelbrich 2004, S. 626).

Das Schlimmste jedoch, was passieren kann, ist eine falsche Übersetzung von Werbeslogans bzw. ein negativer Bedeutungsgehalt von Markennamen in anderen Sprachräumen, zumal diese Fehler vermeidbar sind. Berühmt wurde der Staubsaugerhersteller *Electrolux* in den USA mit der Übersetzung seines Slogans „Nichts saugt wie ein *Electrolux*" in „Nothing sucks like an *Electrolux*", was im amerikanischen Englisch so viel bedeutet wie

„Nichts ist so Scheiße wie ein *Electrolux*". Eine Häufung von Problemen gab es bei Automarken: *General Motors* führte in Lateinamerika den *Chevy Nova* ein, „no va" bedeutet dort allerdings „geht nicht"; der *Ford „Pinto"* floppte in Brasilien, weil er für „kleiner Penis" steht; *Mitsubishi* musste seinen *„Pajero"* in Spanien umbenennen, weil dies ein Slangwort für „Wichser" ist (vgl. Haig 2004, S. 142f.). *Lidl* hatte seinen Slogan „*Lidl* ist billig" in England mit *„Lidl is cheap"* übersetzt, ohne die Doppelbedeutung von cheap (billig, schäbig) zu erkennen.

Unterschiede zwischen einzelnen Sprachen gehen häufig weit über die bloße Übersetzungsproblematik hinaus. Manche Konzepte lassen sich nicht in andere Sprachen transferieren, da auch die Sprache in hohem Maße Ausdruck des jeweiligen kulturellen Verständnisses ist. Am deutlichsten wird diese Tatsache vielleicht am Beispiel des Humors, der selbst innerhalb eines Sprachraumes sehr unterschiedliche Ausprägungen annehmen kann.

Die einzelnen Sprachen benötigen unterschiedlich viele Wörter, um ein und denselben Zusammenhang auszudrücken. Das Englische benötigt normalerweise am wenigsten Platz. Dies kann Probleme bereiten, wenn in einer internationalen Anzeige der Raum, der für den Text zur Verfügung steht, nach der englischen Version bemessen ist und für die französische oder spanische Version ein Drittel mehr Platz benötigt wird. Auf der anderen Seite hat das Englische nicht die Feinheit und Raffinesse der Wortwahl wie Griechisch, Chinesisch oder Französisch. Diese Sprachen haben sehr viele unterschiedliche Worte für Situationen und Gefühle, die sich nicht genau in das Englische übersetzen lassen.

Als *Milka*-Schokolade in Belgien eingeführt wurde, ergab sich das Problem der Übersetzung des deutschen Claims ins Französische. „*Milka*, die zarteste Versuchung, seit es Schokolade gibt" wurde übersetzt mit „*Milka*, la plus tendre des tentations". Bei der Vertonung des deutschen Jingles zeigte sich jedoch, dass die Übersetzung viel zu wenig Worte hatte. Daher wurde sie erweitert zu: „*Milka*, au lait des alpes. La plus tendre des tentations", wodurch dieser Claim nun auch wie das deutsche Jingle gesungen werden konnte.

Auch *Haribo* fand eine gute Lösung für die Übertragung des Versmaßes seines Jingles ins Französische. Aus: „*Haribo* macht Kinder froh. Und Erwachs'ne ebenso" wurde „Haribo est pour la vie, pour les grands et les petits".

Kommunikationsbarrieren grundsätzlicherer Art sind z.B. unterschiedliche Schriften oder Lesegewohnheiten, die einer weltweiten Standardisierung Grenzen setzen. Um in den arabischen Staaten, in Russland oder China gelesen und identifiziert werden zu

Abbildung 7-17: Anpassungen des Coca-Cola-Logos

können, müssen die Markenzeichen entsprechend in arabischen, kyrillischen oder chinesischen Schriftzeichen gesetzt werden. Auch die sehr weitgehend standardisierte Marke *Coca-Cola* ist den jeweiligen Schriftarten der unterschiedlichen Sprachräume angepasst.

7. 4.2 Spezifische Kommunikationsbarrieren

Die geschilderten grundsätzlichen Kommunikationsbarrieren machen im Regelfall eine Anpassung der Werbung an die nationalen Gegebenheiten unumgänglich. Daneben wirken aber noch spezifische Kommunikationsbarrieren in der internationalen Kommunikation, die eine fallweise Überprüfung der Anpassungsnotwendigkeit erfordern. Als wesentliche Barrieren seien im Folgenden kulturelle Faktoren, Imageunterschiede von Produkten und Marken, unterschiedliche Verfügbarkeiten von Werbeträgern und unterschiedliche Rechtsvorschriften vorgestellt.

7. 4.2.1 Kulturelle Faktoren

Als bedeutendste Kommunikationsbarrieren sind die kulturellen Besonderheiten eines Landes zu betrachten. Gehören Sender und Empfänger unterschiedlichen Kulturen an, kann Kommunikation zwischen ihnen nur dann funktionieren, wenn sie auf der Ebene gleicher Bedeutungssysteme erfolgt. Bereits die Ausführungen zu den grundsätzlichen Kommunikationsbarrieren haben deutlich gemacht, dass Werbung in Abhängigkeit von der jeweiligen Kultur unterschiedlich wahrgenommen wird. Im Folgenden werden spezifische kulturelle Faktoren vorgestellt, die im Hinblick auf Standardisierung der Werbung zu berücksichtigen sind.

7. 4.2.1.1 Erfassungskriterien von Länderkultur

Sollen verschiedene Länder und Kulturen miteinander verglichen werden, ist es notwendig Kriterien zu haben, die zwischen allen Kulturen als normative Größen Geltung besitzen (Rothlauf 1999, S. 20) und mit denen der Grad der Gemeinsamkeit bzw. der Verschiedenartigkeit aufgezeigt werden kann.

Jeder Mensch trägt in seinem Inneren Muster des Denkens, Fühlens und potentiellen Handelns, die er sein Leben lang erlernt hat. Diese *kollektive Programmierung des Geistes*, die die Mitglieder einer Gruppe oder Kategorie von Menschen von einer anderen unterscheidet definiert Hofstede als Kultur (vgl. Hofstede/Hofstede 2009, S. 2 ff.).

Hofstede hatte in den 1970er Jahren die Gelegenheit zur Auswertung einer Datenbank von *IBM*-Mitarbeitern, die 116.000 Fragebögen aus 72 Ländern in 20 Sprachen enthielt, mit denen *IBM* versuchte herauszufinden, warum einige Motivationskonzepte nicht in allen Ländern gleichermaßen arbeiteten. Die Fragebögen beinhalteten Zustimmung oder Ablehnung zu unterschiedlichen Aussagen. Als Ergebnis kamen gemeinsame Probleme zutage, aber von Land zu Land unterschiedliche Lösungen zu folgenden Bereichen:

1. Soziale Ungleichheit einschließlich des Verhältnisses zur Autorität.
2. Beziehungen zwischen dem Individuum und der Gruppe.
3. Vorstellungen von Maskulinität und Femininität: die sozialen und emotionalen Auswirkungen, als Junge oder Mädchen geboren zu sein.
4. Die Art und Weise, mit Unsicherheit und Mehrdeutigkeit umzugehen, die sich als Bezugspunkt für die Kontrolle von Aggression und das Ausdrücken von Emotionen ergaben.
5. Die langfristige gegenüber der kurzfristigen Orientierung.

Die fünfte Dimension kam später hinzu, da aufgrund der Tatsache, dass die Fragebögen auf der Basis von Vorstellungen der westlichen Kultur erstellt wurden, später ein neuer Fragebogen entwickelt wurde mit Ausrichtung auf die chinesische Kultur.

Diese Grundproblembereiche definiert Hofstede als Dimensionen von Kultur (**5-D-Modell**), die sich im Verhältnis zu anderen Kulturen messen lassen. Er bezeichnet sie als Machtdistanz, Individualismus versus Kollektivismus, Maskulinität versus Feminität, Vermeidung von Unsicherheit und Kurzzeit- versus Langzeitorientierung (vgl. Hofstede 1984, 1991. Die folgenden Ausführungen beziehen sich auf eine aktualisierte Ausgabe, vgl. Hofstede/Hofstede 2009).

Anhand der Fragebögen wurden die Dimensionen auf einer Skala von 0 bis 100 bewertet (Index). (Einige Länder haben Indexwerte von mehr als 100, weil sie gemessen wurden, nachdem die Originalskala definiert war.) Die Werte definieren die relativen Positionen der Länder und erlauben eine Aussage darüber, inwieweit die Länder voneinander abweichen.

Im Folgenden werden die jeweiligen Extrempositionen der Kulturdimensionen behandelt. Jedes Land wird seine Position irgendwo zwischen den Extremen haben.

1. **Machtdistanz** (vgl. Hofstede/Hofstede 2009, S. 51 ff.)

In jeder Gesellschaft findet sich Ungleichheit. Es gibt immer solche, die größer, stärker oder tüchtiger sind als andere. Die Folge davon ist, dass einige Menschen mehr Macht haben als andere. Machtdistanz bezeichnet die Art und Weise, wie eine Gesellschaft mit Ungleichheit umgeht. Hohe Machtdistanzwerte bestehen bei den meisten asiatischen Ländern, bei osteuropäischen, bei afrikanischen, arabisch sprechenden und lateinamerikanischen Ländern. Niedrige Werte finden sich in den deutsch sprechenden, in den nordischen Ländern sowie den USA und Großbritannien.

Machtdistanz gibt Auskunft über die Abhängigkeit von Beziehungen in einem Land. Hofstede definiert Machtdistanz als „das Ausmaß, bis zu welchem die weniger mächtigen Mitglieder von Institutionen bzw. Organisationen eines Landes erwarten und akzeptieren, dass Macht ungleich verteilt ist" (Hofstede/Hofstede 2009, S. 59). Der Beschreibung von Machtdistanz liegt somit das Wertesystem der weniger mächtigen Mitglieder zugrunde.

In Gesellschaften mit großer Machtdistanz erwarten Eltern von Kindern Gehorsam. Respekt vor Eltern und Erwachsenen wird als wichtige Tugend angesehen. In Kulturen mit geringer Machtdistanz werden Kinder mehr oder weniger gleichberechtigt behandelt. Das Ziel der Erziehung ist hier, dass die Kinder ihr Leben so bald wie möglich selbst in die Hand nehmen. In der Schule entwickelt das Kind seine Denkmuster weiter, das Rollenpaar Eltern – Kind wird ersetzt durch das Rollenpaar Lehrer – Schüler. In Kulturen mit großer Machtdistanz wird das ungleiche Verhältnis zwischen Eltern und Kind durch ein ungleiches Verhältnis zwischen Lehrern und Schüler fortgesetzt.

Im Berufsleben kommt als weiteres Rollenpaar das von Vorgesetztem und Mitarbeiter hinzu. In Ländern mit großer Machtdistanz betrachten Vorgesetzte und Mitarbeiter sich selbst als von Natur aus mit ungleichen Rechten ausgestattet und auf dieser Einstellung basiert auch jedes hierarchische System. Macht konzentriert sich auf wenige Köpfe in einer Organisation. Den Mitarbeitern wird gesagt, was sie zu tun haben. Vorgesetzte genießen bestimmte Privilegien, nach außen hin sichtbare Statussymbole stärken ihre Autorität. Das Idealbild eines Chefs ist der „gute Vater". In Ländern mit geringer Machtdistanz betrachten sich Mitarbeiter und Vorgesetzte als von Natur aus gleichberechtigt, die vorhandene Hierarchie ist lediglich eine ungleiche Verteilung von Rollen, die aus praktischen

Gründen vorgenommen wurde. Und Rollen sind austauschbar. Für alle sollten der gleiche Parkplatz, die gleiche Kantine und die gleichen Toiletten zur Verfügung stehen.

Ein weiteres Rollenpaar ist Staat – Bürger. In einer Gesellschaft mit großer Machtdistanz ist die Staatsgewalt eher traditionell, manchmal liegen deren Wurzeln in der Religion. Macht wird als fundamentale gesellschaftliche Gegebenheit angesehen, Macht geht vor Recht. Es besteht eine unausgesprochene Übereinkunft darüber, dass es eine bestimmte Ordnung der Ungleichheit auf dieser Welt geben sollte, in der jeder seinen Platz hat. Die Mächtigen genießen auch Privilegien und man erwartet auch, dass sie ihre Macht einsetzen, um ihren Reichtum zu vergrößern. Status ist wichtig und wird demonstriert. In Gesellschaften mit geringer Machtdistanz ist Ungleichheit grundsätzlich kein wünschenswertes Ziel, der Gebrauch von Macht sollte Gesetzen unterliegen. Das Gesetz muss garantieren, dass jeder, ungeachtet seines Status, die gleichen Rechte hat.

Tabelle 7-7: Machtdistanz-Index für unterschiedliche Nationen

Rang	Land	Wert	Rang	Land	Wert	Rang	Land	Wert
1/2	Malaysia	104	26	Brasilien	69	51	Italien	50
1/2	Slowakei	104	27/29	Frankreich	68	52/53	Argentinien	49
3/4	Guatemala	95	27/29	Hongkong	68	52/53	Südafrika	49
3/4	Panama	95	27/29	Polen	68	54	Trinidad	47
5	Philippinen	94	30/31	Belgien (fr.)	67	55	Ungarn	46
6	Russland	93	30/31	Kolumbien	67	56	Jamaika	45
7	Rumänien	90	32/33	Salvador	66	57/59	Estland	40
8	Serbien	86	32/33	Türkei	66	57/59	Luxemburg	40
9	Surinam	85	34/36	Ostafrika	64	57/59	USA	40
10/11	Mexiko	81	34/36	Peru	64	60	Kanada (ges.)	39
10/11	Venezuela	81	34/36	Thailand	64	61	Niederlande	38
12/14	Arab. Länder	80	37/38	Chile	63	62	Australien	36
12/14	Bangladesch	80	37/38	Portugal	63	63/65	Costa Rica	35
12/14	China	80	39/40	Belgien (fl.)	61	63/65	Deutschland	35
15/16	Ecuador	78	39/40	Uruguay	61	63/65	Großbritannien	35
15/16	Indonesien	78	41/42	Griechenland	60	66	Finnland	33
17/18	Indien	77	41/42	Südkorea	60	67/68	Norwegen	31
17/18	Westafrika	77	43/44	Iran	58	67/68	Schweden	31
19	Singapur	74	43/44	Taiwan	58	69	Irland	28
20	Kroatien	73	45/46	Tschechien	57	70	Schweiz (dt.)	26
21	Slowenien	71	45/46	Spanien	57	71	Neuseeland	22
22/25	Bulgarien	70	47	Malta	56	72	Dänemark	18
22/25	Marokko	70	48	Pakistan	55	73	Israel	13
22/25	Schweiz (fr.)	70	49/50	Kanada (fr.)	54	74	Österreich	11
22/25	Vietnam	70	49/50	Japan	54			

Quelle: Hofstede/Hofstede: Lokales Denken, globales Handeln, München 2009, S. 56

Die Akzeptanz von Hierarchie lässt sich im persönlichen Verhalten erkennen. In Japan muss jedes Grüßen und jeder soziale Kontakt Art und Ausmaß der sozialen Distanz erkennen lassen. In Kulturen mit großer Machtdistanz entschuldigt sich derjenige, der angerempelt wird, im Gegensatz zu Kulturen mit geringer Machtdistanz, wo sich der Rempler entschuldigt. Dieses Konzept des „richtigen Platzes in der Gesellschaft" kommt auch in der Berichterstattung der Presse zum Ausdruck. Gesellschaftliche Skandale werden in England sehr viel stärker aufgegriffen als in Frankreich.

Auch die Korruptionsanfälligkeit korreliert mit der Machtdistanz: Angehörige von Kulturen mit großer Bereitschaft, Machtgefälle zu akzeptieren, lassen sich leichter bestechen, als andere (vgl. Müller/Gelbrich 2004, S. 895).

2. Individualismus/Kollektivismus (vgl. Hofstede/Hofstede 2009, S. 99 ff.)

Hofstede definiert diese kulturelle Dimension wie folgt: Individualismus beschreibt Gesellschaften, in denen die Bindungen zwischen den Individuen locker sind; man erwartet von jedem, dass er für sich und seine unmittelbare Familie sorgt. Sein Gegenstück, der Kollektivismus, beschreibt Gesellschaften, in denen der Mensch von Geburt an in starke, geschlossene Wir-Gruppen integriert ist, die ihn ein Leben lang schützen und dafür bedingungslose Loyalität verlangen. (Hofstede/Hofstede 2009, S. 120). Diese Dimension beinhaltet, wie stark oder schwach die Beziehungen eines erwachsenen Menschen zu der Gruppe oder den Gruppen ist, mit denen er oder sie sich identifiziert.

Die überwiegende Mehrheit der Menschen lebt in Gesellschaften, in denen das Interesse der Gruppe dem des Individuums übergeordnet ist. Diese Gesellschaften werden als kollektivistisch bezeichnet. Die erste Gruppe im Leben ist immer die Familie. Aber die Familienstrukturen sind von Gesellschaft zu Gesellschaft verschieden. In kollektivistischen Gesellschaften besteht die Familie meist aus einer großen Zahl von Personen (Großeltern, Onkel, Tanten, Dienstboten). Kinder lernen darin, sich als Teil einer „Wir"-Gruppe zu begreifen, einer Beziehung, die von der Natur vorgegeben ist. Die „Wir"-Gruppe bildet die Hauptquelle der Identität des Menschen und dessen einzigen sicheren Schutz gegen die Gefahren des Lebens. Deshalb wird der „Wir"-Gruppe lebenslange Loyalität geschuldet. Zwischen den Personen einer „Wir"-Gruppe entwickelt sich ein Verhältnis gegenseitiger Abhängigkeit, was auch finanzielle Verpflichtungen beinhaltet.

Eine Minderheit lebt in Gesellschaften, in denen das Interesse des Individuums Vorrang vor den Interessen der Gruppe genießt. Diese Gesellschaften werden als individualistisch bezeichnet. Hier werden die meisten Kinder in Familien hineingeboren, die aus zwei Elternteilen und eventuell weiteren Kindern bestehen. Kinder in solchen Familien lernen schnell, sich als „Ich" zu begreifen. Ziel der Erziehung ist es hier, das Kind in die Lage zu versetzen, auf eigenen Beinen zu stehen.

Viele Länder, die beim Machtdistanzindex einen hohen Punktwert erreichen, haben einen niedrigen Punktwert beim Individualismusindex und umgekehrt. Länder mit großer Machtdistanz sind mit hoher Wahrscheinlichkeit auch stärker kollektivistisch.

In einer Situation intensiven und ständigen sozialen Kontakts wird das Bewahren von Harmonie in der eigenen sozialen Umgebung zu einer bedeutenden Fähigkeit, die sich auch auf andere Bereiche außerhalb der Familie ausdehnt. In den meisten kollektivistischen Kulturen gilt direkte Konfrontation mit einer anderen Person als unhöflich und unerwünscht. Demgegenüber gilt es in individualistischen Kulturen als eine Tugend, seine Meinung auszudrücken.

Individualistische Gesellschaften lassen sich als *Schuld*kulturen bezeichnen: Menschen die gegen die Regeln der Gesellschaft verstoßen, haben häufig Schuldgefühle und werden von einem individuell entwickelten Gewissen geplagt. Demgegenüber handelt es sich bei kollektivistischen Gesellschaften um *Scham*kulturen: Menschen, die einer Gruppe angehören, von der ein Mitglied gegen die Regeln der Gesellschaft verstoßen hat, sind beschämt, was auf einen Sinn für kollektive Pflicht zurückzuführen ist.

Eine weitere, in der kollektivistischen Familie geförderte Vorstellung ist das *Gesicht*, das die angemessene Beziehung zur sozialen Umgebung beschreibt. Das entgegengesetzte Merkmal in individualistischen Gesellschaften ist die *Selbstachtung*. Während *Gesicht* aus der sozialen Umgebung heraus definiert ist, definiert sich *Selbstachtung* vom Gesichtspunkt des Individuums her.

In individualistischen Gesellschaften gilt die Norm, dass man jeden gleich behandeln soll. In kollektivistischen Gesellschaften gilt das Gegenteil. Da die Unterscheidung zwischen

Tabelle 7-8: *Individualismus-Index für unterschiedliche Nationen*

Rang	Land	Wert	Rang	Land	Wert	Rang	Land	Wert
1	USA	91	26	Tschechien	58	49/51	Slowenien	27
2	Australien	90	27	Österreich	55	52	Malaysia	26
3	Großbritannien	89	28	Israel	54	53/54	Hongkong	25
4/6	Kanada (ges.)	80	29	Slowakei	52	53/54	Serbien	25
4/6	Ungarn	80	30	Spanien	51	55	Chile	23
4/6	Niederlande	80	31	Indien	48	56/61	Bangladesch	20
7	Neuseeland	79	32	Surinam	47	56/61	China	20
8	Belgien (fl.)	78	33/35	Japan	46	56/61	Singapur	20
9	Italien	76	33/35	Argentinien	46	56/61	Thailand	20
10	Dänemark	74	33/35	Marokko	46	56/61	Vietnam	20
11	Kanada (fr.)	73	36	Iran	41	56/61	Westafrika	20
12	Belgien (fr.)	72	37/38	Jamaika	39	62	Salvador	19
13/14	Frankreich	71	37/38	Russland	39	63	Südkorea	18
13/14	Schweden	71	39/40	Arab. Länder	38	64	Taiwan	17
15	Irland	70	39/40	Brasilien	38	65/66	Peru	16
16/17	Norwegen	69	41	Türkei	37	65/66	Trinidad	16
16/17	Schweiz (dt.)	68	42	Uruguay	36	67	Costa Rica	15
18	Deutschland	67	43	Griechenland	35	68/69	Pakistan	14
19	Südafrika	65	44	Kroatien	33	68/69	Indonesien	14
20	Schweiz (fr.)	64	45	Philippinen	32	70	Kolumbien	13
21	Finnland	63	46/48	Bulgarien	30	71	Venezuela	12
22/24	Estland	60	46/48	Mexiko	30	72	Panama	11
22/24	Luxemburg	60	46/48	Rumänien	30	73	Ecuador	8
22/24	Polen	60	49/51	Portugal	27	74	Guatemala	6
25	Malta	59	49/51	Ostafrika	27			

Quelle: Hofstede/Hofstede: Lokales Denken, globales Handeln, München 2009, S. 105

„unserer Gruppe" und „anderen Gruppen" fest im Bewusstsein verankert ist, ist es natürlich und moralisch, seine Freunde besser zu behandeln als andere.

In individualistischen Kulturen gibt es eine strikte Trennung von Privat- und Berufsleben, in kollektivistischen Kulturen ist diese Trennung nicht sehr strikt. Dies kommt beispielsweise in der Tatsache zum Ausdruck, dass es in kollektivistischen Kulturen relativ wenige private Gärten gibt. Das Verschmelzen von Privat- und Berufsleben in kollektivistischen Kulturen führt zu einem so genannten Technologie-Paradox: Auch in entwickelten Märkten heißt das nicht, dass hier technische Produkte (PC) in gleicher Weise genutzt werden wie in anderen Ländern. In kollektivistischen Kulturen gibt es keinen Anreiz, Arbeit mit nach Hause zu nehmen. Private PC scheinen mit Individualismus zu korrelieren.

In individualistischen Kulturen wird der Kaufakt als reines Tauschgeschäft ohne soziale Beziehung gesehen, in kollektivistischen Gesellschaften wird eine soziale Beziehung hingegen als Geschäftsgrundlage erachtet. Ökonomisch bedeutsam ist ferner die Tatsache, dass kollektivistische Kulturen heimische Produkte, unabhängig von deren objektiver Qualität gegenüber ausländischen Produkten vorziehen. Individualistische Konsumenten hingegen ziehen nationale Produkte nur dann vor, wenn sie qualitativ überlegen sind. Auch Produktpiraterie wird in kollektivistischen Kulturen durchaus positiv bewertet.

3. **Maskulinität/Femininität** (vgl. Hofstede/Hofstede 2009, S. 159 ff.)

Welche Verhaltensweisen den Geschlechtern zugeordnet werden, ist von Gesellschaft zu Gesellschaft verschieden. Das Rollenverhalten von Vater und Mutter hat große Auswirkungen auf die mentale Software des kleinen Kindes, und es wird sein Leben lang davon geprägt sein. Die Unterschiede in der mentalen Programmierung von Gesellschaften in Bezug auf Maskulinität sind einerseits sozialer, vor allem aber emotionaler Art.

„Eine Gesellschaft bezeichnet man als maskulin, wenn die Rollen der Geschlechter emotional klar gegeneinander abgegrenzt sind: Männer haben bestimmt, hart und materiell orientiert zu sein, Frauen dagegen müssen bescheidener, sensibler sein und Wert auf Lebensqualität legen. Als feminin bezeichnet man eine Gesellschaft, wenn sich die Rollen der Geschlechter emotional überschneiden: sowohl Frauen als auch Männer sollen bescheiden und feinfühlig sein und Wert auf Lebensqualität legen" (Hofstede/Hofstede 2009, S. 165). Anders ausgedrückt beschreibt Maskulinität und Femininität das Verhältnis zwischen Wohlergehen gegenüber Überleben bzw. Belohnung der Starken gegenüber Solidarität mit den Schwachen.

Die am stärksten feminin abschneidenden Länder sind Schweden, Norwegen, Niederlande, Dänemark und Finnland. Maskulin ausgeprägt sind alle englischsprachigen Länder: Irland, Jamaika, Großbritannien, Südafrika, USA, Australien, Neuseeland und Trinidad. Ferner die Slowakei, Ungarn, Österreich, die deutschsprachige Schweiz, Italien, Deutschland und Polen. Aus Asien sind Japan, China und die Philippinen vertreten.

Da nur ein kleiner Teil der Geschlechterrollendifferenzierung biologisch bedingt ist, ist die Stabilität der Geschlechterrollenmuster fast ausschließlich eine Frage der Sozialisation, dass also sowohl Jungen als auch Mädchen lernen, welchen Platz sie in der Gesellschaft einnehmen. Wenn sie es erst einmal gelernt haben, *wollen* die meisten *es so, wie es ist.* In Gesellschaften mit einer Männerdominanz wollen die meisten Frauen, dass die Männer dominant sind.

Die Familie ist der Ort, an dem die meisten Menschen ihre erste Sozialisation erfahren. In einer maskulinen Gesellschaft ist die Erziehung von Jungen auf selbstsicheres Auftreten, Ehrgeiz und Wettbewerb ausgerichtet. Die Familie in einer femininen Gesellschaft legt bei der Erziehung ihrer Kinder mehr Wert auf Bescheidenheit und Solidarität. Die

Sozialisation findet in der Schule ihre Fortsetzung. In Ländern mit einer femininen Kultur loben die Lehrer eher die schwächeren Schüler, um diese anzuspornen; gute Schüler werden nicht vor der ganzen Klasse gelobt. In mehr femininen Kulturen stellt der *durchschnittliche* Schüler die Norm dar, wohingegen in den eher maskulinen Ländern der *beste* Schüler die Norm ist.

Tabelle 7-9: *Maskulinitäts-Index für unterschiedliche Nationen*

Rang	Land	Wert	Rang	Land	Wert	Rang	Land	Wert
1	Slowakei	110	25/27	Griechenland	57	51/53	Peru	42
2	Japan	95	25/27	Hongkong	57	51/53	Rumänien	42
3	Ungarn	88	28/29	Argentinien	56	51/53	Spanien	42
4	Österreich	79	28/29	Indien	56	54	Ostafrika	41
5	Venezuela	73	30	Bangladesch	55	55/58	Bulgarien	40
6	Schweiz (dt.)	72	31/32	Arab. Länder	53	55/58	Kroatien	40
7	Italien	70	31/32	Marokko	53	55/58	Salvador	40
8	Mexiko	69	33	Kanada (ges.)	52	55/58	Vietnam	40
9/10	Irland	68	34/36	Luxemburg	50	59	Südkorea	39
9/10	Jamaika	68	34/36	Malaysia	50	60	Uruguay	38
11/13	China	66	34/36	Pakistan	50	61/62	Guatemala	37
11/13	Großbritannien	66	37	Brasilien	49	61/62	Surinam	37
11/13	Deutschland	66	38	Singapur	48	63	Russland	36
14/16	Kolumbien	64	39/40	Israel	47	64	Thailand	34
14/16	Philippinen	64	39/40	Malta	47	65	Portugal	31
14/16	Polen	64	41/42	Indonesien	46	66	Estland	30
17/18	Südafrika	63	41/42	Westafrika	46	67	Chile	28
17/18	Ecuador	63	43/45	Kanada (fr.)	45	68	Finnland	26
19	USA	62	43/45	Türkei	45	69	Costa Rica	21
20	Australien	61	43/45	Taiwan	45	70	Slowenien	19
21	Belgien (fr.)	60	46	Panama	44	71	Dänemark	16
22/24	Neuseeland	58	47/50	Belgien (fl.)	43	72	Niederlande	14
22/24	Schweiz (fr.)	58	47/50	Frankreich	43	73	Norwegen	8
22/24	Trinidad	58	47/50	Iran	43	74	Schweden	5
25/27	Tschechien	57	47/50	Serbien	43			

Quelle: Hofstede/Hofstede: Lokales Denken, globales Handeln, München 2009, S. 166

In Ländern mit einer femininen Kultur wird ein Großteil der Nahrungsmitteleinkäufe vom Ehemann übernommen. Statuskäufe kommen in maskulinen Kulturen häufiger vor. Menschen in maskulinen Kulturen kaufen teurere Uhren und mehr echten Schmuck. In femininen Kulturen wird mehr Geld für häusliche Zwecke ausgegeben.

In maskulinen Kulturen werden Konflikte durch einen fairen Kampf beigelegt („let the best man win"), feminine Kulturen lösen Konflikte dadurch, dass nach einem Kompromiss gesucht und miteinander verhandelt wird. In einer maskulinen Gesellschaft zählen

Ergebnisse, und honoriert wird nach dem Prinzip der *Gerechtigkeit*, d.h. jeder wird nach seiner Leistung belohnt. In der femininen Gesellschaft werden Menschen eher nach dem Prinzip der *Gleichheit* belohnt, d.h. jeder entsprechend seinen Bedürfnissen. „Small is beautiful" ist ein femininer Wert.

Maskuline Kulturen sind führend in der Schwerindustrie und der chemischen Großindustrie, feminine Kulturen haben ihre Stärken auf dem Dienstleistungssektor. Länder mit einer maskulinen Kultur streben eine Leistungsgesellschaft an, feminine Länder einen Wohlfahrtsstaat.

In maskulinen Gesellschaften werden Werte wie Status, Erfolg und Gewinnen häufig in der Werbung aufgegriffen, hard-selling, gegenüber soft-selling in femininen Kulturen. In maskulinen Kulturen wird häufig mit Superlativen geworben („best hamburger in town"), während dies in femininen Kulturen verpönt ist.

4. **Vermeidung von Unsicherheit** (vgl. Hofstede/Hofstede 2009, S. 228 ff.)

Uneindeutigkeit schafft Angst. Jede Gesellschaft hat Wege zur Linderung dieser Angst entwickelt, üblicherweise in den Bereichen Technik, Recht und Religion. Gesetze und Regeln versuchen, Unsicherheiten im Verhalten anderer Menschen zu verhindern. Die Religion hilft, Ungewissheiten zu akzeptieren, deren man sich nicht erwehren kann und manche Religionen bieten die letzte Gewissheit: ein Leben nach dem Tod oder den Sieg über seine Gegner.

Das Wesen der Unsicherheit liegt darin, dass sie eine subjektive Erfahrung darstellt. Solche Gefühle und die Möglichkeiten, mit ihnen umzugehen, gehören zum kulturellen Erbe einer Gesellschaft. Sie werden von fundamentalen Institutionen wie Familie, der Schule und dem Staat weitergegeben und verstärkt. Sie spiegeln sich wider in den von den Mitgliedern einer Gesellschaft kollektiv gehegten Werten.

Unsicherheitsvermeidung definiert Hofstede als der „Grad, bis zu dem die Mitglieder einer Kultur sich durch uneindeutige oder unbekannte Situationen bedroht fühlen. Dieses Gefühl drückt sich u.a. in nervösem Stress und einem Bedürfnis nach Vorhersehbarkeit aus: ein Bedürfnis nach geschriebenen und ungeschrieben Regeln" (Hofstede/Hofstede 2009, S. 233).

Das Angstniveau ist von Land zu Land unterschiedlich. Bestimmte Kulturen sind ängstlicher als andere. Ängstliche Kulturen sind in der Regel ausdrucksstarke Kulturen, in denen man mit den Händen spricht, wo es akzeptabel ist, laut zu sprechen, Gefühle zu zeigen, auf den Tisch zu schlagen. In Ländern mit schwacher Unsicherheitsvermeidung ist das Angstniveau relativ niedrig. Aggressionen und Emotionen werden nicht gezeigt, emotionales oder lautes Verhalten wird sozial missbilligt. D.h. dass Stress nicht durch Aktivität abgebaut werden kann und daher nach innen geleitet werden muss.

Hohe Punktwerte für Unsicherheitsvermeidung ergaben sich für lateinamerikanische, romanische und Mittelmeerländer. Auch Japan und Südkorea haben hohe Werte. Mittlere bis niedrige Werte ergaben sich für alle anderen asiatischen Länder, für die afrikanischen Länder sowie für die anglophonen und nordischen Länder. Deutschland liegt im Mittelfeld.

In Ländern mit starker Unsicherheitsvermeidung lernen Kinder, dass die Welt ein feindlicher Ort ist. Sie werden geschützt, damit sie nicht in unbekannte Situationen geraten: „Was anders ist, ist gefährlich". Hingegen lautet die Einstellung schwacher Unsicherheitsvermeidung: „Was anders ist, ist seltsam". Für Werbekampagnen werden in Kulturen, die Unsicherheit vermeiden, häufig Experten herangezogen, Marken erfüllen ihre Funktion der Reduzierung des Kaufrisikos. Werbung in Kulturen, die Unsicherheit akzeptieren, ist häufiger humorvoll ausgestaltet.

In Gesellschaften mit starker Unsicherheitsvermeidung gibt es zahlreiche formelle Gesetze und informelle Regeln. Dieses Bedürfnis ist emotionaler Natur: Die Menschen wurden seit ihrer frühesten Kindheit dahingehend programmiert, dass sie sich in einer strukturierten Umgebung wohl fühlen. Dinge, denen man Struktur geben kann, sollten nicht dem Zufall überlassen werden. In Ländern mit schwacher Unsicherheitsvermeidung glauben die Menschen, dass Regeln nur im Falle äußerster Notwendigkeit aufgestellt werden sollten, z.B. um festzulegen, ob im Straßenverkehr links oder rechts zu fahren ist. Sie sind der Meinung, dass sich viele Probleme ohne formelle Regeln lösen lassen.

Tabelle 7-10: Unsicherheitsvermeidungs-Index für unterschiedliche Nationen

Rang	Land	Wert	Rang	Land	Wert	Rang	Land	Wert
1	Griechenland	112	26/27	Ungarn	82	51	Trinidad	55
2	Portugal	104	26/27	Mexiko	82	52	Westafrika	54
3	Guatemala	101	28	Israel	81	53	Niederlande	53
4	Uruguay	100	29/30	Kolumbien	80	54	Ostafrika	52
5	Belgien (fl.)	94	29/30	Kroatien	80	55/56	Australien	51
6	Malta	96	31/32	Brasilien	76	55/56	Slowakei	51
7	Russland	95	31/32	Venezuela	76	57	Norwegen	50
8	Salvador	94	33	Italien	75	58/59	Neuseeland	49
9/10	Belgien (fr.)	93	34	Tschechien	74	58/59	Südafrika	49
9/10	Polen	93	35/38	Österreich	70	60/61	Kanada (ges.)	48
11/13	Japan	92	35/38	Luxemburg	70	60/61	Indonesien	48
11/13	Serbien	92	35/38	Pakistan	70	62	USA	46
11/13	Surinam	92	35/38	Schweiz (fr.)	70	63	Philippinen	44
14	Rumänien	90	39	Taiwan	69	64	Indien	40
15	Slowenien	88	40/41	Arab. Länder	68	65	Malaysia	36
16	Peru	87	40/41	Marokko	68	66/67	Großbritannien	35
17/22	Argentinien	86	42	Ecuador	67	66/67	Irland	35
17/22	Chile	86	43	Deutschland	65	68/69	China	30
17/22	Costa Rica	86	44	Thailand	64	68/69	Vietnam	30
17/22	Frankreich	86	45/47	Bangladesch	60	70/71	Hongkong	29
17/22	Panama	86	45/47	Kanada (fr.)	60	70/71	Schweden	29
17/22	Spanien	86	45/47	Estland	60	72	Dänemark	23
23/25	Bulgarien	85	48/49	Finnland	59	73	Jamaika	13
23/25	Südkorea	85	48/49	Iran	59	74	Singapur	8
23/25	Türkei	85	50	Schweiz (dt.)	56			

Quelle: Hofstede/Hofstede: Lokales Denken, globales Handeln, München 2009, S. 234

In Ländern mit starker Unsicherheitsvermeidung gibt es tendenziell mehr detaillierte Gesetze. Diese Länder sind konservativer, das Bedürfnis nach „Recht und Ordnung" ist stark ausgeprägt. Die Öffentlichkeit in Ländern mit schwacher Unsicherheitsvermeidung ist tendenziell liberaler eingestellt.

In Verbindung mit einer kollektivistischen Grundhaltung streben Kulturen mit ausgeprägter Tendenz zur Unsicherheitsvermeidung stabile soziale Beziehungen an (Japan, Südkorea). Als Folge davon hat sich hier eine regelrechte „Schenk-Kultur" entwickelt. Geschenke festigen die Beziehungen und bestätigen gleichzeitig die soziale Hierarchie, nicht zuletzt durch eine ausgeklügelte Symbolsprache (vgl. Müller/Gelbrich 2004, S. 140). Länder mit hoher Unsicherheitsvermeidung haben eine spezialisierte Ausbildung und bringen Spezialisten hervor, die mit Diplomen ausgestattet sind. Unsicherheitsvermeidung korreliert stark mit Maskulinität, Status, Erfolg, Gewinnen.

5. **Kurzzeit- versus Langzeitorientierung** (vgl. Hofstede/Hofstede 2009, S. 289 ff.)

„Langzeitorientierung steht für das Hegen von Tugenden, die auf künftigen Erfolg hin ausgerichtet sind, insbesondere Beharrlichkeit und Sparsamkeit. Das Gegenteil, die Kurzfristorientierung, steht für das Hegen von Tugenden, die mit der Vergangenheit und der Gegenwart in Verbindung stehen, insbesondere Respekt für Traditionen, Wahrung des „Gesichts" und die Erfüllung sozialer Pflichten" (Hofstede/Hofstede 2009, S. 292 f.).

In der Langzeitorientierung liegen ostasiatische Länder vorne: China, Hongkong, Taiwan, Japan, Vietnam und Südkorea. Europäische Länder belegen mittlere Ränge. Großbritannien, Australien, Deutschland, Neuseeland, USA und Kanada erzielen Punktwerte für eine Kurzzeitorientierung.

Das Familienleben in einer Kultur mit starker Langzeitorientierung beruht auf einer pragmatischen Vereinbarung, wobei man davon ausgeht, dass echte Zuneigung die Grundlage darstellt und kleinen Kindern Aufmerksamkeit gewidmet wird. Den Kindern wird Sparsamkeit beigebracht, man lehrt sie, dass sie nicht mit der sofortigen Erfüllung ihrer Wünsche rechnen können, sie lernen, beharrlich ihre Ziele zu verfolgen und demütig zu sein. Chinesische Eltern dulden keine Selbstbehauptung. Kinder, die in einer Kultur mit schwacher Langzeitorientierung aufwachsen, lernen zwei Normenpakete kennen: das eine ist darauf ausgerichtet, dass man Dinge respektiert, die „unerlässlich" sind: Traditionen, Wahren des Gesichts, als gefestigtes Individuum anerkannt zu werden, Toleranz und Respekt gegenüber anderen aus Prinzip, Erwiderung von Grußformen, Gefälligkeiten und Geschenke als soziales Ritual. Das zweite Normenpaket ist ausgerichtet auf die sofortige Befriedigung der Bedürfnisse, Geld auszugeben, Empfänglichkeit für soziale Trends beim Konsum.

In der langzeitorientierten Umgebung werden Familie und Arbeit nicht getrennt. Familienunternehmen sind normal. Die Werte der Langzeitorientierung unterstützen unternehmerische Aktivität. Die Ordnung von Beziehungen nach Status und die Einhaltung dieser Ordnung spiegeln den konfuzianischen Schwerpunkt ungleicher Beziehungen wider. Die Wahrung des Gesichts ist in Ostasien zwar stark verbreitet, allerdings behindert zu starker Respekt vor der Tradition Innovationen. Asiatische Firmen investieren eher in den Aufbau einer soliden Marktposition durchaus zu Lasten unmittelbarer Ergebnisse. Hingegen ist in einer Kurzzeitorientierung die „Bilanz" ein größeres Anliegen.

Die Dimension Langzeit- gegenüber Kurzzeitorientierung lässt sich als die Suche einer Gesellschaft nach der Tugend interpretieren. Bei den Chinesen genießt gesunder Menschenverstand Priorität gegenüber Rationalität. Östliche Religionen (Hinduismus, Buddhismus, Schintoismus, Taoismus) und westliche (Judentum, Christentum, Islam) sind durch einen tiefen philosophischen Graben voneinander getrennt. Die westlichen Religionen haben alle dieselben Wurzeln. Sie gründen sich auf die Existenz einer absoluten Wahrheit, die dem wahren Gläubigen zugänglich ist. Die östlichen Religionen bieten

Tabelle 7-11: Langfrist-Orientierungs-Index für unterschiedliche Nationen

Rang	Land	Wert	Rang	Land	Wert	Rang	Land	Wert
1	China	118	13/14	Norwegen	44	25/27	Deutschland	31
2	Hongkong	96	15	Irland	43	28/30	Kanada	30
3	Taiwan	87	16	Finnland	41	28/30	Neuseeland	30
4/5	Japan	80	17/18	Bangladesch	40	28/30	Portugal	30
4/5	Vietnam	80	17/18	Schweiz	40	31	USA	29
6	Südkorea	75	19	Frankreich	39	32/33	Großbritannien	25
7	Brasilien	65	20/21	Belgien	38	32/33	Zimbabwe	25
8	Indien	61	20/21	Slowakei	38	34	Kanada	23
9	Thailand	56	22	Italien	34	35/36	Philippinen	19
10	Ungarn	50	23	Schweden	33	35/36	Spanien	19
11	Singapur	48	24	Polen	32	37	Nigeria	16
12	Dänemark	46	25/27	Österreich	31	38	Tschechien	13
13/14	Niederlande	44	25/27	Australien	31	39	Pakistan	0

Quelle: Hofstede/Hofstede: Lokales Denken, globales Handeln, München 2009, S. 294

verschiedene Wege an, durch die ein Mensch sich bessern kann. Diese bestehen jedoch nicht aus dem Glauben, sondern aus Ritualen, Meditation oder Lebensweisen.

Die von Hofstede aufgezeigten kulturellen Dimensionen sind eng verknüpft mit politischen und wirtschaftlichen Dimensionen. Hohe Machtdistanz schlägt sich beispielsweise in Gewaltanwendung in der Innenpolitik und Einkommensunterschieden in diesen Ländern nieder. Nationaler Wohlstand und Mobilität zwischen sozialen Schichten korreliert mit Individualismus. Maskulin geprägte Staaten sind durch überdurchschnittlich hohe Rüstungsausgaben und unterdurchschnittliche Ausgaben im sozialen Bereich gekennzeichnet. Gesellschaften mit einer langfristigen Orientierung weisen ein hohes nationales Wirtschaftswachstum auf.

Viele Unterschiede in der Produktverwendung, in Kaufmotiven oder im Mediennutzungsverhalten korrelieren mit Hofstedes Dimensionen. Beispielsweise sind individualistische Kulturen stärker verbal und kollektivistische Kulturen stärker visuell ausgerichtet. Angehörige von Kulturen mit geringer Machtdistanz sind intensive Zeitungsleser. Allerdings haben sie nicht so viel Vertrauen in die Berichterstattung, wie Angehörige von Kulturen mit hoher Machtdistanz.

Dass diese kulturspezifischen Merkmale auch in der Werbung Berücksichtigung finden, ist offensichtlich. Beispielsweise zeigt sich, dass in Ländern mit einer hohen Merkmalsausprägung im Bereich des Kollektivismus (Korea, Thailand) TV-Spots auch mehr Gruppensituationen enthalten. Hingegen ist für die USA und für Deutschland zu beobachten, dass in der Werbung kleinere Gruppen oder Einzelpersonen im Vordergrund stehen. In Ländern mit einer hohen Merkmalsausprägung im Bereich Machtdistanz zeigt die Werbung mehr statusungleiche Personen, in Ländern mit einer geringen Ausprägung sind eher statusgleiche Personen zu sehen (vgl. Mayer/Illmann 2000, S. 369). Das Einpersonenbild kommt in kollektivistischen Kulturen selten vor (niemand will sich dieser Person anschließen, also muss das Produkt schlecht sein). Diskussionen zwischen Müttern und Töchtern sind in Kulturen mit sowohl großer als auch kleiner Machtdistanz ein Thema,

aber dort, wo der Machtdistanzindex hoch ist, geben Müttern ihren Töchtern Ratschläge, dort wo er niedrig ist, beraten Töchter ihre Mütter. Die gleiche globale Marke kann
verschiedene kulturelle Themen in verschiedenen Ländern ansprechen. Werbung ist auf
die innere Motivation des potenziellen Käufers gerichtet. Werbespots können als moderne
Äquivalente von Mythen und Märchen früherer Generationen angesehen werden, die
wieder und wieder erzählt werden, weil sie im Einklang mit der Software in den Köpfen
der Leute stehen. (vgl. Hofstede/Hofstede 2009, S. 481)

Der wichtigste Aspekt von Kultur ist, dass sie unsere Wahrnehmung beeinflusst. Unsere
Kultur bestimmt, wie wir kommunizieren und was wir kommunizieren. Wir kommunizieren was unseren eigenen Lern- und Denkschemata entspricht, was oftmals nicht
mit denen der Empfänger übereinstimmt. Hofstede zeigt in seinem 5-D-Modell in sehr
eindrucksvoller Weise, dass eine Werbebotschaft, die in einem Land entwickelt wurde
und in anderen Ländern zum Einsatz kommt, nur in Ausnahmefällen auch überall gleich
verstanden wird: „There may be global products but there are no global people" (de Mooij
1998, S. XIV). Zwar bewirkt die Globalisierung Veränderungen und führt zu einem weltweiten Wertewandel. Da dies jedoch in *allen* Kulturen der Fall ist, wird es immer auch
interkulturelle Unterschiede geben.

7. 4.2.1.2 Werbung im interkulturellen Umfeld

Befürworter der Standardisierung vergleichen häufig Berufs- und Altersgruppen in verschiedenen Ländern und stellen deren Gemeinsamkeiten heraus. „Eighteen-year-olds in
Paris have more in common with 18-year-olds in New York than with their own parents.
They buy the same products, go to the same movies, listen to the same music, sip the same
colas" (William Roedy, Direktor MTV Europa, zitiert nach Keegan/Green 1997, S. 348).
Dieser Vergleich darf allerdings nicht darüber hinwegtäuschen, dass diese Jugendlichen
in deutlich unterschiedlichen Kulturkreisen beheimatet sind und möglicherweise unterschiedliche Motivationen für den Konsum der gleichen Produkte haben. „Die Existenz
eines interkulturellen Segments (…) sagt nichts über die Möglichkeit und Effizienz einer
standardisierten Werbung aus. Das, was von den Konsumenten dieses Segments nachgefragt wird, kann ähnlich sein, aber die Art, wie es zum Ausdruck kommt und von der
Werbung thematisiert werden muss, kann sich fundamental voneinander unterscheiden"
(Müller 1997, S. 13). Dies bestätigt auch der Vorstands-vorsitzende des internationalen
Werbenetzwerkes BBDO A. Robertson: „Die nicht-rationalen Motive, die Konsumenten
in ihren Kaufentscheidungen lenken, sind überall auf der Welt ziemlich ähnlich. Doch
sie zu stimulieren funktioniert in jeder Kultur anders" (Robertson 2007, S. 16). Der *Sony*
Walkman kann als ein klassisches Beispiel für ein globales Produkt angesehen werden.
Allerdings liegen seiner Nutzung sehr unterschiedliche Motive zugrunde. Während er in
der westlichen Hemisphäre genutzt wird um Musik zu hören, ohne von anderen gestört
zu werden, wurde er in Japan mit der Absicht entwickelt, Musik zu hören ohne andere zu
stören (vgl. de Mooij 1997, S. 3). Eine entgegengesetzte Entwicklung erfolgte in den USA,
wo mit dem Ghettoblaster Musik einfach nach draußen gelassen wird.

> Weltweit haben Frauen das Bedürfnis, anders auszusehen, als es ihnen von der Natur
> bestimmt ist. Für den Kosmetikkonzern *L'Oréal* führt dies zu sehr unterschiedlichen
> Konsequenzen für das Marketing. Den glatthaarigen, hellhäutigen Frauen in Europa und
> Amerika verkauft das Unternehmen Dauerwellen und Selbstbräuner, den naturkrausen Af-
> rikanerinnen einen Haarglätter, und für die gelbhäutigen Asiatinnen hält das Unternehmen
> Bleichcreme bereit (vgl. Müller/Gelbrich 2004, S. 268).

Im Rahmen der Kommunikationstheorie erscheint es als unbestreitbar, dass der individuelle soziokulturelle Hintergrund des Empfängers die Art und Weise seiner Informationsverarbeitung und damit auch die Interpretation von Werbebotschaften beeinflusst. Faktoren wie Religion, Wertesysteme und Traditionen spielen hier eine große Rolle.

Die Religion formt in hohem Maße die Grundeinstellung zum Leben. Für den Konsum des Einzelnen ist es entscheidend, ob er von Bedürfnislosigkeit oder Arbeitsethos geprägt ist. Innerhalb des Christentums bestehen zwei grundsätzlich unterschiedliche Einstellungen zur Arbeit. Während im alten Christentum Arbeit als eine durch den Sündenfall verhängte Strafe galt (mit der Vertreibung aus dem Paradies musste der Mensch arbeiten), kam mit der Reformation die Vorstellung auf, Arbeit als eine Pflicht der Dankbarkeit gegenüber dem Schöpfer anzusehen. Im Puritanismus gilt sogar der Grundsatz, wenn einer auf Erden treu arbeitet, dann segnet ihn Gott mit irdischen Gütern (vgl. v. Glasenapp 1991, S. 223 f.).

Sicherlich gibt es Produkte, deren Konsum in unterschiedlich starkem Maße von kulturellen Aspekten beeinflusst wird. Aus dieser Tatsache heraus wurde eine Einteilung in **kulturgebundene** (culture-bound) und **kulturfreie Produkte** (culture-free) vorgeschlagen (vgl. Usunier/Walliser 1993, S. 100). Kulturfreie Produkte befriedigen weltweit dieselben Bedürfnisse, der Nutzen von kulturgebundenen Produkten ergibt sich hingegen aus länderspezifischen Gewohnheiten, Verhaltensnormen und Konsummustern. Standardisierte Werbung eignet sich danach vor allem für kulturfreie Produkte, da diese keine starken kulturellen Bindungen aufweisen. Während beispielsweise Investitionsgüter als kulturfrei angesehen werden können, da sie nach objektivierbaren und homogenen Kriterien nachgefragt werden, sind Konsumgüter und Dienstleistungen eher als kulturgebunden anzusehen, da sie eher traditionellen Konsummustern unterliegen und von einem kulturellen Verwendungskontext umgeben sind (vgl. Müller 1997, S. 14). Alles, was mit dem Essen, der Zubereitung und der Anzahl von Mahlzeiten verbunden ist, kann als kulturgebunden angesehen werden. Der Verzehr von rohem Fisch ist für einen Japaner selbstverständlicher als für einen Europäer. Kulturfreie Produkte sind vor allem technologische und hochinvolvierende Produkte wie Video-/Audiogeräte oder Computer (vgl. Abbildung 7-18). Dennoch ist festzustellen, dass Computer und Videorekorder in einzelnen Ländern unterschiedlich stark verbreitet sind und insofern deren Nutzung vielleicht doch durch unterschiedliche kulturelle Hintergründe beeinflusst wird.

Es ist fraglich, ob die Produktverwendung unabhängig vom kulturellen Umfeld gesehen werden kann. Tatsächlich scheint es eher so zu sein, dass nicht die Produkte per se kulturfrei- bzw. -gebunden sind, „sondern der Ge- bzw. Verbrauchskontext, in dem sie benutzt werden" (Emrich 2009, S. 221). Das kulturelle Umfeld wirkt einerseits als kollektives Gedächtnis, das das Wertesystem weiterentwickelt und weitergibt. Gleichzeitig aber auch als Wahrnehmungsfilter, das die Art und Weise, wie die Umwelt erfasst wird, beeinflusst. Daher können die gleichen Produkte in unterschiedlichen Kulturen unterschiedliche Funktionen haben, sich unterschiedlich in die Bedürfnisstruktur der Nachfrager einfügen (vgl. Werner 1993, S. 185 f.). So sind die – auf den ersten Blick als kulturfreie Produkte eingeschätzten – *Recaro*-Autositze in Westeuropa und Nordamerika in einem Image-Dreieck aus Gesundheit, Sport und Lifestyle positioniert. Im Hauptmarkt Japan jedoch wird auf den Gesundheitsaspekt verzichtet, da Krankheit in Japan tabu ist (vgl. Michaelis/Brockert 1997, S. 93).

Abbildung 7-19 zeigt sehr anschaulich einige grundlegende Unterschiede zwischen westlichen (blau) und asiatischen Lebensstilen (rot), die natürlich auch entsprechende Implikationen auf die Visualisierung von Werbebotschaften haben.

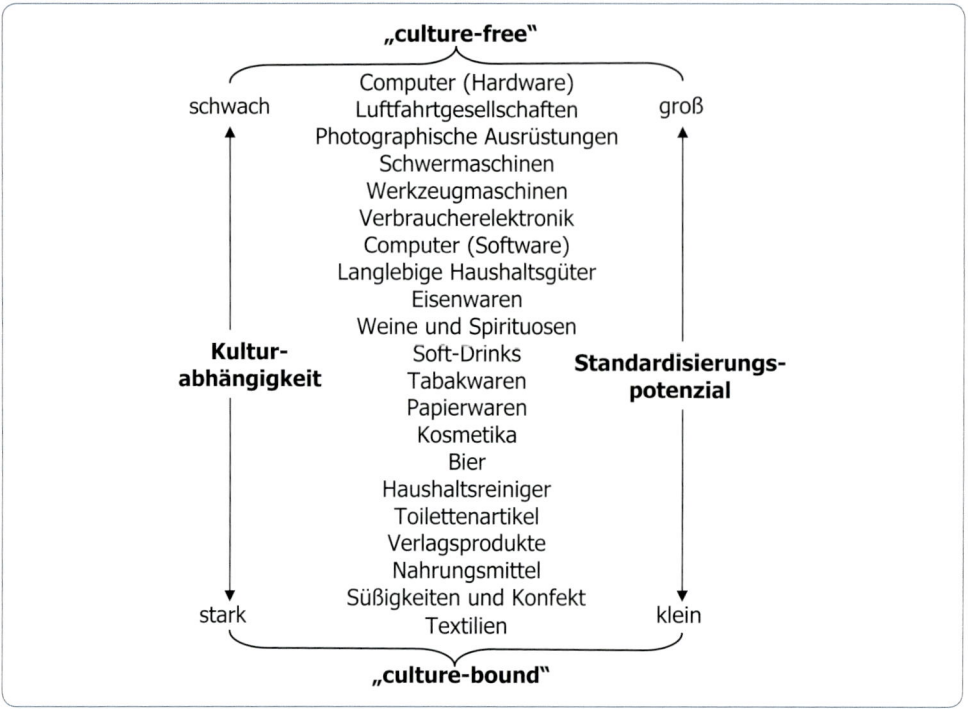

Abbildung 7-18: *Kulturgebundenheit und Standardisierungspotenzial von Produkten*
Quelle: Müller/Gelbrich: Interkulturelles Marketing, München 2004, S. 555

Es ist zu vermuten, dass es Werte und Emotionen gibt, die auf alle Menschen gleichermaßen anziehend wirken, unabhängig davon, welcher Kultur sie angehören. Entsprechend
können als **„universal appeals"** beispielsweise Schönheit, Attraktivität, Sozialprestige und
Entspannung angesehen werden. Derartige Botschaften haben eine hohe Wahrscheinlichkeit, unabhängig vom kulturellen Kontext gleich verstanden und bewertet zu werden (vgl.
Müller 1997, S. 16). Offenbar teilen die Menschen weltweit die gleichen Grundemotionen
wie Glück, Liebe und Trauer. Soziale Emotionen wie Humor, Wärme und Überraschung
scheinen jedoch kulturspezifisch zu sein.

Eine weitere, als problemlos anzusehende Möglichkeit, eine international standardisierte
Werbekampagne umzusetzen, ist eine reine packshot-Kampagne. Voraussetzung ist, dass
das Produkt (die Packung) in allen Ländern gleich ist.

2007 startete Nivea einen neuen Marktauftritt. Die Dachkampagne wird auf die gesamte
Produktwerbung von Nivea übertragen. Ziel ist die weltweite Vereinheitlichung der Kommunikation. Das Casting war so angelegt, dass unter mehr als 1.000 deutschen, französischen, amerikanischen und kanadischen Personen die Werbedarsteller gefunden wurden,
die dem internationalen Durchschnitt entsprechen. Zuvor wurden die Lebensumstände
und Bedürfnisse der weiblichen Kernzielgruppe in Deutschland, Frankreich, den USA,
Russland, Brasilien und China befragt. Resultat: Schönheit wird als Zusammenspiel von
Aussehen, Wohlfühlen, Persönlichkeit und zwischenmenschlichem Erleben verstanden.
In der Verbraucherkommunikation setzt das Nivea-Brandmanagement daher auf einen
ganzheitlichen Auftritt und auf Werte wie Nähe, Glaubwürdigkeit, Vertrauen und Geborgenheit. In Printmotiven werden nun emotionale Situationen und zwischenmenschliche

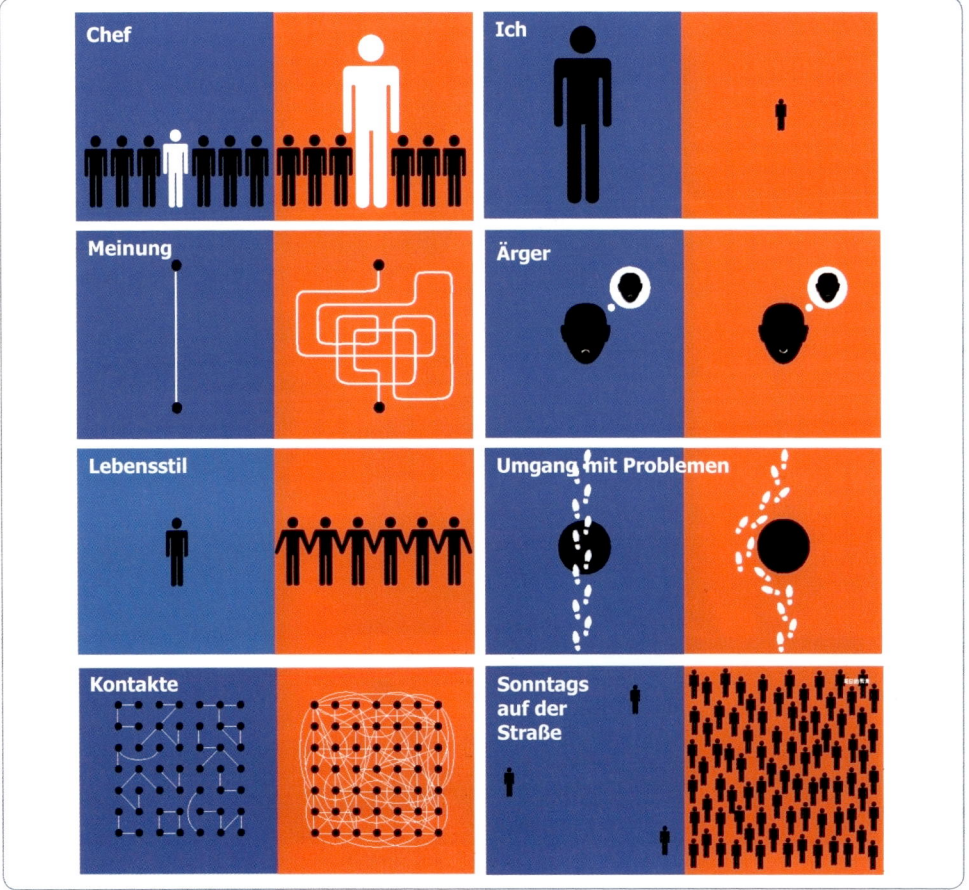

Abbildung 7-19: *West-Östliche Lebensstile*

Quelle: Yang Liu: Ost trifft West, Mainz 2007

Beziehungen thematisiert. Die kommunikative Klammer bildet der Claim „Schönheit ist …". Die Umsetzung erfolgt in 64 Ländern (vgl. O.V. 2007, S. 23).

Kultur ist ein mehrdeutiges Phänomen, das je nach Wissenschaftsdisziplin unterschiedlich definiert wird. Das Wort leitet sich aus dem lateinischen „cultura" ab, womit die Bodenbearbeitung gemeint ist. Aus diesem Wortursprung lässt sich die kulturelle Vielfalt ableiten, die letztlich aus der Anpassung an neue natürliche Umgebungen resultiert. Die Definition von Hofstede als *kollektive Programmierung des Geistes* verdeutlicht auch, dass Kultur immer erlernt und nicht angeboren ist. Sie leitet sich aus dem sozialen Umfeld und nicht aus den Genen ab. „Kultur ist das Buch der Regeln für das soziale Spiel, die allerdings niemals niedergeschrieben wurden, sondern die von den Teilnehmern weitergegeben werden an neue Spieler" (Hofstede/Hofstede 2009, S. 47). Daher beeinflusst die jeweilige Kultur die Art und Weise, wie Menschen denken und handeln. „Die eigene Kultur wird oft so selbstverständlich, dass ihre Besonderheiten den Menschen erst bewusst werden, wenn sie sich in andere Kulturen begeben" (Emrich 2009, S. 40).

Abbildung 7-21 verdeutlicht, dass sich Kultur sowohl im nicht Sichtbaren (Concepta) als auch im Sichtbaren (Percepta) manifestiert. Zum Verständnis einer Kultur ist die Kennt-

Abbildung 7-20: *Internationaler Nivea-Markenauftritt*

nis von beidem gleichermaßen notwendig Die Ursachen des kulturbedingten Verhaltens liegen in den Concepta und begründen eine mentale Kultur, die sich in Tabus, Normen, Werten und Einstellungen äußert. Von zentraler Bedeutung sind dabei die Werte einer jeweiligen Kultur, die ausdrücken, was als wünschenswert angesehen wird und wie man sich nach Möglichkeit verhalten soll. Die Elemente des Sichtbaren vermitteln den ersten Eindruck einer Kultur und visualisieren die darunter liegenden Ebenen der grundlegenden Werte. Sie äußern sich in Ritualen, Zeremonien, Sitten und der Sozialstruktur (soziale Kultur), andererseits in Architektur, Kleidung, Kunst und Werkzeugen (materielle Kultur) (vgl. Emrich 2009, S. 43 ff.).

Kultur hat immer einen lokalen, regionalen, höchstens nationalen Bezug, von einer internationalen, geschweige denn globalen Kultur lässt sich nicht sprechen. Kultur basiert auf einer gemeinsamen Geschichte, auf gemeinsamen emotionalen Bedeutungsinhalten der Gruppen, die sich einer Kultur zugehörig fühlen. Diese Charakteristika schaffen eine gemeinsame Identität. Internationale oder globale Kulturen können sich nicht auf derartige gemeinsame Identitäten beziehen, sie haben keinen gemeinsamen Nenner, der auf gemeinsamer Geschichte oder gemeinsamer Erinnerung beruht (vgl. de Mooij 1998, S. 60).

Auch Farben sind eine Form visueller Symbole, die stark kulturspezifisch sind (vgl. Tabelle 7-12). Gelb ist in China immer eine kaiserliche Farbe gewesen, die ursprüng-

Tabelle 7-12: *Kulturspezifische Bedeutung von Farben*

	Brasilien	Dänemark	Finnland	Frankreich	Italien	Österreich	Pakistan	Portugal	Schweden	Schweiz
Gelb	Freude Sonne Glück Neid Krankheit	Neid Gefahr Falschheit		Krankheit	Ärger	Eifersucht	Jungfräulichkeit Ärger Schwäche	Verzweiflung Plage	Geldmangel	Neid
Blau	Ruhe Gleichgültigkeit Kälte	Qualität	Unschuld Geldmangel Kälte	Ärger Furcht	Furcht	Treue		Eifersucht Schwierigkeit, Probleme zu lösen	Kälte Blauäugigkeit Leichtgläubigkeit	Romanze Ärger Wut
Grün	Hoffnung Freiheit Unreife Krankheit	Hoffnung Gesundheit Langeweile	Hoffnung Neid	Jugendlichkeit Furcht	Jugendlichkeit Neid Geldknappheit Depression Ärger	Hoffnung	Glück Frömmigkeit Ewiges Leben	Hoffnung Neid	Unerfahrenheit Neid	Unwohlsein Unreife
Rot	Wärme Leidenschaft Feuer Ärger Gewalt Haß	Feuer Liebe Gefahr	Leidenschaft Liebe Feuer Ärger	Vergnügen Schüchternheit Hitze Ärger	Ärger Feuer Gefahr	Leidenschaft Liebe Ärger Feuer	Heiratszusage (Frauen) Ärger	Feuer Leidenschaft Krieg Blut	Güte Ärger Feuer Wut	Ärger Feuer
Weiß	Reinheit Sauberkeit Friede	Unschuld Reinheit	Unschuld Sauberkeit	Reinheit Jugendlichkeit	Unschuld Furcht Erfolglosigkeit	Unschuld	Eleganz Trauer Nüchternheit	Unschuld Reinheit Friede	Güte	Unschuld Reinheit
Schwarz	Tod Geheimnis Trauer	Trauer Sorge	Sorge Eifersucht	Sorge Pessimismus Eifersucht Trunkenheit	Depression	Trauer	Trauer Hilflosigkeit	Trauer Sorge Hunger	Sorge Depression	Pessimismus Illegalität

Quelle: Müller/Gelbrich: Interkulturelles Marketing, München 2004, S. 351

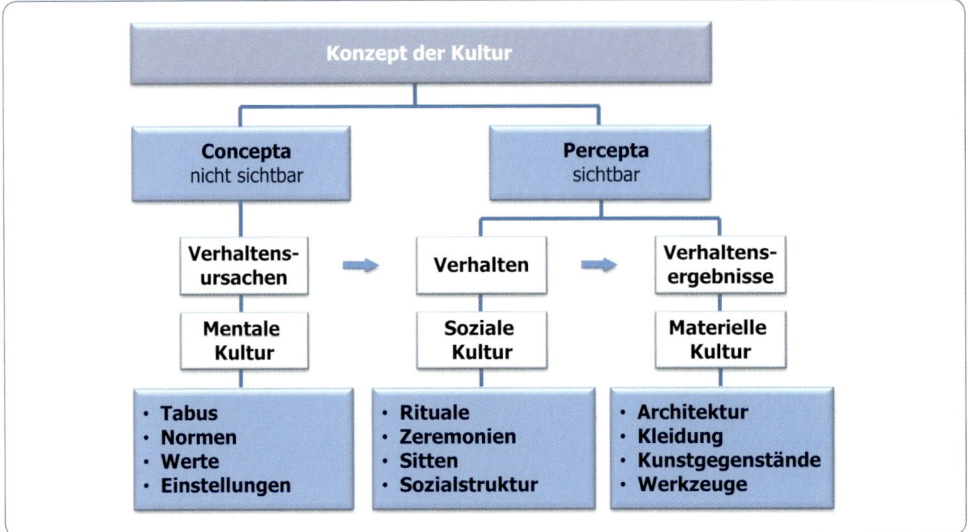

Abbildung 7-21: *Konzept der Kultur*

Quelle: Emrich: Interkulturelles Marketing-Management, Wiesbaden 2009, S. 44

lich für die Masse verboten war und die immer noch wenig benutzt wird. Sie deutet auf Vornehmheit und wirkt geheimnisvoll. Purpur ist eine noble Farbe in Japan, aber steht in Birma und einigen lateinamerikanischen Ländern für den Tod (vgl. Albaum/Strandskov/Duerr 2001, S. 513).

Als eher problemloses Gestaltungselement der Werbung kann Musik angesehen werden. Sie dient vor allem zur akustischen Wiedererkennung und ist global unabhängig von sprachlichen Problemen einsetzbar. Zwar ist der lokale Musikgeschmack durchaus unterschiedlich, aber jüngere Zielgruppen werden beispielsweise von *Levi's* oder *Coca-Cola* weltweit mit der gleichen Musik erreicht (vgl. Emrich 2009, S. 264 f.).

Ein weiteres kulturspezifisches Merkmal ist die **Zeitkonzeption**. Danach lassen sich drei verschiedene Zeitorientierungen unterscheiden:

- Vorwiegende Ausrichtung des Verhaltens an der
- Gegenwart: arabische, spanische Kultur,
- Vergangenheit: indische Kultur,
- Zukunft: englisch/amerikanische und asiatische Kultur.

Bei langlebigen Produkten kann diese Zeitorientierung eine wichtige Rolle spielen: Verbraucher unterschiedlicher Kulturkreise werden in unterschiedlichem Maße bereit sein, heute für einen künftigen Produktnutzen finanzielle Opfer zu bringen. „Wer vorwiegend in die Zukunft hineindenkt, der plant, spart, disponiert, organisiert, investiert; was vergangen ist, ist vergangen. (...) Einem frommen Muslim mag es geradezu als frevelhaft erscheinen, die Zukunft vorwegzunehmen, denn nur Allah kennt die Zukunft" (Maletzke 1996, S. 138).

 Da Symbole, Farben und Sprache in hohem Maße kulturell geprägt sind, ist bei länderübergreifender Werbung darauf zu achten, dass unerwünschte Assoziationen der Werbebotschaften vermieden werden.

Die chinesische Kultur ist eine Symbol- und Bilderkultur. Problematisch kann es für einen Werbetreibenden werden, wenn er sich in dieser Bildersprache nicht auskennt.

> Beispielsweise wurde in China der Werbespot des Sportartikelherstellers *Nike* „Kammer der Angst" verboten, weil der Spot die „nationale Würde" beeinträchtigte und die chinesische Kultur nicht respektierte. Der Spot zeigte den US-Basketballstar LeBron James, wie er im Kampf einen Kung-Fu-Meister, zwei Frauen in traditioneller chinesischer Tracht und mehrere Drachen austrickste. Der Spot sorgte für Proteste in der Bevölkerung, und *Nike* musste sich öffentlich entschuldigen (vgl. Ballhaus 2005, S. 34 f.).

> **VW beleidigt Chinas U-Bahnfahrer.** China ist ein lukrativer Markt für europäische und asiatische Autohersteller. Doch kulturelle Missverständnisse erschweren immer wieder das Geschäft. Zurzeit sorgt eine Werbekampagne für den VW Polo für Aufruhr unter Chinas U-Bahnfahrern.

> **Peking** – Der Slogan, der auf großen Plakaten am Eingang der Shanghai-Subway-Stationen steht, ist eine echte Provokation. „Während einige Menschen in stickigen U-Bahn-Stationen warten müssen, fahren manche mit dem Polo, wo immer sie hin wollen", heißt es dort. Die vielen Chinesen, die lediglich von einem Auto träumen können, fühlen sich einem Bericht der Tageszeitung „China Daily" zufolge von dem Spruch diskriminiert. Denn der Polo kostet in China 9.000 Euro, das Durchschnittseinkommen selbst der wohlhabenden Stadtbevölkerung beläuft sich auf 16.000 Euro im Jahr.

> Ähnlichen Ärger mit der chinesischen Mentalität hatte zuvor bereits Toyota. Die Japaner hatten mit Plakaten für ihre Modelle geworben, die einen chinesischen Löwen in unterwürfiger Stellung vor einem Toyota Prado-Geländewagen gezeigt hatten. Zu allem Überfluss bedeutet „Prado" in einem chinesischen Dialekt „Überlegenheit"; die Löwen erinnerten zudem an die Pfeiler einer Brücke, über die japanische Truppen 1937 in Peking eingefallen waren (O.V. 2006a).

Auch die Verwendung von Erotik in der Werbung muss sich kulturellen Gegebenheiten unterordnen. Unterschiedliche religiöse oder Moralvorstellungen limitieren den Einsatz erotischer Motive stark, beispielsweise in den USA oder islamischen Ländern. Hier ist es sogar verboten, Frauen mit unbekleideten Armen oder nackte Babies in der Werbung zu zeigen.

Ebenso trifft die Darstellung von Tieren vielfach auf kulturspezifische Wertevorstellungen. Der berühmte *Esso*-Tiger symbolisierte in der westlichen Welt Kraft und Stärke, in Indien verbreitet er Angst. Hunde und Schweine werden in einigen Ländern als unrein, Kühe als heilig angesehen. Der Einsatz einer Kuh, auch wenn sie lila ist, wäre in Indien also nicht vorstellbar. Der Klapperstorch signalisiert in Deutschland die Geburt eines Kindes, in Singapur den Tod im Kindbett. Von grundsätzlicher Problematik ist der werbliche Einsatz von Tieren in Ländern mit Glaube an die Reinkarnation, die gegebenenfalls auch im Körper eines Tieres erfolgen kann (vgl. Schugk 2004, S. 291 f.).

> Auf einem Weichspüler, welchen *Unilever* in den USA als *Snuggles*, in Australien als *Huggy*, in Frankreich als *Cajoline*, in Italien als *Coccolino* und in Deutschland als *Kuschelweich* anbot, symbolisierte ein Teddybär weltweit die gleiche Werbebotschaft: Vertrauen, Weichheit, Liebe und Sicherheit. Jedoch wurde die konkrete Erscheinungsform des Bären den jeweiligen Gegebenheiten der verschiedenen Länder angepasst (vgl. Müller/Gelbrich 2004, S. 344).

Zahlreiche Untersuchungen zeigen auf, dass die Werbung kulturspezifische Faktoren sehr wohl berücksichtigt. Ein Land, dessen spezifische kulturelle Unterschiede häufig untersucht wurden, ist Japan. Japanische Werbung ist charakterisiert durch „soft-selling", d.h. Werbebotschaften appellieren vor allem an die seelischen Empfindungen der Empfänger, die Formen der Ansprache sind indirekt. Das im Westen häufig anzutreffende „hardselling", also die direkte Herausstellung der Produktvorteile, teilweise sogar im direkten

Produktvergleich, wird von den Japanern als unhöflich empfunden (vgl. di Benedetto/Tamate/Chandran 1992, S. 39 ff.). „Japanische Werbespots erklären nicht viel, bleiben eher wortkarg. Sie versuchen, eine möglichst hohe Aufmerksamkeit für das Produkt zu wecken und mit Imageaspekten zu verknüpfen. Dabei bedienen sich die Japaner eines Humors, der für Westeuropäer mitunter schon fast albern wirkt" (Brockmeyer 1994, S. 14). Eine Studie über westliche Werbung in Japan zeigt einen rückläufigen Trend des „hard-selling" bzw. ein Vordringen des typisch japanischen, für westliche Zuschauer häufig irritierenden „soft-selling" (vgl. Mueller 1992, S. 15 ff.).

Werbung in Jordanien

Botschaften so verschlüsselt darzustellen, dass sie jeder versteht, aber keine Instanz sie wirklich angreifen kann, ist hier die große Kunst. Was für Europäer ungewöhnlich klingt, ist hier normale Arbeit. Wortspiele, Rätsel und vieldeutige Geschichten sind seit Jahrhunderten Bestandteil der arabischen Kultur. Die Tradition schlägt sich auch in der Gestaltung von Logos und in der Farbgebung in Print- und Onlinewerbung nieder. Ein Kreis ist nicht ein Kreis, er ist das Symbol allen Lebens, aller Zeiten und des ganzen Wissens. Blau ist nicht einfach blau, sondern als Farbe des Wassers Farbe des Lebens. Man spielt mit dem, was jeder kennt. In einem Land mit zehn Prozent Analphabeten müssen Botschaften auch ohne Worte verstanden werden. Es kommt auf eine starke Bildsprache, klare Gesten und deutliche Aussagen an. (…) Rana Hamarneh, Kreativdirektorin bei der jordanischen Werbeagentur AdPro, einer Tochter von BBDO, bringt die Unterschiede zwischen europäischer und jordanischer Werbung auf den Punkt: „Bei uns gibt es keine großen Zukunftsversprechen in der Werbung. Wir wissen ja gar nicht, was morgen ist. Wir versuchen immer wieder, das Lebensgefühl auszudrücken, das der augenblicklichen Stimmung entspricht".

Feuerbacher, M./Ernst, R.: Ein Logo aus Tradition, in: FAZ, 18.06.2005, S. 9

Weitere Beispiele: US-Werbung richtet sich im Allgemeinen an spezifische Verbraucherbedürfnisse. Sie nutzt logische Argumente, warum der Verbraucher das betreffende Produkt kaufen soll und stellt das Produkt aggressiv in den Vordergrund. Geworben wird mit Prominenten, Produktverwendern oder anderen glaubwürdigen Quellen, die spezifische Produktnutzen übermitteln wie Sicherheitsaspekte, Nährwerte u. dgl.

Französische Werbespots hingegen zielen mehr darauf, die Zuschauer mit Symbolik, Humor oder dramatischen Ereignissen zu unterhalten, häufig erfolgt dies ohne direkten Produktbezug. Werbung vermeidet Urteile und Argumentationen. Personen werden in der Werbung nur selten eingesetzt, um das Publikum zu belehren oder einzelne Tatsachen herauszustellen. In Frankreich erfolgen Preisinformationen in der Werbung häufig im Hinblick auf Status-Appelle, in England wird dies weitgehend vermieden. Französische Werbung neigt dazu, Kinder in realistischer Umgebung zu zeigen, englische Werbung zeigt Kinder eher in einer idealen Umgebung, sauber und lächelnd (vgl. Lamont 1996, S. 394).

Taiwanesische Werbespots stellen im Allgemeinen Verbindungen zwischen dem beworbenen Produkt und traditionellen chinesischen Werten her wie Respekt vor der Obrigkeit oder familiären Bindungen. Eine Verbraucherorientierung ist häufig nicht gegeben (vgl. Zandpour/Chang/Catalano 1992, S. 25 ff.).

Kotler beschreibt einige charakteristische Werbestile für einzelne Länder (vgl. Kotler 2007, S. 910):

USA	„Glamour-Stil", Beispiele TV-Serien „Dallas", „Hotel", Welt der Film-stars, der Reichen und Schönen, z.T. in Europa als übertrieben bis lächerlich empfunden, daher hier selten eingesetzt.
Großbritannien	In der Werbung häufig Ironie, Understatement und Groteske in Anlehnung an „Monty Python" oder „Mister Bean", gelangt z.T. auch in den deutschen Sprachraum.
Frankreich	Innovation, Zukunftsglaube (TGV-Züge, Concorde), Korrektheit, Eleganz, Natur und Familie sind Favoriten der Werbung.
Deutschland	In gewisser Hinsicht identifiziert man sich mit Technik, Wirtschaftlichkeit, Preis und Zukunftssicherung, daher möglicherweise mehr informative Inhalte als Ansprechen von Emotionen."

Bericht vom Werbe-Festival 2008 in Cannes

Es hat keinen gewundert, dass sich Asien in diesem Jahr einen wichtigen Platz auf dem Festival erobert hat. Vor allem chinesische Spots strotzen vor digitalisiertem Selbstbewusstsein. „Das muss ein unglaublich humorloses Volk sein", raunt ein Kinobesucher, nachdem er den Nachmittag mit chinesischen Filmen verbracht hatte. Eine sehr erfolgreiche Kampagne für die Whiskey-Marke Johnnie Walker öffnet den Blick für ein Land, das sich auf dem Sprung an die Weltspitze wähnt. Von bombastischen Klängen untermalt, wird in einer seltsamen Mischung aus Kitsch und Leni-Riefenstahl-Ästhetik eine Zukunft entworfen, in der Chinesen die besten Sportler, Regisseure, Raumfahrer und reichsten Männer der Welt stellen. Dieser Erfolg wird mit dem Spruch „China, keep walking" gekrönt und muss – wie es sich für einen asiatischen Karriereristen gehört – mit einem amerikanischen Whiskey begossen werden.

Auf die westlichen Zuschauer wirkt so viel Pathos befremdlich. Viel vertrauter scheinen dagegen Filme, die sich allein an Frauen richten. Auch wenn die Chinesin im Gegensatz zum Frauenbild in der modernen westlichen Werbung ausschließlich als perfekte Schönheit dargestellt wird, werden im Kern doch die gleichen Fragen gestellt: Wie kann ich es schaffen, Familie und Beruf zu vereinbaren? Wie werde ich eine erfolgreiche Karrierefrau und bleibe dabei ein erotischer Männertraum?

Chinesische Werbefilme spiegeln stets eine Gesellschaft, die um das rechte Maß ringt. Während europäische oder amerikanische Kampagnen sich nicht scheuen, den Konsumenten unverblümt als egozentrischen Hedonisten anzusprechen, betten chinesische Filme die Selbstliebe immer in einen gesellschaftlichen Kontext. „Jede Kampagne muss sowohl den Individualisten als auch seine Anerkennung durch die Gruppe zeigen", sagt Jiang Jie, eine der erfolgreichsten chinesischen Werbestrateginnen. Je jünger jedoch die Zielgruppe, desto mehr sei auch Egozentrik akzeptiert (Lembke 2008, S. Z4).

7. 4.2.2 Imageunterschiede

Häufig ist es so, dass ein und dasselbe Produkt in unterschiedlichen Ländern unterschiedliche Images hat. Tabelle 7-13 zeigt beispielhaft die Imageunterschiede von Autos innerhalb von Europa auf.

In einer europaweit durchgeführten Untersuchung wurden 13 Imagemerkmale vorgegeben, denen Automarken zugeordnet werden sollten (vgl. Motorpresse-Verlag 2011). Lediglich bei dem Merkmal Verarbeitung wurde in allen Ländern die gleiche Marke zugeordnet (*Audi*). Hingegen wurden insbesondere die Zuverlässigkeit, der Kundendienst und das Styling von Land zu Land sehr unterschiedlich eingeschätzt.

Die Images der Automarken werden vor allem auch dadurch beeinflusst, ob es sich um Importautos handelt oder ob sie im eigenen Land hergestellt werden. *Citroën* wird insbesondere in Frankreich und *Fiat* ausschließlich in Italien genannt. Aufgrund der Unterschiedlichkeit der jeweiligen Markenimages in den einzelnen Ländern ist es daher nahe liegend, die Produktwerbung länderspezifisch anzupassen.

Tabelle 7-13: Imageunterschiede von Autos in Europa

	Deutschland	Frankreich	Italien	Spanien
Gute Verarbeitung	Audi	Audi	Audi	Audi
Hohe Zuverlässigkeit	Lexus	Honda	BMW	Mercedes
Hohe Sicherheitsstandards	Mercedes	Volvo	Volvo	Volvo
Fortschrittliche Technik	BMW	Audi	BMW	Mercedes
Baut umweltverträgliche Autos	Toyota	Toyota	Volvo	Toyota
Guter Kundendienst	Jaguar	Honda	Fiat	Lexus
Gutes Preis-Leistungsverhältnis	Skoda	Dacia	Ford/Kia	Kia
Hoher Wiederverkaufswert	Porsche	Audi	Porsche	Mercedes
Gutes Aussehen/Styling	Jaguar	Audi	BMW	Alfa
Baut sportliche Autos	Porsche	BMW	Porsche	BMW
Im Motorsport erfolgreich	Mercedes	Citroën	Porsche	Citroën
Macht gute Werbung	Mercedes	Citroën	BMW/Alfa	BMW
Ich mag die Marke	Jaguar	Audi	BMW	BMW

Quelle: Motorpresse-Verlag (Hrsg.): Die besten Autos 2010, Stuttgart 2011, S. 57 f.

Der Einfluss des Herkunftslandes auf die Beurteilung von Produkten wird auch als **Country-of-Origin-Effect** bezeichnet (vgl. Kapitel 3.5.5). Bei importierten Produkten sind grundsätzlich Länder- und Produkt- bzw. Markenimages zu unterscheiden. Nachweislich steigt die Kaufbereitschaft immer dann, „… wenn das Länderimage Merkmale aufweist, die für die Bewertung bestimmter Produkte wichtig sind" (Werner 1993, S. 188). Wenn Frankreich von dem Image geprägt ist, dass die Franzosen über einen guten Geschmack verfügen, dann fördert dies die Kaufbereitschaft für Käse oder Parfum aus Frankreich. Länderimages haben insofern vor allem Bedeutung im Hinblick auf das wahrgenommene Kaufrisiko.

Nach wie vor gilt das „Made in Germany" weltweit als ein Zeichen für Wertarbeit, gefolgt von „Made in Japan" und „Made in Switzerland". Aber auch hier gibt es Unterschiede. So vermuten Osteuropäer hinter dem Label „Made in Japan" eine deutlich höhere Qualität als Westeuropäer. Ferner variieren die Images der Herstellerländer je nach Branche: Deutsche Autos beinhalten nicht exakt die gleichen Wertvorstellungen wie deutsche Modemarken oder Elektronikhersteller.

Der Country-of-Origin-Effect spielt im Hinblick auf die Standardisierungs-/Differenzierungsproblematik insofern eine bedeutende Rolle, als Produkte, die mit diesem Ansatz weltweit vermarktet werden, definitionsgemäß standardisiert sind. Schottischer Whisky kommt nun mal aus Schottland und französisches Parfum aus Frankreich. Daher bietet der Country-of-Origin-Effect eine der wenigen Möglichkeiten, eine weltweit einheitliche Werbestrategie zu verfolgen, indem die stereotypischen Länderimages im Werbeauftritt verarbeitet werden (vgl. Abbildung 7-22). Für eine internationale Kommunikation stellt

somit das Länderimage eine Möglichkeit zur Differenzierung von inländischen und ausländischen Anbietern dar.

Der Rum Havana Club. Aus bestem Zuckerrohr, gereift im milden Klima Cubas, komponiert
mit der Leidenschaft der Cubaner für Rum. Havana Club lebt, gehört Musik, der Freundschaft
und den Festen. Havana Club ist Cuba. Cuba flüssig.

Abbildung 7-22: Werbung mit dem Herkunftsland

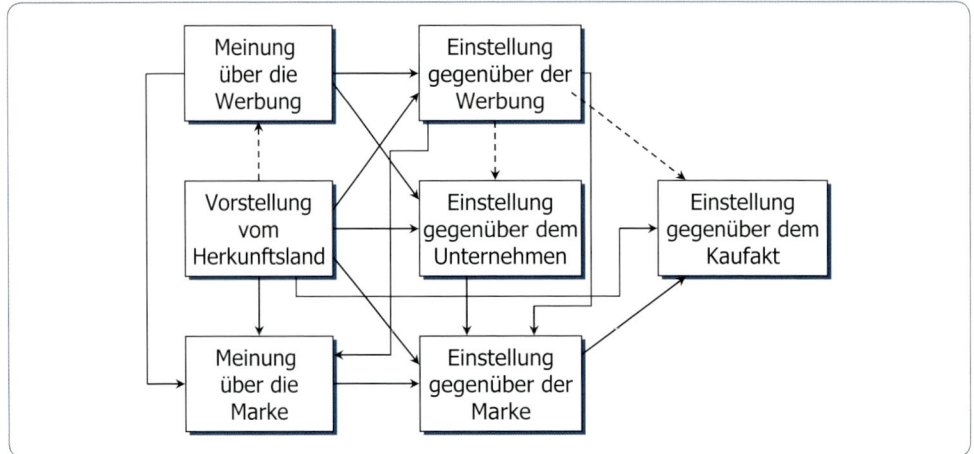

Abbildung 7-23: Der Einfluss der Werbung auf die Einstellung gegenüber einer ausländischen Marke

Vgl. Mayerhofer, W.: Imagetransfer, Wien 1995, S. 150

Abbildung 7-23 zeigt, wie außerordentlich komplex die Zusammenhänge der einzelnen Imagekomponenten in der Internationalen Werbung sind. Dabei wird von den Beziehungen, die durch gestrichelte Linien dargestellt sind erwartet, dass sie nur schwach ausgeprägt sind.

Die unterschiedliche Relevanz einzelner Imagekomponenten in unterschiedlichen Ländern muss natürlich auch in der jeweiligen Positionierung zum Ausdruck kommen.

Beispielsweise ist die Tatsache, dass eine Schokolade aus Alpenvollmilch hergestellt wird, für Länder wie die Schweiz und Deutschland durchaus relevant, weil hier auch Qualitätsvorstellungen übermittelt werden, die die ausgelobte Zartheit der Schokolade glaubhaft erscheinen lassen. Für die Belgier hingegen, die weltweit den höchsten Schokoladenkonsum pro Kopf haben, kommt die Milch aus den Ardennen. Hier ist der Ausweis, dass die Schokolade aus Zutaten aus dem eigenen Land hergestellt wird, ein gewichtigerer Qualitätsindikator als die Alpenvollmilch. Für den Hersteller bleibt in einem solchen Fall abzuwägen, ob die Differenzierungsvorteile der Alpenvollmilch höher anzusetzen sind, als eine Produktanpassung mit der Gefahr der Austauschbarkeit.

7. 4.2.3 Mediennutzungsverhalten und Verfügbarkeit der Medien

Auch Unterschiede im Mediennutzungsverhalten sowie in der Verfügbarkeit der Medien in einzelnen Ländern beeinflussen die internationale Werbeplanung. Je nach Land gibt es teilweise stark ausgeprägte Besonderheiten, die ein internationaler Werbetreibender berücksichtigen muss.

Zu berücksichtigen ist vor allem, dass Werbung in den einzelnen Ländern auf unterschiedliche Traditionen zurückblickt. Insbesondere in den Ländern Osteuropas ist diese Tradition sehr kurz, was auch ein Blick auf die pro-Kopf-Werbeaufwendungen zeigt (vgl. Tabelle 7-14).

Während in den westlichen Ländern davon ausgegangen werden kann, dass der Konsument den Umgang mit Werbung gelernt hat und in der Lage ist, Werbeaussagen zu relativieren, ist dies in den osteuropäischen Ländern sicherlich noch nicht der Fall. Bewusste

Übertreibungen, die in der Werbung im Westen eingesetzt werden, um auf bestimmte Eigenschaften der Produkte aufmerksam zu machen und die im Einzelfall auch notwendig sind, um in der Werbeüberflutung wahrgenommen zu werden, laufen im Osten Gefahr, wörtlich genommen zu werden und können hier Irritationen auslösen. Dies ist bei der Gestaltung der Werbemittel zu berücksichtigen.

Tabelle 7-14: Internationale Werbedaten 2009

Land	Werbeaufwendungen		Werbeanteile %					tägl. Fernsehdauer in Min.
	Mio. €	€ pro Kopf der Bev.	TV	Print	Hörfunk	Outdoor	Sonst.	
USA	93.763,5	302,7	38,0	30,1	10,6	4,4	16,9	299
Japan	27.747,1	218,3	46,4	26,4	3,7	8,7	14,8	262
Frankreich	25.325,5	393,8	30,2	28,3	14,5	10,2	16,8	278
Deutschland	22.565,7	275,2	41,6	40,4	5,8	4,0	8,2	306
Spanien	19.323,1	415,8	58,8	25,2	10,8	3,6	1,6	307
Italien	11.631,0[1]	195,1	53,9	29,5	5,4	3,3	7,9	302
Großbritannien	9.375,4	152,7	40,4	36,4	6,9	8,0	8,3	308
Rumänien	7.166,7	332,0	93,1	4,5	1,7	0,6	0,1	371
Russland	6.139,0[1]	23,1	56,3	16,1	4,5	13,5	9,6	338
Holland	5.500,7	331,7	55,6	26,3	9,8	4,7	3,6	242
Polen	5.259,0	137,9	56,5	23,2	9,8	5,7	4,8	344
Portugal	4.889,5	460,1	71,9	17,2	4,0	6,4	0,5	262
Schweden	3.571,2	382,4	42,7	50,3	2,2	4,4	0,4	246
Belgien	3.168,9	294,8	39,3	36,7	11,3	7,8	4,9	252*
Norwegen	2.881,3	593,1	30,9	51,1	5,9	4,5	7,6	238
Österreich	2.597,1	311,5	24,2	56,6	6,6	7,8	4,8	244
Schweiz	2.524,6	324,4	30,6	50,7	3,7	10,7	4,3	218**
Tschechien	2.206,9	210,2	49,2	41,0	4,6	5,0	0,2	271
Griechenland	2.212,5	201,8	32,3	60,2	7,5	–	–	342
Ungarn	2.154,7	215,2	64,9	17,1	7,4	6,4	4,2	352
Dänemark	1.859,8	336,0	36,3	55,8	1,9	5,5	0,5	k.A.
Türkei	1.835,0[1]	25,3	52,1	29,6	3,2	7,2	7,9	339
Ukraine	1.664,0	36,2	80,2	9,6	4,9	5,2	0,1	279
Slovakei	1.566,8	288,8	68,7	16,8	7,2	7,1	0,2	288
Irland	1.280,6	287,7	21,6	59,1	9,6	9,0	0,7	287
Finnland	1.263,4	236,1	18,8	61,7	3,9	2,9	12,7	k.A.
Kroatien	961,3	216,6	76,2	20,3	–	2,8	0,8	355
Serbien	906,5	119,3	80,9	10,2	3,1	5,3	0,5	422
Slovenien	775,4	379,0	58,1	27,0	4,3	6,9	3,7	285

Land	Werbeaufwendungen		Werbeanteile %					tägl. Fernsehdauer in Min.
	Mio. €	€ pro Kopf der Bev.	TV	Print	Hörfunk	Outdoor	Sonst.	
Lettland	522,4	231,0	39,4	25,3	12,4	11,2	11,7	321
Litauen	484,7	144,7	76,4	13,5	2,5	4,7	2,9	304
Bulgarien	451,0	59,6	73,4	20,0	3,3	3,4	–	338
Zypern	431,0	538,7	66,0	17,1	7,7	7,4	1,8	274
Mazedonien	341,0	166,0	90,4	4,5	1,8	3,2	0,1	388
Luxemburg	129,9	258,7	11,5	62,0	21,0	4,0	1,5	199
Estland	70,9	52,9	29,3	40,1	9,8	8,0	12,8	329
Weißrussland	k.A.	k.A.	68,3	12,2	4,6	8,7	6,2	194

1= Quelle ZAW; * = Nordbelgien; ** = deutschsprachig
Quelle: jeweilige nationale Marktforschungsinstitute, in Deutschland: Nielsen/S+P

Quelle: IP (Hrsg.): Television 2010, International Key Facts, Köln 2010

Auch wenn aufgrund unterschiedlicher Erhebungsmethoden die Länder in Tabelle 7-14 nur bedingt miteinander vergleichbar sind, zeigen sich doch deutliche Unterschiede in der Werbeintensität und im Mediennutzungsverhalten. Deutschland hat mit 275 Euro pro Kopf noch eine vergleichsweise moderate Werbeintensität. Die osteuropäischen Staaten müssen in diesem Vergleich eher als Werbeentwicklungsländer aufgefasst werden.

Die Sehdauer ist ein Indikator für die Wichtigkeit des Fernsehens im täglichen Leben. Der Fernsehkonsum wird durch die Anzahl der empfangbaren Kanäle beeinflusst. Tendenziell lässt sich sagen, dass die Sehdauer umso höher ist, je mehr Programme empfangbar sind. Jüngere Personen verbringen weniger Zeit vor dem Fernseher, daher weisen Länder mit einem geringeren Durchschnittsalter der Bevölkerung auch einen geringeren Fernsehkonsum auf. Südeuropäer verbringen mehr Zeit vor dem Fernseher als Skandinavier. Dies ist einerseits in den Lesegewohnheiten der nördlichen Länder begründet (was sich auch in einem deutlich überdurchschnittlichen Print-Anteil niederschlägt: Schweden 50,3 %, Norwegen 51,1 %, Dänemark 55,8 %, Finnland 61,7 %).

Andererseits wird das Mediennnutzungsverhalten aber auch von ökonomischen Faktoren, wie dem Anteil der weiblichen Beschäftigten, beeinflusst. Länder mit einem hohen Beschäftigungsanteil von Frauen (wie z.B. in skandinavischen Ländern) haben einen geringeren Fernsehkonsum. Die bildbetonte Kultur der südlichen Länder und die Unterhaltungstradition wie in England wirken hingegen stärker in Richtung eines hohen Fernsehkonsums.

Es gibt aber auch einen wichtigen kulturellen Aspekt, der den Fernsehkonsum beeinflusst, nämlich die Art und Weise, wie das Medium Fernsehen in den Tagesablauf integriert wird. Neben dem weltweit festzustellenden Konsumhöhepunkt während der Primetime am Abend, tendieren südeuropäische Länder zu einer zweiten Primetime während der Mittagszeit. Hier gehört die „Siesta" als ausgedehnte Mittagspause zum normalen Tagesablauf. In den USA wird im Vergleich zu anderen Ländern besonders viel tagsüber ferngesehen. In Japan gibt es sogar einen dritten Peak in den frühen Morgenstunden: Während in der alten Welt der Tag zu Ende geht, beginnt er in Japan. Anders als die

Europa: kein einig Fernsehland

„Allen Kulturkritikern zum Trotz, die da befürchten, dass das Fernsehen mit seiner dominierenden Stellung im Freizeitverhalten und den international ähnlichen Inhalten die kulturelle Identität der Nationen gefährde: In der Realität lässt sich eine solche Nivellierung nicht feststellen. Das Fernsehen gewinnt und verliert an Bedeutung, je nachdem, welche Grenze man gerade überschritten hat.

Für Engländer hat das Fernsehen oft eine soziale Komponente, wenn sie sich zum Fußballspiel im Pub versammeln. Die Franzosen versüßen sich mit TV ihre Mittagspause, ohne dass dabei die Aufmerksamkeit durch Nebenbeschäftigungen wie Kochen oder Essen beeinträchtigt wird. Die Spanier entspannen sich während der Siesta mit TV-Serien, bevor sie den zweiten Teil ihres Arbeitstages angehen. In Italien flimmert das Fernsehen den ganzen Tag nebenher, während in Deutschland der Fernsehabend erst mit den Prime-Time-Programmen so richtig beginnt.

In der TV-Nutzung gibt es also noch kein vereintes Europa. Für die internationale Mediaplanung heißt dies, dass die genaue Kenntnis der nationalen Unterschiede dabei hilft, einerseits Fehler zu vermeiden und andererseits Chancen zu nutzen, die viele nicht sehen, weil sie nicht über ihren nationalen Tellerrand hinausblicken."

Engel, D.: Europa auf der Couch, in: Tele Images Nr. 1, 1999, S. 56.

Europäer, die dazu tendieren mit dem Radio aufzuwachen, holen sich die Japaner die Neuigkeiten vom Bildschirm.

Globale Medien, die weltweit distribuiert sind, finden sich, von Online-Medien einmal abgesehen, ausschließlich im Print-Bereich. Dazu gehören Tageszeitungen (z.B. Financial Times, Frankfurter Allgemeine Zeitung), Zeitschriften (Time, Reader's Digest) und Fachzeitschriften (Harvard Business Review). Allerdings sind die Auslandsauflagen dieser Titel nicht vergleichbar mit den jeweiligen nationalen Auflagen und häufig nur über wenige Distributionspunkte (z.B. auf internationalen Flughäfen) zu beziehen.

Ein Ziel bei der Standardisierung von Werbekampagnen besteht darin, Produktionskosten zu sparen. Dies setzt allerdings voraus, dass international auch die Werbeträger eingesetzt werden können, für die die Werbemittel produziert wurden. Eine Einführungskampagne, die auf dem Basismedium Fernsehen aufbaut, ist in einigen Entwicklungsländern nicht einsetzbar. Da das Fernsehen aber nicht so ohne weiteres durch andere Medien ersetzbar ist, wäre in einem solchen Fall zu überprüfen, ob die Einführung überhaupt sinnvoll ist.

7.4.2.4 Werberegelungen und -besonderheiten

In dem zusammenwachsenden Binnenmarkt Europas wächst auch der Anteil grenzüberschreitender Werbung. „Eine grenzüberschreitende Werbung liegt vor, wenn das Medium, in dem die Werbung enthalten ist, auch in anderen Staaten als dem eigentlichen Ursprungsstaat des Mediums erhältlich ist" (Nickel 1994, S. 72). Werbeselbstdisziplinäre Einrichtungen (z.B. der Deutsche Werberat) haben grundsätzlich nur auf das Gebiet ihres Staates Einfluss. Bei grenzüberschreitender Werbung konnten die nationalen Einrichtungen also nicht tätig werden. Aus diesem Grunde formierte sich 1991 die **European Advertising Standards Alliance** (**EASA**), als Zusammenschluss von Einrichtungen der Werbeselbstdisziplin in Europa. Hauptfunktion ist die Koordination von Beschwerden bei grenzüberschreitenden Werbemaßnahmen. Die EASA hat ein Verfahren festgelegt, wonach für die inhaltliche Überprüfung der Werbung jeweils die Verhaltensregeln und Standards desjenigen Staates anzuwenden sind, in dem das Medium seinen Ursprung hat.

Die deutsche Rechtsprechung wendet deutsches Wettbewerbsrecht dann auf Werbung an, wenn die Werbung für den deutschen Markt bestimmt ist. Im Gegensatz zu den Einrichtungen der Werbeselbstdisziplin ist für die deutschen Gerichte also nicht entscheidend, woher die Werbung kommt, sondern ob sie deutsche Verbraucher zu Kaufentscheidungen veranlassen soll.

> Bietet beispielsweise ein englischer Hersteller über eine Satellitensendung, die überall in Deutschland empfangbar ist, das in Deutschland nicht zugelassene Potenzmittel Viagra an, wäre deutsches Wettbewerbsrecht hier anwendbar. Dabei ist es unerheblich, ob die Werbung in englischer oder in deutscher Sprache erfolgt, da ein großer Teil der deutschen Verbraucher auch des Englischen mächtig ist.
>
> Der Fall wäre dann anders zu beurteilen, wenn lediglich unwesentliche Grenzbereiche Deutschlands die Sendung als Overspill empfangen könnten und die Werbung auch ihrem Inhalt nach nicht für den deutschen Konsumenten bestimmt wäre (vgl. Jaeger-Lenz 1999, S. 85 f.).

Jedes Land hat seine eigenen Werberegelungen und unterschiedliche Restriktionen, die ein Werbetreibender zu beachten hat, wenn er international werben will. Die folgenden Betrachtungen beziehen sich speziell auf die Regelungen der Fernsehwerbung. Neben gesetzlichen Verboten haben sich die Fernsehsender i.d.R. auch freiwillige Selbstbeschränkungen auferlegt.

Fernsehwerbung wird in den einzelnen Ländern unterschiedlich restriktiv gehandhabt. In einigen Ländern ist beispielsweise vergleichende Werbung erlaubt, in anderen nicht. In Deutschland war vergleichende Werbung mit Hinweis auf den § 1 des Gesetzes gegen den unlauteren Wettbewerb (UWG) verboten. In einer Richtlinie vom 06.10.1997 hatte die EU aber vergleichende Werbung grundsätzlich erlaubt, sofern der Vergleich nicht irreführend oder verunglimpfend ist. Nachprüfbare und typische Eigenschaften von Produkten dürfen miteinander verglichen werden. Als Reaktion auf diese Richtlinie hat der Bundesgerichtshof vergleichende Werbung seit dem 22.05.1998 nun grundsätzlich auch in Deutschland erlaubt. Als vergleichende Werbung ist jede Werbung anzusehen, die einen Wettbewerber bzw. dessen Produkte unmittelbar oder mittelbar erkennbar macht. Es wird abzuwarten bleiben, inwieweit deutsche Hersteller, die über Jahrzehnte Positionierungen aufgebaut haben, von dieser Regelung Gebrauch machen werden.

> Auch wenn vergleichende Werbung in Deutschland grundsätzlich zulässig ist, wird sie doch, insbesondere im Hinblick auf den Grundsatz der Nachprüfbarkeit, sehr restriktiv gehandhabt. Der folgende Rechtsstreit zwischen zwei konkurrierenden Schnellrestaurants erscheint dafür exemplarisch: Der beklagte Wettbewerber hatte in der Werbung behauptet, bei einem Probeessen hätten die Konkurrenten bei der Mehrheit der befragten Tester schlechter abgeschnitten. Das Gericht meinte, dass ein subjektiv geprägter Geschmack nicht nachprüfbar sei und erachtete diese Werbung als unzulässig (vgl. ZAW Jahrbuch 1999, S. 140).

Neben der vergleichenden Werbung sind es vor allem Produktbeschränkungen, die von Land zu Land unterschiedlich gehandhabt werden. In den meisten Ländern ist Fernsehwerbung für Tabakwaren und Spirituosen verboten. Daneben haben einzelne Länder zusätzliche Verbote aufgenommen, beispielsweise Spanien für Tierfutter oder Griechenland, wo Werbung für Kinderspielzeug verboten ist (zum Schutz der heimischen Spielzeugindustrie). In den Niederlanden muss in Werbung für Süßwaren auf eine Zahnbürste hingewiesen werden. Auch innerhalb der Europäischen Union gibt es keine einheitlichen Werberegelungen. Denn die „Richtlinie des Rates zur Koordinierung bestimmter Rechts- und Verwaltungsvorschriften der Mitgliedsstaaten über die Ausübung der Fernsehtätigkeit" vom 03.10.1989, erlaubt den EU-Mitgliedsstaaten strengere Werbevorschriften.

In südlichen Ländern mit hohem TV-Konsum sind die Regelungen weiter gefasst. Eine Besonderheit der Werberegelungen in **Spanien** besteht darin, dass während der Übertragungen aus der spanischen Fußball-Liga in natürlichen Unterbrechungen wie Verletzungspausen, kurzfristig ein Sechstel des Bildschirms für TV-Werbung genutzt werden kann. Der in Deutschland weitgehend eingehaltene Grundsatz der Trennung von Programm und Werbung würde hier eine solche Werbeform nicht gestatten.

Besonders liberale Werberegelungen hat **Italien**. Werbespots dürfen auch einzeln ausgestrahlt werden, der Abstand zwischen zwei Unterbrecherwerbeblocks muss nicht 20 Minuten betragen und Fußballübertragungen dürfen, zusätzlich zur normalen Unterbrecherwerbung in der Halbzeitpause, mit siebensekündigen Werbespots unterbrochen werden. Allerdings gibt es freiwillige Werbebeschränkungen der privaten Sender. Mit Ausnahme von Spielfilmen und Sport dauern 70 % der Unterbrecherblöcke maximal 3 Minuten, 30 % maximal 3,3 Minuten; 90 % der Werbeblöcke enthalten maximal 9 Spots, 10 % maximal 10 Spots. Außerdem garantieren die Sender Konkurrenzausschluss. Anders als in Deutschland nehmen die Italiener die Werbeflut im Fernsehen vollkommen gelassen hin.

Sehr restriktiv sind die Werberegelungen in **Frankreich**. Bei der Vergabe von Sendelizenzen schließt das Aufsichtsgremium Conseil Supérieur de l'Audiovisuel (CSA) mit den Sendern sogenannte „Lastenhefte" ab, die für die einzelnen Sender detaillierte Werberegelungen enthalten, deren Einhaltung streng kontrolliert wird. Beispielsweise dürfen die Privatsender TF 1 und M 6 Spielfilme nur ein Mal für maximal 6 Minuten unterbrechen. Den Staatssendern sind in Live-Sendungen und Unterhaltungsshows überhaupt keine Unterbrechungen erlaubt. Spielfilme dürfen nur mit Einwilligung der Rechteinhaber unterbrochen werden. Neben Tabak ist Werbung für Alkohol, Bücher, Presseerzeugnisse, Kinofilme und den Einzelhandel verboten. Werbung hat grundsätzlich nur in französischer Sprache zu erfolgen und muss sich einer privaten Selbstkontrolle unterziehen.

Generell zielt das französische Medienrecht darauf ab, die nationalen Medien gegen ausländische Einflüsse zu schützen. Diesem Ziel dienen weitere Programmauflagen:

- „Ausstrahlungsquoten für französische und europäische Filme,
- Produktionsquoten,
- Ausstrahlungsverbote für Kinofilme an bestimmten Wochentagen zum Schutz des Filmtheaterbetriebs und
- die Festlegung der Zahl an Kinofilmen, die jährlich ausgestrahlt werden dürfen" (Machill/Lutzhöft 1998, S. 132).

Der Fernsehmarkt in **Großbritannien** ist im Wesentlichen durch ein Duopol zwischen den öffentlich-rechtlichen BBC-Sendern und einem privaten Netzwerk von regionalen Fernsehgesellschaften, ITV, gekennzeichnet und weist somit eine strukturelle Ähnlichkeit mit dem deutschen Fernsehmarkt auf. Zusammen mit Channel 4 und 5 stellen BBC und ITV die terrestrischen Sender dar, die etwa 85 % des gesamten Fernsehkonsums auf sich vereinen können. Während sich die nichtkommerzielle BBC im Wesentlichen selbst reguliert, ist die Independent Television Commission (ITC) zuständig für die Lizenzierung und Regulierung aller kommerziellen Fernsehdienste. Alle ITC-Lizenznehmer einschließlich der Kabel- und Satellitenprogramme unterliegen dem ITC-Programmkodex, dessen Einhaltung streng überwacht wird. ITV und Channel 4 und 5 sind darüber hinaus konkreten Programmauflagen unterworfen, die Bestandteil ihrer Lizenzverträge sind. Die lizenzierten terrestrischen Sender dürfen durchschnittlich sieben Minuten pro Stunde werben, die Kabel- und Satellitensender durchschnittlich 9 Minuten. Eine britische Besonderheit besteht darin, dass Übertragungen von königlichen Zeremonien nicht unterbrochen werden dürfen, womit Auftritte der Queen werberechtlich mit Gottesdiensten gleichgestellt sind.

Mit über 8 Millionen Haushalten ist der Pay-TV-Markt in Großbritannien im europäischen Vergleich am weitesten entwickelt. Auch im digitalen Fernsehen ist Großbritannien mit ca. 35 Millionen Digital-TV-Haushalten führend (vgl. Colwell 2005, S. 125).

Die liberalsten Werberegelungen weisen die **USA** auf, die auf unreglementierten Wettbewerb setzen. Hier gibt es keine gesetzliche Werbezeitenbeschränkung, weder für die großen Networks noch für die anderen landesweiten, nationalen oder regionalen Sender. Allerdings haben sich die Networks eine Reihe von freiwilligen Beschränkungen auferlegt, im Hinblick auf Dauer und Inhalte der Werbespots.

In den USA gibt es derzeit rund 1.600 Fernsehstationen, was in der lokalen Aufteilung des Marktes begründet ist. Dominiert wird der Markt von den drei großen nationalen Networks ABC, CBS und NBC, sowie dem unabhängigen Sender Fox.

Die Größe des US-amerikanischen Fernsehmarktes führt auch zu entsprechenden Dimensionen bei den Kosten für TV-Spots. So kostete 2011 ein 30-Sekunden Spot in „Desperates Housewifes" auf ABC durchschnittlich 228.000 $, bei „Two and a Half Men" schlagen 30 Sekunden Montags immer noch mit 207.000 $ zu Buche. Die mit Abstand höchsten Spotpreise werden traditionell im Umfeld der „Super Bowl" erzielt. 2006 mussten dort für einen 30-Sekunden Spot 2,5 Millionen $ bezahlt werden (Quelle: Advertising

---

Besonderheiten des japanischen Werbemarktes

Viele Werbegeschäftsabschlüsse basieren auf mündlichen Verträgen. Das ist eine sehr erstaunliche Gewohnheit in der Werbegeschäftspraxis, die nach europäischen oder angloamerikanischen Rechtsnormen nicht verstanden werden kann. Tatsache ist, dass Geschäfte zwischen Medienunternehmen und Werbeagenturen oder auch zwischen Werbetreibenden und Werbeagenturen aufgrund mündlicher Abmachungen abgewickelt werden. (…)

Die Geschäftsbeziehungen zwischen Medienunternehmen und Werbeagenturen beinhalten zwei Besonderheiten: Einerseits das so genannte „Koza-sei", das Konto-System, und andererseits das Kontingent-System. Es ist ein ungeschriebenes Gesetz, dass die Werbeagenturen in Japan bei den Verlagen eine Art Konto eröffnen und ein bestimmtes Depot hinterlegen müssen. Dann erst kann Werberaum gekauft werden. Das Kontingent-System besagt, dass eine Werbeagentur verpflichtet ist, Werbezeiten und Werbeplätze in den Medien in sehr großer Menge im Voraus einzukaufen. Diese in Japan übliche Geschäftspraxis gilt nicht nur für die gedruckten Medien, sondern auch für den Hörfunk und das Fernsehen. Bei den Fernsehsendern ist dafür ein sehr großer Geldaufwand notwendig, so dass dafür nur Agenturen mit einer bestimmten Mindestkapitalkraft in Frage kommen. Es ist klar, dass Dentsu oder Hakuhodo (die beiden Agenturen beherrschen gemeinsam mit einem Marktanteil von über 50 % den japanischen Werbemarkt) mit ihrer großen Finanzkraft dieses Kontingent-System zu ihrem Vorteil ausnützen und als Großeinkäufer sehr günstige Einkaufspreise erzielen können. (…)

In der Regel wird eine europäische oder amerikanische Werbeagentur kein zweites Unternehmen aus der gleichen Branche als Klienten aufnehmen, um etwa die Geheimhaltung der Marketingstrategien von Stammkunden zu gewährleisten. Diese Regel gilt in Japan nicht. Oft betreut eine Werbeagentur mehrere Herstellerunternehmen aus der gleichen Branche. (…) Aus der Perspektive des werbetreibenden Unternehmens ist die Auswahl des Mediums vorrangig. Aufgrund der starken Position von Dentsu und Hakuhodo, sind die Werbetreibenden indirekt gezwungen, mit der Wahl des Mediums gleichzeitig auch die entsprechende Agentur zu akzeptieren (vgl. Yoshida 2006, S. 391 ff.).

Age). Bei einer Reichweite von über 90 Millionen Zuschauern ergibt sich daraus jedoch ein durchaus vertretbarer TKP von 28 $.

Der chinesische Werbemarkt weist eine rasante Entwicklung auf. Ende 2006 gab es in China 1,24 Milliarden Fernsehzuschauer, die unter 360 TV-Sendern mit rund 3.000 verschiedenen Kanal-Angeboten wählen können. Größter TV-Sender ist die China Media Group (CMG) mit ihrem CCTV (China Central TV) Network. Die CCTV-Nachrichten erreichen eine Rekordseherschaft von 571 Millionen Zuschauern. TV ist das Nummer-eins-Medium, um national große Zielgruppen anzusprechen. Allerdings führten die gestiegene Nachfrage nach TV-Werbung und die begrenzte Verfügbarkeit auch zu einer Preisexplosion in der Hauptsendezeit, so dass die besten Werbeplätze jetzt meistbietend versteigert werden. Die Werbezeit darf maximal nur 20 % der gesamten Sendezeit betragen, in der Primetime zwischen 19 und 21 Uhr sogar nur 15 %.

Der chinesische Printmarkt hat sich in den letzten zehn Jahren von einem reinen Staats- und Propagandasektor zu einer kommerziellen Industrie entwickelt. Zurzeit gibt es in China 2.119 Zeitungen und 9.074 Magazine. Der Werbemarkt bei Publikumszeitschriften wird nicht von Nachrichten- oder Wirtschaftstiteln dominiert, sondern von Mode- und Lifestyle-Zeitschriften. Werbeträger Nummer eins ist Cosmopolitan vor Elle, auch Fortune, Harper's Bazaar und Esquire rangieren unter den Top 10.

Werbung muss sich an die kulturellen Gegebenheiten anpassen. Der Gebrauch der chinesischen Flagge oder anderer nationaler Embleme ist tabu. Dasselbe gilt für Staatsorgane und Staatspersonal. Superlative sind verboten, genauso wie Werbebotschaften, die die soziale Stabilität untergraben könnten (Quelle: Bielenberg 2005, S. 46 ff.).

Besonderheiten des chinesischen Werbemarktes

Sehr positiv auf das Markenimage und die Nachfrage wirkt es sich aus, wenn bekannte Persönlichkeiten für ein Produkt werben. Diesen wird unterstellt, dass sie nur für gute Produkte eintreten und ihren Ruf verlieren, wenn ihr Name mit zweifelhaften Produkten in Verbindung gebracht würde. Der Auftritt von chinesischen oder ausländischen Sportlern, Popstars, Schauspielern oder anderen Celebrities in der Werbung wird deshalb als Qualitätsgarantie aufgefasst.

Auch bei der Medienauswahl weist China zahlreiche Besonderheiten auf. Ein wesentliches Merkmal des chinesischen Werbemarktes ist etwa, dass sich fast alle Werbemedien in staatlichen Eigentum oder unter staatlicher Kontrolle befinden. Fernseh- und Rundfunksender sowie Zeitungen und Zeitschriften dürfen zudem nicht selbst Kunden akquirieren, sondern müssen dazu Werbeagenturen einschalten. (…)

Das wichtigste Werbemedium in China ist die Mundpropaganda. Entsprechend der großen Bedeutung informeller Beziehungen (guanxi) haben persönliche Kontakte, familiäre Verbindungen oder Freunde aus der Schul- und Studienzeit einen großen Einfluss auf die Kaufentscheidungen. (…) An zweiter Stelle stehen Fernsehspots. Ursächlich dafür ist nicht nur die große Verbreitung dieses Mediums, das in rund 90 % aller chinesischen Haushalte vorhanden ist. Vielmehr kommt die Fernsehwerbung auch dem in der chinesischen Kultur tief verwurzelten bildhaften Denken entgegen. (…) An dritter Stelle stehen Printmedien. Gegenwärtig existieren nahezu 10.000 offiziell registrierte Zeitungen und Zeitschriften, die alle unter der Kontrolle staatlicher Institutionen stehen. (…)

Die Anzeigenpreise für ausländische Werbekunden liegen – wie bei den anderen Werbemedien auch – teilweise um ein Vielfaches über den Preisen für chinesische Unternehmungen. Aufgrund der gesetzlichen Beschränkungen des Umfangs von Werbeanzeigen, kommt es zudem häufig zu langen Wartezeiten, die eine langfristige Werbeeinsatzplanung notwendig machen (Holtbrügge/Puck, 2005, S. 112.ff.).

7. 5 Globale oder lokale Kommunikation?

Die Frage nach international standardisierter oder differenzierter Kommunikationsstrategie ist nicht pauschal zu beantworten. Grundsätzlich ist der Zielkonflikt zwischen Standardisierung und Differenzierung in der Internationalen Werbung als eine Grenzkosten-/Grenzerlös-Betrachtung zu sehen: Überwiegen die zusätzlichen Erlöse der Differenzierung deren Kosten?

Standardisierung oder Differenzierung ist sowohl unter Effizienz- als auch unter Effektivitätsaspekten zu betrachten. Der wirtschaftliche Aspekt betrifft die Frage, mit welcher Genauigkeit auf internationalen Märkten die Zielgruppen erreicht werden (Streuverluste) und welche Kosten dafür entstehen. Die Frage, welche Auswirkungen die gewählte Kommunikationsstrategie auf der Wirkungsebene hat, betrifft das Verständnis der kommunizierten Bedeutungsinhalte: Wird eine standardisierte Werbekampagne in allen Ländern in gleicher Weise verstanden und interpretiert? Während Effizienzaspekte eher für eine Standardisierung sprechen, ist unter Effektivitätsaspekten eher der Differenzierung der Vorzug zu geben. Die Kostenvorteile einer standardisierten Werbekampagne können leicht durch Wirkungsverluste konterkariert werden. Unternehmen agieren im globalen Maßstab, um Produktion und Distribution weltweit auszurichten. Globale Kommunikation muss jedoch in erheblichem Maße nationale Aspekte berücksichtigen.

Im Folgenden sollen Marktbedingungen aufgezeigt werden, unter denen eine standardisierte internationale Kommunikation möglich erscheint:

1. Marke, Positionierung, Zielgruppe und Unternehmenszielsetzung müssen in allen Ländern einheitlich sein. Standardisierte Werbung setzt selbstverständlich auch standardisierte Produkte voraus.
2. Die Werbung muss in allen Ländern in gleicher Weise akzeptiert, verstanden und interpretiert werden. Das gilt natürlich vor allem auch für das beworbene Produkt.
3. Die Marktposition des Unternehmens sollte in allen Ländern vergleichbar sein und zwar sowohl im Hinblick auf die Konkurrenzprodukte als auch im Hinblick auf die Konkurrenten.
4. Das Unternehmen muss in der Lage sein, seine Strategie international auch durchzusetzen, sowohl innerhalb des eigenen Konzerns als auch innerhalb der betreuenden Agentur(en). Dies setzt ein stark zentralisiertes Unternehmen mit einer internationalen Agentur voraus.
5. Die Produktmärkte müssen weitgehend homogen und wenig segmentiert sein. Dies ist vor allem bei Statusprodukten der Fall, aber auch bei Massenprodukten, wenn diese einen weltweit eindeutigen USP haben.

Diese Voraussetzungen wirken kumulativ, sie müssen alle erfüllt sein, wenn eine international standardisierte Werbekampagne Aussicht auf Erfolg versprechen soll. Da diese Voraussetzungen aber nur in wenigen Fällen gegeben sein dürften, erscheint eine länderspezifisch differenzierte Kommunikationsstrategie als der Regelfall im internationalen Geschäft. Trotz aller Globalisierungstendenzen: Auch auf internationalen Märkten liegen jeweils länderspezifische Marktbedingungen vor (vgl. Müller 1997, S. 1).

Die Standardisierung wird in erheblichem Maße beeinflusst von

- der Art des Produktes: Spirituosen, Investitionsgüter, High-Tech- und High-Touch-Produkte (Kleidung, Parfum, Schmuck) lassen sich eher standardisieren als Nahrungs- und Waschmittel, Autos und Medikamente. Die größte kommunikative Standardisierung findet sich bei Fluggesellschaften und Zigaretten.

- und dem Produktlebenszyklus: Neue Produkte sind eher zu standardisieren als Produkte in gesättigten Märkten.

Wenn die Kommunikationsstrategie international standardisiert werden soll, ist sie nicht als **Quellenstandardisierung** zu konzipieren, in dem Sinne, dass der Sender in anderen Ländern dieselbe Botschaft verbreitet wie in seinem Heimatland. Vielmehr ist die internationale Kommunikation im Sinne einer **Empfängerstandardisierung** zu planen, d.h. es ist von vornherein zu berücksichtigen, dass die Empfänger in anderen Ländern die Botschaft in ähnlicher Weise verstehen und interpretieren wie die Empfänger im Heimatland (vgl. Werner 1993, S. 186). Wenn ein internationaler Werbespot aber von vornherein auf den kleinsten gemeinsamen Verständnisnenner der Zielgruppen ausgerichtet ist, dann besteht die Gefahr, „… dass diese internationalen Spots nur noch aus schönen Bildern bestehen, die keine Geschichte erzählen: fahren irgendwo Autos in der Gegend herum, laufen irgendwo Frauen herum, und am Ende des Spots dann irgendein Shampoo oder eine Automarke. Vollkommen austauschbar" (Lürzer 1998, S. 97).

Aufgaben:

1. Charakterisieren Sie die strategischen Grundkonzeptionen im Internationalen Marketing.
2. Wie lässt sich eine Weltmarke charakterisieren?
3. Unter welchen Voraussetzungen stellen Medien-Overspills für Werbetreibende einen Bonus dar?
4. Welche grundlegenden Voraussetzungen müssen für eine international standardisierte Werbekampagne gegeben sein?
5. Wie ist eine Einteilung von Produkten in kulturfreie und kulturgebundene zu bewerten?
6. Erläutern Sie Kommunikationsbarrieren grundsätzlicher Art.
7. Inwiefern ist der Country-of-Origin-Effect eine Grundlage für eine international standardisierte Werbekampagne?

8 Sonderwerbeformen

„Die Situation: Anfang der achtziger Jahre war das elektronische Media-Segment noch vergleichsweise überschaubar, TV-Werbung nur in den öffentlich-rechtlichen Kanälen ARD und ZDF möglich. Hier hatten es die Werbungtreibenden jedoch mit allerlei Restriktionen zu tun. Gerade mal 20 Minuten durfte die gesamte tägliche TV-Werbezeit 1981 im Programm jedes Senders betragen. Die Folge: Der Werbe-Fernsehmarkt hatte damals den Charakter eines Verkäufermarktes. Den Werbekunden wurden Spot-Zeiten in beinahe planwirtschaftlicher Manier zugeteilt.

Die Gegenwart: Mit der Einführung des Privatfernsehens erlebte die TV-Werbung hierzulande einen ungeheuren Boom. (…) Doch das Medium ist keineswegs unumstritten. Die wachsende Zahl und Länge von Werbeblocks hat inzwischen nicht nur in der Primetime zur Überfrachtung geführt. So kann der Verbraucher heute während eines dreistündigen TV-Konsums theoretisch etwa 360 Werbespots sehen. (…) Der Mediachef von Henkel, Hans Kratz, fasst die Stimmung der Werbungtreibenden zusammen: ‚Alle wollen raus aus dem Werbeblock'."

O.V.: TV-Werbung nur bedingt tauglich, in: Werben & Verkaufen Nr. 21, 1997, S. 104

„Die Werbetreibenden sind also in einem Dilemma gefangen, aus dem sie nur auf zwei Wegen entkommen können. Erster Weg: Den Werbedruck zurücknehmen, d.h. deutlich weniger Spots schalten. Dies käme nur in Frage, wenn sich alle Werbetreibenden hierzu entschließen würden – was höchst unwahrscheinlich ist. Zweiter Weg: Verstärkt Formen der programmintegrierten Werbung anbieten. Jene Werbung also, die eine untrennbare Symbiose mit dem Programm eingeht und die ggf. nicht einmal als Werbung wahrgenommen wird."

Volpers/Herkströter/Schnier: Die Trennung von Werbung und Programm im Fernsehen, Opladen 1998, S. 24

Stichworte wie Informationsüberlastung, Zapping und Reaktanz haben zu einer Verunsicherung über die Wirksamkeit der klassischen Werbung geführt. Die Werbetreibenden versuchen daher, die Zielgruppen auf neuen Wegen zu erreichen, sich in der Zielgruppenansprache von der Konkurrenz abzuheben und dadurch einen kommunikativen Wettbewerbsvorteil zu erreichen. Zu diesen neuen Kommunikationsformen zählen vor allem Sponsoring, Product Placement, Direct Marketing und die Verkaufsförderung. Die Gemeinsamkeit aller Sonderformen liegt darin, dass sie die Werbeblockbildung umgehen und Werbung stärker in das Programm integrieren, so dass sich der Zuschauer der Werbung nicht mehr entziehen kann. Diese Werbeformen haben sich zu zentralen Bausteinen der integrierten Kommunikation entwickelt, mit denen die unterschiedlichen Zielgruppen eines Unternehmens weitgehend streuverlustfrei erreicht werden können.

8. 1 Sponsoring

8. 1.1 Grundlagen

„Sponsor" kommt aus dem Englischen und bedeutet Förderer, Gönner oder Geldgeber. Das Wort hat mittlerweile in die deutsche Sprache Eingang gefunden, ohne übersetzt zu werden. Allerdings wird der Begriff im täglichen Sprachgebrauch teilweise unklar verwendet. Hier gilt nahezu jede Form der Unterstützung als Sponsoring, vom Taschengeld über Freibier bis zum ersten eigenen Auto eines Studenten („sponsored by daddy").

Sponsoring als Sonderwerbeform basiert auf dem **Prinzip von Leistung und Gegenleistung**, was es vom **Mäzenatentum** unterscheidet. Sponsoring hat sich aus dem Mäzenatentum entwickelt, das benannt ist nach dem reichen Römer Gaius Clinius Maecenas (70–8 v. Chr.), der Dichter wie Vergil, Horaz und Properz förderte. Während ein Mäzen uneigennützige Motive hat, ist der Sponsor zu einer Förderung nur auf Basis einer Gegenleistung bereit. Allerdings sind bei einzelnen Sponsoringarten die Grenzen zum Mäzenatentum und auch zum Spendenwesen fließend. Für den Gesponserten ist diese Unterscheidung vor allem in steuerlicher Hinsicht relevant. Tabelle 8-1 zeigt einen Überblick über die spezifischen Merkmale von Sponsoring, Mäzenatentum und Spendenwesen.

Tabelle 8-1: Abgrenzung von Mäzenatentum, Spendenwesen und Sponsoring

Merkmale	Art der Förderung		
	Mäzenatentum	**Spendenwesen**	**Sponsoring**
Art des Geldgebers	Privatpersonen Stiftungen	Privatpersonen Unternehmen	Unternehmen
Motiv(e) der Förderung	ausschließlich Fördermotive (altruistisch)	Fördermotiv dominant, evtl. Steuervorteile (Gemeinnutz)	Fördermotiv und Erreichung von Kommunikationszielen (Eigennutz)
Zusammenarbeit mit Geförderten	teilweise (über Förderbereiche)	nein	ja (Durchführung von Sponsorships)
Medienwirkung	Nein (eher privat)	kaum	Ja (öffentlich)
Einsatz im Bereich Sport	sehr selten	selten	dominant
Einsatz im Bereich Kultur	dominant	häufig	selten
Einsatz im sozialen/ ökologischen Bereich	häufig	dominant	eher selten
Einsatz im Medienbereich	nicht existent	nicht existent	dominant
Entscheidungsträger im Unternehmen	Unternehmer	Finanzwesen	Vorstand, PR, Marketing, Werbung

Vgl. Bruhn: Sponsoring, 4. Aufl., Wiesbaden 2003, S. 6

Es wird geschätzt, dass die deutsche Wirtschaft bis 2012 ca. 4,4 Milliarden Euro in das Sponsoring investiert, ca. zwei Drittel fließen davon in das Sport-Sponsoring. Abbildung 8-1 zeigt die Stellung des Sponsoring im Marketing-Mix.

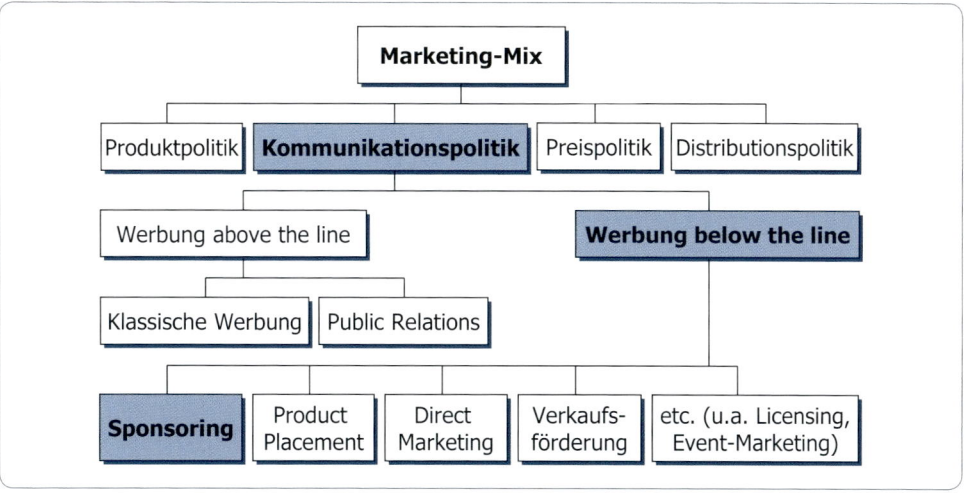

Abbildung 8-1: *Die Stellung des Sponsoring im Marketing-Mix*

Tabelle 8-2: *Sponsoring-Investitionen in Deutschland*

	2010	2011	2012
Sport-Sponsoring	2,6	2,6	2,7
Programm-Sponsoring	0,8	0,8	0,9
Kultur-Sponsoring	0,3	0,3	0,3
Public-Sponsoring (= Sozial-, Umwelt-, Wissenschafts-Sponsoring)	0,5	0,5	0,5
Gesamtvolumen	**4,2**	**4,2**	**4,4**

Quelle: Sponsor Visions, Angaben in Mrd. Euro

Sponsoring lässt sich kennzeichnen als (s. Kasten):

Die **Leistung des Sponsors** kann in Geld-, Sach- oder Dienstleistungen bestehen. Der Regelfall im Sponsoring ist die Erbringung von einmaligen oder laufenden Geldleistungen durch den Sponsor. Aber auch Sach- und Dienstleistungen sind häufig anzutreffen und für den Gesponserten vor allem dann sinnvoll, wenn sie für ihn geldwerte Leistungen darstellen. So kann der Sponsor beispielsweise seine Computer, Autos, Sportgeräte, Getränke oder Nahrungsmittel zur Verfügung stellen oder

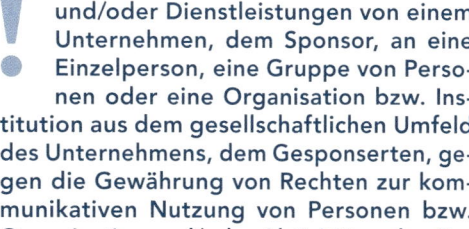

die Zuwendung von Finanz-, Sach- und/oder Dienstleistungen von einem Unternehmen, dem Sponsor, an eine Einzelperson, eine Gruppe von Personen oder eine Organisation bzw. Institution aus dem gesellschaftlichen Umfeld des Unternehmens, dem Gesponserten, gegen die Gewährung von Rechten zur kommunikativen Nutzung von Personen bzw. Organisation und/oder Aktivitäten des Gesponserten, auf Basis einer vertraglichen Vereinbarung (Hermanns 2008, S. 44).

administrative Aufgaben übernehmen bzw. qualifizierte Mitarbeiter vorübergehend für spezielle Aufgaben beim Gesponserten freistellen (Secondments). Insbesondere Sach- und Dienstleistungen ermöglichen es dem Sponsor, die Qualität und Zuverlässigkeit seiner Produkte und Leistungen zu demonstrieren.

Die **Gegenleistung des Gesponserten** liegt üblicherweise in der Überlassung von Rechten zur kommunikativen Nutzung durch den Sponsor. Dies kann erfolgen durch die Vergabe von Prädikaten („Offizieller Sponsor …") oder Lizenzen (Nutzung von Logos oder Emblemen) oder durch aktiven bzw. passiven Einsatz des Gesponserten in die Kommunikation des Sponsors.

Das Resultat der vertraglichen Vereinbarung wird als **Sponsorship** bezeichnet. Für ein Sponsorship müssen also zumindest zwei Parteien gegeben sein: Ein Sponsor, der bereit ist, in einen Gesponserten zu investieren, weil er sich davon einen Nutzen verspricht und ein Gesponserter, der bereit ist, sich für den Sponsor zu engagieren, um an die Unterstützung durch den Sponsor zu gelangen.

Das Sponsoring hat also zwei komplementäre Aspekte: Aus der Sicht des Sponsors ist es ein **Kommunikationsinstrument**, aus der Sicht des Gesponserten ein **Finanzierungsinstrument**.

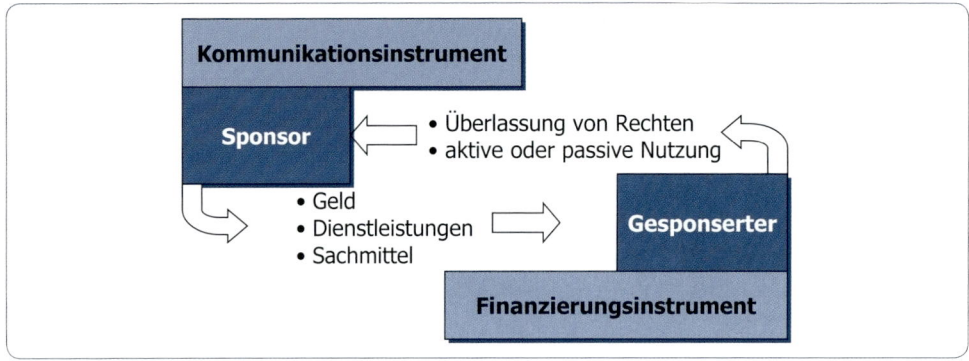

Abbildung 8-2: *Komplementäre Aspekte des Sponsoring*

Für einige Bereiche sind beide Aspekte des Sponsoring relevant: Z.B. können Tourismusorganisationen sowohl als Sponsoren auftreten als auch Gesponserte sein. Schwerpunkt der Ausführungen dieses Kapitels liegt in der Rolle des Sponsoring als Kommunikationsinstrument.

Die Entscheidungsfindung für ein Sponsoring ist außerordentlich komplex und setzt ein umfangreiches Know-how voraus. Daher haben sich Spezialagenturen herausgebildet, die einerseits die Funktion als Ratgeber von Sponsor und Gesponserten haben, andererseits aber auch als Makler zwischen beiden Seiten agieren.

Die Nutzenerwartung des Sponsors wird häufig maßgeblich durch das Interesse der Medien an der Tätigkeit des Gesponserten geprägt. Das hat zur Folge, dass primär solche Ereignisse, Institutionen und Personen gesponsert werden, die im Mittelpunkt des öffentlichen Interesses stehen. Medien fungieren in dem Fall als unfreiwillige Multiplikatoren. Als Grundstruktur lässt sich das Beziehungsgeflecht beim Sponsoring wie in Abbildung 8-3 darstellen.

Es lassen sich folgende Sponsoringarten unterscheiden:

- Sport-Sponsoring
- Kultur-Sponsoring
- Sozial-Sponsoring
- Umwelt-Sponsoring
- Wissenschafts-Sponsoring
- Programm-Sponsoring

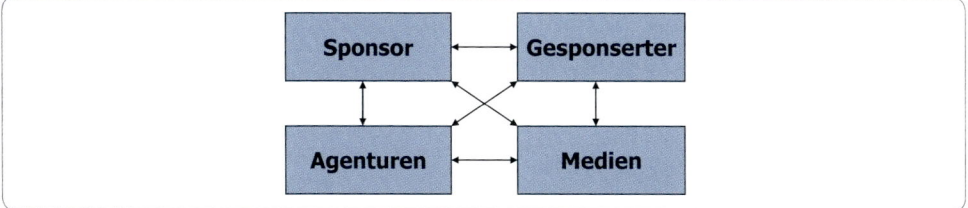

Abbildung 8-3: *Grundstruktur des Sponsoring*
Quelle: Drees: Sportsponsoring, 3. Aufl., Wiesbaden 1992, S. 36

Sponsoring ist noch ein relativ junges Kommunikationsinstrument. Impulsgeber der Entwicklung war der Ausschluss der Zigarettenindustrie in Großbritannien (1965) und Deutschland (1975) von der Fernsehwerbung. Die Branche versuchte daraufhin, die Sportberichterstattung der Medien für ihre Werbezwecke zu nutzen und etablierte damit das Sport-Sponsoring. Erst seit den 80er Jahren findet das Kultur-Sponsoring verstärkte Aufmerksamkeit. Sozial- und Umwelt-Sponsoring profitieren erst seit den 90ern von dem Trend, dass Konzerne freiwillig soziale Verantwortung übernehmen, nicht zuletzt auch als Ergebnis eines gesellschaftlichen Erwartungsdrucks. Das Programm-Sponsoring im Fernsehen ist auf breiter Basis erst seit der Änderung des Rundfunkstaatsvertrages am 01.08.1994 möglich. Insbesondere im Sport-, Kultur- und Umweltbereich nutzt das Sponsoring die zunehmende Freizeitorientierung der Bevölkerung und die hiermit verbundenen positiven Imagedimensionen.

Sponsoring verfügt gegenüber der Werbung über eine Reihe von spezifischen **Vorteilen** (vgl. Hermanns 2008, S. 66):

- Sponsoring wirkt in **nicht-kommerziellen Situationen:** Werbung ist die klassische Form der kommerziellen Ansprache. Hingegen spricht Sponsoring die Zielgruppen in einer Situation an, in der das kommerzielle Interesse nicht unbedingt offensichtlich ist. Die Sichtbarkeit des Logos einer Bank während der Fernsehübertragung eines Golfspieles hat nicht den gleichen kommerziellen Charakter wie der Werbespot der gleichen Bank in einer Werbeunterbrechung.

- Sponsoring erfolgt unter **optimalen Transferbedingungen:** Werbung wird häufig als notwendiges Übel beim Medienkonsum betrachtet und daher nur mit einer geringen Aufmerksamkeit verfolgt. Der eigentliche Grund zum Fernsehen oder zum Lesen einer Zeitschrift ist das Programm bzw. der redaktionelle Artikel und nicht die Werbung. Wenn nun Werbung in das Programm oder den redaktionellen Artikel integriert ist, sind die Transferbedingungen, unter denen die Werbung in diesen Fällen erfolgt, deutlich besser. Das Sponsoring kann daher von der vollen Aufmerksamkeit des Zuschauers oder Lesers profitieren.

- Sponsoring ermöglicht **Konkurrenzausschluss:** Bei der Werbung ist ein Konkurrenzausschluss i.d.R. nicht möglich, d.h. eine Brauerei hat keinen Einfluss darauf, wie viele weitere Brauereien in der gleichen Zeitschrift oder im gleichen Werbeblock vertreten sind. Beim Sponsoring hingegen ist ein Ausschluss der Konkurrenz i.d.R. gegeben. Hinzu kommt, dass sich die Umfelder, in denen die werbliche Botschaft übermittelt wird, ziel- und zielgruppenspezifisch steuern lassen.

- Sponsoring ermöglicht **kommunikative Wettbewerbsvorteile:** Die Vielfalt an Sponsoringmöglichkeiten erlaubt es, sich von dem werblichen Auftritt der Konkurrenz zu differenzieren und eigenständige kommunikative Ziele zu verfolgen. In der Bierbranche, die schwerpunktmäßig regional orientiert ist, erfolgt häufig auch ein regionales

Sponsoring. So sponsert beispielsweise die Privatbrauerei *Diebels* die Touristikagentur Niederrhein, die *Hasseröder* Brauerei die Tourismus GmbH Wernigerode und die *Krombacher* Brauerei verschiedene Touristikverbände im Sieger- und Sauerland. Die Zielsetzung einer kommunikativen Alleinstellung im Sponsoring setzt eine Analyse der Wettbewerbsaktivitäten in diesem Bereich voraus. Beispielsweise sind viele Brauereien als Sponsoren im Fußball engagiert, mit der Maßgabe, dass hier eine kommunikative Alleinstellung für sie nicht mehr gegeben ist.

Kommunikative Wettbewerbsvorteile lassen sich vor allem als Haupt- oder Exklusiv-Sponsor erzielen. Alleinige Sponsorenschaften sind im Kultur- und Sozial-Sponsoring die Regel. Bei sportlichen (Groß-) Ereignissen werden mittlerweile finanzielle Dimensionen erreicht, die von einem einzigen Sponsor nicht mehr zu tragen sind, so dass sich hier häufig mehrere Haupt- und Co-Sponsoren das Sponsorship teilen. Auch in diesem Fall ist eine kommunikative Alleinstellung nicht mehr gegeben.

- Sponsoring besitzt eine hohe Akzeptanz in der Bevölkerung.

Weitere Vorteile des Sponsoring sind:

- **Erreichen spezifischer Zielgruppen:** Mit Sponsoring lassen sich Zielgruppen erreichen, die mit den klassischen Kommunikationsmaßnahmen nur schwer zu erreichen sind. Hierzu zählen Personengruppen, die der Werbung gegenüber besonders kritisch eingestellt sind. Über Kultur-, Sozial- oder Wissenschafts-Sponsoring lassen sich hier teilweise Hürden der Ansprachemöglichkeit überwinden. Beispielsweise lässt sich die über klassische Medien nur schwer erreichbare Zielgruppe der Studenten, die vor allem für Banken und Versicherungen interessant ist, über Wissenschafts-Sponsoring erreichen.

Grundsätzlich ist im Sponsoring zwischen den **Zielgruppen des Sponsors** und den **Zielgruppen des Gesponserten** zu unterscheiden. Der Sponsor muss sein Engagement nicht notwendigerweise nutzen, um seine aktuellen und potenziellen Verbraucher anzusprechen. Er kann sich mit seinem Sponsoring auch gezielt an Handelspartner, Kapitalgeber, Lieferanten oder Mitarbeiter wenden. Das Sponsoring eignet sich auch dafür, gezielt neue Zielgruppen zu erschließen bzw. bei bestimmten Zielgruppen Imagedefizite aufzuarbeiten bzw. neue Imagedimensionen aufzubauen. In jedem Fall ist vorher der Bezug der entsprechenden Zielgruppe zu der Sponsoringart zu untersuchen, ob sie z.B. eher mit Kultur- oder Sportveranstaltungen zu erreichen ist.

Die Zielgruppen des Gesponserten sind einerseits die Aktiven selbst, also Schauspieler, Sportler, Sozialarbeiter, andererseits die Besucher (Konzert, Stadion, Ausstellung) bzw. die unmittelbaren Kontaktpersonen z.B. im Sozialbereich. Jede dieser Zielgruppen kann für den Sponsor von Interesse sein, zumal insbesondere im Fußball hohe Besucherzahlen erreicht werden. Im Regelfall ist jedoch davon auszugehen, dass der Sponsor bei einem überregionalen, nationalen oder internationalen Engagement in erster Linie an den Mediennutzern, die die Aktivität des Gesponserten im Fernsehen, Hörfunk oder der Presse verfolgen, interessiert ist. Während der Sponsor seine eigenen Zielgruppen i.d.R. gut quantifizieren kann, sind die Zielgruppen des Gesponserten hingegen im Voraus nicht immer eindeutig bestimmbar.

- **Multiplikatorfunktion der Medien:** Stößt das Sponsoring auf das Interesse der Medien, kann der Sponsor von dem dadurch möglichen Multiplikatoreffekt profitieren, d.h. eine vielfach größere Zielgruppe erreichen als mit dem ursprünglichen Engagement. Es muss allerdings betont werden, dass Sponsoring häufig nur deshalb erfolgt, weil mit einer Übertragung in den Medien zu rechnen ist.

Den Vorteilen des Sponsoring stehen allerdings auch einige **Nachteile** gegenüber:

- Überlastung einzelner **Sponsoringarten:** Das Sponsoring konzentriert sich insbesondere auf das Sport-Sponsoring und hier auf die so genannten telegenen Sportarten wie Fußball, Tennis und Motorsport. Mittlerweile sind hier so viele Sponsoren vertreten, dass eine ähnliche Informationsüberflutung gegeben ist wie in der klassischen Werbung.
- **Begrenzte Informationsübermittlung:** Die Sponsoringmöglichkeiten erlauben i.d.R. nur kurze, visuelle Botschaften wie die Übermittlung des Unternehmenslogos und/oder -namens. D.h. Voraussetzung für das Sponsoring ist ein hinreichender Bekanntheitsgrad des sponsernden Unternehmens.
- **Spezifische Probleme einzelner Sponsoringarten:** Ein Unternehmen, das im Sport-Sponsoring engagiert ist, kann z.B. von Dopingaffären, Unfällen oder generell dem persönlichen Auftreten einzelner Sportler in Mitleidenschaft gezogen werden.

Bei der Nutzung des Sponsoring als Kommunikationsinstrument sind einige **spezifische Besonderheiten** zu berücksichtigen. Die Werbung steht und fällt grundsätzlich mit ihrer Glaubwürdigkeit, dies gilt in besonderem Maße für das Sponsoring. Wobei die **Glaubwürdigkeit im Sponsoring** sich auf das Verhältnis zwischen Sponsor und Gesponsertem bezieht. Ein Sponsor muss vor allem darauf achten, dass eine für die Zielgruppe nachvollziehbare Verbindung mit seinem Sponsoring-Engagement besteht. Bei den meisten Sponsoringformen reicht es nicht aus, sich einfach nur mit Geld zu beteiligen, vielmehr sollte ein legitimes Interesse des Unternehmens deutlich werden, was vor allem mit echtem Engagement zu erreichen ist.

Die zweite Besonderheit liegt darin, dass die Sponsoring-Botschaft i.d.R. niemals die volle Aufmerksamkeit im Kommunikationsprozess erzielt. Die Aufmerksamkeit des Zuschauers bei der Übertragung einer Kultur- oder Sportveranstaltung richtet sich auf das Kultur- oder Sportereignis, auch die Kameraführung ist darauf ausgerichtet. Sponsoring-Botschaften werden, wenn überhaupt, nur beiläufig wahrgenommen, d.h. beim Sponsoring ist grundsätzlich nur von einem geringen Involvement der Zuschauer auszugehen. Dieser Nachteil wird allerdings kompensiert durch die Tatsache, dass der Zuschauer sich der Sponsoring-Botschaft nicht entziehen kann. Die Ausführungen zum Mere-exposure Effekt haben gezeigt, dass gerade in der beiläufigen Darbietung ein erhebliches Wirkungspotential steckt (vgl. Kapitel 2.2.3.1.4). Die Inhalte der Sponsoring-Botschaft können nur durch häufige Wiederholungen gelernt werden, was ein langfristiges Engagement des Sponsors voraussetzt. Ein beabsichtigter Imagetransfer, also die Übertragung der Imagekomponenten des Sponsoring-Objektes auf den Sponsor, funktioniert nach der emotionalen Konditionierung (vgl. Kapitel 2.3.1.2). Dafür ist wiederum eine nachvollziehbare emotionale Nähe zwischen Sponsor und Sponsoring-Objekt Voraussetzung. Sponsoring eignet sich demnach weniger zur Übermittlung komplexer Botschaften, sondern zielt auf die assoziative Verbindung von Unternehmen bzw. Marke mit Attributen des Gesponserten (vgl. Hermanns 2008, S. 251).

Sponsoring eignet sich für die Verfolgung einer Vielzahl von **Zielen**. Im Vordergrund stehen die kommunikativen Zielsetzungen

- **Erhöhung des Bekanntheitsgrades** und die
- **Beeinflussung von Images.**

Für beide Zielsetzungen erfüllt der Sport sehr gute Voraussetzungen. Er besetzt positive Begriffe wie Leistung, Erfolg, Gesundheit, Freizeit, trifft auf eine breite Öffentlichkeit und kann damit attraktive Gegenleistungen für einen Sponsor erbringen.

Für diese Zielsetzungen eignen sich allerdings die einzelnen Sponsoringarten in unterschiedlichem Maße. Bekanntheitsgrade lassen sich vor allem über die Multiplikatorfunktion der Medien steigern, hingegen lassen sich mit allen Sponsoringarten Images beeinflussen. Vielfach sind es dabei nur einzelne Imagefacetten, die gezielt ausgebaut werden sollen, um Imagedefizite auszugleichen.

Weitere Ziele des Sponsoring sind:

- **Demonstration der Produktleistung.** Für Uhrenhersteller lassen sich bei der Zeitnahme im Sport ebenso die Zuverlässigkeit ihrer Produkte herausstellen wie für Reifenhersteller im Motorsport. Unternehmen aus dem Bereich der Musikindustrie können ihre Leistungsfähigkeit z.B. bei Sinfonie- oder Rockkonzerten unter Beweis stellen. Brauereien können mit dem Sponsoring bestimmter Regionen auf die Reinheit und Natürlichkeit ihrer Biere hinweisen.

- **Kontaktpflege.** Für Unternehmen bieten Sport- oder Kulturveranstaltungen gute Möglichkeiten, den Kontakt zu ihren Händlern und Kunden auszubauen. Der Sponsor verfügt häufig über Kartenkontingente, die er entsprechend nutzen kann.

- **Mitarbeitermotivation.** Freier Eintritt zu Sport- oder Kulturveranstaltungen lässt sich auch für innerbetriebliche Zwecke nutzen, sei es für die gesamte Belegschaft oder für die Gewinner von Wettbewerben.

- **Demonstration gesellschaftlicher Verantwortung.** Sponsoring wird häufig auch unter unternehmensstrategischen Aspekten eingesetzt. Unternehmen können damit ihr soziales Engagement beweisen. Dafür eignet sich insbesondere Sozial- und Umwelt-Sponsoring, allerdings ist bei dieser Zielsetzung die Grenze zum Mäzenatentum fließend. Beispiele sind der *ADAC*, der die Deutsche Alleenstraße sponsert oder die *Lufthansa*, die Schutzgebiete für ihren Wappenvogel, den Kranich, sponsert.

Die Zielsetzungen verdeutlichen, dass Sponsoring zu ihrer Realisierung nicht als einziges Instrument eingesetzt werden kann, vielmehr in aller Regel im Rahmen einer integrierten Kommunikationspolitik flankierend zu anderen Instrumenten zu nutzen ist. Sponsoring ist ein Kommunikationsinstrument, das seine Wirkung nicht isoliert, sondern i.d.R. nur in Verbindung mit anderen Kommunikationsmaßnahmen entfalten kann (vgl. Hermanns 2008, S.216ff.). Daher ist es sinnvoll, neben den rein sponsoringspezifischen Maßnahmen (Markierung von Ausrüstungsgegenständen, Nutzung von Prädikaten, Titelsponsoring usw.), die Potenziale des Sponsoring umfassender zu nutzen. Dies kann einerseits erfolgen durch Integration des Sponsoring in die Marketing-Kommunikation (beispielsweise Hinweise auf das Sponsorship in Anzeigen und Spots) bzw. Integration in das übrige Marketing-Mix („Für jeden Sieg der deutschen Fußballnationalmannschaft bei der Europameisterschaft 2008 verlängert sich die Fan BahnCard 25 kostenlos um einen Kalendermonat"). Andererseits können die Medien als Multiplikatoren im Rahmen der vertraglichen bzw. redaktionellen Berichterstattung genutzt werden (vgl. Abbildung 8-4).

Der kommunikative Nutzen des Sponsoring resultiert in erster Linie aus der Vernetzung mit anderen Instrumenten. Isolierte Maßnahmen laufen Gefahr, in der zunehmenden Kommunikationsüberflutung nicht wahrgenommen zu werden. Abbildung 8-5 zeigt als Beispiel für die Integration einer Sponsoring-Maßnahme in das Kommunikations- bzw. Marketing-Mix die Möglichkeiten, die die Formel 1 im Rahmen des Sport-Sponsoring bietet. Neben Fußball-Welt- und Europameisterschaften und den Olympischen Spielen ist die Formel 1 eines der wenigen internationalen Tools im Sport. Als internationale Kommunikationsbausteine sind hier z.B. Teamsponsoring, Testimonials, Bandenwerbung und Internet einzusetzen. Sie bietet aber auch nationale Kommunikationsbausteine wie TV-

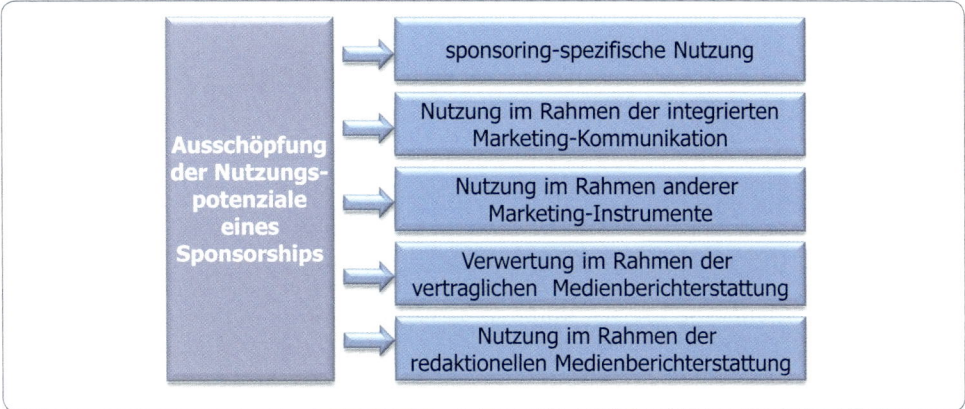

Abbildung 8-4: *Integrationsansätze für das Sponsoring*
Quelle: Hermanns: Sponsoring, 3. Aufl., München 2008, S. 216 ff.

Abbildung 8-5: *Kommunikationsbausteine in und um die Formel 1*
Quelle: Cordes: Formel-1-Sponsoring: Weniger ist mehr, in: FAZ-Net: Uptoday Sport Sportbusiness, 01.03.2001

Spots, Print, Plakat, Programmsponsoring oder Gewinnspiele. Auf nationaler Ebene erfolgt die Vernetzung im Sponsoring vor allem mit Maßnahmen der klassischen Werbung.

Wie alle Marketinginstrumente steht und fällt auch das Sponsoring mit der Glaubwürdigkeit seiner Umsetzung. Sponsoring setzt eine strategische Einbettung in eine Corporate
Identity voraus. Wichtig ist, dass das Sponsoring-Engagement glaubwürdig mit dem
Unternehmenszweck und dem Unternehmensverhalten harmoniert. Ein Zigarettenunter-
nehmen, das die Leichtathletik sponsert, wird ebenso in Argumentationsnot kommen wie
ein Chemieunternehmen, das im Umwelt-Sponsoring engagiert ist, aber durch häufige
Störfälle von sich Reden macht.

8. 1.2 Sponsoring-Arten

8. 1.2.1 Kultur-Sponsoring

Durch Sponsoring fließen 350 bis 400 Millionen Euro in die Kultur bzw. ca. 7 % der
gesamten Sponsoringinvestitionen. Kultur-Sponsoring kann sich prinzipiell auf alle

Tabelle 8-3: Möglichkeiten im Bereich des Kultur-Sponsoring

Kulturbereich	• Bildende Kunst (Malerei, Bildhauerei, Grafik, Fotografie, Design, Architektur) • Darstellende Kunst (Schauspiel, Oper, Musical, Ballett) • Literatur • Filmkunst • Musik
organisatorische Einheit	• Einzelkünstler • Kunst-Wissenschaftler • Kunstgruppen • Kulturinstitutionen (Museen, Galerien, Theater, Kunstvereine, Kunsthochschulen) • Kunstobjekte
Maßnahmenkategorien	• Beiträge an Künstler (Stipendien, Ausstellungshonorare, Publikationsbeihilfen, Zuschüsse zu Inszenierungen) • Bereitstellung von Arbeitsmaterialien für Künstler, Räumlichkeiten für Ausstellungen • technische und kaufmännische Beratung, Übernahme von Versicherungs- und Transportleistungen • der Gesponserte übernimmt Werbung für den Sponsor (M. Jackson für *Pepsi*) • Ausschreibung von Kunstpreisen für etablierte oder Nachwuchskünstler (*AEG, Marlboro*) • Förderung von Kunstveranstaltungen oder Kulturinstitutionen (Opernhäuser, Festivals, Konzerte) • Förderung nationaler und internationaler Ereignisse (Festspiele, Schleswig-Holstein-Festival) • Markierung von Ausrüstungsgegenständen (Musikinstrumente) • Präsenz im Umfeld von Kulturveranstaltungen (Nennung des Sponsors auf Plakaten, Eintrittskarten, Programmheften, Bühnenspanntüchern, Sampling, Hospitality) • Benennung des Sponsoring-Objektes nach dem Sponsor, Titel-Sponsoring • Leihgaben an Kunstinstitutionen • Restauration bedrohter Kunstwerke

Quelle: Hermanns: Charakterisierung und Arten des Sponsoring, in: Berndt/Hermanns: Handbuch Marketing-Kommunikation, Wiesbaden 1993, S. 635ff.

Kulturbereiche erstrecken. Tabelle 8-3 gibt einen Überblick über die Möglichkeiten im Bereich des Kultur-Sponsoring.

Die Übersicht zeigt die außerordentliche Breite an Einsatz- und Gestaltungsmöglichkeiten im Bereich des Kultur-Sponsoring. Namhafte Sponsoren in diesem Bereich sind z.B. der Bekleidungshersteller *Boss*, der einen Kooperationsvertrag mit dem Guggenheim-Museum in New York abgeschlossen hat. *Boss* finanziert 3 bis 4 Ausstellungen pro Jahr. Die *Boss*-Mitarbeiter erhalten einen Art-Pass, der zum freien Eintritt in Museen berechtigt. Die Firma *Audi* sponsert u.a. die Salzburger Festspiele. Größter nichtstaatlicher Kulturförderer ist die Sparkassen-Finanzgruppe mit jährlich 120 Millionen Euro.

Mit dem Kultur-Sponsoring richtet sich ein Unternehmen nur in seltenen Fällen an eine breite Öffentlichkeit, dennoch ist seine Integration in die klassische Werbung problemlos möglich. Die damit verfolgten Ziele sind weniger aus dem Marketing als aus der Corporate Identity abgeleitet. Kultur-Sponsoring erfordert eine inhaltliche Auseinandersetzung mit den Förderbereichen Kunst und Kultur. „Diese Auseinandersetzung kann nicht auf der Ebene der Produkte oder Marken erfolgen. Sie muss vielmehr auf der Ebene des gesamten Unternehmens stattfinden" (Bruhn 2003, S. 160 f.). Dies verdeutlicht, dass die individuelle Zielgruppenansprache eine größere Bedeutung hat als die Massenansprache.

Von dominanter Bedeutung im Rahmen des Kultur-Sponsoring ist der Bereich der Musik. Die meisten Festivals könnten ohne Sponsoren nicht stattfinden, da die Kosten für Organisation und Abwicklung durch die Einnahmen aus den Eintrittskarten nicht zu decken sind. Bei Unternehmen der Unterhaltungselektronik bietet sich ein Sponsoring im Musikbereich auch durch die Produktnähe an (z.B. *Sony*).

Die spezifischen Vorteile des Kultur-Sponsoring liegen vor allem in den vielfältigen Einsatzmöglichkeiten, die den Sponsoren große Differenzierungsmöglichkeiten bieten. Der Kulturbereich findet gesellschaftlich eine hohe Anerkennung und bietet entsprechend attraktive Imagewerte. Die Nachteile liegen insbesondere in einer geringen Multiplikatorwirkung durch die Medien, die – anders als im Sport – in der Nennung der Sponsoren häufig sehr zurückhaltend sind. Der Schwerpunkt des Kultur-Sponsoring liegt in regionalen Maßnahmen und hier vor allen in der Förderung von Nachwuchskünstlern aus den Bereichen Musik und Malerei.

Der *Volkswagen*konzern kann mit einem umfassenden Sponsoringkonzept im Musikbereich aufwarten. Neben dem Sponsoring von Top Stars (Rolling-Stones, Pink Floyd) zielt der Konzern auch auf eine Breitenförderung. Die „Volkswagen Sound Foundation" unterstützt Nachwuchsmusiker mit finanziellen Hilfen, Tourneebussen oder einer Hotline mit Fachleuten. Zusammen mit dem Musiksender Viva wird darüber hinaus versucht, Bands und Musikern einen TV-Auftritt zu verschaffen.

Abbildung 8-6 zeigt ein Beispiel für die kommunikative Nutzung des Kultur-Sponsoring mit dem dezenten Hinweis des Unternehmens *E-on* als Sponsor.

Kultur-Sponsoring erfordert ein hohes Maß an Sensibilität in der Durchführung. Ähnlich wie im Sozial-Sponsoring können aufdringliche Auftritte beim Publikum und bei

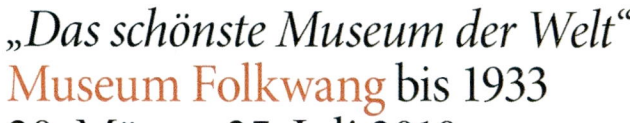

Abbildung 8-6: *Beispiel für die kommunikative Nutzung des Kultur-Sponsoring*

den Gesponserten zu Irritationen führen. Daher ist hier die Grenze zum Mäzenatentum fließend. Kultur-Sponsoring bietet sich vor allem für die Imagepflege an.

Kultur-Sponsoring hat für Sponsor und Gesponserten auch steuerrechtliche Konsequenzen. Für den Sponsor handelt es sich um absetzbare Betriebsausgaben, wenn er wirtschaftliche Vorteile nachweisen kann, was i.d.R. durch werbliche Maßnahmen des Gesponserten gegeben ist. Für den Gesponserten stellen die Leistungen des Sponsors zu versteuernde Einnahmen dar (vgl. Bruhn/Mehlinger 1994, S. 123).

Welches Auto fährt der kultivierte Mensch?

Die Wahl der Automarke ist nicht immer eine Frage der Vorlieben, viel öfter eine der Vorbilder. Auf dieser – keineswegs neuen – Erkenntnis basiert die Praxis vor allem der so genannten Premiumhersteller, prominente Sportler oder Schauspieler als Multiplikatoren zu nutzen und bestimmte kulturelle Ereignisse oder Institutionen zu unterstützen. Den Protagonisten werden gerne Autos zur Verfügung gestellt. Schließlich ist die Automarke längst zur emotionalen Botschaft geworden, die es zu pflegen gilt. (…)

Im Jahr 1995 wurde der Ingolstädter Autobauer Audi mit einer Million Mark Hauptsponsor der Salzburger Festspiele. Damit konnte er auch einen Fahrservice mit 60 silberfarbenen Audi-A8-Limousinen stellen, mit der Folge, dass seitdem ziemlich jeder prominente Gast in einem A8 vorgefahren wird. (…)

Auch bei BMW will man hin zu Kultur, um das vielleicht doch zu sportliche Image zu beeinflussen. Vertriebsvorstand Michael Ganal will mit der Förderung der Münchner Open-Air-Veranstaltung „Oper für alle" – wie er sich ausdrückt – „gezielt die Kultiviertheit adressieren". Und Kultur ist nicht nur für die vermeintlichen Premium-Marken reserviert. Opel ist beispielsweise Partner der Berliner Universität der Künste, Volkswagen fördert nicht nur die Kunsthalle in Wolfsburg und engagierte sich vor Jahren bei der Deutschland-Tournee der Rolling Stones, um nur einen kleinen Teil der Aktivitäten zu nennen. Auch Ford in Köln engagiert sich viel in dieser Richtung.

Porsches Kulturmäzenatentum ist wie das Unternehmen selbst: klein und erfolgreich. Es bezahlt mit rund zwei Millionen Euro die Restaurierung der Ladegastorgel in Leipzigs Nikolaikirche, auf der einst sogar Johann Sebastian Bach als Kantor spielte. (…)

Daimler-Chrysler kann bei seinen Sponsoringaktivitäten gleich mehrgleisig fahren. Die Marke Mercedes-Benz ist ganz auf publikumswirksame Ereignisse wie die Bambi-Verleihung, den Bundespresseball und den Ball des Sports abonniert, wo man exklusiv einen Fahrservice mit Limousinen der S-Klasse bietet. Für Jochen Sengpiehl, Leiter Marketing-Kommunikation bei Daimler-Chrysler Deutschland in Berlin, ist bei der Auswahl der geförderten Anlässe entscheidend, dass sie von ihrer Bedeutung her „auf gleicher Augenhöhe" mit dem Leaderprodukt des Hauses seien. Es sollte natürlich auch „die Sympathie der Marke steigern" und möglichst irgendwo auch zu den Schlagworten des Mercedes-Image passen: Qualität, Verantwortung, Individualität und Innovation. Feth 2003, S. 53

Zwanzig Millionen Euro müssen her, um das Kolosseum aufzufrischen und mit ihm der Bewerbung Roms um die Olympischen Spiele 2020 zusätzlich Glanz zu verleihen. Wer aber wird das geschwärzte Gemäuer zum medienwirksamen Strahlemann machen?

Kunst geht nach Brot. Wer wüsste das besser als Silvio Berlusconi, der nicht nur Italiens Ministerpräsident ist, sondern nach wie vor Leiter eines Medienimperiums, das Film, Fernsehen und Verlage dirigiert. Neuester Coup seiner Regierung ist eine Kampagne des Kulturministeriums, die mit dem Slogan „Wenn du es nicht besuchst, tragen wir es weg" landesweit zum häufigeren Besuch bekannter Kunstwerke und Denkmäler Italiens aufruft.

Millionenschwere Sponsoren sind zurzeit fast nur noch Konzerne der Emirate, wie beispielsweise Dubai, das sich eine Louvre-Dependance leisten wird. Oder, wie die „Neue

Zürcher Zeitung" fürchtet, Firmen der neuen Wirtschaftsmacht China. Doch egal, ob aus- oder inländische Großunternehmen investieren werden – vor der Restaurierung und dem eventuellen Abtransport wird der Eigennutz stehen, sprich: Investorenwerbung. Das Kolosseum, umhüllt von gigantischen Prospekten ... Immerhin würde Rom sich damit vor allen olympischen Rekorden den Titel der Stadt mit der dicksten Litfaßsäule der Welt sichern (Bartetzko 2010).

8.1.2.2 Sozial-Sponsoring

Anders als in den USA, wo sich Non-Profit-Organisationen selbst finanzieren müssen, ist in Deutschland die Lösung sozialer Probleme Aufgabe des Staates („Sozialstaat"). Soziale Einrichtungen finanzieren sich überwiegend von Steuergeldern. Während in den USA das Sponsoring von z.B. Gesundheitseinrichtungen und Hochschulen weit verbreitet ist, kann das Sozial-Sponsoring in Deutschland noch auf keine lange Tradition zurückblicken. Deutsche Unternehmen wenden schätzungsweise lediglich rund 150 Millionen Euro für das Sozial-Sponsoring auf. Es zeichnen sich allerdings zwei Tendenzen ab, die dem Sponsoring als alternatives Finanzierungskonzept im sozialen Bereich eine stärkere Gewichtung zukommen lassen:

- Angesichts der Haushaltsprobleme wird von staatlicher Seite vor allem bei den Sozialausgaben gespart, gleichzeitig sinkt die Spendenbereitschaft der Bevölkerung.
- Andererseits erwartet eine Großunternehmen gegenüber zunehmend kritische Öffentlichkeit, von diesen die Übernahme sozialer Verantwortung.

Beim Sozial-Sponsoring hat i.d.R. das Fördermotiv Vorrang vor Werbemotiven und ist eng verknüpft mit einem tatsächlichen sozialen Verhalten des Unternehmens. Aus Gründen der Glaubwürdigkeit reicht deshalb gerade hier allein die Bereitstellung von Geldmitteln nicht aus. Vielmehr sollte ein Unternehmen durch eigenes und langfristiges Engagement legitimieren, dass es Sozial-Sponsoring nicht nur als Alibifunktion nutzt.

Die grundlegenden Ziele des Sozial-Sponsoring sind:

- Dokumentation sozialer und gesellschaftlicher Verantwortung in der Öffentlichkeit,
- Verbesserung des Unternehmensimages,
- Dokumentation des unternehmerischen Selbstverständnisses,
- Verbesserung der Mitarbeitermotivation (vgl. Bruhn 2003, S. 247 f.).

Für das Sozial-Sponsoring kommen z.B. folgende Institutionen in Betracht:

- Karitative Organisationen und Wohlfahrtsorganisationen,
- Jugendorganisationen,
- Organisationen der Altenpflege,
- Organisationen zur Behandlung von Krankheiten,
- Rettungs- und Unfallhilfeorganisationen,
- Katastrophendienstorganisationen,
- Institutionen der Verbraucherbildung und -information.

Hauptzielgruppen des Sozial-Sponsoring sind Kinder, Behinderte und kranke Menschen. Beispielsweise kümmert sich das Jugendwerk der Deutschen *Shell* um die Verkehrserziehung von Kindern und die Hilfe für Kinder im Koma; der *Stern* und die *Zeit* haben eine Blindenzeitschrift ins Leben gerufen. Die *Deutsche Telekom* unterstützt die Hilfsorganisation Ärzte für die Dritte Welt mit Informations- und Kommunikationsinfrastruktur sowie mit finanziellen Mitteln. Ferner übernimmt sie sämtliche Gebühren für Gespräche mit der Telefonseelsorge. Der Babynahrungshersteller *Milupa* sponsert alljährlich Besuche von professionellen Clowns auf Kinderkrankenstationen.

Sozial-Sponsoring erfolgt i.d.R. in folgenden Formen (vgl. Schiewe 1995, S. 51 f.):

1. Mit der **Unterstützung sozialer Organisationen durch Geldmittel** lassen sich gezielt Organisationen fördern, in denen Wirtschaftsunternehmen eine Profilierungsmöglichkeit sehen. So unterstützt z.B. *Daimler Benz* die SOS-Kinderdörfer und die DLRG.
2. Der Vorteil der **Gründung unternehmenseigener Stiftungen** liegt darin, dass die Förderung mittel- bis langfristig gesichert ist. Beispiele sind die *Hertie*-Stiftung für Multiple Sklerose Grundlagenforschung und die *Robert-Bosch*-Stiftung, die verschiedene Projekte fördert. In diesem Bereich fallen auch die Ronald *McDonald*-Häuser, die in unmittelbarer Nähe von Krankenhäusern gelegen sind, und in denen Familien krebskranker Kinder während der stationären Behandlung untergebracht werden.
3. Eine häufig anzutreffende Form sind **Sachleistungen** mit **unternehmenseigenen Produkten**, wie Sonderrabatte bei Fahrzeugen oder Computer oder **Dienstleistungen** in Form so genannter **Secondments**, bei denen Manager für einen bestimmten Zeitraum zum Einsatz in gemeinnützigen Organisationen freigestellt werden.
4. Ebenfalls dem Sozial-Sponsoring zuzurechnende Maßnahmen sind **Spendenaufrufe der Medien**, z.B. für die Afghanistanhilfe, das Müttergenesungswerk, Aktion Sorgenkind.

Das Sozial-Sponsoring ist ein sehr sensibler Bereich, in dem professionelle Manager auf idealistische Sozialhelfer treffen können. Allerdings können beide Seiten von der Zusammenarbeit profitieren: Die Gesponserten von der Unterstützung und einer professionellen Öffentlichkeitsarbeit, die Sponsoren von der kommunikativen Nutzung ihres sozialen Engagements. Dabei liegt es in der Natur der Sache, dass Wirtschaftsunternehmen bevorzugt solche Institutionen fördern, die in der Öffentlichkeit bekannt sind.

Im Bereich des Sozial-Sponsoring ist die Abgrenzung des Sponsoring von der Spende steuerrechtlich relevant. Spenden sind Leistungen ohne vertragliche Gegenleistung. Der Empfänger kann zwar freiwillig die Spender öffentlich herausstellen, aber der Spender hat kein vertragliches Recht darauf. Da Sponsoringleistungen für den Sponsor steuermindernde Betriebsausgaben sind, muss der Empfänger diese Leistungen als Betriebseinnahmen versteuern. Darin liegt eine gewisse Ambivalenz: Für Wirtschaftsunternehmen ist das Sponsoring attraktiver, für die sozialen Organisationen die steuerfreie Spende.

Die Vorteile des Sozial-Sponsoring liegen in seiner hohen gesellschaftlichen Akzeptanz und der Möglichkeit zu kommunikativen Alleinstellungen für den Sponsor zu guten

Abbildung 8-7: *Beispiel für die kommunikative Nutzung des Sozial-Sponsoring*

Preis-Leistungs-Verhältnissen. Die Nachteile sind einerseits darin zu sehen, dass Sozial-Sponsoring ein in hohem Maße glaubwürdiges Konzept voraussetzt, andererseits ist ein Multiplikatoreffekt durch die Medien i.d.R. nicht gegeben. Sozial-Sponsoring dient vor allem der Herausstellung der Imagekomponente „soziale Verantwortung".

8. 1.2.3 Umwelt-Sponsoring

Für das Umwelt-Sponsoring werden ca. 130 Millionen Euro aufgewendet, was zeigt, dass diese Sponsoringart noch ein großes Potenzial hat. Die Zielsetzungen im Umwelt-Sponsoring sind im wesentlichen die gleichen wie im Sozial-Sponsoring. Allerdings steht das Umwelt-Sponsoring stärker im Licht einer kritischen Öffentlichkeit, insofern ergeben sich besondere Anforderungen an Unternehmen, die sich hier engagieren wollen. Ein im Umwelt-Sponsoring engagiertes Unternehmen verliert jede Glaubwürdigkeit, wenn beispielsweise seine eigenen Produkte und Verpackungen unter Umweltaspekten kritisch zu beurteilen sind. Nur wenn ein Unternehmen selbst aktiv etwas für die Umwelt tut, kann es sich in diesem Bereich glaubwürdig als Sponsor betätigen. Auch die Gesponserten möchten negative Imagetransfers vermeiden und achten genau darauf, wen sie als Sponsor akzeptieren. Vielfach beraten sie auch ihre Sponsoren in umweltpolitischen Belangen und führen Partnerchecks bei ihnen durch (vgl. Bruhn 2003, S. 270).

Gesponsert werden insbesondere Organisationen aus den Bereichen Natur- und Tierschutz. Sponsoringziel ist die Demonstration der Übernahme ökologischer Verantwortung. Die Leistungen der Sponsoren sind vor allem Geld- oder Sachleistungen (z.B. Fahrzeuge). Als Gegenleistungen können sie dafür Öko-Prädikate nutzen (*McDonald's* ist „Offizieller Sponsor des Umweltprogramms der Vereinten Nationen") bzw. erhalten eine Lizenz zur Nutzung des Logos der gesponserten Organisation. Organisationen wie der World Wildlife Fund (WWF) haben namhafte Sponsoren wie die *Commerzbank*, *Opel* und *IBM; Coca-Cola* investiert jährlich 20 Millionen US $ für den weltweiten Schutz der Süßwasser-Ressourcen. Weitere Beispiele: *Danone Waters* fördert den Brunnenbau in Äthiopien, *Iglo* die bestandserhaltende Fischerei und die Panda-Fördergesellschaft.

Abbildung 8-8: *Beispiel für die kommunikative Nutzung des Umwelt-Sponsoring*

Umwelt-Sponsoring trifft auf eine sehr große Akzeptanz in der Bevölkerung und ist in hohem Maße geeignet, Sympathie und positive Imagekomponenten zu verstärken. Umweltmaßnahmen lassen sich daher auch gut kommunizieren. Wie beim Sozial-Sponsoring steht und fällt allerdings auch beim Umwelt-Sponsoring der Erfolg mit der Glaubwürdigkeit des sponsernden Unternehmens. So liegt die Gefahr von Aktionen wie dem *Krombacher* „Regenwald-Projekt", „CO_2-Schlucker – Zehn Millionen Bäume für die Umwelt" von *Peugeot* oder „Gesundheit für Kinder in Afrika" von *Danone/Actimel* darin, dass der Verbraucher den Grund dafür weniger in dem Bestreben der Unternehmen sieht, tatsächlich den Umweltschutz zu verbessern oder Gesundheitsdefizite in der Dritten Welt zu bekämpfen, als vielmehr ihren Drang nach Imageverbesserung.

Umwelt-Sponsoring setzt ein „sauberes" Unternehmen voraus. Des Weiteren zeichnet sich die Gefahr ab, dass das Umweltthema von den Unternehmen überstrapaziert wird und insgesamt an Glaubwürdigkeit verliert. Es ist zu erwarten, dass Umwelt-Sponsoring insbesondere im lokalen und regionalen Bereich in der Kommunikation lokaler und regionaler Unternehmen einen größeren Stellenwert einnehmen wird.

8. 1.2.4 Wissenschafts-Sponsoring

Gerade in Zeiten chronischer Finanzknappheit im Hochschulbereich erhält das Wissenschafts-Sponsoring für die Hochschulen als Finanzierungsinstrument eine zunehmende Bedeutung. Allerdings ist die Unterstützung der Wissenschaften mit der Gegenleistung einer kommunikativen Nutzung durch den Sponsor in Deutschland nicht sehr stark ausgeprägt. Wissenschafts-Sponsoring erfolgt im Wesentlichen durch Ausschreibung von Stipendien, Unterstützung von Forschungsprojekten und Überlassung von Computersoft- und -hardware. Weitere Möglichkeiten liegen in der Ausschreibung von Forschungspreisen (*Philip-Morris*-Forschungspreis), in der Ausstattung von Lehrstühlen („Stiftungsprofessur") oder in der Einrichtung eigener Forschungsinstitute. Beispiele sind das *BAT*-Freizeitforschungsinstitut, der „*Mannesmann*-Mobilfunk-Stiftungs-Lehrstuhl für Mobile Nachrichtensysteme" an der TU Dresden, die *Bank 24* hat eine Professur für Multimediale Kunst an der Berliner Hochschule der Künste eingerichtet, das Beratungsunternehmen *Ernst & Young* fördert an der Albert-Ludwigs-Universität Freiburg den MBA-Aufbaustudiengang International Taxation. Insgesamt sind in Deutschland ca. 660 Stiftungslehrstühle eingerichtet worden. In der Regel kostet eine Stiftungsprofessur zwischen 500.000 und 1 Million Euro. Die „Wissenschaftliche Hochschule für Unternehmensführung" (WHU) trägt im Untertitel den Namen ihres Sponsors: Otto-Beisheim-Hochschule, die private International University Bremen heißt jetzt Jacobs University. An der Fachhochschule Würzburg gibt es einen „Hörsaal *Aldi*-Süd".

Bei den kommunikativen Gegenleistungen werden die Hochschulen zunehmend kreativer. So werden bereits Immatrikulationsbescheide, Studenten- und Bibliotheksausweise durch Werbeaufdrucke von Geldinstituten oder Krankenkassen finanziert, selbst Werbeplakate auf dem Hochschulgelände sind nicht mehr tabu. Die *Deutsche Telekom* ist als Sponsor Namensgeber der *Deutsche Telekom* Fachhochschule Leipzig.

Interessant ist Wissenschafts-Sponsoring vor allem im Hinblick auf die häufig vernachlässigte Zielgruppe Studenten, die über herkömmliche Medien schwer zu erreichen sind. Studenten stellen das Potenzial der Entscheidungsträger von morgen dar und sind insofern eine in vielfacher Hinsicht relevante Zielgruppe.

Professoren

Prof. em. Dr. Heymo Böhler
Prof. Dr. Ricarda Bouncken
Prof. Dr. Hartmut Egger
Prof. Dr. Torsten Eymann
Prof. Dr. Rolf Uwe Fülbier
Prof. Dr. Claas Christian Germelmann
Prof. em. Dr. Egon Görgens
Prof. Dr. Bernhard Herz

Prof. Dr. Hajo Hippner
Prof. Dr. Torsten Kühlmann
Prof. Dr. Mario Larch
Prof. Dr. Martin Leschke
Prof. Dr. Reinhard Meckl
Prof. Dr. Dr. Dr. h.c. Eckhard Nagel
Prof. Dr. Klaus Nagels
Prof. Dr. Stefan Napel

Prof. em. Dr. Dr. h.c. Peter Oberender
Prof. em. Dr. Andreas Rehmer
Prof. Dr. Klaus Schäfer
Prof. Dr. Jörg Schlüchtermann
Prof. Dr. Jochen Sigloch
Prof. Dr. Volker Ulrich
Prof. Dr. Herbert Woratschek

Wir gratulieren dem Abschlussjahrgang Betriebswirtschaftslehre, Volkswirtschaftslehre und Gesundheitsökonomie Winter 2010/2011

Mit freundlicher Unterstützung von Foto Pastyrik

Absolventinnen und Absolventen

Bernd Ackermann
Theresa Albertz
Nadja Mona Ardinski
Tarek Atta
Ana Babac
Christian Balzer
Thomas Oliver Bauer
Robin Pascal Bauer
Julia Beckmann
Sandra Benkner
Hendrik Berg
Anke Berghammer
Lena Beucke
Claudia Anna Bischof
Thomas Bohm
Fabian Borkowski
Christoph Brandt
Jiazi Cai
Yijun Chen
Sijia Cheng
Christofer Florian Daiberl
Henrike Maria Dunsche
Christine Dürrbeck
Matthias Frhr. v. Entreß-Fürsteneck
Markus Ertel
Peter Felder
Marcel Filusch
Andrea Fischer
Christian Fischer
Fabian Fischer
Raphael Fischer
Simone Fischer
Mathias Glock
Moritz Göttemann
Corinna Griesmaier
Lars Grundmann
Eva-Maria Haas
Christian Hagen
Sebastian Hahn
Julia Hamm
Tobias Hanauer
Andreas Hanisch
Tobias Heil

Ina Höfer
Andreas Hölczli
Jennifer Holtmann
Tom Hornig
Sven Christian Hufnagel
Barbara Hüttl
Lutz Illichmann
Jana Katharina Jochum
Tobias Karst
Ralf Steffen Kaufmann
Anne Keller
Amrei Renate Kipper
Axel Klein
Michael Knapp
Katharina Kobs
Peter Koch
Andreas Köck
Marina Konrad
Michael Kopicki
Peter Körber
Teresa Korn
Jan Körz
Liese Krafft
Nicole Kramer
Christian Kresler
Stefan Kretzschmar
Arturs Krums
Tobias Kubicki
Carolin Kufner
Sven-Christian Kurth
Regine Kurz
Philipp Lammert
Steffen Lang
Rico Lange
Julia Laukart
Joram Lauterbach
Philipp Leubecher
Anqi Li
Alexandra Sabine Lindner
Justine Hanna Linstaedt
Jing Liu
Sebastian Lohner
Carina Manz
Susanne Mäusbacher

Moritz May
Alexander Mayer
Fiona Mc Dermott
Marc Mehlhorn
Christian Mehnert
Jens Mezger
Antje Miersch
Philipp Simon Moll
Katharina Sabine Momsen
Sascha Müller
Franziska Müller
Nadine Müller
Johannes Münch
Sara Neißen
Michael Neumann
Thomas Niemann
Martina Dorothea Nols
Stefan Nüssel
Sascha Oks
Melanie Ordnung
Beilei Ouyang
Jessica Manuela Paulus
Dennis Albert Petry
Frank Pisch
Marika Anne Plöthner
Florian Pobbig
Marlena Portnicki
Chengdong Qin
Mathias Raab
Irina Reiter
Margit Rödel
Jörg Rosenbaum
Mathias Rosner
Corinna Roth
Stefan Rupp
Jennifer Sawade
Maria Schäfer
Cortina Schaffer
Simon Scheckenbach
Esther Scherpf
Dominik Schertel
Katja Schill
Stefanie Schmeußer
Friedrich Schmidt

Hendrik Schneider
Philipp Matthias Schöttner
Daniel Schöttner
Julia Schrank
Regina Schübel
Larissa Schulz
Sigrid Schumacher
Alexander Schurz
Mirja Seyffert
Jie Shen
Marija Sofranac
Lena Spiske
Michael Stadtelmann
Constantin Staigmüller
Nora Steinacker
Bastian Stellmacher
Katharina Strauß
Daniel Streng
Felix Viktor Tafel
Xiaoting Tao
Me Ling Ting
Ines Unglaub
Florian Urban
Paul Vibrans
Thomas Viertel
Paul Volk
Sascha Vollmerhausen
Martina Anna Wagner
Marina Melanie Wagner
Yili Wang
Stefan Wedel
Laura Pia Catharina Weiß
Simone Weiß
Hans-Martin Weiß
Christoph Wendt
Thomas Wickles
Stefan Wilden
Robert Wissmann
Ursula Wörmann
Simone Wunderlich
Xinyi Xu
Xiaowen Yan
Jessica Angela Zimmer

Informationen über die Absolventinnen und Absolventen des aktuellen Jahrgangs finden Sie im Absolventenjahrbuch online unter www.jahrbuch.rwalumni.de
Näheres zum Studium an der Rechts- und Wirtschaftswissenschaftlichen Fakultät der Universität Bayreuth erfahren Sie unter www.rw.uni-bayreuth.de

Abbildung 8-9: *Beispiel für die kommunikative Nutzung des Wissenschafts-Sponsoring*

8. 1.2.5 Programm-Sponsoring

Seit 1992 begründet der Rundfunkstaatsvertrag eine neue Sponsoringform: Programm-Sponsoring im Fernsehen und Hörfunk. §8 RStV kennzeichnet die Zielsetzung des Sponsoring im Sinne von Programm-Sponsoring als „direkte oder indirekte Finanzierung einer Sendung, um den Namen, die Marke, das Erscheinungsbild der Person, ihre Tätigkeit oder ihre Leistung zu fördern". Insofern stellt das Programm-Sponsoring eine eigenständige Finanzierungsform des Rundfunks dar.

Das Programm-Sponsoring unterscheidet sich deutlich von den bisher vorgestellten Sponsoringformen, bei denen dem Sponsor mit einiger Berechtigung auch ein Fördermotiv unterstellt werden kann. Dies ist beim Programm-Sponsoring nicht der Fall, da hier ausschließlich eine werbliche Zielsetzung verfolgt wird. Die begriffliche Unterscheidung des RStV zwischen Werbung und Sponsoring führt vor allem dazu, dass die öffentlich-rechtlichen Anstalten zusätzliche Werbemöglichkeiten haben. De facto ist das Programm-Sponsoring eher als eine Sonderform der Werbung zu betrachten (vgl. Bruhn 2003, S. 298).

Das Programm-Sponsoring liegt bei einem Volumen von rund 800 Millionen Euro. Hauptnutznießer dieser Werbeform sind die öffentlich-rechtlichen Sender. Großen Zuwachs verzeichnet das Programm-Sponsoring vor allem bei internationalen Groß-Events wie Olympischen Spielen und der Fußball- Welt und -Europameisterschaften. Die aktivsten Branchen im TV-Sponsoring sind Telekommunikation, Automobile und Brauereien. Die Fernsehsender bieten mittlerweile eine Vielzahl von Sponsoringmöglichkeiten an.

> „Die Sendung wurde Ihnen präsentiert mit freundlicher Unterstützung vom Unternehmen XY." Mit der Rundfunktätigkeit und der Produktion von Rundfunkprogrammen hat diese Firma eigentlich nichts zu tun, trotzdem hat sie die Sendung teilweise finanziert. Sie hofft, dass der Firmenname mit dem interessanten und spannenden Fernsehabend positiv in Verbindung gebracht wird und sich so dem Publikum einprägt. Das Programmsponsoring ist vor allem bei massenattraktiven Formaten aus Unterhaltung, Show und Sport beliebt. Die Sieben-Sekunden-Spots zu Beginn und Ende einer Sendung tragen dazu bei, die Gebührenbelastung der privaten Haushalte im Rahmen zu halten. (Eigenwerbung ZDF, Quelle: www.zdf.de)

Der Rundfunkstaatsvertrag sieht unterschiedliche Regelungen für Werbung und Sponsoring vor. Die allgemeinen Werberegelungen (vgl. Kapitel 6.4.9.4) gelten nicht für das Programm-Sponsoring. Diese Regelung bietet den öffentlich-rechtlichen Sendern die bisher einzige Möglichkeit für Kommunikationsmaßnahmen – nicht für Werbung im klassischen Sinn – die Sendezeit nach 20.00 Uhr zu nutzen.

Im Folgenden eine Auswahl von Programm-Sponsoring-Angeboten der Pro Sieben-Gruppe:

Program Sponsoring

Durch das Sponsoring eines zielgruppenaffinen Formates bzw. Events verbindet sich Ihre Marke oder Ihr Produkt glaubwürdig mit dem Programm. Das „Program Sponsoring" beinhaltet einen sieben-sekündigen Opener, einen Reminder und einen Closer.

Title-Sponsoring

Bei dieser TV-Sonderwerbeform wird der Name des Sponsors optisch und akustisch in den Titel der Sendung und alle begleitende Maßnahmen in anderen Medien eingebunden. Durch die konsequente Verbindung zwischen Marke bzw. Produkt und Format wird ein ganzheitlicher, glaubwürdiger Auftritt gewährleistet.

Horizontales Sponsoring

Die Präsentation eines TV-Formates ermöglicht dem Sponsor einen unverwechselbaren Auftritt im direkten Programmumfeld. Über eine zusätzliche Einbindung des Sponsors in die Programmtrailer wird die Medialeistung nachhaltig gesteigert und die Zielgruppe kontinuierlich begleitet und gebunden. Beim ‚horizontalen sponsoring‘ präsentiert der Sponsor ein Programm über einen längeren Zeitraum hinweg.

Vertikales Sponsoring

Beim so genannten ‚vertikalen Sponsoring‘ steht ein kompletter Programmtag oder ein spezieller Event, wie beispielsweise ‚Oscar‘ oder ‚Halloween‘, im Licht des Sponsors. Durch die zusätzliche Einbindung des Sponsors in die Programmtrailer wird die Kommunikation erweitert. Neben einer dadurch erhöhten Medialeistung und Awareness wird die Verbindung zwischen Sponsor und Programm noch deutlicher.

(*Quelle:* www.sevenonemedia.de)

Die wichtigsten Regelungen des RStV sind:

- Für die Sponsorhinweise besteht keine zeitliche Begrenzung, es gilt aber eine 7-Sekunden-Faustregel, abgeleitet aus einem Urteil des OLG Frankfurt: Der Sponsorhinweis darf nicht so kurz sein, dass ihn der Zuschauer nicht zur Kenntnis nehmen kann. Die Einblendung muss so deutlich sein, dass der Zuschauer die Tatsache des Sponsoring erkennen kann.
- Die öffentlich-rechtlichen Sender sind den privaten Sendern beim Programm-Sponsoring gleichgestellt[1].
- Werbeunterbrechungen des Sponsors in der gesponserten Sendung sind erlaubt.
- Die Sponsorhinweise am Beginn und am Ende einer Sendung dürfen den Markennamen, das Logo oder den Firmennamen enthalten.
- Die Sponsorhinweise dürfen auch in bewegten Bildern dargestellt werden, früher waren nur Standbilder erlaubt.
- Politische, weltanschauliche oder religiöse Vereinigungen dürfen nicht sponsern.
- Nachrichtensendungen und Sendungen zum politischen Zeitgeschehen dürfen nicht gesponsert werden.
- Es darf keine Beeinflussung von Programminhalten oder Programmplatzierungen erfolgen.

---

[1] Ab Januar 2013 gilt für die öffentlich-rechtlichen Sender ein generelles Sponsoringverbot nach 20.00 Uhr sowie an Sonn- und Feiertagen. Ausgenommen sind Großereignisse wie Olympia sowie Welt- und Europameisterschaften im Fußball.

- Gesponserte Sendungen dürfen nicht zum Kauf von Produkten oder Dienstleistungen des Sponsors anregen. Dieses Verbot ist als ein spezifisches Schleichwerbungsverbot für den Bereich gesponserter Sendungen zu verstehen.

Der Sponsorhinweis am Anfang und am Ende einer gesponserten Sendung ist rundfunkrechtlich als **Offenlegungsprinzip** einzustufen, der dem Schutz des Zuschauers dient. Dem Zuschauer soll damit verdeutlicht werden, dass ein Dritter einen finanziellen Beitrag zu dieser Sendung geleistet hat. Dieses Offenlegungsprinzip macht allerdings das Programm-Sponsoring für den Sponsor überhaupt erst interessant.

Zusätzlich haben sich die Sender eigene Selbstbeschränkungen auferlegt. Z.B. werden Pharmaunternehmen nicht als Sponsoren in Gesundheitsmagazinen zugelassen und in Kindersendungen keine kindernahen Produkte.

Es ist zu beobachten, dass die Sponsorhinweise häufig in einer Form erfolgen, die einem Werbespot sehr ähnlich sind, teilweise auch direkt einem aktuellen Werbespot des Sponsors entnommen sind. Rundfunkrechtlich ist dies insofern problematisch, als es sich dabei im Prinzip um nicht-gekennzeichnete Werbung handelt (vgl. Volpers/Herkströter/Schnier 1998, S. 65).

Ziele des Programm-Sponsoring sind Bekanntheit und Imagetransfer, wobei als Voraussetzungen für einen Imagetransfer das Produkt einerseits zum Programm passen (wie beispielsweise *Frolic* zu „Kommissar Rex" oder *Advocard* zu „Liebling Kreuzberg") und andererseits die Nähe zur Zielgruppe gegeben sein muss („*Krombacher* präsentiert den Tatort"). Mit dem Sponsoring von „Wetten dass …?" im ZDF gelang *Haribo* sogar eine Kombination mit seinem Werbe-Testimonial Thomas Gottschalk.

Aufgrund seiner **Vorteile** ist das Programm-Sponsoring als eine der effizientesten Werbeformen anzusehen. Es

- ermöglicht den schnellen Aufbau von Bekanntheit,
- ist im Umfeld einer attraktiven Sendung,
- erlaubt eine Alleinstellung mitten im Programm und außerhalb von Werbeblöcken,
- lässt sich im Gegensatz zu Werbeblöcken nicht wegzappen und
- hat eine höhere Akzeptanz als Werbung.

Darüber hinaus können Programm-Sponsoren in den Ruf von Mäzenen kommen und es bietet sich die Möglichkeit, während der Sendung einen Hinweis auf die Sponsorenmarke zu bringen, z.B. durch Bandenwerbung oder Sport-Sponsoring.

Die **Nachteile** des Programm-Sponsoring liegen darin, dass der Zuschauer

- glauben kann, der Sponsor zahle alles und jede Sendung sei käuflich,
- befürchtet, dass Sponsoring die Inhalte der Sendung beeinflusst.

Programm-Sponsoring könnte insbesondere im digitalen TV-Zeitalter eine besondere Relevanz bekommen, da viele Sender werbefrei (pay per view) geplant werden.

Als eine spezielle Form des Programm-Sponsoring ist das **Titelsponsoring** aufzufassen. Hierbei handelt es sich um Sendungen, die im Titel den Namen eines Produktes oder Herstellers tragen. Klassische Beispiele sind die Magazinsendungen, die den Namen einer Zeitschrift als Titel tragen (*Spiegel-, Stern-, Focus-TV*). Diese Sendungen übernehmen das journalistische Konzept der Zeitschriften, die sie im Titel führen, was durch die Bezugnahme in der Sendung auf Beiträge der Zeitschrift unterstrichen wird.

Tabelle 8-4 zeigt einen vergleichenden Überblick von Programm-Sponsoring und klassischer Spotwerbung.

Tabelle 8-4: Vergleich Programm-Sponsoring mit klassischer Spotwerbung

	Programm-Sponsoring	**klassische Spotwerbung**
Dauer	Sponsornennung vor und nach der Sendung jeweils in vertretbarer Kürze (ca. 5 Sek.)	beliebige Länge
Positionierung	exklusive Alleinstellung im direkten Programmumfeld	innerhalb des Werbeblocks
Inhalt	Einblendung des Firmen-/Markennamens und/oder -logos ohne werbliche Aussagen	werbliche Aussagen und freie Gestaltung von Inhalten

Quelle: IP (Hrsg.): Programmsponsoring (o.J.)

8. 1.2.6 Sport-Sponsoring

Mit Aufwendungen von rund 2,9 Milliarden Euro umfasste das Sport-Sponsoring im Jahr 2008 ca. zwei Drittel der Sponsoring-Gesamtaufwendungen.

> Mehr als 6,5 Milliarden Dollar, so schätzt das britische Fachmagazin „SportsPro", investierten die 20 größten Sportsponsoren 2007 weltweit. Die wichtigsten Geldgeber sind demnach die Sportartikelhersteller *Nike* und *Adidas*, gefolgt von *Coca-Cola* und *Red Bull*. *Nike* soll jährlich 800 Millionen Dollar in Sportsponsoring investieren, Konkurrent *Adidas* 700 Millionen. Dafür darf *Adidas* unter anderem die Teams der amerikanischen Fußball-Liga NLS ausrüsten. *Coca-Cola* sponsert die US-Basketball-Liga NBA sowie den Weltfußballverband Fifa. Dafür und für andere Deals soll der Getränkehersteller 550 Millionen Dollar im Jahr ausgeben. Die Investitionen des österreichischen Unternehmens *Red Bull* werden auf 500 Millionen Euro geschätzt. Firmenchef Mateschitz besitzt zwei Formel-1-Teams und je einen Fußballclub in den USA und Österreich. Neben *Adidas* ist nur ein deutscher Vertreter in den Top 20: *Mercedes-Benz* landet mit einem geschätzten Sponsoring-Etat von 290 Millionen Dollar auf Platz zehn (O.V. 2008, S. 135).

8. 1.2.6.1 Die Grundstruktur im Sport-Sponsoring

Das Sport-Sponsoring verfügt von allen Sponsoringarten über die längste Tradition. Mitte der 60er Jahre engagierten sich Mineralölkonzerne im Automobilrennsport, es folgten Zigarettenkonzerne, bei denen bereits kein Bezug mehr zum Sport gegeben war. 1974 führte Mast mit *Jägermeister* die Trikotwerbung in der Bundesliga ein.

Das Sport-Sponsoring bietet einige besondere Vorteile:

- Einerseits repräsentiert der Sport eine Reihe von sehr positiv bewerteten Attributen wie Erfolg, Leistung, Sieg, Dynamik, Vitalität, Jugendlichkeit, Fitness, Attraktivität, Kampf und Fair Play, von denen der Sponsor mittels eines Imagetransfers zu profitieren versucht.

- Andererseits sind eine Reihe von Sportarten Medienereignisse, die eine breite Öffentlichkeit anziehen und damit hohe Reichweiten garantieren. Ein großer Teil der Bevölkerung betreibt selbst aktiv Sport oder ist zumindest passiv an der Übertragung von Sportereignissen interessiert.

Die Grundstruktur des Sport-Sponsoring basiert auf einem magischen Dreieck, dessen Ecken der Sport, die Medien und die Wirtschaft darstellen: Die Wirtschaft sponsert den Sport nach der Medienpräsenz einer Sportart oder eines Sportereignisses. Dies hat zu einer Einteilung in telegene und nicht-telegene Sportarten geführt. Also einerseits Sportarten, die aufgrund eines hohen Medien- und Zuschauerinteresses eine interessante

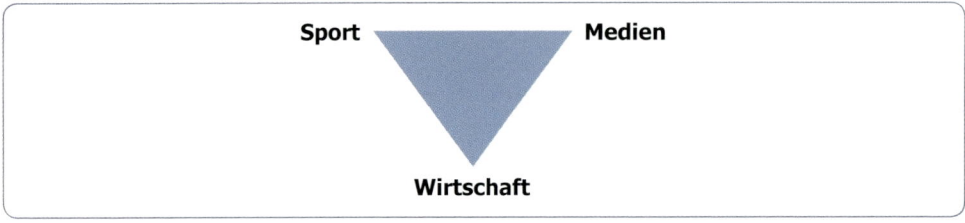

Abbildung 8-10: *Das „magische Dreieck" im Sport-Sponsoring*

Kommunikationsplattform für die Wirtschaft darstellen und andererseits Sportarten, für die sich kaum ein Sponsor finden lässt.

Die Fernsehübertragung konzentriert sich im Wesentlichen auf Fußball, Tennis und Motorsport, was dazu führt, dass Sponsoren in diesen Bereichen keine kommunikativen Alleinstellungen mehr finden. Alleinstellungen sind nur noch in Randsportarten wie Streetball, Basketball oder Beach-Volleyball (vgl. Abbildung 8-11) möglich, die allerdings noch kaum über ein werbewirksames Medieninteresse verfügen.

Abbildung 8-11: *Sponsoring in Randsportarten*
Quelle: Friesisches Brauhaus zu Jever

Vor allem der Event-Charakter von Sportveranstaltungen machen diese zu einem idealen Baustein im Rahmen einer integrierten Kommunikation. *Hyundai*, als offizieller Sponsor der Fußball-EM 2004 und der Fußball-WM 2006, nutzte diese Veranstaltungen für Aktivitäten für Kunden, Händler, Mitarbeiter und die Bevölkerung. „Alle unsere Sponsoring-Aktivitäten vermitteln Enthusiasmus, Power, Teamgeist, Leistungsstärke und Dynamik. Diese Emotionalität nutzt Hyundai, um Marke und Produkt den Endkunden näher zu bringen", so der Vize-Präsident Hyundai Motor Europe. Opel setzt auf Motorsport, Triathlon und Basketball, weil darin typische Markenwerte wie Flexibilität, Kreativität, Vielseitigkeit, Dynamik und Erreichbarkeit transportiert werden (vgl. Bücker 2004, S. 34 f.).

Die **Ziele** beim Sport-Sponsoring sind in erster Linie ebenfalls Bekanntheit und Image. Darüber hinaus lassen sich für die Produkte von Sportausrüstern, Zeitnehmern oder Reifenherstellern auch deren Leistungsfähigkeit demonstrieren. Abverkaufssteigerung und Kundengewinnung haben hingegen nur untergeordnete Bedeutung.

Aufgrund der Heterogenität der Sponsoren im Sport ist es sinnvoll, eine Kategorisierung der sponsernden Unternehmen nach der Sportnähe ihrer Produkte vorzunehmen (vgl. Drees 1992, S. 41 f.). Danach lassen sich unterscheiden:

1. **Produkte ersten Grades:** Sportartikel bzw. Ausrüstungsgegenstände wie Sportschuhe, Schläger, Bälle, Skier, Sportbekleidung.

2. **Produkte zweiten Grades:** Sportnahe Produkte, die beim Training, vor und nach dem Wettkampf oder öffentlichen Auftritten von Sportlern verwendet werden wie Trainingsgeräte, Trainingsanzüge, Sporttaschen, Freizeitkleidung. Kriterium ist hier die Verwendung im Umfeld des Sports. Dazu gehören auch spezielle Sportler- oder Fitnessnahrung und -getränke, bis hin zu Erfrischungsgetränken. Aber auch Körperpflegemittel wie Duschgels, Shampoo, Sonnenschutzmittel im Skisport.

3. **Produkte dritten Grades:** Sportferne Produkte, die nur eine mittelbare Verbindung zum Sport aufweisen, z.B. durch gemeinsame Imagekomponenten, wie Kreditkarten oder Banken im Golf oder Autos als Fuhrpark.

4. **Produkte vierten Grades:** Sportfremde Produkte, die weder mittelbar noch unmittelbar mit dem Sport zu tun haben. Kriterium für die Sponsoren ist hier das Erreichen ihrer Zielgruppe. Das Problem, das sich bei diesen Produkten stellt, ist die glaubwürdige Verbindung mit dem Gesponserten.

8.1.2.6.2 Leistungen und Gegenleistungen

Die **Leistungen des Sponsors** sind abhängig von der Sportnähe seiner Produkte und können in Form von Geld-, Sach- oder Dienstleistungen erfolgen.

- **Geldleistungen** erfolgen insbesondere von sportfernen und -fremden Sponsoren. Die Höhe der Geldleistungen werden i.d.R. frei ausgehandelt und hängen von der jeweiligen Gegenleistung und vom „Marktwert" des Gesponserten ab. Häufig wird eine leistungsunabhängige Zahlung mit einer leistungsabhängigen verbunden.

- **Sachleistungen** werden vor allem von Sportartikelherstellern und sportnahen Unternehmen erbracht, da sie mit ihrem Sponsoring die Demonstration ihrer Kompetenz und ihrer Leistungsfähigkeit verbinden. Sachleistungen erfolgen im Rahmen so genannter **Ausrüstungsverträge**. Darin verpflichtet sich der Sponsor, den Gesponserten in einem bestimmten Umfang mit Ausrüstung für Training und Wettkampf einzudecken. Darüber hinaus empfiehlt sich eine **Wohlverhaltensklausel** in der Art, dass der Gesponserte während der Laufzeit des Vertrages alles zu unterlassen hat, was den Interessen des Sponsors schaden könnte (vgl. Bruhn/Mehlinger 1994, S. 57).

- **Dienstleistungen** sind in vielfacher Hinsicht für den Sport notwendig und stellen häufig geldwerte Vorteile dar, beispielsweise bei der Zeitmessung, beim Fahrservice oder beim Kopierservice im Pressezentrum.

Die **Gegenleistungen der Gesponserten** liegen i.d.R. in der Überlassung von Rechten zur kommunikativen Nutzung durch den Sponsor bzw. bei Ausrüstungsverträgen in der ausschließlichen Verwendung der Produkte des Sponsors. Darüber hinaus können die Gesponserten weitere Verpflichtungen übernehmen wie Autogrammstunden oder Auftritte im Rahmen von Promotionveranstaltungen.

Der Marktwert des Gesponserten für den Sponsor liegt nicht allein in seiner sportlichen Leistung, sondern auch in seinem persönlichen Verhalten. Auf beides hat der Sponsor keinen Einfluss, daher beinhalten Sponsoringverträge häufig außerordentliche Kündigungsrechte, z.B. für den Fall des Dopings.

Zwischen Sponsor und Gesponsertem sind i.d.R. Agenturen zwischengeschaltet, die unterschiedliche Funktionen erfüllen. Verhandlungspartner mit dem Sponsor ist die Sportler-Agentur, die den Sportler unter Vertrag hat und seine Interessen vertritt. Daneben haben sich Sponsoring-Agenturen mit spezifischem Know-how etabliert, die in erster Linie beratende Funktionen für den Sponsor wahrnehmen und Sponsoring-Konzepte erstellen.

8. 1.2.6.3 Entscheidungsfindung: Sportart und Leistungsebene

Die Entscheidungsfindung im Sport-Sponsoring ist außerordentlich komplex. Abbildung 8-12 gibt einen Überblick über die Dimensionen, die bei der Entscheidung für ein Sponsorship berücksichtigt werden müssen.

Die erste Entscheidung, die ein Sponsor treffen muss, betrifft die **Sportart**, in der er sich engagieren will. Nicht jede Sportart eignet sich gleichermaßen für die Erreichung der angestrebten Ziele, die Sportarten unterscheiden sich erheblich im Hinblick auf ihre Images und Zielgruppen, aufgeführt seien beispielsweise Golf, Paragliding, Volleyball oder Badminton.

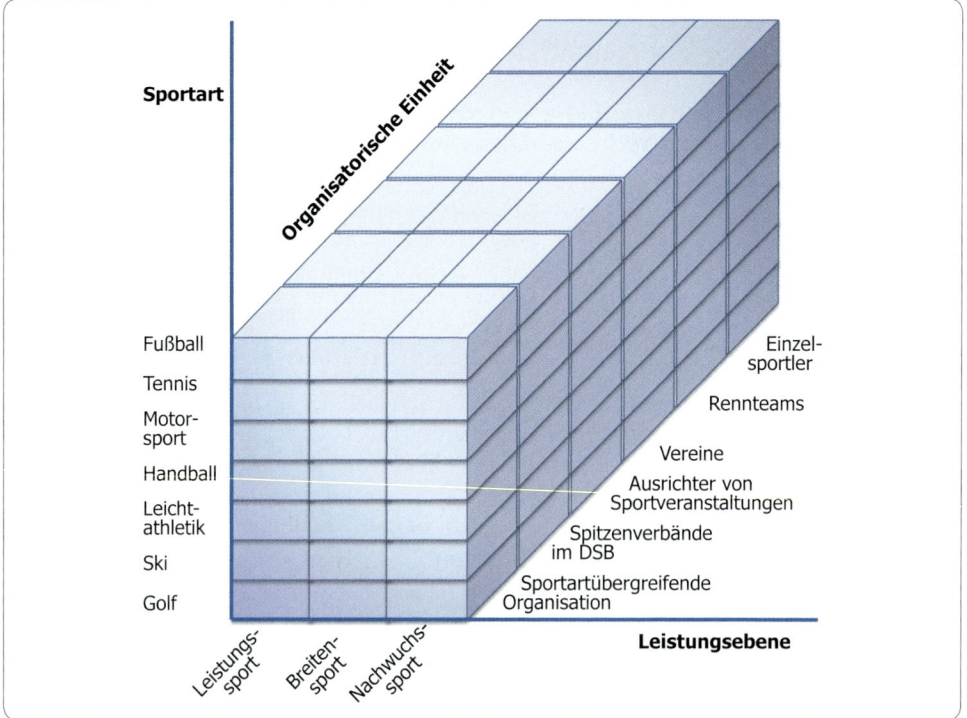

Abbildung 8-12: *Dimensionen bei der Entscheidungsfindung im Sport-Sponsoring*
Quelle: Drees: Sportsponsoring, 3. Aufl., Wiesbaden 1992, S. 127

Die Auswahl der Sportarten kann nach unterschiedlichen Aspekten erfolgen (vgl. Bruhn 2003, S. 79). Unter dem Gesichtspunkt der **Produktaffinität** kommen nur solche Sportarten in Frage, bei denen eine Beziehung zum Produkt oder der Leistung des Sponsors nachvollziehbar ist. Generell geringe Produktaffinitäten zum Sport haben Zigaretten und Alkohol. Hier wäre die **Zielgruppenaffinität** das Hauptauswahlkriterium, also die Tatsache, dass bestimmte Zielgruppen ein besonderes Interesse an bestimmten Sportarten haben. Beispielsweise finden sich im Umfeld von Fußball viele Brauereien. Die Sportart kann ferner unter dem Aspekt der **Imageaffinität** ausgewählt werden, dass also bestimmte Imagekomponenten der Sportart mit solchen des Unternehmens oder Produktes übereinstimmen.

Die nächste Entscheidung bezieht sich auf die **Leistungsebene**, also ob im Breiten-, Leistungs- oder Nachwuchssport gesponsert werden soll. Aufgrund des Medieninteresses sponsern die meisten Unternehmen im Spitzensport. Gerade hier zeigt sich die Bedeutung des Sponsoring als Finanzierungsinstrument, denn eine Vielzahl von Großveranstaltungen im Tennis, Motorsport, Golf und auch Fußball wären ohne das Sponsoring nicht mehr durchführbar.

Das hohe Interesse der Öffentlichkeit an Großveranstaltungen im Sport und das daraus resultierende Interesse der Medien an ihrer Übertragung, hat zu einer Inflationierung der Kosten für die Übertragungsrechte geführt. Die Abbildungen 8-13 und 8-14 zeigen die Entwicklung der Kosten für die Übertragungsrechte an den Olympischen Spielen und der Fußball-Bundesliga.

8. 1.2.6.4 Entscheidungsfindung: Die organisatorische Einheit

Die Entscheidung über die **organisatorische Einheit** definiert vor allem die geographische Ansprache der Zielgruppe:

- **Sportartübergreifende Sportereignisse** wie die Olympischen Spiele oder Leichtathletik Weltmeisterschaften zielen auf eine breitest mögliche Zielgruppenansprache mit internationalem Charakter.
- Die **Spitzenverbände des Deutschen Sportbundes** (insgesamt sind im DSB 52 Sportverbände zusammengefasst, die über die Vergabe von kommunikativen Nutzungsrechten entscheiden) eignen sich vor allem für Unternehmen, die bundesweit distribuiert sind. Z.B. hat der Deutsche Fußball-Bund mit *Daimler Benz* und der *Deutschen Telekom* Sponsorverträge für die Fußball-Nationalmannschaft abgeschlossen.
- **Vereins-Sponsoring** ermöglicht ein Sponsoring auf nationaler, regionaler oder lokaler Ebene und ist damit auch für kleine und mittlere Unternehmen interessant.
- **Teams** sind Gegenstand des Sponsoring im Motor- und Radsport, wobei hier ein Problem in möglichen Unfällen zu sehen ist, mit denen kein Sponsor gerne in Verbindung gebracht wird.
- Das Sponsoring der **Ausrichter von Sportveranstaltungen** ist ebenfalls auf internationaler, nationaler, regionaler oder lokaler Ebene möglich. Bei dieser Form des Sponsoring geht der Sponsor vergleichsweise geringe Risiken ein, denn er wird nicht direkt mit dem Verhalten oder Misserfolgen einzelner Sportler in Verbindung gebracht. Das International Olympic Committee (IOC) hat mit TOP (The Olympic Partner Programme) ein Sponsorenpaket zusammengestellt, das einen Vier-Jahreszeitraum (Olympische Winter- und Sommerspiele) umfasst und exklusive Vermarktungsrechte umfasst:

> TOP companies receive exclusive marketing rights and opportunities within their designated product category. They may exercise these rights on a worldwide basis, and they

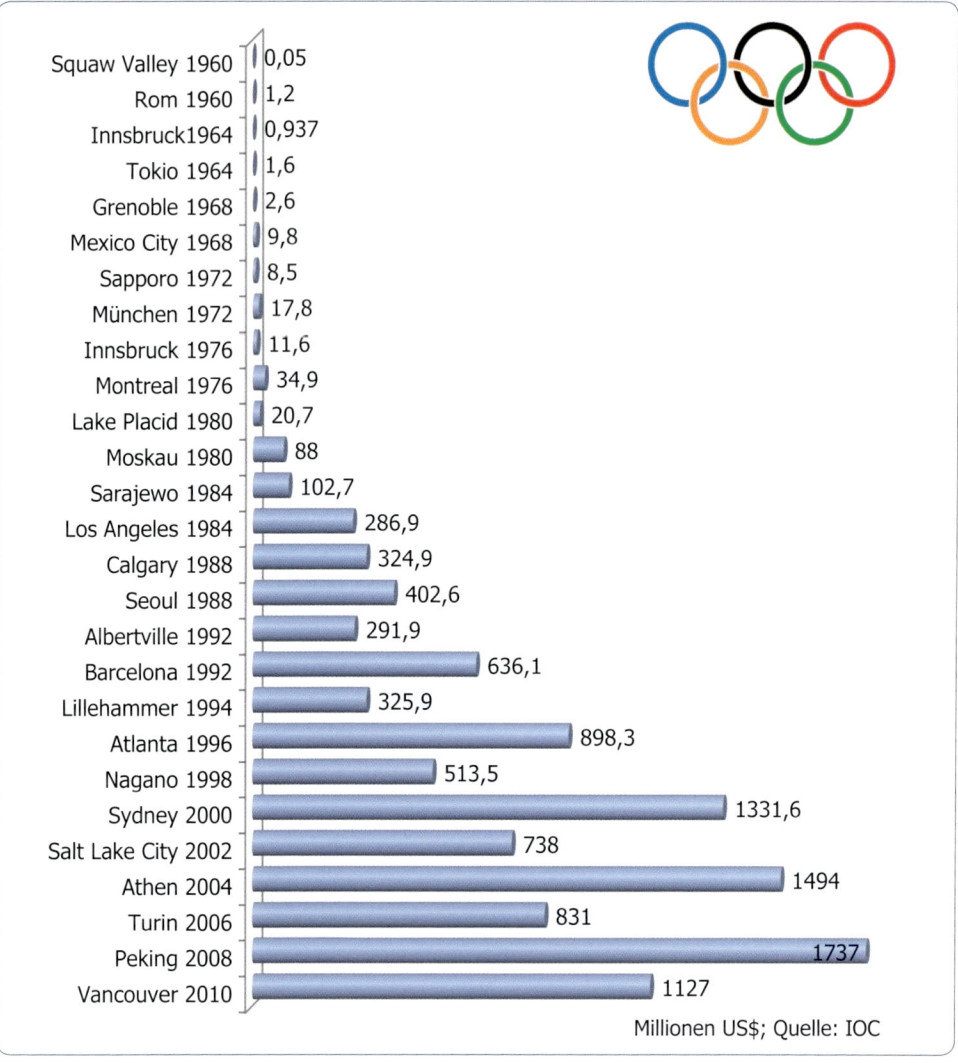

Abbildung 8-13: *Kosten der Übertragungsrechte an den Olympischen Spielen*

may develop marketing programmes with the various members of the Olympic Move-
ment – the IOC, the NOCs, and the Organising Committees. In addition to the exclusive
worldwide marketing opportunities, partners receive:
- Use of all Olympic imagery, as well as appropriate Olympic designations on products.
- Hospitality opportunities at the Olympic Games.
- Direct advertising and promotional opportunities, including preferential access to
  Olympic broadcast advertising.
- On-site concessions/franchise and product sale/showcase opportunities.
- Ambush marketing protection.
- Acknowledgement of their support though a broad Olympic sponsorship recognition
  programme. Quelle: www.olympic.org

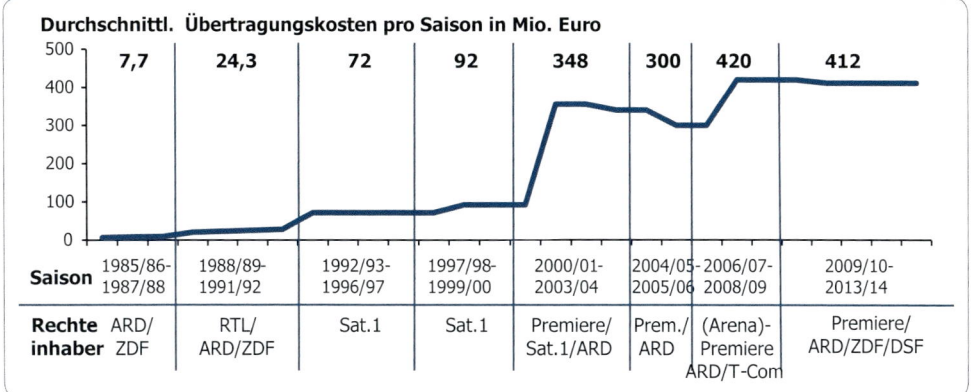

Durchschnittl. Übertragungskosten pro Saison in Mio. Euro							
7,7	24,3	72	92	348	300	420	412
Saison 1985/86-1987/88	1988/89-1991/92	1992/93-1996/97	1997/98-1999/00	2000/01-2003/04	2004/05-2005/06	2006/07-2008/09	2009/10-2013/14
Rechte inhaber ARD/ZDF	RTL/ARD/ZDF	Sat.1	Sat.1	Premiere/Sat.1/ARD	Prem./ARD	(Arena)-Premiere ARD/T-Com	Premiere/ARD/ZDF/DSF

Abbildung 8-14: *Entwicklung der Kosten für die Übertragungsrechte der Fußball-Bundesliga*

Die TOP-Sponsoren von Vancouver 2010 waren: *Coca-Cola* (Soft Drinks), *acer* (Computer), *Atos Origin* (Informations-Technologie), *General Electric* (Stromerzeugung und -verteilung), *McDonald's* (Fast Food), *Omega* (Zeitmessung), *Panasonic* (Audio und Video), *Samsung* (Drahtlose und Mobile Kommunikation) sowie *Visa* (Kreditkarten und Zahlungssysteme).

Auf nationaler Ebene werden die Spiele von den jeweiligen Landeskomitees vermarktet. In Deutschland ist die DOSB (Deutscher Olympischer Sportbund) als Wirtschaftstochter der Stiftung Deutsche Sporthilfe Inhaber aller Nutzungsrechte der olympischen Symbole und Ringe innerhalb Deutschlands. Die Lizenzrechte und die Produktexklusivität werden jeweils für den Zeitraum einer Olympiade, also für vier Jahre vergeben.

Der DOSB bietet unterschiedliche Kooperationsmöglichkeiten an: Die **Olympia Partner** können als Hauptsponsoren die olympischen Ringe in der gesamten Unternehmenskommunikation einsetzen. Die **Co Partner** haben eingeschränkte Vermarktungsrechte und dürfen das Logo nur in schwarz-weiß einsetzen.

Bei sportlichen Großveranstaltungen werden üblicherweise Sportvermarktungsagenturen vom Veranstalter mit der Vermarktung der Veranstaltung beauftragt.

Abbildung 8-15: *Olympia Partner des DOSB*

- Das Sponsoring von **Einzelsportlern** bezieht sich i.d.R. nur auf die jeweiligen Top-Stars in einer Sportart. Die Besonderheit dieser Sponsoringform ist darin begründet, dass im Gegensatz zu den meisten anderen Sponsoringobjekten, der Sponsor in hohem Maße von den Leistungsschwankungen und dem persönlichen Verhalten der Sportler abhängig ist, zumal der Sponsor hier gezielt auch auf die Bekanntheit und Idolfunktion der Sportler setzt.

Beim Sponsoring von prominenten Einzelsportlern hebt der Sponsor vor allem auf deren Vorbildfunktion ab (Testimonialwirkung). Sportler verkörpern in erster Linie Erfolg und Leistung, die nicht nur personenbezogene sportliche, sondern allgemeine gesellschaftliche Werte darstellen. Diese Imagekomponenten eines Sportlers „lassen sich grundsätzlich auf nahezu jeden Produktbereich übertragen, ohne dass ein direkter Bezug zur Sportlichkeit bestehen muss" (Kley 1995, S. 251). Bei der Auswahl der Sportler ist vor allem auf seine glaubwürdige und nachvollziehbare Verbindung mit dem Unternehmen zu achten, auf die Übereinstimmung seiner Imagedimensionen mit den von dem Unternehmen angestrebten sowie auf seine Fähigkeit im Umgang mit den Medien und darauf, welche weiteren Produkte von dem Sportler beworben werden. „Generell gilt, dass ein Engagement um so unglaubwürdiger wird, je mehr unterschiedliche Produkte von einem Sportler beworben werden" (Bruhn 2003, S. 44). Die häufigsten Maßnahmen beim Sponsoring von Einzelsportlern sind die Trikot- und Testimonialwerbung. Darüber hinaus können die Sportler zu öffentlichen Auftritten mit dem Sponsor im Rahmen von Unternehmens-Veranstaltungen, Verlosungen, Autogrammstunden oder zu Treffen mit Kunden und Lieferanten verpflichtet werden.

Das Sponsoring von Einzelsportlern oder Teams ermöglicht es Sponsoren, an deren Spitzenleistungen kommunikativ zu partizipieren. „Über den Vertrag mit einem einzigen Rekordhalter erreichen sie ein Millionenpublikum, das der Werbebotschaft auf Mütze oder Trikot nicht ausweichen kann" (Müller/Tietzel 1998, S. 15). Allerdings wird der Sponsor nicht immer nur mit den Erfolgen des Sportlers in Verbindung gebracht, sondern auch mit dessen persönlichem Verhalten. Daher sehen Sponsoringverträge Kündigungsklauseln bei Fehlverhalten vor. Die Tour de France hat gezeigt, wie sehr Sponsoren negative Imagetransfers durch Doping fürchten. „Durch die Dopingvergehen im Radsport drohte der *Telekom* die Beschädigung der Marke", lautete die Begründung für den Rückzug der *Telekom*. „Von gekauften und prinzipienlosen Hochleistungssklaven empfängt der Sponsor doch kein positives Licht mehr; sie nützen uns nichts" (Gäb 1998, S. 94).

Die Sensibilität der Sponsoren zeigt die folgende Pressemitteilung:

Der Süßwarenhersteller *Ferrero* überdenkt das Werbeengagement mit Fußballprofi Kevin Kuranyi. Der Spieler des FC Schalke 04 gehört in seiner Funktion als deutscher Nationalspieler neben Tim Borowski, Arne Friedrich und Marcell Jansen zu den Markenbotschaftern des hauseigenen Brotaufstrichs *Nutella*. Nachdem Kuranyi allerdings am Samstag in der Halbzeitpause des Länderspiels gegen Russland das Stadion verlassen hatte und daraufhin vom Bundestrainer Joachim Löw aus dem Team verbannt wurde, hat *Ferrero* ein Problem. „Wir werden in Ruhe mit allen beteiligten Parteien reden", teilte eine Pressesprecherin mit. Unterdessen hat Gerolsteiner nach Bekanntwerden von weiteren Dopingfällen innerhalb seines Radsportteams sein Sponsorenengagement mit sofortiger Wirkung beendet (O.V. 2008 f., S. 40).

Bei den großen globalen Sponsoren ist der Trend zu beobachten, dass sie ihr Engagement vom sportlichen Erfolg unabhängig machen und mögliche negative Imagetransfers durch Niederlagen, Verletzungen oder Skandale zu vermeiden suchen, indem sie auf das Sponsoring von Einzelsportlern verzichten. „Deshalb ist Kaiser und ‚Sportrentner' Franz Beckenbauer so gut im Geschäft: Nichts kann ihn mehr vom Sockel stoßen" (Michael Groß 2004, S. 40).

Abbildung 8-16: *Beispiel für die kommunikative Nutzung des Sport-Sponsoring*

Als zunehmend problematisch erweist sich das so genannte **Ambush-Marketing** im Umfeld von sportlichen Großveranstaltungen. Dabei handelt es sich um eine „Trittbrett-fahrer-Marketingstrategie, bei der die mediale Aufmerksamkeit für ein Sportereignis ausgenutzt wird, ohne eine offizielle Sponsorenstellung zu erwerben" (Schmid-Petersen 2004). So verteilte beispielsweise *Nike* bei den Olympischen Spielen 1996 in Atlanta *Nike*-Fahnen mit dem Claim Just Do It, während *Adidas* offizieller Sponsor war. Bei den Olympischen Spielen in Athen wurden umfangreiche Maßnahmen ergriffen, um Derarti-ges zu verhindern; u.a. wurden Tausende von Werbeflächen entfernt, um Werbeauftritte von Ambushern gar nicht erst zu ermöglichen. Bereits in Sydney wurden *Pepsi*-Dosen von Besuchern konfisziert, weil *Coca-Cola* offizieller Sponsor war.

Uns fehlen die Helden! Mit „uns" ist Deutschland gemeint. Und mit „Helden" Namen wie Boris Becker, Bernhard Langer, Michael Schumacher, Henry Maske, Jan Ullrich. Sie mach-ten unsere Nation stolz und trieben das Interesse auch geschäftlich auf ein hohes Niveau.

Bei allem Respekt vor Herrn Hambüchen, Frau Prinz oder Herrn Nowitzki im fernen Ameri-ka – wo sind die Leuchttürme, die uns immer wieder in die Sportstätten oder vor den Fern-seher treiben? Um dort mit erhöhtem Adrenalinspiegel nationale Siege überschwänglich herbeizubrüllen. Das gab es zuletzt bei der Fußball WM 2006. Aber sonst? Tennis? Wer schaut sich noch stundenlang Spiele an? Formel 1? Ja, da gibt es eine unerschütterliche Fan-Gemeinde, aber wachsen wird sie ohne Schumacher nicht. Radsport? Fehlanzeige.

Die Sportbusiness-Branche lebt nicht von der Funktion ihrer Produkte. Sie lebt von der Emotion, von der Begeisterung, vom Involvement – und eben von der Identifikation mit den Helden. Die wir dringend brauchen (Michael 2008, S. 7).

8.1.2.6.5 Maßnahmen

Der Sport bietet eine Vielzahl von Möglichkeiten für **Sponsoring-Maßnahmen**, die sich in unterschiedlichem Maße für kommunikative Zwecke nutzen lassen. Im Wesentlichen sind es die folgenden:

- Die **Markierung von Ausrüstungsgegenständen** bezeichnet „die Kennzeichnung von Bekleidung, Anlagen, Einrichtungen, Transportmitteln und sonstigen Geräten des Gesponserten mit dem Namen oder Zeichen des Sponsors" (Hermanns 2008, S. 218). Die häufigste Maßnahme ist hierbei die Trikotwerbung.
- Das **Umfeld von Sportveranstaltungen** bietet ebenfalls eine Vielfalt von Möglichkeiten für Sponsoring-Maßnahmen:
  - **Bandenwerbung**, d.h. Werbung auf den Stadionbegrenzungen, ist vor allem im Fußball die meistgenutzte Form der Sportwerbung. Bandenwerbung erfolgt heute in den meisten Stadien auf elektronischen Anlagen, die den Vorteil haben, dass sie alle die gleiche Werbung zeigen, bis das nächste Motiv wiederum auf allen Flächen erscheint[2].
  - In einigen Sportarten wie Handball und Eishockey dienen die **Sportflächen** selbst als Werbeträger. Der Vorteil dieser Werbeform liegt darin, dass die Kamera bei der Sportübertragung die Werbefläche nicht ausblenden kann.
  - Weitere Werbemöglichkeiten mit Breitenwirkung im Umfeld von Sportveranstaltungen sind **Organisationsmittel** wie Startnummern, Start- und Zielbänder und Hinweisschilder.
- Viele Sponsoren erwerben das Recht zur **Nutzung von Prädikaten** („Offizieller Ausrüster …", „Offizieller Lieferant …"). Das Prädikat kann als Logo auf den Produkten und in der Werbung verwendet werden.
- Von **Titelsponsoring** wird dann gesprochen, wenn Sportveranstaltungen nach dem Sponsor benannt werden (*Compaq* Grand Slam, *Panasonic* German Open).
- **Namenspatronate** liegen vor, wenn Spielstätten den Namen des Sponsors tragen, wie z.B. die *AOL*-Arena in Hamburg, die BayArena in Leverkusen oder die *Allianz*-Arena in München. Selbst lokale Fußballvereine haben mittlerweile die Namen ihrer Stadien an Sponsoren abgetreten. So heißt der Platz des Bischofswerdaer FV08 „Holzwaren-Simundt-Arena". Diese Namenspatronate zeigen aber auch die Grenzen für das Sport Sponsoring auf. Die Umbenennung des Nürnberger Stadions in „easy-Credit-Stadion" hat zu erheblichen Protesten wegen der schlechten Aussprechbarkeit geführt. Eine derartige negative Einstellung der Fans kann auch nicht im Sinne des Sponsors sein.

---

[2] Rundfunkrechtlich gesehen handelt es sich bei Banden- und Trikotwerbung um eine programminterne Werbeform (vgl. Kapitel 6.4.9.4.2), bei der der Grundsatz der Trennung von Programm und Werbung unterlaufen wird. Ihre rechtliche Zulässigkeit wird allerdings nicht mehr in Frage gestellt, da sie sich durch langandauernde Praxis gewissermaßen selbst legitimiert hat (vgl. auch Kapitel 8.5.4). „Solange sich die Bildberichterstattung auf das Sportgeschehen beschränkt und die Übertragung der Werbung nur unvermeidbare Nebenfolge der Berichterstattung ist, kann man davon ausgehen, dass das Fernsehen nicht in der Absicht handelt, den Wettbewerb der werbenden Unternehmen zu fördern" (Bork 1988, S. 100). Eine derartig unvermeidbare Werbung erscheint sowohl wettbewerbs- als auch medienrechtlich zulässig, da eine Irreführung des Zuschauers nicht erfolgt und es den Sendern nicht zugemutet werden kann, wegen der Banden- und Trikotwerbung auf die Berichterstattung zu verzichten. Die gleichen Überlegungen gelten analog für Interviewpartner, deren Kleidung deutlich das Herstellerlogo erkennen lässt (vgl. Bork 1988, S. 100 f.).

Tabelle 8-5 gibt einen Überblick über Werbemöglichkeiten im Fußball-Umfeld.

Tabelle 8-5: *Werbeformen in der 1. und 2. Fußball-Bundesliga*

Bandenwerbung	Stadiondurchsagen
Trikotwerbung	Werbung auf Autogrammkarten
Werbung durch Symbolfiguren	Werbung in der Stadionzeitung
Werbung im Innenraum des Stadions	Ankündigungsplakate
Werbung auf der Trainerbank	Fahnen-/Wimpelwerbung
Werbung auf Eintrittskarten	Werbestände im Stadion
Ausrüstungsverträge	Produktpräsentation
Werbung im Presseraum	Videowand im Stadion
Werbung im VIP-Raum	Anzeigetafel

Quelle: Schaffrath: Auf Bande, Trikot, Trainerbank – wer ist der beste Sponsor im Bundesliga-Land?, in: Hackforth (Hrsg.): Sportsponsoring: Bilanz eines Booms, 2. Aufl., Berlin 1995, S. 82

Wildwuchs im Stadion
Bei jedem Heimspiel des Hamburger SV schlägt die große Stunde von Jürgen Fuhrmann. Wenigstens für ein paar Sekunden. Der ortsansässige Büroausstatter ist der so genannte Presenter der Zuschauerzahl. Wenn der Stadionsprecher im Laufe des Spiels verkündet, wie viele Menschen diesmal in die AOL Arena gekommen sind, preist er im abgelesenen Werbetext Fuhrmanns Firma, als hätten dessen Angestellte persönlich die Anwesenden gezählt. Die Fuhrmann-Durchsage, knapp eine halbe Minute lang, ist typisch für den Reklameschwall, den Stadionbesucher in Bild und Ton ertragen müssen. Da werden, begleitet von einem Gong, einer Fanfare oder rhythmischem Klatschen, der Name des Torschützen „präsentiert", das Eckenverhältnis, die Geschwindigkeit eines Torschusses oder die restliche Spielzeit. Bei Schalke 04 bringen sogar die Fouls noch Geld ein. Wälzt sich ein Spieler auf dem Boden, erscheint auf dem Videowürfel, der über dem Platz schwebt, der Slogan: „Steh auf mit Stada-Arzneimitteln!". (...)
Als beim Confederations Cup der Münzwurf des Schiedsrichters „von Bonaqua präsentiert" wurde, lachte das Publikum lauthals (Hacke 2006, S. 134 f.).

Das Sponsoring von bekannten Sportlern und Großveranstaltungen im Sport hat mittlerweile Kostendimensionen angenommen, die nur noch von Großunternehmen getragen werden können. Bei derartigen Ereignissen ist das Full-Sponsoring nur eines einzigen Sponsors eher die Ausnahme. Vielmehr werden i.d.R. die Kosten von einem Hauptsponsor und mehreren Co-Sponsoren übernommen. Dabei hat der Hauptsponsor natürlich weitergehende Nutzungsrechte als die Co-Sponsoren. Daneben gibt es so genannte **Sponsorenpools**, bei denen eine Vielzahl von lokalen Unternehmen mit vergleichsweise geringen Mitteln einen (lokalen) Verein unterstützen und nach außen gemeinsam als Förderer auftreten. Entsprechend gering ist i.d.R. auch die Werbewirkung.

Wer sich das Sponsoring von Mega-Events nicht leisten will, kann sich als guter Gastgeber präsentieren. **Hospitality** – zu deutsch Gastfreundschaft – erfreut sich insbesondere bei Inhabern und Geschäftsführern mittelständischer Unternehmen sowie Vertriebs- und Marketingabteilungen großer Unternehmen immer größerer Beliebtheit. Es geht dabei darum, das Image zu polieren, Kunden zu binden oder Mitarbeiter zu motivieren. Was schon in der Fußball-Bundesliga funktioniert – über 90 Prozent der Logen und Business-Bereiche sind ausgelastet – funktioniert erst recht bei der EM.

Doch Achtung! Ob EM, Olympische Spiele oder Bundesliga-Derby: Wer seine Geschäftspartner oder Lieferanten zu aufwendigen Hospitality-Veranstaltungen einlädt, sollte zuvor prüfen, ob der potenzielle Gast einem Corporate Governance Kodex unterliegt. Viele dieser Codices untersagen Vorständen und Angestellten eine Teilnahme an derlei Veranstaltungen, um den Vorwurf der Vorteilsnahme gar nicht erst aufkommen zu lassen (Quelle: Hermes 2008, S. 17 ff.).

Ein anderes Beispiel für die Kostensituation im Umfeld von Sportveranstaltungen aus der Sicht der Werbetreibenden zeigt Tabelle 8-6. Aufgelistet sind hier beispielhaft die Preise eines Werbespots während der Übertragung der Fußball-Weltmeisterschaft 2010 durch das ZDF. Sponsoren, die ihr Sport-Engagement auch durch klassische Spot-Werbung demonstrieren möchten, müssen entsprechend zusätzliche Kosten einkalkulieren.

Tabelle 8-6: *Spot-Preise im Umfeld der Fußball-WM 2010*

Viertelfinale <u>mit</u> deutscher Beteiligung		
Position im Programm		**Euro, 30 Sek.**
Anstoß 16.00 Uhr		
Vor der 1. Halbzeit	ca. 15.45 Uhr	120.000
In der Halbzeit	ca. 16.45 & 16.55 Uhr	255.000
Nach der 2. Halbzeit	ca. 17.50 Uhr	210.000
Highlights	ca. 18.20 Uhr	81.000
Vor 19.00 heute	ca. 18.55 Uhr	48.000
Anstoß 20.30 Uhr		
Vorbericht	ca. 19.20 Uhr	39.000
Vorbericht	ca. 19.55 Uhr	48.000

Quelle: www.zdf.de

8. 1.2.7 Sport-Sponsoring Management

Im Sport engagieren sich mittlerweile über 3000 Unternehmen als Sponsoren, die sich allein im Fernsehen über Sport positionieren wollen. Dadurch sind die meisten Sponsoren nur in so geringem Maße auf dem Bildschirm präsent, dass die Wahrnehmung und Erinnerung durch die Zuschauer kaum nachhaltig zu beeinflussen sind. In der Fußball-Bundesliga sind zwischen 70 % und 96 % der Zuschauer nicht in der Lage, dem jeweiligen Verein den korrekten Hauptsponsor zuzuordnen (vgl. Schaffrath 1995, S. 93). Die Überflutung mit Sponsorenhinweisen im Sport ist in einzelnen Sportarten bereits auf dem Niveau der allgemeinen Werbeüberflutung anzusiedeln, so dass auch hier mit Reaktanzreaktionen seitens des Publikums zu rechnen ist.

Professionelles Engagement im Sport-Sponsoring setzt ein klares Konzept voraus mit eindeutigen Zielformulierungen, die sich aus den Marketing- und Unternehmenszielsetzungen ableiten lassen. Von den Sättigungserscheinungen in einzelnen Sportarten abgesehen, eignet sich das Sport-Sponsoring vor allem für den Aufbau von Bekanntheit und den Imagetransfer.

Die einzelnen Sportler bzw. Sportarten, die für ein Sponsorship in Betracht gezogen werden, müssen auf ihren Beitrag zur angestrebten Positionierung überprüft werden. Es müssen Soll- und Ist-Images genau definiert sein. Auf Basis dieser Zielsetzungen ist begleitend ein entsprechendes Sponsoring-Controlling durchzuführen.

Hinsichtlich der Kosten gilt die 50:50-Regel, d.h. dass für die Vermarktung des Sponsoring mindestens noch einmal so viel Geld kalkuliert werden sollte, wie für die Rechte bezahlt wurden.

Unter dem Aspekt des Sponsoring Managements ist es sinnvoll, Richtlinien vorzugeben, die klare Zielsetzungen beinhalten, an denen das geplante Sponsorship gemessen werden kann.

Sponsoringrichtlinien der Bayer AG

a) Langfristigkeit

Insbesondere Team-Sponsoring wirkt mit zunehmender Dauer stärker. Der Verbraucher benötigt einige Zeit, um Zuordnungen einer Marke zu einer bestimmten Mannschaft leisten zu können. Fachleute sprechen von einer erforderlichen Mindestdauer des Team-Sponsorings von zwei bis drei Jahren.

b) Regelmäßigkeit

Sponsoring-Maßnahmen, die regelmäßig präsent sind (beispielsweise Maßnahmen im Rahmen von Liga-Spielen) haben naturgemäß größere Recall-Werte als Einzelevents.

c) Dominanz

Sponsoren befinden sich zumeist im Wettbewerb mit weiteren Unternehmen, die dieselbe Veranstaltung nutzen. Bayer nimmt in der Regel eine dem Unternehmen entsprechende Dominanz als Haupt- oder Co-Sponsor wahr, was sich auch in der Gestaltung der eingesetzten Werbemittel niederschlagen sollte.

d) Image- und Zielgruppenkongruenz

Die gesponserte Sportart sollte zum Unternehmen bzw. zur Marke passen. Auch die Glaubwürdigkeit der Verbindung spielt hier eine besondere Rolle.

e) Vernetzung mit Basiswerbung und PR

Sportsponsoring kann in der Regel nur begrenzt Botschaften transportieren und eignet sich eher zum Aufbau der Markenbekanntheit. Durch Einbindung des Themas in die klassische Kommunikationsarbeit verstärkt sich überproportional die Wirkung der Maßnahme.

f) Klare Zielformulierung

Erst durch eine klare Zielformulierung lässt sich das Kosten-Nutzen-Verhältnis bzw. der Erfolg einer Maßnahme bewerten. Quelle: www.sport.bayer.de

Zusammenfassend lässt sich festhalten, dass die Vorteile des Sport-Sponsoring vor allem in der Multiplikatorwirkung durch die Medien und in der großen Vielfalt der Einsatzmöglichkeiten liegen. Es steht eine große Auswahl an Sportarten mit jeweils eigenständigen Imageprofilen zur Verfügung.

Die Nachteile des Sport-Sponsoring liegen darin begründet, dass die Multiplikatorfunktion der Medien sich auf einige wenige Sportarten beschränkt, die von Sponsoren stark besetzt sind, so dass sich für sie hier kaum noch eigenständige Kommunikationsplattformen ergeben.

8. 2 Product Placement

8. 2.1 Grundlagen

Wie das Sponsoring ist auch das Product Placement eine der neueren Kommunikationsformen, die von Vorbehalten der Werbetreibenden gegenüber der Effizienz der klassischen Werbung profitieren.

Product Placement ist die (s. Kasten):

Die Idee des Product Placement ist so alt wie die Filmgeschichte und beruht auf einer nahe liegenden gegenseitigen Vorteilhaftigkeit für Filmproduzenten und Werbetreibende: Filmproduzenten benötigen geeignete Requisiten, die einem Film realen Handlungscharakter

> **!** gezielte, entgeltliche Platzierung eines Markenartikels als reales Requisit in der Handlung eines Spielfilms, einer Fernsehsendung ohne Spielfilmcharakter oder eines Videoclips, wobei der Markenartikel für den Betrachter deutlich erkennbar ist (vgl. Berndt 1993, S. 675).

verleihen und können Kosten und Beschaffungsaufwand reduzieren, wenn ihnen diese direkt von den Herstellern zur Verfügung gestellt werden. Die wiederum sehen ihr Produkt in eine Spielfilmhandlung integriert. Anfangs bezog sich diese Art der Requisitenbeschaffung vor allem auf teure Produkte wie Automobile, aber auch die amerikanische Zigarettenindustrie hat frühzeitig versucht, Schauspieler zum Rauchen zu bewegen. Die ersten professionellen Ansätze des Product Placement bestanden in der so genannten Warehouse-Methode. Hersteller stellten ihre Produkte in einer Art Supermarkt zur Verfügung, aus dem sich die Produzenten ihre Requisiten aussuchen konnten. Eines der meisterwähnten Beispiele für Product Placement ist der Einsatz eines roten *Alfa Romeo* Spider in dem Spielfilm „Die Reifeprüfung" aus dem Jahre 1967.

In Deutschland erlebte das Product Placement einen ersten Höhepunkt in der zweiten Hälfte der 80er Jahre, allerdings mit deutlich überzogenen Präsentationen. So wurde 1986 in der „Lindenstraße" überdeutlich eine *Nesquick*-Dose platziert und Götz George war in einem Tatort mit *Paroli*-Bonbons präsent. Filme, wie „Otto – der neue Film" oder Willy Bogners „Fire, Ice and Dynamite" (1990), in dem zwölf Firmen platziert wurden, überspannten das Geschäft mit dem Product Placement. Die Reaktionen der Öffentlichkeit führten allerdings zu Lerneffekten, seither wird Product Placement in Deutschland sehr viel professioneller betrieben.

Markenartikel sind Bestandteil des täglichen Lebens, ein Film, der völlig auf Markenartikel verzichtet, würde nicht real wirken können. In einem Film tragen die Schauspieler Kleidung, Uhren, Accessoires, fahren Auto, essen, trinken und rauchen. Daher ist es nur nahe liegend, dass sie die Produkte verwenden, die auch in der realen Welt dafür verwendet werden. Insofern ist davon auszugehen, dass kein Markenartikel, der in einem Film identifiziert werden kann, dort zufällig ist. Es ist als völlig realistisch anzusehen, wenn in einem Krimi, der in München spielt, die Polizei einen *BMW* fährt. Neben den Herstellern von Automobilen, Spirituosen, Erfrischungsgetränken und Zigaretten sind mittlerweile auch viele andere Bereiche im Product Placement vertreten.

Product Placement wird im Sprachgebrauch häufig mit Schleichwerbung gleichgesetzt. Tatsächlich sind die Grenzen fließend. Einerseits werden als Schleichwerbung alle dramaturgisch nicht notwendigen Darstellungen eines Produktes bezeichnet, die das Produkt aufdringlich präsentieren (vgl. Auer/Kalweit/Nüßler 1991, S. 53), andererseits wird Product Placement aufgrund der mangelnden Transparenz der werblichen Intention als eine Form der Schleichwerbung charakterisiert.

Erst seit der Neufassung des Rundfunkstaatsvertrags 2010 gibt es auch eine medienrechtliche Unterscheidung zwischen Schleichwerbung und Product Placement. Schleichwerbung ist definiert als „die Erwähnung oder Darstellung von Waren, Dienstleistungen, Namen, Marken oder Tätigkeiten eines Herstellers von Waren oder eines Erbringers von Dienstleistungen in Sendungen, wenn sie zu Werbezwecken vorgesehen ist und mangels Kennzeichnung die Allgemeinheit hinsichtlich des eigentlichen Zwecks dieser Erwähnung oder Darstellung irreführen kann" (§ 2, 2 RStV)). Produktplatzierung wird dadurch abgegrenzt, wenn diese Herausstellung in einer Sendung „gegen Entgelt oder eine ähnliche Gegenleistung mit dem Ziel der Absatzförderung" erfolgt (§ 2, 2).

> Beispiel: In einer Daily-Soap ist folgender Dialog zu hören: „O je, fühl ich mich krank. Ich hab aber doch keine Zeit für den Arzt." „Du, dann geh doch erst mal in die Apotheke. Die wissen sehr gut Bescheid und kriegen dich sicher schnell wieder fit." Dieser Dialog erscheint als der Handlung zugehörig. Tatsächlich aber hat der deutsche Apothekenverband Geld dafür bezahlt und nur aus diesem Grund wurde der Dialog in das Drehbuch aufgenommen (vgl. Feindor-Schmidt 2005, S. 48).

Das Hauptcharakteristikum des Product Placement ist, dass sein werblicher Charakter nicht offensichtlich ist. Da durch die Einbettung eines Produktes in eine Filmhandlung die Grenzen zwischen Werbung und Redaktion verwischt werden, ist Product Placement gewissermaßen Werbung von neutraler, „objektiver" Seite und darin ist sein Wirkungspotenzial zu sehen.

- Die weiteren **Vorteile des Product Placement** zeigen sich bei einem Vergleich mit der Fernsehwerbung (vgl. Auer/Kalweit/Nüßler 1991, S. 33 ff.):
- Bei der Fernsehwerbung ist ein Konkurrenzausschluss nicht möglich, hingegen wird ein Produkt in einem Film konkurrenzlos präsentiert.
- Mehrfachkontakte lassen sich in der Werbung nur durch (bezahlte) Mehrfachschaltungen erreichen. Spielfilme werden jedoch über Kino, Fernsehen und Video mehrfach verwertet, hinzu kommen zahlreiche Wiederholungen. Daher hat ein Product Placement bei einmaliger Bezahlung die Möglichkeit zu Mehrfachkontakten.
- Wie beim Sponsoring ist auch beim Product Placement eine Werbevermeidung durch Zapping ausgeschlossen.

Ferner lassen sich durch Product Placement Werbebeschränkungen umgehen. Dies bezieht sich einmal auf die 20.00 Uhr-Grenze bei den öffentlich-rechtlichen Sendern, andererseits auf Werbeverbote für z.B. Zigaretten.

Wie entsteht Product Placement?

In der Regel macht sich die Filmproduktion, eventuell der Regisseur, manchmal schon der Drehbuchautor Gedanken über die Ausstattung des Filmwerks. Welche Gegenstände sind erforderlich, um einer bestimmten Situation einen eindeutigen Charakter zu geben, das bestimmte Lokal-Kolorit, das historisch richtige Umfeld zu treffen oder auch die Filmrollen selbst zu unterstreichen?

Welche Kleidung trägt ein Generaldirektor im Film, eine Hausfrau, eine Wissenschaftlerin, ein Rechtsanwalt, eine Richterin und wie sehen all diese Rollen aus, wenn ihre Akteure in privater Sphäre auftreten sollen? Welche Kugelschreiber, Füllfederhalter, Ringe, Ketten, Broschen, Schlipse tragen diese Menschen, welche Autos fahren sie? Teilweise stehen diese Dinge wohlweislich im Drehbuch, teils werden sie bei den Filmvorbesprechungen überlegt. Sicherlich wird darüber nicht erst am Drehort entschieden.

Kurzum, welche Gegenstände/Produkte letztlich im Film erscheinen, ist von vornherein kein Zufall, es ist geplant, denn beim Dreh muss jedes Teil, das im Bild erscheinen soll, vorhanden sein und nicht erst gesucht und per Zuspruch entschieden werden.

Der Requisiteur besorgt diese Gegenstände. Bevor er sie kauft, überlegt er, sie vielleicht zu mieten. Und bevor er sie mietet, findet er eventuell einen Hersteller, der sie ihm kostenfrei leiht und der sogar dafür Geld bezahlt, dass das Produkt im Film erscheint. Je deutlicher das Produkt allein durch seine Form auf den Hersteller hinweist, um so eindeutiger bringt es sich als Marke ins Bewusstsein der Zuschauer. Nachfrage und Angebot bestimmen dabei den Placement-Preis. Der besteht nicht immer im Austausch von Geld, sondern wird oft mit einem Gegengeschäft kompensiert: Der Film wirbt in gewisser Weise für das Produkt. Das Produkt wiederum dient der klaren Positionierung und Charakterisierung einer Szene und ist in so einem Fall kostenfrei erhältlich, wenn beide Parteien ihre Interessen erfüllt sehen.

Wenn das Angebot für das Erscheinen gewisser Produkte gering ist, die Nachfrage jedoch groß, dann zahlt der Produkt-Hersteller zusätzlich zur Produktleihe noch eine „Gebühr" pro Sekunde Auftritt seines Produkts in der Szene. Je höherwertig das Produkt, je höher die Miete des Produkts ist und je seltener das Produkt verfügbar, desto eher muss der Filmproduzent für die Bereitstellung des Produkts zahlen. Hier profitiert dann der Film vom Image des Produkts. Je ausgewogener dieser Profit ist, wenn also der Film genauso viel Image vom Produkt erhält, wie er selbst dem Produkt gibt, um so gleichwertiger sind die Vorteile, die Filmproduzent und Hersteller haben. Man spricht vom gegenseitigen Imagetransfer. Die Interessen gleichen sich aus, ohne dass Geld fließt. Quelle: Movie-College (www.movie-college.de)

Das **Ziel des Product Placement** ist in erster Linie der Aufbau bzw. die Verstärkung von **Images**, seltener die Steigerung der **Bekanntheit**. Ein Wirkungseffekt beim Product Placement ist vor allem durch **Wiedererkennbarkeit** eines Markenartikels erzielbar, d.h. ein Mindestmaß an Bekanntheit des platzierten Produktes ist für ein Placement Vorausset-zung. Je höher die Bekanntheit eines Markenartikels, desto größer ist die Wahrscheinlich-keit, dass er in einer Filmszene wieder erkannt wird. Platziert werden vor allem bekannte und sofort identifizierbare Produkte. Placements in Fernsehproduktionen, insbesondere in Daily Soaps mit festen Programmplätzen, lassen sich verhältnismäßig kurzfristig re-alisieren. Letztere zeichnen sich auch durch klare Zielgruppen aus. Kinoproduktionen benötigen hingegen teilweise lange Produktionszeiten.

8.2.2 Formen des Product Placement

Es gibt verschiedene Möglichkeiten, das Product Placement zu klassifizieren:

Nach der **Art der Informationsübermittlung** wird in visuelles und verbales Placement unterschieden. Der Normalfall ist das **visuelle Placement**, bei dem das Produkt in der Filmhandlung sichtbar ist, wie beispielsweise das *TUI*-Logo in der Serie „Schöne Ferien". Das **verbale Placement** beinhaltet eine Erwähnung oder Bewertung des Produktes durch einen Darsteller (beispielsweise die Erwähnung der Marke *Whiskas* in dem James-Bond-Film „Im Angesicht des Todes"). Möglichkeiten zu einem verbalen Placement ergeben sich vor allem auch durch die Synchronisation von Filmen.

Nach der **Art der platzierten Produkte** ist zu unterscheiden zwischen der Platzierung von Markenartikeln (**Product Placement im engeren Sinn**) und der Platzierung einer Pro-duktgruppe, ohne dass ein einzelner Markenartikel als solcher zu erkennen ist (**Generic Placement**). **Image Placement** bezeichnet die gezielte Herausstellung eines Unterneh-mens als Ganzes bzw. einzelner Teilaspekte wie ein spezifisches Know-how (**Corporate Placement**), die gezielte Platzierung bestimmter Orte oder Regionen (**Location Place-ment**) oder den gezielten Aufbau von Images einzelner Berufszweige, wie beispielsweise Ärzte oder Polizisten (**Service Placement**). Als weitere Form ist schließlich das **Music Placement** zu nennen, mit dem versucht wird, bestimmte Musiktitel über Film und Fernsehen in die Charts zu bringen.

Beim Location-Placement haben Städte und Regionen eine große Bandbreite von Mög-lichkeiten, denn jede Filmhandlung benötigt schließlich einen Ort, an dem sie stattfindet. Allerdings ergeben sich die Location Placements nicht immer als gezielte Maßnahme, sondern sind häufig nur das Resultat einer erfolgreichen Serie wie die Insel Rügen in der Serie „Ein Bayer auf Rügen" oder das Glottertal in der „Schwarzwaldklinik". Die RTL-Serie „Ein Schloss am Wörthersee" wurde allerdings von der Kärntner-Tourismus-gesellschaft subventioniert.

Ein Beispiel für ein sehr erfolgreiches Tourismus-Marketing in diesem Zusammenhang gibt Australien (vgl. Auer/Kalweit/Nüßler 1991, S. 111 f.):

1983 gewann Australien den America's Cup, ein Segelwettbewerb, der so etwas wie das Nationalheiligtum der USA darstellt. Der Nationalstolz der Amerikaner war tief verletzt.

Tabelle 8-7: Formen des Product Placement

Kriterium	Form des Product Placement
Art der Informa-tionsübermittlung	• visuelles Product Placement • verbales Product Placement
Art der platzierten Produkte	• Product Placement im engeren Sinn • Image Placement • Corporate Placement • Location Placement • Service Placement • Generic Placement • Music Placement
Grad der Einflussnahme auf das Drehbuch	• Zurverfügungstellung von Produkten ohne weitere Auflagen • On-Set-Placement • Creative Placement

Präsident Reagan äußerte sich dazu: „Es ist schlimm genug, dass wir verloren haben, aber musste es ausgerechnet gegen ein Land sein, das heute noch die britische Flagge im Wappen hat?" Australien reagierte mit einer Werbekampagne im US-Fernsehen, in der auf die Gemeinsamkeiten zwischen Australiern und US-Amerikanern hingewiesen wurde. Man solle die Niederlage nicht so ernst nehmen, man spreche schließlich die gleiche Sprache, seien beide Einwanderer und mögen Bier und Barbecue. Diese Kampagne löste eine erste Tourismuswelle aus. Der Darsteller in dieser Kampagne war der damals noch unbekannte Australier Paul Hogan. Der eigentliche Durchbruch kam jedoch mit dem Film „Crocodile Dundee", der jeweils zur Hälfte im australischen Busch und in New York spielte.

Der **Grad der Einflussnahme auf das Drehbuch** reicht von der Zurverfügungstellung von Produkten ohne weitere Auflagen – hier bleibt es dem Produzenten überlassen, was er mit dem Produkt macht –, bis zum **Creative Placement**, bei dem die Handlung eines Filmes bzw. einer Szene voll auf das Produkt abgestimmt ist und das Produkt für einen gewissen Zeitraum im Mittelpunkt der Handlung steht wie beispielsweise der *VW Touareg* Kong in der Neuverfilmung von King Kong. Beim **On-Set-Placement** ist das Produkt lediglich eine austauschbare Requisite (daher häufig auch die Bezeichnung „stilles" Placement), eine Einbindung in die Handlung erfolgt nicht. Das On-Set-Placement ist die häufigste Form des Product Placement. Geeignet hierfür sind vor allem die Produkte des täglichen Gebrauchs, wie Nahrungsmittel, Getränke, Alkohol, Süßwaren, Zigaretten oder Autos; Produkte, die in praktisch jeder Produktion untergebracht werden können. Als Paradebeispiel für das On-Set-Placement sind Autos anzuführen, die in fast jedem Film und jeder Serie als Requisiten zur Verfügung gestellt werden. In Serien wie Dallas, Denver Clan oder Schwarzwaldklinik waren vor allem deutsche Autos zu sehen. Der wesentliche Vorteil von Product Placement in Serien ist im Wiederholungseffekt zu sehen.

Eine neuere Ausprägung des Product Placement ist das **Advertiser Founded Programming** (AFP), bei dem Sender und Werbetreibende gemeinsam ein TV-Konzept realisieren. „Im Kern geht es um die offensichtliche und glaubwürdige Fusion aus Programm und Markenbotschaft und den daraus resultierenden positiven Imagetransfer für beide Partner" (Fösken 2005, S. 85). Mit AFP wurde beispielsweise die Schuhmarke *Manolo Blahnik* in der Serie „Sex and the City" sehr erfolgreich platziert. Die Moderatorin Oprah Winfrey verschenkte spektakulär live in ihrer Show 276 Autos der Marke *Pontiac* G6. In Deutschland liefen Sendungen wie die *Lego*-Show und *Pampers* TV. Der Unterschied zum herkömmlichen Product Placement besteht darin, dass beim AFP die Unternehmen „mit offenem Visier" vor die Kamera treten.

BMW Z3 in James Bond „Golden Eye"

BMW Motorrad R 1200 C und Limousine 750iL in James Bond „Der Morgen stirbt nie"

Medion Notebook in dem Videoclip „Unnatural Blonde"

Abbildung 8-17: *Beispiele für Product Placement*

8. 2.3 Wirkungspotenziale des Product Placement

Die unterschiedlichen Formen des Product Placement bedingen auch unterschiedliche Wirkungswahrscheinlichkeiten. Das Generic Placement kann als die neutralste Form des Placement angesehen werden, da hier kein Markenartikel gezeigt wird, und somit eine Beeinflussungsabsicht auch nicht erkennbar sein kann. Als entsprechend gering ist also auch das Wirkungspotenzial anzusehen, das Generic Placement hat daher auch nur eine untergeordnete Bedeutung. Die herausgestellte Produktgattung soll den Branchenumsatz steigern, profitieren werden die Hersteller davon nach Maßgabe ihrer Marktanteile. Als klassisches Beispiel für das Generic Placement ist die Platzierung von Götterspeise in der Serie „Liebling Kreuzberg" anzusehen, allerdings handelte es sich hierbei nicht um die gezielte Platzierung dieser Produktart durch die Götterspeisehersteller, vielmehr war es die Absicht, dem Darsteller eine Marotte beizulegen.

Das größte Wirkungspotenzial ist hingegen beim Product Placement im engeren Sinn zu sehen, insbesondere in der Form des Creative Placement, da hier die auf den Handlungsablauf gerichtete Aufmerksamkeit des Zuschauers automatisch auch auf das platzierte Produkt gelenkt wird. Allerdings liegen hier auch die größten Risiken, die darin bestehen, dass der Zuschauer die Beeinflussungsabsicht erkennt und Reaktanz aufbaut.

Wie in der Alltagswelt sind Zuschauer auch in Spielfilmen daran gewöhnt, Markenartikel zu erkennen. Ein Spielfilm, der völlig ohne Markenartikel abläuft, erscheint nicht unbedingt real. Dennoch ist davon auszugehen, dass der Zuschauer einen Spielfilm als werbefreien Raum betrachtet, in dem Sinn, dass eine Beeinflussung seiner Einstellungen gegenüber Markenartikeln nicht offensichtlich erfolgt. Ein Product Placement entspricht also grundsätzlich der wahrgenommenen Alltagsrealität des Zuschauers, so lange, wie es nicht als solches erkannt wird. Daher erfordert die Umsetzung ein hohes Maß an Sensibilität. Die Einbettung der Produkte sollte natürlich und selbstverständlich erfolgen und nicht aufgesetzt wirken. Nur so kann ein Product Placement sein Wirkungspotenzial nutzen.

Es darf allerdings nicht verkannt werden, dass für die Entfaltung einer Wirkung üblicherweise Wiederholungen notwendig sind, somit sollten die Wirkungspotenziale des Product Placement nicht überschätzt werden. Dieser immanente Nachteil des Product Placement, die Möglichkeit lediglich zu Einmalkontakten, kann jedoch durch eine glaubwürdige Einbettung des Produktes in den Handlungsablauf kompensiert werden, möglichst in der Form, dass das Produkt darin seine Vorteile voll entfalten kann. Im Gegensatz zur klassischen Werbung, die üblicherweise nicht mit zielgerichteter Aufmerksamkeit durch den Konsumenten verfolgt wird, kann ein Product Placement von eben dieser zielgerichteten Aufmerksamkeit, mit der der Zuschauer die Filmhandlung verfolgt, profitieren. Beim Product Placement ist also grundsätzlich von einer höheren Kontaktqualität auszugehen als bei einem Werbespot. Andererseits kann das Image und die Produktkompetenz des Darstellers, der das Produkt im Film verwendet, die Wirkung des Placement verstärken.

Die professionelle Umsetzung eines Product Placement setzt hohe Anforderungen an die Vorbereitung und Durchführung. Um die Wirkungspotenziale eines Product Placement zu nutzen, sind folgende Auswahlentscheidungen zu treffen:

1. **Auswahl des Films.** Werbetreibende erhalten eine Vielzahl von Drehbüchern, mit denen ihnen die Möglichkeit zu einem Product Placement angeboten wird. Die Einschätzung, ob ein Film voraussichtlich ein Erfolg wird, ist sehr schwierig. Erfolgsfaktoren sind in erster Linie die Thematik, die Schauspieler und der Regisseur. Neben der Erfolgseinschätzung ist eine grundsätzliche Einschätzung der emotionalen Merkmale des Filmgenres und seine potenzielle Eignung für das zu platzierende Produkt vorzunehmen. Die emotionalen Wirkungen einer Komödie, eines Abenteuer- oder Erotikfilmes sind sehr unterschiedlich. Werbetreibende sollten versuchen, die für ihre Marken aufgebauten Erlebniszusammenhänge in adäquate emotionale Umfelder zu platzieren bzw. nicht-adäquate Umfelder zu vermeiden.

2. **Auswahl der Szenen.** Wichtig ist, dass Szenen ausgewählt werden, die eine thematische Verbindung mit dem zu platzierenden Produkt aufweisen. Mit einem Product Placement wird in erster Linie ein Imagetransfer angestrebt. Es ist also darauf zu achten,

das Produkt in solchen Szenen zu platzieren, in denen es seine spezifischen Kompetenzen beweisen kann und eine positive Rolle spielt. Ein Autohersteller wird nicht daran interessiert sein, sein Produkt für eine Unfallszene zur Verfügung zu stellen, in der Personen zu Schaden kommen. Ein Reiseveranstalter wird Szenen vermeiden, die ihn in Verbindung mit negativen Urlaubserlebnissen bringen.

3. **Auswahl der Darsteller.** Bekannten Schauspielern wird i.d.R. eine höhere Aufmerksamkeit entgegengebracht als unbekannten. Vor allem aber haben Schauspieler auch personenspezifische Images, die auf das Produkt transferiert werden können. Dadurch ist aber nicht jeder Schauspieler in gleichem Maße für einzelne Produkte geeignet. Beispielsweise wird eine Fluggesellschaft, die die Kompetenz und das Verantwortungsbewusstsein ihrer Piloten demonstrieren will, mit George Clooney möglicherweise eine bessere Wahl treffen als mit Bruce Willis.

Neben diesen vorbereitenden Überlegungen ist aber vor allem auf die professionelle Umsetzung zu achten. Ein Product Placement ist anders umzusetzen als ein Werbespot. Das platzierte Produkt muss sich als reales Requisit in den Handlungsablauf einfügen. Jede übertriebene Darstellung ist zu vermeiden, weil sie Gefahr läuft, als gezielter Beeinflussungsversuch erkannt zu werden und damit nicht mehr glaubwürdig ist. Eine realitätsnahe Einbindung der Produkte in die Filmhandlung ist daher durchaus im Sinne der Werbetreibenden.

Das Product Placement von Autos in Filmen

Für Filmeinsätze hält man bei BMW einen Fuhrpark von rund 120 Autos, die ständig ausgebucht sind. Weil es zuweilen vorkommt, dass Autos marodieren oder üble Figuren mit ihnen unterwegs sind und das dem Image der Marke nun gar nicht zuträglich ist, kontrolliert die Marketingabteilung die Drehbücher. „Negativrollen oder Handlungen, die gegen das Sozialgefüge verstoßen, werden von uns genauso abgelehnt, wie Pornoproduktionen", sagt Johannes Schultz, der bei BMW das Filmgeschäft koordiniert. Nur fünf Prozent der Drehbücher fallen aus den genannten Gründen durch den Rost. Dass jetzt Ford bei Bond zum Zuge kommt, stört ihn nicht. Bond habe jetzt dreimal BMW gefahren, das sei genug.

Auch bei Porsche gibt es selbstverständlich Anfragen. „Wir erhalten pro Jahr rund 400 Skripts und wählen fünf bis zehn davon aus", verrät Porsche-Sprecher Jan-Christian Waschek. Dass auch die Marke mit dem Stern eine wichtige Rolle beim Product Placement spielt, ist offensichtlich. Beispiele gibt es vom Jurassic Park (M-Klasse) und dem Actionstreifen „Peacemaker" (S-Klasse) bis zum Bergdoktor.

Product Placement beschränkt sich natürlich nicht nur auf Autos, sie sind aber aufgrund ihrer medialen Präsenz wesentlich einprägsamer als die Schachtel Marlboro. Den Dienstwagen von TV-Inspektor Derrick kennt man heute in der ganzen Welt. Assistent Harry durfte entweder einen 5er oder einen 7er BMW holen. Auch Manfred Krug als Tatort-Kommissar in Hamburg vertraute auf BMW. Ähnlich gut ging's dem „Alten", der mit Mercedes-Benz unterwegs war. Bei „Alarm für Cobra 11" brausen die Polizisten in einem Porsche Carrera hinter den Ganoven her.

Horst Kubus kann über solche Dienstwagen nur lachen. Das spricht für seinen Humor, denn der Münchner ist ein echter Kriminaler. „Abgesehen davon, dass wir noch nie einen Mordfall im Prominentenviertel Grünwald hatten, fahren solche Autos nicht mal die Polizeipräsidenten", sagt der Kriminalhauptkommissar. Vgl.: Weindl, 2002, S. 51.

8. 2.4 Rechtliche Aspekte des Product Placement

SWR setzt *Haribo* in Szene

In der ARD gibt es einen neuen Fall von Schleichwerbung. Die SWR-Sportsendung „Flutlicht" berichtete am 30. August von einem Golf-Benefizturnier, das unter anderem vom Süßwarenhersteller *Haribo* gesponsert wurde. Der knapp zehnminütige Beitrag mutet streckenweise wie ein Werbefilm an: Das Goldbären-Maskottchen spielt Golf, es werden Fußballspiele mit Gummibärchen nachgespielt, das Logo ist häufig im Hintergrund zu sehen. Auch wird im Beitrag ein alter Werbespot gezeigt – inklusive der Werbemelodie „*Haribo* macht Kinder froh". Zwanzigmal ist die Marke im Bild. Viermal wird der Name genannt oder gesungen. Die Benefiz-Veranstaltung wurde moderiert von Holger Wienpahl, der freier Moderator des SWR ist und sonst auch „Flutlicht" moderiert. Das hielt ihn nicht davon ab, von der gleichen Veranstaltung für „Flutlicht" ein Interview mit Franz Beckenbauer zu führen, dessen Stiftung Mitausrichter der Gala ist. Platziert vor einer Stellwand mit Werbung für die Bärchen-Marke, nutzte Beckenbauer die Gelegenheit, sich „dankbar" für das Sponsoring zu zeigen. Wienpahl selbst sagte: „Sie sind auf einer Veranstaltung von *Haribo*. Es ist unglaublich viel Prominenz hier. Ich habe so viele Prominente unter einem Dach noch nie erlebt." Der Golfplatz, auf dem das Turnier stattfand, gehört Firmeneigentümer Hans Riegel. (…) O.V. 2009b, S. 163

Gericht untersagt Pro 7 „Wok-WM"

Stefan Raab muss sich für seine „TV total Wok-WM" bei Pro Sieben künftig umfassende Einschränkungen gefallen lassen. Am 12.12.2008 erklärte das Verwaltungsgericht Berlin die Nennung von Sponsoren und die Einblendung der Logos für unzulässig und wies damit eine Klage von Pro Sieben gegen die Medienanstalt Berlin-Brandenburg (MABB) ab.

Diese hatte im Frühjahr Schleichwerbung in der „Wok-WM" beanstandet. Pro Sieben hingegen argumentiert, bei der „Wok-WM" handele es sich nicht um eine in Auftrag gegebene Fernsehproduktion, sondern um ein „reales Ereignis", an dem man bloß die Senderechte erwerbe. Das Gericht wollte dem nicht folgen, zumal Stefan Raabs Firma Raab TV die „Wok-WM" von Pro Sieben Event organisieren lässt, an der Pro Sieben Sat.1 beteiligt ist. Laut Vertrag habe der Sender sehr wohl „redaktionelle Mitbestimmungsrechte", die er „zur Unterbindung der Werbung hätte ausüben müssen". Mit einem Sport-Ereignis sei die „Wok-WM" nicht zu vergleichen, da sie nur fürs Fernsehen veranstaltet werde. Daher sei nicht von einer „aufgedrängten Werbung" auszugehen, wie sie das Gesetz zulässt. Die MABB wertet das Urteil als „wichtigen Etappensieg" (O.V. 2008 h, S.39).

Eine Klärung der rechtlichen Lage des Product Placement in *Kinofilmen* erfolgte erst 1991 mit einem BGH-Urteil über den Bogner-Film „Feuer, Eis und Dynamit". Bis zu diesem Urteil spielte sich das Product Placement in einer rechtlichen Grauzone ab, waren alle Product Placement-Verträge nichtig. D.h. ein Werbetreibender konnte die Platzierung seiner Produkte rechtlich nicht durchsetzen, ebenso wenig wie ein Produzent eine Vergütung für das Placement. Durch das Urteil ist Product Placement im Kino auch mit finanziellen Zuwendungen explizit erlaubt.

Der BGH sah in dem Film allerdings insofern einen Wettbewerbsverstoß, weil die im Film enthaltene Werbung „das erwartete Maß überschreitet". Daher müssen Filme, die ein Übermaß an Produktplatzierungen beinhalten, im Vorspann entsprechend gekennzeichnet werden (z.B. „Der Film enthält bezahlte Werbung"). Geklagt hatte der Verband der deutschen Kinowerber: Wenn Unternehmen verstärkt ihre Produkte als Requisiten in Spielfilmen einsetzen, blieben früher oder später die eigentlichen Spots vor dem Hauptfilm aus, so die Befürchtung.

Die Konsequenzen des Urteils sind bedeutsam: Kinofilme dürfen grundsätzlich Werbung enthalten. Kinofilme dürfen in Zukunft so viel Placements enthalten, wie die Produzenten unterbringen können. Product Placement ist damit im Kino offiziell ein legales Geschäft.

Bisher waren die Juristen davon ausgegangen, dass, wie im Fernsehen auch, in Kinofilmen der Grundsatz der Trennung von Programm und Werbung gelte. Der BGH argumentiert, dass für Spielfilme die gesetzlich verankerte „Freiheit der Kunst" garantiert werden müsse und daher ein Verbot von Product Placement nicht möglich sei.

Weil das Publikum bei einem Kinofilm den kommerziellen Charakter durchaus richtig einschätze, sei bis zu einem gewissen Grad Werbung auch ohne Vorspann zulässig. Wenn Product Placement ohne Entgelt erfolgt, ist es vollkommen in Ordnung. Nur wenn Geld in erheblichem Umfang gezahlt wird, könne ein Hinweis im Vorspann angebracht sein. Wie dieser Hinweis erfolgen soll und wo die Grenze zu einem hinweispflichtigen Product Placement verläuft, ließen die Richter offen. Selbst bei Unterlassung der Hinweise ist nicht mit Verbot oder finanziellen Sanktionen zu rechnen.

Das Problem, das dieses Urteil aufwarf, bestand in der Trennung von Fernseh- und Kinofilm. Rundfunkrechtlich war Product Placement verboten, sowohl im öffentlich-rechtlichen als auch im privaten Rundfunk, es sei denn, eine Marke wurde allein aus journalistischen, redaktionellen oder dramaturgischen Gründen dargestellt. Drehte ein Fernsehsender einen TV-Film oder gab eine Fernsehproduktion in Auftrag, dann galten die Mediengesetze, weil der Sender den speziellen Richtlinien für Medienanstalten unterliegt, die Werbung im redaktionellen Teil verbieten.

Unabhängig von der rechtlichen Zulässigkeit konnten freie Produzenten ihre Filme leichter finanzieren als Fernsehsender. Hier zeichnete sich eine problematische Diskriminierung ab. Jeder Spielfilm läuft früher oder später auch im Fernsehen. Damit wurde die Trennung zwischen Kino- und TV-Film der Wirklichkeit nicht gerecht.

Erst seit dem 1. April 2010 ist Product Placement auch im Fernsehen geregelt. Zwar ist Schleichwerbung nach den europäischen Vorgaben im Rundfunk nach wie vor verboten, erlaubt sind jedoch die so genannten *Produktplatzierungen*. So dürfen Produktionsfirmen und private Rundfunkveranstalter ihren Werbekunden Produktplatzierungen gegen entsprechende Entgelte in Unterhaltungssendungen, Serien, Spielfilmen oder etwa in Sportsendungen anbieten. Verboten sind Produktplatzierungen in Nachrichtensendungen, informierenden Magazinsendungen und im Kinderfernsehen.

Bezahlte Produktplatzierungen dürfen in die Handlung des Films oder in eine Sendung nur „aus überwiegend programmlich-dramaturgischen Gründen" eingebaut werden. Sie müssen aber eindeutig gekennzeichnet sein (§ 7, 7). Laut Fernsehwerberichtlinie vom 23.02.2010 gilt die Kennzeichnung als gegeben, wenn „zu Beginn und zum Ende einer Sendung sowie bei deren Fortsetzung nach einer Werbeunterbrechung für die Dauer von mindestens 3 Sekunden die Abkürzung „P" als senderübergreifendes Logo für Produktplatzierungen enthält". Das „P" ist durch einen erläuternden Hinweis, wie z.B. „Unterstützt durch Produktplatzierungen" zu ergänzen.

Inwieweit sich die neuen Möglichkeiten im deutschen Fernsehen durchsetzen werden bleibt abzuwarten, da sowohl Werbetreibende als auch Sender eher zurückhaltend sind:

> „Die Sender fürchten, dass ihr klassisches Geschäft mit dem Verkauf von Werbung stärker leidet, als die neuen Erlöse sprudeln.
>
> Dass mehr als drei Prozent der Werbebudgets hierzulande in Product Placement fließen, halten Branchenkenner inzwischen für unrealistisch. Frisches Geld machen die Konzerne ungern locker. Was sie für Product Placement ausgeben, wird im Zweifel bei den Werbespots eingespart.

> Das Nullsummenspiel aber lohnt sich für die Sender nicht. Eine Bierflasche ins Programm zu heben, ist viel aufwendiger, als bloß einen Reklamespot abzuspulen. Die Absprache mit Redaktion, Werbern, Produzent und Juristen kostet Zeit und Geld. „Das Geschäft wird nicht so groß, dass wir dafür unsere Werbeinseln gefährden", sagt Lars-Eric Mann vom RTL-Vermarkter IP Deutschland" (Hülsen 2010, S. 66).

8. 2.5 Kosten des Product Placement

Naheliegenderweise lassen sich die Kosten für ein Product Placement am ehesten mit den Kosten für einen Werbespot vergleichen. Dabei werden im Folgenden die Produktionskosten für den Werbespot (die für den Werbetreibenden bei einem Product Placement entfallen) ebenso wenig berücksichtigt wie die Qualität des Product Placement, auf die der Werbetreibende i.d.R. keinen Einfluss hat.

Ein Vergleich der Schaltkosten eines Werbespots mit den Kosten für ein Product Placement basiert auf dem TKP (vgl. Kapitel 5.10.1.5). Der TKP bietet eine finanzielle Vergleichsmöglichkeit zwischen diesen beiden Werbeformen.

Unter finanziellen Aspekten ist ein Product Placement der Schaltung eines Werbespots vorzuziehen, wenn sein TKP geringer ist als der des Werbespots:

$$TKP_{Product\ Placement} \leq TKP_{Werbung.}$$

Die TKP errechnen sich wie folgt:

$$TKP_{Werbung} = \frac{Schaltkosten}{Zahl\ der\ Werbekontakte} \times 1.000$$

$$TKP_{Product\ Placement} = \frac{Kosten\ des\ Product\ Placement}{Zahl\ der\ Placementkontakte} \times 1.000$$

Für den Wirtschaftlichkeitsvergleich sind grundsätzlich zwei Situationen zu unterscheiden:

1. Ist die **voraussichtliche Reichweite**, die mit einem Product Placement erzielt werden kann, **bekannt** (z.B. bei Serienproduktionen), dann lässt sich errechnen, wie hoch die Kosten des Product Placement maximal sein dürfen, wenn das Product Placement günstiger sein soll, als der Preis für einen Werbespot in einem Werbeblock innerhalb der Serie.

   Beispiel: Eine Fernsehserie erreiche erfahrungsgemäß durchschnittlich 4 Mio. Zuschauer, der TKP für einen Werbespot in einem Unterbrecher-Werbeblock während der Serie liege bei 20,00 €.

   Der Betrag, bei dem das Product Placement die günstigere Alternative zu einem Werbeblock darstellt, errechnet sich dann wie folgt:

   $$Kosten_{Product\ Placement} \leq TKP_{Werbung} \times \frac{Zahl\ der\ Placementkontakte}{1.000}$$

   $$Kosten_{Product\ Placement} \leq 20,00\ € \times \frac{4.000.000}{1.000}$$

   Das Product Placement erweist sich in diesem Beispiel also dann als günstiger, wenn es weniger als 80.000 € kostet.

2. Häufig ist allerdings eine **Schätzung der Reichweite**, die mit einem Product Placement erzielt werden kann, **nicht möglich**. In diesem Fall ist eine **kritische Reichweite** zu berechnen, die das Product Placement mindestens erzielen muss.

Beispiel: Ein Fernsehsender plane eine Kochsendung und bietet einem Nahrungsmittelhersteller ein Product Placement für 30.000 € an. Der TKP für einen Werbespot liege bei der voraussichtlichen Sendezeit bei 20,00 €. Der Nahrungsmittelhersteller kann nun errechnen, wie viele Kontakte die Sendung mindestens erzielen muss, damit das Product Placement günstiger als die Schaltung eines Werbespots zu dem entsprechenden Ausstrahlungszeitpunkt ist:

$$\text{Zahl der Placementkontakte} \geq \frac{\text{Kosten}_{\text{Product Placement}}}{\text{TKP}_{\text{Werbung}}} \times 1.000$$

$$\text{Zahl der Placementkontakte} \geq \frac{30.000}{20} \times 1.000$$

Wenn mit dem Product Placement mindestens 1,5 Millionen Zuschauer erreicht werden, erweist es sich als günstiger als die Schaltung eines Werbespots.

Es ist darauf hinzuweisen, dass derartige Berechnungen allein Wirtschaftlichkeitsvergleiche erlauben. Über die qualitativen Unterschiede lassen sich damit keine Aussagen machen.

Die Kosten für ein On-Set-Placement liegen in Deutschland in einer Größenordnung von 10.000 bis 30.000 €, die Kosten für ein Creative Placement können erheblich darüber liegen. Abgerechnet wird nach der Anzahl der Sekunden, die das Produkt im Film zu sehen ist.

Schätzungen über das Gesamtvolumen des Product Placement in Deutschland liegen bei etwa 150 Millionen Euro pro Jahr. Das zeigt, dass dem Product Placement derzeit nur eine untergeordnete Rolle als Werbeform zukommt. Wird allerdings unterstellt, dass ein Markenartikel in einem Spielfilm oder einer Serie nur in den seltensten Fällen zufällig erscheint, muss von einem Vielfachen dieser Schätzung ausgegangen werden.

8.3 Direct Marketing

8.3.1 Grundlagen

Während alle bisher vorgestellten Werbeformen der Massenkommunikation zuzurechnen sind, gründet sich die Besonderheit des Direct Marketing auf die Tatsache, dass es eine Form der **Individualkommunikation** darstellt (s. Kasten):

> „Der Begriff Direktmarketing umfasst alle Marketingaktivitäten, bei denen Medien und Kommunikationstechniken mit der Absicht eingesetzt werden, eine interaktive Beziehung zu Zielpersonen herzustellen, um sie zu einer individuellen, messbaren Reaktion zu veranlassen" (Deutscher Direktmarketing Verband).

Konstituierend für diese Definition ist das Wort **interaktiv**, d.h. dem Direct Marketing sind nur solche Aktionen zuzurechnen, die eine individuelle Wechselbeziehung zwischen Werbetreibenden und Umworbenen ermöglichen. Massenkommunikation richtet sich per definitionem immer an eine Ziel**gruppe**, hingegen sind die Aktivitäten im Direct Marketing auf einzelne, namentlich bekannte Personen ausgerichtet. Es sind allerdings auch solche Aktivitäten dem Direct Marketing zuzurechnen, die darauf ausgerichtet sind, eine namentliche Ansprache überhaupt erst zu ermöglichen, wie beispielsweise Anzeigen oder TV-Spots mit Responseelementen. Im weitesten Sinn zählt dazu auch die Haushaltswerbung.

Angesichts dieses sehr weit gefassten Aktivitätsfeldes ist es sinnvoll, das Direct Marketing in drei Erscheinungsformen zu untergliedern (vgl. Löffler/Scherfke 2000, S. 46 ff.):

- **Passives Direct Marketing** ist die einfachste Art der Kundenansprache. Hierbei handelt es sich um eine Einweg-Kommunikation, bei der der Kunde zwar direkt angesprochen wird, eine unmittelbare Rückantwort allerdings nicht erwartet wird, wie beispielsweise bei der Haushaltswerbung und unadressierten Werbesendungen. In dieser Form reduziert sich das Direct Marketing auf den Informationsaspekt und ist hier der klassischen Werbung sehr nahe.
- **Aktives Direktmarketing** eröffnet dem Kunden eine unmittelbare Reaktionsmöglichkeit. Dazu zählen adressierte Werbesendungen und klassische Werbemittel wie Anzeigen, Plakate oder Werbespots mit Responseelementen.
- **Interaktionsorientiertes Direct Marketing** ist die individuellste Form, sie zielt auf einen Dialog mit dem Kunden, beispielsweise beim Telefon-Marketing oder auch beim Online-Marketing.

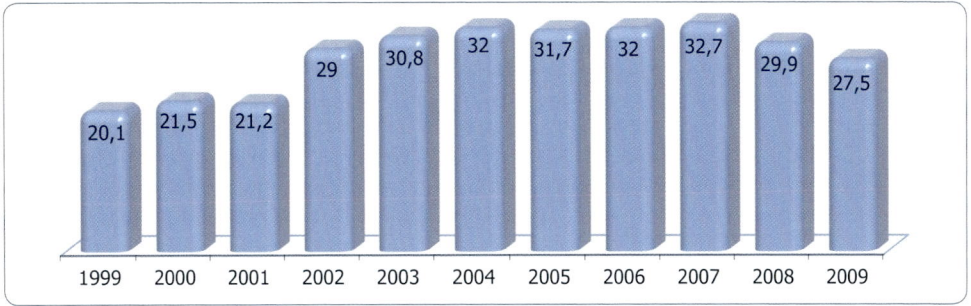

Abbildung 8-18: *Ausgaben für Direct Marketing 1999–2009*

Quelle: DDV (www.ddv.de)

Die gezielte Ansprache von Kunden und Interessenten begründet die stark wachsende Bedeutung des Direct Marketing. Es zeichnet sich ab, dass das Direct Marketing seinen Stellenwert im Kommunikations-Submix der Werbetreibenden weiter ausbauen wird. Vor allem die Entwicklung in der Datenverarbeitung, Datenspeicherung und dem Ausbau elektronischer Kommunikationsnetze wird diesen Prozess beschleunigen.

Die gesamten Aufwendungen für Direct Marketing beziffert der Deutsche Direktmarketing Verband (DDV) für 2009 auf 27,5 Milliarden Euro. Das wichtigste Instrument des Direct Marketing waren 2009 die Werbesendungen, für die 12,6 Milliarden Euro aufgewendet wurden, die Ausgaben für Online Medien beliefen sich auf 10,6 und für das Telefonmarketing auf 4,3 Mrd. Werbestärkste Branchen waren 2009 die Dienstleister mit 13,9 Mrd. Euro, gefolgt vom Handel (10,1 Mrd. Euro).

Die Ursprünge des Direct Marketing gehen auf Unternehmen zurück, die nach dem 1. Weltkrieg ihre Produkte auf dem Postweg vertrieben, also Versandhändler wie *Eduscho* und *Quelle*. Seit den 80er Jahren hat aber auch bei anderen Unternehmen die durch den Wettbewerbsdruck zunehmende Kundenorientierung zu einer stärkeren Hinwendung zum Direct Marketing geführt. Zunehmend erschließen sich auch nichtkommerzielle Nutzer das Direct Marketing: Wohlfahrtsverbände, gemeinnützige Organisationen und die Politik zählen mittlerweile zu den größten Nutzern des direkten Dialogs.

Der Trend vom Massenmarketing zum Individualmarketing setzt sich zunehmend stärker fort, der einzelne Kunde rückt immer stärker in den Mittelpunkt des Marketing. Die Unternehmen versuchen, gezielter auf die individuellen Bedürfnisse und Wünsche ihrer Kunden einzugehen. Notwendige Konsequenz daraus ist, dass die Unternehmen so viele Daten wie möglich über ihre Kunden sammeln. Die Datenbanken der Unternehmen, in denen sie Informationen über die Gewohnheiten ihrer Kunden gespeichert haben, stellen ihr Kapital für die Zukunft dar.

Für einen Reiseveranstalter stellt es keine Schwierigkeit dar, die Urlaubsgewohnheiten seiner Kunden zu erfassen. Anders als im Konsumgüterbereich haben touristische Unternehmen notwendigerweise Zugang zu der Adresse und den persönlichen Daten eines Kunden. An seinem Buchungsverhalten lässt sich über einen längeren Zeitraum hinweg der Lebensweg eines Kunden verfolgen. Seine berufliche Entwicklung lässt sich an Hand der Urlaubsziele und der gebuchten Preiskategorien verfolgen, die familiäre Entwicklung an Hand der Anzahl der gebuchten Plätze. Ebenso lassen sich seine Interessen im Urlaub feststellen, ob er beispielsweise sportlich interessiert ist oder eher kulturell. Auf diese Weise ist ein Reiseveranstalter problemlos in der Lage, seinen Kunden maßgeschneiderte Angebote unterbreiten zu können. Selbst in einem Massengeschäft wie dem Tourismus ermöglicht das Direct Marketing eine individuelle Kundenpflege. Ein Brief des Reisebüros nach Beendigung der Urlaubsreise, in dem nachgefragt wird, ob der Urlaub zur vollen Zufriedenheit verlaufen ist oder ob es Grund zu Beanstandungen gab, vermittelt dem Kunden das Gefühl, individuell umsorgt zu sein. Dies ist ein Weg, den üblicherweise geringen Stammkundenanteil im Tourismus zu erhöhen. Kundenbindung über Direct Marketing wird zum Schlüsselbegriff für die Branche (vgl. Dahlem 1997, S. 124).

Tabelle 8-8: Entwicklung des Direkt Marketing

Zeit	Anwender	Grundlage	Adressaten	Vorwiegend eingesetzte Instrumente
1900–1970	Versandhäuser, Buchclubs	eigene Kundenadressen	Einzelpersonen	Mailing, Direktvertrieb
1970–1980	zahlreiche andere Unternehmen	Kundenadressen, gekaufte und gemietete Adressen	nach Kriterien ausgewählte Einzelpersonen	Mailing, Telefon, Direktvertrieb
1980–2000	fast alle Unternehmen	Datenbanken mit Kundenadressen, Fremdadressen, E-mail-Adressen	Nach detaillierten Kriterien ausgewählte Einzel-personen	moderne Kommunikationstechniken, Dialogtechniken, Direktvertrieb
nach 2000	fast alle Unternehmen	Datenbanken mit Kun-denadressen, Fremd-adressen, E-mail-Adressen, Internetnutzer	Nach detaillierten Kriterien ausgewählte Einzelpersonen	moderne Kommunikationstechniken, Dialogtechniken, Direktvertrieb, „individuelle Massenfertigung"

Quelle: Löffler/Scherfke: Praxishandbuch Direkt-Marketing, Berlin 2000, S. 9

Das Marketing wird stärker dialogorientiert, individuelle Beratung und Betreuung der Kunden werden die Basis der Wettbewerbsvorteile von morgen sein. Damit wird zwangsläufig die Bedeutung des Direct Marketing zunehmen. Es wird sogar prognostiziert, dass das heutige Direct Marketing die Vorstufe zu einem interaktiven Marketing darstellt, dessen Kern nicht mehr Erfolgsindikatoren wie Marktanteil und Gewinnmargen sind, sondern die Ermittlung eines Kundenwertes. Realistischerweise ist allerdings davon auszugehen, dass sich der Standardisierungsansatz des Massenmarketing und der Individualisierungsansatz des Direct Marketing parallel weiterentwickeln und sich in vielen Fällen Integrationsmöglichkeiten ergeben werden.

Der Trend zum Direct Marketing wird einerseits unterstützt durch Entwicklungen in der Kommunikationstechnologie und im Zahlungsverkehr. Computer ermöglichen den Aufbau von Datenbanken, das Internet neue Distributions- und Kommunikationsformen, mit der Kreditkartennummer ist eine einfache Zahlungsabwicklung per Telefon oder per Internet möglich.

Andererseits sind es die offensichtlichen **Vorteile des Direct Marketing**, die seine Bedeutung erhöhen:

- Jede Form der Massenkommunikation führt zwangsläufig zu Streuverlusten, d.h. es werden Personen angesprochen, für die die Werbebotschaft nicht relevant ist. Streuverluste mindern jedoch die Wirtschaftlichkeit der Werbung. Bei einer gezielten Personenansprache werden diese Streuverluste minimiert. Je kleiner die Zielgruppen werden, desto schwieriger sind sie über breit streuende Medien zu erreichen.
- Direct Marketing ermöglicht, was in der Massenkommunikation nicht realisierbar ist: nämlich eine unmittelbare Effizienzmessung und Erfolgskontrolle der ergriffenen Maßnahmen, da der Erfolg einer Direct Marketing-Aktion den ergriffenen Maßnahmen i.d.R. direkt zurechenbar ist. Indikator für die Wirtschaftlichkeit der Massenkommunikation ist der TKP. Der entsprechende Indikator im Direct Marketing ist der **CPO**, cost per order:

$$CPO = \frac{\text{Kosten der Direct Marketing-Aktion}}{\text{Zahl der Aufträge}}$$

- Der wesentliche Nachteil der Instrumente der Massenkommunikation besteht darin, dass sich die Werbebotschaften in einer Fülle von Konkurrenzbotschaften behaupten müssen. Hingegen erfolgt die individuelle Ansprache mit dem Instrumentarium des Direct Marketing weitgehend unter Ausschluss der Konkurrenz.

Direct Marketing hat sowohl **Kommunikations**- als auch **Distributionsfunktionen**. Abbildung 8-19 zeigt die Vielfalt an Aufgaben, die das Direct Marketing erfüllen kann. Auch beim Direct Marketing liegt das Hauptziel natürlich im Verkauf, sei es an bestehende oder an neue Kunden. Daneben kann das Direct Marketing aber eine Vielzahl an Aufgaben im Bereich der Kundengewinnung, -pflege und -betreuung erfüllen.

Entscheidend ist im Direct Marketing die Art der Zahlungsweise:

- Bei der **Vorauszahlung** wird die Ware erst dann verschickt, wenn sie bezahlt ist. Dies ist zwar für den Anbieter die sicherste Form, aber sehr kundenunfreundlich, denn der Kunde kann die Ware nicht prüfen oder anprobieren.
- Bei Zahlung per **Nachnahme** zahlt der Kunde, wenn er das Paket erhält. Auch in diesem Fall hat er keine Möglichkeit zur Prüfung der Ware.
- Der **Rechnungskauf** ist für den Kunden das angenehmste System, er muss erst nach Erhalt und Prüfung der Ware zahlen. Diese Zahlungsweise entspricht dem Spontankauf am ehesten, enthält aber ein hohes Zahlungsausfallrisiko für den Anbieter.
- Der Kauf per **Kreditkarten** gewinnt zunehmend an Bedeutung und ist für beide Seiten vorteilhaft. Der Anbieter muss zwar einen bestimmten Prozentsatz vom Umsatz an das Kreditkartenunternehmen abführen, hat dafür aber eine Zahlungsgarantie. Für den Kunden ist die Kreditkarte die einfachste Zahlungsform, außerdem wird der Betrag seinem Konto erst mit Zeitverzug belastet.

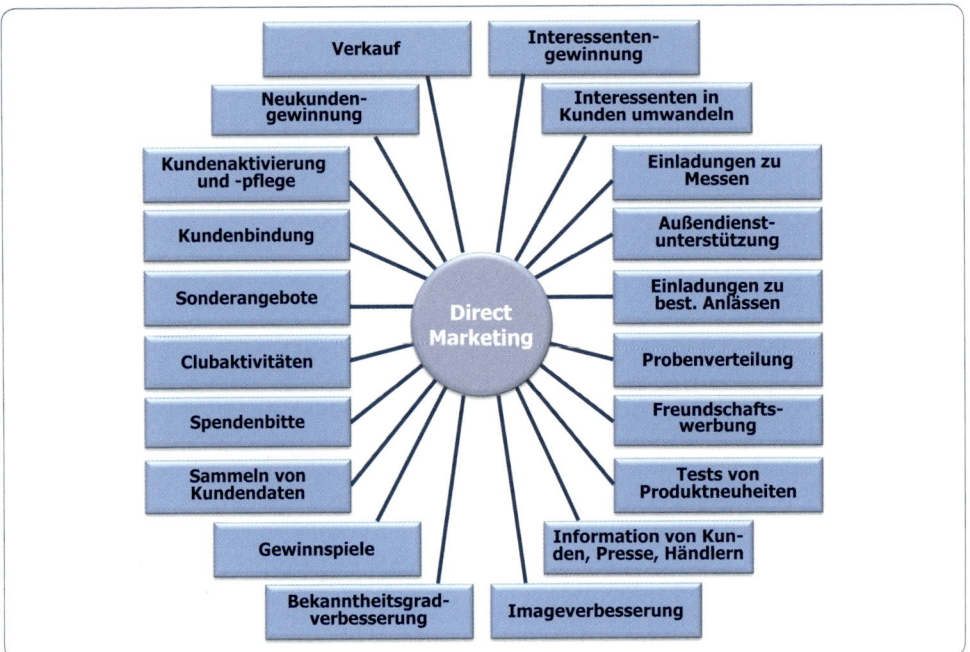

Abbildung 8-19: *Aufgaben des Direct Marketing*
Nach Holland: Direktmarketing, 2. Aufl., München 2004, S. 20

8. 3.2 Zielgruppenselektion

8. 3.2.1 Zielgruppen im Direct Marketing

Das Wesen des Direct Marketing ist die gezielte und direkte Ansprache von Personen. Dazu ist es jedoch notwendig, zu wissen, **wer** angesprochen werden soll. Während sich die Massenkommunikation an eine namenlose Zielgruppe wendet, die mehr oder weniger genau getroffen wird, werden im Direct Marketing namentlich bekannte Personen angesprochen. D.h. es müssen zumindest die Namen und Adressen der Personen herausgefunden werden, die das Angebot des Unternehmens nutzen bzw. nutzen könnten. Der Erfolg einer Direct Marketing-Aktion hängt wesentlich von der Zielgruppe ab, die angesprochen wird.

Nicht in jeder Branche sind die Kunden zu identifizieren. Vorteile haben hier vor allem Finanzdienstleistungen, Information und Telekommunikation und alles, was mit Transport zu tun hat. Im Englischen hat sich dafür eine eingängige Abkürzung etabliert: FIT: Finance, Information, Transportation. Alle anderen Branchen können ihre Zielpersonen nur indirekt identifizieren (z.B. über Kundenkarten).

Grundsätzlich sind im Direct Marketing zwei Zielgruppen zu unterscheiden:

- im **Business-to-Business** (BtoB, B2B) bietet ein Unternehmen seine Leistungen einem anderen Unternehmen an.
- im **Business-to-Consumer** (BtoC, B2C) bietet das Unternehmen seine Leistungen dem Endverbraucher an.

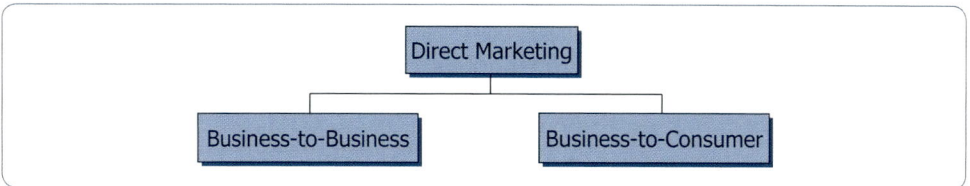

Abbildung 8-20: Die Zielgruppen des Direct Marketing

Eine individuelle Kundenansprache setzt den langfristigen Aufbau einer Datenbank voraus. Für ein professionelles Database-Marketing reichen die internen Daten i.d.R. allerdings nicht aus, vielmehr wird gezielt versucht, weitere Daten zu generieren. Je nach Zielgruppe sind dabei die Möglichkeiten zur Datenerhebung sehr unterschiedlich:

- Im **Business-to-Business-Bereich** kann das Unternehmen einerseits **interne Datenquellen** nutzen (wie Außendienstberichte, Messeberichte, Reklamationen). Einfacher und kostengünstiger sind i.d.R. jedoch **externe Datenquellen** wie Bezugsquellennachweise, Verbände, Handelsregister, Telefonbücher oder Messekataloge. Üblich ist auch die Miete von Adressen bei spezialisierten Adressverlagen wie AZ Bertelsmann oder Schober-Direkt. Wichtig ist, dass die jeweiligen Entscheidungsträger ermittelt werden können, die für Einkauf und Beschaffung zuständig sind.

- Die Datengewinnung im **Business-to-Consumer-Bereich** kann ebenfalls über interne oder externe Quellen erfolgen. Interne Datenquellen beziehen sich aber nur auf die bereits bestehenden Kunden. Zur Gewinnung von Neukunden werden i.d.R. die Möglichkeiten der Massenkommunikation genutzt, also z.B. Anzeigen, Radio- oder Fernsehspots, in denen die Umworbenen aufgefordert werden, sich mit dem Unternehmen in Verbindung zu setzen. Dies erfolgt beispielsweise mit Coupon-Anzeigen oder über die Bekanntgabe einer Telefonnummer. Auf diese Weise ist es möglich, aus einer anonymen Masse von Zielpersonen **Interessenten** zu identifizieren. Eine andere Möglichkeit zur Gewinnung von Neukunden sind Kunde-wirbt-Kunde-Aktionen (Freundschaftswerbung). Aber auch im B2C-Bereich kann das Mieten von Adressen eine sinnvolle Möglichkeit sein. Beispielsweise ist bei der Vermarktung von Gartenartikeln die Liste der Abonnenten von Gartenzeitschriften eine wichtige Informationsquelle. Allerdings zeigt dieses Beispiel die Problematik daraus entstehender Streuverluste auf, denn es ist durchaus möglich, dass auch Stadtbewohner, die in einem Hochhaus leben, eine Gartenzeitschrift abonniert haben.

8. 3.2.2 Mikrogeografie

Mit dem Instrument der Mikrogeografie versuchen Adressverlage, Streuverluste in der Direktansprache dadurch zu vermeiden, dass sie Wohngebiete nach verschiedenen Wohnmilieus zellenartig erfassen. Aus den so gewonnenen mikrogeographischen Datenbanken werden unterschiedliche Konsumgewohnheiten der Bewohner abgeleitet. Dieses Mikromarketing basiert auf dem Nachbarschaftsprinzip: Gleich und Gleich gesellt sich gern. „Dies besagt, dass an sich ‚ähnliche' Personen und Haushaltungen gerne eine Nachbarschaftseinheit bilden und die so genannten ‚unähnlichen' Personen daraus wegziehen" (Nef, 2005).

Abbildung 8-21 zeigt als Beispiel das mikrogeographische System von Pan-adress. Es beinhaltet mehr als fünf Millionen Mikrozellen (zu jeweils fünf Haushalten), die aus unterschiedlichen Quellen erhoben und verdichtet werden. Aus diesen Informationen

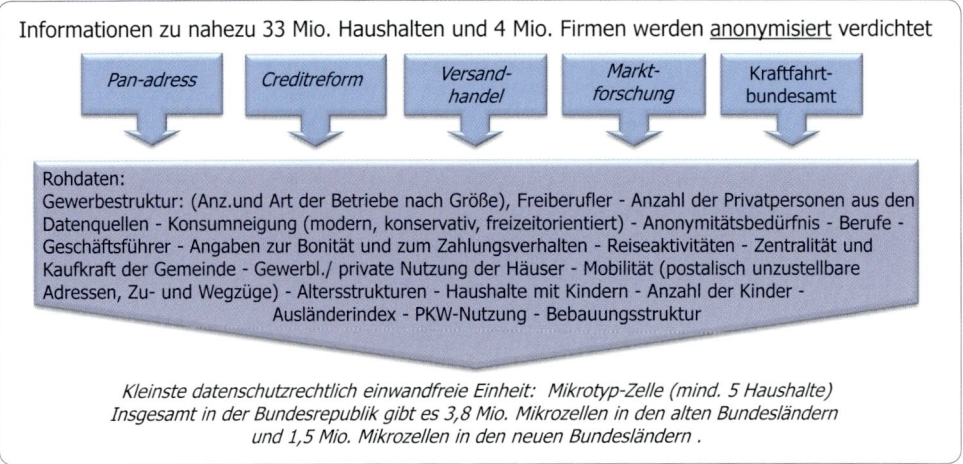

Abbildung 8-21: *Mikrogeografie*

Quelle: Kremser: Die mikrogeografische Datenbank Mikrotyp von pan adress Direktmarketing, 2000, S. 6

lassen sich Konsumneigung, Bonität, Kaufkraft u. dgl. ableiten. Auf diese Weise können Haushalte, die einem bestimmten Konsumtyp zugeordnet sind, gezielt angesprochen werden. Als weitere Anwendungsmöglichkeit ist beispielsweise vorstellbar, dass in einem Call-Center, das telefonische Bestellungen für Produkte entgegennimmt, die in einem Teleshopping-Spot beworben wurden, zusätzlich gezielte weitere Angebote unterbreitet werden können, nachdem der Anrufer seine Adresse genannt hat.

Werden den einzelnen Zellen die geografischen Koordinaten und deren relative Lage zueinander zugeordnet, lässt sich daraus das so genannte **Geomarketing** entwickeln. „Geomarketing kümmert sich im Kern um die räumlichen Aspekte des Marketing-Mix und somit um die Frage nach dem Wo. Also: Wo hat ein Produkt besonders gute Absatzchancen? Wo sind welche Verkaufspreise erzielbar? Wo sind aussichtsreiche Standorte und Vertriebsgebiete? Wo lebt und kauft die Zielgruppe, und wo sollte folgerichtig geworben werden?" (Karle 2009, S. 48).

Mikrogeografie und Geomarketing finden zunehmende Verbreitung insbesondere im Handel und in der Mediaplanung. Für den Handel sind vor allem die folgenden Einsatzfelder des Mikromarketing von Relevanz:

- Zum einen lässt sich der ideale Standort für Niederlassungen finden unter Berücksichtigung von Wohndichte, Einwohner- und Einkommensstruktur und Wettbewerber.
- Andererseits fließen mikrogeografische Daten immer stärker in die regionale Mediaplanung ein, indem die Distribution von Werbung an die Einzugsgebiete der Filialen angepasst wird, um so Streuverluste zu verringern.

Zwei Beispiele sollen die Methode verdeutlichen:

1. Durch Befragung an der Kasse eines Baumarktes werden die Postleitzahlen der Kundenwohnorte und somit das Einzugsgebiet der einzelnen Filialen ermittelt. Durch Verknüpfung mit den Kassenboninformationen lässt sich der Pro-Kopf-Umsatz pro Postleitzahlgebiet und pro Produktkategorie ermitteln. Dieser wird jetzt den Gesamtausgaben für Do-it-yourself-Angebote gegenübergestellt. So lässt sich der eigene Marktanteil in einem bestimmten Gebiet und für eine Produktkategorie errechnen.

2. Der Umsatz eines Fahrradhändlers sinkt seit einigen Jahren stetig. Bislang schaltete der Inhaber regelmäßig Anzeigen in der Tageszeitung. Zusammen mit Geomarketing-Spezialisten wurde nun die Kundendatei durchforstet und mit Hilfe zugekaufter geografischer und soziodemografischer Strukturdaten ein Kundenprofil erstellt. Ergebnis: Es sind überwiegend Familien mit jungen Kindern, die in dem Geschäft einkaufen. Um die Akquisition anzukurbeln, werden jene Straßenzüge und Stadtgebiete herausgefiltert, in denen Personen mit ähnlichem Profil wohnen. Außerdem Orte, die von Kindern und ihren Eltern häufig frequentiert werden, wie Schulen, Spielplätze und Kindertagesstätten. In der Nähe dieser Plätze werden Plakatflächen gebucht, sowie zu bestimmten Anlässen Handzettel verteilt. In lokalen Anzeigenblättern, die in Wohngebieten mit überdurchschnittlich vielen Kindern verteilt werden, erfolgt Beilagen-Werbung (vgl. Bücker 2005, S. 82 ff.).

8.3.2.3 Datenbanken

Alle über die Kunden und Interessenten über interne und externe Quellen erreichbaren Daten werden in einer zentralen Datenbank (Data-Warehouse) gesammelt, bereinigt und geordnet. Das sind in erster Linie soziodemographische Daten, aber auch Daten über das Kaufverhalten, aus dem sich Rückschlüsse über Gewohnheiten ziehen lassen. Die Daten werden dann auf versteckte Beziehungen hin untersucht sowie darauf, ob sich unbekannte Muster und Regeln erkennen lassen. Diese Analyse wird als Data-Mining bezeichnet. Damit wird versucht, aus Daten und Informationen neues Wissen zu produzieren. Zur Anwendung kommen komplexe statistische Verfahren von multidimensionaler Statistik bis hin zu so genannten neuronalen Netzen.

Allerdings sind dem Data-Mining Grenzen gesetzt, die in erster Linie in der Datenqualität und der Datenmenge liegen. Voraussetzung sind aktuelle und richtige Informationen in einer für die statistischen Verfahren ausreichenden Menge (vgl. Huldi 2000, S. 84 f.).

Der bestehende Kundenstamm wird im Data-Mining mit Punktbewertungsverfahren segmentiert. Der Grundgedanke eines Scoringmodelles besteht darin, dass jeder Kunde hinsichtlich bestimmter Kriterien mit Punkten bewertet werden kann. Je höher das Punktekonto eines Kunden ist, desto höher ist seine Bedeutung für das Unternehmen. „Je aktueller das letzte Kaufdatum, je häufiger der Kunde gekauft hat und je größer der Umsatzwert ist, desto besser ist der Kunde zu bewerten" (Löffler/Scherfke 2000, S. 98). Ein häufig eingesetzter Scoring-Ansatz ist die RFMR-Methode:

Hierbei werden die Kunden hinsichtlich der Länge der seit ihrem letzten Kauf vergangenen Zeitspanne (Recency), der Anzahl der Käufe in einem bestimmten Zeitraum (Frequency) und dem kumulierten Auftragswert (Monetary Ratio) in dem Zeitraum bewertet und klassifiziert. Je aktueller der letzte Kauf ist, desto mehr Punkte werden hierfür vergeben. Hier gilt die Annahme, dass die Wahrscheinlichkeit eines weiteren Kaufs mit der Aktualität des letzten Kontakts zunimmt. Je mehr Käufe in einem Betrachtungszeitraum stattgefunden haben und je größer der Wert dieser Transaktionen war, desto wertvoller wird der Kunde eingestuft. Auf Grundlage der RFMR-Scorings werden die Kunden unterschiedlichen Gruppen zugeordnet und differenziert vom Unternehmen angesprochen. Bei hohen RFMR-Werten erfolgt eine qualitativ und quantitativ umfassendere Kundenansprache als bei geringer Punktzahl (vgl. Mann 2006, S, 75).

Für ein Unternehmen wird es immer wichtiger, an persönliche Daten seiner Zielgruppe heranzukommen. Entsprechend ausgeprägt ist auch die Kreativität, diese Daten zu ermitteln. Wenn beispielsweise eine Kfz-Versicherung abgeschlossen wird, werden auch viele persönliche Daten erhoben, die nicht in einem unmittelbaren Zusammenhang mit der Versicherungsleistung stehen. Die Frage, ob jemand eine Garage hat, ist natürlich im

Hinblick auf die Diebstahlswahrscheinlichkeit wichtig. Die Frage, ob die Garage gemietet oder im eigenen Besitz ist, hat mit dem Diebstahlsschutz allerdings nichts mehr zu tun. Der Versicherungsvertreter leitet die Daten jedoch an die Immobilienabteilung weiter, die später entsprechende Angebote unterbreiten wird.

Der gleiche Kfz-Versicherer gewährt einen Zusatzrabatt, wenn der Versicherte Kinder hat. Offizielle und nachvollziehbare Begründung: Jemand, der Kinder hat, fährt vorsichtiger und verursacht weniger Schäden als jemand, der keine Kinder hat. Für die Versicherung offenbart diese Information jedoch die Möglichkeit zu weiteren Abschlüssen wie Ausbildungsversicherung, erweiterte Haftpflichtversicherung u. dgl.

Eine Datenbank ermöglicht eine Klassifizierung von Kunden unter verschiedenen Kriterien. Es lassen sich aktive von inaktiven Kunden unterscheiden, rentable von unrentablen oder Stammkunden von gelegentlichen Kunden. Auf dieser Basis können die gebildeten Segmente gezielt angegangen werden. Inaktive Kunden können zu aktivieren versucht werden, gelegentliche Kunden in Stammkunden umgewandelt, den aktiven und Stammkunden maßgeschneiderte Angebote unterbreitet werden. Die *Lufthansa* erfasst beispielsweise alle „Vielflieger Kids" von fünf bis neun Jahren und alle Teens von zehn bis sechzehn Jahren, denen jeweils spezielle Magazine zur Verfügung gestellt werden (vgl. Biedermann 1997, S. 46).

Auf Basis der Stammkundendaten lassen sich Profile erstellen, wie der „ideale" Neukunde aussehen soll im Hinblick auf soziodemografische, geografische und psychografische Kriterien. Dieses Profil kann dann gezielt genutzt werden für die Suche nach potenziellen Neukunden.

Eine Kundendatenbank sollte als Basis für eine zweigleisige Kommunikation aufgefasst werden, „die es dem Unternehmen ermöglicht, sein Angebot den Wünschen und Reaktionen seiner Kunden entsprechend zu gestalten bzw. zu verbessern" (Linsner 1995, S. 68). Die Datenbank ermöglicht eine individualisierte Zielgruppenansprache, die gezielt zur Kundenbetreuung eingesetzt werden kann. Je zufriedener ein Kunde mit seiner Betreuung ist, desto größer ist die Wahrscheinlichkeit, dass er wieder bei demselben Unternehmen bestellt. Die Wahrscheinlichkeit kann noch erhöht werden, wenn dem Kunden rechtzeitig vor seinem üblichen Bestellrhythmus gezielte Angebote unterbreitet werden. Eine gut gepflegte Datenbank ermöglicht die Bündelung von Budgets auf ausgewählte Zielgruppen.

Eine Datenbank sollte folgende Informationen zur Verfügung stellen können:

- Wer kauft?
- Wie oft wird gekauft?
- Was wird gekauft?
- Wie viel wird gekauft?
- Wann wird gekauft?
- Wo wird gekauft?
- Wie lange ist der Kunde schon Kunde?
- Wie zufrieden ist der Kunde?
- Was reklamiert der Kunde?
- Welchen Service nutzt der Kunde?

Das offensichtlichste Problem bei einer Datenbank ist deren Pflege und Aktualisierung. „Wird ein Adressenbestand ein Jahr lang nicht aktualisiert, wird nach Angaben der aktuellen Statistik der Einsatz der (nicht gepflegten) Adressen zu etwa 12 % Retouren ‚durch Umzügler' und zu ca. 1,6 % Retouren ‚durch Verstorbene' führen" (Löffler/Scherfke 2000, S. 86).

Ein Problem, das in jedem Adressenbestand auftaucht, sind Mehrfach-Adressen, so genannte Dubletten. Sie werden üblicherweise durch Abkürzungen von Namen, unterschiedliche Post- und Lieferadressen oder unvollständige Anschriften verursacht und führen in der Praxis zu erheblichen Nachteilen. Es entstehen einerseits Informationsverluste, weil Zusatzinformationen auf die Dubletten verteilt werden und sie somit u.U. mal unter der einen und mal unter der anderen Adresse erfasst werden. Ferner entstehen höhere Kosten (Porto, verschwendete Werbemittel, Handlingskosten). Vor allem aber führen sie zu einer Verärgerung beim Empfänger, der mehrere gleiche Mailings von derselben Firma erhält. Diese mehrfache Direktansprache widerspricht natürlich vollkommen dem Grundgedanken des Individualmarketing (vgl. Löffler/Scherfke 2000, S. 87 f.).

Je nach der Art der Zielgruppe und der damit verbundenen Zielsetzung lassen sich ein- und mehrstufige Aktionen im Direct Marketing unterscheiden. Einstufige Aktionen sind typisch bei bereits bestehenden Kunden, denen beispielsweise in einem Mailing ein Angebot unterbreitet wird, mit der Möglichkeit, auf direktem Wege zu bestellen. Eine typische mehrstufige Direct Marketing-Aktion eines Versandhändlers könnte wie folgt aussehen: In einer Publikumszeitschrift wird eine Anzeige geschaltet, die ein neu in das Angebot aufgenommenes Produkt beschreibt. Die Anzeige enthält eine Antwortmöglichkeit (Response-Anzeige) in Form eines Antwortcoupons oder einer Telefonnummer, mit der Interessenten die Möglichkeit haben, Informationsmaterial anzufordern. Durch die Angabe des Namens und der Adresse wird der Antwortende als Interessent in die Datenbank aufgenommen. Das Informationsmaterial wird mit einem ersten Mailing übersandt. Mit einem zweiten Mailing kann bei den Interessenten nachgehakt werden, die auf das erste Mailing geantwortet haben.

8. 3.2.4 Vermeidung unerwünschter Ansprachen

Es entspricht dem Grundgedanken des Direct Marketing, den Wunsch derjenigen Personen, die nicht angesprochen werden möchten, auch zu berücksichtigen. Das wohl extremste Beispiel für Missbrauch des Direct Marketing sind E-Mail-Spams, unerwünschte und massenhaft versendete E-Mails. Spams sind Folge der Tatsache, dass es heute sehr einfach geworden ist, Verbraucherdaten zu sammeln. Zwar sind die meisten E-Mail-Programme mittlerweile mit wirkungsvollen Spam-Filtern ausgestattet, dennoch bleiben sie ein Ärgernis.

Grundsätzlich gilt, dass das Versenden unerwünschter Direct Marketing-Informationen Streuverluste und damit Verschwendung von Werbeaufwendungen sind. Da die Medien des Direct Marketing persönlicher, somit bei unerwünschter Ansprache aber auch aufdringlicher sind als Massenmedien, laufen diese unerwünschten Ansprachen dem eigentlichen Ziel des Direct Marketing, Kundenbindung und Neukundengewinnung, entgegen und können zu Reaktanzen führen. Ihre Vermeidung ist somit sowohl im Sinne des Verbrauchers als auch des Anbieters.

In Europa gibt es dazu zwei rechtliche Lösungsansätze (vgl. Tempest 2005, S. 143 ff.):

- Nach dem so genannten **Opt-in**-Verfahren darf sich Direct Marketing nur an diejenigen Verbraucher richten, die sich aktiv für eine entsprechende Ansprache entschieden haben.
- Mit dem **Opt-out**-Verfahren hat der Verbraucher die Möglichkeit, sich aus den Adressbeständen der Unternehmen auszutragen, beispielsweise durch Eintrag in entsprechende Listen.

Galt in Deutschland mit Ausnahme des Telefonmarketing bisher das Opt-out-Verfahren, so wurde mit der Änderung des Bundesdatenschutzgesetzes 2009 ebenfalls zum Opt-in-Verfahren übergegangen. Bisher konnten Unternehmen und Adressbroker frei mit personenbezogenen Daten handeln, es sei denn, eine Weitergabe wurde grundsätzlich ausgeschlossen (Opt-out). Jetzt muss der Kunde aktiv einwilligen, dass seine Adressdaten zu Werbezwecken weitergegeben werden. Das hat insbesondere für die Neukundengewinnung Folgen, sie wird jetzt teurer und umständlicher. „Experten schätzen, dass rund 90 % aller Adresslisten in Deutschland kein Opt-in haben" (Thunig 2009, S. 54). Adresslisten mit Opt-ins wurden also teurer (geschätzte 1,80 Euro pro Adresse) und damit zwangsläufig auch Mailing-Aktionen. Mailing-Kampagnen in hohen Millionenauflagen gehören der Vergangenheit an. Von der neuen Regelung profitieren vor allem Haushaltswerbung und Response-Anzeigen (zur Neukundengewinnung).

8. 3.3 Die Instrumente des Direct Marketing

Das Direct Marketing verfügt über eine Vielzahl sehr unterschiedlicher Instrumente, die wesentlichen sind in Abbildung 8-22 dargestellt. Die Instrumente des Direct Marketing sind in vielen Fällen gleichbedeutend mit den Medien, die das Direct Marketing nutzt (vgl. Abbildung 8-23). Dabei lassen sich spezifische Direktwerbemedien von den klassischen Werbemedien unterscheiden, die ebenfalls für Direct Marketing-Aktionen genutzt werden können.

Die Einsatzmöglichkeiten der Instrumente des Direct Marketing bzw. deren Mix hängt in erster Linie von der Phase der Kundenbeziehung ab. Während adressierte Werbesendungen (Mailings) vor allem bei bestehenden Kundenbeziehungen eingesetzt werden, sind sie für die Neukundengewinnung eher ungeeignet. Hierfür können beispielsweise unadressierte Werbesendungen oder Schaltungen in den klassischen Medien eingesetzt werden.

Abbildung 8-22: Die Instrumente des Direct Marketing

Adressierte Werbesendungen	Unadressierte Werbesendungen	Telefon, Fax	Neue Medien
• Mailing	• Postwurfsendung	• Aktiv	• E-Mail
• Katalog	• Haushaltswerbung	• Passiv	• E-Newsletter
• Prospekt	• Teiladressiert		• Internet
			• SMS, MMS
Print (Zeitschrift, Zeitung)	**TV**	**Radio**	**Sonstige**
• Anzeige	• Werbespots	• Werbespots	• Außenwerbung
• Beilage	• DRTV	• Direct Response Radio	• Rechnungs- u. Paketsbeilagen
	• Tele- u. Homeshopping		• On-Pack
			• POS-Werbung

Abbildung 8-23: Die Medien des Direct Marketing

Vgl. Holland: Direktmarketing, 2. Aufl., München 2004, S. 24

8.3.3.1 Das Mailing

Das bedeutendste Medium des Direct Marketing sind **adressierte Werbesendungen**, auch **Mailings** genannt. Sie bestehen üblicherweise aus vier Bestandteilen: dem Kuvert, dem Brief, einem Prospekt und einer Antwortmöglichkeit. Da unaufgeforderte Mailings bei einzelnen Verbrauchern bereits zu einer unübersehbaren Flut angewachsen sind, rufen sie häufig Verärgerung hervor. Das Wirkungspotenzial von Werbung, die Verärgerung hervorruft, ist ohnehin als gering einzustufen. Es darf aber nicht verkannt werden, dass ein großer Teil der Mailings nicht unaufgefordert erfolgt, zum Beispiel bei bestehenden Kunden bzw. in all jenen Fällen, in denen der Verbraucher ausdrücklich um Informationsmaterial gebeten hat. Außerhalb von bestehenden Kundenbeziehungen liegt die durchschnittliche Rücklaufquote eines Mailings bei 1–3 %.

Ein Mailing verfügt über eine Reihe von spezifischen Vorteilen, die seine Bedeutung für das Direct Marketing ausmachen (vgl. Löffler/Scherfke 2000, S. 197 ff.):

- **Erreichbarkeit der Zielgruppe:** Da praktisch jeder über eine Postanschrift verfügt, können, im Gegensatz zu fast allen anderen Instrumenten, mit einem Mailing alle Kunden und Interessenten direkt erreicht werden.
- **Persönliche Ansprache der Zielpersonen:** „Einer der wichtigsten Schlüsselreize ist der Name des Empfängers. Der eigene Name zieht den Blick des Lesers in den Text und ist eines der werbewirksamsten Worte überhaupt" (Löffler/Scherfke 2000, S. 197). Nachvollziehbarerweise verkehrt sich dieser positive Effekt jedoch ins Gegenteil, wenn der Name falsch oder falsch geschrieben ist.
- **Flexible Gestaltung:** Ein Mailing ist universell einsetzbar und für jedes Unternehmen und jede Zielgruppe geeignet. Auch hinsichtlich der Gestaltungsmöglichkeiten ist ein Mailing flexibel.
- **Vielfältige Dialogangebote:** Als Responseelemente können Antwortkarten, Rückumschläge, Faxantwortbögen, Coupons, Gutscheine oder auch Telefonnummern, E-mail- und Internetadressen eingesetzt werden.
- **Physisches Erlebnis:** Ein Mailing ist real und nicht virtuell. Der physische Erlebniswert kann durch Warenproben oder originelle Beigaben noch erhöht werden.
- **Keine störenden Einflüsse:** Die Werbebotschaft eines Mailings steht allein und muss nicht mit konkurrierenden Botschaften um die Aufmerksamkeit kämpfen. Der Empfänger kann selbst entscheiden, ob und wann er das Mailing öffnet.
- **Exakte Erfolgskontrolle:** Ein Mailing bietet eine lückenlose Erfolgskontrolle. Über eine Kodierung der Responseelemente kann bei unterschiedlichen Varianten eines Mailings getestet werden, welche Variante den besten Rücklauf innerhalb der Zielgruppe erzielt.
- **Minimierung von Streuverlusten:** Bei einer gut vorbereiteten Zielgruppenauswahl kann eine hohe Affinität der Empfänger mit dem Angebot erreicht werden, was eine Voraussetzung für eine hohe Rücklaufquote ist.

Damit ein Mailing seine Kommunikationsfunktion erfüllen und eine Reaktion hervorrufen kann, muss es vom Adressaten gelesen werden. So wie Fernsehwerbung weggezappt werden kann, landen Mailings häufig ungeöffnet im Papierkorb. Insbesondere im BtoB-Bereich sortieren Sekretärinnen häufig uninteressante Briefe aus. Die Gestaltung eines Mailings muss also darauf abzielen, das Interesse des Adressaten zu wecken. Die Gestaltung des Kuverts entscheidet darüber, ob ein Brief überhaupt geöffnet wird. Die Funktion des Kuverts besteht darin, den ersten Kontakt mit dem Empfänger herzustellen und dafür zu sorgen, dass das Mailing geöffnet wird. Der Brief muss das Interesse des Empfängers aufrecht erhalten und zum Prospekt und zur Antwortkarte führen. Der Brief übernimmt die Funktion eines Verkaufsgespräches, der Prospekt stellt das Angebot ausführlich mit technischen Daten und Preisen vor, die Antwortkarte schließlich ermöglicht die Bestellung (vgl. Holland 2004, S. 25.).

Die heutige Computer- und Drucktechnik erlaubt es, die Briefe aus einem Guss erscheinen zu lassen. Es ist ihnen nicht anzusehen, ob es sich um einen Einzel- oder Massenbrief handelt, die individualisierten Bestandteile unterscheiden sich nicht von dem Standardschreiben. Immer häufiger ist nicht nur die Anrede der individualisierte Bestandteil, sondern der Name des Empfängers taucht auch im Text auf, manchmal auch zusätzlich noch das Bundesland, in dem er lebt. Eine zu weitgehende Personalisierung (z.B. Geburts- oder Hochzeitsdaten) sollte jedoch unterbleiben, da sie Misstrauen erwecken kann.

> In den Straßen der bulgarischen Hauptstadt Sofia leben viele obdachlose Kinder. Die Stiftung Prijateli – zu Deutsch „Freunde" – will diesen Kindern ein Zuhause verschaffen. Dazu brauchen die Initiatoren aber finanzielle Unterstützung. OgilvyOne übernahm den Auftrag der Geldbeschaffung und entwickelte eine besonders schockierende Direktmarketing-Aktion. Die Agentur schickte an deutsche Unternehmer, die in Bulgarien tätig sind, einen Spielbausatz mit der Aufschrift „Kinder-Mobile". Während die Verpackung kindgerecht aufgemacht war, vermittelte der Inhalt genau das Gegenteil. Den Führungskräften bot sich ein Bild des Grauens: Drogenspritze, Kondom, Schnüffelklebstoff und andere Utensilien der Straßenkinder. Die erschütternde Promotion zeigte Wirkung. Innerhalb der ersten drei Wochen überwiesen elf Prozent der angeschriebenen Unternehmen eine Spende. Für die aufmerksamkeitsstarke Kampagne erhielten die Macher der Direktmarketing-Preis in Gold. Außerdem wurde OgilvyOne erneut Agentur des Jahres (O.V. 2007a, S. 114).

8.3.3.2 Unadressierte Werbesendungen

Wie der Name schon sagt, sind unadressierte Werbesendungen eine Form des Direct Marketing, die sich nicht an namentlich bekannte Zielpersonen richtet. Synonym wird auch der Begriff **Haushaltswerbung** verwendet. Es handelt sich hier um außerordentlich vielfältige Werbemittel. Verteilt werden Handzettel, Propekte, Kataloge, Kundenzeitungen, Broschüren oder Warenproben. Anbieter sind in erster Linie Lebensmittelmärkte, Baumärkte und Möbelhäuser, aber auch Verlage, Autohäuser, Maklerbüros und Banken. Seit dem neuen Bundesdatenschutzgesetz erfährt Haushaltswerbung einen starken Aufschwung, da sie jetzt auch zunehmend von Fachhändlern, Energieversorgern und Markenartiklern genutzt wird. Die Verteilung kann erfolgen in Form der Briefkastenverteilung, einer persönlichen Übergabe oder der „Ring & Leave-Methode, hier wird das zu verteilende Objekt an die Wohnungstür des Empfängers gehängt und anschließend geklingelt.

Haushaltswerbung hat den Vorteil einer breiten Streuung, sie erreicht flächendeckend jeden Verbraucher in einem bestimmten, räumlich klar abgrenzbaren Gebiet. Zunehmend wird auch das Instrument des Geomarketing für Haushaltswerbung eingesetzt um mit diesen Fremddaten Zielgruppen selektiv erreichen zu können. Geschätzt wird, dass jährlich über 13 Milliarden Werbemittel auf diesem Weg abgesetzt werden, mit steigender Tendenz. Damit erhält, statistisch gesehen, jeder deutsche Haushalt an jedem Werktag eine Haushaltswerbung. Größter Haushaltswerber ist die Deutsche Post AG, deren Briefträger auch unadressierte Werbesendungen zustellen.

Haushaltswerbung ist zwar keine beliebte Werbeform, was sich an den zahlreichen „Bitte keine Werbung"-Aufklebern an den Briefkästen dokumentiert. Ein großer Teil der Handzettel und Prospekte wandert ungelesen in den Abfall. Dennoch ist Haushaltswerbung sehr effektiv. Etwa ein Viertel aller Haushalte kauft gezielt Angebote aus den Handzetteln des Lebensmittelhandels.

Verglichen mit den Werbemitteln der klassischen Werbung sind unadressierte Werbesendungen i.d.R. sehr einfach aufgemacht: Sie enthalten üblicherweise lediglich Produktabbildungen, Preisangaben und besondere Kennzeichen der Sonderangebote und benötigen daher keine intensive Zuwendung. In dieser Einfachheit ist auch das Erfolgsgeheimnis der Haushaltswerbung zu sehen. Sie eignet sich vor allem für Produkte des täglichen Bedarfs und für wenig erklärungsbedürftige Konsumgüter. Da Haushaltswerbung Produkte bewirbt, die sich an eine breite Bevölkerungsschicht richten, sind ihre Streuverluste relativ gering. Selbst bei zielgruppenspezifischeren Produkten und Dienstleistungen können Streuverluste über die Selektion von Häuserzügen, Straßen, Stadtvierteln oder Postleitzahlgebieten in Grenzen gehalten werden.

Unadressierte Werbesendungen, die per Postwurf oder als Beilagen in Zeitungen und Zeitschriften gestreut werden, sind für die Neukundengewinnung im Hinblick auf die Kontaktkosten erheblich günstiger als Mailings.

> **Schlecker forciert Prospekt zulasten von Print**
>
> Nach Änderungen in der Preispolitik hat Schlecker nun auch die Werbung umgestellt: Print wird zurückgefahren, die Handzettelwerbung ausgeweitet. Damit reagiert der Drogist auch auf zuletzt dramatisch gesunkene Umsätze.
>
> „Seit März haben wir die Prospektwerbung erhöht und werben abwechselnd auch in Tageszeitungen" bestätigt das Unternehmen. Aktuell würden pro Verteilung 28 Millionen der acht- bis zwölfseitigen Heftchen in den Märkten ausgelegt und an Haushalte verteilt. Das Sortiment sei so besser darstellbar, die Streuverluste geringer: „Wir erreichen auch Kunden, die um unsere Filialen herum wohnen und keine Zeitung abonniert haben."(...)
>
> Während Schlecker erklärt, das Werbebudget verdopple sich durch den Wechsel von Print auf Prospekt, reagieren Lieferanten eher skeptisch. Der Manager eines Markenartiklers sagt: „Bevor wir nicht wissen, ob die neue Werbung die Situation verbessert, werden wir die geforderten Werbekostenzuschüsse nicht bezahlen." (Vgl. Mende/Hoos, 2010, S. 6)

Sowohl die Zusendung adressierter Briefwerbung als auch die Verteilung von Haushaltswerbung wird rechtlich als zulässig angesehen, mit der Begründung, viele Verbraucher hätten ein berechtigtes Interesse an Werbeinformationen und könnten sich ihrer aber auch problemlos entledigen. Unzulässig ist Haushaltswerbung grundsätzlich dann, wenn der Empfänger sich durch ein ausdrückliches Verbot dagegen wehrt, z.B. durch den Aufkleber „Bitte keine Werbung" (vgl. Dendorfer 2002, S. 266 f.).

8. 3.3.3 Coupon-Anzeigen

Coupon- oder Direct-Response-Anzeigen sind ein Instrument des Direct Marketing, das klassische Werbemedien benutzt. Es handelt sich dabei um Anzeigen mit einem Response-Element, sei es in Form einer aufgeklebten Postkarte oder als Coupon zum Ausschneiden. Das Response-Element kann aber auch einfach nur in der Angabe einer Telefon- oder Faxnummer bestehen. Abbildung 8-24 zeigt ein Beispiel für eine Coupon-Anzeige. Da heute die meisten Anzeigen zumindest die Internet-Adresse des werbenden Unternehmens beinhalten, ist eine Zuordnung dieser Anzeigen als Instrument des Direct Marketing nicht immer eindeutig. Wenn dem Betrachter der Anzeige schon auf dem ersten Blick deutlich wird, dass er reagieren soll, kann vom Vorliegen einer Direct-Response-Anzeige ausgegangen werden (vgl. Nagel 2005, S. 97).

Coupon-Anzeigen werden zur Interessentengewinnung eingesetzt. Die anvisierte Zielgruppe lässt sich über die Auswahl der Zeitschrift eingrenzen, entsprechend kann ein

Fachpublikum oder ein Massenpublikum angesprochen werden. Der Leser sollte die Auswahl zwischen verschiedenen Bestellwegen haben, da die potenziellen Neukunden eigene Präferenzen bei der Wahl des Antwortweges haben.

Abbildung 8-24: *Coupon-Anzeige*

Der Vorteil von Direct-Response-Anzeigen liegt darin, dass die Kontaktkosten bei Titeln mit hohen Auflagen günstig sind.

Bei einem durchschnittlichen Deckungsbeitrag von 25 Euro pro Erstbestellung und Kontaktkosten von 1 Euro je Mailing, benötigt ein Unternehmen eine Responsequote von 2,68 %, um einen CpO-Wert von 10 Euro je Neukunde zu erzielen. Bei einer Direct-Response-Anzeige, die in einem für Direct-Response-Anzeigen typischen Medium erscheint, lässt sich durchaus mit 10 Euro als Tausenderpreis für eine 1/1 Vierfarb-Anzeige kalkulieren. Bei einer Auflage von 1 Mio. Exemplaren entspricht dies Kosten von 10.000 Euro. Um einen CpO-Wert von 10 Euro zu erzielen, benötigt man genau 268 Bestellungen. Diese entsprechen einer Responsequote von 0,03 %. Aus einer Mio. Lesern, die überwiegend zur Zielgruppe gehören, ca. 300 Neukunden zu gewinnen, ist eine realistische Zielsetzung (Nagel 2005, S. 99).

8.3.3.4 Telefon-Marketing

Das Telefon ist im Direct Marketing eines der wichtigsten direkten Responsemedien überhaupt:

- Mit keinem anderen Medium kann schneller, unmittelbarer und bequemer Kontakt zum Unternehmen hergestellt werden, um Informationen einzuholen, Produkte zu ordern, Aufträge zu erteilen oder Beschwerden loszuwerden.
- Für den unmittelbaren Kontakt ist der Kunde zudem nicht an Ladenöffnungszeiten gebunden.
- Das Telefon-Marketing kommt dem persönlichen Kundengespräch am nächsten. Im direkten Gespräch hat der Kunde die Möglichkeit nachzufragen, und er bekommt sofort Feed-back (Löffler/Scherfke 2000, S. 272).

Im Telefon-Marketing ist vor allem unter rechtlichen Aspekten die Unterscheidung in Business-to-Business- und Business-to-Consumer-Zielgruppen relevant. Denn Telefon-Marketing ist nur dann zulässig, wenn der Angerufene **vorher** sein Einverständnis gegeben hat, angerufen zu werden (opt-in). Im gewerblichen Bereich ist dieses Einverständnis als gegeben anzunehmen, wenn z.B. eine Geschäftsbeziehung besteht oder ein Einverständnis vermutet werden kann. Hingegen dürfen im privaten Bereich auch Kunden, mit denen bereits eine Geschäftsbeziehung besteht, nur unter bestimmten Voraussetzungen angerufen werden.

Beim Telefon-Marketing sind zwei Formen zu unterscheiden:

- Beim **aktiven Telefon-Marketing** werden die Zielpersonen vom Unternehmen angerufen, um Produkte vorzustellen und zum Kauf anzubieten oder um beispielsweise darüber zu informieren, dass bestimmte Bestellungen nicht ausgeführt werden können. Unangekündigte Anrufe bei Privatpersonen sind unzulässig.

  Die rechtliche Zulässigkeit unerbetener Anrufe im **privaten Bereich** bestimmt sich nach §1 UWG (Gesetz gegen den unlauteren Wettbewerb), das Handlungen im geschäftlichen Verkehr, die gegen die guten Sitten verstoßen, verboten sind. Werbung durch telefonische Anrufe im privaten Bereich werden rechtlich als lästig und aufdringlich beurteilt, da sie in die häusliche Sphäre eindringe und den psychologischen Zwang auf den Angesprochenen ausübe, diese Werbung zur Kenntnis zu nehmen (vgl. Dendorfer 2002, S. 253). Die Neufassung des UWG 2009 hat die Opt-in-Lösung nochmals verschärft, Telefon-Marketing ist gegenüber Privatpersonen nur zulässig, wenn der Angerufene zuvor **ausdrücklich** sein Einverständnis erklärt hat, zu Werbezwecken angerufen zu werden. Für die Neukundengewinnung ist Telefon-Marketing daher kein geeignetes Instrument. Bei einem Unternehmen reicht weiterhin die mutmaßliche Einwilligung.

Ausdrückliches Einverständnis heißt, dass es **vorher** gegeben sein muss, auch bei nachträglicher Genehmigung ist es unzulässig. Ein Anruf ist auch dann wettbewerbswidrig, wenn der Anrufende zu Beginn des Telefonats das Einverständnis des Angerufenen eingeholt hat. Das Ankreuzen einer entsprechenden positiven Option auf einem Mailing ist ein ausdrückliches Einverständnis, nicht jedoch das Nichtankreuzen einer Negativoption. Ausdrückliches Einverständnis wird dann angenommen, „wenn der Werbeadressat um die fernmündliche Information nachgesucht oder bei Aufnahme des Geschäftskontaktes erklärt hat, mit einer telefonischen Betreuung einverstanden zu sein (Dendorfer 2002, S. 254). Ein **stillschweigendes Einverständnis**, wie es das alte UWG noch vorsah, ist nicht mehr ausreichend. Verstöße von Telefonwerbern können mit einer Geldbuße bis zu 50.000 Euro geahndet werden (vgl. Hammel/Schollemann 2009, S. 9). Ob und inwieweit im **gewerblichen Bereich** die Bereitschaft zur Entgegennahme telefonischer Werbemaßnahmen vorliegt, ist abhängig vom Interesse des Gewerbetreibenden an der telefonischen Werbung. Dieses Interesse kann dann angenommen werden, wenn ein allgemeiner Sachbezug zum Geschäft des Angerufenen besteht **und** ein konkreter, aus dem Interessenbereich des Angerufenen herzuleitender Grund vorliegt (vgl. Dendorfer 2002, S. 257).

- Beim **passiven Telefon-Marketing** geht die Aktivität vom Kunden aus, dadurch entfallen die rechtlichen Beschränkungen. Der Kunde reagiert damit z.B. auf ein Mailing oder eine Coupon-Anzeige bzw. er reklamiert eine ausgeführte Bestellung.

Die rechtlichen Regelungen zum aktiven Telefon- Marketing gelten nach Europarecht auch für den grenzüberschreitenden Telefonverkehr. D.h. der ausländische Werbetreibende muss seine Telefonaktion auf die deutschen Gegebenheiten abstimmen.

In diesem Zusammenhang soll darauf hingewiesen werden, dass die Übersendung von unerbetener **Telefax-Werbung** grundsätzlich verboten ist, sowohl im Business-to-Consumer- als auch im Business-to-Business-Bereich. Zwar findet bei dieser Art der Werbung kein unmittelbarer Kontakt zwischen Werbetreibendem und Adressaten statt, insofern hat der Schutz der Individualspähre hier nur eine geringe Bedeutung. Allerdings kann Telefax-Werbung zu einer erheblichen Belästigung beim Empfänger führen, da das Gerät zeitweilig blockiert ist und beim Empfänger Kosten für Papier, Strom und Toner verursacht werden. Auch für Telefax-Werbung gilt die Zulässigkeit nur bei Vorliegen eines ausdrücklichen Einverständnisses.

Gerade im Telefon-Marketing sind unerwünschte Anrufe, trotz der geltenden Rechtslage, an der Tagesordnung, Erfolge – wenn überhaupt – eher kurzfristiger Natur:

> Heute zählen schnelle Verkaufserfolge, und zwar günstig erzielt. Und weil sich über das Medium Telefon schnell viele Kontakte generieren lassen, greift der gemeine Marketer schnell auf Callcenter zurück. Bei der Anbieterwahl zählt für solche Zwecke stets der Preis statt Qualität. So erkundigen sich viele Auftraggeber schon bei der Ausschreibung ihres Auftrags, welche Standorte des Dienstleisters welche Vorteile bieten. Dahinter verbirgt sich nichts anderes als die Frage, welche Niederlassungen von der EU oder der Bundesregierung subventioniert werden und welchen Anteil der Subventionen der Dienstleister an den Auftraggeber weitergibt.

> Der potenzielle Kunde ist diesen Truppen ausgeliefert: Harte Verkaufskampagnen werden allein auf Provisionsbasis abgerechnet. Der Provisionsdruck wird vom Dienstleister an den Telefon-Agenten weitergegeben, und so entscheidet letztlich der Agent, mit welcher Verkaufsmethode er am meisten Geld verdienen kann. „Die Verkaufslügen werden dreister, die Scheinvorteile größer, und als Konsequenz sind die Kunden nicht mehr treu, weil sie

nicht das Gefühl haben, dass man es ehrlich mit ihnen meint", so ein Callcenter-Betreiber. Weil die Haltbarkeit der auf diese Weise generierten Kunden denkbar niedrig ist, müssen kontinuierlich neue Kunden „nach"-gewonnen werden. Viele Unternehmen scheint der langfristige Effekt dieser Strategie nicht zu interessieren.

Ralf Strehlau, Senior Partner der Unternehmensberatung Anxo Consulting, beklagt generell die Abnutzung der Instrumente: „Sie erodieren nicht, weil sie schlecht sind, sondern weil sie verschlissen werden! Schlechte Datenqualität bringt Mailings in Verruf, das Telefonmarketing wird durch Cold Calls kaputtgemacht, E-Mail-Marketing zur Neukundengewinnung ist enorm schwierig, weil durch Spam verbrannt – und wenn wir Mobile Marketing auch so einsetzen, wird es ebenfalls in kürzester Zeit verschlissen sein" (Quelle: Hermes 2008a, S. 26 ff.).

Eine hohe Bedeutung im Telefon-Marketing hat der Einsatz so genannter Service-Nummern, die die Kommunikation zwischen Unternehmen und Kunden erleichtern. In Deutschland wird nur ein geringer Teil aller Telefonverbindungen über derartige Nummern abgewickelt, in den USA sind es 50 %.

Zu den Service-Telefonnummern gehören alle Rufnummern, die mit einer der bundesweit einheitlichen Dienstekennzahl 0800, 0180, 0900 oder 0137 beginnen. Die Kosten des Telefonats sind für den Anrufer an der Telefonnummer zu erkennen. Je nach Nummer trägt die Kosten entweder das Unternehmen, der Anrufer oder beide.

- Bei der Service-Nummer **0800** (Freecall) erfolgt der Anruf zum Nulltarif, die Kosten trägt der Angerufene. Diese Nummern ermöglichen also telefonieren auf Firmenkosten. Mit einem derartigen Service zielt ein Unternehmen auf eine Intensivierung des Kontaktes mit seinen aktuellen und potenziellen Kunden, beispielsweise bei Bestellungen, Reklamationen oder Informationsbedarf. Die Einsatzmöglichkeiten sind sehr vielfältig und reichen von einer einmaligen Veröffentlichung der Nummer (Coupon-Anzeigen, Teleshopping, PR-Aktionen) bis hin zur permanenten Präsenz der Nummer beim Verbraucher (Direktbanken, Versandhäuser, Kundenhotlines, Hotelreservierungszentralen) (vgl. Kühnapfel 1999, S. 114). Als problematisch bei dieser Service-Nummer erweisen sich insbesondere die so genannten Junk Calls, Anrufe von Personen, die die kostenlosen Nummern für ihr Mitteilungsbedürfnis nutzen.
  Da die Zahl besonders leicht zu merkender Nummern begrenzt ist, setzen Unternehmen zunehmend auf so genannte Vanity-Nummern, das sind Wort-Nummern, bei denen die Buchstaben mit dem alpha-numerischen Code moderner Telefone gebildet werden. Beispiele: 0900 (1/3/5) COCACOLA anstatt 0900 (1/3/5) 262226, 0900 (1/3/5) ALLIANZ anstatt 0900 (1/3/5) 255426.
- Mit der Nummer **0180** werden Gespräche eingeleitet, bei denen die Kosten zwischen dem Anrufer und dem Angerufenen geteilt werden (Shared Cost-Dienst). Die 0180er Nummern unterteilen sich in 5 Tarifklassen, entscheidend für die Kosten des Anrufers ist die erste Zahl nach der Tarifkennung. Die Einsatzmöglichkeiten für die 0180er Nummern sind grundsätzlich die gleichen wie bei den 0800er Nummern. Allerdings ist sichergestellt, dass jeweils der zuständige Ansprechpartner in der nächstgelegenen Zentrale erreicht wird. Beispielsweise erfolgen bei der *Lufthansa* bis 23:00 Uhr Buchungen über 0180 in Kassel, dann erfolgt eine Umleitung der Anrufe nach Los Angeles auf *Lufthansa*-Kosten, denn dort ist dann früher Nachmittag.
- Die Service-Nummer **0900** ermöglicht Telefondienstleistungen, deren Kosten über die Telefonrechnung auf die Anrufer übertragen werden. Derzeit werden 0900er Nummern hauptsächlich von Erotikdiensten genutzt. Einsatzmöglichkeiten bestehen aber auch für Wettervorhersagen, Börseninformationsdienste, Rechtsberatungen oder Verbraucherinformationen.

- Die Nummer **0137** ermöglicht telefonische Meinungsumfragen und wird vor allem vom Fernsehen eingesetzt („Ted", Hitlisten).

Die Anrufe gehen in sogenannten **Call Centern** ein. Ein Beispiel für ein professionalisiertes Call Center gibt *United Parcel Service* (*UPS*):

UPS hat das Ziel, Kunden innerhalb von 6 Sekunden zu verbinden. Jeder Kunde soll mit der 0800-Nummer einen einzigen Kontakt bekommen und nicht mehr weiterverbunden werden müssen. Jeder Mitarbeiter im Call Center muss dem Kunden also alle Fragen beantworten können. Dank Datenübertragung weiß der *UPS* Zentralcomputer immer genau, wo sich eine Sendung gerade befindet. Um die 6 Sekunden zu garantieren, unterhält der Konzern 11 Call Center in Europa, die untereinander vernetzt sind. Anrufe werden an den nächsten freien Arbeitsplatz durchgestellt. Der Vermittlungs-Computer weiß, welche Sprachen welcher Mitarbeiter spricht. Ein Call über eine deutsche 0800-Nummer wird immer auch von einem deutschsprachigen Mitarbeiter beantwortet. Allerdings kann *UPS* nicht immer die maximale Anzahl von Mitarbeitern einsetzen, vielmehr wird die notwendige Zahl an Mitarbeitern geplant: Aus der Zahl der Sendungen, die heute verschickt werden und aus deren Zieladressen werden Zahl und Sprachkenntnisse der einzusetzenden Mitarbeiter errechnet (vgl. Schruft 1996, S. 18 ff.).

Das folgende Fallbeispiel zeigt, wie Telefon-Marketing als Kundengewinnungs-Instrument eingesetzt werden kann. Der Anruf wurde durch eine Coupon-Anzeige initiiert:

„Als wir die Service-Nummer von *Toyota* wählten, um eine Broschüre anzufordern und die Adresse des nächstgelegenen *Toyota*-Händlers zu erfahren, fragte uns die Telefonistin nach Namen, Adresse, Telefonnummer, derzeitige Automarke, Baujahr und Modell. „Wann wollen Sie sich das nächste Mal ein neues Auto anschaffen? Haben Sie jemals an Leasing gedacht? Wären Sie an Namen und Adresse des nächstgelegenen Händlers interessiert? Brauchen Sie seine Telefonnummer?" Und die letzte Frage: „Können wir Ihnen sonst noch irgendwie behilflich sein?"

Wir hatten uns auf eine Corolla-Anzeige hin gemeldet und würden nun eine Corolla-Broschüre bekommen. Die freundliche Dame informierte uns darüber hinaus aber auch noch über weitere Modelle und versprach uns, dem Brief eine komplette Liste aller *Toyotas* beizulegen, wies uns aber darauf hin, dass wir mit etwa fünf bis zehn Tagen Wartezeit rechnen sollten.

Sie irrte sich. Die Sendung erreichte uns bereits nach vier Tagen. Im persönlichen Infobrief stand unter anderem: „Es geht nichts über eine Probefahrt, um Sie in das richtige *Toyota*-Feeling zu versetzen! Um Ihnen zu helfen, den passenden *Toyota* für Sie zu finden, gibt es nichts besseres als die Unterstützung Ihres freundlichen und fachkundigen *Toyota*-Händlers. Deshalb raten wir Ihnen: Statten Sie Ihrem nächsten *Toyota*-Autohaus einen Besuch ab (Name und Adresse waren angegeben). Wir haben Ihrem Händler bereits Bescheid gegeben, er erwartet Sie in seinen Ausstellungsräumen." (…)

Was uns jedoch am meisten beeindruckte, war der Anruf, den wir am Tag darauf von einem *Toyota*-Händler in unserer Nähe erhielten. Er lud uns zu einer Probefahrt ein und bot uns weiteres Informationsmaterial an" (Rapp 1996, S. 11).

8. 3.3.5 Katalog-Marketing

Im Direct Marketing hat das Katalog-Marketing einen besonderen Stellenwert. Mit einem Gesamtumsatz im Versandhandel von 30,3 Milliarden Euro (2010) und einem Marktanteil von 7,8 % am Einzelhandel ist Deutschland Versandhandels-Weltmeister. In keinem anderen Land wird so viel Geld per Katalog, Internet und TV-Shopping ausgegeben.

Ein Katalog stellt das Angebot an Waren und Dienstleistungen eines Unternehmens vor. Er enthält Produktbeschreibungen und -abbildungen, Preisangaben und Informationen über Lieferungs- und Zahlungsbedingungen und Serviceleistungen (vgl. Holland 2004, S. 339). Die Funktion von Katalogen besteht darin, dass das Angebot eines Unternehmens beim Kunden ständig vorliegt. Das Inhaltsverzeichnis verleiht ihnen den Charakter von Nachschlagewerken.

Während Versandhandelskataloge eine unmittelbare Verkaufsfunktion haben und somit ein Direktvertriebsinstrument darstellen, haben Kataloge von Reiseveranstaltern (und z.B. auch der *IKEA*-Katalog) die Funktion des Vor-Verkaufs. Aus einem Versandhandelskatalog kann der Kunde aus dem Angebot auswählen und schriftlich oder telefonisch direkt bestellen. Hingegen haben Kataloge im Tourismusbereich i.d.R. nur eine Informationsfunktion über das Angebot, die Buchung erfolgt im Reisebüro. Reisekataloge informieren über das Urlaubsgebiet, das Klima, das Hotelangebot, Preise, Ausflugsmöglichkeiten, Einreisebestimmungen u. dgl. Beim Nutzer eines Reisekataloges ist von einem hohen Involvement auszugehen, das sowohl emotional als auch rational bestimmt ist. Die Urlaubsplanung ist per se in hohem Maße emotional, der Informationsbedarf hingegen rational gesteuert. Die Kataloggestaltung muss also sowohl den emotionalen als auch den rationalen Bedürfnissen Rechnung tragen, wobei die emotionalen Aspekte in erster Linie durch die Bebilderung und durch die textliche Auslobung erfolgen. Generell sollten Übertreibungen und Schönfärbereien vermieden werden, es dürfen keine Erwartungen geweckt werden, die nicht gehalten werden können. Dies wäre nicht nur unter rechtlichen Aspekten fahrlässig, sondern vor allem unter dem Aspekt der Kundenzufriedenheit. Denn nur ein zufriedener Kunde kann Stammkunde werden.

> „In dem Spannungsfeld des Kataloges: einerseits Werbemedium andererseits verbindliche Leistungsbeschreibung, hat sich eine besondere ‚Katalogsprache' herausgebildet. Es werden Umstände der verschiedenen touristischen Objekte zwar beschrieben. Jedoch wird ein optimistischer Sprachstil verwendet, der den Interessenten leicht irreführen könnte. Die Rechtsprechung akzeptiert diesen Sprachstil mit der Begründung, das deutsche Reisepublikum sei durchaus reiseerfahren und als mündige Bürger in der Lage, den wahren Gehalt dieser Aussagen zu ergründen und die richtigen Schlüsse daraus zu ziehen.
>
> So bedeutet z.B.:
>
> - ‚kurzer Transfer vom Flughafen zum Hotel', dass das Hotel vermutlich in unmittelbarer Flughafennähe liegt, also mit entsprechendem Fluglärm zu rechnen ist
> - ‚Verkehrsgünstige Lage' oder ‚zentral gelegen', dass das Hotel mitten in der Stadt liegt mit entsprechender Straßen- und Verkehrslärmbelästigung
> - ‚Strandnah', dass das Meer durchaus viele Kilometer entfernt sein kann
> - ‚Direkt am Meer', dass das Hotel zwar in Wassernähe liegt, etwa auf einer Klippe, der eigentliche Badestrand also viele Kilometer entfernt sein kann
> - ‚Ruhige, idyllische Lage', dass hier Erholung gewährleistet ist, weil es keinerlei Unterhaltungsmöglichkeiten gibt
> - ‚Neu eröffnetes Hotel', dass kaum mit bereits funktionierendem Service zu rechnen ist; vielmehr sind noch nicht alle Anlagen des Hotels fertig gestellt
> - ‚Kleines ordentliches Haus, die Gäste sind im nahe gelegenen Hotel gern gesehen', dass in diesem Hotel absolut tote Hose ist, für ein Glas Bier muss man ins nächste Hotel wandern
> - ‚Legere Anlage', dass kaum mit herausragendem Service zu rechnen ist
> - ‚Hotel mit ungezwungener Atmosphäre' oder ‚in diesem Hotel fühlen sich Junggesellen besonders wohl', die Aussagen sprechen für sich".
>
> Dettmer/Hausmann/Kloss u.a. 1999, S. 621 f.

Ein Versandhändler versucht, möglichst den gesamten Markt abzudecken und sich nicht auf einzelne Segmente zu beschränken. Entsprechend muss das Katalog-Marketing unterschiedliche Zielgruppen berücksichtigen. Dafür kann das Positionierungsmodell wie in Abbildung 8-25 eine Basis darstellen.

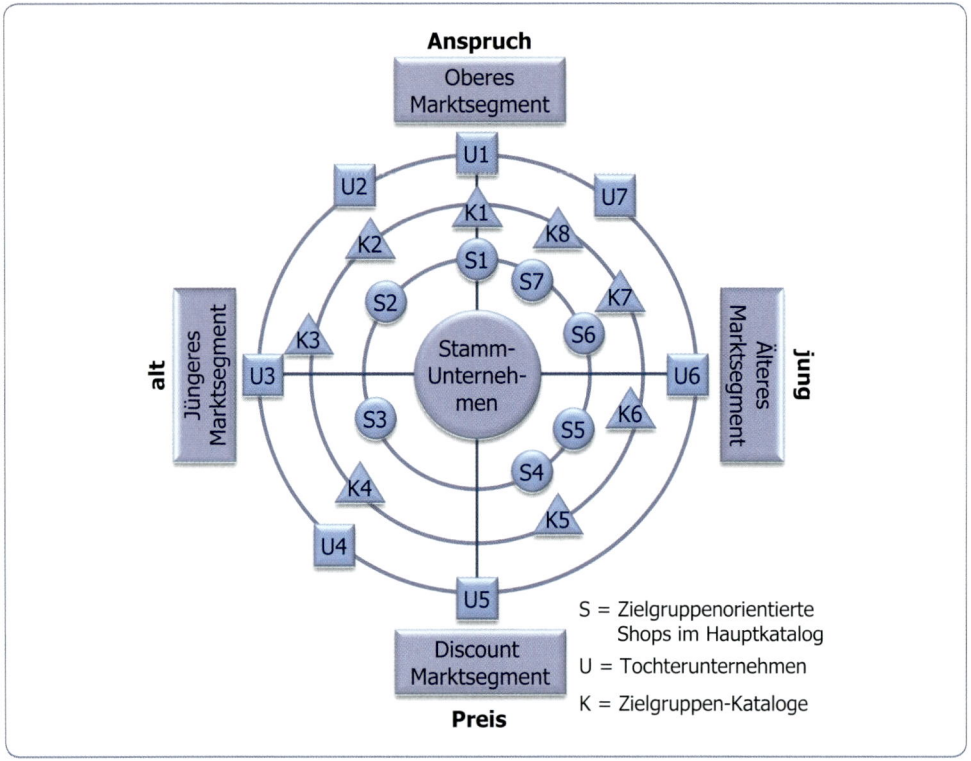

Abbildung 8-25: *Positionierungsmodell eines Versandhändlers*

Vgl. Holland: Direktmarketing, 2. Aufl., München 2004, S. 152

Das Modell teilt den Markt nach Alters- und Anspruchskriterien ein (natürlich lässt sich das Modell auch nach anderen Kriterien erstellen). Rund um das Stammangebot, das sich in der Marktmitte befindet, lassen sich eine Vielzahl von Tochterunternehmen oder Zielgruppenangebote gruppieren, die in ihrer Summe den Gesamtmarkt abdecken. Für jedes dieser Angebote sind entsprechend eigene Kataloge zu erstellen, so dass sich das Katalogangebot differenziert nach den Markterfordernissen ausrichtet. Die Distribution der Spezialkataloge lässt sich mit den Instrumenten des Direct Marketing ideal vornehmen und gezielt an Kunden und Interessenten versenden. Zur Interessentengewinnung können Coupon-Anzeigen in zielgruppenspezifischen Titeln geschaltet werden.

Kataloge erscheinen i.d.R. zweimal pro Jahr als Sommer- und Winterkatalog mit einer jeweiligen Gültigkeitsdauer von 6 Monaten. Während der Gültigkeitsdauer sind die Preise garantiert.

Kataloge eignen sich auch als Medium für Product Placement. In Versandkatalogen wird dies bereits realisiert. Beim *Otto*-Versand sind die Kühlschränke mit *Frosta*-Produkten gefüllt, auf Geschirrspülern steht *Somat* von *Henkel*, die Fernseher sind auf Sat. 1 eingeschaltet. Reiseveranstalter können mit ihren Katalogen Kooperationen mit internationalen Hotelketten oder Fluggesellschaften eingehen.

Bei der Herstellung eines Kataloges ist vor allem darauf zu achten, auf welcher Seite welches Angebot in welcher Art dargestellt wird. Grundsätzlich lassen sich Kataloge unterscheiden, die sehr viele Angebote auf einer Seite unterbringen und solche, die Angebote großzügig darstellen. Unabhängig von der grundsätzlichen Ausrichtung des Kataloges, betrifft die Artikeldichte die Kosten je Seite und damit die Wirtschaftlichkeit. Tendenziell gilt, dass größere Abbildungen und ausführlichere Behandlung eines Artikels zu einer Umsatzsteigerung führen, die die höheren Seitenkosten pro Artikel kompensieren kann. Besonders umsatzstarke Seiten sind die Titel- und die Rücktitelseite sowie deren Innenseiten. Auf diesen Seiten werden i.d.R. die besonderen Angebote herausgestellt.

Da Kataloge teuer sind, stellt sich für die Versandhändler die Frage nach einem wirtschaftlichen Katalogversand. Grundlage einer optimierten Katalogstreuung sind Informationen aus der Kundendatenbank, die zu einem Kundenbewertungsmodell (Scoringmodell) verdichtet werden. Jeder Kunde erhält einen Punktwert, der beispielsweise darüber entscheidet, ob dem Kunden der Katalog zugesandt wird oder er eine Postkarte erhält, mit der er den Katalog anfordern kann.

8.3.3.6 Teleshopping

Teleshopping ist eine Form der **Direct Response-Television (DRTV)**, womit alle Formen bezeichnet werden, mit dem Kunden über das Fernsehen in einen Dialog zu treten. Diese Interaktion mit dem Fernsehzuschauer kann einerseits über direkte Einkaufs- und Bestellmöglichkeiten per Bildschirm (in Form von Verkaufsshows oder über Werbespots), andererseits als Informationsservice für den Zuschauer erfolgen. Als Rückkanal dient üblicherweise das Telefon. Ferner wird zwischen aktivem und passivem Teleshopping unterschieden:

- Beim **aktiven Teleshopping** steuert der Zuschauer den Kaufprozess selbständig (z.B. über das Internet).
- Beim **passiven Teleshopping** ist es dem Zuschauer nicht möglich, die Produktpräsentation zu steuern, die Produkte werden so dargeboten, dass sie sofort bestellt werden können.

Teleshopping entstand eher aus einer Notlösung heraus 1982 in den USA. Ein Produzent von Dosenöffnern hatte bei einem Radiosender Werbezeiten gebucht, ging aber überraschend in Konkurs. Der Sender übernahm die Dosenöffner und bot sie in seinen Sendungen aktiv an. Das war so erfolgreich, dass sich daraus HSN, Home Shopping Network, entwickelte. In Deutschland dominieren vier Sender den Teleshopping-Markt. QVC, HSE24, Channel21 und 1-2-3.tv erwirtschafteten 2009 1,3 Milliarden Euro Umsatz.

Teleshopping erfolgt in unterschiedlichen Formen:

- **Teleshoppingkanäle** werden von Sendern betrieben, die ausschließlich Teleshopping betreiben.
- **Teleshopping-Sendungen** sind Einkaufssendungen im Rahmen des normalen Programmangebotes von privaten Sendern.
- **Teleshopping-Werbespots** werden im Rahmen der Werbeblöcke mit Direkt Marketing-Angeboten unter Einblendung einer Telefonnummer ausgestrahlt, über die eine direkte Bestellung erfolgen kann.

Teleshopping ist **Spontankauf**. Die angebotenen Produkte müssen sofort ins Auge springende Produkt- oder Preisvorteile haben, verbunden mit einem Neuigkeitsaspekt. Die

Kaufentscheidung aus dem heimischen Fernsehsessel muss schnell fallen, insofern sind auch der Preisgestaltung Grenzen gesetzt. Kaum jemand trifft die Entscheidung, ein Produkt über 1000 Euro zu kaufen, in wenigen Sekunden. Die Preisgrenze liegt bei etwa 50 Euro. Der Anbieter erhält innerhalb von 24 Stunden die genaue Information über Anzahl der Anrufer, Anzahl der Bestellungen, Anzahl der verkauften Zusatzprodukte und die soziodemographischen Daten der Besteller. Das Kunden- und Adressmaterial kann für weitere Direct Marketing-Aktionen genutzt werden.

Das Teleshopping über Werbespots erfolgt i.d.R. außerhalb der Primetime, da es sonst von der Nachfrage her kaum zu bewältigen wäre. Die Rücklaufquote in bezug auf die Reichweite liegt zwischen 0,1 und 1 %. Die Intensivphase der Anrufe dauert nur 12–15 Minuten.

> Für den Verkauf im Fernsehen eignen sich alle Produkte, die sich gut darstellen, gut erklären, gut vorführen und gut emotionalisieren lassen, zum Beispiel Schmuck, Kleidung, Beautyprodukte, Haushaltsgeräte und Werkzeug. Die besondere Eigenschaft eines typischen Teleshopping-Produktes ist seine mangelnde Vergleichbarkeit: Die Produkte gibt es meist nirgendwo anders. (...) Die Exklusivität hat für die Anbieter vor allem zwei Vorteile: Sie verstärkt den Kaufimpuls und verhindert einen Preisvergleich (vgl. Hermes 2010, S. 84).

8.3.3.7 Online Direct Marketing

Die neuen Medien eröffnen dem Direct Marketing neue Möglichkeiten, einen direkten und interaktiven Kontakt zwischen Anbietern und Kunden herzustellen, insbesondere auch die Möglichkeit zu einer papierlosen Kommunikation. Die größte Bedeutung kommt dabei dem Internet zu (vgl. Kapitel 6.4.13).

Die Vorteile der neuen Medien, insbesondere des Internet für das Direct Marketing sind vor allem in zwei Tatsachen begründet:

- Die Kunden und Interessenten können gezielt und unmittelbar Informationen abfragen, ohne die Zeitverzögerung des Postweges.
- Der Kunde ist in einer sehr viel aktiveren Rolle als bei den klassischen Medien. Insbesondere dann, wenn die Aktivität von seiner Seite aus erfolgt, ist ein hohes Involvement vorauszusetzen, so dass sich die Kommunikation nicht nur effizienter, sondern auch effektiver gestalten lässt.

Gemessen an den Gesamtaufwendungen für Direct Marketing, nehmen die interaktiven Dienste noch eine verhältnismäßig untergeordnete Bedeutung ein. Auch das Online-Marketing bleibt in seiner Entwicklung weit hinter den ursprünglichen Prognosen zurück. Allerdings hat sich auch hier die Bedeutung von starken Marken gezeigt. Internet-Surfer rufen in erster Linie die Adressen bekannter Marken auf, somit hat sich auch in der digitalen Welt der Vertrauensvorsprung der Marke behauptet. Diese Erfahrung musste beispielsweise *Karstadt* machen, die mit My-world versucht hatten, eine Online-Shopping-Mall aufzubauen, dies aber letztlich mit einer *Karstadt*-Domain realisieren.

Online-Marketing verknüpft sich vor allem mit den Begriffen **E-Business/E-Commerce** und zunehmend auch **M-Business/M-Commerce**, wobei „E" für „Electronic" und „M" für „Mobile" steht.

In einer allgemeinen Definition umfasst E-Business „die netzwerkgestütze Beschaffung, Verarbeitung und Bereitstellung (meist multimedialer) Informationen zur Abwicklung von Geschäftsvorgängen aller Art, die in nahezu allen betrieblichen Funktionsbereichen anzutreffen sind", in Abgrenzung zu M-Business, der entsprechenden ortsungebundenen (mobilen) Variante (vgl. Steimer 2001, S. 137). Während das M-Business vor allem von der

Durchsetzung des UMTS-Standards (= Universal Mobile Telecommunications System) abhängig sein wird, werden im E-Business bereits Umsätze erzielt, vor allem jedoch im Business-to-Business-Bereich. Hier können Zulieferer, Produzenten und Vertriebspartner ihre Logistik optimal aufeinander abstimmen.

Das **Online-Shopping** ist die Ausprägung des E-Business im Business-to-Consumer-Bereich und konzentriert sich derzeit vor allem auf die Warengruppen Bücher, Computersoft- und -hardware, Tonträger und Reisen. Online-Shopping hat sowohl für Anbieter als auch Kunden erhebliche Vorteile (vgl. Tabelle 8-9). 2010 betrug das Handelsvolumen im E-Commerce ca. 18 Milliarden Euro.

Tabelle 8-9: Vorteile des Online-Shopping

aus Anbietersicht	aus Kundensicht
• Deutliche Senkung der Vertriebskosten • Detaillierte Kundenstatistiken • Zwischenhandel entbehrlich • Schnelle Aktualisierung von Produkt-informationen und Daten	• Kürzere Lieferzeiten • Unbegrenzte Ladenöffnungszeiten • Kein Einkaufsstress • Zeitersparnis • Einkauf von jedem Ort der Welt aus möglich • Preisvorteile • Leichte Preisvergleiche • Große Produktauswahl

Quelle: Löffler/Scherfke: Praxishandbuch Direkt-Marketing, Berlin 2000, S. 142 f.

Das größte Hemmnis beim Online-Shopping ist sicherlich im mangelnden Einkaufserlebnis zu sehen, Spontankäufe werden nach wie vor im Einzelhandel ausgelöst. Andere Hemmnisse sind in der als unzureichend eingeschätzten Datensicherheit und der Sicherheit des Zahlungsverkehrs zu sehen, in den teilweise hohen Liefer- und Versandkosten und vor allem dem  fehlenden Vertrauen in unbekannte E-Shops. Zwar etablieren sich mittlerweile Prüfsiegel (vgl. z.B. www. trusted -shops.de, www.shopinfo.de), allerdings haben sie sich noch nicht durchgesetzt.

Als Alternative zum reinen Online-Shopping bietet sich eine Kombination mit dem stationären Handel an, der sogenannte Multi-Channel-Vertrieb, der die spezifischen Stärken beider Vertriebskanäle kombiniert. Beispielsweise kann der Kunde sich über die Produkte im Internet informieren, sie bestellen und im Geschäft abholen und bezahlen. Praktiziert wird dies bereits im Buchhandel.

Wie das Telefon-Marketing wird auch Online-Marketing aktiv und passiv betrieben. Auch hier bestehen gegen die passive Form keine rechtlichen Bedenken. Allerdings wird die unaufgeforderte Werbung mittels E-Mail mit bezug auf die Rechtsprechung zu Telefon-Werbung als wettbewerbswidrig angesehen (vgl. Dendorfer 2002, S. 263 ff.).

8. 3.3.8 Kundenclubs

Der Trend zu individualisierten Kundenbeziehungen hat seinen Ausdruck in der Bezeichnung Customer Relationship Marketing (CRM) gefunden. Sie steht für eine Unternehmensstrategie, die sich konsequent auf den Kunden ausrichtet mit dem Ziel, die Servicequalität dauerhaft zu verbessern. Das CRM durchdringt alle Phasen der Kundenbeziehung und schließt damit auch die Vor- und Nach-Kauf-Phase ein. Seine wohl intensivste Ausprägung hat das CRM in den Kundenclubs gefunden.

Mit einem Kundenclub verfolgt ein Unternehmen das Ziel, Kunden stärker an sich zu binden und mehr über die Kunden zu erfahren. Ein Kundenclub hat somit sowohl die Funktion eines Marktforschungs- als auch eines Kundenbindungsinstrumentes.

Der Verdrängungswettbewerb auf gesättigten Märkten lässt insgesamt die Kundenbindung wieder stärker in den Mittelpunkt des Unternehmensinteresses treten. Stammkunden sind für ein Unternehmen sehr wertvoll, denn mit ihnen erzielt ein Unternehmen den höchsten Umsatzanteil (vgl. Abbildung 8-26). „Wird die Kundenbindung lediglich um 5 % erhöht, dann steigert dies den Profit um ca. 20 bis 50 %" (Lübcke 1997, S. 20).

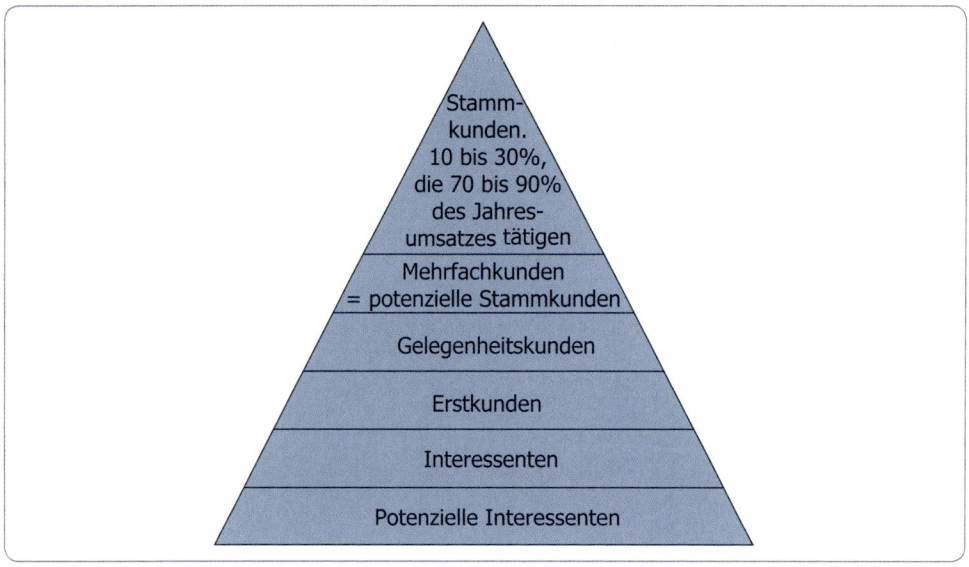

Abbildung 8-26: *Kundenloyalitätspyramide*

Quelle: Petersen: Beziehungsmarketing und Clubmarketing im Business-to-Business-Bereich, in: Lübcke/Petersen (Hrsg.): Business-to-Business-Marketing, Stuttgart 1997, S. 30

Eine allgemein gültige Definition eines Kundenclubs lässt sich nur schwer geben, da die konzeptionellen Ansätze zu unterschiedlich sind. Kennzeichnend für einen Kundenclub ist jedoch, dass die Kunden selbst aktiv werden müssen, um Mitglied zu werden (vgl. Löffler/Scherfke 2000, S. 247). Ihr wesentlicher **Vorteil** liegt darin, dass ihre Mitglieder für das Unternehmen transparent sind, indem sie vielfältige Daten zur Verfügung stellen, die in einer Datenbank erfasst und verwaltet werden. Der Kunde ist durch die Mitgliedschaft eher bereit, über persönliche Daten Auskunft zu geben. Ein weiterer Vorteil liegt in der unmittelbaren Erfolgskontrolle aller Club-Maßnahmen. Kundenclubs stellen eine Form des Dialog-Marketing dar. Durch den Dialog zwischen Unternehmen und Kunden gewinnt das Unternehmen Informationen, die entscheidend sein können für die strategische Marketing-Ausrichtung.

Ein Club entwickelt eine spezifische Eigendynamik in der Kommunikation zwischen Unternehmen und Clubmitgliedern. Die Tatsache der Mitgliedschaft bedeutet, dass der Kunde dem Unternehmen bzw. dem Clubkonzept grundsätzlich positiv gegenübersteht. Durch die Mitgliedschaft lernt gleichzeitig aber auch das Unternehmen seine Kunden besser kennen und zwar nicht nur bezüglich ihrer persönlichen Daten, sondern vor allem im Hinblick auf deren Interessen, Bedarfsstrukturen sowie Wünsche und Erwartungen gegenüber dem Unternehmen bzw. dessen Produkten. Aufgrund dieser Kundenkenntnis kann das Unternehmen wiederum solche Club-Aktivitäten ergreifen, die gezielt zur Verbesserung seines Images, der Interaktion mit den Kunden und deren Integration in das Unternehmen beitragen. Die dadurch erreichte Intensivierung der Kundenbindung schlägt sich letztlich in mehr Sicherheit gegenüber dem Wettbewerb, in mehr Umsatz und somit langfristig in den Gewinnzielen nieder (vgl. Diller 1997, S. 34). Das Zielsystem von Kundenclubs ist in Abbildung 8-27 dargestellt.

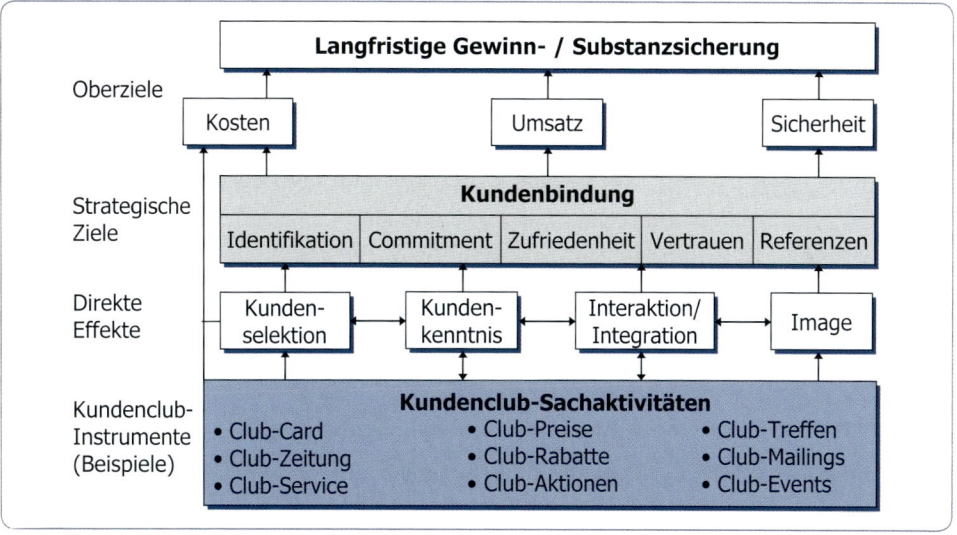

Abbildung 8-27: *Zielsystem von Kundenclubs*

Vgl. Diller: Was leisten Kundenclubs?, in: Marketing ZFP Nr. 1, 1997, S. 33

In Verbraucherclubs ist die Aktivität der Mitglieder i.d.R. weniger stark ausgeprägt als in Business-to-Business-Clubs, aber auch diese Clubs beruhen auf dem Prinzip von Leistung und Gegenleistung, die sich auf Seiten der Mitglieder aber häufig auf die Zahlung des Mitgliedsbeitrages beschränkt. Das Clubziel ist allerdings das gleiche: Kundenbindung. Die stärkste Kundenbindung wird aber vor allem durch Ansprache der emotionalen Ebene erreicht, wenn der Club es schafft eine Identifikation der Mitglieder zu erreichen, die über die materiellen Clubvorteile hinausgeht.

Club der Pilstrinker

Die *Krombacher* Privatbrauerei gründet einen eigenen Kundenclub. Zum 1. Januar 2006 soll das neue Kundenbindungstool mit einem breiten Leistungsspektrum starten. Ziel ist es, die „Heavy-User" als Multiplikatoren zu binden. Angepeilt sind daher im ersten Jahr 60.000 bis 100.000 Mitglieder. Die Mitgliedschaft soll 13 Euro im Jahr kosten. Nach dem Motto „Was nichts kostet, ist auch nicht wert" wollen die Siegerländer direkt einen Filter setzen und verhindern, dass die Mitgliederverwaltung mit schwach involvierten Mitgliedern belastet wird. Nicht ohne Grund: Das Management von Kundenclubs sowie die Incentives sind nicht gerade billig. Dafür bekommt das frisch gebackene Mitglied direkt nach der Anmeldung Punkte in Form von *Krombacher* Perlen, die für verschiedene Leistungen des Klubs eingesetzt werden können wie Karten für Champions-League-Spiele oder Formel-1-Rennen oder auch für Reisen. Als großer Sportsponsor hat *Krombacher* grundsätzlich

Zugang zu vielen Sportveranstaltungen. Aber auch eine Kreditkarte sowie ein eigenes Handy in Kooperation mit *T-Mobile*, mit dem Mitglieder untereinander sogar günstiger telefonieren können, werden herausgegeben. Zudem soll es drei Kundenclub-Magazine im Jahr geben. Die gewonnenen Adressen der Mitglieder will man aber nicht für verkaufsförderndes Direktmarketing nutzen – auch wenn die ersten 10.000 Mitglieder kostenlos ein Fünf-Liter-Fässchen vom Kooperationspartner *DHL* zugeschickt bekommen. Vielmehr wollen die Kreuztaler ihren Mitgliedern zum Geburtstag gratulieren, zu Pretests für neue Produkte oder zum Internet-Chat einladen.

Kundenclubs im Verbrauchsgütermarkt sind grundsätzlich nicht neu. *Maggi*, *Dr. Oetker*, *Fisherman's Friend* und einige andere versuchen sich bereits in Sachen Kundenbindung – allerdings mit unterschiedlichem Erfolg. *Maggi* hatte beispielsweise seinerzeit von einem kostenfreien auf einen kostenpflichtigen Club umgestellt. Auch der *Krombacher* Marketing-Geschäftsführer Hans-Jürgen Grabias, will Paybacks haben: „Wir wollen den Kundenclub selbsttragend machen." O.V.: Club der Pilstrinker, in: Absatzwirtschaft Nr. 1, 2006, S. 86

Da in Verbraucherclubs schnell sehr hohe Kundenkontaktzahlen entstehen können, die bearbeitet werden müssen, verlagert sich die Kundenansprache zunehmend auf das Internet. Postalische Mailings oder Kundenkarten verursachen erhebliche Kosten, die durch das Internet eliminiert werden können: Druck-, Versand- und Portokosten. Voraussetzung für solche online-basierten Kundenclubs ist allerdings eine hohe Online-Affinität der Zielgruppe. Aus der Menge der potenziellen Kunden können online die Stammverwender und Fans der Marke gefiltert werden. Die so selektierten mehrere hundert bis wenigen tausend Adressaten (Meinungsführer) können dann weiterhin mit Printmailings bedacht und somit einer intensiveren Kommunikation unterzogen werden.

Da die Verwaltung der Kundendaten ein wesentlicher und aufwendiger Aspekt eines Kundenclubs ist, bedienen sich die Club-Betreiber häufig professioneller Hilfe von außen:

So kümmert sich die Bertelsmann-Tochter Arvato, der Marktführer im Betrieb von Kundenbindungssystemen in Europa, um die Konzeption von Kundenclubs mit sämtlichen Leistungen und Funktionen inklusive der Kommunikationsleistungen. Darunter fallen auch die Auswahl und Einbindung der entsprechenden Kooperationspartner innerhalb eines Kundenclubs, die Kundensegmentierung über Data-Mining-Prozesse bis hin zur Anreicherung der Kundendaten und Entwicklung konkreter Kampagnen sowie die Produktion und der Versand beispielsweise von Welcome-Packages, Mailings, Kontoauszügen oder Magazinen. Der Dienstleister übernimmt auch die Betreuung der Mitglieder, wenn es um Fragen zu Clubleistungen, Anmeldungen, Bestellvorgängen oder Informationsdiensten geht, und nicht zuletzt gehört auch Logistik- und Prämienmanagement, Finance Services (Mitgliedsbeiträge, Prämienzahlungen) und Customer-Relationship-Management-Systeme, die die ganzen Services auch IT-technisch abbilden, ins Portfolio. Thunig 2006, S. 106f.

8. 4 Verkaufsförderung

8. 4.1 Grundlagen

In der Literatur findet sich keine einheitliche Verwendung des Begriffes Verkaufsförderung (auch Sales Promotions oder Promotions). Da i.d.R. jedoch auf ihren Kurzfristcharakter abgehoben wird (vgl. Kotler/Keller/Bliemel 2007, S. 758), soll hier folgende Definition zugrunde gelegt werden (s. Kasten S. 537):

„Mit der Verkaufsförderung sollen i.d.R. entweder die Endabnehmer eines Produktes, die Handelspartner oder die Verkäufer motiviert werden" (Kotler/Keller/Bliemel 2007,

S. 758). Traditionell erfolgt Verkaufsförderung vor allem im Konsumgüterbereich.

Neben dem Direct Marketing wird insbesondere der Verkaufsförderung eine zunehmende Bedeutung zugesprochen. Die Gründe dafür vielfältig:

 Unter Verkaufsförderung werden alle kommunikativen Maßnahmen verstanden, die *kurzfristig* den Absatz von Produkten und Dienstleistungen beeinflussen sollen.

- Grundsätzlich ist festzustellen, dass Kaufentscheidungen zunehmend erst am Point of Sale (PoS) getroffen oder dort zumindest maßgeblich beeinflusst werden. Da also die Eindrücke und Informationen vor Ort eine so starke Rolle für den Käufer spielen, ist der Laden und die Gänge im Laden zum Medium geworden, das gezielt Kaufsignale übermittelt.
- Ganz allgemein profitiert die Verkaufsförderung wie alle Below-the-line-Maßnahmen von den Vorbehalten der Werbetreibenden gegenüber der Effizienz der klassischen Werbung.
- Ein spezifischer Grund ist in der Veränderung der Handelslandschaft zu sehen. Die starke Konzentration im Handel stärkt dessen Verhandlungsmacht, so dass er maßgeschneiderte Verkaufsförderungsaktionen von den Herstellern durchsetzen kann, um sich gegenüber der Konkurrenz zu profilieren. Ferner hat der von der Konzentration ausgehende Wettbewerbsdruck mittlerweile ein eigenständiges Handels-Marketing entstehen lassen, das in Verbindung mit EDV-gesteuerten Warenwirtschaftssystemen zunehmende Bedeutung als Steuerungsinstrument gewinnt.
- Die Übersättigung im Bereich der klassischen Werbung hat dazu geführt, dass Werbetreibende die gezielte Verbraucheransprache am (PoS) stärker ausbauen.
- Veränderungen im Verbraucherverhalten haben zur Ausprägung von neuen Kundentypen geführt. Als „Smart Shopper" wird der Käufer bezeichnet, der ständig auf der Suche nach mehr Wert für weniger Geld ist. Dieser Käufertyp ist über Preise und Qualitäten von Produkten genau informiert und ist mit Sonderangeboten allein nicht mehr anzusprechen.

Der PoS hat einen zunehmenden Einfluss auf die Kaufentscheidung gewonnen. Käufer lassen sich von den Eindrücken und Informationen im Geschäft selbst leiten; nicht immer bestimmen Markentreue und Werbung, was gekauft wird.

Deshalb ist der Laden selbst und die Gänge im Laden ein wichtiges Medium geworden, um Botschaften zu vermitteln und Produkte tatsächlich zu verkaufen. Hinweisschilder, Position im Regal, der Platz, den die Ware einnimmt, spezielle Displays machen es entweder wahrscheinlich oder unwahrscheinlich, dass ein Konsument einen bestimmten Artikel kauft oder nicht.

Ein Kunde kauft umso mehr, je länger er in einem Geschäft verweilt. Die Zeit, die ein Kunde in einem Geschäft verbringt hängt davon ab, wie angenehm dieser Aufenthalt für ihn ist (vgl. Underhill 2000, S. 33 f.).

Im Rahmen der verbrauchergerichteten Verkaufsförderung kommt dem Merchandising eine große Bedeutung zu. **Merchandising** bezeichnet in diesem Zusammenhang das Plat-zieren der Ware (vgl. die andere Bedeutung von Merchandising in Kapitel 8.5.2). Einerseits handelt es sich dabei um sogenannte **Zweitplatzierungen**, also Platzierungen außerhalb des Stammregales, wo das Produkt mit den anderen Produkten der Kategorie unmittelbar konkurriert und nun in eine konkurrenzlose Situation platziert wird.

Andererseits geht es um die Kunst der Nachbarschaften: Ein Artikel wird so in die Nähe eines anderen platziert, dass zwischen beiden eine Beziehung entsteht und mehr von beiden verkauft wird. Die richtige Nachbarschaft kann zu vielen Zusatzverkäufen führen.

Wo platziert man Gürtel? Neben Hosen. Socken? Bei den Schuhen. Tomatensoße zu den Teigwaren. Schlipse bei Anzügen. Paniermehl, Grillsoßen und Kräuter an der Fleischtheke. Milchprodukte sind in Verbrauchermärkten üblicherweise an der hintersten Wand platziert. Da fast jeder Kunde sie braucht, gehen alle durch den ganzen Laden und schauen sich die Ware auf dem Weg dorthin an (vgl. Underhill 2000, S. 209 ff.).

Werden unterschiedliche Produkte zu logischen Kategorien zusammengefasst und als ein Produkt vermarktet, wird auch von **Category Management** gesprochen. In einer „italienischen Woche" werden beispielsweise Wein, Pasta, Antipasti, Parma Schinken usw. zusammen platziert und gemeinsam beworben. Dadurch kann der Umsatz der gesamten Kategorie und nicht nur einzelner Produkte gesteigert werden.

Die Verkaufsförderung grenzt sich in mehrfacher Hinsicht klar von der Werbung ab. Während die Werbung i.d.R. eine breite Zielgruppe anspricht, ist die Verkaufsförderung auf kleinste Zielgruppen ausgerichtet. Die Werbung zielt auf eine langfristige Wirkung, die Verkaufsförderung sucht den schnellen, kurzfristigen Erfolg. Gerade in dieser kurzfristigen Ausrichtung der Verkaufsförderung ist aber auch ihr Gefahrenpotenzial zu sehen. Der kurzfristige Erfolg wird vielfach in Sonderpreisen und attraktiven Preisausschreiben gesehen. Eine Marke, die zu oft über Sonderpreise angeboten wird, läuft Gefahr, als Billigmarke angesehen zu werden, was mit dem durch die Werbung angestrebten langfristigen Markenimage nicht kompatibel sein muss. Außerdem wird der Handel für niedrige Preise sensibilisiert. Auch Preisausschreiben können das Markenimage schädigen, wenn die ausgelobten Preise eher unter dem Aspekt der Attraktion als unter Positionierungsaspekten ausgewählt wurden. Um derartige Irritationen auszuschließen, müssen Werbung und Verkaufsförderung an einer gemeinsamen, langfristig orientierten Kommunikationsstrategie ausgerichtet sein.

Bei der Verkaufsförderung lassen sich grundsätzlich drei unterschiedliche Zielgruppen unterscheiden: Endverbraucher, Handel und Außendienst (vgl. Abbildung 8-28), entsprechend unterschiedlich sind auch die jeweiligen Instrumente. Die Verkaufsförderung ist also nicht auf den PoS beschränkt. Jede Zielgruppe sollte nach Möglichkeit in ihrer eigenen Sprache angesprochen werden. Verkaufsförderung am PoS ist vor allem für wenig erklärungsbedürftige, problemlose Verbrauchsgüter von Bedeutung.

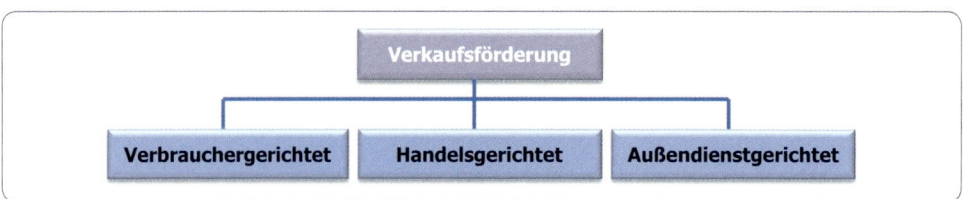

Abbildung 8-28: *Arten der Verkaufsförderung*

8. 4.2 Verbrauchergerichtete Verkaufsförderung

Verbraucherpromotions können als die klassische Form der Verkaufsförderung angesehen werden. Sie zielen durch einen zeitlich begrenzten Zusatznutzen auf eine unmittelbare Reaktion der Verbraucher; häufig sind sie mit Zweit- oder Sonderplatzierungen im Handel verbunden. In diesen Fällen sollen Verbraucherpromotions für Hinausverkäufe (aus dem Handel) sorgen. Die klassische Werbung versucht, die beworbenen Marken im relevant set von möglichst vielen Personen zu verankern und die Marken mit Präferenzen auszustatten. Verbraucherpromotions stellen exogene Faktoren dar, die unter Umgehung des relevant set die Kaufentscheidung beeinflussen wollen. Die Käufer, bei denen die entsprechende Marke ohnehin im relevant set ist, erstehen das Produkt zu den mit der Promotion verbundenen Sonderleistungen. Neue Verwender können, positive Produkterfahrungen vorausgesetzt, an die Marke herangeführt werden. Da Verbraucherpromotions jedoch von praktisch allen konkurrierenden Marken veranstaltet werden, ist nicht auszuschließen, dass das Endergebnis ein Nullsummenspiel ist. Mit der Einschränkung vielleicht, dass die Verbraucher für Sonderaktionen sensibilisiert werden und gezielt in Aktionen auf Vorrat kaufen. Die Kehrseite der Verbraucherpromotions ist also darin zu sehen, dass sie der „Schnäppchen-Kultur" Vorschub leisten und damit zu einer Schwächung der Markentreue führen. Verbraucherpromotions wollen in erster Linie Impulskäufe auslösen. Es wird geschätzt, dass mehr als die Hälfte aller Käufe im Supermarkt spontan und ungeplant erfolgen (vgl. Underhill 2000, S. 216). „Fast alle Spontankäufe sind das Ergebnis von Sinneseindrücken – Berühren, Hören, Riechen oder Schmecken ..." (Underhill 2000, S. 164), die während des Einkaufs vor Ort erlebt werden. Allein diese Tatsache zeigt das außerordentliche Wirkungspotenzial der Art und Weise, wie Ware dargeboten wird.

Der Vorteil der Verbraucherpromotions liegt vor allem darin, dass sie schnell ökonomische Erfolge zeitigen. Dafür steht ein sehr umfangreiches Instrumentarium zur Verfügung. Die folgende Auflistung stellt die wesentlichen Möglichkeiten vor, sie erhebt keinen Anspruch auf Vollständigkeit, da sich ständig neue Formen der Verbraucherpromotions entwickeln:

- **Probenverteilungen** (Sampling). Sie sind das wirksamste, aber auch das teuerste Mittel, um (insbesondere neue) Produkte schnell bekannt zu machen. Ziel ist es Erstkäufer zu gewinnen, die sich von der Qualität der Produkte durch die Probe überzeugen konnten. Proben können auf sehr vielfältige Weise verteilt werden: von Tür zu Tür, über den Postweg, durch Hostessen im Laden oder in Fußgängerzonen, durch die Kassiererinnen im Laden, beim Hersteller angefordert werden, anderen Produkten beigepackt oder auch in Zeitschriften beigeklebt sein.
  Es kann davon ausgegangen werden, dass der Verbraucher ein ihm kostenlos überlassenes Produkt nicht wegwirft, sondern tatsächlich ausprobiert. Für Probenverteilungen werden i.d.R. keine Originalpackungen sondern Sondergrößen (Probierpackungen) verwendet. Je genauer die Zielgruppen der Aktion selektiert werden können, desto größer ist das Erfolgspotenzial. Denn die Aktion ist wirkungslos, wenn Proben an bereits bestehende Kunden bzw. bereits gewonnene Käufer verteilt werden.
- **Preisausschreiben.** Das Ziel von Preisausschreiben kann einerseits darin bestehen, Produkte interessanter zu machen und so ihren Abverkauf zu unterstützen, andererseits können gezielt bestimmte Produkteigenschaften herausgestellt werden.
  Bei einem Preisausschreiben muss der Verbraucher eine Aufgabe lösen und das Lösungswort auf einer Teilnahmekarte eintragen und diese entweder in eine bereitgestellte Box einwerfen oder an den Hersteller senden. Die Ziehung der Gewinner erfolgt nach dem Zufallsprinzip.
  Unter wettbewerbsrechtlichen Aspekten ist darauf zu achten, dass weder ein rechtlicher noch ein psychologischer Kaufzwang ausgeübt wird, d.h. die Teilnahme an dem Preisausschreiben darf für den Verbraucher keinerlei Verpflichtungen nach sich ziehen. Die Teilnahmekarten für das Preisausschreiben können dem Produkt beigepackt oder Zeitschriften beigeklebt sein, beim Hersteller angefordert werden oder im Handel ausgelegt sein. Aufgrund der Vielzahl derartiger Aktionen ist die Unterstützung durch den Handel gering, häufig finden sich am Ladeneingang Aufsteller, in denen sich die Teilnahmekarten aller gerade laufenden Preisausschreiben befinden. Die Rücklaufquoten sind i.d.R. auch sehr gering und hängen vor allem von der Attraktivität der Gewinne ab.

Für die Gewinnauslobung von Preisausschreiben gibt es zwei Alternativen. Es können entweder viele kleine Gewinne ausgesetzt werden, damit möglichst viele Verbraucher gewinnen und somit in eine „moralische Verpflichtung" gegenüber dem Unternehmen genommen werden können. Zwar können die Verbraucher hier die hohe Gewinnchance erkennen, allerdings sind die Gewinne für sie häufig nicht sehr attraktiv, so dass die Rücklaufquoten nur gering sind. Bei einem attraktiven Hauptgewinn (Traumhaus, Traumreise) sind die Gewinnchancen gering, aber die Rücklaufquoten hoch, allerdings ist die „Enttäuschungsquote" ebenfalls hoch. In der Praxis findet sich häufig die zweite Alternative.

- **Sonderpreise.** Im Rahmen einer Verkaufsförderungsaktion können Produkte für einen begrenzten Zeitraum zu Sonderpreisen angeboten werden („Jetzt besonders günstig"). Beabsichtigt sind dabei kurzfristige Umsatzeffekte. Preisnachlässe haben den Vorteil, einfach und gleichzeitig wirkungsvoll zu sein. Die Gefahr besteht aber einerseits darin, dass der Handel den Preisnachlass nicht oder nicht in voller Höhe an die Verbraucher weitergibt, andererseits kann der Verbraucher so an ein niedriges Preisniveau gewöhnt werden, so dass die Rückkehr zum Normalpreis schwierig werden kann.

- **Sonderpackungen.** Für Sonderpackungen gibt es ebenfalls vielfältige Möglichkeiten. Sie können beispielsweise mehr Inhalt zum gleichen Preis bieten, mehrere Originalpackungen zu einer Packung bündeln (zwei Packungen zum Preis von einer), das Produkt in einer speziellen Verpackung anbieten, die eigenständig verwendet werden kann bzw. einen Zusatznutzen bietet (Bonbons in einer Bonbonniere, Wein in einem Weinkühler) oder unterschiedliche Produkte, die in einem funktionalen Zusammenhang stehen, gemeinsam anbieten (Rasierklingen und Rasierschaum, Cognac und Cognacschwenker). Sonderpackungen werden insbesondere auch bei Saisonartikeln (Weihnachten, Ostern) als Geschenkideen eingesetzt.

  Sonderpackungen stellen eine sehr wirkungsvolle Aktionstechnik dar, da sie dem Verbraucher einen Zusatznutzen oder einen Preisvorteil gegenüber dem Normalprodukt liefern.

- **Gutscheine.** Für die Distribution von Gutscheinen bestehen die gleichen Möglichkeiten wie bei den Teilnahmekarten für Preisausschreiben. Die Gutscheine können gegen eine Produktprobe eingetauscht werden oder eine Preisermäßigung beim Kauf eines Produktes beinhalten. In diesem Fall sind sie vor allem für die Auslösung von Probierkäufen geeignet.

- **Treueprämien.** Sie setzen üblicherweise Mindestkaufmengen von Produkten oder Inanspruchnahmen von Dienstleistungen voraus. Verbraucher können aufgefordert werden, eine bestimmte Anzahl von Verpackungen oder EAN-Codes der Verpackungen einzusenden und erhalten vom Hersteller entweder Bargeld oder andere Werte. Fluggesellschaften bieten Vielfliegerprogramme an, bei denen die Fluggäste Punkte sammeln können, die in Freiflüge umgewandelt werden (Miles & More). Ziel von Treueprämien ist die Erhöhung der Kundenbindung über einen längeren Zeitraum.

- **Verbundpromotions.** Hier werden unterschiedliche Produkte eines oder mehrerer Hersteller in eine gemeinsame Verkaufsförderungsaktion einbezogen. Verbundpromotions können z.B. über Preisausschreiben oder Gutscheine durchgeführt werden, die Produkte können auch in einer gemeinsamen Packung angeboten werden („Die Besten von *Ferrero*"). Verbindende Klammer einer Verbundpromotion ist ein gemeinsames Thema. Das Ziel kann einerseits in einer generellen Erhöhung des Verkaufsdrucks liegen, andererseits können neue oder schwächere Produkte von den anderen mitgezogen werden.

- **Displays.** Displays sind am PoS eingesetzte Werbemittel, die Produkte in besonderer Weise, üblicherweise als Zweitplatzierung, herausstellen. Als Display zählt aber beispielsweise auch die lebensgroße lila Kuh von *Milka*. Eine Zweitplatzierung ist eine zusätzliche Platzierung eines Produktes, außerhalb des Stammregales. Die Produkte werden hier entweder auf einer Normal-Palette oder auf einer displaymäßig gestalteten Palette belassen. Zweitplatzierungen sollen einen Verkaufsdruck erzeugen allein durch die massive Darstellung der Produkte. Sie sind besonders wirkungsvoll, wenn sie in der Nähe von Produkten platziert sind, mit denen sie in einem Nutzenverbund stehen (Saucen bei der Fleischtheke, Salatdressings in der Gemüseabteilung).

- **Verkostungen.** Für Nahrungs- und Genussmittel bieten sich Verkostungen an. Sie sind ideal dafür geeignet, dass sich der Verbraucher vom Geschmack der Produkte selbst überzeugen kann. Sie können insbesondere Produkte in der Einführungsphase unterstützen. Gleichzeitig können Tipps für die Zubereitung oder Rezeptvorschläge unterbreitet werden.
- **Self-Liquidating Offers (SLO).** Hierbei wird dem Verbraucher die Möglichkeit gegeben, einen Gegenstand, der mit dem Produkt in einem mittelbaren oder unmittelbaren Zusammenhang steht, zu Selbstkosten oder zu sehr günstigen Preisen zu erwerben. *Coca-Cola* bietet beispielsweise Badetücher und Kühltaschen als SLO an.

Neben diesen klassischen Formen der Verkaufsförderung entwickeln sich eine Vielzahl neuer Promotions. Zunehmend werden Cross Promotions durchgeführt und klassische Promotionarten mit den neuen Varianten kombiniert. Immer häufiger stehen Warengruppen im Fokus, die zuvor noch nicht bzw. seltener in Aktionen zu finden waren, wie z.B. Haarfarben, Tagescreme etc. Auch die Handelsorganisationen selbst beteiligen sich mit innovativen Promotions.

Für den Handel können Verbraucherpromotions ein Instrument darstellen, sich gegenüber den Wettbewerbern zu profilieren. Eine Profilierung über die angebotenen Produkte ist aus Handelssicht nur eingeschränkt möglich, da die meisten Handelsorganisationen die gleichen Produkte vertreiben. Daher verlangt der Handel von den Herstellern zunehmend maßgeschneiderte Verkaufsförderungsaktionen, die ausschließlich in seinen Geschäften erfolgen. Allerdings relativiert sich die Wirkung, wenn maßgeschneiderte Aktionen mit allen Handelsorganisationen durchgeführt werden.

Da im Gegensatz zur klassischen Werbung sich die Kosten von Verkaufsförderungsmaßnahmen üblicherweise direkt den jeweiligen Produkten zurechnen lassen, ist im Vorfeld der Aktion eine Deckungsbeitragsrechnung vorzunehmen. Die Erfolgskontrolle von Verkaufsförderungsmaßnahmen ist immer unter langfristigen Aspekten durchzuführen. Bei einer erfolgreichen Aktion steigen Umsatz und Marktanteile während des Aktionszeitraumes, die aber nach der Aktion häufig auf ein unterdurchschnittliches Niveau sinken, aufgrund des Bevorratungseffektes. Erst die langfristige Betrachtung zeigt, ob die Aktion lediglich zu einem Austausch von Normal- gegen Aktionsware geführt hat oder ob der Umsatz nachhaltig erhöht werden konnte, indem z.B. tatsächlich neue Kunden gewonnen werden konnten bzw. eine Intensivierung des Konsums stattfand. Abbildung 8-29 zeigt ein Beispiel für die Langfristkontrolle einer Verkaufsförderungsaktion, bei der vier Perioden betrachtet werden.

Periode 1, der Zeitraum vor der Aktion, stellt hier die Vergleichsbasis dar, an der der Aktionserfolg gemessen werden soll. Während der Aktion geht der Umsatz sprunghaft nach oben und fällt nach Aktionsende stark ab, um sich dann einem neuen Niveau anzunähern. Von einem nachhaltigen Aktionserfolg kann nur gesprochen werden, wenn sich der Umsatz nach der Aktion auf einem höheren Niveau einpendelt als vor der Aktion.

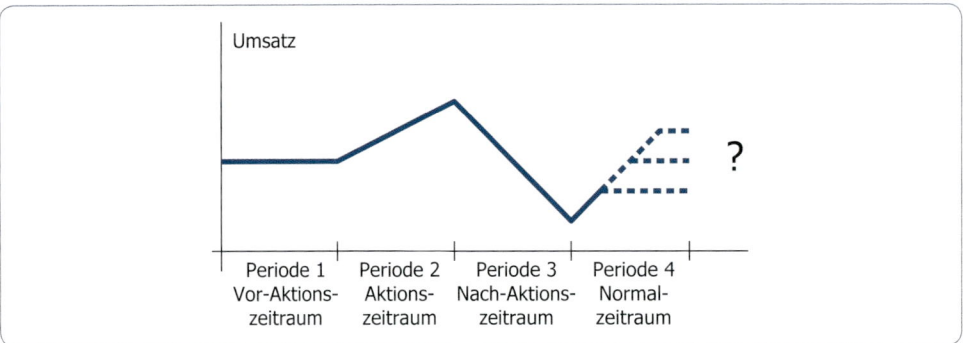

Abbildung 8-29: *Langfristige Erfolgskontrolle einer Verkaufsförderungsaktion*

Produkte an der Verkaufsfront in Szene setzen – lohnt sich das? Dieser Fragestellung gingen Experten der Unternehmen Konzept & Markt und POS Support nach und kamen zu folgendem Ergebnis: Die Wirkung von Vkf-Maßnahmen ist – in Abhängigkeit der gekauften Produkte aus einzelnen Warengruppen – höchst unterschiedlich.

Die Studienverantwortlichen richteten in ihrer Untersuchung ihren Blick unter anderem auf die so genannte Instore-Decision-Rate. Diese setzt sich aus vage geplanten und ungeplanten Kaufentscheidungen zusammen. Von vage geplanten Einkäufen sprechen die Statistiker, wenn der Kunde zwar weiß, welches Produkt er erwerben möchte, aber keine bestimmte Marke im Kopf hat.

Die höchsten Entscheidungsraten lassen laut Studie Nonfood-Warengruppen wie Haushaltsartikel, Schuhe, Kleidung, Textilien sowie Schreibwaren und Büroartikel erkennen. Diese liegen bei über 90 Prozent. Bei Blumen, Pflanzen und Samen ist der Anteil der ungeplanten Käufe mit 75 Prozent besonders hoch. Innerhalb des Food-Bereichs zählen laut der Analyse Konserven und Pudding-/Dessertpulver sowie Fisch (nicht frisch) zu Warengruppen mit den höchsten Instore-Decision-Raten. (…)

Insgesamt gehen die Experten davon aus, dass nur bei der Hälfte aller Einkäufe tatsächlich ein Einkaufszettel genommen wird. Dabei beeinflussen laut Umfrage Handzettel und Anzeigenblätter in drei Viertel aller Fälle die Wahl der Einkaufsstätte. „Dies ist schon ein Indiz dafür, dass das Entscheidungsverhalten am Point of Sale sehr wohl beeinflussbar ist", kommentiert Dr. Ottmar Franzen das Studienergebnis. Insgesamt waren das 47 Prozent. Bleiben die Theken-Frischsortimente unberücksichtigt, werden sogar 60 Prozent der Kaufentscheidungen erst auf der Fläche letztentscheidend beeinflusst. Gemessen an rund 128 Mrd. Euro Umsatz im hiesigen Lebensmitteleinzelhandel im Jahr 2007 entspricht das 60 Mrd. Euro. (Vgl. O.V. 2009a, S. 54)

Beim Einkauf verweilt nur noch jeder vierte Kunde länger als 30 Minuten im Markt. Vor allem die 18- bis 29-Jährigen tätigen Kurzeinkäufe bis 15 Minuten. (…) Besonders hohen Einfluss auf die Kaufentscheidung haben Angebote mit klar nachvollziehbarem „Mehr"-Wert wie Multi-Buy-Aktionen (etwa „Kaufe Drei, zahle Zwei") oder Mehr-Inhalt-Offerten sowie Sondereditionen. Imagebildende Maßnahmen wie Gewinnspiele & Co. sind aus Sicht der Shopper als Mittel zur Kaufaktivierung weniger geeignet. Sie dienen dem langfristigen Aufbau des Markenimages und sind eher als taktische Instrumente zu sehen, das dem Handel einen Grund zum Forcieren des Abverkaufs der entsprechenden Ware mittels Handzettel oder Zweitplatzierungen geben soll.

Die flankierenden und nicht selten teuren Maßnahmen wir POS-Radio, Einkaufswagen-Werbung, Instore-TV oder Fußboden-Kleber finden zumindest in der subjektiven Eigeneinschätzung der Kunden keine hohe kaufadäquate Berücksichtigung. Von den unterschiedlichen kaufaktivierenden Mechaniken besitzen personalgestützte Promotions, Zugaben und Couponing nach wie vor die höchste Marktdurchdringung bei Shoppern (O.V. 2010, S. 43).

8.4.3 Handelsgerichtete Verkaufsförderung

Handelspromotions sollen aus Herstellersicht für Hineinverkäufe in den Handel sorgen. Sie zielen auf Listung neuer Produkte, den Kauf zusätzlicher Mengen oder auf zusätzliche Förderungsmaßnahmen durch den Handel (wie z.B. Durchführung von Verbraucherpromotions, zusätzliche Regalflächen).

Die Gewichte zwischen Hersteller und Handel sind ungleich verteilt. Um die Größenordnungen aufzuzeigen: Während z.B. ein Hersteller mit einer bestimmten Handelsorganisation 20 % seines Umsatzes tätigt, liegt der Umsatzanteil der Handelsorganisation mit diesem Hersteller bei vielleicht nur 1 %. Aufgrund dieser Machtposition nimmt der Handel verstärkt Einfluss auf das Marketing der Hersteller.

Aber nicht nur seine Einkaufsmacht verleiht dem Handel eine starke Verhandlungsposition, sondern auch die Datentransparenz im Hinblick auf die von ihm vertriebenen Produkte. Der Handel hat in den letzten Jahren viel in moderne Warenwirtschafts- und Informationssysteme investiert. Mit Scannerkassen lässt sich die Umschlagshäufigkeit jedes einzelnen Artikels genau ermitteln. Der Handel ist bestrebt, aus jeder Produktgruppe möglichst nur die „Renner" in seinen Regalen zu führen und die „Penner" auszulisten. Das elektronisch gestützte Instrument der Efficient Consumer Response (ECR) ist ein Ansatz dazu. Die Grundidee ist, dass der gesamte Warenfluss gemeinsam von Hersteller und Handel gesteuert wird, um Rationalisierungspotenziale aufzuspüren. Für die verbrauchergerichtete Verkaufsförderung könnte dies dazu führen, Aktionen durch Dauerniedrigpreise zu ersetzen.

Mit handelsgerichteten Promotions wollen die Hersteller sowohl das Leistungsvermögen des Handels als auch dessen Leistungswillen stärken (vgl. Bänsch 1993, S. 570 f.). Entsprechend ist das Instrumentarium darauf ausgerichtet:

- **Beratung** und **Information.** Hierunter fallen Schulung des Verkaufspersonals, Bereitstellung von Informationssystemen für den Handel, Beratung bei Warenplatzierung und Gestaltung der Verkaufsräume.
- **Funktionsrabatte.** Sie werden als Gegenleistung für Sonderplatzierungen oder die Durchführung von Verbraucherpromotions gewährt. Auch die Abnahme größerer Warenmengen in Aktionszeiträumen wird mit Rabatten unterstützt.
- **Werbekostenzuschüsse.** Die Hersteller beteiligen sich an den Kosten für eine werbliche Herausstellung ihrer Produkte durch den Handel (Anzeigen für Sonderangebote in Tageszeitungen, Handzettelwerbung).
- **Incentives.** Hierzu zählen einerseits Verlosungsgegenstände, die dem Handel zur freien Verfügung überlassen werden, andererseits auch Bargeld oder kleinere Geschenke für Händler und ihr Verkaufspersonal.

Aus Herstellersicht sind Handelspromotions insofern kritisch zu betrachten, als die Durchführung der vereinbarten Gegenleistungen durch den Handel auf dem Prinzip von Treu und Glauben beruht. Nicht immer bewirbt der Handel auch tatsächlich das Produkt, führt Aktionen durch oder gibt Sonderpreise an die Verbraucher weiter. Ein Problem grundsätzlicher Art ist darin zu sehen, dass auch der Handel für Sonderaktionen sensibilisiert wird und sich mit der preiswerten Aktionsware auch über den Aktionszeitraum hinaus eindeckt.

8.4.4 Außendienstgerichtete Verkaufsförderung

Mit dem Instrumentarium der außendienstgerichteten Verkaufsförderung soll einerseits der Außendienst in seinem Tagesgeschäft unterstützt werden, andererseits sollen Leistungsanreize geschaffen werden.

- **Schulungen.** Der Außendienst muss in jeder Hinsicht auf dem neuesten Stand gehalten werden. Das betrifft einerseits die Produkte, die er vertreiben soll, sowie die produktbegleitenden Maßnahmen. Er muss in die Lage versetzt werden, alle Fragen zu neuen (und natürlich auch bestehenden) Produkten beantworten zu können, er muss die strategische Absicht kennen, auf die die Produkte zielen und er muss über die Entwicklung des Marktes informiert werden. Vor Aktionen und Neueinführungen werden dafür üblicherweise Außendiensttagungen abgehalten. Alle für den Außendienst relevanten Informationen werden in Verkaufshandbüchern zusammengefasst. Die Notwendigkeit zur Schulung der eigenen Verkaufsorganisation ergibt sich vor allem bei erklärungsbedürftigen Produkten.

  Auf der anderen Seite gilt es auch, den Außendienst in Rhetorik, Präsentationstechnik und ggf. Mitarbeiterführung zu schulen. Er muss ein Verkaufsgespräch führen und steuern können, muss Einwände behandeln und sich in Konfliktsituationen behaupten können.

  Zur Schulung des Außendienstes gehört schließlich auch die Vermittlung von betriebswirtschaftlichen Grundkenntnissen, er sollte insbesondere Kenntnisse im Rechnungswesen und Marketing haben.

- **Verkaufswettbewerbe.** Sie zielen auf die Leistungsmotivation des Außendienstes. Im Rahmen von Verkaufswettbewerben werden für einen bestimmten Zeitraum Umsatz- oder Distributionsziele festgesetzt. Die Gewinnmöglichkeiten können in Bargeld bestehen, häufiger jedoch in Sachpreisen oder Reisen. Sie können an einzelne Verkäufer vergeben werden oder an Verkaufsmannschaften. Einige Unternehmen stellen auch einen Katalog mit Gewinnmöglichkeiten zusammen, für die Erfolgspunkte gesammelt werden können.

- **Demonstrationsmaterial.** Um die Produkte dem Handel präsentieren zu können, benötigt der Außendienst Produktmuster, Produktbeschreibungen und Salesfolder. Ein Salesfolder ist ein Blatt, auf dem die Aktion beschrieben ist und das dem Handel nach der Präsentation überlassen wird. Häufig wird das Demonstrationsmaterial ergänzt um Giveaways, kleine Geschenkartikel, die zur Aktion passen bzw. die aktionsspezifisch gestaltet sind, wie Kugelschreiber oder Notizblocks, die den Hersteller oder die Aktion beim Händler präsent halten.

- **Messen.** Auch Messen können als ein Instrument der außendienstgerichteten Verkaufsförderung angesehen werden, da auf ihnen ebenfalls neue Produkte vorgestellt werden und sie zur Kontaktpflege bzw. zum Aufbau neuer Kontakte genutzt werden.

8.5 Weitere Sonderwerbeformen

In den letzten Jahren haben sich eine Reihe weiterer Sonderwerbeformen herausgebildet, deren wichtigste hier aufgezeigt werden sollen. Die Ausdifferenzierung der Sonderwerbeformate führt in zunehmendem Maße zu einer Aufweichung der werberechtlichen Normen, da sie sich an der Grenze zwischen redaktionellen und werblichen Elementen bewegen, diese Grenze teilweise auch überschreiten. Dadurch wird die Kontrolle und Sanktionierung der Werbung immer schwieriger.

8.5.1 Programmbartering

Bartering bezeichnet Gegenlieferungsgeschäfte, bei denen der Austausch von Gütern mit annähernd gleichem Wert erfolgt, ohne dass es zu einer effektiven Geldzahlung kommt. Im internationalen Handel sind derartige Kompensationsgeschäfte weit verbreitet. **Programmbartering** heißt, dass ein Unternehmen einem Rundfunkveranstalter selbst produzierte oder erworbene Programme zur Verfügung stellt und der Sender dem Unternehmen als Gegenleistung Werbezeit im Werbeprogramm einräumt. Beispielsweise unterhält *Procter & Gamble* eigene Filmproduktionsgesellschaften für das Bartering (Springfield-Story, General Hospital). *Procter & Gamble* fing bereits in den 30er Jahren mit derartigen Tauschgeschäften zunächst im Hörfunk, später im Fernsehen an. Die von dem Waschmittelkonzern vorproduzierten Serien wurden bald als „soap operas" bezeichnet und stehen heute als Synonym für diese Serien.

Beim Programmbartering liefert der Werbetreibende also ein fertiges redaktionelles Programm, in dessen Verlauf er ohne Berechnung von Schaltkosten werben kann. Berechnungsgrundlage für das Schaltvolumen sind die durch das gelieferte Programm erzielten Leistungswerte (vgl. Nickel 1996, S. 28). Die Vorteile für die Unternehmen liegen vor allem darin, dass sie zielgruppenaffine Umfelder für ihre Werbung schaffen und dass sie ihre eigenen Produkte als Product Placement einbringen können. Die Produktionskosten für die Serien amortisieren sich vor allem dann, wenn sie weltweit gegen Medialeistung eingetauscht werden können. Die Möglichkeit zur Mehrfachvermarktung einer Serie bietet sich vor allem internationalen Konzernen, die im Programmbartering auch dominierend sind. Der Vorteil für die Sender besteht darin, dass sie vergleichsweise kostengünstige Programme erwerben können, die sie entweder selbst produzieren oder kaufen müssten, wobei im Bartering das Kostenrisiko auf Seiten des Anbieters verbleibt (vgl. Nickel 1996, S. 40).

Beispiele für Barter-Programme in Deutschland sind:

* Springfield-Story/Pampers-TV (RTL): *Procter & Gamble*,
* Heiter weiter (Sat. 1): *Jacobs Suchard*,
* Kino News (Sat. 1): *Mc.Donald's*,
* The Eurocharts Top 50 (Super Channel): *Coca-Cola*,
* Das Alpen-Internat (ZDF): *Jacobs Suchard*,
* Glücksrad (Sat. 1): *Unilever*.

Während in den USA der Anteil von Barter-Programmen bei etwa 25 % liegt, ist ihre Bedeutung in Deutschland relativ gering. Schätzungen liegen bei weniger als 3 % des Werbevolumens (vgl. Nickel 1996, S. 33). Möglicherweise wird aufgrund des steigenden Programmbedarfs der Sender, der Barteringanteil im Fernsehen künftig steigen. Allerdings ist nicht davon auszugehen, dass in Deutschland amerikanische Größenordnungen erreicht werden. Im Hörfunk ist Bartering in Form der sogenannten **Syndications** weit verbreitet.

Für Bartergeschäfte im Fernsehen eignen sich unterschiedliche Programmformate. Am häufigsten werden Serien, Sitcoms (abgeleitet aus „situation comedies") und Game Shows genutzt. Spielfilme sind hingegen wegen ihrer hohen Produktionskosten als ungeeignet anzusehen (vgl. Nickel 1996, S. 43).

Die Risiken des Programmbartering sind vor allem darin zu sehen, dass Geschäftsgegenstand eines Werbetreibenden üblicherweise nicht die Produktion von Rundfunksendungen ist. D.h. ein Werbetreibender begibt sich beim Programmbartering auf ein Gebiet, auf dem er kein Know-how besitzt. Das Risiko eines nicht-optimalen Ergebnisses wird verstärkt durch das Risiko der Programmvermarktung. Üblicherweise stimmen sich Werbetreibender und Sender jedoch im Vorfeld der Produktion untereinander ab.

Bartering im Rundfunkbereich ist nicht nur auf den Tausch von Programm gegen Medialeistung beschränkt. Werbezeiten können grundsätzlich auch gegen die Ausstattung des Fuhrparks oder gegen elektronische Hardware getauscht werden.

Rechtlich ist das Programmbartering einzelfallbezogen zu beurteilen. Der Grundsatz der Trennung von Programm und Werbung und das Verbot der Einflussnahme eines Werbetreibenden auf das redaktionelle Programm verbieten Programmbartering grundsätzlich (vgl. Keusen 1995, S. 181). Eine eindeutige rechtliche Regelung besteht jedoch nicht. Hinzu kommt, dass die Verträge im Einzelfall wohl kaum verifiziert werden können und es auch nicht zu erwarten ist, dass die Missachtung des Trennungsgrundsatzes und des Verbotes der Einflussnahme bemerkt wird (vgl. Keusen 1995, S. 181 f.). „Denn Unternehmen wie beispielsweise der *Unilever*-Konzern (...) könnten in ihren eigenen Produktionen in der Werbeunterbrechung einige Artikel aus der rund 60 Produkte umfassenden Angebotspalette (etwa Fischstäbchen, Eiscreme, Waschmittel) präsentieren, ohne dass die Kopplung von Programm und Werbung bemerkt würde" (Keusen 1995, S. 182).

Eine Variante des Bartering stellt das sogenannte **Programming** dar. Der Begriff Programming ist nicht eindeutig definiert. Einerseits wird darunter ein Bartergeschäft verstanden, das den Ausschluss der Spots der unmittelbar werbetreibenden Konkurrenz anstrebt (vgl. Keusen 1995, S. 182). Andererseits wird Programming dem Sponsoring zugeordnet und als Oberbegriff für das Bereitstellen von Produktionsmitteln verstanden (vgl. Bruhn/Mehlinger 1994, S. 226).

8.5.2 Merchandising

Auch **Merchandising** ist ein Begriff, der nicht eindeutig definiert ist. In einer engeren Definition bezeichnet er die „Produktion von Artikeln oder Begleitmaterialien zu Filmen und Serien, die im Medienverbund vermarktet werden" (Keusen 1995, S. 183). Merchandising in dieser Definition ist rechtlich insofern problematisch, als es ebenfalls eine Verbindung programmbezogener Elemente mit Werbebotschaften darstellt, insbesondere dann, wenn vor oder nach der Sendung auf diese Produkte hingewiesen wird. Allerdings ist Merchandising ebenso wenig wie Bartering oder Programming ein Rechtsbegriff, der in einschlägigen Gesetzen geregelt ist. Medienrechtlich besteht beim Merchandising die Schwierigkeit in der Abwägung zwischen einerseits „programmbezogenen und programmbedingten Hinweisen auf Begleitmaterialien zur Sendung" und andererseits der nicht redaktionell veranlassten Beeinflussung der Kaufentscheidung des Zuschauers (vgl. Keusen 1995, S. 183). Die „ARD-Richtlinien für die Werbung, zur Durchführung von Werbung und Programm und für das Sponsoring" bestimmen: „Redaktionelle Hinweise auf Bücher, Schallplatten, Videokassetten oder andere Publikationen sind nur zulässig, wenn sie Begleitmaterial zu einer Sendung darstellen oder wenn ein besonderes programmliches Interesse besteht (z.B. Ratgebersendungen)" (ARD-Richtlinien 9.1). Allerdings sind Programmbezüge in unterschiedlichster Form praktisch fast immer herzustellen.

In einer weiter gefassten Definition bezeichnet Merchandising die „umfassende wirtschaftliche Verwertung eines Zeichens oder Logos auch für andere als die ursprünglich gedachten Zwecke" (Bruhn/Mehlinger 1994, S. 242) mit dem Ziel einer zusätzlichen

Emotionalisierung von Produkten (z.B. die Mainzelmännchen). Erfolgreichstes Merchandising-Produkt in Europa ist der Kommissar Rex-Schäferhund. Die Gefahr beim Merchandising ist in einer Verwässerung der Marke zu sehen, wenn das Merchandising-Produkt und nicht die Marke im Vordergrund steht. Beispiele sind Biene Maja-Kinderjoghurt, Krümelmonster-Kekse, Ottifanten-Negerküsse. Eine wesentliche Domäne des Merchandising stellt der Fanartikelverkauf im Fußball dar (vgl. Abbildung 8-30). Allerdings scheinen die Boomzeiten des Fanartikelverkaufs vorbei zu sein, zumal die Lizenzen viel zu breit gestreut wurden: „Ob Socken, Duschgel, Zahnputzbecher, Schreibwaren, Aschenbecher, Schlüsselanhänger, Schmuck, Trinkgläser, Teller: Gerade bei Nonfood gab es kaum ein Sortiment, das sich nicht in Teilen mit Bundesliga-Logos schmückte" (Zimmermann 1999, S. 47).

Abbildung 8-30: *Merchandising im Fußball*

Vom Merchandising kaum abzugrenzen ist das so genannte **Licensing**, das Werben mit Lizenzen. Dabei erwirbt ein Werbetreibender das Recht, geschützte Warenzeichen, Gebrauchsmuster u. dgl. für sein Marketing einzusetzen. Ziel ist hier ein Imagetransfer bei dem die Bekanntheit und Beliebtheit von Gegenständen, Logos oder Filmfiguren genutzt wird. Während der Lizenzgeber ein frei verhandelbares Nutzungsentgelt erhält, profitiert der Lizenznehmer davon, dass er seine Produkte unter einem etablierten Namen vermarkten kann und keine eigene Marke aufbauen muss.

Lizenzmöglichkeiten gibt es in den unterschiedlichsten Bereichen, grundsätzlich kann für jedes Produkt eine Lizenz vergeben werden. Es wird unterschieden zwischen:

*   **Corporate Licensing:** hier erwerben branchenfremde Unternehmen die Rechte an Firmen- oder Markennamen (z.B. *Camel*), um eigene Produkte (z.B. Schuhe) mit dem Markenzeichen zu versehen,
*   **Charity Licensing:** Lizenzierung von Wohltätigkeitseinrichtungen und -Logos,
*   **Music Licensing:** Lizenzierung von Musikern oder Musiktiteln, z.B. *Spice-Girls*-Puppen, *Kuschelrock*-Produkte,
*   **TV- und Movie Licensing:** Lizenzierung von TV- und Filmtiteln, Requisiten oder Akteuren, z.B. *Star-Wars*-Raumschiffe, *Schimanski*-Jacken, *Dschungelbuch*, *Batman*,

- **Personality Licensing:** z.B. von Personen der Zeitgeschichte wie Marlene Dietrich, Marylin Monroe, Schauspielern, Designern, Sportlern,
- **Character Licensing:** Lizenzierung von Puppen, z.B. *Alf*, fiktiven Figuren aus Film- oder Fernsehserien, z.B. *Al Bundy*, *James Bond* oder Comicfiguren wie z.B. *Biene Maja*, *Ottifanten*, *Pokemon*,
- **Brand Licensing:** Lizenzierung von Markennamen oder Logos, z.B. verwenden Schuh- und Textilhersteller Markennamen wie *Camel* oder *Marlboro*,
- **Sport Licensing:** Lizenzierung von Sportlern oder Sportereignissen, z.B. *Boris-Becker*-Sportkleidung, Formel 1, Davis Cup,
- **Art Licensing:** Lizenzierung von Kunst oder Künstlern, z.B. *Andy-Warhol-* oder *Keith-Haring*-Motive auf unterschiedlichen Gebrauchsgegenständen,
- **Fashion Licensing:** Lizenzierung von Modemarken wie *Joop!* oder *Boss* z.B. für den Lifestyle-Bereich wie Accessoires, Schuhe, Schmuck, Brillen.

Im Einzelfall ist hierbei eine Abgrenzung z.B. zum Sponsoring oder der Verkaufsförderung nicht möglich.

> Branchen-Insider schätzen den weltweiten Handelsumsatz mit Lizenzprodukten auf rund 200 Milliarden Euro. Mit einem Umsatz von 24,4 Milliarden Euro entfallen demnach allein auf den deutschsprachigen Raum 12 Prozent des Gesamtvolumens. Das größte Einzelstück aus diesem Kuchen geht mit gut 7 Milliarden Euro an Film- und TV-Lizenzen – von Konsumzurückhaltung keine Spur: „Im letzten Geschäftsjahr haben wir unseren Konzernumsatz um sechs Prozent auf 34,7 Millionen Euro steigern können", sagt Katarina Orlovic, Sprecherin der United Labels AG. Das in Münster ansässige Unternehmen ist einer der führenden europäischen Lizenzspezialisten für Comicware. Dort setzen Designer weltbekannte Comic-Charaktere in verkaufsstarke Produkte um. Sie schaffen Jahr für Jahr zahlreiche neue Designs, die von der Socke über Krawatten, T-Shirts, Geldbörsen und Schlüsselanhänger bis hin zu Tassen, Vasen und Gläsern in kompletten Sortimenten europaweit vermarktet werden.
> http://www.salesbusiness.de/news.php?ref=incl&table=news&id=1352&site=sb&rubric=news&issue_id=0

Vor allem die Spielzeugindustrie nimmt schon bei der Produktion von Spielfilmen und Serien Einfluss, die vielfach von vornherein auf das Merchandisinggeschäft abgestellt werden. Die Dimensionen, in denen sich das Merchandising bewegt, zeigt die „Star Wars"-Serie auf. Die Filme spielten Kinoeinnahmen von 1,3 Milliarden $ ein, die Merchandisingeinnahmen waren sogar noch höher:

- Bücher und Comics: 0,3 Mrd. $
- Kleidung, Accessoires: 0,3 Mrd. $
- Videospiele, CD-ROM: 0,3 Mrd. $
- Videokassetten: 0,5 Mrd. $
- Spielzeug: 1,2 Mrd. $.

Kommunikationspolitisch lassen sich beim Licensing im Wesentlichen zwei Unterformen unterscheiden:

- **Promotional Licensing:** Übertragung von Markennamen oder Logos auf no-name-Produkte. Diese Form der Lizenzierung lässt sich auch als „Kapitalisierung des Bekanntheitsgrades einer TV-Serie oder eines Spielfilmes bezeichnen" (Auer/Kalweit/Nüßler 1991, S. 120). Für den Film „Jurassic Park" wurden Merchandisingverträge mit über 100 Lizenznehmern abgeschlossen, die mehr als 1.000 Produkte vermarkteten.
- **Promotional Tie-In:** Hierunter wird die Verknüpfung von Product Placement und Promotional Licensing verstanden (vgl. Auer/Kalweit/Nüßler 1991, S. 122). Ein Unternehmen erwirbt das Recht, ein in einer Serie oder einem Spielfilm platziertes Produkt

in einer eigens dafür produzierten Werbekampagne mit der Thematik des Filmes zu vermarkten. Beispielsweise produzierte *BMW* einen eigenen Werbespot für seine 7er Serie mit der Thematik des James-Bond-Filmes „Golden Eye", in dem ein 7er prominent platziert war. Bei dieser Form der Vermarktung profitieren beide Vertragspartner gegenseitig: *BMW* sorgt für zusätzliche Bekanntheit des Films, der Film für zusätzliche Bekanntheit des Autos. Auch die Imagetransfers beruhen natürlich auf Gegenseitigkeit.

Führender Lizenzgeber ist die Entertainment-Branche (Disney, Time/Warner). Schätzungen gehen von mehr als 100.000 Artikeln aus den unterschiedlichsten Produktkategorien aus, die mittlerweile regelrecht zu einer Verstopfung des Marktes geführt haben (vgl. Zimmermann 1999, S. 46).

8. 5.3 Event Marketing

Seit Anfang der 90er Jahre gewinnt das Event Marketing als unmittelbare Form der Zielgruppenansprache zunehmend an Bedeutung. Da es sich hier also um noch relativ junge Below-the-line-Aktivitäten handelt, gibt es bisher weder in der Literatur noch bei den Praktikern klare Abgrenzungen und allgemeingültige Definitionen. Die Definition wird insofern erschwert, als der Einsatz von Events weder an betriebliche noch branchentypische Größenordnungen gebunden ist. So werden in der Praxis auch Mitarbeitertagungen, Incentives, Verkaufsförderung, Messen und Schulungen als Events verstanden (vgl. Nickel 1998, S. 5). Präziser können Marketing-Events definiert werden als „inszenierte Ereignisse in Form von Veranstaltungen und Aktionen, die dem Adressaten (Kunden, Händler, Meinungsführer, Mitarbeiter) firmen- oder produktbezogene Kommunikationsinhalte erlebnisorientiert vermitteln" (Zanger 1998, S. 76 f.). Entsprechend ist Event Marketing zu definieren als Kommunikationsinstrument, „das der erlebnisorientierten Umsetzung von Marketingzielen eines Unternehmens durch die Planung, Realisierung und Nachbereitung von (Marketing-) Events dient" (Zanger 1998, S. 76).

Das Event Marketing ist Ausdruck der Anpassung des Marketing an einen freizeit- und erlebnisorientierten Lebensstil von großen Teilen der Bevölkerung und bringt deutlich zum Ausdruck, dass Marketing-Kommunikation immer vielschichtiger wird.

Nach der Zielgruppe lassen sich **offene** (öffentliche) und **geschlossene** (interne) **Events** unterscheiden. Während offene Events grundsätzlich an ein breites Publikum gerichtet sind (z.B. sportliche/kulturelle Veranstaltungen), richten sich geschlossene Events an eine vorgegebene, klar abgrenzbare Zielgruppe (Mitarbeiter, Außendienst, Händler).

Bei den klassischen Kommunikationsformen sind die Zielpersonen in einer passiven Rolle, zur Erzielung einer Wirkung müssen die Werbebotschaften zunehmend höhere Kommunikationsbarrieren überwinden. Der Vorteil des Event Marketing liegt hingegen in der aktiven Einbeziehung der Zielpersonen, die freiwillig zu einem Event kommen. Marketing-Events sind somit **interaktive** Kommunikationsformen, bei denen die Einstellungen der Zielpersonen durch direkte Erfahrung und tatsächliches Erleben unmittelbar beeinflusst werden können. Damit sind die Voraussetzungen für eine langfristige Gedächtniswirkung gegeben.

Das Event Marketing hat sich aus dem Veranstaltungs-Marketing entwickelt und zielt auf die Erlebnisprofilierung von Produkten und Marken. Allerdings ist die Kommunikation zeitlich befristet und erreicht meist nur einen kleinen Teil der Zielgruppe. Daher ist das Event Marketing ein Instrument, das nur flankierend zum Einsatz kommen kann. Allerdings können die Marketing-Events ihrerseits Grundlage für eine breit streuende Kommunikation sein (z.B. *Camel* Trophy, *adidas* Streetball Challenge). Unternehmen wie *Pepsi Cola* (Michael Jackson) und *Volkswagen* (Genesis, Rolling Stones) setzen im Rahmen eines integrierten Marketing erfolgreich auf Events aus der Pop-Musik, wobei deren Engagement weit über das Sponsoring hinausgeht (vgl. Graf 1998, S. 16). Immerhin zeigen diese Marketing-Events aber die Abgrenzungsproblematik von Event Marketing zum Sponsoring auf.

Das Wesen des Event Marketing liegt in seinem Dialogcharakter, der den unmittelbaren Kontakt zu den Zielpersonen ermöglicht und Marken-/Produktwelten „hautnah" erlebbar macht und durch die emotionale Ansprache eine hohe Kontaktintensität mit der Zielgruppe erlaubt. Für die Kunden sind Events die intensivste Möglichkeit, Marken zu „erleben". Events bilden einen „Markenraum, den die Personen betreten und den man nutzen kann, um Botschaften zu kommunizieren" (Burrack/Nöcker 2008, S. 39).

> Mit einem integrierten Kommunikationskonzept, das auf einem kommunikativen Engagement in der Club- und Musikszene basiert, konnte der Schwarzbierhersteller *Köstritzer* seine neue Marke *„bibop"*, ein Biermischgetränk aus Schwarzbier, Cola und Guarana, seit der Einführung im Frühjahr 2002 erfolgreich aufbauen und im hart umkämpften Markt der Biermixgetränke etablieren. Die zentrale Säule des Kommunikationskonzeptes stellen dabei Sponsoring und Musikevents dar. Unter dem Motto „Taste the music – *bibop.* don't stop" vernetzt die Markenkommunikation von bibop Sponsoring und eigeninitiierte Events in der jungen Club- und Musikszene mit weiteren Instrumenten des Kommunikationsmix. Das Sponsoringengagement umfasst das Sponsoring von Musikfestivals wie Berlinova, Melt! und SonneMondSterne sowie ein Mediensponsoring des Sendeformats „*MTV* Streetlive". Eigeninitiierte Markenmusikevents von *bibop* sind die gemeinsam mit *MTV* konzipierte Showtour „Battle of the DJs" die BEATS *bibop* Clubtour, die bis zum Frühjahr 2004 durch die Szeneclubs der neuen Bundesländer reiste, sowie der *„bibop* urban beach", bei dem Resident-DJs der bekanntesten Clubs der Metropolen Berlin, Hamburg, Dresden und Leipzig in einem Zeitraum von 28 Tagen an 20 Stränden auflegten. (…)
>
> Mit dem zielgruppenspezifischen Engagement in der jungen Musik- und Clubszene konnten im Rahmen des Sponsoring über den Multiplikatoreffekt der Medien bei den jungen Zielgruppen hohe Reichweiten mit geringen Streuverlusten erreicht und damit in kurzer Zeit hohe Bekanntheitsgrade aufgebaut werden (…) Die eigeninitiierten Musikevents ermöglichten *Köstritzer*, in einen direkten Kontakt mit den Zielgruppen zu treten sowie die Marke positionierungsrelevant zu inszenieren und emotional aufzuladen. Dank des integrierten Konzeptes, das dieses Musikengagement über alle Kommunikationskanäle verbreitet, konnte ein Transfer von Imageattributen der im Trend liegenden Clubszene auf die Marke *bibop* realisiert werden (Hermanns/Kiendl/Ringle 2006, S. 321 f.).

Das Wirkungspotenzial des Event Marketing hängt im Wesentlichen von folgenden Faktoren ab (vgl. Zanger/Sistenich 1998, S. 80):

1. Die Events müssen **einzigartig** sein, d.h. sich deutlich von der realen Erlebniswelt der Zielpersonen unterscheiden. Die Inszenierung muss exklusiv und originell sein.
2. Die Events müssen **zielgruppenfokussiert** ausgerichtet sein, genau den Wünschen und Erwartungen der Zielpersonen entsprechen.
3. Events müssen **interaktionsorientiert** sein, d.h. die Zielpersonen müssen aktiv mit ihrem Verhalten einbezogen werden.
4. Die Events müssen **strategiekonform** ausgerichtet sein, sich stimmig in die Marketing- bzw. Kommunikationsstrategie integrieren lassen. Die Markenphilosophie muss für die Teilnehmer klar erkennbar sein.

Zunehmende Bedeutung erhält das Event Marketing im politischen Wahlkampf. Beispielsweise erhalten die Inszenierungen der Parteitage durch eine extensive mediale Berichterstattung lange Übertragungszeiten und damit eine hohe Medienaufmerksamkeit bei hohen Zuschauerreichweiten und dies praktisch zum Nulltarif für die Parteien (vgl. Müller, M.G., 1999, S. 257f.).

> Alle zwei Jahre veranstaltet *Mini* Deutschland ein Treffen, zu dem sämtliche *Mini*-Fahrer und -Fans eingeladen werden. Dabei ist Dr. Hans Peter Kleebinder, Marketingleiter von *Mini* Deutschland, wichtig, dass bei dem Event durch das Look and Feel der Veranstaltung die Markenwerte von *Mini* transportiert werden, sich jedoch gleichzeitig das Unternehmen und seine Mitarbeiter nicht aufdrängen, sondern lediglich als Enabler der Community auftreten. Das primäre Ziel ist, eine authentische Plattform für den Austausch der Kunden zu schaffen. Für den Kunden entstehen so ein wirklicher Mehrwert und eine emotionale Bindung zu dieser Community. *Mini* hält sich bei dem Event diskret im Hintergrund, und trotzdem nimmt jeder Teilnehmer bei der Veranstaltung bewusst oder unbewusst die Markenwerte wahr (Jenewein/Rehli/Forster 2008, S. 48).

8. 5.4 Virtuelle Werbung

„Unter virtueller Werbung werden Abbildungen von Produkten, Logos, Marken- und Firmennamen sowie 3-D-Animationen verstanden, die in der filmischen abgebildeten Realität nicht vorhanden sind bzw. beim Filmen des Ursprungsmaterials nicht vorhanden waren" (Herkströter 1998, S. 107). Ermöglicht wird dies durch digitale Bildbearbeitung. Die Anwendung erfolgt vor allem bei Sportübertragungen, bei denen nicht vorhandene reale Werbung gegen virtuelle Werbebotschaften ausgetauscht werden. Damit können bei internationalen Sportübertragungen spezifische Werbebotschaften an Banden oder anderen Werbeflächen auf die nationalen Zielgruppen in einzelnen Ländern abgestimmt werden (virtuelle Billboards). Virtuelle Werbung stellt somit keine neue Werbeform im eigentlichen Sinn dar, vielmehr handelt es sich um eine digitale Bildaufbereitung, die ein zielgruppengenaues Placement ermöglicht (vgl. Volpers/Herkströter/Schnier 1998, S. 157). Durch virtuelle Werbung lässt sich die Werbefläche in den Sportstätten erheblich ausweiten. Die Fernsehveranstalter können eigene Werbeflächen kreieren (z.B. auf der Spielfläche), es besteht allerdings die Gefahr, dass die Werbeeinnahmen dafür an den Sportstätteneigentümern vorbeifließen.

> „Premiere im deutschen Fernsehen: Erstmals wurde ein Programm für Zuschauer unmerkbar technisch manipuliert, um mehr Werbung unterzubringen. (…) Durchschnittlich 730.000 Fußballfans sahen beim Uefa-Cup-Spiel zwischen den Glasgow-Rangers und AC Parma im Deutschen Sport-Fernsehen (DSF) auf einer ‚Virtuellen Bande' am Spielfeldrand die Firmennamen *Obi* und *Krombacher*, obwohl im schottischen Stadion diese Werbefläche rosa war. Im italienischen TV wiederum gab es Bandenwerbung ausschließlich für italienische Werbekunden". O.V. (1998e), S. 92.

Mit dem seit dem 1. April 2000 in Kraft getretenen vierten Rundfunkänderungsstaatsvertrag ist virtuelle Werbung zulässig, wenn

1. am Anfang und am Ende der betreffenden Sendung darauf hingewiesen wird und
2. durch sie eine am Ort der Übertragung ohnehin bestehende Werbung ersetzt wird (§ 7, 6 RStV).

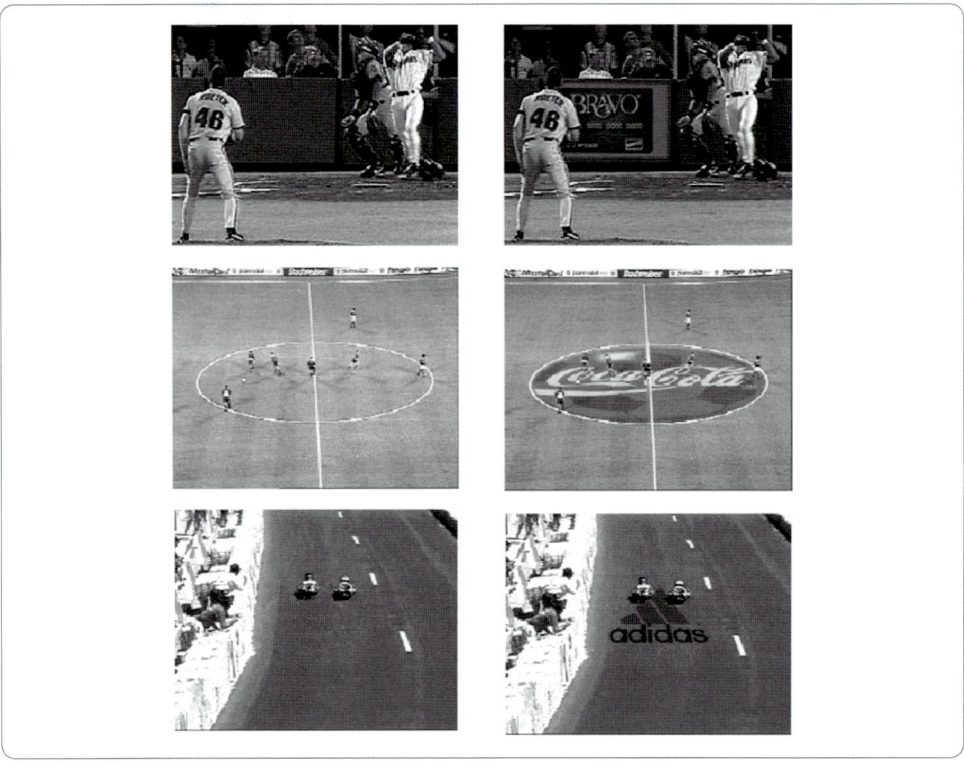

Abbildung 8-31: *Beispiele virtueller Werbung*

Quelle: http://www.lpr-hessen.de/11HGFM/Volpers.htm

In den USA verlief die Einführung der virtuellen Werbung in mehreren Stufen: Zunächst wurde an die klassische Bandenwerbung angeknüpft, die durch virtuelle Bandenwerbung ergänzt bzw. verändert wurde. Später wurden weitere Flächen, insbesondere die Spielflächen, Zonen außerhalb des Spielfeldrandes sowie Himmel und Wasserflächen mit feststehenden Logos oder 3-D-animierten Produktdarstellungen angereichert (vgl. Volpers 2000).

Die digitale Bildbearbeitung ermöglicht auch virtuelle Product Placements, indem das Filmmaterial nachträglich verändert wird. Bill Gates hat dafür ein Beispiel beschrieben:

> „In dem Film ‚Demolition Man' aus dem Jahre 1993 scheinen auf dem Fast-food-Sektor nur *Taco-Bell*-Restaurants überlebt zu haben. Dafür hat *Taco-Bells* Muttergesellschaft *PepsiCo* *kräftig gezahlt. Außerhalb der Vereinigten Staaten gibt es kaum Taco-Bells, daher sorgte PepsiCo* dafür, dass in den Fassungen für das Ausland statt dessen *Pizza-Hut*-Filialen zu erkennen waren. Die notwendigen Veränderungen wurden digital vorgenommen, ohne dass eine einzige Szene neu gedreht werden musste" (Bill Gates: Der Weg nach vorne, München 1997, hier zitiert nach Herkströter 1998, S. 109 f.).

8. 5.5 Sonstige Sonderwerbeformen

Patronatssendungen sind Sendungen, bei denen ein Sponsor gegen Zahlung einer bestimmten Summe, die Präsentation der Sendung, das Patronat, übernimmt. Kennzeichnend ist, dass der Name oder das Logo für einen bestimmten Zeitraum im Bild erscheint (vgl. Bruhn/Mehlinger 1994, S. 242). Beispiele für Patronatswerbungen sind die Präsentationen der Wettervorhersagen auf diversen Sendern („Das Wetter wurde Ihnen präsentiert von der *Commerzbank*") oder die Einblendung der ARD- bzw. ZDF-Studiouhr in Werbespots kurz vor der „Tagesschau" bzw. „Heute". Für Patronatswerbung gelten die allgemeinen Werberegelungen des RStV, d.h. sie wird auf die zulässige Höchstwerbezeit voll angerechnet und ist für die öffentlich-rechtlichen Sender nach 20.00 Uhr verboten.

Die ARD bietet hier als Sonderwerbeform die „Best Minute" an:

- unmittelbar vor der Tagesschau um 20.00 Uhr und 17.50 Uhr
- Ausstrahlung von drei aufeinander folgenden Werbespots
- Dauer der Werbeeinblendung: 20 Sekunden
- Einblendung der „Best Minute" im rechten oberen Bildschirmteil
- Die Reihenfolge der Ausstrahlung erfolgt im täglichen Wechsel
- Konkurrenzausschluss kann gewährleistet werden

Game Shows sind Sendungen, die rein werbenden Charakter haben, wie z.B. das Glücksrad auf Kabel 1. Bei diesen Sendungen geht es im Wesentlichen darum, dass Kandidaten um Sachpreise oder sonstige Leistungen wetteifern, die von Unternehmen zur Verfügung gestellt werden. Für die sponsernden Unternehmen besteht hier eine gute Möglichkeit, ihre Produkte dem Verbraucher optimal zu präsentieren, weil der Zuschauer die Produkte und Leistungen in eine Spielhandlung eingebunden erlebt, der er hohe Aufmerksamkeit widmet. Rechtlich gesehen stellen diese Sendungen **Dauerwerbesendungen** dar. Sie sind zulässig, wenn der Werbecharakter erkennbar im Vordergrund steht und die Werbung einen wesentlichen Bestandteil der Sendung darstellt. Sie müssen während der gesamten Dauer als Werbesendung gekennzeichnet sein. Dauerwerbesendungen sind grundsätzlich auch im öffentlich-rechtlichen Fernsehen zulässig. Da sie aber voll auf die Höchstwerbezeit angerechnet werden und diese bei den öffentlich-rechtlichen Sendern nur 20 Minuten pro Tag beträgt, stellt sich das Problem nicht.

Gewinnspiele sind dann als Sonderwerbeform zu bewerten, wenn sie in einen Werbeblock integriert werden, um den Zuschauer am Zapping zu hindern. Dabei werden zwischen den einzelnen Werbespots Zahlen, Buchstaben oder Wörter eingeblendet, die der Zuschauer zu einer Lösung zusammenfügen muss, mit der er an der Verlosung teilnehmen kann.

Bei **anmoderierten Spots** kündigen Moderatoren – hauptsächlich im Hörfunk – einen Werbespot an. Der Werbespot soll von der Informationskompetenz des Moderators profitieren. Hiervon ausgenommen sind Personen, die Nachrichtensendungen oder Sendungen zum politischen Zeitgeschehen moderieren.

Das **Narrow Casting** bezeichnet die Schaltung von Werbespots in einem thematisch naheliegenden Programmumfeld. Mit dem Versuch, einen Bezug zwischen Programm und Werbung herzustellen, wird die Absicht verfolgt, das Interesse des Zuschauers vom Programm auf die Werbung zu lenken. Das Narrow Casting ist somit als strategische Platzierung von Werbespots zu verstehen, bei der eine gegenseitige Abstimmung von beworbenem Produkt und Programmumfeld erfolgt.

In-Game-Advertising beinhaltet die Platzierung von Werbebotschaften auf PC, Konsolen und mobilen Endgeräten, beschränkt sich also nicht nur auf Online-Spiele. Im Umfeld von Spielen wird Werbung meist nicht nur akzeptiert, vielmehr erscheint sie für Gamer als Indikator für den steigenden Realitätsgrad der Spiele. Voraussetzung ist allerdings, dass sie sich in die Spieleumgebung und -handlung integriert. Spiele wie „World of Warcraft" werden wohl auch künftig werbefrei bleiben (vgl. Fösken 2007, S. 38). Zwar gilt der Grundsatz der Trennung von Programm und Werbung bei Spielen nicht, verboten sind jedoch Tabak- und Alkoholwerbung in Computerspielen für Kinder- und Jugendliche.

Mobile Marketing bzw. **Mobile Advertising** bezeichnet die Zielgruppenansprache über mobile Endgeräte wie das Handy. Handys haben sich mittlerweile zu Multimedia-Geräten entwickelt, mit denen sich nicht nur telefonieren lässt, die vielmehr für Information, Entertainment und den Konsum genutzt werden. Standardwerbeformen sind On-Pack-Promotions und Gewinnspiele, allerdings entwickeln sich zunehmend auch Formen der Werbeansprache, die auf spezielle Interessen der Nutzer zugeschnitten sind, wie

- **Location Based Services** (LBS), Standortbezogene Dienste, wie Routenplanung, Wetter- und Verkehrsinformationen, Hotel- und Restaurantführer,
- **Bluetooth-Marketing:** bei diesem kostenfreien Dienst informiert das Handy über Download-Möglichkeiten. Der Nutzer kann entscheiden, ob er Inhalte wie beispielsweise eine Grafik, Bilder, Texte, Töne oder einen Coupon empfangen möchte,
- **Quick-Response-(QR-)Codes** sind Barcodes mit Informationen, die auf Plakaten oder Verpackungen eingesetzt werden und mit Handys mit Kamerafunktion abgerufen werden können.

Mit Mobile Marketing lassen sich vor allem jüngere Zielgruppen erreichen, allerdings ist die Grenze zu unerwünschten Spams fließend. Vorreiter sind Unternehmen aus der Automobilbranche und Finanzdienstleister, aber auch *T-Mobile, Fanta, Nike* und *Disney* setzen auf mobile Werbeansprache (vgl. Fösken 2008a), S. 90f.).

Werbeartikel (auch give-aways genannt) sind Werbegeschenke, die mit einer Markenbotschaft versehen sind. 2008 gaben deutsche Unternehmen 3,2 Milliarden Euro für Kulis, T-Shirts, USB-Sticks und anderes aus. Beliebt sind auch Caps und Kalender, allerdings sind der Fantasie keine Grenzen gesetzt. Im Idealfall ist mit solchen Werbeartikeln die Werbebotschaft beim Empfänger über einen langen Zeitraum präsent, wie z.B. der tägliche Blick auf den Kalender einer Firma. Durch die Präsenz wird nicht nur eine Kundenbindung angestrebt, sondern auch Sympathie- und Imagesteigerungen (vgl. Fösken 2009, S. 64ff.).

Aufgaben:

1. Worin liegen die wesentlichen Vorteile des Sponsoring im Vergleich zur klassischen Werbung?
2. Welche spezifischen Besonderheiten zeichnen das Sponsoring aus?
3. Charakterisieren Sie die Wirkungspotenziale des Generic Placement und des Product Placement im engeren Sinn.
4. Wie ist Product Placement unter rechtlichen Aspekten zu bewerten?
5. Welche Möglichkeiten zur Zielgruppenselektion gibt es im Direct Marketing?
6. Welche Voraussetzungen sollten Produkte erfüllen, die über Teleshopping vertrieben werden?
7. Welche Vorteile eröffnen Kundenclubs?
8. Erläutern Sie die wesentlichen Unterschiede zwischen verbraucher-, handels- und außendienstgerichteter Verkaufsförderung.

Lösungen der kapitelbegleitenden Aufgaben

Lösungen zu Kapitel 1: Grundlagen

Lösung Aufgabe 1

Zwar zielt Werbung grundsätzlich auf eine Beeinflussung des Verhaltens der anvisierten Zielgruppe, was i.d.R. über eine Änderung der Einstellungen zu erreichen versucht wird. Dieses Ziel kann jedoch nur dann erreicht werden, wenn die Werbung zuvor wahrgenommen wurde. In einer Zeit, die durch Informationsüberflutung gekennzeichnet ist, stellt die Wahrnehmung eine bedeutende Hürde dar. Daneben hat die Werbung zwei weitere Hürden zu überwinden: Sie muss einerseits gelernt werden, d.h. Eingang in das Gedächtnis finden. Andererseits trifft Werbung üblicherweise auf bestehende Einstellungen und Vorurteile, die teilweise schwer zu überwinden sind.

Diese Wirkungsrichtung der Werbung beschreibt den High-Involvement-Fall, also beispielsweise Verbraucher, die unmittelbar vor einer Kaufentscheidung stehen. Bei geringinvolvierten Verbrauchern kann sich eine Einstellung u.U. erst dann bilden, wenn eine konkrete Erfahrung mit dem Produkt vorliegt (vgl. die Involvement-Hierarchien in Kapitel 2.3.2.1).

Ferner ist auf die nachrangige Bedeutung der Werbung im Verhältnis zur Produktpolitik hinzuweisen. Werbung kann dauerhaft die Einstellungen zu Produkten nur dann verändern, wenn die Produkte über entsprechende Wettbewerbsvorteile verfügen. Bei einer negativen Produkterfahrung kann selbst die beste Werbung nicht zu Wiederholungskäufen animieren.

Ist die Beeinflussungsabsicht der Werbung zu offensichtlich, muss mit Reaktanz auf Seiten der Empfänger gerechnet werden (vgl. Kapitel 2.1.3). In dem Fall nehmen die Empfänger die genau gegenteilige Position zu der in der Werbung vertretenen ein.

Lösung Aufgabe 2

Die Werbung basiert in ihrem Wirkungsmechanismus im Grunde auf nichts anderem als auf typischen menschlichen Verhaltensweisen. Daher ist die Werbung auch nur so „geheimnisvoll" wie das menschliche Verhalten. Die Grundannahme ist eine sehr einfache: Das menschliche Verhalten ist auf Wirkung ausgerichtet, jedenfalls bei den meisten Personen. Wirkung wird nicht nur versucht durch das Verhalten zu erzielen, sondern auch durch Produkte, naheliegenderweise vor allem durch solche Produkte, die andere Personen sehen können. Mit der Werbung werden für die Produkte Images aufgebaut, die sich in den Gedanken des Käufers auf ihn selbst übertragen. Menschen versuchen, auf andere Personen einen bestimmten Eindruck zu machen, was auch nichts anderes ist, als ein bestimmtes Image aufzubauen. Auch mit dem Konsum wird versucht, das angestrebte Fremdimage mit dem Selbstimage in Übereinstimmung zu bringen.

Wie die Maslowsche Bedürfnishierarchie zeigt (vgl. Kapitel 2.2.3.3), sind soziale Bedürfnisse und das Bedürfnis nach Wertschätzung starke Motive für das Verhalten. Es ist schwer vorstellbar, dass jemandem nicht an einem Kompliment über die Kleidung oder einer positiven Meinungsäußerung über einen selbst gelegen ist.

Lösung Aufgabe 3

Auf einer Party dreht sich das Gespräch in einer kleinen Männergruppe gerade über das Thema Autos. Ein Student (Sender) möchte der Gruppe (Empfänger) voller Stolz über seine mühsam ersparte und von den Eltern unterstützte Anschaffung eines Kleinwagens mit Dieselmotor erzählen (Botschaft). Die Gruppe sprach gerade über Sportwagen und hat nur am Rande die Schlüsselinformationen Kleinwagen und Dieselmotor aufgenommen, die sofort ein Vorstellungsschema aufgerufen haben: Kleinwagen sind nur etwas für „kleine" Leute, sind unbequem und haben zu wenig Platz; Dieselmotoren stinken und haben zu wenig Leistung. Autos sind für die Gruppe vor allem Sport- und Nobelautos, die nach außen auch Status vermitteln. Die Ausführungen des Studenten über geringen Verbrauch und geringe Unterhaltskosten, die hohe Zuverlässigkeit seines Wagens und die Tatsache, dass er damit in jede Parklücke kommt, wird bei der Gruppe entsprechend zu einer selektiven Wahrnehmung und Verzerrung führen. D.h. der Bericht wird von der Gruppe in erster Linie danach selektiert, inwieweit er Informationen enthält, die der eigenen Interessenlage entsprechen bzw. einzelne Punkte werden dahingehend interpretiert. Das kann z.B. dazu führen, dass in der selektiven Erinnerung nur die Informationen „Student" und „Kleinwagen" gespeichert werden, womit auch das Vorurteil „Kleinwagen sind nur etwas für kleine Leute" bestätigt wird.

Wechselseitig verständliche Informationen werden nur bei gleicher Interessenlage ausgetauscht, wenn also der Empfänger der Botschaft so viel Beachtung widmet, dass Störsignale minimiert werden können.

Lösung Aufgabe 4

I.d.R. ist es so, dass bei aufmerksamer Betrachtung von Werbung deren Botschaften intuitiv richtig erfaßt werden. Das richtige Verständnis der Botschaftsinhalte wird durch Wiederholung der Werbung erleichtert. Üblicherweise sind die Werbebotschaften auch nicht sehr schwer zu entschlüsseln, da es ja nicht im Sinne der Werbetreibenden ist, unverständliche Botschaften zu übermitteln. Dass Botschaften dennoch falsch entschlüsselt werden, liegt vor allem an dem geringen Interesse, das der einzelnen Werbung bzw. dem einzelnen Produkt entgegengebracht wird.

In dem Kapitel wurden bereits Beispiele für Verschlüsselungen von Werbebotschaften gegeben, die als Anregungen für eigene Werbeinterpretationen dienen mögen (vgl. auch die Beispiele zur Copy Strategy in Kapitel 5.4). Lösungshinweise lassen sich jeweils nur für einen konkreten Einzelfall geben. Hier müssen einige Anmerkungen über die grundsätzliche Vorgehensweise genügen.

Ausgangspunkt für die Interpretation von Werbung ist immer das Dargestellte bzw. das nicht Dargestellte. Es ist grundsätzlich davon auszugehen, dass nichts, was in einem Spot oder einer Anzeige gezeigt wird, dem Zufall überlassen wurde. Jedes Teil und Detail wurde mit einer gezielten Wirkungsabsicht ausgewählt, die es zu hinterfragen gilt. Anspruchsvoller wird die Interpretation von Werbung immer dann, wenn sie mit dem Mittel der Übertreibung arbeitet oder bewusst verwirren will, um zu einer intensiveren Beschäftigung mit dem Werbemittel zu verleiten, oder ganz einfach nur Aufmerksamkeit erregen will. Hier geht es darum zu fragen, was das eigentlich Gemeinte ist.

Zur Übung erweist es sich als sinnvoll, in einer Gruppe einmal Werbebeispiele zu diskutieren. Manchmal ist es frappierend, was alles aus einer Anzeige herauszulesen ist.

Lösung Aufgabe 5

Eine Vielzahl neuen Medien, einhergehend mit einer kaum noch überschaubaren Anzahl von Werbebotschaften, lassen es zunächst einmal unwahrscheinlich erscheinen, dass das einzelne Werbemittel überhaupt noch wahrgenommen wird. Der Verbraucher ist heute in einer aktiven Rolle, was seine Informationsaufnahme betrifft. Soziale Medien bieten Plattformen, sich über Produkte und Unternehmen auszutauschen, Meinungsführer im Internet gewinnen zunehmend an Bedeutung. Werbung muss sich dieser Situation anpassen, indem sie einerseits mit impactstarken Bildern arbeitet, die klare Aussagen und Positionierungen übermitteln, die deutliche Nutzenversprechen für den Verbraucher beinhalten, eindeutig identifizierbar sind und sich klar vom Wettbewerb unterscheiden. Gleichzeitig sind Unternehmen aufgefordert, in allen Kommunikationskanälen, die die Nachfrager nutzen, präsent zu sein. Unternehmenskommunikation lässt sich heute nicht mehr nur auf Werbung beschränken.

Kennzeichnend für das kommunikative Umfeld, auf das die Werbung trifft, ist das hohe Ausmaß an Informationsüberlastung, die dazu führt, dass nur noch ein geringer Teil der Werbebotschaften die Empfänger erreicht. Die einzelne Werbebotschaft hat kaum eine Chance, wahrgenommen zu werden. Dieser Informationsüberlastung trägt die Werbung u.a. dadurch Rechnung, dass sie Informationen vorrangig über Bildkommunikation vermittelt, da Bilder im menschlichen Gehirn anders verarbeitet werden als sprachliche Informationen.

Lösung Aufgabe 6

Bei der Informationsaufnahme geht das Gehirn arbeitsteilig vor. In der linken Gehirnhälfte erfolgt die Verarbeitung von sprachlichen Informationen, in der rechten die Verarbeitung von bildlichen Informationen. Da in der linken Gehirnhälfte die rationale und in der rechten die emotionale Steuerung des Verhaltens erfolgt, bedeutet dies für die werbliche Kommunikation, dass sie mit Bildern emotional und mit Sprache rational beeindrucken bzw. argumentieren muss. Da Bilder einfacher verarbeitet werden und auf geringe rationale Kritik stoßen, ist die bildliche Kommunikation vorrangig bei geringinvolvierten Empfängern von Werbebotschaften einzusetzen; geringes Werbeinvolvement ist allerdings als der Regelfall der Werbung anzusehen. Auf der anderen Seite ist der Aufbau emotionaler Erlebniswelten vor allem über Bilder möglich.

Lösung Aufgabe 7

Viele Märkte sind heute durch Sättigungserscheinungen gekennzeichnet, die vor allem darin bestehen, dass die Produkte ausgereift sind und sich in ihren funktionalen Eigenschaften kaum von den Wettbewerbsprodukten unterscheiden. Wenn der Verbraucher zwischen mehr oder weniger identischen Produkten wählen kann, wird sich die Kaufentscheidung im Zweifel nach dem Preis richten. Um sich vom Preiswettbewerb abzukoppeln, müssen die Unternehmen ihren Produkten also Wettbewerbsvorteile verschaffen, die nicht in den Sacheigenschaften begründet liegen, denn diese sind bei den Produkten auf gesättigten Märkten im Wesentlichen die gleichen. Wettbewerbsvorteile können also nicht in einem USP begründet sein, vielmehr erfolgt die Produktdifferenzierung vor allem durch emotionale Erlebniswerte bzw. werbliche Alleinstellungen. Aufgabe des Marketing auf gesättigten Märkten ist es, dem Verbraucher durch Nutzenvorteile für an sich austauschbare Produkte einen Grund bieten zu können, warum er das eigene Produkt den Produkten der Wettbewerber vorziehen soll. Diese differenzierenden Nutzenvorteile sind auf gesättigten Märkten in immateriellen Werten begründet, die sich durch Images konstituieren. Beispiele sind die „zarteste Versuchung", die vielleicht „längste Praline der Welt", die „Freude am Fahren", das „Verwöhnaroma", der „Geschmack von Freiheit und Abenteuer". Präferenzbildung auf gesättigten Märkten erfolgt also über Erlebniswerte. Voraussetzung dafür ist, dass Erlebniswelten konstruiert werden, die für den Verbraucher in der jeweiligen Produktkategorie relevant sind. Das „Verwöhnaroma" macht im Kaffeebereich Sinn, da Aroma ein relevantes Kriterium für Kaffee ist. Im Bereich von Haushaltsreinigern hingegen wäre eine Differenzierung über das Aroma der Produkte völlig sinnlos.

Lösung Aufgabe 8

Für das Verständnis dafür, dass es sich bei USP und UAP um zwei **grundsätzlich** unterschiedliche Voraussetzungen für einen werblichen Ansatz handelt, empfiehlt sich eine Gruppenarbeit, in der Werbemittel analysiert werden sollten. Da auf gesättigten Märkten USP eher die Ausnahme sind, basieren die meisten Kampagnen auf Alleinstellungen, die der Marke durch die Werbung beigelegt wurden.

Lösung Aufgabe 9

Mit der Zulassung privater Fernsehanbieter hat sich auch das Angebot an Werbezeiten erhöht, dadurch wurde für viele Werbetreibende die Nutzung des Mediums Fernsehen als Werbeträger überhaupt erst möglich. Dies führte einerseits dazu, dass die Zuschauer mit zunehmend mehr Werbung konfrontiert wurden, gleichzeitig verteilte sich die gegebene Anzahl von Zuschauern nun auf mehr Sender, ohne dass sich die Sehdauer nennenswert erhöhte. Um die gleichen Reichweiten zu erzielen, mussten die Werbetreibenden also mehrere Sender buchen, wodurch sich für sie die Werbung verteuerte. Dies wiederum hat dazu geführt, dass die Werbeinvestitionen nicht mehr allein unter Effizienz-, also Wirtschaftlichkeitsaspekten, sondern zunehmend auch unter Effektivitäts-, also Wirkungsaspekten betrachtet wurden.

Lösung Aufgabe 10

Die Entwicklung der Werbung wurde vor allem durch technische Erfindungen einerseits und den Ausbau der Handelsbeziehungen andererseits vorangetrieben. Grundvoraussetzung für Werbung ist eine Überproduktion von Gütern, die gegen andere Produkte ausgetauscht werden sollen.

Die Erfindung der Schrift, von Papyrus und Papier ermöglichte es, Werbebotschaften zu vervielfältigen. Mit der Wiedererfindung des Buchdrucks standen der Werbung erstmals Massenkommunikationsmittel zur Verfügung, die breite Masse konnte jedoch erst mit der Verbreitung des Lesens erreicht werden. Die Handelsbeziehungen forcierten den Wettbewerb der Hersteller untereinander, was schon in der Antike zu Produktmarkierungen führte. Je breiter der Handel die Produkte distribuierte, desto notwendiger wurde auch die Ansprache breiter Zielgruppen. Einhergehend mit den erst im Industrialismus erreichten Produktionsvolumina und entsprechend ausgeprägten economies of scale, wurde Werbung zunehmend als Instrument der Absatzförderung ausgebaut. Verkehrs-, Licht-, Kino- und Rundfunkwerbung waren die wesentlichen „Meilensteine" zur Entwicklung der Werbung in der Neuzeit. Die Ausprägung gesättigter Märkte in den 70er Jahren verlagerte den Schwerpunkt der Funktion der Werbung von der Absatzförderung zur Markendifferenzierung durch Erlebniswelten.

Lösungen zu Kapitel 2: Werbewirkung

Lösung Aufgabe 1

Reaktanz ist immer dann zu erwarten, wenn ein Beeinflussungsversuch zu offensichtlich erfolgt und sich jemand in seiner persönlichen Meinungsfreiheit eingeschränkt fühlt. Es setzt dann eine Gegenwehr ein, die zur Übernahme einer Gegenposition führen kann. Aus der Sicht der Werbetreibenden heißt das, dass die beabsichtigte Einstellung nicht erreicht werden kann, sondern gerade die gegenteilige erreicht wird. Werbung stellt immer einen Beeinflussungsversuch dar. Im Hinblick auf Reaktanzerscheinungen darf sie jedoch nicht so konzipiert sein, dass sie von der Zielgruppe als Druck empfunden wird.

Lösung Aufgabe 2

Ein idealtypischer Kaufentscheidungsprozess für Fernsehgeräte könnte wie folgt aussehen:

1. Jemand erkennt, dass sein schwarz-weiß Fernseher vermutlich keine lange Lebenserwartung mehr hat und er ihn demnächst durch einen neuen Fernseher ersetzen muss.
2. Als Mindestanforderungen an das neue Gerät legt er fest, dass es ein Farbfernseher sein muss, mit Fernbedienung, der videotextfähig ist und seinen individuellen Designansprüchen genügen muss.
3. Er sucht verschiedene Elektrofachmärkte auf, lässt sich beraten und sammelt Prospektmaterial von den einzelnen Fabrikaten. Er studiert Fachzeitschriften und lässt sich von der Stiftung Warentest alle Untersuchungsergebnisse über Fernsehgeräte schicken. Offene Fragen lässt er sich von den Fachhändlern beantworten. Ferner achtet er intensiv auf Werbung für Fernseher.
4. Nach eingehendem Studium seiner Unterlagen erstellt er für jedes der möglichen Geräte eine Liste mit Vor- und Nachteilen und schätzt, inwieweit sie seinen Anforderungen entsprechen. Jedes Gerät wird mit Punkten bewertet.
5. Er wägt sorgfältig das jeweilige Preis-Leistungs-Verhältnis ab und prüft das Risiko und die Folgen einer Fehlentscheidung. Er bedenkt, dass die Elektro-Verbrauchermärkte zwar preiswertere Angebote haben, dafür aber einen schlechteren Service bei der Installation und im Reparaturfall bieten.
6. Er entscheidet sich schließlich für ein Gerät, dass er bei einem alteingesessenen Fachhändler bestellt.
7. Während des Fernsehkonsums überprüft er fortlaufend ob seine Erwartungen erfüllt werden und sucht nach verwertbaren Erfahrungen.

Es ist offensichtlich, dass diese Art der Kaufentscheidung sehr zeitintensiv ist. Es erscheint als eher unrealistisch, dass subjektive Bewertungsgrundlagen ausgeschlossen werden.

Zwar geht dem Kauf eines Fernsehgerätes i.d.R. sehr wohl eine Phase der Informationsbeschaffung und Beratung voraus, denn schließlich „möchte man für sein Geld auch etwas haben". Aber realistischerweise wird die Marke auch nach ihrem Image gekauft bzw. nach dessen Kompatibilität mit dem Selbstimage. Vor allem wird auch die spontane äußere Anmutung die Entscheidung beeinflussen. Erfahrungen von Freunden und Bekannten fließen ebenso in die Wahl mit ein, wie die Überzeugungskunst der Mitarbeiter im Fachhandel. Nicht zuletzt auch die Werbung der Hersteller.

Lösung Aufgabe 3

Dem Kauf einer Tennisausrüstung wird in vielen Fällen ein **sozial abhängiges Verhalten** zugrunde liegen, wenn das Markenlogo deutlich sichtbar ist und es sich um eine bekannte

Marke handelt. In diesen Fällen ist davon auszugehen, dass der Käufer, bewusst oder unbewusst, die mit dieser Marke verbundenen Images auf sich selbst übertragen möchte und dies nach außen signalisiert. Dieses sozial abhängige Verhalten kann im Einzelfall durch einen Gewohnheitskauf ergänzt werden (wenn immer wieder nur diese eine Marke gekauft wird) bzw. durch ein Rationalverhalten (wenn gezielt ganz bestimmte Problemlösungen gesucht werden).

Lösung Aufgabe 4

Der Mere-exposure-Effekt ist deshalb so wichtig für die Erklärung von Werbewirkungseffekten, weil er verdeutlicht, dass diese auch unabhängig von der Reizintensität erfolgen. Für die Werbung ist die beiläufige Wahrnehmung geradezu typisch, dass sie intensiv und aufmerksam verfolgt wird eher die Ausnahme. Auch ohne eine bewusste Zuwendung sind Lerneffekte erzielbar, die vor allem darauf beruhen, dass sie einem bei späterer, bewusster Wahrnehmung, vertraut vorkommen und damit positiver bewertet werden als Personen oder Gegenstände, die einem völlig unbekannt sind. Der Mere-exposure-Effekt verdeutlicht, dass Wahrnehmungen auch automatisch, ohne bewusste Kontrolle verarbeitet werden können.

Lösung Aufgabe 5

Bei unterschwelliger Wahrnehmung besteht das Problem in dem Nachweis, ob ein Reiz überhaupt wahrgenommen wurde. Nicht jeder wahrgenommene Reiz führt auch zu einer Reaktion, allerdings kann vom Ausbleiben einer Reaktion nicht auf die Nichtwahrnehmung eines Reizes geschlossen werden. Hinzu kommt, dass die Reizschwelle von Person zu Person und von Situation zu Situation unterschiedlich ist. Es ist also nicht eindeutig zu klären, ob ein Reiz überhaupt wahrnehmbar war.

Lösung Aufgabe 6

Diese Theorie relativiert den Begriff der Markentreue. Nach der Theorie des relevant set erfolgt eine Kaufentscheidung nur innerhalb eines bestimmten Satzes an Marken, den jeder Käufer individuell für jede Produktkategorie entwickelt hat. Außerhalb dieses Satzes liegende Marken werden für die Kaufentscheidung nicht in Betracht gezogen. Die Entscheidung für eine bestimmte Marke innerhalb des relevant set erfolgt in erster Linie nach den Präferenzen, die im Moment der Kaufentscheidung dominieren.

Das Marketing muss also darauf gerichtet sein, die eigene Marke in den relevanten Satz von Marken bei möglichst vielen Personen der Zielgruppe zu etablieren und darüber hinaus mit einem hohen Maß an Präferenz auszustatten.

Lösung Aufgabe 7

Reiz-reaktionstheoretische Modelle gehen von der Annahme aus, dass Verbraucher auf (Werbe-) Reize reagieren. Dabei werden im S-O-R-Modell sogenannte intervenierende Variablen wie Wahrnehmung, Lernprozesse, Einstellungen und Motivation berücksichtigt, die im Vorfeld der Reaktion wirken. Abgesehen davon, dass diese Modelle eine Reihe von kaufrelevanten Faktoren wie Gruppenprozesse oder allgemeine wirtschaftliche Bedingungen nicht berücksichtigen, erlauben sie keine generellen Vorhersagen über den Werbeerfolg, also die Reaktion des Umworbenen. Selbst wenn eine Reaktion stattgefunden hat, lässt sich nicht bestimmen, warum die Werbung zum Erfolg geführt hat. Der Stimulus (S) und die Reaktion (R) sind beobachtbar. Die intervenierenden Variablen (O) stellen jedoch eine Black-Box dar, die sich einer Beobachtung entziehen. Um dennoch Aussagen über mutmaßliche Werbewirkungen treffen zu können, werden die intervenierenden Variablen als Teilerfolgsgrößen für den eigentlichen Werbeerfolg betrachtet. Genauer gesagt, sie stellen die Operationalisierungen für die kommunikativen Werbeziele dar. Durch Messung der Veränderung ihrer Ausprägungen durch die Werbung wird versucht, Rückschlüsse darauf zu ziehen, wie erfolgreich eine Werbung voraussichtlich sein wird.

Lösung Aufgabe 8

Mit emotionaler Konditionierung wird versucht, eine Marke mit emotionalen Erlebnisgehalten aufzuladen. Dafür ist es notwendig, eine Marke gleichzeitig mit einem unabhängigen emotionalen Reiz wiederholt darzustellen, so dass die Verbindung gelernt werden kann. Dadurch ist es möglich, dass allein schon die Darstellung der Marke ausreicht, um den emotionalen Erlebnisgehalt mit ihr zu assoziieren.

Lösung Aufgabe 9

Es sind vor allem zwei Erkenntnisse, die aus dem Involvement-Konstrukt gewonnen werden können. Einerseits die Tatsache, dass die Reaktion des Verbrauchers auf die Werbung nicht vorhersagbar ist. Das Involvement ist vor allem situativ zu betrachten und hängt von einer Fülle von subjektiv empfundenen Faktoren ab, die es als eher zufällig erscheinen lassen, dass zwei Personen, die die gleiche Werbung gesehen haben, diese Werbung auch gleich empfinden. Andererseits lässt das Involvement-Konstrukt aber auch die Aussage zu, dass, unabhängig von der jeweiligen individuellen Situation, eine Werbewirkung nicht von der aktiven Beschäftigung des Verbrauchers mit Werbung abhängt, Werbung vielmehr auch durch passive Aufnahme wirken kann. Werbung kann also sowohl bei hoch- als auch bei geringinvolvierten Zuschauern wirken. Die älteren Werbewirkungsmodelle sind implizit von werbeinvolvierten Verbrauchern ausgegangen und konnten die Werberealität damit nur unzureichend widerspiegeln.

Lösung Aufgabe 10

Üblicherweise wird die Kommunikationswirkung aus der Sicht des Senders betrachtet. Da die Mediennutzer jedoch eine Vielzahl von Wahlmöglichkeiten haben, welche Zeitschrift sie lesen bzw. welches Hörfunk- und Fernsehprogramm sie hören und sehen wollen, ist es sinnvoll zu unterstellen, dass eine bewusste Selektion der Medien nach aktuellen Motiven und Nutzenerwartungen erfolgt. In dem „Uses and Gratifications-Approach" wird der Empfänger, also der Mediennutzer, in den Vordergrund gestellt. Er wird nicht als passives Subjekt betrachtet, sondern aktiv in dem Sinne, dass er eine bewusste Steuerung seines Medienkonsums vornimmt. Das Modell geht davon aus, dass beispielsweise ein Fernsehzuschauer das Programm, das er sieht, danach bewertet, inwieweit es sein Bedürfnis nach Unterhaltung oder Information befriedigt oder nicht. Werden die Erwartungen nicht erfüllt, kommt es zu einer Neuselektion.

Lösung Aufgabe 11

Kommunikation kann direkt auch nur kommunikative Ziele beeinflussen, wie Information, Bekanntheit oder Images. Ökonomische Größen, wie Marktanteile oder Umsätze, werden von einer Vielzahl exogener Größen beeinflusst, von denen der Marketing-Mix nur eine ist. Die Unternehmen hängen auch von Wechselkursen, Lohnabschlüssen, Steuern oder der konjunkturellen Lage ab, also von Faktoren, auf die das einzelne Unternehmen keinen Einfluss hat. Einfluss hat es hingegen auf den Einsatz seines Marketing-Mix. Allerdings stellt die Messung von Wirkungseffekten einzelner Instrumente ein großes Problem dar. Das Problem ist in den Wirkungsinterdependenzen begründet. Jedes Produkt hat einen Preis, eine Verpackung, eine bestimmte Qualität und wird über einen bestimmten Distributionskanal vertrieben. Jeder einzelne Marketing-Mix Faktor kommuniziert bestimmte Bedeutungsinhalte. Dabei kann die Gesamtbedeutung, die letztlich den Erfolg eines Produktes bestimmt, mehr sein als die Summe der einzelnen Bedeutungsinhalte. Aufgrund der Wirkungsinterdependenzen ist es praktisch nicht möglich, den Einfluss einzelner Marketing-Mix Instrumente, wie z.B. der Werbung, zu isolieren.

Natürlich zielt Werbung letztlich auf ökonomische Größen. Da diese aber auch von anderen Faktoren beeinflusst werden, ist ihr Einfluss nicht direkt meßbar. Daher werden Größen herangezogen, deren Veränderung direkt auf den Einfluss der Werbung zurückzuführen ist, nämlich kommunikative Größen, die ihrerseits wiederum Einfluss auf den ökonomischen Erfolg des Unternehmens haben. Es wird davon ausgegangen, dass die kommunikativen Ziele Einfluss auf das Kauf-Verhalten haben, daher werden sie auch als Dispositionen bezeichnet, die hinter dem Verhalten stehen.

Lösung Aufgabe 12

Wiederholungseffekte ergeben sich einerseits aus den lerntheoretischen Überlegungen, dass die Inhalte von Botschaften erst nach mehrmaliger Wiederholung gelernt werden. Andererseits aber auch aus psychischen Mechanismen, die bei zu häufigen Wiederholungen zu Reaktanz führen können. Die Wirkung von Wiederholungen hängt in erster Linie vom Involvement des Zuschauers ab. Bei einem hohem Involvement sind nur sehr wenige Wiederholungen notwendig, um Botschaftsinhalte zu lernen, da hier von einem hohen Interesse und einer hohen Aufmerksamkeit des Zuschauers ausgegangen werden kann. Entsprechend hoch ist die Gefahr von Abnutzungserscheinungen einzuschätzen. Bei geringinvolvierten Zuschauern sind viele Wiederholungen notwendig, Abnutzungserscheinungen sind vor allem bei informativen Botschaftsinhalten gegeben.

Lösung Aufgabe 13

Da die beabsichtigte Werbewirkung i.d.R. nur mittelbar erfolgt, ist auch nur eine indirekte Messung des Werbeerfolges möglich. Als Indikatoren dafür gelten vor allem die durch Werbung verursachte Änderung von Einstellungen und die Werbeerinnerung.

Das Problem bei der Messung von Einstellungsänderungen liegt einerseits darin, dass sich Einstellungen üblicherweise nicht kurzfristig durch einen Werbekontakt, sondern eher in einem langfristigen Prozess ändern. Darüber hinaus lassen Einstellungen nicht notwendigerweise Schlüsse auf das tatsächliche Verhalten zu. Situative Einflüsse wie z.B. Sonderangebote oder Verfügbarkeit können zu einem nicht einstellungskonformen Kaufverhalten führen.

Da Werbung nur wirksam werden kann, wenn sie im Gedächtnis haften geblieben ist, wird über die Werbeerinnerung die Gedächtniswirkung einer Werbung gemessen. Die Erinnerung an eine Werbebotschaft bedingt häufig auch deren Verständnis und lässt die Vermutung einer „motivierten Zuwendung" zu. Da Werbung aber vielfach mit emotionalen Erlebniswerten arbeitet, erscheint es als schwierig, die emotionalen Aspekte der Werbeerinnerung zu messen. Entsprechend der langfristig orientierten Werbewirkung erscheint es auch sinnvoller, die Kampagnenleistung zu messen.

Grundsätzliche Probleme bei der Messung der Werbewirkung sind vor allem auch in der jeweiligen kreativen Umsetzung einer Werbebotschaft zu sehen sowie auch in der Tatsache, dass den einzelnen Werbeträgern unterschiedliche Kontaktqualitäten beizumessen sind.

Lösungen zu Kapitel 3: Positionierung und Image

Lösung Aufgabe 1

Mit der Positionierung einer Marke wird versucht, dieser eine Alleinstellung in den Köpfen der Verbraucher zu verschaffen. Da die Positionierung vor allem an den emotionalen Werten einer Marke ansetzt, sind Alleinstellungen i.d.R. mittels emotionaler Positionierungen vorzunehmen. Basis für die Alleinstellung sind immer die Besonderheiten, die ein Angebot von den Konkurrenzangeboten unterscheidet. Wenn diese Besonderheiten nicht auf objektiven Kriterien beruhen können, dann müssen subjektive Unterschiede kreiert werden, die mittels emotionaler Konditionierung mit der Marke in Verbindung gebracht werden. Notwendig ist dabei deren Konsumrelevanz, d.h. die herauszustellenden Besonderheiten müssen für den Verbraucher einen Nutzen darstellen, der auch immaterieller Natur sein kann. Jede Positionierung muss die Positionen berücksichtigen, die die Wettbewerbsprodukte besetzen, um eigenständige Positionen zu finden. Beispielsweise zielen alle Haushaltsreiniger auf Sauberkeit. Sauberkeit ist sicherlich ein konsumrelevantes Kriterium für diese Produkte, reicht aber zur Differenzierung nicht aus, da es von allen Haushaltsreinigern erfüllt wird. Positionierungen im Haushaltsreinigermarkt gehen daher über psychologische Dimensionen wie das Gewinnen von Kleinkriegen gegen den Schmutz (*Der General*), die Etablierung des Putzens als häuslichen Karneval (*Meister Proper*) oder die Hervorhebung einer umweltschonenden und zwanglosen Form des Putzens (*Frosch*). Positionierungen sind grundsätzlich langfristig zu sehen, wenn sie nachhaltig im Verbraucherbewusstsein aufgebaut werden sollen. Allerdings kann unter taktischen Aspekten versucht werden, kurzfristig Imagedefizite auszugleichen ohne die langfristige Strategie zu gefährden.

Lösung Aufgabe 2

Lösungsweg, der für den konkreten Einzelfall spezifiziert werden muss:

Bei Positionierungen ist es immer hilfreich, mit einem Positionierungsmodell, wie in Abbildung 3-7 oder 8-25 zu arbeiten. Von grundlegender Bedeutung sind dabei die strategischen Dimensionen, die für die Bezeichnungen der Achsen in der Matrix verwendet werden. Welche strategischen Dimensionen für die Positionierung Ihres Heimatortes relevant sind, hängt natürlich von jedem Einzelfall ab. In dem einen Fall kann es das kulturelle Angebot sein, in einem anderen die landschaftliche Schönheit. Ein Ort kann zum Shopping, zum Studieren, zum Sightseeing, zum Wandern, Baden, in Museen, Theater, das Spielcasino und den Zoo einladen. Er kann ein abwechslungsreiches Nachtleben, gute Parkmöglichkeiten oder eine attraktive Altstadt bieten.

Die prägnantesten Merkmale kommen für eine Positionierungsstrategie in Frage. Es ist klar, dass die ausgewählten Merkmale maßgeblich die Zielgruppe bestimmen, für die die Positionierung erfolgen soll.

Im nächsten Schritt sind dann die Positionen zu bestimmen, die der jeweilige Ort in der jeweiligen Merkmalskombination einnimmt, sowie die Idealpositionen, die angestrebt werden sollen. Um erste Anhaltspunkte zu bekommen, kann die Position des Heimatortes nach Selbsteinschätzung oder einer kleinen Befragung ermittelt werden. Der Vergleich der tatsächlichen Position mit der Idealposition zeigt die Defizite und Stärken auf, die ausgeglichen bzw. ausgebaut werden können. Sie geben zwangsläufig auch die einzuschlagende Strategie vor.

Lösung Aufgabe 3

Der Biermarkt ist als ein typischer gesättigter Markt anzusehen, er ist durch stagnierenden bzw. sinkenden Bierkonsum gekennzeichnet. Es gibt Hunderte von Brauereien in Deutschland, was auf eine hohe Wettbewerbsintensität hinweist, die ihren Ausdruck in Preis- und Werbeschlachten findet. Ein weiteres Kennzeichen ist die Homogenität der Biere, die von den Zutaten her identisch sind (Reinheitsgebot) und sich geschmacklich kaum voneinander unterscheiden.

Für unsere Werbekampagne bedeutet dies, dass unser Bier nicht mit rationalen bzw. geschmacklichen Argumenten vermarktet werden kann. Ziel muss es also sein, emotionale Produktvorteile zu finden und damit eine Alleinstellung in den Köpfen der Verbraucher anzustreben.

Entsprechend der Positionierungsregeln könnten folgende Überlegungen für unsere Werbekampagne angestellt werden:

Ziel ist es, sich mit unserer Erlebniswelt an den Schemavorstellungen der Verbraucher zu orientieren. Dazu ist zunächst festzulegen, an welche Zielgruppe sich unser Bier richten soll. Als unmittelbare Zielgruppe werden alle Männer im norddeutschen Raum festgelegt, von Mecklenburg-Vorpommern bis Schleswig-Holstein, sowie die Millionen Touristen, die jährlich ihren Urlaub an der Küste verbringen. Im Rahmen einer Marktforschungsstudie werden spezifische geschmackliche Neigungen eruiert, ob beispielsweise das Bier sehr stark oder sehr herb schmecken soll, nach dem Motto „Männer im Norden sind bekanntlich etwas robuster".

Was ist das Besondere, das bei unserem Bier herausgestellt werden soll, welche Erlebniswelt soll aufgebaut werden? Es ist herauszufinden, welche Assoziationen mit Rügen verbunden werden, die im Rahmen eines Imagetransfers auf das Bier übertragen werden können. Das könnte z.B. sein die Schönheit der Insel, die Kreidefelsen, die Alleenstraße, weiße Strände, sauberes Wasser, intakte Natur, zurückhaltende, heimatverbundene, urige aber liebenswerte Menschen. Aus diesen Attributen wäre eine konsumrelevante Erlebniswelt zu kreieren.

Im Rahmen der Positionierung muss auf dem Markt eine Position geschaffen werden, die von der Konkurrenz noch nicht besetzt ist, sie muss eigenständig sein und sich durch Präferenzen bilden. Dies lässt sich mit einem klassischen Positionierungsmodell überprüfen. Als Achsen werden die geographische Ausdehnung (regional/überregional) und die Qualitätsdimension gewählt (Konsum-/Premiumbier). Wir streben die Position eines regionalen Premiumbieres an.

Für unser Bier, das wir Arkona-Pils nennen wollen, lässt sich folgende Positionierung vorstellen:

> *So wie die intakte, ursprüngliche Natur, das frische, stürmische Meer und die heimatverbundenen Menschen für Rügen stehen, so steht unser Arkona-Pils für Stärke, Frische, Ursprünglichkeit und Qualität.*

Daraus ließe sich folgende Copy Strategy ableiten:

> *Benefit*: Ein Bier wie unsere Insel: frisch, stark, ursprünglich, ehrlich.
> *Reason Why*: Wir verwenden nur Zutaten der Region: Frisches Quellwasser von Rügen, kräftigen Hopfen der Felder und das beste Malz.

Zielgruppe: Männer aus Norddeutschland und Touristen, die das Land und seine Besonderheiten entdecken wollen.

Tonality: Sinnlich und kraftvoll zugleich. Ehrlich, emotional, urig.

Lösung Aufgabe 4

Auch der Distributionskanal sendet spezifische Bedeutungsinhalte aus, die auf Produkt und Marke übertragen werden und umgekehrt auch auf den Distributionskanal zurückwirken. Die breite Distribution von Prestigeprodukten schließt sich aus Imagegründen ebenso aus, wie eine restriktive Distribution von Produkten des täglichen Bedarfs: Ein Produkt, das überall erhältlich ist, kann kein Prestigeprodukt sein. Der Exklusivitätsanspruch beispielsweise eines Parfums verträgt sich nicht mit seiner Erhältlichkeit in einem Discounter. Erklärungsbedürftige Produkte sollten von fachkundigem Personal vertrieben werden.

Lösung Aufgabe 5

Die Umweltbewältigungsfunktion von Images reduziert zunächst einmal die Zahl der in Frage kommenden Jeansmarken. Zwar ist davon auszugehen, dass der relevant set bei Jeans weniger Alternativen umfaßt als beispielsweise bei der Wahl der Automarke. Bestimmte Marken werden jedoch von vornherein ausgeschlossen.

Die Einstellung zu bestimmten Jeansmarken wird i.d.R. von dem Selbstimage, das jemand von sich hat, mitbestimmt. Wenn jemand sich nun absolut nicht als den „Designertyp" erachtet, wird er auch keine Designerjeans kaufen. Die Selbstbestätigungsfunktion führt also zu einer weiteren Eingrenzung der in Frage kommenden Alternativen.

Jeans sind Produkte, die öffentlich konsumiert werden, die Marken sind sichtbar. Insbesondere bei solchen Produkten kann die Wertausdrucksfunktion im Einzelfall einen hohen Stellenwert einnehmen. Die Frage kann gestellt werden, ob jemand tatsächlich 50 Euro mehr für eine Designerjeans ausgeben würde, wenn das Markenlogo nicht sichtbar wäre.

Die Anpassungsfunktion von Images kommt bei Jeans beispielsweise dann zum tragen, wenn jemand stark in eine Gruppe eingebunden ist, z.B. als Student oder im Büro.

Natürlich sind diese Funktionen von Images für jeden individuellen Einzelfall zu relativieren. In dieser allgemeinen Beschreibung sind sie nur als Tendenzaussagen aufzufassen.

Lösung Aufgabe 6

Allgemein gesprochen ist ein Imagetransfer nur dann sinnvoll vorzunehmen, wenn die Zielgruppe Gemeinsamkeiten zwischen den Partnerprodukten erkennen kann. Der gemeinsame Markenname ist dabei nur der kleinste gemeinsame Nenner, der alleine nicht ausreicht, wenn nicht zumindest die Zielgruppen weitestgehend identisch sind und/oder eine hohe emotionale Affinität gegeben ist. Liegen diese Voraussetzungen nicht vor, dann wird im günstigsten Fall die Markengleichheit vom Verbraucher nur als zufällig erachtet. In diesem Fall können zwar keine Images transferiert werden, es finden allerdings auch keine negativen Rücktransfers statt.

Mit einem Imagetransfer wird versucht, positive Assoziationen von einem Produkt auf ein anderes zu übertragen. Dafür muss jedoch eine Übereinstimmung der Transferprodukte bestehen. Grundsätzlich gilt, dass dieser Transfer nur in gleichen Preis- und Qualitätsdimensionen stattfinden kann.

Lösung Aufgabe 7

Die Vorteile eines Imagetransfers liegen darin begründet, dass er einen Markenartikler der Notwendigkeit des Aufbaus einer neuen Marke enthebt. Es brauchen also keine Investitionen in Bekanntheit, Image und Distribution getätigt werden, vielmehr ist ein Imagetransfer als Amortisation der bisherigen Investitionen in eine Marke anzusehen. Imagetransfers können Synergieeffekte generieren. Die positiven Assoziationen, die der Konsument mit einer vertrauten Marke verbindet, können ohne großen Aufwand auf ein anderes Produkt übertragen werden. Schlüsselinformationen wie Preis und Qualität werden auch mit dem neuen Produkt assoziiert. Bei der Neueinführung eines Produktes kann somit das Risiko eines Flops reduziert werden, weil der Konsument das Kaufrisiko durch die Bedeutungsinhalte, die er mit der Marke verbindet, einschätzen kann.

Ein weiterer Vorteil kann darin gesehen werden, dass durch gezielte Imagetransfers bestimmte Imagefacetten der Muttermarke ausgebaut bzw. abgesichert werden können.

Lösung Aufgabe 8

Die Vorgehensweise bei einer Imageanalyse ist ähnlich wie bei der Erstellung einer Positionierung. Auch hierfür kann nur eine Lösungsskizze aufgezeigt werden, die für den konkreten Einzelfall spezifiziert werden muss. Ausgangspunkt ist die Analyse des Ist-Images. Als Instrument eignet sich dafür das Semantische Differential. Dafür ist es wichtig, aussagefähige Eigenschaften polar zu fassen, die in der Lage sind, Imagedefizite aufzuzeigen. Zunächst ist die Zielgruppe festzulegen: Bei wem soll das Image erhoben werden? Bei den Einwohnern der Stadt, bei den Jugendlichen, bei Arbeitnehmern, bei den Nutzern von Dienstleistungen, bei potentiellen Besuchern oder Investoren, um nur einige zu nennen.

Dem Ist-Image ist ein Soll-Image gegenüberzustellen, um einen Bewertungsmaßstab zu haben, der aufzeigt, ob die vermeintlichen Defizite auch tatsächliche Defizite sind. Die Auswertung der Befragungsergebnisse kann mit statistischen Verfahren, wie z.B. SPSS durchgeführt werden.

Lösung Aufgabe 9

Mit einer Einzelmarken-Strategie kann ein Unternehmen einerseits die einzelnen Marken sehr spitz auf einzelne Zielgruppen positionieren, andererseits bleiben eventuelle Probleme auf die jeweilige Marke beschränkt, ohne dass eventuell weitere Marken des Unternehmens davon berührt würden. Allerdings unterbleiben dadurch auch positive Ausstrahlungseffekte auf weitere Marken und Produkte. Als Nachteil ist ferner anzusehen, dass für jede Marke ein hoher Etablierungsaufwand entsteht.

Bei einer Familienmarken-Strategie strebt ein Unternehmen gezielt Übertragungseffekte der Stamm-Marke an und kann so Synergien und Kosteneinsparungen realisieren. Für einzelne Produktlinien müssen dadurch nicht jeweils eigene Marken aufgebaut werden. Potenzielle Probleme liegen darin, dass die Stamm-Marke mit zunehmender Ausweitung verwässert wird und keine klare Positionierung mehr gegeben ist. Zwar profitieren weitere Produkte vom Image der Stamm-Marke, jedoch ist immer auch ein Rücktransfer gegeben. Dieser kann im Idealfall zwar die Kompetenz der Marke ausbauen, sie aber auch einschränken sowie zu Kannibalisierungseffekten führen.

Die Dachmarken-Strategie beinhaltet grundsätzlich ähnliche Vor- und Nachteile, wie die Familienmarken-Strategie. Bei Marken, die vor allem das technische Know-how eines

Unternehmens repräsentieren (*Siemens, IBM, BMW*), sind Dachmarken weit verbreitet und üblicherweise auch weitgehend unproblematisch. Im Bereich von Nahrungsmitteln (*Nestlé, Dr. Oetker*) ist die Gefahr einer zu unspezifischen Positionierung und eines diffusen Markenimages als höher einzustufen.

Lösungen zu Kapitel 4: Public Relations

Lösung Aufgabe 1

Die Unterschiede zwischen Werbung und PR resultieren vor allem aus den unterschiedlichen Zielgruppen. Werbung richtet sich an alle aktuellen und potentiellen Käufer, PR in erster Linie an Meinungsbildner wie Journalisten und Politiker. Zwar zielen sowohl Werbung als auch PR auf die Beeinflussung von Einstellungen, allerdings erfolgt dies bei der PR durch den Austausch von Argumenten. Während Werbung i.d.R. eine Einwegkommunikation ohne Rückkoppelung vom Empfänger zum Sender ist, erfolgt PR dialogorientiert. Der Argumentationsstil muss bei der PR entsprechend rationaler sein, die Vermittlung emotionaler Erlebniswelten wie bei der Werbung ist nicht Gegenstand der PR.

Lösung Aufgabe 2

Es kann hier nur ein kurzer Abriss über mögliche Maßnahmen und Szenarien gegeben werden. Andere Möglichkeiten könnten in Gruppen erarbeitet werden.

Als erstes ist sicherzustellen, dass alle Abteilungen des Flughafens und die übrigen Flughäfen des Landes informiert sind. Sollten die Medien über den Streik noch nicht informiert sein, so ist dies nachzuholen.

Es ist davon auszugehen, dass die ankommenden Urlauber die Informationsstände belagern werden und Auskunft über den weiteren Ablauf verlangen. Sie richten eine zentrale Informationsstelle ein, die von allen Abteilungen sofort über den aktuellen Stand informiert wird und die diese Informationen an alle betroffenen Abteilungen weitergibt. Für jeden einzelnen Flug muss eine Lösung gefunden werden. Die voraussichtlichen neuen Abflugzeiten sollten ungefähr bestimmt werden.

Sie versuchen freie Kapazitäten von anderen Fluggesellschaften zu beschaffen. Zunächst bei allen europäischen, westasiatischen und nordafrikanischen. Sollte sich der Streik weiter ausdehnen, ist weltweit zu akquirieren. Unterrichten Sie auch die Botschaften der wichtigsten Urlauberländer und bitten Sie um Unterstützung bei der Kapazitätsbeschaffung. Sie buchen darüber hinaus alle verfügbaren Busse, Restaurants und Hotels, um den Urlaubern Stadtrundfahrten anbieten zu können und gegebenenfalls Verpflegungs- und Übernachtungsmöglichkeiten. Sicherheitshalber versetzen Sie die Sanitätsstelle in Alarmbereitschaft und informieren auch die umliegenden Krankenhäuser, falls die Urlauber ärztliche Versorgung benötigen.

Die ständige Präsenz eines Ansprechpartners ist wichtig. Für jede Touristengruppe wird ein Mitarbeiter abgestellt, der als Auskunftsperson zur Verfügung steht und der die Gruppen in die Busse und Hotels führt. Für die Wartezeit werden alle Warteräume mit Erfrischungsgetränken, Kaffee und kleinen Snacks versorgt.

Es ist dafür Sorge zu tragen, dass auch die Zielflughäfen über den jeweiligen Stand der Lage und die voraussichtlichen Ankunftszeiten informiert werden. Für den Fall, dass dort ein weiteres Fortkommen nicht gewährleistet ist, sind auch hier Hotelkapazitäten zu buchen.

Die Lage könnte sich verschlimmern, wenn z.B. aufgrund der Hochsaison Busse, Restaurants und Hotels ausgebucht sind. Für den Fall ist die Versorgung auf dem Flughafen vorzubereiten.

Die Situation könnte eskalieren, wenn sich die Fluglotsen mit den Piloten solidarisch erklären und sich dem Streik anschließen. Dann wären überhaupt keine Starts und Landungen mehr möglich. In diesem Fall könnten Sie versuchen, die Fluglotsen des Militärs um Unterstützung zu bitten.

Lösungen zu Kapitel 5: Werbekonzeption

Lösung Aufgabe 1

Mit Sortimentswerbung werden mehrere Angebote eines Unternehmens herausgestellt. Eine Möglichkeit dazu besteht darin, alle Angebote gleichzeitig zu bewerben, z.B. in Form von Multipicture-Anzeigen. Eine andere Möglichkeit besteht in der exemplarischen Herausstellung eines Angebotes. Ferner können alle Angebote rotierend beworben werden.

Alle Möglichkeiten haben Vor- und Nachteile. Multipicture-Anzeigen ermöglichen es, die gesamte Leistungsbreite des Angebotes vorzustellen, allerdings zu Lasten einer detaillierten Vorstellung der einzelnen Angebote. Die beispielhafte Hervorhebung eines Angebotes ist vor allem dann sinnvoll, wenn dieses Angebot ein weitgehend homogenes Gesamtangebot repräsentiert. Ist der Rest des Sortimentes heterogen, besteht die Gefahr, dass die Leistungsfähigkeit des Unternehmens nicht ausreichend abgebildet wird. Die Rotationslösung kombiniert die Vorteile der beiden anderen Möglichkeiten, allerdings besteht die Gefahr, dass das einzelne Motiv aufgrund zu geringer Wiederholungen nicht ausreichend gelernt werden kann und die Kampagne hohe Produktionskosten benötigt.

Lösung Aufgabe 2

Soziodemographische Zielgruppenbeschreibungen basieren i.d.R. zumindest auf der Kombination von Alter und Einkommen, häufig ergänzt durch das Merkmal Haushaltsgröße. Die Haushaltsgröße ist ein sinnvolles Merkmal zur Segmentierung in große und kleine Autos, in Familienvans und Sportwagen.

Nur in Einzelfällen ermöglicht das Geschlecht als soziodemographisches Merkmal eine sinnvolle relevante Zielgruppenbeschreibung in der Automobilbranche. So werden beispielsweise bestimmte Kleinwagen und Cabrios als typische Frauenautos angesehen. Aber auch hier erfolgt vermutlich eine Kombination mit den Merkmalen Alter und Einkommen. Zwar sind für Frauen im Einzelfall möglicherweise andere Kriterien bei einem Auto wichtig als für Männer. Sie legen vielleicht weniger Wert auf PS und Geschwindigkeit und dafür mehr auf Sicherheit (für die Kinder), Wendigkeit beim Einparken und geringe Ladungshöhe im Kofferraum. Aber auch diese Kriterien sind vermutlich abhängig von z.B. der Berufstätigkeit der Frau.

Eine sinnvolle Übung ist es, von Anzeigen auf die anvisierte Zielgruppe zu schließen. Dabei liefert die Zeitschrift, in der die Anzeige geschaltet wurde, bereits deutliche Hinweise auf die Zielgruppe.

Bei Autos ist in besonderem Maße jedoch auch zu berücksichtigen, dass es wie kaum ein anderes Produkt eine Außenwirkung hat. Insofern können Statusambitionen oder Wirtschaftlichkeitsüberlegungen soziodemographische Merkmale wie das Einkommen überlagern.

Lösung Aufgabe 3

Die Konzeption für Investitionsgüterwerbung wird maßgeblich durch den Kaufentscheidungsprozess der Zielgruppe bestimmt. Dieser erfolgt üblicherweise als Gruppenentscheidung im Hinblick auf eine maßgeschneiderte Problemlösung und ist somit von einem hohen Maß an Rationalität bestimmt. Werbung für Investitionsgüter unterscheidet sich von Konsumgüterwerbung einerseits durch einen hohen Informationsgehalt und andererseits durch die einzusetzenden Werbemittel, die dem Informationsbeschaffungsverhalten der Zielgruppe Rechnung tragen müssen. Schwerpunktmäßig kommen hierfür Messen, Prospekte, Anzeigen in Fachzeitschriften und das persönliche Gespräch in Frage. Da die Auswahlentscheidung sowohl durch Produkt- als auch durch Imageaspekte des Herstellers beeinflusst wird, zielen kommunikative Maßnahmen für Investitionsgüter immer gleichzeitig auf Informations- und Imagewirkungen.

Die Besonderheit bei der Werbung für Handelsbetriebe ist vor allem im Werbeobjekt begründet: Da die von den Handelsorganisationen vertriebenen Produkte weitgehend identisch sind, ist Handelswerbung vor allem auf eine Einkaufsstättenprofilierung ausgerichtet. Neben der klassischen Werbung werden vom Handel als weitere kommunikationspolitische Maßnahmen vor allem die Präsentations- und, als Gegenstück zur Verkaufsförderung der Industrie, die Sonderangebotspolitik eingesetzt.

Lösung Aufgabe 4

Die Unterscheidung in Brutto- und Netto-Reichweiten ist immer dann relevant, wenn eine Anzeige bzw. ein Spot mehrfach geschaltet wird. Da je nach Regelmäßigkeit der Leser- bzw. Seherschaft bei den einzelnen Schaltungen nicht immer genau die gleichen Personen erreicht werden, ergibt sich aufgrund der Überschneidungen ein Unterschied zwischen der Brutto- und der Netto-Reichweite. Da es erhebungstechnisch praktisch nicht möglich ist, festzustellen, welche Personen im Kampagnenzeitraum das Werbemittel parallel in den verschiedenen Medien bzw. in allen Ausgaben des gleichen Mediums gesehen haben, ist die Netto-Reichweite zwangsläufig ein Konstrukt, das auf Wahrscheinlichkeiten beruht. Die Netto-Reichweiten lassen sich nur mittels spezieller EDV-Programme ermitteln. Während beim Fernsehen das GfK-Meter personenindividuelle Nutzungsdaten erhebt, wird bei den Printmedien der Werbeträgerkontakt mit der Werbemittelkontaktchance gleichgesetzt, wodurch die Reichweitenwerte, bezogen auf das Werbemittel, ein weiteres Mal zu relativieren sind.

Lösung Aufgabe 5

Der TKP errechnet sich nach der Formel:

$$TKP = \frac{Kosten}{Reichweite} \times 1.000.$$

Um die Frage zu beantworten, ist die Gleichung nach den Kosten aufzulösen, also:

$$Kosten = \frac{TKP \times Reichweite}{1.000} = \frac{30 \times 1.500.000}{1.000} = 45.000\ \text{€}.$$

Wenn tatsächlich jedoch nur ein Drittel der geplanten Reichweite erzielt wird, ist der TKP dreimal so hoch wie geplant, er beträgt also 90 €. Rechnerisch:

$$TKP_{effektiv} = \frac{45.000}{500.000} \times 1.000 = 90.$$

Lösung Aufgabe 6

Die unterschiedlichen Nutzungsintensitäten von Zeitschriften beeinflussen über einen Kampagnenzeitraum die Entwicklung der Netto-Reichweite entscheidend. Je regelmäßiger die Nutzerschaft einer Zeitschrift ist, desto größer ist bei mehreren Ausgaben die interne Überschneidung, d.h. es werden überwiegend dieselben Personen erreicht. In diesem Fall sind die Reichweitenzuwächse bei jeder neuen Schaltung gering, weil nur wenige neue Leser hinzukommen. Während bei hoher regelmäßiger Nutzerschaft (anders ausgedrückt: bei geringer Fluktuation der Leserschaft) einer Zeitschrift die Reichweitenkumulation also nur gering ist, verhält es sich mit dem Aufbau der Kontakte umgekehrt: Zwar bleibt die Netto-Reichweite weitgehend konstant, aber die Kontakte werden maximiert.

Bei sehr unregelmäßigen Nutzerschaften einer Zeitschrift (bei hoher Fluktuation) sind die Auswirkungen auf Netto-Reichweiten und Kontakte hingegen genau entgegengesetzt: Die Netto-Reichweite kumuliert sich hier deutlich höher und die Kontakte kumulieren deutlich geringer. Aufgrund des unterschiedlichen Kumulationsverhaltens von regelmäßigen und unregelmäßigen Leserschaften kann in der Mediaplanung also entweder die Kontaktzahl oder die Netto-Reichweite forciert werden.

Aus dieser Überlegung heraus wird auch klar, warum im Zeitschriftenbereich die Unterscheidung in Abonnements- und Kaufzeitungen in der Mediaplanung relevant ist. Abonnementszeitungen sind üblicherweise durch eine sehr viel regelmäßigere Leserschaft gekennzeichnet als Kaufzeitungen.

Lösung Aufgabe 7

Vorsicht, Fangfrage! Natürlich erhalten Sie genau 1 OTS.

Lösung Aufgabe 8

Der Spiegel hat einen Leserschaftsanteil von Frauen in Höhe von 36 %, die Brigitte von 92 %. Der Anteil von Frauen an der Gesamtbevölkerung beträgt 53 %. Demnach ergibt sich für den Spiegel ein Affinitätsindex für die Zielgruppe Frauen von $\frac{36\,\%}{53\,\%}$ = 68, für die Brigitte $\frac{92\,\%}{53\,\%}$ = 174. Die Brigitte hat also eine deutlich höhere Affinität zu Frauen als der Spiegel.

Lösung Aufgabe 9

Üblicherweise werden Mediapläne auf Basis des TKP, der Nettoreichweite und der Affinität beurteilt. Für die Zielgruppen werden nach diesen Leistungswerten Rangreihen gebildet, die aufzeigen, wie gut sich einzelne Werbeträger für eine Schaltung eignen. Da sich für jeden Leistungswert eine andere Rangfolge ergibt, muss der Mediaplaner Prioritäten setzen, welche Werbeträger für die Schaltung empfohlen werden sollen. So kann ein Werbeträger, der unter Wirtschaftlichkeitsaspekten (TKP) ganz vorne in der Rangfolge steht, unter Affinitäts- oder Reichweitenaspekten u.U. sehr viel schlechtere Platzierungen einnehmen. Die endgültige Mediaempfehlung ergibt sich aus einem Abwägen aller drei Leistungswerte.

Lösung Aufgabe 10

Mit dem Werbecontrolling wird versucht, Abweichungen von den angestrebten Werbezielen rechtzeitig zu erkennen und Werbung auf ihrer Wirkungsebene planbar und steuerbar zu gestalten. Werbecontrolling und Werbekonzeption lassen sich als zwei Seiten ein und derselben Medaille auffassen. Das Werbecontrolling betrachtet also die konzeptionellen Größen der Werbung in ihrer Doppelfunktion als Richtschnur und als Maßstab. Die Werbekonzeption ist sowohl die planerische Vorwegnahme der Werbung, als gleichzeitig auch Kontrollinstrument zur Beurteilung der einzelnen Umsetzungsphasen. Jeder Teilbereich der Werbekonzeption ist vom Werbecontrolling kritisch zu hinterfragen und jeder Umsetzungsschritt dahingehend zu überprüfen, inwieweit er mit der Konzeption übereinstimmt. Da sich einzelne Teilbereiche der Konzeption einer Quantifizierung entziehen (insbesondere Werbestrategie und Copy Strategy), muss eine qualitative Überprüfung erfolgen, bei der immer der Blickwinkel aus der Sicht der Zielgruppe einzunehmen ist.

In seiner strategischen Ausprägung geht das Werbecontrolling allerdings noch über die Werbekonzeption hinaus. Das Werbecontrolling überprüft auch die der Konzeption strategisch vorgelagerten Bereiche, also deren Stimmigkeit mit der Positionierung und den Marketing- und Unternehmenszielen. Damit kann das Werbecontrolling auch zu einer grundlegenden strategischen Neuausrichtung führen.

Lösung Aufgabe 11

Zur Beantwortung dieser Frage müssen Sie die Tausend-Kontakt-Preise (TKP) ausrechnen:

$$\text{Zeitung A: } \frac{200\ €}{200.000} \times 1.000 = 1\ €.$$

$$\text{Zeitung B: } \frac{100\ €}{50.000} \times 1.000 = 2\ €.$$

$$\text{Zeitung C: } \frac{60\ €}{20.000} \times 1.000 = 3\ €.$$

Trotz des höchsten Preises erweist sich Zeitung A als die wirtschaftlichste, weil sie auch die meisten Kontakte erzielt.

Lösungen zu Kapitel 6: Werbeträger

Lösung Aufgabe 1

Die IVW stellt über die ihr angeschlossenen Institutionen die Verbreitung von Werbeträgern fest. Für die Werbeträger Zeitungen, Zeitschriften, Adress- und Handbücher werden die Auflagen ermittelt, für Tageszeitungen darüber hinaus noch deren regionale Verbreitung. Im Bereich der Außenwerbung werden die Werbemöglichkeiten auf Plakaten und an und in Verkehrsmitteln, für Kinos die Besucherzahlen ermittelt. Bei den elektronischen Medien wird die Ausstrahlung der Werbespots überwacht bzw. die Auflagen der Datenträger erhoben. Ferner die Zugriffe auf die Angebote von Online-Werbetreibenden.

Lösung Aufgabe 2

Während das ZAW auf tatsächliche Werbeinvestitionen seiner Mitglieder zurückgreifen kann und Nettowerbeumsätze ausweist, ermittelt Nielsen Media Research durch Beobachtung die geschaltete Werbung in den Werbeträgern Presse, Hörfunk und Fernsehen und rechnet die Werbeumsätze an Hand von Tarifunterlagen zu Bruttozahlen hoch. Die jeweiligen Zahlen sind also nicht miteinander vergleichbar. Allerdings erhebt Nielsen Media Research die Werbeinvestitionen von einzelnen Werbetreibenden und nach Branchen, im Gegensatz zum ZAW, das nur Werbeträgerkategorien ausweist.

Lösung Aufgabe 3

Informationen über die Verbreitung von Werbeträgern sind notwendig, um deren technische Reichweite bzw. das Nutzerpotenzial einschätzen zu können. Entsprechende Daten liefert die IVW, die GEZ und die Deutsche Telekom.

Für den Werbetreibenden ist es aber vor allem auch wichtig zu wissen, wie viele Personen mit welchen soziodemographischen Merkmalen tatsächlich und wie oft von einem Werbeträger erreicht werden. Diese Strukturdaten der Mediennutzer liefert einerseits die MA, vor allem für den Printbereich und das GfK-Meter für das Fernsehen.

Neben der MA stehen weitere Markt-Media-Studien zur Verfügung, die die Mediennutzung mit einer Reihe weiterer Kriterien kombinieren, wie die AWA, VA, TdW oder die Brigitte Kommunikationsanalyse.

Nicht nur das GfK-Meter sondern auch das Nielsen Single-Source-Panel erhebt Fernsehnutzungsdaten, kombiniert mit Daten zum Einkaufsverhalten.

Lösung Aufgabe 4

Für die Mediaplanung sind die Strukturdaten der Mediennutzer wichtig, also Aussagen darüber, welche und wie viele Personen von den einzelnen Werbeträgern erreicht werden. Planungsgrundlage ist für den Printbereich die MA, die Leserschaften und für das Fernsehen das GfK-Meter, das Seherschaften ermittelt. Die MA-Daten basieren auf einer repräsentativen Befragung über das Mediennutzungsverhalten. Das GfK-Meter ermittelt die tatsächliche Nutzung des Mediums Fernsehen der Panelmitglieder. Die jeweils erhobenen Daten haben grundsätzlich unterschiedliche Qualitäten. Während für den Printbereich Werbeträgerkontakte ermittelt werden, die mit Werbemittel-Kontaktchancen gleichgesetzt werden, stehen für das Fernsehen personenbezogene Nutzungsdaten zur Verfügung. Für die Fernsehwerbung lässt sich also mit großer Genauigkeit ermitteln, von wie vielen Personen mit welchen soziodemographischen Merkmalen sie gesehen wurde. Für Werbung in Printmedien sind diese Angaben nur auf Basis von Wahrscheinlichkeiten möglich.

Lösung Aufgabe 5

Die Unterscheidung in Abonnements- und Kaufzeitungen ist relevant im Hinblick auf die Regelmäßigkeit der Leserschaften. Bei Abonnementszeitungen ist von sehr regelmäßigen Lesern auszugehen, hingegen werden Kaufzeitungen tendenziell eher unregelmäßig von den gleichen Personen gelesen. Die Fluktuation in der Leserschaft von Abonnementszeitungen ist also geringer als die bei den Kaufzeitungen, insofern generiert eine Kampagne in Abonnementszeitungen höhere Kontaktkumulationen und geringere Netto-Reichweiten als in Kaufzeitungen, bei denen die Verhältnisse umgekehrt sind.

Lösung Aufgabe 6

Die Einteilung in programminterne und programmexterne Werbeformen trägt der Tatsache Rechnung, dass sich Erscheinungsformen von Fernsehwerbung etabliert haben, die nicht mehr eindeutig als Werbung zu erkennen sind. Als programmexterne Werbung wird die klassische Spot-Werbung bezeichnet, die innerhalb von Werbeblocks gesendet wird und daher vom Zuschauer eindeutig als Werbung identifiziert werden kann. Da diese Tatsache jedoch auch die Werbeflucht erleichtert, haben Fernsehsender und Werbetreibende nach alternativen Werbeformen gesucht, die einerseits eine Werbeflucht nicht zulassen und andererseits eine werbliche Alleinstellung ermöglichen. Daher haben sich seit einigen Jahren programminterne Werbeformen etabliert, bei denen eine Trennung von Programm und Werbung nicht mehr gegeben ist, der Zuschauer sich also nicht der Werbung entziehen kann. Als programminterne Werbeformen sind z.B. Sponsoring, Product Placement und Merchandising zu bezeichnen. Da diese Werbeformen geeignet sind, den Trennungsgrundsatz aufzuheben, sind konkrete Umsetzungen im Einzelfall als rundfunkrechtlich bedenklich einzustufen.

Lösung Aufgabe 7

Der Trennungsgrundsatz soll die Glaubwürdigkeit der Berichterstattung in den Medien und die Informationsfreiheit sicherstellen. Der Zuschauer muss in die Lage versetzt werden, Redaktion und Werbung eindeutig unterscheiden zu können. Der Trennungsgrundsatz wird in der Praxis realisiert durch die Kennzeichnungspflicht für Werbung und das Gebot der Blockwerbung, das auch dem Beeinflussungsverbot Rechnung trägt. Trennungsgrundsatz und Kennzeichnungspflicht können jedoch insbesondere durch programminterne Werbeformen unterlaufen werden (vgl. Lösung Aufgabe 6). Unter dem Aspekt des Beeinflussungsverbotes erscheinen bestimmte Formen des Programm-Sponsoring, wie das Titelsponsoring, als rechtlich bedenklich, ebenso das Programmbartering. Das Verbot der Irreführung und der Beeinflussung dient ebenfalls dem Verbraucherschutz.

Lösung Aufgabe 8

Da sich private Fernsehanbieter ausschließlich durch die Werbung finanzieren, im Gegensatz zu den öffentlich-rechtlichen Sendern, denen zusätzlich die Fernsehgebühren zufließen, wurden ihnen weitergehende Werbemöglichkeiten eingeräumt. ARD und ZDF dürfen nur an Werktagen jeweils 20 Minuten vor 20:00 Uhr werben. Den Privaten sind 20 % ihrer täglichen Sendezeit für Werbung erlaubt, für Werbespots 15 %, das auch an Sonn- und Feiertagen. Teleshopping ist den öffentlich-rechtlichen Sendern im Gegensatz zu den privaten nicht erlaubt.

Lösung Aufgabe 9

Das Fernsehen ist ein Breitenmedium, das praktisch alle Zielgruppensegmente erreicht. Der Hauptvorteil der Fernsehwerbung liegt in der multisensorischen Darbietung, die sowohl visuelle als auch akustische Wirkungspotenziale beinhaltet. Produkteigenschaften lassen sich demonstrieren und dramatisieren, insbesondere können Erlebniswelten emotional vermittelt werden. Bekanntheit lässt sich relativ kurzfristig aufbauen.

Der Nachteil liegt vor allem in der Tatsache begründet, dass das Fernsehen zunehmend zu einem Nebenbeimedium wird, das Werbeflucht durch Nebenbeschäftigungen und Zapping ermöglicht. Dadurch und durch die Werbeüberflutung in diesem Medium, wird die Effizienz seiner Wirksamkeit beeinträchtigt. Eine Zielgruppenselektion ist nur eingeschränkt möglich, die Möglichkeit zu einem Konkurrenzausschluss ist nicht gegeben.

Lösung Aufgabe 10

In den Printmedien ist der Kontakt ein relativ schwacher Medialeistungswert, weil er nur den Werbeträger und nicht das Werbemittel mißt. Hingegen ermöglicht der G-Wert die Messung der Erinnerungswirkung eines Plakates. Er bewertet somit ein Werbewirkungskriterium. Zwar weist die Methode zur Ermittlung des G-Wertes einige Mängel auf, immerhin ermöglicht der G-Wert aber eine Vergleichbarkeit von Plakatanschlagstellen.

Lösung Aufgabe 11

Als Medialeistungswerte werden üblicherweise Reichweiten und Kontakte herangezogen. Fernsehen ist das klassische Massenmedium, eine Zielgruppenselektion ist hier nur eingeschränkt möglich. Das Fernsehen eignet sich vor allem für die Zielgruppe Gesamtbevölkerung, in der es hohe Reichweiten und Kontakte generiert. Hingegen ist das Kino ein Zielgruppenmedium, das hohe Reichweiten vor allem in der jüngeren Zielgruppe erreicht. Die geringe Gesamtreichweite kann das Kino jedoch durch eine hohe Kontaktqualität kompensieren. Publikumszeitschriften sind differenzierter zu betrachten. General-Interest-Titel richten sich an die Zielgruppe Gesamtbevölkerung, sind also keine Zielgruppenmedien. Zielgruppen- und insbesondere Special-Interest-Titel erreichen hingegen mit zum Teil nur geringen Auflagen hohe Reichweiten in soziodemographisch und nach Interessenschwerpunkten definierten Zielgruppen.

Lösung Aufgabe 12

Naheliegenderweise kommen für eine Bäckerei nur lokale Medien in Frage. Die Empfehlung würde also für örtliche Tages- und Wochenzeitungen und/oder gegebenenfalls Anzeigenblätter lauten. Weitere Möglichkeiten könnten im lokalen Hörfunk liegen. Neben den klassischen Werbemedien ist natürlich auch an die Verteilung von Handzetteln zu denken.

Lösung Aufgabe 13

Mittels einer auf den Servern der Online-Anbieter installierten Software erhebt die IVW PageImpressions und Visits, die sich als Kernwährungen zur Erfassung der Medialeistungswerte von Online-Medien in Deutschland etabliert haben. Visits messen den Werbeträgerkontakt, PageImpressions darüber hinaus auch Aktionen innerhalb eines Angebots. Mit der PI/V-Ratio lässt sich erfassen, wie viele Aktionen beim Besuch eines Online-Angebotes im Durchschnitt ausgeführt wurden. Mit den AdImpressions wird die Werbemittelleistung gemessen, beispielsweise die Abrufzahlen von Bannerwerbung.

Lösungen zu Kapitel 7: Internationale Werbung

Lösung Aufgabe 1

Will ein Unternehmen seine Produkte auch außerhalb der bisherigen nationalen Grenzen vertreiben, so stellt sich die Frage, inwieweit eine Standardisierung oder eine Differenzierung des Marketing-Mix erfolgen soll.

Standardisierung bedeutet, dass in allen Ländern die identische Marketing-Konzeption verfolgt wird. Bei dieser Strategie wird unterstellt, dass die Verbraucher in allen Ländern die gleichen Bedürfnisse haben, und überall in gleicher Weise angesprochen werden können. Ziel ist es hierbei, von globalen economies of scale zu profitieren.

Bei der Strategie der Differenzierung erfolgt eine voneinander unabhängige Bearbeitung mehrerer Länder. Ziel ist es hier, den jeweiligen Marktbedingungen bestmöglich zu entsprechen.

Lösung Aufgabe 2

Notwendige Voraussetzung für eine Weltmarke ist zunächst einmal ein weltweit einheitlicher Markenname. Weitere Voraussetzung ist eine weltweit einheitliche Positionierung. Die einheitliche Positionierung bedeutet jedoch nicht notwendigerweise auch eine einheitliche Ausgestaltung des Marketing-Mix in allen Ländern. Sprachliche, rechtliche, klimatische, kulturelle, wettbewerbliche, distributorische etc. Faktoren erfordern im Einzelfall entsprechende Anpassungen, ohne dass dies zu einer Veränderung der Positionierung führt. Würde das weltweit identische Marketing-Mix als Kriterium für eine Weltmarke herangezogen, gäbe es praktisch keine.

Lösung Aufgabe 3

Medien-Overspills sind Reichweitenüberhänge in benachbarte Länder, für die der Werbetreibende nicht zu bezahlen braucht. Beispielsweise streuen österreichische Fernsehsender auch nach Deutschland und in die Schweiz hinein, werden auch deutsche Zeitschriften in Österreich vertrieben. Einen Bonus stellen diese Reichweitenüberhänge allerdings nur dann dar, wenn sie einen effektiven Nutzen für den Werbetreibenden haben. Dies ist nur dann der Fall, wenn die beworbenen Produkte/Marken in den entsprechenden Ländern gleich beworben werden und die gleiche Positionierung haben. Ist dies nicht der Fall, kann dies bei den Verbrauchern in den benachbarten Ländern zu Irritationen führen. Beispielsweise hat die Marke *Knorr* in Deutschland, Österreich und der Schweiz unterschiedliche Marktpositionen, Images und Produkte. Die Werbung für ein „Fix für Kaiserschmarrn" würde möglicherweise bei deutschen Verbrauchern auf eine andere Akzeptanz stoßen, als bei Verbrauchern in Österreich.

Lösung Aufgabe 4

Grundsätzlich gilt, dass eine Werbekampagne international nur dann standardisierbar ist, wenn in allen Ländern die gleiche Positionierung und die gleiche Copy Strategy umgesetzt werden kann. Dies wiederum setzt voraus, dass der Markenname in allen Ländern aussprechbar und schutzfähig ist und die gleichen Assoziationen weckt (International Branding). Ferner müssen in allen Ländern die gleichen kommunikationsstrategischen Ziele verfolgt werden, die sich vor allem aus den Lebenszyklusphasen der Produkte in den jeweiligen Ländern herleiten.

Darüber hinaus ist in jedem einzelnen Fall zu prüfen, auf welche individuellen Voraussetzungen das beworbene Produkt in den einzelnen Ländern trifft, beispielsweise im Hinblick auf Akzeptanz durch die Verbraucher und die Konkurrenzsituation. Nicht zu unterschätzen ist auch die Frage der Durchsetzungsfähigkeit und Kontrolle einer standardisierten Kampagne innerhalb des eigenen Konzerns.

Lösung Aufgabe 5

Im Zusammenhang mit der Standardisierbarkeit von Werbekampagnen wird eine Einteilung in kulturfreie und kulturgebundene Produkte diskutiert. Demzufolge eigneten sich vorrangig kulturfreie Produkte für eine werbliche Standardisierung, da diese keinen kulturellen Verwendungsmustern unterliegen. Als kulturgebundene Produkte sind vor allem Nahrungsmittel und Dienstleistungen anzusehen, als kulturfrei gelten langlebige Gebrauchsgüter und Investitionsgüter. Es ist allerdings als fraglich anzusehen, ob die Produktverwendung tatsächlich unabhängig vom kulturellen Umfeld gesehen werden kann. Auch wenn die Produkte in verschiedenen Kulturen in gleicher Weise verwendet werden, können sie unterschiedliche Funktionen erfüllen bzw. der Verwendung unterschiedliche Motive zugrunde liegen (vgl. Walkman).

Lösung Aufgabe 6

Grundsätzliche Kommunikationsbarrieren sind Schrift und Sprache, die entsprechende Anpassungen auf jeden Fall notwendig erscheinen lassen, da von ihnen die Verstehbarkeit einer Werbeaussage abhängt. In Europa sind ausländische Produktnamen nichts ungewöhnliches (*Citroën*, *Pampers*). Problematisch kann es bei der Übertragung von Produktnamen in eine neue Schrift werden. Hier muss sichergestellt werden, dass die Laute in der anderen Schrift ähnlich dargestellt werden und dass der Produktname bzw. sein Bedeutungsinhalt nachvollzogen werden kann. Manchmal kann es notwendig werden, dass das Produkt in einem anderen Land einen neuen Namen bekommt (*Pajero* in Spanien). Sprachprobleme lassen sich vielfach nicht einfach durch Übersetzungen lösen. Wenn eine Werbeaussage einen geografischen, landsmannschaftlichen oder kulturellen Bezug hat, Wortspiele oder Doppelbedeutungen nutzt, dann ist sie nur innerhalb enger Grenzen verstehbar. Die Interpretation von Werbeaussagen ist in vielen Fällen stark in kulturelle Umfelder eingebunden.

Lösung Aufgabe 7

Der Country-of-Origin-Effect resultiert aus länderspezifischen Stereotypen. Soweit diese Stereotype international einheitlich sind, lassen sie sich gezielt für eine Vermarktung von (typischen) Produkten dieser Länder einsetzen. Sobald Länderimages positiv für Produktqualitäten und -nutzen stehen, können sie als Grundlage für eine Positionierung genutzt werden (z.B. „Made in Germany", Weine aus Italien). Der Hinweis auf das Herkunftsland kann für diese Produkte also schon ausreichend sein, um sie von Wettbewerbsprodukten aus anderen Ländern zu differenzieren.

Lösungen zu Kapitel 8: Sonderwerbeformen

Lösung Aufgabe 1

Die Vorteile des Sponsoring können im Wesentlichen gleichgesetzt werden mit den Nachteilen der Fernsehwerbung. Der kommerzielle Charakter des Sponsoring ist nicht so offensichtlich wie der der Werbung. Da Sponsoring in aufmerksamkeitsstarke Umfelder eingebettet ist, sind die Transferbedingungen der Sponsoring-Botschaften als optimal anzusehen. Daneben ermöglicht Sponsoring einen Konkurrenzausschluß, der bei der Werbung i.d.R. nicht gegeben ist. Ferner bietet Sponsoring eine ungleich größere Vielfalt an Einsatzmöglichkeiten, die kommunikative Alleinstellungen erlauben.

Daneben bieten die einzelnen Sponsoringarten eine Vielzahl von spezifischen Vorteilen. So lassen sich schwierige Zielgruppen wie Studenten beispielsweise über das Wissenschafts-Sponsoring erreichen, die Zigarettenindustrie hat im Sport-Sponsoring (Formel 1) die Möglichkeit zu einem kommunikativen Auftritt im Fernsehen. Mit Sponsoring lässt sich die Kompetenz des Unternehmens und die Leistungsfähigkeit seiner Produkte unter realen Bedingungen demonstrieren. Unabhängig von der Breitenwirkung über die Medien lässt sich das Sponsoring für die Motivation von Kunden und Lieferanten sowie Mitarbeitern einsetzen. Darüber hinaus bietet es den Unternehmen eine Plattform zur Demonstration sozialer, ökologischer oder kultureller Verantwortung.

Lösung Aufgabe 2

Das Wirkungspotenzial des Sponsoring hängt in hohem Maße von der Glaubwürdigkeit der Verbindung zwischen Sponsor und Gesponsertem ab. Zwar wird die Sponsoring-Botschaft im Kommunikationsprozess, wenn überhaupt, nur als nebensächliche Information wahrgenommen. Es liegt in der Natur des Sponsoring, dass komplexe Botschaften nicht übermittelt werden können. Die Wirkungen auf emotionaler Ebene können daher nur mit dem Mechanismus des Imagetransfers hervorgerufen werden. Für einen Imagetransfer ist jedoch Voraussetzung, dass die Beziehung auf nachvollziehbaren Gemeinsamkeiten zwischen Sponsor und Gesponsertem beruht.

Lösung Aufgabe 3

Das Product Placement im engeren Sinn hat natürlich die größten Wirkungspotenziale, da der Markenartikel als solcher erkennbar ist und in einen bewusst ausgewählten Handlungsablauf glaubwürdig integriert werden kann. Beim Generic Placement ist hingegen die Marke nicht erkennbar, daher kann der einzelne Hersteller nur nach Maßgabe seiner Marktstellung von eventuellen Wirkungen profitieren.

Die Wirkungspotenziale des Product Placement müssen allerdings relativiert werden. Zunächst einmal ganz allgemein durch die Tatsache, dass das Product Placement nur die Möglichkeit zu Einmalkontakten bietet. Zwar profitieren die platzierten Produkte von einer zielgerichteten Aufmerksamkeit des Zuschauers, Wiederholungen, die, wie aus den Lerntheorien bekannt ist Lerneffekte unterstützen, sind jedoch nur über spätere Weiterverwertungen des Films möglich. Zum anderen kann ein für den Zuschauer allzu offensichtliches Product Placement bei ihm Reaktanz auslösen, wenn eine vermeintlich werbefreie Zone wie ein Spielfilm erkennbar zur Beeinflussung benutzt wird. Diese Gefahr ist beim Product Placement im engeren Sinn eher gegeben als beim Generic Placement.

Lösung Aufgabe 4

Product Placement ist sowohl unter rundfunk- als auch unter wettbewerbsrechtlichen Aspekten zu betrachten. Allerdings ist nicht automatisch jede Präsentation einer Marke im Fernsehen schon als gesetzwidrig einzustufen. Dies ist nur dann der Fall, wenn das Placement als Schleichwerbung anzusehen ist, was regelmäßig dann unterstellt werden kann, wenn der Hersteller dafür bezahlt hat. Aus journalistischen, programmlichen oder dramaturgischen Gründen kann es durchaus notwendig sein, Marken verbal oder visuell zu präsentieren. Wenn *Daimler-Benz* mit *Chrysler* fusioniert, dann ist dies eine Nachricht, über die die Medien aus journalistischen Gründen berichten und in deren Zusammenhang auch einmal die Produkte dieser Unternehmen gezeigt werden. Eine Abgrenzung zwischen rechtlich zulässigem und unzulässigem Placement ist allerdings nicht immer so einfach.

Lösung Aufgabe 5

Die Möglichkeiten zur Zielgruppenselektion im Direct Marketing werden vor allem dadurch eingegrenzt, ob es sich um Zielgruppen im gewerblichen Bereich (Business-to-Business) oder um Endverbraucher (Business-to-Consumer) handelt. Im gewerblichen Bereich lässt sich sowohl auf interne Datenquellen zurückgreifen, es stehen aber auch eine Reihe von externen Datenquellen zur Verfügung, die allgemein zugänglich sind (Gelbe Seiten, Bezugsquellennachweise usw.), oder es werden Adressen angemietet. Grundsätzlich schwieriger gestaltet sich die Zielgruppenselektion bei Endverbrauchern.

Interne Daten beziehen sich i.d.R. nur auf die bestehenden Kunden. Sollen Neukunden akquiriert werden, können die Instrumente der klassischen Werbung genutzt werden (Coupon-Anzeigen, Spots mit der Angabe der Telefonnummer) um Interessenten zur Kontaktaufnahme mit dem Unternehmen zu bewegen. Bestehende Kunden können zu Freundschaftswerbungen motiviert werden. Es können aber auch im Business-to-Consumer-Bereich Adressen angemietet werden, die von den Adressverlagen beispielsweise über die Methode der Mikrogeographie gewonnen wurden.

Lösung Aufgabe 6

Teleshopping ist Spontankauf, die Kaufentscheidung erfolgt spontan oder gar nicht, ihr geht kein extensiver Kaufentscheidungsprozess voraus. Die Produkte müssen einen sofortigen Besitzwunsch auslösen können. Produkte die über Teleshopping vertrieben werden dürfen also nicht erklärungsbedürftig sein, sondern müssen ihre Vorteile unmittelbar ins Auge springen lassen. Spontankäufe erfolgen darüber hinaus eher bei geringwertigen Produkten, als Preisobergrenze wird ein Betrag von etwa 50 Euro angesehen.

Lösung Aufgabe 7

Klubmitglieder sind treue Kunden, die eine intensive Bindung an das Unternehmen haben. Da Stammkunden den größten Umsatzanteil haben, sind Kundenclubs vor allem in wettbewerblicher Hinsicht relevant: Je mehr Stammkunden (Klubmitglieder) ein Unternehmen hat, desto besser ist es gegen Nachfrageschwankungen abgesichert.

Der Hauptvorteil von Kundenclubs liegt darin, dass Unternehmen detaillierte Informationen über ihre Stammkunden bekommen, die für die strategische Marketing-Ausrichtung genutzt werden können. Durch den Dialog mit den Klubmitgliedern werden deren Erwartungen gegenüber dem Unternehmen und seinen Marken und Produkten transparent. Kritik kann sofort konstruktiv genutzt, neue Produkte getestet, Fehlentwicklungen frühzeitig erkannt werden.

Lösung Aufgabe 8

Die Unterschiede begründen sich in den grundsätzlich anderen Zielsetzungen und dem darauf abgestimmten Instrumentarium. Verbraucherpromotions haben in erster Linie das Ziel des Hinausverkaufs, während des Aktionszeitraums sollen möglichst große Umsätze mit den Aktionsprodukten getätigt werden. Es soll ein unmittelbarer Einfluss auf die Kaufentscheidung genommen werden, sei es direkt am PoS oder indirekt durch Maßnahmen, die die Verbraucher an die Marke heranführen sollen. Erst in zweiter Linie übernehmen Verbraucherpromotions kommunikationspolitische Aufgaben wie die Herausstellung bestimmter Produkteigenschaften. Handelspromotions zielen auf den Hineinverkauf, der Handel soll für eine zusätzliche Förderung bestimmter Produkte bewegt werden. Außendienstgerichtete Verkaufsförderungsmaßnahmen schließlich sollen Leistungsanreize schaffen bzw. die Verkäufer in ihrem Tagesgeschäft unterstützen.

Literaturverzeichnis

ACNielsen (2001): Reaching the Billion Dollar Mark, A Review of Today's Global Brands, www.acnielsen.de

Ajzen, I./Fishbein, M. (1980): Understanding Attitudes and Predicting Social Behavior, Englewood Cliffs, 1980

Albaum, G./Strandskov, J./Duerr, E./Dowel, L. (1995): International Marketing and Export Management, 2nd ed., Harlow et al. 1995

Albaum, G./Strandskov, J./Duerr, E. (2001): Internationales Marketing und Exportmanagement, 3. Aufl., München 2001

Alwitt, L.F./Benet, S.B./Pitts, R.E. (1993): Temporal Aspects of TV-Commercial Influence Viewers Online Evaluation, in: Journal of Advertising Research, Nr. 33 (2) 1993, S. 9–20

Amon, P. (2005): Mehr Erfolg mit weniger Marken, in: Absatzwirtschaft, Sonderausgabe 2005, S. 154–158

Amsinck, M. (1997): Der Sportrechtemarkt in Deutschland, in: Media Perspektiven Nr. 2, 1997, S. 62–72

Andresen, T./Meermann, A. (1998): Die Musik macht den Umsatz, in: Absatzwirtschaft Nr. 9, 1998, S. 50–57

Auer, M./Kalweit, U./Nüßler, P. (1991): Product Placement, Düsseldorf/Wien/New York 1991

Autorenkollektiv (1969): Handbuch der Werbung, 2. Aufl., Berlin 1969

Axel Springer Verlag, (Hrsg.): (2001): Media – Planung für Märkte, 6. Aufl., Hamburg 2001

Backhaus, K. (2007): Industriegütermarketing, 8. Aufl., München 2007

Backhaus, K./Büschken, J./Voeth, M. (1998): Internationales Marketing, 2. Aufl. Stuttgart 1998

Balensiefer, R. (2007): Die Heimat der Marken, in: Absatzwirtschaft, Sondernummer zum Deutschen Marketingtag 2007, S. 72–73

Ballhaus, J. (2005): Zukunftsmarkt China: Im Land der Marken-Fetischisten, in: Absatzwirtschaft Nr. 5, 2005, S. 30–35

Banerjee, A. (1994): Transnational Advertising Development and Management: An Account Planning Approach and a Process Framework, in: International Journal of Advertising, Vol. 13, 1994, S. 95–124

Bänsch, A. (1993): Charakterisierung und Arten von Sales Promotions, in: Berndt, R./Hermanns, A. (Hrsg.): Handbuch Marketing-Kommunikation, Wiesbaden 1993, S. 563–576

Barlovic, I. (2008): Bezugsrahmen fürs ganze Leben, in: Absatzwirtschaft Nr. 9, 2008, S. 48–50

Baron, F./Bierach, B./Thelen, F. (1997): Konsum ist lokal, in: Wirtschaftswoche Nr. 10, 1997, S. 130–133

Bartetzko, D. (2010): Antike Litfaßsäule, in: FAZ.NET, 21–03.2010

Baum, F. (2002): Handelsmarketing, Herne/Berlin 2002

Bazil, V./Petras, A. (2007): Verschleierte Marken-Botschaft, in: Absatzwirtschaft, Sonderheft Marken 2007, S. 160–162

Becker, B. (1995): Suppenwürze seit mehr als 100 Jahren, in: Markenartikel Nr. 12, 1995, S. 557–559

Becker, J. (1995): Strategisches Marketing, in: Tietz, B./Köhler, R./Zentes (Hrsg.): Handwörterbuch des Marketing, 2. Aufl., Stuttgart 1995, Spalte 2411–2425

Becker, J. (2009): Marketing-Konzeption, 9. Aufl., München 2009

Behrens, G. (1996): Werbung, München 1996

Behrens, K. (1970): Begrifflich-systematische Grundlagen der Werbung und Erscheinungsformen der Werbung, in: Behrens, K. (Hrsg.): Handbuch der Werbung, Wiesbaden 1970, S. 3–11

Beiersdorf AG (Hrsg.), (1995): Nivea. Evolution of a world famous brand, Hamburg 1995

Bell, J.A. (1992): Creativity, TV-Commercial Popularity and Advertising Expenditures, in: International Journal of Advertising, Nr. 11 (2) 1992, S. 165–172

di Benedetto, C.A./Tamate, M./Chandran, R. (1992): Developing Creative Advertising Strategies for the Japanese Marketplace, in: Journal of Advertising Research, Jan./Feb. 1992, S. 39 ff.

Berdi, C. (2011): Inhaber-Agenturen punkten kreativ, in: Absatzwirtschaft Nr. 3, 2011, S. 60–65

Berekoven, L. (1985): Internationales Marketing, 2. Aufl., Herne/Berlin 1985

Berger, J. u.a. (1974): Sehen. Das Bild der Welt in der Bilderwelt, Reinbek 1974

Bergler, R. (1989): Werbung im Spiegel der Gesellschaft, in: ZAW (Hrsg.): Kulturfaktor Werbung, Bonn 1989, S. 17–52

Berndt, R. (1993): Das Management der Internationalen Kommunikation, in: Berndt, R./Hermanns, A. (Hrsg.): Handbuch Marketing-Kommunikation, Wiesbaden 1993, S. 769–810

Berndt, R. (1993): Product Placement, in: Berndt, R./Hermanns, A. (Hrsg.): Handbuch Marketing-Kommunikation, Wiesbaden 1993, S. 673–694

Berndt, R./Altobelli, C.F./Sander, M. (2005): Internationales Marketing-Management, 3. Aufl., Berlin/Heidelberg 2005

Biedermann, H. (1995): Lufthansa: Mit Rock und Pavarotti zur Zielgruppe, in: Werben & Verkaufen (Hrsg.): Ganz Direkt 1995/96, München 1995, S. 46–48

Bielenberg, G. (2005): Warten auf die harte Währung, in: Absatzwirtschaft Nr. 5, 2005, S. 46–50

Birkenbihl, V.F. (1991): Stroh im Kopf?, 11. Aufl., Speyer 1991

Birkigt, K./Stadler, M.M./Funck, H.J. (1994): Corporate Identity, 7. Aufl., Landsberg 1994

Bless, H./Mackie, D.M./Schwarz, N. (1992): Mood Effects on Attitude Judgements: Independent Effects of Mood Before and After Message Elaboration, in: Journal of Personality and Social Psychology, Nr. 63 (4), 1992, S. 585–595

Borscheid, P./Wischermann, C. (Hrsg.) (1995): Bilderwelt des Alltags. Werbung in der Konsumgesellschaft des 19. und 20. Jahrhunderts, Stuttgart 1995

Bottler, S. (1996a): Verbraucher krönen Jacobs, in: Werben & Verkaufen, Nr. 31, 1996, S. 27

Bottler, S. (1996b): Spitzenplatz für lila Versuchung, in: Werben & Verkaufen, Nr. 33, 1996, S. 29

Bork, R.: Werbung im Programm, München 1988

Brabeck-Letmathe, P. (1999): Globale Konkurrenz und lokale Differenzierung am Beispiel von Nestlé im Weltmarkt, in: Schmengler, H.J./Fleischer, F.A. (Hrsg.): Marketing Praxis, Jahrbuch 1999, Düsseldorf 1999, S. 66–73

Bradley, F. (1995): International Marketing Strategy, 2nd ed., Hampstead 1995

Brand, H.W. (1995): Unterschwellige Werbung. Neun Thesen, 15. Aufl., Bonn 1995

Braunschweig, C. (1999): Marketing, München 1999

Breunig, C. (2007): IPTV und Web-TV im digitalen Fernsehmarkt, in: Media Perspektiven Nr. 10, 2007, S. 478–491

Brockmeyer, D. (1994): Frischer Wind für die Insel, in: Tele Images Nr. 3, 1994, S. 6–15

Bruce, A./Glubovskaya, V. (2008): „We don't have sex in the Soviet Union", in: Absatzwirtschaft, Nr. 1, 2008, S. 26–29

Bruhn, M. (1997): Kommunikationspolitik, München 1997

Bruhn, M. (2003): Sponsoring, 4. Aufl., Wiesbaden 2003

Bruhn, M./Mehlinger, R. (1994): Rechtliche Gestaltung des Sponsoring, Bd. 2, München 1994

Bruns, J. (1998): Direktmarketing, Ludwigshafen 1998

Buchli, H. (1962): 6000 Jahre Werbung, Bd. 1–3, Berlin 1962

Buchli, H. (1970): Geschichte der Werbung, in: Behrens, K. (Hrsg.): Handbuch der Werbung, Wiesbaden 1970, S. 11–24

Bücker, M. (2004): Mehrwert für die Marke, in: Absatzwirtschaft Nr. 6, 2004, S. 32–37

Bücker, M. (2005): Wie Unternehmen Marktwissen gezielt gewinnen und nutzen, in: Absatzwirtschaft Nr. 6, 2005, S. 82–85

Burrack, H./Nöcker, R. (2008): Vom Pitch zum Award, Frankfurt 2008

Cacioppo, J.T./Petty, R.E. (1979): The Effects of Message Repetition and Position on Cognitive Response, Recall, and Persuasion, in: Journal of Personality and Social Psychology, 37, 1979, S. 97–109

Calder, B.J. (1979): When Attitude Follows Behavior: A Self-Perception/Dissonance Interpretation of Low Involvement, in: Maloney, J.C./Silverman, B. (Eds.), Attitude Research Plays for High Stake, Chicago: American Marketing Association, 1979, S. 25–36

Chattopadhay, A./Nedungadi, A. (1992): Does Attitude Toward the Ad Endure? The Moderating Effects of Attention and Delay, in: Journal of Consumer Research, 19, 1992, S. 26–33

Clausewitz, C.v. (1990): Vom Kriege, Reinbek 1990

Colwell, T. (2005): Interaktives TV: Als Ergänzung zum traditionellen Fernsehen akzeptiert, in: Media Perspektiven Nr. 3, 2005, S. 125–133

Cordes, M.: Formel-1-Sponsoring: Weniger ist mehr, in: FAZ-Net: Uptoday Sport Sportbusiness, 01.03.2001

Cronau, R. (1887): Das Buch der Reklame, Heft 1–5, Ulm 1887

Czenskowsky, T./Schünemann, G./Zdrowomyslaw, N. (2002): Grundzüge des Controlling, Gernsbach 2002

Dahlem, P. (1997a): Reif für die Insel, in: Werben & Verkaufen, Nr. 23, 1997, S. 124–127

Dahlem, P. (1997b): Renner statt Penner, in: Werben & Verkaufen Nr. 36, 1997, S. 150–152

David, R. (2009): Einfach tierisch gut, in: Absatzwirtschaft Marken 2009, S. 126–130

Dendorfer, R. (2002): Direktmarketing und Recht, in: Steckler, B./Pepels, W. (Hrsg.): Handbuch für Rechtsfragen im Unternehmen, Band I: Marketing-recht, Herne/Berlin 2002, S. 249–278

Dettmer, H./Hausmann, T./Kloss, I. u.a. (1999): Tourismus-Marketing-Management, München 1999

Deutscher Direktmarketing Verband/Deutsche Post (1996): Wirtschaftsfaktor Direktmarketing 1995, Frankfurt/M. 1996

Deutsches Werbemuseum (Hrsg.) (1990): Spurensicherung. 40 Jahre Werbung in der DDR, Frankfurt/M. 1990

Deutsches Werbemuseum (Hrsg.) (1995): 1945 bis 1995, 50 Jahre Werbung in Deutschland, 2. Aufl., Frankfurt/M. 1995

Diekhof, R. (1995): Feuer und Eis von den Bundesrichtern, in: Werben & Verkaufen Nr. 49, 1995, S. 82–84

Diekhof, R. (1996): Der Kunde wird zum Maß aller Dinge, in: Werben & Verkaufen Nr. 42, 1996, S. 198–202

Diller, H. (1997): Was leisten Kundenclubs?, in: Marketing ZFP Nr. 1, 1997, S. 33–41

Dingler, R. (1997): Core Values ein Roulettespiel?, in: Absatzwirtschaft, Sondernummer Okt. 1997, S. 160–164

Dohmen, J. (1993): Planung von Werbemaßnahmen, in: Autorenteam: Werbung, 5. Aufl., Landsberg 1993, S. 111–146

Domizlaff, H. (1992): Die Gewinnung des öffentlichen Vertrauens, Neuausgabe Hamburg 1992

Dörfler, G. (1993): Product Placement im Fernsehen – unlautere Werbung oder denkbare Finanzierungsquelle im dualen Rundfunksystem?, Frankfurt/M. 1993

Drees, N. (1993): Sportsponsoring, 3. Aufl., Wiesbaden 1993

Duncker, C. (2009): Wie gut funktioniert Online-Werbung?, in: Absatzwirtschaft Nr. 2, 2009, S, 70–72

Düthmann, C. (2007): Blick ins Bad, in: Lebensmittel Zeitung Spezial, Nr. 3, 2007, S. 73

Du, Mingming (2008): Marktkommunikation in China – Besonderheiten und Beispiele, Diplomarbeit, Erfurt 2008

Eichmeier, D. (1997): Die Banner sind in Bewegung, in: Werben & Verkaufen, Nr. 9, 1997, S. 72–77

v. Eimeren, B.(Frees, B. (2008): Internetverbreitung: Größter Zuwachs bei Silver-Surfern, in: Media Perspektiven Nr. 7, 2008, S. 330–344

Emrich, C. (2009): Interkulturelles Marketing-Management, 2. Aufl., Wiesbaden 2009

Engel, D. (1999): Europa auf der Couch, in: Tele Images Nr. 1, 1999, S. 50–56

Erichson, B./Maretzki, J. (1993): Werbeerfolgskontrolle, in: Berndt, R./Hermanns, A. (Hrsg.): Handbuch Marketing-Kommunikation, Wiesbaden 1993, S. 521–560

Esch, F.-R. (2007): Strategie und Technik der Markenführung, 4. Aufl., München 2007

Falkowski, B-J./Kloss, I. (2000): Ist Werbewirkung prognostizierbar? in: Marketing Journal Nr. 4, 2000, S. 216–221

Feindor-Schmidt, U. (2005/2006): Product Placement und Schleichwerbung, Teil 1 in: Absatzwirtschaft Nr. 12, 2005, S. 48, Teil 2 in: Absatzwirtschaft Nr. 1, 2006, S. 60

Feldwick, P. (1995): Warum Werbewirkung messen?, in: Planung und Analyse Nr. 5, 1995, S. 43–51

Felser, G.(1997): Werbe- und Konsumentenpsychologie, 1. Aufl., Berlin/Heidelberg 1997

Felser, G.(2007): Werbe- und Konsumentenpsychologie, 3. Aufl., Berlin/Heidelberg 2007

Festinger, L. (1957): Theory of Cognitive Dissonance, Stanford 1957

Festinger, L. (1964): Behavioral Support for Opinion Change, in: Public Opinion Quarterly 1964, Vol. XXVII, No. 3, S. 404–417

Feth, G.G. (2003): Welches Auto fährt der kultivierte Mensch?, in: Frankfurter Allgemeine Zeitung Nr. 242, 18.10.2003, S. 53

Feuerbacher, M./Ernst, R. (2005): Ein Logo aus Tradition, in: FAZ, 18.06.2005, S. 9

Fishbein, M. (1967): A Behavior Theory Approach to the Relations Between Beliefs About an Object and the Attitude Towards the Object, in: Fishbein, M. (Ed.), Readings in Attitude Theory and Measurement, New York, 1967, S. 389 ff.

Fisher Gardial, S./Schumann, D.S./Pethus, E. et al. (1993): Processing and Retrieval of Interferences and Descriptive Advertising Information: The Effects of Message Elaboration, in: Journal of Advertising Nr. 22, (1), 1993, S. 25–33

Forgas, J.P. (1994): Soziale Interaktion und Kommunikation, 2. Aufl., Weinheim 1994

FORSA Studie, Die Trends im deutschen Fernsehen, Berlin, 26.02.1999

Forster, T. (1996): Die Black-Box als Besucherfalle, in: Werben & Verkaufen Nr. 44, 1996, S. 18–19

Fösken, S. (2005): Die Sender haben ein Problem – Die Technik ist zu schnell, in: Absatzwirtschaft Nr. 7, 2005, S. 84–85

Fösken, S. (2006): VW setzt auf Unisex-Werbspots, in: Absatzwirtschaft Nr. 3, 2006, S. 85

Fösken, S. (2007): Von der Rand- zur Zielgruppe, in: Absatzwirtschaft Nr. 8, 2007, S. 36–38

Fösken, S. (2008): Kein Content ohne Werbung, in: Absatzwirtschaft Nr. 6, 2008, S. 50–57

Fösken, S. (2008a): Mobile Marketing lernt laufen, in: Absatzwirtschaft Nr. 10, 2008, S. 90–92

Fösken, S. (2009): Werbung im Geschenk, in: Absatzwirtschaft Nr. 12, 2009, S. 64–66

Franke, D. (2007): Zwischen Harmonie und Macht – die Ziele der Sehnsucht, in: Absatzwirtschaft, Sondernummer zum Deutschen Marketingtag 2007, S. 34–36

Franz, G. (2010): Word of Mouth und klassische Werbung, in: Media Perspektiven Nr. 1, 2010, S. 28–38

Freundt, T./Kirchgeorg, M./Perry, J. (2005): Im Wechselbad der Gefühle, in: Absatzwirtschaft Nr. 6, 2005, S. 30–33

Friederers, G. (2006): Country-of-Origin-Strategien in der Markenführung, in: Strebinger, A./Mayerhofer, W./Kurz, H. (Hrsg.): Werbe- und Markenforschung, Wiesbaden 2006, S. 109–134

Fuchs, W.A. (1995): Pro und contra standardisierter transkultureller Werbung, in: Markenartikel Nr. 9, 1995, S. 432–435

Fuchs, W./Unger, F. (2007): Management der Marketing-Kommunikation, Berlin/Heidelberg 2007

Gäb, H.W. (1998): „Sklaven nützen uns nichts", Interview mit H.W. Gäb im Spiegel Nr. 32, 1998, S. 94–95

Gardner, M.P./Raj, S.P. (1983): Responses to Commercials in Laboratory versus Natural Settings, in: Bagozzi, R.P./Tybout, A.M. (Eds.): Advances in Consumer Research (Vol. X) 1983, S. 142–146

Geschuhn, A. (1997): Ohne Event läuft nichts mehr, in: Süddeutsche Zeitung, Nr. 162, 17.07.1997, S. 33

GfK (1981), (Hrsg.): Ein neues, realitätsgerechteres Modell zur Beobachtung und Positionsbewertung von Marken, Nürnberg 1981

GfK (2005), (Hrsg.): Fernsehzuschauerforschung in Deutschland, Nürnberg 2005, www.gfk.de/fernsehforschung

GfK (o.J.), (Hrsg.): Euro-Socio Styles, Nürnberg, o.J.

Glasenapp, H.v. (1991): Die fünf Weltreligionen, Gütersloh 1991

Gleich, U. (1999): Über 50jährige als Zielgruppe für Marketing und Werbung, in: Media Perspektiven Nr. 6, 1999, S. 301–311

Gleich, U. (2003): Crossmedia – Schlüssel zum Erfolg? In: Media Perspektiven Nr. 11, 2003, S. 510–516

Gleich, U. (2008): Aktuelle Ergebnisse der Werbewirkungsforschung, in: Media Perspektiven Nr. 6, 2008, S. 318 f.

Goldhammer, K./Fölsch, F. (2002):Werbung goes Online: Werbestrategien im Internet, in: Mattenklott, A./Schimansky, A. (Hrsg.): Werbung. Strategien und Konzepte für die Zukunft, München 2002, S. 262–305

Gottschalk, T. (1999): „Es gibt auch fröhliche Huren", Interview mit Thomas Gottschalk im Spiegel Nr. 11, 1999, S. 118–122

Graf, C. (1998): Event-Marketing. Konzeption und Organisation in der Pop Musik, Wiesbaden 1998

Grimm, J./Grimm, W. (1960): Deutsches Wörterbuch, hrsg. von der Deutschen Akademie der Wissenschaften, Berlin 1960

Groß, M. (2004): „Es ist völlig irrelevant, nur die Prominenz abzuschöpfen", Interview mit Michael Groß in der Absatzwirtschaft Nr. 6, 2004, S. 38–40

Grünewald, S. (1996): Dem beseelten Marketing gehört die Zukunft, in: Werben & Verkaufen Nr. 42, 1996, S. 234–238

Gutjahr, G. (2008): Der Bauch muss Ja sagen, in: Lebensmittel Zeitung Nr. 48, 2008, S. 48

Hack, G. (1993): Grundlagen der Werbung, in: Autorenteam: Werbung, 5. Aufl., Landsberg 1993, S. 25–68

Hacke, D. (2006): Wildwuchs im Stadion, in: Der Spiegel Nr. 17, 2006, S. 134–135

Haig, M. (2004): Die 100 größten Markenflops, Frankfurt 2004

v. Haken, N. (2008): Nach West kommt Ost, in: Absatzwirtschaft Nr. 8, 2008, S. 114–119

Halbert, A. (1927): Praktische Reklame, Hamburg 1927

Hammann, P./Erichson, B. (1994): Marktforschung, 3. Aufl., Stuttgart 1994

Hammel, F./Schollemann, T. (2009): Direktmarketing unter Novellierungsdruck, in: USP Nr. 1, 2009, S. 8–9

Harrison, A.A. (1977): Mere Exposure, in: Berkowitz, (Ed.), Advances in Experimental Social Psychology, Vol. 10, 1977, New York: Academic Press, S. 29–83

Hars, W. (2009): Wer trinkt die wächserne Kaulquappe?, Reinbek 2009

Häusel, H-G. (2006): Direkt ins Hirn?, in: Absatzwirtschaft Nr. 9, 2006, S. 36–40

Hayek, F.A.v. (1969): Der Wettbewerb als Entdeckungsverfahren, wiederabgedruckt in: Freiburger Studien, Tübingen 1969

Heinemann, C. (1997): Werbung im interaktiven Fernsehen, Wiesbaden 1997

Heinlein, B. (1999): Hörfunkspots, in: Geffken, M (Hrsg.): Das große Handbuch Werbung, Stuttgart 1999, S. 405–412

Heller, S. (2011): Social Media Marketing. Potentiale und Einsatzmöglichkeiten für Unternehmen, Diplomarbeit, Stralsund 2010

Henderson, B.D. (1990): Geht es um Strategie – schlag nach bei Darwin, in: Harvard Manager Nr. 3, 1990, S. 9–12

Henkelmann, M. (1977): „Das ganze System ist völlig durchweicht", Interview in Horizont Nr. 42, 1977, S. 70

Henkenherm, U. (1999): Online-Medien, in: Reiter, W.M. (Hrsg.): Werbeträger. Handbuch für den Werbeträgereinsatz, 9. Aufl., Frankfurt/M. 1999, S. 303–318

Herbig, P.A. (1998): Handbook of cross-cultural Marketing, New York 1998

Herkströter, D. (1998): Neue elektronische Werbeformen: Glaubwürdigkeit des Programms gefährdet?, in: Media Perspektiven Nr. 3, 1998, S. 106–112

Hermanns, A. (1993): Sponsoring, in: Berndt, R./Hermanns, A. (Hrsg.): Handbuch Marketing-Kommunikation, Wiesbaden 1993, S. 627–648

Hermanns, A./Glogger, A. (1996): Auf dem Weg zur Professionalisierung, in: Absatzwirtschaft Nr. 11, 1996, S. 102–107

Hermanns, A./Marwitz, C. (2008): Sponsoring, 3. Aufl., München 2008

Hermanns, A./Kiendl, S./Ringle, T. (2006): Der Beitrag von Sponsoring und Events zu Markenaufbau und Markenpflege, in: Strebinger, A./Mayerhofer, W./Kurz, H. (Hrsg.): Werbe- und Markenforschung, Wiesbaden 2006, S. 307–330

Hermes, V. (2008): Emotionen und Millionen, in: Absatzwirtschaft Nr. 1, 2008, S. 14–18

Hermes, V. (2008a): Anschreien zwecklos, in: Absatzwirtschaft Nr. 7, 2008, S. 24–30

Hermes, V. (2010): „Ein enormer Absatzgenerator", in: Absatzwirtschaft Nr. 11, 2010, S. 83–84

Hessler, A. (1997): Was brachten die Kulmbacher Filmnächte? In: Absatzwirtschaft Nr. 8, 1997, S. 18–19

Hettler, U. (Hrsg.), (2010: Social Media Marketing, München 2010

Hippler, H.-J./Lönneker, J. (1995): Medienumgang und Werbewirkung. Funktion und Bedeutung von Tageszeitung, Fernsehen, Hörfunk und Anzeigenblättern als Werbeträger, in: Planung und Analyse Nr. 2, 1995, S. 35–40

Hoffmann, P. (2004): Krisenprävention – Gefahren erkennen und Chancen ergreifen, in: Möhrle, H. (Hrsg.): Krisen-PR, Frankfurt 2004, S. 122–140

Hofsäss, M./Krupp, M./Maksymiw, W. (1994): Mediaplanung, in: Reiter, W.M. (Hrsg.): Werbeträger. Handbuch für den Werbeträger-Einsatz, Frankfurt/M. 1994, S. 59–102

Hofsäss, M./Engel, D. (2003): Praxishandbuch Mediaplanung, Berlin 2003

Hofstätter, P.R. (Hrsg.) (1970): Psychologie, Frankfurt/M. 1970

Hofsümmer, K-H./Müller, D.K. (1999): Zapping bei Werbung – ein überschätztes Phänomen, in: Media Perspektiven Nr. 6, 1999, S. 296–300

Hofstede, G. (1984): Culture's Consequences – International Differences in Word-Related Values, Berverly Hills 1984

Hofstede, G. (1991): Cultures and Organizations: Software of the Mind, New York: McGraw-Hill, 1991

Hofstede, G. (2001): Culture's Consequences. Comparing Values, Behaviors, Institutions, and Organizations Across Nations, 2nd Ed., Thousand Oaks/London/New Delhi 2001

Hofstede, G./Hofstede, G.J. (2009): Lokales Denken, globales Handeln, 4. Aufl., München 2009

Holland, H. (2004): Direktmarketing, 2. Aufl., München 2004

Holst, J. (2009): Alles unter einem Dach, in: Lebensmittel Zeitung Nr. 41, S. 90, 2009

Holtbrügge, D./Puck, J.F. (2005): Geschäftserfolg in China, Berlin/Heidelberg 2005

Horstmann, R. (2010): Zwischen Zeitgeist und Pflichtprogramm – Markenarbeit im Logistik-Marketing, in: Erfurter Hefte zum angewandten Marketing Nr. 25, 2010, S. 3–15

Horváth, P. (1994): Controlling, 5. Aufl., München 1994

Huldi, C. (2000): Data-Mining – Mehr Wissen ist Macht, in: Absatzwirtschaft Nr. 8, 2000, S. 84–85

Hülsen, I. (2010): Kommissar mit Puzzle-Tick, in: Der Spiegel Nr. 15, 2010, S. 66–67

Hundhausen, C. (1969): Werbung, Berlin 1969

Hünerberg, R. (1996): Online-Kommunikation, in: Hünerberg, R./Heise, G./Mann, A. (Hrsg.): Handbuch Online Marketing, Landsberg 1996

Hüttner, M./Pingel, A./Schwarting, U. (1994): Marketing-Management, München/Wien 1994

Informationsgemeinschaft zur Feststellung der Verbreitung von Werbeträgern e.V. (IVW) (Hrsg.): Auflagenliste, diverse Jahrgänge, Bonn

Informationsgemeinschaft zur Feststellung der Verbreitung von Werbeträgern e.V. (IVW) (Hrsg.): Geschäftsbericht, diverse Jahrgänge, Bonn

IP (Hrsg.) (1997): Television 97, European Key Facts, Brüssel 1997

IP (Hrsg.) (2007): Television 2007, International Key Facts, Köln 2007

IP Deutschland (Hrsg.) (1998): Im Fokus der Forschung, 2. Aufl., Kronberg 1998

IP Deutschland (Hrsg.) (o.J.): Programmsponsoring. Akzeptanz, Image, Wirkung, o.J.

IP Deutschland (Hrsg.) (2002): Der Werbewirkungskompass. Methodik und Ergebnisse, Köln 2002 (www.ip-deutschland.de)

Jacob, E. (1997): Tu Gutes, rede darüber oder schweig, in: Werben & Verkaufen Compact Nr. 9, 1997, S. 6–7

Jaeger-Lenz, A. (1999): Werberecht – Recht der Werbung in Internet, Film, Funk und Printmedien, Weinheim u.a. 1999

Janich, N. (1999): Werbesprache, Tübingen 1999

Jenewein, W./Rehli, F./Forster, A. (2008): Das Phänomen Behavioral Branding, in: Absatzwirtschaft Nr. 1, 2008, S. 48

Jenner, T. (1994): Internationale Marktbearbeitung, Wiesbaden 1994

Jockenhövel, J., Reber, U., Wegener, C. (2009): Digitaler Roll-out: Kinobranche im Umbruch, in: Media Perspektiven Nr. 9, 2009, S. 494–503

Johanssen, K-P./Vorfelder, J. (1996): Public-Relations-Alltag im Rückblick. Kommunikationsmanagement im Fall Brent Spar, in: Baerns, B./Klewes, J. (Hrsg.): Public Relations 1996, Düsseldorf 1996, S. 98–109

Julien, E.: Toulouse-Lautrec – Affiches, Paris 1975

Jung, H./v. Matt, J-R. (2007): Momentum, 5. Aufl., Berlin 2007

Kanso, A. (1992): International Advertising Strategies: Global Commitment to Local Vision, in: Journal of Advertising Research, Jan./Feb. 1992, S. 10–14

Karle, R. (2009): Marketing in der Tiefe des Raums, in: Absatzwirtschaft Nr. 7, 2009, S. 48–52

Karminski, M. (2009): Wie weit ist Social Media?, in: Absatzwirtschaft Nr. 9, 2009, S. 66–67

Käseborn. H.-G./Sieberkötter, R./Fehn, T. (1993): Wirtschaftswerbung. Historische Beispiele von der Antike bis zum Beginn des 20. Jahrhunderts, Rinteln 1993

Kasprik, R. (1994): Werbeerinnerung auf dem Prüfstand, in: Marketing ZFP, Nr. 4 (IV), 1994, S. 247–256

Kaumanns, R./Siegenheim, V. (2006): Video-on-Demand als Element im Fernsehkonsum?, in: Media Perspektiven Nr. 12, 2006, S. 622–629

Kaumanns, R./Siegenheim, V. (2008): Von der Suchmaschine zum Werbekonzern, in: Media Perspektiven Nr. 1, 2008, S. 25–33

Keegan, W.J./Green, M.C. (1997): Principles of Global Marketing, New Jersey 1997

Keusen, K.-P. (1995): Die werbetreibende Wirtschaft auf der Suche nach der „zappingfreien Zone" – Zur Ausdifferenzierung der Werbeformen und ihren rundfunkrechtlichen Bestimmungen, in: Schmidt, S.J./Spieß, B. (Hrsg.): Werbung, Medien und Kultur, Opladen 1995, S. 165–193

Kilian, K. (2009): So bringen Sie Ihre Marke auf Kurs, in: Absatzwirtschaft Nr. 4, 2009, S. 42–43

Kilian, K. (2010): Mensch Marke!, in: Absatzwirtschaft, Sondernummer Marken 2010, S. 106–109

Klein, C. (1999): „Es muss nach Sex riechen", Interview mit Calvin Klein im Spiegel Nr. 24, 1999, S. 88–91

Kley, S. (1995): Beckenbauer, Becker und Co.: Sportler als Testimonials, in Hackforth, J. (Hrsg.): Sportsponsoring: Bilanz eines Booms, 2. Aufl., Berlin 1995, S. 233–256

Kline, S. (1991): Let's make a deal: Merchandising im US-Kinderfernsehen, in: Media Perspektiven Nr. 4, 1991, S. 220–234

Klingler, W./Schaack, J. (1998): Hörfunk behauptet starke Position, in: Media Perspektiven Nr. 11, 1998, S. 559–569

Kloss, I. (1986): Der Buridansche Esel heute – Langfristige Markenartikelpolitik, in: Der Markenartikel, Nr. 11, 1986, S. 509–511

Kloss, I. (1988): New Marketing – Marketing im (Werte-) Wandel, in: Praxisgespräche 1988, Tagungsband, Karlsruhe 1988, S. 33–57

Kloss, I. (1996): Marketing und Moral der Benetton-Werbung, in: Diskussionsbeiträge der Fachhochschule Stralsund, Heft 5, 1996

Kloss, I. (1998): Der Einfluß des Werbeumfeldes auf die Werbewirkung, in: Der Betriebswirt Nr. 2, 1998, S. 17–21

Kloss, I. (Hrsg.) (2001): Advertising Worldwide, Heidelberg/New York 2001

Kloss, I. (2001a): Stichwort: Marke, in: Lexikon der Presse- und Öffentlichkeitsarbeit, München 2001

Kloss, I. (2001b): Stichwort: Werbung, in: Lexikon der Presse- und Öffentlichkeitsarbeit, München 2001

Kloss, I. (2001c): Stichwort Werbewirkung und Werbeumfeld, in: Management-Lexikon, München 2001

Kloss, I. (2002): Internationale Werbung, in: Mattenklott, A./Schimanski, A. (Hrsg.): Die Zukunft der Werbung, München 2002

Kloss, I. (2003): Werbecontrolling, Gernsbach 2003

Kloss, I. (2003a): Grundzüge des Werbecontrolling, in: Arbeitsgemeinschaft für Marketing (Hrsg.): Applied Marketing. Anwendungsorientierte Marketingwissenschaft der deutschen Fachhochschulen, Heidelberg 2003

Korle, R. (2010): Die Macht der vielen, in: Absatzwirtschaft, Sonderheft 2010, S. 32–38

Koschnick, W.J\. (1995): Standard-Lexikon für Mediaplanung und Mediaforschung in Deutschland, 2. Aufl., München/New Providence/London/Paris 1995

Koschnick, W.J. (1995): Wie Erotik wirkt, in: Medien Bulletin Nr. 2, 1995, S. 42–44

Koschnick, W.J. (2004): Ist die Ökonometrie am Ende?, in: Koschnick, W.J. (Hrsg.): FOCUS-Jahrbuch 2004, S. 193–214

Koschnick, W.J. (2004a): Der lange Abschied vom „Königsweg der empirischen Sozialforschung", in: Koschnick, W.J. (Hrsg.): FOCUS-Jahrbuch 2004, S. 25–42

Koschnick, W.J. (2006): Gestern ging's noch, in: Absatzwirtschaft Nr. 9, 2006, S. 60–65

Kotler, P. (2007): Grundlagen des Marketing, 4. Aufl., München 2007

Kotler, P./Keller, K.L./Bliemel, F. (2007): Marketing-Management, 12. Aufl., München 2007

Kotler, P./Haider, D./Rein, I (1994): Standort-Marketing, Düsseldorf/Wien/New York/Moskau 1994

Kremser, P. (2000): Die mikrogeografische Datenbank Mikrotyp von pan adress Direktmarketing, Vortragsunterlagen zum Data Mining-Anwendertag 2000

Kreutzer, R. (1989): Global Marketing – Konzeption eines länderübergreifenden Marketing, Wiesbaden 1989

Kroeber-Riel, W (1979).: Activation Research: Psychobiological Approaches in Consumer Research, in: Journal of Consumer Research, 5, (4), 1979, S. 240–250

Kroeber-Riel, W. (1984): Emotional Product Differentiation by Classical Conditioning, in: Kinnear, T.C. (Ed.): Advances in Consumer Research (Vol. XI), 1984, Association for Consumer Research, S. 538–543

Kroeber-Riel, W./Weinberg, P. (2003): Konsumentenverhalten, 8. Aufl., München 2003

Kroeber-Riel, W./Esch, F.-R. (2004): Strategie und Technik der Werbung, 6. Aufl., Stuttgart 2004

Krugman, H.E. (1965): The Impact of Television Advertising: Learning Without Involvement, in: Public Opinion Quarterly, 29, 1965, S. 349–356

Krugman, H.E. (1977): Memory without Recall, Exposure without Learning, in: Journal of Advertising Research 17 (4), 1977, S. 7–12

Kühnapfel, J. (1999): Trend: Der Free-Call für den Kunden, in: Absatzwirtschaft Nr. 4, 1999, S. 112–118

Lambeck, A. (1994): Krisenmanagement – Krisen-PR, in: Kalt, G. (Hrsg.): Öffentlichkeitsarbeit und Werbung, 5. Aufl., Frankfurt/M. 1994, S. 115–128

Lamont. D. (1996): Global Marketing, Oxford 1996

Lasswell, H.D. (1927): The Theory of Political Propaganda, in: The American Political Science Review, Vol. XXI, 1927, S. 627–631

Laudien, H. (1995): TUI: Marketing aus einem Guß, in: Werben & Verkaufen (Hrsg.): Ganz Direkt 1995/96, München 1995, S. 43–45

Laurent, G./Kapferer, J.N. (1985): Measuring Consumer Involvement Profiles, in: Journal of Marketing Research, 21 (Feb.), 1985, S. 41–53

Leitherer, E. (1974): Geschichte der Absatzwirtschaft, in: Tietz, B. (Hrsg.): Handwörterbuch der Absatzwirtschaft, Stuttgart 1974, Spalte 666–674

Lembke, J. (2008): Weil wir egoistische Hedonisten sind, in: Frankfurter Allgemeine Zeitung Nr. 149, 28.06.2008, S. Z4

Levitt, T. (1983): The Globalization of Markets, in: Harvard Business Review, 5/1983, S. 92–102

Limmer, C. (2005): Fernsehempfang und PC/Online-Ausstattung in Europa, in: Media Perspektiven Nr. 9, 2005, S. 478–485

Linsner, I. (1995): Kundenorientierte Informationssysteme in der Touristikbranche, in: Link, J./Hildebrand, V. (Hrsg.): EDV-gestütztes Marketing im Mittelstand, München 1995, S. 61–85

Löffler, H./Scherfke, A. (2000): Praxishandbuch Direkt-Marketing, Berlin 2000

Loitz, K-M. u.a. (2004): Handbuch des Rundfunkwerberechts, Köln 2004

Lübcke, D. (1997): Aktuelle Strategien im Marketing – Clubs als Krönung der Kundenbindung, in: Lübcke, D./Petersen, R. (Hrsg.): Business-to-Business-Marketing, Stuttgart 1997, S. 30

Luef, W. (2010): Kundenfang am Locus, in Süddeutsche Zeitung vom 27./28.03.2010, S. 32

Lürzer, Conrad & Leo Burnett (1985) : Life Style Research 1985, Frankfurt 1985

Lürzer, W. (1998): Die Welt da draußen ist böse, Interview mit W. Lürzer im Spiegel Nr. 27, 1998, S. 96–99

Machill, M./Lutzhöft, N. (1998): Der französische Fernsehmarkt im digitalen Zeitalter, in: Media Perspaktiven Nr. 3, 1998, S. 132–143

MacLachlan, J./Logan, M. (1993): Camera Shot Length in TV-Commercials and their Memorability and Persuasiveness, in: Journal of Advertising Research, Nr. 33 (2), 1993, S. 57–61

Maggi GmbH (1996) (Hrsg.): Magginalien, Frankfurt 1996

Mahrenholz, P.J. (2004): Was Cowboys tragen oder Warum das Briefing Definition und Inspiration zugleich ist, in: Winter, J. (Hrsg.): Handbuch Werbetext, 2. Aufl., Frankfurt 2004, S. 156–173

Maisch, S./Leisse, O. (2006): Bauch verdrängt Herz, in: Absatzwirtschaft Nr. 6, 2006, S. 24–27

Maletzke, G. (1996): Interkulturelle Kommunikation. Zur Interaktion zwischen Menschen verschiedener Kulturen, Opladen 1996

Mann, A. (2006): Erfolgreiche Zielgruppensegmentierung ist dynamisch, in: Absatzwirtschaft Nr. 8, 2006, S. 74–77

Mast, C./Huck, S./Güller, K. (2005): Kundenkommunikation, Stuttgart 2005

Mayer, A./Mayer, R.U. (1987): Imagetransfer, Hamburg 1987

Mayer, H./Schuhmann, G. (1981): Positions- und Umfeldeffekte bei TV-Spots, in: Jahrbuch der Absatz- und Verbraucherforschung, 4, 1981, S. 291–304

Mayer, H./Illmann, T. (2000): Markt- und Werbepsychologie, 3. Aufl., Stuttgart 2000

Mayerhofer, W. (1995): Imagetransfer, Wien 1995

Mayerhofer, W. (2006): Die Beobachtung als Instrument der Werbewirkungsmesung, in: Strebinger, A./Mayerhofer, W./Kurz, H. (Hrsg.): Werbe- und Markenforschung, Wiesbaden 2006, S. 465–486

Media Perspektiven Basisdaten, Daten zur Mediensituation in Deutschland 1998

Meffert, H. (1980): Strategische Planung unter besonderer Berücksichtigung von Marktsättigung und Rezession, in: Absatzwirtschaft, Nr. 6, 1980

Meffert, H. (1985): Marketing und Neue Medien, Stuttgart 1985

Meffert, H. (1988): Strategische Unternehmensführung und Marketing, Wiesbaden 1988

Meffert, H. (1993): Marketing, 7. Aufl., Wiesbaden 1993

Meffert, H. (1998): Marketing, 8. Aufl., Wiesbaden 1998

Meffert, H./Bruhn, M. (1997): Dienstleistungsmarketing, 2. Aufl., Wiesbaden 1997

Meffert, H./Burmann, C./Kirchgeorg, M. (2008): Marketing, 10. Aufl., Wiesbaden 2008

Meier, W. (1999): Publikumszeitschriften, in: Reiter, W.M. (Hrsg.): Werbeträger. Handbuch für den Werbeträgereinsatz, 9. Aufl., Frankfurt/M. 1999, S. 136–176

Meining, W. (1995): Lebenszyklen, in: Tietz, B./Köhler, R./Zentes, J. (Hrsg.): Handwörterbuch des Marketing, 2. Aufl., Stuttgart 1995, Spalte 1392–1405

Meissner, H.G. (1995): Strategisches Internationales Marketing, 2. Aufl., München 1995

Mende, J./Hoos, E. (2010): Schlecker forciert Prospekt zulasten von Print, in: Lebensmittel Zeitung Nr. 19, 14.05.2010, S. 6

Merbold, C. (1993): Kommunikationspolitik bei Investitionsgütern, in: Berndt, R./Hermanns, A. (Hrsg.): Handbuch Marketing-Kommunikation, Wiesbaden 1993, S. 857–874

Merkle, H. (1981): Als Werbung noch Reklame hieß, in: Werben & Verkaufen Nr. 38, 1981, S. 8–12

Merten, K. (1994): Wirkung von Kommunikation, in: Merten, K./Schmidt, S. J./Weischenberg, S. (Hrsg.): Die Wirklichkeit der Medien, Opladen 1994, S. 309–313.

Messer, B. (2004): Vorbereitet sein ist alles- Zur Bedeutung von Medientrainings, in: Möhrle, H. (Hrsg.): Krisen-PR, Frankfurt/M. 2004, S. 175–182

Meyers-Levy, J. (1989): Priming Effects on Product Judgements: A Hemispheric Interpretation, in: Journal of Consumer Research, Vol. 16, June 1989, S. 76–86

Michael, B. (2008): Welche Helden braucht das Marketing? In: USP Menschen im Marketing Nr. 2, 2008, S. 7

Michaelis, K./Brockert, S. (1997): Globaler Schuß nach hinten, in: Werben & Verkaufen Nr. 37, 1997, S. 92–93

Michealis, K. (2001): Gefährliche Star-Allüren, in: Werben & Verkaufen Nr. 18, 2001, S. 23–28

Mickeleit , T. (2004): Wer gewinnt die Online-Schlacht? – Krisenkommunikation in Zeiten des Internets, in: Möhrle, H. (Hrsg.): Krisen-PR, Frankfurt/M. 2004, S. 115–119

Milewski, M. (2007): Wildes Marketing für Jägermeister, in: Absatzwirtschaft, Marken 2007, S. 100–102

Milgram, S. (1974/1997): Das Milgram-Experiment, Reinbek 1974/1997

Miller, R.L. (1976): Mere Exposure, Psychological Reactance and Attitude Change, in: Public Opinion Quarterly, 40, 1976, S. 229–233

Mitchell, A.A./Olson, J.C. (1981): Are Product Attribute Beliefs the Only Mediator of Advertising Effects on Brand Attitudes?, in: Journal of Marketing Research, 18, 1981, S. 318–332

Modenbach, G. (1999): Fernsehen, in: Reiter, W.M. (Hrsg.): Werbeträger. Handbuch für den Werbeträgereinsatz, 9. Aufl., Frankfurt/M. 1999, S. 231–272

Möhrle, H. (2004): Krisenintervention: Wenn Gefahr droht – Schnelle Vorbereitung auf den Ernstfall, in: Möhrle, H. (Hrsg.): Krisen-PR, Frankfurt 2004, S. 141–150

de Mooij, M. (1998): Global Marketing and Advertising: Understanding Cultural Paradoxes, Thousand Oaks/London/New Delhi 1998

de Mooij, M. (2000): The Impact of Culture on Advertising, in: Kloss, I. (Ed.): Advertising Worldwide, Heidelberg/New York 2000, S. 1–23

Moore, T.E. (1982): Subliminal Advertising: What You See is What You Get, in: Journal of Marketing, 46 (2), 1982, S. 38–47

Motorpresse-Verlag (Hrsg.) (2010): Die besten Autos 2010, Stuttgart 2010

Mueller, B. (1992): Standardization vs. Specialization: An Examination of Westernization in Japanese Advertising, in: Journal of Advertising Research, Jan./Feb. 1992, S. 15–24

Müller, C./Tietzel, M. (1998): Der Preis der Moral im Sport, in: Frankfurter Allgemeine Zeitung, 08.08.1998, S. 15

Müller, D.K. (2004): Werbung und Fernsehforschung, in: Media Perspektiven Nr. 1, 2004, S. 28–37

Müller, D.K. (2007): Radio – der Tagesbegleiter mit Zukunft, in: Media Perspektiven Nr. 1, 2007, S. 2–10

Müller, D.K. (2008): Kaufkraft kennt keine Altersgrenze, in: Media Perspektiven Nr. 6, 2008, S. 291–298

Müller, M.G. (1999): Parteienwerbung im Bundestagswahlkampf 1998, in: Media Perspektiven Nr. 5, 1999, S. 251–261

Müller, O. (1997): Product Placement im öffentlich-rechtlichen Fernsehen, Frankfurt/M. 1997

Müller, R. (1975): Geschichte der Werbung – sehr aktuell, in: Markenartikel Nr. 8, 1975, S. 322–327

Müller, R. (1986): Odol – die werbliche Pionierleistung von Karl Lingner und seinen Nachfahren, in: Marketing Journal Nr. 1, 1986, S. 71

Müller, R. (1990): Eine segensreiche und verhängnisvolle Macht, in: Werben & Verkaufen Nr. 48, 1990, S. 68–71

Müller, R. (1991): Entwicklung des Inseratenwesens in deutschen Zeitungen per 1901, in: Marketing Journal Nr. 2, 1991, S. 173

Müller, S./Gelbrich, K. (2004): Interkulturelles Marketing, München 2004

Müller, W. (1997): Interkulturelle Werbung, Heidelberg 1997

Müller, W. (1998): Verlust von Werbewirkung durch Standardisierung, in: Absatzwirtschaft Nr. 9, 1998, S. 80–88

Mrusek, K. (2008): Unter den Linden und den Lobbyisten, in: Frankfurter Allgemeine Zeitung, 09.02.2008, S. 13

Nagel. T. (2005): Internationaler Dialog für die erfolgreiche Neukundengewinnung, in: Krafft, M./Hesse , J./Knappik, K.M. u.a. (Hrsg.): Internationales Direktmarketing, Wiesbaden 2005, S. 79–104

Naisbitt, J. (1984): Megatrends, Bayreuth 1984

Naisbitt, J./Aburdene, P. (1992): Megatrends 2000, 5. Aufl., Düsseldorf/Wien/New York 1992

Naundorf, S. (1993): Charakterisierung und Arten von Public Relations, in: Berndt, R./ Hermann, A. (Hrsg.): Handbuch Marketing-Kommunikation, Wiesbaden 1993

Nef, J. (2005): Neukundengewinnung mit Mikrogeografie, http://www.az-direct.ch/media/00036917.pdf?t=1148393658250

Neumann, E./Sprang, W./Hattemer, K. (Hrsg.): 1974 Werbung in Deutschland, Jahrbuch der deutschen Werbung, Düsseldorf/Wien 1974

Nickel, O. (1998): Event – Ein neues Zauberwort des Marketing?, in: Nickel, O. (Hrsg.): Event Marketing, München 1998, S. 3–14

Nickel, U. (1996): Bartering, Bonn 1996

Nickel, V. (1994): Werbung in Grenzen, 11. Aufl., Bonn 1994

Nickel, V. (1995): Werbung für alkoholische Getränke, 3. Aufl., Bonn 1995

Nickel, V. (1997a): Werbung und Moral, Bonn 1997

Nickel, V. (1997b): Werbung unverblümt, Bonn 1997

Nickel, V. (1999): ZAW 1949–1999, Bonn 1999

A.C. Nielsen GmbH (2005) (Hrsg.): Universen 2005, Frankfurt 2005

Niemeyer, H.-G./Czycholl, J.M. (1994): Zapper, Sticker und andere Medientypen. Eine marktpsychologische Studie zum selektiven TV-Verhalten, Stuttgart 1994

Niggemeier, S. (1996): Der Vertreter kommt in die „gute Stube", in: Werben & Verkaufen Nr. 45, 1996, S. 78–81

Oeckl, A. (1987): Anfänge der Öffentlichkeitsarbeit, in: PR-Magazin Nr. 2, 1987, S. 23–30

Oehmichen, E./Schröter, C. (2008): Medienübergreifende Nutzungsmuster: Struktur- und Funktionsverschiebungen, in: Media Perspektiven Nr. 8, 2008, S. 394–409

Oenicke, J. (1996): Online-Marketing, Stuttgart 1996

Ogilvy, D. (1984): Ogilvy über Werbung, Düsseldorf/Wien 1984

Ogilvy, D. (1991): Geständnisse eines Werbemannes, München 1991

Oro Verde (o.J.) (Hrsg.): Was die Zukunft Ihres Unternehmens mit der Zukunft der Regenwälder zu tun hat, Broschüre zum Umwelt-Sponsoring

O.V. (1974): Autorität: „Ich kann doch nicht töten!", in: Der Spiegel Nr. 26, 1974, S. 102–106

O.V. (1982): Zigaretten Werbung, 2. Aufl., Bonn 1982

O.V. (1986): Marketing by Bum-Bum, in: Absatzwirtschaft Nr. 3, 1986, S. 14–19

O.V. (1994): Männer haben Autos und Geld im Kopf, in: Werben & Verkaufen Nr. 16, 1994, S. 16

O.V. (1994): Stichwort „Wert", in: Brockhaus, 19. Aufl., Bd. 24, S. 81–83

O.V. (1995): Werbefilm statt Kinohit, in: Werben & Verkaufen Nr. 45 1995, S. 96

O.V. (1996): Die Erinnerung ist eine harte Währung, in: Werben & Verkaufen Nr. 41, 1996, S. 250

O.V. (1997c): Welche Marken will die Jugend?, in: Absatzwirtschaft, Sondernummer Oktober 1997, S. 216

O.V. (1997d): Breiter und billiger, in: Absatzwirtschaft Nr. 9, 1997, S. 9

O.V. (1997e): Kleben am Werbeblock, in: Werben & Verkaufen Nr. 8, 1997

O.V. (1997 f.): Maschinen aus Schanghai, in: Der Spiegel Nr. 40, 1997, S. 142

O.V. (1997 g): TV-Werbung nur bedingt tauglich, in: Werben & Verkaufen Nr. 21, 1997, S. 104

O.V. (1997i): Finger weg vom Kundenclub, in: Direkt Marketing Nr. 2, 1997, S. 20–22

O.V. (1998a): Frankfurter Thesen zur Werbung im Rundfunk, in: Media Perspektiven Nr. 8, 1998, S. 436–439

O.V. (1998b): Programmsponsoring. Weiterhin im Aufwind, in: Absatzwirtschaft Nr. 9, 1998, S. 28

O.V. (1998c): Wenig professionell, in: Absatzwirtschaft Nr. 11, 1998, S. 35

O.V. (1998e): Manipulierte Fußball-Übertragung, in: Der Spiegel Nr. 49, 1998, S. 92

O.V. (1998 f.): Werbung – Strukturen, Ziele und Grenzen, Bonn 1998

O.V. (1999b): Vkf-Klassiker vorn, in: Lebensmittel Zeitung Nr. 10, 1999, S. 59

O.V. (1999c): Austauschbare TV-Formate, in: Absatzwirtschaft Nr. 3, 1999, S. 128–130

O.V. (1999d): Kaufkraft zappt verstärkt, in: Zeitung Marketinggesellschaft Nr. 5, 1999, S. 4.

O.V. (2001): Coca-Cola schaut bei der Identitätssuche genau auf Pepsi, in. Frankfurter Allgemeine Zeitung vom 19.03.2001, S. 19

O.V. (2003): Vom Scheitel bis zur Sohle, www.zdf.de, 03.08.2003

O.V. (2006): Club der Pilstrinker, in: Absatzwirtschaft Nr. 1, 2006, S. 86

O.V. (2006a): VW beleidigt Chinas U-Bahnfahrer, in: Der Spiegel 29.06.2006

O.V. (2006b): Chronik. Die Metamorphose des Mediamarkts, in: Absatzwirtschaft – Marken 2006, S. 57

O.V. (2007): Nivea standardisiert Werbung, in: Absatzwirtschaft Nr. 10, 2007, S. 23

O.V. (2007a): Briefbombe, in: Absatzwirtschaft Nr. 8, 2007, S. 114

O.V. (2008): Das Milliardenspiel, in: Der Spiegel Nr. 9, 2008, S. 135

O.V. (2008a): VW setzt Heidi Klum ab, in: Werben & Verkaufen Nr. 6, 2008, S. 8

O.V. (2008b): Die alten Marketing-Modelle funktionieren nicht mehr, in: Frankfurter Allgemeine Zeitung, 21.06.2008, S. 16

O.V. (2008c): Nichts für schwache Herzen, in: Lebensmittel Zeitung Nr. 24, 13.06.2008, S. 37

O.V. (2008d): Die Marke als Mensch, in: Absatzwirtschaft, Sonderausgabe Marken 2008, S. 127

O.V. (2008e): Eldorado der Markenpiraten, in: Lebensmittelzeitung Nr. 36, 05.09.2008, S. 44

O.V. (2008 f.): Ferrero überprüft Kuranyi-Engagement, in: Lebensmittelzeitung Nr. 42, 17.10.2008, S. 40

O.V. (2008 g): Europa denkt die Werbung neu, in: Absatzwirtschaft Nr. 10, 2008, S. 53

O.V. (2008 h): Sponsor-Stop, in: Frankfurter Allgemeine Zeitung, 13.12.2008, S. 39

O.V. (2009a): Es geht noch was am Point of Sale, in: Lebensmittel Zeitung, Nr. 6, 27.02.2009, S. 54

O.V. (2009b): SWR setzt Haribo in Szene, in: Der Spiegel Nr. 39, 2009, S. 163

O.V. (2010): Eilige Käufer wollen schnelle Verführung, in: Lebensmittel Zeitung Nr. 3, 22.01.2010, S. 43

O.V. (2010a): Vom Kundenmedium zum Werbenetzwerk, in: Absatzwirtschaft Nr. 7, 2010, S. 51

O.V. (2011): Top 10 der wahrgenommenen Marken im Jahresvergleich, in: Absatzwirtschaft Nr. 1–2, 2011, S. 41

Packard, V. (1957/1994): Die geheimen Verführer, Ulm 1994

Palmgreen, P (1984): Der „Uses and Gratifications Approach", in: Rundfunk und Fernsehen, 32, 1984, S. 51–62

Pepels, W. (1996): Kommunikations-Management, 2. Aufl., Stuttgart 1996

Petersen, R.: Beziehungsmarketing und Clubmarketing im Business-to-Business-Bereich, in: Lübcke, D./Petersen, R. (Hrsg.): Business-to-Business-Marketing, Stuttgart 1997, S. 27–40

Pfennigschmidt, C. (1999): Supplements, in: Reiter, W.M. (Hrsg.): Werbeträger. Handbuch für die Mediapraxis, 9. Aufl., Frankfurt/M. 1999, S. 126–135

Pflaum, D. (1993): Ausgewählte Werbemittel und Gestaltungsansätze, in: Berndt, R./ Hermanns, A. (Hrsg.): Handbuch Marketing-Kommunikation, Wiesbaden 1993, S. 333–352

Pietzcker, D. (2005): Werbung texten, 2. Aufl., Berlin 2005

v. Pilar, G. (2008): Starke Abwehrreihe, in: Lebensmittel Zeitung Nr. 48, 2008, S. 105–106

Porter, M. (1999): Wettbewerbsstrategie, 10. Aufl., Frankfurt/M. 1999

Porter, M./Millar, V. (1988): Wettbewerbsvorteile durch Information, in: Simon, H., (Hrsg.): Wettbewerbsvorteile und Wettbewerbsfähigkeit, Stuttgart 1988

Postman, N. (1985): Wir amüsieren uns zu Tode, Frankfurt/M. 1985

Preißler, P.R. (1996): Stichwort Controlling, in: Woll, A. (Hrsg.): Wirtschaftslexikon, München/Wien 1996, S. 107–111

Puchleitner, K. (1994): Public Relations in Krisenzeiten, Wien 1994

Puhlmann, M./Semlitsch, B. (1997): Wie geht das Management mit der Marke um?, in: Absatzwirtschaft, Sondernummer Oktober 1997, S. 24–32

Pusler, M. (2007): Hirnforschung im Marketing – nur ein Hype?, in: USP Menschen im Marketing Nr. 4, 2007, S. 12–14

Pusler, M. (2008): Strategische Mediaplanung, in: USP Menschen im Marketing Nr. 1, 2008, S. 14–15

Püttmann, M. (1993): Das Management von Sponsoring, in: Berndt, R./Hermanns, A. (Hrsg.): Handbuch Marketing-Kommunikation, Wiesbaden 1993, S. 649–672

Rapp, S. (1996): „Hier bin ich. Hilf mir!" in: Deutsche Telekom (Hrsg.): Im Dialog mit dem Kunden, Bonn 1996, S. 10–11

Reinhardt, D. (1993): Von der Reklame zum Marketing, Berlin 1993

Rez, H./Kraemer, M./Kobayashi-Weinsziehr, R. (2009): Warum Karl und Keizo sich nerven, in: Kumbier, D./Schulz v. Thun (Hrsg.): Interkulturelle Kommunikation, 3. Aufl., Reinbek 2009, S. 28–72

Reischauer, C. (2011): Wertvolle Netzwerke, in: Absatzwirtschaft Nr. 5, 2011, S. 16–21

Reitz, B. (2007): Lost in Space, in: Werben und Verkaufen, Nr. 18, 2007, S. 14–18

Ridder, C.M. (2002): Onlinenutzung in Deutschland, in: Media Perspektiven Nr. 3, 2002, S. 121–131

Ries, A./Trout, J. (1986): Positioning, Hamburg 1986

Robertson, A. (2007): „Der große Vorteil von Internetwerbung ist Personalisierung", FAZ-Gespräch mit A. Robertson, in: Frankfurter Allgemeine Zeitung, 06.10.2007, S. 16

Rode, F.A. (1994): Ist Werbewirkung soziologisch erklärbar? Werbewirkungsforschung heute, Düsseldorf 1994

Rogge, H.J. (1996): Werbung, 4. Aufl., Ludwigshafen 1996

Röper, H. (1994): Das Mediensystem der Bundesrepublik Deutschland, in: Merten, K./ Schmidt, S.J./Weischenberg, S. (Hrsg.): Die Wirklichkeit der Medien, Opladen 1994, S. 506–543

Röper, H. (2006): Formationen deutscher Medienmulties 2005, in: Media Perspektiven Nr. 4, 2006, S. 182–200

v. Rosenstiel, L./Kirsch, A. (1996): Psychologie der Werbung, Rosenheim 1996

Rosnow, R.L. (1966): Whatever Happened to the „Law of Primacy"?, in: Journal of Communication, 16, 1966, S. 10–31

Rost, D. (1986): Werbung: Ansichten – Aussichten, Bonn 1986

Rota, F. (1994): PR- und Medienarbeit im Unternehmen, 2. Aufl., München 1994

Rothlauf, J. (1999): Interkulturelles Management, München 1999

Rothschild, M.L. (1979): Advertising Strategies for High and Low-Involvement Situations, in: Maloney, J.C./Silverman, B. (Eds.): Attitude Research Plays for High Stakes, Chicago 1979, S. 74–93

Samland, B. (2006): Unverwechselbar. Name, Claim und Marke, Planegg 2006

Sattler, H./Völckner, F. (2006): Markentransfer: Der Stand der Forschung, in: Strebinger, A./Mayerhofer, W./Kurz, H. (Hrsg.): Werbe- und Markenforschung, Wiesbaden 2006, S. 51–76

Schaffrath, M. (1995): Auf Bande, Trikot, Trainerbank – wer ist der beste Sponsor im Bundesliga-Land?, in: Hackforth, J. (Hrsg.): Sportsponsoring: Bilanz eines Booms, 2. Aufl., Berlin 1995, S. 73–102

Scheier, C./Held, D. (2006): Wie Werbung wirkt, Planegg 2006

Scheier, C./Held, D. (2007): Was Marken erfolgreich macht, Planegg 2007

Schenk, M./Donnerstag, J./Höflich, J. (1990): Wirkungen der Werbekommunikation, Köln/Wien, 1990

Schenk, M. u.a. (2001): Nutzung und Akzeptanz des digitalen Pay-TV in Deutschland, in: Media Perspektiven Nr. 4, 2001, S. 220–234

Schiewe, K. (1995): Sozial-Sponsoring, 2. Aufl., Freiburg 1995

Schmidbauer, K./Knödler-Bunte, E. (2004): Das Kommunikationskonzept, Potsdam 2004

Schmidt-Deguelle, K.-P. (2004): Medienkrise und Krisenmedien – Neue Bedingungen für die Krisenkommunikation, in: Möhrle, H. (Hrsg.): Krisen-PR, Frankfurt 2004, S. 41–45

Schmid-Petersen, F. (2004): Ambush-Marketing – Werbung aus dem Hinterhalt, http:// www.medianet-bb.de/fileadmin/user_upload/medianet/focusgroup_themen/040700_ Ambush_Marketing_N_RR.pdf, 21.11.2004

Schneider, H. (1999): Fachzeitschriften, in: Reiter, M.W. (Hrsg.): Werbeträger. Handbuch für den Werbeträgereinsatz, 9. Aufl., Frankfurt/M., S. 177–201

Schneider, R./Rossa, H. (2001): Evolutionäre (Pre-) Kommunikationsforschung am Beispiel von OTC-Arzneimitteln, in: Planunf & Analyse Nr. 3, 2001, S. 39–45

Schnettler, J./Wendt, G. (2003): Konzeption und Mediaplanung für Werbe- und Kommunikationsberufe, Berlin 2003

Schnettler, D. (2006): VW schockt mit Crash-Werbung, in: Handelsblatt Newsletter, 10.05.2006

Schnibben, C. (1992): Die Reklame-Republik, in: Der Spiegel Nr. 52, 1992, S. 114–128

Scholz, Chr. (1992): Effektivität und Effizienz, organisatorische, in: Frese, E. (Hrsg.): Handwörterbuch der Organisation, 3. Aufl., Stuttgart 1992

Schrey, Martin (1999): Hörfunk, in: Reiter, W.M. (Hrsg.): Werbeträger. Handbuch für den Werbeträgereinsatz, 9. Aufl., Frankfurt/M. 1999, S. 273–302

Schröter, R. (1996): Diese Marken bringen Erlösung, in: Werben & Verkaufen Nr. 35, 1996, S. 27

Schruf, W. (2007): Vierselig, in: auto motor und sport Nr. 2, 2007, S. 26–29

Schruft, O. (1996): Qualität im Call-Center, in: Deutsche Telekom (Hrsg.): Im Dialog mit dem Kunden, Bonn 1996, S. 18–20

Schugk, M. (2004): Interkulturelle Kommunikation, München 2004

Schulz, T. (2007): Infektion nach Plan, in: Der Spiegel Nr. 17, 2007, S. 95–95

Schulz-Bruhdoel, N. (2007): Die PR- und Pressefibel, 3. Aufl., Frankfurt 2007

Schumpeter, J.A. (1993): Theorie der wirtschaftlichen Entwicklung, 8. Aufl., Berlin 1993

Schweiger, G. (1982): Imagetransfer, in: Marketing-Journal, 4, 1982, S. 321–322

Schweiger, G./Schrattenecker, G. (1995): Werbung, 4. Aufl., Stuttgart 1995

Simmet-Blomberg, H. (1998): Interkulturelle Marktforschung im europäischen Transformationsprozeß, Stuttgart 1998

Simon, H. (1988): Management strategischer Wettbewerbsvorteile, in: Simon, H., (Hrsg.): Wettbewerbsvorteile und Wettbewerbsfähigkeit, Stuttgart 1988

Sinus Sociovision (2010): Die Sinus-Milieus: Update 2010

Spiegel, B. (1961): Die Struktur der Meinungsverteilung im sozialen Feld, Stuttgart 1961

Spitzer, G. (1996): Sonderwerbeformen im TV, Wiesbaden 1996

Staab, J.F./Hocker, U. (1994): Fernsehen im Blick der Zuschauer. Ergebnisse einer qualitativen Pilotstudie zur Analyse von Rezeptionsmustern, in: Publizistik, Nr. 39 (2), 1994, S. 160–174

Stadik, M. (1997): Europas Werbedschungel, in: Tele Images Nr. 1, 1997, S. 8–16

Stadik, M. (1999): Global und regional, in: Werben & Verkaufen Nr. 11, 1999, S. 122–123

Stach, M. (1999): Markterfolg zwischen globaler Wettbewerbsstärke und lokaler Kundennähe, in: Schmengler, H.J./Fleischer, F.A. (Hrsg.): Marketing Praxis, Jahrbuch 1999, Düsseldorf 1999, S. 62–64

Stanko, M.K. (1993a): Keine Angst vor Kontakten, in: Tele Images Nr. 4, 1993, S. 42–45

Stanko, M.K. (1993b): Ein Muster mit Wert, in: Tele Images Nr. 3, 1993, S. 28–33

Stanko, M.K. (1994): Dringend gesucht: Zielgruppen in ausreichender Größe, in: Tele Images Nr. 2, 1994, S. 42–47

Stark, S. (2010): Gesellschaftliche Kommunikation, Werbung und der überlastete Empfänger – Trends und Prognosen, Arbeitspapiere der Hochschule Bochum, Heft 1, 2010

Steffenhagen, H. (1984): Kommunikationswirkung – Kriterien und Zusammenhänge, Hamburg 1984

Steffenhagen, H. (1995): Werbewirkungsmessung, in: Tietz, B./Köhler, R./Zentes, J.(Hrsg.): Handwörterbuch des Marketing, 2. Aufl., Stuttgart 1995, Spalte 2678–2692

Steffenhagen, H. (1999): Werbewirkungsforschung, in: WiSt, Nr. 6, 1999, S. 292–298

Steimer, F. (2001): Mobile Business – Top oder Flop?, in: Absatzwirtschaft Nr. 5, 2001, S. 134–137

Steinmann, H./Schreyögg, G. (1993): Management, 3. Aufl., Wiesbaden 1993

Stern (Hrsg.) (1987): Bilder im Kopf, Hamburg 1987

Strebinger, A./Otter, T. (2006): Wer glaubt noch an bekannte Marken?, in: Strebinger, A./Mayerhofer, W./Kurz, H. (Hrsg.): Werbe- und Markenforschung, Wiesbaden 2006, S. 77–108

Streeck, K. (2006): Management der Fantasie. Einführung in die Wirtschaftkommunikation, München 2006

Strothmann, K.-H./Roloff, E. (1993): Charakterisierung und Arten von Messen, in: Berndt, R./Hermanns, A. (Hrsg.): Handbuch Marketing-Kommunikation, Wiesbaden 1993, S. 707–724

Szallies, R. (1997): Neue Bilder in den Köpfen? Die herausgeforderte Marke, in: Absatzwirtschaft, Sondernummer Oktober 1997, S. 132–140

Tempest, A. (2005): Robinson-Listen für effizientes Direktmarketing, in: Krafft, M./Hesse, J./Knappik, K.M. u.a. (Hrsg.): Internationales Direktmarketing, Wiesbaden 2005, S. 139–164

Thunig, C. (2004): Sport-Sponsoring taugt nicht nur zur Kundengewinnung, in: Absatzwirtschaft Nr. 6, 2004, S. 42–44

Thunig, C./Stippel, P.: Wir sind Günther Jauch, in; Absatzwirtschaft, Nr. 12, 2005, S. 10–13

Thunig, C. (2007): Stagnation auf hohem Niveau, in: Absatzwirtschaft Nr. 10, 2007, S. 106–109

Thunig, C. (2009): Paradigmenwechsel ante portas, in: Absatzwirtschaft Nr. 6, 2009, S. 54–59

Tippach-Schneider, S. (1999): Messemännchen und Minol-Pirol. Werbung in der DDR, Berlin 1999

Toscani, O. (1996): Die Werbung ist ein lächelndes Aas, Mannheim 1996

Tostmann, Th./Trautmann, M. (1993): Die Fernsehwerbung in Deutschland: Status und Perspektiven, in: Berndt, R./Hermanns, A. (Hrsg.): Handbuch Marketing-Kommunikation, 2. Aufl., Wiesbaden 1993

Trachtenberg, A. (1985): Imagetransfer kann nützen. Und schaden, in: Bestseller Nr. 3, 1985, S. 45–46

Trepte, S./Baumann, E./Borges, K. (2000): „Big Brother": Unterschiedliche Nutzungsmotive des Fernseh- und Webangebotes?, in: Media Perspektiven Nr. 12, 2000, S. 550–561

Trommsdorff, V. (1995): Involvement, in: Tietz, B./Köhler, R./Zentes, J. (Hrsg.): Handwörterbuch des Marketing, 2. Aufl., Stuttgart 1995, Spalte 1070–1078

Trout J./Rifkin, S. (1996): New Positioning, Informationen in Hülle und Fülle, Düsseldorf 1996

Trux, W. (1994): Unternehmensidentität, Unternehmenspolitik und öffentliche Meinung, in: Birkigt, K./Stadler, M./Funck, H.: Corporate Identity, 7. Aufl., Landsberg 1994, S. 65–76

Turner, S. (1997): Was bringt Ignaz Bubis auf die Eiche?, in: Frankfurter Allgemeine Zeitung (Hrsg.): Kluge Köpfe, München/Berlin 1997

Underhill, P. (2000): Warum kaufen wir?, München 2000

Unger, F./Durante, N.-V./Gabrys, E. u.a. (2004): Mediaplanung, 4. Aufl., Heidelberg 2004

Urban, D. (1995): Kauf mich! Visuelle Rhetorik in der Werbung, Stuttgart 1995

Usunier, J.-C./Walliser, B. (1993): Interkulturelles Marketing, Wiesbaden 1993

Uttich, S. (2007): Das Vermächtnis des Jägermeisters, in: FAZ, 30.06.2007

VDZ (Hrsg.) (2003): Handbuch Crossmedia Werbung, Berlin 2003

Vescovi, V./Rocca, A. (2010): In Spain Pepsi becomes Pesi, in: Advertising Age, 04.02.2010

Volpers, H./Herkströter, D./Schnier, D. (1998): Die Trennung von Werbung und Programm im Ferrnsehen. Programmliche und werbliche Entwicklungen im digitalen Zeitalter und ihre Rechtsfolgen, Opladen 1998

Volpers, H. (2000): Virtuelle Werbung im Fernsehen – ein internationaler Überblick, http://www.lpr-hessen.de/11HGFM/Volpers.htm

Vorderer, P. (1994): Involvementverläufe bei der Rezeption von Fernsehfilmen, in: Bosshart, L./Hoffmann-Riem, W. (Hrsg.): Medienlust und Mediennutz. Unterhaltung als öffentliche Kommunikation, München 1994, S. 333–342

Watzlawick, P./Beavin, J.H./Jackson, D.D. (2000): Menschliche Kommunikation, 10. Aufl., Bern 2000

Wegener, M./Bös, R. (2001): Die klassische Werbeagentur, in: Bös, R./Rätsch, C. (Hrsg.): Biwak, besser informiert über Werbung, Ausbildung und Kontakte, 2. Aufl., Frankfurt/M., 2001

Weinberg, P. (1997): Die Fähigkeiten des Kunden werden überschätzt, Interview in: Werben & Verkaufen Background Nr. 22, 1997, S. 77–80

Weinberg, T. (Hrsg.) (2010): Social Media Marketing, Köln 2010

Weindl, G. (2002): Ford zahlt und James Bond fährt wieder Aston Martin, in: Frankfurter Allgemeine Zeitung, 23.11.2002, S. 51

Weis, H.C. (2007): Marketing, 14. Aufl., Ludwigshafen 2007

Weisser, M. (2002): Deutsche Reklame, Bassum 2002

Wells, W./Burnett, J./Moriarty, S. (2000): Advertising: Principles and Practice, 5th ed., Prentice Hall 2000

Wenige, H.-U./Müller, A. (1993): Das Management von Messe-Beteiligungen, in: Berndt, R./Hermanns, A. (Hrsg.): Handbuch Markcting-Kommunikation, Wiesbaden 1993, S. 725–745

Werner, U. (1993): Möglichkeiten der Anwendung semiotischer Erkenntnisse im multikulturellen Marketing, in: Marketing ZFP, Heft 3, 1993, S. 181–196

Whitelock, J./Rey, J. (1998): Cross-cultural advertising in Europe: An empirical survey of television advertising in France and the UK, in: International Marketing Review, Vol. 15, Nr. 4 1998, S. 260

Wilke, J. (2008): Grundzüge der Medien- und Kommunikationsgeschichte, Köln et al. 2008

Willhardt, R. (2007): Das seltsame Paarungsverhalten von Marken, in: Absatzwirtschaft Nr. 7, 2007, S. 40–43

Wilson, W.R. (1979): Feeling More Than we Can Know: Exposure Effects Without Learning, in: Journal of Personality and Social Psychology, 37, 1979, S. 811–821

Witzens, P. (1998): Der Weltmarktführer entwickelt Menschen und Marken, in: Absatzwirtschaft, Sondernummer Oktober 1998, S. 110–117

Wündrich, H. (1992): Wirtschaftswerbung während der NS-Zeit, in: Gries, R./Ilgen, V./Schindelbeck (Hrsg.): Geschichtswerkstatt, Bonn 1992, S. 5–12

Wyss, W. (1986): New Marketing, Adligenswil 1986

Yang Liu (2007): Ost trifft West, Mainz 2007

Yi, Y. (1991): The Influence of Contextual Priming on Advertising Effects, in: Advances in Consumer Research, Vol. 18, 1991, S. 417–425

Yoshida, J. (2006): Entwicklung und Situation der Werbeagenturen in Japan, in: Strebinger, A./Mayerhofer, W./Kurz, H. (Hrsg.): Werbe- und Markenforschung, Wiesbaden 2006, S. 381–400

Young, C.E./Robinson, M. (1992): Visual Connectedness and Persuasion, in: Journal of Advertising Research Nr. 33 (2) 1992, S. 51–59

Zajonc, R.B. (1968): Attitudinal Effects of Mere Exposure, in: Journal of Personality and Social Psychology Monograph, 1968, 9 (2, Part 2), S. 1–28

Zandpour, F./Chang, C./Catalano, J. (1992): Stories, Symbols, and Straight Talk: A Comparative Analysis of French, Taiwanese, and US TV Commercials, in: Journal of Advertising Research, Jan./Feb. 1992, S. 25–37

Zanger, C. (1998): Eventmarketing – Ist der Erfolg kontrollicrbar?, in: Absatzwirtschaft Nr. 8, 1998, S. 76–81

Zanger, C./Sistenich, F. (1998): Theoretische Ansätze zur Begründung des Kommunikationserfolgs von Eventmarketing – illustriert an einem Beispiel, in: Nickel, O. (Hrsg.): Event Marketing, München 1998, S. 39–60

Zentes, J. (1995): Internationales Marketing, in: Tietz, B./Köhler, R./Zentes, J.: Handwörterbuch des Marketing, 2. Aufl., Stuttgart 1995

Zentralverband der Deutschen Werbewirtschaft (ZAW) (Hrsg.) (2010): Jahrbuch Deutscher Werberat 2010, Berlin 2010

Zentralverband der Deutschen Werbewirtschaft (ZAW) (Hrsg.): Werbung in Deutschland (ZAW- Jahrbücher), diverse Jahrgänge

Zernisch, P. (2003): Markenglauben managen, Weinheim 2003

Zimmer, J. (1998): Fernsehempfang: In Zukunft Satellit vor Kabel?, in: Media Perspektiven Nr. 7, 1998, S. 352–365

Zimmer, J. (1998b): Werbemedium World Wide Web, in: Media Perspektiven Nr. 10, 1998, S. 498–507

Zimmermann, T. (1999): Lizenzbranche am Wendepunkt, in: Lebensmittel Zeitung Nr. 13, 1999, S. 46–47

Zurstiege, G. (2007): Werbeforschung, Konstanz 2007

Adressverzeichnis

Verbände

ZAW, Zentralverband der deutschen Werbewirtschaft e.V.
Am Weidendamm 1A
10117 Berlin
Tel.: 030/5900 99 700
Fax: 030/5900 99 722
E-Mail: zaw@zaw.de
Internet: www.zaw.de

Gesamtverband Kommunikations-agenturen, GWA e.V
Friedensstraße11
60311 Frankfurt
Tel.: 069/2560080
Fax: 069/236883
E-Mail: info@gwa.de
Internet: www.gwa.de

Markenverband e.V.
Unter den Linden 42
10117 Berlin
Tel.: 030/2061680
Fax.: 030/206168777
E-Mail: info@markenverband.de
Internet: www.markenverband.de

Deutscher Dialogmarketing Verband e.V.
Hasengartenstraße 14
65189 Wiesbaden
Tel.: 0611/977930
Fax: 0611/9779399
E-Mail: info@ddv.de
Internet: www.ddv.de

Verband Privater Rundfunk und Tele-kommunikation (VPRT) e.V.
Stromstraße 1
10555 Berlin
Tel.: 030/398 80-0
Fax: 030/398 80-148
E-Mail: vprt@vprt.de
Internet: www.vprt.de

Fachverband Außenwerbung e.V.
Ginnheimer Landstraße 11
60487 Frankfurt
Tel.: 069/719167–0
Fax: 069/719167–60
E-Mail: info@faw-ev.de
Internet: www.faw-ev.de

Bundesverband Deutscher Zeitungs-verleger e.V. (BDZV)
Markgrafenstr. 15
10969 Berlin
Tel.: 030/726298–0
Fax: 030/726298–299
E-Mail: bdzv@bdzv.de
Internet: www.bdzv.de

Europäischer Markenverband
European Brands Association
9 Avenue des Gaulois
B – 1040 Brussels Belgium
Tel.: +32 2 736 0305
Fax: +32 2 734 6702
Internet: www.aim.be

Marktforschung

A.C. Nielsen GmbH
Ludwig-Landmann-Straße 405
60486 Frankfurt/Main
Tel.: 069/7938 0
Fax: 069/7074012
E-Mail: info@germany.acnielsen.com
Internet: www.acnielsen.de

Nielsen Media Research
Sachsenstraße 16
20097 Hamburg
Tel.: 040/2373050
Fax: 040/23730589
Internet: www.nielsen-media.de

Arbeitsgemeinschaft Media-Analyse e.V. (AG.MA)
Am Weingarten 25
60487 Frankfurt
Tel.: 069/156805–0
Fax: 069/156805–40
E-Mail: agma@agma-mmc.de
Internet: www.agma-mmc.de

Werbeträger

FFA Filmförderungsanstalt
Große Präsidentenstraße 9
10178 Berlin
Tel.: 030/27577–0
Fax.: 030/27577–111
E-Mail: presse@ffa.de
Internet: www.ffa.de

SevenOne Media GmbH
Beta Straße 10i
85774 Unterföhring
Tel.: 089/950740
Fax: 089/95074399
E-mail: info@71 m.de
Internet: www.71 m.de

IP Deutschland GmbH
Vermarktung von Medienwerbung
Aachener Straße 1042 a
50858 Köln
Tel.: 0221/5886–0
Fax: 0221/5886–999
E-Mail: kontakt@ip-deutschland.de
Internet: www.ip-deutschland.de

FDW Werbung im Kino e.V.
Taubenstraße 22 43
40479 Düsseldorf
Tel.: 0211/1640–733
Fax: 0211/1640–833
E-Mail: info@fdw.de
Internet: www.fdw.de

Informationsgemeinschaft zur Feststellung der Verbreitung von Werbeträgern e.V., IVW
Am Weidendamm 1A
10117 Berlin
Tel.: 030/5900 99 700
Fax: 030/5900 99 733
E-Mail: ivw@ivw.de
Internet: www.ivw.de

Organisation der Media-Agenturen im GWA, OMG
Friedensstrasse 11
60311 Frankfurt am Main
Tel.: 069/25 60 08 – 22
Fax: 069/25 60 08 – 17
Internet: www.omg-online.de

Weitere

Art Directors Club für Deutschland e.V. (ADC)
Leibnitzstraße 65
10629 Berlin
Te.: 030/59003100
Fax: 030/590031011
E-Mail: adc@adc.de
Internet: www.adc.de

Deutscher Werberat
Am Weidendamm 1A
10873 Berlin
Tel.: 030/5900 99 700
Fax: 030/590 99722
E-Mail: werberat@werberat.de
Internet: www.werberat.de

Organisation Werbungtreibende im Markenverband (OWM)
Schöne Aussicht 59
65193 Wiesbaden
Tel: 0611/5867-0
Fax: 0611/5867-27
E-Mail: info@markenverband.de

Sachverzeichnis